民机系统工程与项目管理丛书

飞机设计
基于系统工程方法

Aircraft Design
A Systems Engineering Approach

【美】穆罕默德·H·萨德拉埃 著
白 杰 王 鹏 等译

上海交通大学出版社
SHANGHAI JIAO TONG UNIVERSITY PRESS

内容提要

　　本书是一本全面论述基于系统工程方法进行飞机设计并具有学科特色的专著。全书内容新颖、布局独特、技术内涵丰富。作者凭借多年的教学和实践经验,在精心指导读者如何结合系统工程方法从事飞机设计的同时,还给出了大量的计算公式、经验公式、经验数据、统计数据、曲线和图表以及飞机图片,并介绍了多种行之有效的处理工程问题的方法在飞机设计中的应用。此外,本书列举了相关的设计示例,以指导读者学习、理解、掌握系统工程设计方法。

　　本书可作为我国大学航空航天专业飞机设计课程的教材。也可供从事各类飞机设计的广大工程技术人员和技术管理人员学习和参考。

图书在版编目(CIP)数据

飞机设计:基于系统工程方法/(美)穆罕默德　H. 萨德拉埃著;白杰等译. —上海:上海交通大学出版社,2018

(大飞机出版工程)

ISBN 978 - 7 - 313 - 18639 - 3

Ⅰ.①飞…　Ⅱ.①穆…②白…　Ⅲ.①飞机—设计　Ⅳ.①V22

中国版本图书馆 CIP 数据核字(2017)第 329299 号

飞机设计
——基于系统工程方法

著　　者:[美]穆罕默德　H. 萨德拉埃　　　　　　译　　者:白杰　王鹏　等

出版发行:上海交通大学出版社　　　　　　　　　　地　　址:上海市番禺路 951 号

邮政编码:200030　　　　　　　　　　　　　　　　电　　话:021 - 64071208

出 版 人:谈　毅

印　　制:苏州市越洋印刷有限公司　　　　　　　　经　　销:全国新华书店

开　　本:710mm×1000mm　1/16　　　　　　　　印　　张:50.25

字　　数:978 千字

版　　次:2018 年 12 月第 1 版　　　　　　　　　　印　　次:2018 年 12 月第 1 次印刷

书　　号:ISBN 978 - 7 - 313 - 18639 - 3/V

定　　价:450.00 元

民机系统工程与项目管理丛书编委会

总　序

　　大型民用飞机项目是一项极其复杂的系统工程,是一个国家工业、科技水平和综合实力的集中体现。在当今全球经济环境下,飞机全生命周期活动是分布式的,从单个设计区域分配到各个供应商网络,完成后返回进行最终产品集成。许多政治、经济和技术因素都影响其中的协作过程。在全球协作网络中,过程、方法和工具的紧密、高效整合,是现代民用飞机型号项目成功的关键因素。民用飞机的研制需要将主制造商作为一个复杂系统,从企业的层级上统筹考虑产品系统的设计研发和生产制造,并将供应链管理也纳入系统工程的过程中,用系统工程的视角,组织、整合和利用现有资源,以更加快速、高效地开展企业的生产活动,同时需要在更大的范围内整合资源,将型号研制纳入全球民用航空运输系统的范畴中,以期生产出更优质的、更具竞争力的产品。基于系统工程的项目管理,对研制过程各要素进行整合,以满足客户及适航要求,在有限的时间、经费等资源内,打造一款飞行员愿意飞、乘客愿意坐、航空公司愿意买的飞机,是我国民用航空产业面临的主要挑战,同时也是实现项目商业成功和技术成功的必由之路。

　　经过几十年的发展,欧美工业界形成了《ISO/IEC 15288－2015:系统和软件工程—系统生命周期过程》等一系列系统工程工业标准;美国国家航空航天局(NASA)、美国国防部(DoD)、美国联邦航空局(FAA)、美国海军和空军等都制订了本行业的系统工程手册;针对民用航空运输领域,制订了 SAE ARP4754A《民用飞机与系统研制指南》等相关指南。同时,航空工业界也一直在开展系统工程实践,尤其是以波音 B777 项目为代表,首次明确地按照系统工程方法组织人员、定义流程和建立文档规范,并通过组织设计制造团队,实现数字化的产品定义和预装配,从而较大地改进研制过程,提高客户满意度,降低研发成本。其后的波音 B787 项目、空客 A350 项目更是进一步大量使用最新的系统工程方法、工具,为项目成功带来实实在在的好处。

目前,我国在系统工程标准方面,也制订了一些工业标准,但总的来说,还是缺乏些针对特定领域(比如商用飞机领域)的指南和手册,相较国外先进工业实践还有一定的差距。通过新型涡扇支线飞机和大型干线客机两大型号的积累,我国民机产业在需求管理、安全性分析、变更管理、系统集成与验证和合格审定等方面取得了长足进步,在风险管理、构型管理、供应链管理、项目组织建设等方面也进行了全面的探索,初步形成了以满足客户需求为目的,围绕产品全生命周期,通过产品集成与过程集成实现全局最优的技术和管理体系,并探索出适用民用飞机领域的系统工程是"以满足客户需求为目的,围绕产品全生命周期,通过产品集成与过程集成,实现全局最优的一种跨专业、跨部门、跨企业的技术和管理方法"。

进入美国的再工业化、德国工业 4.0、中国制造 2025 的时代,各制造强国和制造大国在新一轮工业革命浪潮下,都选择以赛博物理系统为基础,重点推进智能制造,进而实现工业的转型升级。其中一个重要的主题是要解决整个生命周期内工程学的一致性。要让现实世界和虚拟世界在各个层次融合,要在机械制造、电气工程、计算机科学领域就模型达成共识。因此,系统工程方法在这个新的时代变得尤为重要,是使产品、生产流程和生产系统实现融合的基础。对于我国航空工业而言,面对标准的挑战、数据安全的挑战、战略及商业模式的挑战、企业组织的挑战、过程管理的挑战、工具方法(SysML 管理工具)的挑战、工业复杂性的挑战、系统工程人才培养与教育的挑战,积极推进系统工程,才能为在新一轮的工业革命中实现跨越式发展打好基础。

编著这套丛书的目的,一是介绍国内外民用飞机领域先进的系统工程与项目管理理念、理论和方法,为我国航空领域人员提供一套系统、全面的教材,满足各类人才对系统工程和项目管理知识的迫切需求;二是将民用飞机领域内已有型号的系统工程与项目管理实践的重要成果和宝贵经验,以及专家、学者的知识总结继承下来,形成一套科学化、系统化的理论知识体系;三是提供一套通用的技术概念,理清并定义民用飞机领域的所有接口,促进一系列技术标准的制订,推动系统工程和项目管理技术体系的形成,促进整个民机产业工业化和信息化的深度融合。

　　"民机系统工程和项目管理"丛书编委会由谢友柏院士、汪应洛院士、林忠钦院士、赵越让总经理、郭博智副总经理，以及美国南加州大学、清华大学、浙江大学、上海交通大学、中国商飞公司等高校和企业的国内外航空界系统工程与项目管理领域的专家和学者组建而成，凝结了国内外航空界专业人士的智慧和成果。最后，要感谢参与本丛书编撰工作的所有编著者，以及所有直接或间接参与本丛书审校工作的专家学者的辛勤工作，希望本丛书能为民用飞机产业中各有关单位系统工程和项目管理能力的提升做出应有的贡献。

译 者 序

  本书是一本论述基于系统工程方法进行飞机设计的专著,作者为美国新罕布什尔州丹尼尔韦伯斯特学院的教授。世界著名图书出版商 Wiley(威利)认为,该书是一本可读性很强并具有大量信息的教学及设计参考书,因而将其纳入《威利航空航天系列丛书》,介绍给全世界的读者。上海交通大学出版社将此书的中文版纳入其"大飞机出版工程"丛书中新增设的"民机系统工程与项目管理丛书",对于推动系统工程方法在我国航空航天领域的应用,促进我国航空航天教学和科研事业的发展,同样具有重要的意义。

  系统工程是以大型复杂系统为研究对象,按一定目的进行设计、开发、管理与控制,以期达到总体效果最优的理论与方法。"系统工程"一词最早见于1940年,由美国贝尔实验室在研制电话通信网络时首次提出。二战期间,美国在执行研制原子弹的"曼哈顿计划"时应用了系统工程原理进行协调。在冷战时期,美苏展开军备竞赛,美国国防部大力推行系统工程方法,使阿波罗登月计划和核潜艇研制等一系列重大工程取得了很大成功。麻省理工学院也正式开设系统工程课程,以培养更多的系统工程人才。之后,经过美国国防部和 NASA 的进一步发展,系统工程的应用对于美国国防部应对挑战并维持所需军事力量已是必不可少的,并已成为美国军工体系工程师们执行重大工程的首选方法。

  飞机是一个由一组为某些共同目标或用途而协同工作的相互关联部件所构成的系统。飞机设计过程是诸多学科的复杂组合,必须将这些学科融合在一起以产生满足一组给定需求的最佳设计。现代飞机设计是一个多学科的复杂系统工程。复杂飞机系统存在着与其研制有关的高成本和高风险,因而成了采用系统工程方法的主要候选用户。现在世界各飞机制造商普遍使用系统工程方法来设计和制造满足用户需求的高效产品。

  本书共有 12 章,按系统工程学科的标准形式编排,研究并执行系统工程方法。有关本书的特点和各章的具体内容,作者在其前言中已做详细描述,读者据此便可知本书的实用价值,此处不再赘述。

正如作者所述,促成作者撰写此书的主要动因之一是"当前缺乏一本结合新近发展起来的系统工程方法并具有学科特色的飞机设计教科书。"作者撰写此书正是为了填补这方面的空白。本书含有很多与现时传统教科书不相同的内容,强调多学科的系统工程基础知识及其在飞机设计中的实际运用,因此具有深刻内涵,外加本书的编排便于学生逐步学会如何基于系统工程方法进行飞机设计,使本书成为一本具有显著特色的航空航天工程专业飞机设计课程的新颖教材,有助于改变目前工程教育课程普遍存在的质量虽高但学科单一的传统教育格局,满足对多学科系统工程设计人才的需求,培养为保持航空航天产品处于技术前沿而需要的未来工程师。

作者撰写本书的另一个目的是为创建满足必要设计需求的最佳和最有效的飞机设计提供所需的基本工具和概念。需要强调的是,本书不仅基于系统工程方法将飞机设计划分为概念设计阶段、初步设计阶段、详细设计阶段以及试验和评估阶段,而且详细阐述三个设计阶段以及飞机各部件(机翼、机身、推进系统、起落架系统、高升力装置、水平尾翼、垂直尾翼、操纵面)的设计流程、设计需求、设计准则、设计方法、设计步骤及设计程序,强调产品成本需求,强调总设计师的作用,强调各设计团队之间的密切合作,强调对飞机性能进行折中和权衡,强调进行多轮迭代以求得最佳结果。每章中的关键之处和每章的结尾都给出含完整解答的设计示例,有些还列出 MATLAB 计算程序,旨在指导读者如何学习、理解、掌握和应用系统工程方法来执行具体设计。每章的结尾还给出大量的练习题以供读者进一步演习。每章之后还列出大量的参考文献,有助于读者进一步扩充知识。

本书的另一显著特点是,作者凭借多年的实践经验,导出大量的计算公式、经验公式,列出大量的经验数据和统计数据,并指导读者如何应用这些数据来完成设计和判断结果。本书还给出大量的各种类型飞机的精美照片,有针对性地佐证相关设计概念在现实飞机上的应用。因此,大大提高了本书的实际应用价值。

此外,值得一提的是本书专门列出一节阐述"过失侵权行为"。书中明确指出设计工程师和制造商需要对其产品或设计给用户或第三方所造成的伤害承担责任,告诫设计者和制造商必须格外重视安全性问题。

如上所述,本书是一本飞机设计课程的新颖教材,可供我国诸多大学航空航天工程专业广大师生教学使用,有助于促进对飞机设计课程的教学改革,实现教学转型,与工业界人才策略实现无缝对接。

同时,本书又是飞机设计专业的良好参考书和设计工具,可供我国各航空器设计机构广大工程师和技术人员在产品研制时使用,有助于基于系统工程方法设计出满足用户需求和设计需求的高效航空产品。

本书也可供航空工业界广大技术管理人员学习使用,以便掌握复杂系统研制过程的管理方法。

最后我们衷心感谢上海飞机设计研究院郭强、赵毅、马向东和王晓梅对本书进行了详尽的校对,也感谢中国民航大学马赞、阎芳、党香俊、董磊、赵长啸、肖国松、肖女娥等老师对本书翻译出版付出的努力。

译者

2018 年 10 月

原 版 书 前 言

目的

本书的目的在于为高年级本科生和硕士研究生的空气比重的航空器设计课程提供基本教材。飞机设计是航空航天工程学科范畴内的一个专题。航空航天工程学科专业按惯例往往具有 4 个主要专业知识领域：空气动力学、飞行动力学、推进和结构。作为一位合格的飞机设计师，应利用所有这 4 个方面的科学概念和原理，并运用专门的设计方法对它们进行综合，以设计出一个协调的独特系统，即一架飞机。设计是科学、艺术和技术的一种结合。一名飞机设计师，不仅必须在上述 4 个领域内具有足够的知识水平，而且还需要运用数学、技能、经验、创意、艺术以及系统设计方法。事实上课堂内不可能完全教会飞机设计，但是可以将教学课程与一学期的飞机设计项目结合起来，为学生提供学习和体验飞机设计的最佳机会。

每一航空工程学科至少设置一门关于飞机设计或航天系统设计的课程。然而当前缺乏一本结合新开发的系统工程方法并具有学科特色（如全面涵盖飞机、航空理念、设计方法、设计流程、设计示例和每章结尾练习题各个方面）的飞机设计教科书，这正是促成本人撰写本书的主要推动力。

在过去的若干年，本人在多次学术会议以及"AIAA 设计/制造/飞行"大赛上，曾与飞机设计专业的许多教师和学生有过交流。我的结论是，先驱们诸如罗斯克姆（Roskam）、多伦贝克（Torenbeek）、尼古拉（Nicolai）、斯廷顿（Stinton）、雷默（Raymer）以往出版的大量设计著作，需要进一步发展和扩充。这是为了满足诸多大学和学院对飞机设计教学和工业界对设计项目执行这两方面日益增长的需要。新的教材应具有显著的特色（如系统工程方法、设计程序、解决问题示例以及每章结尾的练习题）。撰写本书的目的正是为航空航天工程专业的学生以及在业的工程师们填补这方面的空白。

方法

　　飞机设计过程是诸多学科的复杂组合,必须将这些学科融合在一起以产生满足一组给定需求的最佳设计。系统工程方法定义为是一种包容所有技术成果的多学科方法,旨在形成并确认一套满足用户需求的生命周期平衡的系统、人、产品和过程的综合方案。多学科系统工程设计涉及系统工程过程的应用,并要求工程师们以跨越多个技术领域的实体性知识和经改进的工具和方法来执行设计。复杂飞机系统由于存在与其研制过程有关的高成本和高风险,因而成了采用系统工程方法的主要候选用户。在许多有名的飞机研制中,业已采用系统工程方法。飞机是一个由一组为某些共同目标或用途而协同工作的相互关联部件所构成的系统。主要目标包括以低成本实现安全飞行。每一系统由部件或子系统构成,而任何一个子系统都可分解为更小的部件。例如,在一个航空运输系统中,飞机、航空终点站、地面支援设备和空中交通管制都是子系统。

　　本书从头至尾都在研究并执行系统工程方法。本书的编排便于学生逐渐了解设计方法。凡是有助于理解所呈现的主题时,都将提供陈述证据。书中尽力提供各种例题,以使读者能够清楚地理解所讨论的主题。希望读者仔细地研究所有这些例题和解答,这会使感兴趣的读者对书中所述资料和工具有更深刻的理解。

特点

　　本书具有许多独特的特点,现将其中的一部分列举如下:

- 遵循系统工程方法;
- 基于部件设计(例如机翼设计、尾翼设计和机身设计)而安排有序;
- 每一章都提供设计步骤和设计程序;
- 推导出许多本书特有的设计方程;
- 提供多个部件级的含完整解答的设计示例(简称全解示例);
- 为便于读者实践,在许多章的结尾处,给出练习题;
- 包含大量的飞机图片,以强调概念的实际应用;
- 阐述一些真实设计故事,强调飞机设计中安全性的重要意义;
- 提供各种飞机构型、几何尺寸和重量的数据,以展示实际应用示例;
- 涉及各种设计方法和设计过程,以使设计者能够自由和灵活地以多种方法来满足设计需求;

- 鼓励和提升读者的创造性。

出于这些原因,随着你从一名航空/航天工程专业的学生转变为一名从业工程师,你就会发现,本书是一本多么不可或缺的参考书。有些设计资料,如"设计优化"和"操纵面设计",可作为研究生课程。预料读者在航空/航天工程专业高年级时,已经具备空气动力学、推进、飞机结构、飞机性能和飞行动力学(稳定性和操纵性)的基本原理和概念方面的基础知识。

经验表明,"不经实践,无法掌握设计方法"。因此,极力鼓励读者通过工程应用去体验设计方法和概念。也鼓励教师定义一个为期半年/一年的开口飞机设计项目,以帮助学生通过应用设计方法并经历迭代过程来进行实践和学习。本人真诚希望本书将有助于志向远大的学生和设计工程师们,学会飞机设计并创造更有效和更安全的飞机。

概要

本书由 12 章组成,并按系统工程学科的标准形式编排如下:概念设计、初步设计、详细设计。概括起来,第 3 章阐述飞机的概念设计,第 4 章叙述飞机初步设计,第 5~12 章涉及飞机详细设计。本书的概况如下。

第 1 章介绍设计基础,涉及的主题如工程设计原理,设计项目计划、决策过程、可行性分析和过失侵权行为。本章将对设计标准和要求(如联邦航空条例(FAR)和军用标准)进行评介,并进而在全书中应用。

第 2 章涉及系统工程方法。介绍按系统工程方法划分的主要设计阶段:系统概念设计、系统初步设计和系统详细设计。在本章中,将对若干概念和基础定义(如技术性能度量、功能分析、系统权衡分析、设计评估和设计需求)进行评介。通过各飞机设计阶段、飞机设计流程图、飞机设计组以及设计评估和反馈回路,解释如何在飞机设计中执行系统工程。在本章结尾,以设计步骤的形式给出整架飞机的设计程序。

第 3 章涉及飞机概念设计,研究飞机构型选择。介绍飞机各部件(如机翼、机身、尾翼、起落架和发动机)的主要功能。而且,评介每一部件的各种构型的备选方案。此外,提出飞机分类和设计约束条件。在本章中,简单评介设计优化及其数学工具。本章结尾阐述构型选择过程和方法以及权衡分析方法。

第 4 章讨论飞机初步设计的主题。在本章中,阐述确定飞机 3 个基本参数的方法。这些参数是最大起飞重量、机翼面积和发动机推力/功率。仔细研究重量累计法,估算飞机最大起飞重量。使用匹配图方法,计算飞机的机翼面积、发动机推力/功率。基于飞机性能需求(如航程、续航时间、最大速度、起飞滑跑距离、爬升率和升限),计算这 3 个参数。最后列举两个全解示例,用以说明这两种方法的应用。

第 5~9 章和第 12 章,分别阐述各飞机部件(机翼、尾翼、机身、推进系统、起落架和操纵面)的详细设计。在所列各章中,仔细研究用以计算所有飞机部件参数(如机翼/尾翼展长、弦长、翼型、安装角、后掠角、尾力臂、尾翼面积、起落架高度、前后轮距、主轮距、机身直径、机身长度、客舱设计、驾驶舱设计、发动机台数、发动机选择)的方法。此外,阐述各部件构型的特点及其与设计需求(如性能、稳定性、操纵性和成本)的相互关系。第 12 章介绍常规操纵面(副翼、升降舵和方向舵)的详细设计。在每一章中,还给出每一部件的设计流程图和设计步骤。每一章都给出多个示例,包括每章结尾给出的全解示例,以示范设计技术和方法的应用。

第 10 章介绍计算飞机部件、设备和子系统各自重量的方法。这一方法主要基于以往的飞机重量数据和统计数据导出。

第 11 章阐述的主题是飞机重量分布以及重量与平衡。本章还涉及飞机重心(cg)计算、飞机重心后限(飞机重心的最后位置)、飞机重心前限(飞机重心的最前位置)以及重心范围。此外,仔细研究了确定围绕 3 根轴(即 x、y 和 z)的飞机质量惯性矩的方法。

计量单位制

在本书中,强调采用 SI 制,或米制,采用 m(米)为长度单位,kg(千克)为质量单位,s(秒)为时间单位。事实上,与英制单位相比,SI 制更为通用,技术上更为一致。然而,现时的 FAR 都按英制发布,其中 ft(英尺)为长度单位,slug(斯勒格)为质量单位,lb(磅)为力(重量)的单位,s(秒)为时间单位。在 FAR 中,lb(磅)作为力和重量的单位,kn(节)作为空速的单位,ft(英尺)作为高度的单位。因此,在各种场合,kn(节)主要作为空速的单位,lb(磅)作为重量和力的单位,ft(英尺)作为高度的单位。所以在本书中,并用 SI 制和英制。文献资料中(甚至简氏出版物中)有个共同的错误是用 kg 作为飞机的重量单位。纵观全书,凡使用 kg(千克)作为单位时,采用术语"飞机质量"。在某些书上,已创建 lbm(磅-质量)作为质量单位,lbf(磅-力)作为重量单位,这种替代可能会产生某些混乱。所以在本书中,仅采用 lb(磅)作为重量和力的单位。

系列丛书序言

　　航空航天领域范围宽广并且多学科，不仅在工程方面，而且在许多相关的支持活动方面，涉及多种产品、多种学科和多个范畴。综合这些因素，使航空航天工业能够生产出令人振奋的和技术先进的飞行器。航空航天各领域内的专业从业人员掌握了丰富的知识并积累了丰富的经验，必需传承给业内的其他从业人员，包括刚刚从大学进入工业界的那些人员。

　　航空航天系列丛书的目标在于为工程专业人员、营运人员、使用人员以及行业有关人员（如航空航天工业内的商务和法律部门）提供一套实用的和专题性的系列丛书。涉及的主题范围很广，包括航空器的设计和研究、制造、运营和支援，以及与基础设施运行和发展有关的研究和技术。旨在为所有那些在航空航天领域内工作的人们提供有用和有益的相关信息资源。

　　飞机设计集合了关键的航空工程学科：空气动力学、飞行动力学、推进和飞机结构，必须将这些学科组合在一起，才能够使所产生的设计得以满足当今对性能、经济性和环保的严格要求。就此而言，飞机设计成了所有航空航天工程专业本科课程中的一个重要组成部分，而且所有的航空航天专业的学生经常在处置某种形式的飞机设计项目。

　　本书《飞机设计——基于系统工程方法》，通过实施系统工程方法，进行飞机的概念设计、初步设计和详细设计，拓展了经典的飞机设计方法。作为一本具有很强可读性并提供了大量信息的教学参考书（全书从现代许多不同的飞机设计项目中选取了大量的设计示例，并在每章结尾附加了全解例题），纳入威利出版社的航空航天系列丛书（Wiley Aerospace Series）是非常有价值的。

皮特·贝罗巴巴、乔森纳·库珀、罗伊·兰顿和艾伦·斯布里奇

符号和缩略语

Symbols 符号

Symbols 符号	Name 名称	Unit 计量单位
a	speed of sound 声速	m/s，ft/s
a	acceleration 加速度	m/s², ft/s²
A	area 面积	m²，ft²
AR	aspect ratio 展弦比	—
b	lift surface/control surface span 升力面展长或操纵面展长	m，ft
B	wheel base① 前后轮距	m，ft
C	specific fuel consumption 单位燃油消耗率	N/(h・kW)，lb/(h・hp)
$\overline{C}$	mean aerodynamic chord 平均空气动力弦	m，ft
C_D, C_L, C_y	drag, lift, and side force coefficients 阻力系数,升力系数,侧向力系数	—

---

① "前后轮距"含前主轮距、主尾轮距、前后轮距,分别用于不同构型的起落架。——译注

C_l，C_m，C_n	rolling，pitching，and yawing moment coefficients 横滚力矩系数，俯仰力矩系数，偏航力矩系数	—
C_h	hinge moment coefficient 铰链力矩系数	—
C_{D_y}	aircraft side drag coefficient 飞机侧向阻力系数	—
C_{D_β}	rate of change of drag coefficient w. r. t sideslip angle：$\partial C_D / \partial \beta$ 阻力系数随侧滑角的变化率：$\partial C_D / \partial \beta$	1/rad
$C_{m_{ac\_wf}}$	wing/fuselage pitching moment coefficient （about the wing/fuselage aerodynamic center） 机翼/机身俯仰力矩系数（围绕机翼/机身空气动力中心）	—
C_{m_α}	rate of change of pitching moment w. r. t angle of attack 俯仰力矩随迎角的变化率	1/rad
C_{m_q}	rate of change of pitching rate w. r. t angle of attack 俯仰角速度随迎角的变化率	1/rad
$C_{L_{\delta_E}}$	$\partial C_L / \partial \delta_E$	1/rad
$C_{m_{\delta_E}}$	$\partial C_m / \partial \delta_E$	1/rad
$C_{l_{\delta_A}}$	$\partial C_l / \partial \delta_A$	1/rad
$C_{n_{\delta_R}}$	$\partial C_n / \partial \delta_R$	1/rad
C_{n_β}	rate of change of yawing moment coefficient w. r. t sideslip angle 偏航力矩系数随侧滑角的变化率	1/rad
C_{n_r}	rate of change of yawing moment coefficient w. r. t Yaw rate 偏航力矩系数随偏航角速度的变化率	1/rad
C_{D_o}	zero-lift drag coefficient 零升阻力系数	—
C_{D_i}	induced drag coefficient 诱导阻力系数	—

C_f	skin friction coefficient 蒙皮摩擦系数	—
C_{L_α}	wing/tail/aircraft(3D)lift cure slope 机翼/尾翼/飞机(3D)升力曲线斜率	1/rad
C_{l_α}	airfoil(2D)lift cure slope 翼型(2D)升力曲线斜率	1/rad
$C_{L_{max}}$	maximum lift coefficient 最大升力系数	—
D	drag force，drag 阻力	N，lb
D	diameter 直径	m，ft
d_c	distance between the aircraft cg and center of the projected side area 飞机重心与侧向投影面积中心之间的距离	m，ft
E	endurance 续航时间	h，s
E	modulus of elasticity 弹性模量	N/m², Pa, lb/in², psi
e	Oswald span efficiency factor 奥斯瓦尔德翼展效率系数	—
F	force，friction force 力，摩擦力	N，lb
F_C	centrifugal force 离心力	N，lb
FOM	figure of merit 品质因数	—
g	gravity constant 重力常数	9.81 m/s² 32.17 ft/s²
G	fuel weight fraction 燃油重量百分率	—
GR	gearbox ratio （齿轮箱）减速比	—

G_C	ratio between the linear/angular movement of the stich/wheel to deflection of the control surface 驾驶杆/驾驶盘的线位移/角位移与操纵面偏度之间的比值	(°)/m，(°)/in，(°)/(°)
H	altitude 高度（飞行）	m，ft
h，h_0	non-dimensional distance between cg(h) or ac(h_0) and a reference line cg(h)或 ac(h_0)与基准线之间的无量纲距离	—
H	height，wheel height 高度（几何），机轮高度	m，ft
H	control surface hinge moment 操纵面铰链力矩	N·m，lb·ft
i_h	tail incidence 水平尾翼安装角	(°)，rad
i_w	wing incidence 机翼安装角	(°)，rad
l	length，tail arm 尾力臂长度	m，ft
I	mass moment of inertia 质量惯性矩	kg/m²，slug/ft²
I	second moment of area 面积二次矩	m⁴，ft⁴
I	index(e. g, design, performance) 指数（如设计指数、性能指数）	—
K	induced drag factor 诱导阻力因子	—
L，L_A	rolling moment 横滚力矩	N·m，lb·ft
L	length 长度	m，ft
L	lift force, lift 升力	N，b
$(L/D)_{max}$	maximum lift-to drag ratio 最大升阻比	—

Ma	Mach number 马赫数	—
M, M_A	pitching moment 俯仰力矩	N・m，lb・ft
m	mass 质量	kg，slug
$\dot{m}$	engine air mass flow rate 发动机空气质量流量	kg/s，lb/s
$MTOW$	maximum take-off weight 最大起飞重量	N，lb
MAC	mean aerodynamic chord 平均空气动力弦	m，ft
n	load factor 载荷系数	—
n	number of rows in cabin 客舱座椅排数	—
n	rotational speed 转速	r/min，rad/s
N	normal force 法向力	N，lb
N	number of an item 项数	—
N, N_A	yawing moment 偏航力矩	N・m，lb・ft
P	pressure 压力	N/m^2，Pa， lb/in^2，psi
P	power 功率	W，kW，hp， lb・ft/s
P_S	seat pitch 座椅排距	m，ft
P_{req}	required power 需求功率	W，kW，hp， lb・ft/s
P_{av}	available power 可用功率	W，kW，hp， lb・ft/s

P_{exc}	excess power	W, kW, hp,
	超功率	lb · ft/s
P, p	roll rate	rad/s, (°)/s
	横滚角速度	
q, $\bar{q}$	dynamic pressure	N/m², Pa,
	动压	lb/in², psi
Q, q	pitch rate	rad/s, (°)/s
	俯仰角速度	
Q	fuel flow rate	kg/s, lb/s
	燃油流量	
R	range	m, km, ft, mile,
	航程	mi, nmi
R	air gas constant	287.26 J/kg · K
	气体常数	
R	radius	m, ft
	半径	
R	rank	—
	排序	
R_e	Reynolds number	—
	雷诺数	
ROC	rate of climb	m/s, ft/min,
	爬升率	fpm
R, r	yaw rate	rad/s, (°)/s
	偏航角速度	
s	semispan($b/2$)	m, ft
	半翼展	
S	planform area of lifting/control surface	m², ft²
	升力面或操纵面平面面积	
S_A	airborne section of the take-off run	m, ft
	起飞滑跑距离空中段	
S_G	ground roll	m, ft
	地面滑跑距离	
S_{TO}	take-off run	M, ft
	起飞滑跑距离	

SFC	specific fuel consumption 单位燃油消耗率	N/(h·kW), lb/(h·hp), L/s, L/ft
SM	static margin 静稳定性裕度	—
t	time 时间	s，min，h
T	engine thrust 发动机推力	N，lb
T	temperature 温度	℃，°R，K
T	wheel track 主轮距	m，ft
T, t	thickness 厚度	m，t
t/c	airfoil thickness-to-chord ratio 翼型相对厚度	—
T/W	thrust-to-weight ratio 推重比	—
U	forward airspeed 向前飞行空速	m/s, ft/min, km/h, mi/h, kn
V	velocity, speed, airspeed 速度,空速	m/s, ft/min, km/h, mi/h, kn
V	volume 容量,容积	m^3, ft^3
V_{max}	maximum speed 最大速度	m/s, ft/min, km/h, mi/h, kn
V_{mc}	minimum controllable speed 最小可操纵速度	m/s, ft/min, km/h, mi/h, kn
V_{min_D}	minimum drag speed 最小阻力速度	m/s, ft/min, km/h, mi/h, kn
V_{minp}	minimum power speed 最小功率速度	m/s, ft/min, km/h, mi/h, kn

V_R	rotation speed	m/s, ft/min,
	抬前轮速度	km/h, mi/h, kn
$V_{ROC_{max}}$	maximum rate of climb speed	m/s, ft/min,
	最大爬升率速度	km/h, mi/h, kn
V_S	stall speed	m/s, ft/min,
	失速速度	km/h, mi/h, kn
V_T	true speed	m/s, ft/min,
	真速	km/h, mi/h, kn
V_{TO}	take-off speed	m/s, ft/min,
	起飞速度	km/h, mi/h, kn
V_W	wind speed	m/s, ft/min,
	风速	km/h, mi/h, kn
$\overline{V}_H, \overline{V}_V$	horizontal/vertical tail volume coefficient	—
	水平尾翼/垂直尾翼容量系数	
W	weight	N, lb
	重量	
W	width	m, ft
	宽度	
W_f	fuel weight	N, lb
	燃油重量	
W_{TO}	maximum take-off weight	N, lb
	最大起飞重量	
W/P	power loading	N/W, lb/hp
	功率载荷	
W/P	wing loading	N/m^2, lb/ft^2
	机翼载荷	
x, y, z	displacement in x, y, and z direction	m, ft
	x, y 和 z 方向的位移	
Y	side force	N, lb
	侧向力	
y	beam deflection	m, ft
	梁挠度	

Greek symbols 希腊字母符号

symbol 符号	name 名称	Unit 计量单位
α	angle of attack 迎角	(°), rad
β	sideslip angle 侧滑角	(°), rad
γ	climb angle 爬升角	(°), rad
θ	pitch angle, pitch attitude 俯仰角,俯仰姿态	(°), rad
λ	taper ratio 梢根比	—
ϕ	bank angle 坡度角	(°), rad
δ	pressure ratio 压力比	—
δ	control surface deflection 操纵面偏度	(°), rad
σ	air density ratio 空气密度比	—
σ	sidewash angle 侧洗角	(°), rad
ρ	air density, materials density 空气密度,材料密度	kg/m^3, $slug/ft^3$

μ	dynamic viscosity	kg/ms, lb $\cdot$ s/ft^2
	动黏度	
μ	friction coefficient	—
	摩擦系数	
μ	Mach angle	(°), rad
	马赫角	
η	efficiency, dynamic pressure ratio	—
	效率，动压比	
Λ	sweep angle	(°), rad
	后掠角	
ω	angular velocity	rad/s, (°)/s,
	角速度	
ω_n	nature frequency	rad/s, (°)/s
	固有频率	
ω	frequency	rad/s, (°)/s
	频率	
ψ	yaw angle, heading angle	(°), rad
	偏航角，航向角	
π	圆周率，3.14	—
Ω	spin rate	rad/s, (°)/s,
	尾旋速率	rpm
τ	control surface angle of attack effectiveness	—
	操纵面迎角效能	
Γ	dihedral angle	(°), rad
	上反角	
ε	downwash angle	(°), rad
	下洗角	
$\partial\varepsilon/\partial\alpha$	downwash slope	—
	下洗斜率	
$\partial\varepsilon/\partial\alpha$	sidewash slope	—
	侧洗斜率	
$\ddot{\theta}$	take-off rotation angular acceleration	(°)/s^2, rad/s^2
	起飞抬前轮角加速度	
$\Delta\bar{x}_{cg}$	non-dimensional range of center of gravity	—
	无量纲重心范围	

subscripts 下标

note 注	AR，S，b，λ，Λ，Γ and C without a subscript indicate a wing property. 无下标的 AR，S，λ，b，Λ，Γ 和 C 表示机翼属性
0，o	zero-lift，sea level，about aerodynamic center 零升力，海平面，围绕空气动力中心
0.25	quarter chord 1/4 弦线
1	稳态值
a，A	aileron 副翼
aft	the most aft location 最后位置，后限
A	aerodynamic 空气动力
ac	aerodynamic center 空气动力中心
avg	average 平均
a	aircraft 飞机
b	baggage 行李
c/4	relative to the quarter chord 相对于 1/4 弦线

c/2	relative to the 50% of the chord	
	相对于50%弦线	
cs	control surface	
	操纵面	
cross	cross-section	
	横截面	
C	crew, ceiling, cruise, cabin	
	机组,升限,巡航,客舱/座舱	
d	design	
	设计	
D	drag	
	阻力	
e,E	elevator, equivalent, empty, exit	
	升降舵,等效,空的,出口	
eff	effective	
	有效的	
E	engine	
	发动机	
f	fuel, fuselage, flap, friction	
	燃油,机身,襟翼、摩擦	
for	the most forward location	
	最前的位置	
GL	glide	
	下滑	
h	horizontal tail	
	水平尾翼	
i	item number, inboard, ideal, initial, inlet	
	项目号,内侧,理想,起始/初始,进气道/进口	
ISA	international standard atmosphere	
	国际标准大气	
L	lift, left, landing	
	升力,左,着陆	
LG	landing gear	
	起落架	

max	maximum
	最大
min	minimum
	最小
m	pitching moment
	俯仰力矩
mg	main gear
	主起落架
mat	materials
	材料
o	outboard
	外侧
opt	optimum
	优化
ot	overturn
	侧倾
p	propeller
	螺旋桨
PL	payload
	有效载荷,商载
r, R	rudder
	方向舵
R	rotation
	抬前轮
r	root
	根弦,根部
ref	reference
	基准,参考文献
s	stall, stick
	失速,驾驶杆
ss	steady-state
	稳态
SL	sea level
	海平面

S	side
	侧面
SR	spin recovery
	尾旋改出
t	tip，tab，twist，horizontal tail
	翼尖,调整片,扭转,水平尾翼
T	true
	真
TO	take-off
	起飞
tot	total
	总
ult	ultimate
	最终的
v，V	vertical tail
	垂直尾翼
VT	vertical tail
	垂直尾翼
W，w	wing，wind
	机翼,风
wet	wetted
	浸润
wf	wing/fuselage
	机翼/机身
$x，y，z$	in the $x，y$, or z direction
	沿 $x，y$,或 z 方向
$xx，yy，zz$	about the $x-，y-$, or $z-$axis
	围绕 x 轴、y 轴或 z 轴

Acronyms 缩写词

ac/AC	aerodynamic center	空气动力中心
ca	center of area, center of action	面积中心,作用中心
cg/CG	center of gravity	重心
APU	auxiliary power unit	辅助动力装置
CAD	computer-aided design	计算机辅助设计
CAM	computer-aided manufacturing	计算机辅助制造
CDR	conceptual design review	概念设计评审
CFD	computational fluid dynamics	计算流体动力学
cp	center of pressur	压力中心
DOF	degrees of freedom	自由度
DOD	Department of Defense	国防部
EASA	European Aviation Safety Agency	欧洲航空安全局
ETR	evaluation and test review	评估和试验评审
FDR	final (critical) design review	最终(关键)设计评审
FAA	Federal Aviation Administration	联邦航空局
FAR	Federal Aviation Regulations	联邦航空条例
FBW	fly-by-wire	电传操纵
FOM	figures of merit	品质因数
GA	general aviation	通用航空
HALE	high-altitude long-endurance	高空长航时
HLD	high-lift device	高升力装置
IATA	International Air Transport Association	国际航空运输协会
ISA	international standard atmosphere	国际标准大气
JAR	joint aviation requirements	联合航空要求
KTAS	knot true air speed	节真空速

KEAS	knot equivalent air speed	节等效空速
LG	landing gear	起落架
LE	leading edge	前缘
MAC	mean aerodynamic chord	平均空气动力弦
MDO	multidisciplinary design optimization	多学科设计优化
MIL-STD	military standards	军用标准
NACA	National Advisory Committee for Aeronautics	国家航空咨询委员会
NTSB	National Transportation Safety Board	国家运输安全局
np/NP	neutral point	中性点
OEI	one engine inoperative	一发不工作
PDR	preliminary design review	初步设计评审
rmp	revolutions per minute	每分钟转数
rad	radian	弧度
RCS	radar cross-section	雷达反射截面
STOL	short take-off and landing	短距起飞和着陆
TE	trailing edge	后缘
TPM	technical performance measures	技术性能度量
Turboprop	turbopropeller	涡轮螺旋桨
VTOL	vertical take off and landing	垂直起降
WBS	work breakdown structure	工作分解结构
WWⅡ	World War Ⅱ	第二次世界大战

Conversion Factors 换算系数

Length，Altitude，Range

长度,高度,航程

1 英寸(in)＝2.54 cm＝25.4 mm

1 英尺(ft)＝0.304 8 m＝12 in

1 statute mile(mi)＝5 280 ft＝1.609 km

1 法定英里(mi)＝5 280 ft＝1.609 km

1 nautical mile(n mile)＝6 076 ft＝1.852 km

1 海里(n mile)＝6 076 ft＝1.852 km

1 km＝0.621 4 mi＝3 280.8 ft

1 m＝3.281 ft＝39.37 in

Area

面积

$1 m^2$＝10.764 ft^2

$1 ft^2$＝0.093 m^2

Volume

容积

1 L＝0.001 m^3＝1 000 cm^3＝0.035 3 ft^3＝0.264 US gal

$1 ft^3$＝0.028 3 m^3＝7.481 US gal

1 US gal＝0.133 7 ft3＝3.785 L

$1 m^3$＝1 000 L＝264.17 US gal＝35.315 ft^3

Speed，Airspeed，Rate of Climb

速度,空速,爬升率

1 kn＝0.514 m/s＝1.151 mi/h＝1.852 km/h＝1.688 ft/s＝101.27 ft/min

1 mi/h＝1.609 km/h＝1.467 ft/s＝0.447 m/s＝0.869 kn＝88 ft/min

1 km/h＝0.621 4 mi/h＝0.277 8 m/s＝0.911 3 ft/s＝0.54 kn＝54.68 ft/min

1 ft/min＝0.01 kn＝0.011 mi/h＝0.018 km/h＝0.005 1 m/s＝0.017 ft/s

Mass

质量

1 slug＝14. 59 kg

1 kg＝1 000 g＝0. 068 5 slug

Force，Weight，Thrust

力，重量，推力

1 N＝0. 225 lb

1 lb＝4. 448 N

Mass and Weight

质量和重量

1 N(weight)＝1 kg・m/s^2(weight)→0. 102 kg(mass)

1 N(重量)＝1 kg・m/s^2(重量)→0. 102 kg(质量)

1 lb(weight)＝1 slug・ft/s^2(weight)＝4. 448 N(weight)→0. 454 kg(mass)

1 lb(重量)＝1 slug・ft/s^2(重量)＝4. 448 N(重量)→0. 454 kg(质量)

1 kg(mass)→9. 807 N(weight)＝2. 205 lb(weight)

1 kg(质量)→9. 807 N(重量)＝2. 205 lb(重量)

Work，Energy

功，能量

1 J＝0. 737 6 ft・lb

1 BTU＝1 055 J＝778. 17 ft・lb

1 cal＝4. 187 J＝3. 09 ft・lb

Power

功率

1 hp＝550 ft・lb/s＝745. 7 W＝33 000 lb・ft/min

1 kW＝737. 56 ft・lb/s＝1. 341 hp

Mass Moment of Inertia

质量惯性矩

1 kg・m^2＝0. 738 slug・ft^2

1 slug・ft^2＝1. 356 kg・m^2

Pressure

压力

1 Pa＝1 N/m^2＝0. 000 15 lb/in^2＝0. 000 15 psi

1 atm＝101 325 Pa＝1. 013 bar＝14. 7 lb/in^2＝14. 7 psi

1 psi＝6 895 Pa＝0. 068 atm

Time，Endurance，

时间，续航时间

1 day＝24 h＝1 440 min＝86 400 s

1 h＝60 min＝3 600 s

Angle

角度

$1 \text{ rad} = 180(°)/\pi = 57.3°$

$1° = \pi/180 \text{ rad} = 0.017\ 45 \text{ rad}$

目　　录

1 飞机设计基础

1.1 设计绪论

飞机设计实质上是工程设计的一个分支。设计首先是一个分析过程,通常附带给出设计图纸/草图。设计蕴含其自身的知识体系,而与设计中常用的建立在科学基础上的分析工具无关。设计是很多人惯常使用的一种较高层次的解决问题的方法。设计富有激情,极具挑战,令人满足,得益匪浅。解决某个数学问题的一般程序都是直截了当的,设计则主观得多,极少有单一的"正确"答案。设计领域涉及许多挑战、许多不确定因素、许多分歧意见和许多矛盾。本章试图使读者熟悉设计的基本原理和整个过程。撰写本书的主要目的在于为创建满足必要设计需求的最佳和最有效的飞机设计提供所需的基本工具和概念。

图 1-1 以图解形式给出一个关于设计过程的非常基本的简化模型。通常,设计过程包括三项主要工作:分析、综合和评估。"分析"是预测设计候选方案性能或属性的过程。"评估"是进行性能计算并对每一可行设计候选方案的预测性能进行比较,以确定不足之处的过程。"综合"一词是指将两个或多个实体共同组合为一个新的实体。在本书中,"综合"与"设计"两词互换使用。因此,将"综合"定义为使已知事物组合成一个新的更有用实体的创造过程。综合是设计的工具,而评估则是设计的指南。对(部分或全部)尚未满足需求的候选设计进行迭代。也就是说,在综合工作中确定新数值、新特性、新特

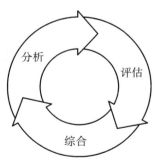

图 1-1 综合、分析和评估之间的相互关系

征或新参数。对于经重新设计的候选设计再次进行分析,确定是否符合设计需求。不断地进行这一迭代过程,直到满足设计需求为止。一个设计过程需要综合和迭代,是一个力求使综合、分析和评估三者协调的过程。必须在整个设计生命周期内通过多次迭代的方式来集成和实施所有这三项工作。

图 1-2　飞机设计中两组主要的设计活动

设计工作通常涉及两项活动：①通过数学计算解决问题；②从备选方案中择优选择（见图 1-2）。第一项活动将在第 4～12 章中在设计各种飞机部件时进行。第二项设计活动通常是一个决策过程。决策的基本原则将在第 1.4 节中阐述，并在飞机概念设计中全然采用（见第 3 章）。此外，在飞机部件设计（如机翼设计、尾翼设计和推进系统设计）时会遇到各种决策过程，将在本书相关各章中予以讨论。构成常规飞机的主要部件有机翼、机身、水平尾翼、垂直尾翼、发动机、起落架和设备。决策过程在这些主要部件的构型设计中起到重要的作用。

传统的工程教育体系强调数学、物理科学以及工程科学。问题在于对设计和创造性缺乏足够的关注。创造性思维及其建议是设计成功的关键。创建一项新的设计，要求具有创造力并具有克服强大障碍的能力。为解决这一重大问题，在 20 世纪 90 年代后期建立了一个新的组织，即 CDIO①。CDIO 的初衷是为培养新一代工程师而定义一个创新的教育架构。该架构向学生提供一种强调工程基础知识的教育，而这些工程基础又是在构思/设计/实现/运作（CDIO）各种实际系统及产品的范围内所建立的。本书特别强调设计者要有超越现时飞机设计的创造性和自主意识。

全书介绍了用于产生创意设计备选方案的各种方法。一种有效的创意设计方法是"头脑风暴"，它已成为一个产生新思路的源泉。头脑风暴是一种有组织的面向群体的构思各种备选设计方案的方法。它由尽情发挥自身想象力但符合核心程序规则的一组个人组成，最终目标是该组的成员将彼此鼓励和支持。成果是该组能够产生比个人单独能够获得的那些方案更为巧妙的概念化设计方案。为了鼓励成员们阐述各自的设想，哪怕是完全不切实际的，头脑风暴一条至关重要的规则是不允许批评任何个人或任何设想。强调的是产生尽可能多的设想和概念，无需挂虑它们的准确性。分组会后，对在头脑风暴会议期间所提议的设想进行筛选、整理和综合。在概念设计阶段，头脑风暴方法基本上是适用的（见第 2 章和第 3 章）。

通常，飞机设计需要 6 门基础学科参与（见图 1-3）：①飞行动力学，②空气动力学，③推进，④飞机结构，⑤管理技能和⑥工程设计。前 4 项属于航空工程的基本技术领域，本书未专门设章来阐述其中的任何一个主题，因为预料读者已熟悉这些领域内的基础知识、概念、技术术语以及工程方法。管理定义[1]为协调各项工作活动，以便能够与其他人一起和通过其他人来有效和高效地完成这些活动。作为一名飞机设计师，需要具备管理技能，并在整个设计过程中起一名经理的作用。本书并未涉及这一主题，但在本章（第 1.3 节和第 1.4 节）中，对管理的几个方面（如项目计

① www.cdio.org.

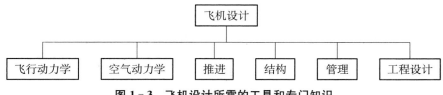

图 1-3 飞机设计所需的工具和专门知识

划和决策)进行了评介。

最后,工程设计[2-4]是设计过程的关键所在,并认为是属于飞机设计必需的第6门学科。第1.2节将简要地阐述工程设计的各个方面。必须注意到,飞机工程设计具有其自己的科学、概念、基础知识、技术术语和方法。在第3~12章中,将提及飞机部件设计的所有各个方面,并介绍飞机设计程序。

本章首先研究工程设计专业。其次,提出设计项目计划并介绍工具(如甘特图)。然后,阐述决策原理,这是任何设计过程的非常重要的一部分。在第1.5节还对可行性进行了讨论。最后,阐述过失侵权行为,以警告飞机设计工程师,为规避承担法律责任,应极其谨慎。

1.2 工程设计

飞机设计在本质上是工程设计的一个分支。设计是所有工程活动的顶点,包含工程运行和分析(作为达到设计目标的工具)。许多工程学教授发现,教授设计课程比教授传统的以工程科学为基础的分析课程要难得多。每一大学生的工程课程含有设计成分,尽管该成分的范围和结构可能有很大的不同。工程设计基本知识对于所有的工程学科(航空、机械、电气、土木和计算机)是共通的。工程设计是处理特定级别大型复杂项目的一种有序方法。工程设计为设计工程师们提供了现实的设计过程。设计是工程专业的核心活动,并且涉及方法、管理以及设计技术和工具。本节阐述工程设计基本知识以及几项技术术语定义。

在经典数学、解决科学问题方法以及设计运行之间存在明显的区别。在设计过程中包含着一种固有的美丽,通常在产生了设计输出之后会感受到。数学和科学问题具有三个主要特点:①问题是适定和简洁的;②每一问题的解是唯一和简洁的;③问题有一个可确认的结局。然而实际的工程设计问题并不都有这些特点。事实上,工程设计问题通常难以提出,不具有唯一解,并且还是未决的。工程与技术认证委员会(ABET)[5]定义工程设计如下:

工程设计是谋划一个系统、部件或过程以满足所希望的需求的过程。

这是一个决策过程(往往需要迭代),在此过程中,采用基本科学和数学以及工程科学以最佳地转换各种资源,满足所述的目标。其中,设计过程的基本要素是确定目标和准则、综合、分析、建造、试验和评估。

ABET 的陈述只是有关工程设计的许多定义之一,有许多方法可以描述设计是如何进行的。本书基于系统工程方法将 ABET 的描述形式化为简化的设计过程步序模型[6]。图 1-4 示出一种非常基本的设计过程框图。它示出从用户需要到设计输出的路径,包括基于评估的反馈。本节将讨论问题界定,并在第 1.4 节中阐述项目计划。本书的大部分内容论述设计运行,包含在第 3~12 章内。

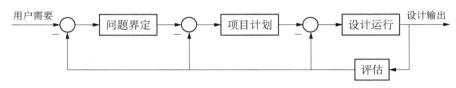

图 1-4 工程设计框图

评估不仅影响设计运行,而且大多数时候可能影响问题界定和项目计划。当前一个明显的示例是航天飞机(1981 年启用,2011 年退役)。在成功运行了 30 多年(共执行了 135 次空间任务)之后,NASA 才认为现时的设计概念不可行。除了经济性因素外,有两个原因迫使 NASA 重新策划航天飞机(见图 1-5),它们分别是在 1986 年和 2003 年发生的航天飞机灾难。1986 年 1 月 28 日,挑战者号航天飞机刚飞行了 73 s 就空中解体,导致 7 名宇航员全部遇难。2003 年 2 月 1 日,哥伦比亚号航天飞机在马上就要完成它的第 28 次任务之前,在重返地球大气层期间在德克萨

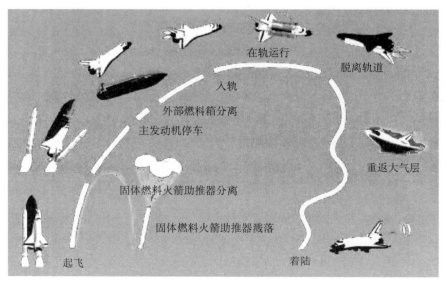

图 1-5 原始的航天飞机概念和任务剖面(经 NASA 允许)

斯州上空解体,导致 7 名宇航员全部殉职。在美国其他形式的运载工具准备就绪之前,宇航员将只能搭乘俄罗斯联盟号飞船或(如有可能)搭乘未来的美国商业航天飞船,往返于国际空间站。

在明确地定义了"需要"之后,设计者必须将其注意力转移到描述其构想如何满足需要。这一基本步骤要求在以下两者之间达到微妙的平衡,即既制订出设计工作的大致范围,又避免过于具体以至于徒然失去产生创新性设计方案的机会。问题界定包括识别需要,确认用户、市场评价、定义问题、功能分析,以及制订设计需求。问题陈述的架构形式需要由如下三个部分组成,即目的、目标和约束(见图 1-6)。

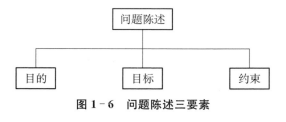

图 1-6   问题陈述三要素

"目的"陈述是对需要陈述的一种简要的、大致的和理想的响应。需要描述的是现时不满意的状态,而目的描述的是为改进需要所描述的状态而追求的未来理想状态。目的是通过描述现时不满意的状态来定义的。因此,目的是改进现时状态以达到一个更高层次。目的通常非常理想化以至于可能无法实现。通常通过称为"标杆管理"的过程对目的进行修订。标杆管理涉及将你的设计与在满足用户需求方面做得最好的竞争对手的设计做明确的比较。

"目标"是可量化的性能预期值,由此确认最受用户关注的那些设计性能特性。此外,目标还应该包括对设计必须遵循的各种条件的说明。在生命周期内,目标是规定"做什么"而不是"如何做",也就是,需要完成"什么",而不是"如何"来完成。凡规定运行条件时,设计者便能在可对比条件下评估不同设计选项的性能。必须使用表达理想性能的词语来定义每一目标。术语"性能规范"通常是目标的同义词。然而术语"设计规范"系指关于整个设计的详细说明,包括所有尺寸、材料属性、重量和制造说明。

功能限制或外形限制称为"约束",它们限制我们的设计自由。约束限定允许的设计特性状态以及允许的设计和性能参数范围。约束是所有设计为了获得候选资格而必须具备的特性。大多数工程设计项目在本质上包括种种实际约束,如经济因素、安全性、可靠性、审美哲学、道德规范和社会影响。例如,新系统的高度不能超过 1.4 m,或其质量不得超过 3.6 kg,或必须常年工作而不管是冷天,还是热天。

与每一目标有关的价值无涉描述语称为"准则"。例如,某项设计的一个目标是设计必须"廉价"。与这一目标有关的准则则是"成本"。使用与各自相应目标相同的度量基础和相同的计量单位制,对准则进行量化。换言之,准则是确认目标的更简洁的方式。表 1-1 示出若干典型的设计目标以及与设计一架飞机有关的准则。

从根本上说,设计产品是为了满足用户的需要和欲望,并具备实用性。必须通过目的和目标将用户的需要转换为"设计需求"。设计需求主要包括用户需求加上工程需求。用户需求系指由用户或客户明确表达的目标。工程需求系指能够为达到用户需求而做出贡献的设计参数和性能参数。

表 1-1 一个飞机设计项目的典型设计目标和相关准则

序号	目标	度 量 基 础	准则	单位
1	廉价进入市场	产品的制造成本	制造成本	美元
2	廉价运营	每公里耗油量	运营成本	L/km
3	轻	总重	重量	N
4	小尺寸	几何形状	尺寸	m
5	快	运行速度	性能	km/h
6	可维护	维修所需工时	可维修性	工时
7	可生产	制造所需技术	可制造性	—
8	可再利用	危险材料或不可再利用材料的数量	用后可任意处置性	kg
9	可机动	转弯半径	机动性	m
10	舒适	人机工程学标准	人为因素	—
11	适航性	安全性标准	安全性	—
12	营运中无人员伤亡	灾难性事故中旅客伤亡程度	适坠性	—

图 1-7 概念性地说明在设计过程中各种设计特性的状态。这表明在一个设计方案的早期阶段,在构型、制造工艺和维修技术方面将有一个大的投入。此外,正是此时刻要做出重要决策,而具体产品知识却有限。再者据估计,对于一个给定产品,在设计的早期阶段依据工程设计和管理决策,可能发生大约 70% 的预计生命周期成本。随着设计的不断进展,更改设计变得越来越难。因此,与设计方案的后期阶段决策相比,设计方案早期阶段的决策所带来的影响更加深远。因此,至关重要的是设计者在概念设计阶段对任何决策都应有高度自信。

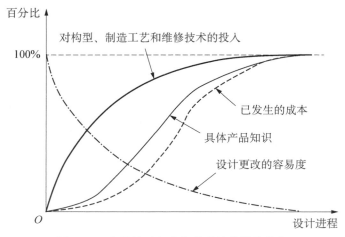

图 1-7 在设计过程中各种设计特性的状态

飞机设计成本尽管只占总生命周期成本的大约 1%。但是这个 1% 却决定了其余的 99%。此外，设计成本占生产（购置）成本的 20%。因此，对设计团队成员的任何必要投资都是值得的。大多数飞机制造商在生产的前几年得不到任何回报而是寄希望于未来他们将会赚钱。大型飞机制造商在大约 10 年之后收回他们的投资，此后他们才会有盈利。在以往，不乏飞机制造商破产而借助政府长期贷款才得以东山再起的事例。

风洞试验耗费从 GA（通用航空）小飞机的每小时 200 美元到大型运输类飞机的每小时 5 000 美元。某些飞机的设计和制造取得了极大的成功，例如英法联合研制的超声速运输机协和号（见图 7-24 和图 11-15），但在国际市场上没有买家，飞机不得不停产。

1.3 设计项目计划

为使设计项目的时间进度有效，必须要有某些程序来监控进程，就某种意义而言，鼓励人们加速进程。甘特图是一种通用有效的项目管理控制措施。它呈现项目概况，非系统人员差不多都能直观了解。因此，作为通告项目状态管理信息的一种手段具有很大的价值。甘特图有三个主要特性：

（1）向经理和总设计师通告分配了什么任务，而任务又分给了谁。

（2）表明任务开始和结束的预计日期，并以图表形式表示预计的任务量。

（3）表明任务开始和完成的实际时间，并图示这一信息。

如同许多其他的计划/管理工具那样，如果某些作业未能按进度完成和/或如果其他任务进度超前，那么甘特图将向经理/总设计师提供早期预警。甘特图也能够对员工技能和作业复杂程度的估计以图形形式给出及时反馈。表 1-2 示出一架轻型单座飞机设计的典型甘特图（以条形图/里程碑图的组合形式示出）。这样一幅图表，向总设计师提供一种"进度安排法"，并使他/她能够按周/月来快速跟踪和评估设计活动。假如没有设计项目计划，像 A380（见图 1-8）这样的飞机项目就不可能取得成功。

图 1-8 空中客车公司的 A380 飞机，空中客车公司最新产品（经安妮·迪乌斯允许）

表 1-2 一架轻型单座飞机设计的典型甘特图

作业/任务		周/月/年					
作业	任务	2013 年 1 月	2013 年 2 月	2013 年 3 月	2013 年 4 月	2013 年 5 月	2013 年 6 月
问题定义	确认设计需求	▭					
	可行性分析	▭					
概念设计	构型设计	▭					
	概念设计评审	▯					
初步设计	计算		▭				
	初步设计评审		▯				
详细设计	机翼设计		▭				
	尾翼设计		▭				
	机身设计		▭				
	推进系统			▭			
	起落架			▭			
	设备/子系统			▭			
	综合			▭			
	机翼风洞试验			▭			
	重量分布			▭			
	性能/稳定性分析			▭			
	操纵面设计				▭		
	评估和试验评审				▯		
飞行试验	原型机生产			▭			
	飞行试验					▭	
关键设计评审	关键设计评审						▯
合格审定	合格审定						▭

首选的进度安排方法是使用项目网络计划[2]，诸如"计划评审法（PERT）"和"关键路径法（CPM）"。网络计划的应用，对于小规模和大规模设计项目而言都是合适的，对于研制某个存在多个关联性的系统，则特别有价值。表1-2中所列出的新术语（如初步设计评审和关键设计评审）以及与之相关的方法的定义将在本书第2章中阐述。

1.4　决策

首先必须强调，任何工程选择都必须得到逻辑思维以及科学推理和分析的支持。可以预料，设计者不会仅凭个人喜好某个构型就会因此而做出选择。必须有足够的证据和理由来证明现时的选择是最好的。

决策时面临的主要挑战是，通常存在多项准则并伴随有与其中每一准则相关的风险。本节将介绍几种有助于在复杂条件下做出决策的方法和工具。然而在大多数设计项目中，存在若干阶段，每个阶段都有若干个可接受的设计备选方案，而设计者又不得不只选择其中的一个方案。在这种情况下，无法使用简单的支配方程通过数学方法解决这一难题。因此，解决此问题的唯一途径就只有从设计选项清单中予以挑选。在许多情况下一个设计问题往往存在多个解，但在进行各方面比较时，一个可选方案不可能全方位明显胜出。

举一个简单的交通运输设计问题的例子，问题是要求设计者规划一种交通工具将一个人从一个城市运送到另一个城市。假设两个城市都是港口，相距300 km。备选的设计解决方案可以是自行车、摩托车、汽车、火车、公共汽车、船舶和飞机。旅行者可以选择使用其中的任何一种交通工具到达。在大多数工程设计项目中有三个共通准则，即①成本，②性能，③安全性（和可靠性）。表1-3给出这些设计选项的典型对比以及每一备选方案的优先顺序。根据排序可以看出，没有一个选项在所有三个准则方面都超过其余6个备选方案而明显列为第一。

表 1-3　典型的多准则决策问题（数字 1 表示最合意的）

序号	设计方案选项（交通工具）	准则		
		使用成本	安全性	性能（最大速度）
1	自行车	1	1	7
2	摩托车	2	7	3
3	汽车	5	6	4
4	公共汽车	3	5	5
5	火车	4	3	2
6	船舶	6	4	6
7	飞机	7	2	1

如果设计者仅关心使用成本和安全性,则不得不选择自行车,但是如果唯一的决策准则是旅行速度,飞机则是首选的交通工具。自行车通常是最慢的交通工具,然而它是最廉价的旅行方式。相比之下,飞机在速度方面确实很快(最快的旅行方式),但通常它是最贵的选项。显而易见,对于一位典型的旅行者和设计者,所有的准则都重要。因此,问题就成为如何做出最好的决策,选择最适宜的交通工具。这一示例(见表1-3)是一个多准则决策问题的典型代表,这也是一位设计工程师在某个典型的工程设计项目中常常会面对的。在选择了交通工具的类型之后开始计算,以确定几何尺寸和其他工程特性。

设计者必须认识到做出最佳决策的重要性以及做出不良决策的不利后果。在多数设计案例中,最佳决策是正确决策,不良决策则是错误决策。正确决策意味着设计成功,而错误决策导致设计失败。在某一特定情况下,随着设计问题复杂程度和高深程度的增加,需要采用更为完善的方法。

做出最佳决策以选择/确定最佳备选方案的方法要经历如下5个步骤:

● **步骤1** 列出在决策活动内所包含的所有备选方案。尝试使用头脑风暴方法产生尽可能多的设计概念,不管怎样,即使已知为包容和考虑所有备选方案而需要的各种资源,你还需要做大量的思考,以将备选方案减少到易于处置的数量。

● **步骤2** 选择最佳设计时的第二步是确认并制订准则(见表1-1)。这些准则在以后对于研究各个选项起到指南的作用。一些设计参考文献中采用术语"品质因数(FOM)"来替代准则。

● **步骤3** 接着的步骤是定义衡量指标。以一种称为准则性能度量及其计量单位的简略方式来定义衡量指标。衡量指标是克服非可比复杂局面(如将苹果与橘子进行比较)的工具,用以建立共通评估尺度并按此尺度定位每一准则的衡量指标。简单的评价尺度是按优秀、足够或不良三个等级来定位每一准则。所以,可使用这一共通评价尺度来考虑每一准则对每一设计选项做出评价。一种更好的并可量化的评价尺度是如同表1-4所示的数字尺度。衡量一架飞机性能的典型指标是最大速度、起飞滑跑距离、爬升率、航程、续航时间、转弯半径、转弯速率以及升限。

● **步骤4** 第4步涉及非同等重要准则。设计者通常不应按照同等重要的观点来处理所有的准则。设计者必须设法查明每一需求(即准则)对于用户而言如何重要。最简单的方法是向每一准则(或甚至在衡量指标这一级)分配数字权重值,以表示这一准则相对其他准则的重要程度。这些权重值较为理想地反映了设计者对相对重要性的判断。至于一个设计备选方案是否优于另一个,做出的判断也许会高度依赖于评估人员的价值观和喜好。在某些情况下,设计者除了依赖个人的"感觉"和基于数字权重值的"判断"外别无其他方法。作为一个起始点,你可以将每一准则与其他每一个准则(每次一个)结对,并判断在每一对中哪一个比另一个更为重要。随

表 1－4　共通评价尺度、准则衡量指标和三个示例

序号	共通评价尺度		准则衡量指标		
	优选等级	数值	示例 1 长度/m	示例 2 最大速度/(km/h)	示例 3 质量/kg
1	完美	10	35	60	500
2	优秀	9	29.1	52	550
3	非常好	8	25.7	41	620
4	好	7	21.4	32	680
5	满意	6	18.4	27	740
6	足够	5	16.6	21	790
7	可容许	4	12.7	17	830
8	不良	3	8.4	17	910
9	很差	2	6.7	14	960
10	不足	1	4.3	10	1 020
11	无用	0	2.5	7	1 100

后可将权重值归一化(即用数学方法将每一数字转换为百分比数),为的是易于对它们进行比较。

确认每一准则权重的先决条件是按重要性排序。表 3－6 示出各个飞机设计者对 10 个设计准则所排列的优选顺序。准则的数目较少时,这一任务简单明了。对于大型和复杂的系统,必须采用系统工程法(见第 2 章)。菜谱式方法不能替代经验和合理的专业判断,其本质上只是一个主观的过程。参考文献[2]阐述了一种较高层次的方法,称为"层次分析法(AHP)"。对于复杂系统,这种方法值得考虑。

● **步骤 5**　选择得分最高的备选方案。可以预料,决策过程的输出将产生最令人满意的结果。

设计者可通过开发软件包来实施决策过程,以使特定指标最小化或最大化。在评估准则时存在不确定因素的情况下,尝试采用成熟的鲁棒决策法则,将这些不确定因素纳入决策过程中。处置不确定因素的难题之一在于找出这些不确定参数和不确定因素的可能性。在称为"灵敏度分析"的过程中将很好地解决这一难题。

1.5　可行性分析

在设计的早期阶段,借助头脑风暴,提出几个与进度和可用资源似乎一致的有前途的概念。在为详细设计阶段投入资源和人员之前,必须执行一项重要的设计活动,即可行性分析。有多个设计阶段是系统设计和研制过程总是必须经历的。其中最重要的是确认与用户有关的需要,并由此确定设计怎样的系统。随后是可行性研究,以发现潜在的技术方案,并确定系统需求。

正是在这一生命周期的早期阶段,相对于适合的特定设计方法和技术应用,做出主要决策,这对产品的生命周期成本有很大的影响。在这一阶段,设计者解决了关于是否继续推进所选定概念的基本问题。显然,消耗更多时间和资源试图达到一个不切实际的目标,既无好处,也无前途。某些革命性概念一开始看起来似乎很有魅力,但是当其进入现实世界时,发现它们太虚幻。可行性研究将在创意性设计概念和虚幻构想之间做出区分。可行性评估将确定每一概念的备选方案满足设计准则的程度。

在可行性分析时,就如下两个问题寻求答案:

(1) 目的是否可达到? 目标是否切合实际? 能否满足设计需求?

(2) 现时的设计概念是否切实可行?

如果第一个问题的答案是否定的,那么必须更改设计目的和目标,从而更改设计需求。然后无论如何,必须对设计需求的源头进行更改,无论是源自用户直接订单或是源自市场分析皆如此(见图 1 - 9)。当第二个问题的答案为否定时,必须选择新的设计概念。发现这些问题的答案并不总是很容易的,为了确定答案,除设计工程师之外,其他的专业人士,诸如财务专家或制造工程师,必须经常参加可行性研究。可行性分析将完善设计需求,并将初始认定有前途的设计概念减少到几个可行的概念。正是在这阶段确认了不确定因素。

在对若干个概念进行分析并且收敛性测试表明在初始认定有前途的概念中没

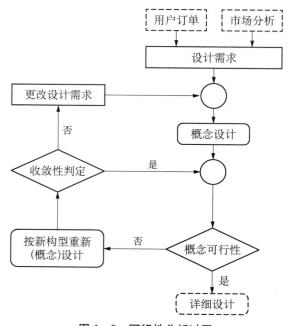

图 1 - 9　可行性分析过程

有一个可行时,通告用户,在现时科学和技术的限制范围内不可能达到目标。此时,建议用户降低其期望值等级。相比之下,可行性研究的结果将大大影响产品的使用特性,以及产品在可生产性、可支援性、用后可任意处置性以及可探测性方面的设计。现有技术或现有材料的选择和应用,与可靠性和可维修性有关联,将影响制造活动,并将影响产品的运营成本。

例如,B787 梦幻飞机(见图 1-10)是首架采用全复合材料结构的商用运输类飞机。复合材料可以降低飞机重量,但必定会影响可靠性、维修性和整个生命周期。在做出投入以继续广泛开展设计活动之前,在可行性研究期间,应该对所有这些考量做出回应。系统工程方法是从系统的角度进行可行性分析。因此,系统工程的主要目标是从一开始就确保对所有系统元素(以及与每个元素有关的活动)进行恰当的协调和及时的综合。系统工程方法将在第 2 章中予以陈述。

图 1-10　B787 梦幻飞机(经 A.J 贝斯特允许)

1.6　过失侵权行为

法律责任问题对于一个飞机设计工程师而言至关重要。法律责任是民法体系的基本部分。在民法中,问题不是谁无罪或有罪,问题在于纠纷之中谁有过错,或谁违反协议,或谁未能履行义务。责任法属于民法的一个分支,称为侵权法。过失侵权法的范畴涉及由于过失引起的伤害而非故意伤害。过失是未能达到一个合理谨慎的人在类似环境下应达到的谨慎程度。向公众销售自己产品的设计者和制造商面临与自身行为的法律后果有关的许多不确定因素。设计工程师和制造商们对他们的产品或设计给用户或第三方造成的伤害负责并承担责任。因此,设计者有责任小心谨慎行事。当产品有缺陷或设计产生隐性危险时,设计者具有过失。

查阅整个航空史,已出现过数千次灾难,其中大多数,设计者(而不是驾驶员)负有责任。灾难包括飞机坠毁、不幸事故和意外事件。在所有这些情况下,已对用户或大众造成危害(人身或财产)。这些事件的主要根源在于设计者在设计时

的粗心大意,计算差错,或对未来缺乏预测。在事故预测领域内,如下的墨菲法则适用:

"要发生的,注定要发生;会出错的,终将会出错。"

例如,将这一法则用于液体容器。法则的直接应用如下:飞机上每一携带液体的系统将会泄漏。一架使用吸气式发动机的飞机携带燃油,一架旅客机携带水。因此,飞机设计者必须避免在厕所或液体容器或燃油箱下方的机腹部位安装电线和航空电子系统。参考文献[7]基于在飞机项目设计和研制过程中出现的实际事件阐述了许多背后的故事。例如,一个故事叙述如何将第一架 F-18 战斗机的不可接受的起降性能追溯到空气动力计算受地面效应影响而出现的误差。

另一个背景故事阐述通用动力公司的攻击机 F-111A 的首次飞行,当驾驶员在着陆后接通变后掠角系统实施机翼向后变后掠角时,富勒襟翼会吱吱作响。在这样一起非预期事件中,事故显然暴露出设计者的错误。解决的方法是采用联锁装置,阻止驾驶员在襟翼放下时使机翼变后掠。设计工程师的一项工作是不断地将研制和使用中得到"经验教训"编成文档,并确保将其综合于未来的系统研制活动中。由先前项目的经验教训所形成的文档,在风险确认和特性描述时尤其难能可贵,在可行性研究中必须予以采用。

下面三个与飞机有关的案例起因于不同时间出现的悲惨事故,遇难者的亲属向法院提出非正常死亡的诉讼。在所有这三起案件中,法院判定公司(即设计者)疏忽并承担责任。一旦在一起责任性案件中做出有利于原告的判决,则附带金钱赔偿。然而,在一些更为严重的案件中,也可判予惩罚性赔偿金。在航天领域,大多数卫星的不幸事故都源于工程错误。为防止同样的差错重复出现,已将这些经验教训编撰于一些参考文献中,航天工业部门应对此予以关注。

● 案例 1:1984 年美国空军起诉"韦伯飞机公司"。1984 年,一架空军飞机的发动机空中失效,驾驶员从飞机上弹射逃生时严重受伤。在完成空军担保和事故的安全性调查之后,飞行员向被告方(负责飞机弹射设备设计和制造的实体)提起伤害赔偿诉讼。

● 案例 2:律师杰克金和 69 名欧洲原告与"塞斯纳飞机公司"对簿公堂,案由是 2001 年 10 月 8 日,意大利米兰利纳特机场发生一起悲惨的撞机灾难。在那个有雾的早晨,一架由 Air Evex 航空公司(在德国取得许可证)运营的私人塞斯纳喷气机,朝向现用跑道做出错误的转弯和滑行,导致它与刚刚起飞的斯堪的纳维亚航空公司 686 号航班飞机相撞,造成包括两架机上的所有人员和地面上的 4 人在内的 118 人死亡,地面上还有其他人受伤。

● 案例 3:自 1991 年起,发生多起涉及 B737 飞机方向舵非预期移动所致的意外事故。一起事故发生在 1994 年 9 月 8 日,此时,一架执飞美国航空公司 427 航班的 B737 - 300 飞机,在宾夕法尼亚州的匹兹堡附近坠毁,死亡 132 人。另一起事故是 1997 年 12 月 19 日,一架执飞 SilkAiron 航空公司 185 号航班的 B737,从 35 000 ft 高空,一头扎入印度尼西亚一条淤泥河中,机上 104 人全部遇难。洛杉矶高等法院陪审团裁定是方向舵操纵系统中的缺陷导致坠机,而帕克汉尼芬公司,这家全球最大的液压设备制造商,被告知向三名死难者的家庭赔付 4 360 万美元。与之相反,美国国家运输安全委员会(NTSB)得出结论,不存在机械缺陷,是驾驶员故意导致坠机。2002 年 11 月 12 日,美国联邦航空局(FAA)最后下令更新所有 B737 飞机的方向舵操纵系统。

● 案例 4:一架大陆航空公司的 B737 飞机,在美国科罗拉多州丹佛国际机场起飞时冲出跑道,落入一条小沟中,起落架折断,左发动机甩脱。至少有 58 人在碰撞中受伤,事件发生在 2008 年 12 月 20 日。飞机整个右侧烧毁,熔化的塑料从顶部行李箱滴落到座椅上。注意,飞机的左发动机随所有起落架一起与机体撕脱。NTSB 发布公告,这次事故可能的原因是机长误操作(中断蹬右舵)。

图 1 - 11(a)示出,1991 年 9 月 14 日在墨西哥城,一架俄制图 154 飞机试图在恶劣的气象条件下着陆而坠毁。幸运的是,机上的 112 人全都生还。图 1 - 11(b)示出,2007 年 5 月 10 日,一架俄制伊尔 76 货机,在地面装货准备飞往刚果布拉柴维尔时着火。

责任法诉讼的威慑必定促使设计者和制造商对安全性问题更加警觉,并以更具创造性和创新性的方法解决这些问题。责任法的威慑不应给创造性设计和科技创新带来压抑。由于这个原因,强烈推荐采用安全系数。联邦航空条例已从多方面提出此问题,但尚且不够,飞机设计者和所涉及的所有工程师在设计过程中必须小心谨慎。谨慎的设计策略是采取极度小心的态度,预料相关的错误事件,并将某些特性纳入产品中,以使产品更加鲁棒。

(a)

(b)

图 1 - 11　两架飞机的悲剧事故

(a) 图 154 飞机因恶劣的气象条件而坠毁（经奥古斯托·G·戈麦斯允许）　(b) 伊尔 76 货机在地面着火（经谢尔盖·珀德列斯尼·帕特允许）

在飞机设计中有一个社会上可接受的著名法则，即 10^9 法则。该法则表明，在 10 亿名乘飞机出游的旅行者中出现 1 人死亡的概率是可接受的。即使一人死亡对于一个社团而言也是一个大灾难，但是愚蠢和疏忽有时会引起致命的坠机事件。据统计，在美国每年大约有 300 人死于与航空有关的事故，而大约有 4.5 万人死于车祸。因此，与汽车相比，飞机更为安全，空中旅行比公路旅行要安全 150 倍。大约 1/3 的航空事故起因于受控撞地飞行（CFIT）。当驾驶员出错而撞山时，设计者对这样的事故几乎无能为力。飞机设计者无法对驾驶员的每个错误都给出解决方案。有些错误可通过设计予以避免，但绝不是全部。参考文献[7]讲述若干个有关驾驶员错误以及设计者错误的故事。所有的故事都对飞机设计者有益，并都有经验教训可供借鉴。

参 考 文 献

［1］ Robbins, S. P. and Coulter, M. (2008) *Management* [M]. 10th edn, Pearson Prentice Hall.

［2］ Dieter, G. and Schmidt, L. (2008) *Engineering Design* [M]. 4th edn, McGraw-Hill.

［3］ Hyman, B. (2003) *Fundamentals of Engineering Design* [M]. 2nd edn, Prentice Hall.

［4］ Eggert, R. J. (2005) *Engineering Design* [M]. Pearson Prentice Hall.

［5］ ABET Constitution, Accreditation Board for Engineering and Technology (2012), www. abet. org.

［6］ Blanchard, B. S. and Fabrycky, W. J. (2006) *Systems Engineering and Analysis* [M]. 4th edn, Prentice Hall.

［7］ Roskam, J. (2006) *Roskam's Airplanes War Stories*, DAR Corporation.

2　系统工程方法

2.1　引言

发展系统工程(SE)学科的创立原本是为有助于了解并设法应对系统的复杂性。现代飞机系统中所出现的复杂性程度需要一种不同于传统上所采用的方法。在 40 多年前就已开始引入现代 SE 原理的正规教学。在 20 世纪 50 年代后期,开始系统工程的应用,此时美国国防部(DOD)有关 SE 的早期观点就形成文件。这皆因美国为开展空间竞赛[1]和发展核导弹计划所致。在 20 世纪 50 年代,美国麻省理工学院(MIT)首先尝试在工程课程范围内正式开设系统工程课程。在 20 世纪 60 年代,系统工程作为军工体系工程师的首选方法而在国防部范围内得到广泛的认同。到了 20 世纪 90 年代中期,系统工程方法被注入新的活力。

在系统研制和验证阶段,增大使用系统工程过程和实践的力度,被认为是执行此方法的关键所在。工业界、学术界以及政府致力于系统工程振兴,包括出版关于系统工程过程、方法和模板的著作,用以指导人们实施系统工程。在 2003年和 2004 年,DOD[2,3]发布一系列的政策,再度强调系统工程的应用,声称这对国防部能够迎接发展挑战和维持所需军事力量是必不可少的。人们注意到,当系统变得更加复杂而构成"系统系列"或"多系统系统"时尤其如此。此外,NASA(美国航空航天局)[4]在 2007 年编制并出版了《系统工程手册》。

通常,可将系统分为自然系统或人工系统两类。人工系统或技术系统(例如飞机)是利用普适技术按照自然法则人为介入而形成的。系统是构成复杂或单一整体的那些元件、构件、部件和零件的集合或组合。这些项目在某个空间内随机构成的群体不能认定为一个系统,因为缺乏统一、功能相关性和实际用途。系统由组成要素、属性和相关性所构成。由系统执行的目的明确的行为是系统的功能。

系统观是了解复杂性的唯一途径。系统工程方法定义为"**容纳一切技术努力来发展和验证一个综合的且生命周期平衡的系统、人员、产品和工艺方案集合以满足**

用户需要的一种多学科方法"。多学科 SE 设计涉及系统工程过程的应用,并要求工程师们具有横跨多个技术领域的实际设计知识并掌握实施系统工程所用的经改进的工具和方法。

工业界、政府和学术界共同承担责任培养为保持航空航天产品和能力处于技术前沿而需要的未来工程师。促成因素之一是涉及多学科的系统工程基础知识及其在系统中的实际运用。尽管如此,工程教育课程仍然着重于传统的教育产品,即高质量但单一学科的工程师和技术员。为满足对多学科系统工程设计人员的需求,需要传授某些与现时教科书并不相同的内容。

常常将系统工程方面的教育[5, 7]视为正规工程课程的一种延伸。在 40 多年前,就开始引用系统工程原理方面的正规教学。在 20 世纪 50 年代后期,开始系统工程的应用,这是由于为开展空间竞赛[1]和发展核导弹计划所致。有关系统工程的大学本科课程数量有限。国际系统工程委员会(INCOSE)保存全世界范围内系统工程学术课程的目录[8]。按照 2006 年的 INCOSE 目录,美国大约有 75 家机构,总共提供约 130 个大学生和研究生的系统工程课程。系统工程教育可以分为两种基本类型:以系统工程为主或以学科为主。以系统工程为主的课程将系统工程作为一门单独的学科来对待,它们的教程着重于系统工程的实践和方法。在 2006 年,有 31 家机构提供 48 个以系统工程为主类型的学位课程,并有 48 家机构提供 82 个以学科为主类型的跨多个工程学科的系统工程学位课程。

本章将简要介绍有关系统工程学科、原理、设计阶段、设计流程、设计评估各方面的基础知识以及系统工程在飞机设计过程中的应用。本书从头至尾采用系统工程方法来阐述飞机设计方法。本章的组织结构如下。第 2.2 节阐述系统工程基础。第 2.3～2.5 节分别给出概念设计阶段、初步设计阶段和详细设计阶段的特点。第 2.6 节介绍有关运行可行性的设计,它涉及的主题诸如可维修性、可生产性、可探测性、可用性、可支援性、可购性,可再利用性以及用后可任意处置性。设计评审、评估和反馈是系统工程方法中的重要步骤,将在 2.7 节中予以阐述。最后在第 2.8 节中,阐述系统工程方法在飞机设计中的应用。

2.2　系统工程基础

飞机是一个由一组为实现某个共同航空目标或用途而一起工作的相互关联的部件所组成的系统。主要的目标包括以低成本实现安全飞行。飞机是极为复杂的产品,由许多子系统、部件和零件组成。但是,它们是在全球航空运输或国防体系的"多系统系统"范围内运行的一个系统。飞机的概念、设计、生产、运营和维修受到包括技术、经济、政策、组织、金融以及监管在内的许多因素的影响。飞机工程作为一个系统,需要能够成功解决这许多复杂性问题的方法、工具以及过程。由于飞机系统存在着与其研制有关的高成本和高风险,因此使得飞机系统成为系统工程方法的主要用户。

系统工程是包含这些方法、工具和过程的基础学科。它也提出发展系统级需求的全面战略,这些需求应满足用户的需要,符合投资人的预期,吸取从过去经验中得到的知识,满足监管和其他约束。另一方面,系统工程是用于对人、硬件和/或软件等构成要素进行综合以使最终系统或产品满足系统级需求的过程。如要采用系统工程方法,必须决定"什么是系统"。为了提供一个框架,定义下列各等级,此处(本书中)解决等级2(即系统级)的问题。

- 等级1,"**多系统系统**"级。航空运输/国防系统,包括飞机、导弹、卫星、地面站、机场和空中交通管理等。
- 等级2,**系统级**。飞机和/或相关的系统,包括飞机、用户、运营商、培训机构、制造厂、维修车间等。
- 等级3,**子系统级**。飞机主要子系统,包括飞行操纵机构、液压、电气、航空电子、动力装置、燃油、空调、结构、座椅等。
- 等级4,**部件级**。部件,包括机翼、机身、尾翼、起落架、雷达、泵、短舱、操纵面、辅助动力装置(APU)等。
- 等级5,**零件级**。零件,包括管接头、紧固件、叶片、螺旋桨、螺钉、螺母、翼肋、梁、框、加强件、蒙皮、轴、电线、导管等。

为确保经济竞争性,工程与经济和经济可行性的关联必须更密切,最佳的实现方法是在工程中贯彻生命周期方法。系统生命周期包括设计、研制、生产、运营、支援和报废处置。设计过程分为三个主要阶段:①概念设计阶段,②初步设计阶段,③详细设计阶段。这些属于人为分类,连同试验和评估一起,构成系统设计的4个基本阶段。

将概念设计、初步设计、详细设计以及生产和/或建造统称为采购阶段(见图2-1),而将产品使用、支援、淘汰和报废处置统称为利用阶段。至关重要的是,飞机设计者在设计和研制过程的早期阶段要对利用阶段的效果很敏感。他们还需要在设计过程中尽可能早地进行生命周期工程研究。图2-2以图解形式说明系统工程方法中4个主要设计活动之间的相互关系。设计过程首先根据设计需求从概念设

图 2-1　系统生命周期

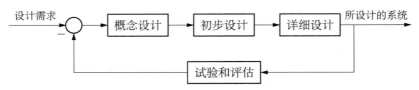

图 2-2 四项主要设计活动之间的关系

计阶段开始。有关概念设计的详情将在第 2.3 节陈述。概念设计阶段完成之后便开始初步设计,并采用概念设计阶段的输出。第 2.4 节对初步设计阶段做了专门描述。初步设计阶段完成之后便开始详细设计阶段,并运用初步设计阶段的输出。第 2.5 节对详细设计阶段进行评介。

在每一轮设计之后,进行试验和评估,将所设计系统的特性与设计需求进行比较。如果该系统在任何一方面未满足设计需求,则将信息反馈给设计组,以便进行必要的修正。不断地进行这一迭代过程,直到满足所有设计需求。图 2-2 是将整个设计过程视为一个反馈控制系统而建的模型,此时如果在输入(设计需求)与输出(所设计系统的特性)之间存在任何差异,都将产生一个误差信号。在第 2.7 节,将介绍试验和评估。

尽管普遍接受这些设计阶段,但还必须针对某个特定的项目需要,量身定制一个特定设计过程(如"瀑布模型"、"螺旋模型"或"V 字形模型")。有关各种模型的更详细信息,希望感兴趣的读者参阅参考文献[1,9,10]。系统工程和航空航天工程对设计的影响如图 2-3 所示。随着设计过程的进展,两者的影响相反,系统工程的影响减弱,而航空航天工程的影响区域增大。因此,需要确保对航空航天工程技术进行恰当的综合。

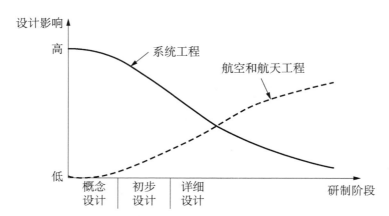

图 2-3 系统工程和航空航天工程对设计的影响

就系统工程而言,飞机设计不仅应将需要传递给一架飞机,而且应确保飞机与相关物理需求和功能需求的兼容性。因此,应考虑以安全性、可生产性、可购性、可靠性、可维修性、可使用性、可支援性、可服务性、可探测性、可废弃性呈现的运行效果,以及有关性能、稳定性、操纵性以及效能诸方面的需求。系统工程的主要目标是形成一套完整的需求,为的是定义一条单一的基线,可由此逐步形成所有低级别的需求。

已出版的关于系统工程的著作数量巨大,它们探究关于系统工程执行的复杂细节,涌现出一大批有关这一主题的高质量论文和教材。参考文献[11]提出系统工程衡量指标以及系统工程诊断方法。已出版的有关系统工程的著作内容丰富,涵盖从需要确认到资产/能力报废的众多领域。参考文献[12-15]给出系统工程方法在航空航天工程领域中多方面的应用。参考文献[16]讨论了如何运用系统工程方法在多学科多所大学之间开展高空充气翼飞机的设计。

2.3 系统概念设计

2.3.1 定义

从综合的角度来看,系统设计通常包含概念设计、初步设计和详细设计。概念设计是系统设计和研制过程的第一阶段,也是最重要的阶段。这是一项早期的和高层次的生命周期活动,并有可能制订、提交以及预先确定所想要系统的功能、形式、成本和研制进度。概念级设计的合适起点是问题的确认和相关的需要定义。

概念设计的主要责任是为一个首选系统构型的设计和研制选择一条前行路径,其最终是对已确认的用户需求的响应。执行系统工程过程中关键的第一步是建立这一早期的基础,并需要制订初始规划以及形成一系列的制造工艺。从组织角度考虑,系统工程从一开始就应首先定义系统需求,并从总的综合生命周期角度来解决这些问题。

顾名思义,概念设计阶段的成果是一个概念或构型,未必伴随任何细节。概念设计过程中有关某个具体新系统各项需求的需要,首先成为关注的焦点。依据这一共识,启动系统概念设计过程来满足这些需要。然而,在系统的概念设计期间,应同时对它的生产和支援给予考虑。这就引起并行生命周期,以便形成制造能力。

2.3.2 概念设计流程图

整个系统概念设计阶段(从需要分析开始),主要目标之一是形成并定义系统的具体设计需求,作为一个切入点。对这些活动取得的结果进行组合、综合并将其纳入系统规范内。此规范构成顶层"技术需求"文件,从一开始就为系统设计提供全面

指南。通常在概念设计阶段,必须执行下列步骤:

(1) 确认问题,并将问题转化为对系统需要的定义,其将提供一个解决方案。

(2) 完成系统计划(如甘特图)来响应已确认的需要。

(3) 进行可行性研究,确保系统实际可行,并导出系统设计技术方法细节。

(4) 形成系统运行需求,描述系统在完成其指定任务时必须执行的功能。

(5) 提出生产/维修计划,在所希望的系统整个生命周期内持续支持系统。

(6) 确认技术性能度量(TPM)和相关的设计准则,并按重要性排序。

(7) 执行系统级功能分析,并向各子系统分配各项需求。

(8) 界定各项需要并产生对它们进行评估的衡量指标。

(9) 开展头脑风暴并设计出两三个概念,以提出设计需求并且列出它们的特性。

(10) 完成权衡分析,以选择最佳概念。

(11) 形成系统规范。

(12) 进行概念设计评审(CDR)。

(13) 如果 CDR 并未认可此概念,那么选择新方案并产生新的概念。

图 2-4 以流程图的形式描述这 13 个步骤。如图所示,在概念设计阶段,开始应用研究和先进系统计划,但必须将它们持续到初步设计阶段和详细设计阶段。在实施应用研究期间,可能形成和诞生新技术。将概念设计阶段的结果和系统规范提供给下一个阶段,即初步设计阶段。概念设计阶段的一些步骤,如 TPM、功能分析、系统权衡分析和 CDR,将在下面各节做简要综述。

2.3.3　技术性能度量(TPM)

TPM 指的是描述系统性能需求的定量值。TPM 是对设计范围内固有的属性和/或特性(即与设计相关的参数)的度量,并导致对 TPM 的确认。TPM 包括定量的和定性的因素,如用户诉求,人为因素、重量、几何特性、容积、速度、过程持续时间、运营成本、可维护性、可探测性、可生产性以及可用性。它们可以是概念设计阶段针对某一具体系统而规定的 TPM 数字值。TPM 的确认主要由系统需求和运营成本的形成演化而来。

实践中在确定应纳入设计的具体特性时,某些已规定的值是矛盾的。例如,在设计某一车辆时,尺寸、容量、速度、驾驶舒适性、制造成本和运营成本的 TPM 并不具有相同的重要性。因此,为了达到一个更高层次的目标,必须进行权衡。表 2-1 是由一个汽车设计者团队给出的 TPM 确认和优先权排序工作的结果。值得关注的是,相对重要性(即表 2-1 的最后一栏)是设计者团队成员与主要零件供应商、经销商(与其他制造商竞争)、技工(维修和支援)、平均技能驾驶员(用户)、媒体(统计资料)和人为因素分析者之间多次会议协商的结果。

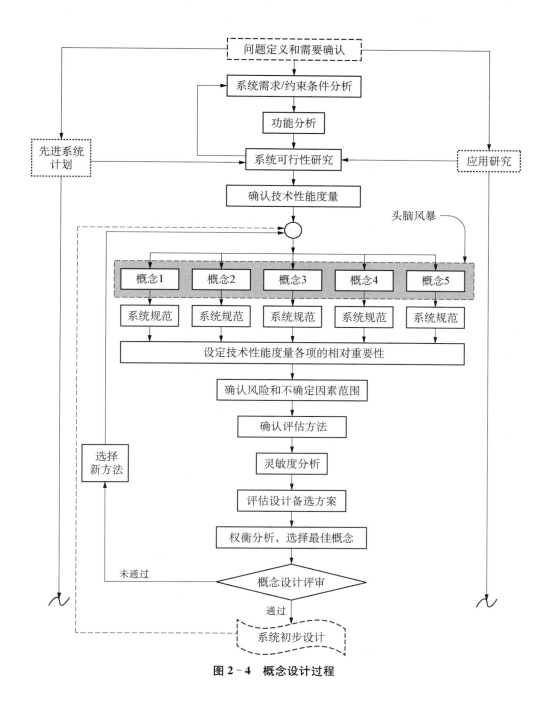

图 2-4 概念设计过程

表 2-1 汽车设计者的 TPM 优先顺序

序号	技术性能度量(TPM)	定 量 要 求	相对重要性/%
1	目标速度*	70 mile/h(112 km/h)	15
2	驾驶员和旅客的舒适性(人为因素)	相对舒适	30
3	总质量	1 400 kg	6
4	制造(装配)时间	5 天	9
5	低端/常规/奢华	常规	12
6	车尾行李箱尺寸	宽 1.5 m,高 0.6 m,长 1.2 m	7
7	定价(可销售性)	$17 000	12
8	可维修性(MTBM**)	500 km	8
总计			100

* 这是汽车最小耗油率(如 35 mpg)要求的速度。
** 全称为 mean time before maintenance(维修前平均时间)。

2.3.4　功能分析

概念设计阶段早期的一项必要活动是制订一份完成所需任务的系统功能说明。对于大型复杂系统而言,确立需要和问题陈述并不能充分地界定设计问题。在这种情况下,必需描述由系统及其部件所执行的任务或"功能"。功能是指为达到某个给定目标所必需的某个特定的或离散的行动(或一系列行动)。也就是说,是系统必须执行的一项运作。功能分析作为界定设计问题的手段,用于表明对这些功能加以确认和描述的过程。功能分析是将系统需求转换为详细设计准则以及随后确认系统运行和支援所需资源的过程。在详细设计期间还要进行功能分析,因为其包括从系统级向下到子系统级的需求分解。"功能分析"的用途是对系统的功能架构给出全面的综合性说明,并提供一个确认所有物理资源需求的基础。

使用功能框图,也就是运用图解法,能很方便地完成功能分析。功能分析提供一条基线,由此确认可靠性需求、可维修性需求、人为因素需求、可支援性需求和可制造性需求。功能分析之后的下一步是分解,也就是将系统向下分解到构成要素(或零件)。然后,必须针对每个系统构成要素确定设计需求。此刻,必须将由运行需求定义演化而来的 TPM 向下分配或分摊给构成该系统的相应子系统或构成要素。图 2-5 示出从系统到构成要素的功能分解。为保证最终系统设计构型满足用户需要,从一开始,也就是在概念设计阶段的后期,就必须从上至下分配设计准则。

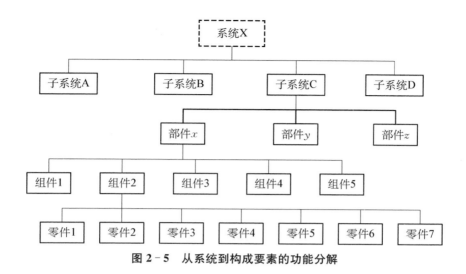

图 2 - 5　从系统到构成要素的功能分解

2.3.5　系统权衡分析

设计过程通常包含数值分析(大量的计算,部分Ⅰ),以及逻辑选择(部分Ⅱ)。使用数学/物理/化学方程式、关系式、公式和方法来完成计算部分。然而在决策过程中完成选择部分。基于系统工程方法的高效决策方法称为权衡分析。从概念设计阶段到初步设计阶段和详细设计阶段,各设计阶段都采用这一方法。从系统顶层级到子系统级,再到部件级,甚至向下到零件级,在所有层次都执行权衡分析。顾名思义,权衡分析涉及得与失。得益必须最大化,损失必须最小化。权衡是在两个或多个较好的备选方案之间进行折中。

随着系统设计的进展,必须就相应构型、工艺、材料、例行程序、结构、方法和等级精度的评估和选择做出决策。灵敏度分析是权衡研究的一部分,可用于确认风险和不确定性的潜在范围。在解决工程设计问题时,常常不得不涉及多个评估准则或多个品质因数(FOM)。因此问题是,哪一个准则更为重要(如飞机最大速度或运营成本)。由于系统研制团队会作为一个团队做出许多决策,各种群体决策方法将替代方程求解,因此大多数设计问题提出一个权衡要求,此时一个属性得到改善,另一个属性则会受到削弱。权衡由变量的相关性(通常称为耦合)引起。权衡分析的目标在于全面满足用户需要,而不是仅满足一项设计需求。可将复杂系统中的权衡分析界定为多变量优化问题[17, 18],并可采用优化方法予以求解。

在权衡研究时,必须确定每一设计备选方案的 FOM,并与其他备选方案的进行比较。FOM 是基于一个系统或装置的一个或多个特性的数字量,代表对于效率和效能的一种度量。FOM 是用于表征某个装置、系统或方法的性能相对于其备选方案性能优劣的数字量。由每一 TPM 乘以其相对重要性所得值之和,确定 FOM。FOM 分数最高的备选方案将是最好的,并将被选为最终设计。表 2-2 给出了一次典型的权衡分析,比较了某个系统 5 个备选方案的 FOM。在此示例中,选项 3(汽车)具有最高得分(93),并被确认为最佳设计(即运输工具)。必须填满表 2-2 中所有空格,留给读者完成此表格。

表 2-2　交通运输系统 5 个备选方案特性比较表示样

序号	技术性能度量(TPM)	相对重要性(%)	选项 1(自行车)	选项 2(摩托车)	选项 3(汽车)	选项 4(火车)	选项 5(飞机)
1	重量	9					
2	容量	13					
3	运营成本	14					
4	市场价格	10					
5	速度	26					
6	旅行时间	4					
7	可生产性	10					
8	可维修性	7					
9	可用性	5					
10	可探测性	2					
品质因数(FOM)		100	76	64	93	68	85

2.3.6　概念设计评审

在每一主要设计阶段(概念设计阶段、初步设计阶段和详细设计阶段),都要完成评估功能,以确保在继续进行下一设计阶段之前的那个节点上,设计是正确的。评估功能包括如下两者:①非正式的逐日项目协调及数据复查,②正式的设计评审。发放设计数据/设计特性,并评审其是否符合基本系统需求。一个由技术人员和工作成员组成的委员会执行评审操作。概念设计评审(CDR)的目的在于以最有效和最经济的方式从系统工程的观点对所提议的设计按逻辑进行正式评审。在 CDR 期间,对所推荐的系统设计进行正式检查,讨论主要问题,并且采取纠正措施。此外,为所有的项目人员提供一个共同基线。

CDR 使设计团队成员有机会解释和证明各自的设计方法,使评审委员会成员有机会向设计团队询问各种问题。CDR 起到一个极好的交流媒介作用,在设计和支援人员之间创建较好的了解,并提升信心和可靠性。图 2-4 表明在概念设计阶段 CDR 的重要性和地位,此时如果委员会未批准该设计,则设计团队必须从头再来。CDR 的进度通常安排在概念设计阶段临近结束时,并在进入项目的初步设计阶段之前。

2.4 系统初步设计

概念设计结束后,设计工作继续开展(见图2-2),解决一些最基本的系统特性。在初步设计阶段将实现此目标。初步设计的根本宗旨在于确定基本部件/子系统的特性。初步设计的部分成果如下:主要技术数据、设计和运行权衡研究、接口规范、系统物理模型和数学模型,以及验证和验证试验的计划。初步设计阶段常常包含下列步骤:

- 由系统级设计需求形成子系统级设计需求;
- 编制子系统级的研制、工艺和材料规范;
- 确定子系统级的技术性能度量(TPM);
- 进行子系统级的功能分析;
- 制订详细设计需求,并编制其分配计划;
- 确认合适的技术设计工具、软件包和工艺;
- 完成子系统级的权衡研究;
- 初步设计阶段结束时,提供用于初步设计评估(PDR)的设计输出。

在子系统级,功能分析、权衡研究和设计评审时所用程序与概念级中所描述的非常类似。第2.3.4~2.3.6节描述了系统级这些活动的详情。因此,功能分析和权衡研究必须从系统级向下延伸到子系统级,并按需要再逐级向下扩展。按照运行需求、TPM确认和优先权排序,由系统级设计需求演化为子系统级设计需求。这涉及自上而下/自下而上[9]的设计迭代过程(如"V"形过程模型)。与运行需求有关的系统级TPM,必定与一个或多个子系统的功能相关。在初步设计阶段,对硬件、软件、技术人员、试验设施、数据和基准进行选择。确认子系统、组件和模块,并对它们逐个分配功能。确定子系统级的定量和定性的设计需求。

各种分析/数学模型的应用,能易化初步设计和详细设计的评估过程。数学模型定义为实数范畴内的数学表达式,其使得与待分析问题有关的状态特性实现抽象化。数学模型的应用具有显著的成效。存在许多相互关联的元素,必须将它们综合到一个系统,而不是按逐个元素进行处理。数学模型可使我们将问题作为一个整体来处理,并有可能同时考虑问题的所有主要变量。模型的扩展程度取决于问题的本质、变量的数目、输入参数的关系、备选方案的个数以及运算的复杂性。

在系统的整个层次结构中,必须具有自上而下/自下而上的需求追溯性。重要的是,从一开始起就横跨生命周期对这些活动进行协调和综合。换言之,在硬件、软件和人为因素的整个研发过程中,必须保持不间断的相互沟通。在初步设计阶段,在功能分析后出现的与设计相关的活动是:人为因素分析、维修和后勤保障分析、可生产性分析、用后可任意处置性分析、经济性分析、系统构成要素功能包分析以及可靠性分析。如果PDR委员会认可初步设计阶段的成果满足设计需求,则这些成果将转入详细设计阶段。

2.5 系统详细设计

详细设计阶段继续进行图 2-2 所示的系统研制迭代过程,以最终形成一个系统。概念设计阶段和初步设计阶段为向下发展到部件/零件级的详细设计决策提供了良好基础。此时,已经知道系统构型以及各子系统、组件、子组件、软件包、人员、设施、维修和支援要素的规范。在子系统级,功能分析、权衡研究和设计评审时所用程序,与概念级中所描述的非常类似。第 2.3.4~2.3.6 节描述了系统级这些活动的详情。因此,功能分析和权衡研究必须从系统级向下延伸到子系统级,并按需要再逐级向下扩展。

详细设计阶段共有如下 10 主要步骤:

- 由子系统需求形成系统中所有下一级部件的设计需求;
- 采用设计工具和软件包;
- 规划、管理和组织,并建立若干个设计组(基于各工程学科);
- 开展广泛的设计工作(例如,技术/数学计算和逻辑选择),以实现所有设计目标;
- 进行权衡分析;
- 对系统的子系统/部件/元件/零件进行综合;
- 公布设计数据和文件;
- 产生原型机物理模型;
- 计划并实施试验和评估;
- 排定日程并进行详细设计评审(DDR)。

系统工程的成功源自于如下的共识,即设计活动需要一个"团队"。因此,在进行技术/数学计算和逻辑选择时,必须建立一些设计组或团队。基本上有两种方法:①顺序法,②并行法。两种方法都基于相关的工程学科(如机械、电气、航空、计算机和土木工程)。通常并行法(即同步工程)花费时间最少,而顺序法使设计运行成本降至最小。

当一个设计过程从概念设计转入初步设计和详细设计时,实际的团队"组成"在所需的专家和项目人员数量分派方面将发生变化。早先在概念设计和初步设计阶段时,需要数位具有广泛技术知识的有资质高级人才。这些少数人员了解并深信系统工程,并知道何时调用相应学科的专家。随着设计的进展,将要经常增加一定数量的来自各种不同设计专业的代表。

依据项目的规模,可能指派相对少数的人,或可能涉及数百人。所需要的资源可能包括工程技术专家(如工程师)、工程技术支援人员(如技术员、制图员、计算机编程员、施工人员),以及非技术型的支援人员(如市场、预算、人力资源)。目标是促进"团队"文化,为必要的交流创建合适的环境。图 2-6 给出详细设计流程图,图中一系列的反馈,将评估的结果带给了设计团队成员。设计文件包括设计图纸、材料和零件清单以及分析和报告。

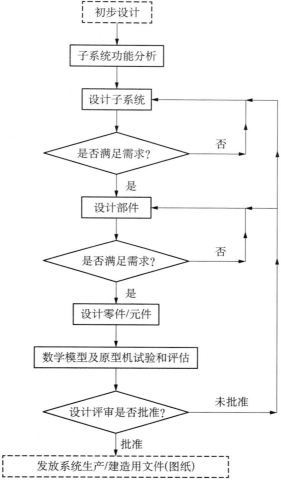

图2-6 详细设计实施流程图

在这一设计阶段,在整个设计中,广泛应用基于计算机的辅助设计工具,如计算机辅助设计(CAD)和计算机辅助制造(CAM),这将易化设计过程。雇佣这些人员产生图纸和三维图形显示,提交给制造团队。CAD/CAM的应用,使系统工程过程能够以有效、高效和无缝对接的方式实施。为使成本减至最少,建议选择市场可购得的由多家有活力的供应商提供的标准件(即商业货架产品)。

在详细设计阶段的某些节点,数学模型对于评估该项设计是必要的。然而随着设计更进一步发展,在确认和/或验证计算结果时,物理模型,甚至是原型机会起到更好的作用。因为事实上,随着设计朝向生产/建造阶段推进,如要纳入任何必要更改作为纠正措施,越近后期所付出的代价越大。一架原型机除了尚未完全配备齐全外,在构成、装配和功能的所有方面都代表系统的生产型。目标是为进入生产线之前的设计评估而完成一定数量的试验。DDR 过程的基本目标和得益,与 2.3.6 节所阐述的相似。

确定基线之后,由于下列众多原因中的任何一项原因,都会频繁地引起更改:纠正某个设计缺陷,改进生产,纳入一项新技术,响应运行需求方面的一项更改,弥补某个已过时的部件等。因此,由于项目范围内的原因,或外部施加的某些新需求,其结果都可能引起某种更改。然而任何一项更改都可能影响系统的许多其他构成要素。纳入任何更改的过程必须得到正式确认并受控,以确保从一个构型变为另一个构型的可追溯性。当今环境下通常遇到的挑战涉及在有限时间内以最低成本快速实现整个系统设计过程。

2.6　设计需求

有许多特定的设计需求是用户要求的,设计团队必须予以解决。然而还有另外一些设计需求则是用户不一定意识到并且不可能口头表达的。本节将与设计有关的需求,简要陈述如下:

（1）性能需求;

（2）稳定性需求;

（3）操纵需求;

（4）运行需要;

（5）可购性需求;

（6）可靠性需求;

（7）可维修性需求;

（8）可生产性需求;

（9）可评估性需求;

（10）可用性需求;

（11）安全性(飞机适航性)需求;

（12）适坠性需求;

（13）可支援性和可服务性需求;

（14）可持续性需求;

（15）用后可任意处置性需求;

（16）可销售性需求;

（17）环境需求;

（18）可探测性需求;

（19）标准需求;

（20）法律需求。

在设计和生产阶段,必须针对上面所列需求编制并提出规范。并非所有这些需求对于每一系统都是必需的,但设计者应确信哪一些是适用的。例如,对于"隐身飞机",可探测性需求是"必须的",而非家庭制造的任何飞机必须遵循联邦航空局(FAA)颁发的适航性(即安全性)标准。值得注意的是,对于航线飞机(民用运输类飞机),必须满足适坠性标准。为达到整个设计目标,需要在各种需求之间维持相应平衡。这是非常难以达到的,因为所述的某些需求似乎与其他需求存在矛盾。轻型单发战斗机 Saab JAS 39"鹰狮"的三面视图和前视图如图 2-7 所示。现代飞机(尤其是军用飞机)的设计需求,要由一个委员会(由来自不同部门的代表组成)经过很长的过程予以最后确认。

(a)

(b)

图 2-7 Saab JAS 39"鹰狮"

(a)三面视图(经萨伯公司允许) (b)飞机着陆(经安东尼·奥斯本允许)

2.7　设计评审、评估和反馈

在每个主要的设计阶段(概念设计、初步设计和详细设计)都应进行评估,对设计开展评审,确保在进入下一阶段之前的那个节点上该设计是可接受的。在整个系统研制过程中有一系列的正式设计评审要在规定时刻进行。设计过程范围内一项基本的技术活动就是评估。评估必须是系统工程过程范围内固有的,并且必须随着系统设计活动的进展有规则地举行。然而在用户需求和具体的系统设计准则不到位的情况下,不应进行系统评估。只有按完全公认的设计准则进行,评估才能成为不断改进设计的保证。

评估过程包括:①非正式的逐日项目协调及数据复查,②正式的设计评审。因此,在设计进程的每一阶段,必须要有以评审形式出现的"彼此相互制衡"。设计评审的目的在于以最有效和最经济的方式对所提议的设计按逻辑进行正式评估。通过后来的评审、讨论和反馈,所提议的设计要么得到批准,要么提交一份推荐更改清单以供考虑。参考文献[2]可使试验评估团队共享美国空军如何以最小的投资在系统工程和项目管理方面取得成功并能达到战略和战术目标的几项提示/工具/经验教训。

进行任何形式评审的目的在于按当时的设想评定设计构型是否(和如何合理地)符合初始规定的定量和定性需求。一次正式的设计评审能否取得成功,取决于评审之前自身所做计划、组织和准备工作的细致程度。每次设计评审都起到一次极好的交流媒介作用,在设计和支援人员之间创建更好的相互理解,并提升信心和可靠性。发放设计数据/设计特性,并译审其是否符合基本的系统需求。一个由技术和工作人员组成的委员会执行评审工作。在任何一次设计评审期间,对所提议的系统设计提供一次正式的核查,讨论主要问题,并采取纠正措施。此外,为项目的所有人员提供一条共通基线。设计团队成员有机会通过口头和书面报告,解释和论证其设计方法,评审委员会的成员也有机会向设计团队询问各种问题。

设计评审对所提议的系统设计按规范需求进行一次正式检查。讨论主要问题(如果存在),并采取纠正措施。设计评审也为项目所有设计成员创立了一条基线。此外,它提供了一种解决各设计组之间接口问题的方法,并确实保证所有系统构成要素都是兼容的。而且,一群人的评审可以确认新的思路,有可能导致过程简化,最终降低成本。在设计过程的各个阶段,评审设计项目的成果。原则上,这些正式评审的具体形式、主题和时间进度,对于各个设计项目而言是不同的。对于一个设计项目,建议开展下列 4 项主要的正式设计评审:

(1) 概念设计评审(CDR);

(2) 初步设计评审(PDR);

(3) 评估和试验评审(ETR);

（4）关键（最终）设计评审（FDR）。

图 2-8 表明每一设计评审在整个设计
过程中的位置。通常在每一主要设计阶段之
前安排设计评审。CDR 通常安排在概念设
计阶段结束并在项目进入初步设计阶段之
前。CDR 的目的在于以系统工程的观点对
所提议的设计按逻辑进行正式评审。PDR
通常安排在初步设计阶段结束并在进入详细
设计阶段之前。FDR 通常安排在详细设计
阶段完成之后并在进入生产阶段之前。在此
节点上，设计基本"固定"，从充分性和可生产
性方面评估所提议的构型。

ETR 通常安排在详细设计阶段中途和
进入生产阶段之前的某个时间。ETR 完成
两个主要任务：①发现并确定在子系统级/
部件级存在的任何设计问题；②按政府合格
审定或用户验收来验证系统能力并形成文
件。ETR 的范围可从一个现有系统中单个
新系统的试验到一个新系统完整的研制和合
格审定。因此，ETR 计划的持续时间可从几
周到几年不等。当系统完成组装和仪表装配
时，通常要进行历时数天、数周、数月，甚至数
年的外场试验。

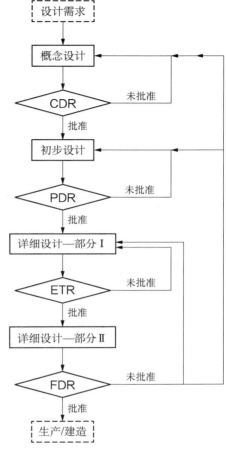

图 2-8　正式的设计评审

就 ETR 而论，详细设计分为两个部分：
部分Ⅰ和部分Ⅱ。为此，子系统/部件分为两组：①"主要的或主导的"子系统/部
件；②"辅助的或从属的"子系统/部件。"主导的"子系统/部件是指直接对设计需求
负责的那些子系统/部件，"从属的"子系统/部件是指为主导的子系统/部件提供服
务的那些子系统部件。例如在一辆汽车上，传动装置、发动机和车身被认为是主导
的子系统，而电气、空调和发动机冷却则是从属的子系统。发动机和传动装置负责
汽车的最大速度，车身的功能是为乘坐者提供空间。

再如，在一架飞机上，机翼、机身、尾翼和发动机被认为是主导部件，而电气系
统、航电系统、空调系统、客舱、驾驶舱、辅助动力装置和起落架可归类为从属部件。
在飞机设计项目中，飞机空气动力学设计领先于飞机结构设计，因为结构是一个从
属子系统。因此，飞机空气动力学设计在详细设计阶段的部分Ⅰ执行，而飞机结构
设计将在部分Ⅱ启动。

主导子系统/部件（如机翼、机身、尾翼、推进系统）完成详细设计之后，编制评估和试验计划。当 ETR 批准此试验计划时，制造物理模型/数学模型/原型机，以确认设计。对于飞机设计项目，制作飞机模型并用于风洞试验，原型机用于飞行试验。一旦进行试验并取得满意的结果，便开始详细设计阶段的部分 II。在详细设计阶段的这一部分，设计从属的子系统。在详细设计阶段结束时，安排 FDR，以确认/验证此最终设计。

2.8　飞机设计中的系统工程方法

2.8.1　系统工程的执行

从历史的观点来看，在飞机发明之后系统工程领域发展良好。这引起飞机设计方法的一场革命。大多数飞机制造公司都有一个部门致力于系统工程，与设计工程师们展开合作。系统工程方法应用于定义、设计、研制、生产、运营和维修。然而趋势是军用飞机的应用案例比商用飞机的多。纵贯本书，采用系统工程作为设计飞机的方法。飞机设计项目的本质（复杂、多学科、具有各种约束条件），意味着系统工程方法是最佳的选择。然而执行系统工程比了解系统工程过程要难得多。

系统工程的执行要求团队工作人员之间无缝对接，朝向一个共同的系统构想，正确实施系统工程过程。尽管对系统工程原理和目标有一个总体共识，但系统工程的实际执行在不同学科之间并不相同。所使用的处理方法和步骤将取决于所涉及的个人背景和经验。对于系统工程方法在飞机设计中的应用，需进行多方面的研究，涉及飞机设计需求和功能与系统工程原理之间的关系。功能分析为确定飞机部件功能与整个设计需求之间的链接铺平道路。

表 2-3 表示飞机主要部件与设计需求之间的关系。对于有效载荷，主要考虑两个方面：①重量，②体积。有效载荷的重量主要影响飞机最大起飞重量，然而有效载荷体积和几何尺寸主要影响机身的设计。飞机性能需求可分为两组：①航程和续航时间，②最大速度、爬升率、起飞滑跑距离、失速速度、升限和转弯性能。航程和续航时间主要取决于燃油重量，而其他的性能需求基本不是燃油重量的函数。因此，续航时间和航程需求将主要影响飞机最大起飞重量和所需要的燃油重量。相比之下，其他性能需求则影响发动机设计、起落架设计和机翼设计。

稳定性需求、可操纵性需求和飞行品质需求，都会影响飞机重心的位置，这又影响重量分布过程。然而稳定性需求将影响水平尾翼和垂直尾翼的设计。此外，操纵面设计主要受到可操纵性和机动性需求的影响。现在，我们能够确立系统工程设计阶段与飞机部件的关系，以确定在每一设计阶段必须完成哪些飞机设计活动。

表 2 - 3　飞机主要部件与设计需求之间的关系

序号	设 计 性 能	受影响最大的飞机部件/参数
1	有效载荷(重量)需求	最大起飞重量
	有效载荷(容积和几何尺寸)需求	机身
2	性能需求(航程和续航时间)	最大起飞重量、燃油重量
3	性能需求(最大速度、爬升率、起飞滑跑距离、失速速度、升限和转弯性能)	发动机、起落架和机翼
4	稳定性需求	水平尾翼和垂直尾翼、重量分布
5	操纵性需求	操纵面(升降舵、副翼、方向舵)、重量分布
6	飞行品质需求	重心、重量分布
7	适航性需求	最低安全性要求
8	成本需求	材料、发动机、重量等
9	设计周期需求	构型最优性
10	可探测性需求	材料、构型

2.8.2　设计阶段

系统设计和研制过程中必定要通过许多设计阶段。其中最重要的是确认与用户有关的需要,并由此确定设计怎样的系统。随后则是可行性分析(发现潜在的技术方案)、系统需求的确定、系统部件的设计和研制、原型机和/或工程模型的建造以及系统设计的确认(通过试验和评估)。按照系统工程的方法,总共定义 4 个设计阶段。如同第 2.2～2.5 节所述,系统(即飞机)设计过程包括:①概念设计,②初步设计,③详细设计,④试验和评估(见图 2 - 6)。飞机设计 4 个阶段的详情,在表 2 - 4 中予以综述。

表 2 - 4　飞机设计 4 个主要阶段综述

序号	设计阶段	设 计 活 动
1	概念设计	飞机构型设计
2	初步设计	确定:①飞机最大起飞重量,②发动机功率或推力,③机翼参考面积
3	详细设计	部分Ⅰ:设计主导部件,如机翼、机身、尾翼、推进系统、起落架(非机械部分)
		部分Ⅱ:设计从属部件,如起落架(机械部分)、APU、结构设计、客舱、驾驶舱、航电系统、电气系统和空调系统
4	试验和评估	飞机空气动力学试验:使用飞机模型进行风洞试验
		飞机飞行动力学试验:使用原型机进行飞行试验
		使用飞机结构进行飞机结构试验
		使用航空发动机进行推进系统试验

在概念设计阶段,飞机设计的结果并不是精确的。换言之,几乎所有的参数都是基于决策过程和选择技巧而确定的。第 3 章陈述飞机概念设计方法的细节。相比之下,飞机初步设计阶段往往采用计算程序的结果。顾名思义,在初步设计阶段,所确定的参数并非是最终的,以后会有变化。此外,在此阶段,参数至关重要,会直接影响整个详细设计阶段。因此,必须极端小心,以确保初步设计阶段结果的准确度。总之,初步设计阶段将确定飞机的 3 个基本参数:①飞机最大起飞重量(W_{TO}),②机翼参考面积(S_{ref}),③发动机功率(P)(如果飞机由螺旋桨驱动),或发动机推力(T)(如果选用喷气发动机)。飞机初步设计阶段的细节、方法和程序,将在第 4 章形成并介绍。

在飞机详细设计阶段,计算所有部件(如机翼、机身、尾翼、起落架和发动机)的技术参数(包括几何参数)并最终定案。在第 5 章将介绍主要部件的详细设计阶段。本书仅阐述主导部件(即机翼、尾翼、机身、推进系统和起落架的非机械方面)的详细设计。操纵面(例如升降舵、副翼和方向舵)的详细设计将在第 12 章内阐述。

2.8.3　设计流程图

如同第 2.2 节指南中所强调的,由于试验和评估需求,飞机设计过程具有迭代特性。凡是一个部件做了某项更改,其后果至少会引起飞机重量和重心发生变化。因此,必须实施调节,以保持飞机处于正确的设计途径。有三项主要需求是所有用户都非常敏感的,其涉及:①性能,②稳定性需求,③可操纵性需求。这些设计需求必定要经过 3 次评估,并产生 3 个反馈回路,如图 2 - 9 所示。飞机性能评估要求计算飞机零升阻力系数(C_{D_0})。关于确定飞机零升阻力系数的方法,建议参阅参考文献[19, 20]。

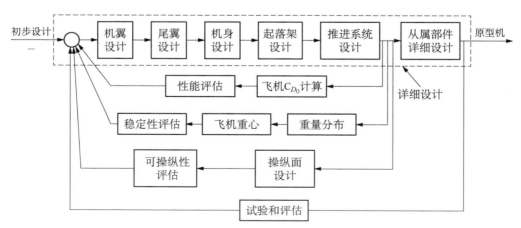

图 2 - 9　详细设计阶段和设计反馈之间的关系

飞机稳定性评估要求计算飞机重心,这又要求确定飞机重量分布。第 10 章给出计算飞机重心的方法。第 11 章介绍飞机重量分布程序。飞机可操纵性和机动性评估对操纵面设计提出要求。主操纵面(如升降舵、副翼和方向舵)的设计是第 12 章的主题。如同第 2.7 节所讨论的,性能评估、稳定性评估和可操作性评估这三项活动是 ETR 的组成部分。当主导部件(如机翼、尾翼、机身和推进系统)的设计业已完成时,在从属部件设计之前,完成这三项评估。

从大局来看,图 2-10 示出在三个主要设计阶段的范围内飞机主要试验活动的相互关系和定位。与飞机设计相关的科学往往以如下 4 个主要专业知识范畴为基础:空气动力学,飞行动力学,飞机结构和推进系统。每一专业都需要单独的试验和评估。使用飞机模型,将其放置在风洞内,测量压力分布,从而得到升力、阻力和俯仰力矩,由此完成空气动力学设计评估。飞行动力学(即性能、稳定性和操纵性)通过各种飞行试验进行评估。可以采用完整的飞机动力学模型进行飞行模拟作为替代,但结果不如使用原型机进行飞行试验那样真实。推进系统的评估方法是将发动机置于地面试车台上,并进行各种推进试验。

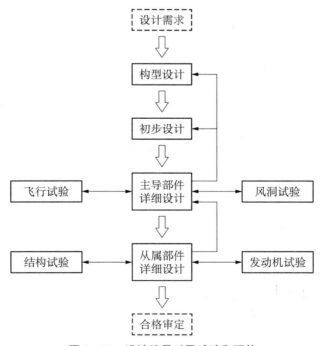

图 2-10 设计阶段以及试验和评估

最后,飞机结构试验是采用完整的飞机结构,并施加各种静载荷和动载荷。值得注意的是,某些动态结构试验(如疲劳试验)可能要耗费很长时间,进度计划也许不得不安排在飞机生产之后。例如,战斗机 F/A-18 大黄蜂(见图 2-11)的整个后机身结构在各种动态载荷下的动态试验,是在飞机已经交付并由多支空军部队使用之后若干年才执行。无论如何,所有 4 项航空试验必须完成,在颁发飞机合格证并被认可之前,结果必须是满意的。在详细设计阶段期间和之后,进行所有的 4 组试验。

图 2-11　战斗机 F/A-18 大黄蜂(经安东尼·奥斯本允许)

2.8.4　设计组

与系统工程有关的基本飞机设计活动是规划、设计管理、处置过程以及组织。系统工程的概念、原理、模型和方法的成功执行和分析,要求技术活动和管理活动的协调。系统工程的正确执行是按照在飞机概念设计阶段所起动的一个规划过程,从建立需求开始。系统工程管理的主要目标是便于将多种设计考虑适时地综合到某个功能系统。在规划设计组织时,依据将要得到的飞机类型、飞机任务和飞机尺寸,所采用的形式可能有所不同。

飞机总设计师应有能力涉足并处理广泛的活动。因此,飞机总设计师在管理技术方面应有多年的经验和渊博的知识,最好是在“飞行动力学”领域具有丰富的经验和背景。总设计师在规划、协调和进行正式设计评审方面负有很大责任。他/她还必须监督和评审飞机系统试验和评估活动,以及协调有助于改进的所有正式设计更改和修订。组织必须便于信息和技术数据在各设计部门之间流动。设计组织必须允许总设计师在整个设计循环中发起并建立必要的不间断的联络活动。

项目规划时首先采取的步骤之一是形成工作分解结构(WBS)。WBS 是以产品为中心的“层次结构树”,在此引导下确认哪些功能、活动、任务和工作包对完成给定设计项目是必须执行的。WBS 不是关于项目人员调配和责任方面的组织架构图,而是代表以项目规划、预算、合同和报告为目的而编排的工作包组织。WBS 通常包括三级活动：等级 1,等级 2 和等级 3。

组织模式中一个主要构成要素是功能法,其涉及按功能特性或学科分成若干个组织组,成为可确认的单独实体。目的是在一个组织组范围内执行同类工作。因此,同一组织组将在并行的基础上完成所有在进行项目中相同类型的工作。最终的目标是建立一种团队工作法,采取合适的交流,能使并行工程方法自始至终得到应用。

共有两种主要的方法来处理设计活动和建立设计组：①基于飞机部件的设计组(见图 2-12),②基于专业的设计组(见图 2-13)。如果选择基于飞机部件的设计组这种方法,总设计师必须建立下列团队：①机翼设计团队,②尾翼设计团队,③机身设计团队,④推进系统设计团队,⑤起落架设计团队和⑥设备设计团队。第 7 个团队为文档和图纸而建立。就方便管理及交流速度、效率和任务相似性而言,这两种规划方法各有优缺点。然而如果项目很大(如大型运输机设计),可能会同时采用这两种分组方法。相反,对于小型飞机设计,基于飞机部件的 WBS 运作更有效。图 2-14 代表在制造阶段的典型组织架构图。将图 2-12 和图 2-13 与图 2-14 进行

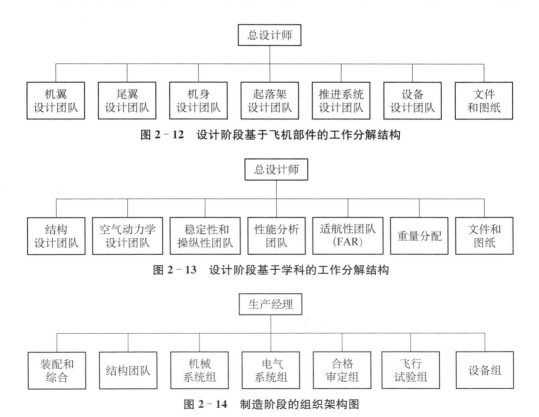

图 2-12 设计阶段基于飞机部件的工作分解结构

图 2-13 设计阶段基于学科的工作分解结构

图 2-14 制造阶段的组织架构图

对比,设计和制造期间在规划方法之间的差异即可一目了然。

　　飞机设计是一个团队合作的成果,要求每个设计组的工程师们发挥卓越的才能。总设计师起到裁判员的作用,并将每个人的努力综合到一架飞机的设计中。如果允许任何一个设计组比其他设计组更强势,图 2 - 15 给出此时可能出现的飞机设计类型。为调节各个设计组之间的关系并对每一设计组施加相应的限制以实现一个最佳设计,总设计师的作用至关重要。

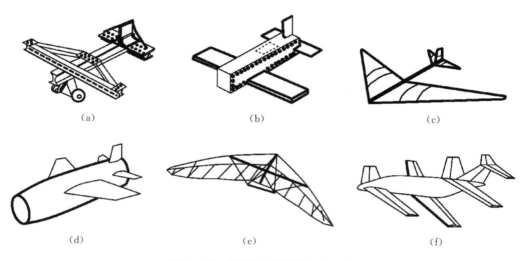

(a)　　　　　　　　　　(b)　　　　　　　　　(c)

(d)　　　　　　　　　　(e)　　　　　　　　　(f)

图 2 - 15　设计组的独特见解和兴趣

(a) 结构组　(b) 制造组　(c) 空气动力学组　(d) 推进系统组　(e) 重量组　(f) 稳定性和操纵性组

2.8.5　设计步骤

　　本节简要列出飞机设计过程中 47 个步骤的模型。如同前面所述,这一模型中的大多数步骤将在本书各章中予以讨论。现就此按顺序略加评述。47 个步骤以及每一步骤中所要求的数据或假设都综述于表 2 - 5。括号中的数字表示该主题所涉及的章。凡某个设计步骤后面未附有带括号的章号,这意味着本书未涉及该主题,因此设计者必须参考相关的参考书或参考文献。例如,飞机稳定性分析和飞机结构分析都未列入本书的范围,料想读者在学习飞机设计方法之前已具备关于这些主题的知识。事实上,这些主题是学习飞机设计教程的先决条件。

　　本书所陈述的主题顺序,并未与设计过程模型中的步骤完全匹配,这一事实强化了模型的非时序特性。许多工程设计由工程师团队执行,并非每一团队成员都参与了设计过程的每一步。一些团队成员可能是 47 个步骤中的一个或多个步骤中的专家。在许多情况下,设计工程师可能不知不觉地将这些步骤中的某些步骤混在一起。每一步骤可能被重复若干次。然而即使有经验的设计者也会经常地从他/她潜

表 2 - 5 飞机设计步骤

序号	设 计 步 骤	所需的数据或假设
1	确认设计需求和约束； 定义问题陈述（第 1 和 2 章）	任务需求，用户需求
2	设计需求优选顺序 （第 1 和 2 章）	预算、劳动力、时限 市场、竞争者信息
3	规划、分解工作、建立组织组 （第 2 章），编制活动时序图	管理技能
4	可行性研究，市场分析	现时技术的能力和特性
5	飞机构型设计（第 3 章）	任务、准则、参数选择
6	构型设计评审（CDR）（第 2 章）	—
7	最大起飞重量（MTOW）估算（第 4 章）	有效载荷、飞机类型、统计值
8	估算飞机 C_{D_0} 和 $C_{L_{max}}$	类似飞机、襟翼细节的统计值
9	计算机翼参考面积（S_{ref}）（第 4 章）	性能需求，机翼展弦比
10	计算发动机推力/功率（第 4 章）	性能需求
11	初步设计评审（PDR）（第 2 章）	
12	机翼设计（第 5 章）	S，巡航速度、失速速度
13	机身设计（第 7 章）	有效载荷（体积和几何尺寸）人为 因素
14	水平尾翼设计（第 6 章）	纵向稳定性需求
15	垂直尾翼设计（第 6 章）	航向稳定性需求
16	起落架设计（第 9 章）	飞机重心范围
17	推进系统设计（第 8 章）	发动机功率或发动机推力
18	计算飞机 C_{D_0} 和飞机阻力	—
19	飞机性能分析	—
20	如果计算所得性能未满足需求， 重新设计推进系统	性能需求
21	飞机部件重量第一轮估算（第 10 章）	—
22	飞机 MTOW 第二轮估算（第 10 章）	—
23	返回到步骤 7，直到第一轮和 第二轮重量估算结果相同	—
24	计算重心范围（第 11 章）	—
25	重新确定飞机部件的位置（即，重量 分配），以调节飞机重心（第 11 章）	稳定性和操纵性需求
26	重新设计水平尾翼和垂直尾翼（第 6 章）	配平需求
27	评估和试验评审（ETR）（第 2 章）	
28	设计操纵面（第 12 章）	操纵性需求
29	计算机翼、机身、发动机和尾翼之间的 干扰	

（续表）

序号	设 计 步 骤	所需的数据或假设
30	修改机翼、机身、发动机和尾翼	—
31	稳定性和操纵性分析	—
32	修改设计	—
33	制造飞机模型	—
34	风洞试验	风洞，飞机模型
35	修改设计	—
36	飞机结构设计	—
37	计算部件重量和飞机重量	—
38	性能、稳定性和操纵性分析	—
39	修改设计	—
40	飞机设备/子系统设计（例如电气、压力、动力传送）	—
41	原型机制造	—
42	飞行试验	驾驶员、原型机
43	修改设计	—
44	关键设计评审（FDR）（第 2 章）	—
45	优化（第 3 章）	—
46	合格审定	标准
47	发放生产用文件、图纸和规范	—

心钻研的设计细节中后退一步，并借助此模型，确保在他/她的设计解决方案的研究中未忽略关键的要素。步骤 6、11、27 和 43 代表评审该设计的时间。仅当评审委员会在该特定节点上批准了此设计，才可继续进行这些步骤后面的设计过程。

　　如步骤 23 所示，设计具有迭代特性。只要不断有需要，迭代就继续，仅当延续此设计过程的费用超过某一改进设计的价值，迭代才停止。做出停止设计过程的决策是困难的，需要仔细思考。该决策有可能由设计者或用户做出，或有可能是时间进度约束或预算约束的结果。这就是所说的"设计是一个开口过程"的含义。然而要想确认关闭点往往并不容易。飞机设计的历史证实了这一理念，诸如垂直起降（VTOL）倾转旋翼军用飞机贝尔-波音 V-22"鱼鹰"（见图 2-16），单座双发战斗机洛克希德·马丁/波音 F22"猛禽"（见图 8-21），单座单发隐身战斗机和侦察机洛克希德·马丁 F-35"闪电"（见图 2-17）。参考文献[21]阐述飞机设计方面的各种实际经验教训，对于年轻的设计者而言，则是丰富的飞机设计经验资源。作为一个示例，基于经验教训，美国国会将维持 F-18E/F 的生产，以弥补由于洛克希德·马丁 F-35S"闪电"Ⅱ飞机推迟交付而造成的任何短缺[22]。

图 2 - 16 贝尔-波音 MV - 22B"鱼鹰"

（经安东尼·奥斯本允许）

图 2 - 17 洛克希德·马丁 F - 35S"闪电"Ⅱ

参 考 文 献

[1] MIL-STD (1969). *Systems Engineering Process*，DOD.

[2] Zadeh，S. (2010) Systems engineering：a few useful tips，tools，and lessons learned for the manager's toolbox. US Air Force T&E Days 2010，Nashville，TN，February 2 - 4,2010，AIAA 2010 - 1758.

[3] Loren，J. R. (2004) USAF systems engineering-revitalizing fundamental processes. USAF Developmental Test and Evaluation Summit，Woodland Hills，CA，November 16 - 18,2004，AIAA 2004 - 6855.

[4] Shishko，R. (2007) *NASA Systems Engineering Handbook*，National Aeronautics and Space Administration NASA/SP - 2007 - 6105.

[5] Hsu，J. C.，Raghunathan，S.，and Curran，R. (2008) Effective learning in systems engineering. 46th AIAA Aerospace Sciences Meeting and Exhibit，Reno，NV，January 7 - 10,2008，AIAA 2008 - 1117.

[6] Armand，J. (2010) Chaput，issues in undergraduate aerospace system engineering design，education-an outsider view from within. 10th AIAA Aviation Technology，Integration，and

Operations Conference, Fort Worth, TX, September 13 - 15,2010, AIAA 2010 - 9016.

[7] Curran, R. , Tooren, M. , and Dijk, L. (2009) Systems engineering as an effective educational framework for active aerospace design learning. 9th AIAA Aviation Technology, Integration, and Operations Conference, Hilton Head, SC, September 21 - 23,2009, AIAA 2009 - 6904.

[8] Mission and Vision (2011) International Council on Systems Engineering, http: //www. incose. org.

[9] Blanchard, B. S. and Fabrycky, W. J. (2006) *Systems Engineering and Analysis*, 4th edn, Prentice Hall.

[10] Buede, D. M. (2009) *The Engineering Design of Systems: Models and Methods*, 2nd edn, John Wiley & Sons, Inc.

[11] Hsu, J. C. , Raghunathan, S. , and Curran, R. (2009) A proposed systems engineering diagnostic method. 47th AIAA Aerospace Sciences Meeting Including The New Horizons Forum and Aerospace Exposition, Orlando, FL, January 5 - 8,2009, AIAA 2009 - 1006.

[12] Gill, P. S. , Garcia, D. , and Vaughan, W. W. (2005) Engineering lessons learned and systems engineering applications. 43rd AIAA Aerospace Sciences Meeting and Exhibit, Reno, NV, January 10 - 13,2005, AIAA 2005 - 1325.

[13] Farrell, C. (2007) Systems engineering, system architecting, and enterprise architecting-what's the difference? 45th AIAA Aerospace Sciences Meeting and Exhibit, Reno, NV, January 8 - 11,2007, AIAA 2007 - 1192.

[14] Paul Collopy, A. D. (2010) Fundamental research into the design of large-scale complex systems. 13th AIAA/ISSMO Multidisciplinary Analysis Optimization Conference, Fort Worth, TX, September 13 - 15,2010, AIAA 2010 - 9320.

[15] Hsu, J. C. and Raghunathan, S. (2007) Systems engineering for CDIO-conceive, design, implement and operate. 45th AIAA Aerospace Sciences Meeting and Exhibit, Reno, NV, January 8 - 11,2007, AIAA 2007 - 591.

[16] Weaver Smith, S. , Seigler, M. , Smith, W. T. , and Jacob, J. D. (2008) Multi-disciplinary multi-university design of a high-altitude inflatable-wing aircraft with systems engineering for aerospace workforce development. 46th AIAA Aerospace Sciences Meeting and Exhibit, Reno, NV, January 7 - 10,2008, AIAA 2008 - 490.

[17] Onwubiko, C. (2000) *Introduction to Engineering Design Optimization*, Prentice Hall.

[18] Chong, E. K. P. and Zack, S. H. (2008) *An Introduction to Optimization*, 3rd edn, John Wiley & Sons, Inc.

[19] Sadraey, M. (2009) *Aircraft Performance Analysis*, VDM Verlag Dr. Müller.

[20] Hoak, D. E. (1978) USAF Stability and Control DATCOM, Air Force Flight Dynamics Laboratory, Wright-Patterson Air Force Base, Ohio.

[21] Roskam, J. (2007) *Lessons Learned in Aircraft Design: the Devil is in the Details*, DAR Corporation.

[22] Wilson, J. R. (2011) *F - 35: A Time of Trail*, American Institute for Aeronautics and Astronautics.

3　飞机概念设计

3.1　引言

如同第 2 章所述,为了实施系统工程学科[1],飞机(即系统)设计过程包括 4 个主要阶段:①概念设计,②初步设计,③详细设计,④试验和评估。本章的目的在于阐述飞机概念设计阶段所用的方法及选择过程。概念设计属于飞机系统设计和研制过程中的第一个阶段,也是最重要的阶段。这是一项早期的和高层次的生命周期活动,并有可能制订、提交和预先确定所想要的飞机系统的功能、形式、成本和研制进度。问题的确认和相关的需要定义为概念级的设计提供了一个有效和合适的起点。

概念设计的主要责任是为一个首选系统构型的设计和研制选择一条前行路径,最终将对经确认的用户需求做出响应。建立这一早期的基础,以及要求初始规划和一系列技术的评估,是实施系统工程过程关键的第一步。从组织角度考虑,系统工程从一开始就应率先定义各项系统需求,并且从总的综合生命周期角度考虑提出这些需求。

飞机设计过程通常从确认某些事情"是什么"或"希望是什么"开始,并以某个实际的(或可感知的)缺陷为基础。结果是,定义系统需求的同时导入优先顺序,规定系统能力可供用户使用的日期,估计为获取这一新系统而必需的资源。为确保良好的开端,应以明确的定性和定量方式并足够详细地全面陈述问题,以证实可以向下一步发展。需要确认和界定已在第 2 章中做过讨论。

顾名思义,飞机概念设计阶段是概念层面上的飞机设计。在此阶段,将总体设计需求输入到某个过程中,以产生满意的构型。这一设计阶段的主要工具是"选择"。尽管有各种评估和分析,但并没有太多的计算。过去的设计经验对这一阶段的成功起到关键的作用。因此概念设计阶段团队的成员必须是公司内最有经验的工程师。有关每一构型的优点和缺点的详情,将在第 5~11 章予以阐述。

图 3-1 以图解形式说明概念设计阶段要开展的主要活动。这一阶段的基本输

出是一幅描绘飞机构型的近似的飞机三面图。第3.2节涉及每一飞机部件的主要功能和作用。飞机部件(如机翼、机身、尾翼、起落架和发动机)构型备选方案,将在第3.3节予以阐述。第3.4节将从各个角度评介飞机的分类。在第3.5节中,介绍用于确定最满意构型的权衡分析原则。第3.6节探讨概念设计优化,强调多学科设计优化(MDO)技术的应用。

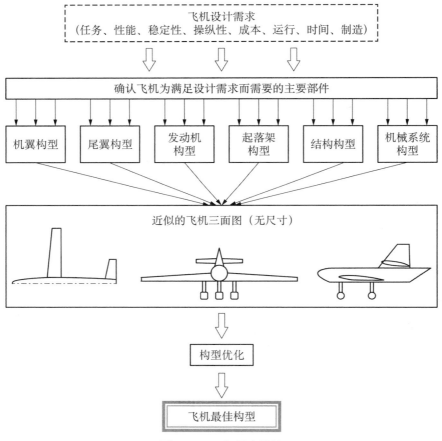

图 3-1　飞机概念设计

3.2　飞机部件的主要功能

飞机由若干个主要部件组成。主要包括机翼、水平尾翼、垂直尾翼(VT)、机身、推进系统、起落架和操纵面。为了做出关于飞机每一部件构型的决策,设计者必须充分了解每一部件的功能。飞机每一部件均与其他部件相互关联,并影响其他部件的功能。

(1) 机翼。机翼的主要功能是产生空气动力升力,保持飞机空中飞行。机翼常常产生另外两种不希望要的空气动力学产物:空气动力阻力和空气动力俯仰力矩。此外,机翼是提供飞机横向稳定性的主要部件,这对飞行安全极为重要。几乎所有的飞机上,副翼都布置在机翼外段后缘。因此,机翼对于提供飞机横向操纵具有很大的影响。

(2) 机身。机身的主要功能是容纳有效载荷,包括旅客、货物、行李和其他有用载荷。机身常常是驾驶员和机组成员的"家",有时还容纳燃油箱和发动机。由于机身提供水平尾翼和垂直尾翼(VT)的力臂,因此它对纵向和航向的稳定性和操纵性具有影响。如果决定采用短机身,那么必须提供尾杆,以使尾翼具有足够的力臂。

(3) 水平尾翼。水平尾翼的主要功能是产生空气动力使飞机纵向配平。此外,水平尾翼[①]是提供飞机纵向稳定性(这是飞行安全性的基本要求)的重要部件。在多数飞机上,升降舵是水平尾翼上可活动的部件,因此,通过水平尾翼实现纵向操纵和机动。

(4) 垂直尾翼。VT 的主要功能是产生空气动力,实现飞机航向配平。此外,VT 是提供飞机航向稳定性(这是飞行安全性的基本要求)的基本部件。在许多飞机上,方向舵是 VT 上的可活动部分,因此,通过 VT 实现航向操纵和机动。

(5) 发动机。发动机是飞机推进系统的主要部件,产生功率和/或推力。飞机前行需要推进力(如同其他交通工具一样),因此发动机的主要功能是产生推力。燃油属于推进系统的必需品,并且有时占据飞机大部分重量。不带发动机的飞机不可能独立起飞,但是能够滑翔和着陆,如滑翔机的飞行。滑翔机借助其他飞机或外部装置(如绞盘)的帮助实现起飞,借助风和热气流进行上升飞行。

(6) 起落架。起落架的主要功能是便于起飞和着陆。在起飞和着陆过程中,起落架使机身、机翼、尾翼和飞机部件避开地面。此外,陆基飞机和舰载飞机的机轮在飞机安全加速和减速方面起着关键作用。作为起落架一部分的滚动式机轮,可使飞机加速,而无需消耗很大的推力来克服摩擦力。

可以认为上述 6 个部件是一架飞机的基本部件,然而飞机上还有其他部件,并不属于这里所述的主要部件,在后面各节中凡提及这些部件时,将阐述它们的作用。表 3-1 给出飞机主要部件及其功能的综述。此表还示出每一飞机部件的辅助作用和主要影响范围。此外,此表也示出受到每一部件影响的设计需求。表 3-1 所描述的功能只是每个部件的主要功能,并未涉及辅助功能。对于每一部件的功能和作用的全面解释,将在第 5～12 章中列出。

---

① 原文误为"VT(垂直尾翼)"。——译注

表 3-1 飞机主要部件及其功能

序号	部件	主要功能	主要影响范围
1	机身	容纳有效载荷	飞机性能、纵向稳定性、横向稳定性、成本
2	机翼	产生升力	飞机性能、横向稳定性
3	水平尾翼	纵向稳定性	纵向配平和操纵性
4	垂直尾翼	航向稳定性	航向配平和操纵性、隐身
5	发动机	产生推力	飞机性能、隐身、成本、操纵性
6	起落架	便于起飞和着陆	飞机性能、隐身、成本
7	操纵面	操纵	机动性、成本

常规的飞机构型设计试图通过使最大起飞重量减至最小来实现改善性能和降低运营成本的目的。然而从飞机制造商的观点来看,这种方法并不保证一个飞机项目的财务生存能力。一种较好的设计方法不仅计及飞机性能和制造成本,而且还计及诸如飞机飞行品质和系统工程准则之类的因素。

有史以来,选择最小起飞总重(GTOW)总是作为飞机设计的目标,旨在改进性能,尔后主要通过减小燃油消耗量降低运营成本。然而从飞机用户的角度考虑,这样的方法并不能保证给定飞机的设计最优。由于飞机市场竞争加剧,因此制造商可能希望在承担如此昂贵的投资之前,按照经改进的系统工程以及技术优势来设计一个飞机项目。

3.3 飞机构型备选方案

当确认必需的飞机部件以满足设计需求并列出主要部件清单时,下一步便是选择这些部件构型。每一主要飞机部件都可能有若干个全都满足设计需求的备选方案。然而每一备选方案满足设计需求的程度不同,因此各具优点和缺点。由于每一设计需求都有一个独特的权重,因此每一构型备选方案都会导致不同的满意程度。本节评介每一主要部件的构型备选方案。每一构型的优点和缺点将在第5~12章内阐述。

3.3.1 机翼构型

通常,从如下7个不同方面考虑机翼构型备选方案:

1) 机翼数量

(1) 单翼;

(2) 双翼;

(3) 三翼。

2) 机翼位置

（1）上单翼；

（2）中单翼；

（3）下单翼；

（4）遮阳伞式机翼。

3）机翼形式

（1）矩形；

（2）梯形；

（3）三角形；

（4）后掠；

（5）前掠；

（6）椭圆。

4）高升力装置

（1）简单襟翼；

（2）分裂式襟翼；

（3）开缝襟翼；

（4）克鲁格襟翼；

（5）双缝襟翼；

（6）三缝襟翼；

（7）前缘襟翼；

（8）前缘缝翼。

5）后掠构型

（1）固定后掠翼；

（2）可变后掠翼。

6）形状

（1）固定形状；

（2）变形机翼。

7）结构构型

（1）悬臂式；

（2）斜撑杆式：

a. 带整流；

b. 不带整流。

机翼构型备选方案的优点和缺点，以及选择最佳机翼构型方案以满足设计需求的方法，将在第 5～12 章中予以阐述。机翼构型备选方案的主要影响涉及成本、生产工期、易制造性、横向稳定性、性能、机动性，以及飞机寿命。图 3-2 示出了若干种机翼构型备选方案。

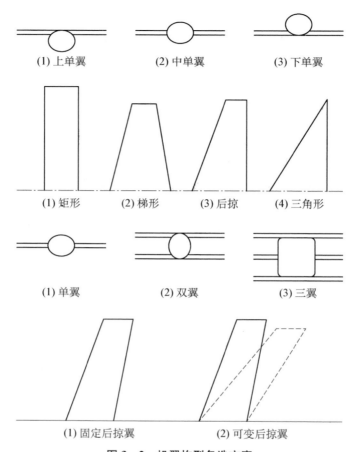

图 3 - 2　机翼构型备选方案

3.3.2　尾翼构型

通常,从如下 3 个不同方面考虑尾翼构型备选方案:

1) 后置或前置

(1) 后置常规尾翼;

(2) 鸭翼(前置翼面);

(3) 三翼面。

2) 水平尾翼和垂直尾翼

(1) 常规式;

(2) V 形尾翼;

(3) T 形尾翼;

(4) H 形尾翼;

(5) 倒 U 形尾翼。

3）连接

（1）固定式尾翼；

（2）活动尾翼；

（3）可调节尾翼。

尾翼构型备选方案的优点和缺点，以及选择最佳尾翼构型备选方案以满足设计需求的方法，将在第 6 章中予以阐述。尾翼构型备选方案的主要影响涉及成本、生产工期、易制造性、纵向和航向稳定性、纵向和航向机动性以及飞机寿命。图 3‑3 示出了若干种尾翼构型备选方案。

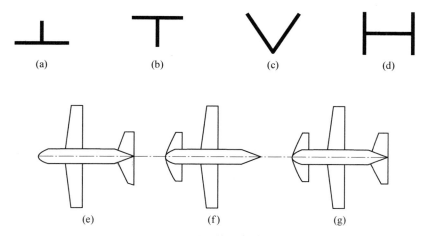

图 3‑3　尾翼构型备选方案

（a）传统　（b）T 型尾翼　（c）V 型尾翼　（d）H 型尾翼　（e）后置尾翼　（f）鸭翼　（g）三翼面

3.3.3　推进系统构型

通常，从如下 4 个不同方面考虑推进系统构型备选方案：

1）发动机类型

（1）人力；

（2）太阳能；

（3）活塞螺旋桨；

（4）涡轮螺旋桨；

（5）涡轮风扇；

（6）涡轮喷气；

（7）火箭。

2）发动机和飞机重心

（1）推进式；

（2）拉进式。

3) 发动机数量

(1) 单发；

(2) 双发；

(3) 三发；

(4) 四发；

(5) 多发。

4) 发动机位置

(1) 机头前(机头内)；

(2) 机身中段内；

(3) 机翼内；

(4) 机翼上；

(5) 机翼下；

(6) 垂直尾翼内；

(7) 机身后段侧面；

(8) 机身背部。

推进系统备选方案的优点和缺点，以及选择最佳发动机构型备选方案以满足设计需求的方法，将在第 8 章中予以阐述。发动机构型备选方案主要影响运行成本、飞机生产成本、性能、生产工期、易制造性、机动性、飞行时间以及飞机寿命。图 3-4 示出了若干种发动机构型备选方案。

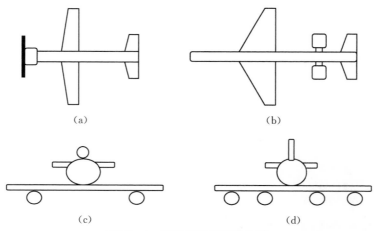

　　　　(a)　　　　　　　　　　　　　(b)

　　　　(c)　　　　　　　　　　　　　(d)

图 3-4　发动机构型备选方案

(a) 拉进式(单发)螺旋桨驱动　(b) 推进式(双发)喷气发动机　(c) 三发　(d) 四发(翼下)

3.3.4　起落架构型

通常，从如下 3 个不同方面考虑起落架构型备选方案：

1) 起落架机构

（1）固定式（a. 带整流，b. 不带整流）；

（2）可收放；

（3）部分收上。

2) 起落架类型

（1）前三点式（或前轮式起落架）；

（2）尾轮式起落架（尾刮板或尾橇）；

（3）自行车式（纵列）；

（4）多轮式；

（5）4 点式起落架[①]；

（6）浮筒；

（7）可拆卸式起落架。

图 3-5 示出若干个起落架构型备选方案。影响起落架设计的另一个设计需求是跑道的类型。主要有 5 种类型的跑道：

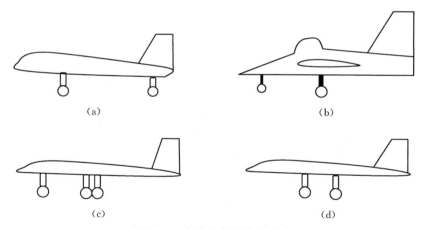

图 3-5 起落架构型备选方案

（a）尾轮式 （b）前轮式 （c）多支柱式起落架 （d）自行车式起落架

3) 跑道

（1）陆基；

（2）水面；

（3）两栖；

---

① 原文为 Bicycle（tandem）与此处 2)（3）所列重复，对照原文第 9 章，应是"quadricycle landing gear（4 点式起落架）"。——译注

（4）舰载；

（5）肩扛（用于小型遥控航空器）。

第 4 章介绍各种类型的跑道。跑道需求还会影响发动机设计、机翼设计和机身设计。起落架构型备选方案的优点和缺点，以及选择最佳起落架构型方案以满足设计需求的方法，将在第 9 章中予以阐述。起落架构型备选方案主要影响运行成本、飞机生产成本、性能、生产工期、易制造性以及飞机寿命。

3.3.5 机身构型

通常，从如下 3 个不同方面考虑机身构型备选方案：

1）舱门

（1）客舱门；

（2）驾驶舱门。

2）座椅

（1）串列；

（2）并列；

（3）每排 n 座。

3）压力系统

（1）增压座舱；

（2）增压软管；

（3）非增压座舱。

机身构型备选方案的优点和缺点，以及选择最佳机身构型备选方案以满足设计需求的方法，将在第 7 章中予以阐述。机身构型备选方案主要影响运行成本、飞机生产成本、性能、生产工期、易制造性、旅客舒适性以及飞机寿命。图 3－6 示出了若

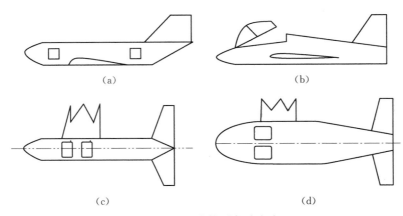

（a）　　　　　　　　　　　　　　　（b）

（c）　　　　　　　　　　　　　　　（d）

图 3－6　机身构型备选方案

（a）客舱　（b）驾驶舱　（a）串列　（b）并列

干种机身构型备选方案。

3.3.6　与制造细节相关的构型

通常,从如下 4 个不同方面考虑制造构型备选方案:

1)结构材料

(1)金属(常用航空航天铝合金);

(2)木材和织物;

(3)复合材料;

(4)金属和复合材料。

2)装配工艺

(1)套件形式(套件形式组装飞机规则:51%业余建造);

(2)半套件形式;

(3)模块化。

3)金属部件制造工艺

(1)焊接;

(2)机械加工;

(3)铸造;

(4)钣金。

4)复合材料制造工艺

(1)手工铺贴;

(2)机器铺贴;

(3)湿铺贴;

(4)纤维缠绕;

(5)树脂传递成型;

(6)挤压成型;

(7)夹层结构。

工程材料和制造工艺的阐述已超出本书的讨论范围,有关这些材料和工艺的详情,请读者查阅相关的参考文献,如参考文献[2,3]。这些备选方案的主要影响涉及成本、生产工期、易制造性以及飞机寿命。

3.3.7　子系统构型

通常,从如下 5 个不同方面考虑子系统构型备选方案:

1)主操纵面

(1)常规(即升降舵、副翼和方向舵);

(2)升降副翼/方向舵;

（3）副翼/方向升降舵；

（4）襟副翼/方向舵/副翼；

（5）斜十字（×）形或十字（＋）形。

2）辅助操纵面

（1）高升力装置（例如襟翼、缝翼和翼缝）；

（2）扰流板；

（3）调整片。

3）动力传送

（1）机械；

（2）液压；

（3）气压；

（4）电传；

（5）光传。

4）燃油箱

（1）机身内部；

（2）机翼内部（两侧）（a. 两梁之间和 b. 主梁之前）；

（3）机翼翼尖油箱；

（4）外挂油箱。

5）外挂物

（1）照相/摄影设备；

（2）火箭；

（3）导弹；

（4）机炮；

（5）外挂油箱。

这些构型备选方案的优点和缺点，以及选择最佳子系统构型备选方案以满足设计需求的方法，将在第5～12章中予以阐述。表3-2综述主要飞机部件构型备选方案。

表3-3给出构型参数清单及其设计备选方案。这些都由设计者确定并最终定案。优选过程将发现并验证哪个构型是最佳的。所导入的优选方法将界定一种能使设计者选择构型参数以最佳方式满足设计需求的方法。30组构型（见表3-3）可供飞机设计者选择备选方案时参考。很明显，设计选项的数目大得惊人。MDO（见第3.6节）过程是一个从多学科角度优化构型的完善过程。

表 3 - 2 飞机主要部件及设计备选方案

序号	部件	构型备选方案
1	机身	几何特性：模线，横截面 座椅布局 容纳项目（如燃油、发动机和起落架）
2	机翼	类型：后掠、梯形，上反角/下反角 安装：固定、活动、可调节 位置：下单翼、中单翼、上单翼，遮阳伞式机翼
3	水平尾翼	类型：常规、T 形、H 形、V 形、倒 V 形 位置：后置尾翼、鸭翼、三翼面
4	垂直尾翼	单 VT、双 VT，三 VT、V 形垂尾
5	发动机	类型：涡扇、涡喷、涡桨、活塞-螺旋桨、火箭 位置：（如机身下、机翼下、机身两侧） 发动机数目
6	起落架	类型：固定、可收放、部分收上 位置：（如前三点、尾轮式、多支柱）
7	操纵面	分开或全尾翼，可逆或不可逆，常规或非常规（如升降副翼、方向升降舵）

表 3 - 3 构型参数及其选项（由设计者设定）

序号	构型参数	构型备选方案
1	常规	(i)常规，(ii)非常规
2	动力	(i)带动力，(ii)无动力
3	推进	(i)涡喷，(ii)涡扇，(iii)涡桨，(iv)活塞-螺旋桨，(v)火箭
4	发动机数目	(i)单发，(ii)双发，(iii)三发，(iv)四发，(v)多发
5	发动机和飞机重心	(i)推进式，(ii)拉进式
6	发动机安装	(i)固定，(ii)倾转旋翼
7	发动机位置	(i)机翼下，(ii)机翼内，(iii)机翼上面，(iv)机身背部，(v)机身侧面，(vi)机身内等
8	机翼数目	(i)单翼，(ii)双翼，(iii)三翼
9	机翼类型	(i)固定翼，(ii)旋转翼((a)直升机和(b)旋翼机)
10	机翼几何形状	(i)矩形，(ii)梯形，(iii)后掠，(iv)三角形
11	机翼后掠角	(i)固定后掠角，(ii)可变后掠角
12	机翼安装角	(i)固定安装角，(ii)可变安装角
13	机翼布局	(i)上单翼，(ii)下单翼，(iii)中单翼，(iv)遮阳伞式机翼
14	机翼安装	(i)悬臂式，(ii)支柱-撑杆式
15	尾翼或鸭翼	(i)尾翼，(ii)鸭翼，(iii)三翼面
16	尾翼类型	(i)常规，(ii)T 形，(iii)H 形，(iv)V 形，(v)"＋"形等
17	垂直尾翼	(i)无 VT，(ii)单 VT 在机身后端，(iii)双 VT 在机身后端，(iv)双 VT 在机翼翼尖

（续表）

序号	构型参数	构型备选方案
18	起落架	(i)固定式带整流,(ii)固定式不带整流,(iii)可收放,(iv)部分收上
19	起落架类型	(i)前轮式,(ii)尾轮式,(iii)四点式,(iv)多支柱等
20	机身	(i)单短机身,(ii)单长机身,(iii)双长机身等
21a	座椅(双座)	(i)并排,(ii)串列
21b	座椅(搭乘较多旅客)	(i)$1 \cdot n$,(ii)$2 \cdot n$,(iii)$3 \cdot n$,…,$10 \cdot n$(n=排数)
22	行李货盘	基于行李和有效载荷的类型,有多种选项
23	客舱或驾驶舱	(i)客舱,(ii)驾驶舱
24	水平尾翼操纵面	(i)尾翼和升降舵,(ii)全动水平尾翼
25	垂直尾翼操纵面	(i)垂直尾翼和方向舵,(ii)全动垂直尾翼
26	机翼操纵面	(i)副翼和襟翼,(ii)襟副翼
27	机翼-尾翼操纵面	(i)常规(升降舵、副翼和方向舵),(ii)方向升降舵 (iii)升降副翼,④分段式方向舵,(v)推力矢量
28	动力传送系统	(i)机械,(ii)液压,(iii)气源,(iv)FBW*,(v)FBO**
29	结构材料	(i)全金属,(ii)全复合材料,(iii)主结构:金属材料,辅助结构:复合材料
30	辅助操纵面	(i)后缘襟翼,(ii)前缘翼缝,(iii)前缘缝翼

* 电传操纵(电信号);
** 光传操纵(光信号)。

3.4　飞机分类和设计约束

　　设计者必须执行的必要步骤之一是用一份相关的完整描述的规范来阐明飞机类型。这将有助于设计过程向前发展,避免在以后阶段出现混乱。飞机类型主要基于飞机任务及其所要求的规范。本节将从多方面阐述飞机的分类和类型。

　　飞机基本分类方法之一是将飞机群体分为三大类:①军用,②民用——运输机,③民用——通用航空(GA)。除了军用、航线客机和定期货运飞机之外,所有其他飞机都称为通用航空飞机,无论是私人的或商用的皆在其列。在重量方面,GA飞机最大起飞重量等于或小于 12 500 lb(对于正常类和特技类),或者等于或小于19 000 lb(对于实用类)。GA飞机与运输机之间的另一个差异在于座位数。GA飞机中的通勤类飞机限于螺旋桨驱动的多发飞机,飞机上除了驾驶员座椅外,还有座椅布局。最大起飞重量超过 19 000 lb,客座数大于 19 的任何非军用的飞机都属于运输类飞机。运输类飞机受联邦航空条例 25 部(FAR 25)管控,GA飞机受 FAR 23部管控。

　　一架由用户订购的飞机伴随有需求和约束条件清单。在大多数情况下,无法规避这些需求,除非设计者能够向用户证明某一特定的需求不可行。除此而外,在设计过程中必须考虑并满足所有需求和约束条件。此外,还有由适航标准(如 FAR、EASA CS(以前是联合航空条例 JAR))和军用标准(MIL-STD)规定的需要强制执行的其他要求。可将其中的许多需求按照飞机类型进行分类。可基于多个方面按许多方法为飞机构型分类。

构型设计的主要步骤之一是运用约束条件并选择分类和类型。表 3-4 列出由用户设定的设计约束条件和需求。该表介绍了最重要的分类,并且可根据情况扩展。这些约束涵盖范围从飞机任务到有效载荷类型、操纵形式,直至性能需求。初始时,设计者无法对这些需求施加影响,除非他/她可以证明这些需求是不可行的和不切合实际的。否则,他们必须遵循所有这些需求,并在设计过程结束时满足这些需求。图 3-7 展现了下列飞机:民用运输类飞机(B747),GA 飞机(塞斯纳 182)和军用战斗机(欧洲战斗机台风)。图 3-8 示出轻于空气的航空器(齐柏林 NT 飞艇)和重于空气的航空器(ATR-42)。图 3-9 示出有人驾驶飞机、无人驾驶飞机和遥控飞机。

表 3-4 设计约束和需求(由用户设定)

序号	组别	设计需求和约束
1	标准,非标准	(i)标准,(ii)家庭制造(或车库制造)
2	一般类型	(i)军机(MIL-STD),(ii)民用运输机(FAR* 25)、(iii)民用-GA(FAR 23),(iv)超轻型飞机(VLA)等
3	机动性	(i)正常类或非特技,(ii)实用类或半特技,(iii)特技飞行或特技,(iv)高机动性(例如,战斗机和反导导弹)
4	GA 任务	(i)通用,(ii)悬挂式滑翔机,(iii)滑翔机,(iv)农用机,(v)实用类,(vi)通勤类,(vii)公务机,(viii)竞赛飞机,(ix)运动飞机,(x)游览机,(xi)教练机,(xii)特技飞机,(xiii)模型飞机
5	军用任务	(i)战斗机,(ii)轰炸机,(iii)攻击机,(iv)拦截机,(v)侦察机,(vi)军用运输机,(vii)巡逻机,(viii)海上监视机,(ix)军用教练机,(x)隐身,(xi)加油机,(xii)近距支援飞机,(xiii)教练机,(xiv)反潜机,(xv)预警机,(xvi)空中指挥机,(xvii)通信中继机,(xviii)靶机,(xix)导弹,(xx)火箭
6	密度	(i)轻于空气航空器(气球,飞艇),(ii)重于空气航空器
7	驾驶员操纵	(i)有人驾驶,(ii)无人驾驶,(iii)遥控(RC)
8	重量	(i)模型(小于 30 lb),(ii)特轻型(小于 300 kg),(iii)超轻型(小于 750 kg),(iv)轻型(小于 12 500 lb),(v)中型(小于 100 000 lb),(vi)重型或"珍宝"型(大于 100 000 lb)
9	可生产性	(i)套件形式,(ii)半套件形式,(iii)模块化(常规)
10	起飞滑跑距离	(i)短距起降(STOL)(跑道长度小于 150 m),(ii)垂直起降(VTOL),(iii)正规

（续表）

序号	组别	设计需求和约束
11	机场	(i)陆基,(ii)水面,(iii)舰载,(iv)两栖,(v)肩扛
12	阶段	(i)模型,(ii)原型机,(iii)运行
13	使用期限	(i)长期(正规),(ii)实验(X飞机)或研究机
14	有效载荷	(i)旅客数,(ii)有效载荷重量,(iii)外挂物等
15	飞机子系统	(i)空调,(ii)气象雷达,(iii)降落伞等
16	FAR 要求和 MIL 要求	(i)机组人数,(ii)弹射座椅,(iii)备份燃油等
17	性能	(i)最大速度,(ii)航程,(iii)升限,(iv)爬升率,(v)起飞滑跑距离,(vi)续航时间等
18	机动性	(i)转弯半径,(ii)转弯速率,(iii)载荷系数

* 联邦航空条例。

(a)

(b)

(c)

图 3-7 运输类飞机、GA 飞机和战斗机

(a)民用运输机 B747(经安妮·迪乌斯允许) (b)通用航空飞机塞斯纳 182
(经珍妮·科菲允许) (c)军用飞机,欧洲战斗机台风(经安东尼·奥斯本允许)

(a)

(b)

图 3-8 轻于空气的航空器和重于空气的航空器

(a)齐柏林 NT 飞艇 (b)ATR 42 飞机(经安妮·迪乌斯允许)

(a)

(b)

(c)

图 3-9 有人驾驶飞机、无人驾驶飞机和遥控飞机

（a）比奇 76 公爵夫人（经珍妮·科菲允许） （b）全球鹰无人机 （c）遥控模型飞机

一项重要的设计约束源自于政府颁发的条例。就此而言,设计者有两个选项:①设计一架飞机符合政府颁发的条例和标准,②设计一架飞机不管政府颁发的条例和标准。设计者可自由决策选择上述的任一选项,但他/她必须知道后果。此决策将影响整个设计过程,因为这会产生完全不同的设计环境和约束。通常,符合政府条例和标准将会增加成本,并会增大设计难度。然而这将会提高飞机质量,并允许飞机在美国市场上销售。

一架未经政府航空当局合格审定的飞机,被称为家庭制造或车库制造的飞机。这些飞机通常由非专业人士设计并由个人飞行员使用。它们的适航性未得到当局的确认,因此与经过合格审定的飞机相比,坠机的概率要高得多。为减少民众伤亡的风险,这些飞机被限制在很少几个空域内飞行。家庭制造的飞机不允许在美国市场上销售。

不少国家已成立官方机构来管理航空问题,并认可和收集航空标准。美国管理有关航空问题(包括飞机设计和制造)的政府机构,称为联邦航空局(FAA)。一些欧洲国家(包括英国、法国和德国)[①]的民用航空当局已制订了共通的综合和详细的航空要求(称为合格审定规范(CS),原先是 JAR),目的是将合资公司的型号合格审定问题减至最少,也便于航空产品的进口和出口。CS 已得到各参加国的民用航空当局的认可,作为表明符合其国家适航法规的可接受的基础。

在美国,运输部 FAA[4]负责管理航空标准,并颁发 FAR。FAR 中一些重要的部现列举如下[②]:

● Part 23—Airworthiness standards: Normal, utility, acrobatic, and commuter category airplanes(正常类、实用类、特技类和通勤类飞机适航标准)

● Part 25—Airworthiness Standards: Transport airplane(运输类飞机适航标准)

● FAR 29—Airworthiness standards: Transport category rotorcraft(运输类旋翼航空器适航标准)

● FAR 33—Airworthiness standards: Aircraft engines(航空发动机适航标准)

● Part 103—Airworthiness Standards: Ultralight aircraft (with supplementary information),(特轻型航空器适航标准(含补充信息))

军用飞机需遵循并符合 MIL-STD,这是美国国防标准,通常称为军用标准。MIL-SPEC(或简称 MIL Specs)(军用规范),用于帮助达到美国国防部提出的标准化目标。尽管多种形式文件之间存在官方定义的差异,但是所有这些文件,包括国

---

① 这些国家是:奥地利、比利时、塞浦路斯、捷克共和国、丹麦、芬兰、法国、德国、希腊、匈牙利、冰岛、爱尔兰、意大利、拉脱维亚、卢森堡、马耳他、摩纳哥、荷兰、挪威、波兰、葡萄牙、罗马尼亚、斯洛伐克共和国、斯洛文尼亚、西班牙、瑞典、瑞士、土耳其和联合王国。

② 已对原文所引用的 FAR 各部名称按 FAA 颁布的最新信息做了更新。——译注

防规范,手册和标准,都冠以通用的标题"军用标准"。严格地说,这些文件有不同的用途。按照美国政府问责办公室(GAO)的定义,军用规范"说明产品的物理和/或使用特性",而 MIL-STD"详细阐述用于制造产品的工艺和材料"。另一方面,军用手册是获取汇编资料和/或指南的主要渠道。

MIL-STD 文件为专门军用的或由商用大幅度修改而来供军用的工艺、程序、施工规程和方法制订统一的工程和技术要求。共有 5 种类型的国防标准:接口标准、设计准则标准、制造工艺标准、标准施工规程、试验方法标准。现有的国防标准超过33 000 份。国防标准被认为具有足够的可靠性,常常为其他的政府组织,甚至是非政府的技术组织或一般工业界所使用。

MIL-PRF 属于性能规范,依据所要求的结果陈述需求,带有用于验证符合性的准则,但不陈述达到所要求结果的方法。性能规范定义产品的功能需求、产品必须在其中工作的环境、接口和互换性特性。MIL-HDBK(军用手册)属于指南性文件,包含与国防标准化大纲所涉及的材料、工艺、施工规程和方法有关的标准程序、技术、工程或设计诸多方面的信息。MIL–STD–962 包含国防手册的目录和表格。

飞行模型通常是术语"航空模型"的意思。大多数飞行模型飞机可以归为下述三组中的一种:①自由飞模型飞机,其飞行无须借助地面上的任何外部控制方法。这种类型的模型是早先由莱特兄弟和其他航空先驱们努力创造的。②线控模型飞机,使用从机翼到驾驶员的钢索(通常是两根)引导飞机飞行。③无线电控制飞机,由操作员在地面操作发射机,将信号传送给飞机上的接收机。有些飞行模型按有人驾驶飞机的缩比型制造,而其他模型的建造则无意与有人驾驶飞机相像。

重要的是应注意,有若干设计备份方案一旦选用,则会导致其他一些设计备份方案不再可行。例如,如果设计者选择了单发构型,则就不能再选择机身侧面作为发动机的安装位置。理由很简单,如果单台发动机安装在机身的左侧或右侧,飞机将出现不对称。再举一例,如果设计者选择不采用任何形式的 VT(由于隐身的原因),则就不能再选择方向升降舵作为操纵面设计的选项。

表 3-5 示出飞机主要部件与设计需求之间的关系。表 3-5 中的第 3 栏,列出受影响最大的飞机部件,或某个设计需求的主要设计参数。每一设计需求通常会影响到多个部件,但仅考虑其中受影响最大的。

例如,有效载荷需求、航程和续航时间,将影响最大起飞重量(见第 4.2 节)、发动机选择、机身设计和飞行成本。有效载荷重量的影响与有效载荷体积的影响不同。因此,出于优化的目的,设计者必须精确地知道有效载荷的重量及其体积。相比之下,如果有效载荷可分成小块,有效载荷方面的设计约束就比较容易处理。此外,其他性能参数(如最大速度、失效速度、爬升率、起飞滑跑距离和升限)将影响机翼面积和发动机功率/推力(见第 4.3 节)。

表 3 - 5　飞机主要部件和设计需求之间的关系

编号	设计需求	受影响最大的飞机部件或主要设计参数
1a	有效载荷(重量)需求	最大起飞重量
1b	有效载荷(体积)需求	机身
2	性能需求(航程和续航时间)	最大起飞重量
3	性能需求(最大速度、爬升率、起飞滑跑距离、失速速度、升限、转弯性能)	发动机、起落架和机翼
4	稳定性需求	水平尾翼和垂直尾翼
5	可操纵性需求	操纵面(升降舵、副翼和方向舵)
6	飞行品质需求	重心
7	适航性需求	最低要求
8	成本需求	材料、发动机、重量等
9	时序需求	构型最佳化

　　通常,设计要素包括工程系统、产品或结构可能呈现的所有属性和特性。这些涉及生产商和用户两方面的利益。与设计相关的参数是设计中固有的有待预计或估算的属性和/或特性(如重量、设计寿命、可靠性、可生产性、可维修性和用后可随意处置性)。这些是设计要素的子集,生产商将对此承担主要责任。相反,与设计不相关的参数是必须进行估算和预测以供设计评估时使用的设计外部因素(如每加仑的燃油费用、利率、人工费率和每磅材料费用)。这些取决于飞机的生产和使用环境。

3.5　构型选择过程和权衡分析

　　为了选择最佳飞机构型,必须进行权衡分析。随着飞机设计的进展,可能有许多不同的权衡。必须对相应的部件、子系统、可能的自动化程度、商用货架零件、各种维修和支援政策等,做出关于评估和选择的决策。在设计循环的后期,可能有备选的工程材料、备选的制造工艺、备选的工厂维修计划、备选的后勤支援结构,以及材料过期、回收利用和/或废弃处置的备选方法。

　　首先必须定义问题,确认设计准则或度量指标(各种备选构型将要依此进行评估)、评估过程,获取必需的输入数据,评估每一待考虑的候选方案,进行敏感性分析以确定潜在的风险范围,最后推荐一个首选方法。这一过程如图 3 - 10 所示,可以在生命周期的任何时间点上进行剪裁使用,不过应依据部件的本性,对分析和评估工作的深度做些改变。

　　权衡分析涉及综合,其指的是组合和构建各部件以建立一个飞机系统构型。综合属于设计。开始时综合法用于形成初步概念,并在飞机各部件之间建立相互关系。随后在出现足够的功能定义和功能分解时,使用综合法进一步定义下一层次的

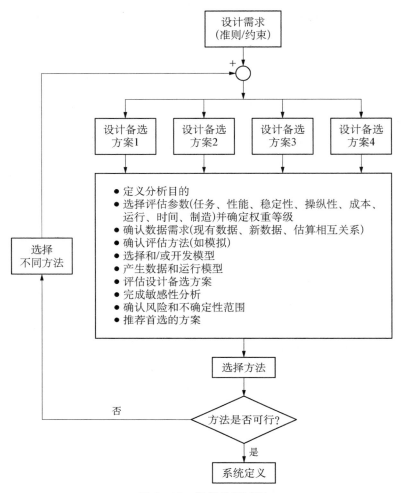

图 3 - 10　权衡分析过程

需求。综合法涉及创建可能代表飞机最终采用形式的某个构型(尽管在设计过程的这一早期时刻并未假设最终构型)。给定一个经综合的构型,需依据最初规定的飞机需求对其特性进行评估。将按需要进行一些更改,产生一个优选的设计构型。综合、分析、评估和设计提升的这种迭代过程,导致功能基线和产品基线的确立。

飞机构型设计的主要任务之一是确认系统设计要素。定义系统级的需要,是确定用户需求并形成设计准则的起点。通过描述必须执行的功能,制订系统(作为一个实体)的需求。设计准则构成一组能以定性和定量两种形式表达的设计需求。设计准则是用户指定的或是经协商确定的技术性能度量的目标值。这些需求代表设计者在从事综合、分析和评估的迭代过程时必须遵循的工作边界。必须在顶层层面上描述运行功能(即完成某个特定任务,或系列任务所需要的那些功能)以及维修和支援功能(即确保飞机在需要时能够运行而必需的那些功能)。

依据正式设计评审而建立基线构型之后,下列众多原因中的任何一项都会引起频繁的更改:纠正设计缺陷,改善产品,纳入新的技术,响应使用需求的变化,弥补过时的不足部分,等等。项目范围内的原因或外部强加的一些新需求,都可能引起更改。

首先可能出现两种性质的更改,一是本质上相对不重要的更改;二是可能引发如下情况的更改:主要设备项目设计需要改动,软件需要修订,数据需要改版,和/或有些工艺需要变更。然而这些更改最初似乎的确不大,结果往往会对整个系统层次结构造成很大影响。例如,一个主要部件的设计构型更改(如尺寸、重量、装配和性能诸方面的更改)很可能会影响到相关部件、试验和支援设备的设计、备件/修理用零配件的类型和数量、技术数据、运输和搬运需求,等等。

任何一个部件(如水平尾翼)的更改,很可能对飞机的其他部件(如机翼、机身)产生影响。此外,如果同时纳入多项更改,那么整个系统构型在维持一定程度的需求可追溯性方面可能大打折扣。过去各种系统的经验已表明,在详细设计阶段后期、在结构生产期间以及在系统利用和持续支援阶段初期,都采纳了许多更改。尽管采纳更改(由于这样或那样的原因)确实是不可避免的,但是完成这些更改的过程必须正规化,并且必须受控,以确保从一个构型基线到另一个构型基线的可追溯性。

一项用于权衡研究的最有效的方法是 MDO[5]。学术界、工业界和政府的研究人员,不断地推进 MDO 及其在相关工业实际问题中的应用(如参考文献[6-8]所列)。MDO 是一个工程领域,其使用优化方法来解决涉及众多学科的设计问题。MDO 可使设计者同时纳入所有相关学科。问题的同步优化解优于按顺序优化每一学科所得到的设计,因为这可利用各学科之间的互动。然而同时包含所有的学科无疑将大大增加问题的复杂程度。

不同的飞机设计者在其设计过程中有不同的优先权。这些优先权基于不同的目标、需求和任务。基本上可将飞机设计者分为 4 个组,也就是:①军用飞机设计者,②民用运输类飞机设计者,③通用航空(GA)飞机设计者,④家庭建造飞机设计者。这四组飞机设计者有不同的关注点、优先权和设计准则。对于每一飞机构型设计者而言,主要有 10 个品质因数。它们是:生产成本、飞机性能、飞行品质、设计周期、美观(对于民用飞机)或恐惧(对于军用飞机)、可维修性、可生产性、飞机重量、用后可随意处置性以及隐身需求。

表 3-6 示出每一飞机设计者针对 10 个品质因数的优先顺序。这些优先顺序的分配是作者的想法,在某些场合可能有所不同。参考文献[9-10]是有价值的参考文献,它们阐述了 60 多年来飞机设计方面的真实故事和经验教训。由于它们介绍了若干设计的多种难题和承诺,因此它们是确定构型设计过程中优先顺序的有用资源。

在 10 个品质因数(或准则)中,等级"1"属于最高优先权,等级"10"属于最低优先权。在此表格中,等级"0"表示该品质因数不是该设计者的准则。如表 3-6 所示,对于一名军用飞机设计者而言,第一优先权是飞机性能,而对于一名家庭制造飞机设计者而言,成本则是第一优先权。值得关注的还有隐身能力,对于一名军用飞机设计者而言,这是重要的优先权,而对于其他三个设计者群体而言,这根本不重要。这些优先权(后续称为权重)反映了各个品质因数在设计者思维中的相对重要性。

表 3-6　各种飞机设计者的设计目标和优先权示例

序号	品质因数	军用飞机设计者	大型民用运输机设计者	小型 GA 设计者	家庭制造飞机设计者
1	成本	4	2	1	1
2	性能	1	3	2	3
3	飞行品质	2	1	3	7
4	设计周期	5	9	8	6
5	美观(或恐惧)	10	7	4	5
6	可维修性	7	5	6	9
7	可生产性(易制造)	6	6	7	4
8	飞机重量	8	4	5	2
9	用后可随意处置性	9	7	9	8
10	隐身	3	0	0	0

　　在设计评估时,全面承认设计准则的前期步骤是制订基线,可针对此基线评估一个给定的备选方案或设计构型。通过需求分析的迭代过程(即确认需要,分析可行性,定义飞机运行需求,选择维修性理念,制订逐步淘汰和报废处置计划)确定这一基线。应该阐述飞机为满足特定用户需求而必须执行的任务,以及循环时间、频度、速度、成本、效能和其他相关因素的期望值。必须通过在飞机及其构型部件纳入设计特性的方法来满足功能需求。作为一个示例,表 3-7 给出军用飞机设计者的三个优先权(以百分比的形式)方案。

表 3-7　军用飞机设计者的 3 种权重(%)方案

序号	品质因数	优先权	设计者 1/%	设计者 2/%	设计者 3/%
1	成本	4	8	9	9
2	性能	1	50	40	30
3	飞行品质	2	10	15	20
4	设计周期	5	7	7	8
5	恐惧	10	1	1	2
6	可维修性	7	4	5	5
7	可生产性	6	6	6	7
8	重量	8	3	4	4
9	用后可随意处置性	9	2	2	3
10	隐身	3	9	11	12
	总计		100	100	100

可为系统层次结构中的每一层制订设计准则。每一层可能的优化目标在表3-8中示出。为了确定最优设计，必须界定这些目标。仅根据一个优化函数，也许会认定某一选定的飞机构型就是最佳的。应以TPM的形式来表达与飞机有关的相应准

表3-8　设计组层次的优化准则和目标

序号	准　则	目　标
1	成本	最小直接使用成本 最小总制造成本 ×年内的最小系统成本（生命周期成本） 最大利润 最大投资回报率 每美元的最大有效载荷
2	性能	使巡航速度最大化 使航程最大化 使续航时间最大化 使绝对升限最大化 使起飞滑跑距离最小化 使爬升率最大化 使机动性最大化
3	重量	最小起飞重量 最小空机重量 最大燃油重量
4	飞行品质（稳定性和 操纵性）	最可操纵 最稳定 最高飞行品质 最豪华旅客设施
5	尺寸	最小翼展 最小机身长度 最小飞机高度 最美观机身
6	美观或恐惧	最具魅力（民用飞机）和最具恐惧感（战斗机）
7	系统工程准则	最可维修 最可生产 最大程度用后可随意处置（环境兼容） 最可飞行试验 最隐身 最灵活（发展潜力） 最可靠
8	设计和使用持续 时间	最短设计期 最短制造期 最长飞机使用寿命

则,并且应在飞机(系统)级上确定优先等级。TPM 是对各种特性的度量,这些特性是设计本身的固有属性或源自这些属性。至关重要的是,设计准则的形成应基于:恰当的一组设计考虑因素,引导区分与设计有关参数和与设计无关参数的考虑因素,支持 TPM 衍生的考虑因素。

一项用于权衡研究的最有效的方法是 MDO。大多数 MDO 方法都要求对目标和约束进行大量的评估。多学科模型常常非常复杂,一次评估就可能耗费大量的时间。因此求解会极其耗费时间。许多优化方法能适应并行计算。现时许多研究都集中于减少所需时间的方法。现有的求解方法没有一个能保证求得某个一般问题的总体最佳解。

在进行 MDO 时,定义一个服从一组约束的目标函数,并使用数学处理方法使目标函数最小化而不违反约束。通常将灵敏度导数作为优化过程的一部分来计算。对于单一任务的飞机,目标函数公式化可能是一项较为简单的任务,但是对于多用途飞机,单一目标函数公式化即使并非不可能,也会是很困难的。

历史上飞机的设计过程,从餐巾纸上的草图到不断尝试和物竞天择,再到复杂的计算机辅助设计程序。因为过程如此复杂,涉及数百或数千个计算机程序和许多岗位上的许多人,以至于管理一切资源实现优化设计是非常困难的。因此,大多数公司在不停地改进策略并研究新的方法。在飞机设计的早期,人们并不做很多的计算。设计团队往往是小规模的,由一位"总设计师"掌管。他知晓所有的设计细节,并能够做出所有重要决策。

现代设计项目往往非常复杂,以至于不得不将问题进行分解,并由不同的团队来处置问题的各个部分。这些团队在一起工作这种方式仍然是管理者与研究者争论的话题。不管采取何种形式,这些过程的目标都是设计出在某种程度上是最好或最佳飞机构型。

参考文献[11,12]中阐述了多用途战斗机 F/A-18E/F 的设计过程,包括三个构型(YF-17,F/A-18A 和 F/A-18E)之间的竞争。讨论了用于界定和求解 MDO 问题的三种方法各自的解析性能,按照学科界限分配问题,取得不同程度的自主权。参考文献[13,14]中,阐述如何优化无制导导弹的外部构型设计,将 MDO 用于保真度不确定性条件下一种通用的吸气式航空器构型设计。参考文献[15]对构型设计方法给出评价,包括对总体设计构型处理(即预处理、优化和后处理)的详细说明。

3.6 概念设计优化

3.6.1 数学工具

术语"优化"在数学上是指对如下问题的研究:通过从一个允许的集合范围内

系统地选择实数值或整数变量值,寻求使一个实值函数实现最小化或最大化。优化问题是要求确定一个给定函数最佳(最大或最小)值并满足一组强加于所涉及变量的规定限制或约束的问题。这个给定函数称为目标函数。在这一过程中,需要先依据目标函数和一组约束条件来描述优化问题,然后进行代数运算并以可行的图形来描绘不等式并求解两个实数变量的线性规划问题。最终的行动是使用数学方法求解优化问题。

优化的要素主要是设计变量、目标函数、约束条件和设计空间[16]。如果设计变量数目很大,问题包含设计变量形式的多种集合,而对于目标函数结构知之甚少,即使不存在不确定性,实施优化也可能是非常困难的。如果我们估计朝着改进方向努力的优化算法效果不佳,则不大可能最终确定某一种设计是否优于另一种。在计算上对两个系统设计(飞机构型)进行比较,比同时对多个(两个以上)构型进行比较要容易得多。可将动态优化问题表述为使代价函数在满足下列各种约束条件的前提下实现最小化和最大化:动态方程约束、控制不等式约束、内部状态等式约束、内部状态不等式约束以及规定的初始状态和最终状态。

通常,受约束的单目标优化问题[16]是:

$$\text{opt. } f(\boldsymbol{x})$$
$$\text{s. t. } \boldsymbol{x} \in \Omega \tag{3-1}$$

希望优化(最大化或最小化)的函数 $f: \mathbf{R}^n \to \mathbf{R}$ 是一个实值函数,称为目标函数或代价函数。向量 $\boldsymbol{x}$ 是一个 n 维独立变量的向量:$\boldsymbol{x} = [x_1, x_2, \cdots, x_n]^{\mathrm{T}} \in \mathbf{R}^n$。变量 $x_1, x_2, \cdots, x_n$ 通常称为决策变量。集 Ω 是 $\mathbf{R}^n$ 的子集,称为约束集或可行集。可将优化问题视为决策问题,这涉及在 Ω 集内所有可能向量范围内寻求决策变量中的"最佳"向量 $\boldsymbol{x}$。"最佳"向量是使目标函数值取得最佳值(最小值或最大值)的向量。这一向量被称为 f 向量在 Ω 集内的最优点或极值点。通常,约束集 Ω 采用如下形式:$\Omega = \{\boldsymbol{x}: h(\boldsymbol{x}) = 0, g(\boldsymbol{x}) \leqslant 0\}$,此处 h 和 g 是已知函数。

定义:设 $f: \mathbf{R}^n \to \mathbf{R}$ 是定义在某个集 $\Omega \subset: \mathbf{R}^n$ 上的实值函数。若存在 $\varepsilon > 0$,使得对所有的 $\boldsymbol{x} \in \Omega \backslash \{\boldsymbol{x}^*\}$ 和 $\| \boldsymbol{x} - \boldsymbol{x}^* \| < \varepsilon$,有 $f(\boldsymbol{x}) \geqslant f(\boldsymbol{x}^*)$,则点 $\boldsymbol{x}^* \in \Omega$ 是 f 在 Ω 内的局部最优点,若对所有的 $\boldsymbol{x} \in \Omega \backslash \{\boldsymbol{x}^*\}$,有 $f(\boldsymbol{x}) \geqslant f(\boldsymbol{x}^*)$,则点 $\boldsymbol{x}^* \in \Omega$ 是 f 在 Ω 内的全局最小值点。严格地说,仅当求得一个全局最小值点(一般为极值点)时,优化问题才得解。

定理 1 一阶必要条件:设 Ω 是 $\mathbf{R}^n$ 的一个子集,且 $f \in \mathbf{C}$ 是 Ω 上的实值函数。若 x^* 是 Ω 内一个局部最小值点,则对 x^* 点处的任何可行方向 d,我们有

$$d^{\mathrm{T}} \nabla f(x^*) \geqslant 0^{①} \tag{3-2}$$

---

① 在参考文件[3]中给出证明。

当某个优化问题仅涉及一个目标函数时,它属于单目标优化。大多数工程问题,包括飞机构型设计优化,要求设计者优化若干个相互矛盾的目标。如果对一个目标做一项改进,将会导致另一个目标恶化,则这些目标是互相矛盾的。对于各目标之间存在竞争的多目标问题,不可能有简单唯一的最优解。多目标优化问题也称为多准则或多向量优化问题。在多目标优化问题中,我们是寻求满足已知约束的决策变量,并对分量为目标函数的向量函数进行优化。

多目标优化问题的公式如下:

$$\min f(\boldsymbol{x}) = \begin{bmatrix} f_1(\boldsymbol{x}_1, \ \boldsymbol{x}_2, \ \cdots, \ \boldsymbol{x}_n) \\ f_2(\boldsymbol{x}_1, \ \boldsymbol{x}_2, \ \cdots, \ \boldsymbol{x}_n) \\ \cdots \\ f_l(\boldsymbol{x}_1, \ \boldsymbol{x}_2, \ \cdots, \ \boldsymbol{x}_n) \end{bmatrix} \tag{3-3}$$

$$\text{s. t.} \ \boldsymbol{x} \in \Omega$$

式中 $f: \mathbf{R}^n \to \mathbf{R}$, $\Omega \subset \mathbf{R}^n$。

通常,可能有三种不同形式的多目标优化问题:①使所有目标函数最小化,②使所有目标函数最大化,③使一些目标函数最小化,并使其余的目标函数最大化。然而可将其中任何一种转变为一个等效的最小化问题。以解析方式表示为

$$\min f(\boldsymbol{x}) = -\max[-f(\boldsymbol{x})] \tag{3-4}$$

在某些情况下,有可能通过将问题转变为单目标优化问题来处理多目标优化问题,以便可以采用标准优化方法。一种方法[17]是将目标函数向量($f(\boldsymbol{x}) = [f_1(\boldsymbol{x}), \cdots, f_l(\boldsymbol{x})]^T$)的各分量采用正系数下的线性组合,形成单目标函数。同样,我们形成目标函数各分量的凸组合。换言之,我们使用

$$F(\boldsymbol{x}) = \boldsymbol{c}^T f(\boldsymbol{x}) \tag{3-5}$$

作为单目标函数,式中 $\boldsymbol{c}$ 是正分量的向量。此方法称为加权求和法,此处,线性组合的系数(即分量 $\boldsymbol{c}$)称为权重。这些权重反映了目标向量中单个分量的相对重要性。通常,在给定情况下被视为较为重要的系数,应在相关的性能度量中具有更大的权重。严格地说,如果目标准则不很明显,则这一加权过程尤带主观性。因此,从整体可接受性角度来看,应该对使用优化理论得到的结果进行仔细检查。

在构型设计时,常常存在物理和经济限制条件,它们对系统优化起到限制作用。这些限制条件由多种原因引起,决策者通常不能忽略。因此,除了寻求服从约束条件的最好或最佳解之外,可能别无其他选择。约束条件清单包括:①受时间约束的构型设计,②受成本约束的构型设计,③受几何特性约束的构型设计,④受重量约束的构型设计,⑤受物理条件约束的构型设计,⑥受性能约束的构型设计,⑦受安全性约束的构型设计。

例如,考虑一架灭火飞机,要求其携带固定容量的水或固定重量的特种液体,再考虑一架特定用途的运输机,也许会要求其携带一件特殊设备,其除了有固定重量外,还有固定的几何尺寸。对灭火飞机而言,虽然有效载荷重量和总的容积是固定的,但是可将总的容积分成若干部分。相比之下,这架运输机有固定的容积,然而有效载荷不能分成若干小件。

优化仅仅是一种手段,促使相互排斥的备选方案处于可比较(或等效)的状态。当决策状态下存在多个准则时,无论是 x 优化,还是 y 优化,都是不充分的。尽管是必需的,但还必须强化这些步骤,给出信息,说明每一备选方案满足(或超过)具体准则的程度。一种合并并显示这些信息的方法称为决策评估显示法[17]。

可根据以下 8 种情况,对优化问题进行分类:①存在约束条件,②设计变量的性质,③问题的物理结构,④所涉及方程的性质,⑤设计变量的允许值,⑥确定的变量性质,⑦函数的可分离性,⑧目标函数的性质。

3.6.2 方法学

给定任意一组目标,构型设计相当于为所有的目标在给定的空间内寻求一个合适的位置,同时还要满足空间约束并满足或超过性能目标。大多数优化做法都限于通过设计变量的选择来定义一个解域。然而优化设计理论在设计变量和设计参数之间做了区分。对于飞机构型设计问题,变量规定一个飞机构型范围内的有限差异,而参数与构型范围内的复杂变化以及类型间的差异(也就是构型方面的差异)有关。在优化过程中,参数通常是固定的,优化限于寻求各设计变量值的某种组合,使目标函数(如重量或速度)最小化或最大化。为实现较高层次上的优化以及为支持不同概念之间的选择,所需的数学运算源自于微分学。

这一研究的目的在于导出一种方法以确定一种收敛到某个最优解的构型,它符合设计需求、满足约束条件并需要最少时间和最低成本。这里的目的并不是寻求一个最佳的空气动力学外形,而是寻求最佳构型以产生最佳设计指标。有时候,制造技术(如铸造、焊接、研磨、钣金加工、铆接或铺贴(用于复合材料))将影响设计。图 3-11 示出构型设计优化过程中的各个阶段。按此图所示,存在一条反馈回路,这表明了构型设计过程的迭代本性。

方法学估算各个系统的特性,所以我们能够以定

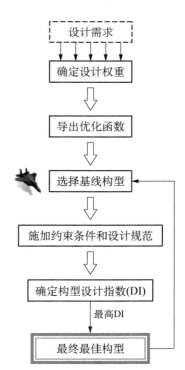

图 3-11 构型设计优化过程中的各个阶段

量的方式对两种设计进行比较。构型优选模型由参数和决策变量所组成。设计参数定义问题，而决策变量是在获得最佳构型的过程中将会确定数值的那些量。这些决策变量称为设计变量。决策变量的清单如表 3-9 所示。变量的数目取决于飞机类别(见表 3-9)，当这一数目增加时，解的复杂性也增加。

表 3-9　起落架设计选项与设计准则之间的关系

设计参数	准则								
	成本	性能	飞行品质	设计周期	美观	可维修性	可生产性	重量	用后可随意处置性
固定	廉价 (1)	差 (1)	好 (10)	短 (10)	差 (1)	好 (10)	好 (10)	轻 (10)	好 (8)
可收放	贵 (10)	好 (10)	差 (1)	长 (1)	好 (10)	差 (1)	差 (1)	重 (1)	差 (3)
部分收上	中 (5)	中 (5)	中 (5)	中 (5)	中 (5)	中 (5)	中 (5)	中 (5)	中 (5)

安东诺夫 An-12 运输机(经路易斯·戴维·桑切斯允许)

　　构型变量可以是下述三种形式之一：①连续的，②离散的，③整数。如果设计变量可随意设为任何值，则它是连续的。当设计变量仅能设为一个固定值时，则它是离散的。例如，起落架只可能是固定式、可收放式或可部分收上。在某些情况下，采用整数变量形式，例如发动机数目的选择便属于此情况。发动机数目只能设为整数值，仅可从有限的数字(如 1 或 2 或 3 或 4)中选取。这些设计变量称为整数变量。

　　为确保构型设计输出是可行的和可靠的，必须制定并遵循几项政策。在"0"和"1"之中选择一个数字来评估每一参数。"0"意味着这一设计参数对设计目标无影响(或最小影响)。"1"意味着该设计参数对设计目标的影响最大。在所有的参数选择之间分配优先百分比，使它们之和为 100%（见表 3 - 7）。每一目标指数是每一构型参数贡献之和：

$$CI = \sum_{i=1}^{27} x_{C_i} \tag{3-6}$$

$$PI = \sum_{i=1}^{27} x_{P_i} \tag{3-7}$$

$$FI = \sum_{i=1}^{27} x_{F_i} \tag{3-8}$$

$$TI = \sum_{i=1}^{27} x_{T_i} \tag{3-9}$$

$$BI = \sum_{i=1}^{27} x_{B_i} \tag{3-10}$$

$$MI = \sum_{i=1}^{27} x_{M_i} \tag{3-11}$$

$$RI = \sum_{i=1}^{27} x_{R_i} \tag{3-12}$$

$$WI = \sum_{i=1}^{27} x_{W_i} \tag{3-13}$$

$$DI = \sum_{i=1}^{27} x_{D_i} \tag{3-14}$$

$$SI = \sum_{i=1}^{27} x_{S_i} \tag{3-15}$$

式中：CI 代表成本指数；x_{C_i} 是第 i 个构型参数对成本指数的贡献。按同样的做法定义其他符号，PI：性能指数；FI：飞行品质指数；TI：设计周期指数；BI：美观（或恐惧感）指数；MI：可维修性指数；RI：可生产性指数；WI：重量指数；DI：用后可随意处置性指数；SI：隐身指数。在这 10 个设计目标中，3 个目标必须最小化，它们是成本、重量和设计周期。其他 7 个设计目标必须最大化，它们是性能、飞行品质、美观（或恐惧感）、可维修性、可生产性、用后可随意处置性和隐身。

必须针对用户视为重要的那些特性和需求，为每一设计选项做评估。比较各个设计选项是一项困难的任务，但是所推荐的方法能够简化选择一个最佳设计的任务。按照这一方法，在选择准则和设计选项之间创建矩阵（或表格），如表 3 - 9 所示。针对各选择准则，将每一设计选项定格在 1～10 的尺度。分配给每一准则的权重大小取决于其在应用中的重要性。将每一定格值乘以权重并求和，作为最终的选择。获得最高点数的设计被认为是最好或最佳构型。

为了按一个可比量来组合所有目标指数,定义设计指数(DI)。将需要最小化的所有目标指数,集合成一个设计指数(DI_{min}),由如下公式求得:

$$DI_{min} = CI \cdot P_C + WI \cdot P_W + TI \cdot P_T \tag{3-16}$$

将需要最大化的所有目标指数,集合成另一个设计指数(DI_{max}),由如下公式求得:

$$DI_{max} = PI \cdot P_p + FI \cdot P_F + BI \cdot P_B + MI \cdot P_M + RI \cdot P_R + DI \cdot P_D + SI \cdot P_S \tag{3-17}$$

式中:P_x 代表设计过程中目标 x 的优先权,可以从表 3 – 7 中求得。

需要最小化的所有目标优先权之和为

$$P_{min} = P_C + P_W + P_T \tag{3-18}$$

需要最大化的所有目标优先权之和为

$$P_{max} = P_p + P_F + P_B + P_M + P_R + P_D + P_S \tag{3-19}$$

为了确定最佳构型,将考虑设计指数(DI)为最佳值的构型。首先,必须考虑 P_{min} 和 P_{max} 这两个参数。将目标优先权之和较高的设计指数作为构型选择的准则。最后将出现产生最佳设计指数的两个构型,其中一个构型产生最低 DI_{min},另一个构型产生最高 DI_{max}。

如果 P_{min} 大于 P_{max},则选择 DI_{min} 最低的构型作为最佳构型。如果 P_{max} 大于 P_{min},则选择 DI_{max} 最高的构型作为最佳构型。如果 P_{min} 和 P_{max} 之间的差值不大(如 51% 和 49%),则需要遵循系统工程过程的步骤。示例 3.1~3.3 介绍应用示例。

示例 3.

问题陈述 采购一架为执行军事任务而设计的双座战斗机,并满足下列任务需求:

- 最大速度:在 30 000 ft 高度,马赫数至少为 1.8;
- 绝对升限:大于 50 000 ft;
- 活动半径:700 km;
- 爬升率:大于 12 000 fpm;
- 起飞滑跑距离:600 m;
- 能够携带多种军用外挂,质量为 8 000 kg;
- g 极限:大于 +9 g;
- 具有高度的机动性。

确定这架飞机的最佳构型。

解 初始时,假设基线战斗机构型 A 如下:常规构型,带动力,涡轮风扇发动机,双发,推进式发动机,发动机固定安装于机身内,悬臂式下单翼,固定式梯形机翼,固定后掠角,固定安装角,后置式常规尾翼,双 VT 位于机身后端,前三点可收放式起落架,单个长机身,串列双座驾驶舱,全动水平尾翼,全动 VT,副翼和襟翼,液压能源系统和全金属结构。作为比较,还考虑两个备选构型,分别称为 B 和 C,带有任意不同的变量。你可以假设其他两个构型的特性。

为求得设计指数,首先,按所有 10 个品质因数或准则,确定每个构型变量的准则指数(类似于在表 3-9 中的做法)。然后,使用式(3-6)~式(3-15),针对每一准则将所有的指数相加,由此算出准则指数(结果示于表 3-10 中的第 5,6 和 7 栏)。必须将这些指数与其他构型的进行比较。表 3-10 示出这一基线构型(A)与其他两个构型(B 和 C)之间的比较结果。

表 3-10　一架战斗机的 3 个假设构型备选方案的评估

序号	准　则	必须实行	优先权/%	构　型		
				A	B	C
1	成本	最小化	9	115	183	210
2	重量	最小化	4	136	163	94
3	设计周期	最小化	7	190	176	217
DI_{min}			20	20.1	35.3	37.8
4	性能	最大化	40	210	195	234
5	飞行品质	最大化	15	183	87	137
6	恐惧感	最大化	1	87	124	95
7	可维修性	最大化	5	95	83	68
8	可生产性	最大化	6	215	184	164
9	用后可任意处置性	最大化	2	246	254	236
10	隐身	最大化	11	65	36	42
DI_{max}			80	142	116.5	137.7

下一步是使用式(3-16)和式(3-17),求得两个设计指数。通过式(3-16)确定所有 3 个构型的设计指数 DI_{min},结果示于表 3-10 中的第 5 行。还要通过式(3-17)确定所有 3 个构型的设计指数 DI_{max},结果示于表 3-10 中的最后一行。

作为比较,计算两个参数 P_{min} 和 P_{max}(见式(3-18)和式(3-19)),结果示于表 3-10 中的第 4 栏(见第 5 行和第 13 行)。需要最小化的所有目标的优先权之和(P_{min})是 20%。此外,需要最大化的所有目标的优先权之和(P_{max})是 80%。由于 P_{max} 大于 P_{min},将 DI_{max} 为最高值(142)的构型选为最佳构型,也就是构型 A。因此,执行优化方法时,设计可从基线构型转入最佳构型。这里并未给出计算的细节。

实际上,此方法要求对目标和约束条件进行大量的评估。学科模型往往非常复杂,可能占据大量的评估时间。因此,求解可能极其耗费时间。

示例 3.2

问题陈述 图 3-2 示出如下 4 架飞机的照片:B 747(运输机),F-15C 鹰(战斗机),斯坦佩-费尔通根 SV-4C(GA)和鲁坦 33 变 Ez(GA)。使用这些照片和其他可靠的资料来源(如参考文献[18]),确认这些飞机的构型参数。

解 使用图 3-12 中的照片和参考文献[18],确认这些飞机的构型参数,如表 3-11 所示。

表 3-11 示例 3.2 中 4 架飞机的构型特性

序号	属性	B747	F-15C 鹰	SV-4C	鲁坦 33 变 Ez
1	标准	FAR 25	MIL-STD	家庭制造	非常规
2	跑道	陆地	陆地	陆地	陆地
3	材料	大部分为金属	金属	金属	复合材料
4	制造	模块化	模块化	模块化	套件形式
5	发动机类型	涡扇	涡扇	活塞螺旋桨	活塞螺旋桨
6	座位数(每排)	10 座	单座	双座(串列)	双座(串列)
7	起落架形式	多支柱	前三点式	尾轮式	前三点式
8	固定或可收放	可收放	可收放	固定式	部分收上
9	推进或拉进	推进	推进	拉进	推进
10	发动机位置	翼下	机身内	机身前部	机身后部
11	发动机数目	4	2	1	1
12	襟翼	三缝襟翼	简单襟翼	简单襟翼	简单襟翼
13	舱门	10 扇客舱门	驾驶舱	无舱门	驾驶舱
14	尾翼或鸭翼	后置尾翼	后置尾翼	后置尾翼	鸭翼
15	机翼数目	单翼	单翼	双翼	单翼
16	机翼位置	下单翼	上单翼	下单翼+遮阳式机翼	中单翼
17	机翼连接	悬臂式	悬臂式	支柱-撑杆式	悬臂式
18	尾翼构型	常规	常规	常规	鸭翼+双VT
19	固定机翼/变后掠	固定机翼	固定机翼	固定机翼	固定机翼
20	机翼构型	后掠	后掠	椭圆	后掠
21	尾翼连接	可调节	全动	固定	固定
22	操纵面	升降舵/副翼/方向舵	升降舵/副翼/方向舵	升降舵/副翼/方向舵	升降舵/副翼/方向舵

（续表）

序号	属性	B747	F-15C鹰	SV-4C	鲁坦33变Ez
23	动力传送	液压	液压	机械	机械
24	燃油箱	机翼和机身内	机翼和机身内	机身内	机身内
25	垂直尾翼	单垂尾	双垂尾	单垂尾	翼尖双垂尾
26	扰流板/调整片	扰流板和3调整片	无调整片	无调整片	无调整片

(a)

(b)

(c)

(d)

图 3-12 示例 3.2 中的 4 个机型

(a) B747(经安妮·迪乌斯允许)　(b) 斯坦佩·费尔通根 SV-4C(经詹妮·科菲允许)
(c) 鲁坦 33 变 Eze(经詹妮·科菲允许)　(d) F-15 鹰(经安东尼·奥斯本允许)

示例 3.3

问题陈述　某所大学的小型遥控飞机的概念设计团队参与 AIAA 的学生竞赛。飞机必须能携带 7 lb 不同组合的有效载荷,此外,尺寸限制为 4 ft×5 ft。性能需求如下。

- 失速速度: 15 kn;
- 最大速度: 40 kn;
- 起飞滑跑距离: 80 ft;

● 续航时间：5 min。

在携带所有有效载荷约束部件时，飞机必须飞上天空。目标是携带最小蓄电池重量时，在 5 min 时间内尽可能多地完成比赛路线的次数。你是机翼设计团队的成员之一，要求决策机翼构型，研究单翼机、双翼机、x 翼飞机（三翼或更多机翼）和翼身融合体。

品质因数包括重量、强度、翼展、起飞能力、稳定性、操纵性、可制造性、可修复性和熟悉度。

如果每一品质因数的权重为：

● 重量：20%；

● 强度：20%；

● 翼展：10%；

● 起飞能力：10%；

● 稳定性和操纵性：10%；

● 可制造性：10%；

● 可修复性：5%；

● 熟悉度：5%。

确定最佳机翼构型。

解　调查研究结果列于表 3-12。在此表中，采用数字(1, 0 和 -1)。数字"0"表示这一构型对某个具体的品质因数无任何影响。数字"1"表示这一构型对某个具体的品质因数有正面影响。数字"-1"表示这一构型对某个具体的品质因数有负面影响。

表 3-12　机翼品质因数

品质因数	权重/%	单翼机	双翼机	多翼机	翼身融合
重量	20	1	-1	-1	1
强度	20	0	1	1	1
翼展	10	0	0	0	0
起飞能力	10	0	1	1	1
稳定性和操纵性	10	-1	1	1	-1
干扰	10	1	1	-1	1
可制造性	10	1	1	1	1
可修复性	5	1	1	1	-1
熟悉度	5	1	0	0	-1
总计	100	0.4	0.45	0.25	0.3

如表 3-12 所示，单翼机或双翼机构型在最高层次上满足设计需求。然而，单翼机较轻，双翼机构型在结构方面更强。此外，受给定尺寸限制，采用双翼机构型可

得到更大的机翼面积(无展弦比方面的不利)。对于某个给定的机翼面积,双翼机构型采用较小的翼展,让出更多纵向距离用于尾力臂,以增大飞机稳定性。

练习题

(1) 图 3－13 是加拿大维克斯 PBV－1A 坎束 A 多用途运输机。从此图片中找出 15 个不同的构型参数。

图 3－13　加拿大维克斯 PBV－1A 坎束 A(经詹妮·科菲允许)

(2) 图 3－14 是第 2 次世界大战时期的战斗机 P－51D 野马。从此图片中找出 12 个不同的构型参数。

图 3－14　共和国 CA－18 野马(经詹妮·科菲允许)

（3）图 3-15 示出安东诺夫 An-140 运输机。从此图片中找出 12 个不同的构型参数。

图 3-15 安东诺夫 An-140 运输机（经安东诺夫·奥斯本允许）

（4）图 3-16(a)是麦道 MD-11 运输机的照片。从此图片中找出 15 个不同的构型参数。

（5）图 3-16(b)是第 2 次世界大战时期的战斗机德·哈维兰德 T11(DH-115)吸血鬼的照片。从此图片中找出 15 个不同的构型参数。

（6）参见参考文献[18]，找出 4 种非常规构型的飞机。

（7）参见参考文献[18]，找出 5 种鸭翼构型的飞机。

（8）参见参考文献[18]，找出 5 种发动机安装在机身背部的飞机。

（9）参见参考文献[18]，找出 5 种发动机安装在后机身两侧的运输机。

（a）

(b)

图 3‑16 习题 4 和 5 中的两架飞机

(a) 麦道 MD‑11(经詹妮·科菲允许) (b) 德·哈维兰德吸血鬼(经安东尼·奥斯本允许)

(10) 参见参考文献[18]，找出 3 种采用推进式发动机和鸭翼的飞机。

(11) 参见参考文献[18]，找出 2 种起落架部分收上的飞机。

(12) 图 3‑17 给出 GA 飞机萨伯 MF1‑17 支持者(T‑17)的剖视图。从此图中找出 15 个不同的构型参数。

图 3‑17 萨伯 MFI‑17 支持者(经萨伯公司允许)

(13) 图 3‑18(a)给出战斗机 F/A‑18 大黄蜂的三面图。从此图中找出 15 个不同的构型参数。

(14) 图 3‑18(b)给出教练机皮拉图斯 PC‑7 的三面图。从此图中找出 15 个不同的构型参数。

(15) 图 3‐18(c)给出军用运输机洛克希德 C‐130 大力神的三面图。从此图中找出 15 个不同的构型参数。

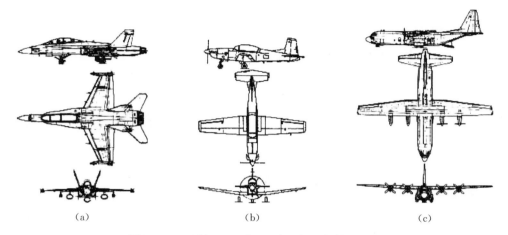

图 3‐18 习题 13、14 和 15 中三架飞机的三面图

(a) F/A‐18 大黄蜂 (b) 皮拉图斯 PC‐7 (c) 洛克希德 C130 大力神

(16) 按照下列设计需求,设计一架 19 座运输机:

a. 最大速度:在 20 000 ft 高度至少为 250 kn;

b. 绝对升限:大于 25 000 ft;

c. 航程:700 km;

d. 爬升率:大于 2 000 fpm;

e. 起飞滑跑距离:1 000 m。

确定这架飞机的最佳构型,并画出该飞机的三面图。

(17) 图 3‐19 是具有革命性设计的太阳能飞机阳光动力号的照片。从该飞机

图 3‐19 阳光动力号(经 Vladimir Mykytarenko 允许)

的图片中找出 10 个不同的构型参数。

（18）大峡谷国家公园订购一架旅游机,设计需求如下：

a. 最大速度：在 2 000 ft 高度大于 100 kn；

b. 失速速度：小于 40 kn；

c. 绝对升限：大于 12 000 ft；

d. 航程：300 km；

e. 爬升率：大于 4 000 fpm；

f. 起飞滑跑距离：500 m。

要求飞机能够搭乘驾驶员和观光客。确定这架飞机的最佳构型,并画出该飞机的三面图。

（19）希望设计一架满足下列设计需求的民用教练机：

a. 最大速度：在 2 000 ft 高度,大于 200 kn；

b. 失速速度：小于 50 kn；

c. 绝对升限：大于 30 000 ft；

d. 航程：500 km；

e. 爬升率：大于 3 000 fpm；

f. 起飞滑跑距离：400 m。

要求飞机能够搭乘一名教练员和一名学员。确定这架飞机的最佳构型,并画出该飞机的三面图。

（20）希望设计一架满足下列设计需求的货机：

a. 最大速度：在 30 000 ft 高度,大于 250 kn；

b. 失速速度：小于 80 kn；

c. 绝对升限：大于 35 000 ft；

d. 航程：10 000 km；

e. 爬升率：大于 2 500 fpm；

f. 起飞滑跑距离：1 500 m。

要求飞机能够承运 20 个货柜,每件货柜的体积为 $3 \times 3 \times 3 \ m^3$。确定这架飞机的最佳构型,并画出飞机三面图。

（21）你是一架无人驾驶飞机概念设计阶段设计团队的一名成员,设计需求如下：

a. 最大速度：在 30 000 ft 高度,大于 200 kn；

b. 失速速度：小于 70 kn；

c. 绝对升限：大于 60 000 ft；

d. 航程：30 000 km；

e. 爬升率：大于 2 000 fpm；

f. 起飞滑跑距离：1 000 m。

要求飞机能够携带通讯和监视设备。确定这架飞机的最佳构型,并画出飞机三面图。

(22)你是一架人力飞机概念设计阶段设计团队的一名成员,要求飞机能够携带通信和监视设备。确定这架飞机的最佳构型,并画出飞机三面图。

(23)你是一架滑翔机概念设计阶段设计团队的一名成员,设计需求如下:

a. 滑翔速度：在 10 000 ft 高度为 40 kn；

b. 失速速度：小于 30 kn；

c. 起飞滑跑距离(由另一架飞机牵引时)：300 m；

d. 续航时间(从 10 000 ft 开始飞行时)：2 h。

要求飞机为双座。确定这架飞机的最佳构型,并画出飞机三面图。

(24)画出具有如下构型特点的 4 座飞机草图：单翼机、上单翼、鸭翼、推进式活塞螺旋桨发动机,尾轮式固定起落架,梯形机翼和翼尖燃油箱。

(25)画出具有如下构型特点的双座飞机草图：单翼机、下单翼、"T"形尾翼、机翼安装两台涡轮螺旋桨发动机、可收放式前三点起落架和矩形机翼。

(26)画出具有如下构型特点的货机草图：矩形上单翼、常规尾翼、机翼安装 4 台涡轮螺旋桨发动机,可收放式多支柱起落架。

(27)画出具有如下构型特点的运输机草图：后掠下单翼、"T"形尾翼、2 台涡轮风扇发动机安装在后机身两侧,可收放式前三点起落架。

(28)画出具有如下构型特点的单座战斗机草图：单翼机、下单翼、鸭翼、双垂尾、单台涡轮风扇发动机安装在机身内、可收放式三点式起落架和可变后掠角。

参 考 文 献

[1] Blanchard, B. S. and Fabrycky, W. J. (2006) *Systems Engineering and Analysis*, 4th edn, Prentice Hall.

[2] Niu Michael, C. Y. (2005) *Composite Airframe Structures*, 5th edn, Conmilit Press.

[3] Groover, M. P. (2010) *Fundamentals of Modern Manufacturing：Materials, Processes, and Systems*, 4th edn, John Wiley & Sons, Inc.

[4] Federal Aviation Regulations (2011), Federal Aviation Administration, Department of Transportation, www. faa. gov.

[5] Eschenauer, H., Koski, J., and Osyczka, A. (1990) *Multicriteria Design Optimization：Procedures and Applications*, Springer.

[6] Padula, S. L., Alexandrov, N. M., and Green, L. L. (1996) MDO test suite at NASA Langley Research Center. 6th AIAA/NASA/ISSMO Symposium on Multidisciplinary Analysis and Optimization, Bellevue, WA.

[7] Kroo, I., Altus, S., Braun, R. *et al.* (1994) Multidisciplinary Optimization Methods for

Aircraft Preliminary Design, AIAA 94 - 4325.

[8] Rao, C. , Tsai, H. , and Ray, T. (2004) Aircraft configuration design using a multidisciplinary optimization approach. 42nd AIAA Aerospace Sciences Meeting and Exhibit, Reno, NV, January 5 - 8,2004, AIAA - 2004 - 536.

[9] Roskam, J. (2007) *Lessons Learned in Aircraft Design*, DAR Corporation.

[10] Roskam, J. (2006) *Roskam's Airplane War Stories*, DAR Corporation.

[11] Young, J. A. , Anderson, R. D. , and Yurkovich, R. N. (1998) A Description of the F/A - 18E/F Design and Design Process, AIAA - 98 - 4701.

[12] Alexandrov, N. M. and Lewis, R. M. (2000) Analytical and computational properties of distributed approaches to MDO. 8th AIAA/USAF/NASA/ISSMO Symposium on Multidisciplinary Analysis &. Optimization, Long Beach, CA, September 6 - 8,2000, AIAA 2000 - 4718.

[13] Umakant, J. , Sudhakar, K. , Mujumdar, P. M. , and Panneerselvam, S. (2004) Configuration design of a generic air-breathing aerospace vehicle considering fidelity uncertainty. 10th AIAA/ISSMO Multidisciplinary Analysis and Optimization Conference, Albany, NY, August 30 - September 1,2004, AIAA 2004 - 4543.

[14] Tanrikulu, O. and Ercan, V. (1997) Optimal external configuration design of unguided missiles. AIAA Atmospheric Flight Mechanics Conference, New Orleans, LA, August 11 - 13,1997, AIAA - 1997 - 3725.

[15] YorkBlouin, V. Y. , Miao, Y. , Zhou, X. , and Fadel, G. M. (2004) An assessment of configuration design methodologies. 10th AIAA/ISSMO Multidisciplinary Analysis and Optimization Conference, Albany, NY, August 30 - September 1,2004, AIAA 2004 - 4430.

[16] Onwubiko, C. (2000) *Introduction to Engineering Design Optimization*, Prentice Hall.

[17] Chong, E. K. P. and Zack, S. H. (2008) *An Introduction to Optimization*, 3rd edn, John Wiley &. Sons, Inc.

[18] Jackson, P. *Jane's All the World's Aircraft*, Jane's Information Group, various years (1996 - 2011).

4　初　步　设　计

4.1　引言

本章的目的在于阐述飞机的初步设计阶段。基于系统工程的方法,飞机设计将经历下列三个阶段:①概念设计阶段,②初步设计阶段,③详细设计阶段。在概念设计阶段,对飞机进行概念设计而不进行精确计算。换言之,几乎所有参数都是基于决策过程和选择技术而确定的。相比之下,初步设计阶段倾向于采用计算程序的结果。顾名思义,在初步设计阶段,所确定的参数都不是最终的,以后将会更改。此外,在这一阶段,参数是至关重要的,并将直接影响整个详细设计阶段。因此,必须极其关注,以确保初步设计阶段结果的准确度。

在初步设计阶段,确定飞机的如下三个基本参数: ①飞机最大起飞重量(MTOW 或 W_{TO}),②机翼参考面积(S_W 或 S_{ref} 或 S),③发动机推力(T_E 或 T)或发动机功率(P_E 或 P)。因此,飞机的三个主要参数 W_{TO}、S 和 T(或 P)构成初步设计阶段的输出。这三个参数将支配飞机的尺寸、制造成本和计算的复杂程度。如果在概念设计阶段,选择使用喷气发动机,在这一阶段计算发动机推力。但是,如果在概念设计阶段选择使用螺旋桨发动机,在这一阶段则计算发动机功率。其他一些非重要的飞机参数,如飞机零升阻力系数和飞机最大升力系数,也在这一阶段予以估算。

初步设计阶段分两步执行:

- 步骤 1:估算飞机 MTOW。
- 步骤 2:同时确定机翼面积和发动机推力(或功率)。

本章研究两种设计方法。第一,形成一套基于统计学的方法,以确定机翼参考面积和发动机推力(或功率)。第二,基于飞机性能需求(如最大速度、航程和起飞滑跑距离)形成另一种方法,以确定机翼面积和发动机推力(或功率)。由于这一方法具有图解的特性,有时将其称为匹配图,有一些参考文献将这一过程和这一设计阶段称为"确定初始尺寸"。这是由于这个过程的性质所确定的,其在字面上确定了与飞机三个基础特性有关的尺寸。

图 4 - 1 给出初步设计阶段的综述。通常,第一种方法是不准确的(事实上是一次估算),并且此方法可能含有某些不准确性,而第二种方法则非常准确,结果可靠。

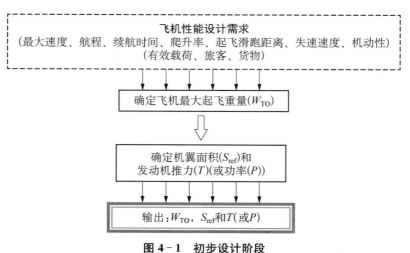

图 4 - 1   初步设计阶段

4.2   最大起飞重量估算

4.2.1   一般方法

本节的目的是介绍一种方法用于在一架飞机设计和制造之前获得其 MTOW(或飞机总重量)的第一轮估算值。"估算"一词是刻意选用的,以表示输出的准确性和可靠性的程度。因此,此 MTOW 值不是最终值,必须在后面的设计阶段予以修订。这一步的结果可能有最大达 20% 的不准确性,因为这不是基于其飞机自己的数据。计算只是依靠具有类似构型和任务的其他飞机的数据。因此,采用过去的经历作为这一步计算的主要信息源。在初步设计阶段结束时,将用另一种更为准确的方法来重复估算起飞重量,将在第 10 章介绍此方法。正如在第 1 章中所述,飞机设计的本质就是迭代,因此取得新的 MTOW 数据后,需要对所有飞机部件(如机翼、尾翼和机身)进行新一轮的计算和新的设计。

由于这一设计步骤结果的准确度很大程度上取决于过去的经历,必须小心,仅利用在构型和任务方面类似的飞机上取得的现时有效的数据。数据时效性和相似性起到关键的作用,因为存在多方面的比较。随着岁月的流逝,材料科学,还有制造技术都在不断地变化和改进。例如,每年都有更轻更强的新工程材料进入市场。新材料,诸如复合材料,已经引起飞机工业的革命。此外,新的动力传送技术(如电传操纵)可使飞机比预期的要轻得多。这一趋势在继续,因此越是现时的数据,产生的估算值越可靠。

事实上,各家飞机制造工业公司在它们的产品中采用不同的方法,正因为如此,必须获得来自多架飞机的数据。建议使用来自至少 5 种不同飞机的数据来估算新设计飞机的起飞重量。飞机制造公司,诸如波音、空中客车、洛克希德、格鲁门、塞斯纳、雷神、庞巴迪、达索、恩博威、里尔喷气机和喷气流,每家都有不同的管理系统、设计技术和市场营销方法。因此各家的飞机产品各不相同,包括 MTOW。在打算选择多架飞机进行采集数据以备应用时,应从不同的公司,甚至从世界上不同的地区选择飞机。另一个建议是挑选近年来的飞机数据。例如,将第一次世界大战时代的战斗机(如阿弗罗 504)、第二次世界大战时代的战斗机(如野马和喷火)与当前现代先进战斗机(如 F-16 战隼)进行比较,可以看到现代飞机比老式飞机要轻得多。

4.2.2　重量构成

一架飞机有一个从最小到最大的重量范围,取决于驾驶员和机组人数、燃油和有效载荷(旅客、弹药、行李和货物)。飞机飞行时不断耗用燃油,飞机重量不断下降。飞机设计中最重要的重量是起飞时的最大允许飞机重量。这一重量也称为飞机总重量。最大设计起飞重量(MTOW 或 W_{TO})是飞机开始执行由设计规定任务时的飞机总重。最大设计起飞重量未必与最大名义起飞重量相同,因为某些飞机在紧急情况下可能超载(超过设计重量)起飞,但是将要承受性能下降和稳定性下降的后果。除另有规定外,MTOW 是指设计重量。这意味着每一飞机部件(如机翼、尾翼)都要设计成支持这一重量。

估算 MTOW 的通用方法如下:将飞机重量分解为若干部分。有些部分基于统计确定,而另一些部分则从性能公式计算而得。

可将 MTOW 分解为 4 个部分:

(1) 有效载荷重量(W_{PL});

(2) 机组重量(W_C);

(3) 燃油重量(W_f);

(4) 空机重量(W_E)。

$$W_{TO} = W_{PL} + W_C + W_f + W_E \qquad (4-1)$$

有效载荷重量和机组重量通常是已知的,并由已知数据(来自用户和标准)确定,并不取决于飞机起飞重量。相比之下,飞机空机重量和燃油重量两者都是 MTOW 的函数。因此,为简化计算,将燃油重量和飞机空重表达为在 MTOW 中所占的百分率。因此可写为

$$W_{TO} = W_{PL} + W_C + \left(\frac{W_f}{W_{TO}}\right)W_{TO} + \left(\frac{W_E}{W_{TO}}\right)W_{TO} \qquad (4-2)$$

这样，可按下式求解 W_{TO}：

$$W_{\mathrm{TO}} - \left(\frac{W_{\mathrm{f}}}{W_{\mathrm{TO}}}\right)W_{\mathrm{TO}} - \left(\frac{W_{\mathrm{E}}}{W_{\mathrm{TO}}}\right)W_{\mathrm{TO}} = W_{\mathrm{PL}} + W_{\mathrm{C}} \tag{4-3}$$

从式(4-3)左侧提出公因子 W_{TO}，得

$$W_{\mathrm{TO}}\left[1 - \left(\frac{W_{\mathrm{f}}}{W_{\mathrm{TO}}}\right) - \left(\frac{W_{\mathrm{E}}}{W_{\mathrm{TO}}}\right)\right] = W_{\mathrm{PL}} + W_{\mathrm{C}} \tag{4-4}$$

因此得

$$W_{\mathrm{TO}} = \frac{W_{\mathrm{PL}} + W_{\mathrm{C}}}{1 - \left(\dfrac{W_{\mathrm{f}}}{W_{\mathrm{TO}}}\right) - \left(\dfrac{W_{\mathrm{E}}}{W_{\mathrm{TO}}}\right)} \tag{4-5}$$

为了求得 W_{TO}，需要确定 4 个变量，即 W_{PL}，W_{C}，$W_{\mathrm{f}}/W_{\mathrm{TO}}$ 和 $W_{\mathrm{E}}/W_{\mathrm{TO}}$。前三个参数（即有效载荷、机组重量和燃油重量百分率）可相当准确地予以确定，但是最后一个参数（即空机重量百分率）则由统计估算而得。

4.2.3　有效载荷重量

有效载荷是一架飞机的净载重能力。原本就要求一架飞机能够承载有效载荷或有用载荷，并按此对该飞机进行设计。有效载荷包括行李、货物、旅客、托运行李、外挂物、军用设备以及其他预期的载荷。因此，"有效载荷"名称含义广泛。例如，有时由于恶劣的气象条件使航天飞机不能在佛罗里达州的肯尼迪航天中心成功着陆。这样，航天飞机先在另一条跑道上着陆，诸如加利福尼亚州的爱德华兹空军基地，然后由波音 747 飞机（见图 3-7、图 3-12 和图 9-4）将其运送到佛罗里达。因此在此项任务中，航天飞机则是 B747 的有效载荷。

在旅客机的情况下，旅客的重量有待确定。在计算一架限定座位数飞机的重量时，必须使用实际的旅客重量。必须留有裕度，以考虑穿着厚重冬装的情况。并不存在"标准人"，因为每一类旅客（如婴儿、年轻人和年长者）都可能乘坐飞机。为使计算方便，可假设一个数作为一位典型旅客的假设重量，然后，将这个值乘以旅客人数。在人为因素和人机工程领域的多种参考文献中，给出这些数据。联邦航空局（FAA）[1] 已经为这一主题制订了条例，希望读者查询 FAA 的公开出版物，见联邦航空条例（FAR）。例如，FAR 25 部（这是运输类飞机的适航标准），要求飞机设计者考虑合理的数值，作为旅客重量平均值。下面是基于已发布数据而给出的有关旅客重量的建议值：

$$W_{\mathrm{pass}} = 180 \text{ lb} \tag{4-6}$$

注意，这一数字每年都在更新（由于肥胖和其他问题），因此有关准确的数据，建议查询 FAA 出版物。例如，2005 年 FAA 颁发咨询通告[2]，并向航空公司提出若干

建议。一个示例如表 4 - 1 所示。在该表中,标准平均旅客重量包括 5 lb 夏季服装,10 lb 冬季服装并为个人物件和手提行李留出 16 lb。此处并未规定性别,标准平均旅客重量基于如下假设,即 50% 旅客为男性,还有 50% 旅客为女性。2 岁以下儿童的重量已经折入标准平均重量并分摊给成年旅客重量。

表 4 - 1　标准平均旅客重量[2]

序号	旅　　客	每位旅客重量(lb)	
		夏季	冬季
1	平均成年人	190	195
2	平均成年男人	200	205
3	平均成年女人	179	184
4	儿童重量(2 岁到 13 岁以下)	82	87

在确定旅客总重时,明智的做法是考虑最不利的情况,即可能的最重情况。这意味着认为所有的旅客都是成年男子。尽管这是少见的情况,但是能保证飞行安全。在旅客机上,长途旅行必须供应水和食品,但这些都包括在飞机空重中。

行李和手提行李重量是必须解决的另一个问题。FAA 对旅客机上行李和手提行李的重量给出一些建议。由于飞速上升的航油成本,因此航空公司本身已调整了此重量。例如,大多数航空公司目前同意国际航班为 2 件共 70 lb 的行李,国内航班则为 1 件 50 lb 的行李。已有不少建议,希望在不久的将来减少这些数量。

4.2.4　机组重量

飞机另一部分重量是负责执行飞行和为旅客及有效载荷提供服务的人员的重量。有人驾驶飞机进行飞行至少需要一人。对于大型旅客机,可能需要更多的人员(如副驾驶员、飞行工程师、领航员)。而且,为了对旅客提供服务,必须安排一个或多个机组。对于大型货机,可能需要若干名管理人员,为货物定位并使货物保持在正确位置。

在大型运输类飞机上,与飞机总重量相比,这一重量几乎忽略不计。但是,在悬挂滑翔机上,驾驶员的重量占飞机重量的 70% 以上。因此,在较小的飞机上,在确定驾驶员重量时应给予更多关注。在这一部分,必须确定两个参数:①驾驶员和机组成员的人数,②每一机组成员的重量。

在小型 GA(通用航空)飞机或战斗机上,驾驶员的人数对设计者而言是已知的,但在大型旅客机和货运飞机上,为确保安全飞行,需要多名驾驶员和机组人员。在 20 世纪 60 年代,要求大型运输机配备两名驾驶员,再加一名飞行工程师和一名领航工程师。由于航空电子系统的发展,因此已经撤销了后两个职位,剩下驾驶员和副驾驶员来驾驶飞机,这是由于越来越多的测量装置实现电子化和综合化,并显示在一个大型显示器上。在 20 世纪 50 年代,诸如 B727 这样的大型运输机,大约有 200 个仪表、按钮、开关、灯、显示器和手柄,用于监视和操纵整个飞行。然而多亏有了数字电子装置和现代计算机,当前一名驾驶员不仅能进行安全飞行,还能够通过一个显示器和一个控制平台,同时监视数十项飞行变量和飞机运动。

如果飞机执行商业飞行,则应按 FAR 119 部和 FAR 125 部的规定运营。飞机乘务员的重量应按 FAR §119.3 条的规定。在 FAR 125 部 I 分部中,给出当值驾驶员和当值副驾驶员的资格。在飞机上可能有空间安排更多的机组成员,但基于条例规定,允许最小飞行机组成员为两人。

FAA[1] 已规定运输类飞机机组成员的人数。基于 FAR §125.269 条,对于载客 100 人以上的飞机,需要 2 名乘务员再加上超过 100 人后每 50 位旅客增加一名乘务员。条款规定如下:

> 每一合格证持有人在所使用的每一载客飞机上,应至少配备如下数量的乘务员:
> (1) 对于载客超过 19 人但少于 51 人的飞机——一名乘务员。
> (2) 对于载客超过 50 人但少于 101 人的飞机——两名乘务员。
> (3) 对于载客超过 100 人的飞机——两名乘务员再加上超过 100 人后每 50 人(或不足 50 人的尾数)增加一名乘务员。

因此,举例来说,一架大型旅客机需要配备 2 名驾驶员加上 8 名乘务员。下面的条款引自 FAR[1] §119.3:

> 机组——对于联邦航空条例(FAR)所要求的每一机组成员:
> (A) 对于男性飞行机组成员——180 lb。
> (B) 对于女性飞行机组成员——140 lb。
> (C) 对于男性乘务员——180 lb。
> (D) 对于女性乘务员——130 lb。
> (E) 对于未按性别区分的乘务员——140 lb。

下列条文则引自 FAR[1] §125.9:

> 机组——本条所要求的每一机组成员为 200 lb。

希望读者查阅适用于此情况的具体 FAA 标准。

对于军用飞机,尤其是战斗机,飞行员通常配备头盔、护目镜、抗荷服和其他专用设备(如压力系统)。不仅战斗机飞行员重量常常大于民用飞机驾驶员,而且还必须将每种装备的重量加到飞行员的重量上。有关更多的信息,希望读者查阅相关的军用标准。参考文献[3]给出某些有用的信息和标准。确定每一驾驶员重量、乘务员重量或机组重量的通用规则类似于第 4.2.3 节(即式(4-6))中给出的信息。为了获得合格证,设计者必须遵循 FAA 条例[1]。

对于家庭制造的或执行特种任务的飞机(如环球不着陆巡航飞机"旅行者号",或由另一架飞机携带首次进入太空的"太空船一号"),通过对指定的驾驶员称重,获得每一驾驶员的准确重量。表 4-2 示出若干飞机的机组重量百分率的典型值。

表 4-2　机组重量百分率的典型值[4]

序号	飞　　　机	$W_C/W_{TO}/\%$
1	悬挂滑翔机/风筝/伞翼滑翔机	70～80
2	单座滑翔机	10～20
3	双座摩托滑翔机	10～30
4	特轻型飞机	30～50
5	微型飞机	20～40
6	超轻型飞机(VLA)	15～25
7	单座活塞发动机通用航空飞机	10～20
8	多座通用航空飞机	10～30
9	农用机	2～3
10	喷气式公务机	1.5～3
11	喷气式教练机	4～8
12	大型运输机	0.04～0.8
13	战斗机	0.2～0.4
14	轰炸机	0.1～0.5

4.2.5　燃油重量

飞机 MTOW 的另一组成部分是燃油重量。燃油对于完成飞行是必不可少的,所需总燃油重量取决于需要执行的任务、飞机空气动力学特性和发动机单位燃油消耗率(SFC)。对于设计者而言,任务规范通常是已知的,并且是必须知道的。飞机空气动力学模型和 SFC 可由概念设计阶段所设计的飞机构型估算而得。调用式(4-5),我们可得到燃油重量百分率(W_f/W_{TO})。

确定总燃油重量的第一步是定义飞行任务段。对于三种典型飞机,即运输类飞机、战斗机和侦察机,三种典型任务剖面如图 4-2 所示。GA 飞机的典型飞行任务通常与运输类飞机的非常相似,但是续航时间较短。对于其他类型的飞机,如教练机、农用机、轰炸机,设计者可根据来自用户的已知信息,构建任务剖面。

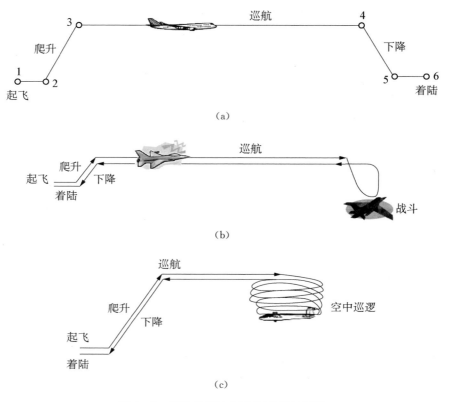

图 4-2　三种典型飞机的典型任务剖面

（a）运输类飞机　（b）战斗机　（c）侦察机

　　每一飞行任务由若干任务段所组成，但其中有一段通常飞行时间最长。运输类飞机飞行的主要特点是"巡航"，形成最长的飞行任务段。侦察机/巡逻机/监听机/通信中继机飞行的主要特点是"空中巡逻"，形成最长的飞行任务段。战斗机飞行的主要特点是"猛冲"，形成最长的飞行任务段。根据飞行动力学，巡航飞行用"航程"度量，空中巡逻飞行用"续航时间"度量，猛冲飞行用"活动半径"度量。

　　为便于分析，对每一任务段进行编号："1"表示起飞开始，"2"表示起飞结束。例如，在运输机定期航班的情况下，可将每一段编号如下："1"是滑行/起飞，"2"是爬升，"3"是巡航，"4"是下降，"5"是着陆。按同样的方式，可为飞行任务的每一阶段的飞机重量进行编号。因此，W_1 是起飞开始时的飞机重量（即 MTOW），W_2 是起飞结束而爬升阶段开始时的飞机重量，W_3 是爬升阶段结束而巡航阶段开始时的飞机重量，W_4 是巡航阶段结束而下降阶段开始时的飞机重量，W_5 是下降阶段结束而着陆阶段开始时的飞机重量，最后，W_6 是着陆阶段结束时的飞机重量。因此对于任一任务段 i，任务段的重量百分率表示为 (W_{i+1}/W_i)。如果对于所有的任务段都能够估算出这些重量百分率,那么将它们连乘,可求得飞行运行结束时的飞机重量与初始重量(即 MTOW)之比值。然后,运用此比值,确定总的燃油重量百分率。

在每一任务段期间,由于燃油消耗引起飞机重量减轻。如果飞机执行空投货物或伞降任务,则必须采取方法略做修正。一个任务段结束时的飞机重量,除以该段开始时的重量,称为该段的重量百分率。例如,在图 4-2(a)的飞行任务中,W_4/W_3 是巡航段的燃油重量百分率。这将形成一个用于估算一次飞行中所需燃油重量和燃油重量百分率的基础。飞行结束(即着陆)时的飞机重量 $W_{landing}$ 与飞行开始(即飞机起飞)时的飞机重量之间的差值恰好等于燃油重量:

$$W_{TO} - W_{landing} = W_f \qquad (4-7)$$

因此,在定期航班任务中,航班结束时的飞机重量与航班开始时的飞机重量之间的比值为

$$\frac{W_{landing}}{W_{TO}} = \frac{W_{TO} - W_f}{W_{TO}} \qquad (4-8)$$

因此,对于图 4-2(a)所示的 5 段任务情况,求得燃油重量百分率如下:

$$\frac{W_f}{W_{TO}} = 1 - \frac{W_6}{W_1} \qquad (4-9)$$

式中 $\frac{W_6}{W_1}$ 可以写为

$$\frac{W_6}{W_1} = \frac{W_2}{W_1} \frac{W_3}{W_2} \frac{W_4}{W_3} \frac{W_5}{W_4} \frac{W_6}{W_5} \qquad (4-10)$$

对于其他的飞行任务,需要读者确认各任务段并构建一套类似的编号系统,以导出类似的公式。为了飞行安全,建议携带备份燃油量,因为在机场意外关闭的情况下,飞机必须在邻近的另一个机场着陆。FAA 条例要求运输类飞机遵循适航标准,携带比 45 min 飞行所需燃油多 20% 的燃油。为安全起见,额外所需的燃油量几乎是飞机总重的 5%,所以采用如下的公式:

$$\frac{W_f}{W_{TO}} = 1.05\left(1 - \frac{W_6}{W_1}\right) \qquad (4-11)$$

因此,为求得燃油重量百分率,我们必须首先确定所有任务段的这些重量百分率(如 $\frac{W_2}{W_1}, \frac{W_3}{W_2}, \frac{W_4}{W_3}, \frac{W_5}{W_4}, \frac{W_6}{W_5}$)。主要有 6 个飞行段:起飞,爬升,巡航,空中巡逻,下降,着陆。可将这些飞行阶段或任务段分为两组:

(1)燃油消耗量几乎为零并且与 MTOW 相比可以忽略不计的任务段。这包括滑行、起飞、爬升、下降、进近和着陆。根据统计,估算这些任务段的燃油重量百分

率。表 4 - 3 示出起飞、爬升、下降和着陆各段的燃油重量百分率典型平均值。

表 4 - 3　各飞行段重量百分率的典型平均值

序号	任务段	W_{i+1}/W_i	序号	任务段	W_{i+1}/W_i
1	滑行/起飞	0.98	3	下降	0.99
2	爬升	0.97	4	进近和着陆	0.997

(2) 燃油消耗量相当大的任务段。这些包括巡航和空中巡逻,需要通过数学计算来确定。

表 4 - 4 示出若干飞机的燃油重量百分率。

表 4 - 4　若干飞机的燃油重量百分率

序号	飞机	类型	航程/km	S/m^2	m_{TO}/kg	m_f/kg	$\dfrac{m_f}{m_{TO}}$
1	麻省理工代达罗斯 88	人力飞机	N/C*	29.98	104	0	0
2	伏尔曼 VJ - 25 阳光乐	悬挂滑翔机/风筝	N/C	15.14	140.5	50	0
3	曼塔　长羽鸟Ⅲ	滑翔机	N/C	14.95	133	0	0
4	默林 E-Z	特轻型	—	15.33	476	163	0.342
5	皮拉图斯 PC-12	涡桨运输机	3 378	25.81	4 100	1 200	0.293
6	C - 130 J 大力神	军用运输机	5 250	162.12	70 305	17 075	0.243
7	比奇超级空中国王 B200	轻型运输机	2 204	28.18	5 670	1 653	0.292
8	鹰眼 E - 2C	预警机	2 854	65.03	24 687	5 624	0.228
9	MD - 95 ER	喷气式运输机	3 705	92.97	54 885	10 433	0.19
10	A 380 - 841	宽体客机	15 200	845	590 000	247 502	0.419
11	B 777	航线客机	10 566	427.8	229 520	94 210	0.41
12	比奇飞机 390	轻型公务机	1 457	22.95	5 670	1 758	0.31
13	F - 16C	战斗机	2 742	27.87	19 187	3 104	0.16
14	旅行者	环球飞行	39 000	30.1	4 398	3 168	0.72
15	全球鹰	无人侦察机	24 985	50.2	10 387	6 536	0.629

* Not constant(非恒定)。

4.2.5.1　喷气式飞机巡航段燃油重量百分率

巡航段的燃油重量百分率采用布拉奎特(Breguet)航程公式予以确定。按定义,航程是一架飞机使用满油箱燃油不经空中加油所能飞行的总距离。这由起飞、爬升、巡航、下降和着陆各飞行段构成,并不包括风的影响(无论是正面的或是负面的)。由于这一定义不适用现时的情况,因此这里采用总无风航程,除巡航飞行外,不包括其他任何飞行段。为了巡航飞行,基本上有三种飞行计划能够满足配平需求。它们是:

- 飞行计划 1:恒定高度、恒定升力系数飞行。
- 飞行计划 2:恒定空速、恒定升力系数飞行。
- 飞行计划 3:恒定高度、恒定空速飞行。

每一飞行计划都有独自的航程公式,但为简单起见,我们使用第 2 种飞行计划,因为它的公式最便于在初步设计阶段使用。喷气式飞机的航程公式与螺旋桨飞机的略有不同。差异的原因在于,喷气发动机产生推力(T),而螺旋桨发动机产生功率(P)。因此分别描述这两者。

对于一架喷气发动机(即涡轮喷气发动机和涡轮风扇发动机)飞机,以规定速度 $V_{(L/D)_{\max}}$ 飞行时的最佳航程公式[5]为

$$R_{\max} = \frac{V_{(L/D)_{\max}}}{C} \left(\frac{L}{D}\right)_{\max} \ln\left(\frac{W_i}{W_{i+1}}\right) \tag{4-12}$$

式中:W_i 为巡航开始时的飞机重量;W_{i+1} 为巡航飞行结束时的飞机重量,因此 $\dfrac{W_i}{W_{i+1}}$ 项表示巡航段的燃油重量百分率;此外,参数 C 是发动机 SFC;L/D 是升阻比。巡航速度通常是性能需求并且是已知的。但在此刻,C 和 $(L/D)_{\max}$ 这两个参数都是未知的,因为我们处于初步设计阶段,尚未确定飞机空气动力外形和推进系统。再则,我们依赖历史数据值,并采用类似飞机的数据。表 4-5 示出若干飞机典型的最大升阻比值。超声速运输机协和号(见图 7-24 和图 11-15)在速度为 $Ma\ 2$ 时升阻比达 7.1。

表 4-5 若干类型飞机的最大升阻比典型值

序号	飞机类型	$(L/D)_{\max}$	序号	飞机类型	$(L/D)_{\max}$
1	滑翔机	20~35	5	超声速战斗机	5~8
2	喷气式运输机	12~20	6	直升机	2~4
3	GA	10~15	7	家庭制造飞机	6~14
4	亚声速军用飞机	8~11	8	特轻型飞机	8~15

根据飞行力学,读者也许记得在经济巡航飞行和航程最大化飞行之间存在三点差异:

(1)几乎没有任何飞机会以航程最大化的速度进行巡航,因为最终要用较长的

飞行时间,而且还会带来某些操作困难。对大多数运输类飞机,推荐以比航程最大化飞行速度高 32% 的卡森(Carson)速度进行飞行:

$$V_C = 1.32 V_{(L/D)_{max}} \qquad (4-13)$$

(2)相比之下,以卡森速度巡航飞行时,升阻比略小于最大升阻比。即

$$\left(\frac{L}{D}\right)_{cruise} = \frac{\sqrt{3}}{2}\left(\frac{L}{D}\right)_{max} = 0.866\left(\frac{L}{D}\right)_{max} \qquad (4-14)$$

(3)巡航飞行时,通常不采用最大发动机推力。这是为了降低成本和发动机 SFC(C)。

有关更多的详情,请读者参阅参考文献[5]。考虑上面所述的这些经济特性和运行注意事项,可将式(4-12)修订为

$$R = 0.866 \frac{V_C}{C}\left(\frac{L}{D}\right)_{max} \ln\left(\frac{W_i}{W_{i+1}}\right) \qquad (4-15)$$

因此,巡航燃油重量百分率确定如下:

$$\frac{W_{i+1}}{W_i} = e^{\frac{-RC}{0.866V(L/D)_{max}}} \qquad (4-16)$$

有关变量 C 的定义和典型值,将在 4.2.5.5 节中阐述。

4.2.5.2 螺旋桨飞机巡航段燃油重量百分率

如何实现在规定航程下的配平飞行,在 4.2.5.1 节已经就其定义和飞行方法进行了讨论。由于本节所述的推进系统的类型是螺旋桨驱动型,发动机产生功率,螺旋桨效率影响整个推进力。如同喷气式飞机的情况一样,不管由于燃油消耗引起重量减轻如何,有三种方法能够保持飞机配平飞行。为简化起见以及由于初步设计阶段预期的准确度,因此这里仅选择了其中的一种。如果设计需求规定飞机必须有不同的方法,则需要采用相关的公式。

对于螺旋桨(活塞螺旋桨或涡轮螺旋桨)飞机,当飞机以最小阻力速度飞行时,可达到最佳航程。因此,航程公式[5]为

$$R_{max} = \frac{\eta_P (L/D)_{max}}{C} \ln\left(\frac{W_i}{W_{i+1}}\right) \qquad (4-17)$$

这是针对升力系数(C_L)或迎角(α)保持恒定值的情况。换言之,既可降低飞行速度,又可增加飞行高度(空气密度降低),以此补偿飞机重量的减轻。这称为螺旋桨飞机的布拉奎特(Breguet)航程公式。因此,巡航段燃油重量百分率确定如下:

$$\frac{W_{i+1}}{W_i} = e^{\frac{-RC}{\eta_P (L/D)_{max}}} \qquad (4-18)$$

有关变量 C 的定义和典型值将在 4.2.5.5 节予以阐述。在此公式中,除了 C 以外,其余所有参数都无计量单位。由于航程的计量单位是长度单位(如 m,km,ft,n mile),因此必须将 C 的计量单位转换为长度的倒数(如 1/m,1/km,1/ft,1/n mile)。记住,初始时 C 的计量单位是 lb/(h·lb)或 N/(h·N)。

4.2.5.3　喷气式飞机空中巡逻段燃油重量百分率

飞机空中巡逻的性能准则由称为续航时间的参数予以度量。为了确定空中巡逻飞行的燃油重量百分率,使用有关续航时间的公式。续航时间(E)是飞机按照给定的燃油消耗率和特定的一组飞行条件能持续留空的时长。对于某些飞机(如侦察机、监听机和边疆监视机),它们任务的最重要性能参数是尽可能长的留空时间。续航时间和航程在若干技术层面上是相似的,唯一不同的是考虑飞机能飞多久(时间),而不是能飞多远(距离)。这种飞行的目标是使耗油量减至最低,因为飞机的载油量是有限的。空中巡逻是一种以续航时间为主要目标的飞行状态。有关更多的信息及公式推导,请读者参阅参考文献[5]。一架喷气式飞机的续航时间公式为[5]

$$E_{\max} = \frac{(L/D)_{\max}}{C} \ln\left(\frac{W_i}{W_{i+1}}\right) \tag{4-19}$$

因此,空中巡逻飞行的燃油重量百分率确定如下:

$$\frac{W_{i+1}}{W_i} = \mathrm{e}^{\frac{-EC}{(L/D)_{\max}}} \tag{4-20}$$

有关变量 C 的定义和典型值将在 4.2.5.5 节予以阐述。由于 E 的计量单位是时间(如 s,h),因此必须将 C 的计量单位转换为时间的倒数(如 1/s,1/h)。记住,初始时 C 的计量单位是 lb/(h·lb)或 N/(h·N)。

4.2.5.4　螺旋桨飞机空中巡逻段燃油重量百分率

如何实现规定的空中巡逻阶段的配平飞行,在 4.2.5.3 节已经就其定义和飞行方法进行了讨论。由于本节所述推进系统形式是螺旋桨驱动型,发动机产生功率,并且螺旋桨效率影响整个推进力。如同喷气式飞机的情况一样,不管由于燃油消耗引起飞机重量减轻如何,有三种方法能够保持飞机配平飞行。为简化起见以及由于初步设计阶段的预期准确度,因此这里仅选择了降低飞行速度的情况(即恒定高度/恒定升力系数飞行)。如果设计需求规定飞机必须有不同的方法,则需要采用相关的续航时间公式。

对于螺旋桨(活塞螺旋桨或涡轮螺旋桨)飞机,当飞机以最小阻力速度飞行时,可达到最佳续航时间。续航时间公式[5]如下:

$$E_{\max} = \frac{(L/D)_{E_{\max}} \eta_{\mathrm{P}}}{C V_{E_{\max}}} \ln\left(\frac{W_i}{W_{i+1}}\right) \tag{4-21}$$

对于螺旋桨飞机，当比值（$C_L^{3/2}/C_D$）处于其最大值时，续航时间将最大化。换言之，有

$$(L/D)_{E_{\max}} = 0.866(L/D)_{\max} \qquad (4-22)$$

然后，得

$$E_{\max} = \frac{0.866(L/D)_{\max}\eta_P}{CV_{E_{\max}}}\ln\left(\frac{W_i}{W_{i+1}}\right) \qquad (4-23)$$

因此，对于一架螺旋桨飞机，空中巡逻飞行的燃油重量百分率确定如下：

$$\frac{W_{i+1}}{W_i} = \mathrm{e}^{\frac{-ECV_{E_{\max}}}{0.866\eta_P(L/D)_{\max}}} \qquad (4-24)$$

一架螺旋桨飞机以最小功率速度（即 $V_{P_{\min}}$）飞行时，将出现达到最大续航时间的速度 $V_{E_{\max}}$[5]。由于在初步设计阶段，尚未完全设计出一架飞机，因此不能进行最小功率速度的计算。因此，建议使用合理的近似值。大多数螺旋桨飞机的最小功率速度比失速速度大 20%～40%。则有

$$V_{E_{\max}} = V_{P_{\min}} \approx 1.2V_S \sim 1.4V_S \qquad (4-25)$$

有关变量 C 的定义和典型值将在 4.2.5.5 节予以阐述。由于 E 的计量单位是时间（如 s，h），速度的计量单位是单位时间经过的距离，必须将 C 的计量单位转换为距离的倒数（如 $1/m$，$1/ft$）。记住，初始时 C 的计量单位是 lb/(h·lb) 或 N/(h·N)。

4.2.5.5　单位燃油消耗率（SFC）

在航程和续航时间关系式（见式（4-16）、式（4-18）、式（4-20）和式（4-24））中剩下的未知数是 C 或 SFC。SFC 是发动机的一个技术品质因数，表示发动机燃烧燃油并将其转换为推力/功率的效率如何。SFC 取决于发动机的类型和设计技术，也取决于燃油的类型。使用 SFC 来描述与一台发动机机械输出相关的发动机燃油效率。

在喷气发动机的研制过程中，已尽力开发出各种等级的燃油，以确保满意的性能和足够的供应量。JP-8 是美国空军喷气发动机最常使用的燃油。美国海军使用 JP-5，这是一种比 JP-8 密度大、挥发性更低的燃油，可以安全地贮存在舰船的单层油罐内。最常用的商用飞机燃油是 Jet A 和 Jet A-1。通常，活塞发动机的燃油比喷气燃油轻约 10%。

喷气发动机（涡轮喷气和涡轮风扇）的 SFC 定义为在给定时间内提供给定推力而需要的燃油重量（有时用质量）（如 lb/(h·lb)（英制）或 g/(s·N)（SI 单位制））。对于螺旋桨发动机（活塞式、涡轮螺旋桨和涡轮轴），SFC 度量发动机在给定时间内提供给定的拉力或功率而需要的燃油质量。常用的英制计量单位为 lb/hp/h（即 lb/(hp·h)），即在 1 小时运行中产生每单位马力所消耗的燃油磅数（或 kg/(kW·h)

(SI 制))。因此,数值越低表示效率越好。

变量 C 的计量单位可方便地在 SI 制和英制之间进行转换。例如,一台典型的活塞发动机的 SFC 约为 $0.5\,\mathrm{lb/(hp \cdot h)}$(或 $0.3\,\mathrm{kg/(kW \cdot h)}$,或 $83\,\mathrm{g/MJ}$),不管具体发动机设计如何。举例而言,如果某台活塞发动机在 4 小时内消耗 400 lb 燃油产生 200 hp 的动力,那么其 SFC 计算如下:

$$\mathrm{SFC} = \frac{400\,\mathrm{lb}}{4\,\mathrm{h} \cdot 200\,\mathrm{hp}} = 0.5\,\frac{\mathrm{lb}}{\mathrm{h \cdot hp}} = 2.98\,\frac{\mathrm{N}}{\mathrm{h \cdot kW}}$$

表 4-6 示出各种发动机的 SFC 典型值。在航程和续航时间公式中使用一致的计量单位是非常重要的。通常,在航程公式中,C 的计量单位必须是 1/时间单位(如 1/s)。如果使用 SI 制(如巡航速度的计量单位为 km/h),则 C 的计量单位必须是 1/h。如果使用英制单位(如巡航速度的计量单位为 ft/s),则 C 的计量单位必须是 1/s。此外,在续航时间公式中,C 的计量单位必须是 1/距离单位(如 1/m 或 1/ft)。下面两个示例表明如何将计量单位 lb/(hp · h) 转换为 1/ft,以及如何将计量单位 lb/(h · lb) 转换为 1/s。记住,1 hp 等于 550 lb · ft/s,1 h 为 3 600 s。

$$\mathrm{SFC} = 0.5\,\frac{\mathrm{lb}}{\mathrm{h \cdot hp}} = 0.5\,\frac{\mathrm{lb}}{(3\,600\,\mathrm{s}) \cdot \left(550\,\frac{\mathrm{lb \cdot ft}}{\mathrm{s}}\right)}$$

$$= \frac{0.5}{3\,600 \cdot 550}\,\frac{1}{\mathrm{ft}} = \frac{0.5}{1\,980\,000}\,\frac{1}{\mathrm{ft}} = 2.52 \cdot 10^{-7}\,\frac{1}{\mathrm{ft}}$$

$$\mathrm{SFC} = 0.7\,\frac{\mathrm{lb}}{\mathrm{h \cdot lb}} = 0.7\,\frac{1}{3\,600\,\mathrm{s}} = 0.000\,194\,\frac{1}{\mathrm{s}}$$

表 4-6 各种发动机的 SFC 典型值

序号	发动机类型	巡航阶段 SFC	空中巡逻阶段 SFC	计量单位(英制)
1	涡轮喷气	0.9	0.8	lb/(h · lb)
2	低涵道比涡轮风扇	0.7	0.8	lb/(h · lb)
3	高涵道比涡轮风扇	0.4	0.5	lb/(h · lb)
4	涡轮螺旋桨	0.5~0.8	0.6~0.8	lb/(h · hp)
5	活塞式(固定桨距)	0.4~0.8	0.5~0.7	lb/(h · hp)
6	活塞式(可变桨距)	0.4~0.8	0.4~0.7	lb/(h · hp)

4.2.6 空机重量

在式(4-5)中,确定 MTOW 时所涉及的最后一项是空机重量百分率 $\left(\dfrac{W_\mathrm{E}}{W_\mathrm{TO}}\right)$。此刻(初步设计阶段),飞机仅完成概念设计,因而尚无几何参数或尺寸。因此不能使用解析方法来计算空机重量百分率。唯一的方法是参照以前的经验和统计资料。

表 4-7 示出若干飞机的空机重量百分率。唯一知道的飞机信息是基于任务的飞机构型和类型。按照这些数据,作者已经研究出一系列用于确定空机重量百分率的经验公式。这些公式基于参考文献[4]和其他渠道的公开发表数据。

表 4-7 若干飞机的空机重量百分率[4]

序号	飞机	类型	发动机	S/m^2	m_{TO}/kg	m_E/kg	$\dfrac{W_E}{W_{TO}}$
1	旅行者号	环球飞行	活塞式	30.1	4 398	1 020	0.23
2	坤思特航空 幽灵	体育家庭制造	活塞式	6.74	771	465	0.6
3	天空之星 敏狐 V	套件装配	活塞式	12.16	544	216	0.397
4	比奇 幸运星 A36	实用类	活塞式	16.8	1 655	1 047	0.63
5	航空和航天 20A	旋翼机	活塞式	11.33*	907	615	0.68
6	斯泰默 S10	摩托滑翔机	活塞式	18.7	850	640	0.75
7	BN2B 海岛人	多用途运输机	涡桨	30.19	2 993	1 866	0.62
8	C-130H 大力神	战术运输机	涡桨	162.12	70 305	34 686	0.493
9	萨伯 2000	支线运输机	涡桨	55.74	22 800	13 800	0.605
10	ATR-42	支线运输机	涡桨	54.5	16 700	10 285	0.616
11	空中拖拉机 AT-602	农业机	涡桨	31.22	5 443	2 471	0.454
12	塞斯纳 750	喷气式公务机	涡扇	48.96	16 011	8 341	0.52
13	弯流 V	喷气式公务机	涡扇	105.63	40 370	21 228	0.523
14	猎鹰 2000	公务机	涡扇	49.02	16 238	9 405	0.58
15	A 340	宽体客机	涡扇	363.1	257 000	123 085	0.48
16	MD-90	航线客机	涡扇	112.3	70 760	39 916	0.564
17	比奇喷气	军用教练机	涡扇	22.43	7 303	4 819	0.66
18	B777-300	宽体客机	涡扇	427.8	299 370	157 215	0.525
19	A380-841	宽体客机	涡扇	845	590 000	270 015	0.485
20	英国宇航公司 海鸥	战斗机和攻击机	涡扇	18.68	11 880	6 374	0.536

（续表）

序号	飞机	类型	发动机	S/m^2	m_{TO}/kg	m_{E}/kg	$\dfrac{W_{\text{E}}}{W_{\text{TO}}}$
21	F-16C 战隼	战斗机	涡扇	27.87	12 331	8 273	0.67
22	欧洲联合战斗机 2000	战斗机	涡扇	50	21 000	9 750	0.46
23	沃尔默 VJ-25 阳光乐趣	悬挂滑翔机/风筝	无动力	15.14	140.5	50	0.35
24	曼塔 长羽鸟Ⅲ	滑翔机	无动力	14.95	133	33	0.25
25	麻省理工代达罗斯88	人力飞机	人力螺旋桨	29.98	104	32	0.307
26	全球鹰	无人机	涡扇	50.2	10 387	3 851	0.371

＊转子盘的面积值。

现引用一种经验公式如下：

$$\frac{W_{\text{E}}}{W_{\text{TO}}} = aW_{\text{TO}} + b \qquad (4-26)$$

式中：a 和 b 可从表4-8中查得。表4-8针对由表4-7所示飞机数据表明的趋势，给出曲线拟合统计值。注意，式（4-26）是英制单位制下的曲线拟合。因此，MTOW 和空机重量的计量单位是"lb"，这是因为 FAR 公开出版物中的所有数据都以英制计量。

表 4-8　经验公式（4-26）中的系数 a 和 b

序号	飞机	a	b
1	悬挂滑翔机	$6.53 \cdot 10^{-3}$	-1.663
2	人力飞机	$-1.05 \cdot 10^{-5}$	0.31
3	滑翔机	$-2.3 \cdot 10^{-4}$	0.59
4	摩托滑翔机	$-1.95 \cdot 10^{-4}$	1.12
5	微型飞机	$-7.22 \cdot 10^{-5}$	0.481
6	家庭制造飞机	$-4.6 \cdot 10^{-5}$	0.68
7	农用机	$3.36 \cdot 10^{-4}$	-3.57
8	GA 单发飞机	$1.543 \cdot 10^{-5}$	0.57
9	GA 双发飞机	$2.73 \cdot 10^{-4}$	-9.08
10	双发涡桨飞机	$-8.2 \cdot 10^{-7}$	0.65
11	喷气式教练机	$1.39 \cdot 10^{-6}$	0.64
12	喷气式运输机	$-7.754 \cdot 10^{-8}$	0.576
13	喷气式公务机	$1.13 \cdot 10^{-6}$	0.48
14	战斗机	$-1.1 \cdot 10^{-5}$	0.97
15	长航程，长航时	$-1.21 \cdot 10^{-5}$	0.95

在表 4-8 中，所依据的假设是整个飞机结构或多数飞机部件由铝合金制成。因此，前面所述的起飞重量计算无疑是假设新飞机也将由铝合金制成。在预期飞机是由复合材料制成的情况下，$\frac{W_E}{W_{TO}}$ 之值必须乘以 0.9。表 4-8 中 GA 飞机之值是针对正常类飞机。如果 GA 飞机是实用类，则 $\frac{W_E}{W_{TO}}$ 之值必须乘以 1.03。如果 GA 飞机是特技类，则 $\frac{W_E}{W_{TO}}$ 之值必须乘以 1.06。

通常，空机重量百分率大约在 0.2～0.75 之间变化。图 4-3 给出人力飞机代达罗斯的照片，该机的空机重量与起飞重量之比为 0.3。

图 4-3　人力飞机代达罗斯（经 NASA 允许）

图 4-4(a)给出英国航宇公司鹞式战斗机 GR9，推重比为 1.13，图 4-4(b)示出安东诺夫 An-124 运输机，推重比为 0.231。图 4-5 示出非常规的复合材料飞机旅行者号，空机重量与起飞重量之比为 0.23。图 4-6 示出美国通用动力飞机公司F-16C 战隼，空机重量与起飞重量之比为 0.69。

(a)

(b)

图 4 - 4　两种飞机的推重比

（a）英国航宇公司鹞 GR9，推重比 1.13　（b）安东诺夫 An - 124，推重比 0.231（经安东尼·奥斯本允许）

图 4 - 5　旅行者号飞机，空机重量与起飞重量之比为 0.23（经 NASA 允许）

图 4 - 6　F - 16 战隼，空机重量与起飞重量比为 0.69。（经安东尼·奥斯本允许）

4.2.7 MTOW 估算方法运用的实际步骤

确定飞机 MTOW 的方法有如下 11 个步骤：

- 步骤 1：确定飞行任务剖面并标识任务段(类似于图 4 - 2)；
- 步骤 2：确定飞行机组成员人数；
- 步骤 3：确定乘务员人数；
- 步骤 4：确定整个飞行机组和乘务员的重量,以及飞行机组和乘务员重量的重量百分率；
- 步骤 5：确定整个有效载荷重量(即旅客、行李、随身行李、货物、外挂物、弹药等)；
- 步骤 6：确定滑行、起飞、爬升、下降、进近和着陆各段的燃油重量百分率(使用表 4 - 3)；
- 步骤 7：使用第 4.2.5 节引入的公式,确定巡航段和空中巡逻段的燃油重量百分率；
- 步骤 8：使用类似于式(4 - 10)和式(4 - 11)的公式,确定总燃油重量百分率；
- 步骤 9：将总燃油重量百分率值代入式(4 - 5)；
- 步骤 10：使用式(4 - 26)和表 4 - 8,确立空机重量百分率；
- 步骤 11：最后,必须同步求解式(4 - 5)(源于步骤 9)和式(4 - 26)(源于步骤 10),以求得两个未知数 W_{TO} 和 $\dfrac{W_E}{W_{TO}}$。我们寻求的主要未知数是 W_{TO},即飞机 MTOW。这两个公式构成一组非线性代数方程,并可采用工程软件包(如 MathCad[①] 或 MATLAB[②])求解。如果无法获得这些软件包,则可采用试错法来求解此方程组。

第 4.4 节将给出全解示例,演示如何应用此方法来估算飞机 MTOW。

4.3 机翼面积和发动机规格

4.3.1 方法综述

飞机初步设计阶段的第一步是确定飞机最基本的参数(即飞机 MTOW, W_{TO})。在第 4 - 2 节中介绍了所用方法。飞机初步设计阶段的第 2 个关键步骤是确定机翼参考面积(S_{ref})和发动机的推力(T)。然而如果飞机推进系统业已选定为螺旋桨驱动,则将确定发动机功率。因此,这一设计步骤的两项主要输出是：

(1) 机翼参考面积(S 或 S_{ref})；

---

① 这是 Mathsoft 公司的注册商标。

② 这是 Mathworks 公司出品的商业数学软件的注册商标。

（2）发动机推力（T）或发动机功率（P）。

这一阶段唯一依据的是飞机性能需求，并采用飞行力学原理，而不是像初步设计阶段第一步那样，主要参考统计数据。因此，所用的是分析方法，结果非常可靠和准确。在这一步中用来确定飞机尺寸的飞机性能需求是：

- 失速速度（V_s）；
- 最大速度（V_{max}）；
- 最大爬升率（ROC_{max}）；
- 起飞滑跑距离（S_{TO}）；
- 升限（h_c）；
- 转弯需求（转弯半径和转弯速率）；

记住，下列飞机性能需求业已用于确定飞机 MTOW（见 4.2 节）：

- 航程（R）；
- 续航时间（E）。

因此，在本方法中将不会再次利用这两个参数。有几个飞机参数（如飞机最大升力系数），有可能在整个方法中都需要，但在初步设计阶段之前，尚未进行分析计算。现时将基于本节所提供的统计数据对这些参数进行估算。然而在后一设计阶段，确定它们的准确值，这些计算将重复，以修正不准确度。参考文献[5～7]介绍进行飞机性能分析的方法。

在本节中，有 3 个新参数几乎出现在所有公式中。所以需要首先对它们做出定义：

（1）机翼载荷。飞机重量与机翼面积之比称为机翼载荷，用 W/S 表示。

此参数表示每单位机翼面积承受多少载荷（即重量）。

（2）推重比。飞机发动机推力与飞机重量之比称为推重比，用 T/W 表示。这一参数表示就发动机推力而言飞机有多重。术语"推重比"与喷气式飞机（如涡轮风扇发动机或涡轮喷气发动机）有关。参考文献[8]将这一术语称为"推力载荷"。尽管这一术语便于使用，但是似乎不能很好地与关系到推力和重量的概念相匹配。然而，将符号 W/T 称为"推力载荷"似乎更加方便，其含意是每单位推力能承担多大的飞机重量。

（3）功率载荷。飞机重量与发动机功率之比称为功率载荷，用 W/P 表示。

该参数表示就发动机功率而言飞机有多重。这一参数的更好的名称是重量功率比（重功比）。此术语与螺旋桨飞机（涡轮螺旋桨发动机或活塞式发动机）有关。

表 4-9 示出若干飞机的机翼载荷、功率载荷和推重比。通常，按 6 个步骤确定所想要的两个参数（S 和 T（或 P））。下面所列步骤用于确定螺旋桨飞机机翼面积和发动机功率。如果是喷气式飞机，则用"推重比"一词来替代"功率载荷"。对这两类飞机而言，此方法的原理和步骤相似。

表 4-9 若干飞机的机翼载荷、功率载荷和推重比（英制）

1. 螺旋桨飞机

序号	飞机	类型	W_{TO}/lb	S/m²	P/hp	W/S /(lb/ft²)	W/p /(lb/hp)
1	C-130 大力神	大型运输机	155 000	1 754	4·4 508	88.37	8.59
2	比奇 幸运星	实用类活塞螺旋桨	2 725	178	285	15.3	9.5
3	格末尔齐克 RF-9	摩托滑翔机	1 642	193.7	80	8.5	20.5
4	比亚乔 P180 阿万蒂	运输机	10 510	172.2	2·800	61	6.5
5	加拿大 CL-215T	水陆两用	43 500	1 080	2·2 100	40.3	10.3
6	索卡塔 TB30 埃普西隆	军用教练机	2 756	97	300	28.4	9.2
7	DHC-8 冲 8-100	短程运输机	34 500	585	2·2 000	59	8.6
8	比奇飞机 空中国王 350	实用类双发涡桨	15 000	310	2·1 050	48.4	7.14

2. 喷气式飞机

序号	飞机	类型	W_{TO}/lb	S/m²	T/lb	W/S /(lb/ft²)	T/W /(lb/lb)
1	帕拉贡 幽灵	喷气式公务机	5 500	140	1 900	39.3	0.345
2	塞斯纳 650 奖状Ⅶ	喷气式公务机	22 450	312	2·4 080	71.9	0.36
3	F-15 鹰	战斗机	81 000	608	2·23 450	133.2	0.58
4	洛克希德 C-5 银河	运输机	840 000	6 200	4·43 000	135.5	0.205
5	B 747-400	航线客机	800 000	5 825	4·56 750	137.3	0.28
6	F-5A 自由战士	战斗机	24 700	186	2·3 500	132.3	0.283
7	AV-8B 鹞Ⅱ	垂直起落战斗机	20 750	243.4	23 500	85.2	1.133
8	F-16C 战隼	战斗机	27 185	300	29 588	90.6	1.09
9	B-2 幽灵	轰炸机	336 500	5 000	4·17 300	67.3	0.206
10	欧洲联合战斗机	战斗机	46 297	538	2·16 000	86	0.691
11	恩博威 EMB 190	支线飞机	105 359	996	2·14 200	195.8	0.27

（1）按每一飞机性能需求（如 V_s，V_{max}，ROC，S_{TO}，h_c，R_{turn}，ω_{turn}），导出一个公式。如果是螺旋桨飞机，则以 W/P 作为 W/S 函数的形式表示这些公式如下：

$$\left(\frac{W}{P}\right)_{V_S} = f_1\left(\frac{W}{S}, V_s\right) \tag{4-27a}$$

$$\left(\frac{W}{P}\right)_{V_{max}} = f_2\left(\frac{W}{S}, V_{max}\right) \tag{4-27b}$$

$$\left(\frac{W}{P}\right)_{S_{TO}} = f_3\left(\frac{W}{S}, S_{TO}\right) \tag{4-27c}$$

$$\left(\frac{W}{P}\right)_{ROC} = f_4\left(\frac{W}{S}, ROC\right) \tag{4-27d}$$

$$\left(\frac{W}{P}\right)_{ceiling} = f_5\left(\frac{W}{S}, h_c\right) \tag{4-27e}$$

$$\left(\frac{W}{P}\right)_{turn} = f_6\left(\frac{W}{S}, R_{turn}, \omega_{turn}\right) \tag{4-27f}$$

然而如果是喷气式飞机，则公式以 T/W 作为 W/S 函数的形式呈现。有关推导的细节，将在下一节中予以表述。

（2）将导出的所有公式画成一幅曲线图。垂直轴为功率载荷（W/P），水平轴为机翼载荷（W/S）。因此，此图给出功率载荷随机翼载荷的变化关系。这些曲线将在若干点处彼此相交，并可能产生若干区域。

（3）在由轴和曲线形成的区域内，确定可接受的区域。可接受的区域是满足所有飞机性能需求的区域，典型的曲线图如图 4-7 所示。由于性能变量（如 V_{max}）是在允许极限范围内变化，因此依据这一事实确认可接受的区域。功率载荷的变化必

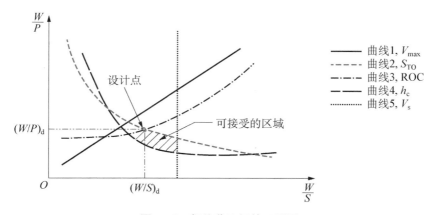

图 4-7　螺旋桨飞机的匹配图

须确认这种趋势。例如,针对最大速度,考虑功率载荷与机翼载荷之间的关系曲线。假设功率载荷与最大速度成反比。现在,如果最大速度增大(但在允许限制范围内),功率载荷则减小,那么功率载荷的减小是可接受的。因此这一特定曲线的下部区域是可接受的。

(4) 确定设计点(即最佳选择)。曲线图上的设计点只是得出最小功率发动机(即最低成本)的一个点。对于喷气式飞机的情况,设计点得出具有最小推力的发动机。

(5) 由设计点获得两个数:相应的机翼载荷$(W/S)_d$和相应的功率载荷$(W/P)_d$。图 4-7(对于螺旋桨飞机)和图 4-8(对于喷气式飞机)示出典型的曲线图方法。对于喷气式飞机,读取相应的推重比$(T/W)_d$。

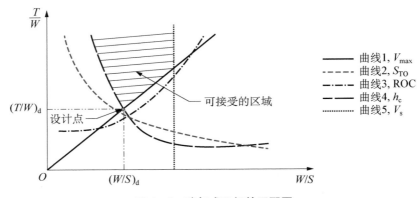

图 4-8 喷气式飞机的匹配图

(6) 依据这两个值,计算机翼面积和发动机功率,因为飞机 MTOW(W_{TO})先前已经确定。将飞机起飞重量除以机翼载荷便可算出机翼面积。将飞机起飞重量除以功率载荷则可算出发动机功率。

$$S = W_{TO} \Big/ \left(\frac{W}{S}\right)_d \tag{4-28}$$

$$P = W_{TO} \Big/ \left(\frac{W}{P}\right)_d \tag{4-29}$$

然而,对于喷气式飞机,将飞机起飞重量乘以推重比则可求得发动机推力。

$$T = W_{TO} \left(\frac{T}{W}\right)_d \tag{4-28a}$$

此方法的原理最初由 NASA 技术报告[9]介绍,后来经罗斯克姆(Roskam)[8]发展。作者在本节中对此方法又做了进一步发展。这一曲线图包含若干性能图,有时将其称为匹配图。

必须提到的是,这组公式存在一个解析解。能够写出计算机程序,并施加所有限制条件和不等式。结果则是所要的两个未知数(S 和 T(或 P))的值。必须特别注意,在运算过程中使用一致的计量单位。如果使用英制单位,那么将 W/P 的单位转换为 lb/hp,这样更便于进行比较。由于在某些公式中 W/S 位于分母,曲线图的水平轴便不从 0 开始,这是为了避免 W/P 值趋向无穷大。因此,建议 W/S 的值,比如说,从 5 lb/ft² 到 100 lb/ft²(英制)。

如果性能需求完全一致,那么可接受的区域将只是一个点,也就是设计点。然而当性能需求较为分散时,可接受的区域变得比较宽。例如,如果要求飞机具有 10 000 fpm 的爬升率(ROC),但仅要求绝对升限为 15 000 ft,则认为这是一组不协调的设计需求。理由是 10 000 fpm ROC 要求采用强有力的发动机,而 15 000 ft 绝对升限要求低推力发动机。显然,强有力的发动机能够很容易地满足低空绝对升限的要求。这一类型的性能需求使匹配图中可接受区域变宽。在第 4.4 节给出一个应用示例。现在,使用数学方法和实用方法,推导有关每一性能需求的公式。

4.3.2 失速速度

飞机性能需求之一是最小允许速度的限制值,仅直升机和 VTOL(或旋翼机)能够在向前空速为 0 时飞行(即悬停)。其他常规飞机(即固定翼飞机)需要有最小空速规定,为的是能够维持空中飞行。对于大多数飞机,任务要求失速速度不大于某个最小值。在此情况下,任务规范包括最小速度需求。由升力公式可知,当飞机速度减小时,飞机升力系数必须增大,直到飞机失速。因此,飞机能够用以维持飞行的最小速度,称为失速速度(V_s)。

飞机在任何巡航飞行状态下,包括在任何飞行速度下,必须纵向配平。可接受的速度范围在失速速度与最大速度之间。以失速速度进行巡航飞行时,飞机重量必须与升力(L)平衡:

$$L = W = \frac{1}{2}\rho V_S^2 S C_{L_{\max}}$$
(4 – 30)

式中:ρ 是在规定高度上的空气密度;$C_{L_{\max}}$ 是飞机最大升力系数。在式(4 – 30)的两侧分别除以 S,可以导出如下公式:

$$\left(\frac{W}{S}\right)_{V_S} = \frac{1}{2}\rho V_S^2 C_{L_{\max}}$$
(4 – 31)

这提供了匹配图中的第一条曲线。当机翼载荷随失速速度变化时,式(4 – 31)表示基于失速需求的机翼尺寸。正如从式(4 – 31)可看到的那样,在这种情况下,无论是功率载荷(W/P)或是推重比(T/W)都对机翼载荷无贡献。换言之,满足失速速度需求的机翼载荷,不是功率载荷或推重比的函数。因此,功率载荷或推重比随机翼载荷变化的曲线,在匹配图上总是一条垂直线。如图 4 – 9 所示。

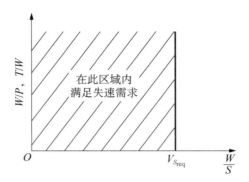

图 4 - 9　失速速度在构建匹配图时的贡献

　　通常希望具有低失速速度,因为较低的失速速度使飞机更安全。出现不幸的坠机事件时,较低的失速速度通常引起较轻的损坏和较少的人员伤亡。相比之下,较低的失速速度导致更安全的起飞和更安全的着陆,因为飞机在较低的起飞和着陆速度下较易于操纵。这是因为起飞和着陆速度常常略大于失速速度(通常为 1.1~1.3 倍失速速度)。因此理论上,凡是小于任务需求所规定失速速度的任何失速速度都是可接受的。因此,图 4 - 8 或图 4 - 9 中图形的左侧是一个可接受的区域,而在右侧,不满足失速需求。所以,通过规定最大允许失速速度,式(4 - 31)针对给定的 $C_{L_{\max}}$ 值,提供最大允许机翼载荷。

　　根据 FAR 23 部,单发飞机,还有 MTOW 小于 6 000 lb 的多发飞机,其失速速度不得大于 61 kn。按 EASA[①] 合格审定的超轻型飞机(VLA),失速速度不得大于 45 kn。有关表达式如下:

$$V_s \leqslant 61 \text{ kn(FAR 23)} \tag{4 - 32}$$

$$V_s \leqslant 45 \text{ kn(EASA CS - VAL)} \tag{4 - 33}$$

　　对于按 FAR 25 部进行合格审定的运输类飞机,不存在最大失速速度需求。显然,襟翼收上构型能满足失速速度要求,因为襟翼放下允许较高的升力系数,因此允许较低的失速速度。应用示例在第 4.4 节中阐述。

　　式(4 - 31)中有两个未知数(ρ 和 $C_{L_{\max}}$),用户通常不予提供,所以,必须由飞机设计者确定。必须选用海平面的空气密度($\rho = 1.225 \text{ kg/m}^3$,或 0.002 378 slug/ft³),由于它提供最高的空气密度,这导致最低的失速速度。这一选择有助于满足较为严格的失速速度需求。

　　飞机最大升力系数主要是机翼和翼型设计以及高升力装置的函数。机翼和翼

① European Aviation Safety Agency。

型设计以及高升力装置的选择,将在第5章中讨论。在设计阶段(初步设计)的这一时刻,机翼尚未完成设计,高升力装置尚未最后确定,建议选择合理的最大升力系数值。表4-10给出若干飞机的最大升力系数。此表还提供飞机失速速度信息。如果飞机用户未给出失速速度,则可使用此表作为参考。在机翼设计时,必须要做此项选择(第5章),因此,要选择一个合理的最大升力系数。表4-11给出不同类型飞机最大升力系数值和失速速度的典型值。

表 4 - 10 若干飞机的最大升力系数[4]

序号	飞机	类型	m_{TO}/kg	S/m²	V_s/kn	$C_{L_{max}}$
1	沃尔默 VJ - 25 阳光欢乐	悬挂滑翔机/风筝	140.5	15.14	13	3.3
2	曼塔 长羽鸟Ⅲ	滑翔机	133	14.95	15	2.4
3	欧罗飞翼 微风Ⅱ	微型	340	15.33	25	2.15
4	坎帕纳 AN4	超轻型	540	14.31	34	1.97
5	茹尔卡 MJ5 热风	GA 双座	760	10	59	1.32
6	派珀 切罗基人	GA 单发	975	15.14	47.3	1.74
7	塞斯纳 208 - L	GA 单发涡桨	3 629	25.96	61	2.27
8	肖特 天空货车 3	双发涡桨	5 670	35.12	60	2.71
9	湾流Ⅱ	双发喷气式公务机	29 700	75.2	115	1.8
10	里尔喷气 25	双发喷气式公务机	6 800	21.5	104	1.77
11	鹰眼 E - 2C	预警机	24 687	65.03	92	2.7
12	DC - 9 - 50	喷气式客机	54 900	86.8	126	2.4
13	B 727 - 200	喷气式客机	95 000	153.3	117	2.75
14	A 300	喷气式客机	165 000	260	113	3
15	F - 14 雄猫	战斗机	33 720	54.5	110	3.1

表 4 - 11 不同类型飞机的最大升力系数和失速速度的典型值

序号	飞机类型	$C_{L_{max}}$	V_s/kn
1	悬挂滑翔机/风筝	2.5~3.5	10~15
2	滑翔机	1.8~2.5	12~25
3	微型	1.8~2.4	20~30
4	超轻型	1.6~2.2	30~45
5	GA 轻型	1.6~2.2	40~61

（续表）

序号	飞机类型	$C_{L_{max}}$	V_s/kn
6	农用机	1.5～2	45～61
7	家庭制造	1.2～1.8	40～70
8	喷气式公务机	1.6～2.6	70～120
9	喷气式运输机	2.2～3.2	95～130
10	超声速战斗机	1.8～3.2	100～120

在使用变量的计量单位制时，要格外小心。采用 SI 制时，W 的单位是 N，S 的单位是 m^2，V_s 的单位是 m/s，ρ 的单位是 $\mathrm{kg/m}^3$。然而采用英制时，W 的单位是 lb，S 的单位是 ft^2，V_s 的单位是 ft/s，ρ 的单位是 $\mathrm{slug/ft}^3$。

4.3.3 最大速度

另一个非常重要的性能需求是最大速度，战斗机更是如此。就满足这一需求而言，除了飞机重量外，两个主要贡献者是机翼面积和发动机推力（或功率）。本节将导出相关的公式，用于绘制匹配图。下面两个小节给出推导过程，一个小节（4.3.3.1 节）针对喷气式飞机，另一小节（4.3.3.2 节）则针对螺旋桨飞机。

4.3.3.1 喷气式飞机

考虑一架喷气式飞机在某个规定高度（ρ_{alt}）上以最大恒定速度飞行。飞机处于纵向配平状态。因此，发动机最大推力（T_{max}）必须等于飞机最大阻力（D_{max}），飞机重量（W）必须等于升力（L）：

$$T_{\max} = D_{\max} \tag{4-34}$$

$$W = L \tag{4-35}$$

此处，升力和阻力是两个空气动力，并定义为

$$D = \frac{1}{2}\rho V_{\max}^2 S C_D \tag{4-36}$$

$$L = \frac{1}{2}\rho V_{\max}^2 S C_L \tag{4-37}$$

另一方面，发动机推力随着飞行高度的增大而降低。这需要了解飞机的发动机推力如何随飞机空速和飞行高度而变化。发动机推力与飞行高度之间的一般关系式是通过空气密度（ρ）来表达的：

$$T_{\mathrm{alt}} = T_{\mathrm{SL}}\left(\frac{\rho}{\rho_o}\right) = T_{\mathrm{SL}}\sigma \tag{4-38}$$

式中：ρ_o 是海平面空气密度；T_{alt} 是在飞行高度上的发动机推力；T_{SL} 是海平面发动机推力。

将式(4-36)和式(4-38)代入式(4-34)，则有

$$T_{SL}\sigma = \frac{1}{2}\rho V_{max}^2 S C_D \tag{4-39}$$

飞机阻力系数由两部分构成，即零升阻力系数(C_{D_o})和诱导阻力系数(C_{D_i})：

$$C_D = C_{D_o} + C_{D_i} = C_{D_o} + K C_L^2 \tag{4-40}$$

式中 K 称为诱导阻力因子，由下式确定：

$$K = \frac{1}{\pi e AR} \tag{4-41}$$

式中：e 是奥斯瓦尔德翼展效率系数，典型值在 0.7 和 0.95 之间；AR 是机翼展弦比，典型值如表 5-8 所示。

将式(4-40)代入式(4-39)，则有

$$T_{SL}\sigma = \frac{1}{2}\rho V_{max}^2 S(C_{D_o} + K C_L^2) \tag{4-42}$$

由式(4-35)和式(4-37)，可以导出飞机升力系数如下：

$$C_L = \frac{2W}{\rho V_{max}^2 S} \tag{4-43}$$

将此升力系数表达式(4-43)代入式(4-42)，则有

$$T_{SL}\sigma = \frac{1}{2}\rho V_{max}^2 S\left(C_{D_o} + K \cdot \left(\frac{2W}{\rho V_{max}^2 S}\right)^2\right) \tag{4-44}$$

现可将此式简化为

$$T_{SL}\sigma = \frac{1}{2}\rho V_{max}^2 S C_{D_o} + \frac{1}{2}\rho V_{max}^2 S \frac{K(2W)^2}{(\rho V_{max}^2 S)^2} = \frac{1}{2}\rho V_{max}^2 S C_{D_o} + \frac{2KW^2}{\rho V_{max}^2 S} \tag{4-45}$$

将式(4-45)两侧同除以飞机重量(W)，则有

$$\frac{T_{SL}}{W}\sigma = \frac{1}{2}\rho V_{max}^2 \frac{S}{W} C_{D_o} + \frac{2KW^2}{\rho V_{max}^2 S W} \tag{4-46}$$

还可将此公式写为如下形式：

$$\left(\frac{T_{SL}}{W}\right)_{V_{max}} = \rho_o V_{max}^2 C_{D_o} \frac{1}{2\left(\dfrac{W}{S}\right)} + \frac{2K}{\rho\sigma V_{max}^2}\left(\frac{W}{S}\right) \tag{4-47}$$

因此,以最大速度形式表示的推重比(T/W)是机翼载荷(W/S)的非线性函数,并可简化为

$$\left(\frac{T}{W}\right) = \frac{aV_{max}^2}{\left(\dfrac{W}{S}\right)} + \frac{b}{V_{max}^2}\left(\frac{W}{S}\right) \qquad (4-48)$$

式(4-47)以推重比随机翼载荷变化的形式给出基于最大速度需求的机翼尺寸与发动机规格的关系式。在构建匹配曲线时,可使用式(4-47)绘制出基于最大速度 V_{max} 的 T/W 随 W/S 变化的关系曲线,如图 4-10 所示。为了确定可接受区域,需要求证这一曲线的哪一侧满足最大速度需求。当式(4-47)中 V_{max} 值增大时,推重比(T/W)也增大。由于大于规定最大速度值的任何 V_{max} 值都满足最大速度要求,因此曲线上部区域是可接受的。

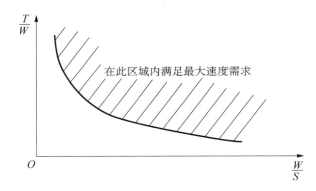

图 4-10 喷气式飞机最大速度在构建匹配图时的贡献

运用式(4-47)时,必须格外小心,使用一致的计量单位(无论是 SI 制或是英制)。采用 SI 制时,V_{max} 的单位是 m/s,W 的单位是 N,T 的单位是 N,S 的单位是 m^2,ρ 的单位是 kg/m^3;然而若采用英制,V_{max} 的单位是 ft/s,W 的单位是 lb,T 的单位是 lb,S 的单位是 ft^2,ρ 的单位是 $slug/ft^3$。应用示例见第 4-4 节所述。

如果以给定的巡航速度替代最大速度作为设计需求,则假设最大速度比巡航速度大 20%~30%,即

$$V_{max} = 1.2V_C \sim 1.3V_C \qquad (4-49)$$

这是因为喷气式飞机的巡航速度通常以 75%~80% 推力来计算。

第 4.3.3.3 节给出估算飞机零升阻力系数(C_{D_0})的方法。

4.3.3.2 螺旋桨飞机

考虑一架螺旋桨飞机在某个规定的高度(ρ_{alt} 或简化为 ρ)上以最大恒定速度飞行。飞机处于纵向配平状态。因此,发动机最大可用功率(P_{max})必须等于最大需求

功率(P_{req}),其等于拉力乘以最大速度:

$$P_{avl} = P_{req} \Rightarrow \eta_P P_{max} = TV_{max} \tag{4-50}$$

式中发动机拉力(T)必须等于飞机阻力(D)(见式(4-36))。相比之下,随着飞行高度增大,发动机功率下降。这需要了解飞机的发动机功率如何随飞机空速和飞行高度而变化。发动机功率与飞行高度之间的一般关系式如下,是通过空气密度(ρ)来表达的:

$$P_{alt} = P_{SL}\left(\frac{\rho}{\rho_o}\right) = P_{SL}\sigma \tag{4-51}$$

式中:P_{alt}是在飞行高度上的发动机功率;P_{SL}是海平面发动机功率。

将式(4-36)和式(4-51)代入式(4-50),则有

$$\eta_P P_{SL}\sigma = \frac{1}{2}\rho V_{max}^2 SC_D V_{max} = \frac{1}{2}\rho V_{max}^3 SC_D \tag{4-52}$$

飞机阻力系数C_D由式(4-40)定义,飞机升力系数C_L由式(4-43)给出。将C_D(见式(4-40))和C_L(见式(4-43))代入式(4-52),则有

$$\eta_P P_{SL}\sigma = \frac{1}{2}\rho V_{max}^3 S\left(C_{D_o} + K \cdot \left[\frac{2W}{\rho V_{max}^2 S}\right]^2\right) \tag{4-53}$$

或

$$\eta_P P_{SL}\sigma = \frac{1}{2}\rho V_{max}^3 SC_{D_o} + \frac{1}{2}\rho V_{max}^3 S\frac{K(2W)^2}{(\rho V_{max}^2 S)^2} = \frac{1}{2}\rho V_{max}^3 SC_{D_o} + \frac{2KW^2}{\rho SV_{max}} \tag{4-54}$$

将式(4-54)两侧同除以飞机重量(W),得到下式:

$$\frac{P_{SL}}{W}\eta_P\sigma = \frac{1}{2}\rho V_{max}^3 \frac{S}{W}C_{D_o} + \frac{2KW^2}{\rho V_{max} SW} = \frac{1}{2}\rho C_{D_o} V_{max}^3 \frac{1}{\left(\dfrac{W}{S}\right)} + \frac{2K}{\rho V_{max}}\left(\frac{W}{S}\right) \tag{4-55}$$

对式(4-55)求倒数,得

$$\left(\frac{W}{P_{SL}}\right) = \frac{\sigma\eta_P}{\dfrac{1}{2}\rho V_{max}^3 C_{D_o} \dfrac{1}{\left(\dfrac{W}{S}\right)} + \dfrac{2K}{\rho V_{max}}\left(\dfrac{W}{S}\right)} \Rightarrow$$

$$\left(\frac{W}{P_{SL}}\right)_{V_{max}} = \frac{\eta_P}{\dfrac{1}{2}\rho_o V_{max}^3 C_{D_o} \dfrac{1}{\left(\dfrac{W}{S}\right)} + \dfrac{2K}{\rho\sigma V_{max}}\left(\dfrac{W}{S}\right)} \tag{4-56}$$

因此,以最大速度形式表示的功率载荷(W/P)是机翼载荷(W/S)的非线性函数,并可简化为如下形式:

$$\left(\frac{W}{P}\right) = \frac{\eta_P}{\dfrac{aV_{\max}^3}{\left(\dfrac{W}{S}\right)} + \dfrac{b}{V_{\max}}\left(\dfrac{W}{S}\right)} \tag{4-57}$$

式(4-56)以功率载荷随机翼载荷变化的形式给出基于最大速度需求的机翼尺寸与发动机规格的关系式。对于螺旋桨飞机,在构建匹配图时,可使用式(4-56)绘制出基于 $V_{\max}$ 的 W/P 随 W/S 变化的关系曲线,如图4-11所示。为了确定可接受区域,需要求证这一曲线的哪一侧满足最大速度需求。当式(4-56)中 $V_{\max}$ 增大时,功率载荷(W/P)减小,这是因为式(4-56)分母中的第一项含 $V_{\max}^3$。由于大于规定最大速度的任何 $V_{\max}$ 值都能满足最大速度需求,因此曲线下部区域是可接受的。

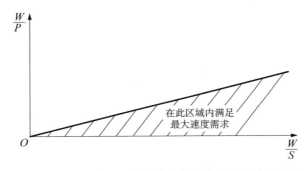

图4-11 螺旋桨飞机最大速度在构建匹配图时的贡献

运用式(4-56)时,必须格外小心,使用统一的计量单位(无论是 SI 制或是英制)。采用 SI 制时,$V_{\max}$ 的单位是 m/s,W 的单位是 N,P 的单位是 W,S 的单位是 m²,ρ 的单位是 kg/m³;然而如果采用英制,$V_{\max}$ 的单位是 ft/s,W 的单位是 lb,P 的单位是 lb · ft/s,S 的单位是 ft²,ρ 的单位是 slug/ft³。如果使用英制,则将 W/P 的单位转换为 lb/hp,以便更容易比较。记住,每一马力(hp)等于 550 lb · ft/s。应用示例见第4-4节所述。

如果以巡航速度替代最大速度作为设计需求,则假设最大速度比巡航速度大 20%~30%,即

$$V_{\max} = 1.2V_C \sim 1.3V_C \tag{4-58}$$

这是因为螺旋桨飞机的巡航速度通常以 75%~80% 功率来计算。

4.3.3.3 飞机 C_{D_0} 估算

一个必须知道的并且对于绘制匹配图是必需的重要飞机参数,是飞机的零升阻

力系数(C_{D_o})。尽管在这一设计阶段飞机尚未进行空气动力学设计,但仍有一种可靠的方法可用于估算该参数。此方法主要是基于统计学。在大多数参考文献(如[4])中并未给出飞机的C_{D_o},但是基于常常是已知的飞机性能,可很容易地确定C_{D_o}。

考虑一架喷气式飞机在某个规定的高度上以最大速度飞行。在 4.3.3.1 节导入了支配配平方程,拓展相互关系,直至得到如下方程:

$$\left(\frac{T_{SL}}{W}\right) = \rho_o V_{max}^2 C_{D_o} \frac{1}{2\left(\frac{W}{S}\right)} + \frac{2K}{\rho\sigma V_{max}^2}\left(\frac{W}{S}\right) \tag{4-47}$$

从此式中可以获得飞机的C_{D_o}如下:

$$\left(\frac{T_{SL}}{W}\right) - \frac{2KW}{\rho\sigma V_{max}^2 S} = \rho_o V_{max}^2 C_{D_o} \frac{S}{2W} \Rightarrow C_{D_o} = \frac{\dfrac{T_{SL}}{W} - \dfrac{2KW}{\rho\sigma V_{max}^2 S}}{\rho_o V_{max}^2 \dfrac{S}{2W}} \tag{4-59}$$

$$C_{D_o} = \frac{2T_{SL_{max}} - \dfrac{4KW^2}{\rho\sigma V_{max}^2 S}}{\rho_o V_{max}^2 S} \tag{4-60}$$

如果是螺旋桨飞机,发动机拉力是发动机功率、空速和螺旋桨效率(η_P)的函数,所以有

$$T_{max} = \frac{P_{max}\eta_P}{V_{max}} \tag{4-61}$$

当飞机以最大速度巡航飞行时,螺旋桨效率约为 0.7~0.85。

可将式(4-61)代入式(4-60),得

$$C_{D_o} = \frac{2\dfrac{P_{SL_{max}}\eta_P}{V_{max}} - \dfrac{4KW^2}{\rho\sigma V_{max}^2 S}}{\rho_o V_{max}^2 S} \tag{4-62}$$

对于喷气式飞机和螺旋桨飞机,分别使用式(4-60)和式(4-62)来确定飞机的C_{D_o}。在两式中,$T_{SL_{max}}$是在海平面高度上发动机最大推力;$P_{SL_{max}}$是在海平面高度上发动机最大功率;ρ是在飞行高度上的空气密度;σ是在飞行高度上的空气相对密度。确保对于所有的参数使用统一的计量单位(无论是 SI 制或英制)。

为了估算初步设计阶段飞机的C_{D_o},计算具有类似性能特性和类似构型的若干飞机的C_{D_o}。然后,求出这些飞机C_{D_o}的平均值。如果选择了 5 种类似的飞机,则按如下公式确定初步设计阶段飞机的C_{D_o}:

$$C_{D_o} = \frac{C_{D_{o1}} + C_{D_{o2}} + C_{D_{o3}} + C_{D_{o4}} + C_{D_{o5}}}{5} \qquad (4-63)$$

式中：$C_{D_{oi}}$ 是第 i 个机型的 C_{D_o}。

表 4 - 12 给出不同类型飞机的典型 C_{D_o} 值，示例 4.1 和 4.2 分别给出 C_{D_o} 的计算和估算。参考文献[5,10]详细说明计算一架飞机 C_{D_o} 的方法。

表 4 - 12 不同类型飞机 C_{D_o} 的典型值

序号	飞机类型	C_{D_o}	序号	飞机类型	C_{D_o}
1	喷气式运输机	0.015~0.02	6	农用机	0.04~0.07
2	涡轮螺旋桨运输机	0.018~0.024	7	滑翔机	0.012~0.015
3	双发活塞式螺旋桨飞机	0.022~0.028	8	超声速战斗机	0.018~0.035
4	小型 GA，起落架可收放	0.02~0.03	9	家庭制造飞机	0.025~0.04
5	小型 GA，固定式起落架	0.025~0.04	10	微型飞机	0.02~0.035

示例 4.1：飞机 C_{D_o} 计算

问题陈述 F/A - 18 大黄蜂战斗机(见图 2 - 11，图 6 - 12)在 30 000 ft 高度上以最大速度 Ma1.8 飞行，确定该飞机的零升阻力系数(C_{D_o})。该型战斗机具有如下特性：

$$T_{SL_{max}} = 2.711\,70\,N,\ m_{TO} = 16\,651\,kg,\ S = 37.16\,m^2,\ AR = 3.5,\ e = 0.7$$

解 首先需要求出以 m/s 形式表示的最大速度。30 000 ft 高度上的空气密度为 0.000 892 slug/ft³ 或 0.46 kg/m³，空气温度为 229 K。由物理学可知道声速是空气温度的函数。因此有

$$a = \sqrt{\gamma RT} = \sqrt{1.4 \cdot 287 \cdot 229} = 303.3\,m/s \qquad (4-64)$$

由空气动力学可知，马赫数是空速与当地的声速之比。因此，飞机最大速度为

$$Ma = \frac{V}{a} \Rightarrow V_{max} = Ma_{max} \cdot a = 1.8 \cdot 303.3 = 546\,m/s \qquad (4-65)$$

诱导阻力系数为

$$K = \frac{1}{\pi e AR} = \frac{1}{3.14 \cdot 0.7 \cdot 3.5} \Rightarrow K = 0.13 \qquad (4-41)$$

然后，得

$$C_{D_o} = \cfrac{2T_{SL_{max}} - \cfrac{4KW^2}{\varpi V_{max}^2 S}}{\rho_o V_{max}^2 S}$$

$$= \cfrac{2 \cdot 2 \cdot 71\,170 - \cfrac{4 \cdot 0.13 \cdot (16\,651 \cdot 9.81)}{0.46 \cdot \left(\cfrac{0.46}{1.225}\right) \cdot (546)^2 \cdot (37.16)}}{1.225 \cdot (546)^2 \cdot (37.16)} = 0.02$$

$$(4-60)$$

因此,F/A-18 大黄蜂战斗机在 30 000 ft 飞行时,零升阻力系数 C_{D_o} 为 0.02。

示例 4.2：飞机 C_{D_o} 估算

问题陈述 你是一架运输机设计团队的一名成员,要求该运输机可搭乘 45 名旅客并具有如下性能特性：

(1) 最大速度：在海平面,至少 300 kn;

(2) 最大航程：至少 1 500 km;

(3) 最大 ROC：至少 2 500 fpm;

(4) 绝对升限：至少 28 000 ft;

(5) 起飞滑跑距离：小于 4 000 ft。

在初步设计阶段,要求估算该飞机的零升阻力系数(C_{D_o})。确认 5 种现时类似飞机,基于它们的统计数据,估算待设计飞机的 C_{D_o}。

解 利用参考文献[4]这一可靠信息渠道,寻求具有类似性能特性的飞机。表 4-13 给出与待设计飞机具有类似性能需求的 5 架飞机。其中 3 架为螺旋桨飞机,两架为喷气式飞机,所以任何一架飞机的发动机构型都可能是符合要求的。它们全部都是双发,采用可收放式起落架。这里未列出中单翼飞机。机翼面积非常相似,范围为 450~605 ft²。除了庞巴迪的挑战者 604 飞机为 19 座(待设计飞机的最低要求)外,所列出的其余 4 架飞机都可容纳约 50 名旅客。飞机重量各不相同,挑战者 604 的重量最大。螺旋桨飞机的发动机功率大约是每台发动机 2 000 hp,喷气式飞机的发动机推力大约是每台发动机 8 000 lb。

表 4-13 具有类似性能的 5 架飞机的特性

序号	飞机名称	P_{max}	V_{max}/kn	航程 /km	ROC /fpm	S_{TO} /ft	升限 /ft
1	DCH-8 冲-8300B	50	287	1 711	1 800	3 600	25 000
2	安东诺夫 140 (图 3-15)	46	在 23 620 ft 高度 上为 310	1 721	1 345	2 890	25 000

（续表）

序号	飞机名称	P_{max}	V_{max}/kn	航程/km	ROC/fpm	S_{TO}/ft	升限/ft
3	恩博威 145MP	50	在 37 000 ft 高度上为 410	3 000	1 750	6 465	37 000
4	庞巴迪挑战者 604	19	在 17 000 ft 高度上为 471	4 274	3 395	2 910	41 000
5	萨伯 340（图 8 - 21）	35	在 20 000 ft 高度上为 280	1 750	2 000	4 325	25 000

为了计算每架飞机的 C_{D_o}，对于喷气式飞机采用式(4-60)，对于螺旋桨飞机采用式(4-62)。

$$C_{D_o} = \frac{2T_{SL_{max}} - \dfrac{4KW^2}{\varpi V_{max}^2 S}}{\rho_o V_{max}^2 S} \tag{4-60}$$

$$C_{D_o} = \frac{2\dfrac{P_{SL_{max}} \cdot \eta_P}{V_{max}} - \dfrac{4KW^2}{\varpi V_{max}^2 S}}{\rho_o V_{max}^2 S} \tag{4-62}$$

假设奥斯瓦尔德翼展效率系数 e 为 0.85，螺旋桨飞机的螺旋桨效率为 0.82。示例 4.1 示出式(4-60)应用于喷气式飞机所得的结果，下面将式(4-62)用于萨伯 340，这是一架涡轮螺旋桨客机。萨伯 340 的巡航高度为 20 000 ft，所以在 20 000 ft 高空，空气密度为 0.001 267 slug/ft³，在 20 000 ft 高空上，空气相对密度为 0.533。

$$K = \frac{1}{\pi \cdot e \cdot AR} = \frac{1}{3.14 \cdot 0.85 \cdot 11} = 0.034 \tag{4-41}$$

$$C_{D_o} = \frac{2\dfrac{2 \cdot 1750 \cdot 550 \cdot 0.82}{280 \cdot 1.688} - \dfrac{4 \cdot 0.034 \cdot (29\,000)^2}{0.001\,267 \cdot 0.533 \cdot (280 \cdot 1.688)^2 \cdot 450}}{0.002\,378 \cdot (280 \cdot 1.688)^2 \cdot 450}$$

$$\Rightarrow C_{D_o} = 0.021 \tag{4-62}$$

此处，1 kn 等于 1.688 ft/s，1 hp 等于 550 lb·ft/s。

飞机的几何参数、发动机功率、C_{D_o} 以及计算结果，都列于表 4-14 中。两架涡轮螺旋桨飞机的零升阻力系数非常接近，为 0.02 或 0.021，一架仅为 0.016。喷气式飞机的这一系数较大，为 0.034 和 0.042。3 个数(0.016、0.034 和 0.042)似乎不切实际，所以有些公开发表的数据并不可靠。取 5 架飞机 C_{D_o} 的平均值，用以确定待

设计飞机的 C_{D_o} 估算值。

$$C_{D_o} = \frac{C_{D_{o1}} + C_{D_{o2}} + C_{D_{o3}} + C_{D_{o4}} + C_{D_{o5}}}{5}$$

$$= \frac{0.02 + 0.016 + 0.034 + 0.042 + 0.021}{5} \tag{4-63}$$

$$\Rightarrow C_{D_o} = 0.027$$

因此,假设正在进行初步设计的飞机的 C_{D_o} 为 0.027。

表 4-14　5 架性能类似飞机的 C_{D_o}

序号	飞机	类型	W_0/lb	P(hp)/T(kg)	S/ft²	AR	C_{D_o}
1	DHC-8 冲-8-300B	双发涡桨	41 100	2·2 500(hp)	605	13.4	0.02
2	安东诺夫 An-140	双发涡桨	42 220	2·2 466(hp)	549	11.5	0.016
3	恩博威 EMB-145	喷气式支线飞机	42 328	2·7 040(lb)	551	7.9	0.034
4	庞巴迪 挑战者604	喷气式公务机	47 600	2·9 220(lb)	520	8	0.042
5	萨伯340	双发涡桨	29 000	2·1 750(hp)	450	11	0.021

4.3.4　起飞滑跑距离

起飞滑跑距离(S_{TO})是飞机性能中的另一个重要因素,在绘制匹配图时需采用此参数,以确定机翼面积和发动机推力(或功率)。常常以最小地面滑跑距离要求的形式来说明起飞需求,因为每个机场的跑道长度都是有限的。起飞滑跑距离定义为起飞起始点到飞机必须避开的标准障碍物之间的距离(见图 4-12)。要求飞机避开

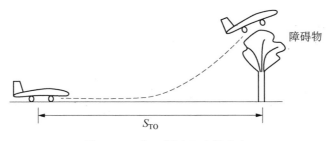

障碍物

S_{TO}

图 4-12　起飞滑跑距离的定义

位于空中段末端的某个假想障碍物,因此起飞滑跑距离包括地面段和空中段。适航标准中确定了障碍物的高度。对于旅客机,根据 FAR 25 部,障碍物高度(h_0)为 35 ft,对于 GA 飞机,根据 FAR § 23.53,障碍物高度为 50 ft。FAR 并未列出关于起飞滑跑距离的要求。FAR 却列出许多关于平衡场长的条款。

4.3.4.1　喷气式飞机

根据参考文献[5],喷气式飞机的起飞滑跑距离由下式确定:

$$S_{TO} = \frac{1.65W}{\rho g S C_{D_G}} \ln \left[\frac{\frac{T}{W} - \mu}{\frac{T}{W} - \mu - \frac{C_{D_G}}{C_{L_R}}} \right] \tag{4-66}$$

式中:μ 是跑道的摩擦系数(见表 4 - 15);C_{D_G} 的定义如下:

$$C_{D_G} = (C_{D_{TO}} - \mu C_{L_{TO}}) \tag{4-67a}$$

表 4 - 15　各种跑道道面的摩擦系数

编号	道面	摩擦系数 μ	编号	道面	摩擦系数 μ
1	干态混凝土/沥青	0.03～0.05	4	草皮覆盖	0.04～0.07
2	湿态混凝土/沥青	0.05	5	草地	0.05～0.1
3	结冰混凝土/沥青	0.02	6	软土地面	0.1　～0.3

式(4 - 66)中参数 C_{L_R} 是起飞抬前轮时的飞机升力系数,由下式求得:

$$C_{L_R} = \frac{2mg}{\rho S V_R^2} \tag{4-67b}$$

式中:V_R 是飞机抬前轮速度,约为 $1.1V_s$～$1.2V_s$。在起飞形态下的飞机阻力系数($C_{D_{TO}}$)为

$$C_{D_{TO}} = C_{D_{oTO}} + K C_{L_{TO}}^2 \tag{4-68}$$

式中:$C_{D_{oTO}}$ 为在飞机起飞形态下的零升阻力系数,由下式确定:

$$C_{D_{oTO}} = C_{D_o} + C_{D_{oLG}} + C_{D_{oHLD\_TO}} \tag{4-69a}$$

式中:C_{D_o} 是在干净形态下飞机的零升力阻力系数(见表 4 - 12);$C_{D_{oLG}}$ 是起落架阻力系数;$C_{D_{oHLD\_TO}}$ 是在飞机起飞形态下高升力装置(例如襟翼)阻力系数。$C_{D_{oLG}}$ 和 $C_{D_{oHLD\_TO}}$ 的典型值如下:

$$C_{D_{oLG}} = 0.006 \sim 0.012$$

$$C_{D_{oHLD\_TO}} = 0.003 \sim 0.008 \tag{4-69b}$$

式(4-68)中的起飞升力系数 $C_{L_{TO}}$ 由下式确定:

$$C_{L_{TO}} = C_{L_C} + \Delta C_{L_{flapTO}} \tag{4-69c}$$

式中: C_{L_C} 是飞机巡航升力系数; $\Delta C_{L_{flapTO}}$ 是襟翼处于起飞形态时产生的附加升力系数。对于亚声速飞机,飞机巡航升力系数的典型值约为 0.3,对于超声速飞机则为 0.05。起飞襟翼附加升力系数 $\Delta C_{L_{flapTO}}$ 典型值为 0.3~0.8。可将式(4-66)推演为以机翼载荷 (W/S) 和起飞滑跑距离形式表示的推重比 (T/W) 公式。推导过程如下:

$$\frac{\rho g S C_{D_G} S_{TO}}{1.65W} = \ln\left[\frac{\dfrac{T}{W} - \mu}{\dfrac{T}{W} - \mu - \dfrac{C_{D_G}}{C_{L_R}}}\right] \Rightarrow \frac{\dfrac{T}{W} - \mu}{\dfrac{T}{W} - \mu - \dfrac{C_{D_G}}{C_{L_R}}} = \exp\left(0.6\rho g C_{D_G} S_{TO} \frac{S}{W}\right)$$

$$\Rightarrow \frac{T}{W} - \mu = \left(\frac{T}{W} - \mu - \frac{C_{D_G}}{C_{L_{TR}}}\right)\left[\exp\left(0.6\rho g C_{D_G} S_{TO} \frac{S}{W}\right)\right]$$

$$\Rightarrow \frac{T}{W} - \mu = \left(\frac{T}{W}\right)\left[\exp\left(0.6\rho g C_{D_G} S_{TO} \frac{S}{W}\right)\right] - \left(\mu + \frac{C_{D_G}}{C_{L_R}}\right)\left[\exp\left(0.6\rho g C_{D_G} S_{TO} \frac{S}{W}\right)\right]$$

$$\Rightarrow \frac{T}{W} - \left(\frac{T}{W}\right)\left[\exp\left(0.6\rho g C_{D_G} S_{TO} \frac{S}{W}\right)\right] = \mu - \left(\mu + \frac{C_{D_G}}{C_{L_R}}\right)\left[\exp\left(0.6\rho g C_{D_G} S_{TO} \frac{S}{W}\right)\right]$$

$$\Rightarrow \frac{T}{W}\left[1 - \left[\exp\left(0.6\rho g C_{D_G} S_{TO} \frac{S}{W}\right)\right]\right] = \mu - \left(\mu + \frac{C_{D_G}}{C_{L_R}}\right)\left[\exp\left(0.6\rho g C_{D_G} S_{TO} \frac{S}{W}\right)\right] \tag{4-70}$$

最终得

$$\left(\frac{T}{W}\right)_{S_{TO}} = \frac{\mu - \left(\mu + \dfrac{C_{D_G}}{C_{L_R}}\right)\left[\exp\left(0.6\rho g C_{D_G} S_{TO} \dfrac{1}{W/S}\right)\right]}{1 - \exp\left(0.6\rho g C_{D_G} S_{TO} \dfrac{1}{W/S}\right)} \tag{4-71}$$

式(4-71)以推重比随机翼载荷变化的形式给出基于起飞滑跑距离需求的机翼尺寸与发动机规格的关系式。对于喷气式飞机,在构建匹配曲线时,可使用式(4-71)绘制出基于 S_{TO} 的 T/W 随 W/S 变化的关系曲线,如图4-13所示。为了确定可接受区域,需要求证这一曲线的哪一侧满足起飞滑跑距离需求。式(4-71)的分子和分母两者都含有包括参数 S_{TO} 的正幂次指数项。

当式(4-71)中的起飞滑跑距离 (S_{TO}) 值增大时,推重比 (T/W) 值将下降。由于

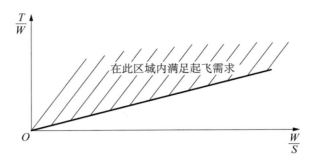

图 4-13 喷气式飞机起飞滑跑距离在构建匹配图时的贡献

大于规定起飞滑跑距离的任何 S_{TO} 值都不满足起飞滑跑距离需求,因此曲线(见图 4-13)的下部区域是不可接受的。

运用式(4-71)时,必须格外小心,使用统一的计量单位制(无论是 SI 制,还是英制)。采用 SI 制时,S_{TO} 的单位是 m,W 的单位是 N,T 的单位是 N,g 是 9.81 m/s²,S 的单位是 m²,ρ 的单位是 kg/m³。在采用英制时,S_{TO} 的单位是 ft,W 的单位是 lb,T 的单位是 lb,g 是 32.17 ft/s²,S 的单位是 ft²,ρ 的单位是 slug/ft³。应用示例见第 4-4 节所述。

4.3.4.2 螺旋桨飞机

对于螺旋桨飞机,发动机拉力是螺旋桨效率和飞机速度的函数。然而起飞运行属于加速运动,所以飞机速度不是常数。飞机速度快速变化,从 0 加速到抬前轮速度,然后再加速到起飞速度。起飞速度(V_{TO})通常略大于失速速度(V_s):

$$V_{TO} = 1.1V_s \sim 1.3V_s \tag{4-72}$$

如下的陈述直接引用 FAR §23.51:

(b) 对于正常类、实用类和特技类飞机,达到高于起飞表面 50 ft 时,飞机速度必须不小于:

(1) 对于多发飞机,下列中最大者:

(i) 在包括湍流和临界发动机完全失效的所有合理预期情况下,表明对继续飞行(或应急着陆,如果适用)是安全的速度;

(ii) $1.10V_{MC}$;

(iii) $1.20V_{S1}$。

(2) 对于单发飞机,下列中大者:

(i) 在包括湍流和发动机完全失效的所有合理预期情况下,表明是安全的速度;

(ii) $1.20V_{S1}$。

此外,螺旋桨效率并非常数,并且比可达到的最大效率低得多。如果螺旋桨为定桨距型,那么它的效率比可变桨距型低很多。为了包括上面所提及的飞机速度和螺旋桨效率的变化,建议按照如下的公式估算发动机拉力:

$$T_{\text{TO}} = \frac{0.5P_{\text{max}}}{V_{\text{TO}}} (\text{定桨距螺旋桨}) \tag{4-73a}$$

$$T_{\text{TO}} = \frac{0.6P_{\text{max}}}{V_{\text{TO}}} (\text{可变桨距螺旋桨}) \tag{4-73b}$$

这说明,定桨距螺旋桨效率为 0.5,可变桨距螺旋桨则为 0.6。上面的拉力估算适用于多数航空发动机。通过发动机制造商可得到更好的拉力模型。

将式(4-73)代入式(4-71),得

$$\left(\frac{\frac{\eta_{\text{P}} P_{\text{max}}}{V_{\text{TO}}}}{W} \right)_{S_{\text{TO}}} = \frac{\mu - \left(\mu + \dfrac{C_{D_{\text{G}}}}{C_{L_{\text{R}}}} \right) \left[\exp \left(0.6\rho g C_{D_{\text{G}}} S_{\text{TO}} \dfrac{1}{W/S} \right) \right]}{1 - \exp \left(0.6\rho g C_{D_{\text{G}}} S_{\text{TO}} \dfrac{1}{W/S} \right)} \tag{4-74}$$

或

$$\left(\frac{P}{W} \right)_{S_{\text{TO}}} = \frac{V_{\text{TO}}}{\eta_{\text{P}}} \frac{\mu - \left(\mu + \dfrac{C_{D_{\text{G}}}}{C_{L_{\text{R}}}} \right) \left[\exp \left(0.6\rho g C_{D_{\text{G}}} S_{\text{TO}} \dfrac{1}{W/S} \right) \right]}{1 - \exp \left(0.6\rho g C_{D_{\text{G}}} S_{\text{TO}} \dfrac{1}{W/S} \right)} \tag{4-75}$$

对此方程求倒数,并写为如下形式:

$$\left(\frac{W}{P} \right)_{S_{\text{TO}}} = \frac{1 - \exp \left(0.6\rho g C_{D_{\text{G}}} S_{\text{TO}} \dfrac{1}{W/S} \right)}{\mu - \left(\mu + \dfrac{C_{D_{\text{G}}}}{C_{L_{\text{R}}}} \right) \left[\exp \left(0.6\rho g C_{D_{\text{G}}} S_{\text{TO}} \dfrac{1}{W/S} \right) \right]} \frac{\eta_{\text{P}}}{V_{\text{TO}}} \tag{4-76}$$

式(4-76)以功率载荷随机翼载荷变化的形式给出基于起飞滑跑距离需求的机翼尺寸与发动机规格的关系式。记住,定桨距螺旋桨效率为 0.5,可变桨距螺旋桨效率为 0.6。对于螺旋桨飞机,在构建匹配曲线时,可使用式(4-76)绘制出基于 S_{TO} 的 W/P 随 W/S 变化的关系曲线,如图 4-14 所示。为了确定可接受区域,需要求证这一曲线的哪一侧满足起飞滑跑距离需求。式(4-76)的分子和分母两者都含有包括参数 S_{TO} 的正幂次指数项。随着起飞滑跑距离的增大,指数项的值将增大。

当式(4-76)中的 S_{TO} 增大时,功率载荷(W/P)的值将增大。由于大于规定起飞滑跑距离值的任何 S_{TO} 值都不满足起飞滑跑距离需求,因此曲线的上部区域是不可接受的。

运用式(4-76)时必须格外小心,使用统一的计量单位制(无论是 SI 制,还是英制)。采用 SI 制时,S_{TO} 的单位是 m,W 的单位是 N,P 的单位是 W,S 的单位是

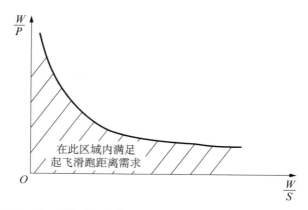

图 4-14 螺旋桨飞机起飞滑跑距离在构建匹配图时的贡献

m^2，V_{TO} 的单位是 m/s，参数 g 是 9.81 m/s^2，ρ 的单位是 kg/m^3。采用英制时，S_{TO} 的单位是 ft，W 的单位是 lb，P 的单位是 lb·ft/s，S 的单位是 ft^2，V_{TO} 的单位是 ft/s，参数 g 是 32.17 ft/s^2，ρ 的单位是 slug/ft^3。如果使用英制，则将 W/P 的单位转换为 lb/hp，以便更容易进行比较。记住，每单位马力（hp）等于 550 lb·ft/s。应用示例见第 4-4 节所述。

4.3.5 爬升率

每种类型的飞机都必须满足一定的爬升率（ROC）需求。对于民用飞机，必须满足 FAR[1]23 部（适用于 GA 飞机）或 FAR 25 部（适用于运输类飞机）所规定的爬升率要求。对于军用飞机，必须满足军用标准、手册和规范[2]所规定的要求。在某些情况下，以爬升时间的形式阐明爬升需求，但是能够容易地将此转换为 ROC 需求。爬升率定义为沿垂直轴的飞机速度或飞机空速的垂直分量。因此，ROC 表征飞机飞行高度增加有多快。

依据 FAR§23.65，存在如下的爬升梯度要求：

（a）最大重量等于或小于 6 000 lb 的每一正常类、实用类和特技类活塞式飞机，在海平面必须具有如下的定常爬升梯度：对于陆基飞机，至少为 8.3%，对于水上飞机或水陆两用飞机，则为 6.7%。

（b）最大重量大于 6 000 lb 的每一正常类、实用类和特技类活塞式飞机以及正常类、实用类和特技类涡轮动力飞机，起飞后必须具有至少 4% 的定常爬升梯度。

分别导出喷气式飞机和螺旋桨飞机的基于 ROC 需求的机翼尺寸和发动机规格

---

① 参考文献[1]。

② 例如，参见 MIL-C-005011B(USAF)，Military specification charts：Standard aircraft characteristics and performance，piloted aircraft，1977。

表达式。由于求得的是海平面的最大爬升率,因此在本节所列公式中的空气密度是指海平面的空气密度。

4.3.5.1 喷气式飞机

通常,将 ROC 定义为剩余功率与飞机重量之比:

$$ROC = \frac{P_{\text{avl}} - P_{\text{req}}}{W} = \frac{(TV - DV)}{W} \tag{4-77}$$

可将此式改写为

$$ROC = V\left[\frac{T}{W} - \frac{D}{W}\right] = V\left[\frac{T}{W} - \frac{D}{L}\right] = V\left[\frac{T}{W} - \frac{1}{L/D}\right] \tag{4-78}$$

为使 ROC 最大化,发动机推力和升阻比必须最大化。这样,就是使式(4-78)方括弧中的值最大化:

$$ROC_{\max} = V_{\text{ROC}_{\max}}\left[\frac{T_{\max}}{W} - \frac{1}{(L/D)_{\max}}\right] \tag{4-79}$$

为使升阻比最大化,必须采用使飞机阻力最小化的爬升速度,萨德拉埃(Sadraey)①给出公式[5]如下:

$$V_{\text{ROC}_{\max}} = V_{D_{\min}} = \sqrt{\frac{2W}{\rho S \sqrt{\frac{C_{D_o}}{K}}}} \tag{4-80}$$

将式(4-80)代入式(4-79),得

$$ROC_{\max} = \sqrt{\frac{2W}{\rho S \sqrt{\frac{C_{D_o}}{K}}}}\left[\frac{T_{\max}}{W} - \frac{1}{(L/D)_{\max}}\right] \tag{4-81}$$

可对此公式做进一步处理,以推重比作为机翼载荷的函数形式表达。因此有

$$\left[\frac{T_{\max}}{W} - \frac{1}{(L/D)_{\max}}\right] = \frac{ROC_{\max}}{\sqrt{\frac{2W}{\rho S \sqrt{\frac{C_{D_o}}{K}}}}} \Rightarrow \frac{T_{\max}}{W} = \frac{ROC_{\max}}{\sqrt{\frac{2W}{\rho S \sqrt{\frac{C_{D_o}}{K}}}}} + \frac{1}{(L/D)_{\max}}$$

$$\tag{4-82}$$

从而得

$$\left(\frac{T}{W}\right)_{\text{ROC}} = \frac{ROC}{\sqrt{\frac{2}{\rho \sqrt{\frac{C_{D_o}}{K}}}\left(\frac{W}{S}\right)}} + \frac{1}{(L/D)_{\max}} \tag{4-83}$$

---

① 系本书作者。——译注

式(4-83)以推重比随机翼载荷变化的形式给出基于 ROC 需求的机翼尺寸与发动机规格的关系式。由于最大爬升率是在海平面获得的,因此此时发动机推力处于最大值,必须考虑海平面的空气密度。

对于喷气式飞机,在构建匹配图时,可使用式(4-83)绘制出基于 ROC 的 T/W 随 W/S 变化的关系曲线,如图 4-15 所示。为确定可接受的区域,需要求证这一曲线的哪一侧满足爬升率(ROC)的需求。由于 ROC 是处于式(4-83)的分子中,因此当式(4-83)中的爬升率增大时,推重比(T/W)增大。由于大于规定 ROC 的任何 ROC 值都能满足 ROC 要求,因此曲线上部区域是可接受的。若干类型飞机的最大升阻比在表 4-5 中给出。

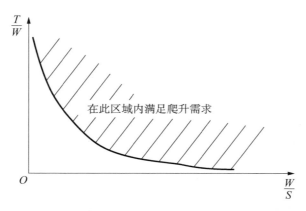

图 4-15 喷气式飞机爬升率在构建匹配图时的贡献

运用式(4-83)时必须格外小心,使用统一的计量单位制(无论是 SI 制,还是英制)。采用 SI 制时,ROC 的单位是 m/s,W 的单位是 N,T 的单位是 N,S 的单位是 m^2,ρ 的单位是 kg/m^3。然而采用英制时,ROC 的单位是 ft/s,W 的单位是 lb,T 的单位是 lb,S 的单位是 ft^2,ρ 的单位是 $slug/ft^3$。应用示例见第 4-4 节所述。

4.3.5.2 螺旋桨飞机

回到第 4.3.5.1 节关于 ROC 的定义,注意到可用功率是发动机功率乘以螺旋桨效率,则有

$$ROC = \frac{P_{\mathrm{avl}} - P_{\mathrm{req}}}{W} = \frac{\eta_{\mathrm{P}} P - DV}{W} \qquad (4-84)$$

螺旋桨飞机获得最大 ROC 的速度[5]为

$$V_{\mathrm{ROC_{max}}} = \sqrt{\frac{2W}{\rho S \sqrt{\dfrac{3C_{D_{\mathrm{o}}}}{K}}}} \qquad (4-85)$$

将式(4-85)代入式(4-84),可得

$$ROC_{max} = \frac{\eta_P P_{max}}{W} - \frac{D}{W}\sqrt{\frac{2W}{\rho S \sqrt{\dfrac{3C_{D_o}}{K}}}} \tag{4-86}$$

然而,飞机阻力是飞机速度和机翼面积的函数,表达式如下:

$$D = \frac{1}{2}\rho V^2 S C_D \tag{4-36}$$

将式(4-36)代入式(4-86),得到按机翼载荷的表达式为

$$ROC_{max} = \frac{\eta_P P_{max}}{W} - \frac{\dfrac{1}{2}\rho V^2 S C_D}{W}\sqrt{\frac{2W}{\rho S \sqrt{\dfrac{3C_{D_o}}{K}}}} \tag{4-87}$$

可将式(4-87)进一步简化[①]为

$$ROC_{max} = \frac{\eta_P P_{max}}{W} - \sqrt{\frac{2}{\rho\sqrt{\dfrac{3C_{D_o}}{K}}}\left(\frac{W}{S}\right)\left(\frac{1.155}{(L/D)_{max}}\right)} \tag{4-88}$$

对式(4-88)进行调整并求倒数,便获得如下的功率载荷表达式:

$$\frac{P_{max}}{W} = \frac{ROC_{max}}{\eta_P} + \sqrt{\frac{2}{\rho\sqrt{\dfrac{3C_{D_o}}{K}}}\left(\frac{W}{S}\right)\left(\frac{1.155}{(L/D)_{max}\eta_P}\right)} \Rightarrow$$

$$\left(\frac{W}{P}\right)_{ROC} = \frac{1}{\dfrac{ROC}{\eta_P} + \sqrt{\dfrac{2}{\rho\sqrt{\dfrac{3C_{D_o}}{K}}}\left(\dfrac{W}{S}\right)\left(\dfrac{1.155}{(L/D)_{max}\eta_P}\right)}} \tag{4-89}$$

式中:爬升时螺旋桨效率约为 0.7。表 4-5 给出若干类型飞机最大升阻比的典型值。

　　式(4-89)以功率载荷随机翼载荷变化的形式给出基于 ROC 需求的机翼尺寸与发动机规格的关系式。爬升时螺旋桨效率为 0.5~0.6。在构建匹配图时,可使用式(4-89)绘制出螺旋桨飞机基于 ROC 的 W/P 随 W/S 变化的关系曲线,如图 4-16 所示。为确定可接受的区域,需要求证这一曲线的哪一侧满足爬升需求。

---

① 参考文献[5]给出此简化过程。

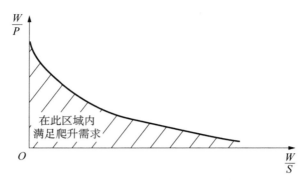

图 4-16　螺旋桨飞机爬升率在构建匹配图时的贡献

　　我们注意到，ROC 在式(4-89)分母中，因此当式中的 ROC 值增大时，功率载荷 (W/P) 值将下降。由于大于规定 ROC 的任何 ROC 值都能满足 ROC 要求，因此曲线下部区域是可接受的。

　　运用式(4-89)时，必须格外小心，使用统一的计量单位制(无论是 SI 制，还是英制)。采用 SI 制时，ROC 的单位是 m/s，W 的单位是 N，P 的单位是 W，S 的单位是 m^2，ρ 的单位是 kg/m^3。然而采用英制时，ROC 的单位是 ft/s，W 的单位是 lb，P 的单位是 lb·ft/s，S 的单位是 ft^2，ρ 的单位是 $slug/ft^3$。如果使用英制，那么将 W/P 的单位转换为 lb/hp，以便容易比较。记住，每单位马力(hp)等于 550 lb·ft/s。应用示例见第 4-4 节所述。

4.3.6　升限

　　影响机翼尺寸和发动机规格的另一性能需求是飞机升限。升限定义为飞机能够安全地直线水平飞行的最大高度。另一种定义是，飞机利用自身发动机所能够达到的并能够持续飞行的最大高度。对于许多飞机，升限不是关键需求，但对另外一些飞机，诸如侦察机 SR-71 黑鸟，使用升限为 85 000 ft，是最难以满足的性能需求。这一设计需求使设计者为此任务而设计和发明了特殊的发动机。通常有 4 种形式的升限：

　　(1) 绝对升限(h_{AC})。顾名思义，绝对升限是飞机能够一直维持水平飞行的绝对最大高度。换言之，此升限是 ROC 为零的高度。

　　(2) 使用升限(h_{SC})。使用升限定义为飞机能以 100 ft/min(即 0.5 m/s)爬升率爬升的最大高度。使用升限低于绝对升限。

　　(3) 巡航升限(h_{CrC})。巡航升限定义为飞机能以 300 ft/min(即 1.5 m/s)爬升率爬升的高度。巡航升限低于使用升限。

　　(4) 作战升限(h_{CoC})。作战升限定义为战斗机能以 500 ft/min(即 5 m/s)爬升率爬升的高度。作战升限低于巡航升限。这一升限定义仅用于战斗机。

　　现将这 4 种升限的定义综述如下：

$$ROC_{AC} = 0$$
$$ROC_{SC} = 100 \text{ fpm}$$
$$ROC_{CrC} = 300 \text{ fpm}$$
$$ROC_{CoC} = 500 \text{ fpm}$$

(4 - 90)

本节将基于升限需求的机翼尺寸和发动机规格表达式分为两个形式：①喷气式飞机，②螺旋桨飞机。由于基于 ROC 需求来定义升限需求，因此采用在第 4.3.5 节中所形成的公式。

4.3.6.1 喷气式飞机

式(4-83)给出推重比(T/W)与机翼载荷(W/S)和 ROC 的函数关系。此表达式也能适用于升限，现将此式改写后表述如下：

$$\left(\frac{T_C}{W}\right) = \frac{ROC_C}{\sqrt{\dfrac{2}{\rho_C \sqrt{\dfrac{C_{D_o}}{K}}}\left(\dfrac{W}{S}\right)}} + \frac{1}{(L/D)_{\max}}$$

(4 - 91)

式中：ROC_C 是在升限上的 ROC；T_C 是在升限上的发动机最大推力。相比之下，发动机推力是飞行高度或空气密度的函数。准确的关系取决于发动机类型、发动机技术、发动机安装以及空速。在设计阶段的这一时刻，飞机尚未完成设计，可使用下面的近似关系式(如同第 4.3 节所导入的)：

$$T_C = T_{SL}\left(\frac{\rho_C}{\rho_o}\right) = T_{SL}\sigma_C$$

(4 - 92)

将式(4-92)代入式(4-91)，则有

$$\left(\frac{T_{SL}\sigma_C}{W}\right) = \frac{ROC_C}{\sqrt{\dfrac{2}{\rho_C \sqrt{\dfrac{C_{D_o}}{K}}}\left(\dfrac{W}{S}\right)}} + \frac{1}{(L/D)_{\max}}$$

(4 - 93)

借助大气模型，可导出空气相对密度(σ)作为高度(h)函数的表达式。下面的表达式，取自参考文献[11]：

$$\sigma = (1 - 6.873 \cdot 10^{-6}h)^{4.26} \quad (0 \sim 36\,000 \text{ ft})$$

(4 - 94a)

$$\sigma = 0.296\,7\exp(1.735\,5 - 4.807\,5 \cdot 10^{-5}h) \quad (36\,000 \sim 65\,000 \text{ ft})$$

(4 - 94b)

这一对公式使用英制计量单位，即 h 的单位为 ft。有关采用 SI 制的大气模型，

参见参考文献[5，7]。附录 A 和 B 分别给出采用 SI 制和英制时在各种高度下的压力、温度和空气密度。

将式(4-93)中的 σ_C 移动到右边,则有

$$\left(\frac{T}{W}\right)_{h_C} = \frac{ROC_C}{\sigma_C \sqrt{\dfrac{2}{\rho_C \sqrt{\dfrac{C_{D_o}}{K}}}\left(\dfrac{W}{S}\right)}} + \frac{1}{\sigma_C (L/D)_{max}} \qquad (4-95)$$

因为在绝对升限(h_{AC}),ROC 为 0($ROC_{AC}=0$),消除式(4-95)右侧的第一项,即可得到如下的推重比相应表达式:

$$\left(\frac{T}{W}\right)_{h_{AC}} = \frac{1}{\sigma_{AC} (L/D)_{max}} \qquad (4-96)$$

式中:σ_C 是在所要求的升限上的空气相对密度;σ_{AC} 是在所要求的绝对升限(h_{AC})上的空气相对密度;ROC_C 是在所要求的升限(h_C)上的 ROC。式(4-95)和式(4-96)以空气相对密度(σ 和 σ_{AC})的形式给出基于升限需求(h_C 或 h_{AC})的机翼尺寸和发动机规格的表达式。通过式(4-94)可求得 σ 和 σ_{AC}。本节开头已对在不同升限上的 ROC 做出定义(见式(4-90))。若干类型飞机最大升阻比的典型值如表 4-5 所示。

式(4-95)表示巡航升限(h_{CrC})、使用升限(h_{SC})或战斗升限(h_{CoC})对确定发动机规格和机翼尺寸的贡献。式(4-96)代表绝对升限(h_{AC})对确定发动机规格和机翼尺寸的贡献。式(4-95)和式(4-96)给出基于升限的推重比随机翼载荷的非线性变化。对于喷气式飞机,在构建匹配图时,可使用式(4-95)和式(4-96)绘制出基于 h_C 或 h_{AC} 的 T/W 随 W/S 变化的关系曲线,如图 4-17 所示。

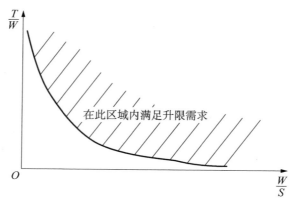

图 4-17　喷气式飞机升限在构建匹配图时的贡献

为了确定可接受的区域,需要求证曲线的哪一侧满足升限需求。式(4-95)有

两个正项，一个包括 ROC_C 和 σ_C，而另一个仅包括 σ_C。升限爬升率(ROC_C)在第一项的分子上，σ_C 在两项的分母上，所以当式(4-95)中的爬升率减小时，推重比(T/W)值下降。由于大于规定 ROC_C 的任何 ROC 值，或大于所要求升限的任何高度都能满足升限需求，因此曲线上部区域是可接受的。

运用式(4-95)和式(4-95)时，必须格外小心，使用统一的计量单位制(无论是 SI 制，还是英制)。采用 SI 制时，ROC 的单位是 m/s，W 的单位是 N，T 的单位是 N，S 的单位是 m^2，ρ 的单位是 kg/m^3。然而采用英制时，ROC 的单位是 ft/s，W 的单位是 lb，T 的单位是 lb，S 的单位是 ft^2，ρ 的单位是 $slug/ft^3$。应用示例见第 4-4 节所述。

4.3.6.2 螺旋桨飞机

式(4-83)给出功率载荷(W/P)与机翼载荷(W/S)和 ROC 的函数关系。

此表达式也能适用于升限，现将此式改写后表述如下：

$$\left(\frac{W}{P_C}\right) = \cfrac{1}{\cfrac{ROC_C}{\eta_P} + \sqrt{\cfrac{2}{\rho_C\sqrt{\cfrac{3C_{D_o}}{K}}}\left(\cfrac{W}{S}\right)\left(\cfrac{1.155}{(L/D)_{max}\eta_P}\right)}} \qquad (4-97)$$

式中：ROC_C 是在升限上的 ROC；ρ_C 是在升限上的空气密度；P_C 是在升限上的发动机最大拉力。相比之下，发动机功率是飞行高度或空气密度的函数。准确的关系取决于发动机类型、发动机技术、发动机安装和飞机空速。在设计阶段的这一时刻，飞机尚未完成设计，可使用下面的近似关系式(如同第 4.3 节所导入的)：

$$P_C = P_{SL}\left(\frac{\rho_C}{P_o}\right) = P_{SL}\sigma_C \qquad (4-98)$$

将式(4-98)代入式(4-97)，则有

$$\left(\frac{W}{P_{SL}\sigma_C}\right) = \cfrac{1}{\cfrac{ROC_C}{\eta_P} + \sqrt{\cfrac{2}{\rho_C\sqrt{\cfrac{3C_{D_o}}{K}}}\left(\cfrac{W}{S}\right)\left(\cfrac{1.155}{(L/D)_{max}\eta_P}\right)}} \qquad (4-99)$$

将式(4-99)中的 σ_C 移动到右边，则有

$$\left(\frac{W}{P_{SL}}\right)_C = \cfrac{\sigma_C}{\cfrac{ROC_C}{\eta_P} + \sqrt{\cfrac{2}{\rho_C\sqrt{\cfrac{3C_{D_o}}{K}}}\left(\cfrac{W}{S}\right)\left(\cfrac{1.155}{(L/D)_{max}\eta_P}\right)}} \qquad (4-100)$$

由于在绝对升限(h_{AC})，ROC 是零($ROC_{AC}=0$)，消除式(4-100)分母中的第一项，即

可得到如下的功率载荷相应表达式:

$$\left(\frac{W}{P_{\text{SL}}}\right)_{\text{AC}} = \frac{\sigma_{\text{AC}}}{\sqrt{\dfrac{2}{\rho_{\text{AC}}\sqrt{\dfrac{3C_{D_o}}{K}}}\left(\dfrac{W}{S}\right)\left(\dfrac{1.155}{(L/D)_{\max}\eta_P}\right)}} \tag{4-101}$$

式中：σ_C 是在所要求的升限上的空气相对密度；σ_{AC} 是在所要求的绝对升限(h_{AC})上的空气相对密度；ROC_C 是在所要求的升限(h_C)上的 ROC。式(4-100)和式(4-101)给出基于升限(h_C 或 h_{AC})需求的机翼尺寸与发动机规格的关系式。通过式(4-94)可求得与升限成函数关系的空气相对密度(σ 和 σ_{AC})。本节开头已对在不同类型升限上的 ROC 做出定义(见式(4-90))。若干类型飞机最大升阻比的典型值在表4-5中给出。

对于螺旋桨飞机,在构建匹配图时,可使用式(4-100)或式(4-101)绘制出基于 h_C 或 h_{AC} 的 W/P 随 W/S 变化的关系曲线,如图4-18所示。为了确定可接受的区域,需要求证这一曲线的哪一侧满足爬升需求。

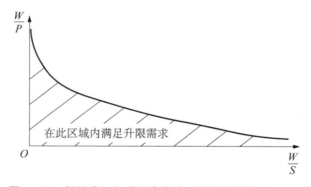

图 4-18 螺旋桨飞机升限在构建匹配图时的贡献

式(4-101)的分子上有 σ_C,而 ρ_C 在分母项的分母上。当高度增大时,空气密度(ρ)和空气相对密度(σ)减小。因此,随着高度的上升,式(4-101)右边的值下降,功率载荷(W/P)值下降。由于大于规定 h_C 的任何 h 值,或大于所要求升限的任何高度,都能满足升限要求,因此曲线下部区域是可接受的。

运用式(4-100)和式(4-101)时,必须格外小心,使用统一的计量单位制(无论是 SI 制,还是英制)。采用 SI 制时,ROC 的单位是 m/s,W 的单位是 N,P 的单位是 W,S 的单位是 m^2,ρ 的单位是 kg/m^3。然而采用英制时,ROC 的单位是 ft/s,W 的单位是 lb,P 的单位是 lb·ft/s 或 hp,S 的单位是 ft^2,ρ 的单位是 $slug/ft^3$。如果采用英制,将 W/P 的单位转换为 lb/hp,以便更容易比较。记住,每单位马力(hp)等于 550 lb·ft/s。应用示例见第 4-4 节所述。

4.4 设计示例

本节提供两个全解设计示例：示例 4.3 和示例 4.4，前者估算 $MTOW(W_{TO})$，后者确定机翼参考面积(S)和发动机功率(P)。

示例 4.3：最大起飞重量

问题陈述 设计一架常规的民用运输机，可搭载 700 名旅客及其行李。飞机必须能够以 $Ma\,0.8$ 的巡航速度飞行，航程为 9 500 km。在这里，只需要估算飞机的 $MTOW$。需要遵循 FAA 条例和标准。假设飞机配备两台高涵道比涡轮风扇发动机并在 35 000 ft 高度上巡航。

解 提示：由于 FAR 所给出的数值都采用英制单位，因此必须将所有的计量单位转换为英制。

● 步骤 1：飞机为民用运输机，运载 700 名旅客。所以飞机必须遵循 FAR 25 部。因此，所有的选择必须基于 FAR。该飞机的正规的任务剖面由滑行和起飞、爬升、巡航、下降和着陆组成（见图 4 - 19）。

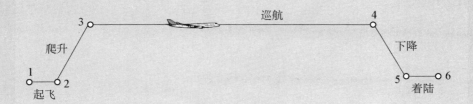

图 4 - 19 示例 4.3 中的运输机的任务剖面

● 步骤 2：飞行机组。该飞机进行商业飞行，所以应该按 FAR 119 和 125 部运营。FAR § 119.3 中规定了乘务员的重量。在 FAR 125 部 I 分部中，规定当值驾驶员和当值副驾驶员的资格。飞机上可能有空间容纳更多的机组成员，但基于条例规定，允许最小飞行机组成员为两人。此外，从 FAR 25 部附录 D 中可以找到有关确定最小飞行机组的准则。为使飞行机组能够安全舒适地执行基本工作负荷任务（列于 FAR 25 部附录 D 和 FAR § 119.3），选定两名飞行机组成员，一人为驾驶员，一人为副驾驶员。

● 步骤 3：乘务员。在 FAR § 125.269 中，规定乘务员的数目：

对于载客量大于 100 人的飞机——两名乘务员，100 名旅客以上每 50 人（或尾数）再增加 1 名乘务员。

由于飞机载客数为 700 人,因此乘务员人数必须为 14 人:

$$700 = 100 + (12 \cdot 50) \Rightarrow 2 + (12 \cdot 1) = 14$$

● 步骤 4:飞行机组和乘务员的重量。按 FAR§125.9 的定义,假设飞行机组成员每人重量为 200 lb。相比之下,乘务员的重量按 FAR§119.3 的规定,不论性别每人为 140 lb。因此,飞行机组和乘务员的总重量为

$$200 + 200 + (14 \cdot 140) \Rightarrow W_C = 2\,360 \text{ lb}$$

● 步骤 5:商载重量。旅客机的商载主要包括旅客及其行李。实际上,旅客可能是成年男性、成年女性、儿童和婴儿的组合。表 4-1 给出了每类旅客的名义重量。为尊重现实,并偏于安全,选择平均重量为 180 lb。此重量包括允许的个人物件和随身行李。相比之下,每一旅客的行李按 100 lb 考虑。所以,总的商载为

$$(700 \cdot 180) + (700 \cdot 100) \Rightarrow W_{PL} = 196\,000 \text{ lb}$$

● 步骤 6:滑行、起飞、爬升、下降、进近和着陆各段的燃油重量百分率。使用表 4-3 和图 4-2 中的编号系统,得到如下的燃油重量百分率:

滑行、起飞: $\dfrac{W_2}{W_1} = 0.98$

爬升: $\dfrac{W_3}{W_2} = 0.97$

下降: $\dfrac{W_5}{W_4} = 0.99$

进近和着陆: $\dfrac{W_6}{W_5} = 0.997$

● 步骤 7:航程段的燃油重量百分率。飞机装有喷气式(涡轮风扇)发动机,所以,必须采用式(4-16)。在这一飞行任务中,巡航是第 3 飞行段。

$$\frac{W_4}{W_3} = e^{\frac{-RC}{0.866V(L/D)_{\max}}} \tag{4-16}$$

式中:航程(R)为 9 500 km;C 是 0.4 lb/(h·lb)(见表 4-6)或 4/3 600 1/s;$(L/D)_{\max}$ 为 17(选自表 4-5)。飞机速度(V)为马赫数乘以声速[5]:

$$V = Ma \cdot a = 0.8 \cdot 296.6 = 237.3 \text{ m/s} = 778.5 \text{ m/s} \tag{4-65}$$

式中:在 35 000 ft 高度上声速为 296.63 m/s 或 973.1 ft/s。因此有

$$\frac{W_4}{W_3} = e^{\frac{-RC}{0.866V(L/D)_{\max}}} = e^{\frac{-9\,500\,000 \cdot 3.28 \cdot \frac{0.4}{3\,600}}{0.866 \cdot 973.1 \cdot 17}} = e^{-0.305\,3} \Rightarrow \frac{W_4}{W_3} = 0.737 \tag{4-16}$$

● 步骤 8:整个燃油重量百分率。使用类似于式(4-10)和式(4-11)的表示式,则有

$$\frac{W_6}{W_1} = \frac{W_2}{W_1} \frac{W_3}{W_2} \frac{W_4}{W_3} \frac{W_5}{W_4} \frac{W_6}{W_5} = 0.98 \cdot 0.97 \cdot 0.737 \cdot 0.99 \cdot 0.997 \Rightarrow \frac{W_6}{W_1} = 0.692$$

$$(4-10)$$

$$\frac{W_f}{W_{TO}} = 1.05\left(1 - \frac{W_6}{W_1}\right) = 1.05(1 - 0.692) \Rightarrow \frac{W_f}{W_{TO}} = 0.323 \qquad (4-11)$$

● 步骤 9：代入。将已知值代入式(4-5)则有

$$W_{TO} = \frac{W_{PL} + W_C}{1 - \left(\dfrac{W_f}{W_{TO}}\right) - \left(\dfrac{W_E}{W_{TO}}\right)} = \frac{196\,000 + 2\,360}{1 - 0.323 - \left(\dfrac{W_E}{W_{TO}}\right)} = \frac{198\,360}{0.677 - \left(\dfrac{W_E}{W_{TO}}\right)}$$

$$(4-5)$$

● 步骤 10：空机重量百分率。使用式(4-26)，确定空机重量百分率，此时，由表 4-8 获取系数 a 和 b：

$$a = -7.754 \cdot 10^{-8},\ b = 0.576$$

因此有

$$\frac{W_E}{W_{TO}} = aW_{TO} + b \Rightarrow \frac{W_E}{W_{TO}} = -7.754 \cdot 10^{-8} W_{TO} + 0.576 \qquad (4-26)$$

● 步骤 11：最后一步。必须同时求解下列两式，即式(1)(来自步骤 9)和式(2)(来自步骤 10)：

$$W_{TO} = \frac{198\,360}{0.677 - \left(\dfrac{W_E}{W_{TO}}\right)} \qquad (1)(步骤 9)$$

$$\frac{W_E}{W_{TO}} = -7.754 \cdot 10^{-8} W_{TO} + 0.576 \qquad (2)(步骤 10)$$

可以使用 MathCad 软件，按如下步骤，求解由这两个非线性代数方程构成的方程组。

设：$x := 0.6 \quad y := 1\,000\,000$

已知

$$y = \frac{198\,360}{0.677 - x} \quad x = -7.754 \cdot 10^{-8} \cdot y + 0.576$$

求得　　　　　　　　$(x, y) = \begin{pmatrix} 0.493 \\ 1\,075\,664.161 \end{pmatrix}$

因此，空机重量百分率为 0.493，而 MTOW 为

$$W_{TO} = 1\,075\,644\ \text{lb} = 4\,784\,792\ \text{N}$$

所以,最大起飞质量为

$$m_{TO} = 487\,913\ \text{kg}$$

求解 W_{TO} 的另一种方法是试错法,如表 4-16 所示。应注意,在 7 次试错后,误差减小到仅 0.4%,这是可接受的。此方法得到类似的结果($W_{TO} = 1\,074\,201\ \text{lb}$)。

表 4-16   试错法确定示例 4.3 所述飞机的最大起飞重量

迭代次数	第 1 步 假定 W_{TO} (lb)	第 2 步 将第 1 步中的 W_{TO} 代入式(2): $\dfrac{W_E}{W_{TO}} = -7.754 \times 10^{-8} W_{TO} + 0.576$	第 3 步 将第 2 步中的 $\dfrac{W_E}{W_{TO}}$ 代入式(1): $W_{TO} = \dfrac{198\,360}{0.677 - \left(\dfrac{W_E}{W_{TO}}\right)}$	误差/%
1	1 500 000	0.456	912 797 lb	−64
2	912 797	0.505	1,154 744 lb	20.9
3	1 154 744	0.486	1 041 047 lb	−10.9
4	1 041 047	0.495	1 091 552 lb	4.6
5	1 091 552	0.491	1 068 525 lb	−2.1
6	1 068 525	0.493	1 078 902 lb	0.96
7	1 078 902	0.492 3	1 074 201 lb	−0.4

第 3 种方法是用分析法求解公式。首先将式(1)处理如下:

$$W_{TO} = \frac{198\,360}{0.677 - \left(\dfrac{W_E}{W_{TO}}\right)} \Rightarrow 0.677 - \left(\frac{W_E}{W_{TO}}\right) = \frac{198\,360}{W_{TO}} \Rightarrow$$

$$\left(\frac{W_E}{W_{TO}}\right) = 0.677 - \frac{198\,360}{W_{TO}}$$

然后,需要将处理后所得结果的右侧代入式(2),简化后则有

$$0.677 - \frac{198\,360}{W_{TO}} = -7.754 \cdot 10^{-8} W_{TO} + 0.576$$

$$\Rightarrow 7.754 \cdot 10^{-8} W_{TO} + 0.576 - 0.677 + \frac{198\,360}{W_{TO}} = 0$$

$$\Rightarrow -7.754 \cdot 10^{-8} W_{TO} + \frac{198\,360}{W_{TO}} - 0.101 = 0$$

此非线性代数方程含一个未知数(W_{TO}),并且仅有一个可接受的(合理)解。这一方法也产生相同的结果。

因此求得飞机最大起飞重量应为

$$W_{\mathrm{TO}} = 1\,074\,201\,\mathrm{lb} \Rightarrow m_{\mathrm{TO}} = 487\,249\,\mathrm{kg}$$

作为比较,有意思的是,载客 853 人的超大型运输机空客 A380 的 MTOW 为 1 300 700 lb。

示例 4.4: 机翼尺寸和发动机规格

问题陈述　在涡轮螺旋桨运输机的初步设计阶段,确定 MTOW 为 20 000 lb,确定飞机 C_{D_0} 为 0.025。中心航空港位于某城市,机场标高 3 000 ft。使用匹配图方法,确定飞机的机翼面积(S)和发动机功率(P),要求飞机具有下列性能:

(1) 最大速度: 在 30 000 ft 高度上为 350 KTAS;

(2) 失速速度: 小于 70 KEAS;

(3) ROC: 海平面大于 2 700 ft/min;

(4) 起飞滑跑距离: 小于 1 200 ft(干态混凝土跑道);

(5) 使用升限: 大于 35 000 ft;

(6) 航程: 4 000 n mile;

(7) 续航时间: 2 h。

如果还需要这架飞机的任何其他参数,请自行假设。

解　首先,必须注意,航程和续航时间需求对发动机功率或机翼面积无任何影响,所以在这一设计阶段先忽略它们。3 000 ft 高度上空气密度是 0.002 175 slug/ft³,在 30 000 ft 高度上空气密度是 0.000 89 slug/ft³。

导出 5 个公式,构建匹配图:

● 失速速度。要求失速速度小于 70 KEAS。式(4-31)给出基于失速速度需求的机翼尺寸表达式。根据表 4-11,将飞机最大升力系数选为 2.7。

$$\left(\frac{W}{S}\right)_{V_s} = \frac{1}{2}\rho V_s^2 C_{L_{\max}} = \frac{1}{2} \cdot 0.002\,378 \cdot (70 \cdot 1.688)^2 \cdot 2.7 = 44.8\,\mathrm{lb/ft^2}$$

$$(4-31) 或 (E-1)$$

此处,1 kn 等于 1.688 ft/s。

● 最大速度。要求在 30 000 ft 高度上最大速度大于 350 KTAS。对于螺旋桨飞机,式(4-56)给出基于最大速度需求的机翼尺寸和发动机规格的表达式。

$$\left(\frac{W}{P_{\mathrm{SL}}}\right)_{V_{\max}} = \frac{\eta_{\mathrm{P}}}{\frac{1}{2}\rho_0 V_{\max}^3 C_{D_0}\dfrac{1}{\left(\dfrac{W}{S}\right)} + \dfrac{2K}{\rho\sigma V_{\max}}\left(\dfrac{W}{S}\right)} \qquad (4-56)$$

根据表 5-8,将机翼 AR 选为 12。由第 4.3.3 节,将奥斯瓦尔德翼展效率系数 e 考虑为 0.85。因此有

$$K = \frac{1}{\pi \cdot e \cdot AR} = \frac{1}{3.14 \cdot 0.85 \cdot 12} = 0.031 \qquad (4-41)$$

30 000 ft 高度上的空气相对密度(σ)为 0.000 89/0.002 378 或 0.374。代入后,则有

$$\left(\frac{W}{P_{SL}}\right)_{V_{max}} = \frac{0.7 \cdot 550}{0.5 \cdot 0.002\,378 \cdot (350 \cdot 1.688)^3 \cdot 0.025\,\dfrac{1}{\left(\dfrac{W}{S}\right)}}$$

$$+ \frac{2 \cdot 0.031}{0.000\,89 \cdot 0.374 \cdot (350 \cdot 1.688)\left(\dfrac{W}{S}\right)}$$

或

$$\left(\frac{W}{P_{SL}}\right)_{V_{max}} = \frac{385}{6\,129.7\,\dfrac{1}{\left(\dfrac{W}{S}\right)} + 0.317\left(\dfrac{W}{S}\right)}\left(\frac{lb}{hp}\right) \qquad (E-2)$$

整式乘以 550 是为了将 lb/(lb · ft/s) 转换为 lb/hp,并假设螺旋桨效率为 0.7。

● 起飞滑跑距离。要求在标高 3 000 ft 机场上起飞滑跑距离小于 1 200 ft。对于螺旋桨飞机,式(4-76)给出基于起飞滑跑距离需求的机翼尺寸和发动机规格的表达式。记住,在 3 000 ft 高度,空气密度为 0.002 175 slug/ft³。

$$\left(\frac{W}{P}\right)_{S_{TO}} = \frac{1 - \exp\left(0.6\rho g C_{D_G} S_{TO}\,\dfrac{1}{W/S}\right)}{\mu - \left(\mu + \dfrac{C_{D_G}}{C_{L_R}}\right)\left[\exp\left(0.6\rho g C_{D_G} S_{TO}\,\dfrac{1}{W/S}\right)\right]}\,\frac{\eta_P}{V_{TO}} \qquad (4-76)$$

式中,基于表 4-15,μ 为 0.04。假设起飞速度为

$$V_{TO} = 1.1 V_s = 1.1 \cdot 70 = 77 \text{ KEAS} \qquad (4-72)$$

起飞升力和阻力系数为

$$C_{L_{TO}} = C_{L_C} + \Delta C_{L_{flap\_TO}} \qquad (4-69c)$$

式中:假设飞机升力系数 C_{L_C} 为 0.3;$\Delta C_{L_{flap\_TO}}$ 为 0.6。
因此有

$$C_{L_{TO}} = 0.3 + 0.6 = 0.9 \qquad (4-69c)$$

$$C_{D_{oLG}} = 0.009$$

$$C_{D_{oHLD\_TO}} = 0.005 \tag{4-69a}$$

$$C_{D_{oTO}} = C_{D_o} + C_{D_{oLG}} + C_{D_{oHLD\_TO}} = 0.025 + 0.009 + 0.005 = 0.039 \tag{4-69}$$

$$C_{D_{TO}} = C_{D_{oTO}} + KC_{L_{TO}}^2 = 0.039 + 0.031(0.9)^2 = 0.064 \tag{4-68}$$

起飞抬前轮升力系数为

$$C_{L_R} = \frac{C_{L_{max}}}{(1.1)^2} = \frac{C_{L_{max}}}{1.21} = \frac{2.7}{1.21} = 2.231 \tag{4-69b}$$

变量 C_{D_G} 为

$$C_{D_G} = (C_{D_{TO}} - \mu C_{L_{TO}}) = 0.064 - 0.04 \cdot 0.9 = 0.028 \tag{4-67}$$

假设螺旋桨为可变桨距型,所以,基于公式(4-73b),螺旋桨效率为 0.6。代入后,则有

$$\left(\frac{W}{P}\right)_{S_{TO}} = \frac{1 - \exp\left(0.6\rho g C_{D_G} S_{TO} \frac{1}{W/S}\right)}{\mu - \left(\mu + \frac{C_{D_G}}{C_{L_R}}\right)\left[\exp\left(0.6\rho g C_{D_G} S_{TO} \frac{1}{W/S}\right)\right]} \frac{\eta_P}{V_{TO}}$$

$$\left(\frac{W}{P}\right)_{S_{TO}} = \frac{\left[1 - \exp\left(0.6 \cdot 0.002\,175 \cdot 32.2 \cdot 0.028 \cdot 1.200 \frac{1}{(W/S)}\right)\right]}{0.04 - \left(0.04 + \frac{0.028}{2.231}\right)\left[\exp\left(0.6 \cdot 0.002\,175 \cdot 32.2 \cdot 0.028 \cdot 1\,200 \frac{1}{(W/S)}\right)\right]} \cdot$$

$$\left(\frac{0.6}{77 \cdot 1.688}\right) \cdot 550 \tag{4-76}$$

或

$$\left(\frac{W}{P}\right)_{S_{TO}} = \frac{\left[1 - \exp\left(\frac{1.426}{(W/S)}\right)\right]}{0.04 - (0.053)\left[\exp\left(\frac{1.426}{(W/S)}\right)\right]} (0.004\,6 \cdot 550)\text{lb/hp} \tag{E-3}$$

同样,整式也乘以 550,将 lb/(lb • ft/s) 转换为 lb/hp。

● 爬升率。要求在海平面 ROC 大于 2 700 fpm(或 45 ft/s)。对于螺旋桨飞机,式(4-89)给出基于 ROC 需求的机翼尺寸和发动机规格的表达式。

$$\left(\frac{W}{P}\right)_{ROC} = \frac{1}{\frac{ROC}{\eta_P} + \sqrt{\frac{2}{\rho\sqrt{\frac{3C_{D_o}}{K}}}\left(\frac{W}{S}\right)}\left(\frac{1.155}{(L/D)_{max}\eta_P}\right)} \tag{4-89}$$

根据表 4-5,最大升阻比选为 18。代入后,则有

$$\left(\frac{W}{P}\right)_{\text{ROC}} = \frac{1 \cdot 550}{\dfrac{2\,700}{60 \cdot 0.7} + \sqrt{\dfrac{2}{0.002\,378\sqrt{\dfrac{3 \cdot 0.025}{0.031}}}\left(\dfrac{W}{S}\right)\left(\dfrac{1.155}{18 \cdot 0.7}\right)}} \qquad (4-89)$$

$$\left(\frac{W}{P}\right)_{\text{ROC}} = \frac{1 \cdot 550}{64.3 + \left(\sqrt{540.7\left(\dfrac{W}{S}\right)}\right)(0.092)} \qquad (\text{E}-4)$$

同样,整式也乘以 550,将 lb/(lb · ft/s)转换为 lb/hp。

● 使用升限。要求使用升限大于 35 000 ft。对于螺旋桨飞机,式(4 - 100)给出基于使用升限需求的机翼尺寸和发动机规格的表达式。在使用升限,要求 ROC 为 100 ft/min(或 1.667 ft/s)。在 35 000 ft 高度,空气密度为 0.000 738 slug/ft³(附录 B)。所以空气相对密度为 0.31。代入后,则有

$$\left(\frac{W}{P_{\text{SL}}}\right)_{\text{C}} = \frac{\sigma_{\text{C}}}{\dfrac{ROC_{\text{C}}}{\eta_{\text{P}}} + \sqrt{\dfrac{2}{\rho_{\text{C}}\sqrt{\dfrac{3C_{D_o}}{K}}}\left(\dfrac{W}{S}\right)\left(\dfrac{1.155}{(L/D)_{\max}\eta_{\text{P}}}\right)}} \qquad (4-100)$$

$$\left(\frac{W}{P}\right)_{\text{C}} = \frac{0.31 \cdot 550}{\dfrac{100}{60 \cdot 0.7} + \sqrt{\dfrac{2}{0.000\,738\sqrt{\dfrac{3 \cdot 0.025}{0.031}}}\left(\dfrac{W}{S}\right)\left(\dfrac{1.155}{18 \cdot 0.7}\right)}} \qquad (4-100)$$

或

$$\left(\frac{W}{P}\right)_{\text{C}} = \frac{170.5}{2.38 + \left(\sqrt{1\,742.3\left(\dfrac{W}{S}\right)}\right)(0.092)} \qquad (\text{E}-5)$$

同样,整式也乘以 550,将 lb/(lb · ft/s)转换为 lb/hp。

● 构建匹配图。现在,已有 5 个公式,即式(E - 1),式(E - 2),式(E - 3),式(E - 4)和式(E - 5)。在所有这些公式中,将功率载荷定义为机翼载荷的函数。将所有这些公式的曲线画在同一幅图上时,产生图 4 - 20。记住,在此示例中,W/S 的单位是 lb/ft²,W/P 的单位是 lb/hp。

现在需要确认可接受区域。如第 4.3 节中所讨论的,每一曲线的下部区域满足性能需求。换言之,每一曲线的上部区域不满足性能需求。对于失速情况,曲线左侧区域满足失速速度需求(见图 4 - 21)。因此,位于最大速度曲线、起飞滑跑距离曲线和失速速度曲线之间的区域,是目标区域。

在该区域内,查找具有最低运营成本的最小发动机(最低功率)。因此这一区

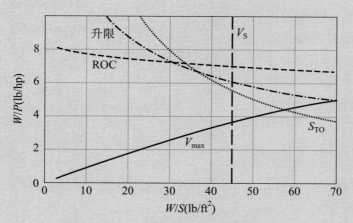

图 4 - 20　示例 4.4 的匹配图

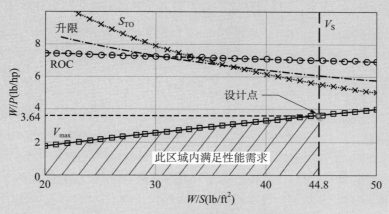

图 4 - 21　示例 4.4 的匹配图中可接受的区域

域的最高点(见图 4 - 21)是设计点。所以,从图 4 - 21 中找到机翼载荷和功率载
荷如下:

$$\left(\frac{W}{P}\right)_{\mathrm{d}} = 3.64$$

$$\left(\frac{W}{S}\right)_{\mathrm{d}} = 44.8$$

然后,按如下公式,分别计算机翼面积和发动机功率,则有

$$S = W_{\mathrm{TO}} \Big/ \left(\frac{W}{S}\right)_{\mathrm{d}} = \frac{20\,000\,\mathrm{lb}}{44.8\,\dfrac{\mathrm{lb}}{\mathrm{ft}^2}} = 446.4\,\mathrm{ft}^2 = 41.47\,\mathrm{m}^2 \qquad (4-27)$$

$$P = W_{TO} \Big/ \left(\frac{W}{P}\right)_d = \frac{20\ 000\ \mathrm{lb}}{3.\ 64\ \dfrac{\mathrm{lb}}{\mathrm{hp}}} = 5\ 495.5\ \mathrm{hp} = 4\ 097.2\ \mathrm{kW} \qquad (4-28)$$

因此，机翼面积和发动机功率分别为

$$S = 446.4\ \mathrm{ft}^2,\ P = 5\ 495.5\ \mathrm{hp}$$

练习题

(1) 确定双座特轻型飞机沙伊贝 SF 40 的零升力阻力系数(C_{D_o})，飞机在海平面以最大巡航速度 81 kn 飞行。飞机装一台活塞式发动机，并具有如下特性：

$$P_{SL_{max}} = 44.7\ \mathrm{kW},\ m_{TO} = 400\ \mathrm{lb},\ S = 13.4\ \mathrm{m}^2,$$
$$AR = 8.7,\ e = 0.88,\ \eta_P = 0.75_{\circ}$$

(2) 确定战斗机 F-16C 战隼的零升力阻力系数(C_{D_o})，飞机在 40 000 ft 高度上以最大速度 Ma 2.2 飞行。该战斗机装有一台涡轮风扇发动机，并具有如下特性：

$$P_{SL_{max}} = 29\ 588\ \mathrm{lb},\ W_{TO} = 27\ 185\ \mathrm{lb},\ S = 300\ \mathrm{ft}^2,\ AR = 3.2,\ e = 0.76_{\circ}$$

(3) 确定喷气式战斗机 F-15 鹰的零升力阻力系数(C_{D_o})，飞机在 35 000 ft 高度上以最大速度 Ma 2.5 飞行。该战斗机装有两台涡轮风扇发动机，并具有如下特性：

$$T_{SL_{max}} = 2 \cdot 23\ 450\ \mathrm{lb},\ W_{TO} = 81\ 000\ \mathrm{lb},\ S = 608\ \mathrm{ft}^2,\ AR = 3,\ e = 0.78_{\circ}$$

(4) 确定运输机 B747-400 的零升力阻力系数(C_{D_o})，飞机在 35 000 ft 高度上以最大速度 Ma 0.92 飞行。该飞机装有 4 台涡轮风扇发动机，并具有如下特性：

$$T_{SL_{max}} = 4 \cdot 56\ 750\ \mathrm{lb},\ W_{TO} = 800\ 000\ \mathrm{lb},$$
$$S = 5\ 825\ \mathrm{ft}^2,\ AR = 10.2,\ e = 0.85_{\circ}$$

(5) 确定欧洲联合战斗机的零升力阻力系数(C_{D_o})，飞机在 35 000 ft 高度上以最大速度 Ma 2 飞行。该战斗机装有两台涡轮风扇发动机，并具有如下特性：

$$T_{SL_{max}} = 2 \cdot 16\ 000\ \mathrm{lb},\ W_{TO} = 46\ 297\ \mathrm{lb},$$
$$S = 538\ \mathrm{ft}^2,\ AR = 2.2,\ e = 0.75$$

(6) 确定轰炸机 B2 幽灵的零升力阻力系数(C_{D_o})，飞机在 20 000 ft 高度上以最大速度 Ma 0.95 飞行。该飞机装有 4 台涡轮风扇发动机，并具有如下特性：

$$T_{SL_{max}} = 4 \cdot 17\ 300\ \mathrm{lb},\ W_{TO} = 336\ 500\ \mathrm{lb},$$
$$S = 5\ 000\ \mathrm{ft}^2,\ AR = 6.7,\ e = 0.73$$

(7) 确定军用运输机 C-130 大力神的零升力阻力系数(C_{D_0})，飞机在 23 000 ft 高度上以最大速度 315 kn 飞行。该飞机装有 4 台涡轮螺旋桨发动机，并具有如下特性：

$$T_{SL_{max}} = 4 \cdot 4\,508 \text{ hp}, W_{TO} = 155\,000 \text{ lb}, S = 1\,754 \text{ ft}^2,$$
$$AR = 10.1, e = 0.92, \eta_P = 0.81_{\circ}$$

(8) 确定运输机比亚乔 P180 阿盘提的零升力阻力系数(C_{D_0})，飞机在 20 000 ft 高度上以最大速度 395 kn 飞行。该飞机装有 2 台涡轮螺旋桨发动机，并具有如下特性：

$$T_{SL_{max}} = 2 \cdot 800 \text{ hp}, W_{TO} = 10\,510 \text{ lb}, S = 172.2 \text{ ft}^2,$$
$$AR = 12.1, e = 0.88, \eta_P = 0.84_{\circ}$$

(9) 确定小型通用类飞机比奇 幸运星的零升力阻力系数(C_{D_0})，飞机在海平面高度上以最大速度 166 kn 飞行。该飞机装有 1 台活塞式发动机，并具有如下特性：

$$T_{SL_{max}} = 285 \text{ hp}, W_{TO} = 2\,725 \text{ lb}, S = 178 \text{ ft}^2,$$
$$AR = 6, e = 0.87, \eta_P = 0.76_{\circ}$$

(10) 确定多用途飞机塞斯纳 208 卡拉万的零升力阻力系数(C_{D_0})，飞机在 10 000 ft 高度上以最大速度 184 kn 飞行。该飞机装有 1 台涡轮螺旋桨发动机，并具有如下特性：

$$T_{SL_{max}} = 505 \text{ kW}, m_{TO} = 3\,970 \text{ kg}, S = 26 \text{ m}^2,$$
$$AR = 9.7, e = 0.91, \eta_P = 0.75_{\circ}$$

(11) 你是一架 GA 飞机设计团队的一名成员，要求该飞机为 4 座，并具有如下性能特性：

(a) 最大速度：在海平面高度上，至少为 150 kn。

(b) 最大航程：至少为 700 km。

(c) 最大爬升率：至少为 1 800 fpm。

(d) 绝对升限：至少为 25 000 ft。

(e) 起飞滑跑距离：小于 1 200 ft。

在初步设计阶段，要求你估算这一飞机的零升力阻力系数(C_{D_0})。确认 5 架现有的类似飞机，并基于它们的统计数据，估算待设计飞机的 C_{D_0}。

(12) 你是一架喷气式公务机设计团队的一名成员，要求该飞机载客 12 人，并具有如下性能特性：

(a) 最大速度：在海平面高度上，至少为 280 kn。

（b）最大航程：至少为 1 000 km。

（c）最大爬升率：至少为 3 000 fpm。

（d）绝对升限：至少为 35 000 ft。

（e）起飞滑跑距离：小于 2 000 ft。

在初步设计阶段，要求你估算这一飞机的零升力阻力系数（C_{D_o}）。确认 5 架现有的类似飞机，并基于它们的统计数据，估算待设计飞机的 C_{D_o}。

（13）你是一架战斗机设计团队的一名成员，要求该飞机有 2 名飞行员，并具有如下性能特性：

（a）最大速度：在 30 000 ft 高度上，至少为 $Ma1.8$。

（b）最大航程：至少为 1 500 km。

（c）最大爬升率：至少为 10 000 fpm。

（d）绝对升限：至少为 45 000 ft。

（e）起飞滑跑距离：小于 2 800 ft。

在初步设计阶段，要求你估算这一飞机的零升力阻力系数（C_{D_o}）。确认 5 架现有的类似飞机，并基于它们的统计数据，估算待设计飞机的 C_{D_o}。

（14）邀请你参与一架民用运输机的设计，飞机能携带 200 名旅客及其行李。飞机必须能以巡航速度 Ma 0.8 飞行，航程为 10 000 km。这里，仅需要你估算飞机最大起飞重量。你需要遵循 FAA 条例和标准。假设飞机装有 2 台高涵道比的涡轮风扇发动机，并要求飞机在 37 000 ft 高度上巡航飞行。

（15）你正在设计一架监视/侦察机，配备 4 名机组成员。飞机必须能以 Ma 0.3 巡航速度飞行，航程为 2 000 km，续航时间为 15 h。这里，仅需要你估算飞机最大起飞重量。假设飞机装有 2 台涡轮螺旋桨发动机，并要求飞机在 8 000 m 高度上巡航飞行。

（16）邀请你参与一架喷气式教练机的设计，飞机带 1 名教员和 1 名学员。飞机必须能以 Ma 0.4 巡航速度飞行，航程为 1 500 km。这里，仅需要你估算飞机最大起飞重量。假设飞机装有 1 台涡轮螺旋桨发动机，并要求飞机在 20 000 ft 高度上巡航飞行。

（17）在一架 GA（正常类）飞机的初步设计阶段，已确定最大起飞重量为 2 000 lb，并确定飞机的 C_{D_o} 为 0.072。发动机选定为单台活塞涡桨发动机。通过使用匹配图，确定飞机的机翼面积（S）和发动机功率（P），并要求飞机具有如下的性能：

（a）最大速度：在 20 000 ft 高度上为 180 KTAS。

（b）失速速度：小于 50 KEAS。

（c）爬升率：在海平面高度上，大于 1 200 fpm。

（d）起飞滑跑距离：小于 800 ft（干态混凝土跑道）。

（e）使用升限：大于 25 000 ft。

（f）航程：1 000 n mile。

（g）续航时间：1 h。

如果还需要这架飞机的任何其他参数，请自行假设。

（18）在一架喷气式运输机的初步设计阶段，已确定最大起飞重量为120 000 lb，并确定飞机的 C_{D_0} 为 0.022。中心航空港位于城市中，机场标高为 5 000 ft。通过使用匹配图方法，确定飞机的机翼面积（S）和发动机推力（T），并要求飞机具有如下的性能：

（a）最大速度：在 27 000 ft 高度上为 370 KTAS。

（b）失速速度：小于 90 KEAS。

（c）爬升率：在海平面高度上，大于 3 200 fpm。

（d）起飞滑跑距离：小于 3 000 ft（干态混凝土跑道）。

（e）使用升限：大于 40 000 ft。

（f）航程：8 000 nm。

（g）续航时间：5 h。

如果还需要这架飞机的任何其他参数，请自行假设。

（19）在一架战斗机的初步设计阶段，已确定最大起飞质量为 12 000 kg，并确定飞机的 C_{D_0} 为 0.028。通过使用匹配图方法，确定飞机的机翼面积（S）和发动机推力（T），并要求飞机具有如下的性能：

（a）最大速度：在 10 000 m 高度上为 Ma 1.9。

（b）失速速度：小于 50 m/s。

（c）爬升率：在海平面高度上，大于 50 m/s。

（d）起飞滑跑距离：小于 1 000 m（干态混凝土跑道）。

（e）使用升限：大于 15 000 m。

（f）活动半径：4 000 km。

如果还需要这架飞机的任何其他参数，请自行假设。

（20）在一架双发涡桨支线客机的初步设计阶段，已确定最大起飞重量为 16 000 kg，并确定飞机的 C_{D_0} 为 0.019。通过使用匹配图方法，确定飞机的机翼面积（S）和发动机功率（P），并要求飞机具有如下的性能：

（a）最大速度：在 2 500 m 高度上为 Ma 0.6。

（b）失速速度：小于 190 km/h。

（c）爬升率：在海平面高度上，大于 640 m/min。

（d）起飞滑跑距离：小于 1 100 m（干态混凝土跑道）。

（e）使用升限：大于 9 000 m。

（f）航程：7 000 km。

如果还需要这架飞机的任何其他参数，请自行假设。

参 考 文 献

［1］ Federal Aviation Regulations, Federal Aviation Administration, Department of Transportation, 2011, www. faa. gov.

［2］ Advisory Circular (2005) Aircraft Weight and Balance Control, FAA, AC 120 – 27E.

［3］ MIL-STD 1797A (2004) *Flying Qualities of Piloted Aircraft*, Department of Defense Interface Standard.

［4］ Jackson, P. *Jane's All the World's Aircraft*, Jane's Information Group, various years 1996 to 2011.

［5］ Sadraey, M. (2009) *Aircraft Performance Analysis*, VDM Verlag Dr. Muller.

［6］ Lan, E. C. T. and Roskam, J. (2003) *Airplane Aerodynamics and Performance*, DAR Corporation.

［7］ Anderson, J. D. (1999) *Aircraft Performance and Design*, McGraw-Hill.

［8］ Roskam, J. (2005) *Airplane Design*, vol. I, DAR Corporation.

［9］ Loftin, L. K. (1980) *Subsonic Aircraft: Evolution and the Matching of Size to Performance*, NASA, Reference Publication 1060.

［10］ Hoak, D. E., Ellison, D. E., and Fink, R. D. (1978) USAF stability and control DATCOM. Flight Control Division, Air Force Flight Dynamics Laboratory, Wright-Patterson AFB, Ohio.

［11］ Bertin, L. J. and Cummings, R. M. (2009) *Aerodynamics for Engineers*, 5th edn, Pearson/Prentice Hall.

5 机 翼 设 计

5.1 序言

在第 4 章中,阐述了飞机初步设计,即设计过程的第 2 阶段。在初步设计阶段,确定了飞机的 3 个参数:飞机最大起飞重量(W_{TO}),发动机功率(P)或推力(T),机翼参考面积(S_{ref})。设计过程的第 3 阶段是详细设计。详细设计过程中,将对飞机的主要部件(如机翼、机身、水平尾翼、垂直尾翼、推进系统、起落架和操纵面)逐一进行设计。在这一阶段,每一飞机部件将作为单个实体进行设计,但是在后面的设计步骤,将它们综合成为一个系统并考虑它们之间的相互作用,这个系统就是飞机。

本章的重点在于机翼的详细设计。可认为机翼是一架飞机的最重要部件,因为固定翼飞机没有机翼就无法飞行。由于机翼几何参数及其特性影响飞机所有其他部件,因此便从机翼设计开始进入详细设计阶段。机翼的主要功能是产生足够的升力(L)。然而机翼还有另外两个产物,即阻力(D)和俯仰力矩(M)。机翼设计者在寻求升力最大化的同时,必须使机翼的其他两项产物(阻力和俯仰力矩)最小化。事实上,机翼属于升力面,因为机翼上下表面的压差而产生升力。如要查询有关计算整个机翼表面压力分布并确定流动变量的数学方法,空气动力学参考书则是很好的信息渠道。

从根本上说,在机翼设计过程中要遵循系统工程的原理和方法。机翼设计方法中的限制因素,源于设计需求,诸如性能需求、稳定性和操纵性需求、可生产性需求、运行需求、成本和飞行安全性。主要的性能需求包括失速速度、最大速度、起飞滑跑距离、航程和续航时间。主要的稳定性和操纵性需求包括横向-航向静稳定性、横向-航向动稳定性以及在可能的机翼失速过程中飞机的可操纵性。

在机翼设计过程中,必须确定 18 个参数。现将它们列出如下:

(1) 机翼参考(或平面)面积(S_w 或 S_{ref} 或 S);

(2) 机翼数目;

(3) 机翼相对于机身的垂直位置（上单翼、中单翼或下单翼）；

(4) 相对于机身的水平位置；

(5) 翼剖面（或翼型）；

(6) 展弦比（AR）；

(7) 梢根比（λ）；

(8) 梢弦（C_t）；

(9) 根弦（C_r）；

(10) 平均空气动力弦（MAC 或 C）；

(11) 翼展（b）；

(12) 扭转角（或机翼负扭转）（α_t）；

(13) 后掠角（Λ）；

(14) 上反角（Γ）；

(15) 安装角（i_w 或 α_{set}）；

(16) 高升力装置，如襟翼；

(17) 副翼；

(18) 其他机翼附件。

在上面列出的机翼参数清单中，迄今为止，仅第一项（即平面面积）业已计算（在初步设计阶段）。本章将仔细阐述用于计算或选择其他 17 个机翼参数的方法。副翼设计（第 17 项）是机翼设计过程中的一个内容丰富的主题，有许多设计需求，所以在本章中未对此展开讨论。第 12 章专门阐述操纵面设计，将在该章中给出副翼设计方法（作为一个操纵面）。在第 7 章的后半部分，将讨论机翼相对于机身的水平位置，此时机身和尾翼已完成设计。

因此，机翼设计由一个已知的变量（S）开始并考虑所有的设计需求，获得其他 17 个机翼参数。机翼必须产生足够的升力，同时产生最小的阻力和最小的俯仰力矩。这些设计目标在所有飞行运行和任务的始末都必须完全予以满足。还有其他机翼参数可能添加到此清单中，如机翼翼梢、翼梢小翼、发动机安装、涡流发生器以及机翼结构考虑因素。机翼翼梢、翼梢小翼和涡流发生器将在第 5.15 节中讨论；发动机安装将在第 8 章中阐述；机翼结构考虑因素的主题，已超出本书的范围。图 5-1 给出机翼设计流程图。这从已知变量（S）开始，以优化作为结束。有关每一方框的设计步骤详情，将在本章后面予以解释。

如图 5-1 所示，机翼设计是一个迭代的过程，通常需要反复进行若干次的选择/计算。例如，对于 B767 飞机（见图 5-4），在最终确定最佳机翼之前，在 1986 年为该飞机设计了 76 种机翼。而对于 B787 梦幻飞机（见图 1-10），在 2008 年仅为该飞机设计了 11 种机翼。迭代次数明显减少，究其原因，部分是由于近年来软件/硬件的飞速发展，部分是由于波音设计者们多年的经验积累。

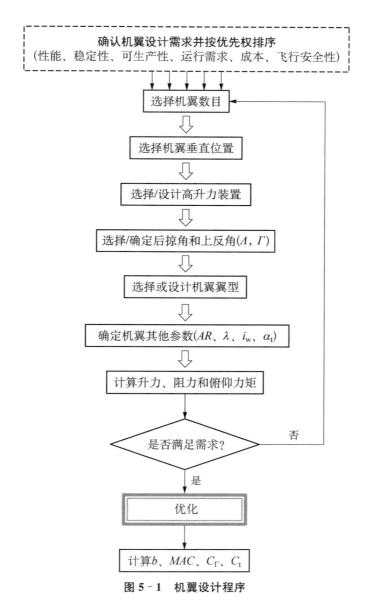

图 5 - 1　机翼设计程序

在机翼设计过程中必要的工具之一是空气动力学方法，用来计算机翼升力、机翼阻力和机翼俯仰力矩。随着空气动力学学科的发展，有多种方法和工具可用来完成这种费时的工作。在过去的数十年，已经开发出多种基于空气动力学和数字方法的工具和软件。基于纳维-斯托克斯（Navier-Stokes）方程解、涡格法、薄翼型原理和环量的计算流体动力学（CFD）软件，都可从市场购得。这些软件包的应用是昂贵和费时的，在机翼设计的早期阶段似乎没有必要。代之的是，导入一种称为升力线理论的简单方法。使用此理论,能够以可接受的准确度确定这 3 个机翼参数(L、D 和 M)。

在本章结尾,将介绍机翼设计的实际步骤,在本章的中间部分,还给出机翼翼型选择的实际步骤。在本章中引述两个全解示例题(一个关于机翼翼型选择,一个关于整个机翼设计)。应再次强调,如同在第 3 章中所讨论的,必须要注意的是,机翼设计是飞机设计过程的迭代过程中的一个环节。在本章中所述程序将重复若干次,直到飞机所有其他部件达到最佳点。因此,机翼参数将有若干次的变化,直到满足所有设计需求组合。

5.2　机翼数目

设计者必须做出的决策之一是选择机翼数目。下面各小节将阐述各选项。

机翼数目大于 3,是不切实际的。图 5-2 示出三种不同构型飞机的前视图。如今,现代飞机几乎都是单翼机。目前,仅少数几种飞机采用双机翼,但没有一架现代飞机采用三机翼。在过去,选择一个以上机翼的主要原因在于制造技术所限。与双翼机相比,单翼机通常具有较大的翼展(在机翼面积相同时)。以前的制造技术在结构上并不能支持长机翼保持水平和刚度。随着制造技术的进步,以及高强度航空航天新材料的出现(如先进轻质铝合金和先进复合材料),这个理由不再成立。另一个原因是受飞机机翼翼展的限制。因此减小机翼翼展的途径是增加机翼数目。

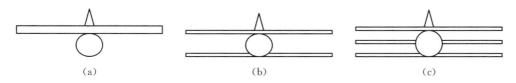

（a）　　　　　　　　　　（b）　　　　　　　　　　（c）

图 5-2　机翼数目的三种选项(前视图)

（a）单翼机　（b）双翼机　（c）三翼机

因此,单翼机(包括左、右机翼)几乎是常规布局的现代飞机的唯一实际选项。然而少数几项其他设计考虑因素仍可能迫使现代机翼设计者偏爱使用一个以上的机翼。最重要的因素则是飞机操纵性需求。具有较短翼展的飞机具有较好的横滚操纵性能,因为该飞机围绕 x 轴的质量惯性矩较小,因此如需寻求较快的横滚,一个选项是采用多翼机,使得翼展较短。在 20 世纪 40 和 50 年代,若干种易操纵的飞机采用了双机翼,甚至三机翼。相比之下,单翼机之外的选项存在的缺点包括重量较大,升力较低,飞机驾驶员视界受限。建议首先选择单翼机,如果不满足设计需求,则再采用多翼机。

5.3　机翼垂直位置

在机翼设计过程早期阶段可确定的机翼参数之一是机翼相对于机身中心线的垂直位置。该参数将直接影响飞机其他部件的设计,包括飞机尾翼设计、起落架设计和重心。原则上有 4 种机翼垂直位置选项。

图 5-3 示出这 4 种选项的简图。在该图中,仅示出飞机机身和机翼的前视图。通常,货机和某些 GA(通用航空)飞机采用上单翼,而大多数旅客机采用下单翼。相比之下,大多数战斗机和某些 GA 飞机采用中单翼,而悬挂滑翔机和大多数水陆两用飞机,采用遮阳伞式机翼。选择机翼位置的主要准则源于使用需求,而对于有些设计情况,其他需求(如稳定性和可生产性)也可能成为影响因素。

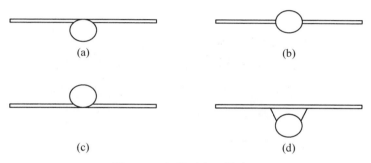

图 5-3　机翼垂直位置选项

(a) 上单翼　(b) 中单翼　(c) 下单翼　(d) 遮阳伞式

图 5-4 给出采用不同机翼位置的 4 种飞机:①货机,洛克希德·马丁 C130J 大力神(上单翼);②旅客机,波音 B767(下单翼);③家庭制造飞机,皮滕波尔空中露营者-2(遮阳伞式机翼);④军用飞机,霍克海鹰 PGA6(中单翼)。在本节中,将仔细阐述每一选项的优点和缺点。在考虑设计需求时,基于各选项的所有优点和缺点之总和,做出最终选择。由于每一选项都有与各项设计需求有关的重量,因此所有重量之总和将导出最终的选择。

(a)

(b)

(c)

(d)

图 5 - 4　具有不同机翼垂直位置的 4 种飞机

(a) 货机,洛克希德·马丁 C130J 大力神(上单翼)(经安东尼·奥斯本允许)　(b) 旅客机,波音 B767(下单翼)(经安妮·迪乌斯允许)　(c) 家庭制造飞机,皮滕波尔 空中露营者-2(遮阳伞式机翼)(经詹妮·科菲允许)　(d) 军用飞机,霍克 海鹰 PGA6(中单翼)(经安东尼·奥斯本允许)

5.3.1　上单翼

上单翼构型(见图 5 - 3(a)和图 5 - 4(a)),具有若干优点和缺点,使其适合于某些飞行运行而不适合其他飞机任务。在下面的各小节中,将陈述这些优点和缺点。

5.3.1.1 优点

(1) 便于货物装卸。例如,货车和其他装载起吊车辆,可容易地围绕飞机并在飞机机翼下移动,而无碰撞和损坏机翼之虑。

(2) 易于将发动机安装在机翼上,因为发动机(和螺旋桨)离地间隙比下单翼构型大(更安全)。

(3) 对于垂直起降(VTOL)飞机(例如鹞 GR9(见图 4 - 4))和 BAe 海鹞(见图 5 - 51)),避免发动机高温排气影响机翼。原因是高温燃气喷到地面时出现回喷,然后这些燃气冲洗机翼。即使采用了上单翼,这一情况也会严重降低机翼结构寿命。因此,机翼越高,离高温燃气越远。

(4) 便于安装撑杆。这是基于如下的事实,即杆系(杆或管)承受拉应力的能力优于其承受压应力的能力。在上单翼飞机上,撑杆承受拉应力,而在下单翼飞机上,撑杆必须承受压应力。图 5 - 3(d)示出带撑杆的遮阳伞式机翼。图 5 - 56(c)示出 GA 飞机"派珀超级幼兽"的撑杆式机翼。

(5) 采用撑杆时,飞机结构较轻(如同第 4 项所述)。

(6) 易于在水面起飞和着陆。在水上飞机和水陆两用飞机上,在起飞时,水会在飞机周围喷溅。发动机安装在上单翼上与安装在下单翼上相比,受水的影响较小。因此,发动机停车概率要低很多。

(7) 对悬挂滑翔机驾驶员而言,飞机易于操纵,因为飞机重心在机翼下方。

(8) 增加上反角效率(C_{1_β})。这使飞机横向更稳定。原因在于机身对机翼上反角效应($C_{1_{\beta W}}$)有更大的贡献。

(9) 与中单翼和下单翼相比,上单翼将产生更大的升力,因为左右机翼在顶部相连接。

(10) 鉴于第 9 项相同的原因,飞机应有较低的失速速度,因为 $C_{L_{max}}$ 较大。

(11) 驾驶员有较好下视界。战斗机飞行员具有飞机下方的全方位视界。

(12) 对于安装在机翼下的发动机,砂石和碎片进入发动机从而导致叶片和螺旋桨受损的概率较小。

(13) 发生人员撞击螺旋桨或被吸入发动机进气道之类意外事故的概率较低。在几起罕见的事故中,导致数个粗心大意者死亡(撞上旋转的螺旋桨或被吸入喷气发动机进气道)。

(14) 机身下部空气动力学形状较为光滑。

(15) 机身内有较大的空间用于装载货物、行李或旅客。

(16) 机翼阻力产生抬头力矩,所以降低纵向稳定性。这是由于机翼阻力线相对于飞机重心处于较高位置($M_{D_{cg}} > 0$)。

5.3.1.2　缺点

（1）飞机往往有较大的迎风面积（与中单翼相比），这将会增加飞机的阻力。

（2）与下单翼相比，地效作用较低。在起飞和着陆过程中，地面将影响机翼的压力分布。机翼升力略低于下单翼构型，这将略微增大起飞滑跑距离。因此，对于短距起降（STOL）飞机而言，上单翼构型不是最佳选项。

（3）如果起落架连接于机翼上，则起落架较长，这会导致起落架较重，并需要占用机翼内更大空间来容纳起落架收放系统，从而进一步增加飞机结构重量。

（4）驾驶员上视界较小。对于战斗机飞行员而言，机翼位于飞行员上方，遮挡了部分天空视界。

（5）如果起落架连接在机身上，并且无足够空间来容纳收放系统，则必须提供额外的空间，以在起落架收上后容纳起落架。这将增大机身迎风面积，因而增大飞机阻力。

（6）由于升力系数较高，因此机翼将产生更大的诱导阻力（D_i）。

（7）上单翼飞机的水平尾翼面积将比下单翼飞机的大20%，这是由于上单翼在飞机尾部产生更大的下洗。

（8）上单翼在结构上要比下单翼约重20%。

（9）起落架收入机翼通常不作为一种选项，因为所要求的起落架长度较长。

（10）与中单翼和下单翼结构相比，飞机横向操纵性较差，因为飞机横向动稳定性较强。

尽管上单翼的优点多于缺点，但并非所有的项目都具有相同的权重系数。它取决于在用户看来哪一个设计目标比其他的更重要。系统工程使用比较表，给出一种为某种具体飞机确定最佳选项的方法。

5.3.2　下单翼

本节将陈述下单翼飞机（见图5-3(c)和5-4(b)）的优点和缺点。由于有不少项的理由与上单翼构型的相似，这里不再重复。多数情况下，是将下单翼构型的规范与上单翼构型的相比较。

5.3.2.1　优点

（1）与上单翼构型相比，飞机起飞性能好，因为存在地面效应。

（2）驾驶员具有较好的上视界，因为驾驶员处于机翼上方。

（3）除了位于机身内之外，起落架收放系统位于机翼内也是一种选项。

（4）如果起落架连接在机翼上，起落架较短，那么这使起落架较轻，为容纳收放系统而占用的机翼内空间较小，从而进一步减轻机翼结构重量。

（5）在轻型GA飞机上，驾驶员可以踩踏机翼而进入驾驶舱。

（6）与上单翼结构相比，飞机较轻。

（7）飞机迎风面积较小。

（8）机翼撑杆的应用通常不再作为机翼结构的一项选项。

（9）第（8）项意味着飞机结构较轻，因为不使用撑杆。

（10）由于第（8）项，因此飞机阻力较小。

（11）机翼诱导阻力较小。

（12）在普通观赏者的眼中，更具吸引力。

（13）与上单翼构型相比，由于机身对机翼上反角效应（$C_{1_{\beta_W}}$）的贡献，下单翼飞机具有较低的横向静稳定性，因而飞机具有较好的横向操纵性。

（14）机翼对尾翼的下洗影响较小，因此尾翼更有效。

（15）与上单翼构型相比，尾翼较轻。

（16）机翼阻力产生低头力矩，所以，下单翼具有较好的纵向稳定性。这是由于机翼阻力线相对于飞机重心处于较低位置（$M_{D_{cg}} < 0$）。

5.3.2.2　缺点

（1）机翼产生的升力往往比上单翼构型的小，因为机翼具有分开的左机翼和右机翼。

（2）鉴于第（1）项同样的原因，与上单翼飞机构型相比，由于 $C_{L_{\max}}$ 较低，因此飞机会有较高的失速速度。

（3）由于第（2）项，因此起飞滑跑距离较长。

（4）由于飞机具有较高的失速速度，飞机具有较低的适航性。

（5）由于第（1）项，因此机翼产生较小的诱导阻力。

（6）机翼对飞机上反角效应的贡献较低，因此飞机横向动稳定性较低。

（7）由于第（6）项，飞机横向操纵较好，因此更易于机动。

（8）飞机着陆性能较差，因为需要较长的着陆滑跑距离。

（9）驾驶员下视界较差。对于战斗机飞行员而言，机翼位于飞行员下方，遮挡了部分天空视界。

尽管下单翼飞机的优点多于其缺点，但并不是所有的项目都具有相同的权重系数。它取决于在用户看来哪一个设计目标比其他的更重要。系统工程给出一种为某种具体飞机确定最佳选项的方法。

5.3.3　中单翼

通常，中单翼构型（见图 5 - 3（b）和 5 - 4（d））的特性在某些方面介于上单翼构型特性和下单翼构型特性之间。主要的差异在于，为了节省机身内的空间，有必要将翼梁分为左右两段。然而另一种方法是不将翼梁分为两段，而是让其穿过机身，这样占据了机身内的空间。这两个方法都有若干缺点。除了从前面两节中能够方便地看到的那些特性外，中单翼构型另有一些特性列举如下：

（1）飞机结构较重，因为必须加强与机身相交处的机翼根部。

（2）与上单翼构型和下单翼构型相比，中单翼制造成本较高。

（3）与其他两种构型相比，中单翼更具吸引力。

（4）与其他两种构型相比，中单翼飞机具有较好的气动流线。

（5）通常不使用撑杆来加强机翼结构。

（6）在小型 GA 飞机上，驾驶员可使用机翼作为踏板而进入驾驶舱。

（7）与下单翼或上单翼飞机相比，中单翼飞机具有较小的干扰阻力。

5.3.4 遮阳伞式机翼

这种机翼构型通常用于悬挂式滑翔机以及水陆两用飞机。在若干方面，其特性类似于上单翼构型。有关详情请读者参见上面所列各项，预期通过对各种构型进行比较能够得出结论。由于机翼利用较长的撑杆，因此与上单翼构型相比会比较重，阻力较大。

5.3.5 选择过程

选择机翼垂直位置的最好方法是形成一份表格（见表 5-1），其由各种设计目标的每一选项的权重所构成。通常必须指派每一设计目标的权重，使其相加之和为100%。通过对 4 个选项之间百分点之和进行比较，设计者可得到最佳构型。表 5-1给出某架货机机翼设计过程中 4 种机翼构型的比较表格样张。对该表中所有要素，都必须仔细填写数字。最后一行是每一栏所有数字之和。就此表而言，上单翼得到最高的百分点（93），因此，对此示例而言，上单翼似乎是最佳的候选方案。如同所观察到的，即便上单翼构型不完全满足所有的设计要求，但它仍然是 4 个可用选项中最佳的。参考文献[1]给出有关选择方法程序的丰富资料。

表 5-1 4 种机翼垂直位置特性比较表（示样）

设 计 目 标	权重/%	上单翼	下单翼	中单翼	遮阳伞式机翼
稳定性需求	20				
操纵性需求	15				
成本	10				
可生产性需求	10				
运行需要	40				
其他需求	5				
总和	100	93	76	64	68

5.4 翼型

本节给出确定机翼翼型的过程。将翼型看做是继机翼平面面积之后第 2 个最重要的机翼参数是合适的。翼型的功能是在机翼的上下表面产生最佳的压力分布，由此以最低的空气动力代价(即阻力和俯仰力矩)产生所需要的升力。尽管每位飞机设计者都具备一定的空气动力学和翼型的基础知识,具有相同的起点,但仍需评介翼型概念及其支配方程。本节从讨论翼型选择或翼型设计开始,然后陈述翼型基础知识、翼型参数以及最重要的翼型要素。关于 NACA(即 NASA 的前身)翼型的评介,将在后面阐述,因为本节的重点在于翼型选择。将介绍翼型选择的准则,最后将介绍选择最佳翼型的程序。本节最后给出为一个候选机翼选择翼型的全解示例。

5.4.1　翼型设计或翼型选择

机翼的主要功能是产生升力。这是由一个称为翼型的特定翼剖面产生的。机翼是一个三维部件,而翼型是一个二维剖面。因为是翼剖面,翼型(从而是机翼)的其他两个输出是阻力和俯仰力矩。机翼沿整个翼展可采用相同的翼型或不同的翼型。有关这一主题,将在第 5.9 节中讨论。

有两种方法可确定机翼翼型:

(1)翼型设计;

(2)翼型选择。

翼型设计是一个复杂且费时的过程,需要研究生水平的空气动力学基础方面的专业知识。由于翼型需要通过风洞试验来验证,因此费用过于昂贵。大型飞机制造商(如波音飞机公司和空中客车工业公司)都有众多的专家(空气动力学家)和足够的预算资金来为每种飞机设计它们自己的翼型,而小型飞机公司、试验机生产商以及家庭组装飞机制造者,不可能设计它们自己的翼型。代之的是,他们从相关书本或网站上查找现时可用翼型,再从中选择最佳的。

随着高速和功能强大的计算机的问世,翼型设计不再像 30 年前那样艰难。现在市场上有几个空气动力学软件包(CFD)能用于按各种需要进行翼型设计。不仅飞机设计者需要设计翼型,还有许多其他行业也需要为产品设计翼型。这些行业包括喷气发动机轴流式压气机叶片,喷气发动机轴流式涡轮叶片,汽轮发电机轴流式涡轮叶片,风动涡轮桨叶,离心泵和轴流泵叶轮叶片,涡轮螺旋桨发动机螺旋桨,离心式和轴流式压气机叶轮叶片以及大型和小型风扇。所有这些工业机械或航空航天装置的效率,全都十分依赖其叶片的剖面形状,即翼型。

如果你有足够的时间、预算资金和人力,并且决定为你的飞机设计翼型,请参见本章结尾处列出的参考文献。但请记住,翼型设计本身是一个设计项目,需要恰当地将其纳入飞机设计过程。如果你是个资源有限的年轻飞机设计者,那么建议你从可用的翼型数据库中选择一种翼型。

任何空气动力学参考书都会讲述若干原理,用于分析气流如何围绕翼型流动。很多年之前,就已实现势流理论以及边界层理论在翼型设计和分析中的应用。从那以后,势流理论和边界层理论得到稳步改进。随着计算机的出现,越来越多地使用这些理论来补充风洞试验。今天，计算所需费用非常低，以至于对一种翼型进行完整的势流和边界层分析所需成本不及等效的风洞试验费用的 1‰。因此，当今的发展趋势是越来越普遍应用计算机程序。这些程序减少需要进行风洞试验的次数，并可针对每一具体用途量身定制翼型。

最早的和最可信赖的翼型设计师是德国的埃普勒尔（Eppler）[2]。埃普勒尔研究出基于保角变换的翼型设计程序。在过去的 45 年，已研制出埃普勒尔程序（Epplercode）。它组合了保角变换法（用于按指定的速度分布特性进行翼型设计）、面元法（用于分析围绕给定翼型的势流）和边界层积分法。此程序包含一个选项，可针对飞机的边界层发展进行计算，其中雷诺数和马赫数随飞机升力系数以及当地翼弦而变化。此外，能够输入当地扭转角。还能够计算飞机极曲线（包括诱导阻力和飞机寄生阻力）。

此设计程序能在几乎所有的个人计算机、工作站或服务器上运行，只是运行时间有所不同。程序计算量最大的部分（即分析方法）在个人计算机上运行仅需几秒钟。此程序按标准 FROTRAN 77 编写，因此，需要 FROTRAN 编译程序，将所提供的源代码转化为可执行代码。包括样本值输入和输出。所有的图形例程都包含在一个单独的绘图后处理程序（也是提供的）内。后处理程序产生输出文件，能直接输送给打印机。用户可将后处理程序用于其他的绘图仪，包括屏幕。这是非常高效的，并已成功地在雷诺数 $3 \cdot 10^4 \sim 5 \cdot 10^7$ 范围内应用。只要当地气流速度未达到超声速，对速度分布进行压缩性修正是有效的，已将其纳入此程序内。在北美，可从 Dr. Mark D Maughmer① 独家供应商处购得此设计程序。

如果不准备设计自己的翼型，那么建议从先前设计的和已公布的翼型中选择合适的翼型。获取翼型的两个可靠渠道是 NACA 和 Eppler。有关 Eppler 翼型的详情已在参考文献[2]中公布。NACA 翼型已在阿尔伯特（Abbort）和冯·道尼豪夫（von Donehoff）合著的书中发表[3]。该书在 20 世纪 50 年代首次出版，但已再版，并仍可在几乎每座与航空航天有关的图书馆中查到。在这两本参考著作中，给出了翼型坐标、压力分布以及其他几条曲线，如某个迎角范围内的 C_1, C_d 和 C_m。Eppler 翼型命名以字母"E"开头，随后是 3 位数字。有关 NACA 翼型的更详细信息，将在第 5.4.5 节中予以阐述。通常，埃普勒尔翼型适用于很低的雷诺数，沃特曼（Wortman）翼型适用于低雷诺数（滑翔机之类），NASA 低速翼型（如 LS(1)-0413）和中速翼型（如 MS(1)-0313）适用于中等雷诺数。

一次正规的飞行由起飞、爬升、巡航、转弯、机动、下降、进近和着陆组成。翼型的最佳功能基本上是在巡航状态，因为飞机大部分飞行时间都处于这一飞行阶段。在巡航飞行时，升力（L）等于飞机重量（W），阻力（D）等于发动机推力（T）。因此，机

---

① RR 1，Box 965 Petersburg，PA 16669，USA。

翼必须产生足够的升力系数,同时阻力系数必须最小。这两个系数主要来自机翼翼型。因此,用于巡航飞行的两个支配方程如下:

$$L = W \Rightarrow \frac{1}{2}\rho V^2 S C_L = mg \qquad (5-1)$$

$$D = T \Rightarrow \frac{1}{2}\rho V^2 S C_D = n T_{max}（喷气发动机） \qquad (5-2)$$

$$D = T \Rightarrow \frac{1}{2}\rho V^2 S C_D = \frac{n\eta_P P_{max}}{V_C}（螺旋桨发动机） \qquad (5-3)$$

式(5-2)用于喷气式飞机,式(5-3)用于螺旋桨飞机。变量 n 的范围在 0.6~0.9 之间。这意味着,对于巡航飞行,仅使用部分发动机功率/推力,而不采用发动机最大功率或推力。在后面的设计步骤中将确定 n 的准确值,对于翼型初始设计,建议使用 0.75。仅在起飞阶段或以最大速度巡航时,才使用发动机最大功率或推力。由于翼型设计的主要准则是满足巡航飞行需求,式(5-1)~式(5-3)用于翼型设计,将稍后在本节予以解释。下面各节将阐述翼型选择程序。

5.4.2 翼型的通用特性

借助一个平行于飞机 xz 平面的平面切割机翼而得到的机翼剖面,称为翼型。通常看到的是正弯度翼型,较厚的部分位于翼型前部。一个翼型状的物体在空气中移动时,将引起翼型上、下表面上的静压发生变化。典型的翼型如图 5-5 所示,图中示出若干几何参数。如果中弧线是直线,此翼型为对称翼型,否则,将其称为弯度翼型或非对称翼型。翼型的弯度通常为正。在正弯度翼型上,上表面的静压低于环境压力,而下表面的静压高于环境压力。这是由于上表面气流速度较大,下表面气流速度较小的缘故(见图 5-6 和图 5-7)。当翼型迎角增大时,上下表面之间的压差将增大(见参考文献[4])。

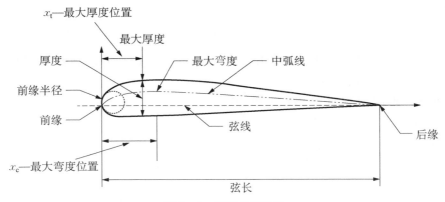

图 5-5 翼型几何参数

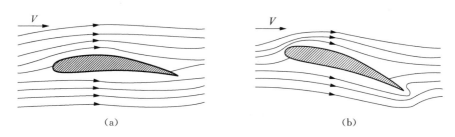

图 5-6 围绕翼型的流动

(a) 小迎角 (b) 大迎角

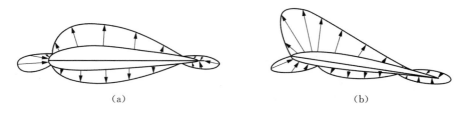

图 5-7 围绕翼型的压力分布

(a) 小迎角 (b) 大迎角

力除以面积称为压力,所以总压乘以面积可算出流场中翼型产生的空气动力。对整个表面上的压力进行积分,可简单地确定总压。此空气动力的数值、位置和方向是翼型几何参数、迎角、流动特性以及相对于翼型的气流速度的函数。

积分所得合力作用点的位置称为压力中心(cp)。压力中心的位置取决于飞机速度和翼型的迎角。当飞机速度增大时,压力中心向后移动(见图 5-8)。在低速

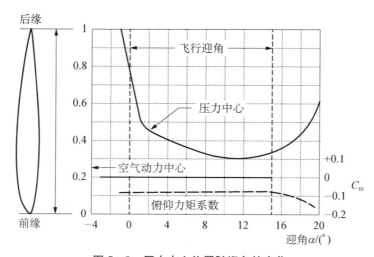

图 5-8 压力中心位置随迎角的变化

时,cp 的位置接近前缘,在高速时,cp 的位置向后缘移动。在翼型上有一位置称为空气动力中心(ac)对飞机操纵性和稳定性起重要作用。空气动力中心是研究稳定性和操纵性的有用概念。实际上,依据作用在空气动力中心的升力和阻力以及围绕空气动力中心的力矩,完全能够规定机翼上的力和力矩系统,如图 5-9 所示。

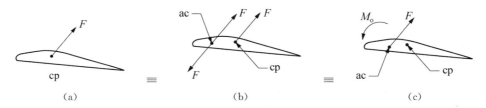

图 5-9 合力位置向空气动力中心移动

(a)力作用在压力中心上 (b)添加两个相等的力 (c)力作用在空气动力中心上

可方便地将合力作用点的位置移动到一个新的位置(空气动力中心),这几乎是稳定的。添加两个相等的力,一个作用在压力中心,另一个在空气动力中心,便能够移动合力的位置。如此之后,必须计及导入的一个空气动力俯仰力矩(见图 5-10)。这将为空气动力增加一个力矩。因此,能够推断,整个机翼的压力和剪应力分布产生一个俯仰力矩。可以围绕任意点(前缘、后缘、1/4 弦线等)取该力矩。可直观地认为,这个力矩是作用在前缘之后某个特定距离上的合成升力所产生的。按弦线的百分比表示至该合成升力作用点(cp)的距离。然而存在一个特别的点,围绕该点的力矩与迎角无关。将该点定义为机翼的空气动力中心(ac)。

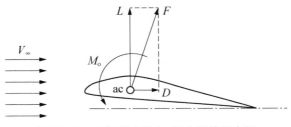

图 5-10 空气动力升力、阻力和俯仰力矩

亚声速翼型理论表明,由迎角产生的升力作用在前缘之后翼型 25%弦线处的点上。这一位置称为 1/4 弦线点。这一升力作用点是空气动力中心(ac)。在风洞试验时,ac 通常在 1/4 弦线点(变动范围为 1%或 2%),直到马赫数增大到阻力发散马赫数(变动范围为小百分比)。然后,当马赫数进一步增大时,空气动力中心缓慢地向后移动。

因此在整个翼型上的压力和剪应力的分布产生一个空气动力合力。然而这个合力可被两个空气动力和一个空气动力力矩所替代,如图 5-10 中的向量所示。换言之,可将此空气动力合力分解为两个力,一个垂直于相对气流,另一个平行于相对气流。通常将垂直于相对气流的空气动力分量定义为升力(L),将平行于相对气流的空气动力分量定义为阻力(D)。

5.4.3 翼型的特性曲线

在机翼翼型选型的过程中,不要仅关注翼型的几何参数或其压力分布。同时还要研究对满足设计需求更为有利的翼型工作输出。在机翼翼型选择过程中与其他翼型做比较时,有多条曲线说明每一翼型的特性。这些主要是无量纲升力、阻力和俯仰力矩随迎角的变化。通常将两个空气动力和一个空气动力俯仰力矩除以相应的参数,使它们无量纲化[①],得到如下表达式:

$$C_l = \frac{l}{\frac{1}{2}\rho V^2 (C \cdot 1)} \tag{5-4}$$

$$C_d = \frac{d}{\frac{1}{2}\rho V^2 (C \cdot 1)} \tag{5-5}$$

$$C_m = \frac{m}{\frac{1}{2}\rho V^2 (C \cdot 1) \cdot C} \tag{5-6}$$

式中:l,d 和 m 是二维翼型的升力、阻力和俯仰力矩。($C \cdot 1$)是面积,假设其等于翼型弦长乘以单位长度翼展($b=1$)。

因此,我们通过查看下列曲线来评估翼型的性能和特性:
(1)升力系数随迎角的变化;
(2)围绕 1/4 弦线的俯仰力矩系数随迎角的变化;
(3)围绕空气动力中心的俯仰力矩系数随升力系数的变化;
(4)阻力系数随升力系数的变化;
(5)升阻比随迎角的变化。

这些曲线有若干关键特性对于翼型选择过程是必不可少的。现在先评介这些曲线。

5.4.3.1 升力系数(C_l)随迎角(α)的变化曲线

图 5-11 示出正弯度翼型的升力系数随迎角的典型变化。这条曲线的 7 个重

---

① 此方法由埃杰尔·白金汉(Edger Buckingham)(1867—1940)作为白金汉 Π 定理而首次提出。有关详情,可查看众多的流体力学参考书。

要特性如下：失速迎角（α_s），最大升力系数（$C_{l_{max}}$），零升迎角（α_0），理想升力系数（C_{l_i}）和相应于理想升力系数的迎角（$\alpha_{C_{l_i}}$），零迎角升力系数（C_{l_o}）以及升力曲线斜率（C_{l_α}）。这些对于确认某个翼型性能而言实属关键。

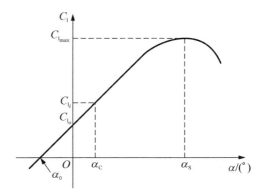

图 5 - 11　升力系数随迎角的变化

（1）失速迎角（α_s）是翼型失速时的迎角，即升力系数不再随着迎角的增大而增大。与最大升力系数相应的失速迎角是最大迎角。失速迎角直接与飞行安全有关，因为飞机在巡航飞行时将会失去力的平衡。如果不能正确控制失速，那么飞机有可能进入尾旋，最终发生坠毁。通常，失速迎角越大，飞机越安全，因此在翼型选择时，应寻求大失速迎角。大多数翼型的典型失速迎角在 $12° \sim 16°$ 之间。这意味着不允许驾驶员加大迎角超过 $16°$。因此，失速迎角较大的翼型更可取。

（2）最大升力系数（$C_{l_{max}}$）是翼型产生无量纲升力的最大能力。即飞机能够升举负载（即飞机重量）的能力。最大升力系数通常出现在失速迎角。失速速度（V_s）反过来又是最大升力系数的函数，因此，$C_{l_{max}}$ 越高，则 V_s 越低。这样，$C_{l_{max}}$ 越高，飞行越安全。因此在选择翼型的过程中，较高的最大升力系数是所希望的。

（3）零升迎角（α_0）是升力系数为零时的翼型迎角。未采用高升力装置（HLD）时，α_0 的典型值约为 $-2°$。然而采用 HLD 时（如襟翼放下 $-40°$），α_0 增大到约 $-12°$。设计目标在于获得更高的 α_0（更大的负迎角），因为这能够在零迎角下产生更大的升力。这对于巡航飞行极为重要，因为各种飞行原因（如旅客舒适性）要求机身中心线处于水平（即零机身迎角）。

（4）理想升力系数（C_{l_i}）是迎角轻微变化而阻力系数无明显变化的升力系数。理想升力系数通常相应于最小阻力系数。选择翼型时这是关键，因为较低的阻力系数意味着较低的飞行成本。因此，设计目标是以巡航升力系数尽可能接近理想升力系数的飞行状态进行巡航。在讨论阻力系数随升力系数变化的曲线时，这一 C_{l_i} 值的作用将是明显的。理想升力系数的典型值，对于 GA 飞机，为 $0.1 \sim 0.4$，对于超声速飞机，为 $0.01 \sim 0.05$。

（5）与理想升力系数相应的迎角（$\alpha_{C_{l_i}}$）的含义不言而喻。通常选择机翼安装角与该角度相同，因为这将产生最小的阻力。相较而言，最小阻力相应于最小发动机推力，这意味着最低飞行成本。这将在讨论机翼安装角时进行更详细的讨论。$\alpha_{C_{l_i}}$ 的典型值为 $2° \sim 5°$。因此，这样的角度将是巡航迎角的最佳候选值。

（6）零迎角升力系数（C_{l_0}）是迎角为零时的升力系数。从设计角度来看，C_{l_0}越大越好，因为这意味着即使在零迎角时也能够产生正升力，所以 C_{l_0} 越大则越好。

（7）升力曲线斜率（C_{l_α}）是翼型的另一个重要性能特性。升力曲线斜率是升力系数随迎角变化的变化斜率，其计量单位是 $1/(°)$ 或 $1/\text{rad}$。因为翼型的主要功能是产生升力，斜率越大，翼型越好。对于 2D 翼型，升力曲线斜率的典型值为 2π（或 6.28）$/\text{rad}$（大约 $0.1/(°)$）。这意味着翼型迎角每变化 $1°$，升力系数将增大约 0.1。升力系数斜率（$1/\text{rad}$）可由下列经验公式求得：

$$C_{l_\alpha} = \frac{\mathrm{d}C_l}{\mathrm{d}\alpha} = 1.8\pi\left(1 + 0.8\,\frac{t_{\max}}{c}\right) \tag{5-7}$$

式中：$t_{\max}/c$ 是翼型的相对厚度。

（8）另一个翼型特性是在达到失速迎角时和超过失速迎角之后升力曲线的形状（失速特性）。失速后升力平缓下降的翼型，与失速后升力陡峭下降的翼型相比，失速时较安全，因为驾驶员可更容易地改出（见图 5-12）。尽管突变的翼型失速特性未必意味着机翼失速特性也是突变的，但是仔细地进行机翼设计能大大修改翼型快速失速的趋势。通常，带厚度或弯度的翼型具有较平缓的升力损失特性，因为气流分离与后部逆压梯度有关，而不是与头部压力峰值有关。遗憾的是，就这一点而言，最佳翼型往往其最大升力系数较低。

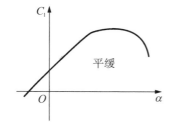 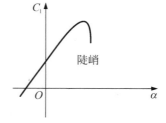

图 5-12 失 速 特 性

如上所述，有多个参数用于判断某个翼型的可接受性。在下一节，将介绍如何基于这些性能特性来选择最佳翼型的方法。

5.4.3.2 俯仰力矩系数随迎角的变化

图 5-13 示出一个正弯度度翼型围绕其 1/4 弦线的俯仰力矩随迎角的典型变化。对于典型的迎角范围，此曲线的斜率通常为负值，并处于负 C_m 区域内。负斜率是所希望的，因为如果迎角受到阵风扰动，能够维持稳定飞行。负 C_m 有时称为低头力矩。由于这一围绕 y 轴的负方向力矩，意味着其将使飞机机头下俯。

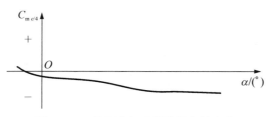

图 5 - 13　俯仰力矩系数随迎角的变化

此外,图 5 - 14 示出一个正弯度翼型围绕其空气动力中心的俯仰力矩系数随升力系数的典型变化。对于典型的升力系数范围,C_m 的值为常数(参见空气动力中心的定义)。典型值通常为 $-0.02 \sim -0.05$。然而当 C_m 从 ac 转换到另一个点(如 $c/4$)时,它将不再是常数。设计目标是使 C_m 尽可能接近零。原因是在巡航飞行时,飞机必须处于平衡状态。这一俯仰力矩必须由飞机的另一个部件(如尾翼)来抵消。因此,C_m 越大(更负的值),导致尾翼更大,这意味着飞机更重。因此,C_m 较低的翼型或许更可取。值得注意的是,对于对称翼型而言,此俯仰力矩系数为零。

图 5 - 14　俯仰力矩系数随升力系数的变化

5.4.3.3　阻力系数随升力系数的变化

图 5 - 15 示出一个正弯度翼型的阻力系数随升力系数的典型变化。这一曲线的最低点,称为最小阻力系数($C_{d_{min}}$)。与最小阻力系数相对应的升力系数称为 $C_{l_{min}}$。由于阻力直接与飞行成本相关,因此在翼型设计或翼型选择时,$C_{d_{min}}$ 非常重要。$C_{d_{min}}$ 的典型值为 $0.003 \sim 0.006$。因此,$C_{d_{min}}$ 较低的翼型更符合要求。

通过原点画一条线,与曲线相切,确定一个最小斜率的点。这个点非常重要,因为它表示产生最大 C_l/C_d 比的飞行状态,所以 $(C_d/C_l)_{min} = (C_l/C_d)_{max}$。这是翼型的一个重要输出,称为最大升阻比。除了最低 $C_{d_{min}}$ 需求外,最大

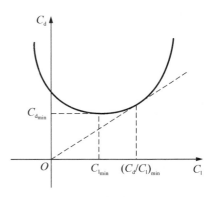

图 5 - 15　阻力系数随升力系数的典型变化

$(C_l/C_d)_{max}$ 也是所希望的。这两个目标不可能同时出现在一个翼型上，但是基于飞机的任务和每一设计需求的权重，其中之一将会得到更多的关注。

通过下列二阶方程，可将阻力系数随升力系数的变化（见图 5-15）建立如下的数学模型：

$$C_d = C_{d_{min}} + K(C_l - C_{l_{min}})^2 \qquad (5-8)$$

式中：K 称为翼型阻力系数，在曲线上选择一个点（C_{l_i} 和 C_{d_i}），并代入式（5-8），可以确定参数 K。

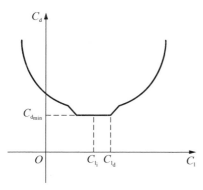

图 5-16　层流翼型 C_l 随 C_d 的变化

图 5-16 示出层流翼型（如 NACA 6 系列翼型）阻力系数随升力系数的典型变化。这条曲线具有独特的特点，由于曲线的下部呈桶形，因此称为桶形曲线。由桶形曲线独特外形可以看出，在有限的 C_l 范围内，$C_{d_{min}}$ 无变化。这是非常重要的，因为这意味着，当迎角变化时，驾驶员可使飞机处于最低阻力点。这一飞行状态与巡航飞行匹配，因为随着燃油消耗，飞机的重量减轻。从而驾驶员可以使飞机低头（减小迎角），而不必担心飞机阻力增大。因此，有可能在巡航飞行过程中保持发动机低推力。

桶形曲线的中间点，称为理想升力系数（C_{l_i}），而桶形区域内最高 C_l，称为设计升力系数（C_{l_d}）。这两个点列于翼型选择/翼型设计的重要准则清单中。记住，设计升力系数出现在其 C_d/C_l 为最小或 C_l/C_d 为最大的点上。对于某些飞行运行（如巡航），目标是以升力系数等于 C_{l_i} 的点飞行，而对于其他一些飞行运行（如空中巡逻），目标是以升力系数等于 C_{l_d} 的点飞行。这一翼型升力系数是飞机巡航升力系数（C_{L_i}）的函数，将在本章的后半部分予以讨论。

5.4.3.4　升阻比（C_l/C_d）随迎角的变化

翼型选择过程中使用的最后一条令人关注的曲线是升阻比（C_l/C_d）随迎角的变化。图 5-17 给出升阻比随迎角的典型变化。如图所示，这一曲线有一最大值点，在此点，升阻比值最大。相应于这一点的迎角是空中巡逻飞行迎角（α_1）的最佳候选值。

在上面第 5.4.3 节中各小节所述的这些曲线和参数在翼型选择过程中的运用将在后面各节予以陈述。

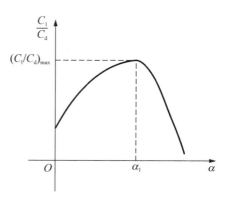

图 5-17　升阻比随迎角的典型变化

5.4.4　翼型选择准则

翼型选择是整个机翼设计的一部分。机翼翼型的选择从明确陈述飞行需求开始。例如,亚声速飞行设计需求与超声速飞行设计目标大不相同。相比之下,在跨声速区域内飞行,要求满足马赫数发散需求的特定翼型。设计者还必须考虑其他需求,诸如适航性、结构、可制造性和成本。通常,根据汇集的设计需求,列出机翼翼型选择准则如下:

(1) 最大升力系数($C_{l_{max}}$)最高的翼型;

(2) 具有合适的理想升力系数或设计升力系数(C_{l_i}或C_{l_d})的翼型;

(3) 最小阻力系数($C_{d_{min}}$)最低的翼型;

(4) 具有最高升阻比($(C_l/C_d)_{max}$)的翼型;

(5) 具有最大升力曲线斜率($C_{l_{\alpha_{max}}}$)的翼型;

(6) 具有最小(最接近零的负或正值)俯仰力矩系数(C_m)的翼型;

(7) 失速区域内呈现合适的失速特性(升力下降必须平缓而不是陡峭);

(8) 翼型必须可结构加强,翼型不得薄到无法在其内设置翼梁;

(9) 翼型形状(机翼剖面)必须是可制造的;

(10) 必须考虑成本需求;

(11) 必须考虑其他设计需求,例如,若已指定将燃油箱设置在机翼内,翼型必须具有足够的空间来实现此目的;

(12) 如果认为某个机翼有必要采用一种以上的翼型,那么必须注意一个机翼内两个翼型的综合。第5.8节将对这一项进行详细的讨论。

通常,没有一种翼型对上述所有需求都具有最佳值。例如,可求得一个翼型,其具有最大$C_{l_{max}}$,但并不具有最大$\left(\dfrac{C_l}{C_d}\right)_{max}$。在这种情况下,必须通过加权处理进行折中,因为并非所有的设计需求都具有同样的重要性。对于加权处理,将在本章后面予以讨论。

作为一项指导,大多数飞机的翼型相对厚度为6%～18%。

(1) 对于具有高升力需求的低速飞机(如货机),典型的机翼$(t/c)_{max}$为15%～18%。

(2) 对于具有低升力需求的高速飞机(如高亚声速旅客机),典型的机翼$(t/c)_{max}$为9%～12%。

(3) 对于超声速飞机,典型的机翼$(t/c)_{max}$为3%～9%。

有关翼型选择程序的详情,将在第5.4.6节中陈述。图5-18为几种翼型的示例。

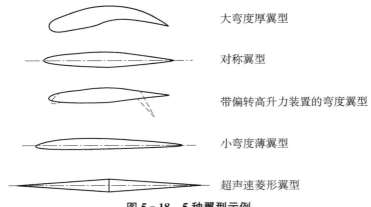

大弯度厚翼型

对称翼型

带偏转高升力装置的弯度翼型

小弯度薄翼型

超声速菱形翼型

图 5 - 18　5 种翼型示例

5.4.5　NACA 翼型

本节的重点在于如何从 NACA 翼型可用目录中选择机翼翼型，所以本节专门介绍 NACA 翼型。最可靠的资源和广泛使用的数据库之一，是 NACA（即 NASA 的前身）在 20 世纪 30—40 年代编制的翼型目录。下面所列是最受关注的 3 组 NACA 翼型。

- NACA 4 位数翼型；
- NACA 5 位数翼型；
- NACA 6 系列翼型。

顾名思义，4 位数翼型使用 4 位数字命名（如 2415），5 位数翼型使用 5 位数字命名（如 23018），但是 6 系列翼型命名以数字 6 开头（事实上，它们有 5 个主数字）。图 5 - 19 示出 NACA 的 4 位数翼型、5 位数翼型和 6 系列翼型。

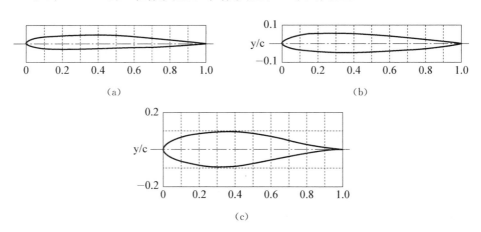

（a）

（b）

（c）

图 5 - 19　NACA 4 位数翼型、5 位数翼型和 6 系列翼型[3]

（经多佛（Dover）出版公司允许）
（a）NACA 1408 翼型　（b）NACA 23012 翼型　（c）NACA 63₃- 218 翼型

5.4.5.1　NACA 4 位数翼型

NACA 4 位数翼型是最早产生的也是最简单的 NACA 翼型。4 位数翼型的中弧线由两条抛物线构成。一条抛物线产生从前缘到最大弯度点的中弧线几何形状，另一条抛物线产生从最大弯度点到后缘的中弧线形状。在 4 位数 NACA 翼型中，第 1 位数字表示最大弯度（以百分比弦长表示）；第 2 位数字表示最大弯度点位置（距前缘）（以十分之几弦长表示）；最后两位数字代表翼型相对厚度。第 1 位数字为 0 表示对称翼型。举例而言，NACA 1408 翼型（见图 5-19(a)），具有 8% $(t/c)_{max}$（最后两位数字），最大弯度为 1%，最大弯度位于弦长的 40% 处。尽管这些翼型易于生产，但与新的翼型相比，它们产生的阻力较大。

5.4.5.2　NACA 5 位数翼型

NACA 5 位数翼型的中弧线，由一条抛物线和一条直线构成。抛物线产生从前缘到最大弯度点的中弧线几何形状，然后，一条直线将抛物线的端点与后缘相连接。在 5 位数 NACA 翼型中，第 1 位数代表理想升力系数的 2/3（以十分之几表示）（见图 5-16）；第 2 位数是最大弯度的位置（以 2 倍百分比弦长表示）；最后两位数代表相对厚度。第 3 位数字为 0 表示这是对称翼型。以 NACA 23012 翼型（见图 5-19(b)）为例，相对厚度 $(t/c)_{max}$ 为 12%。该翼型的理想升力系数为 0.3（第 1 位数字），因为 $2/3 \cdot C_l = 2/10$，所以 $C_l = 0.2/(2/3) = 0.3$。最后，它的最大弯度位于弦长的 15%。

5.4.5.3　NACA 6 系列翼型

NACA 4 位数和 5 位数翼型都是使用抛物线和直线简单设计而成。它们不能满足重要的空气动力学设计需求，如层流和气流不产生分离。很显然，4 位数和 5 位数翼型未经过仔细设计。NACA 的研究人员开始研究，以开发一个由设计需求驱动的新的翼型系列。相比之下，新设计的速度更快的飞机，要求采用更有效的翼型。在这段时间，已经设计出多个系列的翼型，但发现 6 系列翼型是最好的。6 系列翼型设计成在大部分弦长范围内维持层流，因此与 4 位数和 5 位数翼型相比，它们保持较低的 $C_{d_{min}}$。NACA 6 系列翼型设计成由 6 开头后随 5 个主数字。有些 6 系列翼型在第 2 位数字之后带一个下标数字。在第 2 位和第 3 位数字之间还有一个短横线"-"。

每个数字的含义如下。第 1 位数一直是 6，即系列的标识号；第 2 位数字代表基本对称翼型在零升力时最小压力点的弦向位置（以弦长的十分之几表示）；第 3 位数字表述理想升力系数（以十分之几表示）；最后两位数代表相对厚度。如翼型编号的第 2 位数之后带有下标数字，这表示升力系数在理想升力系数值的上下范围（以十分之几表示），其间存在有利压力梯度和低阻力。第 3 位数字为 0，表示该翼型为对称翼型。

以 NACA 63_3-218 翼型（见图 5-19(c)）为例，该翼型相对厚度为 18%；最小压力点位置在弦长的 30%（第 2 位数字）；理想升力系数为 0.2（第 3 位数字）；最后，升力系数在理想升力系数值上下 0.3（下标）范围内。该翼型表明，C_d-C_l 图中的桶形曲线（见图 5-20）从升力系数 -0.1 开始（因为 0.2-0.3 = -0.1），并在 0.5 结束

（因为，0.2＋0.3＝0.5）[1]。

图 5‑20 示出 4 位数、5 位数和 6 系列翼型之间的简单对比。图 5‑21 示出

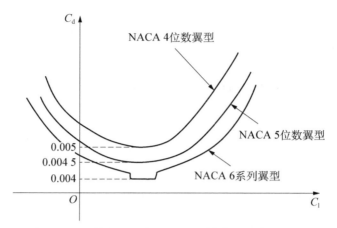

图 5‑20　4 位数、5 位数和 6 系列翼型之间的总体比较

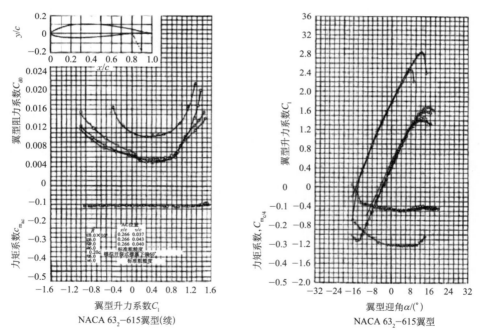

NACA 63₂‑615翼型(续)

NACA 63₂‑615翼型

图 5‑21　NACA 63₃‑615 翼型的 C_l‑α，C_m‑α 和 C_d‑C_l 曲线[3]

（经多佛出版工业公司允许）

---

[1] 原文误为："from the lift coefficient of 0(since 0.3—0.3＝0) and ends at 0.6(since 0.3＋0.3＝0.6)"。所举例子的翼型代号中第三位数是 0.2 而不是 0.3。——译注

NACA $63_3 - 615$ 翼型的 $C_1 - \alpha$, $C_m - \alpha$ 和 $C_d - C_1$ 曲线。共有两组曲线,一组是针对襟翼收上,另一组是针对襟翼放下(开裂式襟翼偏转 60(°))。如图所示,襟翼放下使翼型阻力(事实上是 $C_{d_{min}}$)加倍,俯仰力矩大为增大,但同时增加了升力系数约 1.2。示例 5 - 1 示出如何从 $C_1 - \alpha$, $C_d - C_1$, 和 $C_m - \alpha$ 曲线中提取各种翼型特性(如 α_s, $C_{l_{min}}$ 和 α_0)。

除了 NACA 翼型外,在过去的几十年中,已针对各种不同的用途,设计出多种其他翼型,如尖峰翼型、超临界翼型、现代翼型和超声速翼型。表 5 - 2 给出几个 NACA 翼型的特性。表 5 - 3 给出若干螺旋桨飞机的机翼翼型。表 5 - 4 给出若干喷气式飞机的机翼翼型。如表中所示,从 GA 飞机塞斯纳 182 到战斗机 F - 16 战隼(见图 4 - 6),全都采用 NACA 翼型。

表 5 - 2   若干 NACA 翼型的特性

序号	翼型 当 $Re = 3 \cdot 10^6$ 时	$C_{l_{max}}$	α_s /(°)	C_{m_o}	$(C_l/C_d)_{max}$	C_{l_i}	$C_{d_{min}}$	$(t/c)_{max}$ /%
1	0009	1.25	13	0	112	0	0.005 2	9
2	4412	1.5	13	−0.09	125	0.4	0.006	12
3	2415	1.4	14	−0.05	122	0.3	0.006 5	15
4	23012	1.6	16	−0.013	120	0.3	0.006	12
5	23015	1.5	15	−0.008	118	0.1	0.006 3	15
6	$63_1 - 212$	1.55	14	−0.004	100	0.2	0.004 5	12
7	$63_2 - 015$	1.4	14	0	101	0	0.005	15
8	$63_3 - 218$	1.3	14	−0.03	103	0.2	0.005	18
9	64 - 210	1.4	12	−0.042	97	0.2	0.004	10
10	$65_4 - 221$	1.1	16	−0.025	120	0.2	0.004 8	21

表 5 - 3   若干螺旋桨飞机的机翼翼型[5]

编号	飞机名称	首飞 日期	最大速度 /kn	根部翼型	翼梢翼型	平均 $(t/c)_{max}$/%
1	塞斯纳 550	1994	275	23014	23012	13
2	比奇 幸运星	1945	127	23016.5	23015	15.75
3	塞斯纳 150	1957	106	2412	2412	12
4	派珀 切诺基人	1960	132	$65_2 - 415$	$65_2 - 415$	15
5	道尼尔 Do - 27	1955	145	23018	23018	18
6	福克 F - 27	1955	227	$64_4 - 421$	$64_4 - 421$	21
7	洛克希德 L100	1954	297	64A - 318	64A - 412	15
8	皮拉图斯 PC - 7	1978	270	$64_2 - 415$	$64_1 - 415$	15

（续表）

编号	飞机名称	首飞日期	最大速度/kn	根部翼型	翼梢翼型	平均$(t/c)_{max}/\%$
9	霍克 西德尼	1960	225	23018	4412	15
10	比格尔 206	1967	140	23015	4412	13.5
11	比奇 超级国王	1970	294	23018 - 23016.5	23012	14.5
12	洛克希德猎户座	1958	411	0014	0012	13
13	穆尼 M20J	1976	175	$63_2 - 215$	$64_1 - 412$	13.5
14	洛克希德大力神	1951	315	64A318	64A412	15
15	瑟斯顿 TA16	1980	152	$64_2 - A215$	$64_2 - A215$	15
16	ATR 42	1981	269	43 系列(18%)	43 系列(13%)	15.5
17	埃尔泰克 CN - 235	1983	228	$65_3 - 218$	$65_3 - 218$	18
18	福克 50	1987	282	$64_4 - 421$	$64_4 - 415$	18

表 5 - 4　若干喷气式飞机的机翼翼型

编号	飞机名称	首飞日期	最大速度/kn	根部翼型	翼梢翼型	平均$(t/c)_{max}/\%$
1	F - 15E 攻击鹰	1982	$Ma\ 2.5$	64A(6.6%)	64A(3%)	4.8
2	比奇 星际飞船	1988	468	13.2%	11.3%	12.25
3	洛克希德 L - 300	1963	493	0013	0010	11.5
4	塞斯纳 500 奖状 布拉沃	1994	275	23104	23012	13
5	塞斯纳 318	1954	441	2418	2412	15
6	盖茨里尔喷气 25	1969	333	64A - 109	$64_4 - 109$	9
7	空中指挥官	1963	360	$64_1 - 212$	$64_1 - 212$	12
8	洛克希德喷气星	1957	383	63A - 112	63A - 309	10.5
9	A 310	1982	595	15.2%	10.8%	13
10	罗克韦尔/DASA X - 31A	1990	1485	跨声速翼型	跨声速翼型	5.5
11	川崎 T - 4	1988	560	超临界翼型(10.3%)	超临界翼型(7.3%)	8.8
12	湾流Ⅳ - SP	1985	340	Sonic Roof top (10%)	Sonic Roof top (10%)	9.3
13	F - 16	1975	Ma2.1	64A - 204	64A - 204	4
14	福克 50	1985	282	$64_4 - 421$	$64_4 - 415$	18

示例 5.1

　　问题陈述　确认 NACA 63 - 209 翼型（襟翼收上）的 C_{l_i}，$C_{d_{min}}$，C_m，$(C_l/C_d)_{max}$，$\alpha_0(°)$，$\alpha_s(°)$，$C_{l_{max}}$，$C_{l_\alpha}(1/\mathrm{rad})$ 和 $(t/c)_{max}$，并指出所有参数在翼型曲线上的位置。

　　解　参见图 5 - 22，所有参数的所需值确定如下：

C_{l_i}	$C_{d_{min}}$	C_m	$(C_l/C_d)_{max}$	$\alpha_0(°)$	$\alpha_s(°)$	$C_{l_{max}}$	$C_{l_\alpha}(1/\mathrm{rad})$	$(t/c)_{max}$
0.2	0.004 5	−0.03	118	−1.5	12	1.45	5.73	9%

　　受关注的所有点的位置示于图 5 - 22。

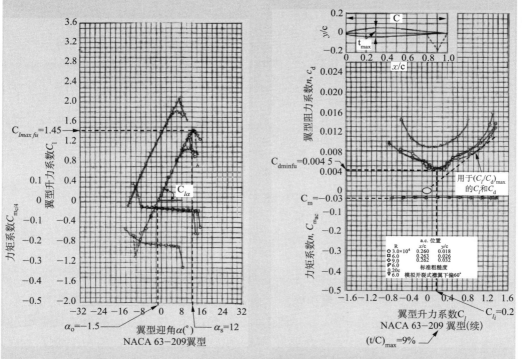

图 5 - 22　NACA 63 - 209 翼型（襟翼收上）所有受关注点的位置

（经多佛出版公司允许）

5.4.6　机翼翼型选择的实际步骤

　　先前各节已经涉及翼型的几何特性、翼型设计工具、NACA 翼型、重要翼型参数以及翼型选择准则。本节将阐述机翼翼型的实际步骤。假设翼型数据库（如 NACA

或埃普勒尔)可供使用,并且机翼设计者计划从翼型目录中选取最佳翼型。实际步骤如下:

(1) 确定巡航飞行时飞机平均重量(W_{avg}):

$$W_{avg} = \frac{1}{2}(W_i + W_f) \tag{5-9}$$

式中: W_i 是巡航开始时飞机初始重量; W_f 是巡航结束时飞机最终重量。

(2) 计算飞机的理想巡航升力系数(C_{L_C})。巡航飞行时,飞机重量等于升力(见式(5-1)),所以有

$$C_{L_C} = \frac{2W_{ave}}{\rho V_c^2 S} \tag{5-10}$$

式中: V_c 是飞机的巡航速度; ρ 是在巡航高度上的空气密度; S 是机翼平面面积。

(3) 计算机翼巡航升力系数($C_{L_{C_W}}$)。基本上,机翼是单独负责产生升力。然而飞机其他部件也对飞机总升力有所贡献(负值或正值),有时高达 20%。因此,飞机巡航升力系数和机翼巡航升力系数之间的关系是飞机构型的函数。机身、尾翼和其他部件对升力的贡献,将确定机翼对飞机升力系数的贡献。如果处于初步设计阶段,其他部件的几何特性尚未确定,建议采用如下的近似关系式:

$$C_{L_{C_W}} = \frac{C_{L_C}}{0.95} \tag{5-11}$$

以后的设计阶段,在其他部件已完成设计时,必须澄清这一关系。CFD 软件包是用于确定这一关系的可靠工具。

(4) 计算机翼翼型理想升力系数(C_{l_i})。机翼是三维体,而翼型是二维剖面。如果机翼弦线是常数,无后掠角,无上反角,假设翼展为无限长,机翼升力系数在理论上应与机翼翼型升力系数相同。然而此时机翼尚未完成设计,必须采用近似关系式。实际上,翼展是有限的,并且在大多数情况下,机翼有后掠角并且弦长不是常值,所以机翼升力系数将会略小于翼型升力系数。为此,现在推荐下列近似式[①]:

$$C_{l_i} = \frac{C_{L_{C_W}}}{0.9} \tag{5-12}$$

在后面的设计阶段,必须使用空气动力学原理和工具,修订这一近似关系式,将机翼几何特性计入所需要的翼型理想升力系数。

---

① 注意,下标 L 用于 3D 场合(机翼),下标 l 用于 2D 场合(翼型)。

（5）计算飞机最大升力系数（$C_{L_{max}}$）：

$$C_{L_{max}} = \frac{2W_{TO}}{\rho_o V_s^2 S} \tag{5-13}$$

式中：V_s 是飞机失速速度；ρ_o 是海平面空气密度；W_{TO} 是飞机最大起飞重量。

（6）采用与步骤（3）中所述相同的逻辑，计算机翼最大升力系数（$C_{L_{max\_w}}$），推荐如下关系式：

$$C_{L_{max\_w}} = \frac{C_{L_{max}}}{0.95} \tag{5-14}$$

（7）计算翼型毛最大升力系数（$C_{l_{max\_gross}}$）：

$$C_{l_{max\_gross}} = \frac{C_{L_{max\_w}}}{0.9} \tag{5-15}$$

此处机翼翼型毛最大升力系数是包括 HLD（例如襟翼）效应后的翼型最大升力系数。

（8）选择/设计 HLD（形式、几何特性和最大偏度）。这一步骤将在第 5.12 节中做详细讨论。

（9）确定 HLD 对机翼最大升力系数（$\Delta C_{l_{HLD}}$）的贡献。这一步骤也将在第 5.12 节中做详细讨论。

（10）计算机翼翼型净最大升力系数（$C_{l_{max}}$）：

$$C_{l_{max}} = C_{l_{max\_gross}} - \Delta C_{l_{HLD}} \tag{5-16}$$

（11）确认备选翼型，其给出所想要的 C_{l_i}（步骤（4））和 $C_{l_{max}}$（步骤（10））。这是必不可少的步骤。图 5-23 将若干 NACA 翼型的 C_{l_i} 和 $C_{l_{max}}$ 汇集在一张图上。水平轴代表翼型理想升力系数，垂直轴代表翼型最大升力系数。每一黑圈代表一种 NACA 翼型。有关其他翼型的 C_{l_i} 和 $C_{l_{max}}$，见参考文献[3，4]。如果未发现能够提供所想要 C_{l_i} 和 $C_{l_{max}}$ 的翼型，则选择最接近设计点（所想要的 C_{l_i} 和 $C_{l_{max}}$）的翼型。

（12）如果是为高亚声速旅客机设计机翼，则选择最薄的翼型（$(t/c)_{max}$ 最小）。原因在于降低临界马赫数（Ma_{cr}）和阻力发散马赫数（Ma_{dd}）[①]。这样可使飞机在出现阻力激增之前能以更接近于马赫数 1 的速度飞行。通常，较薄翼型的 Ma_{cr} 大于较厚翼型的[6]。图 5-24 针对 4 种机翼，以翼型相对厚度作为参数，示出机翼零升阻力系数和波阻系数随马赫数的典型变化。如图所示，对于相对厚度为 9% 的机翼，其 Ma_{dd} 值约为 0.88。将机翼的 $(t/c)_{max}$ 降低到 6% 和 4%，阻力上升量将逐渐降低，

---

① 将 Ma_{dd} 定义为 $C_D \sim Ma$ 曲线斜率为 0.05 时的马赫数。

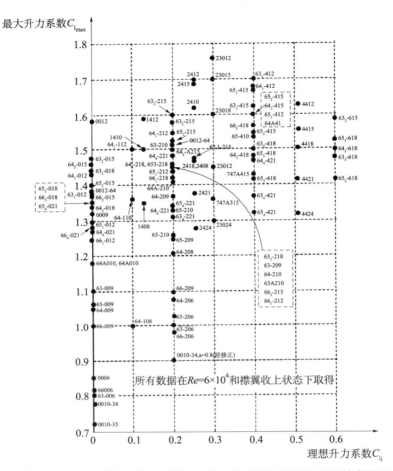

图 5‒23　若干 NACA 翼型最大升力系数与理想升力系数的关系（经多佛出版公司允许）

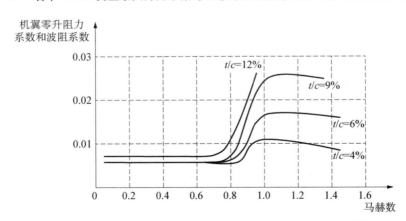

图 5‒24　各种翼型相对厚度情况下机翼零升阻力系数和波阻系数随马赫数的变化曲线

Ma_{dd} 值增大,更接近于马赫数 1。

(13) 在若干个可接受的备选方案中,使用比较表来选择最佳翼型。典型的比较表如表 5-5 所示,此表包括每一设计需求的典型权重。有关选择方法的系统程序以及表格结构,参考文献[1]含有内容丰富的信息资源。

表 5-5 5 种翼型的特性比较表(示例)

设计目标	权重/%	翼型 1	翼型 2	翼型 3	翼型 4	翼型 5
$C_{d_{min}}$	25					
C_{m_o}	15					
α_s	15					
α_0	10					
$(C_l/C_d)_{max}$	10					
C_{l_α}	5					
失速品质	20					
综合	100	64	76	93	68	68

示例 5.2 给出一个算例。

示例 5.2

问题陈述 对于具有下列特性的非特技类喷气式 GA 飞机,为其机翼选择 NACA 翼型:

$$m_{TO} = 4\,000 \text{ kg}, \ S = 30 \text{ m}^2, \ V_c = 250 \text{ kn}(3\,000 \text{ m 高度}), \ V_s = 65 \text{ kn(海平面)}$$

HLD(开裂式襟翼)偏转时将提供 $\Delta C_L = 0.8$。

解 理想升力系数:

$$C_{L_C} = \frac{2W_{ave}}{\rho V_c^2 S} = \frac{2 \cdot 4\,000 \cdot 9.81}{0.9 \cdot (250 \cdot 0.514)^2 \cdot 30} = 0.176 \tag{5-10}$$

$$C_{L_{C_W}} = \frac{C_{L_C}}{0.95} = \frac{0.176}{0.95} = 0.185 \tag{5-11}$$

$$C_{l_i} = \frac{C_{L_{C_W}}}{0.9} = \frac{0.185}{0.9} = 0.205 \approx 0.2 \tag{5-12}$$

最大升力系数:

$$C_{L_{max}} = \frac{2W_{TO}}{\rho_o V_s^2 S} = \frac{2 \cdot 4\,000 \cdot 9.81}{1.225 \cdot (65 \cdot 0.514)^2 \cdot 30} = 1.909 \tag{5-13}$$

$$C_{L_{\max\_w}} = \frac{C_{L_{\max}}}{0.95} = \frac{1.909}{0.95} = 2.01 \tag{5-14}$$

$$C_{l_{\max\_gross}} = \frac{C_{L_{\max\_w}}}{0.9} = \frac{2.01}{0.9} = 2.233 \tag{5-15}$$

$$C_{l_{\max}} = C_{l_{\max\_gross}} - \Delta C_{l_{\max\_HLD}} = 2.233 - 0.8 = 1.433 \tag{5-16}$$

因此，需要选择产生理想升力系数 0.2 和净最大升力系数 1.433 的 NACA 翼型。参见图 5-23，可看到下列翼型的特性与设计要求匹配（都具有 $C_{l_i} = 0.2$，$C_{l_{\max}} = 1.43$）：$63_3 - 218$，$64 - 210$，$66_1 - 212$，$66_2 - 215$，$65_3 - 218$。

现在需要将这些翼型进行比较，按表 5-6 所示，查看哪一个翼型最佳。最佳翼型应是 C_{m_o} 最低，$C_{d_{\min}}$ 最低，α_s 最大，$(C_l/C_d)_{\max}$ 最大，失速品质最平缓的翼型。

表 5-6 示例 5.2 中机翼使用的 5 种候选翼型之间的比较

序号	NACA 翼型	$C_{d_{\min}}$	C_{m_o}	$\alpha_s/(°)$ 襟翼收上	$\alpha_0/(°)$ $\delta_f = 60°$	$(C_l/C_d)_{\max}$	失速品质
1	$63_3 - 218$	0.005	−0.028	12	−12	100	平缓
2	$64 - 210$	0.004	−0.040	12	−13	75	适度
3	$66_1 - 212$	0.003 2	−0.030	12	−13	86	陡峭
4	$66_2 - 215$	0.003 5	−0.028	14	−13.5	86	陡峭
5	$65_3 - 218$	0.004 5	−0.028	16	−13	111	适度

比较表中的数字，可看到如下结果：

（1）NACA 翼型 $66_1 - 212$ 产生最高的最大速度，因为其具有最低的 $C_{d_{\min}}$（0.003 2）；

（2）NACA 翼型 $65_3 - 218$ 产生最低的失速速度，因为其具有最大的失速迎角（16°）；

（3）NACA 翼型 $65_3 - 218$ 产生最长的续航时间，因为其具有最高的 $(C_l/C_d)_{\max}$（111）；

（4）NACA 翼型 $63_3 - 218$ 产生最安全飞行，因为其具有平缓的失速品质；

（5）NACA 翼型 $63_3 - 218$，$66_2 - 215$，$65_3 - 218$，飞行中出现的操纵问题最少，因为 C_{m_o} 最低（−0.028）。

由于飞机是非特技类 GA 飞机，失速品质不能是陡峭的，因此 NACA 翼型 $66_1 - 212$ 和 $66_2 - 215$ 是不可接受的。如果安全性是最高需求，则最佳翼型是 NACA$63_3 - 218$。然而如果低成本是最重要的需求，则 $C_{d_{\min}}$ 最低的 NACA$64 - 210$ 为最佳。如果飞机性能（失速速度、续航时间或最大速度）是最重要的，则 NACA 翼型 $63_3 - 218$、$65_3 - 218$ 或 $66_1 - 212$ 分别是最佳的。最后可利用比较表并纳入经加权处理的设计需求来确定最佳翼型。

5.5　机翼安装角

机翼安装角(i_w)是机身中心线与翼根处机翼弦线之间的夹角(见图 5 - 25),有时也用 α_{set}[①]表示机翼安装角。机身中心线位于机身对称平面内,并且通常定义为平行于客舱地板。可将此角度选为在飞行中是可变的,或在整个飞行中是恒定值。如果选择在飞行中是可变的,不需要为了飞机制造而确定机翼安装角。然而在此情况下,必须设计在飞行阶段改变机翼安装角的机构。因此必须计算每一飞行阶段所需要的机翼安装角。不推荐采用可变机翼安装角,因为存在巨大的安全性问题和使用忧患。为了使机翼具有可变安装角,必须设置一根转轴,由驾驶员操纵使机翼围绕此轴旋转。对航空而言,由于疲劳、重量和应力集中之类的问题,这样的一套机构并不是 100％可靠。在航空史上,仅有一架飞机(沃特 f8u 十字军)的机翼具有可变安装角。飞翼(如诺斯罗普·格鲁门 B - 2 幽灵(见图 6 - 8))没有机翼安装角,因为飞机无机身。然而就使用而言,必须确定机翼的迎角。

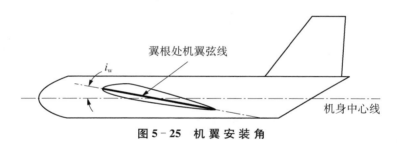

图 5 - 25　机 翼 安 装 角

再则,很常规的选项是采用恒定的机翼安装角。通过焊接、螺接或其他制造工艺,将机翼以规定的安装角与机身连接。这比可变机翼安装角要安全得多。对于这一选项,设计者必须确定机翼与机身连接时所采用的角度。机翼安装角必须满足下列设计需求:

(1)在巡航飞行阶段,机翼必须能够产生想要的升力系数;

(2)在巡航飞行阶段,机翼产生的阻力必须最小;

(3)机翼安装角必须确保在起飞过程中机翼迎角能够安全地变化(实际上是增大);

(4)机翼安装角必须确保在巡航飞行阶段机身产生的阻力最小(即在巡航时机身迎角必须为零)。

这些设计需求理所当然应与对应于翼型理想升力系数的机翼翼型迎角相匹配

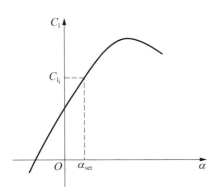

图 5 - 26 机翼安装角与理想升力系数的对应关系

（见图 5 - 26）。因此，一旦确定机翼理想升力系数，就可根据 C_l - α 曲线，验证机翼安装角。表 5 - 7 给出若干飞机的机翼安装角。

大多数飞机的机翼安装角典型值在 $0°\sim4°$ 之间。作为一项通用性指南，对于超声速战斗机，机翼安装角在 $0°\sim1°$ 之间，对于 GA 飞机，在 $2°\sim4°$ 之间，对于喷气式运输机，在 $3°\sim5°$ 之间。使左侧机翼与右侧机翼具有完全相同的安装角是非常困难的。鉴于这个原因，当出现机翼内侧失速时，飞机将横滚。机翼外侧失速是不可接受的。如果运输机在进近时出现外侧失速，那么这将是灾难性的。原因在于，副翼效率不足以实现横滚操纵。

表 5 - 7 若干飞机的机翼安装角[5]

序号	飞　　机	类　　型	机翼安装角	巡航速度/kn
1	A 310	喷气式运输机	$5°30'$	$Ma\ 0.8$
2	福克 50	螺旋桨运输机	$3°30'$	282
3	苏 - 27	喷气式战斗机	$0°$	$Ma\ 2.35$
4	恩博威 EMB - 120 巴西利亚	螺旋桨运输机	$2°$	272
5	恩博威 啄木鸟	涡桨教练机	$1°25'$	222
6	安东诺夫 An - 26	涡桨运输机	$3°$	235
7	BAe 喷气流 31	涡桨公务机	$3°$	282
8	BAe 鹞	垂直短距起降近距支援	$1°45'$	570
9	洛克希德 P - 3C 猎户座	螺旋桨运输机	$3°$	328
10	罗克韦尔 DASA X - 31A	喷气式战斗研究机	$0°$	1 485
11	川崎重工	螺旋桨运输机	$0°$	560
12	ATR 42	螺旋桨运输机	$2°$	265
13	比奇超级空中国王 B200	涡桨运输机	$3°48'$	289
14	萨伯 340B	涡桨运输机	$2°$	250
15	阿弗罗支线飞机	喷气式运输机	$3°6'$	412
16	麦道 MD - 11	喷气式运输机	$5°51'$	$Ma\ 0.87$
17	F - 15J 鹰	战斗机	$0°$	$>Ma\ 2.2$

随着设计过程的进展，可以修改机翼安装角。例如，对于整个后部为容纳后货舱门而未做大幅度收缩的机身，在小正迎角下它的阻力可能最小。在这样的情况下，机翼安装角则相应地减小。尽管重要性略低，但是另一项考虑是着陆运行时的刹停性能，应使尽可能多的重量作用在带刹车的机轮上。因此，略微减小机翼安装

角是有利的,但在程度上不应使座舱内对变化有明显感觉。缩短前起落架长度将取得同样的效果。对于客机,此方法的应用受限,因为在地面希望客舱地板是水平的。但是对于战斗机,地板水平问题不在设计考虑之列。

5.6 展弦比

展弦比(AR[①])定义为机翼翼展 b(见图 5-33)与机翼 MAC 或 $\overline{C}$ 之比:

$$AR = \frac{b}{\overline{C}} \tag{5-17}$$

矩形机翼和梯形直机翼的平面面积定义为翼展乘以 MAC:

$$S = b \cdot \overline{C} \tag{5-18}$$

因此,应将展弦比重新定义为

$$AR = \frac{bb}{\overline{C}b} = \frac{b^2}{S} \tag{5-19}$$

这一表达式不适用于非矩形几何形状的机翼,如三角翼、梯形机翼或椭圆形机翼,若重新定义翼展时除外。示例 5.4 清楚地说明这一点。此时,仅机翼平面面积是已知的。设计者有无限多的选项来选择机翼几何形状。例如,考虑一架机翼参考面积已确定为 30 m^2 的飞机。几个设计选项如下:

(1) 矩形机翼,翼展为 30 m,弦长为 1 m($AR=30$);

(2) 矩形机翼,翼展为 20 m,弦长为 1.5 m($AR=13.333$);

(3) 矩形机翼,翼展为 15 m,弦长为 2 m($AR=7.5$);

(4) 矩形机翼,翼展为 10 m,弦长为 3 m($AR=3.333$);

(5) 矩形机翼,翼展为 7.5 m,弦长为 4 m($AR=1.875$);

(6) 矩形机翼,翼展为 6 m,弦长为 5 m($AR=1.2$);

(7) 矩形机翼,翼展为 3 m,弦长为 10 m($AR=0.3$);

(8) 三角形机翼,翼展为 20 m,根弦长为 3 m($AR=13.33$)。请注意,机翼分为左机翼和右机翼两个部分;

(9) 三角形机翼,翼展为 10 m,根弦长为 6 m($AR=3.33$)。

还有很多其他选项,由于尚未讨论梢根比这一参数,因此此时尚不提及它们。图5-27给出具有不同展弦比的若干矩形机翼。这些机翼具有相同的平面面积,但它们的展长和弦长不同。按照升力公式(见式(5-1)),如果它们具有相同的升力系数,则预期它们将产生相同的升力。然而机翼升力系数不是机翼面积的函数,而是

---

① 某些教科书使用符号 A 来替代 AR。

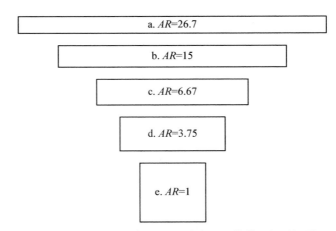

图 5‑27 平面面积相同但展弦比不同的若干矩形机翼

无量纲的机翼空气动力学特性(如翼型和展弦比)的函数。值得注意的是,1903 年莱特兄弟飞行者号的展弦比为 6。

机翼设计者面临的问题是如何选择展弦比,或哪种机翼几何形状是最佳的。为解决此问题,需要讨论展弦比对各种飞行特性(如飞机性能、稳定性、操纵性、成本和可维修性)的影响。

(1) 从空气动力学的观点考虑,随着展弦比 AR 的增大,三维机翼的空气动力学特性(如 C_{L_α}、α_0、α_s、$C_{L_{max}}$ 和 $C_{D_{min}}$)逐渐接近其二维翼型的特性(如 C_{l_α}、α_0、α_s、$C_{l_{max}}$ 和 $C_{d_{min}}$)。这是由于机翼翼尖涡流影响减小的缘故。近翼梢的气流往往围绕翼梢产生卷曲流动,气流从翼梢下翼面的高压区向上翼面的低压区流动[4]。结果,在机翼上翼面,逐渐形成从翼梢向翼根的展向流动分量,引起上翼面的流线朝向翼根弯曲。同样,在机翼下翼面,逐渐形成从翼根向翼梢的展向流动分量,引起下翼面的流线朝向翼梢弯曲。

(2) 由于第(1)项,因此当 AR 增大时,机翼升力曲线斜率(C_{L_α})朝向最大理论限制值 $2\pi(1/\text{rad})$ 方向增大(见图 5‑28)。3D 机翼升力曲线斜率(C_{L_α})与 2D 翼型升力曲线斜率(C_{l_α})之间的关系式如下:

$$C_{L_\alpha} = \frac{\mathrm{d}C_L}{\mathrm{d}\alpha} = \frac{C_{l_\alpha}}{1 + \dfrac{C_{l_\alpha}}{\pi \cdot AR}} \qquad (5-20)$$

由于这一原因,因此大 AR(较长的)机翼是所希望的。

(3) 当 AR 增大时,机翼失速迎角(α_s)减小,趋向于翼型失速迎角,因为机翼有效迎角增大(见图 5‑28)。由于这一原因,因此要求水平尾翼的展弦比小于机翼展弦比,以允许较大的尾翼失速迎角。这将导致尾翼失速出现在机翼失速之后,以便可以安全改出。鉴于同样的原因,希望鸭翼的展弦比大于机翼的展弦比。为此,大

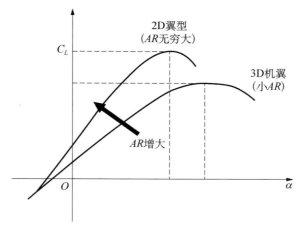

图 5 - 28 AR 对 C_L 与迎角关系曲线的影响

AR(较长)机翼是所希望的。

（4）由于第（3）项，当 AR 增大时，机翼最大升力系数（$C_{L_{max}}$）增大趋向于翼型最大升力系数（$C_{l_{max}}$）。这是由于事实上机翼有效迎角增大（见图 5 - 28）。因此，大 AR（较长）机翼是所希望的。

（5）当 AR 增大时，机翼将更重。此原因在于对结构刚度的需求。机翼越长，机翼重量（W_w）弯曲力矩（M）越大（因为 $M = \dfrac{W_w}{2} \dfrac{b}{2}$），机翼翼根将有较大的弯曲应力。因此，机翼根部必须加强，以支撑长机翼。这就需要较大机翼重量。较大的机翼重量转化为较大的成本。由于这一原因，因此小 AR（较短）机翼是所希望的。

（6）当 $\sqrt{AR}$ 增大时，飞机最大升阻比增大。因为

$$\left(\frac{L}{D}\right)_{max} = \frac{1}{2\sqrt{KC_{D_o}}} \tag{5-21}$$

此处：

$$K = \frac{1}{\pi \cdot e \cdot AR} \tag{5-22}$$

式中：K 是机翼诱导阻力因子；e 是奥斯瓦尔德翼展效率系数；C_{D_o} 是飞机零升阻力系数[7,8]。有关这两个公式的来源，见参考文献[7]。因此，大 AR（较长）机翼是所希望的。这是滑翔机采用大展弦比和较长机翼的原因之一。

（7）当 AR 增大时，机翼诱导阻力减小，因为诱导阻力（C_{D_i}）与展弦比成反比。所以大 AR（较长）机翼[1]是所希望的：

---

① 原文误为"low-AR（shorter）wing（小展弦比（较短机翼））"。——译注

$$C_{D_i} = \frac{C_L^2}{\pi \cdot e \cdot AR} \tag{5-23}$$

(8) 当 AR 增大时，机翼翼梢涡流对水平尾翼的影响降低。如同第(1)项的解释，围绕翼梢的绕流趋向于建立一个环流，向机翼下游拖曳。也就是在每个机翼翼梢产生一个尾涡流。这一向下的分量，称为下洗。如果尾翼处于下洗区域内，则下洗会使尾翼有效迎角减小。这将影响飞机的纵向稳定性和纵向操纵性[9]。

(9) 当 AR 增大时，副翼臂增大，因为副翼安装在机翼的外侧。这意味着飞机具有更好的横向操纵性。

(10) 当 AR 增大时，围绕 x 轴的飞机质量惯性矩[10]将增大。这意味着，横滚所需用的时间较长。换言之，这将降低飞机横滚机动性[9]。例如，B52 轰炸机(见图8-6 和图 8-9)，具有很长的翼展，在低速横滚时需要用时好几秒，而战斗机 F-16 战隼(见图 4-6)，横滚仅需几分之一秒。由于这一原因，因此对于高机动性飞机，小 AR(较短)机翼是所希望的。超声速战术导弹，具有大约为 1 的小 AR，以确保尽可能快地实现横滚和机动。

(11) 如果假设燃油箱设置在机翼内，则希望采用较小展弦比的机翼，这有助于燃油系统布局较为集中。因此，小 AR(较短)机翼是所希望的。

(12) 当展弦比增大时，机翼围绕 x①轴的刚度下降。这意味着，在起飞过程中翼梢下垂的趋势增大，而高速飞行时，翼梢上翘趋势增大。实际上，制造展弦比很大并具有足够结构强度的机翼是困难的。

从"旅行者"号飞机(见图 4-5)飞行过程可观察到这一机翼特性，该飞机 AR 为 38、翼展为 33.8 m，1986 年打破不空中加油的环球飞行纪录。"旅行者"号飞机在起飞(低速飞行)时翼梢下垂超过 5 ft，在巡航(高速飞行)时翼梢上翘超过 4 ft。在旅行者号起飞过程中，当飞机加速时，由于机翼(载有大量燃油)翼梢碰擦道面而受损，最后引起两侧的翼梢小翼构件受损。飞机加速非常缓慢，需要约 14 200 ft 跑道长度来获得足够的速度使飞机离地升空，在刚起飞前，机翼上拱非常明显。飞机状况同样在不断地提醒驾驶员，飞机俯仰不稳定，而且易受干扰。驾驶员不得不多次机动飞行，规避恶劣气候。

另一个示例是 B747 运输机(见图 3-7、图 3-12 和图 9-4)，AR 为 7.7，翼展 59.6 m。飞机起飞前在地面上时翼梢下垂大约 1 ft，翼梢下垂并不是所希望的，尤其是对于起飞机动，因为机翼翼梢离地间隙对安全而言非常重要。因此，小 AR(较短)机翼是所希望的。较短的机翼比较长的机翼容易制造。由于可制造性的原因，因此小 AR(较短)机翼是所希望的。

(13) 短机翼所需的制造成本比长机翼低。由于成本的原因，因此小 AR(较短)

---

① 原文误为"y"轴。这里的刚度表述，严格而言应是对应法向载荷的刚度降低。——译注

机翼是所希望的。

（14）当 AR 增大时，可预料副翼反效[9]事件增多，因为机翼更为柔软。对于高机动性飞机，副翼反效是不希望出现的现象。因此，小 AR（较短）机翼是所希望的。

（15）通常，大 AR 矩形机翼，对阵风较敏感。

如前所述，展弦比对飞机特性有很多影响。对于某些设计需求，小展弦比机翼是有利的，而对于其他的设计需求，大展弦比机翼是所希望的。通过对飞机性能、稳定性、操纵性、可制造性和成本的深入研究和大量的计算，将确定 AR 的准确值。

必须采用系统工程方法[1]使用加权参数表来确定展弦比的准确值。表 5-8 示出不同类型飞机展弦比的典型值。表 5-9 给出若干飞机的展弦比。如表所示，展弦比的范围从欧洲联合战斗机 2 000（见图 3-7）的 2.2 到高空长航时（HALE）飞机索卡达的 32.9。图 5-56（b）、（d）分别给出小 AR 机翼的 MIG-29 战斗机和大 AR 的滑翔机施莱谢尔 ASK-18。

表 5-8　机翼展弦比的典型值

序号	航空器类型	展弦比	序号	航空器类型	展弦比
1	悬挂滑翔机	4～8	6	低亚声速运输机	6～9
2	滑翔机	20～40	7	高亚声速运输机	8～12
3	家庭制造飞机	4～7	8	超声速战斗机	2～4
4	通用航空	5～9	9	战术导弹	0.3～1
5	喷气式教练机	4～8	10	高超声速航空器	1～3

表 5-9　若干飞机的展弦比和梢根比

序号	飞机	类型	发动机	V_{max}/kn	S/m^2	AR	λ
1	Cessna 172	GA	活塞式	121	16.2	7.52	0.67
2	空中拖拉机 AT-402B	农用机	涡桨	174	27.3	8.9	1
3	派珀 科曼奇	GA	活塞式	170	16.5	7.3	0.46
4	麦道 DC-9	运输机	涡扇	Ma 0.84	86.8	8.56	0.25
5	洛克希德 L-1011	运输机	涡扇	Ma 0.86	321	7.16	0.29
6	B747-400	运输机	涡扇	Ma 0.92	525	6.96	0.3
7	巨嘴鸟	教练机	涡桨	Ma 0.4	19.2	6.4	0.465
8	A310	运输机	涡扇	Ma 0.9	219	8.8	0.26
9	喷气流 41	支线客机	涡桨	295	32.59	10.3	0.365
10	F-16 战隼	战斗机	涡扇	$>Ma$ 2	27.87	3.2	0.3
11	萨伯 39 鹰狮	战斗机	涡扇	$>Ma$ 2	27	2.6	0.25
12	格鲁门 B-2 幽灵	轰炸机	涡扇	550	465.5	5.92	0.24
13	施瓦泽 SA 2-38A	监视机	活塞式	157	21	18.2	0.4

（续表）

序号	飞机	类型	发动机	V_{max}/kn	S/m²	AR	λ
14	格罗布 G 850 斯特拉图 2C	监视机	活塞式	280	145	22	0.25
15	斯泰默 S10	动力滑翔机	活塞式	97	18.7	28.2	0.26
16	索卡达 HALE	监视机	涡桨	162	70	32.9	0.6
17	旅行者	环球飞行	活塞式	106	30.1	38	0.25
18	欧洲战斗机 2000	战斗机	涡扇	Ma 2	50	2.2	0.19
19	达索幻影 2000	战斗机	涡扇	Ma 2.2	41	2	0.08

5.7　梢根比

机翼梢根比(λ)定义为梢弦(C_t)与根弦(C_r)之比[①]。表达如下：

$$\lambda = \frac{C_t}{C_r} \tag{5-24}$$

该定义适用于机翼、水平尾翼和垂直尾翼。根弦与梢弦如图 5-31 所示。

机翼尖削后的几何形状是翼梢弦较短。通常,梢根比在 0 和 1 之间变化：

$$0 \leqslant \lambda \leqslant 1$$

此时与梢根比有关的三个主要平面几何形状是矩形,梯形和三角形(见图 5-29)。

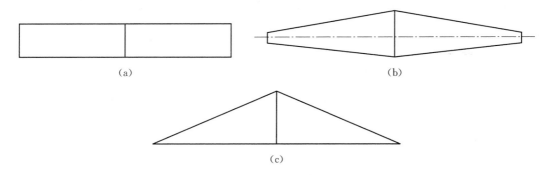

图 5-29　具有各种梢根比的机翼

(a) 矩形($\lambda=1$)　(b) 梯形 $0<\lambda<1$(梯形直机翼)　(c) 三角翼 $\lambda=0$

通常,矩形机翼尽管有不少优点(如性能、成本和易制造),但在空气动力学方面

---

① 有些较早的教科书上采用术语"根梢比",定义为翼根弦与翼梢弦之比。

低效。矩形机翼在翼梢部位的下洗角大于翼根处的下洗角,翼梢部位的有效迎角小于翼根处的有效迎角,因此翼梢的失速趋势滞后于翼根。展向升力分布与椭圆分布有很大偏离,此时非常希望使诱导阻力减至最小。因而,对平面形状采取尖削处理的原因之一在于减小诱导阻力。

此外,由于翼梢弦比根弦短,因此翼梢的雷诺数将减小,翼梢诱导下洗角也减小。两者的作用将减小出现失速的迎角。这可能导致翼梢失速发生在翼根失速之前。从横向稳定性和横向操纵性的角度考虑,这是不希望的。相比之下,矩形机翼属于结构性低效,因为很大一部分面积在外侧,对升力的贡献非常小。机翼尖削将有助于很好地解决此问题。现将机翼尖削的作用综述如下:

(1) 机翼尖削将改变机翼升力分布。这被认为是机翼尖削的一个优点,因为它是改善升力分布的一种技术手段。机翼设计的目标之一是产生升力,使展向升力呈椭圆分布。椭圆升力分布的意义将在下一节中研究。基于这一点,将根据升力分布需求确定梢根比的准确值。

(2) 机翼尖削将增加机翼制造成本,因为机翼各翼肋会有不同形状,每个翼肋会有不同的尺寸,所以不像矩形机翼那样,所有的翼肋都是相似的。如果成本是主要问题(如家庭制造飞机),则不要采用尖削机翼。

(3) 机翼尖削将减轻机翼重量,因为左右机翼的重心将朝向机身中心线移动。这导致机翼根部的弯曲力矩降低。这是机翼尖削带来的优点。因此,为减轻机翼重量,希望采用更大的机翼尖削(趋于 0)。

(4) 由于第(3)项,因此围绕 x 轴(纵轴)的机翼质量惯性矩将减小。结果,将改善飞机的横向操纵性能。在这一点上,最佳的机翼尖削是三角形机翼($\lambda = 0$)。

(5) 机翼尖削将影响飞机横向静稳定性(C_{l_β}),由于尖削通常产生后掠角(前缘后掠角或 1/4 弦线后掠角)。后掠角对飞机稳定性的影响将在第 5.8 节予以讨论。

如上所述,梢根比对整个飞机特性产生综合影响。常规布局飞机的梢根比是在相互矛盾的空气动力需求、结构需求、性能需求、稳定性需求、成本需求和可制造性需求之间折中的结果。对于某些设计需求(如成本、可制造性),梢根比为 1 的机翼是有利的,而对于其他设计需求(如稳定性、性能和安全性),采取尖削处理的机翼则更可取。运用升力分布计算(将在下一节阐述)来确定梢根比的首轮估值。通过对飞机性能、稳定性、操纵性、可制造性和成本的深入研究和大量的计算,将最终确定梢根比的准确值。必须采用系统工程方法[1]使用加权参数表来确定梢根比的准确值。表 5-9 给出若干飞机的梢根比。梢根比对升力分布的典型影响如图 5-30 所示。

在正常飞行范围内,将作用在任何升力面(如机翼、尾翼)上的空气动力合力表示为作用在空气动力中心 ac 上的升力和阻力以及与迎角无关的俯仰力矩。可在许

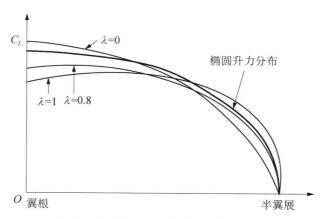

图 5‐30 梢根比对升力分布的典型影响

多空气动力学教科书中找到确定机翼平面空气动力中心位置的方法。在压缩性效应开始起作用之前,经验表明机翼平面空气动力中心处于 MAC 或 $\overline{C}$ 的 25% 到大约 30% 的范围内。在跨声速和超声速范围内,ac 的位置趋向于向后移动,以至于在跨声速时,ac 的位置移动到接近 MAC 弦上 50% 弦线点。空气动力中心位于机翼的对称平面内。然而在确定 MAC 时,为便于开展工作,采用半机翼。对于一般的平面形状,可使用如下的积分公式来确定 MAC 长度和位置:

$$\overline{C} = \frac{2}{S} \int_0^{b/2} c^2(y)\mathrm{d}y \qquad (5-25)$$

式中: C 是当地弦线; y 是飞机横轴。对于恒定梢根比和恒定后掠角(梯形化)平面(见图 5‐31 的几何图形),确定 MAC[11] 如下:

$$\overline{C} = \frac{2}{3}C_r \left(\frac{1+\lambda+\lambda^2}{1+\lambda} \right) \qquad (5-26)$$

表 5‐9 给出若干喷气式飞机和螺旋桨飞机的梢根比。

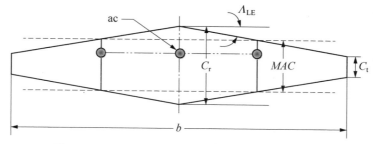

图 5‐31 直机翼的平均空气动力弦和空气动力中心

5.8 升力和载荷分布的意义

沿机翼每单位翼展长度上机翼无量纲升力(即升力系数 C_L)的分布称为"升力分布"。沿翼展每单位机翼面积产生特定量的升力。总升力等于这些逐项升力之和。升力分布在翼梢处为零,因为在 $y=-b/2$ 和 $+b/2$ 处,从机翼下表面到机翼上表面,正好压力平衡。因此,在这两点不产生升力。此外,将"升力系数与翼剖面弦长之积($C \cdot C_L$)"沿翼展的变化,称为"载荷分布"。升力分布和载荷分布两者在机翼设计过程中都极为重要。升力分布主要用于空气动力计算,而载荷分布主要用于机翼结构设计和操纵性分析。

以前(20 世纪 30 年代),人们认为要取得椭圆升力分布,翼弦沿翼展必须按椭圆形状变化。这一逻辑的直接结果是机翼平面形状必须是椭圆。由于这个原因,有些飞机机翼的平面形状设计成椭圆,如第二次世界大战时英国著名战斗机"超级马林喷火"(见图 8-3)。但在今天,我们知道有各种参数能使得升力成椭圆分布,因此不需要将机翼平面形状设计成椭圆。

在机翼设计时,升力分布和载荷分布的形式非常重要,并将影响飞机性能、适航性、稳定性、操纵性和成本。合乎理想的是,升力分布和载荷分布两者最好都呈现椭圆分布。鉴于上面所提及的原因,在机翼设计过程中,椭圆升力分布和椭圆载荷分布是理想的,并且都是设计目标。椭圆升力分布如图 5-32 所示,此处所示为机翼前视图。图中水平轴为 y/s,此处 y 是在 y 轴上的位置,s 表示半翼展($s=b/2$)。在此图中,HLD(如襟翼)未打开,而机身的影响忽略不计。椭圆升力分布和椭圆载荷分布具有如下想要的特性:

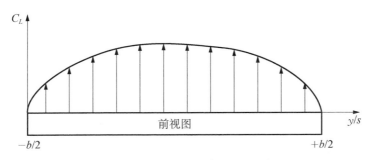

图 5-32　机翼上的椭圆升力分布

(1) 如果机翼趋向于失速($C_{L_{max}}$),则翼根失速先于翼梢($C_{L_{root}}=C_{L_{max}}$,而 $C_{L_{tip}} < C_{L_{max}}$)。在常规布局飞机上,襟翼位于机翼内侧,而副翼安装在机翼外侧。在此情况下,副翼有效,因为流过机翼外侧的气流是"健康"的。这对于改出尾旋(常常在失速之后发生)极为重要,因为除了应用方向舵外,副翼的应用对于终止尾旋是关键。因此,椭圆升力分布特性保证了在失速情况下的飞行安全性(见图 5-33)。

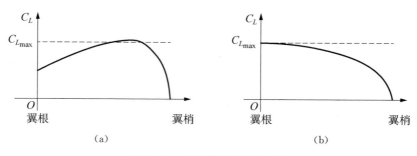

图 5 - 33 半机翼上的升力分布

(a) 非椭圆分布(翼梢失速先于翼根) (b) 椭圆分布(翼根失速先于翼梢)

(2) 机翼根部的弯矩是载荷分布的函数。如果载荷分布集中在根部附近,那么与载荷分布集中在翼梢附近相比,弯矩大大减小。椭圆载荷分布的中心更靠近于翼根,因此导致较小的弯矩,在机翼根部产生较低的弯曲应力和较小的应力集中(见图 5 - 34)。这意味着可使翼梁和机翼结构较轻,而这一直是设计需求之一。载荷分布是升力分布的函数。

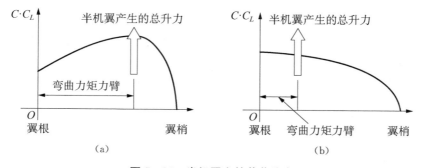

图 5 - 34 半机翼上的载荷分布

(a) 非椭圆分布(载荷距翼根较远) (b) 椭圆分布(载荷距翼根较近)

(3) 对于椭圆载荷分布而言,左、右机翼的重心更接近机身中心线。这意味着围绕 x 轴的机翼质量惯性矩较小,这有利于横向操纵。从根本上说,当飞机质量惯性矩较小时,飞机横滚较快。

(4) 对于椭圆升力分布,下洗沿翼展是常数[4]。这将影响水平尾翼的有效迎角。

(5) 对于椭圆升力分布,诱导迎角沿翼展也是常数。椭圆升力分布也产生最小诱导阻力。

(6) 对于椭圆升力分布,升力沿翼展的变化是稳定的(从翼梢(零)向翼根(最大值)逐渐增大)。这将简化翼梁设计。

　　读者也许已注意到,如果将机身对升力的贡献添加到机翼升力分布中,由于微小的机身升力贡献,那么使得升力分布可能不是椭圆。这是事实,并且更现实,因为对于常规布局的飞机,机翼连接于机身上。本节研究的正是一种理想情况,读者可通过考虑机身对升力的贡献,修改升力分布。图 5 - 35 给出机身对下单翼构型升力分布的贡献。对于襟翼放下时对升力分布的影响,也可按类似情况处理。图 5 - 36 给出襟翼对于机翼升力分布的贡献。机翼设计的目标原则上是获得机翼椭圆升力分布,而不考虑机身、襟翼或其他部件的贡献。

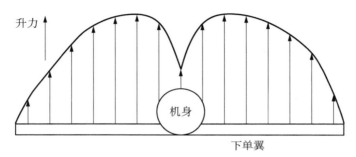

图 5 - 35　机身对下单翼构型升力分布的贡献

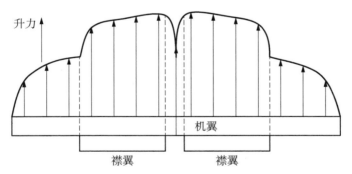

图 5 - 36　襟翼对升力分布的贡献

　　在第 5.14 节,将介绍用以确定升力和载荷沿机翼分布的数学方法。

5.9　后掠角

　　考虑一架飞机的俯视图。沿机翼半翼展的一条恒定百分比弦线与垂直于飞机中心线的横轴（y 轴）之间的夹角称为后掠角;机翼前缘与飞机 y 轴之间的夹角称为前缘后掠角（Λ_{LE}）。同样,机翼后缘与飞机 y 轴之间的夹角称为后缘后掠角（Λ_{TE}）;按同样方式,机翼 1/4 弦线与飞机 y 轴之间的夹角称为 1/4 弦线后掠角（$\Lambda_{C/4}$）;最后,机翼 50% 弦线与飞机 y 轴之间的夹角称为 50% 弦线后掠角（$\Lambda_{C/2}$）。

如果角度大于零(即机翼朝向机尾后退),则称为向后掠,简称后掠,否则称为前掠。图 5-37 示出具有各种后掠角的 5 种机翼。图 5-37(a)是无后掠角机翼,图5-37(b)~(e)示出 4 种后掠角机翼。图 5-37(b)所示为前缘后掠角;图 5-37(e)所示为后缘后掠角;此外,图 5-37(d)所示为 1/4 弦线后掠角;图 5-37(c)所示为 50% 弦线后掠角。20 世纪 40 年代中期之后,所设计的大多数高速飞机(如北美航空公司 F86 佩刀)采用后掠翼。在后掠尖削机翼上,所有高速飞机的典型特征几乎都是前缘后掠角大于后缘后掠角。

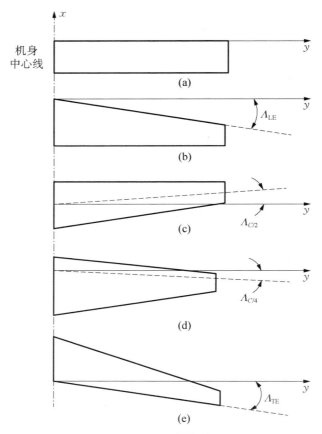

图 5-37 采用不同后掠角的 5 种机翼

根据后掠角的定义,具体的机翼可具有前缘后掠角,同时具有后缘前掠角。在 4 种形式的后掠角中,1/4 弦线后掠角和前缘后掠角是最重要的。亚声速飞行时迎角产生的升力通常作用于 1/4 弦线。此外,峰值通常靠近 1/4 弦线。除另有注明外,在本节中关于后掠角特性(优缺点)的讨论主要是围绕前缘后掠角展开。

采用后掠机翼基本上为了达到如下 5 个设计目标:

（1）通过延缓压缩性效应，改进跨声速、超声速和高超声速下的机翼空气动力特性（升力，阻力和俯仰力矩）；

（2）调节飞机重心；

（3）改善飞机横向静稳定性；

（4）影响飞机纵向和航向稳定性；

（5）增大驾驶员视界（尤其是战斗机驾驶员）。

本节将对所列这些目标进行详细描述。有关更多的信息，读者需要参考本章结尾列出的技术参考书。

后掠角对各种飞行特性的实际影响如下：

（1）后掠角实际上趋向于增大前缘和后缘之间的距离。于是，压力分布将发生变化。

（2）增大后掠机翼的有效弦长（见图 5-38），放大系数为 $1/\cos \Lambda$。这使得有效的相对厚度减小，因为厚度保持常数。

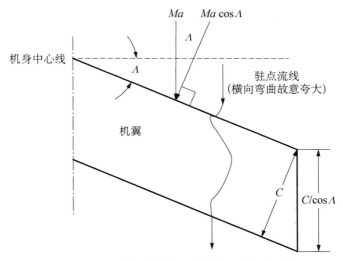

图 5-38　后掠角对垂直于前缘的马赫数的影响

（3）第（2）项也可转化为将垂直于机翼前缘的马赫数（Ma_n）减小为 $Ma \cdot \cos \Lambda$。因此，由于机翼后掠，相当于气流流过较薄的翼型，结果是增大了机翼的临界马赫数 Ma_{cr}。由于这个原因，因此增大 Ma_{cr} 的经典设计方法是使机翼后掠[6]。

（4）机翼后掠的效应是使流经机翼的流线变为曲线，如图 5-38 所示。流线弯曲是由于气流在垂直于 1/4 弦线的平面内减速和加速所致。在翼梢附近，气流绕翼梢流动，从下表面绕流到上表面，明显地改变了后掠效应。结果影响展向等压线后掠。为了补偿，可在翼梢采取额外的结构后掠。

（5）由于机翼后掠，因此机翼空气动力中心（ac）后移大约几个百分点。随着后掠角的增大，出现 ac 后移，因为与后掠机翼有关的下洗流谱的影响而使机翼外段升力系数相对于内段的有所增大。由于后掠，使机翼外段相对于机翼内段更靠后，因此产生的影响是升力中心向后移动。对于展弦比 7 和 10，梢根比 0.25 和 0.5 的后掠机翼，机翼后掠对 ac 位置的影响如图 5 - 39 所示。

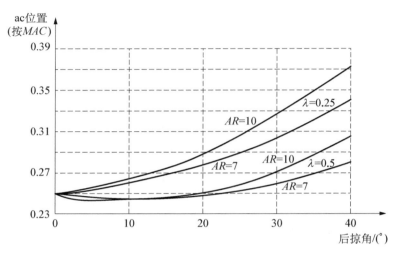

图 5 - 39　不同的 AR 与 λ 组合时机翼后掠对 ac 位置的影响

（6）减小有效动压，尽管在巡航时幅度不大。

（7）后掠角往往改变升力分布，如图 5 - 40 所示。查看第 5 项的解释，原因便很清楚。当后掠角增大时，奥斯瓦尔德翼展效率系数（e）将减小［见式（5 - 25）］。

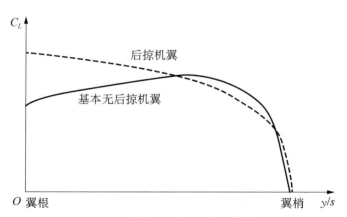

图 5 - 40　后掠角对升力分布的典型影响

式(5-27a)和式(5-27b)分别给出直机翼和后掠翼的奥斯瓦尔德翼展效率系数[12]：

$$e = 1.78(1 - 0.045AR^{0.68}) - 0.64 \qquad (5-27a)$$

$$e = 4.61(1 - 0.045AR^{0.68})[\cos \Lambda_{LE}]^{0.15} - 3.1 \qquad (5-27b)$$

式(5-27a)用于直机翼,式(5-27b)用于后掠角大于30(°)的后掠翼。当奥斯瓦尔德翼展效率系数等于1时,表示升力呈现椭圆分布,否则为非椭圆分布。对于小展弦比机翼(AR 小于6),式(5-27)无效。

(8) 机翼最大升力系数实际上能够随着后掠角的增大而增大。然而最大有用升力系数实际上随着后掠角的增大而减小,这是由于在自动上仰状态下失去控制。是否出现自动上仰,不仅取决于后掠角和展弦比的组合,还取决于翼型类型、扭转角和梢根比。因此,后掠角有使失速速度(V_s)增大的趋势。

未使用 HLD 的基本机翼的最大升力系数受如下的半经验关系式支配[13]：

$$C_{L_{\max(\Lambda \neq 0)}} = C_{l_{\max}} (0.86 - 0.002\Lambda) \qquad (5-28)$$

式中：后掠角 Λ 以(°)计量；$C_{l_{\max}}$ 表示机翼外段翼型的最大升力系数。

(9) 机翼后掠往往减小机翼升力曲线斜率(C_{L_α})。由谢维尔(Shevell)导入的基于普朗特–格劳厄特(Prandtl-Glauert)近似值的修正公式[13]如下：

$$C_{L_\alpha} = \frac{2\pi AR}{2 + \sqrt{AR^2(1 + \tan^2\Lambda - Ma^2) + 4}} \qquad (5-29)$$

(10) 只要飞机重心 cg 在飞机空气动力中心 ac 之前,飞机俯仰力矩将增大。原因是机翼空气动力中心随着后掠角的增大而向后移动。

(11) 后掠机翼有翼梢失速的趋势,因为朝展向外侧流动的趋势所致。这引起翼梢附近边界层加厚。同样原因,前掠翼飞机有翼根失速的趋势。这往往造成与机翼扭转相反的影响。

(12) 在大多数后掠翼飞机上,机翼翼梢位于飞机重心之后。因此翼梢部位的任何升力损失都会导致机翼压力中心向前移动,从而引起飞机机头上仰。这一上仰趋势可能导致飞机迎角进一步加大,可能导致飞机纵向操纵失控。同样原因,前掠翼飞机在类似情况下将出现下俯趋势。

(13) 后掠翼的翼梢失速非常严重。如果后掠翼的外段失速,那么升力损失出现在机翼空气动力中心之后。处于空气动力中心前部的机翼内段维持其升力,并产生一个很强的上仰力矩,有将飞机"抛入"深失速的趋势。加上翼梢失速对尾翼所产生的俯仰力矩的影响,其后果非常危险,必须借助某些选项(如机翼扭转)来加以避免。

(14) 后掠翼产生负横滚力矩,因为在左、右机翼之间,垂直于前缘的速度分量存在差异[14]。由后掠引起的横滚力矩与两倍前缘后掠角的正弦成正比：

$$C_{l_\beta} \propto \sin(2\Lambda_{LE}) \qquad (5-30)$$

这使上反角效应(C_{l_β})增强,意味着后掠翼具有固有的上反角效应。因而,后掠翼可能不需要利用上反角或下反角来满足横向-航向稳定性需求。因此,后掠角往往会增强上反角效应。值得注意的是,上反角效应增强,将会增大飞机盘旋稳定性。同时,荷兰滚阻尼比趋向于减小。这呈现一种设计矛盾[14],必须通过某些折中予以解决。

　　(15)超声速飞行时,后掠角往往会减小激波阻力。由斜激波产生的阻力称为波阻,其与穿过由机翼产生的斜激波而引起的总压损失以及增熵固有相关。为此,后掠角必须大于马赫角 μ(见图 5-41)[6]。

$$\mu = \arcsin\left(\frac{1}{Ma}\right) \qquad (5-31)$$

$$\Lambda = 1.2 \cdot (90 - \mu) \qquad (5-32)$$

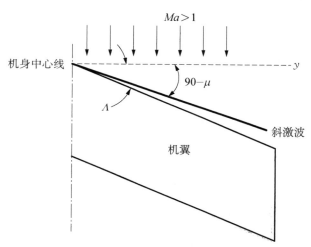

图 5-41　超声速飞行时的后掠角和马赫角

式中：Ma 是飞机巡航马赫数。后掠角加大 20%,将保证在超声速巡航时具有低波阻。

　　(16)机翼载荷(W/S)大、1/4 弦线后掠角($\Lambda_{c/4}$)大的机翼,遇到湍流时呈现良好的乘坐品质。

　　超高声速飞行(例如航天飞机)时,如果由于后掠角小而使斜激波非常接近机翼前缘,则因为空气动力加热将产生非常高的温度(约 3 000℉),使得机翼前缘表面有可能熔化。因此,后掠角必须设计成使机翼前缘避免非常高的温度,这保证机翼位于马赫锥内。

(17) 随着后掠角的应用,机翼有效翼展(b_{eff})将比原本的理论翼展要短。这导致围绕 x 轴的机翼质量惯性矩减小,从而增大了飞机横向可操纵性。因此,较大的后掠角可有较好的机动性。

下面给出后掠角选择指南。如上所述,后掠角有多种优点和缺点,仅可通过折中予以平衡。这些选择指南有助于读者选择初始值,并通过设计迭代过程更新其值。

(1) 低亚声速飞机。如果飞机最大速度小于 Ma 0.3(考虑压缩性影响而设定的边界值),则不推荐机翼采用后掠角,因为所有的缺点将否定所取得的性能改进。例如,使用 5(°)后掠角,可能减小飞机阻力约 2%,但增加的成本将超过 15%,并增加机翼制造的复杂程度。因此建议使用直机翼。

(2) 高亚声速飞机和超声速飞机。通过式(5-32),可确定后掠角初始值作为飞机巡航速度的函数。然而在对空气动力学、性能、稳定性、操纵性、结构、成本和可制造性进行一系列计算和分析之后,才最后确定后掠角最终值。记住,如果采用尖削机翼,无论如何都必须有后掠角。

表 5-10 示出若干飞机的后掠角及其最大速度。如表所示,当最大速度增大时,后掠角也随之增大。

表 5-10 若干低速飞机和高速飞机的后掠角

序号	飞机	类型	首飞日期	最大速度/Ma, kn	Λ_{LE}/(°)
1	塞斯纳 172	单发活塞式 GA	1955	121 kn	0
2	巨嘴鸟	涡桨教练机	1983	247 kn	4
3	埃尔泰克	涡桨运输机	1981	228 kn	3°51′36″
4	ATR 42	涡桨运输机	1984	265 kn	3°6′
5	喷气流 31	涡桨公务机	1967	Ma 0.4	5°34′
6	比奇 星际飞船	涡桨公务机	1991	Ma 0.78	20
7	DC-9-10	喷气式旅客机	1965	Ma 0.84	24
8	猎鹰 900B	喷气式公务机	1986	Ma 0.87	24°30′
9	弯流 V	喷气式公务机	1996	Ma 0.9	27
10	B777	喷气式运输机	1994	Ma 0.87	31.6
11	B-2A 幽灵	战略轰炸机	1989	Ma 0.95	33
12	MD-11	喷气式运输机	2001	Ma 0.945	35
13	B747	喷气式运输机	1969	Ma 0.92	37°30′
14	A 340	喷气式运输机	1991	Ma 0.9	30
15	F-16	战斗机	1974	>Ma2	40
16	F/A-18	战斗机	1992	>Ma1.8	28
17	Mig-31	战斗机	1991	Ma 2.83	40

（续表）

序号	飞机	类型	首飞日期	最大速度/Ma, kn	Λ_{LE}/(°)
18	苏-34	战斗机	1996	Ma 2.35	42
19	欧洲战斗机台风	战斗机	1986	Ma 2	53
20	幻影 2000	战斗机	1975	Ma 2.2	58
21	协和号	超声速喷气式运输机	1969	Ma 2.2	内段 75 外段 32
22	航天飞机	航天器（返回地面时在大气层内飞行）	1981	Ma 21	内段 81 外段 44

下面列出的实用性评论（包括几项缺点）将有助于设计者对机翼后掠角做出正确的决定。

（1）可变后掠。如果飞机需要在不同的飞行状态下具有不同的后掠角，则理想的选项是选择变后掠机翼。从一些设计方面考虑，这是一个理想的目标，然而这带来一些设计问题。例如一架战斗机，绝大部分时间是以亚声速飞行，仅根据其任务要求利用自身的超声速能力做短时间的"超声速冲刺"。

变后掠机翼是在飞行中可以实现后掠然后又能返回到原始位置的机翼。可在飞行中改变机翼的几何形状。通常，后掠机翼更适合于高速（如巡航），而无后掠机翼更适合于低速（如起飞和着陆），可使飞机携带更多的燃油和有效载荷，并改善起飞着陆性能。变后掠机翼可使驾驶员按预期的速度来选择准确的机翼形态。对于预期在低速和高速都发挥功能的那些飞机，变后掠机翼是最有用的，因此其主要用于战斗机。

从 20 世纪 40 年代到 70 年代，出现了众多成功的设计（变后掠翼），如贝尔 X-5，格鲁曼 F-14 雄猫（见图 5-44(a)），通用动力 F-111，罗克韦尔超声速轰炸机 B-1B，米高扬 米格-23 和帕那维亚 飓风（见图 6-18）。然而飞行控制技术和结构材料方面的新近发展，可使设计者严格按飞机空气动力学和结构要求量身定制，无需使用改变机翼几何形状的方法来达到所需性能。从空气动力学考虑，准确的后掠角将产生可能的最低阻力，同时产生可能的最大升力和最佳操纵性能。缺点在于损失结构完整性，并带来后掠角控制机构（手动或自动）问题。迄今为止，最后见到的变后掠翼军用飞机是苏联的图-160"逆火"轰炸机，该机于 1980 年首飞。

（2）机翼/机身干扰。在机翼根部，由于直线形状的机身侧壁与曲线流动的气流为了产生相互干扰，严重降低后掠效应。通常对靠近机翼根部的翼型进行修形，以改变基本压力分布，由此补偿后掠翼气流的畸变。由于机身效应是增加有效翼型弯度，因此，修形是为了减小根部翼型的弯度，在某些情况下使用负弯度。此时机身的影响使修形后根部翼型的压力分布发生改变，回到所希望的正弯度翼型压力分布,再沿翼展向外扩展[13]。通过调节机身形状,与固有的后掠翼流线相匹配,也能达到同样的后掠翼根部补偿效果。然而这大大增加制造费用,并带来客舱布局问题。因此对于运输机而言,最好采用翼型修形方法。对于战斗机,采用大的填角整流包皮,或甚至改变机身形状反而是合适的。

(3)双后掠角。在某些情况下,一个后掠角不可能满足所有设计需求。例如,大后掠角机翼能满足高速巡航需求,而在低亚声速时,飞机可操纵性或横向稳定性却不能令人满意。一种解决的方法是,将机翼分为内段和外段,然后为每段机翼设置不同的后掠角(见图5-42)。超声速运输机协和号和航天飞机具有如此的布局特点。

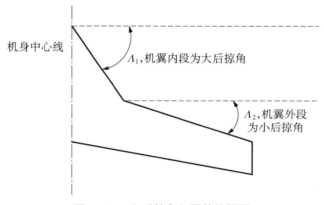

图5-42　双后掠角机翼的俯视图

(4)操纵面。后掠角将影响HLD(如襟翼)和操纵面(如副翼)的性能。实际上,因为HLD和操纵面两者都需要有后掠角(其值略微不同),它们的升力将被扰乱。结果,在低速时HLD产生的升力减小。按相同逻辑,可以看到副翼的横向控制能力也降低。为补偿这些缺点,必须略微加大操纵面和HLD的面积。

(5)翼梁。机翼具有后掠角时,翼梁不可能再是一个整件,因为左右机翼具有对称的后掠角。这算作是后掠翼的一个缺点,因为机翼结构完整性受到负面影响。这同样增加了机翼制造的复杂性。

(6)有效翼展(b_{eff})和有效展弦比(AR_{eff})。由于后掠角的存在,翼展(b)的含义则略有不同,所以导入一个新的参数,即有效翼展(b_{eff})。当50%弦线的后掠角之值不为零时,翼展将大于机翼有效翼展。简单来说,直机翼翼展定义为沿平行于飞机横轴(y轴)的直线量取的两个翼梢之间的距离。但是,在后掠翼飞机上,翼展定义为沿50%弦线量取从一个翼梢到机身中心线的距离的两倍。因此,将后掠翼的有效翼展定义为沿平行于飞机横轴(y轴)的直线量取的两个翼梢之间的距离。图5-43给出翼展和有效翼展之间的差异。这表明,机翼后掠角将机翼翼展改变为数值较小的有效翼展:

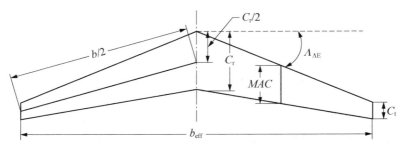

图 5 - 43　后掠机翼的有效翼展

$$AR_{\text{eff}} = \frac{b_{\text{eff}}^2}{S} \qquad (5 - 33)$$

确定有效翼展的方法基于三角形定理。示例 5 - 3 和示例 5 - 4 示出此方法的应用。图 5 - 44 给出战斗机格鲁门 F - 14D、GA 飞机皮拉图斯 PC - 21 和运输机福克 70 的后掠角。

(a)

(b)

(c)

图 5 - 44　三种飞机的后掠机翼

（a）格鲁门 F - 14D（经安东尼·奥斯本允许）　（b）皮拉图斯 PC - 21（经安东尼·奥斯本允许）　（c）福克 70（经圣安妮·迪乌斯允许）

示例 5.3

问题陈述　一架飞机,机翼面积 $S=20$ m²,展弦比 $AR=8$,梢根比 $\lambda=0.6$。要求 50% 弦线的后掠角为 0°。确定梢弦、根弦、MAC、翼展、前缘后掠角、后缘后掠角和 1/4 弦线后掠角。

解　为确定未知变量,首先采用下列公式:

$$AR=\frac{b^2}{S}\Rightarrow b=\sqrt{S \cdot AR}=\sqrt{20 \cdot 8}\Rightarrow b=12.65 \text{ m} \qquad (5-19)$$

$$AR=\frac{b}{\overline{C}}\Rightarrow \overline{C}=\frac{b}{AR}=\frac{12.65}{8}\Rightarrow \overline{C}=1.58 \text{ m} \qquad (5-17)$$

$$\overline{C}=\frac{2}{3}C_{\text{r}}\left(\frac{1+\lambda+\lambda^2}{1+\lambda}\right)\Rightarrow 1.58=\frac{2}{3}C_{\text{r}}\left(\frac{1+0.6+0.6^2}{1+0.6}\right)\Rightarrow C_{\text{r}}=1.936 \text{ m}$$

$$(5-26)$$

$$\lambda=\frac{C_{\text{t}}}{C_{\text{r}}}\Rightarrow 0.6=\frac{C_{\text{t}}}{1.936}\Rightarrow C_{\text{t}}=1.161 \text{ m} \qquad (5-24)$$

由于 50% 弦线后掠角为 0°（$\Lambda_{C/2}=0°$）,因此在三角形 ABC（见图 5 - 45）内使用三角定理,确定前缘、后缘和 1/4 弦线各自的后掠角如下:

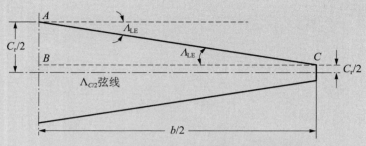

图 5 - 45　示例 5.3 中的机翼（λ 和角度有意夸大）

$$\tan(\Lambda_{LE}) = \frac{AB}{BC} \Rightarrow \Lambda_{LE} = \arctan\left(\frac{\dfrac{C_r}{2} - \dfrac{C_t}{2}}{\dfrac{b}{2}}\right) = \arctan\left(\frac{\dfrac{1.936 - 1.161}{2}}{12.65/2}\right)$$

$$\Rightarrow \Lambda_{LE} = 3.5°（后掠）$$

机翼为直机翼，因此后缘后掠角为

$$\Lambda_{TE} = -3.5°（前掠）$$

在类似三角形内使用正切定理，确定 1/4 弦线后掠角如下：

$$\Lambda_{C/4} = \arctan\left(\frac{\dfrac{C_r - C_t}{4}}{\dfrac{b}{2}}\right) = \arctan\left(\frac{\dfrac{1.936 - 1.161}{4}}{12.65/2}\right)$$

$$\Rightarrow \Lambda_{C/4} = 1.753°（后掠）$$

值得注意的是，尽管机翼是直机翼（$\Lambda_{C/2} = 0°$），但前缘、后缘和 1/4 弦线都有后掠角。

示例 5.4

　　问题陈述　一架飞机，机翼面积 $S = 20 \ m^2$，展弦比 $AR = 8$，梢根比 $\lambda = 0.6$。要求 50% 弦线的后掠角为 30°。确定翼梢弦、根弦、MAC、翼展、有效翼展、前缘后掠角、后缘后掠角和 1/4 弦线后掠角。

　　解　为确定未知变量，首先采用下列公式：

$$AR = \frac{b^2}{S} \Rightarrow b = \sqrt{S \cdot AR} = \sqrt{20 \cdot 8} \Rightarrow b = 12.65 \ m \qquad (5 - 19)$$

$$AR = \frac{b}{\overline{C}} \Rightarrow \overline{C} = \frac{b}{AR} = \frac{12.65}{8} \Rightarrow \overline{C} = 1.58 \ m \qquad (5 - 17)$$

$$\overline{C} = \frac{2}{3}C_r\left(\frac{1+\lambda+\lambda^2}{1+\lambda}\right) \Rightarrow 1.58 = \frac{2}{3}C_r\left(\frac{1+0.6+0.6^2}{1+0.6}\right) \Rightarrow C_r = 1.936 \text{ m}$$

$$(5-26)$$

$$\lambda = \frac{C_t}{C_r} \Rightarrow 0.6 = \frac{C_t}{1.935} \Rightarrow C_t = 1.161 \text{ m} \qquad (5-24)$$

由于 50% 弦线后掠角为 30°($\Lambda_{C/2} = 30°$),因此利用三角形定理(见图 5-46)确定前缘、后缘和 1/4 弦线各自的后掠角。但是。首先需要计算几个参数。

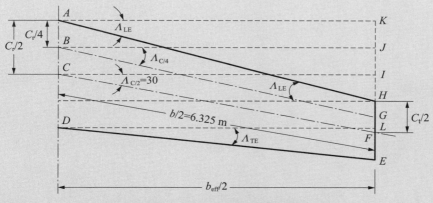

图 5-46 示例 5.4 中右机翼俯视图

在直角三角形 CIF 中包含 50% 弦线后掠角($\Lambda_{C/2}$),可写为

$$\sin(\Lambda_{C/2}) = \frac{FI}{b/2} \Rightarrow FI = \frac{12.65}{2}\sin(30) = 3.1625 \text{ m}$$

$$(CI)^2 + (FI)^2 = (CF)^2 \Rightarrow CI = \sqrt{(CF)^2 - (FI)^2} \Rightarrow \frac{b_{\text{eff}}}{2}$$

$$= \sqrt{\left(\frac{12.65}{2}\right)^2 - 3.1625^2} \Rightarrow b_{\text{eff}} = 10.955 \text{ m}$$

因此,有效翼展小于矩形机翼翼展。结果,有效展弦比减小为

$$AR_{\text{eff}} = \frac{b_{\text{eff}}^2}{S} = \frac{10.955^2}{20} \Rightarrow AR_{\text{eff}} = 6 \qquad (5-33)$$

应注意,AR 从 8 减小为 6。IH 的长度为

$$IH = FI - \frac{C_t}{2} = 3.1625 - \frac{1.161}{2} = 2.582 \text{ m}$$

在直角三角形 AKH 中包括前缘后掠角(Λ_{LE}),则有

$$\tan \Lambda_{\mathrm{LE}} = \frac{KH}{AK} = \frac{KI + IH}{\dfrac{b_{\mathrm{eff}}}{2}} = \frac{\dfrac{C_{\mathrm{r}}}{2} + 2.582}{\dfrac{10.955}{2}}$$

$$= \frac{\dfrac{1.936}{2} + 2.582}{\dfrac{10.955}{2}} = 0.648 \Rightarrow \Lambda_{\mathrm{LE}} = 33° (后掠)$$

直角三角形 GJB 包括 1/4 弦线后掠角($\Lambda_{\mathrm{C/4}}$),则有

$$\tan \Lambda_{\mathrm{C/4}} = \frac{GJ}{BJ} = \frac{GH + JH}{\dfrac{b_{\mathrm{eff}}}{2}} = \frac{\dfrac{C_{\mathrm{t}}}{4} + KH - KJ}{\dfrac{b_{\mathrm{eff}}}{2}} = \frac{\dfrac{C_{\mathrm{t}}}{4} + (KI + IH) - KJ}{\dfrac{b_{\mathrm{eff}}}{2}}$$

$$= \frac{\dfrac{C_{\mathrm{t}}}{4} + \left(\dfrac{C_{\mathrm{r}}}{2} + 2.582\right) - \dfrac{C_{\mathrm{r}}}{4}}{\dfrac{b_{\mathrm{eff}}}{2}} = \frac{\dfrac{1.161}{4} + \left(\dfrac{1.936}{2} + 2.582\right) - \dfrac{1.936}{4}}{\dfrac{10.955}{2}}$$

$$= 0.613 \Rightarrow \Lambda_{\mathrm{C/4}} = 31.5° (后掠)$$

这表明,前缘后掠角和 1/4 弦线后掠角两者都大于 50% 弦线后掠角。

最后,直角三角形 DLE 包括后缘后掠角(Λ_{TE}),则有

$$\tan \Lambda_{\mathrm{TE}} = \frac{EL}{LD} = \frac{EK - KL}{\dfrac{b_{\mathrm{eff}}}{2}} = \frac{EK - C_{\mathrm{r}}}{\dfrac{b_{\mathrm{eff}}}{2}} = \frac{\dfrac{C_{\mathrm{t}}}{2} + KH - C_{\mathrm{r}}}{\dfrac{b_{\mathrm{eff}}}{2}}$$

$$= \frac{\dfrac{C_{\mathrm{t}}}{2} + (KI + IH) - C_{\mathrm{r}}}{\dfrac{b_{\mathrm{eff}}}{2}} = \frac{\dfrac{C_{\mathrm{t}}}{2} + \left(\dfrac{C_{\mathrm{r}}}{2} + 2.582\right) - C_{\mathrm{r}}}{\dfrac{b_{\mathrm{eff}}}{2}}$$

$$= \frac{\dfrac{1.161}{2} + (2.582) - \dfrac{1.936}{2}}{\dfrac{10.955}{2}} = 0.401 \Rightarrow \Lambda_{\mathrm{TE}} = 21.85° (后掠)$$

后缘后掠角比 50% 弦线后掠角小很多。

5.10 扭转角

如果翼梢安装角小于翼根安装角,则称机翼具有负扭转或简称扭转(α_{t})或外洗。相反,如果翼梢安装角大于翼根安装角,则称机翼具有正扭转或内洗。通常使

用负扭转,意味着翼梢迎角小于翼根迎角,如图 5 - 47(a)所示。这表示机翼迎角沿翼展减小。众多现代飞机的机翼沿翼展具有不同的翼型和不同的零升迎角值。这称为气动力扭转。翼梢翼型通常比翼根翼型薄,如图 5 - 47(b)所示。有时,翼梢翼型和翼根翼型具有相同的相对厚度,但与翼梢翼型相比,翼根翼型具有更大的零升迎角(即更负的角度)。

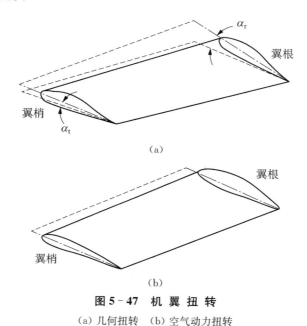

（a）

（b）

图 5 - 47　机 翼 扭 转

（a）几何扭转　（b）空气动力扭转

当翼梢安装角和翼根安装角不同时,这种扭转称为几何扭转。然而如果翼梢翼型和翼根翼型不同,这种扭转称为空气动力扭转。两种形式的扭转各有优缺点,设计者应据此做出选择,以满足设计需求。扭转的应用是决策时的一种选择,但是需通过计算来确定扭转量。本节将讨论这两个议题。

实际上,应用气动扭转比应用几何扭转要方便。原因是对于气动扭转,机翼的一部分翼肋与另一部分的不同,而机翼的所有部分具有相同的安装角。几何扭转应用的难点在于制造。机翼的每一部分有独特安装角,因为迎角必须从机翼安装角 i_w(在翼根)减小(通常为线性)到翼梢处的某个新值。通过扭转机翼主梁,由此使机翼(翼肋)自动形成扭转,可实现几何扭转。可供选择的另一种解决方法是,将左右机翼各分为两个部分,即内侧部分和外侧部分。然后,使内侧部分安装角等于机翼安装角,而外侧部分采用使机翼形成扭转的安装角值。如果情况允许,则可同时采用几何扭转和空气动力扭转。

在机翼设计过程中采用扭转有两个主要目的:

(1) 避免翼梢先于翼根而失速;

（2）将升力分布修正为椭圆分布。

除了上述两个所希望的目的外，采用扭转时有一个不希望出现的输出是：

（3）升力减小。

当翼根在翼梢之前进入失速时，驾驶员能够利用副翼来操纵飞机，因为在机翼外段的迎角较小，尚未产生失速。这一措施改善机翼失速时的飞机安全性。椭圆升力分布的意义已在第 5.7 节中做了阐述。扭转的主要缺点在于丧失升力，因为通常都采用负扭转。当翼型迎角减小时，升力系数也将减少。机翼扭转的准则和限制是，扭转角不得太大而导致机翼外侧部分出现负升力。因为任一翼型都有零升迎角（α_0），所以扭转角设计准则可由如下公式给出：

$$|\alpha_t| + i_w \geqslant |\alpha_0| \tag{5-34}$$

当机翼外侧部分产生负升力时，整个机翼升力下降。这是不希望出现的，必须在确定扭转角的过程中予以避免。几何扭转角的典型值在 $-1°$ 和 $-4°$ 之间（即负扭转）。必须确定扭转角的准确值，使得翼梢失速出现在翼根失速之后，并使升力呈现椭圆分布。图 5-48 给出（负）扭转角对升力分布的典型影响。表 5-11 给出若干飞机的扭转角。正如表中所示，有些飞机（诸如塞斯纳 208，比奇 1900D，比奇喷气 400A，阿弗罗 RJ100，洛克希德 C-130 大力神（见图 5-4））同时具有几何扭转和空气动力扭转。

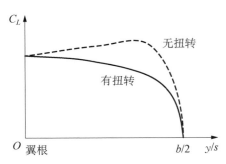

图 5-48 （负）扭转角对升力分布的典型影响

表 5-11 若干飞机的扭转角

(a) 几何扭转[5,15]

序号	飞 机	$MTOW$/lb	机翼根部安装角 i_w/(°)	机翼翼梢安装角/(°)	扭转角/(°)
1	福克 50	20 800	+3.5	+1.5	−2
2	塞斯纳 310	4 600	+2.5	−0.5	−3
3	塞斯纳 奖状 I	11 850	+2.5	−0.5	−3
4	比奇 空中国王	11 800	+4.8	0	−4.8
5	比奇 T-1A 乔霍克	16 100	+3	−3.3	−6.3
6	比奇 T-34C	4 300	+4	+1	−3
7	塞斯纳 天栈 6	3 600	+1.5	−1.5	−3
8	湾流 IV	73 000	+3.5	−2	−5.5
9	诺思罗普 格鲁曼 E-2C 鹰眼	55 000	+4	+1	−3
10	派珀 夏安人	11 200	+1.5	−1	−2.5

（续表）

序号	飞 机	MTOW/lb	机翼根部 安装角 i_w/(°)	机翼翼梢 安装角/(°)	扭转角/(°)
11	比奇 超级国王	12 500	+3(°)48′	−1°7′	4°55′
12	比奇 星际飞船	14 900	+3	−5	−3.5
13	塞斯纳 208	8 000	+2(°)37′	−3°6′	−5°31′
14	比奇 1900D	16 950	+3(°)29′	−1°4′	−4°25′
15	比奇 喷气 400A	16 100	+3	−3°30′	−6°30′
16	阿弗罗 RJ100	101 500	+3(°)6′	0	−3°6′
17	洛克希德 C−130 大力神	155 000	+3	0	−3
18	皮拉图斯 PC−9	4 960	+1	−1	−2
19	派珀 PA−28−161 勇士	2 440	+2	−1	−3

（b）空气动力扭转[5]

序号	飞 机	MTOW/lb	翼根翼型	翼梢翼型	$\Delta t/C$/%
1	塞斯纳 208	8 000	NACA 23017.424	NACA 23012	5
2	比奇 1900D	16 950	NACA 23018	NACA 23012	6
3	比奇喷气 400A	16 100	$t/C=13.2\%$	$t/C=11.3\%$	1.9
4	阿弗罗 RJ100	101 500	$t/C=15.3\%$	$t/C=12.2\%$	3.1
5	C−130 大力神	155 000	NACA 64A318	NACA 64A412	6
6	湾流 Ⅳ−SP	74 600	$t/C=10\%$	$t/C=8.6\%$	1.4
7	B767	412 000	$t/C=15.1\%$	$t/C=10.3\%$	4.8
8	鹞 Ⅱ	31 000	$t/C=11.5\%$	$t/C=7.5\%$	4
9	BAe 海鹞	26 200	$t/C=10\%$	$t/C=5\%$	5
10	川崎重工 T−4	12 544	$t/C=10.3\%$	$t/C=7.3\%$	3
11	F/A−18 大黄蜂	52 000	NACA 65A−005	NACA 65A−003	2

5.11　上反角

　　从飞机正前方看去，机翼弦线平面与 xy 平面之间的夹角称为机翼上反角（Γ）。机翼弦线平面是一假想平面，是由横跨翼展连接所有弦线构成的平面。如果翼梢高于 xy 平面，则此角度称为正上反角，或简称上反角；但是当机翼翼梢低于 xy 平面时，此角度称为负上反角，或下反角（见图 5−49）。为保持飞机对称，飞机左机翼和右机翼必须具有相同的上反角。上反角有不少优点和缺点。本节将阐述这些特性，随后阐述确定上反角的一些设计建议。

　　采用机翼上反角的主要原因是改善飞机横向稳定性。横向稳定性主要是飞机受到阵风扰动并绕 x 轴横滚后恢复到其原始机翼水平配平飞行状态的趋势。在某

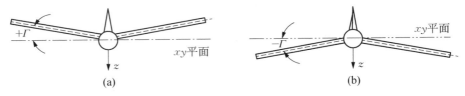

图 5‑49 机翼上反角和下反角(飞机前视图)

(a) 上反角 (b) 下反角

些参考文献中,将其称为上反角稳定性,因为机翼上反角提供必要的恢复横滚力矩。横向静稳定性主要由稳定性导数($C_{l_\beta} = \dfrac{\mathrm{d}C_l}{\mathrm{d}\beta}$)来表示,该导数称为飞机上反角效应,它是飞机侧滑角(β)变化引起的飞机横滚力矩系数的变化。

观察一架机翼水平的飞机,其受到扰动(如一侧机翼下方的阵风),产生不希望的横滚力矩(见图 5‑50)。当飞机横滚时,一侧机翼(比如说是左机翼)向上,而另一侧机翼(比如说是右机翼)下沉。这称为正横滚。下沉右机翼的升力瞬时有小百分比损失。结果飞机加速朝右机翼方向向下侧滑,将产生侧滑角(β)。这相当于气流从飞机右侧逼近机翼,侧滑角为正。作为响应,一架横向静安定的飞机必须产生一个负横滚力矩,使飞机恢复到初始的机翼水平状态。从技术上讲,这过渡到负上反角效应($C_{l_\beta} < 0$)。机翼上反角的作用是导入一个正向迎角增量($\Delta\alpha$)。通过产生一个法向速度($V_\mathrm{n} = V\Gamma$),实现这一机翼上反角功能:

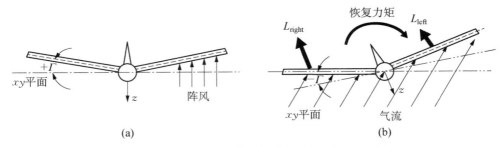

图 5‑50 横滚时上反角对扰动的影响(飞机前视图)

(a) 阵风前 (b) 阵风后

$$\Delta\alpha \approx \frac{V\Gamma}{U} \approx \frac{U\beta\Gamma}{U} \approx \beta\Gamma \qquad (5\text{--}35)$$

式中:U 是沿 x 轴的空速分量;V 是沿 y 轴的空速分量。正是这一迎角增量,产生相应的升力增量,这又导致一个负横滚力矩。有意思的是,左机翼恰恰受到相反的影响,其引起一个负的横滚力矩。因此,由源于机翼上反角几何形状的侧滑引起的横滚力矩与上反角成正比。从根本上说,机翼正上反角由侧滑导数 C_{l_β} 引起的横滚力矩为负值。飞机必须有因侧滑而产生的某个最低数值的负横滚力矩值,即上反角效应。这是因为需要防止过大的盘旋不稳定性。太大的上反角效应有降低荷兰滚阻尼的趋势。更负的 C_{l_β} 意味着增大了盘旋稳定性,但同时也降低了荷兰滚稳定性。

下反角的功能恰恰相反。换言之,下反角削弱横向稳定性。某些飞机构型中使用下反角的原因在于,为了在横向稳定性方面寻求机翼参数(如后掠角和机翼垂直位置)作用之间的平衡。原因是飞机的横向稳定性较好,意味着飞机的横滚可操纵性较差。在机翼设计中,必须仔细确定机翼参数,以使它们满足稳定性和操纵性这两方面的需求。采用机翼上反角的主要原因不仅是因为横向稳定性受机翼后掠角和机翼垂直位置的影响,而且是为了考虑性能需求和运行需求。

例如,货机通常采用上单翼,以满足货物装卸的运行需求。上单翼对飞机的横向稳定性提供很大的正向贡献,这意味着飞机的横向稳定性超出必要。为了降低飞机的横向稳定性,设计者的选项之一是配置一个机翼下反角。这一决策并不改变飞机的使用特性,但改善了飞机的横滚可操纵性。通常,上单翼飞机具有固有的上反角效应 C_{l_β},而下单翼飞机在这方面往往有所不足。由于这一原因,因此与上单翼飞机相比,下单翼飞机往往采用相当大的上反角。相比之下,后掠翼飞机由于采用后掠角而具有太大的上反角效应 C_{l_β}。在上单翼飞机上,给机翼一个负的上反角(即下反角),能够抵消此效应。横向稳定性和横滚操纵性之间的平衡,是确定上反角的一项主要准则。

机翼上反角的另一个作用是改变飞机的离地间隙和离水面间隙,因为飞机机翼、短舱和螺旋桨必须具有最小的离地间隙和离水面间隙。很显然,上反角将增大飞机的离地间隙和离水面间隙,而下反角将减小离地间隙和离水面间隙。对于具有大展弦比和高弹性机翼的飞机(如破纪录的飞机旅行者号),飞行时机翼弹性变形产生极大的上反角。在设计这类飞机的机翼时,必须考虑此现象。

机翼采用上反角时,机翼有效平面面积(S_{eff})减小。与无上反角机翼相比,这又会减小机翼产生的升力,这是不希望的。如果需要为机翼设置上反角,则考虑上反角的最低值,以使升力降低值减至最小。有效机翼平面面积是上反角的函数,并由如下公式确定:

$$S_{eff} = S_{ref} \cos \Gamma \tag{5-36}$$

表 5-12 给出若干飞机的上反角(或下反角)以及机翼的垂直位置。如表所示,典型的上反角值在 $-15°$ 和 $+10°$ 之间。图 5-51 给出具有不同上反角的两种飞机。表 5-13 示出各种机翼垂直位置的后掠或非后掠机翼的上反角典型值。此表只是开始时的建议参考值。可从此表中选择有关上反角的初始值。但只有在整架飞机的稳定性和操纵性分析过程中,才能确定上反角的准确值。在设计飞机其他部件(如机身、尾翼)时,须对整架飞机的横向稳定性进行评估。

(a)

(b)

图 5 - 51　具有不同上反角的两架飞机

(a) A 330,上反角(经 A J 贝斯特允许)　(b) 英国航宇公司"海鹞",下反角(经詹妮·科菲允许)

表 5 - 12　若干飞机的上反角(或下反角)

序号	飞　机	类　型	机翼位置	上反角/(°)
1	皮拉图斯 PC - 9	涡桨教练机	下单翼	7(外翼)
2	麦道 MD - 11	喷气式运输机	下单翼	6
3	塞斯纳 750 奖状 X	喷气式公务机	下单翼	3
4	川崎重工 T - 4	喷气式教练机	上单翼	−7
5	B 767	喷气式运输机	下单翼	4°15′
6	猎鹰 900 B	喷气式公务机/运输机	下单翼	0°30′
7	C - 130 大力神	涡桨货机	上单翼	2°30′
8	安东诺夫 An - 74	喷气式短距起落运输机	遮阳伞式机翼	−10
9	塞斯纳 208	活塞式 GA	上单翼	3

（续表）

序号	飞　机	类　型	机翼位置	上反角/(°)
10	B 747	喷气式运输机	下单翼	7
11	A310	喷气式运输机	下单翼	11°8′
12	F-16 战隼	战斗机	中单翼	0
13	英国航宇 海鹞	垂直短距起降战斗机	上单翼	−12
14	麦道/英国航宇海鹞Ⅱ	垂直短距起降近距支援	上单翼	−14.6
15	F-15J 鹰	战斗机	上单翼	−2.4
16	费尔柴德尔 SA227	涡桨通勤飞机	下单翼	4.7
17	福克 50	涡桨运输机	上单翼	3.5
18	阿弗罗 RJ	喷气式运输机	上单翼	−3
19	米格-29	战斗机	中单翼	−2

表 5-13　各种机翼构型的上反角典型值

序号	机翼	下单翼/(°)	中单翼/(°)	上单翼/(°)	遮阳伞式/(°)
1	无后掠	5～10	3～6	−4～−10	−5～−12
2	低亚声速后掠	2～5	−3～+3	−3～−6	−4～−8
3	高亚声速后掠	3～8	−4～+2	−5～−10	−6～−12
4	超声速后掠	0～−3	1～−4	0～−5	不适用
5	高超声速后掠	1～0	0～−1	−1～−2	不适用

为了具有可接受的横向操纵性和横向稳定性,推荐的飞机上反角效应(C_{l_β})为 −0.1与+0.4 1/rad 之间的某个值。然而可调节上反角,以满足所有的设计需求。如果对于整个机翼而言单一上反角并不能满足所有的设计需求,那么可将机翼分为内段和外段,然后为每段机翼设置不同的上反角。例如,为了使机翼内段保持水平,可在机翼外段采用上反角。

5.12　高升力装置

5.12.1　高升力装置的功能

机翼设计的设计目标之一是使机翼产生升力的能力最大化。这一设计目标在技术上表现为最大升力系数($C_{L_{max}}$)。在配平巡航飞行时,升力等于重力。当飞机产生其最大升力系数时,对应的空速称为失速速度:

$$L = W \Rightarrow \frac{1}{2}\rho V_s^2 S C_{L_{max}} = mg \qquad (5-37)$$

目标清单中的两个设计目标是:①最大有效载荷重量,②最小失速速度(V_s)。

如式(5-37)所示,增大 $C_{L_{max}}$,往往会增大有效载荷(W)并减小失速速度。较低的失速速度是所希望的,因为安全起飞和着陆需要较低的失速速度。相比之下,较大的有效载荷将增大飞机的效率,并降低飞行成本。较大的 $C_{L_{max}}$ 可使飞机有较小的机翼面积,使机翼较轻。因此在机翼设计时,设计者必须寻求使 $C_{L_{max}}$ 最大化的方法。为了增大升力系数,在飞行中唯一可用的方法是瞬时改变(增大)机翼(翼型)弯度。仅当 HLD 向下偏转时,才会出现此情况。在 20 世纪 70 年代,起飞时最大升力系数为 2.8,而当前的纪录属于空中客车工业公司 A320,其最大升力系数值达 3.2。

HLD 主要是在起飞和着陆过程中应用,由于与巡航速度相比,此时飞机速度非常低,机翼必须产生更大升力系数。飞机起飞和着陆时飞机速度略大于失速速度。适航标准规定了起飞速度和着陆速度与失速速度之间的关系。作为通用的规则,则有

$$V_{TO} = kV_s \tag{5-38}$$

式中:k 对于战斗机约为 1.1,对于喷气式运输机和 GA 飞机约为 1.2。

应用 HLD 趋向于改变翼型的和机翼的弯度(事实上,弯度将正向增大)。这又将改变沿翼弦的压力分布,如图 5-52 所示。在该图中,C_p 表示压力系数。

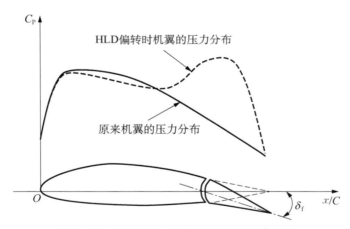

图 5-52 应用高升力装置时的压力分布示例

相比之下,前缘高升力装置(LEHLD)趋向于改善机翼的边界层能量。从 20 世纪 30 年代早期起,所设计的每架飞机上几乎都使用了某种形式的 HLD。HLD 是用来充分增大 $C_{L_{max}}$ 的一种手段。

从翼型层面看,HLD 偏转往往使翼型特性发生如下 7 个方面的变化:

(1) 增大升力系数(C_l);

(2) 增大最大升力系数($C_{l_{max}}$);

（3）改变零升迎角（α_0）；

（4）改变失速迎角（α_s）；

（5）改变俯仰力矩系数；

（6）增大阻力系数；

（7）增大升力曲线斜率。

图 5-53 示出这些影响。HLD 的应用带来所想要的 2 个优点（即前 2 项），同样也带来一些负面影响（后 5 项）。简单襟翼有减小失速迎角的趋势，而开缝襟翼和前缘缝翼有增大失速迎角的趋势。此外，在所有类型的襟翼中，富勒襟翼和前缘缝翼往往会增大升力曲线斜率（C_{L_α}）。相比之下，前缘襟翼有增大零升迎角（α_0）的趋势。

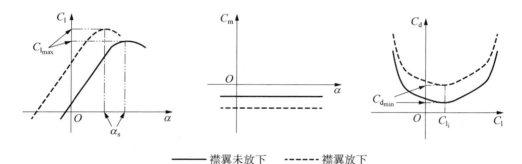

——— 襟翼未放下　------ 襟翼放下

图 5-53　高升力装置对机翼翼型特性的典型影响

减小失速迎角并不可取，因为机翼有可能在较小的迎角下就失速。在起飞和着陆期间，需要大迎角来成功地完成起飞和着陆。大迎角往往还会减小起飞滑跑距离和着陆滑跑距离，对于跑道长度受限机场，这是所希望的。俯仰力矩系数的增大则要求有更大的水平尾翼面积来维持飞机平衡。阻力系数增大使起飞时的加速度减小。尽管 HLD 的应用产生了某些不希望的副作用，但优点还是大于缺点。

如果一架飞机的 $C_{L_{max}}$ 固有值没有大到足可使飞机安全起飞和着陆，那么采用机械 HLD，能够临时增大 $C_{L_{max}}$ 值。因此，尽管采用相同的翼型，但还是能够按照需要临时增大 $C_{L_{max}}$ 值，而不会实际加大飞机俯仰。需要增大 $C_{L_{max}}$ 的两个飞行阶段是起飞和着陆。表 5-14 示出若干飞机在起飞和着陆形态下的最大升力系数。

表 5-14　若干飞机的最大升力系数

$C_{L_{max}}$	塞斯纳172	派珀切罗基人	肖特空中货车3	湾流Ⅱ	DC-9	B727	A300	里尔喷气25
起飞	1.5	1.3	2.07	1.4	1.9	2.35	2.7	1.37
着陆	2.1	1.74	2.71	1.8	2.4	2.75	3	1.37

在巡航飞行时,不需要利用最大升力系数,因为飞行速度较大。这些机械装置称为高升力装置(HLD)。HLD是机翼的一部分,当其向下偏转时增大升力。HLD位于机翼内侧,并且通常是在起飞和着陆过程中使用。

5.12.2　高升力装置分类

高升力装置主要分为如下两组:

(1) 前缘高升力装置(LEHLD)。

(2) 后缘高升力装置(TEHLD或襟翼)。

机翼后缘襟翼有多种类型,但最常见的有开裂式襟翼、简单襟翼、单缝襟翼、双缝襟翼、三缝襟翼和富勒襟翼,如图5-54(a)所示。它们全都向下偏转,以增大机翼的弯度,因此将增大$C_{L_{\max}}$。最常见的前缘高升力装置有前缘襟翼、前缘缝翼和克鲁格襟翼,如图5-54(b)所示。

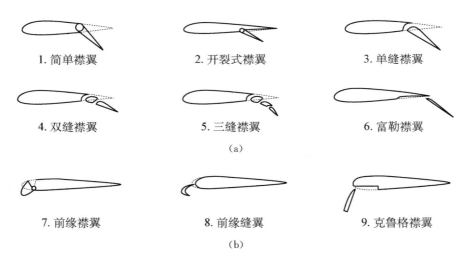

图 5 - 54　各种类型的高升力装置

(a) 后缘高升力装置　(b) 前缘高升力装置

与使用HLD有关的常见问题是如何处置HLD与主体机翼之间的缝隙。既可对这间隙实施封严,又可留着不作处理。对这两种情况,都存在不希望的副作用。如果让缝隙留着,气流会从下翼面流往上翼面,这又会减弱压力分布效果。相反,如果设法(如使用膜片)对间隙实行封严,在寒冷的潮湿空气中飞行时,可能由于结冰而卡滞。在这两种情况下,需要作为使用问题而予以特别关注。下面将讨论各种HLD的技术特性。

(1) 简单襟翼。简单襟翼(见图5-54-1)是最简单的和最早形式的HLD。它是铰接在机翼后缘的一个翼型形状的构件,可向下和向上转动。然而仅考虑向下偏转。简单襟翼借助简单的机械方法增大了翼型的有效弯度,从而增大了升力。就成本而言,简单襟翼是最廉价的 HLD。就制造而言,简单襟翼是一种最易于制造的襟翼。大多数家庭制造飞机和许多 GA 飞机都采用简单襟翼。简单襟翼偏转 60°(全部放下)时升力系数增大约 0.9。如果在某个较低速度下偏转,则 C_L 增量将降低。一些老式的 GA 飞机(如派珀 23、阿芝特克人 D),装有简单机翼。有意思的是,现代战斗机(如 F-15C 鹰和 MIG-29(见图 9-14 和图 5-56)也采用简单襟翼。

(2) 开裂式襟翼。开裂式襟翼(见图 5-54-2),仅对襟翼下表面实行铰接,使其能够向下转动。开裂式襟翼所执行的功能几乎与简单襟翼相同。但是与简单襟翼相比,开裂式襟翼产生较大的阻力,并且俯仰力矩的变化较小。开裂式襟翼由奥维尔·莱特(Orville Wright)于 1920 年发明。因为简单易行,在 20 世纪 30 年代和50 年代的许多飞机上得到应用。但是,由于与开裂式襟翼有关的阻力较大,因此在现代飞机上则很少使用。

(3) 单缝襟翼。单缝襟翼(见图 5-54-3)与简单襟翼非常相似,仅对两处做了修改。首先,这两种后缘襟翼的前缘不同,如图 5-54-1 和图 5-54-3 所示。单缝襟翼的前缘是经仔细设计的,以改变机翼上表面的边界层并使其稳定。在前缘建立低压,可在襟翼上构成新的边界层,这又促使气流仍然附着于偏角很大的襟翼上。第 2 处修改是使襟翼在偏转过程中向后移动(即开缝)。单缝襟翼的向后运动实际上增大了机翼的有效弦长,这又增大了有效机翼平面面积。较大的机翼平面面积自然产生更大的升力。

因此,与简单襟翼和开裂式襟翼相比,单缝襟翼产生的升力要大得多。主要的缺点在于成本较高,并且与单缝襟翼有关的制造工艺比较复杂。单缝襟翼常用于现代轻型 GA 飞机。通常,应用单缝襟翼使失速迎角增大。若干现代轻型 GA 飞机(如比奇幸运星 F33A)和若干涡轮螺旋桨运输机(如比奇 1900D 和萨伯 2000),都采用单缝襟翼。

(4) 双缝襟翼。双缝襟翼与单缝襟翼类似,只是它有两条缝。也就是,襟翼分为两段,每段襟翼形成一条缝,如图 5-54-4 所示。双缝襟翼的得益几乎是单缝襟翼的两倍。这些得益的取得是以增加机械复杂性和高成本为代价。现代涡轮螺旋桨运输机(如 ATR-42,见图 3-8)和若干喷气式飞机(如喷气式教练机川崎重工 T-4)都采用了双缝襟翼。喷气式运输机 B767(见图 5-4),外襟翼采用单缝襟翼,内襟翼采用双缝襟翼。常见的用法是起飞时,放下襟翼的第一段(单缝),但在着陆过程中,完全放下襟翼(双缝)。原因是着陆时比起飞时需要更大的升力系数。

(5) 三缝襟翼。三缝襟翼(见图 5-54-5)是对双缝襟翼的扩展,也就是它形成三条缝。三缝襟翼在机械构造方面最为复杂,并且是设计和使用中成本最高的襟翼。但是，三缝襟翼产生的升力系数增量最大。主要用于机翼载荷大的重型运输机。喷气式运输机 B747(见图 3-7、图 3-12 和图 9-4)采用三缝襟翼。

(6) 富勒襟翼。富勒襟翼(见图 5-54-6)有一种特殊的机构，使得襟翼在展开时，不但向下偏转，而且还沿滑轨向机翼后缘移动。这第二个特性增大了暴露的机翼面积，意味着进一步增大升力。由于这一优势，因此可将富勒襟翼的概念与双缝襟翼和三缝襟翼组合。例如喷气式运输机 B747 已采用三缝富勒襟翼，通常，采用富勒襟翼会使机翼升力曲线斜率略有增大。洛克希德的 P-3 猎户座海上巡逻机(4发涡轮螺旋桨发动机)采用富勒襟翼。

(7) 前缘襟翼。前缘襟翼(或下垂襟翼)如图 5-54-7 所示。前缘襟翼与后缘简单襟翼类似，但安装在机翼前缘，因此，前缘襟翼围绕枢轴向下偏转，增大有效弯度。前缘襟翼的特点是襟翼与主体机翼之间的间隙密封而无缝。通常，前缘襟翼的应用，增大机翼零升迎角。由于前缘襟翼与后缘襟翼相比弦长较短，因此它产生较小的升力系数增量(ΔC_L 约为 0.3)。

(8) 前缘缝翼。前缘缝翼(见图 5-54-8)是一个高弯度的小型面，紧贴主体机翼前缘。放下时，前缘缝翼基本上是位于前缘的襟翼，但在前缘缝翼与主体机翼前缘之间有一道不密封的缝隙。除了主气流流过机翼外，还有一股辅助气流流经此缝隙。前缘缝翼的功能主要是改变机翼上翼面的压力分布。大弯度缝翼本身在其上表面经受非常低的压力，但是气流的相互作用在主体机翼的上翼面形成较高的压力。因此推迟了机翼上的气流分离，并使其得到某种程度的缓解，否则在主体机翼上可能有强劲的逆压梯度。

经过这样的处理，升力系数增大而阻力无显著增加。由于前缘缝翼与后缘襟翼相比弦长较短，它产生较小的升力系数增量(ΔC_L 约为 0.2)。若干现代喷气式飞机(如达索阵风双座战斗机(见图 6-8)，欧洲联合战斗机 2000(见图 3-7)，庞巴迪 BD 701 环球快车，麦道 MD-88(见图 9-4)和空中客车 A-330(见图 5-51和图 9-14)，都采用前缘缝翼。通常，采用前缘缝翼会使机翼升力曲线斜率略有增大。

(9) 克鲁格襟翼。克鲁格襟翼如图 5-54-9 所示。这一 LEHLD 本质上是前缘缝翼，但其更薄，未放下时，与机翼下表面齐平。因此，适合于在较薄的翼型上使用。所有大型运输机上使用的最有效的方法是前缘缝翼。前缘缝翼的一种变体就是 B747 飞机使用的可变弯度带缝克鲁格襟翼。按空气动力学观点，这是缝翼，但是从机械上看，它属于克鲁格襟翼。

作为综合比较，表 5-15 示出各种形式 HLD 产生的升力系数增量的典型值。表 5-16 给出若干飞机 HLD 的各种特性。表中 C_f/C 表示 HLD 弦长与主体机翼弦长之比，如图 5-55 所示。

表 5 - 15 各种形式 HLD 所产生的升力系数增量（偏转 60(°)时）

编号	HLD	ΔC_L	编号	HLD	ΔC_L
1	简单襟翼	0.7~0.9	6	三缝襟翼	$1.9C_f/C$
2	开裂式襟翼	0.7~0.9	7	前缘襟翼	0.2~0.3
3	富勒襟翼	1~1.3	8	前缘缝翼	0.3~0.4
4	单缝襟翼	$1.3C_f/C$	9	克鲁格襟翼	0.3~0.4
5	双缝襟翼	$1.6C_f/C$			

表 5 - 16 若干飞机的 HLD 特性

序号	飞机	发动机	HLD	C_f/C	b_f/b	$\delta_{f_{max}}/(°)$ 起飞	$\delta_{f_{max}}/(°)$ 着陆
1	塞斯纳 172	活塞式	单缝	0.33	0.46	20	40
2	派珀 切罗基人	活塞式	单缝	0.17	0.57	25	50
3	雷克 LA - 250	活塞式	单缝	0.22	0.57	20	40
4	肖特 空中货车 3	涡桨	双缝	0.3	0.69	18	45
5	福克 27	涡桨	单缝	0.313	0.69	16	40
6	洛克希德 L - 100	涡桨	富勒	0.3	0.7	18	36
7	喷气流 41	涡桨	双缝	0.35	0.55	24	45
8	B727	涡扇	三缝+前缘襟翼	0.3	0.74	25	40
9	A - 300	涡扇	双缝+前缘襟翼	0.32	0.82	15	35
10	里尔喷气 25	涡扇	单缝	0.28	0.61	20	40
11	湾流 Ⅱ	涡扇	富勒	0.3	0.73	20	40
12	麦克唐纳 DC - 9	涡扇	双缝	0.36	0.67	15	50
13	安东诺夫 An 74	涡扇	双缝+三缝+前缘襟翼	0.24	0.7	25	40
14	F - 15E 鹰	涡扇	简单襟翼	0.25	0.3	—	—
15	米高扬 MIG - 29	涡扇	简单襟翼+前缘襟翼	0.35	0.3+1	—	—
16	X - 38	火箭	开裂式襟翼	升力体		不适用	30

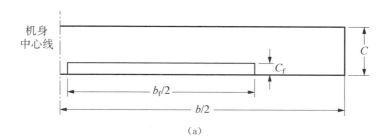

（a）

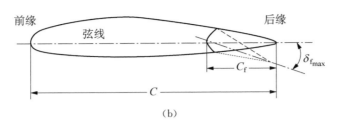

图 5 - 55　HLD 参数

（a）右机翼俯视图　　（b）内侧机翼侧视图（襟翼偏转）

5.12.3　设计方法

在设计 HLD 时，必须确定如下各项：

（1）HLD 沿翼展的位置；

（2）HLD 的形式（在图 5 - 54 所列清单中选取）；

（3）HLD 弦长（C_f）；

（4）HLD 展长（b_f）；

（5）HLD 最大偏度（向下）（$\delta_{f_{max}}$）。

最后的 3 个参数如图 5 - 55 所示。第（1）项和第（2）项必须根据设计需求，考虑每一选项的所有优点和缺点，通过评估和分析方法予以选择。然而最后 3 个参数必须通过一系列计算予以确定，下面将阐述确定上面所列 5 项的设计方法。

5.12.3.1　HLD 位置

HLD 的最佳位置是左、右机翼的内侧。在左、右机翼上对称使用 HLD 时，可防止出现任何横滚力矩，因此飞机将保持横向配平。HLD 偏转，会增大左右机翼内侧的升力，但是由于它们是对称产生的，因此两者的升力增量将抵消彼此的横滚力矩。

选择内侧位置有两个原因。第一，对翼根产生较小的弯矩。这可减轻机翼结构的重量，并减缓长期运行引起的机翼疲劳；第二个原因是可使副翼具有较长的力臂，所用副翼位于机翼外侧的后缘。当副翼安装在飞机外侧时，较长的副翼力臂意味着具有较好的横向操纵和快速横滚的能力。有关副翼设计将在第 12 章中讨论。

5.12.3.2　HLD 的形式

有关 HLD 的选项已经在 5.12.2 节中做了阐述。若干设计需求将影响对 HLD 形式的决策。它们包括但并不限于：①性能需求（即起飞和着陆时所要求的升力系数增量（ΔC_L））；②成本考虑；③制造限制；④运行需求；⑤安全性考虑；⑥操纵性需求。下面所给出的指南有助于设计者做出正确的决策。

最后的决定是使用包括加权设计需求在内的一份表格对所有选项进行折中的

结果。对于家庭制造飞机的设计者,低成本是第一优先权,而对战斗机设计者而言,性能是第一优先权。大型运输机/旅客机设计者可能认为适航性应列于优先权清单的第一位。

下面是根据设计需求给出的与 HLD 选项有关的若干指南:

(1) 较强劲的 HLD(高 ΔC_L)通常较昂贵。例如双缝襟翼比开裂式襟翼要贵。

(2) 较强劲的 HLD(高 ΔC_L)通常制造更复杂。例如三缝襟翼在制造方面比单缝襟翼更复杂。

(3) 较强劲的 HLD(高 ΔC_L)通常较重。例如双缝襟翼重量比单缝襟翼大。

(4) 较强劲的 HLD(高 ΔC_L)导致较小的机翼面积。

(5) 较强劲的 HLD(高 ΔC_L)导致较低的失速速度,结果意味着飞行更安全。

(6) 重型飞机需要较强劲的 HLD(高 ΔC_L)。

(7) 较强劲的 HLD(高 ΔC_L)导致起飞和着陆时所需的跑道长度较短。

(8) 较强劲的 HLD(高 ΔC_L)可使副翼更强劲。

(9) 与较复杂的 HLD(如三缝襟翼)相比,简单的 HLD 需要较为简单的操纵机构(放下或收起)。

当低成本是第一优先权时,则选择花钱最少的 HLD(即简单襟翼)。如果性能是第一优先权,选择满足性能需求的 HLD。如果仅一种 HLD(如单缝襟翼)并不能满足性能需求,则添加另外一种 HLD(如前缘襟翼)来满足设计需求。其他的选项是将两种 HLD 组合为一种新形式的 HLD。例如,湾流Ⅳ(见图 11-5)和达索猎鹰900(见图 6-12)喷气式公务机都采用单缝富勒襟翼,这是单缝襟翼与富勒襟翼的组合。

所有大型飞机都使用某种形式的开缝襟翼。开缝襟翼的阻力和升力取决于开缝襟翼导流片和襟翼的形状和尺寸、它们的相对位置以及缝的几何特性。倘若不经仔细设计以将气流分离减至最小,那么安装铰链和结构有可能严重降低襟翼性能。典型的示例是,道格拉斯 DC-8 最初的襟翼铰链和道格拉斯 DC-9 最初的缝翼设计,在飞行试验阶段对两者都进行了重新设计,以获得所需要的 $C_{L_{max}}$ 和低阻力。

三缝襟翼在机械复杂程度方面差不多到了极点。由于这个原因,为了降低设计和生产成本,因此新近的某些飞机设计已返回到较为简单的机构。例如,B767 飞机(见图 5-4),设有一个单缝外襟翼和一个双缝内襟翼。

LEHLD(如缝翼)功能非常难以与后缘 HLD 进行比较。给定迎角下升力系数增量非常小,但是失速迎角大为增加。缝翼的一个缺点在于为了利用大的可用升力增量,飞机必须设计成以大迎角进行起飞和着陆。这显然影响风挡的设计,因为驾驶员有视界需求。尽管缝翼存在这些缺点,但它们在高升力方面还是强劲的,大约从 1964 年起,所设计的所有高速运输机除了采用后缘襟翼外,都使用了某种形式的缝翼。如果前缘高升力装置所起的作用仅仅是将起飞和/或着陆的跑道长度缩短到规定值之下,而不能减小机翼面积(比如说因为燃油箱的需求),则无法说明由于应用前缘高升力装置而引起的增重和复杂程度是合理的。

预期用于大幅度增大 $C_{L_{\max}}$ 的前缘高升力装置,实质上必须延伸到整个前缘,但在近机身处缺省一段,以引发内侧失速。某些设计在机翼内侧部分采用不很强劲的高升力装置(如克鲁格襟翼),以确保机翼内侧先开始失速。表 5-16 给出若干飞机所用 HLD 的形式。

5.12.3.3 HLD 展长

HLD 所占机翼展长的范围取决于副翼所需要的展向长度。通常,襟翼外侧展向极限站位是副翼的起始展向站位。副翼所需要的准确展长取决于飞机的横向操纵性需求。低速 GA 飞机,机翼半翼展的大约 30% 用于副翼。这意味着襟翼可以从机身侧面开始,伸展到 70% 半翼展站位。在大型运输机上,常常设置一个小的内侧副翼,用于高速飞行时柔和机动,这缩短了襟翼有效展长。然而对于具有高机动能力的战斗机,副翼需要全翼展站位,所以理论上没有空间来安置襟翼。这就产生了襟副翼构想,襟副翼起到襟翼和副翼的作用。通常,HLD 展长按照与翼展的比值(即 b_f/b)而导入。在某些参考文献中,将 b_f/b 称为襟翼展长与净机翼翼展(即从翼根到翼梢,而不是从机身中心线到翼梢)之比。

表 5-16 给出若干飞机的 HLD 展长与机翼翼展的比值。作为初始值,建议将机翼翼展的 70% 分配给 HLD。必须计算由这一 HLD 展长(b_f)引起的升力增量,由此确定其展长的准确值。有多种空气动力学工具可用于完成这一分析。一种称为"升力线理论"的空气动力学方法将在第 5.13 节予以陈述。可采用这一方法针对每一 HLD 展长来计算升力增量。然后可调整 HLD 展长(b_f),以达到所需的升力增量。本章结尾将给出应用示例。图 5-56(a)所示帕那维亚 狂风 GR4 战斗机,具有长展长襟翼,机翼上未留出任何展向长度用于设置副翼。

(a)

(b)

(c)

(d)

图 5 - 56　具有各种机翼特性的 4 种飞机

　　(a) 帕那维亚 狂风 GR4 战斗机,具有长展长襟翼(经安东尼·奥斯本允许)　(b) 米高扬 格里维奇 MiG - 29 战斗机,具有小 *AR* 和大后掠角(经安东尼·奥斯本允许)　(c) "派珀超级幼兽"具有斜撑杆机翼(经詹尼·科菲允许)　(d) 施莱谢尔 ASK - 18 滑翔机,具有大 *AR*(经 Akira Uekawa 允许)

5.12.3.4 HLD 弦长

由于在正规飞行任务中,只是在起飞和着陆期间短时间使用 HLD,因此必须将机翼弦长的最小部分用于 HLD。将机翼一部分弦长分配给 HLD 时,必须考虑机翼结构完整性。通常,HLD 弦长按照与翼弦的比值(即 C_f/C)而导入。重要的是要注意,HLD 放下时将会增加机翼阻力。因此,HLD 弦长不得过大,以避免 HLD 放下时阻力增加过大而抵消其优点。相比之下,当 HLD 弦长增大时,驱使 HLD 收放所需要的功率也增大。如果驾驶员手动使 HLD 运动,则 HLD 弦长越长,驾驶员需要出力越大。因此,较短的 HLD 弦长在多方面较为有利。

对 HLD 弦长的另一个考虑是,设计者可延长 HLD 弦长达机翼后梁。由于在大多数飞机上,后梁对于机翼结构完整性是重要的,不得试图为了延长 HLD 弦长而打断机翼后梁。在某个范围内,HLD 弦长和展长的作用可以互换。如果由于副翼的需求而不得不减小 HLD 展长,则可增大 HLD 弦长来替代;反之亦然。如果出于结构考虑而不得不减小 HLD 弦长,则可增大 HLD 展长来替代。如果是尖削机翼,也可采用尖削襟翼。这样,HLD 弦线不一定等长。

表 5-16 给出若干飞机的 HLD 弦长与机翼弦长之比值(C_f/C)。作为一个初始值,建议将机翼弦长的 20% 分配给 HLD。必须计算由这一 HLD 弦长引起的升力增量,由此确定其准确值。有多种空气动力学工具可用于完成这一分析。可采用一种称为"升力线理论"的空气动力学方法针对每一 HLD 弦长来计算升力增量,然后可调整 HLD 弦长(C_f),以达到所需要的升力增量。本章结尾将给出应用示例。

5.12.3.5 HLD 最大偏度

在设计 HLD 时必须确定的另一个参数是 HLD 偏度($\delta_{f_{max}}$)。必须计算由 HLD 偏转引起的升力增量,由此确定 HLD 偏度的准确值。表 5-16 给出若干飞机的 HLD 偏度($\delta_{f_{max}}$)。作为一个初始值,建议考虑起飞时 HLD 偏度为 20°,着陆时为 50°。有多种空气动力学工具可用于完成这一分析。可以采用一种称为"升力线理论"的空气动力学方法针对每一 HLD 偏度值来计算升力增量。然后可调整 HLD 偏度($\delta_{f_{max}}$),以达到所需要的升力增量。本章结尾将给出应用示例。

在使用空气动力学方法计算由于后缘襟翼放下而引起的升力增量时,必须确定机翼零升迎角增量($\Delta\alpha_0$)。下面是可获得此 $\Delta\alpha_0$ 近似值的经验公式:

$$\Delta\alpha_0 \approx -1.15 \cdot \frac{C_f}{C}\delta_f \tag{5-39}$$

该式给出机翼零升迎角增量($\Delta\alpha_0$),它是襟翼弦长与机翼弦长之比(C_f/C)和襟翼偏度(δ_f)的函数。

5.13 副翼

副翼非常类似于后缘简单襟翼,但副翼能够向上和向下偏转。副翼位于左、右机翼的外侧部分。与襟翼不同,副翼差动偏转,左副翼向上,右副翼向下,或左副翼向下,右副翼向上。通过副翼的差动,对飞机施加横向操纵。副翼设计是机翼设计的一部分,但是因为副翼设计的重要性,并且需要涉及大量的资料,将在单独一章(第 12 章)中加以讨论。

本节主要强调的是不要将机翼后缘的所有空间都用于襟翼,而是留出大约30%机翼外侧展长用于副翼。图 5 - 57 给出副翼在机翼上的典型位置。在副翼设计过程中,需要确定 3 个主要参数:副翼弦长,副翼展长,副翼偏度(向上和向下)。副翼设计的主要设计需求源于飞机横滚操纵性。在第 12 章中将对副翼设计和副翼设计方法开展全面讨论。

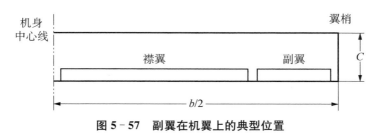

图 5 - 57　副翼在机翼上的典型位置

5.14 升力线理论

在第 5.1 节中,已对机翼设计过程做了解释,设计者必须计算机翼产生的升力,然后通过更改机翼参数,最终确定机翼参数,满足所有的设计需求,达到设计目标。此方法基本上来自空气动力学领域,然而为了完成对机翼设计的讨论,介绍一种相当简单而同时又是相对准确的方法。机翼设计者必须有坚实的空气动力学背景,所以本节起到回顾空气动力学的作用。鉴于这个原因,本节涉及的资料无需论证。有关更多和更详细的信息,请参见参考文献[16]。

本节介绍的方法可使读者确定机翼产生的升力值而无需使用复杂的 CFD 软件。你手头必须具备所有的机翼数据,如机翼面积、翼型及其特性、展弦比、梢根比、机翼安装角以及 HLD 的形式和数据。通过同时求解若干个空气动力学方程,可确定机翼产生的升力值。此外,该方法将形成沿翼展的升力分布,因此,能够证实升力是否为椭圆分布。

此方法由路德维希·普朗特(Ludwig Prandtl)于 1918 年首先引用,称为"升力线理论"。几乎每本空气动力学教科书都详细阐述这一简单但相当准确的方法。该经典方法的主要不足之处在于它是一种线性理论,从而不能预测失速。因此,如果知道翼型的失速迎角,对于超过翼型失速迎角的情况,不能使用此方法。此方法可用于襟翼收上和襟翼放下(即偏转)时的机翼。下面将给出计算升力沿翼展分布和机翼总升力系数的步骤。由于机翼具有对称的几何形状,因此仅需要考虑半个机翼。尔后可将此方法扩展到左半机翼和右半机翼。在本章的结尾,将演示此方法的应用。

● **步骤 1**　将半机翼(半翼展)分为若干段(比如 N 段)。各段沿半翼展可有相等的展长,但是建议在近翼梢区域,分段展长最好短些。希望选用的段数(N)多些,因为这样得到的结果比较准确。作为一个示例,在图 5-58 中,半机翼被分为 7 个等展长段。如图所示,每段都有一个独特的弦长。当然凡需要时也可使每段有一个独特的展长。还有一个选项,即为每段考虑一个独特的翼型(称为空气动力学扭转)。然后,确认每段的几何参数(如弦长和展长)和空气动力学特性(如 α、α_0 和 C_{l_α}),以备将来使用。

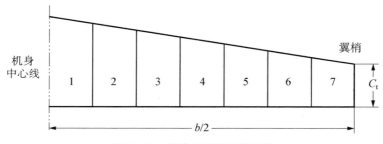

图 5-58　将半机翼分为若干段

● **步骤 2**　计算每段相应的角度(θ)。这些角是升力沿半翼展分布的函数,如图 5-59 所示。每个角(θ)定义为水平轴与升力分布曲线和分段线两者交点之间的夹角。实际上,初始时假设升力沿半翼展呈椭圆分布。尔后再对这些假设进行修正。

θ 角在 0(对于最后一段)和接近 90°的某个数字(对于第一段)之间变化。可根据图 5-59 中所示的相应三角形,确定其余各段的 θ 角值。例如在图 5-59 中,θ_6 角

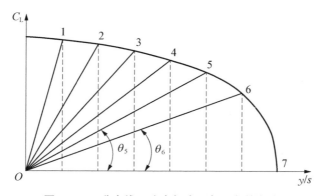

图 5-59　升力线理论中相应于每一段的角度

是相应于第 6 段的角度。

● **步骤 3** 解下列方程组,求出 A_1 到 A_n:

$$\mu(\alpha_0 - \alpha) = \sum_{n=1}^{N} A_n \sin n\theta \cdot \left(1 + \frac{\mu n}{\sin \theta}\right) \tag{5-40}$$

此方程是该理论的核心,称为升力线方程或单翼机方程。此方程最初由普朗特提出。在此方程中,N 表示分段数,α 是各段的迎角,α_0 是各段的零升迎角,系数 A_n 是中间未知数。参数 μ 定义如下:

$$\mu = \frac{\overline{C_i} \cdot C_{l_\alpha}}{4b} \tag{5-41}$$

式中:$\overline{C_i}$ 表示段的平均几何弦;C_{l_α} 是段的升力曲线斜率(1/rad);b 是翼展。如果机翼带扭转角(α_t),则必须按线性方式将扭转角施加于所有各段。因此,从机翼安装角中扣除相应的扭转角,由此折算出每段的迎角。如果将此理论用于处于起飞状态的机翼,此时襟翼偏转,则机翼内段的零升迎角(α_0)比机翼外段的大。

● **步骤 4** 使用下式确定每段的升力系数:

$$C_{L_i} = \frac{4b}{\overline{C_i}} \sum A_n \sin n\theta \tag{5-42}$$

现在可以画出每段升力系数(C_L)随半翼展的变化(即升力分布)的曲线。

● **步骤 5** 使用下式确定机翼总升力系数:

$$C_{L_w} = \pi \cdot AR \cdot A_1 \tag{5-43}$$

式中:AR 是机翼展弦比。

请注意,升力线理论还有其他的有用特性,但这里未涉及或未使用。

示例 5.5 给出一个计算示例。

示例 5.5

问题陈述 对于具有下列特性的机翼,确定升力分布并画出曲线。将半机翼分为 10 段。

$$S = 25 \text{ m}^2, \ AR = 8, \ \lambda = 0.6, \ i_w = 2°, \ \alpha_t = -1°;$$

翼型:NACA 63-209。

如果飞机在 5 000 m 高空($\rho = 0.736$ kg/m³)以 180 kn 的速度飞行,则产生多大升力?

解 使用参考文献[3],可得到翼型特性。翼型特性曲线如图 5-22 所示。基于 C_l/α 曲线,我们有如下数据:

$$\alpha_0 = -1.5°, \ C_{l\alpha} = 6.3 \ 1/\text{rad}$$

通过使用下列 MATLAB m-file,表述升力理论的应用程序:

```
clc
clear
N = 9; % (number of segments - 1)
S = 25; % m^2
AR = 8; % Aspect ratio
lambda = 0.6; % Taper ratio
alpha_twist = -1; % Twist angle (deg)
i_w = 2; % wing setting angle (deg)
a_2d = 6.3; % lift curve slope (1/rad)
alpha_0 = -1.5; % zero-lift angle of attack (deg)
b = sqrt (AR * S); % wing span (m)
MAC = S/b; % Mean Aerodynamic Chord (m)
Croot = (1.5 * (1+lambda) * MAC)/(1+lambda+lambda^2); % root chord (m)
theta = pi/(2 * N):pi/(2 * N):pi/2;
alpha = i_w+alpha_twist:-alpha_twist/(N-1):i_w;
    % segment's angle of attack
z = (b/2) * cos (theta);
c = Croot * (1 - (1-lambda) * cos(theta)) ; % Mean Aerodynamics
    Chord at each segment (m)
mu = c * a_2d / (4 * b);
LHS = mu. * (alpha-alpha_0)/57.3; % Left Hand Side
% Solving N equations to find coefficients A (i):
for  i=1:N
    for j=1:N
    B(i, j)=  sin((2 * j-1) * theta(i)) * (1 + (mu(i) * (2 * j-1)) /
        sin(theta(i)));
    end
end
A=B\transpose(LHS);
for  i=i:N
    sum1(i) = 0;
    sum2(i) = 0;
```

```
for  j = 1:N
     sum1(i)=sum1(i) + (2 * j−1) * A(j) * sin((2 * j−1) * theta(i));
     sum2(i)=sum2(i) + A(j) * sin((2 * j−1) * theta(i));
   end
 end
CL = 4 * b * sum2 ./ c;
CL1=[0 CL(1)  CL(2)  CL(3)  CL(4)  CL(5)  CL(6)  CL(7)  CL(8)  CL(9)];
y_s=[b/2 z(1)  z(2)  z(3)  z(4)  z(5)  z(6)  z(7)  z(8)  z(9)];
plot(y_s, CL1, '−o')
  grid
title('Lift distribution')
xlabel('Semi−span location (m)')
ylabel ('Lift coefficient')
CL_wing = pi * AR * A(1)
```

图 5‑60 示出作为 m-file 输出的示例机翼的升力分布。

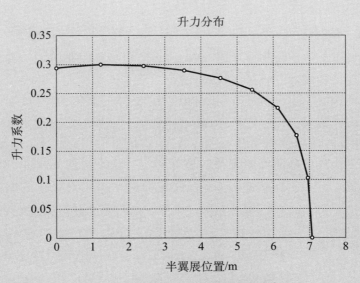

图 5‑60 示例 5.5 中机翼的升力分布

如图所示,该机翼的升力不是椭圆分布,所以并不理想。需要对机翼做一些修形(如增加机翼扭转),以产生可接受的输出。机翼总升力系数是 $C_L = 0.268$。此机翼产生的升力如下:

$$L = \frac{1}{2}\rho V^2 S C_L = \frac{1}{2} \cdot 0.736 \cdot (180 \cdot 0.5144)^2 \cdot 25 \cdot 0.268 = 21\,169.2\,\text{N}$$

$$(5-1)$$

5.15 机翼附件

依据飞机类型和飞行状态,机翼可以有几项附件,用以改善机翼上的气流流动。采用附件(诸如翼梢、翼刀、涡流发生器、防失速条和边条)来增加机翼的效率。本节将介绍几个实际考虑事项。

5.15.1 边条

边条(也称延伸前缘)是一种空气动力面,通常安装在飞机的机身上,微调气流并控制机翼上的涡流。为了增大升力,并改善大迎角下的航向稳定性和机动性,可采用沿机身前段布置的大后掠角边条,以连接机翼。飞机设计者选择边条的位置、角度和边条形状,以产生所希望的相互作用。战斗机 F-16 和 F-18 都采用边条来改善大迎角下的机翼效率。此外,尾部之前机身上的边条措施,将增加机身阻尼,因而改善飞机的尾旋改出特性。边条设计需要高保真 CFD 软件包,这一主题已经超出本书的范围。

5.15.2 翼刀

在后掠机翼上使用防失速翼刀,防止边界层向外朝翼梢方向漂移。由于后掠机翼的展向压力梯度,因此后掠机翼上的边界层有漂移倾向。后掠机翼常常设置某种形式的前缘翼刀,通常位于距机身中心线约 35% 翼展的位置,如图 5-61 所示。横向气流在翼刀上产生侧向升力,这产生一个强烈的尾涡流。这一涡流持续流过机翼上表面,使新鲜空气混入边界层,并将边界层扫出机翼,进入外界气流。结果是减小了机翼后部向外侧流动的边界层空气量。这样就改善了机翼外段的最大升力系数。

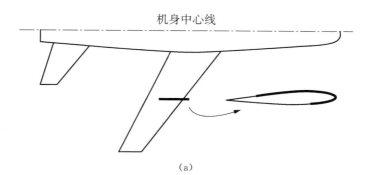

(a)

(b)

图 5‑61 防失速翼刀示例

(a) 机翼翼刀 (b) 通用动力公司 F‑16XL 机翼上的翼刀

使用前缘嵌条可达到类似的效果。这种嵌条趋向于建立一个涡流,其作用类似于边界层翼刀。理想的装置是下翼面翼刀,称为翼下导流板。实际上,位于下翼面用于支承发动机的吊挂,起到了前缘翼刀的作用。若干种高亚声速运输机(如麦道DC‑9和比奇星际飞船)已在其后掠的升力面上使用翼刀。翼刀的设计需要高保真CFD 软件,这一主题已超出本书的论述范围。

5.15.3 涡流发生器

涡流发生器是若干个非常小的小展弦机翼,以某个当地迎角垂直置于飞机机翼、机身或尾翼的表面上。通常应恰当选择涡流发生器展长,以使其刚刚露出当地边界层边缘。由于涡流发生器是某种类型的升力面,它们将产生升力,因此在靠近边界层的边缘,产生翼尖涡。然后这些涡流使高能气流混入边界层,提升边界层内气流的动能水平。因此,这一过程可推迟边界层在逆压梯度下的分离。所采用的涡流发生器有许多不同的尺寸和形状。

当今许多高亚声速喷气运输机在机翼、尾翼,甚至在发动机短舱上设置大量的涡流发生器。虽然涡流发生器有利于推迟当地的机翼失速,但它们可能导致飞机阻力显著增加。常常通过一系列的连续飞行试验,确定涡流发生器的确切数量和方位。由于这个原因,因此有时将其称为"事后空气动力学"。通常在试验已表明确实存在气流分离之后,才为飞机添加涡流发生器。诺斯罗普格鲁曼 B‑2A"幽灵"(见图 6‑8)战略突防轰炸机,在武器舱门前面设置小型下垂扰流板,以产生涡流,确保干净武器投放。

5.15.4 翼梢小翼

由于机翼下表面与上表面之间存在相当大的压力差,因此在机翼翼梢就产生翼尖涡。然后,这些翼尖涡将卷起并绕过当地的机翼边界。这一现象将降低机翼翼梢处的升力,所以可将它们视为减小有效翼展。实验已表明,带方形和锐形边缘的机翼具有最宽的有效翼展。为了补偿这一损失,共有三种解决方法,即翼尖油箱、超长翼展、翼梢小翼。翼梢小翼是近乎垂直的小升力面,相对于机翼翼梢进行朝后和/或朝下安装。

可使用经典的空气动力学方法对翼梢小翼进行空气动力学分析(如升力、阻力和局部气流环流)。翼梢小翼的必要性,取决于飞机的任务和构型,因为它们会增加飞机的重量。若干小型和大型运输类飞机都具有翼梢小翼,诸如皮拉图斯 PC‐12、B747‐400(见图 3‐7、图 3‐12 和图 9‐4)、麦道 C‐17A 环球霸王Ⅲ(见图 9‐9)和A340‐300(见图 8‐6)。

5.16　机翼设计步骤

直到此时,我们才能够综述这一章。本节阐述机翼设计过程的实际步骤(见图5‐1)如下。

主要功能:产生升力。

(1) 选择机翼数目(如单翼机、双翼机)。见第 5.2 节。

(2) 选择机翼垂直位置(如上单翼、中单翼、下单翼)。见第 5.3 节。

(3) 选择机翼构型(如直机翼、后掠翼、梯形翼、三角翼)。

(4) 计算巡航状态飞机平均重量:

$$W_{ave} = \frac{1}{2}(W_i + W_f) \qquad (5-44)$$

式中:W_i 是巡航开始时的飞机重量;W_f 是巡航结束时的飞机重量。

(5) 计算所需要的飞机巡航升力系数(按平均重量):

$$C_{L_c} = \frac{2W_{ave}}{\rho V_c^2 S} \qquad (5-45)$$

(6) 计算所需要的飞机起飞升力系数:

$$C_{L_{TO}} = 0.85 \frac{2W_{TO}}{\rho V_{TO}^2 S} \qquad (5-46)$$

系数 0.85 源于如下依据:起飞时飞机带起飞迎角(譬如说 10°)。因此大约 15% 升力由发动机推力的垂直分量(sin 10°)予以维持。

(7) 选择 HLD 形式及其在机翼上的位置。见第 5.12 节。

(8) 确定 HLD 几何参数(展长、弦长和最大偏度)。见第 5.12 节。

(9) 选择/设计翼型(可以为翼梢和翼根选择不同的翼型)。该程序见 5.4 节。

（10）确定机翼安装角（i_w）。这与翼型理想升力系数（C_{l_i}）相对应（此时翼型阻力系数最小）。见第 5.5 节。

（11）选择后掠角（$\Lambda_{c/2}$）和上反角（Γ）。见第 5.9 节和 5.11 节。

（12）选择其他的机翼参数，诸如展弦比（AR）、梢根比（λ）和机翼扭转角（α_{twist}）。见第 5.6、第 5.7 和第 5.10 节。

（13）计算巡航状态的升力分布（无襟翼或襟翼收上）。使用工具，如升力线理论（见第 5.14 节）和 CFD。

（14）检查巡航状态的升力是否呈椭圆分布。否则，返回到步骤 13 并更改一些参数。

（15）计算巡航状态机翼升力系数（C_{L_w}）。记住，在巡航状态，不使用 HLD。

（16）巡航状态机翼升力系数（C_{L_w}）必须等于所需的巡航升力系数（步骤 5）。如果不相等，则返回到步骤（10），并更改机翼安装角。

（17）计算起飞状态机翼升力系数（$C_{L_{w\_TO}}$）。采用起飞襟翼偏度 δ_f 和机翼迎角 $\alpha_w = \alpha_{s_{TO}} - 1$。注意，起飞时 α_s 通常小于巡航时 α_s。请注意，减 1（-1）是为了安全。

（18）起飞时的机翼升力系数（$C_{L_{w\_TO}}$）必须等于所需要的起飞升力系数（步骤 6）。如果不等，首先考虑调整襟翼偏度（δ_f）和几何尺寸（C_f, b_f），否则，返回到步骤 7，并选择另外的 HLD。为了加大安全性，可做多次选择。

（19）计算机翼阻力（D_w）。

（20）调整机翼参数，使机翼阻力最小。

（21）计算机翼俯仰力矩（M_{o_w}）。在尾翼设计过程中将使用此力矩。

（22）优化机翼设计，使机翼阻力和机翼俯仰力矩最小。

下一节将给出一个含完整解的设计示例，以演示这些步骤的应用。

5.17　机翼设计示例

本节机翼设计示例（示例 5.6）。为避免本节篇幅过于冗长，省略对几项细节的阐述，留给读者自己思考。这些细节与本章其他示例中所给出的解答非常类似。

示例 5.6

　　问题陈述　为具有如下特性的正常类 GA 飞机设计机翼：

$$S = 18.1 \, \text{m}^2, \, m = 1\,800 \, \text{kg}, \, V_c = 130 \, \text{kn}（海平面），V_s = 60 \, \text{kn}。$$

假设飞机为上单翼，采用开裂式襟翼。

　　解　在问题陈述中，已给定机翼的数目和机翼的垂直位置，所以不需要研究这两个参数。

（1）上反角。由于飞机是上单翼低亚声速单翼机，因此基于表 5 - 13，选择上反角为—5°，在设计飞机其他部件并进行横向稳定性分析时，将对此参数值进行修改并优化。

（2）后掠角。飞机为螺旋桨驱动的正常类低亚声速飞机，为保持制造过程中的低成本，选择 50%机翼弦线无后掠角。但是，可能需要对机翼进行尖削处理，因此，前缘和后缘都可能有后掠角。

（3）翼型。为了加快机翼设计，选用 NACA 翼型。翼型设计超出本书阐述范围，机翼翼型选择过程需要进行如下一些计算。

翼型理想升力系数：

$$C_{L_C} = \frac{2W_{ave}}{\rho V_c^2 S} = \frac{2 \cdot 1\,800 \cdot 9.81}{1.225 \cdot (130 \cdot 0.514)^2 \cdot 18.1} = 0.356 \qquad (5-10)$$

$$C_{L_{C\_w}} = \frac{C_{L_C}}{0.95} = \frac{0.356}{0.95} = 0.375 \qquad (5-11)$$

$$C_{l_i} = \frac{C_{L_{C\_w}}}{0.9} = \frac{0.375}{0.9} = 0.416 \qquad (5-12)$$

翼型最大升力系数：

$$C_{L_{max}} = \frac{2W_{TO}}{\rho_0 V_s^2 S} = \frac{2 \cdot 1\,800 \cdot 9.81}{1.225 \cdot (60 \cdot 0.514)^2 \cdot 18.1} = 1.672 \qquad (5-13)$$

$$C_{L_{max\_w}} = \frac{C_{L_{max}}}{0.95} = \frac{1.672}{0.95} = 1.76 \qquad (5-14)$$

$$C_{l_{max\_gross}} = \frac{C_{L_{max\_w}}}{0.9} = \frac{1.76}{0.9} = 1.95 \qquad (5-15)$$

飞机设置开裂式襟翼，当其偏转 30°时，产生 ΔC_L 为 0.45。因此有

$$C_{l_{max}} = C_{l_{max\_gross}} - \Delta C_{l_{max\_HLD}} = 1.95 - 0.45 = 1.5 \qquad (5-16)$$

为此，需要寻求能够产生理想升力系数 0.4 和净最大升力系数 1.5 的 NACA 翼型：

$$C_{l_i} = 0.416 \approx 0.4$$
$$C_{l_{max}} = 1.95（襟翼放下）$$
$$C_{l_{max}} = 1.5（襟翼收上）$$

参见参考文献[3]和图 5 - 23，求得下列 7 个翼型，它们的特性与我们的设计需求匹配或接近（都具有 $C_{l_i} = 0.4$，$C_{l_{max}} \approx 1.5$ 的特性）：

63_1-412，63_2-415，64_1-412，64_2-415，66_2-415，4412，4418

现在，需要对这些翼型进行比较，确定哪个翼型是最好的。表 5-17 列出对这 7 个候选翼型的特性所做比较的结果。最佳翼型应是 C_{m_o} 最低，$C_{d_{min}}$ 最低，α_s 最高，$(C_l/C_d)_{max}$ 最高，失速品质平缓的翼型。比较表中的数字，可以做出如下推断：

（a）NACA 翼型 66_2-415 产生最高的最大速度，因为其具有最低的 $C_{d_{min}}$（即 0.004 4）。

（b）NACA 翼型 64_2-415 产生最低失速速度，因为其具有最高的最大升力系数（即 2.1）。

（c）NACA 翼型 66_2-415 产生最大续航时间，因为其具有最高 $(C_l/C_d)_{max}$（即 150）。

（d）NACA 翼型 63_2-415 和 64_2-415 产生最安全的飞行，由于它们具有平缓的失速品质。

（e）NACA 翼型 64_2-415 在飞行中付出最小的纵向操纵力，由于其具有最低 C_{m_o}（即 -0.056）。

表 5-17　示例 5.8 中机翼的 7 个候选翼型特性之间的比较

序号	NACA	$C_{d_{min}}$	C_{m_o}	$\alpha_s/(°)$ 襟翼收上	$\alpha_0/(°)$ $\delta_f=60°$	$(C_l/C_d)_{max}$	C_{l_i}	$C_{l_{max}}$ $\delta_f=30°$	失速品质
1	63_1-412	0.004 9	-0.075	11	-13.8	120	0.4	2	中等
2	63_2-415	0.004 9	-0.063	12	-13.8	120	0.4	1.8	平缓
3	64_1-412	0.005	-0.074	12	-14	111	0.4	1.8	陡峭
4	64_2-415	0.005	-0.056	12	-13.9	120	0.4	2.1	平缓
5	66_2-415	0.004 4	-0.068	17.6	-9	150	0.4	1.9	中等
6	4412	0.006	-0.1	14	-15	133	0.4	2	中等
7	4418	0.007	-0.085	14	-16	100	0.4	2	中等

由于飞机为非特技的 GA 飞机，失速品质不能陡峭，因此 NACA 64_1-412 是不可接受的。如果安全性是最高的需求指标，则最佳的翼型应是 NACA 64_2-415，因为其具有大的 $C_{l_{max}}$。当最大续航时间是最高优先权时，NACA 翼型 66_2-415 为最佳，因为它具有大的 $(C_l/C_d)_{max}$。相反，如果低成本是最重要的需求，则具有最小 $C_{d_{min}}$ 的 NACA 翼型 66_2-415 是最佳的。然而如果飞机失速速度、失速品质和最低纵向操纵能力是最重要的，则 NACA 64_2-415 为最佳。使用包含加权设计需求的比较表，可确定最佳翼型。

事实上，由于 NACA 翼型 64_2-415 在三个判断准则方面是最佳的，因此选择该翼型作为该机翼的最合适翼型。图 5-62 给出该翼型的特性曲线。

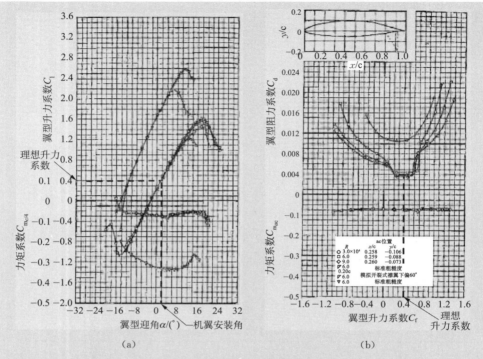

图 5 - 62　NACA 64₂ - 415 翼型

（经多佛出版公司允许）

（4）机翼安装角。初始确定的机翼安装角是与翼型理想升力系数相应的角度。因为翼型理想升力系数是 0.416，从图 5 - 62(a)读出相应的角度是 2°。也许需要依据计算来对此值（$i_w = 2°$）进行修正，以满足后面的设计需求。

（5）展弦比、梢根比和扭转角。现在同时确定展弦比、梢根比和扭转角这三个参数，因为它们全都影响升力分布。这三个参数的若干种组合，可能产生所希望的升力分布，即椭圆分布。基于表 5 - 6，将展弦比选为 7（$AR=7$）。假设此时无扭转角（$\alpha_t=0$），以保持制造方便和低成本。暂时将梢根比考虑为 0.3（$\lambda=0.3$）。现在需要求出①升力是否为椭圆分布，②巡航时由此机翼产生的升力是否等于飞机重量。采用升力线理论来确定升力分布和机翼升力系数。

形成的 MATLAB m-file 与示例 5.5 中所示的类似。通过此 m-file 表述升力线理论的应用程序。图 5 - 63 表明作为 m-file 输出的机翼升力分布。m-file 还产生如下的升力系数：

$$C_L = 0.455\,7$$

根据这些结果可以得出如下两个结论：①升力系数略大于需要值（0.455 7 > 0.356），②升力不是椭圆分布。因此，必须更改某些机翼特性，以修正这两个结果。

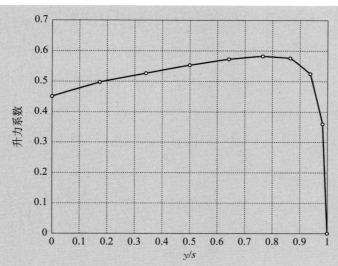

图 5 - 63　机翼升力分布（$AR = 7$，$\lambda = 0.3$，$\alpha_t = 0$，$i_w = 2°$）

几轮试错之后，求得满足设计需求的下列机翼规范：

$$AR = 7, \lambda = 0.8, \alpha_t = -1.5°, i_w = 1.86°$$

使用相同的 m-file 和这些新参数，得到如下结果：

a——$C_L = 0.359$；

b——升力椭圆分布，如图 5 - 64 所示。

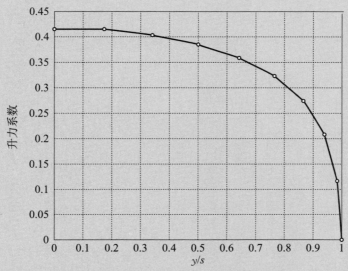

图 5 - 64　机翼升力分布（$AR = 7$，$\lambda = 0.8$，$\alpha_t = -1.5$，$i_w = 1.86°$）

因此,具有上述参数的这一机翼,满足飞机巡航需求。现在,需要继续进行襟翼设计并确定襟翼参数,以满足起飞需求。

(6) 襟翼参数。起飞和着陆时通常采用襟翼。现基于起飞需求来设计襟翼,并按着陆需求予以调整。GA 飞机的起飞速度大约比失速速度大 20%:

$$V_{TO} = 1.2 \cdot V_s = 1.2 \cdot 60 = 72 \text{ kn} = 37 \text{ m/s} \tag{5-38}$$

因此起飞过程中当襟翼放下时,机翼必须产生如下的升力系数:

$$C_{L_{TO}} = \frac{2W_{TO}}{\rho_0 V_{TO}^2 S} = \frac{2 \cdot 1\,800 \cdot 9.81}{1.225 \cdot (37)^2 \cdot 18.1} = 1.161 \tag{5-46}$$

如同问题陈述所表明的,机翼采用开裂式襟翼。需要确定襟翼弦长、襟翼展长以及起飞和着陆时襟翼的偏度。将襟翼弦长暂定为机翼弦长的 20%,襟翼展长暂定为机翼翼展的 60%。留出 40% 的机翼翼展在将来设计中供副翼使用。起飞时襟翼偏度暂定为 13°。有关做出这三项选择的原因,可参见第 5.12 节。还需要决定起飞时机翼迎角。尽可能将此角度假设得高些。基于图 5-58,当襟翼偏转 13° 时,翼型的失速迎角约为 12°(使用插值法)。为安全起见,起飞时机翼仅采用 10° 迎角,比失速迎角低 2°。因此,初始襟翼参数如下:

$$b_f/b = 0.6,\ C_f/C = 0.2,\ \alpha_{TO_{wing}} = 10°,\ \delta_f = 13°$$

按上面确定的 HLD 规范,再次利用升力线理论确定起飞时的机翼升力系数。编制类似于前一节的 m-file。主要的变化是对内段(襟翼段)运用新的零升迎角。由如下的经验公式确定内段(襟翼段)的零升迎角变化:

$$\Delta \alpha_{o_{flap}} \approx -1.15 \cdot \frac{C_f}{C} \delta_f \tag{5-39}$$

或

$$\Delta \alpha_{o_{flap}} \approx -1.15 \cdot 0.2 \cdot 13 \approx -2.99 \approx -3(°) \tag{5-39}$$

将此数字作为输入而输入到升力线程序。这意味着内段(机翼翼展的 60%)由于襟翼偏转,零升迎角为 -6°(即 (-3°)+(-3°)=-6°)。下面列出 MATLAB m-file,计算起飞过程中襟翼放下时的升力系数:

```
clc
clear
N = 9; % (number of segments — 1)
s = 18.1; % m^2
AR = 7; % Aspect ratio
lambda = 0.8; % Taper ratio
```

```
alpha_twist = −1.5; % Twist angle (deg)
i_w = 10; % wing setting angle (deg)
a_2d = 6.3; % lift curve slope (1/rad)
a_0 = −3; % flap up zero−lift angle of attack (deg)
a_0_fd = −6; % flap down zero−lift angle of attack (deg)
b = sqrt (AR * S); % wing span
bf_b=0.6; flap−to−wing span ratio
MAC = S/b; % Mean Aerodynamic Chord
Croot = (1.5 * (1+lambda) * MAC)/(1+lambda+lambda^2); % root chord
theta = pi/(2 * N): pi/(2 * N): pi/2;
alpha = i_w+alpha_twist: −alpha_twist/(N−1): i_w;
    % segment's angle of attack
for i=1: N
if (i/N)>(1−bf_b)
        alpha 0(i)=a 0 fd; % flap down zero lift AOA
else

        alpha_0(i)=a_0; % flap up zero lift AOA
   end
end
z = (b/2) * cos (theta);
c = Croot * (1 − (1−lambda) * cos(theta)) ; % MAC at each segment
mu = c * a_2d / (4 * b);
LHS = mu . * (alpha−alpha_0)/57.3; % Left Hand Side
% Solving N equations to find coefficients A (i):
for i=1: N
    for j=1: N
    B(i, j)=  sin((2 * j−1) * theta(i)) * (1 + (mu(i) *
        (2 * j−1)) / sin(theta(i)));
    end
end
A=B\transpose(LHS);
for i=i: N
    sum1(i) = 0;
    sum2(i) = 0;
```

```
for  j = 1:N
    sum 1(i)=sum1(i) + (2 * j-1) * A(j)
           * sin((2 * j-1) * theta(i));
    sum2(i)=sum2(i) + A(j) * sin((2 * j-1) * theta(i));
end
  end
CL_TO = pi * AR * A(1)
```

起飞时,并不关注升力分布,因为襟翼增大机翼内段升力系数。m-file 产生如下结果:

$$C_{L_{TO}} = 1.254$$

由于机翼产生的起飞升力系数略高于所需要的起飞升力系数,因此必须更改一个或多个机翼参数或襟翼参数。最容易的更改是减小起飞时的机翼迎角。另一选项是减小襟翼的尺寸并减小襟翼的偏度。利用试错法,确定将机翼迎角减小到 8.88°,机翼将产生所需要的升力系数:

$$C_{L_{TO}} = 1.16$$

由于机翼具有安装角 1.86°,起飞时机身将上仰 7°,因为 8.88 - 1.86 = 7.02。因此有

$$i_{w} = 1.86°, \quad \alpha_{TO_{wing}} = 8.88°, \quad \alpha_{TO_{fus}} = 7.02°, \quad \delta_{f_{TO}} = 13°$$

此时,注意到机翼满足在巡航和起飞两种状态下的设计需求。

(7) 其他的机翼参数。为确定其他的机翼参数(即翼展(b),根弦(C_r),梢弦(C_t)和 MAC),必须同时求解如下的 4 个方程:

$$S = b \cdot \overline{C} \tag{5-18}$$

$$AR = \frac{b^2}{S} \tag{5-17}$$

$$\lambda = \frac{C_t}{C_r} \tag{5-24}$$

$$\overline{C} = \frac{2}{3} C_r \left(\frac{1 + \lambda + \lambda^2}{1 + \lambda} \right) \tag{5-26}$$

同时解这些方程,得到如下结果:

$$b = 11.256 \text{ m}, \; MAC = 1.608 \text{ m}, \; C_r = 1.78 \text{ m}, \; C_t = 1.42 \text{ m}$$

从而,其他的襟翼参数确定如下:

$$\frac{b_{\mathrm{f}}}{b} = 0.6 \Rightarrow b_{\mathrm{f}} = 0.6 \cdot 11.256 = 6.75 \text{ m}$$

$$\frac{C_{\mathrm{f}}}{C} = 0.2 \Rightarrow C_{\mathrm{f}} = 0.2 \cdot 1.608 = 0.32 \text{ m}$$

图 5-65 示出示例 5.6 中所要求机翼的右半机翼,标有机翼和襟翼参数。

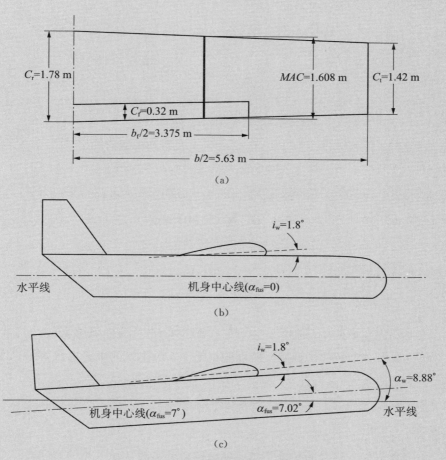

图 5-65 示例 5.6 中的机翼参数

(a) 半机翼俯视图 (b) 飞机巡航飞行侧视图 (c) 飞机起飞侧视图

机翼设计过程的下一步是优化机翼参数,使得机翼阻力和俯仰力矩最小。为减少本章的篇幅,本示例中未示出这一步骤。

练习题

(1) 确认 NACA 2415 翼型(襟翼收上)的 C_{l_i},$C_{d_{\min}}$,C_m,$(C_l/C_d)_{\max}$,$\alpha_0 (°)$,

$\alpha_s(°)$，$C_{l_{max}}$，$\alpha_0(1/\mathrm{rad})$和$(t/c)_{max}$。要求在图 5 - 66 所示的翼型曲线上表明所有参数的位置。

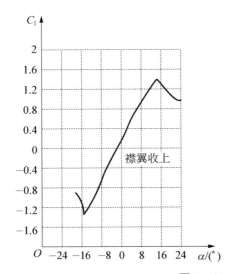 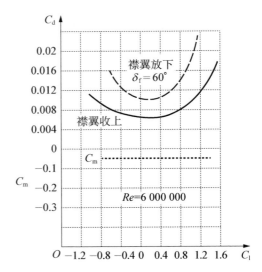

图 5 - 66　NACA 2415 翼型

（经多佛出版公司允许）

（2）确认 NACA 63_2 - 615 翼型（襟翼收上）的 C_{l_i}，$C_{d_{min}}$，C_m，$(C_l/C_d)_{max}$，$\alpha_0(°)$，$\alpha_s(°)$，$C_{l_{max}}$，$\alpha_0(1/\mathrm{rad})$和$(t/c)_{max}$。要求在图 5 - 21 所示的翼型曲线上表明所有参数的位置。

（3）NACA 翼型的相对厚度为 18%。估算该翼型的升力曲线斜率（以 $1/\mathrm{rad}$ 计）。

（4）为具有如下特性的螺旋桨驱动的正常类 GA 飞机的机翼选择 NACA 翼型：

$$m_{TO} = 3\,500\,\mathrm{kg},\ S = 26\,\mathrm{m^2},\ V_c = 220\,\mathrm{kn}(4\,000\,\mathrm{m}\ 高空),$$
$$V_s = 68\,\mathrm{kn}(海平面)$$

高升力装置（简单襟翼）放下时将提供 $\Delta C_L = 0.4$。

（5）为具有如下特性的螺旋桨驱动的运输机的机翼选择 NACA 翼型：

$$m_{TO} = 23\,000\,\mathrm{kg},\ S = 56\,\mathrm{m^2},\ V_c = 370\,\mathrm{kn}(25\,000\,\mathrm{ft}\ 高空),$$
$$V_s = 85\,\mathrm{kn}(海平面)$$

高升力装置（单缝襟翼）放下时将提供 $\Delta C_L = 0.9$。

（6）为具有如下特性的喷气式公务机的机翼选择 NACA 翼型：

$$m_{TO} = 4\,800\,\mathrm{kg},\ S = 22.3\,\mathrm{m^2},\ V_c = 380\,\mathrm{kn}(33\,000\,\mathrm{ft}\ 高空),$$
$$V_s = 81\,\mathrm{kn}(海平面)$$

高升力装置(双缝襟翼)放下时将提供 $\Delta C_L = 1.1$。

(7) 为具有如下特性的喷气式运输机的机翼选择 NACA 翼型：

$$m_{TO} = 136\,000\ \text{kg},\ S = 428\ \text{m}^2,\ V_c = 295\ \text{kn}(42\,000\ \text{ft 高空}),$$
$$V_s = 88\ \text{kn}(\text{海平面})$$

高升力装置(三缝襟翼)放下时将提供 $\Delta C_L = 1.3$。

(8) 为具有如下特性的喷气式战斗机的机翼选择 NACA 翼型：

$$m_{TO} = 30\,000\ \text{kg},\ S = 47\ \text{m}^2,\ V_c = 1\,200\ \text{kn}(40\,000\ \text{ft 高空}),$$
$$V_s = 95\ \text{kn}(\text{海平面})$$

高升力装置(简单襟翼)放下时将提供 $\Delta C_L = 0.8$。

(9) 设计者在设计过程中为飞机机翼选择了 NACA 2415 翼型(见图 5-66)，确定机翼安装角。

(10) 展弦比为 9 的机翼其翼型为 NACA 2415(见图 5-66)，确定该机翼升力曲线斜率(以 1/rad 计)。

(11) 为展弦比 12 和后掠角 15° 的机翼，确定奥斯瓦尔德(Oswald)翼展效率系数。

(12) 为展弦比 4.6 和后掠角 40° 的机翼，确定奥斯瓦尔德(Oswald)翼展效率系数。

(13) 一个翼展为 25 m，MAC 为 2.5 m 的矩形直机翼。如果机翼后掠角为 30°，则确定机翼的有效翼展。

(14) 一架教练机，机翼面积 $S = 32\ \text{m}^2$，展弦比 $AR = 9.3$，梢根比 $\lambda = 0.48$。要求 50% 弦线后掠角为 0。确定梢弦、根弦、平均空气动力弦、翼展、前缘后掠角、后缘后掠角和 1/4 弦线后掠角。

(15) 一架货机，机翼面积 $S = 256\ \text{m}^2$，展弦比 $AR = 12.4$，梢根比 $\lambda = 0.63$。要求 50% 弦线后掠角为 0。确定梢弦、根弦、平均空气动力弦、翼展、前缘后掠角、后缘后掠角和 1/4 弦线后掠角。

(16) 一架喷气式战斗机，机翼面积 $S = 47\ \text{m}^2$，展弦比 $AR = 7$，梢根比 $\lambda = 0.8$。要求 50% 弦线后掠角为 42°。确定梢弦、根弦、平均空气动力弦、翼展、有效翼展、前缘后掠角、后缘后掠角和 1/4 弦线后掠角。

(17) 一架喷气式公务机，机翼面积 $S = 120\ \text{m}^2$，展弦比 $AR = 11.5$，梢根比 $\lambda = 0.55$。要求 50% 弦线后掠角为 37°。确定梢弦、根弦、平均空气动力弦、翼展、有效翼展、前缘后掠角、后缘后掠角和 1/4 弦线后掠角。

(18) 画出习题 16 的机翼。

(19) 画出习题 17 的机翼。

(20) 一架战斗机,采用平面面积为 50 m² 的直机翼,展弦比为 4.2,梢根比为 0.6。确定翼展、根弦、梢弦和平均空气动力弦。然后画出此机翼。

(21) 一架悬挂滑翔机,采用平面面积为 12 m² 的后掠翼,展弦比为 7,梢根比为 0.3。确定翼展、根弦、梢弦和平均空气动力弦。然后画出此机翼,后掠角取 35°。

(22) 一架货机,机翼平面面积为 182 m²。机翼上反角为 −8°。确定飞机的有效机翼平面面积。

(23) 一架喷气式运输机具有如下特性:

$$m_{TO} = 140\,000 \text{ kg}, \; S = 410 \text{ m}^2, \; V_s = 118 \text{ kn(海平面)}$$
$$AR = 12, \; \lambda = 0.7, \; b_{A_{in}}/b = 0.7, \; i_w = 3.4°, \; \alpha_t = -2°$$
$$\text{翼型:NACA } 63_2 - 615\text{(见图 5-21)}$$

为该飞机设计高升力装置(确定形式、b_f、c_f 和 δ_f),能够以速度 102 kn 起飞,机身上仰 10°。

(24) 具有如下特性的双发 GA 飞机:

$$m_{TO} = 4\,500 \text{ kg}, \; S = 24 \text{ m}^2, \; AR = 8.3, \; \lambda = 0.5, \; b_{A_{in}}/b = 0.6,$$
$$i_w = 2.8°, \; \alpha_t = -1°$$
$$\text{翼型:NACA } 63_2 - 615\text{(见图 5-21)}$$

为该飞机设计高升力装置(确定形式、b_f、c_f 和 δ_f),能够以速度 85 kn 起飞,机身上仰 10°。

(25) 对于机翼具有如下特性的一架公务机,确定并画出其升力分布特性曲线。将半机翼分为 12 段。

$$S = 28 \text{ m}^2, \; AR = 9.2, \; \lambda = 0.4, \; i_w = 3.5°, \; \alpha_t = -2°$$
$$\text{翼型:NACA } 63 - 209$$

如果飞机在 10 000 ft 高度上以 180 kn 速度飞行,则产生多大升力?

(26) 对于机翼具有如下特性的一架货机,确定并画出其升力分布特性曲线。将半机翼分为 12 段。

$$S = 104 \text{ m}^2, \; AR = 11.6, \; \lambda = 0.72, \; i_w = 4.7°, \; \alpha_t = -1.4°$$
$$\text{翼型:NACA } 4412$$

如果飞机在 25 000 ft 高度以速度 250 kn 飞行,则产生多大升力?

(27) 考虑习题 25 中的飞机。在采用如下高升力装置时,确定起飞时的升力系数:

$$\text{单缝襟翼,} b_f/b = 0.65, \; C_f/C = 0.22, \; ó_f = 15°, \; \alpha_{TO_{wing}} = 9°$$

（28）考虑习题 26 中的飞机。在采用如下高升力装置时，确定起飞时的升力系数：

三缝襟翼，$b_f/b = 0.72$　$C_f/C = 0.24$，$ó_f = 25°$，$\alpha_{TO_{wing}} = 12°$

（29）考虑习题 28 中的飞机。如果速度为 95 kn 时仅允许机身上仰 7°，则着陆时襟翼需要偏转多少度？

（30）为具有如下特性的实用类 GA 飞机设计机翼：

$$S = 22 \text{ m}^2, \ m = 2\,100 \text{ kg}, \ V_c = 152 \text{ kn}(20\,000 \text{ ft 高空}),$$
$$V_s = 67 \text{ kn}(海平面)$$

飞机为下单翼，采用简单襟翼。确定翼型、展弦比、梢根比、梢弦、根弦、MAC、翼展、扭转角、后掠角、上反角、安装角、高升力装置形式、襟翼展长、襟翼弦长、襟翼偏度以及起飞时机翼迎角。画出巡航状态下的升力分布曲线，画出机翼并标注尺寸。

（31）为具有如下特性的喷气式货机设计机翼：

$$S = 415 \text{ m}^2, \ m = 150\,000 \text{ kg}, \ V_c = 520 \text{ kn}(30\,000 \text{ ft 高空}),$$
$$V_s = 125 \text{ kn}(海平面)$$

飞机采用上单翼和三缝襟翼。确定翼型、展弦比、梢根比、梢弦、根弦、MAC、翼展、扭转角、后掠角、上反角、安装角、HLD 形式、襟翼展长、襟翼弦长、襟翼偏度和起飞时机翼迎角。画出巡航状态下的升力分布曲线，画出机翼并标注尺寸。

（32）为具有如下特性的超声速战斗机设计机翼：

$$S = 62 \text{ m}^2, \ m = 33\,000 \text{ kg}, \ V_c = 1\,350 \text{ kn}(45\,000 \text{ ft 高空}),$$
$$V_s = 105 \text{ kn}(海平面)$$

在该飞机上，可操纵性和高性能是两个高优先权项。确定机翼相对于机身的垂直位置、翼型、展弦比、梢根比、梢弦、根弦、MAC、翼展、扭转角、后掠角、上反角、安装角、HLD 形式、HLD 展长、HLD 弦长、HLD 偏度和起飞时机翼迎角。画出巡航状态下的升力分布曲线，画出机翼并标注尺寸。

（33）确定并画出塞斯纳 304A 飞机在巡航飞行时的升力分布曲线。然后确定巡航状态下的升力系数。已知飞机特性如下：

$$S = 17.1 \text{ m}^2, \ m_{TO} = 2\,717 \text{ kg}, \ V_c = 233 \text{ kn}(24\,500 \text{ ft 高空}),$$
$$\lambda = 0.7, \ AR = 7.2, \ \alpha_t = -5.9', \ i_w = 2°3'$$
翼型：翼根为 NACA 23018、翼梢为 NACA 23015

（34）确定并画出苏格兰航空 SA‐3‐120 飞机在巡航飞行时的升力分布曲线。

然后确定巡航状态下的升力系数。已知飞机特性如下：

$$S = 12.52 \text{ m}^2, \ m_{TO} = 1\,066 \text{ kg}, \ V_c = 120 \text{ kn}(4\,000 \text{ ft 高空}),$$
$$\lambda = 0.6, \ AR = 8.4, \ \alpha_t = 0°, \ i_w = 1.15°$$
$$\text{翼型：NACA } 63_2 - 615$$

(35) 确定并画出贝兰卡 19 – 25 飞机在巡航飞行时的升力分布曲线。然后确定巡航状态下的升力系数。已知飞机特性如下：

$$S = 16.9 \text{ m}^2, \ m_{TO} = 1\,860 \text{ kg}, \ V_c = 262 \text{ kn}(24\,000 \text{ ft 高空}),$$
$$\lambda = 0.7, \ AR = 6.7, \ \alpha_t = 0°, \ i_w = 2°$$
$$\text{翼型：NACA } 63_2 - 215$$

参 考 文 献

[1] Blanchard, B. S. and Fabrycky, W. J. (2006) *Systems Engineering and Analysis*, 3rd edn, Prentice Hall.

[2] Eppler, R. (1990) *Airfoil Design and Data*, Springer-Verlag.

[3] Abbott, I. H. and Von Donehoff, A. F. (1959) *Theory of Wing Sections*, Dover.

[4] Anderson, J. D. (2010) *Fundamentals of Aerodynamics*, 5th edn, McGraw-Hill.

[5] Jackson, P. (1995) *Jane's All the World's Aircraft*, Jane's Information Group, various years.

[6] Anderson, J. D. (2003) *Modern Compressible Flow*, 3rd edn, McGraw-Hill.

[7] Sadraey, M. (2009) *Aircraft Performance Analysis*, VDM Verlag Dr. M·uller.

[8] Anderson, J. D. (1999) *Aircraft Performance and Design*, McGraw-Hill.

[9] Stevens, B. L. and Lewis, F. L. (2003) *Aircraft Control and Simulation*, 2nd edn, Wiley-VCH Verlag GmbH.

[10] Hibbeler, R. C. (2001) *Engineering Mechanics*, *Dynamics*, 9th edn, Prentice Hall.

[11] Etkin, B. and Reid, L. D. (1996) *Dynamics of Flight*, *Stability and Control*, 3rd edn, Wiley-VCH Verlag GmbH.

[12] Cavallok, B. (1966) Subsonic Drag Estimation Methods, US Naval Air Development Center, NADC – AW – 6604.

[13] Shevell, R. S. (1989) *Fundamentals of Flight*, 2nd edn, Prentice Hall.

[14] Roskam, J. (2007) *Airplane Flight Dynamics and Automatic Flight Control*, *Part I*, DAR Corporation.

[15] Lan, E. C. T. and Roskam, J. (2003) *Airplane Aerodynamics and Performance*, DAR Corporation.

[16] Houghton, E. L. and Carpenter, P. W. (2003) *Aerodynamics for Engineering Students*, 5th edn, Elsevier.

6 尾 翼 设 计

6.1 序言

如同第 2 章所述,在机翼设计之后,下一个步骤应是尾翼设计。本章在说明尾翼的主要功能并阐述支配尾翼性能的基本原理之后,将提供水平尾翼和垂直尾翼的设计方法和设计程序。在本章结尾,给出一个全解示例,阐明设计方法的实施过程。

水平尾翼和垂直尾翼(即尾翼)连同机翼一起,称为升力面。这一命名将尾翼和机翼与操纵面(副翼、升降舵和方向舵)区分开来。与尾翼和机翼有关的若干设计参数(如翼型、平面面积以及迎角)都相似。因此,只对若干尾翼参数做简短讨论。机翼设计与尾翼设计之间的主要差异源于尾翼的主要功能与机翼不同。机翼的主要功能是产生最大的升力,而尾翼被要求使用其一部分能力来产生升力。在执行任何飞行任务时,如果尾翼接近其最大迎角(即尾翼失速迎角),则表明尾翼设计过程存在错误。

在常规布局的飞机上,尾翼通常有两个部件,即水平尾翼和垂直尾翼,并执行两项主要功能:

(1) 配平(纵向和航向);

(2) 稳定性(纵向和航向)。

由于两个常规的操纵面(即升降舵和方向舵)的确都是尾翼的一部分,用于执行飞行操纵,因此增加下面所列的第 3 项作为尾翼的第 3 个功能是合适的:

(3) 操纵(纵向和航向)。

这里简要说明这 3 项功能,在后面各节做更详细的阐述。水平尾翼的第一项也是主要的一项功能是纵向配平,也称为平衡。但是垂直尾翼的第一项也是主要一项功能是航向稳定性。原因在于,飞机通常是关于 xz 平面对称的,而机翼所产生的围绕飞机重心的俯仰力矩必须通过某个部件来平衡。

常规布局飞机的纵向配平是通过水平尾翼来实现的。若干种俯仰力矩都需要围绕 y 轴予以配平,这些力矩是:机翼升力围绕飞机重心的纵向力矩、机翼空气动力俯仰力矩以及有时来自发动机推力的纵向力矩。这 3 个围绕飞机重心的力矩之总和常常为负值。因此,水平尾翼常常产生负升力来抵消此力矩。鉴于这个原因,水平尾翼的安装角通常为负值。由于飞机重心是沿着 x 轴移动的(因为飞机续航时燃油消耗),因此水平尾翼在整个飞行时间内负责纵向配平。为了支持飞机的纵向可配平性,常规布局的飞机采用升降舵作为飞机水平尾翼的一部分。

由于常规布局飞机几乎总是关于 xz 平面对称制造的,因此配平不是垂直尾翼的主要功能。然而在少数情况下,垂直尾翼的主要功能是航向配平或横向配平。对于多发动机飞机,在一台发动机不工作(OEI)的情况下,为了维持航向配平,垂直尾翼承担很大的责任。垂直尾翼必须产生一个偏航力矩来克服工作的发动机产生的偏航力矩使飞机保持平衡。即使在单发螺旋桨飞机上,垂直尾翼也必须抵消由螺旋桨旋转而产生的横滚力矩,以此维持飞机横向配平,并防止不想要的横滚。在此情况下,垂直尾翼的安装通常相对于 xz 平面成一个角度。在尾翼设计过程中,飞机配平需求成为主设计需求。第 6.2 节中将详细讨论基于配平而导出的设计需求。

尾翼的第二个功能是提供稳定性。水平尾翼负责维持纵向稳定性,而垂直尾翼负责维持航向稳定性。飞机稳定性定义为飞机受到扰动后返回到其最初配平状态的趋势。主要的扰动源是大气现象,诸如阵风。尾翼设计需求清单中也必须包括稳定性需求。在第 6.3 将对这一主题展开详细讨论。

尾翼的第 3 项主要功能是操纵。作为水平尾翼一部分的升降舵设计成提供纵向操纵,而作为垂直尾翼一部分的方向舵负责提供航向操纵。尾翼必须具有足够的能力来操纵飞机,以使得飞机能够改变飞行状态,从一个配平状态(如巡航),改变为另一种新的配平状态(如着陆)。例如,在起飞过程中,尾翼必须能以规定的俯仰角速度使飞机抬起机头。

通常,尾翼设计基于配平需求,但随后则基于稳定性和操纵性需求进行修订。下面所列是在设计过程中需要确定的尾翼参数:

1)水平尾翼

(1)尾翼构型(水平尾翼相对于机身的水平位置,后置尾翼或鸭翼);

(2)平面面积(S_h);

(3)尾力臂(l_h);

(4)翼型;

(5)展弦比(AR_h);

（6）梢根比（λ_h）；

（7）梢弦（$C_{h_{tip}}$）；

（8）根弦（$C_{h_{root}}$）；

（9）平均空气动力弦（MAC_h或C_h）；

（10）展长（b_h）；

（11）后掠角（Λ_h）；

（12）上反角（Γ_h）；

（13）尾翼安装；

（14）安装角（i_h）。

2）垂直尾翼

（1）平面面积（S_v）；

（2）尾力臂（l_{vt}）；

（3）翼型；

（4）展弦比（AR_v）；

（5）梢根比（λ_v）；

（6）梢弦（C_{t_v}）；

（7）根弦（C_{r_v}）；

（8）平均空气动力弦（MAC_v或C_v）；

（9）展长（b_v）；

（10）后掠角（Λ_v）；

（11）上反角（Γ_v）；

（12）安装角（i_v）。

上述所列共计 26 个尾翼参数，在尾翼设计过程中都必须予以确定。大多数参数通过性能计算予以最终确定，而少数参数则通过工程选择方法予以决定。在计算某些尾翼参数时需要用到其他几个中间参数，如下洗角、侧洗角和有效迎角。在设计过程中确定这些参数，但在制造期间不予采用。

正如在第 2 章中所讨论的，采用系统工程方法作为尾翼设计的基本方法。根据此方法形成尾翼设计方法，以满足所有设计需求，同时以某个最佳选项形式维持低成本。图 6-1 给出尾翼设计过程的框图。如同在第 2 章中所解释的，飞机设计是一个迭代过程。因此，将重复该程序（尾翼设计）若干次，直到实现最佳飞机构型。垂直尾翼和水平尾翼设计几乎可以并行开展。然而在垂直尾翼设计时有一个步骤（即尾旋改出），其间研究水平尾翼对垂直尾翼的影响。有关每一步骤的详情，将在后面各节中分别予以阐述。本章的目的在于为飞机尾翼的详细设计提供设计考虑、设计方法和设计示例。

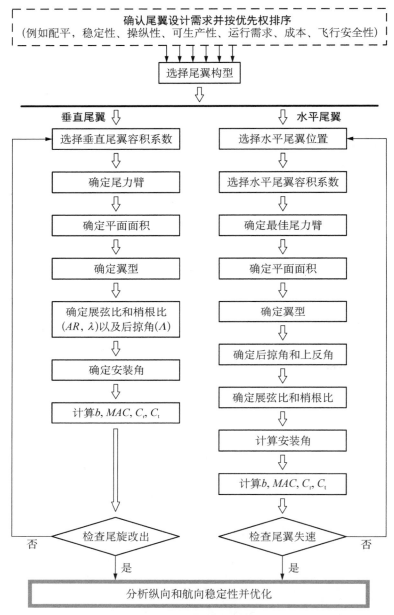

图 6 - 1 尾翼设计程序

6.2 飞机配平需求

配平是安全飞行不可回避的需求之一。当飞机处于配平状态时,飞机将不围绕飞机重心(cg)转动,飞机要么按所希望的方向直线飞行,要么做所希望的圆周运动。

换言之,当作用在飞机上的所有的力以及力矩之和都为零时,可以说飞机处于配平
状态:

$$\sum F = 0 \qquad (6-1)$$

$$\sum M = 0 \qquad (6-2)$$

必须保持飞机围绕如下 3 个轴(x, y, z)的配平:①纵轴(x);②横轴(y);③航
向轴(z)。

当沿 x 方向所有的力(如阻力和推力)之和为 0,并且围绕 y 轴的所有力矩(包
括空气动力俯仰力矩)之和为 0,可以说飞机处于纵向配平:

$$\sum F_x = 0 \qquad (6-3)$$

$$\sum M_{cg} = 0 \qquad (6-4)$$

水平尾翼负责维持纵向配平,通过产生必需的水平尾翼升力并形成绕 y 轴的力
矩,使力以及力矩之和都为 0。水平尾翼的安装位置可在机身后部或靠近机头。前
者称为传统尾翼或后置尾翼,后者称为前翼或鸭翼。式(6-4)用于水平尾翼设计。

沿 y 方向所有的力(如侧向力)为 0,并围绕 z 轴的所有力矩(包括空气动力偏航
力矩)为 0 时,可以说飞机处于航向配平:

$$\sum F_y = 0 \qquad (6-5)$$

$$\sum N_{cg} = 0 \qquad (6-6)$$

垂直尾翼负责维持航向配平,通过产生必需的垂直尾翼升力并形成围绕 z 轴的
力矩,使力以及力矩之和都为 0。式(6-6)用于垂直尾翼设计。

当沿 z 方向所有的力(如升力和重力)为 0,并围绕 x 轴的所有力矩(包括空气动
力横滚力矩)为 0 时,可以说飞机处于横向配平:

$$\sum F_z = 0 \qquad (6-7)$$

$$\sum L_{cg} = 0 \qquad (6-8)$$

垂直尾翼也负责维持横向配平,通过产生必需的垂直尾翼升力并形成围绕 x 轴
的力矩,使力以及力矩之和都为 0。式(6-8)也用于垂直尾翼设计。

有关更多细节,可从大多数飞行动力学教科书中查得。作为一个示例,感兴趣
的读者可查阅参考文献[1]~[3]。

主要设计需求的引用文献是联邦航空条例(FAR)[4]。下面的条文涉及 GA 飞

机的横向-航向和纵向配平,引自 FAR§23.161:

(a) 总则。飞机配平后必须满足本条的配平要求,而无需驾驶员或自动驾驶仪对主操纵器件或其相应的配平操纵器件继续施力或移动。另外,在其他载荷、形态、速度和功率下,必须能确保,驾驶员不会由于需要施加超过§23.143(c)持续作用力要求的剩余操纵力而过度疲劳或分散精力。这适用于飞机的正常运行,以及适用时,用于确定有关一台发动机失效时的性能特性的那些情况。

(b) 横向和航向配平。飞机以起落架和襟翼收上形态在下列条件下水平飞行时必须能保持横向和航向配平:

(1) 对于正常类、实用类和特技类飞机,速度为 $0.9V_H$、V_C 或 $V_{MO}/M^①_{MO}$,取小值;

(2) 对于通勤类飞机,从 $1.4V_{S1}$ 到 V_H 或 V_{MO}/M_{MO} 取小值的所有速度。

(c) 纵向配平。飞机在下列每一情况下,必须保持纵向配平:

(1) 爬升,(2) 以所有的速度水平飞行,(3) 下降,(4) 进近。

(d) 此外,在下列条件下,每一多发飞机必须能保持纵向和航向配平,并且在符合§23.67(a)、(b)(2) 或 (c)(3) 所用速度下,横向操纵力不得超过 5 lb。

对于其他类型的飞机,请读者参见 FAR 的其他各部,例如有关运输类飞机,参见 FAR 25 部。

6.2.1 纵向配平

按水平尾翼设计过程,需要形成一些方程。因此,将较详细地阐述纵向配平。考虑图 6-2 所示的常规布局飞机(即后置尾翼)的侧视图,飞机处于纵向配平。图 6-2(a) 所示飞机的重心位于机翼/机身空气动力中心(ac_{wf})的后面②。图 6-2(b) 所示飞机的重心位于机翼/机身空气动力中心的前面。存在若干个绕 y 轴(cg)的力矩,必须借助水平尾翼升力予以平衡。其中的两个力矩是:① 机翼/机身空气动力俯仰力矩;② 升力产生的围绕飞机重心的力矩。此外,发动机推力、机翼阻力、起落架阻力和外挂物阻力也可能成为产生绕飞机重心力矩的原因。为简单起见,该图中未示出这些力矩。如有其他力矩存在和/或飞机采用鸭翼而不是后置尾翼时,料想读者也能够理解相关的讨论。

---

① 文件中的 M 即为马赫数 Ma。——译注

② 在计及机身对升力的贡献时,机翼/机身空气动力中心简化为机翼空气动力中心。对于大多数常规布局的飞机,机身对升力的贡献通常约为±5%$\bar{C}$。由于机翼空气动力中心常常位于(1/4)MAC(即 25%$\bar{C}$)附近,机翼/机身空气动力中心常常位于 20% MAC(或 $\bar{C}$)和 30% MAC(或 $\bar{C}$)之间。有关更多信息,请读者参见参考文献[1]。

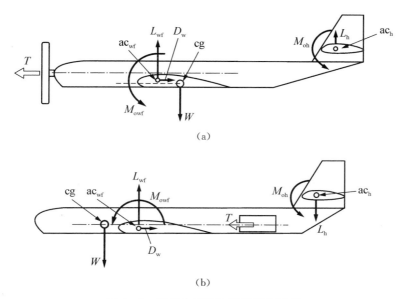

图 6－2　常规布局飞机处于纵向配平

(a) cg 在 ac_{wf} 之后　　(b) cg 在 ac_{wf} 之前

机翼/机身升力(L_{wf})是包括机身升力(L_f)贡献在内的机翼升力(L_w)。通常假设机身升力约为机翼升力的 10%。有关精确的计算,可参阅参考文献[1]。根据飞行动力学,假设顺时针方向力矩为正,y 轴位于 cg 处,指向朝纸里。当 cg 位于 ac_{wf} 之后(如图 6－2(a)所示)时,机翼/机身升力(L_{wf})产生的力矩为正,而当 cg 在 ac_{wf} 之前(见图 6－2(b))时,机翼/机身升力(L_{wf})产生的力矩则为负。

另一个力矩称为机翼/机身空气动力俯仰力矩(即 M_{owf})。机翼/机身空气动力俯仰力矩(M_{owf})是包括机身对力矩贡献(M_f)时的机翼空气动力俯仰力矩(M_{ow})。下标"o"表示空气动力学力矩是相对于机翼空气动力学中心而度量的。这一空气动力学力矩常为负值(见图 6－2),所以常常称为低头力矩,因为其作用是使机头下俯。通常,这两个力矩(即机翼/机身空气动力俯仰力矩和机翼/机身升力产生的力矩)之和不为 0,因此,为了使这些力矩平衡,并使之和为 0,采用水平尾翼来产生升力,此功能可保持飞机纵向配平。

按类似的方式,可以对航向配平展开讨论。在此情况下,尽管常规布局飞机是关于 xz 平面对称,但还是有一些力会干扰飞机的航向配平,例如不对称的发动机推力(多发飞机上一台发动机不工作时)。在这种情况下,需要垂直尾翼产生沿 y 方向的升力(即侧向力),来保持围绕 z 轴的航向配平。这一情况的细节,留待读者去研究。

现在,考虑图 6－3 所示的飞机,此时水平尾翼空气动力俯仰力矩为负值。请注意,在此情况下,推力线通过飞机重心,因此发动机推力对飞机纵向配平不构成影响。尽管在正常飞行状态下机翼/机身升力为正,但由于 cg 和 ac_{wf} 之间的关系,因此升力所产生的围绕 cg 的力矩可能为正,也可能为负。因此水平尾翼力矩可以是负值或正值。应用配平方程,导出如下公式[①]:

$$\sum M_{cg} = 0 \Rightarrow M_{o_{wf}} + M_{L_{wf}} + M_{L_h} = 0 \qquad (6-9)$$

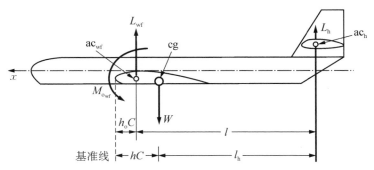

图 6 - 3 cg、ac_t、ac_{wf} 与基准线之间的距离

记住,飞机重量不产生围绕飞机 cg 的力矩。如果发动机推力线不通过飞机 cg,则必须对式(6-9)进行修正。为使此式更便于使用,需要对其实行无量纲化。为使这些参数无量纲化,常常习惯于测量沿 x 轴方向的距离,作为 $MAC(\overline{C}$ 或简化为 $C)$ 的系数。此外,为测量相关的所有距离,必须选择基准线(或基准点)。这里选择机头[②]作为基准线。因此,ac_{wf} 与基准线之间的距离是 h_o 乘以 $\overline{C}$(即 $h_o\overline{C}$),而 cg 与基准线之间的距离是 h 乘以 $\overline{C}$(即 $h\overline{C}$)。两个参数都示于图 6-3。水平尾翼空气动力中心与机翼/机身空气动力中心之间的距离,以"l"表示,而水平尾翼空气动力中心与飞机重心之间的距离,以"l_h[③]"表示。现在,将这两个力矩值代入式(6-9),可得

$$M_{o_{wf}} + L_{wf}(h\overline{C} - h_o\overline{C}) - L_h l_h = 0 \qquad (6-10)$$

为展开此式,需要定义如下变量:机身/机翼升力(L_{wf}),水平尾翼升力(L_h)以及机翼/机身空气动力俯仰力矩($M_{o_{wf}}$):

$$L_{wf} = \frac{1}{2}\rho V^2 S C_{L_{wf}} \qquad (6-11)$$

$$L_h = \frac{1}{2}\rho V^2 S_h C_{L_h} \qquad (6-12)$$

---

① 忽略水平尾翼俯仰力矩,因为其值小。

② 原文为"fuselage nose",与图示不符,后文皆以图示基准点为准。——译注

③ 原文误为"l_t"。——译注

$$M_{o_{wf}} = \frac{1}{2}\rho V^2 S C_{m_{o\_wf}} \overline{C} \tag{6-13}$$

式中：$C_{L_{wf}}$ 表示机翼/机身升力系数；C_{L_h} 表示水平尾翼升力系数；$C_{m_{o\_wf}}$ 表示机翼/机身空气动力俯仰力矩系数；S 表示机翼平面面积；S_h 表示水平尾翼平面面积；V 表示飞机空速；ρ 表示空气密度。

将式(6-11)～式(6-13)代入式(6-10)，得

$$\frac{1}{2}\rho V^2 S C_{m_{o\_wf}} \overline{C} + \frac{1}{2}\rho V^2 S C_{L_{wf}} (h\overline{C} - h_o \overline{C}) - \frac{1}{2}\rho V^2 S_h C_{L_h} l_h = 0 \tag{6-14}$$

然后，除以 $\frac{1}{2}\rho V^2 S \overline{C}$，使此公式无量纲化。因此，可得

$$C_{m_{o\_wf}} + C_{L_{wf}} (h - h_o) - \frac{l_h}{\overline{C}} C_{L_h} \frac{S_h}{S} = 0 \tag{6-15}$$

现在返回到图6-3。水平尾翼空气动力中心与基础线之间的距离可以表达为两种形式：

$$l + h_o \overline{C} = l_h + h\overline{C} \tag{6-16}$$

或

$$\frac{l_h}{\overline{C}} = \frac{l}{\overline{C}} - (h_o - h) \tag{6-17}$$

将式(6-17)代入式(6-15)，得

$$C_{m_{o\_wf}} + C_{L_{wf}} (h - h_o) - \left[\frac{l}{\overline{C}} - (h_o - h) \right] C_{L_h} \frac{S_h}{S} = 0 \tag{6-18}$$

可进一步简化为

$$C_{m_{o\_wf}} + \left(C_{L_{wf}} + C_{L_h} \frac{S_h}{S} \right)(h - h_o) - \frac{l}{\overline{C}} \frac{S_h}{S} C_{L_h} = 0 \tag{6-19}$$

相比之下，飞机总升力是机翼/机身升力和水平尾翼升力之总和：

$$L = L_{wf} + L_h \tag{6-20}$$

由此导出

$$\frac{1}{2}\rho V^2 S C_L = \frac{1}{2}\rho V^2 S C_{L_{wf}} + \frac{1}{2}\rho V^2 S_h C_{L_h} \tag{6-21}$$

将此公式无量纲化，可得

$$C_L = C_{L_{\mathrm{wf}}} + C_{L_{\mathrm{h}}} \frac{S_{\mathrm{h}}}{S} \tag{6-22}$$

现在,将式(6-22)代入式(6-19),得

$$C_{m_{\mathrm{o\_wf}}} + C_L(h - h_{\mathrm{o}}) - \frac{l}{C} \frac{S_{\mathrm{h}}}{S} C_{L_{\mathrm{h}}} = 0 \tag{6-23}$$

式(6-23)中的组合参数 $\frac{l}{C} \frac{S_{\mathrm{h}}}{S}$ 是水平尾翼设计中一个重要的无量纲参数,称为"水平
尾翼容量系数"。此名称源自于如下事实,即此组合参数的分子和分母都具有容量
单位(如 m^3)。分子是水平尾翼参数的函数,而分母则是机翼参数的函数。因此,此
参数是水平尾翼几何尺寸与机翼几何尺寸之比值,用符号 $\overline{V}_{\mathrm{H}}$ 来表示:

$$\overline{V}_{\mathrm{H}} = \frac{l}{C} \frac{S_{\mathrm{h}}}{S} \tag{6-24}$$

因此,进一步简化式(6-23),结果为

$$C_{m_{\mathrm{o\_wf}}} + C_L(h - h_{\mathrm{o}}) - \overline{V}_{\mathrm{H}} C_{L_{\mathrm{h}}} = 0 \tag{6-25}$$

这一无量纲纵向配平方程成为水平尾翼设计中的一个关键工具。有关该式的
重要性,将在后面予以解释,有关其应用将在本章后面各节予以说明。这一无量纲
参数 $\overline{V}_{\mathrm{H}}$ 有一个限定的数值范围,并且也不是飞机尺寸或重量的函数。从小飞机
(如塞斯纳172(见图11-15)到大型珍宝级喷气式飞机(如B747(见图3-7、图3-
12和图9-4)),都有类似的水平尾翼容量系数。表6-1给出若干飞机的水平尾翼
容量系数。

表6-1 若干飞机的水平尾翼容量系数[5]

序号	飞 机	类 型	质量/kg	机翼面积/m²	全长/m	$\overline{V}_{\mathrm{H}}$
1	塞斯纳172	轻型 GA(活塞)	1 100	16.2	7.9	0.76
2	派珀 PA-46-350P	轻型运输机(活塞)	1 950	16.26	8.72	0.66
3	阿来尼亚 G222	涡桨运输机	28 000	82	22.7	0.85
4	福克 100	喷气式运输机	44 000	93.5	35.5	1.07
5	莱克 LA-250	水陆两用	1 424	15.24	9.04	0.8
6	B747-400	喷气式运输机	362 000	541	73.6	0.81
7	A340-200	喷气式运输机	257 000	363.1	59.39	1.11
8	皮拉图斯 PC-12	涡桨运输机	4 100	25.81	14.4	1.08
9	欧洲战斗机 2000	战斗机	21 000	50	15.96	0.063
10	F/A-18 大黄蜂	战斗机	29 937	46.45	18.31	0.49

表6-4表明若干类型飞机的水平尾翼容量系数典型值。水平尾翼容量系数是

纵向稳定性和纵向操纵性的操纵品质标志。当 $\overline{V}_H$ 增大时，飞机纵向稳定性趋于增大，而纵向可操纵性降低。具有高机动性的战斗机，往往具有很低的尾翼容量系数，约为0.2。相反，喷气式运输机必须具有高安全性和稳定性，因此往往具有大尾翼容量系数，约为1.1。这一参数是水平尾翼设计中的关键变量，必须在尾翼平面设计的早期阶段予以选择。尽管水平尾翼的主要功能是纵向稳定性，但水平尾翼容量系数则是纵向稳定性和纵向配平问题的重要参数。

通过如下公式[6]，能估算出式（6-25）中的机翼/机身俯仰力矩系数（$C_{m_{o\_wf}}$）：

$$C_{m_{o\_wf}} = C_{m_{af}} \frac{AR\cos^2\Lambda}{AR + 2\cos\Lambda} + 0.01\alpha_t \qquad (6-26)$$

式中：$C_{m_{af}}$ 是机翼翼型俯仰力矩系数；AR 是机翼展弦比；Λ 是机翼后掠角；α_t 是机翼扭转角（以（°）计），请注意，α_t 通常是负数。使用翼型曲线，能够确定 $C_{m_{af}}$ 值，在图5-21中，针对 NACA 63_2-615 翼型，给出这一翼型曲线的示例。例如，该翼型的 $C_{m_{af}}$ 值为 -0.11。

式（6-25）中的参数 C_L 是飞机巡航升力系数，由如下公式确定：

$$C_L = \frac{2W_{avg}}{\rho V_c^2 S} \qquad (6-27)$$

式中：V_c 是巡航速度；W_{avg} 是巡航飞行阶段的飞机平均重量。

如果在水平尾翼设计之前已经设计了飞机机翼并已确定了飞机重心（h），则式（6-25）中仅有两个未知数，即 C_{L_h} 和 $\overline{V}_H$。然而实际上，机翼设计和 cg 位置并非与尾翼设计无关，因此这是一种理想的情况。尾翼设计确实是一个迭代过程。纵向配平方程（即式（6-25））在每种可能的飞行状态下都必须是有效的。这包括飞机所有的允许载荷重量，所有可能的飞行速度，所有指定的飞机形态（如襟翼和起落架的收上和放下），所有允许的 cg 位置，所有可能的飞行高度。可将这些各种飞行可能性归纳为处于如下两个极端临界状态之间：

（1）第一个未知飞行状态，要求水平尾翼产生围绕飞机 cg 的最大正俯仰力矩。

（2）第二个未知飞行状态，要求水平尾翼产生围绕飞机 cg 的最大负俯仰力矩。

这两个关于水平尾翼的临界飞行状态在此时刻尚属未知，但是随着设计过程进展，以后将会清楚。围绕飞机 cg 的水平尾翼俯仰力矩的正负号变化，表明水平尾翼升力系数从正到负变化的必要性。两个可能的解决方法是：

（1）应用全动水平尾翼。

（2）应用固定水平尾翼加操纵面（即升降舵）。

在水平尾翼设计的早期阶段，设计中不考虑升降舵。准则是设计一个水平尾翼，以满足巡航飞行纵向配平要求。原因在于巡航飞行阶段所耗时间占据飞机飞行任务时间的大部分。

由于机翼和机身对水平尾翼的影响(即下洗和侧洗),因此向式(6-25)添加新参数。这一新参数是水平尾翼处的动压与飞机动压之间的比值,称为水平尾翼效率(η_h),定义如下:

$$\eta_h = \frac{q_t}{q} = \frac{0.5\rho V_h^2}{0.5\rho V^2} = \left(\frac{V_h}{V}\right)^2 \qquad (6-28)$$

式中:V 是飞机空速;V_h 是水平尾翼区域的有效空速。对于具有常规布局尾翼的飞机,水平尾翼效率的典型值在 0.85 到 0.95 之间变化。对于具有 T 形尾翼的飞机,可认为水平尾翼效率是 1,这意味着机翼和机身对水平尾翼动压无影响。在巡航飞行期间,T 形尾翼的水平尾翼通常处于机翼尾涡流和下洗区域之外。将水平尾翼效率用于式(6-25),得到修正后的形式:

$$C_{m_{o\_wf}} + C_L(h - h_o) - \eta_h \overline{V}_H C_{L_h} = 0 \qquad (6-29)$$

这是水平尾翼设计时最重要的方程,并蕴含对纵向配平的需求。此方程可用于常规后置尾翼构型和鸭翼构型。本节只是导出此方程,而其应用方法将在第 6.6 节和第 6.8 节予以阐述。在水平尾翼容量系数中 4 个参数之一是从机翼空气动力中心到水平尾翼空气动力中心的距离(l)。这一距离与飞机总长(L)有一统计关系。对于若干飞机构型,从机翼空气动力中心到水平尾翼空气动力中心之间的距离与飞机总长之比值,示于表 6-2。在水平尾翼设计的早期阶段,可采用表中所列之值作为起始点。在设计后期阶段,当有更多的数据可使用时,将对此值进行修改和优化。

表 6-2 各种飞机构型的 *l/L* 典型值

编号	飞机构型/类型	*l/L*
1	发动机安装在机头并具有后置尾翼的飞机	0.6
2	发动机安装在机翼上并具有后置尾翼的飞机	0.55
3	发动机安装在后机身并具有后置尾翼的飞机	0.45
4	发动机安装在机翼下并具有后置尾翼的飞机	0.5
5	滑翔机(具有后置尾翼)	0.65
6	鸭式飞机	0.4
7	发动机安装在机身内(例如战斗机)并具有后置尾翼的飞机	0.3

6.2.2 航向配平和横向配平

垂直尾翼的主要功能之一是航向配平。然而垂直尾翼对于飞机横向配平往往有相当大的贡献。本节阐述垂直尾翼在飞机航向和横向配平方面所起的作用。图 6-4 示出两架飞机,一架是航向配平,另一架是横向配平。

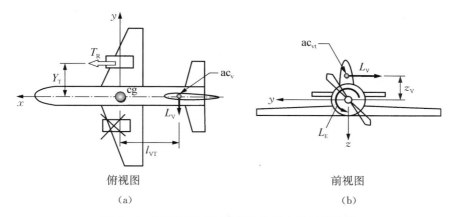

俯视图 前视图

（a） （b）

图 6 - 4 垂直尾翼在飞机横向和航向配平的作用

（a）一台发动机不工作（航向配平） （b）单台螺旋桨发动机（横向配平）

图 6 - 4(a)示出一架飞机的俯视图,垂直尾翼产生偏航力矩,以抵消由右发动机产生的不对称推力所引起的偏航力矩。此外,图 6 - 4(b)示出一架飞机的前视图,垂直尾翼产生横滚力矩,以抵消由发动机螺旋桨旋转产生的横滚力矩。在这两种情况下,垂直尾翼主要产生沿 y 轴方向的空气动力升力。

当飞机处于航向配平时,围绕 z 轴的所有力矩之和必须为 0：

$$\sum N_{cg} = 0 \qquad (6-6)$$

当飞机处于横向配平时,围绕 x 轴的所有力矩之和必须为 0：

$$\sum L_{cg} = 0 \qquad (6-8)$$

在保持航向和横向配平时,需要由垂直尾翼产生沿 y 轴的空气动力（升力 L_v）。因此,航向和横向配平方程分别为

$$\sum N_{cg} = 0 \Rightarrow T_R Y_T + L_v l_{vt} = 0 \qquad (6-30)$$

$$\sum L_{cg} = 0 \Rightarrow L_E + L_v z_v = 0 \qquad (6-31)$$

式中：T_R 表示右发动机推力；Y_T 是 xy 平面内推力线与飞机重心之间的距离；l_{vt} 是垂直尾翼空气动力中心与飞机重心之间的距离；L_E 表示螺旋桨旋转所产生的偏航力矩；z_v 表示 yz 平面内垂直尾翼空气动力中心与飞机重心之间的距离。

由如下公式可求得垂直尾翼升力：

$$L_v = \frac{1}{2} \rho V^2 S_v C_{L_v} \qquad (6-32)$$

式中：S_v是垂直尾翼面积；C_{L_v}是垂直尾翼升力系数。S_v、C_{L_v}、l_{vt}和z_y这 4 个未知数构成垂直尾翼设计基础。第 6.8 节详细给出这些方法的应用和程序，以便设计出满足航向和横向配平需求的垂直尾翼。

6.3 稳定性和操纵性评介

稳定性和操纵性是有关安全飞行的两项需求。水平尾翼和垂直尾翼两者在飞机稳定性和操纵性方面都起重要作用。尽管初始时水平尾翼和垂直尾翼的设计是为满足纵向和航向配平需求，但在后面各设计阶段，还必须满足纵向和航向稳定性和操纵性需求。因此将修改水平尾翼和垂直尾翼的初始设计，以确保满足纵向和航向稳定性和操纵性需求。本节对飞机稳定性和操纵性给予简要陈述。这将为水平尾翼和垂直尾翼设计做准备并明晰设计方法。出于尾翼对稳定性需求的作用，有时把水平尾翼称为水平安定面，把垂直尾翼称为垂直安定面。

6.3.1 稳定性

尾翼的第二个功能是确保稳定性，尾翼的第三个功能是提供操纵性。由于这个作用，因此有时将尾翼称为安定面或稳定翼。稳定性定义为飞机受到扰动（如阵风）后能克服扰动返回到其初始稳定配平状态的趋势。稳定性通常分为两个分支：

（1）静稳定性；

（2）动稳定性。

静稳定性定义为飞机在运动变量受到瞬时扰动而偏离稳态飞行状态后无需驾驶员协助就可形成力和/或力矩克服扰动自行回复稳态飞行状态的初始趋势。动稳定性定义为飞机在配平值受干扰源扰动后无需驾驶员协助就可回复初始的稳态配平状态的趋势。动稳定性涉及整个运动过程，尤其是运动衰减率。作为一项通用规则，飞机必须具有某种形式的动稳定性，即使在一定条件下能够容忍某些轻度失稳也应如此。若一架飞机是动稳定的，则必定具有静稳定性。然而如果一架飞机是静稳定的，不能保证其具备动稳定性。

飞机运动（飞行）有 6 个自由度（6 DOF），因为围绕 x，y，z 三个轴中每个轴各有两种形式的自由度（一种是线性的，一种是旋转的）。因此，将度量绕下列三根轴的稳定性：

（1）横向稳定性；

（2）纵向稳定性；

（3）航向稳定性。

横向稳定性定义为围绕 x 轴的任何旋转运动（如横滚）和沿 yz 平面的任何相应直线运动（如侧向运动）的稳定性。纵向稳定性定义为围绕 y 轴的任何旋转运动（如俯仰）和沿 xz 平面的任何直线运动（例如向前和向后，向上和向下）的稳定性。航向

稳定性定义为围绕 z 轴的任何旋转运动（例如偏航）和沿 xy 平面的任何相应的直线运动（例如侧滑）的稳定性。图 6-5 给出飞机机体坐标系以及三种旋转运动，即横滚、俯仰和偏航。按照惯例，假设从驾驶员座位看去，围绕任何轴的顺时针旋转为正。

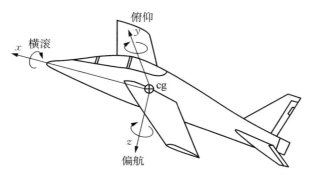

图 6-5   机体坐标系和绕三轴的旋转运动（横滚、俯仰和偏航）

飞机静稳定性和动稳定性需求（纵向、横向和航向）是不同的。当飞机导数 C_{m_α} 为负值时，可以说飞机是纵向静稳定的。当飞机导数 C_{l_β}（称为上反效应）为负值时，可以说飞机是横向静稳定的。当飞机导数 C_{n_β} 为正值时，可以说飞机是航向静稳定的。对于一架纵向动稳定的飞机，必须对短周期和长周期（摆动）模态施加阻尼（阻尼比大于零）。当所有的模态和振荡（包括荷兰滚、盘旋和横滚）受阻尼时，可以说飞机是横向-航向动稳定的。在第 12.3 节，列表给出某些纵向、横向和航向动稳定性。

在主要的飞机部件中，水平尾翼对飞机纵向稳定性的贡献最大。原因是，水平尾翼能够产生反向俯仰力矩，以恢复纵向配平位置。相比之下，垂直尾翼对飞机的航向稳定性贡献最大。垂直尾翼能够产生反向偏航力矩，以恢复航向配平位置。副翼和垂直尾翼两者对飞机横向稳定性做出重要贡献，因为两者能够产生反向横滚力矩，以恢复横向配平位置。由于本章涉及尾翼设计，因此仅强调纵向和航向稳定性需求。

下列条文引自 FAR[4] §23.173，其涉及 GA 飞机的纵向静稳定性：

在 §23.175 规定的条件下，飞机按指定的要求配平。升降舵操纵力和操纵系统内的摩擦力必须具有如下特性：

（a）为获得并保持速度低于规定的配平速度必须用拉杆力，为获得并保持速度高于规定的配平速度必须用推杆力。该特性必须在能够获得的任何速度下予以表明，但要求操纵力超过 40 lbf 的速度，或者大于最大允许速度的速度，或者低于定常不失速飞行最小速度的速度不予考虑。

（b）在本条（a）款规定速度范围内的任何速度下缓慢地解除操纵力时，空速必须回复，速度允差在针对相应类飞机而规定的范围内。相应的允差为：

（1）空速必须回复到初始配平速度，允差范围为±10%。

（2）对于通勤类飞机，在第23.175(b)规定的巡航状态下，空速必须回复到初始配平速度，允差范围为±7.5%。

（c）杆力必须随着速度而变化，任何明显的速度改变都应产生使驾驶员能明显感受的杆力。

下列条文引自 FAR[4] §23.177，其涉及 GA 飞机的航向静稳定性：

（a）航向静稳定性。对于与起飞、爬升、巡航、进近和着陆形态相对应的任何起落架和襟翼位置，航向静稳定性（如同方向舵松浮时飞机改出机翼水平侧滑的趋势所示）必须为正。必须以直到最大连续功率的对称功率在 $1.2V_{S1}$ 直至待试状态最大允许速度的速度下予以表明。试验所用侧滑角必须与飞机类型相适应。对于与直到蹬满舵或脚蹬力达到 §23.143 中限制值（以先出现者为准）相对应的更大侧滑角以及从 $1.2V_{S1}$ 直至 V_O 的速度，方向舵脚蹬力均不得有反逆。

（b）横向静稳定性。对于所有起落架和襟翼位置，横向静稳定性必须为正（如同侧滑时抬起下沉机翼的趋势所示）。必须以直到 75% 最大连续功率的对称功率，以大于 $1.2V_{S1}$（起飞形态）和大于 $1.3V_{S1}$（其他形态）直至最大允许速度的速度（待试验形态）按起飞、爬升、巡航和进近形态予以表明。对着陆构型，功率必须是在协调飞行中保持 3(°) 下滑角所必需的。在 $1.2V_{S1}$（起飞形态）和 $1.3V_{S1}$（其他形态）速度下横向静稳定性不得为负。试验所用侧滑角必须与飞机类型相适应，但是在任何情况下，定航向侧滑角都不能小于以 10(°) 坡度可获得的侧滑角，如果小于，则采用以方向舵全偏角或 150 lbf 方向舵力可获得的最大坡度角。

下列条文引自 FAR[4] §23.181，其涉及 GA 飞机的横向、航向和纵向动稳定性：

（a）在相应于飞机形态的失速速度和最大允许速度之间产生的任何短周期振荡（不包括横向-航向的组合振荡），在主操纵器件处于下列状态时，必须受到重阻尼：

（1）松浮；

（2）固定在某个位置。

（b）在相应于飞机形态的失速速度和最大允许速度之间产生的任何横向-航向组合振荡（"荷兰滚"），在主操纵器件处于下列状态时，必须受到阻尼，其振幅必须在 7 周内衰减到原来的 1/10：

（1）松浮；

（2）固定在某个位置。

（c）如果确定需要增稳系统功能（见§23.672）来满足本部的飞行特性需求，则本条（a）（2）和（b）（2）的主操纵需求不适用于为验证该系统可接受性而需要的试验。

（d）在§23.175规定的状态下，为保持速度偏离配平速度至少±15%而需要的纵向操纵力突然解除时，飞机的反应不得呈现任何危险特性，也不应过激（相对于所解除操纵力的大小而言）。飞行航迹的任何长周期振荡不得出现不稳定导致驾驶员的工作负荷增加或危及飞机。

由于纵向稳定性涉及俯仰运动，相关的动态特性是俯仰力矩随迎角（α）的变化。因此，确定纵向静稳定性的一阶稳定性导数是 C_{m_α}。此外，影响纵向动稳定性的一阶稳定性导数是 C_{m_q}。导数 C_{m_α} 是俯仰力矩系数（C_m）随迎角（α）变化的变化率。导数 C_{m_q} 是俯仰力矩系数（C_m）随俯仰角速度（q）变化的变化率：

$$C_{m_\alpha} = \frac{\partial C_m}{\partial \alpha} \qquad (6-33)$$

$$C_{m_q} = \frac{\partial C_m}{\partial q} \qquad (6-34)$$

这两个稳定性导数在水平尾翼设计中影响最大。对于纵向静稳定的飞机，要求 C_{m_α} 为负值。大多数飞机的典型值为 $-0.3 \sim -1.5$ 1/rad。对于纵向动稳定的飞机，要求纵向特性方程根的实部为负值。对这一要求的主要贡献者之一是 C_{m_q}，负值具有强烈的稳定效果。大多数飞机的 C_{m_q} 典型值为 $-5 \sim -30$ 1/rad。

值得注意的是，水平尾翼容量系数（$\overline{V}_H$）是影响 C_{m_α} 和 C_{m_q} 两者的最重要的参数。图 6-6(a) 以图示形式给出稳定性导数 C_{m_α}。确定导数 C_{m_α} 和 C_{m_q} 所用方法的详情，可由参考文献[6]获得。另一个能够用来确定飞机纵向静稳定性的非常重要的参数是飞机焦点。在某些教科书中，将该点称为飞机空气动力中心（ac_A）。如果飞机焦

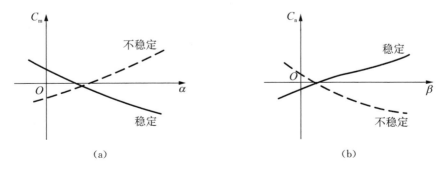

图 6-6 导数 C_{m_α} 和 C_{n_β} 的图形化表达

(a) C_m 与 α 的关系曲线 　(b) C_n 与 β 的关系曲线

点在飞机重心之后,则可以说飞机具有纵向静稳定性。在此情况下,静裕度(即飞机焦点与飞机重心之间的无量纲距离)为正值。有关确定飞机焦点和静裕度所用方法的详情,可从参考文献[1]和[6]中获得。

航向稳定性主要涉及偏航运动,所以相关的动态特性是偏航力矩随侧滑角(β)的变化。因此,确定航向静稳定性的一阶稳定性导数是C_{n_β}。此外,影响航向动稳定性的一阶稳定性导数是C_{n_r}。导数C_{n_β}是偏航力矩系数(C_n)随侧滑角(β)变化的变化率。导数C_{n_r}是偏航力矩系数(C_n)随偏航角速度(r)变化的变化率:

$$C_{n_\beta} = \frac{\partial C_n}{\partial \beta} \qquad (6-35)$$

$$C_{n_r} = \frac{\partial C_n}{\partial r} \qquad (6-36)$$

这两个稳定性导数在垂直尾翼设计中影响最大。对于一架航向静稳定的飞机,要求C_{n_β}为正值。大多数飞机的典型值为$+0.1\sim+0.4$ 1/rad。对于航向动稳定飞机,要求横向-航向特性方程根的实部为负值。对这一要求的主要贡献者之一是C_{n_r},负值具有强烈的稳定效果。大多数飞机的典型值为$-0.1\sim-11$/rad。这两个导数属于垂直尾翼设计中的有影响参数。表6-3总结了纵向和航向静稳定性和动稳定性需求。图6-6(b)以图示形式给出稳定性导数C_{n_β}。有关确定导数C_{n_r}和C_{n_β}的方法可从参考文献[6]中获得。

表6-3 纵向和航向静稳定性和动稳定性需求

序号	需 求	稳 定 性 导 数	符号	典型值(1/rad)
1a	纵向静稳定性	俯仰力矩系数随迎角的变化率	C_{m_α}	$-0.3\sim-1.5$
1b	纵向静稳定性	静裕度	$h_{np}-h_{cg}$	$0.1\sim0.3$
2	纵向动稳定性	俯仰力矩系数随俯仰角速度的变化率	C_{m_q}	$-5\sim-40$
3	航向静稳定性	偏航力矩系数随侧滑角的变化率	C_{n_β}	$+0.05\sim+0.4$
4	航向动稳定性	偏航力矩系数随偏航角速度的变化率	C_{n_r}	$-0.1\sim-1$

几乎所有的GA飞机和运输机都是纵向和航向稳定的。对于军用飞机,仅先进战斗机例外,这意味着,战斗机是唯一的可能不是纵向和/或航向稳定的军用飞机。原因是这些飞机执行艰难的战斗任务。为使战斗机具有极好的机动性,放宽了稳定性需求,飞行安全性由飞行员和战斗机的先进自动控制系统负责。因此,我们主要是设计水平尾翼和垂直尾翼以满足纵向和航向稳定性需求。

6.3.2 操纵性

操纵性定义为飞机将飞行状态从配平状态1(如巡航)改变为配平状态2(如爬升)的能力。由于飞机采用三轴坐标系,因此存在三个方向的飞机操纵:

（1）横向操纵；

（2）纵向操纵；

（3）航向操纵。

横向操纵是对飞机围绕 x 轴运动的操纵,纵向操纵是对飞机围绕 y 轴运动的操纵,航向操纵是对飞机围绕 z 轴运动的操纵。对于常规布局飞机而言,横向操纵通过副翼实现,纵向操纵通过升降舵实现,航向操纵通过方向舵实现。由于升降舵是水平尾翼的一部分,方向舵是垂直尾翼的一部分,尾翼设计者必须确保水平尾翼和垂直尾翼足够大,以满足纵向和航向可操纵性需求。

根据 FAR[4] §23.145,其涉及 GA 飞机的纵向操纵:

飞机尽可能配平于 $1.3V_{S1}$,在速度低于配平速度时,必须有可能使机头下沉,以使空速加速率允许飞机迅速加速到该配平速度。

下列条款,引自 FAR[4] §23.147,其涉及 GA 飞机的航向和横向操纵:

（a）对于每一多发飞机,保持机翼水平且公差在 5(°) 范围内时,必须有可能做到安全地沿左右两个方向突然改变航向。必须在下列情况下,以 $1.4V_{S1}$ 和航向最大变化 15(°) 来表明这一能力,但不必超过与 §23.143 所规定极限值相应的方向舵脚蹬力。

（b）对于每一多发飞机,在临界发动机突然和完全失效的情况下,必须在不超出 45(°) 坡度角或达到某个危险姿态或遇到危险特性的情况下,做到恢复对飞机的完全控制,在飞机处于初始配平状态下,触发与这一情况相应的初始改出措施时,允许滞后 2 s。

（c）对于所有飞机,必须表明在任何全发形态下和经批准的使用包线内的任何速度或高度下,无需使用主横向操纵系统飞机就应是安全可控的。还必须表明飞机的飞行特性不会削弱到低于允许继续安全飞行所必要的水平,并且有能力维持适于可控着陆的姿态而不超出飞机使用限制和结构限制。如果横向操纵系统的任一连接或传送环节的单一失效还会引起其他操纵系统的丧失,则还必须在假设这些其他系统不工作的情况下表明对上述需求的符合性。

由于操纵面的设计将在第 12 章内详细阐述,因此可从该章获得有关可操纵性需求的更多信息。在水平尾翼设计满足纵向配平和稳定性需求但不能满足纵向操纵性需求的情况下,必须修正水平尾翼参数。按类似的方式,如果垂直尾翼设计满足航向配平和稳定性需求但不能满足航向操纵性需求,则必须修正垂直尾翼参数。

6.3.3　操纵品质

飞机的稳定性和操纵性相互制约。在飞机设计中增强稳定性,势必会削弱飞机的可操纵性,而改进一架飞机的可操纵性,则会对其稳定性带来负面影响。当飞机稳定性特性得到改善时,飞机的可操纵性特性则削弱。一架高度稳定的飞机(如旅客机),可操纵性往往略显逊色,而一架高机动性航空器(如战斗机或导弹),往往不太稳定,甚至是不稳定的。关于稳定性和可操纵性程度的抉择非常困难,并且对飞机设计者则是至关重要。纵向和航向稳定性规定与横向稳定性的相比似乎直接得多,后者往往会对想要的飞机其他方面性能带来负面影响。在大多数情况下,横向稳定性规定非常难于达到,所以大多数飞机(甚至是运输机)都会感到横向稳定性不足。

一架飞机稳定性和操纵性之间边界划定涉及称为"操纵品质"的主题。业已对稳定性程度和可操纵性程度进行了研究,并已通过发布相关标准(如 FAR 标准或美国军用标准(MIL-STD))予以确定。确定操纵品质(有时称为飞行品质),以保证驾驶员和旅客的舒适性并满足适航性标准。操纵品质需求从多方面对水平尾翼和垂直尾构成很大影响。尾翼参数(如尾翼容量系数)的初始选择,必须包括满意地达到操纵品质需求。如果用户不要求特定的和独特的操纵品质,则可依据并遵循已颁布的标准,如 FAR 和 MIL-STD。有关操纵品质的更多细节,将在第 12.3 节中予以陈述。本章所列出的方法考虑公开颁布的航空标准,对于飞机设计者而言,可从图书馆或政府官方网站获得这些信息。

6.4　尾翼构型

6.4.1　基本尾翼构型

本节的目的在于陈述与选择尾翼构型有关的设计需求和设计信息。本节中术语"尾翼"系指水平尾翼和垂直尾翼的组合。尾翼设计的第一步是选择尾翼构型。选取尾翼构型是一个选择过程的输出,而不是数学计算的结果。必须针对各种设计需求,基于对各种构型的论证、逻辑分析和评估,做出尾翼构型选择的决定。

选择尾翼构型时必须考虑和满足的设计需求清单如下:
(1)纵向配平;
(2)航向配平;
(3)横向配平;
(4)纵向稳定性;
(5)航向稳定性;
(6)横向稳定性;

（7）可制造性和可操纵性；

（8）操纵品质（如旅客舒适性）；

（9）隐身性能（仅对某些特殊的军用飞机）；

（10）运行需要（如驾驶员视界）；

（11）适航性（如安全性、尾翼失速和深失速）；

（12）生存性（如尾旋改出）；

（13）成本；

（14）竞争性（在市场上）；

（15）尺寸限制（例如因为机库空间限制，可能需要限制飞机高度，这将会影响垂直尾翼构型）。

在选择尾翼构型之前，必须确定这些需求的技术细节。通常，单一的尾翼构型不可能满足所有的设计需求。因此，必须进行折中处理。在准备几个可接受的候选构型之后，必须提供基于系统工程方法的表格，以确定最终的选择，也就是最佳选择。有时，为了满足其他更为重要的设计需求（例如机动性或隐身性需求），可完全忽略（即牺牲）某项设计需求（如横向稳定性）。

通常可采用如下的尾翼构型，它们能以这样或那样的方式满足设计需求：

（1）后置水平尾翼和单个后置垂直尾翼；

（2）后置水平尾翼和双后置垂直尾翼；

（3）鸭翼和后置垂直尾翼；

（4）鸭翼和双机翼垂直尾翼；

（5）三翼面（即后置水平尾翼作为后翼面，鸭翼作为前翼面，机翼作为第三翼面）；

（6）无尾（三角翼带单垂尾）；

（7）无正式尾翼（也称为飞翼，如 B-2 幽灵（见图 6-8））。

图 6-7 给出这些构型。基于统计，大多数飞机设计者（大约 85%）选择后置尾翼构型。现时飞机中，大约 10% 采用鸭翼。大约 5% 采用其他构型（可将其称为非常规尾翼构型）。鸭翼的一般特性将在第 6.5 节中予以阐述。

第一种构型（后置水平尾翼和单个后置垂直尾翼）有若干个子构型，将在第 6.4.2 节中详细说明。在前三种构型（见图 6-7(a)～(c)）中，单垂直尾翼安装在机身后部，而在第 4 个构型（见图 6-7(d)）中，双垂直尾翼安装在机翼翼尖。鸭翼构型的特性将在第 6.5 节详细陈述。选择双垂直尾翼主要原因是基于如下事实：它具有更好的航向操纵性，而不会降低横滚操纵性。两个短展长的垂直尾翼（见图 6-7(d)），与一个大展长的垂直尾翼相比，围绕 x 轴的质量惯性矩较小。图 6-8(f) 给出比亚乔 P-180 飞机采用的三翼面构型。

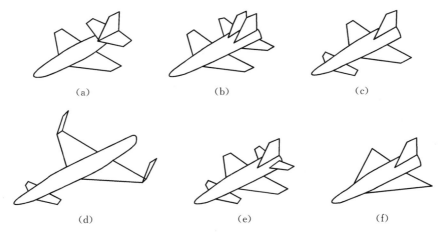

图 6 - 7 尾翼的基本构型

(a) 后置水平尾翼和单个后置垂直尾翼　(b) 后置水平尾翼和后置双垂直尾翼　(c) 鸭翼和后置垂直尾翼　(d) 鸭翼和双翼尖垂直尾翼　(e) 三翼面　(f) 三角翼带单垂直尾翼

在无尾构型的飞机上,尾翼的主要功能由其他部件或自动控制系统执行。例如,在悬挂滑翔机上,驾驶员通过移动自己的身体从而改变飞机重心来实现飞机纵向配平。此外,通过采用后缘具有负弯度(即翘后缘)的特定机翼翼型(见简图 6 - 9)来满足纵向稳定性需求。驾驶员能够通过为其设置的手动机构,连续操纵并大尺度改变机翼翼型。此方法通常在悬挂滑翔机上采用。

大多数 GA 飞机采用常规后置水平尾翼和单个后置垂直尾翼构型。大多数战斗机由于其机动性需求而采用一个后置水平尾翼和双垂直尾翼。某些欧洲战斗机(主要是法国战斗机,如达索阵风)采用鸭翼构型(见图 6 - 8(b))。B - 2 幽灵轰炸机采用飞翼(见图 6 - 8(c))的主要原因是隐身需求。大多数悬挂滑翔机不采用水平尾翼,它们通过机翼的翘后缘(见图 6 - 9)来满足纵向稳定性需求。

在某些情况下,有些飞机的构型强行限制尾翼的构型。例如,考虑将螺旋桨发动机安装在后机身内(即推进式飞机,如 MQ - 9 死神无人机(见图 6 - 12(f)))时,后置水平尾翼不是正确选项。原因在于水平尾翼将受到发动机的连续尾涡流的影响,使效率下降。鉴于相同的原因,如果螺旋桨发动机位于机头内(例如图 6 - 8(a)所示航空设计公司脉冲星),则鸭翼则不是好的选项。多尾翼的主要缺点在于制造成本较高并且设计复杂,例如三翼面(见图 6 - 8(f))或双垂尾飞机(见图 6 - 8(g)(h))。图 6 - 8(h)给出波兰梅来茨 M - 28 微风的照片,飞机采用 H 形尾翼。

选择尾翼构型的基本原则如下。通常,常规后置尾翼构型(见图 6 - 7(a))经常能够满足所有设计需求,除非一项或多项需求暗示需要采用另外的构型。因此,建议从常规后置尾翼构型开始,然后根据设计需求评估其特性。如果未能满足一项或多项需求,则将构型更改为最接近现时构型的新构型,直到能够满足所有的需求。

如果飞机处于制造阶段,需要做出更改以改善纵向和航向稳定性,则可利用较小的辅助水平尾翼(有时称为"稳定片(stabilon)")和机腹边条。这些技巧已在双发涡桨支线飞机比奇 1900D 上应用。

(a)

(b)

(c)

（d）

（e）

（f）

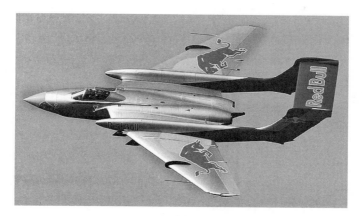

(g)

(h)

图 6‑8　采用各种尾翼构型的若干飞机

（a）航空设计公司脉冲星（后置尾翼）（经詹尼·科菲允许）　（b）达索 阵风战斗机（鸭翼）（经安东尼·奥斯本允许）　（c）B‑2 幽灵（飞翼）　（d）洛克希德 F117 夜莺（V 形尾翼）（经安东尼·奥斯本允许）　（e）Velocity 173 精英（鸭翼和双 VT）（经詹尼 科菲允许）　（f）比亚乔 P‑180（三翼面）（经晗苏力 克拉普夫允许）　（g）德·哈维兰德 DH‑110 海上银狐（非常规双 VT）（经詹尼·科菲允许）　（h）波兰梅来茨 M‑28 微风（H 形尾翼）（经詹尼·科菲允许）

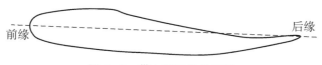

前缘　　　　　　　　　　　　　　　　　　　　后缘

图 6‑9　带上翘后缘的翼型

6.4.2 后置尾翼构型

后置尾翼有若干种构型都能满足设计需求。每一构型都有各自的优缺点。本节的目的是在这些构型之间进行比较，以使得飞机设计者能够做出决策并选择最佳一款。后置尾翼构型如下：①常规；②T形；③十字形；④H形；⑤三尾翼；⑥V形尾翼；⑦倒V形尾翼；⑧改良V形尾翼；⑨Y形尾翼；⑩双垂直尾翼；⑪撑杆固定式；⑫倒撑杆固定式；⑬环形；⑭双T形；⑮半T形；⑯U形尾翼。图6-10示出若干种后置尾翼构型。

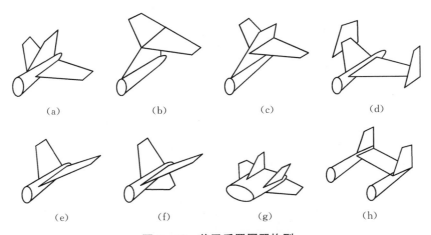

图 6-10 若干后置尾翼构型

(a) 常规尾翼 (b) T形尾翼 (c) 十字形尾翼 (d) H形垂尾 (e) V形尾翼 (f) Y形尾翼 (g) 双垂直尾翼 (h) 撑杆固定式

6.4.2.1 常规尾翼

常规尾翼或倒T形尾翼(见图6-10(a))是最简单的构型，最便于执行所有尾翼功能(即配平、稳定性和操纵性)。常规尾翼的性能分析和评估较为简单。这种构型包括一个水平尾翼(左右各一块，位于后机身上)和单个垂直尾翼(一块，位于后机身的背部)。水平尾翼和垂直尾翼两者都安装在机身后部。水平尾翼主要用于满足纵向配平和稳定性需求，而垂直尾翼主要用于满足航向配平和稳定性需求。如果设计者经验不足，建议初始时选择常规布局尾翼构型。

几乎所有的飞行动力学教科书都详细阐述常规布局尾翼的特性，但是尚没有一本此类教科书讨论其他尾翼构型的特性。如果设计者选择其他形式的尾翼构型，则必须具备配平分析、稳定性分析和操纵性分析领域的专业知识并能熟练运用。原因之一是现役飞机中大约60％飞机都采用常规尾翼。而且，这样的尾翼重量轻、高效，并能在正常飞机条件下完成预定功能。GA飞机(如塞斯纳172(见图11-15)、塞斯纳560奖状、比奇 空中国王 C90B、里尔喷气60、恩博威 EMB-314 超级巨嘴鸟(见

图 10 - 6)、索卡塔 TBM700 以及皮拉图斯 PC - 9)，大型运输机（如福克 60、B747（见图 3 - 7、图 3 - 12 和图 9 - 4)、B777（见图 6 - 12(a))和 A340（见图 8 - 6))、战斗机（如 F - 15 鹰（见图 3 - 12)、鹞 GR. MK7（见图 4 - 19)和帕拉维亚狂风 F. MK3（见图 5 - 56))，全都采用常规尾翼构型。图 6 - 8(a)给出航空设计公司脉冲星飞机的照片，该飞机采用常规尾翼构型。

6.4.2.2　T 形尾翼

T 形尾翼属于后置尾翼构型（见图 6 - 10(b))，外形像英文字母"T"，这意味着水平尾翼位于垂直尾翼的顶部。T 形尾翼是另一种形式的后置尾翼构型，具有一些优点，也具有一些缺点。T 形尾翼构型的主要优点在于，其布置在机翼尾涡流、机翼下洗、机翼涡流和发动机排气流（即高温高速燃气湍流）区域之外。这可使水平尾翼具有更高的效率和更安全的结构。受机翼的影响较小，导致水平尾翼的面积较小；受发动机的影响较小，导致尾翼振动和颤振较小。较小的尾翼振动则延长尾翼的寿命，引起的疲劳问题较少。此外，T 形尾翼的另一个优点是位于垂直尾翼顶部的水平尾翼对垂直尾翼产生正面影响。这称为端板效应，并导致较小的垂直尾翼面积。

相比之下，与 T 形尾翼有关的缺点有：①垂直尾翼结构重量较大；②深失速。水平尾翼所产生的弯矩必须通过垂直尾翼传递给机身结构。这样的结构特点要求垂直尾翼主梁较强，从而引起垂直尾翼重量较大。

具有 T 形尾翼的飞机，会遇到一种称为深失速的危险状态[7]，这是在远大于初始失速迎角的某个迎角下的一种失速状态。对于 T 形尾翼飞机，在机翼前缘高升力装置未打开形态下迎角大于 13°初始失速迎角时，或在机翼前缘高升力装置打开形态下迎角大于 18°初始失速迎角时，飞机常常遭遇严重的俯仰力矩不稳定。如果驾驶员使飞机进入这一不稳定区域，飞机可能会快速上仰，直到迎角大于 40°。不稳定的原因是机身涡流（在大迎角下从机身前部脱体）、机翼和发动机尾涡流。因此，水平尾翼对纵向稳定性的贡献大大降低。最后，在某个更大的迎角下，水平尾翼退出机翼和短舱尾涡流，飞机变成纵向稳定（见图 6 - 11)。

也许会认为此状态是一种稳定状态，但是，随着飞机快速下降，伴随产生极大的

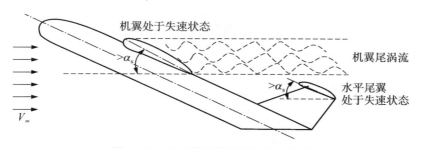

图 6 - 11　T 形尾翼构型飞机的深失速

阻力。此时,升降舵和副翼的效能都已严重下降,因为在很大的迎角下,所以机翼和水平尾翼两者都已失速。这称为锁定深失速,是一种潜在的危险状态。从设计上避免 T 形尾翼构型深失速的方法有:①确保在初始失速时飞机稳定下俯;②增大水平尾翼展长明显超越短舱;③采用一种机构,如果发生深失速,能全然降低升降舵迎角。此外,必须使用某些装置(如振杆器、灯光和失速警告喇叭)很好地防护飞机避免初始失速。

尽管 T 形尾翼存在上述这些缺点,但是这种构型在飞机设计者中间越来越受到青睐。当今大约 25% 的飞机采用 T 形尾翼构型。值得注意的是,GA 飞机派珀切罗基人有两个型号:切罗基人Ⅲ(见图 7-4)采用常规尾翼,切罗基人Ⅳ采用 T 形尾翼,飞机为单台活塞式发动机(安装在机头)和下单翼构型。一些 GA 飞机和运输机,如格罗布 斯达托 2C、塞斯纳 525 奖状喷气、比奇超级空中国王 B200,比奇喷气 T-1A 乔霍克、理尔喷气 60、弯流Ⅳ(见图 11-15)、麦道 MD-90、波音 B727、福克 100(见图 10-6)、阿弗罗 RJ115,庞巴迪 BD701 环球快车、达索猎鹰 900(见图 6-12)、蓝空之箭 1450L(见图 6-12(c))、恩博威 EMB-120、空客 A400M(见图 8-3)和麦道 C-17 环球霸王Ⅲ(见图 9-9),都采用 T 形尾翼构型。

(a)

(b)

(c)

(d)

(e)

(f)

(g)

(h)

(i)

图 6-12　若干飞机的各种后置尾翼构型

(a) B737(常规布局尾翼)(经安妮·迪乌斯允许)　(b) 蓝天之箭 1450L(T 形尾翼)(经詹妮·科菲允许)　(c) 达索猎鹰 900(十字形尾翼)(经詹妮·科菲允许)　(d) 费尔切尔德 A-10 雷电(H 形尾翼)(经安东尼·奥斯本允许)　(e) 全球鹰 UAV(V 形尾翼)(经安东尼·奥斯本允许)　(f) MQ-9 死神 UAV(Y 形尾翼)(经安东尼·奥斯本允许)　(g) F-18 大黄蜂(双 VT)(经安东尼·奥斯本允许)　(h) 兰斯 F337F 超级空中大师(撑杆固定式)(经詹妮·科菲允许)　(i) 环球飞行者(非常规尾翼)(经 NASA 允许)

6.4.2.3　十字形尾翼

某些尾翼设计者组合常规布局尾翼和 T 形尾翼的优点,形成一种称为十字形尾翼的新构型(见图 6-10(c))。因此,在很大程度上弥补了两种构型的不足。顾名思义,十字形尾翼是水平尾翼和垂直尾翼的组合,形状像"＋"字。这意味着水平尾翼差不多安装在垂直尾翼的中部。必须仔细确定水平尾翼的位置(即水平尾翼相对于机身的高度),以使得不会出现深失速,同时垂直尾翼也不会增重太多。若干飞机,诸如瑟斯顿 TA 16、达索猎鹰 2000、ATR 42-400(见图 3-8)、达索猎鹰 900B(见图 6-12(c))、喷气流 41、霍克 100 和幻影 2000D(见图 9-12),都采用十字形尾翼构型。

6.4.2.4　H 形尾翼

H 形尾翼(见图 6-10(d)),顾名思义,外形像英文字母"H"。H 形尾翼构成是一个水平尾翼位于两个垂直尾翼之间。与 H 形尾翼有关的特性如下:

(1) 在大迎角时,垂直尾翼不受来自机身的湍流的影响。

(2) 对于多发涡桨飞机,垂直尾翼位于螺旋桨洗流区域后面。这导致单发不工作的情况下,垂直尾翼具有较高的性能。

(3) 垂直尾翼的端板效应改进了水平尾翼的空气动力学性能。

(4) 在军用飞机上,可隐蔽发动机高温排气,避免被雷达跟踪或受远红外导弹攻击。此方法已在近距离支援飞机费尔切尔德 A10 雷电(见图 6-12(d))上得到应用。

(5) H 形尾翼使双垂直尾翼展长较短。洛克希德星座系列采用 H 形尾翼构型,能够停放在高度较低的机库内。

(6) 由于垂直尾翼展长较短,因此飞机的横向操纵性将得到改善。

（7）H 形尾翼可缩短飞机机身，因为尾翼可安装在撑杆上。

（8）H 形尾翼略重于常规尾翼构型和 T 形尾翼构型，因为水平尾翼必须足够强，以支撑两个垂直尾翼。

（9）与常规尾翼构型相比，H 形尾翼结构设计较为复杂。

可以注意到，H 形尾翼构型有不少优点和缺点。因此选用 H 形尾翼必定是折中处置的结果。某些 GA 飞机和军用飞机，如萨德勒 A－22 水虎鱼、T－46、空中短货车以及费尔切尔德 A－10 雷电（见图 6－12(d)），都采用 H 形尾翼构型。

6.4.2.5 V 形尾翼

当尾翼设计的主要目标是减小总的尾翼面积时，V 形尾翼（见图 6－10(e)）是一种合适的选择。顾名思义，V 形尾翼构型有左和右两个翼面，形状像英文字母"V"。换言之，V 形尾翼类似于具有大上反角的水平尾翼并且不设任何垂直尾翼。V 形尾翼的左右两个翼面起到水平尾翼和垂直尾翼双重作用。由于左右两个翼面存在上反角，因此垂直于每个翼面的升力有两个分量，一个沿 y 方向，一个沿 z 方向。如果操纵器件未偏转，y 方向的两个分量彼此抵消，而沿 z 轴的升力分量相互叠加。V 形尾翼可满意地执行纵向和航向配平任务，但在维持飞机纵向和航向稳定性方面略显不足。此外，与常规尾翼构型相比，V 形尾翼设计对荷兰滚倾向较为敏感，并且总的减阻量最小。

V 形尾翼设计利用两个倾斜的尾翼翼面来执行与常规构型升降舵和方向舵相同的功能。可动舵面通常称为"方向升降舵"，通过一专用连杆相连接，允许通过驾驶盘同步移动两个舵面。相比之下，方向舵脚蹬的位移使这两个舵面差动，从而提供航向操纵。当驾驶员移动方向舵和升降舵两者的操纵器件时，操纵混合机构驱动每一舵面达相应的偏度。V 形尾翼的操纵系统比常规尾翼所要求的复杂得多。方向升降舵诱导不想要的现象，即横滚/偏航不利耦合。解决的方法是可采用倒 V 形尾翼构型，这会带来其他的缺点。少数几种飞机，诸如比奇 V35 幸运之星、罗宾亚特兰大俱乐部、航空农庄 J5 马尔科、高空长航时无人侦察机全球鹰（见图 6－12(e)）和洛克希德 F－117 夜莺（见图 6－8(d)），采用 V 形尾翼。通用原子 MQ－1 捕食者无人机采用倒 V 形尾翼，还设有置于后机身下方的垂直尾翼。

6.4.2.6 Y 形尾翼

Y 形尾翼（见图 6－10(f)）是 V 形尾翼的拓展，因为其具有位于后机身下方的附加翼面。这一附加翼面降低尾翼在上反效应方面的贡献。下面的翼面起到垂直尾翼的作用，而两个上部翼面起到升降舵的作用。因此，下面的翼面有一个方向舵，上面翼面的操纵面起到升降舵的作用。因此，Y 形尾翼的复杂程度比 V 形尾翼低得多。原因之一是，使用这一尾翼构型时，在大迎角下能保持尾翼处于机翼尾涡流之外。下面的翼面也许会限制飞机在起飞和着陆时的性能，因为必须避免尾翼触地。这种构型使用并不普遍，仅少数老式飞机使用此构型。通用原子 MQ－9 死神无人机(见图 6-12(f))采用 Y 形尾翼构型。

6.4.2.7　双垂直尾翼

双垂直尾翼构型(见图 6-10(g))具有一个正规的水平尾翼,有两个分开的并且常常是平行的垂直尾翼。这两个垂直尾翼大大改善了飞机的航向可操纵性。与大展长垂直尾翼相比,这两个短展长垂直尾翼围绕 x 轴的质量惯性矩较小。因此,双垂直尾翼具有相同的航向操纵能力,同时对横滚操纵带来较小的负面影响。此外,两个方向舵差不多位于机身尾涡流区域之外,因为它们不沿机身中心线定位。这一构型的缺点在于,其重量比常规尾翼略有增加。若干现代战斗机,如 F-14 雄猫(见图 5-46),麦道 F-15 鹰(见图 4-21)和 F/A18 大黄蜂(见图 6-12),都采用双垂直尾翼。

6.4.2.8　撑杆固定式

有时,一些特殊设计需求并不允许飞机设计者选择常规尾翼构型。例如,如果螺旋桨发动机必须安装在机身后部,常规尾翼势必低效。原因是螺旋桨气流与尾翼之间相互干扰。选项之一是使用两个撑杆并将尾翼安装在撑杆的端头(见图 6-10(h))。此选项又可使用较短的机身,但是整个飞机重量则略有增加。两个选项是:①U 形尾翼,②倒 U 形尾翼。侦察机兰斯 F337F 超级空中大师(见图 6-12(h))采用撑杆固定式 U 形尾翼。双发涡轮螺旋桨轻型实用类飞机帕泰纳维亚 PD.90 塔佩塔空中货车,采用撑杆固定式倒 U 形尾翼构型,其可安置一个随机装卸跳板/登机梯。

6.4.2.9　其他的尾翼构型

有多种其他的非常规的尾翼构型,这些通常是设计者不得已而选用的。例如有时一些特殊任务需求(如装卸货物、使用、结构和发动机需求),从可能的尾翼构型选项清单中排除了常规尾翼构型和 T 形尾翼构型。因此,设计者必须提出一种新的构型,以满足在整个飞行中飞机配平和稳定性需求。几个新发明的非常规构型如下:①撑杆固定双垂直尾翼加鸭翼(如鲁坦旅行者号,见图 4-5);②撑杆固定双垂直尾翼加两个分开的水平尾翼(如环球飞行者(见图 6-12(i)));③双 T 形尾翼(如太空船一号的运载母机"白衣骑士号");④T 形尾翼加两个鳍片和一个固定式辅助水平尾翼(如大陆快递的比奇 1900D);⑤环形尾翼(如卡尼 2000);⑥三垂直尾翼。

6.5　鸭翼或后置尾翼

水平尾翼设计中的关键问题之一是选择水平尾翼的位置。选项有:①后置尾翼(有时称为后尾翼)和(ii)前翼或鸭翼①(有时称为前置尾翼)。如同前面所讨论的,

---

① 英文"Canard"一词源自法语,意思是"鸭子"。某些早期的飞机,诸如法国鸭型飞机,采用前翼构型,看上去像一个飞行的鸭子。

水平尾翼的主要功能是纵向配平,然后是纵向稳定性。后置尾翼和鸭翼两者都能够完全满足这两项任务需求。然而这两种选项将会对若干方面的飞行特性产生不同的影响。值得注意的是,历史上第一架飞机(即莱特兄弟的飞行者号)采用的是鸭翼构型。鸭翼构型不如后置尾翼那样普遍,但是有些 GA 飞机和军用飞机(和少数运输机)采用鸭翼,例如,鲁坦变 Ez(见图 3-12)和鲁坦旅行者号(见图 4-5)、幻影2000、达索阵风(见图 6-8)、欧洲联合战斗机台风(见图 3-7)、B-1B 枪骑兵、萨伯37 雷、格鲁门 X-29、比亚乔 P-180 阿文蒂(见图 6-8(f))、XB-70 北欧女神以及比奇飞机公司星际飞船(见图 6-13)。

(a)

(b)

图 6-13 两架采用鸭式构型的飞机

(a) 比奇 星际飞船(经肯米斯特允许) (b) 萨伯 JSA-39B 鹰狮(经肯安东尼 奥斯本允许)

为理解后置尾翼和鸭翼之间的基本差异,考虑图 6-14 所示的 4 种飞机构型,其中两种飞机具有后置尾翼,而其他两种飞机配置鸭翼。在此图中,为简单起见,未示出机翼低头力矩。每组中两幅图之间的差异在于飞机重心相对机翼/机身空气动力中心的位置。这一简单的差异,引出鸭翼相对于常规后置尾翼构型的众多优点和缺点。在所有 4 种构型中,必须保持纵向配平:

$$\sum M_{cg} = 0 \Rightarrow M_{o_{wf}} + L_h \cdot l_h + L_{wf}(h - h_o)\overline{C} = 0 (后置尾翼构型)$$

$$(6 - 37a)$$

$$\sum M_{cg} = 0 \Rightarrow M_{o_{wf}} + L_C \cdot l_C + L_{wf}(h - h_o)\overline{C} = 0 (鸭翼构型) \quad (6 - 37b)$$

$$\sum F_z = 0 \Rightarrow W = L_{wf} + L_h (后置尾翼构型) \quad (6 - 38a)$$

$$\sum F_z = 0 \Rightarrow W = L_{wf} + L_C (鸭翼构型) \quad (6 - 38b)$$

式中: L_c 表示鸭翼升力。式(6 - 37)和式(6 - 38)表示后置尾翼升力或鸭翼升力可为正,也可为负,皆取决于飞机重心相对于机翼/机身空气动力中心的位置(见图 6 - 14)。式(6 - 37b)和(6 - 38b)用于确定满足配平需求所需的鸭翼升力大小和方向。显然,鸭翼升力有时为负(见图 6 - 14(c))。记住上面所述的后置尾翼与鸭翼之间的基本差异,现对鸭翼特性与后置尾翼特性进行比较。

鸭翼 100%地避开深失速。值得关注的是,全世界大约 23%的坠机事故与深失速有关。考虑到驾驶员为了起飞、爬升或着陆往往会增大机翼迎角。由于鸭翼位于机翼之前,因此鸭翼将首先失速(即在机翼失速之前)。这引起鸭翼下沉,并在机翼进入失速之前退出失速。鸭翼下沉是因为当鸭翼失速时,其升力减小,从而引起飞机低头。这被认为是鸭翼的主要优点之一,使得鸭翼构型比后置尾翼构型安全得多。

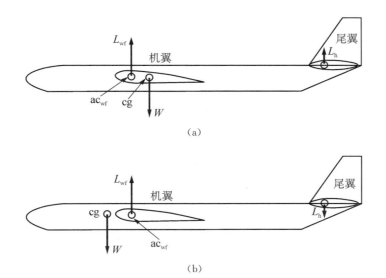

(a)

(b)

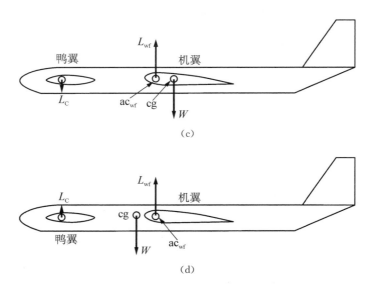

图 6‑14　4 种构型尾翼(或鸭翼)的升力

(a) 正尾翼升力　(b) 负尾翼升力　(c) 负鸭翼升力　(d) 正鸭翼升力

由于鸭翼在机翼之前失速,机翼不可能达到其最大升力能力,因此机翼必须比常规尾翼构型的要大些,这增大了机翼重量,也增大了零升力阻力。

(1) 与后置尾翼构型相比,鸭翼具有较高的效率。原因是鸭翼位于机翼之前,所以机翼尾涡流不会对鸭翼的空气动力特性构成影响。然而机翼位于鸭翼之后,受到鸭翼尾涡流的负面影响。因此,与采用常规后置尾翼构型的飞机相比,在鸭翼构型中,机翼的空气动力效率较低(即升力减小)。

(2) 当发动机为推进式并位于机身机头处时,采用鸭翼构型显然不合适。原因是飞机机头增重,cg 调节困难。此外,机头的结构设计复杂程度有所增加,因为其必须同时容纳发动机和鸭翼。

(3) 与采用常规后置尾翼构型的飞机相比,鸭翼构型飞机往往具有较小的静稳定裕度。换言之,飞机焦点与飞机重心之间的距离较小。这使得鸭翼飞机的纵向静稳定性降低。这一特性被认为是鸭翼构型的一项缺点。

(4) 对于采用鸭翼构型的飞机,重心范围往往较宽,因而在装载运输方面较为灵活。

(5) 由于鸭翼的位置在前面,与常规的后置尾翼构型相比,因此飞机 cg 略微向前移动,此特性则要求配置略微加大的垂直尾翼,以便保持航向配平和稳定性。

(6) 与常规的后置尾翼构型相比,鸭翼往往产生较低的"配平阻力"。换言之,为使飞机纵向配平,鸭翼飞机产生较小的诱导阻力。然而这一特性可能导致较大的浸润面积(S_{wet})。

(7) 鸭翼飞机潜在设计难点之一是优选燃油箱的位置。通常的规律是使燃油箱位置尽可能靠近飞机重心,以避免在飞行过程中 cg 大幅度移动。对于鸭翼构型的飞机,如果燃油箱在机翼内,飞机重心常常是在燃油箱的前面。为改进 cg 的位置,设计者宁可将燃油箱设置在机身内,这又增加了飞机着火的可能性。另外一种解决方法是大幅度增大机翼根弦(即采用边条),并将燃油箱设置在机翼根部。但是,这一方法增加了机翼的浸润面积,并降低巡航效率。鸭翼飞机比奇星际飞船(见图 6-13),具有机翼边条并利用此方法。

(8) 鸭翼阻挡驾驶员的视界。这是鸭翼构型的另一个缺点。

(9) 鸭翼通常产生正升力(见图 6-14(d)),而常规后置尾翼通常产生负升力(见图 6-14(b))。原因在于鸭翼构型飞机的 cg 常常处于机翼/机身空气动力中心的前面。常规后置尾翼飞机的 cg 通常处于机翼/机身空气动力中心的后面。记住,飞行期间 cg 随着燃油的消耗而移动。对于具有常规尾翼构型或鸭翼构型的现代飞机,通常确定重心范围,使飞机 cg 大多处于机翼空气动力中心的前面。然而在少数巡航飞行情况下,cg 在机翼空气动力中心的后面。因此,对于具有常规尾翼构型的飞机,在巡航飞行时,cg 通常从最前位置朝向最后位置移动。然而对于鸭翼构型的飞机,在巡航飞行时,cg 通常从最后位置朝向最前位置移动。

因此,鸭翼通常产生部分飞机升力,而后置尾翼大多抵消一部分机翼产生的升力。鸭翼的这一特点往往减轻飞机重量并增大飞机巡航速度。此外,在机翼低头力矩大的起飞过程中,鸭翼的升力较高。使用相同的逻辑能够表明,在超声速期间,鸭翼的升力更大。记住,超声速飞行时,机翼空气动力中心向后移动到约 50%MAC。这是某些欧洲超声速战斗机(如幻影 2000(见图 9-12))都采用鸭翼构型的原因之一。

(10) 上述第(9)项导出如下结论:采用鸭翼构型的飞机略轻于采用常规尾翼构型的飞机。

(11) 通常,与用于评估常规尾翼构型飞机的空气动力特性和稳定性分析的方法相比,鸭翼的空气动力和稳定性分析方法相当复杂。文献调查列入各种已发表的关于常规布局尾翼的资料,仅为数不多的论文和技术报告可用于鸭翼分析。因此鸭翼设计比常规尾翼设计更费时间并且复杂得多。

(12) 鸭翼构型似乎比常规尾翼构型更时尚,更具吸引力。

(13) 就全面满足纵向配平需求而言,鸭翼更为有效,就全面满足纵向操纵需求而言,常规尾翼构型往往更为有效。

通常,鸭翼设计分为两个主要类型:升力鸭翼和操纵鸭翼。顾名思义,在升力鸭翼构型中,飞机重量由机翼和鸭翼两者分担。向上的鸭翼升力趋向于增大此构型的总升力。采用升力鸭翼时,与常规后置尾翼构型的飞机相比,机翼必须处于重心范围内更靠后的位置,这样增大了由后缘襟翼放下时引起的低头力矩。世界上第一架飞机莱特兄弟的飞行者号以及 X - 29 都采用升力鸭翼。图 6 - 13 给出采用鸭翼构型的两架飞机(比奇星际飞船和萨伯鹰狮)。值得注意的是,大约98%的美国飞机都采用常规尾翼而不用鸭翼。

对于操纵鸭翼,飞机大部分重量由机翼承担,而鸭翼主要起到纵向操纵装置的作用。操纵鸭翼可以为全动式或可以采用较大升降舵。与升力鸭翼相比,操纵鸭翼常常采用较大的展弦比和较厚的翼型。操纵鸭翼大多在零迎角状态工作。鸭翼构型的战斗机通常采用操纵鸭翼,如欧洲联合战斗机台风(见图 3 - 7)。从操纵鸭翼中可获得的好处在于规避自动上仰,能够使飞机有效低头的全动鸭翼,将防止自动上仰。操纵鸭翼的隐身性能不佳,因为机翼前有大的活动面。

鸭翼构型相对于常规尾翼构型而言优缺点很多,也很复杂,如果不考虑特定的设计需求,很难说哪一种就是好。必须使用系统工程方法来折中处理,以决定尾翼的构型。在初步设计阶段,建议从常规尾翼构型开始,除非设计者有采用鸭翼构型的确凿理由。

6.6　优选尾力臂

在尾翼设计过程中必须确定的尾翼参数之一是尾力臂(l_t),它是尾翼空气动力中心与飞机重心之间的距离。尾力臂起到围绕飞机重心以维持飞机纵向配平的尾翼俯仰力矩(尾翼升力乘以尾力臂)中力臂的作用。为确定尾力臂,必须基于设计需求制订准则。相互影响最大的两个基本参数是尾力臂和尾翼面积,后者负责产生尾翼升力。当尾力臂增大时,尾翼面积必须减小,而当尾力臂减少时,尾翼面积必须增大。在给定的合适的必需尾翼面积下,短力臂(如战斗机)和长力臂(如大多数运输机)都能够满足纵向配平需求。但问题是,怎样的尾力臂是最佳的? 为回答此问题,必须查看其他设计需求。

两个非常重要的飞机总体设计需求是飞机低重量和低阻力。可将这两者组合并转换为对飞机低浸润面积的需求。当飞机水平尾翼尾力臂增大时,机身浸润面积加大,但水平尾翼浸润面积减小。此外,当水平尾翼尾力臂减小时,机身浸润面积减小,但水平尾翼浸润面积加大。因此,希望确定使阻力减至最小的最佳尾力臂,这又意味着使飞机后部总的浸润面积减至最小。下面陈述一种确定最佳尾力臂的方法,具有普遍指导意义。每位设计者必须基于所建议的方法,形成自己的方法并导出一个更准确的方程。此方法基于如下事实,即飞机零升力阻力本质上是飞机浸润面积的函数。因此,如果总浸润面积减至最小,则飞机零升力阻力也减至最小。此外,此方法将影响机身长度,因为机身尾段必须安排结构来支撑尾翼。

考虑飞机后段的俯视图(见图 6 - 15),其包括机身后部和水平尾翼。飞机后部的浸润面积($S_{wet_{aft}}$)是机身后部浸润面积($S_{wet_{aft\_fus}}$)与水平尾翼浸润面积(S_{wet_h})

之和：

$$S_{\text{wet}_{\text{aft}}} = S_{\text{wet}_{\text{aft\_fus}}} + S_{\text{wet}_{\text{h}}} \tag{6-39}$$

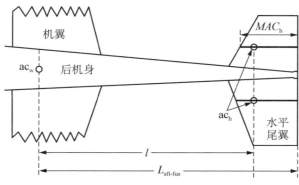

图 6 - 15　飞机后段俯视图

此时，假设机身后部为圆锥体。因此机身后部浸润面积为

$$S_{\text{wet}_{\text{aft\_fus}}} = \frac{1}{2} \pi D_{\text{f}} L_{\text{fus}_{\text{aft}}} \tag{6-40}$$

式中：D_{f} 是机身最大直径；$L_{\text{fus}_{\text{aft}}}$ 是机身后部长度。此时，假设 $L_{\text{fus}_{\text{aft}}}$ 等于 1/2 机身长度（L_{f}）。

相比之下，水平尾翼的浸润面积大约是水平尾翼平面面积的两倍：

$$S_{\text{wet}_{\text{t}}} \approx 2 S_{\text{h}} \tag{6-41}$$

但是，水平尾翼容量系数按式（6-24）定义，所以有

$$\overline{V}_{\text{H}} = \frac{l}{C} \frac{S_{\text{h}}}{S} \Rightarrow S_{\text{h}} = \frac{\overline{C} \overline{S} \overline{V}_{\text{H}}}{l} \tag{6-42}$$

因此有

$$S_{\text{wet}_{\text{h}}} \approx 2 \frac{\overline{C} \overline{S} \overline{V}_{\text{H}}}{l} \tag{6-43}$$

将式（6-41）和式（6-43）代入式（6-39），可得

$$S_{\text{wet}_{\text{aft}}} = \frac{1}{2} \pi D_{\text{f}} L_{\text{f}_{\text{aft}}} + 2 \frac{\overline{C} \overline{S} \overline{V}_{\text{H}}}{l} \tag{6-44}$$

$L_{\text{fus}_{\text{aft}}}$ 和 l 之间的关系，取决于水平尾翼的位置（见图 6-15）。为简单起见，假设两者是相等的（$L_{\text{fus}_{\text{aft}}} = l$）。对于每一飞机构型而言，这一假设并非都准确，但是根据表 6-2 的数据来看，这一假设是合理的。后面将对此假设进行修改。为了将飞机

后部的零升力阻力减至最小,必须将飞机后部浸润面积关于尾力臂求导数(见图 6-16),然后令其为零。得到如下的微分方程:

$$\frac{\partial S_{wet_{aft}}}{\partial l} = \frac{1}{2}\pi D_f + 2\frac{\overline{CS}\overline{V}_H}{l^2} = 0 \tag{6-45}$$

求解此方程,得到最佳尾力臂如下:

$$l_{opt} = \sqrt{\frac{4\overline{CS}\overline{V}_H}{\pi D_f}} \tag{6-46}$$

为弥补给出的不准确假设,添加修正系数如下:

$$l_{opt} = K_c\sqrt{\frac{4\overline{CS}\overline{V}_H}{\pi D_f}} \tag{6-47}$$

式中:K_c是修正系数,其值依据飞机构型在 1~1.4 之间变化。当机身后部为圆锥形时,假设 $K_c = 1$;当机身后部形状与圆锥形差距甚远时,K_c 系数增大到 1.4。通常,对于单座单发螺旋桨 GA 飞机,将系数 K_c 假设为 1.1,但对于运输机,K_c 假设为 1.4。注意,在大型运输机上,机身形状大多为圆柱形,仅很靠后的部分才是圆锥形。因此,如果水平尾翼定位于 l_{opt},则飞机后部浸润面积将最小,飞机后部的阻力将最小。当水平尾翼的尾力臂小于机翼 MAC 的 3 倍($3\overline{C}$)时,可以说飞机是短机身。具有如此尾翼构型的飞机(例如战斗机),纵向配平则不利。例 6.1 给出简单的计算示例。

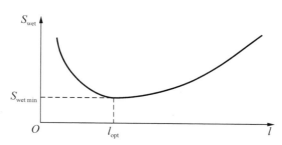

图 6-16 浸润面积随尾力臂的变化关系

示例 6.1

问题陈述 考虑一架双座 GA 飞机,机翼参考面积为 10 m²,机翼 MAC 为 1 m。纵向稳定性需求限定尾翼容量系数为 0.6。如果机身最大直径为 117 cm,则确定最佳尾力臂,然后计算水平尾翼面积。假设机身后部为圆锥形。

解 飞机为 GA 且为双座。所以假设系数 K_c 为 1.4。使用式（6-47），可得

$$l_{\text{opt}} = K_c \sqrt{\frac{4\overline{CS}\overline{V_H}}{\pi D_f}} = 1.4 \cdot \sqrt{\frac{4 \cdot 1 \cdot 10 \cdot 0.6}{\pi \cdot 1.17}} \Rightarrow l_{\text{opt}} = 3.577 \text{ m} \quad (6-47)$$

采用水平尾翼容量系数公式，计算出水平尾翼面积如下：

$$\overline{V_H} = \frac{l}{C}\frac{S_h}{S} \Rightarrow S_h = \frac{\overline{V_H}\overline{CS}}{l} = \frac{0.6 \cdot 1 \cdot 10}{3.577} = 1.677 \text{ m}^2 \quad (6-24)$$

6.7 水平尾翼参数

尾翼构型确定之后，几乎可独自设计水平尾翼和垂直尾翼。本节阐述设计水平尾翼的方法，以及确定水平尾翼参数的方法。由于水平尾翼是一个升力面，并且水平尾翼与机翼（已在第 5 章中讨论）在某些特性方面也很相似。已对水平尾翼的某些方面（如梢根比、后掠角、上反角和翼型）做过简要讨论。水平尾翼设计也是一个迭代过程，并且是若干机翼参数和几个机身参数的强函数。因此，只要机翼和机身的主要参数发生变化，水平尾翼必须重新设计，并需要对其参数进行更新。

6.7.1 水平尾翼设计基本支配方程

必须基于水平尾翼的主要功能（即纵向配平），导出水平尾翼设计基本支配方程。图 6-2 说明沿飞机 x 和 z 轴的作用力和围绕 y 轴的力矩的一般情况，这些力和力矩将影响飞机纵向配平。纵向配平要求围绕 y 轴的所有力矩之和必须为 0：

$$\sum M_{\text{cg}} = 0 \Rightarrow M_{o_{\text{wf}}} + M_{L_{\text{wf}}} + M_{L_h} + M_{o_h} + M_{T_{\text{eng}}} + M_{D_w} = 0 \quad (6-48)$$

式中：$M_{o_{\text{wf}}}$ 表示机翼/机身空气动力低头力矩；$M_{L_{\text{wf}}}$ 表示由机翼/机身升力产生的俯仰矩；M_{L_h} 表示由水平尾翼升力产生的俯仰力矩；M_{o_h} 表示水平尾翼空气动力低头力矩；$M_{T_{\text{eng}}}$ 表示发动机推力产生的俯仰力矩；M_{D_w} 表示机翼阻力产生的俯仰力矩。每一力矩的正负号取决于各作用力相对于飞机重心的位置。在所有飞行状态下都必须服从此方程，但是水平尾翼按巡航状态设计，因为飞机的大部分飞行时间都处于巡航状态。对于飞机的其他飞行状态，操纵面（如升降舵）将做出贡献。

基于空气动力学基础，机翼和水平尾翼的空气动力俯仰力矩，总是使飞机低头（即皆为负值）。机翼阻力产生的俯仰力矩的正负号取决于机翼构型。例如，上单翼飞机产生抬头力矩，而下单翼飞机则产生低头力矩。发动机推力产生的俯仰力矩的正负号取决于推力线位置和发动机安装角。如果发动机安装角不为 0，则推力的水平分量和垂直分量两者都会对纵向配平构成影响。在此方程中主要的未知数是水平尾翼升力。有关纵向配平的另一个需求是沿 x 和 z 轴的所有力之和必须为 0。单

是沿 z 轴的所有力之和对尾翼设计的贡献如下：

$$\sum F_z = 0 \Rightarrow L_{wf} + T\sin i_T + L_h = 0 \qquad (6-49)$$

式中：T 是发动机推力；i_T 是发动机推力设定角（即发动机推力线与 x 轴之间的夹角），该角几乎总不为 0，原因在于发动机推力对飞行纵向稳定性的贡献。典型的发动机安装角为 2°～4°。水平尾翼设计者应展开式（6-48）和式（6-49），并同时求解机翼升力和水平尾翼升力这两个未知数。后者在水平尾翼设计中予以采用。推导过程留给读者完成。

设想水平尾翼设计者熟悉飞行动力学原理，并能够基于飞机构型推导出一组完整的纵向配平方程。由于本书的目的是指导性的，因此采用简单形式的纵向配平方程。如果发动机推力、机翼阻力所产生的俯仰力矩以及水平尾翼俯仰力矩都忽略不计（如图 6-3 所示），则无量纲水平尾翼设计原理方程与前面所导出的相同：

$$C_{m_{o\_wf}} + C_L(h - h_o) - \eta_h \overline{V}_H C_{L_h} = 0 \qquad (6-29)$$

整个推导过程已在 6.2 节中阐明。此式共有 3 项，最后一项是水平尾翼对飞机纵向配平的贡献。对于水平尾翼设计应用，考虑巡航飞行。式中仅有两个未知数，即 $\overline{V}_H$ 和 C_{L_h}。第一个未知数（水平尾翼容量系数 $\overline{V}_H$）主要基于纵向稳定性需求而确定。纵向飞行品质需求支配此参数。有关全面指导，请读者参阅参考文献[1]和[6]。第 12 章给出纵向飞行品质需求的综述。$\overline{V}_H$ 值越高，导致机身更长，和/或机翼更小，和/或水平尾翼较大。

当 $\overline{V}_H$ 值增大时，飞机纵向更稳定。相比之下，飞机越是稳定意味着飞机可操纵性越弱。因此，较低的 $\overline{V}_H$ 值可使飞机纵向可操纵性较好，稳定性较差。如果水平尾翼设计处于初步设计阶段，并且飞机其他部件尚未展开设计，则必须选择 $\overline{V}_H$ 的典型值。表 6-4 给出水平尾翼和垂直尾翼容量系数的典型值。这些典型值源于当今成功飞机的统计值。建议在早期设计阶段基于飞机任务和构型，采用此表中的数据。当飞机其他部件已设计并且其数据可供使用时，则可确定较准确的 $\overline{V}_H$ 值。

表 6-4 水平尾翼容量系数和垂直尾翼容量系数的典型值

序号	飞 机	水平尾翼容量系数（$\overline{V}_H$）	垂直尾翼容量系数（$\overline{V}_V$）
1	滑翔机和摩托滑翔机	0.6	0.03
2	家庭制造飞机	0.5	0.04
3	单螺旋桨发动机 GA	0.7	0.04
4	双螺旋桨发动机 GA	0.8	0.07
5	带鸭翼的 GA	0.6	0.05
6	农用机	0.5	0.04

（续表）

序号	飞　　机	水平尾翼容量系数($\overline{V}_H$)	垂直尾翼容量系数($\overline{V}_V$)
7	双发涡桨	0.9	0.08
8	喷气式教练机	0.7	0.06
9	战斗机	0.4	0.07
10	战斗机(鸭翼)	0.1	0.06
11	轰炸机/军用运输机	1	0.08
12	喷气式运输机	1.1	0.09

变量 h_o 表示无量纲的机翼/机身空气动力中心位置 $\left(\dfrac{X_{ac_{wf}}}{C}\right)$。对于大多数飞机构型，$h_o$ 的典型值为 0.2~0.5。参考文献[1]和[6]给出一种评估 h_o 的准确方法。式(6-29)中的另一个重要参数是"h"。参数 h 表示无量纲飞机重心位置 $\left(\dfrac{X_{cg}}{C}\right)$。在水平尾翼设计之前，必须知道 h 值。

第 11 章给出确定飞机 cg 位置的技巧和方法，提供飞机所有部件的几何特性细节。然而如果在水平尾翼设计的早期阶段，飞机其他部件（如机身、发动机和起落架）尚未完成设计，则唯一的选项是选择 h 值。最佳值是飞机 cg 最前位置和最后位置之间的某个中间值。这使巡航时的飞机配平阻力最小化。这是基于如下的逻辑假设：在巡航开始时飞机 cg 处在极端位置的一端（比如最前端），在巡航结束时移动到极端位置的另一端（比如最后端）。

相比之下，为了减轻巡航时的纵向操纵力，建议飞机 cg 靠近机翼/机身空气动力中心。飞机无量纲重心位置极限值(Δh)是飞机 cg 的重心前限和重心后限之间的差值。飞机无量纲重心位置极限值的典型值为

$$\Delta h = 0.1 \sim 0.3 \tag{6-50}$$

这意味着飞机 cg 最前端位置（重心前限）的典型值约为 10% 机翼 MAC。此外，飞机 cg 最后端位置（重心后限）的典型值约为 30% 机翼 MAC。因此，在水平尾翼设计的早期阶段，h 值的合适假设值约为 0.2。一旦更现实的飞机 cg 位置(h)值可供使用，那么必须更新水平尾翼设计。式(6-29)中的飞机升力系数(C_L)值是基于巡航速度、巡航高度和飞机平均重量（式(5-10)）而确定的。最后，通过求解式(6-29)，确定唯一的未知数(C_{L_h})。

此时，决定了水平尾翼的 3 个参数（即 $\overline{V}_H$、C_{L_h} 和 l）。相比之下，由于水平尾翼容量系数是水平尾翼面积(S_h)的函数，因此使用式(6-24)可容易地确定水平尾翼面积。通过刚才已经介绍的方法，已确定水平尾翼如下 3 个参数：

（1）水平尾翼平面面积（S_h）；

（2）水平尾翼尾力臂（l_h）；

（3）水平尾翼巡航升力系数（C_{L_h}）。

重要的是要记住，设计是一个迭代的过程，所以一旦任何假设条件（如飞机 cg）发生变化，则必须修改水平尾翼设计。

6.7.2　固定式、全动式或可调节式

由于实际上飞机具有多种飞行状态（如不同的速度、cg 位置、重量和飞行高度），因此只有通过改变水平尾翼升力来满足纵向配平需求。因为，水平尾翼具有固定平面面积和固定翼型，改变水平尾翼升力的唯一方法是改变其迎角（α_h），共有 3 种水平尾翼设置构型（见图 6‑17 简图）来满足迎角的变化。

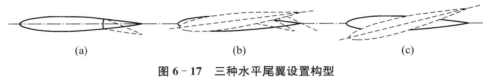

图 6‑17　三种水平尾翼设置构型

（a）固定式　（b）可调节式　（c）全动式

（1）固定式水平尾翼；

（2）可调节式水平尾翼；

（3）全动水平尾翼。

固定式水平尾翼是通过某些连接方法（如螺栓和螺母或焊接），将水平尾翼永久地固定在机身上。除非随机头的上仰和下俯，否则无法改变固定式水平尾翼的迎角。相比之下，对于全动尾翼，驾驶员在驾驶舱内向前或向后移动驾驶杆，可方便地改变水平尾翼的迎角。

这些选项之间存在一些基本差异。首先，与全动水平尾翼相比，固定式水平尾翼要轻得多，成本较低，并较易于结构设计。此外，由于运动机构的失效概率的缘故，固定式水平尾翼比全动式更安全。相反，具有全动尾翼的飞机（如图 6‑8 所示的达索 阵风战斗机），可操纵性和可机动性比具有固定式水平尾翼的飞机要好得多。这两种水平尾翼之间的一项差异就是，固定式水平尾翼配备纵向操纵面（即升降舵），而全动尾翼不带任何可单独偏转的操纵面。通常，固定式水平尾翼的配平阻力大于全动水平尾翼。全动水平尾翼有时称为可变安装角尾翼。

兼有固定式水平尾翼和全动水平尾翼某些优点的一种水平尾翼选项称为可调节式水平尾翼（如费尔切尔德 C‑26A 麦德龙Ⅲ，见图 6‑18（a））。顾名思义，可调节水平尾翼允许驾驶员调节尾翼安装角长时间飞行。调节过程通常在飞行前发生，然而允许驾驶员在飞行期间调节水平尾翼安装角。可调节水平尾翼采用升降舵，但

可调节水平尾翼和全动水平尾翼之间的主要差异在于尾翼转动机构。全动水平尾翼可由驾驶员操纵,容易并快速地(几分之一秒)绕其铰链转动。然而可调节水平尾翼的迎角调节过程消耗时间(也许要好几秒钟)。可调节水平尾翼的偏度范围(+5°~-12°)大大小于全动水平尾翼(+15°~-15°)。例如,运输机 B777 的水平安定面的偏度为上偏 4°,下偏 11°。

(a)   (b)

图 6-18 可调节水平尾翼和全动式水平尾翼

(a) 费尔切尔德 C-26A 麦德龙Ⅲ飞机的可调节水平尾翼(经路易斯·大卫·桑切斯允许) (b) 帕拉维亚狂风战斗机的全动水平尾翼(经安东尼·奥斯本允许)

如果纵向可机动性不是主要设计需求,则建议采用固定式水平尾翼构型。但是,如果要求飞机能够执行快速机动,则合适的选项应是全动尾翼。相比之下,如果在设计需求清单中飞行成本是重大问题,则最好是采用可调节式水平尾翼。通常,大多数 GA 飞机和小型运输机(如塞斯纳 172(见图 11-15)、喷气流 41)采用固定式水平尾翼,大多数大型运输机(如 B767(见图 5-4)、A340(见图 8-6))采用可调节水平尾翼,而大多数战斗机(如 F/A-18 大黄蜂(见图 2-11 和图 6-12))、F-15 鹰(见图 3-12)和鹞 GR.MK 7(见图 4-4)采用全动水平尾翼。表 6-5 给出若干飞机水平尾翼设置构型。图 6-18 示出费尔切尔德 C-26A 麦德龙Ⅲ飞机的可调节水平尾翼和帕拉维亚狂风战斗机的全动水平尾翼。

6.7.3 翼型

水平尾翼是一种升力面(与机翼类似),要求采用某种特定的翼型。翼型的基本原则(定义、参数、选择准则和相关计算)已在第 5.4 节做过陈述,因此,这里不再重复。总之,要求水平尾翼的翼型能够产生所需升力而阻力和俯仰力矩最小。本节将阐述特定的水平尾翼翼型需求。

从根本上说,水平尾翼的翼型升力系数斜率($C_{L_{\alpha\_t}}$)必须尽可能地大,并有相当宽的可用迎角范围。由于在巡航飞行时飞机重心移动,因此翼型必须有时能够产生正升力($+L_h$)，有时能够产生负升力($-L_h$)。这一需求迫使水平尾翼在正迎角和负迎角下必须要有相同的行为。由于这个原因，对于水平尾翼而言，对称翼型是合适的候选项。

记住第 5 章所给出的关于对称翼型的标识号，对于 NACA 4 位数翼型，第二位数为 0，对于 NACA 5 位数翼型和 NACA 6 系列翼型，则第 3 位数为 0。这表示翼型设计升力系数和零升迎角两者都为 0。NACA 翼型，诸如 0009、0010、0012、63‑006、63‑009、63‑012、63‑015、63‑018、64‑006、64‑012、64A010、65‑009、65‑015、66‑012、66‑018 和 66‑021 都是对称翼型。参考文献[8]汇集了大量的 MACA 翼型。

在若干 GA 飞机上，采用 NACA 翼型 0009 或 0012（相对厚度为 9% 或 12%）作为水平尾翼翼型。这两种 NACA 翼型都是对称的。此外，希望水平尾翼从不会失速，机翼失速必须出现在水平尾翼失速之前。因此水平尾翼翼型的失速特性（陡峭或平缓）并不重要。

此外，对水平尾翼的另一个需求是水平尾翼必须无压缩性影响。为使尾翼不受压缩性影响，所确定的水平尾翼升力系数应小于机翼升力系数。为确保这一需求，水平尾翼处的气流马赫数必须小于机翼处的气流马赫数。选择水平尾翼翼型，使其厚度小于机翼翼型（比如小 2% MAC 左右），即可实现此目标。例如，如果机翼翼型是 NACA 23015（即 $(t/x)_{max}=0.15$ 或 15%），则水平尾翼翼型可选用 NACA 0009（即 $(t/x)_{max}=0.9$ 或 9%）。图 6‑19 示出 MACA 0009 翼型的特性曲线。

在采用后置尾翼构型的飞机上，当飞机重心（大多数时间）位于机翼/机身空气动力中心前面[①]时，水平尾翼必须产生一个负升力，使飞机纵向配平。如果飞机重心范围使得水平尾翼在大部分时间都必须产生负升力系数，可利用倒置非对称翼型。洛克希德 C‑130B 货机的水平尾翼翼型正是这种情况。

6.7.4 水平尾翼安装角

采用固定式水平尾翼构型时，必须确定水平尾翼安装角 i_h。对水平尾翼安装角（i_h）的主要需求是巡航飞行时抵消围绕飞机 cg 的俯仰力矩。这是纵向配平需求，由水平尾翼产生一个升力，抵消飞机上其他所有俯仰力矩。确定水平尾翼安装角，以在操纵面（即升降舵）不偏转时满足配平设计需求。尽管这一固定的安装角仅满足一个飞行状态，但必须做到在对处于其他飞行状态下的飞机实施配平时，变化（通过使用升降舵）必须柔和。

查看尾翼翼型的 C_L-α 曲线（见图 6‑19），注意，水平尾翼迎角只是水平尾翼升力系数的函数。因此，一旦已知水平尾翼升力系数，则使用此曲线按照相应角度可很容易地确定水平尾翼的安装角。正如第 6.2 节中的讨论，根据无量纲纵向配平方程（见式(6‑29)），可获得水平尾翼升力系数：

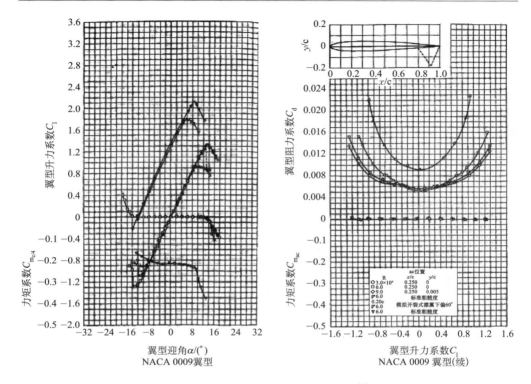

图 6‑19　NACA 0009 翼型特性曲线[8]

(经过多佛出版物公司允许)

$$C_{m_{o\_wf}} + C_L(h - h_o) - \eta_h \overline{V}_H C_{L_h} = 0 \qquad (6-29)$$

总之,通过式(6‑29)计算所希望的水平尾翼升力系数,然后使用水平尾翼翼型的 C_L-α 曲线,确定水平尾翼安装角:

$$C_{L_{a\_h}} = \frac{C_{L_h}}{\alpha_h} \Rightarrow \alpha_h = \frac{C_{L_h}}{C_{L_{a\_h}}} \qquad (6-51)$$

这是安装角的一个初始值,在后面的设计阶段中将会对其进行修订。典型值约为$-1°$。在水平尾翼形态为可调节的情况下,必须确定最大安装角(通常为正值)和最小安装角(通常为负值)。例如,大型运输机 B727 采用可调节水平尾翼,最大正安装角为$+4°$,最大负安装角为$-12.5°$。因此该飞机的水平尾翼迎角多数时间为负值。表 6‑5 给出若干飞机的水平尾翼安装角。

影响水平尾翼安装角大小的另一个因素是纵向静稳定性需求。若干参数将会影响飞机纵向静稳定性,但可以表明,"纵向翼差角"对纵向静稳定性有正面影响。术语"纵向翼差角"是尾翼设计者发明的,将机翼上反角(Γ)的技术含义,从飞机 yz 平面转换为 xz 平面内的类似角度。如同机翼和水平尾翼上反角带来的飞机横向稳定性得益一样,称为飞机"纵向翼差角"的这一几何参数,将改善飞机的纵向稳定性。当水平尾翼弦线与机翼弦线能构成"V"形时,可以说飞机具有"纵向翼差角"。

对于"纵向翼差角"尚有几种其他的技术解释如下:

(1) 当机翼(或前翼,如鸭翼)安装角为正,水平尾翼(或后翼,如鸭翼构型中的机翼)安装角为负时,可以说飞机具有"纵向翼差角":

$$i_w > i_h$$

(2) 当机翼(或前翼)升力系数大于水平尾翼(或后翼)升力系数时,可以说飞机具有"纵向翼差角":

$$C_{L_w} > C_{L_h}$$

(3) 当机翼(或前翼)零升迎角大于水平尾翼(或后翼)零升迎角时,可以说飞机具有"纵向翼差角":

$$\alpha_{o_w} > \alpha_{o_h}$$

(4) 当机翼(或前翼)有效迎角大于水平尾翼(或后翼)有效迎角时,可以说飞机具有"纵向翼差角"。

上面所提出的 4 个定义非常相似,但似乎最后一个(见图 6-20)从技术上讲更为确切。因此,在确定水平尾翼安装角时,确保飞机具有"纵向翼差角"。所以将这一需求表述如下:

$$\alpha_{\text{eff}_w} > \alpha_{\text{eff}_t} \text{(常规构型)}$$
$$\alpha_{\text{eff}_c} > \alpha_{\text{eff}_w} \text{(鸭翼构型)} \tag{6-52}$$

图 6-20 纵向翼差角(角度表达有意夸大)

需要澄清水平尾翼安装角和水平尾翼有效迎角之间的差异。由于水平尾翼位置存在下洗,水平尾翼有效迎角定义如下:

$$\alpha_h = \alpha_f + i_h - \varepsilon \tag{6-53}$$

式中:α_f 是机身迎角;ε 是水平尾翼处的下洗角(见图 6-21)。

机身迎角定义为机身中心线与飞机飞行航迹(V_∞)之间的夹角。下洗是气流流经机翼翼型后,机翼后缘涡流对流场的影响。每一机翼后缘涡流在机翼和机翼之后

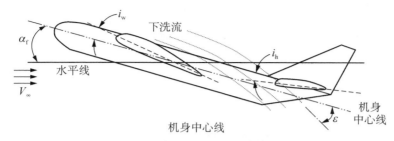

图 6 - 21　水平尾翼有效迎角(下洗表达有意夸大)

引起下洗流,并在机翼外侧引起上升气流。对于椭圆升力分布的机翼,下洗角沿翼展为常数。下洗角是机翼迎角(α_w)的函数,并且确定如下[2]:

$$\varepsilon = \varepsilon_o + \frac{\partial \varepsilon}{\partial \alpha} \alpha_w \tag{6-54}$$

式中 ε_0(零迎角时的下洗角)和 $\frac{\partial \varepsilon}{\partial \alpha}$(下洗斜率)由如下公式求得:

$$\varepsilon_o = \frac{2C_{L_w}}{\pi \cdot AR} \tag{6-55}$$

$$\frac{\partial \varepsilon}{\partial \alpha} = \frac{2C_{L_{\alpha\_w}}}{\pi \cdot AR} \tag{6-56}$$

式中:$C_{L_{\alpha\_w}}$ 为机翼升力曲线斜率,以 1/rad 计;ε 以 rad 计;参数 C_{L_w} 为机翼升力系数。ε_0 的典型值约为 1°,$\frac{\partial \varepsilon}{\partial \alpha}$ 的典型值约为 0.3 rad/rad,水平尾翼安装角(i_h)的理想值是 0,然而通常是 0 值上下(+或一)几度,i_h 的准确值将按本节所阐述的计算过程求得。

必须确定的一个水平尾翼中间参数是其升力曲线斜率($C_{l_{\alpha\_h}}$)。由于水平尾翼是升力面,类似于机翼,水平尾翼升力曲线斜率(3D)确定[9, 10]如下:

$$C_{l_{\alpha\_h}} = \frac{dC_{L_h}}{d\alpha_h} = \frac{C_{l_{\alpha\_h}}}{1 + \frac{C_{l_{\alpha\_h}}}{\pi \cdot AR_h}} \tag{6-57}$$

式中,$C_{l_{\alpha\_h}}$ 表示水平尾翼翼型升力曲线斜率(2D)。

6.7.5　展弦比

有关展弦比的定义、特性以及影响展弦比的参数,已经在第 5.6 节中做过解释,所以这里不再重复叙述。水平尾翼展弦比对飞机横向稳定性和操纵性、飞机性能、水平尾翼空气动力效率以及飞机重心有影响。水平尾翼展弦比的大多数得益与机翼展弦比的那些得益非常类似,但在程度上要小些。有关更详细的信息,请水平尾翼设计者参阅第 5.6 节。与机翼的定义类似,将水平尾翼的展弦比定义为水平尾翼展长与水平尾翼 MAC 之比:

$$AR_h = \frac{b_h}{C_h} \qquad (6-58)$$

水平尾翼展弦比(AR_h)往往对水平尾翼升力曲线斜率有直接的影响。水平尾翼展弦比增大,水平尾翼升力曲线斜率增大。机翼与水平尾翼在展弦比方面有某些相似性,但是后者的在程度上要小些。两者的差异如下:

(1) 对于水平尾翼,不要求椭圆升力分布。

(2) 与机翼相比,水平尾翼希望用较小的展弦比,原因是升降舵偏转将在水平尾翼根部产生大的弯矩。因此,较小的展弦比将产生较小的弯矩。

(3) 对于单发螺旋桨飞机,在选用水平尾翼展弦比时,建议使水平尾翼展长(b_h)大于螺旋桨直径(d_p)(见图 6-22)。这一举措确保水平尾翼流场无干扰,无尾涡流,并处于螺旋桨洗流区域之外。因此,水平尾翼效率(η_h)将增大。

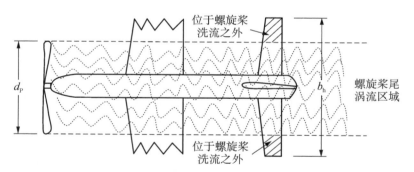

图 6-22 水平尾翼展长和螺旋桨洗流

基于上述原因,可按如下公式确定水平尾翼展弦比的初始值:

$$AR_h = \frac{2}{3}AR_w \qquad (6-59)$$

水平尾翼展弦比的典型值约为 3~5。表 6-5 给出一些飞机的水平尾翼展弦比。水平尾翼展弦比的最终值将在飞机其他部件设计完成之后,依据飞机稳定性和操纵性、成本和性能分析评估予以确定。

6.7.6 梢根比

有关梢根比的定义、特性以及影响梢根比的参数,已经在第 5.7 节中做过解释,所以这里不再重复叙述。水平尾翼梢根比对飞机横向稳定性和操纵性、飞机性能、水平尾翼空气动力效率以及飞机重量和重心有影响。水平尾翼梢根比的大多数得益与机翼梢根比的那些得益非常类似,但在程度上要小些。有关更详细的信息,请水平尾翼设计者参阅本书第 5.7 节。与机翼的定义类似,将水平尾翼的梢根比(λ_h)定义为水平尾翼梢弦长与水平尾翼根弦长之比:

$$\lambda_h = \frac{C_{h_{tip}}}{C_{h_{root}}} \tag{6-60}$$

因此,此值在 0 与 1 之间。与机翼梢根比的主要差异在于,对于水平尾翼而言,不要求椭圆升力分布。因此,选取水平尾翼梢根比值的主要动机是降低水平尾翼的重量。

由于这一原因,因此水平尾翼梢根比通常小于机翼梢根比。对于 GA 飞机,水平尾翼梢根比通常在 0.7 和 1 之间,对于运输机,则在 0.4 和 0.7 之间。例如,运输机 B727 和 B737(见图 6-12)的水平尾翼梢根比为 0.4,A300 的则为 0.5。表 6-5 给出某些飞机的水平尾翼梢根比。水平尾翼梢根比的最终值将在飞机其他部件设计完成之后,依据飞机稳定性和操纵性、成本和性能分析评估予以确定。

6.7.7　后掠角

有关后掠角的定义、特性以及影响后掠角的参数,已经在第 5.9 节中做过解释,所以这里不再重复叙述。后掠角通常相对于前缘或相对于 1/4 弦线进行度量。与机翼后掠角相似,水平尾翼前缘后掠角($\Lambda_{h_{LE}}$)定义为在 xy 平面内水平尾翼前缘与 y 轴之间的夹角。水平尾翼后掠角对飞机纵向和横向稳定性和操纵性、飞机性能、水平尾翼空气动力效率以及飞机重心有影响。水平尾翼后掠角的大多数效用与机翼后掠角的那些效用非常类似,但在程度上要小些。有关更详细的信息,请水平尾翼设计者参阅第 5.9 节。水平尾翼后掠角大小常常与机翼的相同。

表 6-5 给出某些飞机的水平尾翼后掠角。作为初步设计阶段的初始选择,将水平尾翼后掠角选为与机翼的相同。水平尾翼后掠角的最终值将在飞机其他部件设计完成之后,依据飞机稳定性和操纵性、成本和性能分析评估予以确定。

6.7.8　上反角

有关上反角的定义、特性以及影响上反角的参数,已经在第 5.11 节中做过解释,所以这里不再重复叙述。与机翼的相同,水平尾翼上反角(Γ_h)定义为在 yz 平面内左右水平尾翼与 y 轴之间的夹角。水平尾翼上反角对飞机横向稳定性和操纵性、飞机性能、尾翼空气动力效率有影响。水平尾翼上反角的大多数影响与机翼上反角的那些影响非常类似,但在程度上要小些。有关更详细的信息,请水平尾翼设计者参阅第 5.11 节。

水平尾翼上反角值常常与机翼上反角的相同。在某些情况下,水平尾翼上反角与机翼上反角截然不同。有若干原因导致这一差异,包括飞机横向稳定性的需求(例如几种运输机,诸如 B727,水平尾翼上反角为 −3°)、横向操纵调节的需求(例如战斗机,诸如麦道 F-4 鬼怪),降低机体高度需求以及运行需求(例如无人机捕食者)。表 6-5

表 6-5　若干飞机的水平尾翼特性

序号	飞机	m_{TO}/kg	水平尾翼形式	水平尾翼形式	$(t/c)_{max}$/%	$\bar{V}_H$	S_h/S	AR_h	λ_h	Λ_h(°)	Γ_h(°)	i_h(°) +	i_h(°) −
1	莱特飞行者	420	全动	凸形板	低	−0.36	0.16	5.7	1	0	0	—	—
2	塞斯纳177	1 100	固定	NACA0012/0009	10.5	0.6	0.2	4	1	0	0	—	—
3	塞斯纳 奖状 I	5 375	固定	NACA0010/0008	9	0.75	0.26	5.2	0.5	—	9	—	—
4	比奇 星际飞船	6 759	固定	—	—	−0.96	0.22	10.2	0.5	33	3	—	—
5	福克 F-27	19 773	固定	NACA63A-014	14	0.96	0.23	6	0.4	0	6	—	—
6	B737-100	50 300	可调节	12%~9%	10.5	1.14	0.32	4.16	0.38	30	7	—	—
7	B707-320	151 320	可调节	BAC 317	11.6	0.63	0.216	3.37	0.42	35	7	0.5	14
8	B747-100	333 390	可调节	—	9	1	0.267	3.6	0.26	37	8.5	1	12
9	DC-8-10	141 000	可调节	DSMA-89-90	8.75	0.59	0.203	4.04	0.33	35	10	2	10
10	A300B	165 000	可调节	—	—	1.07	0.27	4.13	0.5	32.5	6	3	12
11	洛克希德 C130 大力神	70 305	固定	倒 NACA	12	1	0.313	5.2	0.36	7.5	0	—	—
12	洛克希德 L1011	211 000	可调节	—	8	0.928	0.37	4	0.33	35	3	0	14
13	洛克希德 C-5A	381 000	可调节	—	10	0.7	0.156	4.9	0.36	24.5	−4.5	4	12
14	欧洲联合战斗机 2000	21 000	全动	—	—	−0.1	0.048	3.4	0.34	45	17	—	—
15	F-15鹰	36 741	全动	—	—	0.24	0.183	2.3	0.36	48	0	—	—

给出某些飞机的水平尾翼上反角。某些飞机由于制造方面的限制和考量迫使设计者在机翼设计时不采用任何上反角。所以，横向稳定性的需求则要求水平尾翼采用大上反角。作为初步设计阶段的初始选择，将水平尾翼上反角选为与机翼上反角相同。水平尾翼上反角的最终值将在飞机其他部件设计完成之后，依据飞机稳定性和操纵性和性能分析评估予以确定。

6.7.9　水平尾翼的垂直位置

在具有后置尾翼构型的飞机上，必须决定水平尾翼相对于机翼弦线的高度。

在常规飞机上，水平尾翼有两个安装选项：①在机身后部，②在垂直尾翼上。除了结构考量和复杂程度外，还必须分析水平尾翼效率及其对飞机纵向和横向稳定性的贡献。与机翼的垂直位置不同，在位置上没有低尾翼、中尾翼或高尾翼的提法。低平尾意味着常规尾翼，高平尾意味着 T 形尾翼，中平尾意味着十字形尾翼。

完整的飞机计算流体动力学模型可使设计者求得水平尾翼的最佳位置，以增大其效能。有几个部件构成水平尾翼效能的干扰源。这些部件包括机翼、机身和发动机。

机翼通过下洗、尾涡流和后缘涡流影响水平尾翼。通常，机翼下洗减小尾翼的有效迎角。而且，机翼尾涡流降低尾翼效率，并减小尾翼动压。在确定水平尾翼相对于机翼位置时，最重要的考虑是防止深失速。水平尾翼位置不得处于机翼出现失速时的机翼尾涡流区域内。如图 6-23 所示，在机翼后部有 3 个主要位置可用于尾翼安装：①在尾涡流区域和下洗流之外；②在尾涡流区域内，但在机翼下洗流之外；③在尾涡流区域之外，但受到下洗流影响。依据规避深失速的准则，区域①是最好的和最安全的。区域③对于规避深失速和自动上仰是安全的，但尾翼效率差。区域②是不安全的，不建议将水平尾翼安装在此区域内。

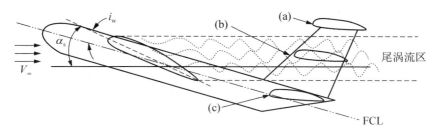

图 6-23　飞机三种不同尾翼安装位置在机翼失速时受影响的情况
(a) 位于尾涡流区域和下洗流之外　(b) 位于尾涡流区域内，但在机翼下洗流之外
(c) 位于尾涡流区域之外，但受下洗流影响

必须在进行全盘分析之后，再做出有关水平尾翼垂直高度的选择，因为许多参数（包括机翼翼型、尾翼翼型、机翼/机身空气动力俯仰力矩和尾力臂）再加上制造方

面的考虑都对此有影响。建议使用下列经验公式来确定水平尾翼垂直高度的初始近似值：

$$h_t > l_h \cdot \tan(\alpha_s - i_w + 3) \qquad (6-61)$$

$$h_t < l_h \cdot \tan(\alpha_s - i_w - 3) \qquad (6-62)$$

式中：h_t 是水平尾翼相对于机翼空气动力中心的垂直高度；l_h 是水平尾翼尾力臂；α_s 是机翼失速迎角（以（°）计）；i_w 是机翼安装角（以（°）计）。

机身通过机身尾涡流和侧洗来干扰水平尾翼。有关详情，请读者参阅空气动力学参考书。在多发喷气式飞机上，发动机高温高速燃气有正反两方面的影响。高速燃气增加水平尾翼的动压，而高温燃气引起水平尾翼结构的疲劳问题。如果水平尾翼由复合材料制成，那么确保水平尾翼处于发动机排气区域之外。因此，水平尾翼位置的最终确定是满足所有设计需求的折中处理的结果。

6.7.10 水平尾翼的其他几何参数

水平尾翼的其他几何参数包括水平尾翼展长（b_h）、水平尾翼梢弦（$C_{h_{tip}}$）、水平尾翼根弦（$C_{h_{root}}$）和水平尾翼 MAC（$\overline{C}_h$ 或 MAC_h）。水平尾翼的这 4 个参数示于图 6-24 中，该图是飞机后段的俯视图。通过同时求解下列 4 个方程，可确定这些未知数：

$$AR_h = \frac{b_h}{\overline{C}_h} \qquad (6-63)$$

$$\lambda_h = \frac{C_{h_{tip}}}{C_{h_{root}}} \qquad (6-64)$$

$$\overline{C}_h = \frac{2}{3} C_{h_{root}} \left(\frac{1 + \lambda_h + \lambda_h^2}{1 + \lambda_h} \right) \qquad (6-65)$$

$$S_h = b_h \overline{C}_h \qquad (6-66)$$

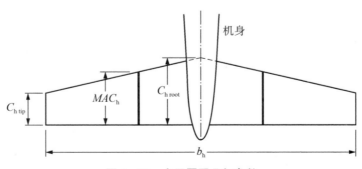

图 6-24 水平尾翼几何参数

前两个方程本节之前已经介绍过,后两个方程由机翼几何尺寸支配方程(见第5章)复制而来。求解这些方程所需要的数据为水平尾翼平面面积、水平尾翼展弦比和水平尾翼梢根比。

6.7.11 操纵措施

水平尾翼的辅助功能之一是飞机纵向操纵。水平尾翼在各种飞行条件下都必须产生升力,使飞机纵向配平并建立新的配平状态。为此,固定式水平尾翼和可调节式水平尾翼都有活动的舵面,在常规构型飞机上,称为升降舵。因此,在设计水平尾翼时,必须为未来的操纵使用考虑某些措施。这些措施包括确保为升降舵面积、展长和弦长以及升降舵偏转角度留出足够的空间,以便进行有效的纵向操纵。包括升降舵在内的飞机操纵面设计将在第12章中阐述。

6.7.12 最终检查

确定了水平尾翼的所有参数后,必须检查两项设计需求:①飞机纵向配平;②飞机纵向静稳定性和纵向动稳定性。在对纵向配平进行分析时,需要计算水平尾翼升力系数。形成的水平尾翼升力系数应等于巡航状态所需的水平尾翼升力系数。有不少空气动力软件包和工具,可用于计算水平尾翼升力系数。在设计的早期阶段,建议采用第5章所述的升力线理论。设计出整架飞机后,利用现代CFD软件来确定包括水平尾翼在内的飞机空气动力学特性。如果不能满足纵向配平需求,则必须调节水平尾翼参数,如水平尾翼安装角。

通过纵向静稳定性导数 C_{m_α} 的符号或飞机焦点位置,来检查纵向静稳定性。对于采用固定式后置水平尾翼的飞机,飞机纵向静稳定性导数确定如下[6]:

$$C_{m_\alpha} = C_{L_{\alpha\_wf}}(h - h_o) - C_{L_{\alpha\_h}} \eta_h \frac{S_h}{S} \left(\frac{l}{C} - h \right) \left(1 - \frac{\mathrm{d}\varepsilon}{\mathrm{d}\alpha} \right) \qquad (6-67)$$

当导数 C_{m_α} 为负值时,或者当焦点位于飞机 cg 之后时,可以说飞机是纵向静稳定的。

在所有的飞机部件已设计完成并且已计算出纵向特性方程中的根(λ)后,进行纵向动稳定性分析。飞机纵向特性方程的一般形式如下:

$$A_1\lambda^4 + B_1\lambda^3 + C_1\lambda^2 + D_1\lambda + E_1 = 0 \qquad (6-68)$$

式中:系数 A_1、B_1、C_1、D_1 和 E_1 是若干个稳定性导数(如 C_{m_α} 和 C_{m_q})的函数。如果纵向特性方程所有根的实部为负,则飞机是纵向动稳定的。另一种分析纵向动稳定性的方法是,确保纵向模态(即短周期和长周期)受到阻尼。

读者可查阅参考文献[1],了解如何导出飞机纵向特性方程。在飞机所有部件(包括机翼和机身)完成设计之前,不能确定纵向稳定性导数。这就是为什么必须借助一个能成为水平尾翼初步设计基础的简化准则。当水平尾翼容量系数($\overline{V}_H$)接近参考值(见表 6-5)时,则有 90% 的置信度认为已经满足纵向稳定性需求。当其他的飞机部件(如机身和机翼)已完成设计时,将在纵向稳定性分析过程中修改并优化水平尾翼设计。

6.8 垂直尾翼设计

6.8.1 垂直尾翼设计需求

常规布局飞机的第三个升力面是垂直尾翼。垂直尾翼通常有两个主要功能:①航向稳定性,②航向配平。此外,垂直尾翼是维持航向操纵的主要贡献者,这是方向舵的主要功能。本节将简要地阐述这三项设计需求。

(1) 垂直尾翼的主要功能是维持飞机的航向稳定性。在第 6.3 节中已对航向静稳定性需求和航向动稳定性需求进行了讨论。总之,稳定性导数 C_{n_β} 必须为正(为满足航向静稳定性需求),而稳定性导数 C_{n_r} 必须为负(为满足航向动稳定性需求)。影响这些稳定性导数值的两个主要参数是垂直尾翼面积(S_v)和垂直尾翼力臂(l_{vt})。如果垂直尾翼面积足够大,并且垂直尾翼力臂足够长,那么能够很容易满足航向稳定性需求。在所有的飞机部件已完成设计并已计算出横向-航向特性方程的根(λ)之后,进行航向稳定性分析。飞机横向-航向特性方程的一般形式如下:

$$A_2\lambda^4 + B_2\lambda^3 + C_2\lambda^2 + D_2\lambda + E_2 = 0 \tag{6-69}$$

式中:系数 A_2、B_2、C_2、D_2 和 E_2 是若干个稳定性导数(如 C_{n_β} 和 C_{n_r})的函数。如果横向-航向特性方程所有根的实部都为负,飞机是航向动稳定的。另一种分析航向动稳定性的方法是,确保航向模态(即荷兰滚和盘旋)受到阻尼。

读者可查阅参考文献[1],了解如何导出飞机横向-航向特性方程。在所有的飞机部件(包括机翼和机身)完成设计之前,不能确定航向稳定性导数。因此,必须借助能成为垂直尾翼初步设计基础的其他简化准则。类似于水平尾翼容量系数,定义一个被称为垂直尾翼容量系数($\overline{V}_v$)的新参数,如果这一参数值接近参考值,则有90%的把握认为已经满足航向稳定性需求。当其他的飞机部件已完成设计时,在航向稳定性分析过程中,将对垂直尾翼设计进行修改和优化。垂直尾翼容量系数将在第 6.8.2 节中予以阐述。

(2) 垂直尾翼的第二个功能是保持飞机航向配平。正如第 6.3 节所讨论的,沿 y 方向所有力之和以及围绕 z 轴的所有力矩之和必须为 0:

$$\sum F_y = 0 \tag{6-5}$$

$$\sum N_{cg} = 0 \tag{6-6}$$

飞机通常制造成围绕 xz 平面对称,也就自然地保持了航向配平。虽然这是一种理想的情况，并且是部件（如左、右机翼）生产时应考虑的，但在某些情况下，在飞机的 xy 平面内略有些不对称。这一不对称的一个起因可能是左右部件（如机翼和尾翼）的制造型架和夹具之间存在误差。航向不对称的另一个原因是机身内部部件所致，如燃油系统、电气布线，甚至是货仓内的装载和货物。

然而在单发螺旋桨飞机上，飞机航向配平受到螺旋桨转动的干扰。在多发螺旋桨飞机上，如果采用奇数发动机，存在类似的问题。因此，垂直尾翼通过提供围绕 z 轴的反向偏航力矩，负责维持航向配平。在这样的飞机上，影响航向配平的关键参数之一是垂直尾翼相对于 xz 平面的安装角。

另一个航向配平的情况是多发飞机有一台发动机不工作。在这样的情况下，正常工作的发动机产生一个干扰性的偏航力矩，平衡这一不对称力矩的唯一方法是由垂直尾翼产生反向的偏航力矩。必须偏转操纵面（如方向舵），以实现飞机的航向配平。

虽然垂直尾翼有助于飞机横向稳定性和操纵性，但并不将此视为垂直尾翼的设计依据。不管怎样，在垂直尾翼性能分析时，必须研究横向稳定性。这样确保垂直尾翼能改进飞机的横向稳定性而不产生负面影响。记住，飞机横向稳定性主要是机翼参数的函数。关于静态和动态航向配平需求已在第 6.2 节中做过阐述。

（3）垂直尾翼作为主要贡献者的第三项飞机设计需求是航向操纵。使用垂直尾翼上的活动舵面（称为方向舵）可成功完成多种机动运行（如转弯飞行和改出尾旋）。方向舵的设计将在第 12 章中详述，而改出尾旋需求将在 6.8.3 节中予以讨论。

6.8.2 垂直尾翼参数

从根本上说，必须一开始就确定垂直尾翼参数，以满足航向稳定性需求。在垂直尾翼设计过程的第二和第三阶段，将研究航向配平需求和航向操纵性需求。

垂直尾翼设计时，必须确定如下参数：

（1）垂直尾翼位置；

（2）平面面积（S_v）；

（3）尾力臂（l_{vt}）；

（4）翼型；

（5）展弦比（AR_v）；

（6）梢根比（λ_v）；

（7）梢弦（C_{t_v}）；

（8）根弦（C_{r_v}）；

（9）平均空气动力弦（MAC_v 或 C_v）；

（10）展长（b_v）；

(11) 后掠角(Λ_v);

(12) 上反角(Γ_v);

(13) 安装角(i_v)。

这些垂直尾翼参数中有一部分示于图 6 - 25。垂直尾翼是一个升力面,产生沿 y 轴方向的气动力升力。在维持航向稳定性、操纵性和配平方面,需要垂直尾翼产生沿 y 轴方向的空气动力(即垂直尾翼升力 L_v):

$$L_v = \frac{1}{2}\rho V^2 S_v C_{L_v} \qquad (6-70)$$

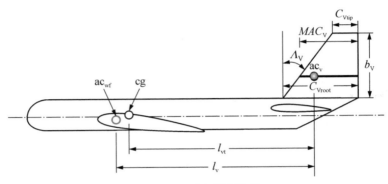

图 6 - 25 垂直尾翼参数

式中:S_v 是垂直尾翼面积;V_{L_v} 是垂直尾翼升力系数。

垂直尾翼升力产生围绕 z 轴的偏航力矩:

$$N_{cg} = L_V l_{vt} \qquad (6-71)$$

这一力矩必须大到足以维持航向配平,并且必须对航向稳定性有正的贡献。正如第 6.8.1 节中所做的解释,通过称为垂直尾翼容量系数的参数($\overline{V}_v$),对航向稳定性进行初步评估,$\overline{V}_v$ 的定义如下:

$$\overline{V}_v = \frac{l_v S_v}{bS} \qquad (6-72)$$

式中:l_v 是垂直尾翼空气动力中心(ac_v)与机翼/机身空气动力中心之间的距离(见图 6 - 25);S_v 是垂直尾翼平面面积;b 是机翼翼展;S 表示机翼参考面积。垂直尾翼空气动力中心位于垂直尾翼的 $(1/4)MAC$ 弦处。

垂直尾翼容量系数是无量纲参数,它是如下两个重要垂直尾翼参数的直接函数:垂直尾翼面积(S_v),垂直尾翼空气动力中心与机翼/机身空气动力中心之间的距离(l_v)。l_v 和 l_{vt} 这两个参数非常接近,以至于由一个可以确定另一个。垂直尾翼容量系数间接代表飞机航向稳定性。垂直尾翼容量系数的典型值在 0.02 和 0.12 之间。表 6-6 给出若干飞机的垂直尾翼参数,包括垂直尾翼容量系数。记住,垂直尾翼平面面积包括固定不动部分和可转动部分(即方向舵)两者。

表 6-6 若干飞机的垂直尾翼特性

序号	飞机	形式	m_{TO}/kg	翼型	$(t/c)_{max}$/%	$\overline{V}_v$	S_v/S	AR_v	Λ_v/(°)
1	莱特飞行者	历史上第一架飞机	420	平板	低	0.013	0.045	6.3	0
2	塞斯纳 177	GA 单发螺旋桨	1 100	NACA 0009/0006	7.5	0.14	0.107	1.41	35
3	C130 大力神	大型涡桨货机	70 305	NACA 64A-015	15	0.06	0.18	1.84	18.8
4	DC-9-10	大型喷气式运输机	41 100	DSMA	11	0.08	0.19	0.95	43.5
5	塞斯纳奖状 I	喷气式公务机	5 375	NACA 0012/0008	10	0.080 6	0.191	1.58	33
6	福克 F-27	涡桨运输机	19 773	修型 NACA	15	0.07	0.203	1.55	33
7	B737-100	喷气式运输机	50 300	—	12	0.11	0.27	1.88	35
8	比奇喷气 400A	喷气式公务机	7 303	—	12	0.123	0.263	1	55
9	DC-8-10	大型喷气式运输机	141 000	DSMA -111/-112	9.85	0.05	0.122	1.91	35
10	A300B	喷气式运输机	165 000	—	12.5	0.102	0.204	1.623	40
11	C-17A	喷气式重型货机	265 352	—	9	0.08	0.195	1.36	36
12	欧洲联合战斗机 2000	战斗机	21 000	—	7	0.035	0.096	1.3	45
13	F-15 鹰	战斗机	36 741	—	7	0.06	0.346*	1.3	35

* 飞机具有双垂直尾翼,计算时包含两个垂直尾翼的面积。

由于升力面基本参数(如展弦比、梢根比和翼型)的定义和特性已在第 5 章中和“水平尾翼参数”这一节(第 6.7 节)中进行过陈述,因此这里仅对它们做简要介绍。

6.8.2.1 垂直尾翼位置

为了维持航向稳定性,垂直尾翼唯一的位置是在飞机重心的后面。有三种可能的候选位置:①机身后部,②机翼翼尖,③撑杆。如果已经选定单一后置水平尾翼,则垂直尾翼唯一的位置是在后机身的上部。垂直尾翼不能够设置在机身前部(即飞机重心之前),因为这会使飞机航向不稳定。其他两个选项(即位于翼尖和撑杆上)对于某些特定用途是合适的,先前在第6.4节中已对此做过阐述。

6.8.2.2 垂直尾翼尾力臂(l_{vt})

垂直尾翼尾力臂(见图6-25)必须足够长,以满足航向稳定性、操纵性和配平需求。在能进入尾旋的飞机上,垂直尾翼还必须满足尾旋改出需求。增大垂直尾翼尾力臂,也就增大导数 C_{n_β} 和 C_{n_r} 之值。因此使飞机航向更加稳定。对航向静稳定性导数(C_{n_β})的主要贡献者是垂直尾翼[1]:

$$C_{n_\beta} \approx C_{n_{\beta\_v}} = K_{fl} C_{L_{a\_v}} \left(1 - \frac{d\sigma}{d\beta}\right) \eta_v \frac{l_{vt} S_v}{bS} \qquad (6-73)$$

式中:$C_{L_{a\_v}}$ 表示垂直尾翼升力曲线斜率;$\dfrac{d\sigma}{d\beta}$ 是垂直尾翼侧洗梯度;η_v 是垂直尾翼处的动压比;参数 K_{fl} 表示机身对飞机 C_{n_β} 的贡献,并且主要取决于机身形状及其侧面投影面积。机身对航向静稳定性贡献往往非常负面。对于常规飞机,K_{fl} 的典型值为0.65~0.85。对于航向静稳定的飞机,C_{n_β} 值为正值。C_{n_β} 值越大,意味着飞机航向静稳定性越好。式(6-73)中的参数 l_{vt} 位于分子上,意味着较长的力臂是可取的。

此外,垂直尾翼尾力臂增大,将改善航向和横向操纵性。在垂直尾翼设计的早期阶段,飞机其他部件尚未完成设计,此时选择垂直尾翼尾力臂等于水平尾翼尾力臂(l_h)。这一假设意味着,垂直尾翼位置到机翼的距离与水平尾翼的相同。在设计阶段后期,当飞机其他部件已完成设计,并在分析飞机航向和横向稳定性、操纵性以及配平时,将对此假设进行修改。

影响垂直尾翼尾力臂的另一个现象是尾旋。若一架飞机能进入尾旋,要求飞机能够安全地从尾旋中改出。如果飞机未设计成能够从尾旋中安全地改出,尾旋是一种危险的飞行状态。某些飞机从设计上保证不管怎样都不可能进入尾旋。大多数运输机难以进入尾旋(即抗尾旋),而大多数战斗机和高机动性飞机,则能进入尾旋。

尾旋是一种严重失速状态,导致飞机围绕尾旋轴沿螺旋形航迹自动旋转。尾旋的表征特点是:大迎角、低空速、大侧滑角和大下降率。在尾旋时,左右机翼都处于失速状态,但是一个机翼要比另一个机翼处于更深的失速状态。由于不对称的升力和阻力将导致飞机自动旋转。能够无意或有意进入尾旋。在任何一种情况下,需要用一组特定的并且常常是违反常理的动作来改出尾旋。如果飞机超出所公布的有关尾旋的限制,或飞机装载不正确,或者驾驶员采取了不正确的改出方法,那么尾旋可能导致坠机。

下面的条款引自 FAR[4] §23.221,涉及 GA 飞机的尾旋:

(a) 正常类飞机。单发正常类飞机必须能够在一圈尾旋或3秒尾旋(取时间长者)中改出尾旋,即在做出第 1 个改出尾旋操纵动作后不超过一圈的时间内完成,或演示验证符合本条中的任一抗尾旋要求。

(b)实用类飞机。实用类飞机必须满足本条(a)的要求。另外,若请求批准尾旋飞行,则必须满足本条(c)和第 23.807 条(b)(6)的要求。

(c)特技类。特技类飞机必须满足本条(a)和第 23.807 条(b)(6)的要求。另外,对于请求批准尾旋飞行的每一构型,必须满足下述要求:

(1)在直至 6 圈(含)或请求合格审定的更多圈数的尾旋过程中任一时刻,在做出第 1 个改出尾旋操纵动作后不超过 1.5 圈的时间内,必须能够改出。但是,只要出现尾旋特性,可以在 3 圈后中止尾旋;

(2)不得超过相应的空速限制和限制机动载荷系数。对于请求批准的襟翼放下形态,在改出过程中不得收上襟翼;

(3)在进入尾旋或在尾旋过程中,使用任何飞行操纵器件或发动机功率操纵器件,必须不可能引起不可改出的尾旋;

(4)尾旋过程中不得有由于驾驶员迷失方向或失能而引起的可能妨碍成功改出的特性(如过大旋转速率或极度震荡)。

当尾旋发生时,要做的一切主要是在飞机失速的同时仍具有足够的偏航角速度。因而垂直尾翼必须能够产生偏航力矩使自动旋转停止。因此,在改出尾旋时垂直尾翼起关键作用。可为垂直尾翼设置长的尾力臂,但是有一情况可能对垂直尾翼效能带来负面影响。如果垂直尾翼处于水平尾翼尾涡流区域内,则垂直尾翼将会丧失其效能。因此,需要确定垂直尾翼尾力臂,从而为垂直尾翼提供一个无尾涡流区域。

为使垂直尾翼效能达到可改出尾旋的程度,一个经验法则如下:至少 50% 的垂直尾翼平面面积,必须处于水平尾翼尾涡流区域之外,以便在尾旋的情况下起作用。水平尾翼尾涡流区域处于两条线之间,第一条线从水平尾翼后缘以 30° 方位角画出。第二条线从水平尾翼前缘以 60° 方位角画出。

因此,即使理论计算认为垂直尾翼尾力臂长度足够大,如果图示表明垂直尾翼位于水平尾翼尾涡流区域内,则仍然需要调整尾力臂长度。显然,如果需要减小垂直尾翼尾力臂长度,则必须增大垂直尾翼面积。然而如果垂直尾翼尾力臂的调节导出较长的尾力臂,则可减小垂直尾翼面积。将垂直尾翼移出水平尾翼涡流区的另一种方法是采用背鳍。图 6-26 给出图解方法。图 6-26(a)表明垂直尾翼完全处于尾涡流区域之内。这一构型不满足尾旋改出需求。图 6-26(c)表明垂直尾翼完全处于尾涡流区域之外。这一构型满足完全尾旋改出需求。图 6-26(b)示出垂直尾翼部分在尾涡流区域之内。尽管图 6-26(c)中所示的垂直尾翼力臂(l_{vt})比其他两种垂直尾翼的短,但优点在于无尾涡流。

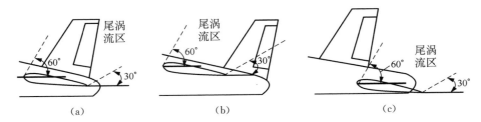

图 6 - 26　垂直尾翼效能和水平尾翼尾涡流

（a）VT 处于尾涡流区域之内　（b）VT 部分处于尾涡流区域之内　（c）VT 处于尾涡流区域之外

6.8.2.3　垂直尾翼平面面积（S_v）

在式（6 - 73）中，参数 S_v 在分子上，意味着较大的垂直尾翼面积是可取的。垂直尾翼面积必须足够大，以满足横向-航向稳定性、操纵性和配平需求。增大垂直尾翼面积，也就增大导数 C_{n_β} 和 C_{n_r} 之值，因此使飞机横向-航向更加稳定。此外，垂直尾翼面积增大，将改善航向和横向操纵性（$C_{n_{\delta R}}$，$C_{l_{\delta R}}$）。如果垂直尾翼面积太小，那么将不满足横向-航向稳定性需求。相反，当垂直尾翼面积太大时，飞机横向-航向过于稳定而不满足航向操纵需求。因此，中间值是非常难以确定的。由于这一原因，因此垂直尾翼设计利用反向设计方法。这意味着，通过称为垂直尾翼容量系数的参数，在参考值范围内选择垂直尾翼面积和垂直尾翼力臂的组合。确定垂直尾翼面积的另一个准则是必须采用"小"垂直尾翼面积，以使得制造成本和飞机重量最小。

值得注意的是，对于常规布局的 GA 飞机，垂直尾翼面积与机翼面积之比的典型值为 0.1～0.15。基于对垂直尾翼容量系数（$\overline{V}_H$）的选择，初步确定垂直尾翼面积。若干类型飞机的垂直尾翼容量系数的典型值，在表 6 - 4 中给出。因此，垂直尾翼面积确定如下：

$$S_v = \frac{bS\overline{V}_v}{l_v} \tag{6-74}$$

式中：初始假设参数 l_v 等于垂直尾翼尾力臂（l_{v_t}）。在后面的设计阶段，当飞机其他部件已经完成设计，并对飞机航向和横向稳定性、操纵性以及配平做出分析之后，将对此面积进行调整。对于飞机设计者而言，垂直尾翼设计是最困难的任务之一，因为，关于垂直尾翼特性的理论和实验结果可能不匹配。对于某些飞机，常有这样的情况，即飞行试验时发现垂直尾翼面积不足以满足横向-航向稳定性需求。

如果飞机处在制造阶段，则不可能更改垂直尾翼初始设计，一种增大垂直尾翼面积的方法是采用背鳍。背鳍[1]（见图 6 - 27（a）（b））通常是安装在原先垂直尾翼前

---

[1] 此术语源自鱼类解剖学。是指某些鱼、鲸和海豚背部的经演化而来的鳍状物。

的带有较大后掠角的一块平板(即无翼型)。背鳍的另一个好处是起飞时减小最小操纵速度(V_{mc})(如派珀PA-40A阿拉巴霍人上所采用的),此外,背鳍具有隐蔽天线的用途,可使通信天线位于背鳍下,进一步降低阻力。

解决垂直尾翼面积偏小问题的另一种方法是采用腹鳍。腹鳍[①](见图6-27(c))是安装在后机身下面(几乎与背鳍的纵向位置相同)的一块简单平板(无翼型)。考虑为背鳍和腹鳍设置翼型以改善其空气动力特性,也是可能的和有用的。这两种方法改善了飞机的横向-航向稳定性,但它们并未触及原先垂直尾翼几何参数。表6-6给出若干飞机的垂直尾翼面积与机翼面积之比值。图6-27给出比奇200超级空中国王的背鳍和腹鳍,里尔35A飞机的腹鳍以及通用原子公司捕食者的腹鳍。

(a)

(b)

(c)

图6-27 三种飞机所使用的背鳍和腹鳍

(a)比奇200超级空中国王(背鳍和腹鳍)(经詹尼·科菲允许) (b)盖茨 里尔 35A(腹鳍)(经安东尼·奥斯本允许) (c)通用原子公司捕食者(腹鳍)

---

① 此术语源自鱼类解剖学。

机翼和水平尾翼都各有左右两个翼面。但是,垂直尾翼与机翼和尾翼不同,通常只一个翼面。因此,垂直尾翼展长(b_v)是垂直尾翼梢弦与根弦之间的距离(见图 6-25)。由于这个原因,因此在常规飞机上,垂直尾翼空气动力中心通常处于机身中心线的上方(并且在大多数情况下是在飞机重心上方)。

6.8.2.4　翼型

垂直尾翼翼型负责产生垂直尾翼升力系数(C_{L_v})。翼型必须产生所需要的升力系数而阻力系数最小。记住非对称翼型产生空气动力俯仰力矩。飞机基本设计需求之一是关于 xz 平面对称。因此,为确保飞机关于 xz 平面对称,垂直尾翼翼型必须对称。此外,如果发动机、机翼、水平尾翼和机身都设计成关于 xz 平面对称,在正常飞行情况下,不需要垂直尾翼产生任何升力来维持航向配平。

在第 5 章已经说过,对称翼型的表示方法是,对于 NACA 的 4 位数翼型,第 2 位数为 0,对于 NACA 的 5 位数翼型和 6 系列翼型,第 3 位数为 0。这表明翼型设计升力系数和零升迎角两者都是 0。诸如以下这些 NACA 翼型,都是对称翼型: 0009,0010,0012,63-006,63-009,63-012,63-015,63-018,64-006,64-012,64A010,65-009,65-015,66-012,66-018 和 66-021。在某些 GA 飞机上,采用 NACA 0009 或 0012 翼型(相对厚度为 9% 或 12%)作为垂直尾翼的翼型。这两个 NACA 翼型都是对称翼型。

此外,另一个垂直尾翼需求是垂直尾翼必须无压缩性效应。为满足这一需求,垂直尾翼处的气流马赫数必须小于机翼处的气流马赫数。选择垂直尾翼翼型,使其厚度小于机翼翼型(比如小 2% MAC 左右),即可实现这一目标。如果机翼翼型采用 NACA23015(即 $(t/C)_{max} = 0.15$ 或 15%),则垂直尾翼翼型可选用 NACA0009 (即 $(t/C)_{max} = 0.9$ 或 9%)。图 6-13 表明 NACA 0009 翼型的特性曲线。表 6-5 给出若干飞机的垂直尾翼翼型。

对于垂直尾翼翼型,所希望的第三个特性是升力曲线斜率($C_{L_{\alpha_v}}$)大,因为航向静稳定性导数(C_{n_β})是 $C_{L_{\alpha_v}}$ 的直接函数(式(6-73))。因此一般而言,希望垂直尾翼采用具有大升力曲线斜率的对称翼型。记住,翼型升力曲线斜率的理论值约为 $2\pi(1/\text{rad})$。表 6-6 给出若干飞机的垂直尾翼翼型。

6.8.2.5　安装角(i_v)

垂直尾翼安装角定义为垂直尾翼弦线与飞机 xz 平面之间的夹角(此时俯视飞机)。垂直尾翼产生垂直尾翼升力系数(C_{L_v})。飞机设计的基本目标之一是关于 xz 平面对称。因此,如果发动机、机翼、水平尾翼和机身设计成关于 xz 平面对称,在正常飞行情况下,不需要垂直尾翼产生任何升力来维持航向配平。鉴于此,垂直尾翼安装角初始时必须设定为 0。

然而在单发(或奇数台数)螺旋桨发动机的飞机上,横向配平受到螺旋桨和发动机轴围绕 x 轴旋转带来的干扰。机体将横滚以对抗螺旋桨及其轴的旋转(记住牛顿第三定律)。尽管此横滚力矩不大,但安全性需求要求维持配平,并避免飞机横滚。为抵消这一横滚力矩,需要垂直尾翼产生升力,消除此横滚力矩。此问题的一种解决方法是考虑对垂直尾翼设置几度安装角。在大多数单发螺旋桨飞机上,垂直尾翼有 $1°\sim2°$ 安装角,以确保防止出现为对抗螺旋桨转动而引起的飞机横滚。另一个解决方法是为垂直尾翼选择不对称翼型,但是此方法有某些缺点。通过计算螺旋桨转动引起的横滚力矩,确定垂直尾翼安装角的准确值。实验方法将更准确。

6.8.2.6 展弦比(AR_v)

垂直尾翼展弦比定义为垂直尾翼展长 b_v(见图 6 - 25)与垂直尾翼 $MAC(\overline{C}_v)$ 之间的比值:

$$AR_v = \frac{b_v}{C_v} \tag{6-75}$$

有关展弦比的一般特性已在第 5 章中做过陈述(见第 5.6 节),这里不再重复。垂直尾翼展弦比另有若干特性,它们将会对飞机各种特性产生影响。在确定垂直尾翼展弦比时必须对此予以特别注意[①]。现将这些特性综述如下:

(1)大展弦比导致高垂直尾翼,引起飞机总高度增大。许多飞机(尤其是大型运输机和战斗机)有机库空间停机限制。因此,不允许飞机总高度超过预先确定值。

(2)大展弦比削弱飞机横向操纵性,因为围绕 x 轴的垂直尾翼质量惯性矩增大。

(3)具有大展弦比的垂直尾翼,与小展弦比的垂直尾翼相比,具有较长的偏航力矩力臂。因此安装大展弦比垂直尾翼的飞机,具有较好的航向操纵性。

(4)当垂直尾翼展弦比增大时,垂直尾翼根部的弯矩和弯曲应力增大,导致飞机后部较重。

(5)大展弦比垂直尾翼易于引发疲劳和颤振问题。

(6)大展弦比垂直尾翼有纵向不稳定问题,因为垂直尾翼阻力产生抬头力矩。

(7)当垂直尾翼展弦比增大时,由于偏航力矩力臂增大,因此飞机航向稳定性得到改善。

(8)当垂直尾翼展弦比增大时,垂直尾翼诱导阻力减小。

(9)如果飞机采用 T 形尾翼构型,则水平尾翼位置和效率是垂直尾翼展弦比的函数。因此,如果深失速是主要考虑的问题,则垂直尾翼展弦比必须足够大,以便在机翼失速时,使水平尾翼处于机翼尾涡流区域之外。

---

① 参考文献[10]定义垂直尾翼展弦比为 $1.55(b/C)$。

（10）大展弦比垂直尾翼在空气动力方面比小展弦比垂直尾翼更有效（即具有较大$(L/D)_{\max}$），原因是垂直尾翼翼梢效应。

上述有关大/小展弦比垂直尾翼的优缺点，可作为垂直尾翼设计者的通用指南。作为起始点，建议垂直尾翼展弦比为 1～2 之间的某个值。将在整架飞机的航向稳定性分析完成之后，确定垂直尾翼展弦比的最终值。表 6-6 给出若干飞机的垂直尾翼展弦比的值。

6.8.2.7　梢根比(λ_v)

如同其他升力面（如机翼和水平尾翼）一样，垂直尾翼梢根比定义为垂直尾翼梢弦 $C_{v_{tip}}$（图 6-25）与垂直尾翼根弦 $C_{v_{root}}$ 之比：

$$\lambda_v = \frac{C_{v_{tip}}}{C_{v_{root}}} \tag{6-76}$$

有关梢根比的一般特性已在第 5.7 节中做过陈述，这里不再重复。梢根比的主要用途是：①减小垂直尾翼根部的弯曲应力；②可使垂直尾翼具有后掠角。梢根比的应用增加尾翼制造工艺的复杂性，也增加了尾翼的重量。当垂直尾翼梢根比增大时，偏航力矩力臂减小，使飞机的航向操纵性减弱。此外，垂直尾翼梢根比增大，将降低飞机横向稳定性。在这些正面和负面特性之间进行折中考虑，以确定垂直尾翼梢根比值。

6.8.2.8　后掠角(Λ_v)

有关后掠角的一般特性已在第 5.9 节中做过陈述，这里不再重复。当垂直尾翼后掠角增大时，偏航力矩力臂增大，改善飞机的航向操纵性。其次，垂直尾翼后掠角的增大，减弱了飞机的航向稳定性，因为围绕 z 轴的质量惯性矩增大。如果飞机采用 T 形尾翼构型，则垂直尾翼后掠角的增大使水平尾翼尾力臂增大，改善飞机纵向稳定性和操纵性。

垂直尾翼采用后掠角的另一个原因是降低在高亚声速和超声速区域内飞行的波阻。由于这个原因，建议垂直尾翼后掠角的初始值与机翼后掠角相同。垂直尾翼后掠角的最终值将是在这些正面和负面特性之间进行折中考虑的结果。表 6-6 给出若干飞机垂直尾翼后掠角的值。

6.8.2.9　上反角(Γ_v)

由于飞机关于 xz 平面对称的需求，采用单一垂直尾翼的飞机，因此不允许有任何上反角。但是，如果飞机具有双垂直尾翼（如某些战斗机），则上反角对飞机横向操纵性有正面贡献。但是这降低了垂直尾翼的空气动力效率，因为两个垂直尾翼将失去它们的部分升力。此外，垂直尾翼上反角有利于改善飞机可探测性。例如，麦道公司 F-15 鹰（见图 9-14）的双垂直尾翼倾斜 15°，以减少雷达反射截面。将在整架飞机横向-航向稳定性分析过程中，确定双垂直尾翼上反角的准确值。

6.8.2.10 垂直尾翼的梢弦(C_t)、根弦(C_r)、平均空气动力弦(MAC_v 或 $\overline{C_v}$)和展长(b_v)

垂直尾翼的其他几何参数，包括垂直尾翼展长(b_v)、垂直尾翼梢弦(C_{t_v})、垂直尾翼根弦(C_{r_v})和垂直尾翼 MAC($\overline{C_v}$ 或 MAC_v)。通过同时求解下面 4 个方程，可以确定这些未知参数(见图 6 - 25)：

$$AR_v = \frac{b_v}{\overline{C_v}} = \frac{b_v^2}{S_v} \qquad (6-77)$$

$$\lambda_v = \frac{C_{v_{tip}}}{C_{v_{root}}} \qquad (6-78)$$

$$\overline{C_v} = \frac{2}{3} C_{v_{root}} \left(\frac{1 + \lambda_v + \lambda_v^2}{1 + \lambda_v} \right) \qquad (6-79)$$

$$S_v = b_v \cdot \overline{C_v} \qquad (6-80)$$

前两个方程在本节之前已经介绍过，后两个方程由从机翼几何尺寸支配方程(见第 5 章)复制而来。求解这些方程所需要的数据是：垂直尾翼平面面积、垂直尾翼展弦比、垂直尾翼梢根比。

6.9 实用设计步骤

尾翼的设计流程已在第 6.1 节阐述。第 6.2 和 6.3 节对尾翼主要功能和设计需求的基本因数进行了评介。第 6.4~6.8 节阐述了各种尾翼构型、水平尾翼参数、垂直尾翼参数和确定每一参数的方法。本节的目的在于列出尾翼的实用设计步骤。尾翼设计程序如下：

1) 水平尾翼

(1) 选择水平尾翼构型(第 6.4 和 6.7 节)；

(2) 选择水平尾翼位置(后置或前置(鸭翼)，第 6.5 节)；

(3) 选择水平尾翼容量系数，$\overline{V}_H$(见表 6 - 4)；

(4) 计算最佳尾力臂(l_{opt})，使飞机阻力和重量减至最小(第 6.6 节)；

(5) 计算水平尾翼平面面积 S_h(式(6 - 24))；

(6) 计算机翼/机身空气动力俯仰力矩系数(式(6 - 26))；

(7) 计算巡航升力系数 C_{L_c}(式(6 - 27))；

(8) 计算巡航配平时所需的水平尾翼升力系数(式(6 - 29))；

(9) 选择水平尾翼翼型(第 6.7 节)；

(10) 选择水平尾翼后掠角和上反角(第 6.7 节)；

(11) 选择水平尾翼展弦比和梢根比(第 6.7 节)；

（12）确定升力曲线斜率 $C_{L_{\alpha\_h}}$（式（6-57））；

（13）计算巡航飞行时水平尾翼迎角（式（6-51））；

（14）确定尾翼处的下洗角（式（6-54））；

（15）计算水平尾翼安装角 i_h（式（6-53））；

（16）计算水平尾翼的展长、根弦、梢弦和 MAC（式（6-63）～式（6-66））；

（17）计算巡航时水平尾翼产生的升力系数（例如升力线理论；第5章），将水平尾翼作为小机翼来处理；

（18）如果水平尾翼产生的升力系数（步骤（17））不等于所需水平尾翼升力系数（步骤（8）），则调节水平尾翼安装角；

（19）检查水平尾翼失速；

（20）计算水平尾翼对纵向静稳定性导数（$C_{m\alpha}$）的贡献。$C_{m\alpha}$ 导数值必须为负值，以确保对稳定性的贡献。如果不满足设计需求，则重新设计水平尾翼；

（21）分析纵向动稳定性。如果不满足设计需求，重新设计水平尾翼；

（22）优化水平尾翼设计。

2）垂直尾翼

（1）选择垂直尾翼构型（第6.4节）；

（2）选择垂直尾翼位置（例如，常规、双垂直尾翼、垂直尾翼位于后掠机翼翼尖上、V形尾翼）（第6.8.2.1节）；

（3）选择垂直尾翼容量系数 $\bar{V}_v$（表6-4）；

（4）假设垂直尾翼尾力臂（l_{vt}）等于水平尾翼尾力臂（l_h）；

（5）计算垂直尾翼平面面积 S_v（式（6-74））；

（6）选择垂直尾翼翼型（第6.8.2.4节）；

（7）选择垂直尾翼展弦比 AR_v（第6.8.2.6节）；

（8）选择垂直尾翼梢根比 λ_v（第6.8.2.7节）；

（9）确定垂直尾翼安装角（第6.8.2.5节）；

（10）确定垂直尾翼后掠角（第6.8.2.8节）；

（11）确定垂直尾翼上反角（第6.8.2.9节）；

（12）计算垂直尾翼展长（b_v）、根弦（$C_{v_{root}}$）、梢弦（$C_{v_{tip}}$）和 MAC_v（式（6-76）～式（6-79））；

（13）检查尾旋改出；

（14）通过更改 l_{vt} 来调节垂直尾翼相对于水平尾翼的位置，以满足尾旋改出需求（第6.8.2.2节）；

（15）分析航向配平（第6.8.1节）；

（16）分析航向稳定性（第6.8.1节）；

（17）修订，以满足设计需求；

（18）优化垂直尾翼设计。

提示：尾翼设计是一个迭代过程。当飞机其他部件（如机身和机翼）设计完成时，需要分析飞机的纵向-航向动稳定性，基于此，可能需要对尾翼设计做某些调整。

6.10　尾翼设计示例

示例 6.2 给出一个尾翼设计示例。

示例 6.2

问题陈述　为具有如下特性的双座摩托滑翔机，设计水平尾翼：

$$m_{TO} = 850 \text{ kg}, \ D_{fmax} = 1.1 \text{ m}, \ V_c = 95 \text{ kn（在 } 10\,000 \text{ ft），} \alpha_f = 1°（巡航状态）$$

机翼参考面积为 18 m^2，并具有如下特性：

$$\overline{C} = 0.8 \text{ m}, \ AR = 28, \ \lambda = 0.8, \ i_w = 3°, \ \alpha_{twist} = -1.1°, \ \Lambda_{LE} = 8°$$
$$\Gamma = 5(°)，翼型：NACA \ 23012, \ C_{L_\alpha} = 5.8 \ 1/\text{rad}$$

飞机为上单翼和常规后置尾翼构型，机翼/机身组合体的空气动力中心位于 23% MAC。在巡航飞行状态，飞机重心位于 32% 机身长度。假设飞机 cg 位于机翼/机身空气力中心前 7 cm。

然后，必须确定下列水平尾翼参数：翼型、S_h、$C_{h_{tip}}$、$C_{h_{root}}$、b_h、i_h、AR_h、λ_h、Λ_h、Γ_h。最后，画出飞机俯视图并标注机身、机翼和水平尾翼尺寸。

解　已选择了尾翼构型并已做陈述，所以不需要对这一项进行研究。唯一需要确定的参数是安装角的形式。由于飞机不属于高度机动性并且必须低成本，因此选择固定式水平尾翼。因此，设计从选择水平尾翼容量系数开始：

$$\overline{V}_H = 0.6 \qquad\qquad （见表 6-4）$$

为确定最佳尾力臂（l_{opt}），设定的目标是使飞机阻力减至最小，因此有

$$l = l_{opt} = K_c \sqrt{\frac{4\overline{C}S\overline{V}_H}{\pi D_f}} = 1.2 \sqrt{\frac{4 \cdot 0.8 \cdot 18 \cdot 0.6}{\pi \cdot 1.1}} = 3.795 \text{ m} \quad (6-47)$$

式中：修正系数 K_c 取 1.2。然后，确定水平尾翼平面面积如下：

$$\overline{V}_H = \frac{lS_h}{\overline{C}S} \Rightarrow S_h = \frac{\overline{C}S\overline{V}_H}{l} = \frac{0.8 \cdot 18 \cdot 0.6}{3.795} = 2.277 \text{ m}^2 \quad (6-24)$$

飞机巡航升力系数为

$$C_L = C_{L_c} = \frac{2W_{avg}S}{\rho V_c^2 S} = \frac{2 \cdot 850 \cdot 9.81}{0.905 \cdot (95 \cdot 0.5144)^2 \cdot 18} = 0.428 \qquad (6-27)$$

式中：空气密度在 10 000 ft 高度为 0.905 kg/m³。机翼/机身空气动力俯仰力矩系数为

$$C_{m_{o\_wf}} = C_{m_{af}} \frac{AR\cos^2\Lambda}{AR + 2\cos\Lambda} + 0.01\alpha_t = -0.013 \frac{28 \cdot \cos^2 8}{28 + 2\cos 8} + \qquad (6-26)$$
$$0.01 \cdot (-1.1) = -0.023$$

式中：机翼翼型俯仰力矩系数（$C_{m_{af}}$）值通常从翼型曲线中提取。基于表 5-2，NACA 23012 翼型的 $C_{m_{af}}$ 值为 -0.013。

为了使用配平方程，需要求得 h 和 h_o。参见表 5-2，对于这一类型的飞机，l_{opt}/L_f 取 0.65。所以，选择机身长度为

$$L_f = l_{opt}/0.65 = 3.795/0.65 = 5.838 \text{ m}$$

机翼/机身组合体空气动力中心位于 23%MAC，飞机重心位于 32%机身长度。此重心在机身/机翼空气动力中心前 7 cm。综合这 3 项数据，得到如下的与机翼有关的关系式：

$$X_{apex} + 0.23MAC = 0.32L_f + 0.07$$

因此，$X_{apex} = -0.23 \, MAC + 0.32L_f + 0.07 = 1.754 \text{ m}$

由此求得 cg 位置（X_{cg}）如下（以 MAC 表示）：

$$X_{cg} = 0.23MAC - 0.07 = 0.23(0.8) - 0.07 = 0.114 \text{ m（距机翼前缘）}$$

$$\overline{X}_{cg} = h = \frac{0.114}{MAC} = \frac{0.114}{0.8} = 0.142 = 14.2\%MAC$$

所以，$h = 0.142$。假设尾翼效率为 0.98。使用如下配平方程，计算巡航时所需水平尾翼升力系数：

$$C_{m_{o\_wf}} + C_L(h - h_o) - \eta_h \overline{V}_H C_{L_h} = 0 \Rightarrow C_{L_h} = \frac{C_{m_{o\_wf}} + C_L(h - h_o)}{\overline{V}_H}$$

$$= \frac{-0.023 + 0.428 \cdot (0.114 - 0.23)}{0.6} \Rightarrow C_{L_h} = -0.121 \qquad (6-29)$$

水平尾翼翼型必须具有第 6.7 节所描述的若干特性。两个重要的特性是：①对称；②厚度小于机翼翼型。机翼翼型的相对厚度为 12%。有多个翼型能够满足此需求，但是选取其中低阻力系数的。具有最小阻力系数（$C_{dmin} = 0.005$）且厚度比机翼翼型小 3% 的对称翼型是 NACA 0009。图 6-19 给出有关 NACA 0009 翼型的特性曲线。依据此曲线，得到此翼型的其他特性如下：

C_{l_i}	$C_{d_{min}}$	C_m	$(C_l/C_d)_{max}$	$\alpha_o/(°)$	$\alpha_s/(°)$	$C_{l_{max}}$	$C_{l_\alpha}/(1/\text{rad})$	$(t/c)_{max}$
0	0.005	0	83.3	0	13	1.3	6.7	9%

确定初始展弦比如下：

$$AR_h = \frac{2}{3}AR_w = \frac{2}{3} \cdot 28 = 18.6 \tag{6-59}$$

先确定水平尾翼梢根比等于机翼梢根比 $\lambda_h = \lambda_w = 0.8$。

暂时考虑水平尾翼后掠角和上反角与机翼的相同。原因已在第6.7节中做过陈述：

$$\Lambda_h = 10, \ \Gamma_h = 5°$$

现在，需要确定水平尾翼安装角（i_h），以产生水平尾翼升力系数—0.121。为了确定这一参数，不仅需要考虑所有的水平尾翼参数，而且还需要考虑机翼下洗。开始时，依据水平尾翼升力曲线斜率确定水平尾翼迎角。下一步，使用升力线理论来计算水平尾翼产生的升力系数。如果水平尾翼产生的升力系数不等于所需的水平尾翼升力系数，则应调节水平尾翼安装角，直到这两者相等。最后，考虑下洗，以确定水平尾翼安装角。水平尾翼升力曲线斜率为

$$C_{L_\alpha} = \frac{C_{l_{\alpha\_h}}}{1 + \dfrac{C_{l_{\alpha\_h}}}{\pi \cdot AR_h}} = \frac{6.7}{1 + \dfrac{6.7}{3.14 \cdot 18.6}} = 6.1 \ \text{rad}^{-1} \tag{6-57}$$

巡航飞行时水平尾翼迎角为

$$\alpha_h = \frac{C_{L_h}}{C_{L_{\alpha\_h}}} = \frac{-0.121}{6.1} = -0.018 \ \text{rad} = -1.02° \tag{6-51}$$

为了计算水平尾翼产生的升力系数，采用第5.14节中所述的升力线理论。利用下面的 MATLAB in-file 来计算水平尾翼升力系数，迎角取—1.02°。

```
clc
clear
N = 9; % (number of segments — 1)
s = 2.277; % m^2
AR = 18.6; % Aspect ratio
lambda = 0.8; % Taper ratio
alpha_twist = 0.00001; % Twist angle (deg)
a_h = -1.02; % tail angle of attack (deg)
```

```
a_2d = 6.1; % lift curve slope (1/rad)
alpha_0 = 0.000001; % zero-lift angle of attack (deg)
b = sqrt (AR * S); % tail span
MAC = S/b; % Mean Aerodynamic Chord
Croot = (1.5 * (1+lambda) * MAC)/(1+lambda+lambda^2); % root chord
theta = pi/(2 * N):pi/(2 * N):pi/2;
alpha = a_h+alpha_twist:-alpha_twist/(N-1):a_h;
% segment's angle of attack
z = (b/2) * cos (theta);
c = Croot * (1 - (1-lambda) * cos(theta)) ; % Mean
Aerodynamics chord at each segment
mu = c * a_2d / (4 * b);
LHS = mu . * (alpha-alpha_0)/57.3; % Left Hand Side
% Solving N equations to find coefficients A (i):
for  i=1:N
    for  j=1:N
    B(i, j)=sin((2 * j-1) * theta(i)) * (1 + (mu(i) *
    (2 * j-1)) / sin (theta(i)));
    end
end
A=B\transpose(LHS);
for  i=1:N
    sum1(i) = 0;
    sum2(i) = 0;
    for  j = 1:N
        sum1(i)=sum1(i) + (2 * j-1) * A(j) * sin((2 * j-1) * theta
        (i));
        sum2(i)=sum2(i) + A(j) * sin((2 * j-1) * theta(i));
    end
  end
CL_tail = pi * AR * A(1)
```

此 m-file 的输出是：

　　CL_tail=-0.0959

　　预期水平尾翼产生的升力系数 C_{L_h} 为-0.121，但其产生 C_{L_h} 为-0.095 9。为增大尾翼的升力系数到所希望的值，需要增大尾翼迎角。采用试错法并使用相同的

m-file,求得尾翼迎角为—1.29°,此时产生所希望的水平尾翼升力系数。

因此:

$$\alpha_h = -1.29°$$

现在,需要考虑下洗。ε_o(零迎角时的下洗角)和$\frac{\partial \varepsilon}{\partial \alpha}$(下洗斜率)为

$$\varepsilon_o = \frac{2C_{L_w}}{\pi \cdot AR} = \frac{2 \cdot 0.428}{\pi \cdot 28} = 0.009\ 7\ \text{rad} = 0.558° \tag{6-55}$$

$$\frac{\partial \varepsilon}{\partial \alpha} = \frac{2C_{L_{\alpha_w}}}{\pi \cdot AR} = \frac{2 \cdot 5.8}{\pi \cdot 28} = 0.132 \tag{6-56}$$

因此,

$$\varepsilon = \varepsilon_o + \frac{\partial \varepsilon}{\partial \alpha}\alpha_w = 0.009\ 7 + 0.132 \cdot \frac{3}{57.3} = 0.017\ \text{rad} = 0.954° \tag{6-54}$$

所以,尾翼安装角为

$$\alpha_t = \alpha_f + i_h - \varepsilon \Rightarrow i_h = \alpha_h - \alpha_f + \varepsilon = -1.29 - 1 + 0.954 = -1.33° \tag{6-53}$$

同时求解下列 4 个方程,可确定水平尾翼的其他参数:

$$AR_h = \frac{b_h}{C_h} \tag{6-63}$$

$$\lambda_h = \frac{C_{h_{tip}}}{C_{h_{root}}} \tag{6-64}$$

$$\overline{C}_h = \frac{2}{3}C_{h_{root}}\left(\frac{1 + \lambda_h + \lambda_h^2}{1 + \lambda_h}\right) \tag{6-65}$$

$$S_h = b_h \cdot \overline{C}_h \tag{6-66}$$

求得的结果如下:

$$b_h = 6.52\ \text{m}, \quad \overline{C}_h = 0.349\ \text{m}, \quad C_{h_{tip}} = 0.309\ \text{m}, \quad C_{h_{root}} = 0.386\ \text{m}$$

最后一步是检查飞机纵向静稳定性。飞机具有固定式水平尾翼,所以按如下公式确定飞机的纵向静稳定性导数:

$$C_{m_\alpha} = C_{L_{\alpha\_wf}}(h - h_o) - C_{L_{\alpha\_h}}\eta_h \frac{S_h}{S}\left(\frac{l}{C} - h\right)\left(1 - \frac{d\varepsilon}{d\alpha}\right) \tag{6-67}$$

$$C_{m_\alpha} = 5.7(0.114 - 0.23) - 6.1 \cdot 0.98 \frac{2.277}{18}\left(\frac{3.795}{0.8} - 0.114\right)(1 - 0.132)$$

$$= -3.7 \text{ rad}^{-1}$$

$$(6-67)$$

此处,假设机翼/机身升力曲线斜率等于机翼升力曲线斜率。由于导数 C_{m_α} 为负值,因此飞机是纵向静稳定的。在进行飞机纵向动稳定性分析时需要用到在问题陈述中尚未提供的关于飞机其他部件的信息。所以,在本示例中,不对此进行分析。图 6-28 是该架飞机的俯视图,图中详细给出该飞机尾翼几何参数的细节。

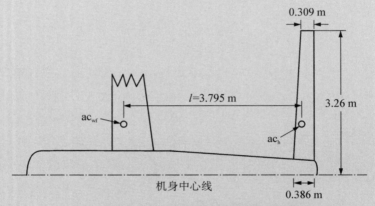

图 6-28 示例 6-2 所述飞机的俯视图

重要的是要注意,这是水平尾翼设计的第一阶段。如果飞机其他部件的特性是已知的,那么可以对纵向动态和静态稳定性进行全面分析,并可对尾翼实施优化。

练习题

(1) 利用参考资料[5]或其他可靠的信息源,确认下列飞机的尾翼构型:施特梅 S10(德国)、达索 猎鹰 2000(法国)、恩博威 145(巴西)、庞巴迪 CL-415、ATR 42、马基航空 MB-339C(意大利)、鹰 X-TS(马来西亚)、波兰飞机制造公司 M-18 单峰骆驼(波兰)、别里耶夫 A-50(俄罗斯)、苏霍伊 苏-32FN(俄罗斯)、苏霍伊 S-80、萨伯 340B(瑞典)、皮拉图斯 PC-12(瑞士)、安 225(乌克兰)、喷射流 41(英国)、FLS OA7-300 巨眼(英国)、贝尔/波音 V-22 鱼鹰、波音 E-767 预警机、塞斯纳 750 奖状 X、里尔喷气 45、洛克希德 F-16 战隼,洛克希德 F-117A 夜莺、麦道 MD-95、诺斯罗普 格鲁曼 B-2 幽灵、彼得 BD-10、霍克 1000、施瓦泽 SA 2-38、西诺 斯韦林 根 SJ30 和维神埃雷 万蒂奇喷气式公务机。

(2) 利用参考文献[5]或其他可靠的信息源,针对如下每一尾翼构型,确认一架飞机:常规后置尾翼、V 形尾翼、鸭翼、T 形尾翼、H 形尾翼、非常规尾翼、十字形尾翼、三翼面、撑杆固定式、双垂直尾翼和倒 V 形尾翼。

（3）利用参考文献［5］或其他可靠的信息源，确认一架具有常规后置尾翼并且垂直尾翼在水平尾翼尾涡流区域之外的飞机。

（4）一架飞机采用圆形截面的机身。导出一个最佳水平尾翼尾力臂方程，使飞机后部（包括后机身和水平尾翼）浸润面积最小。

（5）一架无人机具有如下特性：

$$S = 55 \text{ m}^2, \, AR = 25, \, S_h = 9.6 \text{ m}^2, \, l = 6.8 \text{ m}$$

确定水平尾翼容量系数。

（6）一架战斗机水平尾翼翼型为 NACA 64‑006。尾翼展弦比为 2.3。利用参考文献［8］，计算尾翼升力曲线斜率，以 1/rad 计。

（7）一架运输机的水平尾翼翼型为 NACA 64_1‑012。尾翼展弦比为 5.5。利用参考文献［8］，计算尾翼升力曲线斜率，以 1/rad 计。

（8）一架 GA 飞机的水平尾翼翼型为 NACA 0012。尾翼展弦比为 4.8。利用参考文献［8］，计算尾翼升力曲线斜率，以 1/rad 计。

（9）一架农用飞机的机翼参考面积为 14.5 m²，尾翼平均空气动力弦为 1.8 m。纵向稳定性需求指定尾翼容量系数为 0.9。如果机身最大直径为 1.6 m²，则确定最佳尾力臂，然后计算水平尾翼面积。假设机身后部为圆锥形。

（10）考虑一架单座 GA 飞机，其机翼参考面积为 12 m²，机翼平均空气动力弦为 1.3 m。纵向稳定性需求指定尾翼容量系数为 0.8。如果机身最大直径为 1.3 m，则确定最佳尾力臂，然后计算水平尾翼面积。假设机身后部为圆锥形。

（11）一架 19 座公务机，质量为 6 400 kg，在 26 000 ft 高度上以 240 kn 速度进行巡航。假设飞机升力系数等于机翼升力系数。飞机具有如下特性：

$$S = 32 \text{ m}^2, \, AR_w = 8.7, \, \text{翼型：NACA } 65_1\text{‑412}$$

确定水平尾翼处的下洗角（以（°）计）。

（12）假设问题 11 中的飞机机身迎角为 2.3°，水平尾翼具有安装角 −1.5°。在该飞行状态下，水平尾翼的迎角是多少？

（13）运输机的水平尾翼具有如下特性：

$$AR_h = 5.4, \, \lambda_h = 0.7, \, S_h = 14 \text{ m}^2, \, \Lambda_{h_{LE}} = 30°$$

确定该水平尾翼的展长、根弦、梢弦、平均空气动力弦。然后画出该水平尾翼的俯视图并标注尺寸。

（14）一架战斗机的水平尾翼具有如下特性：

$$AR_h = 3.1, \, \lambda_h = 0.6, \, S_h = 6.4 \text{ m}^2, \, \Lambda_{h_{LE}} = 40°$$

确定该水平尾翼的翼展、根弦、梢弦、平均空气动力弦。然后画出该水平尾翼的俯视图并标注尺寸。

（15）运输机的垂直尾翼具有如下特性：

$$AR_v = 1.6, \lambda_v = 0.4, S_v = 35 \text{ m}^2, \Lambda_{v_{LE}} = 45°$$

确定垂直尾翼的翼展、根弦、梢弦、平均空气动力弦。然后画出该垂直尾翼的侧视图并标注尺寸。

（16）问题（11）中的飞机具有其他特性如下：

$$h = 0.18, h_o = 0.23, \eta_h = 0.97, l = 12 \text{ m}, S_h = 8.7 \text{ m}^2$$

确定飞机纵向静稳定性导数（C_{m_α}），并讨论水平尾翼是纵向稳定的还是不稳定的。

（17）为一架具有如下特性的双发喷气公务机设计水平尾翼：

$$m_{TO} = 16\,000 \text{ kg}, D_{f_{max}} = 1.8 \text{ m}, V_c = 270 \text{ kn（在 30 000 ft）}, \alpha_f = 1.5°（巡航）$$

机翼参考面积为 49 m² 并具有下列特性：

$$AR = 8, \lambda = 0.6, i_w = 2.4°, \alpha_{twist} = -1.3°, \Lambda_{LE} = 37°, \Gamma = 3°, \text{NACA } 652 - 415$$

飞机为下单翼和常规后置尾翼构型，机翼/机身组合体空气动力中心位于 22% MAC。在巡航状态下，飞机重心位于 42% 机身长度。假设飞机 cg 位于机翼/机身组合体空气动力中心前 15 cm。

必须确定尾翼的下列参数：翼型，S_h，$C_{h_{tip}}$，$C_{h_{root}}$，b_h，i_h，AR_h，λ_h，Λ_h，Γ_h。最后，画出飞机俯视图，示出机身、机翼和水平尾翼并标注尺寸。

（18）假设一架质量为 63 000 kg 的大型运输机，在 42 000 ft 高度上以 510 kn 速度巡航。机身最大直径为 3.6 m，巡航状态下机身迎角为 3.2°，机翼参考面积为 116 m²，并具有下列特性：

$$AR = 11.5, \lambda = 0.5, i_w = 2.7°, \alpha_{twist} = -1.6°, \Lambda_{LE} = 30°,$$
$$\Gamma = 6°, \text{NACA } 64_1 - 412$$

飞机为下单翼和 T 形尾翼构型，机翼/机身组合体空气动力中心位于 20% MAC。在巡航状态下，飞机重心位于 49% 机身长度。假设飞机 cg 位于机翼/机身组合体空气动力中心前 18 cm。设计水平尾翼满足纵向静稳定性需求，然后确定翼型，S_h，$C_{h_{tip}}$，$C_{h_{root}}$，b_h，i_h，AR_h，λ_h，Λ_h，Γ_h。最后，画出飞机俯视图，示出机身、机翼和水平尾翼并标注尺寸。

（19）图 6-29 给出一架运输机尾翼的初始设计，水平尾翼面积为 12.3 m²。机翼参考面积为 42 m²，机翼展弦比为 10.5。

飞机能进入尾旋，并且设计者发现垂直尾翼效率不足以改出尾旋。水平移动水平尾翼,使垂直尾翼对改出尾旋有效。然后,确定水平尾翼面积,使水平尾翼容量系数保持不变。假设图 6 - 29 是按比例的。

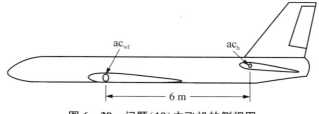

ac_{wf}　　　　ac_h

6 m

图 6 - 29　问题(19)中飞机的侧视图

(20) 一架战斗机,具有如下特性:

$$S = 57 \text{ m}^2,\ AR = 3,\ S_h = 10.3 \text{ m}^2,\ S_v = 8.4 \text{ m}^2,\ l = 6.8 \text{ m},\ l_{vt} = 6.2 \text{ m}$$

确定水平尾翼容量系数和垂直尾翼容量系数。

(21) 为问题(18)中的飞机设计垂直尾翼,以满足航向静稳定性需求。

(22) 双发涡轮喷气发动机飞机的垂直尾翼的翼型为 NACA 66 - 009。飞机的其他特性如下:

$$S = 32 \text{ m}^2,\ AR = 10.3,\ S_v = 8.1 \text{ m}^2,\ AR_v = 1.6,$$

$$l = 9.2 \text{ m},\ \frac{\mathrm{d}\sigma}{\mathrm{d}\beta} = 0.32,\ \eta_v = 0.95$$

确定飞机航向静稳定性导数(C_{n_β})。然后分析飞机的航向静稳定性。

(23) 一架货机的水平尾翼迎角为 $-1.6°$。水平尾翼其他的特性如下:

$$S_h = 12 \text{ m}^2,\ AR_h = 5.3,\ \lambda_h = 0.7, \text{翼型:NACA 64 - 208},\ \eta_h = 0.96$$

如果飞机在 15 000 ft 高度上以 245 kn 速度飞行,确定尾翼产生的升力有多大。假设尾翼无扭转。

(24) 一架高机动性飞机在转弯时垂直尾翼侧滑角为 $4°$。垂直尾翼的其他特性如下:

$$S_v = 7.5 \text{ m}^2,\ AR_v = 1.4,\ \lambda_v = 0.4, \text{翼型:NAC0012},\ \eta_v = 0.92$$

如果飞机在 15 000 ft 高度上以 245 kn 速度飞行,则确定垂直尾翼产生的升力(即侧向力)有多大。假设尾翼无扭转。

(25) 为一架单发活塞式发动机飞机设计后置水平尾翼。飞机质量为 1 800 kg,在 22 000 ft 高度上以 160 kn 速度巡航。飞机重心位于 $19\%MAC$,机身/机翼空气动力中心位于 $24\%\ MAC$,飞机其他特性如下:

$$S = 12 \text{ m}^2,\ AR = 6.4,\ S_h = 2.8 \text{ m}^2,\ l = 3.7 \text{ m},\ C_{m_{o\_wf}} = -0.06,\ \eta_v = 0.1$$

确定为维持纵向配平，水平尾翼必须产生的升力系数。

（26）重做问题（25），此时假设飞机具有鸭翼而不是后置水平尾翼。

参 考 文 献

［1］Roskam，J.（2007）*Airplane Flight Dynamics and Automatic Flight Control Part I*，DAR Corporation.

［2］Nelson，R.（1997）*Flight Stability and Automatic Control*，McGraw-Hill.

［3］Etkin，B. and Reid，L. D.（1995）*Dynamics of Flight Stability and Control*，3rd edn，John Wiley & Sons，Inc.

［4］Federal Aviation Regulations（2011），Federal Aviation Administration，Department of Transportation，www. faa. gov.

［5］Jackson，P.（1995）*Jane's All the World's Aircraft*，Jane's Information Group，various years.

［6］Hoak，D. E.，Ellison，D. E.，Fink，R. D. *et al*.（1978）USAF Stability and Control DATCOM，Flight Control Division，Air Force Flight Dynamics Laboratory，Wright-Patterson AFB，Ohio.

［7］Shevell，R. S.（1989）*Fundamentals of Flight*，2nd edn，Prentice Hall.

［8］Abbott，I. H. and Von Donehoff，A. F.（1959）*Theory of Wing Sections*，Dover.

［9］Lan，E. C. T.（1988）*Applied Airfoil and Wing Theory*，Cheng Chung Book Company.

［10］Lan，E. C. T. and Roskam，J.（2003）*Airplane Aerodynamics and Performance*，DAR Corporation.

7 机 身 设 计

7.1 序言

继机翼和尾翼之后，机身是飞机的第三个重要部件。机身的主要功能是容纳有效载荷。本章专门阐述机身设计，提出机身设计需求、机身主要功能、所希望的特性、驾驶舱设计、客舱设计、货舱设计、其他舱设计以及设计步骤。由于机身涉及驾驶人员和旅客，因此必须将人为因素包括在设计考虑中。在本章的结尾，还给出一个全解示例。

驾驶舱和客舱设计的主要驱动力是人为因素。驾驶员、机组和旅客主要通过机身参与飞机的人/机系统。与飞行有联系的所有活动（包括机身设计）的表象之下，安全是主题。人为因素是一项应用技术[1]，所以飞行中的人为因素主要按工业界要求进行设计，旨在弥合学术知识资源和飞机实际使用之间的差距。对于具有全球销售市场的飞机而言，必须要设计成满足相应的国际标准和条例，如 FAR 和 EASA CS。

应该注意到，在本章中所用词语"人"是广义的。因而除特别指明外，"人"应包括男性和女性。

7.2 功能分析和设计流程

机身设计的早期阶段是功能分析，按系统方法准备一个平台。依据飞机类型、所希望的任务、飞机构型和有效载荷形式，机身功能会有很大的不同。然而对于大多数飞机而言，机身主要功能是容纳有效载荷。按定义，有效载荷是飞机预期携带的有用载荷。从根本上说，有效载荷不包括驾驶员、机组或燃油。因而有效载荷主要包含旅客、行李和货物。因此，将机身定义为用于容纳在某个航程内以规定速度飞行时必须携带的有效载荷的一个壳体。容纳有效载荷时必须考虑到起飞前快速装机，着陆后快速卸货。

此外，为了减小飞机阻力，其他几项部件和系统（如起落架、发动机、燃油系统和动力传送系统)极有可能包容在机身内。因此对于机身,一组辅助功能如表 7-1 所列。

　　通常,机身是最适于容纳驾驶舱的飞机部件,驾驶舱的最佳位置在机头。对于航线客机的情况,还需要容纳机组和其他人员,可考虑将他们安置在旅客舱内。必须对机身所容纳的乘员(驾驶员、机组、旅客)提供防护,免受气候因素(如寒冷、大气低压以及极高风速)的影响。在大型发动机的情况下,机身还应对机上乘员提供保护,免受外部噪声(如发动机巨大噪声)的影响。机身还必须按条例的规定,为乘员提供一定程度的舒适性,将在第 7.4 节对此进行阐述。

　　机身的一组辅助功能(见表 7-1)涉及与人无关的项目,诸如起落架、发动机、电气-机械系统和燃油箱。对于这些项目,无舒适性需求。然而安装在机身内部的与人无关的每个项目都有特定的需求,将在后面各节对此进行讨论。这些辅助功能并不是对于所有飞机都是需要的。如果在飞机构型设计阶段已有规定,则需要对所规定的每一项目加以考虑。

表 7-1　机身功能分析

序号	功能和特性	说　明
1	主要功能	容纳有效载荷
2	辅助功能	容纳机组成员
		容纳乘务员和其他技术人员
		为起落架提供空间(如果收到机身内)
		为发动机提供空间(如果安装在机身内)
		为燃油箱提供空间(如果设置在机身内)
		为系统(电气,液压、机械、无线电等)提供足够的空间
		为尾翼提供结构力臂
		保持飞机结构完整性(如支撑机翼)
3	想要的特性和预期目标	产生最低的阻力
		为产生升力提供正面贡献
		低重量
		为旅客、驾驶员、机组提供舒适性
		承受结构飞行载荷
		外部对称
		装货和卸货的效能
		对环境危害(如雷电)提供安全保护
		低浸润面积

　　在机身设计过程中,除了机身功能外,尚有几项预期目标,建议予以考虑。这些预期目标包括低重量、低阻力、为产生升力提供正面贡献、外部对称以及对环境危害

(如雷电)提供安全防护。机身阻力对飞机零升阻力(C_{D_o})的贡献通常为 $30\% \sim 50\%$。此外,可对机身进行空气动力学设计,以使机身提供的升力多达总升力的 50%。例如,在米高扬 MIG - 29(见图 5 - 56)战斗机上,大约 40% 的总升力是由中机身产生的。此外,在洛克希德 SR - 71 黑鸟侦察机(见图 8 - 21)上,大约 30% 的飞机升力是由机身产生的。值得注意的是,大多数 GA 飞机和运输机,机身产生的升力至多占飞机升力的 5%。

表 7 - 1 列出必须给予认真关注的因素,它们影响大多数设计。表中所列举的与机身有关的许多需求和预期目标将限制设计者的选择范围。为了有一个最佳机身,必须规定每一需求的优先顺序,为的是使设计者能度量每一决策和每一选择对总的机身效能的贡献。例如,在亚声速货机(如洛克希德 C - 130 大力神,见图 5 - 4)的情况下,良好的气动外形可能要让位于设置易于通达的后货舱门,以便于货物装卸。

在设计过程中必须确定的两个主要的机身参数是:①机身长度(L_f);②最大直径(D_f)。机身构型以及这两个参数是若干设计需求的函数。通常,机身设计需求如下:

(1) 容纳需求;

(2) 运行和任务需求;

(3) 适航性需求;

(4) 适坠性需求;

(5) 空气动力需求;

(6) 飞机稳定性需求;

(7) 低重量;

(8) 低浸润面积和低侧面面积;

(9) 对称性;

(10) 结构完整性和强度;

(11) 可维修性;

(12) 可制造性;

(13) 成本;

(14) 长寿命;

(15) 雷达可探测性。

这些设计需求将在后面各节予以阐述。上面所列的每项需求都会从各个方面影响机身设计。某些机身参数(如机身长度)受一个设计需求的影响(如容纳需求)比受另一个设计需求(如重量需求)要大。如同在第 2 章中所讨论过的,在仔细分析了各项设计需求的加权值之后,再对每一机身参数做出最终抉择。

图 7 - 1 图解说明机身设计流程,包括设计反馈。按流程图所示,机身设计是一

个迭代过程,迭代次数取决于设计需求的本质以及设计者的技能。机身设计从确认机身设计需求开始,设计过程以优化结尾。每一设计方框内的细节,将在下面的各节中予以说明。如同飞机其他部件的情况一样,并非只有唯一的设计方案可满足机身需求。每一可接受的设计方案都会有许多的优点和缺点,必须采用系统工程方法做出抉择。

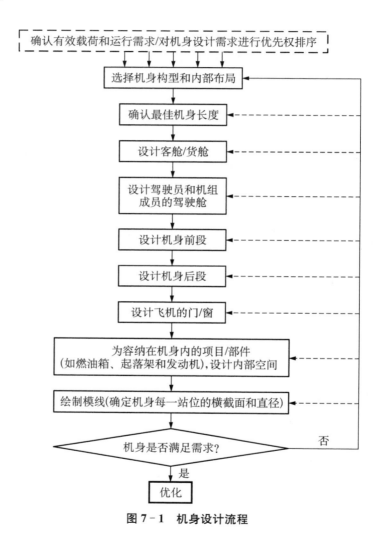

图 7 - 1　机身设计流程

7.3　机身构型设计和内部布局

在确认有效载荷和设计需求之后,第一个设计步骤是决定机身构型,并确定机身的内部布局。这一决定非常重要,并将影响所有的机身参数。机身构型设计属于概念设计,但在机身层面,并不涉及详细计算。事实上,机身构型设计需要若干技能和长期的经验。此时,将确定外部形状和内部布局,由于这是一种概念设计形式,因此设计者可使用手工绘图,以呈现所选择的构型。

在有些情况下,一项设计看起来可能是所想要的,但未必是可行的。因此,当某个设计者对最佳座位布局或货物的最佳位置做出决定时,他/她必须已经知道基本解决方案。例如,究竟是想要重量轻但阻力大的短机身,还是重量大但阻力小的长机身。这是成本与性能关系的基本问题。对于家庭制造飞机的设计者,前一个备选方案是最佳选项,而对于军用飞机设计者,后一个备选方案则是最想要的。因此设计者应在机身构型设计之前取得优先权清单。

常规的机身可能由下列各部分组成:驾驶员和机组工作位置(驾驶舱)、旅客舱、行李间、货舱、机头段、舱门、窗、后段、燃油箱、飞行必须携带的物件(如食物、水)、内部系统(即电气、机械和液压)以及发动机。每一部分都需要单独设计,因为各自都有独特的设计需求。然而在这一设计阶段,需要确定这些部分彼此之间的相对位置。图 7 - 2 给出 4 种常见机身外形的侧视图(注意图形未按比例)。尽管这些外形有不同的空气动力特性,然而每一个都是根据某一特定任务而优选的。

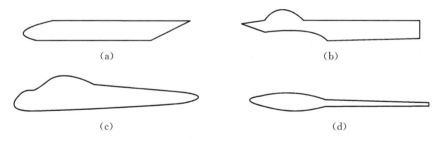

(a)   (b)

(c)   (d)

图 7 - 2   4 种常见的机身构型

(a) 大型运输机   (b) 战斗机   (c) 轻型 GA 飞机   (d) 滑翔机

机身构型也是内部布局的函数。为了规定每一内部设备的位置,必须首先确认和决定要容纳什么设备/部件。图 7 - 3 给出两个典型飞机机身及其内部布局的侧视图,一个是民用旅客机,另一个是战斗机。机身容积和外部形状是希望储存在飞机内的设备/部件的函数。

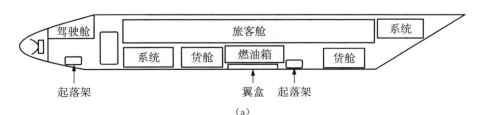

(a)

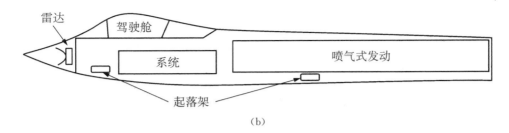

（b）

图 7－3　民用旅客机和战斗机的内部布局

（a）下单翼旅客机　（b）战斗机

通常，对于内部布局以及为确定所容纳设备在机身内的位置，应遵循 6 项基本原则：

（1）保持机身尽可能小而紧凑；

（2）从俯视图看，布局尽可能对称；

（3）必须有足够的空间来容纳所有的设备；

（4）可用载荷（如燃油）必须靠近飞机重心；

（5）驾驶舱必须位于机身最前面的位置，以便在起飞和着陆时使驾驶员能够看清跑道；

（6）布局必须使飞机重心靠近机翼/机身空气动力中心。

此外，必须考虑第 7.2 节中所阐述的需求。

凡机身各段完成设计时，每一段的几何形状和尺寸将最终确定。例如，当计算出燃油容量时，应确定准确的位置。或者，在设计起落架时，规定起落架收放系统和贮存空间。作为一项建议，为了机上乘员的安全，应设法将燃油贮存在机身之外，因为在紧急情况下可能由于燃油泄漏而引起火灾。图 7－4 对比了 3 种飞机的机身：运输机（A－321），战斗机（苏霍伊苏－27）和 GA（派珀 PA－28－161 切诺基勇士Ⅱ）。

（a）

(b)

(c)

图 7-4　3 种具有不同机身构型的典型飞机

(a) A321(经安妮 迪乌斯允许)　　(b) 苏霍伊 苏-27U(经安东尼·奥斯本允许)　　(c) 派珀 PA-28-161 切诺基勇士Ⅱ(经詹尼·科菲允许)

7.4　人机工程学

7.4.1　定义

凡准备设计一项涉及人的工程装置时,都需要考虑人机工程学标准。人机工程学(或人为因素)是对用户与设备以及工作环境相互作用进行设计以适应用户需求的科学。在人因工程范畴内,利用与人的行为有关的科学知识,确定人/机系统的设计和使用。目的在于通过使人为差错减至最少来改善系统效率,并优化性能、舒适性和安全性。正确的人机工程设计是必需的,以防止肢体重复性劳损,这种损伤可能会日趋严重,并可能导致长期丧失工作能力。国际人机工程学学会(IEA)对人机工程学的定义如下:"人机工程学(或人为因素)是关于如何理解人与系统其他要素之间相互作用的科学学科,是应用理论、原则、数据和方法进行设计以优化人类福祉和整个系统效能的专业。"参考文献[2]～[5]是有用资源,针对人为因素各方面,给出概述、原理、基础和有用数据。本节将引用一些必要的数据,用于驾驶舱和客舱设计。

由于不良姿势和肢体重复性劳损会引发健康风险,因此正确的人机工程学非常重要而不能忽视。不论是对驾驶员或是对旅客,必须设计座位,以使坐者就座时,从头到脚保持健康。下面各小节包含有关健康就座的人机工程学建议。

显示屏定位不正确可能引起人的颈部和眼睛疲劳,并可能导致座位定位不正确,这会对人的背部产生压力。显示屏的顶部应刚好位于人就座后视平线上方。这是"视角锥"的最佳位置,最直接的视界是从人的视平线顶部开始,下降30°角。当显示屏太远时,人们往往会向前探身看个究竟。随着年龄的增长,越趋如此,因为视力几乎不可避免地随年龄增长而下降。根据经验法则:如果你能够伸出手臂并且指尖刚好触及屏幕,则你处于正确位置。

为保持手腕和手臂处于最佳位置,降低重复运动引起损伤的风险,驾驶杆/驾驶盘和电门应与就座时的肘部同高。由于人体尺寸并不标准,因此简单的解决方法是采用可调节的座椅。正确的坐姿减轻腰背部 $20\%\sim30\%$ 压力。座椅深度应在 $17\sim19$ in 之间,并且应有良好的腰背部支撑。身体定位应使背部贴靠座椅,臀部宽松。如果发现需要探身看仪表板,则需要向前移动座椅。

腿部定位影响整个座位的定位,所以确保双腿在膝盖处弯曲约 90°,这有助于减轻背部的压力。但是为了改善循环,活动是必要的,所以允许就座时适度活动,并且一定要站立、伸腰,并且至少每隔几小时走几步。双脚应扎实地踏在地板上。如果为了手腕正确对准而需要进行座位定位却导致脚够不到地板时,应使用某种形式的脚垫来支持双脚,脚垫的高度应可使膝盖弯 90°。

使得工作区和生活区与人的特性相匹配,这是在人的因素方面专门的研究任务之一。人的一些基本特性与人体各部分的尺寸、形状和活动有关。这些数据应用于飞机上多个部位。在驾驶舱,将这些数据用于确定基本几何尺寸,用于规定合适的内部和外部视界,用于操纵器件的定位和设计,用于座椅设计,等等。在客舱,类似的基本数据用于厨房、座椅、舱门、顶部行李箱以及盥洗室的设计。此外,在维修区域考虑人体尺寸,以确保有足够的接近设备的通道和工作空间。在货舱内使用这些数据为装货员提供合适的通道和工作空间。许多机载设备的设计,都需要使用有关人体测量的信息,如救生衣、救生筏、应急出口、氧气面罩、餐车、洗手盆、安全带,等等。

7.4.2 人体尺寸和限制

业已研制出利用摄影技术从使用设备的有代表性的人群样本中测量和收集数据。然而在使用涉及体型尺寸的数据时必须注意,这些数据在缓慢地变化。几年前的人口普查表明,在过去的半个世纪,人的身高普遍增长,男性每年长高 1.3 mm,女性每年长高 0.9 mm。这些数据的最综合性来源,是 NASA 出版的 3 卷版[6],其中涉及各个种族。

可以预料,各个种族之间,人的体型尺寸存在很大差异。与白种人相比,非洲血统的人腿相对较长。在另一方面,亚洲人总的来说体型较小,但与欧洲人相比,躯干相对较长,腿较短。除了种族之间的差异外,在同一个种族中,还存在男性和女性之间的差异(见图 7 - 5)。

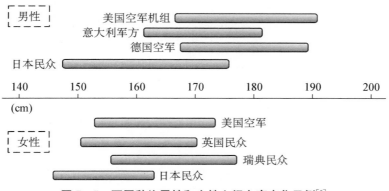

图 7 - 5　不同种族男性和女性之间身高变化示例[6]

在美国,FAA 条例现时要求在设计由机组操纵的运输类飞机时,机组成员的身高范围从 5 ft 2 in(157 cm)~6 ft 3 in(190 cm)。例如,在波音飞机公司,B747(见图 3 - 7、图 3 - 12 和图 9 - 4)之前的所有飞机,其设计都满足这些准则。

在体重方面(用于座椅设计),一项研究[1]表明各类旅客的平均体重如下:加拿大男性旅客为 76 kg,泰国男性旅客为 70 kg,东欧男性旅客为 84.6 kg,德国女性旅客为 68.9 kg,日本女性旅客为 57.2 kg。

这些变化清楚地表明,为了使用这些统计数字,需要进行折中处理。在许多情况下,也许不可能求得适合每个人的单个设计方案。必须提供调节范围,以便能够顾及大多数人。这导入了百分位数的概念,它是用于表达某个特定设计中有待容纳的样本规模的一种方法。

给出的建议是,顾及 90% 特定人群,排除上、下各 5% 人群。这常常称为从第 5 百分位到第 95 百分位设计。容纳太大百分比人群可能会非常费钱,因为在设计座椅或设备时如果打算容纳极端值,这可能涉及不成比例的费用支出。因此,有些人太胖,难以进入盥洗室门或使用应急逃生出口,某些人太矮而够不着顶部行李架,某些人太高,在进入飞机登机门时难免碰头。决定有多少人列入这个"弱势群体",则是设计过程中的基础决策。图 7 - 6 图解说明覆

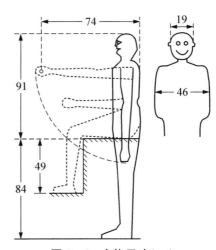

图 7 - 6　人体尺寸(cm)

盖 90%驾驶员和旅客的人体尺寸。这些尺寸用于座椅设计、驾驶舱设计和客舱设计。表 7-2 给出民用运输机旅客和行李的平均质量/重量推荐值。

表 7-2 旅客和行李质量/重量的推荐值

序号	旅客/行李	重量/lb	质量/kg
1	旅客	180	80
2	托运行李——经济舱	50	23
3	托运行李——头等舱	70	32
4	随身行李	30	14

7.5 驾驶舱设计

在有人驾驶的飞机上,必须设计驾驶舱,以使驾驶员能够通过驾驶舱操纵飞机。应将驾驶舱视为一个系统,其中的硬件、软件、人(即"人件")和环境作为其部件。驾驶舱是以人作为主体的工作场所,所以,设计者必须考虑其他部件与人的特性和极限的匹配。而且,某些实体限制将使工作艰难。例如,可以将协和号飞机由于空气动力学需求而形成的狭窄拥挤环境与 B747 飞机 148~191 cm 宽的驾驶舱进行对比。此外,设计者还可能面临商业压力,因为客舱空间可以出售,而驾驶舱和厨房空间则不能。

在驾驶舱设计过程中,必须确定下列参数:座椅几何尺寸、座椅自由空间、至驾驶杆/驾驶盘/侧杆的距离。驾驶杆移动距离、至脚蹬的距离、脚蹬移动范围、水平线下视界角、机头前下方视界角、侧向视界角、椅背角、至仪表板的距离、头顶高度和座椅后空间。

在驾驶舱设计之前,必须已知下列各项:①驾驶员人数;②机组人数;③驾驶员个人设备(飞行服、护目镜、头盔、弹射座椅、压力系统和降落伞);④驾驶员/机组舒适/难受程度;⑤驾驶员/机组任务;⑥操纵设备;⑦测量设备;⑧自动化水平;⑨外部约束。其中有些项目处于用户控制下,而其他一些项目必须符合适航标准。的确,这些项目都留给了驾驶舱设计者,而他/她却无法控制它们。下面各节将阐述如何确认/确定这些项目。

7.5.1 驾驶员/机组成员人数

既可依据用户订单需要,也可基于适航性要求/任务需求来确定驾驶员/机组成员人数。对于运输机,驾驶员/机组成员人数由 FAR 25[7] 规定;对于 GA 飞机,由 FAR23[7] 规定;对于军用飞机,由 MIL-STD[8] 规定。过去(如 20 世纪 50 年代),大型运输机往往配备一名正驾驶、一名副驾驶、一名飞行工程师、一名领航员和一名通信员。随着技术的进步,首先减去通信员。原先的 A310 设计采用 3 人机组,并设置一块横向仪表板,供第三位机组成员使用。大约到1979年,迫于航空公司管理的压力,要求降低成本,取消第三位机组成员,并对布局重新进行设计。

经过数年,依靠先进的航空电子设备(如 GPS)和计算机系统(硬件和软件包),省去了飞行工程师和领航工程师的工作。他们的职能分配给了航电系统和自动驾驶仪,它们完全能够胜任这些职能。取消飞行工程师曾在设计者、工会和驾驶员之间引起很大的争议。争论的焦点在于这一创新做法是否会造成飞机不安全。但是,设计者能够证明撤销飞行工程师,飞行是安全的。

大多数 GA 飞机(按 FAR23 合格审定),其至 GA 运输机,常常仅有一名驾驶员。然而大多数大型运输机(按 FAR25 合格审定)往往有一位正驾驶员和一位副驾驶员。FAR 老版本规定起飞重量大于 80 000 lb 的飞机在驾驶舱内配备一名飞行工程师。否则,在两人机组操作时,在繁忙区域,对于可能需要长时间低头操作而妨碍目视观察的活动(除仪表飞行外),需要加以限制。

在军用战斗机中,有配备两名飞行员的战斗机(如麦道 F-15 鹰,见图 3-12 和图 9-14),也有配备一名飞行员的飞机(如通用动力 F-16 战隼,图 4-6)。某些战斗机,如麦道 F/A 18 大黄蜂(见图 2-11、图 6-12 和图 12-27),具有两种机型:一种是单座(如 F/A-18A 和 F/A-18C),一种是双座(如 F/A-18B 和 F/A-18D)。战斗机飞行员的数量由一个特别委员会(由军方指挥官和飞机设计者组成)经过长时间分析后予以确定。然而教练机(如皮拉图斯 PC-21 超级巨嘴鸟,见图 5-44),顾名思义,为双座,一个座位给教员,一个座位给学员。

关于运输类飞机最小飞行机组要求,FAR§25.1523 条规定如下:

制订最小飞行机组时必须使其充分保证安全运行,要考虑到:

(a) 每一机组成员的工作负荷;
(b) 有关机组成员对必要操纵器件的可达性和操作简易性;
(c) 按 §25.1525 获核准的运行类别。

有关确定最小飞行机组的更详细的准则,在 FAR 25 部附录 D 中给出如下:

局方在依据 §25.1523 确认最小飞行机组时考虑以下因素:
(a) 基本职能工作负荷。要考虑下列基本职能工作负荷:
① 飞行航迹控制。
② 防撞。
③ 导航。
④ 通信。
⑤ 飞机发动机和系统的工作与监控。

⑥ 指挥决策。

（b）工作负荷因素。在进行工作负荷分析与演示验证以确认最小飞行机组时，下列被视为重要工作负荷因素：

① 所有飞行、动力和设备的必需操纵器件的操作可达性和简便程度，包括燃油应急切断阀、电气操纵器件、电子操纵器件、增压系统操纵器件和发动机操纵器件。

② 所有必需仪表和失效警告装置的可达性和醒目程度，诸如火警、电气系统故障以及其他失效或戒备指示器，并考虑这类仪表或装置指引适当纠正措施的能力。

③ 使用程序的数目、紧迫性和复杂性。特别要考虑因顾及重心、结构或其他适航性原因而被迫采用的特殊燃油管理计划，以及每一发动机始终依靠一个油箱或一个能从其他还有燃油的油箱自动得到补充的油源进行工作的能力。

④ 在正常运行中以及在诊断和处理故障与应急情况时，精神和体力的集中程度与持续时间。

⑤ 在航路中必须对燃油、液压、增压、电气、电子、除冰和其他系统进行监控的程度。

⑥ 机组成员必须离开其指定工作位置才能完成的工作，包括查看系统、应急操作任何操纵器件以及处理任何隔舱的应急情况。

⑦ 在飞机系统中所提供的自动化程度，即在发生失效或故障后系统能进行自动转接或故障隔离，从而在防止飞行操纵器件或其他重要系统丧失液压能源或电源方面，最大限度降低对于飞行机组行动的需求。

⑧ 通信和导航的工作负荷。

⑨ 因可能导致其他应急情况的任何应急情况而增加工作负荷的可能性。

⑩ 在适用营运规章要求至少为两名驾驶员最小飞行机组的任何时侯，一名飞行机组成员丧失工作能力。

（c）核准的运行类型。确定核准的运行类型时，要求考虑飞机运行所依据的营运规章。……

除正、副驾驶员外的其余机组成员人数是飞机任务和所采用设备数量的函数。例如某些军用飞机（如战斗机、侦察机或轰炸机），为确保飞机操纵和任务成功，可能需要某些技术人员来操作特定系统。这些是特殊情况，需要通过功能分析和考虑人为因素给予特别关注。B747-400（见图3-7、图3-12和图9-4）设置[9]两人机组驾驶舱，有两个观察员座椅，两个卧铺式机组休息室（从驾驶舱可达）。A310、A330（见图5-51）和A380（见图1-8）全都为两人机组驾驶舱。双发涡扇支线飞机EMB-145，有两名驾驶员、飞行观察员和客舱乘务员，容纳50名旅客。双发涡桨运输机EMB-120，由两位驾驶员驾驶，容纳30名旅客。喷气式公务机塞斯纳560奖状仅载客7～8人，驾驶舱也按两人机组设计。

7.5.2　驾驶员/机组任务

驾驶员/机组任务对驾驶舱设计有很大的影响。驾驶员的主要功能是操纵飞机并通过手和腿施加指令。但是依据任务的需求,要求驾驶员超越这项基本任务,执行从民用任务(如训练、旅游观光、娱乐和巡逻)到军事任务(如指挥、战斗、攻击、拦截和轰炸)。其中的每项任务,预计驾驶员将要执行正常驾驶之外的工作。这些任务必须采用专用设备,要求驾驶员对其给予特别的关注。这些任务(连同专用装置)和舒适程度(在下一节予以阐述)将形成驾驶舱构型。因此,在设计驾驶舱之前,必须仔细规定驾驶员的任务。

7.5.3　驾驶员/机组的舒适/艰苦程度

驾驶舱为飞行机组提供内部物理环境。影响驾驶舱设计的另一个参数是驾驶员和机组成员的舒适/艰苦程度。要求人在合理狭窄空间条件下有效发挥功能,驾驶舱空间、温度、压力、湿度和噪声是机组舒适程度的重要考虑因数。为机组提供的空间加上座椅的类型,是影响舒适/艰苦程度的主要驱动因素。舒适的飞行机组座椅是重要项目,因为要求 US 飞行机组在驾驶舱内系紧安全带度过他们的所有飞行时间(生理舒适或预定休息时间除外)。驾驶舱内驾驶员座椅与非驾驶员需求空间之间的竞争,使得折中处理成为必然。

在大多数民用任务中,必须规定舒适程度,而在大多数军用飞机上,需要限制艰苦范围。在民用飞机上,如灭火飞机,也应考虑艰苦程度问题。舒适或艰苦是飞机类型和任务的函数。很显然,在旅游观光飞机上的驾驶员,希望更舒适和休闲,而战斗机驾驶员预期以某种艰苦程度来执行任务。发动机噪声造成大多数战斗机和直升机驾驶员有耳疾,而在最新的喷气式运输机的驾驶员中似乎不存在这一问题。

影响舒适程度的另一个飞行变量是续航时间。最近斯蒂夫·福塞特驾驶缩尺复合材料公司的 311 型维珍大西洋环球飞行者号飞机(见图 6 - 12),从 2005 年 2 月 28 日到 2005 年 3 月 3 日,持续不着陆飞行 67 h。这个破纪录的任务非常艰难,因为需要驾驶员 3 天不睡觉。这次飞行打破了不着陆不空中加油最快环球一周的绝对世界纪录。然而并非每个人都能够忍受这种长时间飞行的艰苦。相比之下,缩尺复合材料公司的另一个产品旅行者号(见图 4 - 5),早在 19 年前(从 1986 年 12 月 14 日～23 日)曾飞过与此相同的任务。这 9 天的飞行由迪克·鲁坦和珍娜·依嘉驾驶。驾驶舱只设置一个驾驶员座位,第二位驾驶员必须在一个特殊的管形空间内躺着和睡觉。对同一个设计者设计的执行了相同任务的这两架飞机进行比较,表明环球飞行者号驾驶员的工作非常艰苦。而旅行者号的驾驶员在飞行中有机会(舒适)睡觉/休息。这就说明了为什么这两架飞机的驾驶舱有很大的不同。

B747 - 400 驾驶舱除了机长和副驾驶员的座位外,还有 3 个座位。这种远程飞机的驾驶舱有专门的机组休息区,其由两个卧铺组成,位于在驾驶舱后面的一个封闭区域内。在最现代化的飞机上,机组的座位可以实现水平和垂直调节,椅背可倾斜。按舒适程度进行调节。由于这个原因,因此运输机驾驶员座椅是非常舒服的,而战斗机飞行员座椅非常紧凑,也不舒服。因此,设计者必须使用相当大的判断力来达到最终的结果。

7.5.4　驾驶员个人设备

驾驶员如要安全和舒适地执行飞行,需要若干项个人设备。依据飞机类型、驾驶员任务、续航时间和飞行环境,所需设备范围从座椅和安全带到飞行服、护目镜、头戴耳机、头盔、弹射座椅、压力系统和降落伞。要求机组成员系紧在座椅上飞行数小时。在有驾驶杆和驾驶盘的飞机上,腿部活动空间有限,从而加重血液循环的困难。

悬挂滑翔机的驾驶员没有座椅,所以他/她不得不悬挂在机翼结构上。驾驶员舒适性打折扣的原因在于重量和滑翔需要。特轻型飞机和大多数家庭制造飞机的座椅都非常简单并易于设计,因为优先考虑重量和成本。由于各种军事需求、艰苦的飞行任务和严酷的环境,因此战斗机飞行员的座椅非常复杂并且非常重。如果驾驶舱噪声太大,则诸如直升机或某些涡桨飞机(如洛克希德C-130大力神,见图5-4),必须为机组成员配备耳机,以便与其他机组成员通话。

军用飞机设置弹射座椅,以备在飞机坠毁时逃生,而民用飞机不配备任何弹射座椅。由于战斗环境,因此战斗机飞行员必须配备专用飞行服,以应对高加速度(即过载g),比如在机动飞行时为$(9\sim12)g$。还应为他们配备专用护目镜来保护眼睛免受高空的阳光辐射。需要为战斗机飞行员提供个人压力系统,以便在高空能够正常呼吸,因为高空的空气压力非常低。压力系统可包括飞行员头盔。大多数军用飞机机组成员必须携带的另一项设备是降落伞。降落伞必须小心折叠或打包,以确保在应急情况下能够可靠地开伞。

就座时,身体重量的主要部分传递给座椅,有些重量还传递给地板、靠背和扶手。对于良好的座椅设计,重量传递之处是关键。未对适当的部位提供支撑时,长时间坐在座椅上,背部可能受到有害压力的作用,引起疼痛。需要对座椅设计的各方面进行优化,包括椅盆构型和椅背结构、扶手、头靠、腰靠和大腿支撑、垫衬特性和控制器件以及相关的硬件(如安全带、肩带和搁脚板)。

为了在飞行期间,使驾驶员有足够的舒适感,以便于执行所要求的任务,必须对座椅进行仔细设计。图7-7给出驾驶舱座椅的几何尺

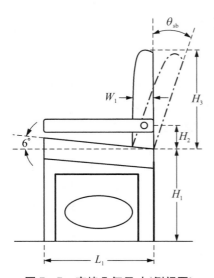

图7-7　座椅几何尺寸(侧视图)

寸。必须确定座椅参数,如椅垫角度、扶手高度、座椅高度、座椅长度、座椅宽度和椅垫厚度。建议椅背角(θ_{sb})为13°左右,然而椅背角已使用到30°(如F-16),使飞行员具有更好的承受过载的能力。对于现代战斗机,为减少机身直径和飞机阻力,已考虑直至60°的椅背角。

各种军用规范和设计手册(如参考文献[8],[10])提供了用于不同飞机座椅设计的详细要求。所有这些设备增加了驾驶员的体积和重量,因此驾驶舱必须进行相应的综合。

7.5.5 操纵设备

为使驾驶员能操纵飞机,他/她必须要移动操纵面和油门。在常规飞机上,通过驾驶杆(或驾驶盘,或侧杆)操纵升降舵和副翼,通过脚蹬操纵方向舵,通过发动机油门杆控制发动机。飞机上还有许多其他部件和装置,也必须由驾驶员操纵,如起落架和襟翼。驾驶员利用所有这些装置来控制飞机的速度、高度、姿态和航向。驾驶舱的设计必须使得所有这些操纵手柄、操纵杆和电门都伸手可及。

大多数GA飞机(如塞斯纳172,见图11-15)和军用战斗机(如通用动力F-16战隼,见图4-6),利用驾驶杆来操纵升降舵和副翼,而大多数中型和大型运输机(如B767,图5-4)采用驾驶盘。从人机工程学来看,空中客车工业公司的侧杆操纵器,替代其他大多数旅客机上可以看到的常规驾驶杆和驾驶盘,节省了相当大的驾驶舱空间。美国飞机制造商[①]在他们的电传操纵飞机上并未改用侧杆操纵器,因为从生理学考虑,希望与较早一代飞机保持高度共通性,还因为驾驶员手上不能充分感受来自侧杆的操纵力反馈。

FAR条款"§23.771驾驶舱"规定,驾驶舱及其设备必须可使每位驾驶员履行其职责而不会出现不合理的过度专心或疲劳。FAR条款"§23.773驾驶舱视界"规定,每一驾驶舱的布局必须确保足够宽广的、清晰的和不失真的视界,以使驾驶员能够安全地滑行、起飞、进近、着陆,并在飞机使用限制范围内执行任何机动飞行。FAR条款"§23.777驾驶舱操纵器件"规定,每一驾驶舱操纵器件的定位和标识,必须操作方便,并能防止混淆和误操作。操纵器件的定位和布局,必须使驾驶员坐着时能不受约束地移动每一操纵器件通过其全行程,既不会与他的衣服也不会与驾驶舱的结构产生干涉。

7.5.6 测量设备

除了操纵装置,驾驶员还需要测量和观察飞行参数,以确保成功飞行。利用各种航空电子仪表通过目视测量飞行变量。例如,对于运输类飞机,FAR条款"§25.1303飞行和导航仪表"规定如下:

---

① 西锐飞机公司最近已在其SR20和SR22飞机上,采用侧杆来缲纵副翼和升降舵。

（a）下列飞行和导航仪表的安装必须使其能从每一驾驶员工作位置都可看清：

（1）大气静温表，或可将其指示换算为大气静温的大气温度表。

（2）显示时、分、秒的带秒针或数字式时钟。

（3）航向指示器（无陀螺稳定的磁罗盘）。

（b）每一驾驶员工作位置必须安装下列飞行和导航仪表：

（1）空速指示器。如空速限制随高度变化时，该指示器必须有一个表明 V_{MO} 随高度变化的最大允许空速指示装置。

（2）高度表（灵敏型）。

（3）爬升率指示器（垂直速度）。

（4）带有侧滑指示器（转弯倾斜仪）的陀螺转弯仪，但装有在 360°俯仰和横滚姿态中均可工作的第三套姿态仪表系统的大型飞机，只要求有侧滑指示器。

（5）倾斜俯仰指示器（陀螺稳定的）。

（6）航向指示器（陀螺稳定的磁罗盘或非磁罗盘）。

（c）对下列飞行和导航仪表的要求如本款规定：

（1）对涡轮发动机飞机和 V_{MO}/M_{MO} 大于 $0.8V_{DF}/M_{DF}$ 或 $0.8V_D/M_D$ 的飞机，规定要有一个速度警告装置。只要速度超过 $V_{MO}+6\,\mathrm{kn}$ 或 $M_{MO}+0.01$，那么该速度警告装置就必须向驾驶员发出（与其他用途的音响警告有明显区别的）有效的音响警告。该警告装置的制造允差的上限不得超过规定的警告速度。

（2）对有压缩性限制而本条（b）（1）项要求的空速指示系统不另行向驾驶员指示（马赫数）的飞机，要求在每一驾驶员工作位置有马赫数表。

　　驾驶舱内通常所含重要仪表清单如下：空速指示器、高度表、转弯协调仪，坡度角指示器、垂直速度指示器，航向指示器、外界大气温度指示器、GPS、下滑道指示器、应答机、磁强计、发动机仪表（rpm、燃油、排气温度和涡轮进口温度）、罗盘、配电板、气象雷达和无线电。基本 T 形板构成现代飞行仪表板的核心，其板面布局图如图 7-8 所示。

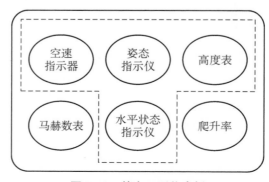

图 7-8　基本 T 形仪表板

对于采用两人机组的运输机,飞行操纵器件和仪表板必须复份设置,使驾驶员和副驾驶员两者都可单独操纵飞机。工作负荷定义见 FAR 25 部附录 D。

7.5.7 自动化程度

可能在相当大程度上改变驾驶舱设计的另一个问题是关于自动化程度的决策。全球航空市场的激烈竞争,正在迫使飞机制造商重新审视其设计和制造方法。为了竞争,飞机制造商需要以合理的成本制造多种新型飞机。这要求飞机系统具有灵活性(以容纳产品改型)并且经济上可行。计算机系统与航空电子设备领域的先进性,迫使驾驶舱设计者减少仪表的数量并减轻驾驶员的任务。

航空工业历来已实现某种程度的自动化。早先的自动驾驶仪应用可追溯到 20 世纪 30 年代的机翼水平器。现今,全自动的无人飞机(如全球鹰)能够成功地独立完成起飞、爬升、巡航、转弯、机动、下降和着陆。人工操纵和自动处理的平衡组合,增加了灵活性、降低了制造成本、改善了安全性,并具有高品质和高生产量。在 20 世纪 50 年代,一次飞行需要由一个 4 个机组成员构成的团队来操纵,而在 21 世纪,只需一位驾驶员执行,当然采用了各种计算机系统。所有现代运输机(如 B767)都配备了自动驾驶仪来操纵巡航段的飞行。这些自动驾驶仪通常执行任务,以保持飞行高度和马赫数为常值。图 7 - 9 分别对 4 种飞机的驾驶舱进行了比较,其中图(a)为 GA 飞机塞斯纳奖状,图(b)为民用运输机 B757,图(c)为欧飞航空 L - 13 摩托滑翔机,图(d)为 Extra EA - 300 双座特技飞机。

将 20 世纪 50 年代大型运输机(如 B707)与先进的超大型运输机(如 A380,见图 1 - 8)进行对比,明显看出驾驶舱内自动化水平大为提高。现时技术还将系统操纵器件显示在 LCD 面板上,可通过触摸屏进行操作。鉴于以上所述,只有考虑了导航和操纵过程的所有相关方面,并在成本、生产能力、品质和灵活性各方面都达到优化程度,驾驶舱自动化才可能达到最佳程度。随着自动化程度的提高,更多的机械仪表和测量显示器将纳入计算机屏幕或数字显示器内,简化了驾驶舱,因此使得驾驶舱设计变得更容易和更高效。

(a)

(b)

(c)

(d)

图 7 - 9　4 种民用运输机的驾驶舱

（a）塞斯纳奖状　（b）B757（经 A J 贝斯特允许）　（c）Aerotechnik L - 13（经米洛斯拉夫·斯特罗斯卡允许）　（d）Extra EA - 300（经米洛斯拉夫·斯特罗斯卡允许）

7.5.8 外部约束

即使驾驶舱设计者拥有关于人体尺寸的有效数据,但仍需面对许多外部约束,它们常常会在一定程度上限制设计者实现最佳驾驶舱设计目标。飞机的空气动力特性与机身横截面和机头形状存在一种基本关系。有时这些关系给驾驶舱设计者提出一个困难的工作框架,有碍于形成最佳的驾驶员工作场所。一个很好的实例是协和号飞机,由于空气动力的约束而带来一个狭窄和相对拥挤的环境(驾驶舱宽度约为 148 cm)。简直无法将协和号驾驶舱与宽度为 191 cm 的 B747(见图 3-7、图 3-12 和图 9-4)宽敞驾驶舱进行比较。此外,协和号飞机超声速巡航速度需求(Ma 2.2)对驾驶舱风挡设计构成严重限制。齐平表面是巡航飞行时所必需的,但导致最小的外部视界,为了在航站区进近和着陆时具有良好的视界,需要设置很复杂的机头下垂机构。

驾驶舱内观测员座椅,通常称为"折叠座椅",有时属于额外的需求。下列两种情况需要它们:①FAA 或航空公司观察飞行机组的能力;②机组个人搭乘。需要特别关注的其他外部约束包括结构完整性、运行需求、安保问题、坠机生存性、驾驶舱应急撤离以及维修注意事项。系统工程方法将驾驶舱设计视为一个应满足各种设计需求的复杂系统。最终的解决方案应是为产生最佳的设计而进行权衡研究的结果。

7.5.9 驾驶舱综合

至此,已经阐述了各种驾驶舱设计问题和需求。现时应创建最终计划,必须以最佳水准满足所有设计需求。驾驶舱详细设计涉及部件、组件和仪表的综合,一切按系统工程方法在各种功能学科的控制下进行。驾驶舱必须使机组成员能够方便地到位并在就座时执行所需的所有飞行任务。如果飞机机组成员多于一人时,必须仔细、明了和安全地在各机组成员之间分配飞行任务,以避免操作期间出现任何混乱。将飞行控制板布置在遮光罩上,既可使驾驶员够得着,又不妨碍驾驶员对仪表扫视观察,再则进行手动飞行操纵时,不需俯身于驾驶盘上探看仪表板。地面上和低速飞行时常常使用雨刷来除雨。

驾驶舱设计的核心基于人机工程学原理。仪表板定位不正确,可能导致颈部和眼睛疲劳,也可能导致座椅定位不正确,这会对人背部产生压力。当显示屏太远时,驾驶员不得不向前探身看个究竟。随着驾驶员年龄的增长越是如此。因为视力几乎不可避免地会随年龄增长而下降。如果驾驶员能够伸出其手臂并且指尖刚好触及屏幕,则座位处在正确位置。建议地板保持水平。

为保持手腕和手臂处于最佳位置,降低重复运动引起损伤的风险,驾驶杆应与就座时的肘部同高。正确的坐姿可减轻腰背部 20%～30% 压力。座椅深度应在 17～19 in 之间,并且应有良好的腰背部支撑。驾驶员身体定位应使背部贴靠座椅,臀部宽松。腿部定位影响座椅的整个定位,所以确保双腿在膝盖处弯曲大约 90°。这有助于减轻背部的压力。为了改善血液循环,活动是必不可少的,所以允许驾驶员就座时适度活动,并且每小时至少要站立和伸展腰腿一次。双脚应扎实地踏在地板上。确保脚垫的高度可使膝盖弯 90°。驾驶员必须能够调节座椅,使椅背处于直立位置,以便使其左眼和右眼之间的中点处于基准眼位。

巡航飞行以及起飞和着陆时驾驶员的内部和外部视界至关重要。为安全起见,尤其在着陆时,机头前下方视界至关重要,对于作战成功,这也是很重要的。军用标准[8]规定:对于运输机,机头前下方视界角为 17°,对于战斗机,机头前下方视界角为 10°~15°,对于串列座位构型的教练机,建议将教员通过学员座位的机头前下方视界角定为 5°~15°。对于民用运输机,希望机头前下方视界为 15°~25°,对于 GA 飞机,机头前下方视界为 10°~20° 是合适的。出于安全着陆考虑,要求着陆时的机头前下方视界比进近期间的多几度。因此,建议机头前下方视界角比飞机进近角约大 5°。机头侧下方视界(从 40° 到 90°)和上方视界对驾驶员发挥功能也起到重要作用。对于战斗机,非常期望上方并一直到飞机尾部的完整视界。

图 7-10 和图 7-11 图解说明所推荐的运输机和战斗机的驾驶舱设计。图 7-10 给出有关运输类飞机的座椅和驾驶杆(或驾驶盘)位置的通用原则,此时座椅布

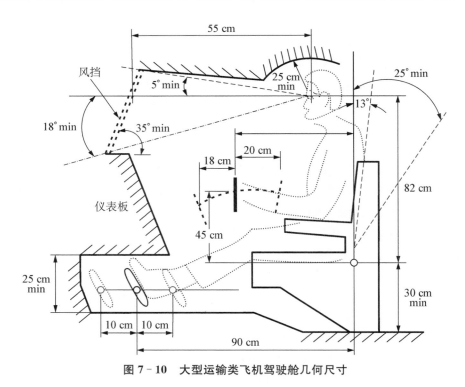

图 7-10 大型运输类飞机驾驶舱几何尺寸

局为并排形式。有关更多的细节,必须查阅参考文献[7](FAR§25.772)。图7-11
给出采用驾驶杆操纵的单座战斗机的座椅几何尺寸建议。GA驾驶舱针对市场上
的用户驾驶员范围进行设计。注意战斗机飞行员通常有抗荷服、头盔、降落伞和其
他设备。麦道F-15鹰驾驶舱图片如图7-12所示。

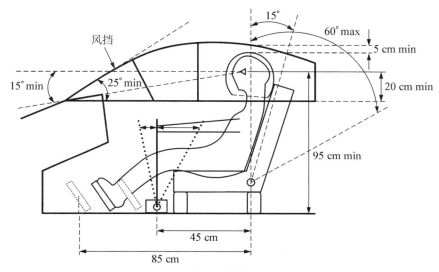

图7-11　战斗机驾驶舱几何尺寸

图7-12　麦道F-15鹰的驾驶舱

7.6　客舱设计

当飞机为航线客机或用于运送旅客时,客舱必须作为机身的一部分来设计。客
舱设计时必须考虑各种需求,包括市场、经济和适航规章。当客舱容量增大时,机身

容量也增大,这是不希望的结果。旅客数是仅有的主要已知参数,客舱设计者必须由此开始。然而第一步是确定每排的座位数(n_s)。最佳机身长径比$(L_f/D_f)_{opt}$或长细比是基础变量,必须用系统工程方法予以确定。第 7.8 节给出计算最佳长径比的方法。

与旅客关联最多的客舱硬件是座椅。尽管旅客是基于舒适程度来评估运输机的客舱,但还有许多必须满足的最低需求。客舱舒适性主要取决于下列因素:

(1) 座椅可调节性和腿部可用空间。所希望的是,每一旅客座椅都能够前后移动、旋转和椅背倾斜;

(2) 可用于活动的空间,包括过道;

(3) 盥洗室、洗手间和休闲点的数目;

(4) 乘务员的服务(饮料、膳食和零食);

(5) 空调和增压;

(6) 内部装饰设计,包括照明(例如窗)、声音(或噪声)和娱乐;

(7) 手提行李舱;

(8) 乘务员人数。

客舱设计者必须将上述 8 个因素纳入旅客舱设计,以适应各种类型的旅客。将旅客分为 4 组,定义如下:①非常重要旅客(VIP);②头等舱;③公务舱;④旅行舱或经济舱。对于 VIP 旅客,考虑最高舒适程度,但是对于经济舱,考虑最低舒适程度。事实上,VIP 本人(如总统、政府首脑)都有自己的专机。VIP 旅客不仅需要特定的座椅,而且他们也有各种特殊需要,以至于常常需要设计客户化客舱。按照座椅定位,通常将客舱的前几排设为头等舱,然后是几排公务舱座椅,最后部位安排经济舱座位。

常常考虑将机翼上方座位作为经济舱座位,因为旅客视界受到机翼的阻挡。此外,由于如下三个原因,将后面几排座位设为经济舱:①经济舱旅客需要走较长距离才达到他们的座位;②后部座位的舱内温度常常比前舱温度高好几度;③由于发动机排气气流的影响,后部座位噪声常常比较大。然而由于舒适性是飞机起伏的函数,如果飞机遇到阵风,越靠近飞机重心,上下颠簸越小。由于大气是动态系统,并且飞机航路的途中总是会有阵风,阵风通常迫使飞机在第一大气层内震荡。对于在 36 000 ft 以上高度巡航(这是大多数喷气式运输机的情况)的飞机,通常不会出现这一现象。

B757(见图 8-1)具有多种布局,在其 178 座构型中,头等舱为 16 座,经济舱为 162 座。在 B737-800 飞机上,前 3 排每排 4 座的座位为头等舱,其余 25 排(每排 6 座)用于经济舱。A340-600 飞机,这是 A340(见图 8-6)的最大变型,按标准的 380 座 3 级构型设计(头等舱 12 座,公务舱 54 座,经济舱为 314 座)。B777-300ER 型飞机有 22 座头等舱,70 座公务舱和 273 座经济舱。

除了每排座椅数外,还应确定如下参数:座椅排拒(P_s),座椅宽度(W_s),过道净空高度,过道宽度(W_A)。座椅排拒定义为一个座椅椅背与下一排座椅椅背之间的距离(侧视图)。每排 6 座的客舱参数如图 7-13 所示。RAR 25 给出客舱各方面的规定。例如,§25.817 限制过道每侧的座位数为 3 座以及允许的最小过道宽度。因此,对于每排座位数大于 6 座的飞机,需要设置两条过道。

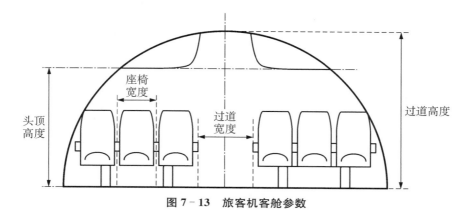

图 7 - 13 旅客机客舱参数

FAR§25.815 对过道宽度提出如下要求:座椅之间的旅客过道宽度在任何一处均不得小于表 7 - 3 中所列之值。

表 7 - 3 **FAR 25 有关运输类飞机的过道宽度要求**

客座量	旅客过道最小宽度/in	
	距地板高度小于 25 in	距地板高度 25 in 及其以上
10 或以下	12	15
11~19	12	20
20 或以上	15	20

在通过局方认为必要的试验证实后,更窄的宽度可获批准,但不得小于 9 in。

表 7 - 4 针对 GA 飞机和运输类飞机给出某些客舱尺寸的建议值(基于参考文件[7]、[11])。油价和经济性考量,外加航空公司之间的竞争,迫使航空公司减小经济舱的座椅排距和座椅宽度。为了生存和赢利,航空公司还减少托运行李和随身行李的数量。参考文件[11]提供驾驶舱和客舱设计的有用资源。

50 座双发涡扇支线飞机,每排 3 座,座椅排距为 79 cm,过道宽度为 43.2 cm,头顶高度为 146 cm,座椅宽度为 44 cm。B757 飞机的混合级布局中,头等舱座椅为每排 4 座,排距为 96.5 cm,而旅行级座椅排距为 81 或 86 cm,主要是每排 6 座。典型的 B747 - 400 为 421 座,采用 3 级客舱布局,上层舱为公务舱 42 座,前舱为头等舱 24 座,中舱为公务舱 29 座,主客舱后部为经济舱 326 座。A340 飞机(见图 8 - 7),客座数为 295~335,通常,头等舱为每排 6 座,公务舱为每排 6 座,经济舱为每排 8 座,全都为双过道。图 7 - 14 给出这 4 种运输机的客舱座椅布局图。

表 7 - 4 推荐的客舱数据 （cm）

序号	客舱参数	GA 飞机	运输机		头等舱
			经济舱		
			高密度	旅行级	
1	座椅宽度（W_s）	38～43	42～62	48～55	60～75
2	座椅排距（P_s）	55～65	65～72	75～86	92～104
3	头顶高度	120～130	150～160	160～170	170～185
4	过道宽度（W_A）	35～40	40～50	43～53	60～70
5	椅背角度/（°）	10～13	13～17	15～20	20～30

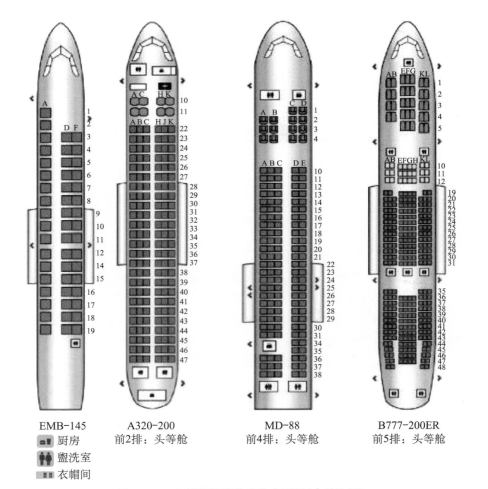

EMB-145

A320-200
前2排：头等舱

MD-88
前4排：头等舱

B777-200ER
前5排：头等舱

🍴🍴 厨房
🚻 盥洗室
衣帽间

图 7 - 14 多架运输机的座位布局图（未按比例）

（经 www.seatplans.com 允许）

喷气式公务机塞斯纳 560 奖状 V，载客 7～8 人，具有用户定制的内部装饰。客舱布局图中包括供 7 位旅客就座的标准座椅，其中 3 个座椅面朝前，其余 4 个座椅成俱乐部式布局，或 8 个座椅成两个俱乐部式布局，采用可旋转和可向前/后/内调节的滑轨底座座椅。茶点中心位于前舱区域，盥洗室/化妆中心装有向后滑动的移门，除位于机头和后机身的外部行李舱外，客舱后段空间可存放 272 kg 行李。

为旅客服务的乘务员人数，登机门数，应急出口、厨房、窗、厕所和衣帽间是需要确定的其他项目。必须查阅参考文献（如[1]，[7]，[10]），以确定最低需求。对于不超过 80 名旅客的飞机，一扇门通常足够，而对于多达 200 名旅客的飞机，建议采用两扇门。建议窗距与座椅排距匹配，为每排座位提供两个窗户（每侧一个）。

基于 FAR§125.269 的规定，对于旅客数超过 100 人的飞机，需要 2 名乘务员，超过 100 座后每 50 名旅客需要再增一名乘务员。B757‑300 有 5～7 名客舱乘务员，为 289 位旅客服务，而 B777‑300 飞机，有 16 位乘务员为 550 位旅客服务。

基于 FAR§23.783 的规定，每一封闭的客舱必须至少有一扇合适的并易于从外部接近的舱门。在 B757 飞机（见图 8‑16）上，有两种客舱门构型可选用，一种是每侧 3 扇旅客登机门和两个上翼面应急出口，另一种则是每侧 4 扇门。所有型号都有一个厨房位于标准一侧的前面，另一个厨房位于后部，一个盥洗室位于左侧前部，另 3 个在后部，或者两个在后部或中部。在头等舱的前部以及 214/220 旅客内饰处还设有一个衣帽间。

按条款§23.841 的规定，如果需要申请在 25 000 ft 以上高度运行的合格审定，那么在飞机增压系统发生任何可能的失效或失灵情况后，飞机必须能够维持不超过 15 000 ft 的座舱压力高度。§25.813 和§25.807 条涉及飞机的应急出口，条款规定每一所需的应急出口都必须是旅客可到达的，并且所处位置应提供有效的撤离措施。B747‑400 上层舱有两个模块化盥洗室，并有 14 个在主舱，一个基本构型厨房在上层舱，7 个在主舱中心线，2 个在主舱侧面。若干运输机的经济舱每排座位数[9]如表 7‑5 所示。

表 7‑5 若干运输机经济舱内每排座位数

序号	飞机	起飞质量/kg	客舱宽度/m	总旅客数/人	每排座位数/个
1	费尔柴尔德 麦德龙 23	7 484	1.57	19	1+1
2	塞斯纳 750 奖状 X	16 011	1.7	12	1+1
3	冲 8‑300	19 500	2.51	50	2+2
4	恩博威 EMB‑145	19 200	2.28	50	1+2
5	福克 100	43 090	3.1	107	2+3
6	麦道 MD‑88	67 800	3.35	172	3+2
7	B747‑400	394 625	6.13	421	3+4+3
8	B737‑800	78 244	3.53	189	3+3

（续表）

序号	飞机	起飞质量/kg	客舱宽度/m	总旅客数/人	每排座位数/个
9	B777 - 200	299 370	6.20	440	2+5+2
10	A330 - 300	235 000	5.64	440	2+4+2
11	A320 - 200	78 000	3.7	180	3+3
12	A380	569 000	主舱 6.58 上层舱 5.92	525～853	上层舱 2+3+2 主舱 3+4+3

为向旅客提供舒适和无缝旅游体验，并改善机载效率，由航空公司制定随身携带行李政策。一位旅客可携带一个包和一个私人物件，所有物品必须容易地放置到顶部行李箱或座位下。经批准的个人随身携带物件包括：一个手提包、公文包、相机包或尿布包，或一台笔记本电脑，或与上面所列物件尺寸相似或较小的物件。其他经批准的随身携带物件通常包括夹克衫或伞、登机安检后购买的食物或饮料、免税商品、特殊物品（如折叠式婴儿车、儿童安全座椅）或辅助器具（如轮椅或拐杖）。尺寸要求通常如下：随身行李长宽高之和不得超过 115 cm（约为 56 cm×36 cm×23 cm）。所以，在客舱内必须提供必要的贮存区域（例如顶部行李箱）。

机身横截面通常为圆形，客舱地板通常为平板。因此正常巡航飞行时客舱地板保持水平，便于餐车向旅客提供食品和饮料。

当客舱内部布局（如经济舱座位数和每排座位数）决定之后，选择客舱几何尺寸（如座椅宽度、座椅排距），需要计算客舱宽度和长度（见图 7 - 15）。通常用座椅排数乘以座椅排距（P），确定客舱的长度，即

$$L_C = \sum_{i=1}^{3} \sum n_{r_i} \cdot P_{S_i} \tag{7-1}$$

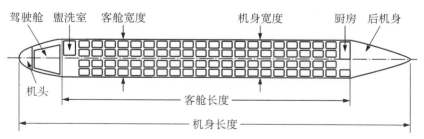

图 7 - 15　客舱宽度和客舱长度（俯视图）

求和符号（$\sum$）包含 3 种形式的座椅（$i = 1$，代表经济舱，$i = 2$，代表公务舱，$i = 3$，代表头等舱）。然后，对此数值进行修订，以包括所有厨房和盥洗室。

用每排座椅数（n_S）乘以座椅宽度（W_S），加上过道数（n_A）乘以过道宽度（W_A），

确定客舱的宽度,即

$$W_C = n_S \cdot W_s + n_A \cdot W_A \tag{7-2}$$

利用客舱横截面尺寸,加上壁厚,确定机身外部宽度 D_f(如果是圆形截面,则是直径)。将客舱长度、驾驶舱长度、机头段长度和后机身长度相加,确定机身总长度(L_f)。图 7-15 示出一架 80 座运输机的客舱和机身布局。图 7-16 给出两种运输机的客舱布局。

(a)

(b)

图 7-16 两种运输机的客舱

(a) 塞斯纳奖状 (b) B777(经 Toshi Aoki 允许)

运输机客舱需要容纳各种设备和物件以满足人们的日常需要并提供旅客的舒适性。在客舱设计时,必须考虑厨房和烹饪器具(如灶具、烤箱、咖啡壶、热水器、冷水器和冰箱)以及盥洗室。"憋尿问题"表明,对于续航时间超过 3 小时而无厕所的单发小飞机而言,设计是不正确的。原因很简单,人需要上厕所。FAR 条例有很多部,包括 25 部,都提出这些要求。

7.7 货舱设计

在运输类飞机上,无论是旅客机,或是纯货机,机身大段必须划分出货舱/行李舱。机身必须设计成有足够的容积来容纳货物/行李。当今,飞机运载各种体积和外形的货物。现在飞机运送各种物件,从邮件到蔬菜、工业品、军事设备和航天飞机。因此,货物从体积到密度呈现出品种广泛的特点。货舱设计基于有待运载货物的尺寸和重量的详细数据。这些数据由潜在的航空公司或用户提供。

大多数航空公司规定,一名旅客最多可托运 2 件行李。托运行李的重量不得超过 70 lb(32 kg),行李的长宽高相加的组合尺寸不得超过 62 in(158 cm)。然而对于超大或超重行李,在支付附加费用后也可托运。由于高航油成本和竞争,这一典型的政策也在不断变化。例如,大多数国内航班的行李重量上限减少到 50 lb。必须考虑在机身内安排具有足够空间的货舱(通常在地板下)来携带所有的托运行李。旅客行李的总体积(V_c)基本上等于旅行人数(n_t)乘以每位旅行者总的行李体积(V_b):

$$V_c = n_t \cdot V_b \tag{7-3}$$

注意,旅行者总人数包括旅客、乘务员和驾驶员。基于组合尺寸 158 cm,每件正规行李的典型体积近似地为

$$V_b = \frac{158 \text{ cm}}{3} \cdot \frac{158 \text{ cm}}{3} \cdot \frac{158 \text{ cm}}{3} = 146\,085.6 \text{ cm}^3 = 0.146 \text{ m}^3 \tag{7-4}$$

这是民用运输机每位旅客的平均行李体积。

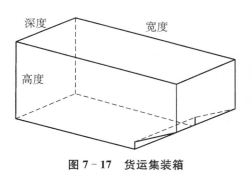

深度 宽度

高度

图 7-17 货运集装箱

为了以安全方式携带货物和旅客行李,并防止物件在飞行中移动,大型旅客机采用货物集装箱(见图 7-17)和货盘,在每一集装箱和货盘内,放置若干件旅客行李并系紧。这样,可使大量的货物装入单一运具内进行装载。由此仅需装载几个集装箱,节省装货员的时间和精力,并有助于防止航班延误。当前,最普遍使用的货运集装箱尺寸如表 7-6 所示。尽管有些公司确实在定制集装箱,然而这些已由 IATA 设计作为航空货运集装箱的标准。集装箱有自己的 LD 编号。大多数集装箱为矩形或规定的形状。集装箱带有锥度,以使其可与机身圆形

横截面相配,如图 7 - 18 所示。

表 7 - 6　最普遍使用的货运集装箱和货盘

编号	集装箱	宽度/in	高度/in	深度/in	容积/ft³	最大载重/lb
1	LD1	92	64	60	173	3 500
2	LD2	61.5	64	47	120	2 700
3	LD3	79	64	60.4	159	3 500
4	LD4	96	64	60.4	—	5 400
5	LD5	125	64	60.4	—	7 000
6	LD6	160	64	60.4	316	7 000
7	LD7[①]	125	64	80	381	13 300
8	LD8	125	64	60.4	243	5 400
9	LD9	125	64	80	—	13 300
10	LD10	125	64	60.4	—	7 000(矩形)
11	LD11	125	64	60.4	253	7 000(特性)
12	LD29	186	64	88	—	13 300

① LD7 有两个货盘变型(1 型和 2 型)。

图 7 - 18　A300 飞机机身横截面(维基百科)

B767 - 200 飞机地板下的货舱通常最多可容纳 22 个 LD2 或 11 个 LD1 型集装箱;B767 - 300 飞机可容纳 30 个 LD2 或 15 个 LD1 型集装箱;B767 - 200 飞机内可容纳 3 个 2 型货盘;B767 - 300 飞机可容纳 4 个。B747 - 400 飞机货舱可容纳最多 32 个 LD1 型集装箱,或 5 个货盘和 14 个 LD1 型集装箱。

A300-600 飞机可容纳 41 个 LD3 型集装箱和 25 个货盘,而 A380 飞机可容纳 38 个 LD3 型集装箱和 13 个货盘。示例 7-1 给出确定大型民用运输机的货舱容积和集装箱数量的方法。

示例 7.1

问题陈述 设计一架载客 200 人的喷气式运输机。

(1) 确定货舱容积,以便携带旅行者的行李。

(2) 飞机使用 LD1 集装箱。需要采用多少个集装箱?

解 (1) 货舱容积。由于这是一架运输机,必须遵循 FAR 25 部。FAR§25.1523 和附录 D 规定运输机最小飞行机组为 2 人,所以选择驾驶员和副驾驶员。此外,根据 FAR§125.269,这架飞机需要 4 名(2+2)乘务员。因而总共有 206(200+2+4)人可以携带行李。假设允许每一旅行者携带两件行李,所以应认定托运行李总数为 206×2 = 412 件。因此,求得货舱总容积如下:

$$V_C = n_t \cdot V_b = 412 \cdot 0.146 = 60.187 \text{ m}^3 \tag{7-3}$$

机身必须提供此容积。

(2) 集装箱数量。每一 LD1 集装箱的容积为 173 ft³ 或 4.899 m³。

$$n = \frac{60.187 \text{ m}^3}{4.899 \text{ m}^3} = 12.28$$

因而飞机需要携带 13 个 LD1 型集装箱。

小型运输机不使用集装箱或货盘,但往往配备专用货舱。所要求的货舱容积是旅客人数和所运送货物类型的函数。军用运输机(如洛克希德 C-130 大力神(见图 5-4),洛克希德 C-5 银河和麦道 C-17 环球霸王(见图 9-9))的货舱取决于指定的军事物资,有些货物可能是超大型的,诸如坦克和大型卡车。

货运飞机要求容纳货运人员。装卸长的人数是货物类型和装货/卸货需求的函数。指定装货和卸货任务的同时,也就确定了人数。货舱必须要有货物装卸系统,包括滑轨和滚轮、起重机和装卸跳板之类的设备。装卸长在飞行过程中需要有专用工作位置,以便就座和休息。可考虑将他们的座位安置在驾驶舱或货舱内。然而工作位置要有带空调的增压系统。

军用运输机 C-17 环球霸王Ⅲ(见图 9-9),在驾驶舱内并排设有正驾驶员和副驾驶员座位,还有两个观察员的位置,而装卸长的工作位置设置在主舱的前端。设有通达驾驶舱的通道,通过前机身下部左侧向下开启的登机梯门可达驾驶舱。机组的卧铺紧靠在驾驶舱区域的后部,机组厕所设置在货舱的前端。主货舱能够容纳轮式或履带式车辆,最大为 M1 坦克,包括 5T 可扩展的货车,成两排,或最多 3 架 AH-64 阿帕奇直升机。

大型运输机上,货舱的最佳位置之一是客舱地板下。如果客舱设计成圆形横截面,货舱最大可用空间为

$$V_{\text{bottom}} = \frac{1}{2}\left(\pi \frac{W_{\text{C}}^2}{4} L_{\text{C}}\right) \qquad (7-4a)$$

请注意,实际上这一空间并非全都可用于装货和行李。原因是考虑到机身可能要容纳一些其他部件,如机翼翼盒、燃油箱和起落架。因此,在这一空间不足以容纳全部货物的情况下,可延长机身后段,以提供更多的空间。

7.8　最佳长径比

机身设计的两个主要参数是机身长度(L_{f})和最大直径(D_{f})。这两个机身参数产生机身容积、浸润面积和重量。可以基于众多设计需求确定机身最佳的机身长度与机身直径之比(即长径比或长细比)。设计目标将是确定机身长径比,以使得:

(1) 形成最小零升阻力;

(2) 形成最小浸润面积;

(3) 得到最轻的机身;

(4) 具有最大内部容积;

(5) 产生最小质量惯性矩;

(6) 对飞机稳定性贡献最大;

(7) 要求最低制造成本。

第(1)和第(2)个目标涉及飞机性能需求;第(3)个目标针对重量需求;第(4)个目标满足运行需求;第(5)个目标的用意在于可操纵性需求;而第(6)个目标满足稳定性需求;最后一个目标是为了制造机身的成本最低。依据飞机的任务和设计优先权,其中有一项目标将成为最重要的。

机身长度应能够为水平尾翼和垂直尾翼提供足够的尾力臂。关于如何确定机身长度以形成飞机最小浸润面积的问题,已在第 6 章做过讨论。例如,对于货运飞机,在机身设计中,机身内部容积最大应是最希望的目标。对于第(2)到第(6)项目标,期待设计者形成一个公式,以数学方法表达机身长度和直径方面的需求。然后,将此公式对机身长度或直径求导并将结果设定为零,最终的解给出最佳机身长度和直径。本节将阐述确定机身长径比以产生最低机身零升阻力的方法。

7.8.1　按最小 f_{LD} 确定最佳长径比

机身阻力与机身长径比成比例关系,因为机身零升阻力系数由如下表达式

给出[12]:

$$C_{D_{o\_f}} = C_f f_{LD} f_M \frac{S_{wet_f}}{S_{ref}} \tag{7-5}$$

式中: C_f 是蒙皮摩擦系数; f_M 是飞机速度的函数; S_{ref} 是机翼参考面积; S_{wet_f} 是机身浸润面积。式(7-5)中的第 2 个参数(f_{LD})是机身长径比的函数。对于亚声速飞机,将 f_{LD} 定义为[12]

$$f_{LD} = 1 + \frac{60}{(L/D)^3} + 0.002\,5\left(\frac{L}{D}\right) \tag{7-6}$$

式中: L 是机身长度; D 是机身最大直径。这一函数(f_{LD})随长径比变化的曲线如图 7-19 所示,该图清楚地表示该函数具有最小值。为确定这一函数(f_{LD})的最小值,将此函数对长径比求导并将结果设定为零,则有

$$\frac{\mathrm{d}f_{LD}}{\mathrm{d}(L/D)} = 0 \Rightarrow \frac{-180}{(L/D)^4} + 0.002\,5 = 0 \Rightarrow (L/D)^4 = 72\,000 \tag{7-7}$$

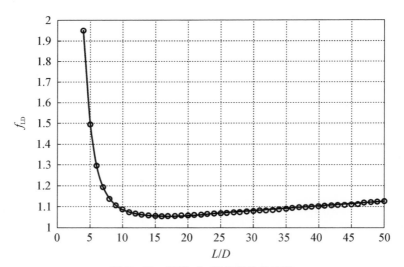

图 7-19 函数 f_{LD} 随长径比的变化

求解此方程,得到长径比的最佳值如下:

$$(L/D)_{opt} = 16.3 \tag{7-8}$$

这表明,当机身长度为机身最大直径的 16.3 倍时,机身产生最低的零升阻力。因此,如果目的是使机身零升阻力最小,则将机身长度设定为机身直径的 16.3 倍。

影响机身阻力的另一个参数是机身浸润面积(S_{wet_f})。将此参数代入式(7-5)

时,结果将不同:

$$C_{D_{o\_f}} = C_f f_{LD} f_M \frac{S_{wet_f}}{S_{ref}} = K_1 \left[1 + \frac{60}{(L/D)^3} + 0.0025\left(\frac{L}{D}\right) \right]\left(\frac{L}{D}\right) \quad (7-5a)$$

式中:K_1 是常数,并且不影响最佳值。将此函数对 L/D 求导,得到如下解:

$$(L/D)_{opt} = 5.1 \quad (7-8a)$$

此机身长径比的最佳值并不适用于所有飞机构型。因为该最佳值并未计及整个飞机的浸润面积(例如,此最佳值要求较大的尾翼),建议对机身和尾翼组合体采用微分方法,并为飞机构型确定一个特定值。

对于超声速飞机,此方法导致较大的长径比。表 7-7 给出若干飞机的机身长径比。请注意,大多数飞机并未遵循式(7-8)所给出的最佳比值。原因是尽管该比值产生最低零升阻力,但并未得到上述 7 个目标(如重量、成本和可操纵性)的最佳组合。

表 7-7 若干飞机的机身长径比

序号	飞机	类型	发动机	起飞重量/kg	L_f/D_f
1	兰斯 F337 超级空中大师	实用类	双发活塞	2 000	3.2
2	塞斯纳 208	轻型 GA	活塞	3 645	6.8
3	塞斯纳 奖状Ⅲ	GA 轻型运输机	双发涡扇	9 979	8
4	皮拉图斯 PC-7	教练机	涡桨	2 700	7
5	BAE ATP	运输机	双发涡桨	12 430	9.6
6	斯泰默 S-10	摩托滑翔机	活塞	850	8.4
7	ATR 52C	货机	双发涡桨	22 000	9
8	爆竹	教练机	涡桨	1 830	7.2
9	恩博威 啄木鸟	教练机	涡桨	2 250	7.5
10	道尼尔 328	运输机	双发涡桨	11 000	7.5
11	费尔柴尔德麦德龙Ⅵ	运输机	双发涡扇	7 711	10.7
12	福克 100	航线客机	双发涡扇	23 090	9.85
13	B737-200	航线客机	双发涡扇	52 400	8.2
14	B747-400	航线客机	4 发涡扇	394 625	10.5
15	B757-200	航线客机	双发涡扇	133 395	12
16	波音 E-3 望楼	中继通信机	4 发涡扇	147 417	11.6
17	A330	航线客机	双发涡扇	230 000	11.4
18	苏霍伊 苏-27	战斗机	双发涡扇	25 000	10.3
19	F-16 战隼	战斗机	单发涡扇	27 000	9.5
20	协和号	超声速运输机	4 发涡喷	141 200	23

在一架运输机上,如要确定机身外径,还需在客舱宽度值上加上机身的壁厚(T_W)(两侧),其约为 4～10 cm。

$$D_f = W_C + 2T_W \tag{7-9}$$

同样,对于常规布局机身,机身长度(L_f)由客舱长度(L_C)、驾驶舱长度(L_{CP})、机头段长度(L_N)和后段长度(L_R)之和确定:

$$L_f = L_C + L_{CP} + L_N + L_R \tag{7-10}$$

对于增压座舱(即机身),建议采用圆形截面,使环向应力最小。对于非圆形机身横截面,通过假设横截面为圆形,计算当量直径:

$$D_{equ} = \sqrt{\frac{4A_{cross}}{\pi}} \tag{7-11}$$

如果机身的增压段限于驾驶舱,则圆形、椭圆形或卵形截面都是可行的。要求飞机在 18 000 ft 以上高度飞行时,必须为旅客和飞行机组设计增压系统,以提供具有海平面压力和温度的空气。对于旅客机,这意味着整个客舱和驾驶舱必须增压。还建议考虑为行李/货物舱设置增压系统,因为有时候有效载荷包括宠物和活体动物。在大多数运输机上,机身分为 3 段:①非增压机头段,②带增压的驾驶舱和客舱,③非增压尾段。示例 7.2 给出产生零升阻力的客舱设计。

示例 7.2

　　问题陈述　为一架载客 156 人和 4 名乘务员的飞机按 f_{LD} 设计客舱,使零升阻力最低。机头段的长度(包括驾驶舱)是 3 m,机身后段长度是 4 m。要求确定客舱长度、客舱直径和每排座位数。假设客舱每侧壁厚为 4 cm。图 7-20 为机身俯视图。忽略厨房和盥洗室,并假设所有座椅为经济级(旅行级)。

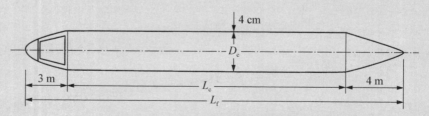

图 7-20　示例 7.2 中的机身俯视图

　　解　按式(7-8),建立最低零升阻力的最佳机身长径比为 13.6。因此,每排座位数和排数必须满足此要求。总的座位数为 160。使用式(7-1)和式(7-2),确定客舱长度和客舱宽度。

$$L_C = \sum_{i=1}^{3} \sum n_{r_i} P_{s_i} \qquad (7-1)$$

$$W_C = n_S W_S + n_A W_A \qquad (7-2)$$

经济级的座位排距、座位宽度和过道宽度从表 7-4 中查得如下：

- $W_S = 45\ \text{cm}$；
- $P_S = 80\ \text{cm}$；
- $W_A = 45\ \text{cm}$。

通常,合理的备选方案如下：

(1) 单座,160 排(加一条过道)；

(2) 双座,80 排(160/2)(加 1 条过道)；

(3) 3 座,54 排(160/3)(加 1 条过道)；

(4) 4 座,40 排(160/4)(加 1 条过道)；

(5) 5 座,32 排(160/5)(加 1 条过道)；

(6) 5 座,32 排(160/5)(加 2 条过道)；

(7) 6 座,27 排(160/6)(加 1 条过道)；

(8) 6 座,27 排(160/6)(加 2 条过道)。

现在,使用式(7-9)和式(7-10),按照这些座椅布局的备选方案(每排座位数),确定每种情况的机身长径比。例如,对选项(6)的计算如下：

$$L_C = \sum_{i=1}^{3} \sum n_{r_i} P_{s_i} = 32 \cdot 80\ \text{cm} = 25.6\ \text{m} \qquad (7-1)$$

$$W_C = n_S W_S + n_A W_A = (5 \cdot 45) + (2 \cdot 45) = 3.15\ \text{m} \qquad (7-2)$$

$$D_f = W_C + 2T_W = 3.15 + (2 \cdot 0.04) = 3.23\ \text{m} \qquad (7-9)$$

$$L_f = L_C + L_{CP} + L_N + L_R = 25.6 + 3 + 4 = 32.6\ \text{m} \qquad (7-10)$$

因此,机身长径比为

$$\frac{L_f}{D_f} = \frac{32.6}{3.23} = 10.093$$

按照类似方法,对所有的其他 7 个备选方案进行计算。结果如表 7-8 所示。

按表 7-8 所示,备选方案(4)产生的机身长径比(即 16.74)最接近于最佳机身长径比(即 16.3)。因此决定机身为每排 4 座和一条过道,过道每侧各 2 座。每排 4 座,共 40 排,总数为 160 座,如图 7.21 所示。值得注意的是,选项(5)产生最小机身浸润面积。因此,选项(5)也是有希望的。

表 7-8 示例 7-2 中座椅布局备选方案

序号	排数	每排座位数	过道	W_c/m	L_c/m	D_f/m	L_f/m	L_f/D_f
1	160	1	1	0.9	128	0.98	135	137.7
2	80	2(1+1)	1	1.35	64	1.43	71	49.6
3	54	3(2+1)	1	1.8	43.2	1.88	50.2	26.7
4	**40**	**4(2+2)**	**1**	**2.25**	**32**	**2.33**	**39**	**16.74**
5	32	5(2+3)	1	2.7	25.6	27.8	32.6	11.7
6	32	5(2+1+2)	2	3.15	25.6	3.23	32.6	10.1
7	27	6(3+3)	1	3.15	21.6	3.23	28.6	8.8
8	27	6(2+2+2)	2	3.6	21.6	3.68	28.6	7.77

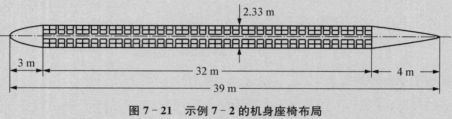

图 7-21　示例 7-2 的机身座椅布局

7.8.2　按最小机身浸润面积确定最佳长径比

机身零升阻力系数(式 7-5)中的另一个独立变量是机身浸润面积(S_{wet_f})。此面积是机身几何形状的函数。图 7-22 给出一个有关运输机的示例,所推荐的机头段长径比为 1.5,机身后段的长径比为 12。本节将探讨纯圆柱形机身的最佳长径比。希望有兴趣的读者对其他几何形状的机身进行研究。问题陈述是确定机身长径比,并针对容积恒定(由于座椅数和货物为常数)的圆柱形机身,给出最小浸润(表面)面积。对于半径为 r,长度为 L 的圆柱,其容积为

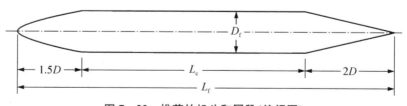

图 7-22　推荐的机头和尾段(俯视图)

$$V = \pi r^2 L \qquad (7-12)$$

所以,机身长度为

$$L = \frac{V}{\pi r^2} \qquad (7-13)$$

相比之下,机身的浸润面积为

$$S_{\text{wet}_f} = 2\pi r^2 + 2\pi rL \tag{7-14}$$

将由式(7-13)求得的机身长度代入式(7-14),则有

$$S_{\text{wet}_f} = 2\pi r^2 + 2\pi r\left(\frac{V}{\pi r^2}\right) = 2\pi r^2 + \frac{2V}{r} \tag{7-15}$$

将式(7-15)对机身半径(r)求导,并且将结果设为零,由此确定机身最小浸润面积如下:

$$\frac{\mathrm{d}S_{\text{wet}_f}}{\mathrm{d}r} = 2 \cdot 2\pi \cdot r - \frac{2V}{r^2} = 0 \Rightarrow 4\pi \cdot r - \frac{2V}{r^2} = 0 \tag{7-16}$$

由此得出如下表达式:

$$\frac{\mathrm{d}S_{\text{wet}_f}}{\mathrm{d}r} = 0 \Rightarrow r^3 = \frac{V}{2\pi} \tag{7-17}$$

现在,将由式(7-12)($V = \pi r^2 L$)求得的机身体积,代入式(7-17),得到

$$r^3 = \frac{V}{2\pi} = \frac{\pi r^2 L}{2\pi} \tag{7-18}$$

然而此表达式产生如下的有趣结果:

$$r = \frac{L}{2} \Rightarrow 2r = D = L \tag{7-19}$$

因此,对于给定的体积,具有最小表面(浸润)面积的圆柱形机身,其长度等于其直径。换言之,使机身表面面积最小的最佳机身长径比恰恰是1:

$$\left(\frac{L}{D}\right)_{\text{opt}} = 1 \tag{7-20a}$$

令人感兴趣的是,将机身表面积最小的最佳机身长径比(即1)与 f_{LD} 最小的最佳机身长径比(即1.63)进行比较。由于这两个数值并不匹配,因此必须采用根据设计需求优先权而确定的权重系数。因此,希望采用短机身使表面面积最小,然而希望采用长机身使机身 f_{LD} 最小。

图7-23给出容积为 $14\ \text{m}^3$ 的圆柱体其表面积的变化。在该图中,假设最长半径是 $2.72\ \text{m}$,最短半径是 $0.5\ \text{m}$。相应的长径比从 0.111 到 17.8。

如图7-23所示,当长径比为1时,产生最小表面积($32.194\ \text{m}^3$)。值得注意的是,当 L/D 为 16.3 时,相应的 S_{wet_f} 大约是最小 S_{wet_f} 的2倍。

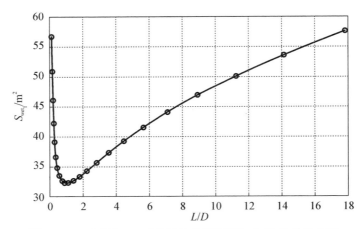

图 7 - 23　容积为 14 m³ 的圆柱体表面积与 L/D 的关系曲线

本节已导出 2 个最佳机身长径比值。建议设计者按其他设计需求导出最佳机身长径比值,并借助权衡研究表进行比较。基于第 7.8.1 节和 7.8.2 节的结果,最佳机身长径比值在 1 和 16.3 之间。图 7 - 24 示出法英协和号超声速运输机,其机身长径比为 23。

图 7 - 24　法国航宇公司和英国航宇公司联合研制的协和号,机身长径比为 23

(经 A J 贝斯特允许)

7.8.3　按最小机身重量确定最佳长径比

机身设计时另一个值得关注的目标是使机身重量最小。问题陈述是确定机身长径比,以使机身具有最小重量。这一主题涉及机身结构设计,并且求得与蒙皮、纵梁、框和加强件有关的机身重量。机身结构设计已超出本书的范围,所以假设机身重量与机身表面面积成正比,因为简单圆柱的重量是由表面积乘以材料厚度再乘以材料密度确定的。因此,按最小重量确定的最佳长径比,与按最小表面面积确定的最佳长径比是相同的。换言之:

$$\left(\frac{L}{D}\right)_{opt} = 1 \qquad (7 - 20b)$$

因此,对应最小机身重量的最佳机身长径比是 1。参考文件[13]针对多种运输机给出旅客机容量增长的趋势,以及总长随总重的增长。

7.9　机身内部的其他部段

机身的主要功能是容纳有效载荷。然而飞机还必须容纳许多其他配套设备。对于其中大多数设备而言,最合适的安置空间是机身内。这些配套设备诸如燃油箱、雷达、翼盒、机械系统、液压系统、电气系统、燃油系统和起落架舱。在设计机身构型(第 7.3 节)时,为其中每项设备分配最佳空间。现时,将确定每项设备所需容积,以确保机身足够大,以容纳这些设备。

下面是有关机身构型设计以及容纳配套设备和仪表的几点建议:

(1) 所有在高空使用的飞机(包括运输机)在巡航飞行时发生水冷凝,在下降过程中,冷凝物融化,并聚集在机身底部。如果未设置机内排水系统,则会有数千千克的水聚集在机身内。例如,在 B777(见图 8 - 6 和图 12 - 27)飞机上,经一个月的运营之后,大约有 10 000 kg 的水。因此,每一高空使用的飞机,需要机内排水系统。考虑设计方案时,还必须防止飞机下降时水会流入驾驶舱和客舱。

(2) 水管铺设不得距离飞机(如机身)蒙皮太近,以避免水结冰。福克 100 飞机(见图 10 - 6)首次商业飞行时,电气系统出现短路和电源故障[14]。这一事故是由于水管位置所引起。水管距机身顶部蒙皮 1/2 in。结果,巡航飞行时水结冰,在下降时融化。然后在进近期间水泄漏,流入航空电子设备舱,因此造成电路短路。

7.9.1　燃油箱

飞机必须在内部燃油箱内携带燃油。在飞机概念设计阶段(第 3 章),确定了储存燃油的最佳空间。布置燃油箱的两个最常见位置是机翼和机身。为安全起见,建议将燃油储存在机身之外(如在机翼内),部分原因是在机身内留出更多的空间用于有效载荷,部分原因是增加旅客安全性。某些飞机,例如洛克希德的单发喷气式战斗机 CF - 104 战斗机之星(见图 7 - 25),将部分燃油储存在翼尖燃油箱内。在美国

图 7 - 25　洛克希德 CF - 104 战斗机之星,带翼尖燃油箱

(经安东尼·奥斯本允许)

曾经发生过一架喷气式飞机一天两次遇到雷击,通常发生在飞机某个突出位置(如机翼翼尖、机头或尾翼)。因此,如果设置翼尖燃油箱,为了安全,则结构应足够厚。然而这可能引起飞机略有增重。

在飞机(包括机身)内分配空间用于储存燃油时,必须考虑许多注意事项:

(1)总的燃油量可以分存在几个较小的燃油箱内。这一注意事项涉及燃油管理系统的效能。在此情况下,燃油储存必须有助于保持飞机对称。例如,如果考虑在飞机左侧设置两个燃油箱,需要考虑在飞机右侧设置另外两个燃油箱(具有相同特性)。

(2)最重要的注意事项之一是保持总的燃油重心靠近飞机重心(沿 x 轴)。这一考虑对飞机纵向操纵性和稳定性起重要作用。有关更多的建议,请参见第 11 章。

(3)燃油储存位置最好靠近飞机横滚轴(x 轴)。随着燃油箱位置沿 y 轴向外侧移动,飞机横滚操纵性能下降。为增强飞机的横滚操纵性,必须使得围绕 x 轴的飞机质量惯性矩尽可能小。

(4)由于燃油泄漏或飞机坠机时存在着火危险,因此燃油箱必须远离客舱、驾驶舱或发动机进气道。

(5)在超声速飞机上,燃油箱位置需要给予特别考虑。在亚声速飞行时,机翼/机身空气动力中心($\mathrm{ac_{wf}}$)大约位于 25% 机翼平均空气动力弦(MAC)处。然而在超声速飞行时,$\mathrm{ac_{wf}}$ 移动到大约 50% MAC 处。飞机纵向配平需要偏转升降舵。当飞机 cg 与 $\mathrm{ac_{wf}}$ 之间的距离增大时,需要更大的升降舵偏度。由于升降舵偏度往往有一定限制,并且也产生配平阻力,因此目标是升降舵偏度尽可能地小。

对于超声速飞行的飞机实施纵向配平的一种方法是,向后移动飞机 cg,接近 $\mathrm{ac_{wf}}$,为的是采用较小的升降舵偏度。将燃油从前油箱泵送到后油箱,如同在协和号飞机上所做的可实现这一目标。此方法需要另外设置一个后燃油箱,以便在飞机达到超声速时,从前油箱向后油箱泵送燃油。这表明机身设计者分配的燃油箱数目要大于实际燃油量所需。尽管协和号退役了,但有关协和号的传奇将永存于世,因为首次在蔚蓝的天空目睹地球曲率并加速通过马赫数 1 的那些旅客,将会牢记这唯一的设计和超声速飞行的经历。

(6)如果考虑将燃油箱设置在机身和机翼之外(如翼尖燃油箱),则外部形状必须使其产生最低的空气动力阻力。燃油箱的最佳空气动力形状是对称翼型构型,全部采用圆形横截面。几乎所有的塞斯纳飞机(除奖状系列外)都采用大机翼,因为燃油储存在机翼内。

(7)通常不推荐将燃油箱设置在翼尖,由于遭受雷击时可能发生危险。此外,由于相同的原因,燃油箱应远离飞机上的突出部位。

考虑将燃油箱设置在机身内的情况下,应计算所需的燃油容积,然后必须分配机身段的容积用于安置燃油箱。将燃油质量(m_f)除以燃油密度,可获得所要求的

燃油箱容积:

$$V_f = \frac{m_f}{\rho_f} \tag{7-21}$$

　　燃油密度(ρ_f)基于燃油的类型。表7-9给出各种类型的航空燃油在15℃时的密度。燃油质量是飞机任务(包括航程)的函数。飞行一个特定航程(R)所需燃油质量由布雷盖航程方程[15]给出。式(7-22)给出喷气式飞机(安装涡轮风扇或涡轮喷气发动机)的航程,而式(7-23)给出螺旋桨飞机(安装活塞式或涡轮螺旋桨发动机)的航程。

表7-9　各种燃油在15℃时的密度

序号	燃　　　油	密度/(kg/m³)	应用场合
1	Jet A	775～840	喷气式民用飞机
2	Jet A-1	775～840	喷气式民用飞机
3	JP-4	751～802	喷气式战斗机
4	JP-5	788～845	喷气式战斗机
5	JP-7	779～806	喷气式战斗机
6	JP-8(JetA-1的军用等效型)	775～840	喷气式战斗机
7	航空汽油(100辛烷,低铅)	721～740	活塞式发动机

$$R = \frac{V(L/D)}{C}\ln\left[\frac{1}{1-\left(\frac{m_f}{m_o}\right)}\right] \text{(喷气式飞机)} \tag{7-22}$$

$$R = \frac{\eta_P(L/D)}{C}\ln\left[\frac{1}{1-\left(\frac{m_f}{m_o}\right)}\right] \text{(螺旋桨飞机)} \tag{7-23}$$

式中:V表示飞机空速;m_f表示燃油质量;m_o表示初始飞机质量或简称起飞质量(m_{TO});C是发动机单位燃油消耗率;L/D是升阻比;η_p是螺旋桨效率。各种发动机的单位燃油消耗率的典型值已在第3章中给出。当飞机采用电动发动机(如遥控飞机)时,不需要燃油箱,因为由蓄电池向发动机提供电能。图7-26给出A380飞机的燃油箱位置。

　　根据经验,总燃油质量应比由航程方程求得的燃油质量多出20%,部分是由于起飞、爬升和下降,部分是由于安全备份燃油需求(大约飞行45 min)。将这一经验法则与式(7-22)和式(7-23)相结合,经过几步数学运算后,可得

$$m_f = 1.2 \cdot m_{TO}\left[1-\exp\left(\frac{-RC}{V(L/D)}\right)\right] \text{(喷气式飞机)} \tag{7-24}$$

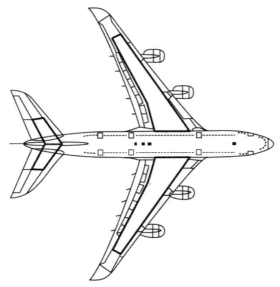

图 7 - 26 A380 飞机的燃油箱位置

$$m_f = 1.2 \cdot m_{TO}\left[1 - \exp\left(\frac{-RC}{\eta_P(L/D)}\right)\right] \text{（螺旋桨飞机）} \qquad (7-25)$$

示例 7.3 给出如何基于单位燃油消耗率和航程需求来计算总燃油量的方法。

示例 7.3

问题陈述 如下的喷气式运输机机身设计在进行中。燃油箱布置在机身内。

$$m_{TO} = 100\,000 \text{ kg}, \ S = 300 \text{ m}^2, \ C = 0.7 \text{ lb/(h} \cdot \text{lb)}.$$

飞机在 30 000 ft 高度的巡航速度为 500 kn，升阻比为 12。

(1) 如果飞机航程是 5 000 km，那么确定总燃油体积量。假设燃油类型为 JP - 4。

(2) 如果每一燃油箱容纳 10 m³ 燃油，则机身必须容纳多少燃油箱？

解 30 000 ft 高度上空气密度为 0.459 kg/m³。采用喷气式飞机的航程方程（式(7 - 24)）。单位燃油消耗率为 0.000 194 1/s。

$$m_f = 1.2 \cdot m_{TO}\left[1 - \exp\left(\frac{-RC}{V(L/D)}\right)\right]$$

$$= 1.2 \cdot 100\,000 \cdot \left[1 - \exp\left(\frac{-5\,000\,000 \cdot 0.000\,194}{(500 \cdot 0.514\,4) \cdot 12}\right)\right] \qquad (7-24)$$

所以有

$$m_f = 34\,423.1 \text{ kg}$$

由表 7-9，查得 JP-4 的燃油密度为 751 kg/m³，所以得

$$V_f = \frac{m_f}{\rho_f} = \frac{32\,423.1}{751} \Rightarrow V_f = 43.173 \text{ m}^3 \tag{7-21}$$

因此，需要在机身内设置 5（43.173/10 = 4.35 = 5）个燃油箱。

7.9.2 雷达天线

大多数大型飞机和战斗机配备的另一项设备是通信装置，如雷达。雷达是目标探测系统，其使用电磁波来确定移动和固定目标的距离、高度、方向或速度。雷达天线发射无线电波或微波脉冲，位于电波路径上的任何目标将反射此脉冲。目标将微小的一部分电波能量反射给天线。在现代飞机上，采用各种形式的雷达，包括气象雷达。

飞机上有多个位置可放置雷达天线。安放雷达天线的位置必须具有开阔的视界，以便发射和接收雷达信号。最佳位置之一是机头（见图 7-27）。大多数现代飞机（如 B747 和 A380）机头装有至关重要的雷达天线，使气象系统与驾驶员沟通。

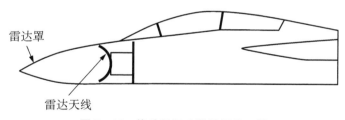

图 7-27 战斗机机头段的雷达天线

大多数军用飞机（如 C-130 大力神（见图 5-4）、F-16 战隼（见图 4-6）、苏霍伊·苏-27（见图 6-7）和全球鹰（见图 6-12））的气象雷达也设置在机头。雷达天线的外罩称为雷达罩。

雷达罩是保护雷达天线免受气候影响的结构保护罩。雷达罩能够透过雷达波。雷达罩保护天线表面，免受环境（如风、雨、冰和沙尘）的影响，并隐藏雷达电子设备，避开公众视线。因此，在机身设计时，可以考虑将雷达天线安装在机头。此外，在着陆时，当飞机处于尾部向下姿态时，驾驶员应能够看到水平线之下。如果由于其他需求（如空气动力学考虑）使机头段不具有这一特性，在着陆过程中，机头必须下垂。协和号飞机具有这些结构特点。

7.9.3 翼盒

对飞机设计者而言，机翼主梁最好穿过机身，以维持飞机结构的完整性。实际

上，这是由于机翼的升力在机翼与机身连接处产生很大的弯矩。采用由横贯机身的结构来承受这一弯矩的技术是结构设计的一项关键考虑因素。机翼贯穿结构必须设计成使弯曲应力以及应力集中减至最小。

对于机身设计者，这一考虑因素演变为分配一段机身容积来容纳翼梁（即机翼翼盒）。机翼从飞机翼盒（或左右机翼根部之间的机身段）这一结构部件向外延伸（见图 7 - 28）。这是飞机上结构最强的区域，承受最大的弯曲应力和剪切应力。对于上单翼或下单翼构型的飞机，大多都可提供翼盒。例如，在下单翼构型的单座轻型 GA 飞机上，可考虑使翼梁从驾驶员座椅下穿过。现代飞机常常将主起落架设置在机翼翼根附近，以利用这些结构所拥有的结构强度优势。

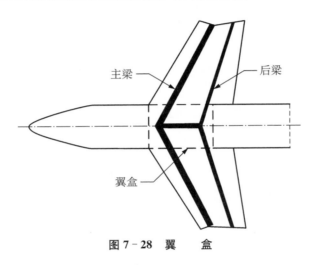

图 7 - 28　翼　　盒

中单翼构型飞机的机身结构，往往给机身设计者或结构设计者带来难题。原因在于，究竟是必须将翼梁分成两段以留出机身内的空间，还是使机身内一个重要的空间被占用。

第一个备选方案是机翼翼梁受损，除非采取结构加强，而这又使飞机增重。第二个选项在运输机上阻挡了旅客的视界。因此，中单翼构型不适合作为旅客机的选项。

机身设计者的任务是为翼盒提供必要的空间，并且不考虑在这一位置安排任何有效载荷或其他部件。机翼根部的或机身-机翼交界面的机翼厚度(t_r)，是机翼根部相对厚度($(t/C)_{\max}$)乘以机翼根弦(C_r)。

$$t_r = \left(\frac{t}{C}\right)_{\max_r} C_r \tag{7-26}$$

然后，用于翼盒的所需机身容积(V_{wb})约等于

$$V_{wb} = t_r C_r W_f \tag{7-27}$$

式中：W_f表示机身-机翼交界面处的机身宽度（如果是圆柱形，则是直径）。计及机翼曲度，则可确定准确的体积。

示例7.4给出如何计算必须分配给翼盒的机身容积，它是翼根翼型的函数。

示例7.4

问题陈述 一架大型运输机为下单翼构型，机翼特性如下：

$$S = 200 \text{ m}^2, AR = 10, \lambda = 1, 翼根翼型：NACA \ 64_2 - 415。$$

如果机翼-机身交界面处，机身宽度为 4 m，那么确定必须分配多少机身容积用于翼盒。

解 由于翼根翼型最后两位数字是15，即相对厚度为 15%，因此在翼根或机身-机翼交界面处，机翼厚度为0.15乘以机翼根弦。得到机翼根部翼弦如下：

$$b = \sqrt{S \cdot AR} = \sqrt{200 \cdot 10} = 44.721 \text{ m} \tag{5-19}$$

由于梢根比为1，因此有

$$C_r = C = \frac{S}{b} = \frac{200}{44.721} = 4.472 \text{ m} \tag{5-18}$$

$$t_r = \left(\frac{t}{C}\right)_{max} \cdot C_r = 0.15 \cdot 4.472 = 0.671 \text{ m} \tag{7-26}$$

翼盒所需占用的机身容积为

$$V_{wb} = t_r \cdot C_r \cdot W_f = 0.671 \cdot 4.472 \cdot 4 = 12 \text{ m}^3 \tag{7-27}$$

7.9.4 动力传送系统

飞机是一个非常复杂的系统，它包含许多连续工作的子系统，以使飞机能成功飞行。除了飞机结构外，发动机、各种系统（包括电气系统、液压系统、机械系统、航空电子系统、空调系统和燃油系统）执行从动力传送到燃油输送的各种不同功能。在机身设计时，必须纳入这些系统，所以机身必须足够大，以使这些系统能够正常工作而不会对旅客安全造成任何危害。更详细的相关信息请参见参考文献[16]。参考文献[14]给出有关飞机设计的真实体验和经验教训的许多有趣故事。其中不少故事涉及机身设计，以及由于机身设计者的错误所引起坠机和灾难。希望读者去阅读这些故事，并避免犯相同的错误。

7.10 绘制模线

完成机身内部各段设计和分配之后,应该关注机身的外部设计,或绘制模线。绘制模线是确定飞机(首先是机身)外部几何形状的过程。绘制机身模线,改善机身的整个空气动力学性能。这意味着使机身阻力减至最小,并使机身有可能产生相当数量的升力。在绘制模线的过程中,有时希望沿着机身长度设计一个横截面面积,使任何突变减至最少。出现急剧变化的主要部位在机翼/机身连接处、尾翼/机身连接处和吊挂/机身连接处。然后按优化设计对模线进行光顺处理,再制造机身。

机身横截面也有助于飞机尾旋改出特性。飞机各部件(如机身)所提供的阻尼可对抗尾旋时机翼的偏航力矩。所以,偏航时机身产生大量阻尼是防止尾旋的有效措施。由于机身围绕尾旋轴的旋转所产生的空气动力偏航力矩在很大程度上取决于机身的形状和横截面,因此飞机设计者通过仔细设计机身以及合适的飞机重量分布,可以减小方向舵上的尾旋改出载荷。

有各种方法通过添加一条曲线(如椭圆、圆、双曲线、抛物线样条或圆锥)来处理截面突变。工程图纸软件包(如 AutoCAD、CATIA、Unigraphics、Solid Work、Concepts Unlimited(现在的 Sharks))都配备这些二维和三维绘图工具。据作者所知,洛克希德采用 Concepts Unlimited;波音公司和达索公司使用 CATIA;麦道公司使用 Unigraphics;普惠和罗罗公司使用 Solid Work。

在设计机身外形时,有若干个目标和需求推动了设计,包括空气动力学考虑、面积律、雷达可探测性(或隐身性)和运行需求。本节将对这些需求进行评介。

7.10.1 空气动力学考虑

机身外形的空气动力学考虑导入非常基本的需求,如低阻力、低俯仰力矩、零横滚力矩、低偏航力矩,并有时产生尽可能大的升力。零横滚力矩需求使机身必须关于 xz 平面对称。因此,从俯视图看,机身必须对称。

为了有较低的阻力,机身设计者需要选择接近于翼型形状的截面。从侧视图看,其他的设计需求(例如有效载荷)通常不允许设计者拥有对称的机身,然而必须考虑流线型。所以,在机头上添加半圆和半锥,并使后机身向上弯曲。推荐机头的长径比为 1.5～2。为避免大面积的边界层分离和机身上相关的阻力增大,后机身的长度常常是圆柱截面直径的 2～3 倍。机翼与机身连接之处,需要采用某种形式的填角整流包皮(见图 7 - 29),以避免气流分离和湍流,可通过风洞试验确定其准确形状。

为避免机身产生任何偏航力矩,建议机身俯视图按对称翼型(见图 7 - 30(a)),如 NACA 0009、NACA 0012 或 NACA 0015。然而为了使机身产生升力,机身侧视

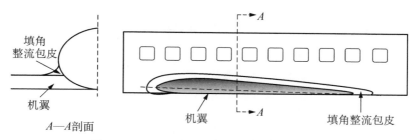

图 7‐29　下单翼构型所使用的填角整流包皮

图需要类似于具有正弯度的翼型,诸如 NACA 23015(见图 7‐30(b))。后机身向上弯有助于这一翼型特性。

图 7‐30　推荐的机身俯视图和侧视图

(a) 俯视图　(b) 侧视图

在某些飞机上,例如超声速军用飞机(如 SR‐71 黑鸟,见图 8‐21),机身经过修型,产生很大的升力。这一额外的升力能够部分弥补机翼升力的不足。为使战斗机具有更好的可操纵性(主要在横滚方面)和高可机动性,考虑面积小、翼展短的机翼。产生升力的方法是采用机翼/机身融合体。因此,超声速时,机身边缘的激波将产生大量的升力。

两个与众不同的机头示于图 7‐31。图 7‐31(a)示出伊留申 IL‐76 运输机的特殊机头,其特点是有一个领航员舱,协助驾驶员进行导航计算(尤其是在着陆时)。图 7‐31(b)给出 OA‐7 巨眼观察机不同寻常的机身。OA‐7 巨眼为单人机组并容

(a)

(b)

图 7 – 31 带有特殊机头的两种飞机

(a) IL – 76 运输机   (b) OA7 巨眼观察机

纳 2 名旅客,采用全透明前舱这种非一般构型,并排 3 个座位。飞机机头为驾驶员和旅客提供了完美的视界。若干俄罗斯运输机在机头设有领航员座位(便于着陆)。随着更现代化的导航技术的出现,在后面的型号(如图波列夫的较新型号图– 134)中,逐渐以雷达替代领航员座位。

7.10.2 面积律

跨声速飞行时,机身对飞机阻力的贡献很大。为减少跨声速飞行区域的机身阻力,机身必须效仿一种称为"可乐瓶"的形状。此种在机身设计时将激波阻力减至最小的方法称为"面积律"。目的是安排飞机部件(包括机身)横截面的变化,使得在垂直于飞机中心线的平面内,总的飞机横截面面积沿纵向(即 x 轴)有一个光顺和预定的变化。基于此面积律,具有相同横截面面积的所有飞机部件,包括机翼和机身,将具有相同的波阻。NACA 在 1956 年对此理论进行了检验和发展。

机身设计时应用这一理论的目的在于确定机身形状,并确定飞机其他部件相对于机身的位置,以使等横截面的形状尽可能地接近最小阻力构型(称为西尔斯-哈克(Sears-Haack)形体)。面积律主要适用于声速流(即 $Ma\ 1.0$)。然而在 $Ma\ 0.8 \sim 1.2$ 的整个跨声速区域,这都是很有用的。因而对于按跨声速设计的飞机,如大多数大型运输机,机翼/机身对接处机身尺寸应比其他位置的窄(见图 7 – 32(a))。图 7 – 32(b)给出采用面积律时飞机横截面平顺地增大。

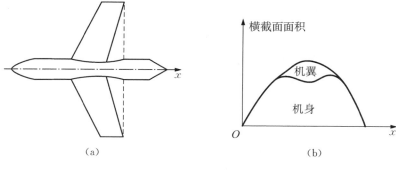

图 7 - 32 面 积 律

(a)"可乐瓶"机身 (b)机翼和机身对横截面的贡献

有兴趣的读者能够从空气动力学参考书(如参考文献[17])得到更多的信息。如 B747(见图 3 - 7、图 3 - 12 和图 9 - 4)和协和号(见图 7 - 33)这样的飞机在其机身设计中都采用了面积律。B747 的机身前段(在机翼连接点之前)具有双层舱以增加等效直径(事实上,增加了高度)。在机翼与机身连接处,机身仅有一层客舱(较小高度)。在协和号飞机上,在机翼/机身连接区域,机身较窄。在最大速度为 Ma 0.95 的塞斯纳奖状 10 喷气式公务机的机身设计时,已考虑了面积律。

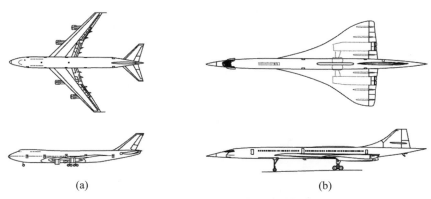

图 7 - 33 面积律在两种飞机上的应用

(a) B747 (b) 协和号

7.10.3 雷达可探测性

现代军用飞机的设计需求之一是配备隐身技术,以避免被雷达探测到,并减小飞机在红外线、视觉设备和音频频谱中的可见性。采用多特性综合(如吸收雷达信号的复合材料)可以获得此隐身能力。改进飞机可探测性的另一项技术是设计飞机的外形,包括机身,以减小飞机的等效雷达反射截面(RCS)。RCS 是各种参数的函数,包括与雷达投射信号垂直的飞机反射面。

　　有4种常用方法可改进飞机隐身能力:①采用吸收雷达波的材料来制造飞机部件;②减小飞机尺寸;③消除所有与雷达投射信号垂直的表面,使其倾斜;④隐藏发动机排气的热燃气,以免被直接探测到。在第三项技术中,每一部件(包括机身)的形状必须设计成不会把雷达投射信号反射给发射源。在若干军用飞机上已采用了隐身技术,如F-117夜莺(见图7-34)、诺斯罗普·格鲁曼B-2幽灵(见图6-8)、洛克希德SR-71黑鸟(见图8-21)和洛克希德·马丁F-35雷电(见图2-17)。因此,必须设计机身,以使它对飞机RCS的贡献尽可能地小。

(a)

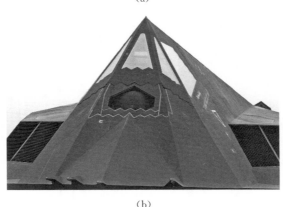

(b)

图7-34　F117夜莺为满足隐身需求而设计的机身(USAF)

(a) 机身、发动机和尾翼按隐身需求设计　(b) 机身的棱角

7.10.4　机身后段

　　按第7.10.1节中的建议,希望机身遵循翼型形状以降低阻力。这意味着,后机

身应收缩到零直径。如果预期后机身不容纳发动机,则机身直径必须从客舱直径减小到几乎为零。如果发动机安装在后机身内,机身直径应从中段直径(例如驾驶舱直径)减小到发动机排气喷管直径。必须注意不得用很大的锥度角来收敛机身后段,否则将会出现气流分离。对于亚声速飞机,锥度角不得大于20°。为便于制造,后机身可以是圆锥形。应以足够大的曲率半径从圆柱形光顺地过渡到圆锥形。如果后机身是空置的,并且飞机重心限制允许,则可将部分燃油或行李贮存在此处。

为达到这一目标,应同时考虑起飞间隙需求。如同第 9 章所讨论的,在起飞和着陆时,在正常运行条件下,后机身必须与地面保持间隙。为增加升力,以准备起飞,飞机通常围绕主起落架抬头(见图 7 - 35)。在着陆状态下也是如此,此时飞机抬头以获得大迎角。在非尾轮起落架构型的飞机上,必须设定飞机尾部上翘角度,以使得飞机以大迎角起飞抬前轮或着陆时,机尾或后机身不至于触及地面。

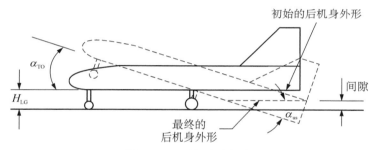

图 7 - 35　后机身上翘角

为避免发生机身尾部撞地事件,主要的解决方法是增大起落架高度。解决此问题的另一种常用方法是按照后机身上翘角(或锥度角)α_{us} 削去部分后机身。对于规避后机身气流分离的要求,提出如下建议:

$$\alpha_{us} < 20° \tag{7-28}$$

因此,有两项需求影响上翘角的大小:①离地间隙;②从客舱后部大直径向机身末端零直径光滑过渡。确定如下 3 个参数,即可满足这两项需求:①上翘角;②主起落架之后的中机身长度(无上翘角);③采用上翘角的后机身长度。后机身长度和上翘角两者都应尽可能地小。为达到最佳设计,必须同时确定这 3 个参数。如果初始上翘角与客舱发生干涉,可寻求另外的解决方法。一种解决方法是减小后机身长度;第二种解决方法是削去后机身,增大上翘角(见图 7 - 35)。

如果发动机之类的部件安装在后机身(如同大多数战斗机那样),则该部件将不允许采用大上翘角(见图 7 - 36(c))。因此,最小的后机身直径可能就等于发动机喷口直径。对轻型小飞机,关于大尾力臂的要求应考虑到所想要的上翘角(见图 7 - 36(d))。图 7 - 36 示出两种大型运输机、一种战斗机和一种轻型 GA 飞机的上翘角。C - 17

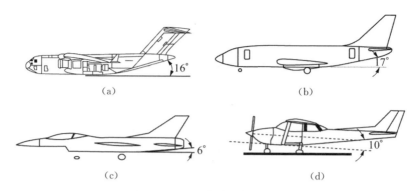

图 7 - 36　4 种飞机的上翘角

(a) C - 17 环球霸王　(b) B777 - 300　(c) F - 16 战隼　(d) 塞斯纳 172

环球霸王货机,采用 16°上翘角;而 B777 - 300 采用 17°上翘角。在这两种飞机上,上翘角延伸到机身主段,所以对货舱和客舱进行了折中处置。

7.11　机身设计步骤

在第 7.1～7.10 节,已详细描述了机身功能、构型、设计目标、备选方案、设计准则、参数、约束规则和支配方程、公式表达、设计需求以及如何确定主要设计参数的方法。此外,图 7 - 2 给出机身设计流程图。本节以设计步骤形式给出机身设计程序。必须注意,在进行机身设计时,并非只有唯一设计方案能满足用户需求和适航性要求。有数个机身设计方案可满足需求,但是每一设计方案都有其独特的优点和缺点。

为了界定设计需求,设计者应基于数值要求列出若干个方程和关系式,并同时求解这些公式。例如,对于每一上翘角,可针对相应的三角形构建三角函数关系式或毕达哥拉斯方程。在此方法中,计算机程序可使设计更快、更准确。基于系统工程方法,机身详细设计从确认和定义设计需求开始,以优化设计结束。下面是常规布局飞机的机身设计步骤。

已知:有效载荷,飞机任务,飞机构型。

(1) 确认和列出机身设计需求;

(2) 确定机组成员人数;

(3) 确定乘务员人数(对于旅客机);

(4) 确定技术人员人数(对于货机);

(5) 确立人体尺寸和目标旅客;

(6) 选择机身布局(内部):侧视图、前视图和俯视图;

(7) 确定需要的驾驶舱仪表;

(8) 设计驾驶舱；

(9) 确定最佳机身长径比$(L_f/D_f)_{opt.}$；

(10) 设计客舱(座椅排数和每排座椅数)，以实现最佳长径比；

(11) 设计货舱/行李舱；

(12) 确定其他部件要求的容积(如燃油、起落架)；

(13) 核查可供其他部件使用的机身空间是否足够；

(14) 计算机身最大直径(D_f)；

(15) 选择舱门的数量；

(16) 设计机头段；

(17) 设计机身后段；

(18) 确定上翘角(α_{us})；

(19) 计算机身全长(L_f)；

(20) 绘制模线；

(21) 核查机身设计是否满足设计需求；

(22) 如果未能满足任何一项设计需求，则返回到相应的设计步骤，并重新计算相应的参数；

(23) 优化；

(24) 绘制最终设计图纸，并标注尺寸。

7.12 设计示例

在本节中，给出本章的示例(示例 7.5)：设计一架航线客机的机身。为了避免本章篇幅冗长，仅确定主要的设计参数。

示例 7.5

问题陈述 设计一架高亚声速喷气式运输机的机身，飞机为下单翼构型，可以容纳 120 名旅客，在 35 000 ft 使用升限上飞行，航程为 10 000 km。机身必须容纳 70% 总燃油量。起落架为前三点式构型，并可收到机身内。假设燃油类型为 JP-5。飞机起飞质量为 50 000 kg，在 35 000 ft 高度上巡航速度为 530 kn，升阻比为 11。关于必需的机组和行李，遵循 FAA 条例，可假设认为必要的任何其他参数。确定如下项目：

(1) 机身构型；

(2) 机身长度和机身最大直径；

(3) 目标旅客人体尺寸；

(4) 机身增压部分的容积；

(5) 客舱设计(座位布置，侧视图、俯视图，并标注尺寸)；

(6) 仪表板(仪表清单);

(7) 驾驶舱设计(侧视图,后视图,并标注尺寸);

(8) 货物和行李贮存设计(所有货物、行李的体积);

(9) 舱门(包括货舱门和起落架舱门);

(10) 燃油箱分配;

(11) 系统和设备位置;

(12) 上翘角(α_{us});

(13) 绘制模线;

(14) 图纸(俯视图,侧视图和前视图,并标注尺寸)。

解 ● 步骤 1 飞机类型、任务和设计需求。

类型:民用高亚声速喷气式运输机;

商载:120 位旅客加上行李;

航程:10 000 km;

巡航升限:35 000 ft;

设计要求:FAR 25(细节在各步骤中予以阐述)。

● 步骤 2 机组成员数量。基于 FAR§25.1523 和 FAR 25 部附录 D,考虑两人机组(一名正驾驶,一名副驾驶)。

● 步骤 3 和步骤 4 乘务员人数。基于 FAR§125.269,条款规定"对于 100 座以上的飞机,需要 2 名乘务员,100 座以上每增加 50 座再增加 1 名乘务员。"总共需要 3 名(即 2+1)乘务员。由于飞机是航线客机,因此不需要其他技术人员(不同于货运飞机所需要的)。

● 步骤 5 人体尺寸和目标旅客。选择机组成员、乘务员和目标旅客的人体尺寸,与图 7-6 所示相同。选择男性旅客的尺寸。

● 步骤 6 机身构型。为将重量和阻力减至最小,选择单机身和单层舱构型。机身必须容纳下列项目:

—旅客(客舱);

—乘务员(客舱);

—正驾驶员和副驾驶员(驾驶舱);

—增压空间(客舱和驾驶舱);

—货物;

—旅客行李;

—燃油;

—翼梁;

—测量和控制系统;

—机械系统,电气系统;

—起落架。

为确定商载和上述所有各项的位置,现给出 6 项基本建议:①从俯视图看,机身最好是对称的;②机身必须尽可能地小而紧凑;③可用载荷(燃油)必须靠近飞机重心;④增压段选用圆形横截面,以使蒙皮剪应力减至最小;⑤驾驶舱必须在机身最前面的位置;⑥布局必须使得飞机重心靠近机翼/机身空气动力中心。基于这些建议,我们划分每一个舱区,如图 7 - 37 所示。

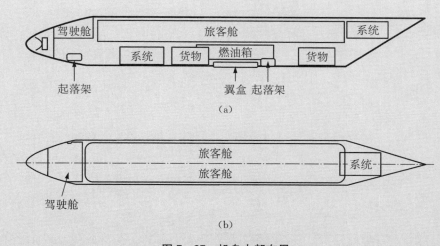

图 7 - 37 机身内部布局

(a) 侧视图 (b) 俯视图

机身构型是内部布局的函数。为了规定每一内部项目的位置,注意,飞机属于民用运输机,必须携带若干物件。图 7 - 37 给出机身侧视图和内部布局。根据前视图,将机身主段上部安排为客舱,下部安排行李、货物、系统、起落架和燃油箱。最后确定每一舱区的容积和机身外部形状。

下一步,确定每一段的容积和每一舱区的尺寸。

● 步骤 7 驾驶舱仪表。考虑为驾驶舱安排 FAR§25.1303 规定的飞行和导航仪表(有关详情,参见第 7.5.6 节)。此外,在驾驶舱内采用驾驶盘和脚蹬,前者用于横滚和俯仰操纵,后者用于偏航操纵。驾驶舱内必须提供的重要仪表清单如下:空速指示器、高度表、姿态指示仪、转弯协调仪、垂直速度指示器、航向指示器、环境大气温度指示器、插页地图、GPS、INS、VOR、ILS 下滑道、应答机、磁力计、发动机仪表(转速、燃油、排气温度、涡轮温度)、起落架电门、襟翼电门、油门、驾驶盘、脚蹬、罗盘、计算机监视器、电气板、气象雷达、无线电。由于采用两人机组,飞行操纵器件和仪表板必须复份设置,以使正、副驾驶员能够独立操纵飞机。FAR 25 部附录 D定义了工作负荷。

● 步骤 8　驾驶舱设计。民用飞机两人机组的尺寸在第 5 步中已有定义。10 000 km航程属于长途飞行，所以正、副驾驶员都必须感到舒适，有机会来回走动并休息。飞行、操纵和导航仪表的清单已经在第 7 步中予以规定。基于第 7.5 节所述信息，驾驶舱设计如图 7 - 38 所示。

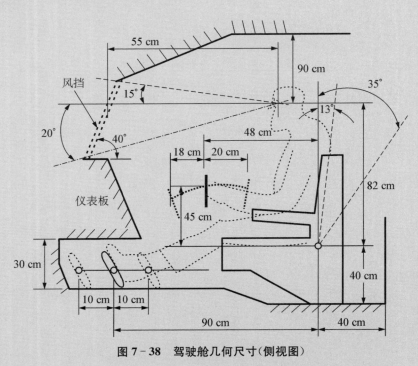

图 7 - 38　驾驶舱几何尺寸（侧视图）

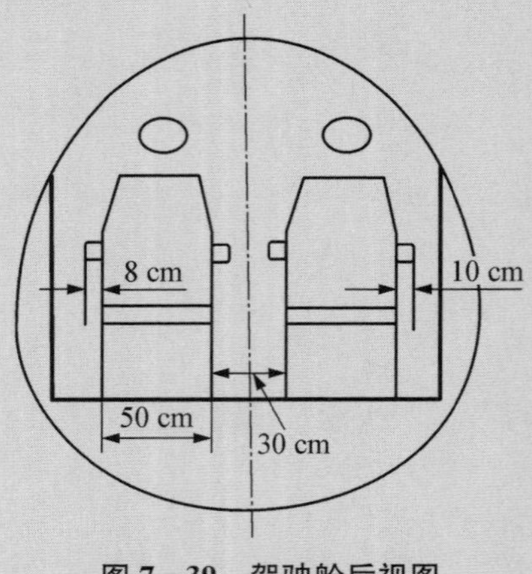

驾驶舱后视图如图 7 - 39 所示，此图给出正、副驾驶员的座椅。座椅之间的空间用于油门和其他一些操纵装置。

基于内部布局，驾驶舱尺寸为宽 182 cm，高 212 cm，长 150 cm。图 7 - 38 和图 7 - 39 示出驾驶舱设计。

● 步骤 9　确定 $L_f/D_{f_{max}}$。按照最小零升阻力需求（实际上是 f_{LD}），机身长径比应是 16.3。然而为使表面面积和重量减至最小，机身长径比应是 1。为减小机身表面面积和机身重量，将理论比值选为 14。因此，每排座位数和座位排数，必须满足此要求。

图 7 - 39　驾驶舱后视图

● 步骤 10　旅客舱设计。要求客舱能够容纳 120 位旅客和 3 名乘务员。将所有座位都考虑为经济级(旅行级)。假设机身壁厚为每侧 6 cm。根据步骤 8,驾驶舱长度为 150 cm。假设机头段长度为 1 m。将后机身(旅客舱后面)长度考虑为 2.5 m。利用已知值而得到的机身俯视图如图 7-40 所示。需要确定客舱长度、客舱直径和每排座位数以及为旅客服务的设施。

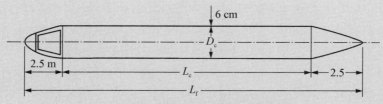

图 7-40　示例 7.5 中的机身俯视图

因此,每排座位数和座位排数必须满足此要求。总的座位数为 123 座。使用式(7-1)和(7-2)确定客舱长度和客舱宽度:

$$L_C = \sum_{i=1}^{3} \sum n_{r_i} \cdot P_{s_i} \tag{7-1}$$

$$W_C = n_S \cdot W_S + n_A \cdot W_A \tag{7-2}$$

对于经济舱,可由表 7-4 获得座位排距、座位宽度和过道宽度如下:

— $W_S = 45$ cm

— $P_S = 80$ cm

— $W_A = 45$ cm

通常,合理的备选方案是(数字圆整到最接近的整数排数):

—123 排,每排单座(加 1 条过道)

—62(123/2)排,每排双座(加 1 条过道)

—42(123/3)排,每排 3 座(加 1 条过道)

—31(123/4)排,每排 4 座(加 1 条过道)

—25(123/5)排,每排 5 座(加 1 条过道)

—25(123/5)排,每排 5 座(加 2 条过道)

—21 排,每排 6 座(加 1 条过道)

—21 排,每排 6 座(加 2 条过道)

现在,根据所给出的这些座位布局备选方案(每排座位数)的每种情况,使用式(7-9)和式(7-10),确定机身长径比。例如,对于其中第 4 个选项的计算列举如下:

$$L_C = \sum_{i=1}^{3} \sum n_{r_i} \cdot P_{s_i} = 31 \cdot 81 \text{ cm} = 24.8 \text{ m} \qquad (7-1)$$

$$W_C = n_S \cdot W_S + n_A \cdot W_A = (4 \cdot 45) + (1 \cdot 45) = 2.25 \text{ m} \qquad (7-2)$$

$$D_f = W_C + 2T_W = 2.25 + (2 \cdot 0.06) = 2.37 \text{ m} \qquad (7-9)$$

$$L_f = L_C + L_{CP} + L_N + L_R = 24.8 + 1.5 + 1 + 2.5 = 29.8 \text{ m} \qquad (7-10)$$

因此,机身长径比为

$$\frac{L_f}{D_f} = \frac{29.8}{2.37} = 12.56$$

按类似的方法对其他 7 个备选方案进行计算。结果列于表 7-10。

表 7-10　示例 7-5 中机身客舱座位备选方案

序号	排数	每排座位数	过道	W_C/m	L_C/m	D_f/m	L_f/m	L_f/D_f
1	123	1	1	0.9	94.8	1.02	103.4	101.4
2	62	2(1+1)	1	1.35	49.6	1.47	54.6	37.15
3	41	3(2+1)	1	1.8	32.8	1.92	37.8	19.7
4	**31**	**4(2+2)**	**1**	**2.25**	**24.8**	**2.37**	**29.8**	**12.56**
5	25	5(2+3)	1	2.7	20	2.82	25	8.86
6	25	5(2+1+2)	2	3.15	20	3.27	25	7.65
7	21	6(3+3)	1	3.15	16.8	3.27	21.8	6.67
8	21	6(2+2+2)	2	3.6	16.8	3.72	21.8	5.86

如表 7-10 所示,备选方案 4 得出最接近的机身长径比(即 12.56),尽管其还小于最佳机身长径比(即 16.3)。因此,决定客舱为每排 4 座和一条过道,过道每一侧各 2 个座位。31 排,每排 4 座,共计 124 座,如图 7-41 所示。

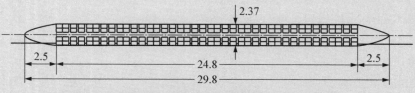

图 7-41　示例 7-5 中机身客舱俯视图　(计量单位:cm)

按照该旅客数,在客舱内还要提供 1 个厨房和 2 个盥洗室(图 7-41 中未示出)这使客舱长度延长 2.5 m,因此,修订后的客舱长度为

$$L_C = 24.8 + 2.5 = 27.3 \text{ m}$$

并且,机身长度为

$$L_f = 29.8 + 2.5 = 32.3 \text{ m}$$

旅客随身行李也贮存在客舱顶部行李箱内(见图 7-42)。

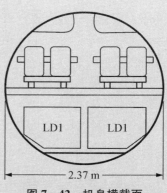

图 7-42 机身横截面

● 步骤 11 货舱行李舱设计。旅客货物总体积 (V_C),基本上等于旅行者人数(n_t)乘以每位旅行者总的行李体积(V_b):

$$V_C = n_t \cdot V_b \qquad (7-3)$$

每位旅客可以携带重量为 60 lb×2 的托运行李,按照式(7-4),每件行李的体积为 0.146 m³。共 120位旅客,3 名乘务员,2 名飞行机组成员,所以,总的行李体积为

$$V_C = (120 + 3 + 2) \cdot 2 \cdot 0.146 \text{ m}^3 = 36.5 \text{ m}^3$$

假设采用货物集装箱 LD1。基于表 7-6,每一 LD1 集装箱的容积为 173 ft³(或 4.899 m³)。因此

$$\frac{18.25 \text{ m}^3}{4.899 \text{ m}^3} = 7.45$$

这表明必须携带共计 8 个(最接近 7.45 的整数)LD1 集装箱。用于货物和托运行李的 LD1 集装箱储存在客舱地板下,如图 7-42 所示。LD1 集装箱相对于飞机重心的准确位置将在后面的设计阶段予以确定。

货舱门位于应急门的下面,规格为 70 in×70 in,便于装载需要运输的所有物件。设有应急门,位于飞机前部,在厨房段。起落架舱门将容纳可收起的前三点式起落架。

● 步骤 12 需要的燃油储存容积。假设单位燃油消耗率为 0.7 lb/(h·lb),其等效于 0.000 194 1/s。飞机在 35 000 ft 高度上的巡航速度为 530 kn,升阻比为 11。在 35 000 ft 高度上的空气密度为 0.38 kg/m³。飞机起飞质量为 50 000 kg。采用喷气式飞机的航程方程:

$$m_f = 1.2 \cdot m_{TO}\left[1 - \exp\left(\frac{-RC}{V(L/D)}\right)\right]$$

$$= 1.2 \cdot 50\,000 \cdot \left[1 - \exp\left(\frac{-10\,000\,000 \cdot 0.000\,194}{(530 \cdot 0.514\,4) \cdot 11}\right)\right] \qquad (7-24)$$

所以,总的燃油质量为

$$m_f = 25\ 579.8\ \text{kg}$$

按照表 7-8，JP-5 燃油的密度为 788 kg/m³，所以燃油体积为

$$V_f = \frac{m_f}{\rho_f} = \frac{25\ 579.8}{788} \Rightarrow V_f = 32.46\ \text{m}^3 \tag{7-21}$$

这么多的燃油可分开储存在 6 个燃油箱内，其中 4 个容纳在机身内。燃油箱位于机身的最底部。这个位置用于储存燃油是最合适的，因为燃油能储存在非常柔性的燃油箱内，所以油箱的外形将与机身外形相匹配。此外，如果出现泄漏，则其他货物将免受影响。

● 步骤 13　核查供其他部件使用的可用机身空间是否足够。机身主段为圆截面。机身客舱段下部 1/2 空间（在地板下面）的容积如下：

$$V_{\text{bottom}} = \frac{1}{2}\left(\pi\frac{W_C^2}{4}L_C\right) = \frac{1}{2}\left(3.14 \cdot \frac{2.25^2}{4} \cdot 27.3\right) = 54.27\ \text{m}^3 \tag{7-4a}$$

迄今为止，机身必须容纳整个托运行李，外加 70% 燃油量。所需总容积为

$$V_{\text{req}} = 0.7V_f + V_C = 0.7 \cdot 32.46 + 36.5 = 59.2\ \text{m}^3$$

所需总容积与该客舱可用空间之间的差值为

$$V_{\text{extr}} = 59.2 - 54.27 = 4.95\ \text{m}^3$$

必须提供这一空间（4.95 m³），部分安置在后机身，部分安置在驾驶舱下部。在特殊的情况下，也可利用尾翼内部空间来容纳燃油箱。由于在"问题陈述"中未提供由机身容纳的其他项目的特性，因此这里就不对此展开讨论。

● 步骤 14　机身最大直径。在第 10 步中，已经计算出机身最大直径如下：

$$D_f = 2.37\ \text{m}$$

● 步骤 15　舱门的数目。根据 FAR § 23.783，每个安置旅客的封闭舱，必须至少有一扇足够大和便于从外部到达的舱门。FAR 25 部关于应急出口的条款 § 25.813 和 § 25.807 规定，所需的每一应急出口必须是旅客可到达的，并处于能提供有效撤离措施的位置。因此，选择 3 扇旅客舱门和每侧各两个上翼面应急出口。将采用 A 型出口。此型出口与地板齐平，具有宽不小于 42 in、高不小于 72 in、圆角半径不大于 7 in 的矩形开口。

● 步骤 16　机头段。机头段是安置某些设备（如雷达天线）的最佳位置。无论如何，机头段必须使机身产生的阻力最小，同时重量轻。所以，在机身前部，考虑用半圆形或半椭圆形为机身前部的平直部位整形。考虑将气象雷达天线放置在机头段。机头段的长度必须为机身直径的 1.5～2 倍。

因此有

$$L_N = 1.5 D_f = 1.5 \cdot 2.37 = 3.55 \text{ m}$$

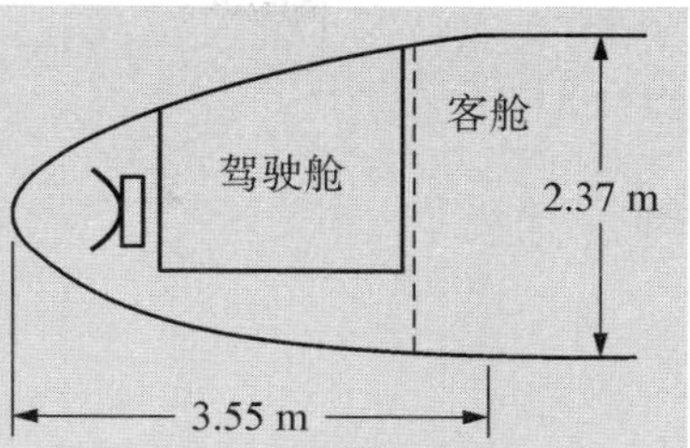

机头段(包括驾驶舱)如图 7-43 所示。因为已考虑机头段的长度为 2.5 m,所以必须将机头弧线向客舱延长大约 1.05 m。

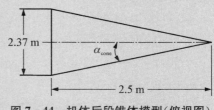

图 7-43 机头

● 步骤 17 机身后段。对于该飞机,机身后段具有如下功能:

——按第 13 步所确定的,提供 4.95 m³ 空间,用于存放燃油或行李。

——为飞机起飞抬头提供所需要的离地间隙。

——将客舱直径光滑地减小到接近零。

暂时将后机身形状设为圆锥体。采用如下的圆锥体体积公式,确定为了提供 4.95 m³ 空间而需要的圆锥体长度如下:

$$V_{cone} = \frac{1}{3}\pi \cdot r^2 L_R \Rightarrow L_R = \frac{3 V_{cone}}{\pi (W_C/2)^2}$$

实际上,并非所有的圆锥体可用空间都可用于储存,所以为所需空间增加 80% 余量,则有

$$L_R = \frac{3 \cdot 1.8 \cdot 4.95}{\pi (2.37/2)^2} \Rightarrow L_R = 1.515 \text{ m}$$

因此,机身后段长度必须至少为 1.515 m。已做了 2.5 m 的考虑,其满足这一要求。此外,为使机身直径光顺地过渡到零,建议采用约 20° 锥度角。现时的锥体为高(即长)2.5 m,底径为 2.37 m。锥体(机身后段)的俯视图如图 7-44 所示。

图 7-44 机体后段锥体模型(俯视图)

$$\alpha_{cone} = \arctan\left(\frac{2.37/2}{2.5}\right) = 0.44 \text{ rad}$$

或

$$\alpha_{cone} = 25.3°$$

锥体角略大于所推荐的上翘角。解决方法或是延伸机身长度,或是延伸上翘段到客舱区域。

由于没有过大的空间供切除,因此延伸机身后段长度。此外,还考虑 20° 锥度角。

$$\tan\alpha_{us} = \frac{D_f/2}{L_R} \Rightarrow L_R = \frac{D_f/2}{\tan\alpha_{cone}} = \frac{\dfrac{2.37}{2}}{\tan 20} \Rightarrow L_R = 3.25\,m$$

这一机身后段延长,机身长度将增大到2.5+27.3+3.25 = 33.05 m,而长径比则是

$$\frac{L_f}{D_f} = \frac{33.05}{2.37} = 13.95$$

此结果接近于取得最低f_{LD}(16.3)的最佳值。如果"问题陈述"中提供更多的数据,则可核查起飞抬头所需的离地间隙。

● 步骤18　上翘角。图7-45示出带有上翘角的机身后段侧视图。针对该上翘角建立一个三角形。对于机身后段(侧视图),考虑17°上翘角。此角度需要采用如下的锥体长度:

$$\tan\alpha_{us} = \frac{D_f/2}{L_{us}} \Rightarrow$$

$$L_{us} = \frac{D_f/2}{\tan\alpha_{us}} = \frac{2.37/2}{\tan 17} \Rightarrow L_{us}$$
$$= 3.876\,m$$

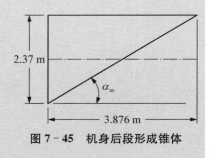

图7-45　机身后段形成锥体

锥体长度略大于机身后段的长度(3.876＞3.25)。解决的方法或是延伸机身长度,或是延伸上翘角到客舱区域。选择后一种备选方案。

● 步骤19　机身全长。在第17步,确定了机身全长为33.05 m。请注意,由于上翘角引起的锥体段长度(3.876 m)并不改变此长度。

● 步骤20　绘制模线。绘制机身模线,改进整个机身的空气动力学性能。这意味着,机身阻力减至最小,并由机身产生相当大数量的升力。依据俯视图,机身必须是对称的。为了具有较低的阻力,尝试采用一个接近于某个翼型的机身剖面(见图7-46)。依据侧视图,其他设计需求通常不允许使用对称机身。但是,必须考虑流线型。为此添加了半圆机头,并采用上翘后机身(见图7-46)。

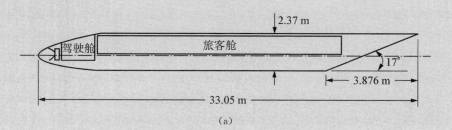

(a)

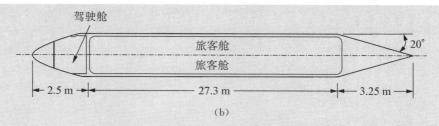

图 7-46 示例 7.5 中的机身侧视图和俯视图

(a) 侧视图 (b) 俯视图

● 步骤 21～23 迭代和优化。这 3 个步骤是开口问题。留给读者继续研究并付诸实践。

● 步骤 24 绘制最终设计的图形。图 7-46 基于几何参数和先前各节的设计，给出机身侧视图和俯视图。请注意，图 7-46 未按比例。

练习题

(1) 使用参考文献(如[9])或制造商的网站,确认下列民用运输机的座位图:

B737-200,B767-300,B777-400,B747SP,A380,A340-300,福克 100,MD-90,EMB 195,塞斯纳 750 和塞斯纳 510。

(2) 使用参考文献(如[9])或制造商的网站,确认下列军用飞机的飞行员个人装备:

FA/18 大黄蜂,F-16 战隼,F-15 鹰,F-117 夜莺,SR-71 黑鸟,帕拉维亚 狂风,B-52 同温层堡垒,欧洲联合战斗机,达索 幻影 4000 和米高扬 Mig-31。

(3) 设计一架载客 400 人的喷气式运输机,其中 30 座为头等舱,其余座位必须为经济(旅行)级。

(a) 确定装载旅行者行李的货舱容积。

(b) 飞机使用 LD2 集装箱。需要携带多少个集装箱?

(4) 设计一架载客 150 人的喷气式运输机,其中 20 座为头等舱,其余座位必须为经济(旅行)级。

(a) 确定装载旅行者行李的货舱容积。

(b) 飞机使用 LD1 集装箱。需要携带多少个集装箱?

(5) 某些飞机制造商在总装线之外的地点制造飞机主要部件。因此,必须将这些部件从制造地点运送到总装线。设计一个运送 B737-300 的两个机翼(左和右共两件)的货舱。机翼特性如下:

$$S = 105.4 \text{ m}^2, \ b = 28.88 \text{ m}, \ C_{\text{root}} = 4.71 \text{ m},$$
$$AR = 7.9, \ (t/C)_{\text{max}} = 12\%, \ \Lambda_{\text{LE}} = 31°$$

如需其他必要条件,请自行假设。

（6）对于载客 60 人和 2 名乘务员的飞机，设计一个产生最低零升阻力的客舱。机头段（包括驾驶舱）长度为 2 m，机身后段长度为 2.5 m。仅要求确定客舱长度、客舱直径和每排座位数。假设机身每侧壁厚为 3 cm。不考虑厨房和盥洗室，并假设所有座位全部是经济（旅行）级。

（7）对于一架载客 400 人和 10 名乘务员的飞机，设计一个产生最低零升阻力的客舱。机头段（包括驾驶舱）长度为 3 m，机身后段长度为 5 m。要求确定客舱长度、客舱直径和每排座位数。假设机身每侧壁厚为 6 cm。不考虑厨房和盥洗室，并假设 50 座为头等舱，希望其余座位全部是经济（旅行）级。

（8）进行下述喷气式运输机的机身设计。布置燃油箱，将其容纳在机身内。

$$m_{TO} = 200\ 000\ \text{kg},\ S = 450\ \text{m}^2,\ C = 0.8\ \text{lb/(h} \cdot \text{lb)}$$

飞机在 35 000 ft 高度上巡航速度为 520 kn，升阻比为 14。

（a）如果飞机航程为 7 000 km，那么确定总燃油量。假设燃油类型为 Jet A。

（b）如果每一燃油箱装载 10 m³ 燃油，则飞机机身必须携带多少燃油箱？

（9）进行下述涡桨运输机的机身设计。布置燃油箱，以便容纳在机身内。

$$m_{TO} = 40\ 000\ \text{kg},\ S = 120\ \text{m}^2,\ C = 0.8\ \text{lb/(h} \cdot \text{lb)},\ \eta_P = 0.75$$

飞机在 25 000 ft 高度上巡航速度为 350 kn，升阻比为 11。

（a）如果飞机航程为 3 000 km，那么确定总燃油量。假设燃油类型为 JP-4。

（b）如果每一燃油箱装载 8 m³ 燃油，则飞机机身必须容纳多少个燃油箱？

（10）一架上单翼构型的货机，具有如下特性：

$$S = 100\ \text{m}^2,\ AR = 8,\ \lambda = 0.6，根部翼型：NACA\ 65_3 - 418。$$

如果与机翼相交处机身宽度为 3 m，那么确定机身必须分配多少容积来容纳翼盒。

（11）一架下单翼构型的喷气式公务机，具有如下特性：

$$S = 60\ \text{m}^2,\ AR = 9.4,\ \lambda = 0.5，根部翼型：NACA\ 64_1 - 412。$$

如果与机翼相交处机身宽度为 2.6 m，那么确定机身必须分配多少容积来容纳翼盒。

（12）对于图 7-47 所示的机身，其由一个半球体、一个圆柱体和一个圆锥体构成，确定最佳机身长径比。目的是使机身浸润面积最小。

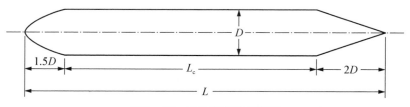

图 7-47　机头段和机身尾段

（13）对于图 7‐48 所示的机身,其由一个半球体、一个圆柱体和一个圆锥体构成,确定最佳机身长径比。目的是使机身浸润面积最小。

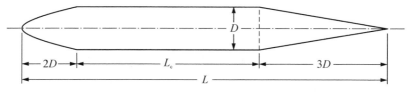

图 7‐48　机头段和机身尾段

（14）对于图 7‐49 所示的机身,其由一个半球体、一个圆柱体和一个长圆锥体构成,确定最佳机身长径比。目的是使机身浸润面积最小。

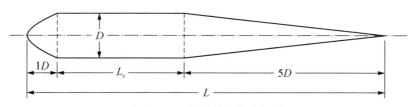

图 7‐49　机头段和机身尾段

（15）为一架单发亚声速教练机设计驾驶舱,容纳一位教员和一名学员,座位成串列构型。首先必须讨论如下项目:驾驶员个人装备、驾驶员舒适性程度、操纵设备、测量设备和自动化程度。然后,必须确定如下参数:座椅几何尺寸、座椅自由空间、至驾驶杆/驾驶盘/侧杆的距离、驾驶杆的运动距离、至脚蹬的距离、脚蹬的运动范围、水平线下视界角、机头下视界角、侧向视界角、椅背角度,至仪表板的距离,头顶高度和座椅后面空间。绘制最终的设计图,并标注尺寸。

（16）为一架亚声速观光/旅行飞机设计驾驶舱,容纳一位驾驶员,一名旅行者,座位为并排构型。首先必须讨论如下项目:驾驶员个人装备、驾驶员和旅行者的舒适性程度、操纵设备、测量设备和自动化程度。然后,必须确定如下参数:座椅几何尺寸、座椅自由空间、至驾驶杆/驾驶盘/侧杆的距离、驾驶杆移动距离、至脚蹬的距离、脚蹬运动范围、水平线下视界角、机头前下方视界角、侧向视界角、椅背角度、至仪表板的距离、头顶高度和座椅后面空间。绘制最终的设计图,并标注尺寸。

（17）为一架单座超声速战斗机设计驾驶舱。首先必须讨论如下项目:飞行员个人装备(飞行服、护目镜、头盔、弹射座椅、压力系统和降落伞)、飞行员艰苦程度、操纵设备、测量设备和自动化程度。然后,必须确定如下参数:座椅几何尺寸、座椅自由空间、至驾驶杆/驾驶盘/侧杆的距离、驾驶杆运动距离、至脚蹬的距离、脚蹬移动范围、水平线下视界角、机头前下方视界角、侧向视界角、椅背角度、至仪表板的距离、头顶高度和座椅后面空间。绘制最终的设计图,并标注尺寸。

(18) 为一架双座超声速战斗机设计驾驶舱,座位前后串列构型。首先必须讨论如下项目:驾驶员个人装备(飞行服、护目镜、头盔、弹射座椅、压力系统和降落伞)、驾驶员艰苦程度、操纵设备、测量设备和自动化程度。然后,必须确定如下参数:座椅几何尺寸、座椅自由空间、至驾驶杆/驾驶盘/侧杆的距离、驾驶杆运动距离、至脚蹬的距离、脚蹬移动范围、水平线下视界角、机头前下方视界角、侧向视界角、椅背角度、至仪表板的距离、头顶高度和座椅后面空间。绘制最终的设计图,并标注尺寸。

(19) 为一架上单翼构型的轻型单座 GA 飞机设计机身,可容纳 1 名驾驶员和 3 位旅客,在 18 000 ft 使用升限上航程为 1 500 km。机身必须携带 50% 总燃油量。拉进式飞机,机身必须容纳活塞式发动机。飞机起飞质量为 3 000 kg,在 18 000 ft 高度上巡航速度为 220 kn,升阻比为 8。有关必需的机组和行李遵循 FAA 条例,可自行假设任何其他必要的参数。绘制最终设计图,并标注尺寸。

(20) 为一架下单翼构型喷气式公务机设计机身,可容纳 8 位旅客,在 32 000 ft 使用升限上航程为 2 500 km。机身还必须携带 70% 总燃油量。起落架为三点式构型,可收入机身内。主起落架位置距机头必须为 65% 机身长度。机翼根部空气动力中心位置距机头 60% 机身长度。假设燃油类型为 JP‑4。飞机起飞质量为 5 000 kg,在 32 000 ft 高度上巡航速度为 430 kn,升阻比为 15。有关必需的机组和行李,遵循 FAA 条例,可自行假设任何其他必要的参数。绘制最终设计图,并标注尺寸。

(21) 为一架上单翼构型高亚声喷气式运输机设计机身,可容纳 40 位旅客,在 25 000 ft 使用升限上航程为 3 000 km。机身必须携带 80% 总燃油量。起落架为前三点式构型,可收入机身内。主起落架位置距机头的距离必须为 62% 机身长度。机翼根部空气动力中心的位置距机头 58% 机身长度。假设燃油类型为 JP‑5。飞机起飞质量为 22 000 kg,在 25 000 ft 高度上巡航速度为 280 kn,升阻比为 9。有关必需的机组和行李,遵循 FAA 条例,可自行假设任何其他必要的参数。绘制最终设计图,并标注尺寸。

(22) 为一架上单翼构型高亚声喷气式运输机设计机身,可容纳 18 位旅客,在 28 000 ft 使用升限上飞行时航程 2 000 km。机身必须携带 60% 总燃油量。起落架为前三点式构型,可收入机身内。主起落架位置距机头的距离必须为 62% 机身长度。机翼根部空气动力中心位置距机头 58% 机身长度。假设燃油类型为 JP‑4。飞机起飞质量为 13 000 kg,在 28 000 ft 高度上巡航速度为 280 kn,升阻比为 9。有关必需的机组和行李遵循 FAA 条例,可自行假设任何其他必要的参数。绘制最终设计图,并标注尺寸。

(23) 为一架下单翼构型高亚声喷气式运输机设计机身,可容纳 300 位旅客,在 34 000 ft 使用升限上航程 12 000 km。机身必须携带 65% 总燃油量。起落架为三点式构型,可收入机身内。主起落架的位置距机头 62% 机身长度。机翼根部空气动力中心位置距机头 58% 机身长度。假设燃油类型为 JP-4。飞机起飞质量为 200 000 kg,在 34 000 ft 高度上巡航速度为 550 kn,升阻比为 13。有关必需的机组和行李遵循 FAA 条例,可自行假设任何其他必要的参数。绘制最终设计图,并标注尺寸。

(24) 为一架中单翼构型喷气式战斗机设计机身,飞机可容纳 2 名飞行员,在 45 000 ft 使用升限上航程 2 000 km。机身必须携带 80% 总燃油量。起落架为三点式构型,但可收入机翼内。主起落架的位置距机头 61% 机身长度。机翼根部空气动力中心位置距机头 59% 机身长度。飞机起飞质量为 35 000 kg,在 45 000 ft 高度上巡航马赫数为 1.8,升阻比为 7。有关必需的机组和行李遵循军用标准,可自行假设任何其他必要的参数。假设燃油类型为 JP-4。绘制最终设计图,并标注尺寸。

参 考 文 献

[1] Hawkins, F. H. (1998) *Human Factors in Flight*, 2nd edn, Ashgate.

[2] Bridger, R. S. (2008) *Introduction to Ergonomics*, 3rd edn, CRC Press.

[3] Kroemer, K. H. E., Kroemer, H. B., and Kroemer-Elbert, K. E. (2000) *Ergonomics: How to Design for Ease and Efficiency*, 2nd edn, Prentice Hall.

[4] Salyendy, G. (2006) *Handbook of Human Factors and Ergonomics*, 3rd edn, John Wiley & Sons, Inc.

[5] Vink, P. (2011) *Aircraft Interior Comfort and Design*; *Ergonomics Design Management: Theory and Applications*, CRC Press.

[6] NASA (1978) *Anthropometry Source Book*, vol. 3, NASA/RP/1024, NASA.

[7] US Department of Transportation, Federal Aviation Administration (2011), FAR 23, FAR 25, www. faa. gov.

[8] US Department of Defense (2008) Military Standards, Performance Specifications and Defense Handbooks.

[9] Jackson, P. *Jane's All the World's Aircraft*, Jane's Information Group, 1996 to 2011.

[10] Garland, D. J., Wise, J. A., and Hopkin, V. D. (1999) *Handbook of Aviation Human Factors*, Lawrence Erlbaum Associates.

[11] Torenbeek, E. (1996) *Synthesis of Subsonic Airplane Design*, Delft University Press.

[12] Hoak, D. E. (1978) USAF Stability and Control DATCOM, Air Force Flight Dynamics Laboratory, Wright-Patterson Air Force Base, Ohio.

[13] Coordinating Research Council Inc. (2007) Commercial Aircraft Design Characteristics-Trends and Growth Projections, 5th edn, International Industry Working Group.

[14] Roskam, J. (2007) *Lessons Learned in Aircraft Design*; *The Devil is in the Details*, DAR Corporation.

[15] Anderson, J. D. (1999) *Aircraft Performance and Design*, McGraw-Hill.

[16] Ian, M. and Allan, S. (2008) *Aircraft Systems: Mechanical, Electrical and Avionics Subsystems Integration*, 3rd edn, John Wiley & Sons, Inc.

[17] Anderson, J. D. (2011) *Fundamentals of Aerodynamics*, 5th edn, McGraw-Hill

8 推进系统设计

8.1 序言

重于空气的航空器为了实现持续飞行需要安装推进系统。重于空气的航空器如果不安装合适的航空发动机或动力装置,仅能短时间滑翔,则滑翔机所能做的就是滑翔飞行。动力装置对飞机的贡献是能产生对飞机性能最具影响的力,即推进力或推力。飞机发动机基于牛顿第三定律产生推力。牛顿第三定律表明"每一个作用力都有一个大小相等、但方向相反的反作用力。"飞机发动机通常产生推动(加速)空气向后流动的力,因此飞机在反作用力作用下向前飞行。

借助匹配图方法计算为实现所希望的飞机性能而需要的发动机推力值,如同第4章在初步设计阶段所讨论的。本章将仔细研究推进系统的其他方面,如发动机类型选择、发动机数量和发动机安装位置。由于航空发动机设计被公认为是一门专门的学科,因此本章将不对此展开讨论。有关航空发动机设计的更详细信息,请读者参阅参考文献(如[1][2])。实际上,飞机设计者不从事航空发动机设计,而是选用与设计需求相匹配的发动机。

本章致力于论述推进系统设计。本章以动力装置功能分析和设计流程图开始,结尾时给出设计程序。简要叙述各种类型的发动机及其特点和技术特性,包括限制、优点和缺点,还阐述设计考虑和约束条件、设计需求、设计方法、发动机安装因素、某些发动机性能计算。在本章的结尾,还给出全解示例,演示这些方法的应用。

如同整本书所述,推进系统设计也遵循系统工程方法。尽管这一做法是飞机详细设计阶段的一部分,但本章并不讨论发动机部件的设计,诸如进气道、涡轮、燃烧室和喷口(对于喷气式发动机)以及活塞、气缸、曲轴、汽化器、螺旋桨和燃油系统(对于活塞式发动机)。原因是这些主题都超出了本书的范畴。

8.2 功能分析和设计需求

为了设计推进系统,需要进行发动机功能分析。这可使设计者选择恰当的发动机并确定最合适的发动机参数。如果设计者能够将推进系统设计需求与功能分析联系在一起,则能够满足推进系统设计需求。表 8-1 给出飞机推进系统功能综述。通常,将功能分为三组,即主要功能、辅助功能和参与性功能。在推进系统设计过程中,必须考虑所有这些功能,因为它们以各种方式影响设计需求。

表 8-1　推进系统功能

序号	功能分类	功　　能
1	主功能	产生推进力
2	辅助功能	产生供飞机各子系统(如液压系统和电气系统)使用 的动力/能源
3	参与性功能	增强或减弱飞机稳定性 由于发动机噪声,降低旅客、机组和乘务员的舒适程度 由于与客舱/驾驶舱的热交换,降低旅客、机组和乘务员的舒适程度 一台发动机不工作时对安全性的影响 燃油消耗引起的运营成本 发动机振动对结构的影响

　　航空发动机的主要功能是产生推进力。推进力对于克服飞机阻力和提供措施(空速)使机翼产生升力是必不可少的。对于喷气式发动机,直接由发动机产生推力,而对于螺旋桨飞机,则借助螺旋桨而产生推进力。发动机类型选择方法(如喷气式、螺旋桨驱动)将在第 8.3 节中予以讨论。

　　推进系统的辅助功能是为其他子系统(如液压系统、电气系统、压力系统、空调系统和航空电子设备系统)提供动力/能源。这些子系统依靠发动机提供的动力/能源而工作。在大多数通用航空(GA)飞机以及轻型运输机上,从推进系统提取功率供内部使用。然而在大型喷气式运输机上,常常考虑采用一种专门的装置(如辅助动力装置(APU))来产生能源供其他系统使用。在小型双发运输机上,有些系统(如电气系统)接收来自左发动机的能源,而其他系统(如液压系统)则由右发动机提供能源。每一系统的能源选择是多个因素(如飞机任务、操纵品质、成本、安全性考虑和运行需求)的函数。

　　飞机 APU 的主要用途是为主发动机起动提供能源。APU 通常是一台小型喷气式发动机,带动发电机产生电能。APU 运行所需燃油直接来自飞机燃油箱。通常借助电动机实现起动。由于 APU 与推进系统是独立的,往往使飞机在所有发动机都不工作的情况下具有较高的安全率。有关 APU 性能的更详细的信息,请读者见参考文献[3]。

　　有很多参与性功能,其中大多数是不想要的。在飞行动力学中,不同的发动机位置可能起到使飞机稳定或减弱飞机稳定的作用。发动机位置与飞机稳定性之间的关系,将在第 8.5 节中阐述。一台发动机有大量的运动零件,包括转轴、旋转风扇或旋转螺旋桨。发动机零件的高速转动会产生大量的噪声,这有碍于旅客舒适性。各种航空发动机之间的噪声等级比较将在第 8.3 节中评价。

由于发动机燃烧室内燃油燃烧产生了大量的热量,其中一部分热量通过热交换传给机身,导致客舱和驾驶舱受热。在选择发动机位置时,必须考虑此因素。如果发动机位置太靠近客舱并且如果发动机隔热系统效能不佳,将会降低旅客的舒适性。必须将发动机冷却措施设计视为发动机设计工作的一部分。发动机类型和安装位置对旅客舒适性的影响将在第 8.3 节和第 8.5 节中予以研究。

推进系统的另一个参与性功能与安全性有关。在发动机着火的情况下,必须预警并具有主动灭火能力。多发飞机在一台发动机不工作(OEI)的情况下,飞机可操纵性和旅客安全是极大的关注点。联邦航空条例(FAR)[4],尤其是 23 部和 25 部,列出许多强制性设计要求,以使飞机具备适航性。飞机设计者在推进系统设计过程中应遵循相关要求。

此外,燃油是昂贵的,必须采取一切措施来降低运营成本。例如,B737 - 700(见图 6 - 12)从波士顿飞往洛杉矶,要消耗约 4 000 gal 燃油。注意在 2011 年原油价格为每桶 100 美元以上,喷气燃料的价格大约是每加仑 6 美元(比汽车燃油约高50%),这就不难理解问题的重要性。对航空公司而言,这是一项巨大的成本,因此推进系统必须设计成使航油成本减至最小。

最后,飞机结构受到发动机安装和发动机运行的影响,发动机安装在飞机上,并利用隔框或吊挂固定。发动机通过力、力矩以及其他因素(如发动机重量、发动机推力、热交换和振动)对飞机结构形成多方面影响。必须将结构完整性作为发动机设计方法的一部分予以分析,以确保发动机设计不会导致结构性能降低。通常,应将下列各项作为推进系统设计需求和约束加以考虑:

- 飞机性能;
- 发动机成本;
- 运营成本;
- 发动机重量约束;
- 尺寸约束;
- 飞行安全性;
- 发动机效率;
- 飞机稳定性;
- 热交换;
- 结构需求;
- 安装约束;
- 综合;
- 噪声约束;
- 旅客舒适程度;
- 旅客诉求;

- 隐身性约束；
- 发动机迎风面积约束；
- 可维修性；
- 可制造性；
- 用后可任意处置性。

　　未对这些项目进行编号是为了表明它们的重要程度对于各种飞机并不都相同。必须依据飞机任务、可用预算以及设计优先权，对上面所列需求和约束进行评估和加权。然后应进行权衡研究，以随着设计过程进展确定和最终确认各发动机参数。这些需求和约束之间的关系，将在第8.3～8.6节中阐述。通常，飞机设计者的工作是确定/设计/选择下列各项：①选择发动机类型；②选择发动机台数；③确定发动机位置；④从制造商的产品目录中选择发动机；⑤ⓐ确定螺旋桨规格（如果采用螺旋桨发动机），⑤ⓑ设计进气道（如果是喷气式发动机）；⑥设计发动机安装；⑦迭代和优化。第⑤ⓐ和⑤ⓑ项属于飞机设计者的设计活动，必须与发动机设计团队并行进行。要强调的是，飞机设计者对这两种推进系统的各个参数有最终发言权。

　　图8-1图解说明推进系统设计流程，包括设计反馈。如流程图所示，推进系统

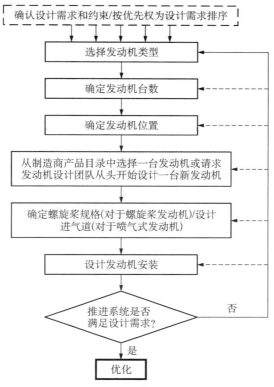

图8-1　推进系统设计流程图

设计是一个迭代过程,迭代的次数取决于设计需求的特性以及设计者的技能。推进系统设计从确认设计需求开始,设计过程以优化结尾。每一设计方框内的细节,将在下面的各节中予以说明。与飞机其他部件的情况一样,并非只有唯一设计解决方案可满足设计需求。每一可接受的设计方案都会有许多优点和缺点,必须采用系统工程方法做出抉择。

8.3 发动机类型选择

在设计需求和约束条件已得到确认并列出优先权之后,推进系统设计者应立即开始选择发动机类型。市场上有多种类型发动机可用于飞行运行。它们包括:人力、电动(蓄电池)、太阳能动力、活塞式螺旋桨、涡轮喷气、涡轮风扇、涡轮螺旋桨、涡轮轴、冲压喷气和火箭发动机。在本节中,将阐述航空发动机分类,包括每种类型发动机的特点和特性,以及选择发动机类型的过程。

8.3.1 航空发动机分类

1903 年 12 月 17 日,莱特兄弟驾驶飞行者号飞机完成人类首次有动力飞行。当今,已设计、制造出各种类型的航空发动机,并在航空器上得到应用。航空发动机基本上可分为三个大类:①吸气式发动机;②非吸气式发动机或火箭发动机;③非常规发动机。图 8-2 图解说明这一分类。本节将简要评介每种类型发动机的特点和特性。有关更详细的信息,请读者参阅推进技术领域内的参考文献,诸如参考文献[5]~[7]。

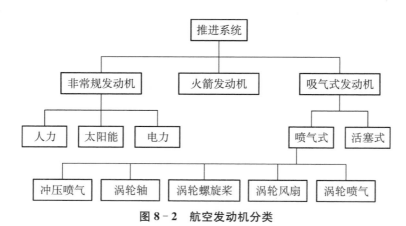

图 8-2 航空发动机分类

非常规发动机主要有三种:①人力发动机;②太阳能发动机;③电动发动机。使用人力发动机的飞机上事实上没有发动机,只是靠驾驶员的体力飞行。太阳能飞机利用机上太阳能电池吸收的太阳能。电动飞机使用容量足够的蓄电池完成整个飞行。事实上,电动发动机不能算非常规发动机,因为其非常普遍,已在各种小型遥控航空器上得到应用。

另一种分类方法将推进系统分为两组：非螺旋桨驱动推进系统和螺旋桨驱动推进系统。前一组包括火箭、涡轮喷气、涡轮风扇和冲压喷气。后一组包括活塞螺旋桨、电动发动机螺旋桨、人力驱动螺旋桨、太阳能驱动螺旋桨和涡轮螺旋桨和涡轮轴。两组之间的主要差异在于非螺旋桨驱动推进系统通过喷口直接产生推力，而螺旋桨驱动推进系统借助于螺旋桨而产生推进力。图 8 - 2 所给出的分类只是文献中许多可能的推进系统分类中的一种。表 8 - 2 给出若干航空器动力装置的特性。

表 8 - 2　若干航空器的发动机特性[8],[9]

序号	航空器	航空器类型	m_{TO}/kg	发动机类型	发动机数量	发动机	功率或推力	发动机位置
1	莱特兄弟飞行者号	史上首次飞行	338	活塞式	1	无牌号	89 hp	Loc 1
2	塞斯纳 182	轻型 GA	1 406	活塞式	1	来康明 10 - 540 - AB1A5	230 hp	Loc 1
3	穆尼 M20J	游览机	1 315	活塞式	1	大陆 TSIO - 550 - G	200 hp	Loc 1
4	喷火	英国 wwII 战斗机	3 071	活塞式	1	罗尔斯罗伊斯梅林 45	1 470 hp	Loc 1
5	施特梅 S10	摩托滑翔机	850	活塞式	1	罗泰克斯 914	93 hp	机身上部
6	旅行者	不空中加油环球飞行	4 398	活塞式	2	大陆 0 - 240 + IOL - 200	100 + 81 kW	沿 FCL
7	C - 130 大力神	军用货机	70 300	涡桨	4	艾里逊 T56 - A - 15	4 • 4 590 hp	机翼下
8	天空火花	100% 电动飞机	1 497	电动	1	瓦伦蒂诺同步电机	75 kW	机头
9	庞巴迪 冲 8 Q400	支线运输机	27 986	涡桨	2	普惠 PW150A	2 • 5 071 hp	机翼上
10	贝尔 AH - 1 眼镜蛇	攻击直升机	4 310	涡轴	1	来康明 T53 - L - 703	1 100 hp	Loc 2
11	川崎重工 MD500	轻型直升机	1 157	涡轴	1	艾里逊 250 - C20R	278 hp	Loc 2
12	欧洲直升机公司 EC - 135	轻型直升机	2 500	涡轴	2	透博梅卡阿里乌斯 2B2	2 • 583 hp	Loc 2
13	全球鹰	无人驾驶侦察机	10 387	涡轮风扇	1	艾里逊罗罗 AE3007H	31.4 kN	后机身背部

（续表）

序号	航空器	航空器类型	m_{TO} /kg	发动机 类型	发动机 数量	发动机	功率或 推力	发动机 位置
14	湾流 V	喷气式公 务机	41 136	涡轮风扇	2	罗罗 BR710A1 - 10	2·65 kN	Loc 4
15	塞斯纳 奖 状 X	喷气式公 务机	16 374	涡轮风扇	2	罗罗 AE3007C - 1	2·30 kN	Loc 4
16	B767 - 300	航线客机	158 760	涡轮风扇	2	普惠 JT9D - 7R4	2·220 kN	Loc 3
17	A380 - 800	航线客机	569 000	涡轮风扇	4	GP 7270	4·311 kN	Loc 3
18	BAe 鹞Ⅱ	垂直短距起 降近距支援	8 142	涡轮风扇	1	罗罗 飞马 MK. 105	105.9 kN	Loc 2
19	欧洲联合战 斗机 台风	战斗机	23 500	涡轮风扇	2	欧洲 喷气 EJ200	2·60 kN	Loc 2
20	F - 16 战隼	多用途战 斗机	19 200	涡轮风扇	1	F110 - GE - 100	76.3 kN	Loc 2
21	协和号	超声速航线 客机	187 000	涡轮喷气	4	罗罗/斯奈克 玛 593	4·140 kN	机 翼 下部
22	SR - 71 黑鸟	侦察机	78 000	涡轮喷气	2	普惠 J58 - 1	2·151 kN	机 翼 上部
23	空 间 飞 船 1 号	亚轨道空 中发射太空 飞机	3 600	火箭	1	N20/HTPB - SpaceDev	74 kN	Loc 2

FCL：机身中心线，Loc 1：机身头部，Loc 2：机身内部，Loc 3：机翼下，Loc4：后机身两侧。

8.3.1.1 人力推进系统

人力推进系统利用人（驾驶员）的体力，通过螺旋桨产生推进力。因此，假设人作为推进系统的一部分。第一架成功的人力飞机是 1979 年的蝉翼信天翁号。使用脚踏板驱动一副双叶大螺旋桨完成飞机飞行，飞行距离为 35.8 km，历时 2h49 min，最大速度达 29 km/h，平均飞行高度为 1.5 m。后来，又成功设计出多种人力飞机并进行了飞行。图 8 - 3(a)所示的人力飞机，由 MIT 制造，作为 NASA 德莱登飞行研究中心的试验机。

人力推进系统的主要优点在于，不依靠燃油，无机械发动机以及低成本。然而主要的缺点在于人的弱点，包括非常低的巡航速度（低于 15 kn），非常低的升限（低于 8 000 ft），非常低的爬升率（小于 10 m/min），和短航程（几千米）。人力飞机无疑要比活塞式螺旋桨发动机安静得多。人力发动机与其他类型发动机之间的特点比较，列于表 8 - 3。

（a）

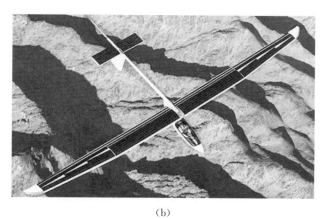

（b）

（c）

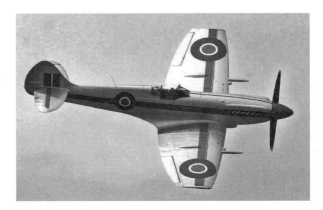

（d）

（e）

（f）

（g）

（h）

图 8 - 3　采用不同发动机的 8 种飞机/航天器

（a）"光鹰"，人力　（b）太阳能飞行公司的"阳光追随者号"，太阳能动力　（c）"天空火花"，电动发动机　（d）超级马林 379 喷火，活塞式发动机（经詹尼·科菲允许）　（e）空客 A319，涡轮风扇（经安妮·迪乌斯允许）　（f）麦道 F - 14 鬼怪，涡轮喷气　（g）空客 A400 灰熊，涡轮螺旋桨（经詹尼·科菲允许）　（h）航天飞机，火箭发动机

表 8 - 3　10 种不同类型发动机各种参数的综合比较

序号	发动机	SFC	发动机成本	噪声	比重	推进效率	维护性	升限	飞行速度
1	人力	0	1*	1	1	8	10	1	1
2	电	1	2	3	2**	10	9	8	2
3	太阳能	0	2***	2	2	9	8	9	3
4	活塞螺旋桨	2	3	4	5	3	5	2	5
5	涡轮喷气	6	6	5	8	6	1	6	8
6	涡轮风扇	5	9	6	9	7	2	5	7
7	涡轮螺旋桨	4	7	7	6	4	4	4	6
8	涡轮轴	3	8	8	7	5	3	3	4
9	冲压喷气	8	4	6	4	2	6	7	9
10	火箭	10	5～8	10	3****	1	7	10	10

＊这并不意味着人力是廉价的，但这意味着不需要采购一台发动机；＊＊不含蓄电池；＊＊＊不包括太阳能电池板；＊＊＊＊不包括内部燃料。1：最低，10：最高。

8.3.1.2　太阳能动力推进系统

太阳能飞机采用螺旋桨和电动机，它们由阳光驱动。太阳能飞机的实例是无人驾驶飞机"探索者号"，翼展 98.4 ft，重 560 lb。然而飞机结构在高空断裂，由于结构问题而坠落大海。

现时在研制的实例是"阳光脉冲号"，瑞士的单座长程飞机，能够靠自身的动力起飞，预期留空长达 36 h。飞机最大起飞质量为 2 000 kg，翼展 80 m，4 台 10 hp 电发动机,置于机翼下,每台发动机配一组锂聚合物蓄电池。总共 11 600 枚太阳能电池用于贮存太阳能。

这种推进系统的主要优点在于无限续航时间、无限航程、高升限、不用燃油。主要的缺点是速度低(小于 30 kn),爬升率低(小于 50 m/min),依赖阳光。由于阳光是一直可用的(在云层上),理论上飞机具有无限续航时间和无限航程。然而主要缺点源自太阳能贮存量低,包括非常低的巡航速度(小于 30 kn)和非常低的爬升率(小于 50 m/min)。太阳能发动机无疑要比活塞式螺旋桨发动机安静得多。太阳能发动机与其他形式发动机之间的特点比较,列于表 8-3。太阳能飞行公司的"阳光追随者号"(见图 8-3(b))以及"阳光脉冲号"飞机都采用太阳能发动机。

8.3.1.3 电力推进系统

电力推进系统包括电动机、蓄电池和螺旋桨。所以,在电动飞机上,动力装置是蓄电池驱动的电动机。大多数模型飞机或迷你型遥控飞机(翼展小于 2 m)利用电力推进系统。由于蓄电池的电量有限,使用寿命有限,因此这种类型的推进系统未广泛地用于 GA 和运输机。电力推进系统的主要特点在于它们最适合于质量小于 30 kg 的飞机。一个蓄电池或一组蓄电池能提供的最大可用功率通常小于 100 hp,历时不足 1 h。一架典型电动飞机的其他特点是速度低(小于 60 kn),航程短(小于 50 km),续航时间短(小于 1 h),成本低(从几百到几千美元不等),尺寸紧凑,重心恒定以及安静。

电力推进系统的主要优点在于不用燃油、无机械发动机以及低成本。主要缺点源自于电能贮存受限,包括巡航速度很低(小于 100 kn),升限低(小于 40 000 ft),爬升率很低(小于 15 m/min),航程短(小于 400 km)。电动发动机通常比活塞式发动机轻。然而加上蓄电池重量时,总重量大于活塞式发动机重量及其耗用燃油重量之和。作为一个示例,典型的 2 hp 电动机的质量约为 300 g,但是,为了运行15 min,需要的蓄电池质量约为 400 g。电动发动机与其他类型发动机的比较列于表 8-3。图 8-3(c)示出双座"天空火花"电动飞机,采用 75 kW (101 hp)电动发动机,由锂聚合物蓄电池驱动。该飞机在 2009 年 6 月 12 日,创造了载人电动飞机250 km/h飞行速度的世界纪录。

8.3.1.4 活塞式螺旋桨推进系统

活塞式发动机,也称为往复式发动机或内燃机,是一种热机,使用一个或多个活塞,将燃油的能量转换为旋转机械运动。每一活塞都置于气缸内(见图 8-4),燃油注入气缸,点燃气缸内的燃油/空气混合物后升温。热燃气膨胀,将活塞推到气缸底部。活塞借助飞轮或连接在同一轴上的其他活塞

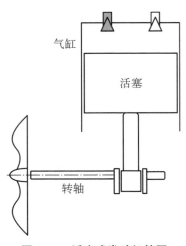

图 8-4 活塞式发动机简图

产生的动力又返回到气缸顶部。对于大多数活塞式发动机,膨胀后的高温燃气在此过程或行程中作为废气从气缸内排出。

然后借助螺旋桨将旋转运动转换为拉力。航空活塞式发动机与汽车发动机类似,仅略有不同。常用的活塞式发动机构型包括:①星形,②直列式,③V形,④卧式对置或平列。最常见的构型是对置气缸型发动机。在现时市场上,活塞式发动机的可用功率范围为 0.5~2 000 hp,尽管在过去(20 世纪 40 年代和 50 年代)也曾制造过更大功率的活塞式发动机。现在,大多数家庭制造的飞机和轻型 GA 飞机采用活塞式发动机。由于螺旋桨的使用,活塞式发动机飞机的空速不可能超过 Ma 0.5,否则在螺旋桨桨尖会出现激波。GA 飞机,诸如塞斯纳 182(见图 3-7),比奇·男爵 58,派珀·超级俱乐部(见图 5-56),莱克·LA-270 叛逆者(带涡轮增压)(见图 8-21),都采用活塞式发动机。

活塞式发动机的高空性能可通过使用称为增压的方法而得到改善。这涉及借助压缩机对进入进气歧管的空气进行压缩。在早先采用机械式增压器的发动机上,这一压缩机由源自发动机曲轴的齿轮系驱动。机械增压器常常是一空气压缩机(或者有时是一小燃气涡轮),它迫使更多的空气进入活塞式发动机汽缸,因此进气量比在环境大气压力下或自然吸气状态下可能达到的要大很多。目前大多数带增压的发动机采用由发动机排气提供动力的涡轮驱动压气机。现在,大多数 GA 飞机采用自然吸气方式。

少数现代活塞式发动机按高空运行要求设计,通常使用涡轮增压器或涡轮增压正常化系统,而不采用机械增压器。大多数轻于空气航空器也配备活塞式发动机,设计成携带有效载荷,并由驾驶员控制飞行速度。例如半硬壳式氦气飞艇 AEROS-50,安装一台 59.7 kW 罗泰克斯 912 平列式 4 缸活塞发动机。活塞式发动机与其他类型发动机之间的特性比较列于表 8-3。图 8-3(d)示出 WWII 战斗机超级马林 379 喷火,它采用罗尔斯·罗伊斯公司的梅林 45 机械增压 V12 活塞式发动机,产生 1 470 hp(1 096 kW)的功率。

8.3.1.5 涡轮喷气发动机

1939 年发明了第一台燃气涡轮发动机。在德国和英国同时研制成功。燃气涡轮发动机是这样的一种装置,即通过经仔细设计的进气道吸入自由气流,经旋转压气机压缩,在燃烧室内燃烧升温,流经涡轮发生膨胀,然后燃气通过喷口以比自由气流流速大得多的速度喷出。这一燃气质量喷射的反作用力是作用在发动机和飞机上的向前力:推力。因此,喷气式发动机是一种空气-机械装置,它迫使大量的燃气向后运动而产生向前的推力。燃气涡轮发动机是涡轮喷气发动机、涡轮风扇发动机、涡轮螺旋桨发动机和涡轮轴发动机的核心。纯燃气涡轮发动机通过其喷口产生推力,称为涡轮喷气发动机。由涡轮产生的所有机械能,通过转轴传递给压气机,增大流入空气的压力(见图 8-5)。含剩余能量的高温、高压燃气

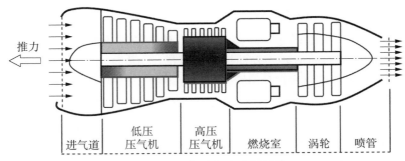

| 进气道 | 低压
压气机 | 高压
压气机 | 燃烧室 | 涡轮 | 喷管 |

图 8 - 5 涡轮喷气发动机原理

经喷管排出。

现时市场上喷气式发动机的可用推力范围为 10～100 kN。小型涡轮喷气发动机仍然用于以培训为目的教学设备。涡轮喷气发动机和其他类型发动机特性之间的比较列于表 8 - 3。涡轮喷气发动机可在各种飞行状态下使用,包括亚声速、跨声速和超声速。涡轮喷气发动机的主要缺点在于单位燃油消耗率高,推进效率低,导致运行成本高。第一架喷气式航线客机德哈维兰德公司的彗星号、超声速运输机协和号(见图 7 - 24)和军用飞机麦道 F - 4 鬼怪(见图 8 - 3(f))全都采用涡轮喷气发动机。如今,涡轮喷气发动机的应用仅限于少数军用飞机。

8.3.1.6 涡轮风扇发动机

涡轮风扇发动机是涡轮喷气发动机的改进型,改善了推进效率和单位燃油消耗率。通过在压气机前面添加一级或多级风扇并设置单独的风扇排气口,实现了这两项改进。涡轮风扇发动机是一种燃气涡轮发动机,其中涡轮吸收的功率超过驱动位于辅助涵道内的风扇或低压压气机所需,辅助涵道通常是围绕主涵道的环形通道。涡轮风扇发动机向大量的空气(远超过涡轮喷气发动机)施加动量,但气流速度增加较小。涡轮风扇发动机能够在亚声速和超声速范围内有效地工作。加力燃烧室[1]是某些喷气式发动机采用的附加部件,主要用于那些超声速飞机。目的是瞬时增大推力,实现超声速飞行和用于起飞。涵道比是流经发动机外涵道的空气质量流量与流经发动机内涵道的空气质量流量之比。

大多数轻型和大型运输机以及军用战斗机都采用涡轮风扇发动机。现时市场上涡轮风扇发动机的可用推力范围为 1 000 N～500 kN。当今如下各类飞机全都使用涡轮风扇发动机:轻型运输机,如湾流 550(见图 11 - 15)、塞斯纳 750;大型运输机,如 B737(见图 6 - 12)、B767(见图 5 - 4)、B787(见图 1 - 10)、EMB 195、A340(见图 8 - 6)、A380(见图 1 - 8);军用飞机,如 F - 15 鹰(见图 3 - 12 和图

---

① 本书以"afterburner"表示,在英国文献中以"reheat"表示。

9-14)、F-16 战隼(见图 4-6)、F/A-18 大黄蜂(见图 2-11、图 6-12 和图 12-27)、F-117 夜莺(见图 6-8)、全球鹰(见图 6-12)。涡轮风扇发动机和其他类型发动机特性之间的比较列于表 8-3。图 8-3(e)示出运输机 A319,装有两台涡轮风扇发动机。

(a)

(b)

(c)

(d)

(e)

(f)

图 8 - 6 采用不同台数发动机的 6 种飞机

（a）玛里加恩斯基雨燕 S - 1 滑翔机,无发动机(经詹尼·科菲允许) （b）麦道 DC - 10 - 30 三台发动机(经安妮·迪乌斯允许) （c）B777,双发(经安妮·迪乌斯允许) （d）格洛布 G - 109B,单发(经赖纳·贝克斯顿允许) （e）A340,4 发(经安妮 迪乌斯允许) （f）B - 52,同温层堡垒,多发(经安东尼·奥斯本允许)

8.3.1.7 涡轮螺旋桨发动机

涡轮螺旋桨发动机属于燃气涡轮发动机,其中涡轮吸收的功率超过驱动压气机所需。剩余的功率用于驱动螺旋桨。尽管热燃气中的大部分能量为涡轮所吸收,但涡轮螺旋桨发动机仍然有一定的喷气推力。因此,大部分燃气能量由涡轮提取,用于驱动螺旋桨轴。涡轮螺旋桨发动机本质上是一种由燃气涡轮发动机驱动的螺旋桨发动机。按照设计,涡轮提取热燃气流中的大部分可用功,剩余很少的可用燃气能量由喷口排出产生推力。因此,推力喷口所提供的推力仅占涡轮螺旋桨发动机所产生推进力的很小部分。对于大多数涡轮螺旋桨发动机,总推进力中只有大约10%与喷气排气有关,总推进力中其余的90%由螺旋桨产生。大直径螺旋桨需要减速齿轮箱,这增加了推进系统的重量和复杂性并带来相关的维修性问题。

按推进力和效率权衡,涡轮螺旋桨发动机处于活塞式发动机和涡轮风扇发动机之间。相比之下,涡轮螺旋桨发动机单位燃油消耗率高于活塞式发动机,但低于涡轮风扇发动机或涡轮喷气发动机。涡轮螺旋桨发动机的主要缺点在于,发动机噪声大,此外,涡轮螺旋桨飞机的最大飞行速度受到限制,当速度达到某个限制值时,在螺旋桨桨尖形成激波,使螺旋桨效率大幅度下降。最大飞行速度通常约为 $Ma0.6$。就功率而言,市场上涡轮螺旋桨发动机的最大可用功率范围为 $100\sim7\,000\,hp$。

在过去的十年,有几家研究机构和公司已试图对涡轮风扇发动机和涡轮螺旋桨发动机两者的优势方面进行组合,并制造出一种新型发动机,称为涡轮桨扇发动机或简称为桨扇发动机。该发动机有独特的螺旋桨,其直径小于普通的涡轮螺旋桨发动机,叶弦大于涡轮风扇发动机。还拥有经仔细设计的叶型,以降低螺旋桨噪声。迄今为止,仅安装在一种运输机上。尽管该发动机的性能结果是满意的,但是新的桨扇发动机仍然未得到普遍应用。许多货机(如 C-130 大力神,见图 5-4)和一些轻型运输机(如 ATR72,见图 12-42、EMB 120 巴西利亚)都采用涡轮螺旋桨发动机。涡轮螺旋桨发动机与其他类型发动机之间的特性比较列于表 8-3。图 8-3 (g)示出运输机 A400 灰熊,其由 4 台 TP400-D6 涡轮螺旋桨发动机驱动,每台发动机的功率为 8 250 kW(11 060 hp)。

8.3.1.8 涡轮轴发动机

还有一种燃气涡轮发动机称为涡轮轴发动机,它通过转轴传送功率,除了驱动螺旋桨外,还用来驱动其他一些装置。涡轮轴发动机与涡轮螺旋桨发动机非常相似。燃气涡轮可产生少量推力,然而主要设计成产生轴马力。涡轮轴发动机具有与涡轮喷气发动机相同的基本部件,外加一根涡轮轴,吸收排出燃气所含的功率。涡轮轴发动机另一个用途是 APU。这些小型燃气涡轮发动机主要用于大型运输机上,在地面或在高空按需要提供辅助动力。涡轮轴发动机主要用于直升机。支奴干和超级眼镜蛇 AH-1F 这两种直升机都配备涡轮轴发动机。涡轮轴发动机与其他类型发动机之间的特性比较列于表 8-3。

8.3.1.9 火箭发动机

火箭发动机是一种喷气式发动机,可在航空器和航天器推进以及地面上使用

（如导弹）。火箭发动机从燃料箱提取所有的反应物质，形成高速气流，按照牛顿第三定律获得推力。火箭发动机通过喷出高温高速燃气流产生推力。这些通常是燃料和氧化剂所组成的固态或液态推进剂于燃烧室内在高压（10～200 bar）、高温（2 000～4 000 K）条件下燃烧产生的。火箭燃料可以是液态，也可以是固态。液态燃料火箭通常分别泵送燃料和助燃剂到燃烧室，在其内混合并燃烧。固态推进剂是由燃料和氧化剂组分混合物制成，推进剂贮存腔成为燃烧室。

大多数军用火箭和导弹使用火箭发动机。这里列举两个非军事用途的著名航天器实例，即航天飞机的太空船一号。航天飞机配备多种发动机，其中主发动机包括 3 台洛克达因公司的布洛克Ⅱ型火箭发动机，单台海平面推力为 1.752MN。发动机异常强大，使航天飞机约在 8 min 内到达其 220 mi 轨道。航天飞机已按计划在 2011 年 7 月 8 日最后一次发射后退役。以后，美国每次向俄罗斯支付 5 千万美元，送一名航天员到空间站。太空船一号是亚轨道空中发射的空间飞机，2004 年使用火箭发动机完成首次载人私人太空飞行。太空船一号的"运载母机"白衣骑士号，装有 2 台涡轮喷气发动机。某些军用飞机如 C-130，有时采用助推火箭，与正常发动机配合，增大起飞时的总推力，以减小起飞滑跑距离。

主要的航空发动机制造商有通用电气（GE）、普拉特·惠特尼（PW）、罗尔斯-罗伊斯（RR）、宝马（BMW）、艾里逊（Alison）、欧洲喷气（Eurojet）、洛克达因（Rocketdyne）、斯奈克玛（SNECMA）、泰莱达因·大陆（Teledyne Continental）、美国来康明（Textron Lycoming）和罗泰克斯（Rotax）。泰莱达因·大陆、罗泰克斯和来康明主要生产活塞式发动机，而上面列出的其他制造商主要制造各种喷气式发动机。火箭发动机与其他类型发动机之间的特性比较列于表 8-3。图 8-3(h)示出航天飞机，它采用多台火箭发动机。

8.3.2 选择发动机类型

设计者知晓设计需求和约束后，设计推进系统的第一步是确定发动机类型。通常，主要根据如下考虑因素来确定适合于具体飞机设计的发动机类型：

- 飞机性能；
- 制造成本；
- 运营成本；
- 发动机重量；
- 安全性；
- 发动机推进效率；
- 飞机稳定性；
- 可维修性；
- 热交换（冷却措施）；

- 结构需求；
- 安装需求；
- 综合；
- 噪声和振动；
- 隐身；
- 发动机迎风面积；
- 可制造性；
- 用后任意处置性；
- 尺寸约束；
- 旅客舒适程度；
- 旅客诉求。

这些准则往往并不同等重要，本节将对它们做简要评介。表 8-3 给出 10 种不同类型发动机各种参数的综合比较。

8.3.2.1　绝对升限和飞行马赫数

选择发动机类型的首要也是最重要的准则与飞机性能相关。对选择发动机类型影响最大的两个飞机参数是绝对升限和最大速度。这些参数构成飞机运行的飞行包线。通常，螺旋桨发动机的使用不超过 Ma 0.6。对于更高的速度，喷气式发动机也许是唯一合适的推进方式。每一类型发动机的速度限制和升限限制如图 8-7 所示。表 8-3 给出 10 种不同类型发动机的飞行包线的相对比较。

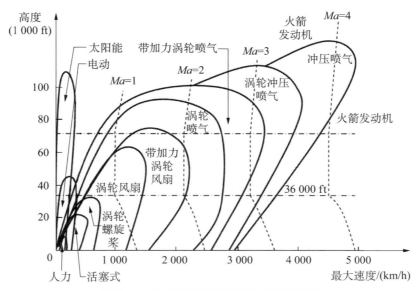

图 8-7　各种发动机使用限制之间的比较

8.3.2.2 推进效率

图 8-8 给出各种类型发动机中有代表性示例的推进效率。该图针对给定推力下的巡航飞行。如图所示,螺旋桨发动机(如活塞螺旋桨、涡轮螺旋桨、电动和太阳能)具有最高的推进效率。此外,涡轮风扇发动机的推进效率略高于涡轮喷气发动机,原因是采用了双涵道。表 8-3 列出 10 种不同发动机的推进效率的相对比较。

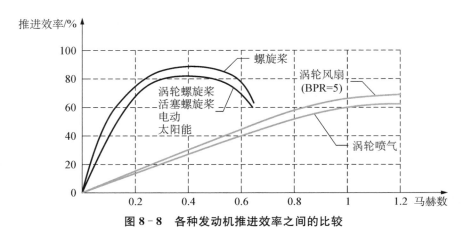

图 8-8 各种发动机推进效率之间的比较

8.3.2.3 单位燃油消耗率

图 8-9 给出 4 种不同发动机的单位燃油消耗率(SFC)随飞行马赫数的变化。该图针对在给定推力下的巡航飞行。如图所示,螺旋桨发动机(如活塞螺旋桨和涡轮螺旋桨)在 $Ma0.4$ 之前具有最低 SFC。通常,涡轮螺旋桨发动机的 SFC 比活塞发动机略高。此外,涡轮风扇发动机的 SFC 低于涡轮喷气发动机,原因是采用了双涵

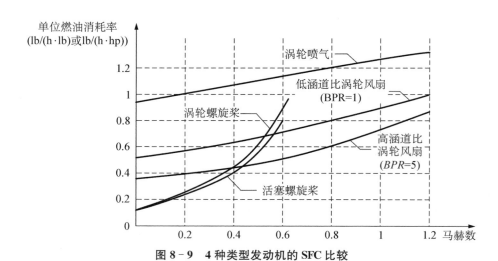

图 8-9 4 种类型发动机的 SFC 比较

道。涵道比增大时,SFC 减小。因此,涡轮喷气发动机是 SFC 最高的发动机。然而它燃烧航空煤油,油价比航空汽油低。就高亚声速下 SFC 而言,涡轮风扇发动机是最经济的发动机。表 8-3 列出 10 种不同发动机 SFC 的相对比较。表 4-6 给出各种发动机 SFC 的典型值。对于螺旋桨发动机,SFC 计量单位分母中的功率是最大功率。此外,对于喷气式发动机,SFC 计量单位分母中的 lb 是发动机推力。

8.3.2.4 发动机重量

依据发动机重量,表 8-4 给出各种类型发动机之间平均比重的比较。顾名思义,比重单位分子中的 lb,代表发动机重量。

表 8-4 各种类型发动机的比重

序号	发动机类型	比重/(lb/hp)	序号	发动机类型	比重/(lb/hp)
1	活塞式发动机	1.5	3	涡轮风扇发动机	0.2
2	涡轮螺旋桨发动机	0.4	4	涡轮喷气发动机	0.3

由表 8-4 可直接看出,与涡轮螺旋桨发动机相比,活塞发动机在重量方面没有优势。此外,与涡轮风扇发动机相比,涡轮喷气发动机在重量方面没有优势。若将电力推进系统与活塞发动机相比,通常电动发动机重量较轻,然而如果将电动发动机加上其蓄电池重量与等效的活塞发动机加上其燃油重量进行相比,则电力推进系统总重较重。例如,2 hp 典型电动发动机的质量约为 300 g。但是如要工作 15 min,所需蓄电池质量约 400 g。然而 2 hp 单缸活塞发动机的质量约为 400 g,然而如果工作 15 min 需要 250 g 燃油。所以,设计者如果为遥控模型飞机寻找较轻的发动机,则推荐活塞发动机。

推进效率与发动机比重的组合意味着,如果所需发动机功率大于 500 hp,则采用涡轮螺旋桨发动机比采用活塞发动机要好。事实上,超过 500 hp 的活塞发动机效率很低,几乎弃之不用。因此,需要发动机功率超过 500 hp 的螺旋桨飞机,建议采用涡轮螺旋桨发动机。

美国来康明 IO-720-A 发动机是卧式对置 8 缸 4 行程气冷活塞发动机,最大功率为 400 hp,干态质量为 258 kg。与之相比,艾里逊 250-C20B 涡轮轴发动机,产生 420 hp,但重量仅为 701N。值得注意的是,艾里逊 250-B17 涡轮螺旋桨发动机,功率为 420 hp,其质量仅为 88.4 kg。斯奈克玛 阿塔尔 9K50 带加力涡轮喷气发动机,产生 70.6 kN 推力,干态质量为 1 582 kg。普惠 F100-220P 涡轮风扇发动机。干态质量为 1 526 kg,未用加力时产生 74.3 kN 推力,打开加力时产生 120.1 kN 推力。表 8-3 列出 10 种不同类型发动机比重的相对比较。

8.3.2.5 旅客诉求

航线客机制造公司市场部的一个准则是旅客诉求和时尚设计。飞机外形,包括发动机的类型,将影响一名旅客是否决定购买机票。基于人类心理学,往往认为旅客更愿意乘坐喷气式飞机而不是螺旋桨飞机。这正是旅客做出的心理学判断,建议在最终决定发动机类型时,将此作为一项重要因素包括在设计过程中。因此,与螺旋桨发动机相比,使用喷气式发动机将提高飞机在市场上的竞争力。普遍接受的还有,电动发动机比活塞螺旋桨发动机更受用户的青睐。在环境方面,太阳能发动机比任何消耗燃油的发动机有大得多的吸引力,因为此类发动机不产生污染。

8.3.2.6　噪声和振动

在地面和空中,有多种噪声源和振动源表征航空环境。飞行机组和旅客暴露于噪声环境下是航空界的普遍问题。活塞的往复运动、螺旋桨和风扇的转动、转轴和发动机喷口是 5 大噪声源和振动源。在活塞发动机上,活塞产生振动,螺旋桨产生噪声。分贝(dB)是用于度量声音和噪声强度的计量单位。这些噪声不仅使飞行环境充满紧张气氛,而且如果时间过长,可能引起永久性听力损伤,尤其是对于喷气式战斗机飞行员。暴露于 120 dB 噪声时,耳朵可能出现不适,所以环境噪声级大于115 dB 时,建议组合使用耳塞、护耳或头戴通信耳机。

对于涡轮螺旋桨发动机,转轴产生的噪声相对较低,而螺旋桨产生明显的噪声。在涡轮风扇发动机上,转轴是主要的噪声源,而风扇和喷口是噪声发生器。对于喷气式航线客机的乘客而言,客舱是很安静的,但是在地面旁观者看来,喷气式飞机则是让人非常讨厌的东西。涵道比越高,涡轮风扇发动机产生的噪声越低。通过各种措施(包括最佳风扇叶型设计)来抑制风扇的噪声,而通过降低转速(实际上是降低叶尖速度)来减小螺旋桨噪声。

另一方面,振动影响某些测量装置(如迎角和俯仰角测量仪)的性能。因此,在飞行试验中,必须利用专用滤波器滤除被测信号的峰值。尽管火箭发动机不含任何运动零件,但排气流以很高的马赫数喷出并在喷口产生激波,因而产生相当大的噪声。电动发动机的噪声和振动要比活塞发动机的低很多。所以如果设计者为遥控模型飞机寻找较安静的推进系统,则推荐电动发动机[①]。

噪声和振动两者影响飞机乘员的舒适程度。因此,喷气式航空发动机制造公司之间的竞争领域之一是发动机的噪声级。航线客机 A340(见图 8-6)的运行噪声级在起飞时为 95 dB,进近时为 97.2 dB,对于 A300-600 飞机,运行噪声级在起飞时为 92.2 dB,进近时为 101 dB[8]。对于航线客机 B757(见图 8-16),运行噪声级在起飞时为 82.2 dB,进近时为 95 dB。表 8-3 列出 10 种不同发动机噪声级的相对比较。

8.3.2.7　发动机维修性

发动机可维修性和大修间隔时间(TBO)是涉及发动机选择的另一个要素。系统工程方法非常强调发动机可维修性,因为这将影响作为一个系统的飞机。通常,

---

① 原文此处为"a piston-prop engine is recommended(建议使用活塞螺旋桨发动机)",显然有误。——译注

涡轮螺旋桨发动机的 TBO 约是活塞发动机的 3 倍。此外,高涵道比涡轮风扇发动机的 TBO 约为涡轮喷气发动机的 2 倍。一般而言,电动发动机可维护性最好,而涡轮喷气发动机可维护性最差。原因是,喷气发动机非常紧凑并具有数千个零部件,而电动发动机包含机械运动零件最少。表 8-3 列出 10 种不同发动机可维修性的相对比较。

8.3.2.8 发动机尺寸

无论发动机是埋置在飞机结构内或是安装在独立的短舱内,其尺寸对于飞机性能和构型设计都是至关重要的。在独立短舱的情况下,短舱表面面积和发动机迎风面积会影响飞机阻力,随之而来又影响飞机成本和性能。当短舱表面面积和发动机迎风面积增大时,飞机性能下降,飞行成本增加。在发动机埋置在飞机结构内的情况下,发动机越大,可供有效载荷和燃油使用的空间越小。通常,对于小功率发动机(小于 100 hp),活塞发动机具有尺寸较小的优势,然而对于大功率发动机,涡轮螺旋桨发动机具有较小的尺寸。在涡轮风扇发动机与涡轮喷气发动机比较时,由于风扇的缘故,因此涡轮风扇发动机直径肯定较大,而其长度较小。

与活塞式螺旋桨发动机相比,电动发动机需要较小的空间,即使加上蓄电池也是如此。举例来说,2 hp 电动发动机,长度约 4 cm,直径约 4.5 cm。然而一台等效的活塞发动机,长度约 9 cm,高度约 9 cm,宽度约 4 cm。所以,如果设计者为遥控模型飞机寻求较小尺寸的发动机,则建议使用电动发动机。艾里逊 250-B17 涡轮螺旋桨发动机,功率为 420 hp,长度为 1.143 m,宽度为 0.483 m。通用电气 GE90-76B 涡轮风扇发动机,长度为 5.182 m,直径为 3.404 m,产生 340 kN 推力。斯奈克玛 阿塔尔 9K50 带加力涡轮喷气发动机,起飞推力为 70.6 kN,直径为 1.02 m,长度为 5.944 m。

8.3.2.9 发动机生产成本

在各种类型的发动机中,最廉价的发动机是电动发动机,其次是太阳能发动机。然而如果人力不计入成本,则可以肯定人力发动机价格最低。在燃烧燃油的发动机中,从最便宜的到最昂贵的发动机排序如下:①活塞发动机;②涡轮螺旋桨发动机;③涡轮风扇发动机;④涡轮喷气发动机;⑤带加力的涡轮喷气发动机;⑥涡轮冲压喷气发动机;⑦火箭发动机。这种比较是相对的,基于技术进步,可能每隔十年有所变化。例如在 2010 年,在航空市场上涡轮螺旋桨发动机的成本大约是活塞发动机的 2 倍。随着发动机功率的增大,价格差距缩小。表 8-3 列出 10 种不同类型发动机生产成本的相对比较。

由于已经介绍了若干类型的发动机,因此至此应该对本节的讨论予以总结并给出结论,从而阐述用于选择满足设计需求的最佳发动机的方法。发动机类型的选择取决于本节中所列出的许多因素,并且基于系统工程方法。为了选择最佳发动机,设计者必须使用如表 8-5 所示的比较表,进行权衡研究。在为每一发动机指派与

表 8 - 5 各种类型发动机品质因数评估示例

权重序号	发动机	品质因数（FOM）								总计
		SFC	发动机成本	噪声	比重	推进效率	维修性	旅客诉求	尺寸	
		K_1	K_2	K_3	K_4	K_5	K_6	K_7	K_8	
1	活塞螺旋桨	R_1	R_1	R_1	R_1	R_1	R_1	R_1	R_1	FOM_1
2	涡轮喷气	R_2	R_2	R_2	R_2	R_2	R_2	R_2	R_2	FOM_2
3	涡轮风扇	R_3	R_3	R_3	R_3	R_3	R_3	R_3	R_3	FOM_3
4	涡轮螺旋桨	R_4	R_4	R_4	R_4	R_4	R_4	R_4	R_4	FOM_4
5	太阳能	R_5	R_5	R_5	R_5	R_5	R_5	R_5	R_5	FOM_5
6	人力	R_6	R_6	R_6	R_6	R_6	R_6	R_6	R_6	FOM_6
7	火箭	R_7	R_7	R_7	R_7	R_7	R_7	R_7	R_7	FOM_7
8	电动	R_8	R_8	R_8	R_8	R_8	R_8	R_8	R_8	FOM_8

每一品质因数（FOM）有关的排名顺序（R_i）并对每一 FOM 指派权重（K_i）时，通过对所有值求和来确定每台发动机的总品质因数（FOM_j）：

$$FOM_j = \sum_{i=1}^{n} K_i \cdot R_i \qquad (8-1)$$

式中：下标 j 代表第 j 个发动机；n 表示能够在飞机飞行包线内工作的发动机数目。基于优先顺序为每一 FOM 指派权重。获得最高 FOM 值的发动机，将被认为是某一给定飞机的最合适发动机。因此，尽管基于飞机任务和设计需求，但通常将有一种发动机成为最佳备选方案，然而必须注意到，在某些设计情况下，合适类型发动机的可用性受到限制，反而成了一个决定性因素，迫使飞机设计者选择一种切实可行但不是最理想的构型。在这种情况下，只有通过飞机设计者和发动机设计者之间长期密切合作，才可能得到适合于某种特定任务的最佳发动机类型。必须强调，选择发动机类型与飞机设计关系如此密切，以至于有时很难做出最终抉择。

示例 8.1

问题陈述 对于一种载客 8 人的运输机，有 4 种类型的发动机，即活塞螺旋桨、涡轮螺旋桨、涡轮风扇、涡轮喷气都能够满足性能需求。入选的相关设计需求是：SFC、发动机成本、噪声和振动、发动机重量、推进效率、维修性、旅客诉求和发动机尺寸。这些需求的设计优先权考虑如下：

● 情况 1。旅客诉求和发动机尺寸的重要性大于 SFC 和发动机成本。

SFC	发动机成本	噪声	比重	推进效率	维修性	旅客诉求	发动机尺寸	总计
13%	6%	8%	10%	11%	17%	20%	15%	100%

● 情况 2。SFC 和发动机成本的重要性大于旅客诉求和发动机尺寸。

SFC	发动机成本	噪声	比重	推进效率	可维修性	旅客诉求	发动机尺寸	总计
23%	16%	8%	9%	13%	20%	5%	6%	100%

对于每种情况，在这 4 种备选方案中确定最合适发动机。

解　● 情况 1。按类似于表 8-5 的表格，评估这 4 种类型发动机的 FOM，并代入相关的数字。结果如表 8-6 所示。请注意，由于排名顺序必须相同，以使结果一致，对于最低名次是最希望的那些项目，颠倒其排名顺序。所以，SFC、发动机成本、噪声和比重的排名顺序被颠倒。因此，"1"代表最差的选项，"10"代表最好的备选方案。基于表 8-5 的结果，最合适的是涡轮螺旋桨发动机（FOM=624），最不合适的是涡轮喷气发动机（FOM=539）。表 8-6 中的 FOM 计算，说明最佳设计是如何确定的。作为一个示例，对于活塞式螺旋桨发动机，FOM 的计算示出如下：

$$FOM_1 = \sum_{i=1}^{4} K_i \cdot R_i = 13 \cdot 10 + 6 \cdot 10 + 8 \cdot 2 + 10 \cdot 5 + 11 \cdot 8$$
$$+ 17 \cdot 10 + 20 \cdot 2 + 15 \cdot 3$$
$$FOM_1 = 599 \tag{8-1}$$

表 8-6　情况 1 的发动机类型品质因数评估

权重序号	发动机	SFC 13	发动机成本 6	噪声 8	比重 10	推进效率 11	维修性 17	旅客诉求 20	尺寸 15	总计
					品质因数					
1	活塞螺旋桨	10	10	2	5	8	10	2	3	599
2	涡桨	8	7	6	8	7	4	5	7	624
3	涡喷	4	2	7	3	2	1	10	10	539
4	涡扇	5	4	10	4	5	2	9	8	598

说明：1 最差，10 最好。

● 情况 2。在该情况下，采用与情况 1 所用的相同方法。只是代入新的值。基于表 8-7 的结果，最合适的发动机是活塞螺旋桨发动机（FOM=783），最不合适的是涡轮喷气发动机（FOM=363）。表 8-7 中的 FOM 计算，说明最佳设计是如何确定的。

表 8-7 情况 2 的发动机类型品质因数评估

权重序号	发动机	SFC	发动机成本	噪声	比重	推进效率	维修性	旅客诉求	尺寸	总计
		23	16	8	9	13	20	5	6	
		品质因数								
1	活塞螺旋桨	10	10	2	5	8	10	2	3	783
2	涡桨	8	7	6	8	7	4	5	7	654
3	涡喷	4	2	7	3	2	1	10	10	363
4	涡扇	5	4	10	4	5	2	9	8	493

说明：1 最差，10 最好。

因此，将情况 1 和情况 2 进行比较，表明优先权改变时，最合适的发动机类型将改变。

8.4 发动机台数

发动机台数的选择对推进系统设计具有重大影响，皆因问题的本质很复杂，因此将局限于综述某些较为重要的方面。通常下列各项将影响发动机台数的决策：发动机失效率、安全性、飞机构型、机身设计、最大可用功率或推力、发动机重量、发动机尺寸、发动机安装、发动机位置、飞机操纵性、直接运营成本，以及由于多发动机选项引起的其他必需的更改。这一节将从安全性防护措施开始，对这些项目做简要的讨论。

8.4.1 飞行安全性

尽管现代发动机（活塞/燃气涡轮/电动）都是非常可靠的，但对发动机发生故障的可能性仍不容忽视。统计数据清楚地表明，已经发生过不利的情况，即在飞行中出现发动机不工作事件。在飞行中一台发动机失效总是有可能的。过去一个世纪的飞行历史中曾发生大量的灾难和事故，原因之一是单发不工作（OEI）。然而航空运输发生灾难、事故和坠机次数，远低于道路运输（即汽车、公共汽车和火车）。航空业界坠机概率的数量级为每百万次飞行出现一次。由于航班发生灾难的概率很低，因此通常所说飞机是最安全的出行方式是可接受的。

出现 OEI，不仅导致飞机的功率/推力大幅度减小，而且干扰飞机操纵以及平衡。此外一台"死"发动机将增加飞机的阻力，所以飞机性能也降低。有鉴于此，推进系统必须设计成具有可接受的安全等级。多发动机推进系统构型是对 OEI 事件问题的最好解决方法之一。当飞机乘员（主要是旅客）人数增加时，建议采用较多台数的发动机。

适航当局已经颁发一系列适航标准来管理飞机设计，包括发动机台数。例如，FAR 25 部 E 分部，列出与运输类飞机动力装置有关的多项条款。其中 §25.901(c) 规定：

对每一动力装置的安装，必须确认其任何单项失效或故障或者可能的失效组合均不会危及飞机的安全运行。但是无需考虑结构件的失效，只要这类失效的概率为很不可能的。

如果飞机仅采用一台发动机，则在出现发动机失效时驾驶员唯一的选项是滑翔并在最近的可用跑道上着陆。对于大多数 GA 和运输类飞机，典型下滑角为 5°～7°。典型的巡航升限，对于 GA 飞机为 20 000～30 000 ft，对于运输类飞机为 30 000～40 000 ft。因此，如果 GA 或运输类飞机在巡航飞行时出现"死"推进系统，则驾驶员仅能在 61～122 km 的地面距离范围内寻求安全着陆。如果在此范围无安全着陆地点（如飞大西洋航线期间），或飞越某个山区（如格陵兰或阿拉斯加地区）时，飞机将会坠毁。由于这个原因，如果某架飞机设计成飞越无安全备降跑道或平地的地域时，则推进系统必须至少采用两台发动机。大多数运输机，如 B737 和 A320，安装一台以上的发动机，在跨大西洋飞行期间出现 OEI 时，使飞机能用一台发动机继续飞行。

3 台发动机中 2 台失效，或 4 台发动机中 3 台失效，这种可能性非常小。因此，对于远程运输机，建议采用双发动机推进系统。然而还有其他一些问题（如发动机安装）也会迫使飞机设计者选择两台以上的发动机。对于战斗机，发动机数目的抉择受军事任务驱使，有时会忽略飞行员的安全性。因此，为了任务成功或为了取得空中优势，可能牺牲军用标准中规定的安全性。对于战斗机飞行员，降落伞的可用性是弥补这一不足的方法之一。值得注意的是，战斗机 F-16 战隼（见图 4-6）为单台发动机，而 F-15 鹰（见图 3-12）和 F/A-18 大黄蜂（见图 2-11 和图 6-12）这样的战斗机，配备两台发动机。两种构型各有优缺点，两者都满足它们不同的军事设计需求。

8.4.2 其他有影响的参数

尽管在确定发动机台数时飞行安全性是支配因素，但还有一些需求和约束会影响这一抉择。技术进步必定提升运输机的能力，这又要求发动机能力增大。推进系统能力的增长转换为发动机推力/功率[①]的加大。提高涡轮叶片温度、增加压气机增压比、改进推进效率，以及增大进气道/活塞的直径，都可以增大发动机推力/功率。尽管航空发动机制造商试图跟上市场需求，然而在某些情况下飞机所需要的推力/功率是单台发动机不能提供的。在这些情况下，设计者必须订购至少两台发动机。

---

① 推力用于喷气式发动机，功率用于螺旋桨发动机。

有些设计情况使飞机设计者不得不选择一种特定数量的发动机来满足某些构型约束。例如,如果选择的飞机构型无法沿机身中心线安装发动机,则发动机台数必须为偶数(如 2 台或 4 台),这样才可满足对称需求。飞行运行需求(如侦察任务,或特定形状的大型有效载荷),可能迫使设计者采用多发构型。

相比之下,有许多理由推荐单发推进系统。多发构型的负面因素包括发动机较重、发动机尺寸较大、直接运营成本较高等。采用的发动机台数增加时,飞机推进系统的重量往往增大。此外,当采用的发动机台数增加时,飞机推进系统在尺寸方面往往加大。如果这导致更大的迎风面积,则飞机阻力也增加,这又降低了飞机性能。

随着所用发动机台数的增加,直接运营成本也增加。对于一次飞行,每台功率为 x hp 的两台螺旋桨发动机与一台功率为 $2x$ hp 螺旋桨发动机相比,运行成本略高。同样,对于一次飞行运行,单台推力为 x N 的两台喷气式发动机与一台推力为 $2x$ N 的喷气式发动机相比,运行成本略高。尽管发动机可能有相同的功率/推力和相同的单位燃油消耗率,但是直接运行成本是许多因素(如维修成本)的函数。

最后,在选择发动机台数时,还必须考虑推进系统的安装需求。发动机安装必须使得发动机推力产生的净偏航力矩为 0。如果飞机构型考虑这一规定,则发动机台数的抉择是一个实际措施。这一安装需求限制多发动机构型的选择。这意味着,对于双发构型,仅有两个发动机安装位置:①两台发动机沿机身中心线安装,如同打破世界纪录的飞机"旅行者号"那样,飞机安装两台活塞发动机;②两台发动机安装在距机身中心线相同距离的位置上。此外,此需求意味着对于 3 发推进系统,一台发动机必须沿机身中心线。

总之,从安全性考虑,希望采用一台以上的发动机,而几乎所有其他有影响的参数,都推荐使用单台发动机。应通过计及所有有效因素及其权重,经长时间分析,做出有关发动机台数的最终选择。如同在第 8.4.1 节所述,对于长航程的大型运输机,适航标准(如 FAR 25)规定至少要用两台发动机,不管是螺旋桨发动机的还是喷气发动机。表 8-2 给出若干飞机的推进系统特性,包括发动机位置。图 8-6 给出具有不同发动机数量的 6 种飞机:①特技滑翔机 玛里加恩斯基·雨燕 S-1(无发动机);②GA 飞机 格洛布 G-109B(单发);③运输机 B777(双发);④运输机 麦道 DC-10-30(3 发);⑤运输机 A340(4 发);⑥军用轰炸机 B-52 同温层堡垒(多发)。

8.5 发动机位置

本节专门研究发动机位置选择和安装问题。在本节中,将阐述设计需求、设计备选方案、位置分类、通用指南,以及各种选项之间的比较,强调每种设计的优点和缺点。

8.5.1 设计需求

通常,影响发动机位置选择的因素如下:飞行安全性、成本、阻力、迎风面积、进气道设计、排气喷口、稳定性、结构考虑、可维修性、作战需求(如雷达可探测性)、飞机重心、发动机维修、客舱噪声、驾驶舱噪声、外来物吸入、失速、燃油系统、纵向平衡、发动机熄火控制、着火危险性、空气动力干扰、热交换以及某些特殊考虑因素。通过对发动机位置和飞机其他构型参数(如起落架高度)实施组合,可解决和满足其中的大多数需求。因此,关于发动机位置选择,应在每一设计组都有成员出席的会议上做出最后的决定。发动机可安装在飞机上多个位置,但可将这些位置分类为如下构型:

- 埋置在机头内;
- 埋置在机身主段内;
- 埋置在后机身内;
- 埋置在机翼内;
- 短舱安装在机翼上;
- 短舱安装在机翼翼尖;
- 短舱安装在机翼下;
- 短舱安装在机身背部;
- 短舱安装在机身腹部;
- 短舱安装在机身后段两侧;
- 安装在驾驶员座椅后部,无短舱。

多数轻型单发螺旋桨 GA 飞机,发动机埋置在机头内(如塞斯纳 172 见图 11-15),比奇幸运星,派珀 PA-28R-201 箭和皮拉图斯 PC-9),少数几种飞机将发动机埋置在后机身内(如鲁坦长 EZ、鲁坦变 EZ(见图 3-12)、鲁坦变雷,格洛布 G850 斯特拉托 2C 和 AFI 普莱斯考特Ⅱ)。相比之下,大多数超轻型飞机(如双座梅林 E-Z、CFM 星光、空运 XT912 和飞马量子 145-912),它们的单台发动机安装在驾驶员后面(无发动机罩)。

值得注意的是,打破世界航程纪录的飞机"旅行者号"(见图 4-5),装有 2 台活塞发动机,一台发动机埋置在机头,另一台则在后机身。两台发动机都是沿机身中心线安装。大多数喷气式战斗机,无论是单发的还是双发的,发动机都埋置在后机身内(如 F-16 战隼(见图 4-6)、F/A-18 大黄蜂(见图 2-11、图 6-12 和图 12-27)、阵风(见图 6-8)和欧洲联合战斗机(见图 3-7))。

大多数中型和大型喷气式运输机的发动机,都是借助短舱安装在机翼下面(如 B777(见图 8-6 和图 12-27)、MD-11(见图 3-16)和 A380(见图 1-8)),然而,有许多双发中型喷气式运输机和公务机,都是借助短舱将发动机安装在后机身两侧(如福克 100(见图 10-6)、达索 猎鹰 2000、湾流 550(见图 11-15)、霍克 1000、庞巴迪 CRJ1000、恩博威 EMB-145 和塞斯纳 750 奖状)。此外,大多数双发螺旋桨飞机(如费尔柴尔德 麦德龙 23(见图 6-18)、比奇 超级国王 B200、ATR 72-200(见图

12－42)、道尼尔 328 和喷气流 41)，用短舱将发动机安装在机翼上。

隐身战略轰炸机 B－2 幽灵的 4 台涡轮风扇发动机，安装并埋置在机翼结构内，进气道和排气喷口位于机翼上部，以满足降低雷达可探测性的要求。地面攻击机 F－117 夜莺(见图 6－8)采用了类似的推进系统构型，两台发动机由机身/机翼结构覆盖，并且与机身/机翼结构形成一体。

有些 GA 飞机和几乎所有的水陆两用飞机，用短舱将发动机置于机身的背部(如瑟斯顿 TA16 海上萤光、莱克 LA－270 背叛者(带涡轮增压)(见图 8－21)、派珀 PA－47、海风 300C 和 A－40 信天翁)，或置于机翼上部(如家庭组装的 4 座创意飞行天猫，装有两台 Jbiru 3300 活塞式发动机；庞巴迪 415 水炸弹，装有两台 PW123AF 涡轮螺旋桨发动机)，以保护推进系统，防止海水溅入发动机进气道。在某些双发喷气式近距支援军用飞机(如 A－10 雷电 II(见图 6－12))和短距起降运输机(如 An－74)，选择了类似的推进系统构型，但是用途不同。目的是防护发动机免受敌方火力攻击(对于军用飞机)，或改善起飞性能(对于民用飞机)。霍克·西德利猎迷飞机上，4 台涡轮风扇发动机位于机翼内侧(见图 9－12)。每种构型各有一系列优点和缺点，本节将对它们的特性做简要讨论。

8.5.2 通用指南

通常，有各种各样的考量和需求，针对这些提出如下指南。必须强调，某些特性本来就是互相矛盾的，只有采用系统工程方法，才能够确认最适合某个特定任务的发动机。

(1) 对于民用飞机，发动机安装位置必须使飞机重心处于飞机焦点之前，相距一个小的％机翼 *MAC* 值(比如说 10%*MAC*)。这一措施保证飞机将是纵向静稳定的。在纵向常常是不稳定的战斗机上，发动机位置应有助于飞机重心处于所希望的位置。

(2) 发动机埋置安装的飞机与短舱安装发动机的飞机相比往往浸润面积小。

(3) 发动机埋置安装的推进系统与短舱安装发动机的推进系统相比，通常重量较轻。

(4) 建议将发动机安装在发动机万一着火也不会点燃燃油箱的位置。这一建议意味着发动机最好距燃油箱有相当一段距离。

(5) 如果发动机位置远离客舱或驾驶舱，则旅客和飞行机组将会处于较为安静的环境。所以，发动机距离客舱/驾驶舱越远，飞机乘员越感到舒适。

(6) 发动机距地面高度增大时，起飞时吸入外来物(如尘埃，砂石)的可能性减小。这将增大发动机的 TBO，有助于延长发动机的使用寿命。

(7) 对于双发构型，从结构和空气动力学观点来看，将螺旋桨发动机安置在机翼上(螺旋桨在机翼前面)常常得到最为理想的设计。图 8－10 示出多发短舱安装构型中发动机相对于机翼的位置选项。

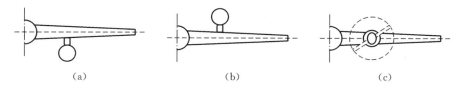

图 8 - 10　多发动机短舱安装构型相对于机翼的位置选项

（a）发动机安装在机翼下方　（b）发动机安装在机翼上方　（c）发动机安装在机翼上（螺旋桨驱动）

（8）发动机的安装位置必须使得与机翼和尾翼的负面空气动力学干扰最小，并形成最有利的空气动力学干扰。这一指导意见适用于发动机埋置式构型和短舱安装构型。相比之下，发动机在水平尾翼前面，将减小机翼后方的下洗，所以将影响纵向配平和稳定性。

（9）所选择的发动机位置，必须使发动机安装引起的结构承重最小。例如，机翼前面的螺旋桨滑流，将增加机翼升力并对机翼失速产生正面影响。

（10）发动机所处位置应使得来自螺旋桨发动机排气或来自喷气式发动机喷口的热燃气流不会冲击任何飞机结构。否则，受影响的蒙皮将逐渐受热而失去其效能。这一指导意见是为了保护飞机结构的完整性。

（11）采用螺旋桨发动机时，发动机位置必须提供合理的螺旋桨离地间隙。例如对于下单翼构型，两台发动机安装于机翼上，则需要长起落架，这就会带来不利。

（12）考虑将发动机设置在机翼上（或是翼下构型，或是翼上构型）时，在飞行过程中对机翼结构产生有利的影响（见图 8 - 10(c)）。原因很显然，此时机翼升力弯矩与发动机重力弯矩叠加，发动机重力弯矩抵消升力弯矩（见图 8 - 11）。然而当飞机在地面上时（升力为 0），仅由发动机重力在翼根产生弯矩。因此，从结构上讲，安装在机翼上的发动机在飞行中对机翼提供结构上的支持。

（13）考虑将发动机设置在机翼上时，翼下构型（见图 8 - 10(a)）在结构上较翼

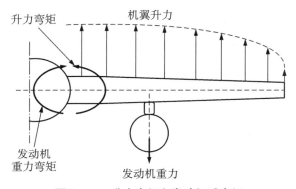

图 8 - 11　升力弯矩和发动机重弯矩

上构型(见图 8-10(b))有利。如要了解其中的原因,请比较挂摆与倒立摆两者的动态特性。常见的挂摆自然是动态稳定的,而倒立摆本身是动态不稳定的。因此,翼上发动机构型将会引起机翼结构颤振,而翼下发动机构型则不会产生这样的负面影响。

(14) 使用 3 台发动机时,总是存在第 3 台发动机定位的问题。对称需求迫使设计者将其安装在飞机对称面上(如在垂直尾翼上)。显然,其他两台发动机通常安装在飞机对称面的两侧(可在机翼的左右侧,也可在机身的左右侧)。

(15) 关于机翼结构,发动机埋置在机身内比借助短舱将发动机安装在机翼上有利。发动机安装在机翼上,将在机翼根部产生一个弯矩,而发动机埋置在机身内,则不会产生这样的不利力矩。机翼结构必须加强来支持短舱安装的发动机,这又增加了可观的重量。

(16) 在飞机具有隐身需求的情况下,必须将发动机安放和埋置在机翼内(如B-2 幽灵(见图 6-8))或机身内(如 F-117 夜莺(见图 6-8)),使进气道,特别是使排气喷口躲过地面雷达的探测。

(17) 当发动机安装在机翼上(见图 8-10(c))时,翼梁将分为 2 段。这一发动机/机翼构型对于机翼结构工程师构成一种设计挑战。在这种情况下,发动机两侧的翼梁与围绕发动机的框架相连接,增加了机翼结构重量。

还有其他的设计指南,将在后面各节中陈述。有关这些指南的更多细节、应用以及设计备选方案与设计需求之间的关系,也将在第 8.5.3~8.5.6 节中给出。

8.5.3 短舱安装和埋置安装比较

发动机位置的基本选择之一是埋置在飞机部件(如机身)内或在飞机部件外置于吊舱或短舱内。第 3 项选择是发动机裸装,无任何外罩。这一抉择适用于喷气式发动机和活塞式发动机。图 8-12 给出运输机发动机借助短舱安装于上单翼下方的示例,还给出活塞式发动机埋置在机身头部的示例。

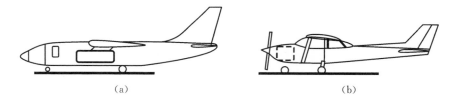

(a) (b)

图 8-12 短舱安装发动机和埋置安装发动机的示例

(a) 短舱安装在机翼下 (b) 埋置在机头内

最简单的设计是将发动机安装在飞机结构上不带任何外罩。这样的设计维持低制造成本,但会增加飞机的阻力,从而降低了飞机性能。某些家庭制造的飞机和很多超轻型飞机采用这类构型(如双座飞机梅林 E-Z、CFM 星光、博尔内航空

XT912 和飞马量子 145‑912)。在此种情况下,发动机安装在驾驶员座位后部或安装在机翼上方,无任何外罩,由外部气流为发动机提供自然冷却。

与发动机埋置安装的推进系统相比,用短舱安装发动机的推进系统较重,这是由于短舱安装发动机的结构需求。顾名思义,短舱安装发动机需要有短舱,并且在大多数情况下需要有吊挂。图 8‑13 所示为喷气式发动机安装在短舱内,置于机翼下方。短舱通过吊挂与机翼连接。为使吊挂对机翼的负面影响减至最小,吊挂不得向上凸起并包住机翼前缘。

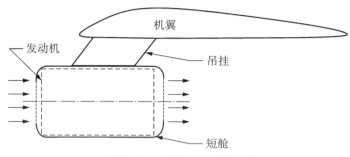

图 8‑13 发动机短舱和吊挂

在选用喷气发动机(无论是涡轮喷气还是涡轮风扇)的情况下,发动机埋置安装方式对进气道和排气系统的设计都产生或增加了某种复杂性。例如,当喷气发动机埋置在机身内并且机身长度比发动机长度大得多时,对于进气道,有两个主要选项。一是延长进气道使气流从机头进入进气道;二是采用较短的进气道,将进气道置于机身两侧(或在机身腹部),气流转弯流入。这两种选项各有一项主要的优点和一项主要的缺点。第一个选项使进气道较长,降低了进气效率,然而,这种形式的进气道易于设计;较短的进气道和排气管能够使发动机在最佳状态下运行。

通常,采用埋置安装发动机的飞机往往比采用短舱安装发动机的飞机具有较小的浸润面积,就这一点而言,建议埋置安装优先于短舱安装。相比之下,埋置安装发动机往往限制了有效载荷和燃油箱的可用空间,由于这个原因,建议短舱安装优先于埋置安装。此外,在短舱安装发动机的情况下设计者有更多的自由来确定发动机的安装位置;而在埋置安装发动机的情况下,没有如此多的自由。此外,从安全角度考虑,采用短舱安装发动机,万一着火时由于火势蔓延而点燃燃油箱的可能性较之埋置安装的要小。在考虑所有的特性和优先权加权处理之后,才确定最终设计。

8.5.4 推进式与拉进式比较

将发动机位置相对于飞机重心进行比较时,尤其是在单发动机构型的情况下,确认两种类型的推进系统:①推进式,发动机位于飞机重心的后面;②拉进式,发动机位于飞机重心前面。典型的拉进式螺旋桨飞机和推进式螺旋桨飞机,如图 8‑14 所示。

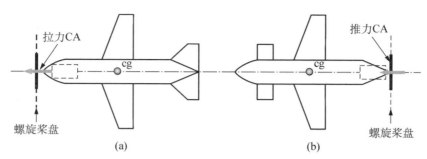

图 8－14　推进式和拉进式构型

（a）拉进式　（b）推进式

　　这是一个泛泛的定义,需要更多的说明,尤其是对于多发构型。在飞机采用多发推进系统的情况下,依据所有发动机的总推进力与飞机重心之间的关系定义推进与拉进。例如,当飞机在不同位置装有 3 台发动机时,考虑总推进力来确定推进系统是推进式还是拉进式。在双发螺旋桨推进系统的情况下,凡螺旋桨在发动机之后(例如比亚乔航空 P180 或比奇 星际飞船)可以认为推进系统属于推进式。相反,当螺旋桨位于发动机前部时(例如 C－130 大力神或比奇 空中国王 350),可以认为推进系统属于拉进式。使用"可以"一词的原因在于,如要判断系统的形式,必须知道发动机推力/拉力作用中心(或简称"作用中心"(CA))与飞机重心之间的关系。

　　发动机推力沿机身中心线的 CA 是一个点。很难准确地确定其位置,因为发动机是一个长条形装置,每个部位都涉及推力产生。然而下面给出某些提示,有助于读者确认每种类型发动机的推力/拉力 CA。

　　对于螺旋桨发动机,可将螺旋桨桨盘视为拉力作用中心。然而就喷气式飞机而言,问题变得有些复杂。对于涡轮喷气发动机,大量的喷气推力由排气喷口产生。因此,可将喷口截面稍微前面的一个点,视为推力作用中心(见图 8－15)。对于涡轮

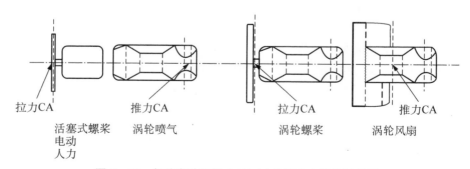

图 8－15　各种发动机推力(拉力)作用中心的估计位置

风扇发动机,一部分推力由核心发动机排气喷口产生,还有一部分推力由风扇排气口产生,风扇涵道与排气喷口之间的某个位置,是等效的推力 CA。因此,对于高涵道比涡轮风扇发动机,推力 CA 较为靠近风扇涵道,而对于低涵道比涡轮风扇发动机,推力 CA 较为靠近核心排气喷口。对于涡轮螺旋桨发动机,推力(拉力)CA 略在螺旋桨桨盘之后。对于电动发动机(包括太阳能发动机)和人力发动机,拉力 CA 在螺旋桨桨盘处。将等效的推力/拉力 CA 与飞机重心进行比较,以确定推进系统是推进式还是拉进式。推力/拉力 CA 的准确位置将通过发动机地面试车予以确定。

影响推进或拉进构型选择的主要因素有:飞机纵向稳定性、飞机纵向操纵性、飞机纵向配平、空气动力干扰、结构完整性和飞机性能。通常下列因素和事实将影响对推进或拉进构型的选择:

(1)推进式发动机使飞机重心向后移动。记住,从纵向静稳定性的观点来看,存在飞机重心后限。所以,必须确定其他飞机部件位置,以便得到所希望的重心位置。在严重的情况下,飞机必须携带配重,使飞机重心向前移动并处于可接受的范围内。

(2)拉进式发动机使飞机重心向前移动。当飞机重心向前移动时,飞机纵向操纵性减弱。

(3)拉进式螺旋桨发动机的净拉力,略大于推进式螺旋桨发动机的净推力。这是因为事实上,由于机翼或机身涡流的影响,使位于机翼或机身之后的螺旋桨效率较低。

(4)在起飞过程中,与拉进式飞机相比,推进式飞机通常需要较小的升降舵偏度。因此,推进式飞机起飞时具有较好的纵向操纵性。

(5)由于飞机重心与发动机推进力之间的关系,拉进式构型的航向稳定性好于推进式构型。

(6)推进式和拉进式构型两者都对其他部件的构型提出某些限制。例如,当发动机安装在机身后段时,则后置尾翼的安装存在问题,所有对于这种推进形式,鸭翼更为简便。另一方面,当发动机安装在机头时,难以安装鸭翼。

总之,必须在考虑所有这些因素、每一选项特点以及对优先权加权处理之后,才做出最后的选择。

8.5.5 两台喷气发动机:翼吊安装与尾吊安装的比较

对于喷气式双发下单翼飞机,采用短舱安装发动机时,安装位置有两个有吸引力的备选方案:①翼吊,②尾吊。在第 8.5.2 节,已经阐述过短舱安装发动机置于机翼下部往往优于短舱安装发动机置于机翼上部。本节将对翼吊构型与尾吊构型进行更详细的比较(见图 8-16)。两种构型往往都有优缺点。在按设计优先权对所有特点进行加权处理之后,做出最终选择。下面所列是翼吊发动机与尾吊发动机之间的总体比较。

图 8 - 16 翼吊发动机构型与尾吊发动机构型的比较

(a) B757(经安妮·迪乌斯允许) (b) 湾流 G450(经湾流公司允许)

(1) 两种构型具有几乎相同的浸润面积(短舱加吊挂)。因此,在这方面,认为两种构型是相同的。

(2) 由于发动机相对于飞机 x 轴的位置是翼吊发动机构型通常位于 x 轴的下方,尾吊发动机构型常常位于 x 轴的上方,因此翼吊发动机产生抬头力矩,尾吊发动机产生低头力矩。因此,翼吊发动机飞机抬头所需要的升降舵偏度比尾吊发动机飞机的要小。

(3) 基于第(2)项所述逻辑,翼吊发动机飞机比尾吊发动机飞机更易于上仰。

(4) 翼吊发动机构型增加了机翼结构设计的复杂性,而尾吊发动机构型增加机身结构设计的复杂性。

(5) 尾吊发动机构型改善机翼空气动力学性能(即机翼升力、阻力和俯仰力矩),而翼吊发动机构型不会产生这样的影响。

(6) 对于尾吊发动机构型,发动机和吊挂的质量所引起的弯矩比翼吊发动机构型的要小,因此减轻了整个飞机的重量。

(7) 尾吊发动机构型将使高温燃气冲击水平尾翼,干扰纵向配平和动稳定性。

因此,如果考虑采用尾吊发动机构型,则必须采用 T 形尾翼(如同在"本田喷气机"上所采用的),而不是传统的尾翼。

(8)在尾吊发动机构型的情况下,靠近发动机安装区域的客舱温度比客舱前段略高(大约 5℃)。

(9)翼吊发动机构型的发动机推力线到飞机纵轴的距离通常比尾吊发动机构型的要大。因此,对于采用翼吊发动机构型的飞机,垂直尾翼和方向舵必须比采用尾吊发动机构型的要大些。

(10)翼吊发动机构型将影响起落架高度。由于需要离地间隙,因此起落架高度比尾吊发动机构型的要大。注意到大型运输机典型的涡轮风扇发动机最大直径已达 2 m 量级,由此可见问题的复杂性。避免长起落架问题的方法是选择上单翼构型。

(11)由于燃油箱位置通常靠近飞机重心,因此就客舱着火危险性而言,翼吊发动机飞机的安全性则较低。在采用翼吊发动机构型的飞机上,发动机着火蔓延到燃油箱的机会较大。例如,B737 - 700 飞机每一机翼储存 8 600 lb 燃油,中央翼油箱(在机身内)储存 28 800 lb 燃油。

(12)翼吊发动机构型对大迎角时的气流提供正面影响,所以有望抵消后掠翼的上仰力矩。这是由于发动机吊挂起到一个挡板的作用,避免气流沿 y 方向流动。

(13)与尾吊发动机构型相比,在地面很容易接近翼吊发动机。因此,翼吊发动机构型的飞机比尾吊发动机构型的飞机更容易维护。

(14)尾吊发动机导致飞机重心后移,所以,在载荷分配时,必须提供较大的飞机重心移动范围。

(15)尾吊发动机导致飞机焦点向后移动,所以,对飞机纵向稳定性起到正面的作用。

(16)在大迎角下,尤其是出现上翼面气流分离时,由短舱和吊挂产生的尾涡流将大大降低水平尾翼效能。这是关系到深失速问题的重要因素。

如上所述,两种构型特性都包含某些优缺点。因此,应在考虑到所有特性并进行了优先权加权处置后,在这两种布局之间做出选择,以确定最终设计。事实上,建议采用风洞试验,对每种构型的空气动力学特性进行研究。表 8 - 8 针对若干飞机构型给出有关发动机位置的某些建议。由于事实上翼吊发动机构型的优点远比其缺点突出,因此几乎所有的大型下单翼运输机(诸如 B737(见图 6 - 12),B767(见图 5 - 4),A340(见图 8 - 6))都采用这样的构型。然而福克 100(见图 10 - 6)从尾吊发动机构型中得到收益。B757 采用两台翼吊发动机,而湾流 G - 450 采用两台尾吊发动机,图 8 - 16 给出它们的照片。

表 8-8　针对若干飞机构型推荐的发动机位置

序号	飞机	发动机	推荐的位置
1	轻型单发后置尾翼 GA	螺旋桨式	埋置在机头（拉进式）
2	轻型单发鸭翼 GA	螺旋桨式	埋置在后机身（推进式）
3	多发鸭翼 GA	螺旋桨式	短舱安装在机翼上（推进式）
4	双发轻型 GA	螺旋桨式	短舱安装在机翼上
5	农用机	螺旋桨式	埋置在机头
6	双发中型和大型运输机	喷气式	翼吊
7	双发轻型运输机	喷气式	尾吊
8	多发大型运输机	喷气式	翼吊
9	单发水陆两用飞机	喷气式/螺旋桨	短舱安装在机身背部
10	多发水陆两用飞机	喷气式/螺旋桨	短舱安装在机翼上方
11	多发货机	涡轮螺旋桨	短舱安装在机翼上
12	摩托滑翔机	螺旋桨	机身上，驾驶员座椅后部
13	特轻型飞机，后置尾翼	螺旋桨	机身上，驾驶员座椅后部
14	战斗机	喷气式	埋置在机身后段，进气道在机翼下
15	隐身军用飞机	喷气式	埋置在机翼或机身内，进气道和排气喷口在机翼和机身上方

8.6　发动机安装

确定了发动机类型和发动机位置之后，必须对发动机安装进行研究。安装的难题主要包括发动机冷却措施、客舱和驾驶舱与发动机之间的隔热、进气道和排气喷口设计、防火安全性措施、机械附属装置。像飞机一样，发动机也必须符合一系列适航标准，推进系统设计者必须遵循这些标准。当发动机埋置在机身内时，与短舱安装发动机相比，这些项目则更为关键。

航空发动机在产生推进力的同时，也产生热量（包含火源），并且往往很严重，以至于需要特别处置。燃烧室内产生的热量必须有效地传导给外界环境。发动机热传导要求为气冷式系统设置冷却板或通风罩，为油冷式系统设置管路和泵，发动机机匣往往有温度限制，在任何情况下都不得超过。在短舱安装发动机的构型中，该温度限制即成为短舱设计的关注目标。因此，必须采取特别措施，以保持发动机冷却，尤其是在低空和炎热季节。

此外，热屏蔽是发动机安装中的另一个关注事项。必须阻止热量向客舱和驾驶舱内传导。在注意到金属是很好的导热体时，就会明白问题的难度。将发动机燃烧室与飞机的其余部分隔离是极为重要的。如果大量的热量传递给框和梁，则结构完整性将会受到威胁。因此，为保护飞机结构，避免出现裂纹和蠕变，必须使发动机热区与机身之间留出合适的空间,或采用专门的隔热材料。

对于喷气发动机,发动机制造商提供非安装推力(试车台推力),但是应在发动机装机后确定安装推力。根据进气道设计和发动机安装,发动机安装通常使发动机最大推力/功率降低某个小百分比值(有时高达 10%)。因此,发动机安装必须使发动机装机后最大推力/功率尽可能地接近发动机最大非安装推力/功率。发动机安装必须提供必要的干净和未受扰动的气流,以使发动机产生最大装机额定推力/功率。按实际损失对非安装推力/功率进行修正,得到发动机装机推力/功率。修正应计及与安装有关的问题,如压力恢复、激波诱导边界层分离、气流畸变、进气道溢出阻力,以及超声速收敛/扩散形进气道吞咽起动正激波的起动过程。

8.6.1 螺旋桨发动机

在发动机沿机身中心线安装的情况下,对发动机固定要给予特别注意。用于固定发动机的飞机构件通常称为防火墙。顾名思义,防火墙对发动机提供支撑,并使发动机任何着火与驾驶舱/客舱内乘员以及燃油箱之间保持某个安全距离。在发动机安装在机头内的一些单发活塞式飞机上,前起落架连接于防火墙上,以节省飞机重量。图 8-17 图解说明轻型单发 GA 飞机上活塞发动机安装所采用的防火墙。

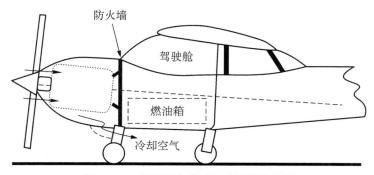

图 8-17 用于活塞发动机安装的防火墙

FAR§25.1191[①]规定:

必须用防火墙、防火罩或等效设施,将每台发动机和涡轮发动机的燃烧室段、涡轮段和尾喷管段与飞机其余部分相隔离。每一防火墙和防火罩必须是防火的,其构造必须能防止危险量的空气、油液或火焰从上述隔舱进入飞机的其他部分,并且其构造必须使得每一开孔都用紧配合的防火索套、衬套或防火墙管接头予以封严。

拉进式单发螺旋桨发动机的垂直位置,受到驾驶员水平线下视界以及螺旋桨离地间隙所支配。在气冷活塞式发动机的情况下,必须提供合适的发动机冷却排气口和合适的供气口。

关于螺旋桨间隙,FAR §23.925 规定[①]:

飞机处于重量、重心的最不利组合和最不利螺旋桨桨距位置的情况下,螺旋桨离地间隙不得小于下列规定:

（a）地面间隙 起落架处于静态压缩状态,飞机处于水平正常起飞或滑行姿态（取最临界者）时,每一螺旋桨与地面之间的间隙都不得小于 7 in（对前轮式飞机）或 9 in（对尾轮式飞机）。此外,对于装有使用油液或机械装置吸收着陆冲击的常规起落架支柱,当处于临界轮胎完全瘪胎和相应起落架支柱触底的水平起飞姿态时,螺旋桨与地面的之间必须有正间隙。对于使用板簧支柱的飞机,应表明在与 1.5g 相应的挠度下,具有正间隙。

（b）后安装螺旋桨 除了本条（a）款规定的离地间隙外,后安装螺旋桨飞机必须设计成,当飞机处于正常起飞和着陆的可达到的最大俯仰姿态时,螺旋桨不得触及跑道道面。

（c）水面间隙 每一螺旋桨与水面之间的间隙不得小于 18 in。

（d）结构间隙 必须满足下列要求:

（1）桨尖与飞机结构之间的径向间隙不得小于 1 in,外加为避免有害振动影响所必需的任何附加径向间隙;

（2）螺旋桨桨叶或桨叶柄整流轴套与飞机各静止部分之间的纵向间隙不得小于 0.5 in;

（3）螺旋桨其他转动部分或桨毂罩与飞机的各静止部分之间必须有正间隙。

此外,FAR §23.771 对每架飞机的驾驶舱做出如下规定:

空气动力操纵器件（不包括钢索和操纵拉杆）对螺旋桨的位置,必须使驾驶员或操纵器件的任何部分,都不处于任一内侧螺旋桨旋转平面与通过该螺旋桨桨毂中心的直线相对旋转平面前倾或后倾 5°角所形成的平面之间的区域。

还建议避免将旅客座椅置于此区域内。图 8-18 图解说明这一要求。

支持这一注意事项和需求的原因之一在于存在冰块从螺旋桨甩出的可能性。由于这一原因,机身结构需要局部加强,以防止这样的事件可能造成的损害。发动机排气也需要特别考虑,为的是对飞机性能提供正的贡献。例如,塞斯纳 150 飞机

---

① 本小节下面各处原文所引用的 FAR 相关条款在表述上有删减,排版形式上也略有不同,详情请查阅 FAA 官方颁发的出版物。——译注

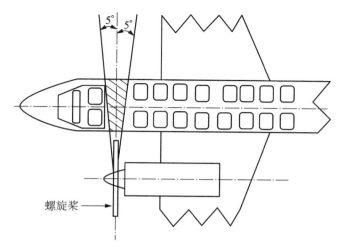

图 8-18 不得安置飞行机组的区域

具有很大冷却阻力,因为发动机排气口方向与飞行方向垂直。

8.6.2 喷气发动机

对于发动机安装在机身内部的单发或双发喷气式飞机,进气道和排气管通常存在问题。进气道必须在各种不同的飞行状态和不同的发动机设定值下有效地提供定常气流。通常,埋置在机身内的喷气发动机的进气道选项有两个主要类型:①非分流式,②分流式。非分流式进气道主要分为3种形式:①机身下部(机头下部);②机身上部;③皮托管式。图8-19给出埋置在机身内的喷气发动机所用非分流式进气道的各种备选方案。分流式进气道主要有3种形式:①机翼下部;②机翼上部;③机身侧面。图8-20给出埋置在机身内的喷气发动机所用分流式进气道的各种形式。这里将对这些进气道的特点做简要讨论。

就可制造性和生产容易程度而言,非分流式长进气道一直延伸到机头(见图8-19(c))最初似乎是一种格局新颖的设计。这一进气道构型过去曾在美国空军的北美F-86佩刀战斗机上使用过,也在苏联的某些喷气式战斗机(如米格-21)上使用过。这种设计也称为皮托管式进气道,可减小分流式进气道的那种进气道曲率。皮托管式进气道有几个方面并不如人意。一方面,长进气道占用重量和空间。另一方面,长进气道对进气效率有负面影响。对于普通进气道,进气效率大约是0.96%~0.98%。但是对于长进气道,进气效率可能降低到0.9%以下。低效进气道由于压力损失,将会降低发动机的整体推力。但皮托管式进气道给飞机结构设计者带来的难题最少。

另外两种非分流式进气道具有较多可取的特点。进气道设置在机身背部或腹部,在某种程度上介于皮托管式进气道与分流式进气道之间。由于进气道长度短,节省了成本和重量,因此它们具有较高的效率。如果采取某些措施,避免在起飞过程中吸入地面砂石,则对于上单翼和下单翼飞机,进气道置于机身腹部是合适的(见图8‑19(a))。此外,这种设计在进气道和机翼之间气流干扰很小。然而为限制流动畸变和湍流,必须避免进气道有明显的曲率。战斗机F‑16战隼采用了这种形式的进气道。

使用机身背部进气道,可解决吸入地面砂石的问题(见图8‑19(b))。此外,进气道位于机身上方支持隐身需求,因为地面雷达难于发现。然而为避免在大迎角时吸入机身边界层和尾涡流,进气道开口必须从机身上部抬起足够高度。全球鹰无人机和有人驾驶的"帕拉贡 精神号"都采用这样的进气道构型。

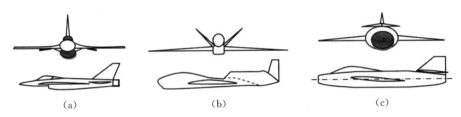

图8‑19 埋置在机身内的喷气发动机所用非分流式进气道的位置

(a) 在机身腹部(机头下部) (b) 在机身背部 (c) 皮托管式

分流式进气道要求相当长的弯曲进气道,这会导致进气道效率损失和额外的重量。这也适用于3台喷气发动机构型中的第3台发动机,此时发动机安装在对称平面内(如B727)。

采用分流式进气道(见图8‑20)时,转弯飞行时侧滑角将会引起不相同流谱,这可能导致气流不稳定流动。在极端的情况下,气流可能振荡而不是进入进气道。对于机身侧边(接近翼根)的分流式进气道,情况尤其如此,因为进气道必须在不同的速度、不同的迎角和侧滑角下,提供所需要的空气流量(kg/s)。此外,机身任一侧面的分流式进气道构成一个铲形进气口,产生附加阻力。为保持铲形进气道阻力最小,必须仔细进行进气道设计并加以流线型处理。此外,机身边界层与这一形式的进气道之间的干扰,也可能产生新的阻力。进气道开口必须在机翼前缘并前置足够的距离,以使进气流和机翼气流的负面影响减至最小。

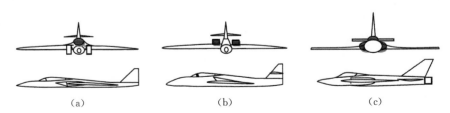

图8‑20 埋置在机身内的喷气发动机所用分流式进气道的位置

(a) 在机翼下部 (b) 在机翼上部 (c) 在机身侧面

对于喷气发动机埋置在机身内的构型,如果设计者决定采用连续而不中断的翼梁,则机翼厚度必须足够大,以容纳进气道穿过翼梁腹板。超声速战斗机常常倾向于采用薄翼型,其不允许采用这样的安装。这种情况下的解决方法是将进气道设置在机身下部或机翼上部。麦道 AV‑8B 鹞Ⅱ(见图 4‑4),采用了分流式机身侧面进气道。

分流式进气道常见的一个难题是在有侧滑角的情况下进气流的对称性。当飞机以某个极端侧滑角转弯机动时,足够大的气流损失可能导致发动机停车。所以在不同的偏航角速度下,进气方向不得偏离过大。对于各种迎角,尤其是大迎角,情况也是如此。进气道优化设计将通过风洞试验并进行正反两方面分析来确定。

采用双发推进系统的 F‑15 鹰(见图 4‑6)利用机翼下方分流式进气道。F‑117 夜莺(见图 6‑8)单座双发隐身对地攻击机,两个进气道位于机翼上方,以改进雷达可探测性。尽管这种设计导致机翼和进气道之间的干扰,然而该军用飞机的隐身需求导致这样的选择。

对于双发喷气式飞机,发动机安装的注意事项是考虑机翼/机身与进气流的干扰。为使进气道与当地气流对准,对于翼吊发动机,建议短舱头部向内侧偏 $2°\sim3°$ 并向下偏 $2°\sim4°$;对于尾吊发动机,建议短舱抬头 $2°\sim5°$ 并向外侧偏 $1°\sim3°$。

推进系统设计时必须确定的两个参数是发动机(实际上是进气道)离地间隙和发动机跨距。发动机离地间隙是为了避免吸入地面砂石,也使进气道具有最高效率。为此必须确定发动机和进气道位置的最低高度。进气道高度是发动机最大推力/功率、机翼和起落架构型、进气道形式和安全性考虑的函数。

对于多发构型,还应确定发动机距机身中心线的距离。每对发动机距机身中心线的距离必须相同,以消除推力偏航力矩。每相应两台发动机之间的距离,称为发动机跨距。发动机跨距是多个因素的函数,包括进气道效率、机翼空气动力考虑、不对称推力情况下的偏航控制、发动机台数和发动机重量。将一台发动机向机翼外侧翼段移动时,机翼翼梁将承受更大的弯矩,使机翼增重。此外,当发动机跨距增大时,方向舵必须增大,以确保一台发动机停车时飞机的航向控制。进气道与机身之间,还有两相邻进气道之间,都应规定最小距离,以使进气流不受扰动。该距离是发动机最大推力/功率、机翼特性和主轮距的函数。

参考文献[10]给出若干喷气式运输机的发动机跨距与翼展之间关系的统计数据。基于此参考文献,最大发动机跨距从轮胎外缘算起,对于双发飞机大约是翼展的 5%,对于 4 发飞机(如 A380,见图 1‑8)大约是翼展的 24%。进气道与机翼之间的最佳垂直距离,以及每对相邻进气道之间的距离,必须通过风洞试验或利用 CFD 软件包计算予以确定。参考文献[10]还给出发动机离地间隙与主起落架高度之间关系的统计数据。

图 8‑21 示出采用不同推进系统和发动机位置的 6 种飞机。洛克希德 SR‑71 黑鸟(见图 8‑21(a))是先进的长航程和马赫数超过 3 的战略侦察机,配备两台 PW J58‑1 型带加力的涡轮喷气发动机,每台产生 151 kN 推力。发动机安装在机翼上

部,采用特殊的进气道。此外,两个垂直尾翼置于发动机上方。贝尔·波音 MV - 22 鱼鹰(见图 8 - 21(b))是多用途军用倾斜转子航空器,具有垂直起降能力 (VTOL)。MV - 22 鱼鹰配备两台 RR 艾利逊涡轮轴发动机,每台功率为 6 150 hp (4 590 kW)。发动机安装在翼尖,并可转动 90°。

(a)

(b)

(c)

(d)

(e)

(f)

图 8‑21　具有不同推进系统和发动机位置的 6 种飞机

（a）洛克希德 SR‑71 黑鸟　（b）贝尔·波音 MV‑22B 鱼鹰（经安东尼·奥斯本允许）　（c）洛克希德·马丁 F‑22A 猛禽（经安东尼·奥斯本允许）　（d）艾尔马奇公司 MB‑339　（e）莱克 LA‑270 背叛者（涡轮增压）（经詹尼·科菲允许）　（f）萨伯 340B（经安妮·迪乌斯允许）

洛克希德 马丁 F‑22 猛禽（见图 8‑21(c)）是采用隐身技术的单座双发超级机动战斗机。发动机为普惠公司的 F119‑PW‑100 矢量推力涡轮风扇发动机，安装在后机身内，具有机翼下方进气道。每台发动机能够产生 104 kN 净推力，使用加力时的推力超过 156 kN。由于先进战斗机 F - 35 的问世,仅制造大约 110 架的猛禽,并且处于空军库存中。艾尔马奇公司 MB - 339(见图 8 - 21(d))是意大利军用教练机和轻型攻击机,采用一台 RR MK. 632 蛇蝎涡轮喷气发动机,产生 4 000 lb(17.8 kN)推力。发动机安装在后机身内,两个进气道位于机身两侧,在机翼前缘之前。

莱克 270 背叛者(涡轮增压)(见图 8 - 21(e))是 5 座的通用类水陆两用飞机,配备一台带涡轮增压的 201 kW 活塞发动机。发动机高高置于机身上方,飞机为推进式,因为发动机(螺旋桨)推力 CA 在飞机重心之后。萨伯 340B(见图 8 - 21(f))是瑞典的双发涡轮螺旋桨飞机。每台 GE CT7 - 9B 发动机产生 1 305 kW 功率。发动机位于机翼上,螺旋桨位于机翼前缘之前。

8.7 螺旋桨尺寸

确定螺旋桨参数(如桨叶翼型和扭转角)的设计工作,超出本书的范围。然而为了确定螺旋桨飞机的诸如发动机位置和起落架高度之类的变量,必须知道螺旋桨直径。因此,螺旋桨飞机设计者需要有螺旋桨直径的粗略估算值。如果已选择了螺旋桨发动机(如活塞式螺旋桨、涡轮螺旋桨),必须为每台发动机确定螺旋桨尺寸。为提供快速初始分析和权衡研究,本节将探讨螺旋桨直径的大致估算值。

螺旋桨是将发动机功率转换为发动机拉力的一种装置。支配机翼性能的空气动力学方程和原理,通常适用于螺旋桨。因此,可将螺旋桨称为旋转的机翼。螺旋桨以付出阻力为代价直接产生升力(即拉力)。由于这个原因,因此螺旋桨效率不可能达到 100%。在巡航飞行并具有最佳扭转角(最佳螺旋桨桨距)时,螺旋桨效率(η_p)为 75%～85%。考虑到这一点,给出估算螺旋桨直径的方法。

螺旋桨飞机以空速 V_C 和螺旋桨效率 η_p 做稳态巡航飞行时,推进系统将产生拉力,它是发动机功率的函数:

$$T = \frac{P\eta_P}{V_C} \qquad (8-2)$$

式中:P 是发动机功率。相比之下,转动的螺旋桨(空气动力三维有限翼展机翼)将在飞行方向产生升力如下:

$$L_P = \frac{1}{2}\rho V_{av}^2 S_P C_{L_P} \qquad (8-3)$$

式中:ρ 是巡航高度上的空气密度;S_P 是螺旋桨旋转平面面积;C_{L_P} 是螺旋桨升力系数;参数 V_{av} 是螺旋桨的平均空速,可将其假设为螺旋桨桨尖速度($V_{tip_{cruise}}$)的 70%,原因是在螺旋桨中心处空速为 0,向桨尖方向移动,空速增大(见图 8 - 22)。由于螺旋桨中心部分对推力的产生无重大贡献,因此在桨毂上常常安装一个螺旋桨整流罩或锥形整流罩。

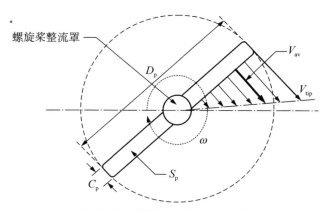

图 8‑22　沿螺旋桨直径方向的螺旋桨空速分布

值得注意的是,螺旋桨产生的升力(L_p)也就是发动机拉力(T),因此,可以写出

$$L_P = T \Rightarrow \frac{1}{2}\rho V_{av}^2 S_p C_{L_p} = \frac{P\eta_p}{V_C} \tag{8-4}$$

因此,当发动机所提供的功率为 P 时,产生这一升力所需的螺旋桨平面面积为

$$S_p = \frac{2P\eta_p}{\rho V_{av}^2 C_{L_p} V_C} \tag{8-5}$$

相比之下,可将典型螺旋桨的几何尺寸模型化为一个矩形,所以平面面积为

$$S_p = D_p C_p \tag{8-6}$$

式中:C_p 是螺旋桨平均弦长。此外,螺旋桨展弦比(AR_p)是螺旋桨直径和螺旋桨弦长的比值:

$$AR_p = \frac{D_p}{C_p} \tag{8-7}$$

将式(8‑6)和式(8‑7)代入式(8‑5),则导出如下的有关螺旋桨直径表达式:

$$D_p = \sqrt{\frac{2P\eta_p AR_p}{\rho V_{av}^2 C_{L_p} V_C}} \tag{8-8}$$

典型的螺旋桨展弦比在 7~15 之间,典型的螺旋桨升力系数在 0.2~0.4 之间。

必须注意,由于飞机以巡航速度飞行,因此螺旋桨在旋转($V_{tip_{cruise}}$)的同时向前移动(V_C)(见图 8‑23)。因此,使用毕达哥拉斯方程可简单地确定巡航飞行时螺旋桨桨尖速度如下:

$$V_{tip_{cruise}} = \sqrt{V_{tip_{static}}^2 + V_C^2} \tag{8-9}$$

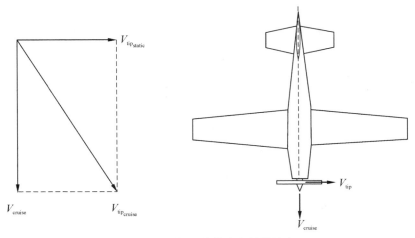

图 8 - 23 螺旋桨转速和前进速度

式中,静态螺旋桨桨尖速度为

$$V_{\text{tip}_{\text{static}}} = \frac{D_{\text{p}}}{2}\omega \qquad (8-10)$$

螺旋桨转速通常以每分钟转数(n, r/min)的形式给出,所以,螺旋桨的角速度(以 rad/s 计)为:

$$\omega = \frac{2\pi n}{60} \qquad (8-11)$$

螺旋桨产生升力的平均空速通常约为螺旋桨桨尖速度的 70%,所以有

$$V_{\text{av}} = 0.7 V_{\text{tip}_{\text{cruise}}} \qquad (8-12)$$

这是因为桨毂部分对产生升力的贡献很小,并且螺旋桨空速从桨尖到桨根是线性降低的。螺旋桨桨尖速度必须小于某个值,以使桨尖速度不超过声速,并且螺旋桨不出现振动。为确保螺旋桨具有最佳性能,建议在巡航时保持螺旋桨桨尖速度低于表 8 - 9 中所推荐的某个值。给出此推荐值是为了防止在桨尖出现激波,并避免螺旋桨振动和噪声。

表 8 - 9　推荐的巡航状态螺旋桨桨尖速度限制值

序号	桨尖速度限制值/(m/s)	螺旋桨类型
1	310	金属高性能螺旋桨
2	270	金属普通螺旋桨
3	250	复合材料螺旋桨
4	210	木质螺旋桨
5	150	RC 模型飞机塑料螺旋桨

式(8-8)由两叶螺旋桨得出。对于更多桨叶的螺旋桨，可采用修正系数(K_{np})，结果如下：

$$D_P = K_{np} \sqrt{\frac{2P\eta_p AR_p}{\rho V_{av}^2 C_{L_p} V_C}} \qquad (8-13)$$

式中：K_{np}对于两叶螺旋桨为 1，对于 6 叶和更多桨叶的螺旋桨为 0.72，对于其他数目的桨叶，可使用线性插值，以求得相应的修正系数。一般而言，当发动机功率增大时，桨叶数目必须增加，以减小桨叶直径，为的是避免桨尖速度超过声速。

式(8-13)给出螺旋桨直径的估算值，此参数是发动机功率、飞机速度、螺旋桨转速和螺旋桨空气动力特性的函数。如果认为螺旋桨直径太大，则有两个解决方法：①增加桨叶数目，②使用合适的齿轮箱来降低螺旋桨角速度。减速比(GR)是螺旋桨转速与发动机轴转速之间的比值：

$$GR = \frac{\eta_p}{\eta_s} \qquad (8-14)$$

单台活塞发动机的轻型 GA 飞机塞斯纳 172（见图 11-15），装有直径为 1.95 m 的两叶螺旋桨，采用 2∶1 的减速比将发动机轴转速从 4 200 r/min 降到 2 100 r/min。高柏诗 G-800 双座轻型飞机配备 79.9 hp 的罗塔克斯 912 ULS 平列式 4 缸活塞发动机并采用艾尔螺旋桨公司的复合材料三叶螺旋桨。派珀公务机 PA-46-500TP 子午线使用一台 1 029 hp 的 PW PT56A-42A 涡轮螺旋桨发动机，采用哈策尔 HC-E4N-3Q 4 叶恒速可逆桨式螺旋桨。洛克希德·马丁 382U/V 超级大力神（C-130J）是安装 4 台涡轮螺旋桨发动机的军用运输机，每台发动机产生 4 591 轴马力，并使用 6 叶金属螺旋桨。减速齿轮箱将轴转速从 3 820 r/min 降低到直径 4.11 m 的螺旋桨所需要的较低转速（1 020 r/min）。

通常，螺旋桨有 5 种常见的类型：①定桨距，②地面可调节，③空中可调节，④恒速，⑤折叠式。最后两项是可变桨距螺旋桨的两种类型。在 GA 航空界使用的最早和最普通形式的螺旋桨是定桨距螺旋桨。桨距最初的定义是螺旋桨旋转一圈时飞机所移动的距离。可变桨距螺旋桨可用来在较宽速度范围内改善螺旋桨效率。恒速螺旋桨由调速器自动控制桨距，以维持发动机以额定的每分钟转速运行。空中可调节螺旋桨由驾驶员按需要直接改变其桨距。与定距螺旋桨相比，可变桨距螺旋桨和恒速螺旋桨大大提高了飞机的爬升率。折叠式螺旋桨，是降低特殊应用场合下飞行阻力的一种措施，如摩托滑翔机以发动机停车模式进行飞行。

螺旋桨必须仔细地与飞机结构特性、发动机特性以及减速齿轮箱特性相匹配。出现失配情况时，最好的结果是发动机和飞机不能达到其设计性能，或出现发动机不能以全油门状态运行的情况。最糟糕的结果是导致扭转振动，或离心力诱导螺旋桨桨叶破坏。

主要的螺旋桨制造商，在美国有 Hartzell，Ivoprop，Powrefin，Sensenich，Hamilton Sundstrand 和 Whirl Wind；在捷克共和国有 Avia，Kasparaero，VZLU 和 Woodcomp；在法国有 DCU，e-Props，EVRA，Halter，Ratier-Figeac 和 Valex；在德国有 Falter，Helix，Hoffmann，MT-Propeller 和 Neuform；在英国有 Smiths。表 8-10 列出几种现时生产和使用的螺旋桨的特性。

表 8-10   若干种螺旋桨的特性

序号	制造商	标识号	桨叶数	直径	特性	飞机
1	Smiths	R381	6	12 ft 6 in	恒速	萨伯 2000
2	Smiths	R391	6	13 ft 6 in	恒速，复合材料	C-130J，阿来尼亚 C-27J
3	Smiths	R408	6	13 ft 6 in	恒速，复合材料	冲 8 Q400，Y-8F600
4	Sensenich	W72CK-42	2	70 in	木质	Aeronca 7AC
5	Hamilton Sundstrand	14SF-5	4	13 ft	铝制和复合材料	ATR 72，庞巴迪 215T，冲 8 Q300
6	Hamilton Sundstrand	568F-1	6	13 ft	恒速，复合材料	卡萨 c-295，伊尔-114
7	Hartzell	HC-E4A-2/E9612	4	77 in	金属，全顺桨	比奇 T-6
8	Hartzell	—	5	77 in	复合材料，恒速，可逆桨距	EMB-314 超级啄木鸟
9	Hartzell	HC-D4NZA/09512A	4	77 in	金属，恒速，全顺桨	皮拉图斯 PC-9M
10	Hartzell	HC-B3TN-3	4	77 in	金属，恒速，全顺桨	比奇 空中国王 90
11	Hartzell	HC-E5N	5	77 in	铝，恒速，全顺桨，可逆桨距	比亚乔 P-180 阿文蒂 II
12	Hartzell	HC-E4N-3Q	4	77 in	金属	派珀 PA-46-500TP 子午线
13	Hartzell	BHC-J2YF-1BF	2	72 in	金属	锡鲁斯 SR 20
14	Hartzell	HC-B5MP-3F	5	72 in	金属，恒速，顺桨，可逆桨距	空中拖拉机 AT-802
15	Hartzell	HC-C2YK-1BF	2	74 in	金属，恒速	亚马基 SF-260EA

示例 8.2

问题陈述 一架轻型 GA 飞机，采用 180 hp 活塞发动机，在 15 000 ft 高度上巡航速度为 130 kn。使用普通的双叶金属螺旋桨。假设通过使用涡轮增压器，在直到巡航高度，发动机功率保持不变。

(1) 估算该发动机的螺旋桨直径。

(2) 对于这样的巡航飞行，螺旋桨转速(r/mim)为多少？

(3) 发动机轴转速为 4 500 r/mim。必须采用怎样的减速比？

解 在 15 000 ft 高度上，空气密度为 0.592 kg/m³。选择如下参数：螺旋桨展弦比 10，螺旋桨升力系数 0.3，螺旋桨效率 0.75。

(1) 基于表 8-9，螺旋桨桨尖速度不得超过 270 m/s。使用式(8-13)和式(8-14)，可得到螺旋桨直径如下：

$$D_p = K_{np} \sqrt{\frac{2P\eta_p AR_p}{\rho(0.7V_{tip_{cruise}})^2 C_{L_p} V_C}}$$

$$= 1 \cdot \sqrt{\frac{2 \cdot 180 \cdot 745.7 \cdot 0.75 \cdot 10}{0.592 \cdot (0.7 \cdot 270)^2 \cdot 0.3 \cdot (130 \cdot 0.514)}} \Rightarrow D_P = 2.178 \text{ m}$$

$$(8-13)$$

(2) 螺旋桨转速：

$$V_{tip_{cruise}} = \sqrt{V_{tip_{static}}^2 + V_C^2} \Rightarrow V_{tip_{static}} = \sqrt{V_{tip_{cruise}}^2 - V_C^2} = \sqrt{270^2 - (130 \cdot 0.514)^2}$$

$$\Rightarrow V_{tip_{static}} = 261.6 \text{ m/s}$$

$$(8-9)$$

$$V_{tip_{static}} = \frac{D_p}{2}\omega \Rightarrow \omega = \frac{2V_{tip_{static}}}{D_p} = \frac{2 \cdot 261.6}{2.178} = 240.2 \text{ rad/s} \qquad (8-10)$$

$$\omega = \frac{2\pi \cdot n}{60} \Rightarrow n = \frac{60\omega}{2\pi} = \frac{60 \cdot 240.2}{2 \cdot 3.14} = 2\,293.7 \text{ r/min} \qquad (8-11)$$

(3) 减速比

$$GR = \frac{n_p}{n_s} = \frac{2\,293.7 \text{ r/min}}{4\,500 \text{ r/min}} = 0.51 \approx \frac{1}{2} \qquad (8-14)$$

8.8 发动机性能

航空发动机是非常复杂的机械，同时又不是高效的机械。它们浪费了燃油在燃烧过程中所释放的大部分能量。大多数航空发动机的整体效率为 20%～30%。

发动机性能基于很多因素,包括飞行高度和飞机速度。分析发动机性能的最好渠道是发动机制造商颁发的目录。本节将简要说明建立发动机性能模型的基本工具。

8.8.1 螺旋桨发动机

推进系统的推进效率 η_p 是对发动机功率如何有效驱动(推/拉)飞机飞行的一种度量。推进效率是飞机所需功率(拉力 T)乘以飞机速度(V)所得之积与发动机输出的可用功率(P_{in})之比:

$$\eta_P = \frac{TV}{P_{in}} \qquad (8-15)$$

该公式适用于所有类型的螺旋桨发动机,诸如活塞式、涡轮螺旋桨、太阳能和电动发动机。当飞机爬升时,吸气式发动机的功率和推力下降,因为可用空气密度下降。喷气发动机和活塞发动机皆如此。功率随飞行高度变化的损失率取决于若干参数,包括制造技术和构型。尚没有依据飞行高度而建立的唯一的功率模型表达式。因此,需要求助于如下的经验关系式:

$$P_{max} = P_{max_{SL}} \left(\frac{\rho}{\rho_o} \right)^m \qquad (8-16)$$

式中:P_{max} 和 ρ 分别表示在给定高度上的最大轴功率输出和空气密度;$P_{max_{SL}}$ 和 ρ_0 是在海平面高度上的相应值;m 值随着技术进步而变化,对于活塞发动机,建议假设为 0.9,对于涡轮螺旋桨发动机,则假设为 1.2。

8.8.2 喷气发动机

对于涡轮喷气发动机,牛顿第二定律和第三定律给出力和运动之间的关系。得到的推力输出如下:

$$T = \dot{m}(V_e - V_i) + A_e(P_e - P_a) \qquad (8-17)$$

式中:$\dot{m}$ 表示进入发动机的空气质量流量;V_e 是喷口燃气排出速度;V_i 是进气道进气速度;A_e 是发动机喷口横截面面积;P_e 是喷口排出燃气静压;P_a 是在飞机飞行高度上的环境静压。进气道进气取决于飞机速度和构型,在理想状态下,该速度接近飞机速度。对于涡轮风扇发动机,必须考虑涵道比来修订式(8-17)。留给感兴趣的读者进一步研究这样的关系式。有关更详细的情况,可参见参考文献[6]和[7]。发动机推力随高度的变化近似给出如下:

$$T_{max} = T_{max_{SL}} \left(\frac{\rho}{\rho_o} \right)^n \qquad (8-18)$$

式中:对于涡轮风扇发动机和涡轮喷气发动机,n 取 1;变量 T_{max} 表示发动机最大推力，$T_{\mathrm{max_{SL}}}$ 是在海平面高度上的相应值。有关更准确的数据，可从发动机制造商的产品目录中获取。

8.9 发动机选择

推进系统设计者最后一项任务是选定发动机，既可联系发动机设计团队，也可联系发动机制造商（即选择货架产品发动机）。通常较为实际的做法是，从制造商产品目录中选取最接近飞机需要的发动机。在需要非常特殊发动机的情况下（如 SR－71 黑鸟侦察机）必须重新设计发动机。在初步计算完成后，应确定每台发动机的推力/功率。下一步是从满足设计需求的发动机清单中选取最好的发动机。

每一发动机制造商都公布对飞机设计者和性能工程师有用的发动机图表和规范。表 8－11～表 8－14 列出一些现有航空发动机的最重要规范。这些列表，加上本节介绍的准则，可帮助设计者拿定自己的主意，做出最后的决策。对于某一特定飞机而言，只有飞机设计者和发动机设计者之间长期紧密协作，才可能选出最合适的发动机。若干相似发动机的性能可能不相同，但是个案研究将确认最合适的一种。

表 8－11 若干电动发动机的主要规范[8]

序号	制造商	名称	长度/mm	直径/mm	质量/kg	最大电流/A	最大功率/kW
1	Hacker	A20－26M EVO	28	28	0.042	12 A，1 130 rpm/V	0.150
2	Raiden	T30A	42.7	60	0.271	58	0.400
3	Applied Motion	M1500－232－7－000	190	100	5.7	9.5	1.5
4	Leopard	LBP4074	40	38	0.347	120 A；2 000 rpm/V	2.6
5	Yuneec	Power drive 10	—	160	4.54	180	10
6	Electroavia	GMPE 102 Devoluy	200	210	11.57	250	19.4
7	Electroavia	GMPE 201 Arambre	200	210	12	275	32
8	Yuneec	Power drive 40	—	240	17	285	40

表 8－12 若干活塞式发动机的主要规范[8]

序号	制造商	名称	布局	气缸数	冷却	质量/kg	最大功率/hp
1	希尔德	F33B	—	1	气冷	13	24
2	罗泰克斯	447 UL－1V	直列	2	气冷	26.8	39.6
3	宝马	R115ORS	对置	2	气冷＋油冷	76.3	96.6

（续表）

序号	制造商	名称	布局	气缸数	冷却	质量/kg	最大功率/hp
4	富士重工	EA81 - 140	对置	4	液冷	100	140
5	威尔克希	WAM 160	直列	4	液冷	120	160
6	来康明	O - 320 - H	对置	4	气冷	128	160
7	PZL	F 6A6350 - C1	对置	6	气冷	150	205
8	TCM	Tsio - 360 - RB	对置	6	气冷	148.6	220
9	来康明	IO - 540 - C	对置	6	气冷	170	250
10	TCM	IO - 470 - D	对置	6	气冷	193.3	260
11	庞巴迪	V300	V 形		液冷	0.210	300
12	TCM	TSIOL - 550 - C	对置	6	液冷	188.4	350
13	莱康明	IO - 270 - A	对置	8	气冷	258	400
14	VOKBM	M - 9F	星形	9	气冷	214	420
15	奥伦达	OE600 涡轮增压	V 形	8	液冷	—	750
16	PLZ	K - 9	星形	9	气冷	580	1 170

表 8 - 13　若干涡轮螺旋桨发动机的主要规范[8]

序号	制造商	名称	布局	空气流量 /(kg/s)	长度 /mm	宽度 /mm	质量 /kg	最大功率/hp
1	Innodyn	225TE	C	—	762	360	85.3	255
2	RR	250 - B17	6A+C	1.56	1 143	483	88.4	420
3	透博梅卡	Arrius 2F	C	—	945	459	103	504
4	普惠（加）	PT6A - 27	3A+C	3.08	1 575	483	149	680
5	霍尼韦尔	TPE331 - 3	C+C	3.54	1 092	533	161	840
6	PZL	TWD - 10B	6A+C	4.58	2 060	555	230	1 011
7	PW（加）	PT6A - 65b	4A+C	4.31	1 880	483	225	1 100
8	PW（加）	PT6A - 69	4A+C	—	1 930	483	259.5	1 600
9	GE	CT7 - 9	5A+C	5.2	2 438	737	365	1 940
10	PW（加）	PW123C	C, C	—	2 143	635	450	2 150
11	卡里莫夫	TV3 - 113VMA - SB2	12A	9	2 860	880	570	2 500
12	DEMC	WJ5E	10A	14.6	2 381	770	720	2 856
13	RR	AE 2100C	14A	16.33	2 743	1 151	715.8	3 600
14	Progress	AI - 20M	10A	20.7	3 096	842	1 040	3 943
15	PW（加）	PW150A	3A+C	—	2 423	767	690	5 071
16	EPI	TP400 - D6	5A	26.31	3 500	924.5	1 795	11 000

表中：A：轴流级，C：离心级，C，C 不同轴上的两级。

表 8-14 若干涡轮风扇和涡轮喷气发动机的主要规范[8]

序号	制造商	名称	布局	空气流量/(kg/s)	BPR	长度/mm	直径/mm	质量/kg	最大推力/kN
1	通用电气·本田	HF120	1A+2A+2A	—	2.9	1118	538	181	9.12
2	霍尼韦尔	TFE731-20	1F, 4A+C	66.2	3.1	1547	716	406	15.57
3	罗尔斯·罗易斯	维佩尔680	8A	27.2	0	10806	740	379	19.39
4	普拉特·惠特尼	J-52-408	5A, 7A	64.9	0	3020	814	1052	49.8
5	罗尔斯·罗易斯	斯贝512	5A, 12A	94.3	0.71	2911	942	1168	55.8
6	斯奈克玛	阿塔尔9K50	9A, a/b	73	0	5944	1020	1582	70.6
7	沃尔沃/通用电气	RM12	3F, 7A, a/b	68	0.28	4100	880	1050	80.5
8	普拉特·惠特尼	JT8D-219	1F+6A, 7A	221	1.77	3911	1250	2092	93.4
9	斯奈克玛	M53 P2	3F, 5A, a/b	86	0.35	5070	1055	1500	95
10	CFM	CFM56-2B	1F+3A, 9A	370	6	2430	1735	2119	97.9
11	普拉特·惠特尼	F-100-220P	3F, 10A, a/b	112.5	0.6	5280	1181	1526	120.1
12	土星	AL-31FM	4F, 9A, a/b	112	0.57	4950	1277	1488	122.6
13	联盟号	R-79	5F, 6A, a/b	120	1	5229	1100	2750	152
14	罗尔斯·罗易斯	RB211-524B	1F, 7A, 6A	671	4.4	3106	2180	4452	222
15	普拉特·惠特尼	JT9D-7R4H	1F+4A, 11A	769	4.8	3371	2463	4029	249
16	通用电气	GE90-76B	1F+3A, 10A	1361	9	5182	3404	7559	340
17	罗尔斯·罗易斯	遄达895	1F, 8A, 6A	1217	5.79	4369	2794	5981	425
18	通用电气	GE90-115B	1F+4A, 9A	1641	8.9	7290	3442	8761	511.6

BPR: 涵道比, a/b: 加力燃烧室, A: 轴流式, C: 离心式, F: 风扇。

推进系统设计需要知道发动机尺寸、SFC、重量、噪声等级、最大推力/功率、轴转速、可维修性、安装数据、发动机成本和运营成本。由于使用参数"发动机推力/功率"来判别和比较各种发动机性能时,在有些方面略显不足,因此还采用了其他一些参数,如发动机功率重量比、发动机推力重量比、发动机功率体积比、发动机推力体积比。此外,还研究发动机图表和曲线,如推力/功率随高度的变化曲线、推力/功率随马赫数的变化曲线、SFC 随马赫数的变化曲线、推进效率随马赫数的变化曲线、SFC 随推力/功率的变化曲线。

8.10 推进系统设计步骤

在第 8.1~8.9 节中,已详细阐述了推进系统功能、发动机类型、设计目标、备选方案、设计准则、参数、约束规则和支配方程、公式表达、设计需求以及如何确定主要参数的方法。表 8-1 给出飞机推进系统功能综述。此外,图 8-1 示出推进系统设计流程。本节以设计步骤的形式给出推进系统的设计程序。需要向推进系统设计团队提供如下资料:①总的需用功率/推力;②飞机任务;③飞机构型。

必须注意,在进行推进系统设计时,并非只有唯一设计方案能够满足用户需求和适航性要求。有多个推进系统设计结果可满足需求,但是每一种设计都会有各自的优点和缺点。推进系统设计者的一项主要任务是从众多可供选择的项目(如发动机类型、发动机位置、发动机台数、发动机安装)中选择一个备选方案。在这些领域,必须遵循权衡研究(如同第 2 章所述),其涉及与设计需求和优先权有关的每一选项的权重大小。

基于系统工程的方法,推进系统详细设计从确认并定义系统需求开始,以优化设计结束。下面列出重于空气航空器的推进系统设计步骤:

(1) 确认并列出推进系统设计需求;

(2) 确定发动机类型;

(3) 确定发动机台数;

(4) 确定发动机位置;

(5) 从制造商的产品目录中选择一款发动机,或向发动机设计团队订购,从头开始设计一台新发动机;

(6) 设计螺旋桨(如果是螺旋桨发动机);

(7) 设计进气道(如果是喷气式发动机);

(8) 设计发动机安装;

(9) 核查推进系统设计是否满足设计需求;

(10) 如果未满足任何一项设计需求,则返回到相应的设计步骤,重新选择/重新计算相应的参数;

(11) 优化

必须再次强调,对于某一特定任务而言,只有飞机设计者和推进系统设计者之间长期紧密协作,才可取得最佳设计。此外,发动机类型选择与飞机设计是相互关联的,以至于有时很难做出最终决策。

8.11　设计示例

　　本节给出本章的主要示例,即设计一架运输机的推进系统。为了避免本章内容过于冗长,仅确定主要设计参数。

示例 8.3

　　问题陈述　为一架运输机设计推进系统,飞机为下单翼、T 形尾翼、载客 8 人、航程 4 000 km,并具有如下特性:

$$m_{TO} = 7\,000 \text{ kg}, \quad S = 29 \text{ m}^2, \quad C_{D_o} = 0.028, \quad AR = 8, \quad e = 0.92。$$

飞机必须能在 20 000 ft 高度以 320 KTAS 最大巡航速度巡航。对于此问题,需要讨论并确定如下项目:

　　(1) 巡航状态下的发动机推力和发动机功率;

　　(2) 发动机类型;

　　(3) 发动机台数;

　　(4) 发动机位置;

　　(5) 发动机选择;

　　(6) 螺旋桨直径和桨叶数量(如果选用螺旋桨发动机)。

　　推进系统必须低制造成本、低运营成本、高效率,并且必须符合适航性要求。然后,绘出飞机前视图和俯视图,以表明推进系统安装。凡需要时,允许假设其他任何参数。

　　解　分 7 个小节说明此解。优化留给感兴趣的读者去执行。

　　(1) 设计需求。确认下列设计需求,并按重要性顺序列出:飞机性能(最大速度)、发动机制造成本、发动机运营成本、飞行安全性、发动机效率、可维修性和可制造性。其他通用要求(如结构要求、安装约束以及综合)也是重要的,但在此时刻暂不考虑。其他性能(如升限、爬升率和起飞滑跑距离)在问题陈述中未给出,因此这里不对这些开展讨论。

　　(2) 发动机类型。可以看到,前 3 项需求是低制造成本、低运营成本和高效率。由于该飞机是载客的运输机,因此必须解决和减缓客舱的噪声污染。可使用遍布客舱和驾驶舱安装的动态振动阻尼器和袋装玻璃纤维棉隔离垫,控制噪声级。由于这些原因,因此对于这一设计问题,螺旋桨发动机是最合适的选项。由于高速和高空需求,仅涡轮螺旋桨发动机能满足所要求的这些性能。按照图 8-7,活塞式、电动或太阳能发动机都不能满足在 20 000 ft 高度上最大速度 320 KTAS 的要求。尽管涡轮风扇和涡轮喷气发动机能够满足这一性能任务,但它们的成本(制造本和运营成本)高于涡轮螺旋桨发动机。

(3) 发动机台数。飞机载客 8 人。在民用运输机中,旅客的飞行安全是最重要的。为了具有较大的安全性,采用多发动机推进系统。发动机台数越多,飞行越安全,但是在增加发动机台数时,飞行成本和维修成本也增加。设计从两台发动机开始,如果能够达到合适的安全率,则将坚持使用,否则将增加发动机台数。

此外,飞机需要有 4 000 km 航程,所以也许会越洋飞行,诸如从洛杉矶到夏威夷。统计数据清楚地表明,在飞行中如果某台发动机不工作,则会出现或将会出现不利情况。多发动机推进系统构型是一种解决 OEI 问题的最好方法之一。飞行安全的重要性与多发动机构型相关,有关这方面的更多详情参见 8.4.1 节。

首先需要确定为执行此任务而需要的发动机功率。在 20 000 ft 高度上空气密度是 0.653 kg/m³。巡航升力系数为

$$C_{L_C} = \frac{2\,mg}{\rho S (V_C)^2} = \frac{2 \cdot 7\,000 \cdot 9.81}{0.653 \cdot 29 \cdot (320 \cdot 0.514)^2} = 0.267 \tag{5-1}$$

巡航时的飞机阻力为

$$K = \frac{1}{\pi \cdot e \cdot \mathrm{AR}} = \frac{1}{3.14 \cdot 0.92 \cdot 8} \Rightarrow K = 0.043 \tag{5-22}$$

$$C_D = C_{D_o} + KC_L^2 = 0.028 + 0.043 \cdot 0.267^2 = 0.031 \tag{4-40}$$

$$D = \frac{1}{2}\rho V^2 SC_D = \frac{1}{2} \cdot 0.653 \cdot (320 \cdot 0.514)^2 \cdot 29 \cdot 0.031 \Rightarrow D = 7\,980.4\,\mathrm{N} \tag{5-2}$$

巡航时所需的发动机拉力为

$$T = D = 7\,980.4\,\mathrm{N} \tag{8-19}$$

在 20 000 ft 高度上所需要的发动机功率为

$$P_{20\,000} = \frac{TV_C}{\eta_P} = \frac{7\,980.4 \cdot (320 \cdot 0.514)}{0.75} \Rightarrow P_{20\,000} = 1\,751\,675\,\mathrm{W} \tag{8-15}$$
$$= 1\,751.675\,\mathrm{kW} = 2\,349\,\mathrm{hP}$$

在海平面高度上所需要的发动机功率为

$$P_{\max} = P_{\max_{SL}} \left(\frac{\rho}{\rho_o}\right)^{1.2} \Rightarrow 1\,751.6 = P_{\max_{SL}} \left(\frac{0.653}{1.225}\right)^{1.2} = P_{\max_{SL}} (0.47)$$

$$\Rightarrow P_{\max_{SL}} = \frac{1\,751.6}{0.47} \Rightarrow P_{\max_{SL}} = 3\,725.73\,\mathrm{kW} = 4\,996.3\,\mathrm{hp} \tag{8-16}$$

参考发动机制造商的目录(如表 8-12),可以看到,市场上没有一台活塞式发动机能够输出如此大的功率,即使 3 台也不行。这是选择涡轮螺旋桨发动机的另一个原因。此外,仅有很少几种涡轮螺旋桨发动机(如表 8-13)能够产生大约 5 000 hp。因此这是决定采用多发动机构型的另一个原因。有很多涡轮螺旋桨发动机的输出为 2 500 hp 左右,因此为该飞机选择两台涡轮螺旋桨发动机。

(4) 发动机位置。对于两台发动机的情况,两台发动机安装位置必须满足对称性需求。为满足这一需求,主要有两个选项。一个选项是将一台发动机置于机头,另一台置于后机身,两台发动机都沿飞机中心线。对于民用运输机而言,一台发动机提供推力而另一台提供拉力的这种构型不是实际可行的备选方案,因为一台发动机阻挡了驾驶员的视界,另一台发动机与常规尾翼发生干涉。此外,在双发构型中,从结构和空气动力角度考虑,将螺旋桨发动机置于机翼上(螺旋桨在机翼前面),常常得到最理想的设计。基于这些原因和优点,将两台发动机设置在机翼上,螺旋桨位于机翼之前。将两台发动机设置在机翼上所带来的其他优点,已经在 8.5 节中做过陈述。基于对螺旋桨离地间隙和空气动力干扰的考虑来确定每台发动机与机身之间的准确距离。

(5) 从制造商产品目录中选择发动机。依多涡轮螺旋桨发动机制造商生产额定功率为 2 500 hp 的发动机。从 PW 公司的产品中选择具有如下特性的两台涡轮螺旋桨发动机:

名称:PW127;布局:C, C;自由涡轮驱动螺旋桨;长度:2 134 mm;宽度:600 mm;干态质量:481 kg;起飞额定功率:2 750 轴马力。

可以看到,发动机输出的轴功率略高。特意选择功率较大的发动机,作为对未来设计的准备和考虑。

(6)螺旋桨设计。在 20 000 ft 高度上,发动机功率为

$$P_{max} = P_{max_{SL}} \left(\frac{\rho}{\rho_o} \right)^{1.2} = 2\ 750 \left(\frac{0.653}{1.225} \right)^{1.2} = 1\ 293\ \text{hp} = 964\ 137\ \text{W} \quad (8-16)$$

采用两叶螺旋桨,升力系数 0.3,螺旋桨效率 0.75,螺旋桨展弦比 9。选择两副普通的金属螺旋桨。按照表 8-9,建议桨尖速度小于 270 m/s。使用式(8-12)和式(8-13),可获得螺旋桨直径如下:

$$D_p = K_{np} \sqrt{\frac{2 P \eta_P AR_P}{\rho (0.7 V_{tip_{cruise}})^2 C_{L_p} V_C}}$$

$$= 1 \cdot \sqrt{\frac{2 \cdot 964\ 137 \cdot 0.75 \cdot 9}{0.653 \cdot (0.7 \cdot 270)^2 \cdot 0.3 \cdot (320 \cdot 0.514)}} \Rightarrow D_p = 3.361\ \text{m}$$

$$(8-13)$$

所以,需要两副直径为 3.361 m 的螺旋桨。

螺旋桨转速为

$$V_{\text{tip}_{\text{cruise}}} = \sqrt{V_{\text{tip}_{\text{static}}}^2 + V_{\text{C}}^2} \Rightarrow V_{\text{tip}_{\text{static}}} = \sqrt{V_{\text{tip}_{\text{cruise}}}^2 - V_{\text{C}}^2} = \sqrt{270^2 - (320 \cdot 0.514)^2}$$

$$\Rightarrow V_{\text{tip}_{\text{static}}} = 214 \text{ m/s}$$

$$(8-9)$$

$$V_{\text{tip}_{\text{static}}} = \frac{D_{\text{P}}}{2}\omega \Rightarrow \omega = \frac{2V_{\text{tip}_{\text{static}}}}{D_{\text{P}}} = \frac{2 \cdot 214}{3.361} = 127.35 \text{ rad/s} \qquad (8-10)$$

$$\omega = \frac{2\pi \cdot n}{60} \Rightarrow n = \frac{60\omega}{2\pi} = \frac{60 \cdot 127.35}{2 \cdot 3.14} = 1\,216.1 \text{ r/min} \qquad (8-11)$$

所以,齿轮减速箱必须将发动机轴的转速降低到 1 216.1 r/min。

(7) 发动机安装。飞机重量和类型表明,该飞机受适航条例 FAR 23 支配。FAR§23.771 规定,每一驾驶舱必须相对螺旋桨而定位,以使得驾驶员或操纵器件的任何部分,都不处于由如下两个平面之间的区域内:一是任一内侧螺旋桨的旋转平面,二是通过桨毂中心的直线相对螺旋桨旋转平面前倾或后倾 5°角所形成的平面。

因此,发动机置于机翼前面较远位置,以使螺旋桨平面在驾驶舱之前。这一措施将在螺旋桨和机翼之间提供足够的距离,以使螺旋桨尾流对机翼空气动力的负面影响减至最小。此外,应考虑在螺旋桨桨尖与机身之间,设置约等于 1/4 螺旋桨直径的间隙,以使机身和螺旋桨之间的干扰减至最小。图 8-24 给出有关发动机安装的更详细的信息。机翼内段结构应进一步加强,以使其足以承受发动机重量和翼根处相应的弯矩。

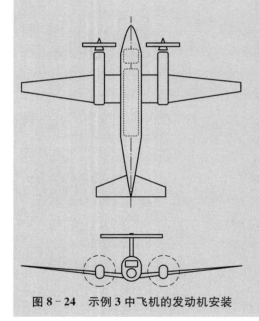

图 8-24 示例 3 中飞机的发动机安装

练习题

(1) 使用参考文献(如[8]),确认并介绍一架采用如下发动机的飞机:

(a) 人力;

(b) 电动(蓄电池)发动机;

(c) 太阳能;

（d）活塞式螺旋桨；

（e）涡轮喷气；

（f）涡轮风扇；

（g）涡轮螺旋桨；

（h）涡轮轴；

（i）火箭发动机（非吸气式发动机）。

对于每架飞机，给出飞机名称、飞机类型、飞机图片或三面视图。

（2）使用参考文献（如[8]），介绍如下航空发动机的特性：

（a）PW PT6B‐36（类型、T_{max}、重量、长度、空气流量）；

（b）来康明 IO‐540B（类型、P_{max}、重量、冷却、气缸容量）；

（c）斯奈克玛·阿塔尔 9K50（类型、T_{max}、重量、长度、空气流量）；

（d）艾里逊 T56‐15（类型、P_{max}、重量、长度、空气流量）。

（3）对于一架载客 12 人的中型运输机，活塞螺旋桨、涡轮螺旋桨、涡轮风扇和涡轮喷气这 4 种类型的发动机都能够满足性能需求。相关设计需求选定为 SFC、发动机成本、噪声和振动、发动机重量、推进效率、维修性、旅客诉求以及发动机尺寸。这些需求的设计优先权考虑如下：

SFC	发动机成本	噪声	比重	推进效率	维修性	旅客诉求	发动机尺寸	总计
19%	4%	6%	12%	15%	13%	22%	22%	100%

从这 4 种备选方案中确定最合适的发动机。

（4）对于载客 2 人的轻型 GA 飞机，活塞式螺旋桨、涡轮螺旋桨、涡轮风扇和涡轮喷气这 4 种类型的发动机，都能够满足性能需求。相关设计需求选定为 SFC、发动机成本、噪声和振动、发动机重量、推进效率、维修性、旅客诉求以及发动机尺寸。这些需求的设计优先权考虑如下：

SFC	发动机成本	噪声	比重	推进效率	维修性	旅客诉求	发动机尺寸	总计
12%	7%	20%	2%	12%	8%	30%	9%	100%

在这 4 种备选方案中确定最合适的发动机。

（5）对于携带 1 kg 有效载荷的模型飞机，活塞式螺旋桨、涡轮喷气和电动发动机这 3 种类型的发动机都能够满足性能需求。相关设计需求选定为运营成本、发动机成本、噪声和振动、发动机重量、推进效率、维修性、旅客诉求以及发动机尺寸。这些需求的设计优先权考虑如下：

使用成本	发动机成本	噪声	比重	推进效率	维修性	旅客诉求	发动机尺寸	总计
20%	25%	2%	2%	14%	16%	15%	6%	100%

从这 3 种备选方案中确定最合适的发动机。

(6) 对于携带 1 名驾驶员的摩托滑翔机,活塞螺旋桨、涡轮螺旋桨、涡轮风扇、涡轮喷气、电动和太阳能这 6 种类型的发动机都能够满足性能需求。相关设计需求选定为 SFC、发动机成本、噪声和振动、发动机重量、推进效率、可维修性、驾驶员诉求以及发动机尺寸。这些需求的设计优先权考虑如下:

SFC	发动机成本	噪声	比重	推进效率	可维修性	驾驶员诉求	发动机尺寸	总计
4%	7%	18%	20%	7%	8%	17%	19%	100%

从这 6 种备选方案中确定最合适的发动机。

(7) 一架轻型 GA 飞机,采用一台 210 hp 活塞发动机,在 18 000 ft 高度上巡航速度为 150 kn。将使用普通的木质两叶螺旋桨。假设通过使用涡轮增压器,使发动机功率直到巡航高度都保持恒定。

(a) 估算该发动机的螺旋桨直径;

(b) 对于该巡航飞行,螺旋桨的转速(r/min)是多少?

(c) 发动机轴转速为 4 400 r/min。必须采用怎样的减速比?

(8) 一架中型运输机,采用两台 2 100 hp 涡轮螺旋桨发动机,在 28 000 ft 高度上巡航速度为 300 kn。对于每台发动机,使用高性能的 3 叶复合材料螺旋桨。

(a) 估算每台发动机的螺旋桨直径;

(b) 对于该巡航飞行,螺旋桨的转速(r/min)是多少?

(c) 发动机轴转速为 8 000 r/min。必须采用怎样的减速比?

(9) 一架大型运输机,采用 4 台 4 200 hp 涡轮螺旋桨发动机,在 28 000 ft 高度上巡航速度为 360 kn。对于每台发动机,使用高性能的 6 叶金属螺旋桨。假设 $C_{L_p} = 0.25$,$AR_p = 12$。

(a) 估算每台发动机的螺旋桨直径;

(b) 对于该巡航飞行,螺旋桨的转速(r/min)是多少?

(c) 发动机轴转速为 10 000 r/min。必须采用怎样的减速比?

(10) 一架小型 RC 模型飞机,采用单台 2 hp 电动发动机,在 3 000 ft 高度上巡航速度为 40 kn。对于该发动机,使用 2 叶塑料螺旋桨。

(a) 估算该发动机的螺旋桨直径;

(b) 对于该巡航飞行,螺旋桨的转速(r/min)是多少?

(11) 一架公务机,采用 2 台 1 200 hp 涡轮螺旋桨发动机,在 26 000 ft 高度上巡航速度为 300 kn。对于每台发动机,使用普通的 4 叶复合材料螺旋桨。假设 $C_{L_p} = 0.35$,$AR_p = 9$。

(a) 估算每台发动机的螺旋桨直径;

(b) 对于该巡航飞行,螺旋桨的转速(r/min)是多少?

(c) 发动机轴转速为 5 200 r/min。必须采用怎样的减速比?

(12) 一架超大型货机,采用 4 台 13 000 hp 涡轮螺旋桨发动机,在 31 000 ft 高度上巡航速度为 400 kn。对于每台发动机,使用高性能 8 叶金属螺旋桨。假设 $C_{L_p} = 0.28$,$AR_p = 8$。

(a) 估算每台发动机的螺旋桨直径;

(b) 对于该巡航飞行,螺旋桨的转速(r/min)是多少?

(c) 发动机转速为 9 000 r/min。必须采用怎样的减速比?

(13) 为一架下单翼常规尾翼 6 座 GA 飞机设计推进系统,飞机航程为 2 000 km,并具有如下特性:

$$m_{TO} = 1\,700\ \text{kg},\ S = 17\ \text{m}^2,\ C_{D_o} = 0.026,\ AR = 9,\ e = 0.88。$$

飞机必须能够在 15 000 ft 高度上以最大巡航速度 190 KTAS 巡航飞行。对于这一问题,需要讨论并确定下列项目:①巡航飞行时发动机推力/功率,②发动机类型,③发动机台数,④发动机位置,⑤发动机选择,⑥螺旋桨直径和桨叶数(如果采用螺旋桨发动机)。推进系统必须是低制造成本、低运营成本、高效率,并且必须符合适航性要求。绘制飞机前视图和俯视图,表明推进系统安装。需要时允许假设其他任何参数。

(14) 为一架上 12 座通用类飞机设计推进系统,飞机采用上单翼和 T 形尾翼,航程为 2 500 km,并具有如下特性:

$$m_{TO} = 5\,000\ \text{kg},\ S = 22\ \text{m}^2,\ C_{D_o} = 0.022,\ AR = 7.5,\ e = 0.9。$$

飞机必须能在 10 000 ft 高度上以最大巡航速度 220 KTAS 巡航飞行。对于这一问题,需要讨论并确定下列项目:①巡航飞行时发动机推力/功率,②发动机类型,③发动机台数,④发动机位置,⑤发动机选择,⑥螺旋桨直径和桨叶数(如果采用螺旋桨发动机)。推进系统必须是低制造成本、低运营成本、高效率,并且必须符合适航性要求。绘制飞机前视图和俯视图,表明推进系统安装。需要时允许假设其他任何参数。

(15) 为一架单座极轻型飞机设计推进系统,飞机采用下单翼和常规尾翼,航程为 1 000 km,并具有如下特性:

$$m_{TO} = 300\ \text{kg},\ S = 7\ \text{m}^2,\ C_{D_o} = 0.024,\ AR = 7.5,\ e = 0.9。$$

飞机必须能在海平面高度以最大巡航速度 110 KTAS 巡航飞行。对于这一问题,需要讨论并确定下列项目：①巡航飞行时发动机推力/功率，②发动机类型，③发动机台数，④发动机位置，⑤发动机选择，⑥螺旋桨直径和桨叶数（如果采用螺旋桨发动机）。推进系统必须是低制造成本、低运营成本、高效率，并且必须符合适航性要求。绘制飞机前视图和俯视图，表明推进系统安装。需要时允许假设其他任何参数。

（16）为一架 19 座公务机设计推进系统，飞机采用下单翼和十字形尾翼，航程为 8 000 km，并具有如下特性：

$$m_{TO} = 22\,000 \text{ kg}, \; S = 51 \text{ m}^2, \; C_{D_0} = 0.021, \; AR = 10.4, \; e = 0.93。$$

飞机必须能在 25 000 ft 高度以最大巡航速度 350 KTAS 巡航飞行。对于这一问题，需要讨论并确定下列项目：①巡航飞行时发动机推力/功率，②发动机类型，③发动机台数，④发动机位置，⑤发动机选择，⑥螺旋桨直径和桨叶数（如果采用螺旋桨发动机）。推进系统必须是低运营成本、舒适、高效率，并且必须符合适航性要求。绘制飞机前视图和俯视图，表明推进系统安装。需要时允许假设其他任何参数。

（17）为一架货机设计推进系统，飞机采用上单翼和 T 形尾翼，携带 40 000 kg 有效载荷，航程为 9 000 km，飞行机组和工作人员为 12 人，并具有如下特性：

$$m_{TO} = 240\,000 \text{ kg}, \; S = 355 \text{ m}^2, \; C_{D_0} = 0.025, \; AR = 9.3, \; e = 0.9。$$

飞机必须能在 30 000 ft 高度上以最大巡航速度 480 KTAS 巡航飞行。对于这一问题，需要讨论并确定下列项目：①巡航飞行时发动机推力/功率，②发动机类型，③发动机台数，④发动机位置，⑤发动机选择，⑥螺旋桨直径和桨叶数（如果采用螺旋桨发动机）。推进系统必须是低运营成本、高效率并且必须符合适航性要求。绘制飞机前视图和俯视图，表明推进系统安装。需要时允许假设其他任何参数。

（18）为一架 160 座航线客机设计推进系统，飞机采用下单翼和常规尾翼，航程为 5 000 km，并具有如下特性：

$$m_{TO} = 74\,000 \text{ kg}, \; S = 125 \text{ m}^2, \; C_{D_0} = 0.018, \; AR = 10, \; e = 0.93。$$

飞机必须能在 35 000 ft 高度上以最大巡航速度 350 KTAS 巡航飞行。对于这一问题，需要讨论并确定下列项目：①巡航飞行时发动机推力，②发动机类型，③发动机台数，④发动机位置，⑤发动机选择，⑥进气道考虑因素。推进系统必须是低运营成本、高效率、舒适，并且必须符合适航性要求。绘制飞机前视图和俯视图，表明推进系统安装。需要时允许假设其他任何参数。

（19）为一架单座超声速战斗机设计推进系统，飞机作战半径为 700 km，并具有如下特性：

$$m_{TO} = 15\,000 \text{ kg}, \; S = 48 \text{ m}^2, \; C_{D_0} = 0.017, \; AR = 3.4, \; e = 0.83。$$

飞机必须能在 50 000 ft 高度上以最大速度 Ma 2 巡航飞行。对于这一问题，需要讨论并确定下列项目:①巡航飞行时发动机推力,②发动机类型,③发动机台数,④发动机位置,⑤发动机选择,⑥进气道考虑因素。推进系统必须具有低可探测性并使飞机具有良好的灵活机动性能。绘制飞机前视图和俯视图,表明推进系统安装。需要时允许假设其他任何参数。

(20)为一架上单翼4座水陆两用飞机设计推进系统,飞机航程为2 700 km,并具有如下特性:

$$m_{\text{TO}} = 2\,400\,\text{kg},\ S = 18\,\text{m}^2,\ C_{D_0} = 0.022,\ AR = 11,\ e = 0.83。$$

飞机必须能够在15 000 ft高度上以最大巡航速度160 KTAS巡航飞行。对于这一问题,需要讨论并确定下列项目:①巡航飞行时发动机推力/功率,②发动机类型,③发动机台数,④发动机位置,⑤发动机选择,⑥螺旋桨直径和桨叶数(如果采用螺旋桨发动机),或进气道考虑因素(如果采用喷气式发动机)。推进系统必须是低运营成本、高效率,舒适,并且必须符合适航性要求。绘制飞机前视图和俯视图,表明推进系统安装。需要时允许假设其他任何参数。

(21)为一架载客1 000人的航线客机设计推进系统,飞机采用下单翼和常规尾翼,航程为10 000 km,并具有如下特性:

$$m_{\text{TO}} = 750\,000\,\text{kg},\ S = 930\,\text{m}^2,\ C_{D_0} = 0.019,\ AR = 8.2,\ e = 0.94。$$

飞机必须能在40 000 ft高度以最大巡航速度$Ma0.93$巡航飞行。对于这一问题,需要讨论并确定下列项目:①巡航飞行时发动机推力,②发动机类型,③发动机台数,④发动机位置,⑤发动机选择,⑥进气道考虑因素。推进系统必须是低运营成本、高效率、舒适,并且必须符合适航性要求。绘制飞机前视图和俯视图,表明推进系统安装。需要时允许假设其他任何参数。

(22)为一架遥控模型飞机设计推进系统,飞机采用上单翼和常规尾翼,携带2 kg有效载荷时续航45 min,并具有如下特性:

$$m_{\text{TO}} = 10\,\text{kg},\ S = 0.6\,\text{m}^2,\ C_{D_0} = 0.029,\ AR = 6.5,\ e = 0.88。$$

飞机必须能在海平面高度以最大巡航速度35 kn巡航飞行。对于这一问题,需要讨论并确定下列项目:①巡航飞行时发动机推力/功率,②发动机类型,③发动机台数,④发动机位置,⑤发动机选择,⑥螺旋桨直径和桨叶数(如果采用螺旋桨发动机),或进气道考虑因素(如果采用喷气式发动机)。推进系统必须是低运营成本、低制造成本和高效率。绘制飞机前视图和俯视图,表明推进系统安装。需要时允许假设其他任何参数。

(23)为一架上单翼常规尾翼无人驾驶侦察机设计推进系统,飞机携带300 kg有效载荷时续航150 h,航程100 000 km,并具有如下特性:

$$m_{TO} = 800\ kg,\ S = 12\ m^2,\ C_{D_o} = 0.026,\ AR = 13.6,\ e = 0.94。$$

飞机必须能在 70 000 ft 高度以最大巡航速度 200 kn 巡航飞行。对于这一问题,需要讨论并确定下列项目:①巡航飞行时发动机推力/功率,②发动机类型,③发动机台数,④发动机位置,⑤发动机选择,⑥螺旋桨直径和桨叶数(如果采用螺旋桨发动机),或进气道考虑因素(如果采用喷气式发动机)。推进系统必须是低运营成本、低制造成本和高效率。绘制飞机前视图和俯视图,表明推进系统安装。需要时允许假设其他任何参数。

(24) 为一架单座摩托滑翔机设计推进系统,飞机采用上单翼和 T 形尾翼,航程为 700 km,并具有如下特性:

$$m_{TO} = 640\ kg,\ S = 13.2\ m^2,\ C_{D_o} = 0.015,\ AR = 32,\ e = 0.96。$$

飞机必须能在 15 000 ft 高度上以最大巡航速度 90 kn 巡航飞行。对于这一问题,需要讨论并确定下列项目:①巡航飞行时发动机推力/功率,②发动机类型,③发动机台数,④发动机位置,⑤发动机选择,⑥螺旋桨直径和桨叶数(如果采用螺旋桨发动机),或进气道考虑因素(如果采用喷气式发动机)。推进系统必须是低运营成本、低制造成本和高效率。绘制飞机前视图和俯视图,表明推进系统安装。需要时允许假设其他任何参数。

(25) 为一架上单翼单座近距支援军用飞机设计推进系统,飞机航程为 3 200 km,并具有如下特性:

$$m_{TO} = 15\ 000\ kg,\ S = 24\ m^2,\ C_{D_o} = 0.022,\ AR = 5,\ e = 0.87。$$

飞机必须能在高度为 5 000 ft 的机场上起飞和着陆,在 20 000 ft 高度上以 500 kn 速度巡航飞行。对于这一问题,需要讨论并确定下列项目:①巡航飞行时发动机推力/功率,②发动机类型,③发动机台数,④发动机位置,⑤发动机选择,⑥螺旋桨直径和桨叶数(如果采用螺旋桨发动机),或进气道考虑因素(如果采用喷气式发动机)。推进系统必须是低制造成本,并满足 VTOL 要求。绘制飞机前视图和俯视图,表明推进系统安装。需要时允许假设其他任何参数。

参 考 文 献

[1] Mattingly, J., Heiser, W., and Pratt, D. (2003) *Aircraft Engine Design*, 2nd edn, AIAA.

[2] Stone, R. (1999) *Introduction to Internal Combustion Engines*, 3rd edn, Society of Automotive Engineers Inc.

[3] Kroes, M. J. and Wild, T. W. (1995) *Aircraft Powerplants*, 7th edn, Glencoe.

[4] Federal Aviation Regulations, FAR 23 and FAR 25 (2011), Federal Aviation

Administration，US Department of Transportation，www. faa. org.

［5］ Taylor，C. F. （1985） *Internal Combustion Engine in Theory and Practice*，2nd edn，MIT Press.

［6］ Farokhi，S. （2008） *Aircraft Propulsion*，John Wiley & Sons，Inc.

［7］ Mattingly，J. （2006） *Elements of Propulsion*：*Gas Turbines and Rockets*，AIAA.

［8］ Jackson，P. ，Munson K. ，Peacock，L. *Jane's All the World's Aircraft*，Jane's Information Group，various years，1996 to 2011.

［9］ www. wikipedia. org.

［10］ International Industry Working Group （2007） Commercial Aircraft Design Characteristics-Trends and Growth Projections，5th edn.

9 起落架设计

9.1 序言

  飞机上另一个需要设计的主要部件是起落架。起落架是在地面上支撑飞机并可使飞机滑行、起飞和着陆的结构件。事实上,起落架设计往往与飞机结构设计有很多重叠。本书未提及起落架结构设计方面的内容,但是将讨论对飞机构型设计和飞机空气动力学有较大影响的那些设计参数。此外,起落架的某些方面,诸如减震器、起落架收放机构和刹车,被认定属于非航空问题,可由机械设计工程师予以确定。因此,本章也不考虑这些纯机械参数。通常,下面所列是有待确定的起落架参数:

  (1) 类型(如前轮式(前三点式)、尾轮式、自行车式);

  (2) 固定式(带整流罩或不带整流罩),或可收放的,可部分收起;

  (3) 高度;

  (4) 前后轮距;

  (5) 主轮距;

  (6) 主起落架与飞机重心(cg)之间的距离;

  (7) 支柱直径;

  (8) 轮胎规格(直径、宽度);

  (9) 起落架舱(如果起落架可收放);

  (10) 每一支柱上的载荷。

  起落架通常包括机轮,但某些飞机配备雪橇或水上浮筒。对于垂直起降航空器,如直升机,机轮可更换为滑橇。图 9-1 示出起落架的主要参数。主要参数说明如下。起落架高度是起落架最低点(即轮胎底部)到起落架与飞机连接点之间的距离。由于起落架可连接到机身上或连接到机翼上,术语"高度"具有不同的含义。此外,起落架高度是减震器和起落架压缩量的函数。通常当飞机

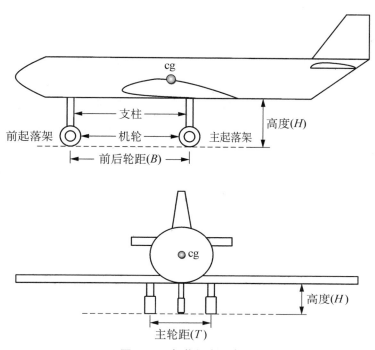

图 9 - 1　起落架主要参数

处于地面时测量此高度,飞机为最大起飞重量,起落架具有最大压缩量(即最小高度)。

因此,当起落架具有最大伸长量时也一样有起落架高度,但是在应用中并不重要。起落架最低点(即触地点)和飞机重心之间的距离也是重要的,在计算时要使用。前后轮距是主起落架和其他任何起落架之间的距离(按侧视图)。将起落架分为两个部分:①主起落架或主机轮[①],②辅助起落架或辅助机轮。主起落架是最接近飞机重心的起落架,着陆时主机轮是第一个接地点。此外,起飞时主机轮最迟离开地面。相比之下,主起落架在地面上承受大部分飞机载荷。主轮距是前视图上两个主起落架(左和右)之间的距离。如果预期起落架会承受大载荷,则其可能配备多个机轮。通常,起落架重量是飞机起飞重量的 3% ~ 5%。例如,对于 B747 飞机(见图 3 - 7、图 3 - 12 和图 9 - 4),起落架组件的重量约为 16 000 1b。

本章的组织结构如下。第 9.2 节给出起落架功能分析和设计需求;第 9.3 节研

---

① 术语"主机轮"常常是指机轮/刹车/轮胎整个组件。

究起落架构型及其选择过程;第9.4节讨论有关固定式、可收放式或可分离式起落架的决策;第9.5节涉及起落架几何尺寸,包括起落架高度、前后轮距和主轮距,在这一节中将对影响到起落架参数如何确定的许多重要设计需求(如飞机一般离地间隙需求和起飞抬前轮离地间隙需求)进行研究;第9.6节涉及起落架和飞机重心,并且介绍3个设计需求(防机尾擦地角、防机头擦地角以及起飞抬前轮需求);起落架机械子系统/参数(包括轮胎规格、减震器、支柱尺寸、地面转向和收放系统),将在第9.7节阐述;第9.8节给出起落架设计步骤和程序;最后在第9.9节中给出一个全解设计示例。

9.2 功能分析和设计需求

依据设计程序,起落架是飞机上最后一个需要设计的主要部件。换言之,所有主要部件(如机翼、尾翼、机身和推进系统)必须在起落架设计之前完成设计。此外,对于起落架设计而言,必须知道飞机重心后限和重心前限。在某些情况下,起落架设计可能驱使飞机设计者更改飞机构型来满足起落架设计需求。

起落架主要功能如下:

(1) 在地面上以及在装货、卸货和滑行期间,保持飞机稳定性;

(2) 滑行期间允许飞机自由移动和机动;

(3) 当飞机在地面上时,为飞机其他部件(如机翼和机身)与地面之间提供安全距离,防止触地而引起任何损坏;

(4) 在飞机着陆时,吸收着陆冲击能量;

(5) 可使飞机以最小的摩擦进行加速和抬前轮,以便于实现起飞。

为了使起落架能够有效发挥功能,必须制订下列设计需求:

(1) 地面间隙需求;

(2) 转向操纵需求;

(3) 起飞抬前轮需求;

(4) 防机尾擦地需求;

(5) 防侧翻需求;

(6) 接地需求;

(7) 着陆需求;

(8) 静载荷和动载荷需求;

(9) 飞机结构完整性;

(10) 地面横向稳定性;

(11) 低成本;

(12) 重量轻;

（13）维修性；

（14）可制造性。

表 9.1 示出更详细的设计需求，并给出这些需求与起落架参数之间的关系。

表 9 - 1 起落架设计需求和起落架参数之间的关系

序号	需求和约束	需求	受影响的参数
1	离地间距	机翼、发动机、机身、螺旋桨的离地间距必须合理	高度
2	操纵性（前轮转向）	必须限制前轮载荷	前后轮距，X_n 到 X_{cg}
3	起飞抬前轮	飞机必须能够以所希望的角速度围绕主起落架转动	高度，X_m 到 X_{cg}
4	起飞抬前轮离地间隙	在起飞抬前轮过程中后机身和尾翼不得触地	高度，前后轮距
5	防止机尾擦地/防止机头擦地	起飞时防止机尾擦地，着陆时防止机头擦地	高度
6	防止侧翻	横向角度必须能够防止在滑行急转弯时发生侧翻	主轮距
7	接地	减震器必须吸收和缓解动载荷	减震器，轮胎
8	着陆	在抵达跑道端头之前，必须使着陆速度减到 0	刹车
9	静载荷和动载荷	轮胎和支柱在静载荷和动载荷作用下必须功能正常	支柱
10	结构完整性	在地面上因飞机重量引起机翼结构中性层挠度必须最小	主轮距
11	地面横向稳定性	在侧风作用下飞机不得翻倒	主轮距，高度

这些需求的技术层面将在第9.5节和9.6节中讨论。下一节将阐述确定起落架参数以满足所有需求的方法。

尽管飞机起落架对于起飞和着陆而言是关键部件，但是在空中飞行期间，恰是"死"重量。由于这个原因，因此建议将起落架收入飞机内部，以减小飞机阻力，并改善飞机性能。图9-2给出包含设计反馈的起落架设计流程图。如流程图所示，起落架设计是一个迭代过程，迭代的次数取决于设计需求的本质和设计者的技能。此外，机械子系统和参数的设计分在一个方框内，将由机械设计组执行。起落架设计从定义起落架设计需求开始，设计过程以优化结尾。这些项目的设计细节已超出本书的范围，读者可参见其他参考文献，如参考文献[1]。

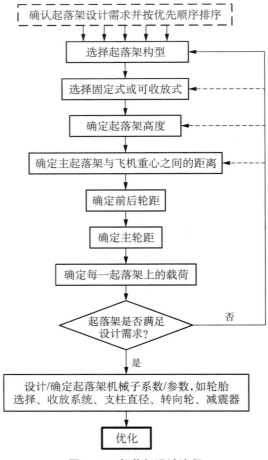

图 9 - 2 起落架设计流程

9.3 起落架构型

飞机设计者在起落架设计过程中的首项工作是选择起落架构型。可采用各种起落架类型和构型来实现起落架功能。起落架设计需求是飞机总体设计需求的一部分,包括成本、飞机性能、飞机稳定性、飞机操纵性、维修性、可生产性以及运行考虑。通常有如下 10 种起落架构型:

(1) 单主轮式;

(2) 自行车式;

(3) 尾轮式;

(4) 前三点式或前轮式;

(5) 四点式;

（6）多轮小车式；

（7）可分离式滑轨；

（8）滑橇；

（9）水上飞机着水装置；

（10）人腿。

本节将针对每种起落架构型阐述其特性和技术参数。常见的起落架构型备选方案如图9-3所示。起落架构型的选择过程包括建立一个能以数字形式进行比较的特性表。这一过程的详情已经在第2章中做过陈述。需要澄清的是，为简单起见，有时对于单支柱起落架采用术语"起落架"或"机轮"，无论怎样，这关联并包括如下这些项目：轮胎、机轮、减震器、作动器和刹车组件。因此，使用术语"前轮式起落架"时，系指一种起落架构型，而使用术语"前起落架"系指连接在机头下面的那个起落架。通常，大多数通用航空（GA）飞机、运输机、战斗机都采用前三点式起落架，而某些重型运输机（货机），使用4点式或多轮小车式起落架。当前，GA飞机已几乎不使用尾轮式起落架，但在航空史的前50年，大多数飞机都使用此种构型。

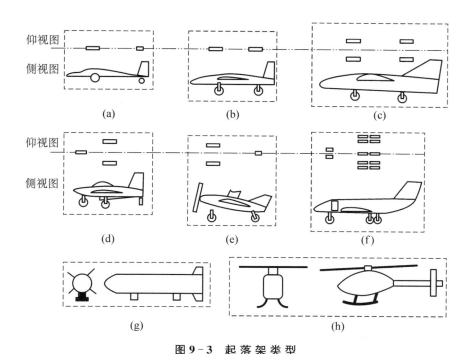

图9-3 起落架类型

（a）单主轮式　（b）自行车式　（c）4点式　（d）前三点式　（e）尾轮式　（f）多轮小车式　（g）可投放滑轨　（h）滑橇

9.3.1　单主轮式

最简单的起落架构型就是单主轮(见图 9-3(a))。该构型包含一个用以承受大部分飞机重量和载荷的大主起落架,外加一个在机尾的非常小的起落架。在尺寸方面,主起落架(支柱和机轮两者)比辅助起落架大很多。这两个起落架都位于飞机对称面上。主起落架靠近飞机重心,而另一个起落架离飞机重心较远。在大多数情况下,主起落架位于飞机重心前,而另一个起落架则位于重心之后(在尾段下面)。在主起落架位于飞机重心之后的情况下,辅助起落架通常改换为设置在机头下面的滑橇。大多数滑翔机采用单主轮式起落架是因为它简单。

单主轮式起落架通常不可收放,因此其高度非常小。采用单主轮式起落架的飞机在地面上是不稳定的,所以,当飞机停留在地面时,将会朝向一侧倾倒(通常翼尖触地)。对于这样的起落架构型,当飞机停放并在起飞前,操作人员必须保持机翼水平。为防止侧向倾倒,有些飞机在左右机翼的下方各布置一个辅助小起落架。对于没有辅助轮的飞机,必须定期修理翼尖,因为每次倾倒时翼尖都可能受损。这种布局的两个优点是,起落架简单和重量轻。相比之下,除了地面不稳定外,这种构型还有一个缺点是起飞滑跑距离较长,因为起飞抬头受限。图 9-4(a)所示是采用主轮式起落架的波兰别尔斯克 SZD-48 晚餐标准 3 滑翔机。

9.3.2　自行车式

自行车式起落架,顾名思义,有两个主起落架(见图 9-3(b)),一个在飞机重心前,一个在飞机重心后,两个机轮的规格相同。为防止飞机侧向倾倒,在机翼下方采用了两个小辅助轮。两个起落架与飞机重心之间的距离几乎相同,因此两个起落架承受相同的载荷。自行车式起落架有一些与单主轮式起落架相类似的特点,事实上,它是单主轮式起落架的一种扩展。在飞机设计者中,并不普遍采用这一布局,因为飞机在地面时不稳定。这一构型的主要优点是其设计简单和重量轻。对于上单翼窄机身构型的飞机,这一起落架构型是一个廉价的候选方案。洛克希德 U-2,麦道 AV-8 鹞Ⅱ(见图 4-4),BAe 海鹞(见图 5-51)都采用自行车式起落架,机翼下方设有两个翼尖辅助轮。

9.3.3　尾轮式

尾轮式起落架有两个主轮位于飞机重心前,一个小机轮位于机身尾段下面。图 9-3(e)给出典型飞机的尾轮式起落架构型侧视图和仰视图。前轮位于飞机重心前,非常接近重心(与尾轮相比),并承载大部分飞机重量和载荷,因此将它们称为主轮。两个主起落架沿 x 轴距飞机重心的距离相等。两个主起落架沿 y 轴距飞机重心的距离相等(事实上,在左侧和右侧)。因此两个主轮承受相同的载荷。尾轮远离飞机重心(与主轮比较)。因此承受的载荷小得多,因此称为辅助起落架。主起落架承受总载荷的 80%～90%,尾起落架只承受 10%～20%。

这一起落架构型称为传统构型起落架,因为在航空发展史的前50年,这是主要的起落架构型。但现在,所生产的飞机中大约只有10%采用尾轮式起落架。为降低阻力,某些飞机使用滑橇(垂直平板)来替代尾轮,并把这样的起落架称为尾橇。大多数农用飞机和某些GA飞机配备尾轮式起落架。由于事实上主起落架比尾起落架要高大得多,因此飞机在地面上不处于水平状态。因此,在这样的飞机上,如20世纪40年代的波音80旅客机,旅客为了登机必须爬坡。由于在地面滑行时飞机具有大迎角,因此起飞时尾部必须抬起。这一姿态使飞机的起飞滑跑距离比采用前三点式起落架的飞机要长。起飞时大迎角的另一个后果是,降低了驾驶员对跑道的视界。

由于飞机有三个机轮(支撑点),因此飞机在地面上是稳定的。然而在地面机动(转弯)过程中,存在固有的航向不稳定的问题。原因是具有尾轮式起落架的飞机在地面上开始围绕主起落架转弯时,在主起落架后面的飞机重心处产生一个离心力。如果飞机地面速度足够大,则离心力矩将大于尾起落架上摩擦力所形成的力矩,引起飞机围绕主起落架偏航。因此,飞机将会横滚并使外侧机翼翼尖擦地,或者滑出跑道道边。通过降低飞机滑行速度,就很容易地控制飞机的这一特性。然而在着陆和接地时,由于侧风的影响,飞机有可能失去控制。为防止出现这种情况,驾驶员需要或左或右踩方向舵脚蹬,直到飞机慢下来。WWⅡ飞机喷火(见图8-3)和虎蛾号,以及GA飞机派珀超级俱乐部(见图5-56)和塞斯纳185,都采用尾轮式起落架。图9-4(b)所示为采用尾轮式起落架构型的老式运输机道格拉斯C-47空中列车(DC-3)。

9.3.4 前三点式

前三点式起落架是使用最广泛的起落架构型。图9-3(d)示出典型飞机采用前三点式起落架的侧视图和仰视图。飞机重心之后的机轮非常接近飞机重心(与前轮相比),承受大部分飞机重量和载荷。因此,将其称为主机轮。两个主起落架沿 x 轴距飞机重心的距离相等。两个主起落架沿 y 轴距飞机重心的距离相等(在左侧和右侧)。因此两个主轮承载相同的载荷。前起落架远离飞机重心(与主起落架比较),因此承受的载荷小得多。主起落架承受总载荷的 $80\% \sim 90\%$,前起落架只承受 $10\% \sim 20\%$。这样的布局有时称为前轮式起落架。

GA飞机、运输类飞机和战斗机常常使用前三点式起落架构型。主起落架和前起落架两者具有相同的高度,尽管主起落架往往具有较大的机轮,但飞机在地面仍处于水平状态。这样在地面上可使地板水平,便于旅客登机和装载货物。与尾轮式起落架不同,采用前轮式起落架构型的飞机在地面上和滑行时航向稳定。原因是如果飞机在滑行时略微偏航,主起落架的横滚和防滑阻力作用在飞机重心之后,趋向于使飞机纠偏。这一特性能够使飞机在侧风着陆过程中具有比较大的偏流修正角。起飞和着陆过程中驾驶员视界比尾轮式起落架的要好得多。B737(见图6-12)、A320、F-16战隼(见图4-6)、皮拉图斯PC-9、派珀切诺基人(见图7-4)、塞斯纳

208、EMB 314 超级巨嘴鸟(见图 10-6)和米格-29(图 5-56),这些飞机都采用前三点起落架构型。图 9-4(c)所示为采用前三点起落架构型的 MD-88 运输机。

大多数大型运输机(如福克 100,见图 10-6)、战斗机(如 F/A-18 大黄蜂,见图 2-11 和图 6-12)以及某些军用飞机(如 B-2 幽灵,见图 6-8)的前起落架采用两个机轮,以增加起飞着陆时出现轮胎瘪胎情况下的安全性。对于前起落架承受大载荷的飞机,情况也是如此。对于这样的情况,使用两个小前轮替代一个大前轮,降低起落架迎风面积,也降低飞机阻力。舰载飞机(如 F-14 雄猫(见图 5-44))和 F/A-18 大黄蜂(见图 2-11 和图 6-12)需要采用双机轮前起落架,为的是能够使用弹射起飞机构。

随着机轮数量的增加,制造、维修和运营成本也将增加,但安全性得到改善。此外,随着机轮数量的增加,机轮迎风面积减小,所以飞机性能(尤其是起飞过程中)将得到改善。采用多机轮的另一个原因是易于使机轮总体积与机翼或机身内的起落架舱几何空间相匹配。通常,当飞机重量在 70 000 和 200 000 lb 之间时,每一主支柱上采用 2 个机轮,洛克希德 C-5 银河货运飞机由于最大起飞重量非常大(达 840 000 lb)因而采用了 4 个前机轮,由各轮胎分担起落架载荷。

9.3.5　4 点式

顾名思义,4 点式起落架(见图 9-3(c))采用 4 个起落架,与常规的汽车车轮系统相似,每侧两个起落架,两个起落架在飞机重心之前,另两个在飞机重心之后。每一起落架上的载荷取决于各自距飞机重心的距离。如果前后起落架距飞机重心的距离相同,它们则承受相同的载荷。对于此情况下,在起飞和着陆过程中飞机很难绕重心转动,所以飞机将以水平姿态进行起飞和着陆。与前三点式构型相比,这一特性导致飞机起飞滑跑距离较长。

4 点式起落架的特点是飞机的地板距地面很低,可较方便地装卸货物。4 点式起落架构型通常用于特大型货机或轰炸机。B-52 同温层堡垒轰炸机(见图 9-4(d))采用 4 点式起落架来分担特大飞机重量,在翼尖下方还设有两个辅助轮。具有 4 点式起落架的飞机在地面上和在滑行期间是非常稳定的。

9.3.6　多轮小车式

随着飞机重量加大,需要增加起落架的数量。由 4 轮以上小车式起落架构成的多起落架构型也改善了起飞和着陆的安全性。当多机轮串联使用时,它们连接到一个称为"轮轴架"的结构部件上(见图 9-3(f)),"轮轴架"连接在起落架支柱的端部。采用多轮小车式起落架的飞机在地面上和滑行时都非常稳定。在各种起落架布局中,多轮小车式起落架造价最昂贵,制造过程最复杂。当飞机重量超过 200 000 lb 时,使用 4 轮或 6 轮小车式起落架。大型运输机(如 B747(见图 3-7、图 3-12 和图 9-4)和 A380(见图 1-8))采用多轮小车式起落架。B747(见图 9-4(e))配备 4 个 4 轮小车式起落架和一个两轮前起落架。

（a）

（b）

（c）

（d）

(e)

图 9‑4 具有各种起落架的 5 种飞机示例

（a）波兰别尔斯克 SZD‑48 晚餐标准 3 滑翔机,主轮式起落架 （b）道格拉斯 C‑47 空中列车,尾轮式起落架(经詹尼·科菲允许) （c）运输机 MD‑88,前三点式起落架(经安妮·迪乌斯允许) （d）轰炸机 B‑52 同温层堡垒,4 点式起落架,着陆时用减速伞(经安东尼·奥斯本允许) （e）运输机 B747,多轮小车式起落架(经安妮·迪乌斯允许)

9.3.7 可投放滑轨

对于设计成机载空中起飞和预期不在地面或海上着陆的航空器,有特殊形式的起落架。火箭和导弹(见图 9‑3(g))在起落架构型方面属于同一类。这些航空器既可发射也可机载投放到空中。起飞或发射装置通常由 2 个或 3 个固定件构成,其中一件是 T 形平板件(见图 9‑5),它连接于母机(如战斗机)或发射器上。这一连接件的主要功能是在发射时保持住导弹。

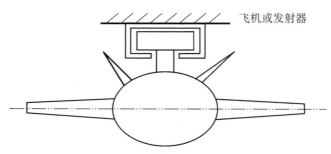

飞机或发射器

图 9‑5 导 弹 连 接

9.3.8 滑橇

某些垂直起降飞机和直升机不需要地面滑跑,所以配备一种梁式结构,称为滑橇(见图 9‑3(h)),以替代普通的起落架。滑橇构型主要由 3 个或 4 个固定的悬臂梁构成,承载(即飞机重量)时朝外偏。在着陆过程中滑橇向外偏,起到减震器的作用。然而由于受梁本身特性所限,它们的减震作用没有油液减震器那么有效。与配备机轮的普通起落架相比,滑橇的设计要简单得多。在滑橇设计和分析时,可采用梁变形和弯曲应力的基本方程。此外,必须考虑滑橇的疲劳载荷和疲劳寿命,以预测滑橇的使用寿命。

9.3.9　水上飞机着水装置

水上飞机水面起飞和降落需要采用特殊的起落架构型。水面跑道的技术特性与硬地道面有很大的差异,因此,水上飞机不能利用轮式起落架的优点在水面上起飞和降落。水上飞机着水装置和船体形状受下列设计需求所支配:

(1) 滑行;

(2) 减小着水冲击载荷;

(3) 漂浮;

(4) 横向静稳定性。

水上飞机通常先利用飞机机身着水,然后利用特定的水橇保持稳定,机身(或船体)底部形状构成水上飞机着水装置的主要部分。机身形状必须设计成满足上面所列需求以及机身原有的容纳有效载荷的设计需求。滑行和减小着水冲击载荷需求常常影响机身底部形状的设计,而漂浮需求影响机身高度。水面上的横向静稳定性通常由安装在机翼下的水橇所提供。这些水橇所处位置,必须使得水上飞机翼尖向一侧偏摆达 10°左右,水橇能触水。

设计机身底部形状时的一个重要变量是水线(见图 9 - 6),这是从船体动力学借

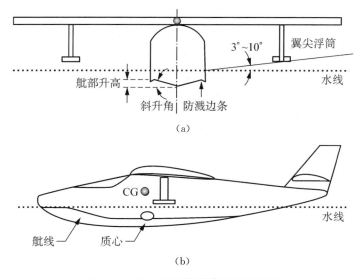

(a)

(b)

图 9 - 6　水上飞机着陆装置几何形状

(a) 前视图　(b) 侧视图

鉴而来。"水线"的用途在于确保船(水上飞机)具有足够的干弦高度(即从水线到主甲板的高度),因此有足够的备用浮力。海船的干弦是从侧面在最上层全通甲板的最低点与水线之间测得,并且其值不得小于允许的干弦高度。水线或载重线表示船舶可以装载的法定上限。飞机在水线下部的任何部分将浸没在水中。确定水上飞机起飞/降落速度时,除考虑其他参数外,还要考虑水线长度。当船体倾斜时,水线长度可能有很大变化,可能动态影响水上飞机速度。

浸在液体中的物体受到向上的浮力,浮力的大小等于物体排开的液体所受的重力。浮力(F_b)通过被排开液体体积的浮心垂直向上作用。使用如下的阿基米德原理来计算水线的准确位置:

$$F_b = \rho_f g V_d \tag{9-1}$$

式中:ρ_f是液体的密度(水的密度为 1 000 kg/m³);g 是重力加速度;V_d是被排开的液体体积。浸没体积的侧面面积质心应接近于飞机的重心。

使用 V 形船底可满足减小着水冲击载荷的需求。V 形的高度称为船底斜度,角度为船底斜升角。对于较大的着水速度,船底斜升角需要增大,船底斜升角朝机头方向增加到大约 40°,以更好地劈波行进。为减少水喷溅,在机身底部边缘设置防溅边条。防溅边条通常与水平线成向下 40°角。

强烈影响水上飞机起飞和着水性能的一项重要参数是水线长度(L_w)与机身宽度(W_f)之比。着水冲击载荷以及水动阻力是该比值(L_w/W_f)之函数。宽机身具有较低的水阻力,但却要经受较大的着水冲击载荷。图 9 - 7 给出加拿大维克斯PBV - 1A 坎索号水陆两用飞机(或飞船)。

图 9 - 7　加拿大维克斯 PBV - 1A 坎索号水陆两用飞机
(经詹尼·科菲允许)

9.3.10　人腿

当飞机非常轻并希望成本越低越好时,人腿可以起到起落架的作用。这是悬挂式滑翔机和滑翔伞的情况。在起飞和着陆过程中驾驶员必须借助自己的腿。由于人体的弱点,因此着陆速度必须非常低(例如小于 10 kn),为的是安全着陆。为了成功着陆,除了人腿之外,还需要驾驶员掌握操作技巧并且反应敏捷。在此情况下,不需要起落架设计。只是假设起落架已经设计和制造完成,并准备用于飞行。图 9-8 给出驾驶员驾驶悬挂式滑翔机起飞的照片(注意他用腿作为起落架)。

图 9-8　驾驶员在山顶上自行跑动驾驶悬挂式滑翔机起飞

9.3.11　起落架构型的选择过程

由于已经陈述了若干种起落架构型,因此现在开始阐述如何选择一种满足设计需求的起落架构型。起落架的选择取决于很多因素,不应该自动认定前三点起落架必定是最好的。有很多设计需求将影响选择起落架构型的决定。这些因素包括成本、重量、性能、起飞滑跑距离、着陆滑跑距离、地面静稳定性、地面滑行稳定性以及维修性。为了选择最好的起落架构型,设计者必须使用如表 9-2 所示的一份比较表,进行权衡研究。赢得最高分的候选方案往往是最合适的飞机起落架方案。因此,基于飞机任务和设计需求,一种布局通常是最佳的备选方案。

表 9-2　各种起落架构型之间的比较

序号		单主轮式	自行车式	尾轮式	前三点式	4 点式	多轮小车式	人腿
1	成本	9	7	6	4	2	1	10
2	飞机重量	3	4	6	7	9	10	1
3	可制造性	3	4	5	7	9	1	10
4	起飞/着陆滑跑距离	3	4	6	10	5	8	2
5	地面稳定性	1	2	7	9	10	8	5
6	滑行稳定性	2	3	1	8	10	9	—

说明:10 最好,1 最差。

在美国,着陆合格审定仅基于刹车,而在欧洲,还考虑反推力装置。主要的原因是美国机场跑道经常是干燥的,而欧洲机场跑道常常是潮湿的。但是,在俄罗斯,由于下雪和恶劣的气候,在这个国家的某些地区还在使用减速伞。

9.3.12 起落架连接

选好起落架构型时,还必须决定起落架连接方式。起落架连接的两种主要选项是连接在机身上和连接在机翼上。起落架与飞机之间的连接将影响若干个设计需求,如重量、起飞和着陆性能、成本和地面稳定性。起落架与飞机之间的连接通常有如下几种主要备选方案:

(1) 所有的支柱/机轮连接在机身上,如 F/A-18(见图 2-11 和图 6-12)和 B747(见图 9-4(e))。

(2) 主起落架连接于机翼上,而前起落架连接于机身上,如英国远程航线客机维克斯 VC-10(见图 9-9(c))。

(3) 主起落架连接于机翼上,而尾起落架连接于机身上(尾轮式起落架构型)。典型示例是 WWII 战斗机 P-51 野马(见图 3-14)和 GA 飞机 Van'RV-7(见图 9-9(a))。

(4) 主起落架连接于短舱上,而前起落架连接于机身上(前三点式起落架构型)。典型示例是 B-47 同温层喷气机、塞斯纳 340 和伊留申 IL-18(见图 9-9(b))。

起落架连接的自然选项是将起落架连接于机身上。然而有一些情况需要设计者考虑其他备选方案。例如,当机身宽度不足以容纳大尺寸主轮距时,将起落架连

(a)

(b)

(c)

(d)

图 9 - 9 不同起落架连接形式的飞机示例

（a）Van's RV - 7(经詹妮·科菲允许) （b）伊留申 IL - 18(经 AJ 贝斯特允许) （c）维克斯 VC - 10(经 AJ 贝斯特允许) （d）麦道 C - 17A 环球霸王(经安妮·迪乌斯允许)

接到机翼上是一种解决问题的途径。然而对于上单翼构型,如将起落架连接于机翼,将使起落架非常长和非常重,并使起落架收放系统难于设计。对于这种窄机身的飞机,另一种解决方法是设置专门的舱用于存放收上后的起落架。这一方法已经在军用运输机 C - 17 环球霸王(见图 9 - 9(d))上得到采用。

作为安全性注意事项,建议不要将起落架支柱连接到燃油箱下面。在意外快速接地的情况下,高下沉率接地可能引起燃油箱爆炸。在过去,曾发生过两起 B727 坠机事故[2],由于驾驶员操作错误而以高下沉率接地,使得燃油箱爆炸。在后来的生产中更改了起落架设计。

为了决定起落架的连接形式,设计者必须使用比较表来进行权衡研究。此方法的基本做法已在第 9.3.11 节中做过介绍。总之,第 9.3 节的目的在于使设计者能够全面了解与不同起落架构型有关的基本权衡研究。这一了解有助于开展有关起落架设计的讨论。在之后的各节中，将研究起落架的各个方面和参数，并将讨论起落架参数和设计需求之间的关系。

9.4　固定式、可收放式或可分离式起落架

起落架设计的另一个问题是决定飞机起飞后该对起落架做些什么。一般而言，共有 4 个备选方案：

（1）起飞后，投放起落架；

（2）起落架悬挂在飞机下面（即固定式）；

（3）起落架完全收到飞机内（例如收到机翼内或机身内）；

（4）起落架部分收到飞机内。

这 4 个备选方案各有优缺点，在做出决策之前必须对此进行评估。对于第一种情况，起飞后投放起落架，即在执行飞行任务期间飞机不必携带起落架。因此，起飞后飞机重量将减轻，可认定这是一项优点。然而这一备选方案并未提及有关着陆要做的任何事情，这意味着，并未认定飞机要着陆，这是用作导弹试验靶机的无人机情况。否则，飞机必须使用另一种着陆装置安全着陆。这些机轮有时固定在轴上，而这些轴又是分离式平台车（仅对主机轮）或发射车（对于带前轮的三点式布局）底盘的一部分。这种布局的主要优点在于减轻重量，得到较高的性能。如果希望飞机完成任务后能够着陆，则不推荐此选项，因为着陆在移动的小车上是一种不安全操作。极少有飞机种采用这种起落架构型。

一架生产时间最长的采用分离式起落架的喷气式靶机是金迪维克喷气式靶机，由澳大利亚研制，在英国和澳大利亚使用了数十年。生产了 400 多架，少量供应给美国海军和瑞典。名字取自土著语"捕猎"。澳大利亚政府飞机厂于 1948 年开始研制。图 9 - 10 示出刚刚起飞的金迪维克喷气式靶机。飞机在起飞过程中利用一台

图 9 - 10　金迪维克喷气式靶机起飞后起落架分离

（经 http://www. military images. net 允许）

发射车,飞机升空后,发射车留在地面。

对于第2、3和4种情况,当飞机升空后,起落架成了"死"重量并且无积极功能。然而起落架留在飞机上,以在着陆时使用。表9-3对这两种布局的优缺点做出比较。一般而言,两个主要的准则是成本与性能。如果主要设计目标是高性能,则可收放起落架是最好的设计。然而如果设计者主要关注的是降低飞机成本,则一种途径是选择固定式起落架。现时,所有的运输机(如B777(见图8-6)和A340(见图8-6))、大多数军用飞机(如洛克希德C-5银河、F/A-18大黄蜂和F-16战隼)和大部分GA飞机(如塞斯纳550和湾流550(见图11-15))都采用可收放起落架。但是大多数家庭制造的飞机和一些GA飞机(如塞斯纳182(见图3-7))都采用固定式起落架。图9-12给出几种飞机示例。如果需要对可收放起落架做折中考虑,以便为其他部件提供内部空间(如储存燃油),则解决问题的途径是采用部分收上的起落架。例如,近距支援军用飞机A-10雷电(见图6-12)的特点是采用部分收上的起落架,为的是提供更多的储存空间。

表9-3　固定式和可收放起落架的比较

序号	项目	固定式(不可收放)起落架	可收放起落架
1	成本	廉价	昂贵
2	重量	轻	较重
3	设计	易于设计	较难设计
4	制造	易于制造	较难制造
5	维修	易于维修	较难维修
6	阻力	阻力较大	阻力较低
7	飞机性能	飞机性能较低 (例如最大速度)	飞机性能较高 (例如最大速度)
8	纵向稳定性	较为稳定	稳定性较低
9	起落架舱	不需要起落架舱	必须提供起落架舱
10	收放系统	不需要收放系统	需要收放系统
11	燃油容量	内部可用贮油空间较大	内部可用贮油空间较小
12	飞机结构	结构连续	由于开口而需要加强结构件

可收放起落架在飞机起飞后收入机体内,飞行时一直储存在机上起落架舱内,直到着陆之前才放下。可收放起落架的有关特点是:①收放系统设计,②有足够的空间容纳收上后的起落架。大多数起落架收放机构都基于4连杆原理,其中3个构件由枢轴连接。第4根杆则是飞机结构。收放机构显然增加了飞机的重量、设计复杂性和维修工作量,并减小了内部燃油储存空间。

主起落架舱位置的主要选项(见图9-11)有:①机翼内,②机身内,③机翼-鼓包,④机身-鼓包,⑤机翼-机身结合部,⑥发动机短舱内。

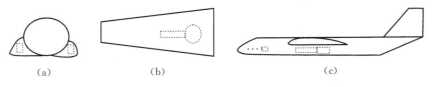

$$\text{图 9-11　起落架舱}$$

(a) 机身鼓包内（前视图）　(b) 在机翼内（俯视图）　(c) 机身内（侧视图）

对于上单翼构型，起落架收上并安置在机身内，使起落架支柱最短。通常，需要在飞机内起落架收上位置的机体结构上开口，结果是增加飞机重量。所列出的示例是起落架放置在机翼内、机身内或机翼-机身结合部内。相比之下，采用起落架鼓包构型往往会增大飞机的迎风面积，引起附加的空气动力阻力。示例是将起落架放置在机身旁边的鼓包内。就飞机结构设计复杂程度而言，机翼内的起落架舱需要在机翼上开口，导致翼梁需要加强。机翼内起落架舱位置的最好的候选方案是位于主梁和后梁之间的空间。机身内的起落架舱也要求在机身上开口，导致机身框和纵梁需要加强。对于高速飞机，机翼或机身起落架舱布局带来的空气动力学方面的得益超过给结构带来的弊端。

大多数下单翼运输机（如 B767（见图 5-4）和 A320），主起落架收入机翼/机身结合部，而大多数上单翼运输机（货机），主起落架收到机身内。大多数战斗机（如 F-16 战隼和 F/A-18 大黄蜂）具有下单翼构型，主起落架以及前起落架都收到机身内。一些 GA 飞机（如塞斯纳 525），主起落架收到机翼内，而另一些 GA 飞机（例如里尔喷气 85），主起落架收到机翼/机身结合部内。机身起落架鼓包或机翼起落架鼓包明显减轻飞机重量，因为不需在机身和机翼结构上开口。近距支援飞机 A-10 雷电（见图 6-12），由于其军事任务需求，因此采用带机翼鼓包的起落架构型。

在主起落架位于发动机下方的双发螺旋桨飞机上（例如 P-38 雷电），典型的主起落架舱位置是在发动机后面的短舱内。起落架舱通常需要一对舱门，当起落架收上后关闭以减小阻力。在某些飞机上（如 B737-700），主起落架收到机身起落架舱内，没有任何起落架舱门，以减轻重量。图 9-12 所示的达索 幻影 2000（见图 9-12(a)和霍克·西德利 猎迷（见图 9-12(c)）配备可收放的起落架，而罗宾 DR-400-120 多芬（图 9-12(b)）采用带整流罩的固定式起落架。

减小固定式起落架阻力的一种方法是采用整流罩。整流罩是具有特定翼型形状的护罩，主要覆盖在机轮上。根据经验，设计良好的整流罩将降低机轮阻力多达 1 000%。因此，无整流罩的机轮（见图 9-12(d)）产生的阻力比有整流罩的大约要高出 10 倍。起落架机轮产生的阻力占飞机总阻力约 5%，因此应用机轮整流罩将减小飞机总阻力多达 4.5%。图 9-12(b)示出的罗宾 DR-400-120 多芬飞机，其固定式起落架带有整流罩。

(a)

(b)

(c)

(d)

图 9－12　带有各种形式起落架的 4 种飞机

（a）达索 幻影 2000,带可收放起落架(经詹尼·科菲允许)　（b）罗宾 DR－400－120 多芬,采用带整流罩的固定式起落架(经詹尼·科菲允许)　（c）霍克·西德利 猎迷,采用可收放的起落架(经安东尼·奥斯本允许)　（d）吉普斯兰 GA－8 空中大篷车,采用无整流罩的固定式起落架(经詹尼·科菲允许)

9.5　起落架几何尺寸

至此,已选择了起落架构型,并且决定使用可收放构型。现在,设计者需要进行数学计算,以确定一些参数,如起落架高度、前后轮距、主轮距以及主起落架与飞机重心之间的距离。这些参数通过几何关系式和若干数学原理而相互关联。本节将阐述这些关系。下面各节将阐述用于确定这些参数的指南。

9.5.1　起落架高度

9.5.1.1　起落架高度定义

起落架高度(H_{LG})定义为从地面到主起落架支柱与飞机结构的连接点之间的距离。图 9 - 13 示出具有不同起落架高度的若干飞机。主起落架可以连接于机身(见图 9 - 13(a))、机翼(见图 9 - 13(b))或短舱(见图 9 - 13(d))。可以通过各种方法实现连接,包括支柱(见图 9 - 13(b)),板簧(见图 9 - 13(a)),固定轴(见图 9 - 13(f)),橡胶绳(见图 9 - 13(e)),铰链,或油液减震支柱(见图 9 - 13(d))。因此当飞机在地面时,由于飞机的重量使得弹簧压缩变形或油液减震支柱压缩,起落架高度可能会缩短。为取得一致的定义,当飞机在地面并且机身处于水平时测量起落架高度。

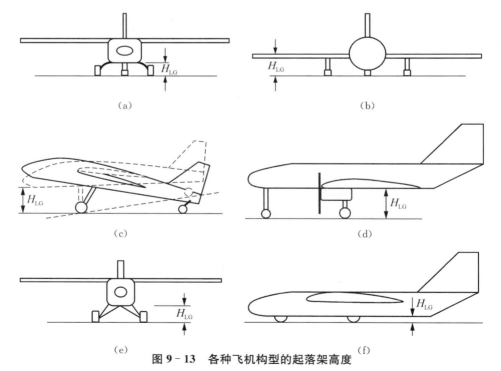

图 9 - 13　各种飞机构型的起落架高度

(a)起落架连接于机身(板簧)　(b)主起落架连接于机翼　(c)起落架连接于机身(采用外伸支架)(d)主起落架连接于短舱　(e)起落架连接于机身(橡胶绳)　(f)起落架连接于机身(无支柱)

撞击地面时,轮胎本身通过变形而具有一定的减震能力。具有刚性轴的飞机仅依赖轮胎来减震。有 5 种主要设计需求,起落架高度在其中起到重要作用。它们是:

(1) 飞机滑行时起落架高度提供离地间隙;

(2) 起飞抬前轮时起落架高度提供后机身离地间隙;

(3) 起落架高度有助于防止机尾擦地;

(4) 起落架高度有助于防止侧翻;

(5) 起落架高度满足装卸货物需求。

在设计的早期阶段,并不清楚上述哪一项需求是最关键的。因此,设计者应仔细研究所有 5 项需求,以确保起落架高度不违反其中任何一项需求。

9.5.1.2 飞机一般离地间隙需求

起落架主要功能之一是防止飞机结构触地受损。通过提供离地间隙来实现这一功能。该间隙由飞机最低点到地面测得。在有些飞机上最低点是机翼(如下单翼),在有些飞机上则是机身(如上单翼),而在其他一些飞机上喷气发动机距地面的距离最小(如发动机悬挂在下单翼下面的运输机)。对于螺旋桨发动机飞机,螺旋桨桨尖通常是最低点。在任何情况下,都需要通过起落架高度来提供离地间隙。离地间隙的最小值是多个设计参数的函数,包括成本、安全性、性能、重量、稳定性、发动机进气道、装载和运行需求。

下列有关螺旋桨离地间隙的规定,引自 FAR[3] §23.925:

除非已证实可采用更小的间隙,飞机处于重量、重心的最不利组合和最不利螺旋桨桨距位置的情况下,螺旋桨离地间隙不得小于下列规定:

(a) 地面间隙 起落架处于静态压缩状态,飞机处于水平正常起飞或滑行姿态(取最临界者)时,每一螺旋桨与地面之间的间隙都不得小于 7 in(对前轮式飞机)或 9 in(对尾轮式飞机)。此外,对于装有使用油液或机械装置吸收着陆冲击的常规起落架支柱,当处于临界轮胎完全瘪胎和相应起落架支柱触底的水平起飞姿态时,螺旋桨与地面之间必须有正间隙。对于使用板簧支柱的飞机,应表明在与 1.5 g 相应的挠度下,具有正间隙。

(b) 后安装螺旋桨 除了本条(a)款规定的离地间隙外,后安装螺旋桨飞机必须设计成,当飞机处于正常起飞和着陆的可达到的最大俯仰姿态时,螺旋桨不得触及跑道道面。

(c) 水面间隙 每一螺旋桨与水面之间的间隙不得小于 18 in,除非能表明采用更小间隙仍符合 §23.239 的规定。

对于单发活塞式螺旋桨发动机的飞机,螺旋桨离地间隙的典型值大约为 20 cm。

对于喷气式飞机,进气道距离地面必须有足够的高度,以使得在起飞时发动机进气道不会吸入沙砾和杂物。进气道高度是飞机速度和发动机推力的函数。具有 50 kN 推力的喷气发动机其进气道高度的典型值为 70 cm。图 9-13 给出具有不同离地间隙的多种飞机构型。对于采用螺旋桨发动机的运输机,建议螺旋桨离地间隙为一人之高(大约 180 cm)。这一安全措施是为了避免人员在飞机周围活动时被旋转的螺旋桨击中而可能造成事故。

表 9-4 给出各种飞机部件离地间隙的推荐值。由于事实上飞机类型、飞机任务、飞机速度、跑道类型以及成本带来其他诸多约束,因此所推荐的离地间隙是一数值范围。例如,很轻的遥控飞机需要非常小的离地间隙(如 20 cm),相比之下,大型民用运输机则大得多(如 1 m)。此外,大型军用货机(如麦道 C-17A 环球霸王(见图 9-9(d)),由于装载需求,因此所要求的离地间隙要小得多(如 30 cm)。

表 9-4　飞机各部件离地间隙的推荐值

序号	飞机部件	离地间隙/m	备注
1	机身	0.2～1.2	
2	后机身	0.2～0.5	起飞抬前轮
3	机翼	0.2～1.5	包括襟翼离地间隙
4	涡轮风扇/涡轮喷气发动机	0.5～1.5	进气道离地间隙
5	螺旋桨(活塞式或涡轮螺旋桨)——陆上飞机	0.2～1	桨尖离地间隙
6	螺旋桨(活塞式或涡轮螺旋桨)——水上飞机	1～2	桨尖离水面间隙
7	外挂物/燃油箱/空速管/天线/探测器	0.2～0.6	

9.5.1.3　起飞抬前轮离地间隙需求

为了增加升力准备起飞,飞机通常围绕主起落架转动抬前轮(见图 9-14)。对于着陆情况也是如此,此时飞机需要获得大迎角。在非尾轮式飞机上,起落架高度的设定必须使得飞机在起飞抬前轮或大迎角着陆时尾部或后机身不会撞击地面。然而实际上,运输机具有可更换的尾撑以保护机身避免撞地,因为事实上有些技能不够熟练的驾驶员常常会非常快速地使飞机抬头,造成后机身撞击地面。后机身防护尾撑可在正规基地内更换。对于着陆也同样,飞机迎角和起落架高度必须使得飞机没有尾部撞地的危险,并且机组成员具有良好的跑道视界。尽管在起落架设计中已包括对离地间隙需求,但每年仍有多起关于运输机尾部撞地的报告。

必须通过增大起落架高度来防止尾部撞地事故。解决此问题的另一个常用方法是按某个上翘角切削后机身。从主起落架接地点到机身上翘角起始点做一连线,查看此连线与地面之间的角度(即 α_C),核查是否会发生撞地事件。为防止机身撞击

（a）

（b）

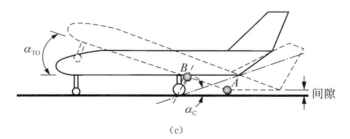

（c）

图 9 - 14 起飞抬前轮和后机身离地间隙

（a）A330（经安妮·迪乌斯允许） （b）F - 15C 鹰（经安东尼·奥斯本允许）

地面，提出如下的起飞抬前轮离地间隙需求：

$$\alpha_C \geqslant \alpha_{TO} \qquad\qquad (9-2)$$

式中离地间隙角为

$$\alpha_C = \arctan\left(\frac{H_f}{AB}\right) \qquad\qquad (9-3)$$

换言之,如果起飞时离地间隙角(α_C)小于飞机抬前轮角(α_{TO}),机身将撞击地面。否则,在机身和地面之间存在间隙,在起飞抬前轮过程中机身将不会受损。运用由下列各边构成的三角形(见图9-15),可以确定离地间隙数值:①主起落架之后到上翘角起始点的距离(即AB),②机身离地高度(H_f),(iii)起飞抬前轮角(α_{TO})。图9-15给出机身下部表面与主起落架之间所构成的三角形ABC(仅为图9-14(c)中飞机的一部分)。飞机围绕主起落架抬头转动一个起飞抬前轮角度。起飞抬前轮时机身与地面之间的最小间隙(H_C)约为30 cm。示例9.1给出如何应用该三角形来确定与此需求相关的主起落架高度的可接受值。如果所确定的离地间隙H_C为负值或小于限制值,则必须相应地增大主起落架的高度。

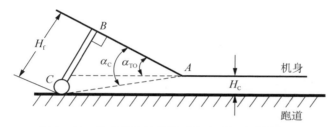

图9-15 检查起飞抬前轮过程中后机身离地间隙

示例9.1

问题陈述 图9-16所示喷气式飞机的驾驶员正在以12°机身迎角进行起飞。确定在起飞抬前轮过程中飞机后机身是否会撞击地面。如果是,则必须如何调整主起落架高度以达到离地间隙30 cm?

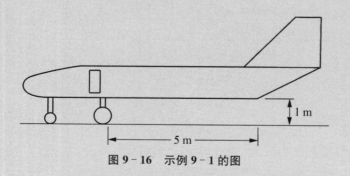

图9-16 示例9-1的图

解 首先,需求确定离地间隙角:

$$\alpha_C = \arctan\left(\frac{H_f}{AB}\right) = \arctan\left(\frac{1}{5}\right) = 0.197 \text{ rad} = 11.31° \tag{9-3}$$

由于离地间隙角小于机身抬前轮角(12°),因此在起飞抬前轮过程中机身将会撞击地面。接下来必须确定新的主起落架高度值,以防止出现机身撞击地面事件。由于飞机起飞抬前轮角为12°,暂时考虑12°,以防止撞地:

$$\alpha_C = \arctan\left(\frac{H_f}{AB}\right) \Rightarrow 12° = \arctan\left(\frac{H_f}{5}\right) \Rightarrow H_f = 5 \cdot \tan 12° = 1.063 \text{ m}$$

$$(9-3)$$

当起落架高度为 1.063 m 时,机身即将触地。起落架高度 1.369 m(1.063 m+(30/cos12°)),在 12°起飞抬头过程中,具有 30 cm 离地间隙。

9.5.2 前后轮距

前后轮距(B)对于主起落架和辅助起落架(前起落架或尾起落架)之间的载荷分布起到重要作用。该参数也影响地面可操纵性和地面稳定性。因此,必须仔细确定前后轮距并需要计算出最佳值,以确保其满足所有相关的设计需求。在本节,研究主起落架与前起落架之间的载荷分布。前后轮距对地面操纵性和地面稳定性的影响,将在下面各小节中讨论。

图 9-17 示出一架停在地面上的具有前三点起落架的飞机。飞机重量(W)由三个机轮(即两个主轮和一个前轮)支承。由于地面机动(即前轮转向)需求,通常前起落架的承载不得小于总载荷(例如飞机重量)的 5%,也不得大于总载荷的 20%。因此,主起落架承载 80%~95%的飞机总载荷。所以前轮尺寸可能比主轮的小很多。比较前起落架支柱和主起落架支柱,情况也是如此。作用在前起落架和主起落架上的载荷分别标识为 F_n 和 F_m。在起落架早期初步设计时采用这些数据。

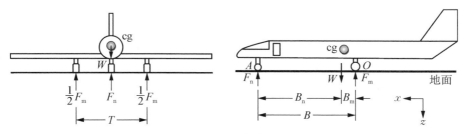

图 9-17 机轮载荷几何尺寸

采用平衡方程计算作用在每一起落架上的静载荷。由于飞机处于静平衡,z 方向所有力之和必须为 0:

$$\sum F_z = 0 \Rightarrow F_n + F_m = W$$

$$(9-4)$$

此外,围绕 O 点的所有力矩之和必须为 0:

$$\sum M_o = 0 \Rightarrow F_n B - W B_m = 0 \tag{9-5}$$

因此,前起落架承受的静载荷(即飞机重量)百分比为

$$F_n = \frac{B_m}{B} W \tag{9-6}$$

此外,主起落架承受的静载荷(即飞机重量)百分比为

$$F_m = \frac{B_n}{B} W \tag{9-7}$$

在前三点起落架的情况下,主起落架上的载荷分配在左和右起落架上,所以每一机轮承受 1/2 主起落架载荷(即 $1/2F_m$)。一些飞机的前后轮距列于表 9-5。示例 9.2 给出如何基于飞机重量来计算前起落架和主起落架所承受的静载荷。

表 9-5　若干飞机的前后轮距和主轮距

序号	飞机	类型	起飞质量/kg	全长/m	前后轮距/m	主轮距/m
1	A380	航线客机	590 000	72.73	30.4	14.3
2	A300-600	航线客机	170 500	54.08	18.62	9.60
3	A319	航线客机	75 500	33.84	11.04	7.59
4	A340-500	航线客机	372 000	67.9	27.59	10.69
5	MD-11	航线客机	237 289	61.24	24.61	10.56
6	B767-200	航线客机	136 080	48.81	19.69	9.30
7	B747-400	航线客机	362 875	70.66	25.6	11
8	B737-300	航线客机	56 470	33.40	12.45	5.23
9	B-2 幽灵	轰炸机	170 550	21.03	9.76	12.2
10	穆尼 M20J MSE	游览机	1 315	7.52	1.82	2.79
11	派珀 PA-44-180 马里布	教练机	1 723	8.41	2.56	3.20
12	比奇超级国王 200	运输机	5 670	13.34	4.56	5.23
13	比奇喷气 400A	教练机	7 303	14.75	5.86	2.84
14	塞斯纳 208	轻型 GA	3 629	11.46	3.54	3.56
15	塞斯纳 650	公务机	10 183	16.9	6.5	2.84
16	湾流 IV-SP	运输机	33 838	26.92	11.61	4.17
17	C-130J 大力神	战术运输机	70 305	29.79	12.3	4.43
18	C-17A 环球霸王 III	运输机	265 352	53.04	20.05	10.27
19	F-15 鹰	战斗机	36 741	19.43	5.42	2.75
20	F/A-18 大黄蜂	攻击机	16 651	17.07	5.42	3.11

示例 9.2

问题陈述 一架质量为 5 000 kg 的 GA 飞机,采用前三点式起落架构型。前后轮距和主轮距分别为 10.2 m 和 1.8 m,主起落架与飞机重心之间的距离为 0.84 m。确定每一起落架上的静载荷。前起落架所承受的载荷占飞机重量的百分比是多少?

解

$$\sum M = 0 \Rightarrow W_{\text{TO}}(0.84) - F_{\text{nose}}(10.2) = 0 \Rightarrow F_{\text{nose}}$$

$$= \frac{5\,000 \cdot 9.81 \cdot 0.84}{10.2} = 4\,038\,\text{N}$$

$$\sum F_z = 0 \Rightarrow F_{\text{main}} + F_{\text{nose}} = W_{\text{TO}} \Rightarrow F_{\text{main}} = W_{\text{TO}} - F_{\text{nose}} = 5\,000 \cdot 9.81 -$$

$$4\,038 = 44\,995.2\,\text{N}$$

$$\frac{F_{\text{nose}}}{W_{\text{TO}}} = \frac{4\,038}{5\,000 \cdot 9.81} = 0.082\,4 = 8.24\%$$

因此,前起落架承受 8.24% 飞机重量。

上面所提及的关系式仅适用于静态。另有两个值得注意的情况,它们将导致起落架承受不同载荷:①飞机重心位置变化,②动载荷。由于载荷分布可能的变化,或货物或旅客人数的不同组合,起落架所承受的载荷必定不同于名义静载荷。沿 x 轴,允许飞机重心在以下两种极限值之间移动:①重心后限位置($X_{\text{cg}_{\text{aft}}}$),②重心前限位置($X_{\text{cg}_{\text{for}}}$)。

图 9-18 给出前三点起落架构型以及重心后限位置和重心前限位置。下面各式给出每个起落架的最小和最大静载荷:

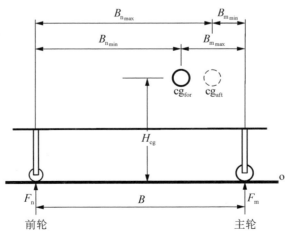

图 9-18 机轮载荷几何尺寸

$$F_{m_{max}} = \frac{B_{n_{max}}}{B} W \tag{9-8}$$

$$F_{n_{max}} = \frac{B_{m_{max}}}{B} W \tag{9-9}$$

$$F_{m_{min}} = \frac{B_{n_{min}}}{B} W \tag{9-10}$$

$$F_{n_{min}} = \frac{B_{m_{min}}}{B} W \tag{9-11}$$

此外,由于在起飞和着陆过程中飞机加速和减速,起落架往往经受动载荷。在着陆过程中当飞机刹车时,前起落架不得不承受动载荷。在着陆运行的刹车段,可写出如下的平衡方程(见图 9-17):

$$\sum M_o = 0 \Rightarrow F_n B - W B_m - \frac{W}{g} \mid a_L \mid H_{cg} = 0 \tag{9-12}$$

式中:a_L 是刹车减速度;g 是重力加速度。因此,前起落架载荷为

$$F_n = W \frac{B_m}{B} + \frac{W \mid a_L \mid H_{cg}}{gB} \tag{9-13}$$

式(9-13)中的第 1 项是静载荷,而将第 2 项称为动载荷:

$$F_{n_{dyn}} = \frac{\mid a_L \mid W H_{cg}}{gB} \tag{9-14}$$

因此,着陆时作用在前起落架上的总载荷为

$$F_n = F_{n_{max}} + F_{n_{dyn}} \tag{9-15}$$

为确保前三点起落架构型的地面操纵性,参数 $B_{m_{min}}$ 应大于 5% 前后轮距,参数 $B_{m_{max}}$ 应小于 20% 前后轮距。采用这些方程和需求来确定前后轮距、重心与前起落架之间的距离以及重心与主起落架之间的距离。采用类似的方法,以加速度 a_T 起飞加速过程中作用在主起落架上的动态载荷,将由如下方程确定:

$$F_{m_{dyn}} = \frac{a_T W H_{cg}}{gB} \tag{9-16}$$

因此,作用在主起落架上的总载荷为

$$F_m = F_{m_{max}} + F_{m_{dyn}} = W \frac{B_{n_{max}}}{B} + \frac{W a_T H_{cg}}{gB} \tag{9-17}$$

利用这些静载荷和动载荷来确定前起落架和主起落架的位置、支柱载荷以及机轮和轮胎设计。必须注意,主起落架通常承受的总载荷大于飞机重量。

尽管飞机着陆时的着陆重量往往比起飞重量小很多,但起落架设计必须基于飞机最大起飞重量而不是基于飞机着陆重量。这是现今 FAR 条例的规定。着陆时的飞机重量通常比起飞重量小 20%～30%。在 20 世纪 60 年代,B747 飞机(见图 3 - 7、图 3 - 12 和图 9 - 4),为应对中断飞行而着陆,便在空中排放机载燃油,几乎每月一次。这是为了减轻空机重量和节省制造成本而使起落架按正常着陆重量设计。由于这一设计政策,飞机不能以起飞重量着陆,因此驾驶员不得不向天空排放燃油,以减轻飞机着陆重量。当时,起落架按 $W_L/W_{TO} = 0.65$ 设计。当环保主义者发现这一飞行政策正在污染环境时,他们游行示威反对空中放油,并在美国国会游说议员。几年之后,国会通过法律和 FAR 34,迫使波音飞机公司重新设计起落架。这一真实事件揭示了一个事实,即法律和条例必须到位;否则有些设计者和飞机公司为了追求更大的利益而不惜牺牲环境。示例 9.3 给出如何基于着陆减速度来计算前起落架和主起落架承受的动载荷。

示例 9.3

问题陈述 一架质量为 6 500 kg 的小型喷气式公务机,采用前三点起落架构型。允许飞机重心在距离前起落架 7.1～6.5 m 的范围内移动。

(1) 希望前起落架在静平衡状态下承受最大为 15% 飞机重量,确定飞机前后轮距。

(2) 着陆减速率为 -3 m/s²,起飞加速度为 4 m/s²。飞机重心距地面的距离为 2 m。确定每个起落架上的最大载荷。

解 (1)
$$F_{n_{max}} = \frac{B_{m_{max}}}{B} W \Rightarrow B = B_{m_{max}} \frac{W}{F_{n_{max}}}$$

$$= (B - 6.5) \frac{W}{0.15W} = \frac{B}{0.15} - \frac{6.5}{0.15} \tag{9-9}$$

$$= 6.667B - 43.333$$

$$\Rightarrow B = 7.647 \text{ m}$$

(2) 着陆刹车过程中,前起落架上的最大载荷为

$$B_{m_{max}} = B - B_{n_{min}} = 7.647 - 6.5 = 1.147 \text{ m}$$

$$F_n = F_{n_{max}} + F_{n_{dyn}} = W \frac{B_{m_{max}}}{B} + \frac{W |a_L| H}{gB} = 6\,500 \cdot 9.81 \cdot \frac{1.147}{7.647} +$$

$$\frac{6\,500 \cdot 9.81 \cdot 3 \cdot 2}{9.81 \cdot 7.647} \Rightarrow$$

$$F_n = 14\,661.5 \text{ N}$$

$$\tag{9-13}$$

值得注意的是,这一载荷为飞机重量的 23%。起飞加速时主起落架上的最大载荷为

$$F_m = F_{m_{max}} + F_{m_{dyn}} = W\frac{B_{n_{max}}}{B} + \frac{Wa_T H_{cg}}{gB} = 6\,500 \cdot 9.81 \cdot \frac{7.1}{7.647} +$$

$$\frac{6\,500 \cdot 9.81 \cdot 4 \cdot 2}{9.81 \cdot 7.647}$$

$$\Rightarrow F_m = 65\,983.1\,\text{N}$$

$$(9-17)$$

值得注意的是，这一载荷为飞机重量的 103.5%。这意味着，起飞时主起落架必须承受的总载荷比飞机重量大 3.5%。

9.5.3 主轮距

主轮距（T）定义为在地面测得的最左与最右起落架（按前视图）之间的距离（见图 9-1）。影响该参数值的 3 个主要设计需求是：①地面横向操纵，②地面横向稳定性，③结构完整性。主轮距的布局应使得飞机不会由于风的影响或地面转弯时太容易横向翻倒。某些飞机，如英国的 WWII 单座战斗机超级马林喷火（见图 8-3），这一点成了关键。为确定主轮距，导入参数侧翻角。侧翻角是飞机面临侧翻的临界角。存在两个侧翻角（见图 9-19），在这一方法中，考虑较小者。

（1）按飞机前视图，连接飞机重心和主轮的直线与通过飞机重心的垂线之间的夹角为侧翻角（见图 9-19(b)）。在此图中，参数 H_{cg} 是飞机重心距地面的高度。

（2）按飞机俯视图，先画出主起落架（比如左侧）和前起落架的连线，然后通过飞机重心画一条与此连线平行的直线。下一步是按如下方法构建一个三角形：在通过重心的直线上截取一段等于 H_{cg} 长度的距离（见图 9-19(a)），然后通过截点画一条该直线的垂线。最后一步，从垂线与第一条线的交点画一条到飞机重心的连线。如图所示，由这条线构成了侧翻角。

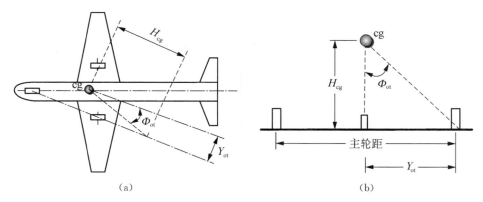

图 9-19 侧 翻 角

（a）基于俯视图的 Φ_{ot}　（b）基于前视图的 Φ_{ot}

根据经验,主轮距必须使侧翻角 Φ_{ot} 处于如下推荐的限制范围内:

$$\Phi_{ot} \geqslant 25° \qquad (9-18)$$

为了准确地确定主轮距,必须仔细研究如下 3 个设计需求:①地面横向操纵性,②地面横向稳定性,③结构完整性,将在下面各小节对此进行解释。主轮距最小允许值必须满足侧翻角需求(第 9.5.3.1 节)。最大允许值必须满足结构完整性需求(第 9.5.3.2 节)。若干飞机的主轮距列于表 9-5。

9.5.3.1 侧翻角需求

对于起落架设计有影响的需求之一是侧翻角需求。这一需求设定主轮距的最小和最大限制值。通常,存在两个能使飞机侧翻的扰动力:①地面转弯时的离心力,②侧风风力。第一个力与地面操纵性需求有关,第二个力与地面稳定性需求有关。主轮距,或侧翻角,从两个不同的方面为满足这两个设计需求做出贡献。

1) 地面操纵性

主轮距必须足够大,以致飞机在地面转弯滑行时不会侧翻。有可能造成飞机侧翻的力是离心力(F_C),它由飞机转弯时离心加速度所产生:

$$F_C = m \frac{V^2}{R} \qquad (9-19)$$

式中:m 表示飞机质量;V 是飞机地面速度;R 是转弯半径(见图 9-20(a))。阻止飞机侧翻的力是飞机重力。对侧翻有贡献的两个力矩是离心力矩和飞机重力力矩(见图 9-20(b))。飞机重量形成的恢复力矩是主轮距的函数。围绕外侧主起落架的两个有贡献力矩之和如下:

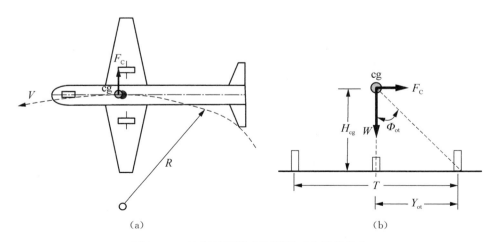

(a)   (b)

图 9-20 飞机地面转弯和侧翻时有贡献的力

(a) 俯视图 (b) 前视图

$$\sum M_{\mathrm{O}} = 0 \Rightarrow WY_{\mathrm{ot}} + F_{\mathrm{C}}H_{\mathrm{cg}} = 0 \tag{9-20}$$

从而有

$$Y_{\mathrm{ot}} = \frac{F_{\mathrm{C}}H_{\mathrm{cg}}}{mg} \tag{9-21}$$

因此主轮距必须为

$$T > 2\frac{F_{\mathrm{C}}H_{\mathrm{cg}}}{mg} \tag{9-22}$$

按图 9-20(b) 中的三角形,可以写出如下公式:

$$\tan\Phi_{\mathrm{ot}} = \frac{Y_{\mathrm{ot}}}{H_{\mathrm{cg}}} \tag{9-23}$$

因而侧翻角必须为

$$\Phi_{\mathrm{ot}} > \arctan\left(\frac{\dfrac{F_{\mathrm{C}}H_{\mathrm{cg}}}{mg}}{H_{\mathrm{cg}}}\right) \Rightarrow \Phi_{\mathrm{ot}} > \arctan\left(\frac{F_{\mathrm{C}}}{mg}\right) \tag{9-24}$$

因此,主轮距(T)在飞机地面操纵性中起到重要作用。其值必须足够大,以防止飞机在地面转弯时发生侧翻。临界状态在于飞机具有可能的最小重量时。示例 9.4 说明如何确定最小侧翻角和主轮距以防止飞机在滑行时侧翻。

示例 9.4

问题陈述 一架双发喷气式运输机在跑道上转弯,飞机的起飞质量为 60 000 kg, 机翼面积为 100 m²。地速为 20 kn,转弯半径为 30 m。飞机重心距离地面的高度为 3.5 m。

(1) 确定为防止飞机在滑行机动时发生侧倾的最小侧翻角。

(2) 确定与此侧翻角相应的主轮距。

解 (1) $F_{\mathrm{C}} = m\dfrac{V^2}{R} = 60\,000 \cdot \dfrac{(20 \cdot 0.514\,4)^2}{30} = 211\,722.6\ \mathrm{N}$ (9-19)

$$\Phi_{\mathrm{ot}} = \arctan\left(\frac{F_{\mathrm{C}}}{mg}\right) = \arctan\left(\frac{211\,722.5}{60\,000 \cdot 9.81}\right) = 0.345\ \mathrm{rad} = 23° \tag{9-24}$$

因此,大于 23° 的任何侧翻角都能够防止飞机在滑行机动时发生侧翻。

(2) $\qquad T = 2\dfrac{F_{\mathrm{C}} \cdot H_{\mathrm{cg}}}{mg} = 2 \cdot \dfrac{211\,722.5 \cdot 3.5}{60\,000 \cdot 9.81} = 2.52\ \mathrm{m}$ (9-22)

与此侧翻角相应的主轮距为 2.52 m。

2）地面稳定性

风是影响飞机地面稳定性的大气现象之一。侧风对地面飞机的影响最明显，侧风垂直于飞机地面航迹或机身中心线。侧风对地面上的飞机产生一个力，该力产生一个能使飞机侧翻的力矩。恢复力矩是飞机重力乘以相应的力臂（1/2 主轮距）。因此，主轮距（T）在飞机地面稳定性方面起到重要作用。主轮距必须足够大，以防止飞机在地面时由于侧风作用而侧翻。

图 9-21 给出一架在地面上受侧风作用的飞机。凡吹侧风时，将产生一个力（F_w），作用在飞机侧面面积上（见图 9-22）。对机头到机尾的侧面投影面积进行积分，可求得飞机侧面积的质心（CA）。有关这一方法的详情，请参见各种静力学教科书（例如参考文献[4]）。在图 9-21 或图 9-22 中，H_c 是质心距离地面的高度。

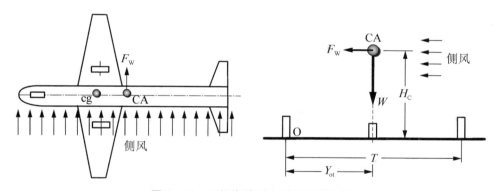

图 9-21　飞机在地面上受到侧风作用

（a）俯视图　（b）前视图

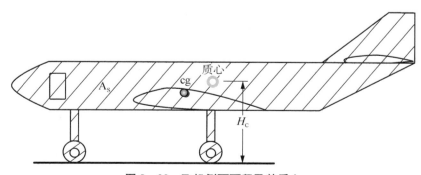

图 9-22　飞机侧面面积及其质心

可效仿飞机阻力的形式，为飞机上所承受的侧风力（F_w）建模，并计算如下：

$$F_{\mathrm{W}} = \frac{1}{2}\rho V_{\mathrm{W}}^2 A_{\mathrm{S}} C_{D_{\mathrm{S}}} \qquad (9-25)$$

式中：V_{W} 表示风速；A_{S} 表示飞机侧面面积（见图 9-22 中的阴影区）；参数 $C_{D_{\mathrm{S}}}$ 称为飞机侧面阻力系数，其值在 $0.3 \sim 0.8$ 之间变化，有关 $C_{D_{\mathrm{S}}}$ 的精确值，可查阅任何流体力学教科书。

为防止飞机在侧风影响下侧翻，飞机重力力矩必须大于侧风力矩（见图 9-21(b)）。计算围绕左主起落架的力矩，可得

$$\sum M_{\mathrm{O}} = 0 \Rightarrow W Y_{\mathrm{ot}} + F_{\mathrm{W}} H_{\mathrm{C}} = 0 \qquad (9-26)$$

因而有

$$Y_{\mathrm{ot}} = \frac{F_{\mathrm{W}} H_{\mathrm{C}}}{W} \qquad (9-27)$$

因此，为确保飞机在地面上受侧风作用时保持稳定，主轮距必须大于这一 Y_{ot} 值的 2 倍：

$$T > 2 Y_{\mathrm{ot}} \qquad (9-28)$$

请注意，当飞机处于可能的最小重量并且跑道处于海平面高度时，为临界状态。对于大多数飞机，满足地面操纵性即自动满足地面稳定性需求。示例 9.5 给出如何确定为防止飞机发生侧风侧翻而应具有的最小主轮距。

示例 9.5

问题陈述 考虑示例 9.4 中的飞机，在海平面高度的跑道上。飞机侧面面积为 150 m²，飞机侧面面积的质心距离地面的高度为 3.6 m。所受的侧风风速为 50 kn。假设飞机侧面阻力系数为 0.8，确定飞机能抵挡这一侧风而不发生侧翻的最小主轮距。当机上无乘旅客且燃油为 0 时，飞机可能的最小质量为 40 000 kg。

解

$$F_{\mathrm{W}} = \frac{1}{2}\rho V_{\mathrm{W}}^2 A_{\mathrm{S}} C_{D_{\mathrm{S}}} = \frac{1}{2} \cdot 1.225 \cdot (50 \cdot 0.514\,4)^2 \cdot 150 \cdot 0.8$$
$$= 48\,630\ \mathrm{N}$$

$$(9-25)$$

$$Y_{\mathrm{ot}} = \frac{48\,630 \cdot 3.6}{40\,000 \cdot 9.81} = 0.466\ \mathrm{m} \qquad (9-27)$$

$$T > 2 Y_{\mathrm{ot}} = 2 \cdot 0.446 = 0.893\ \mathrm{m} \qquad (9-28)$$

因此，对于该飞机，能防止飞机在此侧风作用下不发生侧翻的最小主轮距为 0.9 m。

9.5.3.2 结构完整性

前面 9.5.3.1 节所述的方法是为了获得能防止飞机侧翻的主轮距最小值。主轮距的另一个限制值是最大值,将在本节中阐述。主轮距最大值受到飞机结构完整性需求的限制。按飞机前视图,可将飞机结构看做一个有几个简支点的梁(见图 9 - 23)。在具有前三点式起落架构型的飞机上,在主起落架站位处,将机翼简化为一个梁,2 个主起落架则是 2 个简支点。因此,两个支点之间距离的另一个说法就是主轮距。

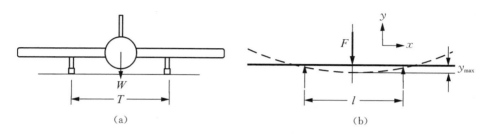

图 9 - 23 飞机结构可简化为双支点简支梁模型

(a) 飞机结构(前视图) (b) 双支点简支梁

基于结构工程的基本原理,双点简支梁将产生挠度。最大挠度(y_{max})将出现在梁的中点。随着 2 个支点之间距离的增大(即主轮距的增大),梁的挠度也增大。有关这一挠度(即主轮距)的限制因素如下:

(1) 主轮距的增大将转换为机翼上反角增大,从而降低了飞机横滚操纵性。

(2) 主轮距的增大将导致机身向下偏移,在最不利的情况下,机身可能触地。

(3) 主轮距的增大将降低飞机结构完整性和空气动力完整性,在最不利的情况下,结构可能会断裂。

只要知道在主机轮站位处结构的允许挠度,便可求得主轮距。

F 力作用在梁中点时(见图 9 - 23(b)),梁的最大挠度(y_{max})可由如下公式确定[5]:

$$y_{max} = -\frac{Fl^3}{48EI} \tag{9 - 29}$$

式中:E 是弹性模量;I 是梁截面二次矩。也可将此公式用于飞机(见图 9.23(a)),表达如下:

$$y_{max} = -\frac{F_{m_{max}}T^3}{48EI} \tag{9 - 30}$$

式中：$F_{m_{max}}$ 是主起落架上的最大载荷，在本章前面已经给出：

$$F_{m_{max}} = \frac{B_{n_{max}}}{B} W \tag{9-8}$$

式中：B 表示前后轮距；$B_{n_{max}}$ 表示前三点起落架构型中飞机重心与前起落架之间的最大距离。将式(9-8)代入式(9-30)可得

$$y_{max} = -\frac{B_{n_{max}} W T^3}{48 EIB} \tag{9-31}$$

现在，可以用最大允许挠度和其他参数的形式来表示主轮距：

$$T = \left[\frac{48 EIB y_{max}}{WB_{n_{max}}} \right]^{\frac{1}{3}} \tag{9-32}$$

使用此公式，可以确定以飞机重量、飞机几何参数和结构系数形式表示的主轮距最大限制值。由于主轮距与飞机重量成反比，因此临界状态是飞机最大起飞重量。可以很容易地修改此方法用于其他起落架构型。示例 9.6 给出如何确定为满足结构完整性需求而允许的最大主轮距。

示例 9.6

问题陈述 一架质量为 30 000 kg，翼展为 42 m 的飞机，采用前三点式起落架构型。前后轮距为 15 m，飞机重心与前起落架之间的最大距离为 13 m。机翼由铝合金制成，弹性模量为 70 GPa。假设可将机翼模化为工字形截面梁，截面二次矩为 0.003 m⁴。如果最大允许机翼挠度为 3 cm，则确定最大允许主轮距。

解 $T = \left[\frac{48 EIB y_{max}}{WB_{n_{max}}} \right]^{\frac{1}{3}} = \left[\frac{48 \cdot 70 \cdot 10^9 \cdot 0.003 \cdot 15 \cdot 0.03}{30\,000 \cdot 9.81 \cdot 13} \right]^{\frac{1}{3}}$

$\Rightarrow T = 10.58 \text{ m}$

$$\tag{9-32}$$

9.6 起落架与飞机重心

在起落架设计过程中一个重要因素是确定主起落架相对于飞机重心的位置。一架飞机通常具有 2 个极端重心位置：

（1）重心前限；

（2）重心后限。

对于具有前三点式起落架构型的飞机，主起落架相对于重心后限的位置，由防机尾擦地角需求所支配。此外，主起落架相对于重心前限的位置由起飞抬前轮需求

所支配。关于防机尾擦地角需求将在第 9.6.1 节予以阐述,而有关起飞抬前轮需求的详情将在第 9.6.2 节予以阐述。对于其他的起落架构型,请读者确认并形成与重心位置有关的需求。

相反,对于具有尾轮式起落架构型的飞机,主起落架相对于重心前限的位置由防机头擦地角需求所支配。而主起落架相对于重心后限的位置由起飞抬尾轮需求所支配。对于其他的起落架构型,请读者确认与重心位置有关的需求。关于防机头擦地角需求,将在第 9.6.1 节予以阐述,而有关起飞抬尾轮需求将在第 9.6.2 节予以简要阐述。对于其他的起落架构型,请读者确认并形成与重心位置有关的需求。

建立起落架设计与飞机重心关系的意义在于确保主要起落架参数(如前后轮距、主轮距和起落架高度)满足所有需求。在满足上面提及的需求时,必须对设计进行一次或多次更改。在大多数情况下,设计者此时需要迭代起落架设计并且修改设计值。在相当明显的情况下,迫使设计者重新设计其他飞机部件(如机翼、尾翼和机身)。甚至在某些情况下,设计者不得不转变为新的飞机构型。因此在整个飞机设计过程中,满足这三项需求则非常关键。

9.6.1 防机尾擦地角和防机头擦地角需求

为防止飞机后倾使机尾擦地或前倾使机头擦地,必须定义防机尾擦地角需求和防机头擦地角需求。对于前三点式起落架构型,防机尾擦地角需求限制了飞机重心后限和主起落架之间的距离。相反,对于尾轮式起落架构型,防机头擦地角需求重心前限和主起落架之间的距离。

对于前三点式起落架飞机,如果在起飞抬前轮过程中飞机重心移动到主起落架之后,则飞机将后倾"蹾地"。同样,对于尾轮式起落架飞机,如果在起飞抬尾轮过程中飞机重心移动到主起落架之前,则飞机机头将前倾"啃地"。为防止出现后倾和前倾这样的事故,定义两项需求。本节将研究这两项需求。对于其他的起落架构型,需要相应地应用这两项需求的基本原理。

9.6.1.1 防机尾擦地角

防机尾擦地角是飞机尾部擦地并且起落架支柱全伸展时的飞机最大抬机头姿态。对于前三点式起落架构型,为防止机尾擦地,防机尾擦地角(α_{tb})必须始终大于起飞抬前轮角(α_{TO})(见图 9 - 24(a)):

$$\alpha_{tb} \geqslant \alpha_{TO} + 5° \qquad (9 - 33a)$$

按照图 9 - 24,防机尾擦地角为

$$\alpha_{tb} = \arctan\left(\frac{x_{mg}}{h_{cg}}\right) \qquad (9 - 34)$$

在式(9-33a)中,选择 5°角度差值作为安全性保障措施,以覆盖某些不确定因素。典型的起飞抬前轮角大约是 10°～15°,所以防机尾擦地角必须等于或大于 15°～20°。此外,防机尾擦地角必须小于从垂线(在主起落架位置)到飞机重心后限所测得的角度。增大防机尾擦地角的一种方法是降低起落架高度。另一种方法是向后移动主起落架。

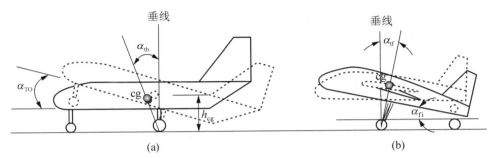

图 9-24　防机尾擦地角、防机头擦地角以及起飞抬前轮和起飞抬尾轮

(a) 前三点式起落架飞机　(b) 尾轮式起落架飞机

9.6.1.2　防机头擦地角

对于采用尾轮式起落架的飞机,采用术语"防机头擦地角(α_{tf})"(见图 9-24(b))。防机头擦地角是通过飞机重心前限和轮胎接地点的直线与垂线之间的夹角。防机头擦地角必须大于机身倾斜角(α_{fi})。此角度在飞机处于水平位置时测得。

$$\alpha_{tf} \geqslant \alpha_{fi} + 5° \tag{9-33b}$$

在式(9-33b)中,选择 5°角度差值作为安全性保障措施,以覆盖某些不确定因素。采用尾轮式起落架的飞机,在起飞过程中,由于尾翼升力的局部增大,通常围绕主起落架转动。因此,如果在起飞抬尾轮的过程中,飞机重心超过垂线限制值,机头将前倾"啃地"。为避免此类事件,必须增大起落架高度(即主起落架高度)或必须前移起落架位置。根据经验,防机头擦地角通常在 12°～20°之间。

9.6.2　起飞抬前轮需求

对于起落架构型为主起落架位于飞机重心后(如前三点起落架)的飞机,定义起飞抬前轮需求,以控制主起落架与重心前限之间的距离。大多数飞机为了升空,必须围绕主起落架转动,以达到离地所需迎角。例外的是像军用轰炸机 B-52 同温层堡垒(见图 8-6 和图 9-4)那样的飞机。起飞抬前轮需求对主起落架与重心前限之间的距离提出要求,以使得俯仰角加速度($\ddot{\theta}$)大于所希望的值。本节用数学方法建立此需求,并特别强调与起落架设计的关系。

围绕主起落架旋转点的角加速度 $\ddot{\theta}$ 是一组参数的函数,包括水平尾翼面积、水平尾翼尾力臂、升降舵操纵能力、飞机重量、抬前轮速度,最后还有主起落架和飞机重心之间的距离。表9-6给出各种类型飞机典型的抬前轮角加速度。对于军用飞机的角加速度需求,建议读者参阅军用标准,如参考文献[12]。抬前轮加速度是飞机开始围绕主起落架旋转时刻的飞机加速度。此时抬前轮速度必须略大于失速速度(V_s)。在起落架设计过程中,可假设飞机抬前轮速度为

$$V_R = (1.1 \sim 1.3)V_s \tag{9-35}$$

表9-6 各种类型飞机的起飞抬前轮角加速度

序号	飞机类型	起飞俯仰角加速度 $\ddot{\theta}$ ((°)/s²)
1	高机动性飞机(如特技类飞机、战斗机)	10~20
2	通用类,半特技类	10~15
3	正常类轻型通用航空飞机	8~10
4	小型运输机	6~8
5	大型运输机	4~6

本节将对为产生给定等级的围绕主起落架接地点旋转的俯仰角加速度而需要的主起落架与飞机重心之间的距离进行分析。考虑如图9-25所示的前三点起落架飞机,在起飞时开始围绕主起落架旋转。图中给出在起飞时刻有贡献的所有力和力矩。有贡献的力包括机翼/机身升力(L_{wf})、水平尾翼升力(L_h)、飞机阻力(D)、轮胎与地面之间的摩擦力(F_f)、飞机重力(W)、发动机推力(T)和加速度力(ma)。请注意,根据牛顿第三定律,后一个力(ma)是反方向作用力(作为对加速度的反应)。此外,有贡献的力矩有机翼/机身空气动力俯仰力矩(M_{owf})以及上述各个力产生的围绕旋转点的力矩。测量这些力之间的距离的基准是 x 基准线(即机头)和 z 基准线(即地面),如图9-25所示。

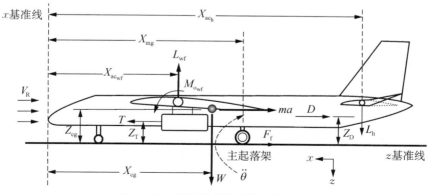

图9-25 起飞抬前轮时的力和力矩

对于采用前三点起落架的常规飞机,在起飞抬前轮过程中,水平尾翼升力为负。建议考虑地面效应对升力和阻力的影响。摩擦系数 μ 取决于道面的类型,表 9 - 7 给出不同道面的摩擦系数。

表 9 - 7 各种道面的摩擦系数

道面类型	混凝土	沥青	硬草皮	短草皮	长草皮	压实泥地
机轮对地摩擦系数	0.03～0.04	0.04～0.05	0.05	0.05～0.07	0.07～0.1	0.04～0.06

如下三个运动方程控制抬前轮瞬间的飞机平衡,其中两个为力的方程,一个为力矩方程:

$$\sum F_x = m\frac{\mathrm{d}V}{\mathrm{d}t} \Rightarrow T - D - F_f = ma \Rightarrow T - D - \mu N = ma \qquad (9-36)$$

$$\sum F_z = 0 \Rightarrow L + N = W \Rightarrow L_{wf} - L_h + N = W \Rightarrow N = W - (L_{wf} - L_h) \qquad (9-37)$$

$$\sum M_{cg} = I_{yy_{mg}}\ddot{\theta} \Rightarrow -M_W + M_D - M_T + M_{L_{wf}} + M_{ac_{wf}} + M_{L_h} + M_a = I_{yy_{mg}}\ddot{\theta} \qquad (9-38)$$

在式(9 - 36)中,力 N 是垂直于地面的力,可由下式求得:

$$N = W - L_{TO} \qquad (9-39)$$

所以,摩擦力(F_f)为

$$F_f = \mu N = \mu(W - L_{TO}) \qquad (9-40)$$

由如下表达式求得飞机起飞升力:

$$L_{TO} = \frac{1}{2}\rho V_R^2 C_{L_{TO}} S_{ref} \qquad (9-41)$$

式中,飞机升力等于机翼/机身升力(L_{wf})加上水平尾翼升力(L_h)之和:

$$L_{TO} = L_{wf} + L_h \Rightarrow L_{wf} = L_{TO} - L_h \qquad (9-42)$$

式中:

$$L_h = \frac{1}{2}\rho V_R^2 C_{L_h} S_h \qquad (9-43a)$$

$$L_{wf} = \frac{1}{2}\rho V_R^2 C_{L_{wf}} S_{ref} \qquad (9-43b)$$

式(9-37)中水平尾翼升力的负号表示这个力的作用方向向下,它是由升降舵上偏所产生的。其他的空气动力和俯仰力矩可由如下的表达式获得:

$$D = \frac{1}{2}\rho V_\text{R}^2 C_D S_\text{ref} \tag{9-44}$$

$$M_{\text{ac}_\text{wf}} = \frac{1}{2}\rho V_\text{R}^2 C_{\text{m}_\text{ac\_wf}} S_\text{ref} \overline{C} \tag{9-45}$$

式中:V_R表示抬前轮瞬间飞机前进速度;S_ref表示飞机机翼平面面积;S_h是水平尾翼平面面积;ρ是空气密度;$\overline{C}$是机翼平均空气动力弦。此外,4个系数C_D、C_{L_wf}、C_{L_h}和$C_{\text{m}_\text{ac}_\text{wf}}$分别表示阻力系数、机翼/机身升力系数、水平尾翼升力系数和机翼/机身俯仰力矩系数。

在式(9-38)中,假设顺时针方向转动为正向旋转。因此,飞机重力和发动机推力两者都产生负力矩。记住,机翼/机身俯仰力矩也自然为负,所以已经包括其符号。在式(9-38)中,有贡献的力矩是飞机重力力矩(M_W)、飞机阻力力矩(M_D)、发动机推力力矩(M_T)、机翼/机身升力力矩(M_{L_wf})、机翼/机身空气动力俯仰力矩(M_{ac_wf})、水平尾翼升力力矩(M_{L_h})和线加速度力矩(M_a)。由如下公式可得到这些力矩:

$$M_W = W(x_\text{mg} - x_\text{cg}) \tag{9-46}$$

$$M_D = D(z_D - z_\text{mg}) \tag{9-47}$$

$$M_T = T(z_T - z_\text{mg}) \tag{9-48}$$

$$M_{L_\text{wf}} = L_\text{wf}(x_\text{mg} - x_{\text{ac}_\text{wf}}) \tag{9-49}$$

$$M_{L_\text{h}} = L_\text{h}(x_{\text{ac}_\text{h}} - x_\text{mg}) \tag{9-50}$$

$$M_\text{a} = ma(z_\text{cg} - z_\text{mg}) \tag{9-51}$$

在式(9-46)~式(9-51)中,下标"mg"表示主起落架,因为距离是以主起落架为基点测量。之所以包含飞机加速度所产生的力矩(式(9-51)),是基于牛顿第三定律,即任何作用力都有一个反作用力(ma)。此反作用力及其对应的力臂产生一个力矩。将这些力矩代入式(9-38),得到

$$\sum M_\text{cg} = I_{yy}\ddot{\theta} \Rightarrow -W(x_\text{mg} - x_\text{cg}) + D(z_D - z_\text{mg}) - T(z_T - z_\text{mg}) + L_\text{wf}(x_\text{mg} - x_{\text{ac}_\text{wf}}) +$$

$$M_{\text{ac}_\text{wf}} - L_\text{h}(x_{\text{ac}_\text{h}} - x_\text{mg}) + ma(z_\text{cg} - z_\text{mg}) = I_{yy_\text{mg}}\ddot{\theta} \tag{9-52}$$

式中:I_{yy_mg}表示在主起落架处围绕y轴的飞机质量惯性矩。因此,必须采用平行轴定理,将围绕重心(y轴)的飞机质量惯性矩转换到主起落架接地点(I_{yy_mg}):

$$I_{yy_{mg}} = I_{yy_{cg}} + m(d_{cg-mg})^2 \qquad (9-53)$$

式中：d_{cg-mg} 是飞机重心与主起落架接地点之间的距离；m 是飞机的质量。请注意，对于前三点式起落架，尾翼升力力矩、机翼/机身升力力矩、阻力力矩和加速度力矩皆为顺时针方向，而重力力矩、推力力矩和机翼/机身空气动力俯仰力矩皆为逆时针方向。在对每一力矩标注符号时，必须考虑这些方向。式(9-52)仅是一个未知数 (x_{mg}) 的函数，它是主起落架与基准线之间的距离，可从式(9-52)中求得。结果如下：

$$x_{mg} = \frac{I_{yy_{mg}}\ddot{\theta} - D(z_D - z_{mg}) + T(z_T - z_{mg}) - M_{ac_{wf}} - ma(z_{cg} - z_{mg}) - Wx_{cg} + L_{wf}x_{ac_{wf}} + L_h x_{ac_h}}{L_{wf} + L_h - W}$$

$$(9-54)$$

然后，将使用这一距离来确定与飞机重心前限有关的主起落架位置 $(x_{mg} - x_{cg})$，以满足起飞抬前轮需求。采用式(9-36)确定线加速度值。值得注意的是，这一距离 $(x_{mg} - x_{cg})$ 是主起落架位置的最大允许距离。可以减小此距离以便满足其他设计需求。

在确定主起落架位置时另一项重要的起落架设计考虑因素是在抬前轮后刚刚升空瞬间避免自动抬头（自动上仰）。少数旅客机在这一点上未尽如人意。当机翼/机身空气动力中心与主起落架之间的距离太大时，将会出现这一现象。在这样的飞机上，驾驶员在向后拉杆后必须立即回杆。

示例 9.7

　　问题陈述　一架小型亚声速公务机（见图9-26），起飞质量为 13 000 kg，机翼面积为 45 m²，采用两台涡轮风扇发动机，每台发动机产生 20 000 N 推力。飞机总长 15 m，采用前三点式起落架，跑道为混凝土道面。假设前 cg 位于 20%MAC，机翼/

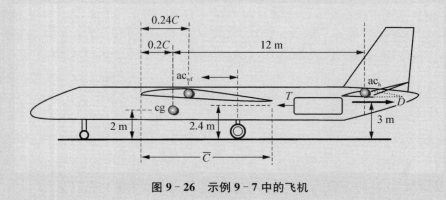

图 9-26　示例 9-7 中的飞机

机身 ac 位于 24%*MAC*。飞机配备单缝襟翼,设定为起飞时产生附加升力系数 0.6。起飞抬前轮时升降舵偏转产生尾翼升力系数—1.1。

飞机的一些尺寸示于图 9-26,飞机的其他特性如下:

$$V_c = 400 \text{ KTAS}(在\ 20\ 000 \text{ ft}),\ V_s = 80 \text{ KTAS},\ C_{D_o} = 0.025,\ C_{D_{o_{TO}}} = 0.035,$$

$$I_{yy_{mg}} = 20\ 000 \text{ kg} \cdot \text{m}^2,\ AR = 10,\ C_{m_o} = -0.04,\ e = 0.092,\ S_h = 9 \text{ m}^2.$$

飞机在海平面高度上起飞时,需要以 $7°/\text{s}^2$ 的角加速度围绕主起落架转动抬前轮。确定主起落架与飞机前重心之间的距离。

解 由图 9-26,可取得下列尺寸:

$$h_{cg} = 2 \text{ m},\ h_D = 3 \text{ m},\ h_T = 2.4 \text{ m},\ l_h = 12 \text{ m},$$

$$x_{L_{wf}} = x_{mg} - (0.24 - 0.2)\overline{C}$$

空气密度:海平面为 1.225 kg/m^3,在 20 000 ft 高度上为 0.653 kg/m^3。求得机翼平均空气动力弦如下:

$$b = \sqrt{S.\ AR} = \sqrt{45 \cdot 10} = 21.213 \text{ m} \tag{5-19}$$

$$\overline{C} = \frac{S}{b} = \frac{45}{21.213} = 2.121 \text{ m} \tag{5-18}$$

求得飞机阻力如下:

$$K = \frac{1}{\pi.\ e.\ AR} = \frac{1}{3.14 \cdot 0.92 \cdot 10} = 0.035 \tag{5-22}$$

$$C_{L_C} = \frac{2W}{\rho V_C^2 S} = \frac{2 \cdot 13\ 000 \cdot 9.81}{0.653 \cdot (400 \cdot 0.514\ 4)^2 \cdot 45} = 0.205 \tag{5-1}$$

$$C_{L_{TO}} = C_{L_C} + \Delta C_{L_{flap}} = 0.205 + 0.6 = 0.805 \tag{4-69c}$$

$$C_{D_{TO}} = C_{D_{o_{TO}}} + KC_{L_{TO}}^2 = 0.035 + 0.035 \cdot 0.805^2 = 0.057 \tag{4-68}$$

$$V_R = 1.1V_s = 1.1 \cdot 80 = 88 \text{ kn} \tag{9-35}$$

$$D_{TO} = \frac{1}{2}\rho V_R^2 SC_{D_{TO}} = \frac{1}{2} \cdot 1.225 \cdot (88 \cdot 0.514\ 4)^2 \cdot 45 \cdot 0.057 = 3\ 244.9 \text{ N} \tag{9-44}$$

其他的空气动力和力矩如下:

$$L_{TO} = \frac{1}{2}\rho V_R^2 S_{ref} C_{L_{TO_f}} = \frac{1}{2} \cdot 1.225 \cdot (88 \cdot 0.514\ 4)^2 \cdot 45 \cdot 0.805 = 45\ 490 \text{ N} \tag{9-41}$$

$$L_h = \frac{1}{2}\rho V_R^2 S_h C_{L_h} = \frac{1}{2} \cdot 1.225 \cdot (88 \cdot 0.514\,4)^2 \cdot 9 \cdot (-1.1) = -12\,433\,\text{N}$$
$$(9-43\text{a})$$

$$M_{ac_{wf}} = \frac{1}{2}\rho V_R^2 C_{m_{ac\_wf}} S_{ref}\overline{C} = \frac{1}{2} \cdot 1.225 \cdot (88 \cdot 0.514\,4)^2 \cdot 45 \cdot (-0.04) \cdot 2.121$$
$$= -4\,795.4\,\text{N} \cdot \text{m}$$
$$(9-45)$$

$$L_{wf} = L_{TO} - L_h = 45\,490 - (-12\,433) = 57\,923\,\text{N} \qquad (9-42)$$

摩擦力为

$$F_f = \mu(W - L_{TO}) = 0.02(13\,000 \cdot 9.81 - 45\,490) = 1\,640\,\text{N} \qquad (9-40)$$

起飞抬前轮时飞机线加速度：

$$a = \frac{T - D - F_R}{m} = \frac{20\,000 \cdot 2 - 3\,244.9 - 1\,640}{13\,000} \Rightarrow a = 2.701\,\text{m/s}^2$$
$$(9-36)$$

有贡献的力矩为

$$M_W = W(x_{mg} - x_{cg}) = W(x_{mg}) \qquad (9-46)$$

$$M_D = D(z_D - z_{mg}) = 3\,244.9 \cdot 3 = 9\,734.6\,\text{N} \cdot \text{m} \qquad (9-47)$$

$$M_T = T(z_T - z_{mg}) = 20\,000 \cdot 2 \cdot 2.4 = 96\,000\,\text{N} \cdot \text{m} \qquad (9-48)$$

$$M_{L_{wf}} = L_{wf}(x_{mg} - x_{ac_{wf} to cg}) = 57\,923 \cdot (x_{mg} - 0.04 \cdot 2.121) \qquad (9-49)$$

$$M_{L_h} = L_h(x_{ac_h} - x_{mg}) = -12\,433.3 \cdot (12 - x_{mg}) \qquad (9-50)$$

$$M_a = ma(z_{cg} - z_{mg}) = 13\,000 \cdot 2.701 \cdot 2 = 70\,230.4\,\text{N} \cdot \text{m} \qquad (9-51)$$

请注意，在本示例中，假设 x 基准线在飞机重心位置，因此 $x_{cg} = 0$。此外，对于所有的力臂，使用绝对值。现在，将所有的力矩代入式（9-54），得

$$x_{mg} = \cfrac{I_{yy_{mg}}\ddot{\theta} - D(z_D - z_{mg}) + T(z_T - z_{mg}) - M_{ac_{wf}} - }{ma(z_{cg} - z_{mg}) - Wx_{cg} + L_{wf}x_{ac_{wf}} + L_h x_{ac_h}}{L_{wf} + L_h - W}$$
$$(9-54)$$

$$x_{mg} = \cfrac{20\,000 \cdot \dfrac{7}{57.3} - 9\,734.6 + 96\,000 - (-4795.4) - 70\,230.4}{+(57\,923 \cdot 0.04 \cdot 2.121) + (-12\,433.3 \cdot 12)}{57\,923 - 12\,433.3 - (13\,000 \cdot 9.81)}$$
$$(9-54)$$

由此得到

$$x_{mg} = 1.476 \text{ m}$$

此距离表示(按图 9 - 15),飞机具有如下的防机尾擦地角:

$$\alpha_{tb} = \arctan\left(\frac{x_{mg}}{h_{cg}}\right) = \arctan\left(\frac{1.476}{2}\right) = 0.636 \Rightarrow \alpha_{tf} = 36.4° \quad (9-34)$$

9.7 起落架机械子系统/参数

本书的范围仅涉及起落架设计中有关航空工程方面的问题,包括参数(如起落架构型、固定式或可收放式、起落架高度、前后轮距、主轮距以及主机轮到飞机重心的距离)。至于起落架设计中有关机械工程方面/子系统的问题,请参见其他对此方面讨论更为详尽的文献。换言之,这些问题常常留给机械工程师去解决。对于起落架子系统/参数(如收放系统、转向系统、减震器、轮胎规格、刹车系统和支柱尺寸)的设计,本节将做简短的评介。

9.7.1 轮胎规格

在技术层面上,术语"机轮"是指由金属/塑料制成的圆形轮毂,橡胶"轮胎"包在其外面,刹车系统安装在机轮里面,用以在着陆时使飞机减速。但是,在大多数情况下,整个轮毂、轮胎和刹车系统也称为机轮。现代轮胎的基本材料是合成橡胶或天然橡胶、织物、金属丝以及其他合成材料。当今,大多数轮胎是充气式的,并包括由帘线和钢丝埋置在橡胶内制成的环形胎体。所以,轮胎由胎面和胎体构成(见图 9 - 27)。轮胎在其内部所含空气的协助下承担 4 个主要功能:

(1) 轮胎支撑飞机结构,避免触及地面;

(2) 协助吸收来自跑道道面的冲击;

(3) 协助向跑道道面传递加速和刹车力;

(4) 协助改变运动方向或保持运动方向。

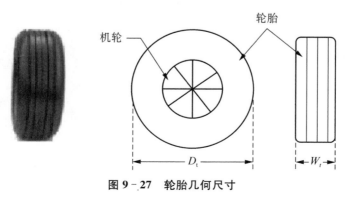

图 9 - 27 轮胎几何尺寸

轮胎几乎全部由内部压力承受载荷。确定轮胎规格的工作包括计算轮胎外径
(D_t)和轮胎宽度(W_t),然后根据制造商的产品目录(参考文献[6]、[7]),在市场上
选择尺寸最接近的轮胎。轮胎选择应基于能够承载所希望的动载荷和静载荷的最
小额定直径。

作为一项指南,下列是关于民用运输机、军用战斗机和 GA 飞机的轮胎信息。
运输机 B777 - 200 主机轮采用固特异 H49·19 - 22 轮胎,前轮采用米其林子午线轮
胎 44·18 - 18[8]。战斗机 F - 15 鹰(见图 4 - 6 和图 9 - 14)采用本迪克斯机轮和米
其林 AIR X 轮胎,前轮胎规格为 22·7.75 - 9,主机轮的轮胎规格为 36·11 - 18,胎
压为 305psi[8]。喷气式公务机塞斯纳 650 奖状 Ⅶ,主机轮的轮胎规格为 22·5.75
(胎压 168psi),前机轮的轮胎规格为 188·4.4(胎压 140psi)[8]。

一般而言,对于前三点式起落架构型,可假设前机轮的轮胎规格为主机轮轮胎
的 50%～100%。对于 4 点式和自行车式构型,前机轮的轮胎规格通常与主机轮的
相同。

9.7.2　减震器

起落架必须能够吸收在着陆过程中作用于结构上的冲击能量(主要是在接地阶
段)。某些轻型、超轻型、小型和家庭制造的飞机,大多数直升机,外加水上飞机,采
用刚性轴或板簧,仅依靠轮胎和板簧来吸震。尽管轮胎本身依靠压缩变形具有一定
的吸震能力,但对于大中型飞机而言,吸震需求大于轮胎所能提供的吸震能力。许
多轻型 GA 飞机(如塞斯纳 172(见图 11 - 15)、塞斯纳大篷车(见图 3 - 7),比奇 77 斯
基珀、阿卡罗特克航空 圣伊莱斯 G - 200)都采用板簧(见图 9 - 28(a)),因为其往往具
有相当简单的设计。然而几乎所有现代运输机和军用战斗机(如 B737(见图 6 -
12)、B767(见图 5 - 4)、A330(见图 5 - 51 和图 9 - 14),F/A 18 大黄蜂(见图 2 - 11
和图 6 - 12)、C - 130 大力神(见图 5 - 4)和 F - 16 战隼(见图 4 - 6))都配备油气减震
器或油液减震器(见图 9 - 28(b))。油液减震器使机械螺旋弹簧(在空气中)与液压
阻尼器(活塞/油液/减震筒/限流孔)组合在一起。

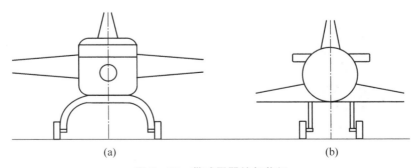

(a)　　　　　　　　　　　　　　　　(b)

图 9 - 28　带减震器的起落架

(a)板簧减震器　(b)油液减震支柱

通常,如果选择固定式起落架,则板簧、刚性轴或橡胶绳应是合适的减震器选项。然而如果决定采用可收放式起落架,则液压减震器(最好是油气减震支柱)是合适的选项。在成本方面,油液减震器比板簧要贵得多,并且油液减震器的维修更费工时。

在这两种情况下,板簧变形或油液减震器压缩都会改变支柱的长度,在起落架设计过程中必须考虑此参数。所希望的减震系统压缩量(即行程)是飞机接地时着陆速度以及阻尼需求的函数。较平稳的着陆需要较长的压缩行程,这又能够使作用在结构上的“g”较小。接地时必须吸收的飞机总能量是动能除以飞机质量以及接地瞬间的飞机垂直速度。在确定前轮和尾轮以及受影响的支撑结构上的地面载荷时,必须假设减震器和轮胎处于其静态位置。

选择板簧减震器时,主要设计参数为该板簧的几何尺寸和横截面。有关板簧设计的更多信息,请读者参见参考文献(如[5])。为起落架选用液压减震器时,必须确定的典型参数包括行程、限流孔、外径和内径、内部弹簧规格。有关更多的信息,可参见参考文献(如[9])。

9.7.3　支柱尺寸

必须设定起落架支柱尺寸,需要确定横截面形状及其面积。横截面形状主要是如下参数的函数:飞机质量、每一机轮上的载荷、起落架高度、安全系数、支柱压缩量、支柱材质以及接地时“g”载荷。在参考文献(如[5])中,有各种机械工程参考资料,有关更详细的信息,请读者参见这些资料。典型的两种支柱横截面形状是圆形和矩形。如果起落架是不可收放的,建议为支柱添加整流罩,以使横截面成对称翼型的形状。该方法将大大降低支柱的阻力。

大多数飞机设计成能够在侧风状态下安全着陆。在此情况下着陆方法之一是所谓的“偏流法着陆”。偏流法着陆对起落架设计产生影响,因为在触地时存在横向力。当偏流角增大时,主起落架支柱上的弯矩增大。B747 的起落架允许以大约 15°偏流角着陆,而 B‐52 轰炸机(见图 8‐6 和图 9‐4)设计成能够以 15°偏流角着陆。

9.7.4　转向系统

飞机必须能够在机场做地面滑行,包括转弯机动。例如 B757(见图 8‐17)运输机最小地面转弯半径,对前轮为 71 ft,对翼尖则为 98 ft。为达到地面转弯的目的,前轮、主轮或尾轮必须能够转向(脚轮功能)。对于前三点式起落架飞机,通常采用可转向的前轮,对于尾轮式起落架的飞机,通常采用可转向的尾轮。然而通过对主轮采取差动刹车,可增大飞机转弯能力。对于多发飞机,使用差动推力是实现飞机转弯的另一种方法。转向机构经常与方向舵脚蹬连接,提供对转向角度的直接控制。大多数现代大型飞机都配备液压作动的转向系统。

转向轮可引起机轮摆振,即机轮快速左右运动,这可能导致起落架折断。解决

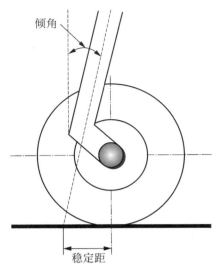

倾角

稳定距

图 9－29 转向轮几何尺寸

机轮摆振问题的典型方法是采用倾角（见图 9－29）和稳定距（偏置），或摩擦减摆器。如果转向轮自由回旋，像大多数尾轮那样，则利用小的倾角以及合适的稳定距可防止摆振。

双发涡轮风扇公务机湾流Ⅳ-SP，采用可转向前轮。里尔喷气 60 的前机轮配备一个有两道双舷线的轮胎，规格为 18・4.4，采用电传操纵转向。B777 采用可转向的双轮前起落架，两个主起落架为 6 轮小车式，带有可转向后轴，依据前轮转向角自动跟随。比奇超级空中王 200，采用可转向的单轮前起落架。

9.7.5 起落架收放系统

在可收放起落架中必须设计的最后一个起落架子系统是收放系统。就这一点而言，必须已知起落架的几何尺寸和收上后存放的空间（见图 9－11）。起落架收放系统是另外一个机械工程主题，本节对其做简要阐述。参考文献[10]和[11]包含基本原理，并在关注理论基础的同时，全面介绍现代机械设计。

起落架收放机构通常包括一组机械构件和/或活塞-作动筒。收上的方向（向内、向外、向前、向后）是在考虑更多细节之前必须做出的另一个决策。选择起落架收放机构类型的准则包括机构重量、体积、成本、维修性、起落架/飞机结构完整性以及动力传送系统。

有多种设计选项，但是两种常用的收放系统是液压系统和机械连杆机构。通常，与机械连杆机构相比，液压系统比较贵，重量也大些。一个收放系统的示例如图 9－30 所示。下面是一组现实应用的状况。在通勤类飞机费尔柴尔德 SA227 上，所有的起落架都向前收。但主起落架收在发动机短舱内，前轮收在机身内。在湾流Ⅳ-SP 飞机（见图 11－15）上，主起落架向内收，而在里

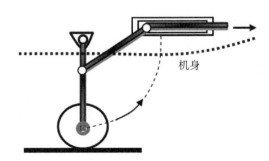

机身

图 9－30 起落架收放系统

尔喷气 60 飞机上，主起落架向内收，但前起落架向前收。在比奇超级空中王 200 轻型运输机上，采用液压收放前三点式起落架，主起落架向前收，前起落架向后收。最后，在战斗机世界：F-15 鹰所有起落架都向前收，F/A-18 大黄蜂（见图 2-11、

图 6 - 12 和图 12 - 27），前起落架向前收，主起落架向后收。

9.8 起落架设计步骤

在第 9.1～9.7 节中，已详细阐述了起落架功能、构型、目标、备选方案、设计准则、参数、约束规则和支配方程、公式表达、设计需求以及如何确定与航空工程有关的主要参数的方法。此外，图 9 - 2 给出了起落架的设计流程。本节以设计步骤的形式给出起落架的设计程序。必须注意，在进行起落架设计时，并非只有唯一的设计方案能够满足用户需求。有多个起落架设计结果可满足需求，但每一种设计都会有自己的优点和缺点。

为了界定设计需求，设计者应基于数值要求列出若干方程和关系式，并且同时解这些方程。例如，对于每一角度需求，可为每一三角形建立三角函数方程或毕达哥拉斯方程。使用这一方法，借助计算机程序，可以更快、更准确地进行设计。基于系统工程方法，起落架细节设计从确认和定义设计需求开始，以优化结束。下面是陆基飞机的起落架设计步骤：

（1）确认并列出起落架设计需求。建议查阅参考文献（如[12]和[3]）；

（2）选择起落架构型（如前三点式、尾轮式、自行车式、4 点式、多轮小车式）；

（3）选择固定式，或可收放式，或部分收上式；

（4）如果采用固定式，选择带整流罩或不带整流罩；

（5）确定飞机前重心和后重心（假设在此时刻无起落架）；

（6）基于地面间隙需求，计算起落架高度；

（7）确定主起落架与飞机重心前限的距离；

（8）确定主起落架与飞机重心后限的距离；

（9）检查是否满足防机尾擦地（或防机头擦地，对于尾轮式构型）需求；

（10）检查起飞抬前轮间隙需求；

（11）计算前后轮距；

（12）确定沿横轴的主轮距（主起落架左和右机轮之间的距离）；

（13）确定起落架的连接形式；

（14）如果起落架可收放，确定起落架收上后存放于飞机何处（例如在机翼内，机身内）；

（15）确定起落架重量纳入飞机重量后的飞机重心前限和重心后限；

（16）检查是否满足侧翻角需求；

（17）研究结构完整性；

（18）研究飞机地面间隙需求；

（19）研究飞机地面稳定性；

（20）研究飞机地面操纵性；

（21）检查其他设计需求（如成本、可维修性和重量）；

（22）如果未满足其中任何一项设计需求，则返回到相关的设计步骤，并重新计算相应的参数；

（23）如果更改任何起落架参数，则需要重新检查整个起落架设计并做相应修改；

（24）确定每一起落架上的载荷；

（25）确定机轮和轮胎的规格；

（26）设计起落架支柱；

（27）设计减震器；

（28）设计起落架收放机构；

（29）优化；

（30）绘制起落架的最终设计图纸。

对于其他飞机构型（如水上飞机）或其他起落架构型（如自行车式），请读者对上述步骤做相应修订，并制定修订后的设计程序。

9.9 起落架设计示例

本节以设计一架运输机的起落架为例，阐述本章的主要设计示例。为避免本章篇幅过长，仅涉及主要设计参数。

示例 9.8

问题陈述 为一架载客 18 人的亚声速民用运输机设计起落架。飞机采用两台涡轮螺旋桨发动机，配备开裂式襟翼，在混凝土道面跑道上起飞时襟翼偏转 30°。假设飞机重心前限处于 18%MAC，重心后限处于 30%MAC，机翼/机身空气动力中心位于 22%MAC。水平尾翼空气动力中心与机翼/机身空气动力学中心之间的距离为 13 m，飞机具有的特性如下：

$m_{TO} = 18\,000$ kg，$D_{f_{max}} = 2.4$ m，$V_{max} = 370$ KTAS（在 27 000 ft），

$V_S = 85$ KEAS，$D_{prop} = 3.8$ m，$C_{D_{o\_clean}} = 0.02$，$C_{D_{o\_TO}} = 0.03$，$I_{yy} = 23\,000$ kgm²，

$P_{max} = 8\,000$ hp，$C_{mo} = -0.03$，$\eta_{P_{TO}} = 0.5$，$\alpha_{TO} = 14°$

机翼：翼型 NACA 64₁- 112，$S = 60$ m²，$AR = 12$，$e = 0.9$，$\Delta C_{L_{flap}} = 0.9$，$\lambda = 1$

水平尾翼：翼型 NACA 0009，$S_h = 14$ m²，$AR_t = 5$，$C_{L_{h\_TO}} = -0.8$

飞机构型和其他几何参数如图 9-31 所示。必须确定如下参数：起落架构型，固定式或可收放式，起落架高度，主轮距，前后轮距，主机轮与飞机重心之间的距离。

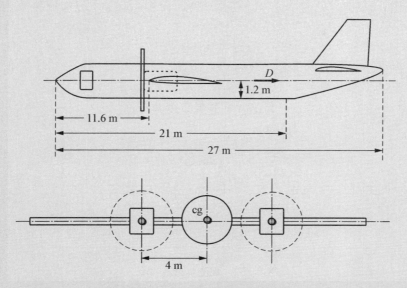

图 9 - 31　示例 9.8 中的飞机

解 ● 步骤 1　起落架设计需求。必须满足下列设计需求：离地间隙需求、机尾擦地角（或机头擦地角，如果是尾轮式）需求、起飞抬前轮需求、侧翻角需求、结构完整性、飞机地面稳定性、飞机地面操纵性、低成本、可维修性和可制造性。

● 步骤 2　起落架构型。这是一架运输机，旅客舒适性是重要的需求。所以，尾轮式、自行车式和单主轮式起落架构型都不满足这一需求。3 个可行的构型如下：①前三点式，②4 点式，③多轮小车式。由于飞机重量不是很大，并因为成本和重量的原因，舍弃 4 点式和多轮小车式构型。因此，针对该飞机的最佳起落架构型是前三点式。这一构型颇具吸引力的特点是飞机在地面上处于水平状态。旅客在登机过程中不必爬坡。此外，前三点式起落架可减小起飞滑跑距离，同时飞机能较快起飞。

● 步骤 3　固定式或可收放式。飞机必须在市场上与其他运输机展开竞争，飞机必须具有相当高的性能，所以可收放式起落架是最佳选项。用户（旅客）将承担这一构型的成本。然后，这将降低飞行期间的飞机阻力，因此飞机具有较好的性能特性。尽管收放系统使起落架重量增大，然而与可收放式起落架的其他优点相比，还是得益的。

● 步骤 4　起落架高度。基于图 9 - 31，飞机的最低点是螺旋桨桨尖。螺旋桨与地面之间必须有合理的间隙。事实上，由于飞机采用涡轮螺旋桨发动机，出于对旅客安全考虑，必须在螺旋桨与地面之间设置 1.2 m 的间隙（即 $\Delta H_{\text{clear}} = 1.2$ m）。在后面的设计步骤中，可对此间隙进行修订。因此，飞机重心与地面之间的距离为

$$H_{cg} = \Delta H_{clear} + \frac{D_{prop}}{2} = 1.2 + \frac{3.8}{2} = 3.1 \text{ m}$$

这一间距值示于图 9-32。请注意,如图 9-31 所示,飞机重心与机翼中性层处于同一高度。起落架高度是其连接位置的函数。前起落架自然连接于机身。但主起落架连接往往具有两个主要备选方式:①连接于机身,②连接于机翼。一旦确定主轮距,便能够决定起落架的连接,然后可确定起落架的高度。

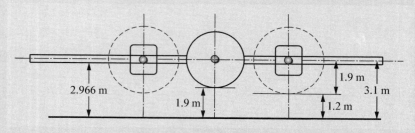

图 9-32　螺旋桨离地间隙

一备选方式 1　主起落架连接于机身。在这种情况下,起落架高度为

$$H_{LG} = H_{cg} - \frac{D_{fuse}}{2} = 3.1 - \frac{2.4}{2} = 1.9 \text{ m}$$

一备选方式 2　主起落架连接于机翼。机翼平均空气动力弦为

$$b = \sqrt{S.AR} = \sqrt{60 \cdot 12} = 26.833 \text{ m} \tag{5-19}$$

$$\overline{C} = \frac{s}{b} = \frac{60}{26.833} = 2.236 \text{ m} \tag{5-18}$$

机翼翼型是 NACA 64_1-112,所以,机翼相对厚度为 12%。因此机翼厚度为

$$t_w = \left(\frac{t}{C}\right)_{max} \overline{C} = 0.12 \cdot 2.236 = 0.268 \text{ m}$$

在此情况下,起落架高度为

$$H_{LG} = H_{cg} - \frac{t_w}{2} = 3.1 - \frac{0.268}{2} = 2.966 \text{ m}$$

这两个起落架高度值如图 9-32 所示。主轮距和前后轮距确定后,便可最终确定主起落架的连接。此外,在后面的设计步骤中,将核查起落架的其他需求,以确保这一间隙值不会与任何其他设计需求发生矛盾。

● **步骤 5　主起落架与飞机重心前限之间的距离**。现在确定主起落架的位置。将采用起飞抬前轮需求来获得这一距离。要求飞机在起飞过渡段,能够以 9°/s² 的角加速度抬前轮。必须按临界重心位置(即重心前限)检查这一需求。

由于飞机重心前限在 $18\%MAC$,机翼/机身空气动力中心位于 $22\%MAC$ 处,因此可以写出如下的机翼/机身升力力臂关系式:

$$x_{L_{wf}} = x_{mg} - (\overline{X}_{ac} - \overline{X}_{cg_{fwd}})\overline{C} = x_{mg} - (0.22 - 0.18) \cdot 2.236 = x_{mg} - 0.089$$

此外,水平尾翼空气动力中心与机翼/机身空气动力中心之间的距离是 12 m,因此水平尾翼尾力臂应为

$$x_h = x_{ac_h} - x_{mg} = l_h + (\overline{X}_{ac} - \overline{X}_{cg_{fwd}})\overline{C} - x_{mg}$$
$$= 13 + (0.22 - 0.18) \cdot 2.236 - x_{mg} = 13.089 - x_{mg}$$

式中,x_{mg} 是从主起落架到重心前限所测得的距离(以单位"m"计)。

由图 9-31 和图 9-32,可以提取如下的尺寸:

$$h_D = H_{cg} = h_T = 3.1 \text{ m}$$

海平面的空气密度为 1.225 kg/m³,在 27 000 ft 高度上空气密度为 0.512 kg/m³。为获得机翼平均空气动力弦,按如下处理。

求出飞机阻力:

$$K = \frac{1}{\pi \cdot e \cdot AR} = \frac{1}{3.14 \cdot 0.9 \cdot 12} = 0.029 \tag{5-22}$$

$$C_{L_C} = \frac{2W}{\rho V_C^2 S} = \frac{2 \cdot 18\,000 \cdot 9.81}{0.512 \cdot (370 \cdot 0.514\,4)^2 \cdot 60} = 0.317 \tag{5-1}$$

$$C_{L_{TO}} = C_{L_C} + \Delta C_{L_{flap}} = 0.317 + 0.9 = 1.217 \tag{4-69c}$$

$$C_{D_{TO}} = C_{D_{o\_TO}} + KC_{L_{TO}}^2 = 0.03 + 0.029 \cdot 1.217^2 = 0.074 \tag{4-68}$$

$$V_R = 1.1V_s = 1.1 \cdot 85 = 93.5 \text{ knot} = 48.1 \text{ m/s} \tag{9-53}$$

$$D_{TO} = \frac{1}{2}\rho V_R^2 S C_{D_{TO}} = \frac{1}{2} \cdot 1.225 \cdot (48.1)^2 \cdot 60 \cdot 0.074 = 6\,267.4 \text{ N} \tag{9-44}$$

其他的空气动力和力矩如下:

$$L_{TO} = \frac{1}{2}\rho V_R^2 S_{ref} C_{L_{TO}} = \frac{1}{2} \cdot 1.225 \cdot (48.1)^2 \cdot 60 \cdot 1.217 = 103\,554.6 \text{ N} \tag{9-41}$$

$$L_h = \frac{1}{2}\rho V_R^2 S_h C_{L_h} = \frac{1}{2} \cdot 1.225 \cdot (48.1)^2 \cdot 14 \cdot (-0.8) = -15\,879 \text{ N} \tag{9-43}$$

$$M_{ac_{wf}} = \frac{1}{2}\rho V_R^2 C_{m_{ac\_wf}} S_{ref}\bar{C} = \frac{1}{2} \cdot 1.225 \cdot (48.1)^2 \cdot 60 \cdot (-0.03) \cdot 2.236$$
$$= -5\,706\ \text{N}$$

$$(9-45)$$

$$L_{wf} = L_{TO} - L_h = 103\,554.6 - (-15\,879) = 119\,434\ \text{N} \qquad (9-42)$$

摩擦力为

$$F_f = \mu(W - L_{TO}) = 0.04(18\,000 \cdot 9.81 - 103\,554.6) = 2\,918.6\ \text{N}$$

$$(9-40)$$

发动机总功率为 8 000 hp,其等于 5 965 599 W。抬前轮瞬间发动机拉力为

$$T = \frac{P\eta_P}{V_R} = \frac{5\,965\,599 \cdot 0.5}{48.1} \Rightarrow T = 62\,011.7\ \text{N} \qquad (8-15)$$

起飞抬前轮时的线加速度为

$$a = \frac{T - D - F_R}{m} = \frac{62\,011.7 - 6\,267.4 - 2\,918.6}{18\,000} \Rightarrow a = 2.935\ \text{m/s}^2$$

$$(9-36)$$

有贡献的力矩如下:

$$M_W = W(x_{mg} - x_{cg}) = 18\,000 \cdot 9.81(x_{mg}) \qquad (9-46)$$

$$M_D = D(z_D - z_{mg}) = 6\,267.4 \cdot 3.1 = 19\,429\ \text{Nm} \qquad (9-47)$$

$$M_T = T(z_T - z_{mg}) = 62\,011.7 \cdot 3.1 = 192\,236.4\ \text{Nm} \qquad (9-48)$$

$$M_{L_{wf}} = L_{wf}(x_{mg} - x_{ac_{wf}\ to\ cg}) = 119\,433.7 \cdot (x_{mg} - 0.089) \qquad (9-49)$$

$$M_{L_h} = L_h(x_{ac_h} - x_{mg}) = -15\,879 \cdot (13.089 - x_{mg}) \qquad (9-50)$$

$$M_a = ma(z_{cg} - z_{mg}) = 18\,000 \cdot 2.935 \cdot 3.1 = 163\,760\ \text{Nm} \qquad (9-51)$$

式中,为简化起见,认为 x 基准线是飞机重心前限。现在,将所有的力和力矩都代入式(9-54),得

$$x_{mg} = \frac{I_{yy_{mg}}\ddot{\theta} - D(z_D - z_{mg}) + T(z_T - z_{mg}) - M_{ac_{wf}} - ma(z_{cg} - z_{mg}) - Wx_{cg} + L_{wf}x_{ac_{wf}} + L_h x_{ac_h}}{L_{wf} + L_h - W}$$

$$(9-54)$$

$$x_{mg} = \frac{23\,000 \cdot \dfrac{9}{57.3} - 19\,429 + 192\,236.4 - (-5\,706.4) - 163\,760 + 0 + (119\,433.7 \cdot 0.089) + (-15\,879 \cdot 13)}{119\,433.7 - 15\,879 - (18\,000 \cdot 9.81)}$$

$$(9-54)$$

结果为

$$x_{mg} = 2.431 \text{ m}$$

迄今为止,实际上忽略了围绕飞机重心的已知质量惯性矩。因而必须修正公式,以包括平行轴定理,重新进行计算。因此,必须采用平行轴定理(式(9-53)),将围绕重心(y轴)的飞机质量惯性矩,移动到主起落架接地点($I_{yy_{mg}}$)。

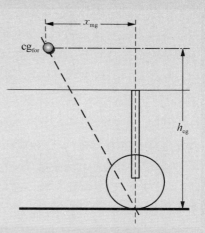

$$I_{yy_{mg}} = I_{yy_{cg}} + m(\sqrt{x_{mg}^2 + h_{cg}^2})$$
$$= I_{yy_{cg}} + m(x_{mg}^2 + h_{cg}^2)$$

$$(9-53a)$$

式中:x_{mg} 和 h_{cg} 如图 9-33 所示。

图 9-33 主起落架和重心前限

现在,将从式(9-53a)求得的 $I_{yy_{mg}}$ 代入式(9-54)。结果是仅含一个未知参数(x_{mg})的非线性方程:

$$(I_{yy_{cg}} + m(x_{mg}^2 + h_{cg}^2))\ddot{\theta} - D(z_D - z_{mg}) + T(z_T - z_{mg}) -$$

$$x_{mg} = \frac{M_{ac_{wf}} - ma(z_{cg} - z_{mg}) + L_{wf} x_{ac_{wf}} + L_h x_{ac_h}}{L_{wf} + L_h - W}$$

$$(9-54a)$$

这一修正后公式的解为

$$x_{mg} = 1.916 \text{ m}$$

● **步骤6 核查防机尾擦地需求**。为了核查防机尾擦地角,必须得到重心后限和主起落架之间的距离。根据问题陈述,重心前限位于 $18\% MAC$,而重心后限位于 $0.3\overline{C}$。因此,飞机重心后限和重心前限之间的距离为

$$\Delta x_{cg} = x_{cg_{for}} - x_{cg_{aft}} = (0.30 - 0.18)\overline{C} = 0.12 \cdot 2.236 = 0.268 \text{ m}$$

$$(11-16)$$

所以,按图 9-18,主起落架与重心后限之间的距离为

$$x_{mg_{aft}} = x_{mg} - \Delta x_{cg} = 1.916 - 0.268 = 1.648 \text{ m}$$

这一距离表明(见图 9-15),飞机具有如下的防尾翼擦地角:

$$\alpha_{tb} = \arctan\left(\frac{x_{mg}}{h_{cg}}\right) = \arctan\left(\frac{1.648}{3.1}\right) = 0.489 \text{ rad} \Rightarrow \alpha_{tf} = 28° \qquad (9-34)$$

这一防机尾擦地角大于飞机起飞抬前轮角(14°):

$$28° > 14° + 5° \tag{9-33a}$$

因此,主起落架和重心后限之间的距离满足防机尾擦地角需求。这一 x_{mg} 是主起落架与飞机重心前限之间的距离,恰好满足起飞抬前轮需求以及防机尾擦地角需求。在下面的各个步骤中,必须再次检查这个值,以确保满足其他设计需求。

● **步骤 7　核查起飞抬前轮间隙需求**。为防止机身触地,起飞抬前轮离地间隙需求如下:

$$\alpha_c \geqslant \alpha_{TO} \tag{9-2}$$

为确定机身上翘角(α_c),应知道如下两个距离:①机身最低点到地面的高度,②主起落架与机身上翘点之间的距离。图 9-32 给出机身离地间隙(H_f)为 1.9 m。相比之下,根据图 9-31,机头与机身上翘点之间的长度为 21 m,机翼前缘与机头之间的距离是 11.6 m。因此,机身上翘点与机翼前缘的距离为

$$21 - 11.6 = 9.4 \text{ m}$$

此外,主起落架与机翼前缘之间的距离为

$$X_{mg-LE} = x_{mg_{for}} + 0.18\overline{C} = 1.916 + (0.18 \cdot 2.236) = 2.319 \text{ m}$$

因此,主起落架与机身上翘点之间的距离(见图 9-34)为

$$9.4 - 2.319 = 7.081 \text{ m}$$

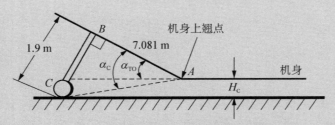

图 9-34　起飞抬前轮过程中后机身离地间隙的核查

因此,机身上翘角为

$$\alpha_c = \arctan\left(\frac{H_f}{AB}\right) = \arctan\left(\frac{1.9}{7.081}\right) = 0.262 \text{ rad} = 15.02° \tag{9-3}$$

由于机身上翘角(α_c,15°)大于飞机抬前轮角(α_{TO},12°),在起飞过程中机身将不会触地。

● **步骤 8　前后轮距**。由于地面操纵性需求,前起落架承受的载荷不得小于 5%总载荷,也不得大于 20%总载荷(如飞机重量)。因此,主起落架承受 80%~95%飞机总载荷。为满足这一需求,决定前起落架承受 15%飞机总载荷,主起落架承受 85%飞机总载荷。使用式(9-6)确定前后轮距:

$$F_n = \frac{B_m}{B}W \qquad (9-6)$$

式中：F_n 选为 15%总载荷，所以有

$$B = \frac{B_m}{F_n}W = \frac{B_m}{0.15W}W = \frac{B_m}{0.15} = 6.667B_m \qquad (9-6)$$

式中：B_m 在前面已经获得，其值为 1.916 m。因此，前后轮距(B)为

$$B = 6.667 \cdot 1.916 = 12.775 \text{ m}$$

当 cg 处于重心后限位置，前轮承受的载荷小于 15%飞机总重。对于前后轮距而言，在以后核查其他需求时，可能会对这个值进行优化修正。

● **步骤 9　主轮距**。驱动主轮距(T)设计的 3 个主要设计需求是：①地面横向操纵，②地面横向稳定性，③结构完整性。侧翻角是飞机面临侧翻的角度。存在两个侧翻角(见图 9-19)，在本方法中，考虑其中角度较小者。

主轮距的最小允许值，必满足侧翻角需求(第 9.5.3.1 节)。主轮距的最大允许值，必满足结构完整性需求(第 9.5.3.2 节)。

首先，为确定主轮距，采用防止侧翻的准则。每一主轮距到重心之间的横向距离所构成的角度必须大于 25°(式(9-18))。因此，我们考虑 30°。图 9-35 给出飞机前视图，表明主机轮相对飞机重心的关系。

在步骤 4，已确定重心距地面的高度为 3.1 m。使用图 9-35 所示的三角形，确定主轮距如下：

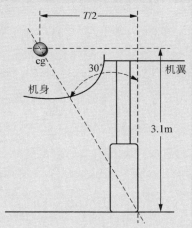

图 9-35　主轮距(前视图)

$$\tan 30° = \frac{T/2}{H_{cg}} \Rightarrow T = 2\tan 30° H_{cg} = 2\tan 30° \cdot 3.1 \Rightarrow T = 3.58 \text{ m} \qquad (9-23)$$

现在，需要依据俯视图核查侧翻角。图 9-36 示出飞机俯视图和基于俯视图确定 Φ_{ot} 时所用的三角形。

为确定该飞机的侧翻角(Φ_{ot})，首先需要确定图 9-36(a)所示的参数 Y_{ot}。在三角形 ADE(见图 9-36(b))中对 $\phi1$ 角使用正弦定律，计算该参数。然而通过三角形 ACF 求得该角度。在三角形 ACF 中，AC 边是前后轮距，FC 边是主轮距的 1/2。因此，在三角形 ACF 中：

$$\tan \phi_1 = \frac{FC}{AC} = \frac{T/2}{B} = \frac{3.58/2}{12.775} \Rightarrow \phi_1 = \arctan\left(\frac{3.58/2}{12.775}\right)$$

$$= 0.273 \text{ rad} = 15.65°$$

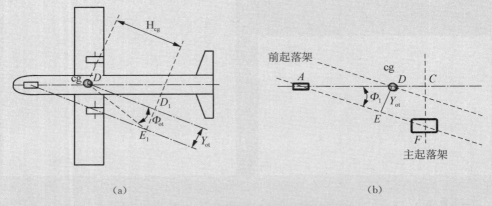

图 9-36　示例 9.8 中飞机侧翻角的计算

(a) 飞机俯视图　(b) 顶视图(主起落架和前起落架)

同样,在三角形 ADE 中:

$$\tan \phi_1 = \frac{Y_{ot}}{AD} = \frac{Y_{ot}}{B_{n_{min}}} \Rightarrow Y_{ot} = B_{n_{min}} \tan \phi_1$$

$$= (12.775 - 1.916) \tan 15.65° \Rightarrow Y_{ot} = 3.042 \text{ m}$$

最后,在三角形为 DE_1D_1 中,可得

$$\tan \Phi_{ot} = \frac{E_1D_1}{DD_1} = \frac{Y_{ot}}{H_{cg}} = \frac{3.042}{3.1} \Rightarrow \Phi_{ot} = \arctan \left(\frac{3.042}{3.1} \right)$$

$$= 0.776 \text{ rad} = 44°$$

侧翻角大于 25°,所以主轮距满足关于防止侧翻需求的经验法则。在下面的各个步骤中,必须核查地面横向操纵性、地面横向稳定性和结构完整性,以确认主轮距。

● 步骤 10　起落架连接。按照自然选择,前起落架连接于机头。然而对于主起落架,需要将机身直径与主轮距进行比较。可以看到,机身直径(2.4 m)小于主轮距(3.58 m)。所以主起落架不能连接到机身上。因此主起落架既可直接连接于机翼,也可连接在发动机短舱下。为确定最佳位置,必须核查若干设计需求,这超出了本示例的范围。目前,决定将起落架连接机翼。因此,起落架高度为

$$H_{LG} = 2.996 \text{ m}(\text{见图} 9-32)$$

● 步骤 11～步骤 29　起落架的机械参数。迄今为止,尽管起落架设计已经满足很多项设计需求,但仍然有其他设计需求尚未核查。在设计过程中,需要进行多次迭代,直到取得最佳设计。起落架设计的其余部分,包括核查机械参数(如轮胎、减震器和支柱),留给读者自行实践。

- **步骤 30 绘制图纸。**通过计算求得的尺寸：前后轮距、主轮距、起落架高度以及主起落架和飞机重心之间的距离，如图 9-37 所示。

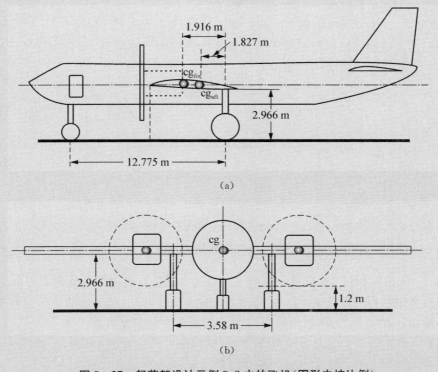

(a)

(b)

图 9-37 起落架设计示例 9.8 中的飞机（图形未按比例）

（a）前后轮距、起落架高度和主起落架至飞机重心的距离 （b）主轮距、离地间隙和起落架高度

练习题

（1）使用参考文献（如[8]），确认一架具有固定式前三点起落架的飞机，一架具有可收放前三点式起落架的飞机，一架具有尾轮式起落架的飞机，一架具有 4 点式起落架的飞机，一架具有部分可收上起落架（无论是主起落架或前起落架）的飞机。对于每架飞机，给出飞机名称、飞机类型，飞机图片或飞机三面图。

（2）使用参考文献（如[8]），确定如下各项：

（a）对于 ATR-42 双发涡轮螺旋桨支线飞机（见图 3-8），前后轮距与机身长度之间的比值，主轮距与翼展之间的比值；

（b）对于战斗机 F-16 战隼（见图 4-6），主轮与重心之间的侧翻角（前视图）；

（c）喷气式运输机 A310 前起落架承受飞机重量百分比是多少？假设飞机重心位于 20%MAC。

（3）使用参考文献（如[8]），简要说明 AV-8B 鹞II（见图 4-4）飞机的起落架特点。

（4）使用参考文献（如[8]），简要说明缩尺复合材料公司"白衣骑士号"（Scaled Composites White Knight)飞机的起落架特点。

（5）图 9-38 所示螺旋桨飞机的驾驶员，以机身迎角 14°进行起飞。

确定在飞机起飞抬前轮过程中后机身是否会触地。如果是，那么为达到离地间隙 20 cm，主起落架高度必须是多少？

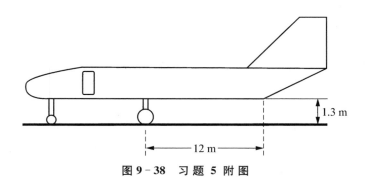

图 9-38 习题 5 附图

（6）一架战斗机以 16°机身迎角起飞。后机身最低点的离地高度为 1.4 m，主起落架和机身尾部点的距离为 6.8 m。起落架连接于机身上，起飞抬前轮时后机身是否撞击地面？如果是，为达到离地间隙 40 cm，确定主起落架高度。

（7）一架质量 7 000 kg 的实用类飞机，采用前三点式起落架构型。前后轮距和主轮距分别为 11.6 m 和 1.9 m，主起落架和飞机重心之间的距离为 0.65 m。确定每一起落架上的静载荷。主起落架承受飞机总重的百分比是多少？

（8）一架质量 70 000 kg 的大型运输机，采用前三点式起落架构型。前后轮距和主轮距分别为 25 m 和 4.2 m，主起落架和飞机重心之间的距离为 1.2 m。确定每一起落架上的静载荷。前起落架承受飞机总重的百分比是多少？

（9）一架起飞质量为 20 000 kg 的双发螺旋桨飞机，采用前三点式起落架构型。允许飞机重心在距离主起落架 0.8～1.2 m 之间移动。

（a）希望在静平衡状态下前起落架最大承受 10%飞机重量。确定前后轮距。

（b）着陆刹车过程中减速度为－5 m/s²，起飞过程中加速度为 7 m/s²。飞机重心与地面之间的距离为 2.4 m。确定每一机轮上的最大动载荷。

（10）一架大型运输机，起飞质量为 300 000 kg，采用前三点式起落架构型。允许飞机重心在距离主起落架 1.2～1.8 m 之间移动。

（a）希望在静平衡状态下前起落架最大承受 18%飞机重量。确定前后轮距；

（b）着陆刹车过程中减速度为－7 m/s²，起飞过程中加速度为 10 m/s²。飞机重心与地面之间的距离为 4 m。确定每一机轮上的最大动载荷。

(11) 一架质量为 40 000 kg、机翼面积为 85 m² 的喷气式运输机在跑道上转弯。地速为 15 kn,转弯半径为 25 m。飞机重心离地高度为 2.7 m。

（a）确定为防止在这一滑行机动中飞机发生侧倾而需要的最小侧翻角；

（b）确定相应这一侧翻角的主轮距。

(12) 一架质量为 4 000 kg、机翼面积为 14 m² 的单发螺旋桨飞机在跑道上转弯。地速为 18 kn,转弯半径为 15 m。飞机重心离地高度为 0.8 m。

（a）确定为防止在这一滑行机动中飞机发生侧翻而需要的最小侧翻角；

（b）确定相应这一侧翻角的主轮距。

(13) 考虑习题 11 所述飞机处于 5 000 ft 高度的跑道上。飞机侧面积为 120 m²，飞机侧面积质心离地高度为 2.6 m。吹过飞机的侧风风速为 35 kn。假设飞机侧向阻力系数为 1.1。确定为防止在此侧风情况下发生侧翻而需要的最小主轮距。飞机未载客和 0 油量时可能的最小质量为 25 000 kn。

(14) 考虑习题 12 所述飞机处于 3 000 ft 高度的跑道上。飞机侧面积为 16 m²，飞机侧面积质心离地高度 1.2 m。吹过飞机的侧风风速为 30 kn。假设飞机侧向阻力系数为 0.7。确定为防止在此侧风条件下发生侧翻而需要的最小主轮距。飞机未载客和 0 油量时可能的最小质量为 2 000 kg。

(15) 一架质量为 20 000 kg、翼展为 28 m 的飞机,采用前三点式起落架构型。前后轮距为 12 m,飞机重心与前起落架之间的最大距离为 11 m。机翼由铝合金制成,弹性模量为 74 GPa。假设可将机翼模化为工字形截面的梁,面积二次矩为 0.002 5 m⁴。如果最大允许机翼挠度为 2 cm,则确定最大允许主轮距。

(16) 一架质量为 100 000 kg、翼展为 38 m 的飞机,采用前三点式起落架构型。前后轮距为 20 m,飞机重心与主起落架之间的最小距离为 1.3 m。机翼由铝合金制成,弹性模量为 70 GPa。假设可将机翼模化为工字形截面的梁,面积二次矩为 0.008 m⁴。如果最大允许机翼挠度为 3 cm,则确定最大允许主轮距。

(17) 一架双发涡轮风扇发动机公务机(见图 9-39),起飞质量为 20 000 kg,机翼面积为 60 m²,每台发动机产生 25 000N 推力。飞机总长为 25 m,采用前三点式起落架,跑道为混凝土道面。假设重心前限处于 15%MAC,机翼/机身空气动力中

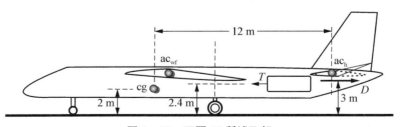

图 9-39 习题 17 所述飞机

心处于 22%MAC。飞机配备双缝襟翼,起飞时襟翼处于设定偏度,将产生附加升力系数 0.9。起飞抬前轮时升降舵偏度将产生 -1.3 尾翼升力系数。

飞机的一些尺寸如图 9 - 39 所示,飞机的其他特性如下:

$$V_c = 350 \text{ KTAS(在 } 25\,000 \text{ ft)}, V_S = 82 \text{ KEAS}, C_{D_o} = 0.022,$$

$$C_{D_{o\_TO}} = 0.031, I_{yy_{mg}} = 30\,000 \text{ kgm}^2, AR = 10, C_{m_o} = -0.05,$$

$$e = 0.87, S_h = 13 \text{ m}^2 。$$

要求飞机在海平面高度起飞时以 $6°/s^2$ 的角加速度围绕主起落架抬前轮。确定主起落架与飞机重心前限之间的距离。

(18)一架装有两台涡轮风扇发动机的运输机,起飞质量为 15 000 kg,机翼面积为 52 m²,每台发动机产生 24 000 N 推力,飞机总长为 17 m,采用前三点式起落架,跑道为混凝土道面。假设重心前限处于 18%MAC,机翼/机身空气动力中心处于 26%MAC。飞机配备单缝襟翼,起飞时襟翼处于设定偏度,将产生 0.8 附加升力系数。起飞抬前轮时升降舵偏度产生 -1.3 尾翼升力系数。飞机的其他特性如下:

$$V_c = 440 \text{ KTAS(在 } 27\,000 \text{ ft)}, V_S = 85 \text{ KEAS}, C_{D_o} = 0.023,$$

$$C_{D_{o\_TO}} = 0.032, I_{yy_{mg}} = 22\,800 \text{ kgm}^2, C_{m_o} = -0.06, AR = 12,$$

$$e = 0.87, S_h = 12 \text{ m}^2, h_{cg} = 2.2 \text{ m}, h_D = 3.1 \text{ m}, h_T = 1.7 \text{ m}, l_h = 11 \text{ m} 。$$

要求飞机在 5 000 ft 高度起飞时以 $9°/s^2$ 的角加速度围绕主起落架抬前轮。确定主起落架与飞机重心前限之间的距离。

(19)为一架载客 25 人的运输机设计起落架。飞机具有两台涡轮螺旋桨发动机,配备单缝襟翼,在混凝土跑道上起飞运行时襟翼设定偏度 20°。假设重心前限处于 14%MAC,重心后限处于 34%MAC,机翼/机身空气动力中心处于 23%MAC。水平尾翼空气动力中心与机翼/机身空气动力中心之间的距离为 18 m。飞机的其他特性如下:

$$m_{TO} = 40\,000 \text{ kg}, D_{fmax} = 2.8 \text{ m}, V_{max} = 420 \text{ KTAS(在 } 30\,000 \text{ ft)},$$

$$V_S = 75 \text{ KEAS}, D_{prop} = 3.4 \text{ m}, C_{D_{o\_clean}} = 0.018, C_{D_{o\_TO}} = 0.032,$$

$$I_{yy} = 30\,000 \text{ kg} \cdot \text{m}^2, P_{max} = 12\,000 \text{ hp}, C_{m_o} = -0.02, \eta_{P_{TO}} = -0.5,$$

$$\alpha_{TO} = 15° 。$$

机翼:翼型 NACA 64₂-215,$S = 100 \text{ m}^2, AR = 14, e = 0.93$,

$$\Delta C_{L_{flap}} = 0.9, \lambda = 1 。$$

水平尾翼:翼型 NACA 0009,$S_h = 25 \text{ m}^2, AR_t = 6, C_{L_{h\_TO}} = -0.9$

飞机构型和其他几何参数如图 9 - 40 所示。必须确定下列参数:起落架构型、固定式或可收放式、起落架高度、主轮距、前后轮距、主轮与飞机重心之间的距离,以及作用在每一机轮上的载荷。

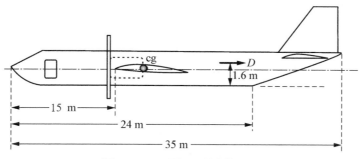

图 9 - 40 习题 19 所述的飞机

(20) 为一架喷气式预警机设计起落架。飞机装有两台喷气发动机,配备单缝襟翼,在混凝土跑道起飞时襟翼偏转 25°。假设重心前限处于 15%MAC,重心后限处于 30%MAC,机翼/机身空气动力中心处于 24%MAC。水平尾翼空气动力中心与机翼/机身空气动力中心之间的距离为 26 m。飞机的其他特性如下:

$$m_{TO} = 180\,000 \text{ kg}, D_{fmax} = 3.5 \text{ m}, V_{max} = 460 \text{ KTAS(在 35 000 ft)},$$
$$V_S = 110 \text{ KEAS}, C_{D_{o\_clean}} = 0.019, C_{D_{o\_TO}} = 0.028,$$
$$I_{yy} = 3 \cdot 10^7 \text{ kg} \cdot \text{m}^2, T_{max} = 2 \cdot 270 \text{ kN}, C_{m_o} = -0.06, \alpha_{TO} = 13°$$

机翼:翼型 NACA 65_2-415,$S = 320 \text{ m}^2$,$AR = 10$,$e = 0.85$,$\Delta C_{L_{flap}} = 1.4$,$\lambda = 1$
水平尾翼:翼型 NACA 0012,$S_h = 75 \text{ m}^2$,$AR_t = 4$,$C_{L_{h\_TO}} = -1.3$

飞机构型和其他几何参数如图 9 - 41 所示。必须确定下列参数:起落架构型、固定式或可收放式、起落架高度、主轮距、前后轮距、主轮与飞机重心之间的距离,以及作用在每一机轮上的载荷。

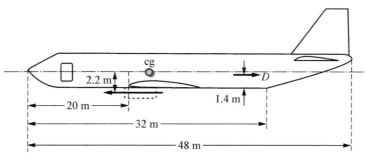

图 9 - 41 习题 20 中所述飞机

参 考 文 献

[1] Currey, N. S. (1988) *Aircraft Landing Gear Design: Principles and Practices*, AIAA.

[2] Roskam, R. J. (2006) *Airplanes War Stories*, DAR Corporation.

[3] Federal Aviation Regulations, Airworthiness Standards for GA Aircraft, FAR 23 (2011), Federal Aviation Administration, US Department of Transportation.

[4] Hibbeler, R. C. (2009) *Engineering Mechanics: Statics*, 12th edn, Prentice Hall.

[5] Budynas, R. G. and Nisbett, J. K. (2011) *Shigley's Mechanical Engineering Design*, 9th edn, McGraw-Hill.

[6] Aircraft Tire Data (2002) The Goodyear Tire & Rubber Company.

[7] *Aircraft Tire Data* (2009) Bridgestone Corporation.

[8] Jackson, P., Munson, K., Peacock, L. *Jane's All the World's Aircraft*, Jane's Information Group, various years 1996 to 2011

[9] Green, W. L. (1986) *Aircraft Hydraulic Systems: An Introduction to the Analysis of Systems and Components*, John Wiley & Sons, Inc.

[10] Norton, R. L. (2008) *Design of Machinery: An Introduction to the Synthesis and Analysis of Mechanisms and Machines*, McGraw-Hill.

[11] Erdman, A. G., Sandor, G. N., and Kota, S. (2001) *Mechanism Design: Analysis and Synthesis*, 4th edn, Prentice Hall.

[12] Anonymous (1990) Flying Qualities of Piloted Airplanes, Air Force Flight Dynamic Laboratory, MIL - F - 1797C, WPAFB, Dayton, OH.

10 部 件 重 量

10.1 序言

在第 5～9 章中,阐述了飞机主要部件(机翼、尾翼、机身、推进系统和起落架)的详细设计。这些设计是基于在初步设计阶段进行的初步重量估算。现在已经完成各部件的设计,能够计算飞机的重量。关于飞机重量分析,基本上有如下 3 种形式:

(1) 飞机重量估算;

(2) 飞机重量计算;

(3) 飞机重量测量。

第一种形式的飞机重量设计分析,已在第 4 章中涵盖,第二种形式的飞机重量设计分析将在本章中阐述。前两种分析都是在飞机制造前进行,但第三种形式的分析,实际上是在飞机制造后开始。在初步设计阶段,飞机重量估算的准确度为 70%～90%,因为这基于粗略的统计方法。然而飞机重量计算的准确度为 85%～95%,因为采用了一种较为复杂的经验方法。显然,仅飞机重量测量才能给出 100% 的准确度。这一比较表明,存在修改某些飞机参数的需要,诸如一旦获得准确的飞机重量,便要修订飞机重心(cg)限制值。

飞机重量计算基于部件几何形状、尺寸、制造用材料的密度。但是,重量测量是基于按照详细设计阶段所设计的部件。飞机重量测量是直接对所有部件进行逐一称重,然后将所有的重量相加,以求得整架飞机重量。比较这三种分析形式,可很容易地断定,只有飞机重量测量才是最可靠的。

设计进程需要经过多轮的重量计算,直到准确度处于可接受的范围内。对于飞机部件设计而言,飞机重量估算是有用的,并且是必要的基础。相比之下,飞机重量计算是非常重要的平衡分析工具。此方法基于工业界的经验,并利用详细的统计方程。重量分析的流程如图 10-1 所示,图中包括两条反馈回路。"飞机重量测量"与

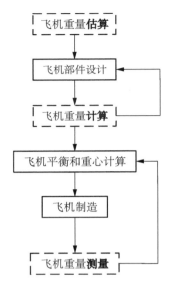

图 10－1　飞机重量分析流程

"飞机平衡和重心计算"之间的反馈回路,常常是执行一次。然而"飞机重量计算"与"飞机部件设计"之间的回路需多次重复。为使飞机重量和部件设计的基本重量之间的差距减至最小,必需进行迭代。

在第一条回路中,根据飞机初步设计阶段所估算的飞机重量开始对飞机主要部件进行详细设计。然后,使用本章所提供的方法,计算每一部件的重量。按各部件重量之和,确定飞机新的重量。下一步,将计算所得重量与估算重量进行比较。如果发现任何较大的差异,必须按照新的重量对部件进行重新设计。设计团队按这一回路循环若干次,直到差值是可接受的(建议值为小于 3％)。

由于制造技术和工程材料每年都在发展,必须相应地对这些方程,尤其是经验系数进行更新。每年都会生产出多种重量更轻并且强度更好的新工程材料。新材料包括先进铝合金和先进复合材料。这些新产品使飞机重量更轻,而且寿命更长。

通常,现代飞机结构大都由铝合金或复合材料制成。起落架零件、发动机轴、螺旋桨、涡轮叶片,常常由合金钢制成。今天,大约 85％ 飞机结构由铝合金制成,大约 15％ 由复合材料制成。尽管波音飞机公司将复合材料用于其新产品,即远程中型宽体双发喷气式航线客机 B787 梦幻(见图 1－10),使飞机超级有效,然而大多数民用运输机仍然由航空铝合金(如铝合金 7075、2024 或 6061)制成。在大多数飞机上,诸如 B777(见图 8－6 和图 12－27)以及 A340(见图 8－6),都使用铝合金板材,应用范围广泛,从简单部件到主要承载构件,满足复杂性和性能需求。

现代军用飞机情况同样如此,大多数战斗机和轰炸机主要是由铝合金制成,隐身飞机(如 B－2 幽灵(见图 6－8(c))、F－117 夜莺(见图 6－8(d))以及 SR－71 黑鸟(见图 8－21(a))主要由先进复合材料制成,以满足雷达探测性需求。然而在未来的飞机上,使用复合材料是发展趋势。大多数遥控模型飞机的结构由复合材料(如泡沫材料、木材和塑料(如火力克))制成。对于通用航空(GA)飞机领域,大多数飞机(如塞斯纳、比奇和派珀各公司的飞机)都由铝合金制成。制造航空结构的工程材料,在飞机重量计算方面起到很大的作用。然而为了计算各部件的重量,设计者应预先知晓飞机产品的材料。

家庭制造的"BD－5J 微型喷气"飞机,是世界上最轻的涡轮动力飞机(请注意是涡轮螺旋桨发动机),空机重量为 196 kg,起飞重量为 390 kg。然而世界上最重的飞机是安东诺夫 AN-225 玛丽娅,安装 6 台涡轮风扇发动机,飞机质量为 640 000 kg。飞机家族的这两个成员表明飞机重量的两个极端值,并开阔了飞机设计者的视野,了解飞机家族成员可能拥有的重量范围。

重量计算的敏感性,包括飞机重量和重心在飞机操纵性和稳定性中的作用,将在第 10.2 节中阐述。为便于飞机重量计算,常常将飞机划分为若干个部件组。第 10.3 节专门阐述各类飞机的飞机重量分解。本章中主要的一节是第 10.4 节,该节阐述确定部件重量的经验方法。本章结尾给出一个全解示例,演示这些方法的应用。

10.2　重量计算的敏感性

飞机与其他类型的结构和交通工具(如房屋、桥梁、汽车、火车和船舶)之间的主要区别之一在于飞机对重量的敏感性。在非航空结构中,对重量的敏感程度远不如航空结构。在非航空结构中,为获得更高的强度可牺牲一部分重量。然而在飞机结构中,重量有一个限制值,即使为了改进刚度或强度也不得增加重量。半硬壳式结构非常有效,出于对应力蒙皮的需求而用于飞机结构。虽然加厚梁腹板或机身蒙皮可能产生较强的结构,但是由于重量增大而降低了任务的成功率。因而飞机设计者应尽全力来降低飞机重量,并确定一个最佳重量。

在飞机重量计算中,必须考虑重量敏感性逻辑。所以,一架飞机的重量计算是飞机设计过程的关键之一。重量计算错误可能导致一个设计项目的灾难性后果。需要进行准确重量计算的三个主要原因是:①飞机制造成本,②飞机性能,③飞机重心。这些参数直接受到飞机重量的影响。

飞机重心和相应的参数(如飞机稳定性和操纵性),将在第 11 章内阐述。飞机性能是飞机重量的强函数。当飞机重量增大时,尽管飞机几何尺寸和发动机设定值保持相同,但飞机性能参数(如最大速度、升限和爬升率)将下降。例如,考虑一架 GA 飞机在飞机重量增大 10% 后的性能变化。这样的重量增大通常带来如下后果:

- 失速速度增大:5%;
- 最大速度降低:4%;
- 航程缩短:8%;
- 续航时间减少:9%;
- 起飞滑跑距离增大:8%;
- 爬升率下降:16%;
- 升限降低:7%。

这些性能变化数字表明,必须尽可能地将飞机重量减至最小。此外,这验证了飞机重量计算在详细设计阶段所起的关键作用。

在第2章中,已经对飞机重量与三个主要设计阶段之间的关系进行了讨论。这里,评介这一主题似乎是有益的。图10-2表明飞机重量易更改性与飞机设计阶段之间的概念性关系。经验表明,在设计过程的早期阶段,在技术运用、飞机构型及其特性的确立、债务或财力以及潜在的生命周期成本方面可能有一个大的投入。正是此时刻对具体飞机的了解(如空气动力学、飞行动力学以及推进系统)却很有限,但此时需对有关项目(如技术选择、材料选择以及潜在的货源、成套设备计划以及诊断水平、制造工艺选择、维修方法制订)做出重要决策。关于系统工程学科与飞机重量计算之间相互关系的更多细节,可参见参考文献[1]。

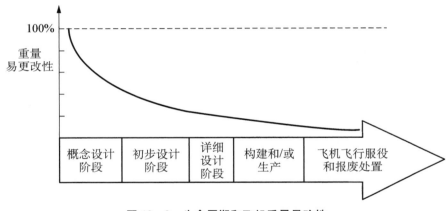

图 10-2 生命周期和飞机重量易改性

飞机重量直接影响飞机制造成本,然而关系是非线性的,如图10-3所示。显

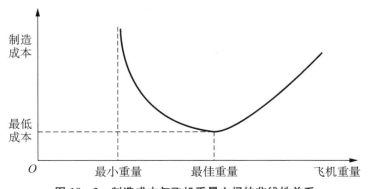

图 10-3 制造成本与飞机重量之间的非线性关系

然飞机制造成本在很大程度上基于重量。然而只有最佳重量才能导致最低制造成本。任何其他的飞机重量状况,无论是更轻还是更重,都将增大生产成本。更大的重量需要更多的材料,所以飞机制造商将要花费更多的资金来采购更多的材料。更轻的工程材料常常比较昂贵。例如,1 kg 碳纤维比 1 kg 玻璃纤维约贵 10 倍。或者,1 kg 航空铝合金的价格约是 1 kg 某些先进铝合金的1/20。

在某些情况下,尤其是在军用场合,为使飞机减重约 10%,需要增加大约10 000%的制造成本。生产成本的大幅度上升是由于如下事实,即新材料和新制造工艺需要花费数千工时进行研究和发展(R&D),才能形成先进的材料和工艺。处置某些先进轻材料,需要精密的制造工艺,这是非常昂贵的。洛克希德臭鼬工厂[2]设计、制造和装配隐身飞机的故事,揭示在研制新材料方面花费大量的资金。

常规飞机的最大起飞重量(MTOW)是有效载荷重量的函数。有效载荷是飞机作为其任务的一部分而必须携带的有用装载。有效载荷并不包括飞行机组重量和燃油重量。对于每种类型的飞机,MTOW 与有效载荷重量之间的比值具有一个特定范围。表 10-1 给出若干飞机的最大起飞重量与有效载荷重量之比值。这些数据系由作者从各种参考文献(如[3])中提取。可采用该表格,将计算的飞机重量与现时值进行比较,以获得所设计飞机相对于统计值的定位。SAWE(国际重量工程师协会)(www.sawe.org)拥有关于飞机重量与平衡的数据。

表 10-1　不同类型飞机的最大起飞重量与有效载荷重量之比

序号	飞机	最大起飞重量/有效载荷重量	序号	飞机	最大起飞重量/有效载荷重量
1	运输机	3～4	7	超声速战斗机	10～18
2	单发轻型 GA	3～6	8	遥控模型飞机	1.5～2.5
3	双发 GA	2～4	9	人力飞机	1.3～16
4	滑翔机	3～6	10	农用飞机	2～3
5	悬挂式滑翔机	1.2～1.4	11	基础教练机	6～15
6	摩托滑翔机	4～9	12	特轻型飞机	2～3

如图 10-4 所示,在整个设计过程中有 3 个主要反馈回路。飞机重量计算处于第 2 条回路,它提供关于飞机稳定性分析的反馈。这一反馈首先使用各部件重量来使飞机平衡,方法是将它们配置在正确的位置,以求得所希望的飞机重心位置。如图 10-4 所示,采用计算所得飞机重量来修改先前基于估算飞机重量而设计的所有部件。在图 10-4 中,清楚地示出重量计算的敏感性,因为反馈将会引起对所有部件进行重新设计。

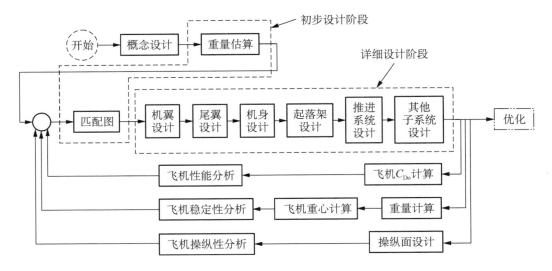

图 10 - 4　设计过程中的 3 条主要反馈回路

注：(1) 回路 1：飞机性能分析；
(2) 回路 2：飞机稳定性分析；
(3) 回路 3：飞机操纵性分析；
(4) 简要描绘 3 个设计阶段（概念设计、初步设计和详细设计）之间的关系；
(5) 飞机重心（cg）计算和飞机平衡将在第 11 章中研究；
(6) 操纵面设计将在第 12 章中阐述；
(7) 飞机性能分析、稳定性分析和操纵性分析超出本书的论述范围。

10.3　飞机主要部件

一架飞机由大量的零件和元件装配而成，按照功能，可以将它们分为若干组。

飞机最大起飞重量（W_{TO}）可分为 4 个主要重量组：①空机重量（W_E），②有效载荷重量（W_P），③机组成员重量（W_C），④燃油重量（W_F）。这 4 组重量之和构成飞机总重：

$$W_{TO} = W_E + W_P + W_C + W_F \qquad (10-1)$$

基于飞机预期所承运的项目（如货物、旅客、行李和外挂物）的已知特点，很容易确定有效载荷重量。飞行机组成员重量是成功完成任务所需人数的函数。有关确定飞行机组成员重量、乘务员重量以及旅客重量的方法，已经在第 7 章机身设计中做过阐述。基于性能任务参数（如航程和续航时间），确定燃油重量。燃油重量计算方法的细节已在第 4 章中做过阐述。本章专门阐述确定飞机空机重量的方法。有时将有效载荷重量、飞行机组成员重量和燃油重量之和称为可移除重量（W_R）：

$$W_R = W_P + W_C + W_F \qquad (10-2)$$

从飞机上去除这 3 部分重量不会损害飞机的结构完整性。

可将飞机空机重量分为 3 个主要重量组：

(1) 结构；

(2) 发动机(包括短舱和吊挂)；

(3) 系统和设备。

此外，可将飞机结构细分为 4～5 个主要重量组：

(1) 机翼；

(2) 机身；

(3) 尾翼(水平尾翼和垂直尾翼)；

(4) 起落架；

(5) 短舱(如果发动机用短舱进行安装)。

在这一分类中，将操纵面重量包括在相应的升力面重量组内。例如，升降舵和方向舵重量包括在尾翼重量组内，而副翼重量则计入机翼重量组内。表 10-2 给出若干类型飞机的空机重量与有效载荷重量的百分比。表 10-3 还给出若干类型飞机的平均飞机重量分解(发动机、燃油、有效载荷、结构、系统和设备)。在定义有效载荷时，有一个微妙之处必须予以解释。在人力飞机上，将驾驶员看作是推进系统的一部分。在双座特轻型飞机上，将其中一个乘员看作是有效载荷的一部分。在单座 GA 飞机上，驾驶员是有效载荷的主要部分，而在多座 GA 飞机上，驾驶员不属于有效载荷的一部分。

表 10-2 若干类型飞机的平均重量分解

序号	飞机	空机重量/%	可移除重量/%	有效载荷重量/%	燃油重量/%
1	悬挂滑翔机	25	75	75	0
2	滑翔机	60	40	40	0
3	人力飞机	30	70	70	0
4	遥控模型飞机	40	60	53	7
5	特轻型	55	42	42	3
6	单发 GA	60～82	18～40	8～30	10
7	双发 GA	62	38	16	20
8	农用飞机	50	50	40	10
9	亚声速运输机	48	52	26	25
10	超声速战斗机	43	57	40	16
11	鲁坦旅行者号	23	77	5	72

表 10-3　若干飞机按重量组的平均重量分解

序号	飞机	燃油重量/%	有效载荷重量/%	机组/%	发动机/%	结构/%	设备/%
1	悬挂滑翔机	0	75	75	0	25	0
2	滑翔机	0	40	40	0	58	2
3	人力飞机	0	70	70	75*	23	2
4	遥控模型飞机	5	55	0	6	32	2
5	特轻型飞机	3	42**	21	20	32	3
6	单发 GA	10	8~30***	8	23	30~52	2
7	双发 GA	14	24	1	24	31	3
8	农用飞机	10	40	1	20	25	4
9	亚声速运输机	25	26.5	0.5	12	24	12
10	超声速战斗机	16	40	1	13	20	10

* 假设驾驶员是推进系统的一部分;

** 其中一位机组成员是有效载荷的一部分;

*** 对于单座 GA 飞机,驾驶员是有效载荷的主要部分,而对于多座 GA 飞机,驾驶员不作为有效载荷的一部分。

　　按照表 10-2,悬挂滑翔机往往具有最高的有效载荷重量百分比(即 75%),这意味着其具有最轻的结构。然而单座 GA 飞机具有最低的可移除重量百分比,这意味着相对而言具有最重的结构。悬挂滑翔机、滑翔机和人力飞机不携带燃油,不设置燃油箱。然而对于人力飞机,驾驶员是推进系统的一部分。亚声速运输机一直具有最高的燃油重量比,因为存在长航时和备用燃油需求。

　　基于表 10-3,悬挂滑翔机往往具有最高的机组重量百分比,而亚声速运输机具有最低机组重量百分比。通常,运输机是最经济的,因为它们是按"最赚钱"的模式设计的。此外,亚声速运输机由于安全性和适航性需求而携带最多的设备。虽说滑翔机具有最高的结构重量百分比,但这是由于无发动机和燃油的缘故。

　　表 10-2 的最后一行表明鲁坦 76 旅行者号(见图 4-5)飞机的重量分解,它是按特殊任务进行设计和制造的。该飞机的任务是以最大起飞质量 4 397 kg 起飞,既不经停,也不空中加油,实行环球飞行。历经 9 天飞行,于 1986 年 12 月成功实现这一目标。这架打破世界纪录的复合材料飞机携带两名机组成员,72% 飞机重量是燃油重量。该飞机的重量分解是个特例,与常规飞机的有所不同。

　　表 10-4 给出若干类型飞机典型的飞机结构重量分解。实际上,每个值都有一个范围,其大小取决于许多因素(包括制造方法、结构材料、载荷系数和飞机构型)。例如,载荷系数增大(尤其是战斗机),机翼重量百分比增大。此外,如果前三点式起落架构型改变为尾轮式,起落架重量将发生变化。与常规尾翼相比,T 形尾翼重量大很多,因为承受水平尾翼产生的垂直尾翼弯矩。请注意,所有数字均引自具体重

量组内的相关飞机重量。

一般而言,滑翔机机翼重量相对来说是最重的,因为展弦比(AR)较大(通常量级为30)。相比之下,战斗机机翼相对而言往往是最轻的,因为 AR 非常小,机翼面积小。悬挂式滑翔机不使用机械式起落架(0%),因为驾驶员凭借自己的腿着陆。悬挂式滑翔机没有正规的圆筒形机身,但将悬挂驾驶员用的机械连杆视为机身(5%)。在大多数飞机上,机翼重量组对结构重量的贡献最大。在表 10-4 中,对于短舱安装发动机构型的飞机,短舱重量包含在机翼或机身的重量内。图 10-6 示出中程航线客机福克 100,其 MTOW/有效载荷重量比为 1.75,还示出双座螺旋桨教练机恩博威 EMB-314 超级巨嘴鸟,其 MTOW/有效载荷重量比为 1.318。

表 10-4 若干类型飞机的结构重量分解

序号	飞机	机翼/%	机身/%	尾翼(水平尾翼和垂直尾翼)/%	起落架/%	结构/%
1	悬挂滑翔机	20	5	0	0	25
2	滑翔机	30	23	3	2	58
3	人力飞机	9	10	2	3	23
4	遥控模型飞机	14	11	2	4	32
5	特轻型飞机	15	9	3	5	32
6	单发 GA	13	11	2	4	30
7	双发 GA	14	11	2	4	31
8	农用飞机	10	9	2	4	25
9	亚声速运输机	10	8	2	4	24
10	超声速战斗机	8	7	2	3	20

表 10-5[4]~[6]示出若干螺旋桨飞机和喷气式飞机主要结构部件的实际重量。表中包含 1 种家庭制造飞机,2 种单发活塞式飞机,4 种双发螺旋桨飞机,1 种农用飞机,2 种喷气式公务机,3 种喷气式运输机,3 种战斗机以及 1 种大型货机。表中列出的统计数据可与下一节给出的经验公式一起使用,以计算飞机部件的重量。

10.4 重量计算方法

本节的目的在于陈述用于计算飞机部件重量的方法,这是计算飞机空机重量的基础。几乎所有的飞机制造商都已形成自己的计算部件重量的方法。其中大多数方法不会公开发表,并拥有知识产权。但也有些例外,如参考文献[7]中给出的方法。部件重量计算是合理分析和统计方法的混合。本节中所给出的公式,是基于如下 4 个信息源发展而成:

(1) 某个目标物重量与其平均密度之间的直接关系(见表 10-6);

(2) 实际发表的各种部件的重量数据(如表 10-5);

表 10 - 5　若干飞机主要部件的实际重量 (lb)

序号	飞机	类型	机翼	尾翼	机身	短舱	起落架	发动机	设备	燃油	有效载荷
1	塞斯纳 172	单发螺旋桨 GA	226	57	353	27	111	267	159	252	702
2	塞斯纳 182	单发螺旋桨 GA	235	62	400	34	132	545	173	390	715
3	塞斯纳 310C	双发螺旋桨 GA	453	118	319	129	263	1 250	498	612	1 186
4	塞斯纳 404 泰坦	双发螺旋桨 GA	860	181	610	284	316	1 626	1 129	1 379	1 900
5	PZL M21 单峰骆驼	农用机	1 455	181	540	106	322	1 471	719	1 984	2 425
6	里尔喷气 28	双发喷气公务机	1 939	361	1 642	214	584	1 284	2 605	4 684	1 962
7	湾流 II	双发喷气公务机	6 372	1 965	5 944	1 239	2 011	6 886	11 203	23 300	5 380
8	福克 F - 27 - 100	双发涡轮螺旋桨	4 408	977	4 122	628	1 940	4 347	5 673	9 198	12 500
9	肖特空中货车	双发涡轮螺旋桨	1 220	374	2 154	254	466	1 524	1 703	4 924	
10	MD - 80	喷气式运输机	15 560	3 320	16 150	2 120	5 340	11 000	25 460	39 362	43 050
11	B737 - 200	喷气式运输机	10 613	2 718	12 108	1 392	4 354	8 177	14 887	34 718	34 790
12	A300	喷气式运输机	44 131	5 941	35 820	7 039	13 611	22 897	35 053	76 512	69 865
13	F - 15C 鹰	战斗机	3 642	1 104	6 245	102	1 393	9 205	5 734	13 455	2 571
14	F - 16 战隼	战斗机	1 699	650	3 069	598	867	3 651	4 191	—	—
15	F/A - 18 大黄蜂	战斗机	3 798	945	4 685	143	1 992	6 277	5 134	17 592	7 684
16	洛克希德 C - 5A	大型货机	100 015	12 461	118 193	9 528	38 353	40 575	44 059	332 500	200 000
17	彼得 BD5B	家庭制造螺旋桨飞机	87	17	89	0	32	189	125	340	170

表 10 - 6　各种航空航天材料的密度

序号	工程材料	密度/(kg/m³)	序号	工程材料	密度/(kg/m³)
1	航空航天铝合金	2 711	6	合金钢	7 747
2	玻璃纤维/环氧	1 800～1 850	7	钛合金	4 428
3	石墨/环氧	1 520～1 630	8	软木	160
4	低密度泡沫	16～30	9	塑料(包括火力克)	900～1 400
5	高密度泡沫	50～80			

（3）本书作者导出的经验系数；

（4）公开发表的经验公式，见参考文献[6]～[9]。

信息源（1）和（2）使计算方法非常准确和可靠。然而信息源（3）表明必须有一个结果校正，以调整经验系数。采用经验系数是因为实际上航空结构件通常是空心的而不是实心物体，而是包括蒙皮、梁、框、翼肋、长桁和纵梁。

许多部件的统计公式以指数形式呈现，此时，通过标准的回归分析法确定设计参数的比例常数和指数。这些公式采用实际部件的重量和几何数据，并服从最小标准差条件。对于每一有贡献的设计系数，基于合理的方法选择相关的参数。利用曲线拟合法并获得线性函数，以建立每一设计参数对部件重量贡献的数学模型。

表 10 - 7 给出可方便地估算机翼重量的经验系数，从参考文献[3]和[5]可容易地获得这些系数。图 10 - 5 示出若干飞机的机翼质量与机翼面积之间的关系。如该图所示，机翼重量与机翼平面形状面积之间存在线性关系。此关系显然是若干因素的函数，包括发动机与机翼的连接、机翼内的燃油箱、外挂物（如导弹和火箭）数量、外挂物相对于机翼根部的位置以及最大动压。

表 10 - 7　若干飞机的机翼质量与机翼面积之间的关系

序号	飞机	类型	机翼面积/m²	机翼质量/kg	机翼质量/kg ÷ 机翼面积/m²
1	彼得 BD5B	家庭制造螺旋桨飞机	3.5	39.5	11.3
2	塞斯纳 172	单发螺旋桨 GA	16.2	102.5	6.3
3	塞斯纳 310C	双发螺旋桨 GA	16.6	205.5	12.4
4	塞斯纳 404	双发螺旋桨 GA	22.24	390	17.5
5	湾流 Ⅱ	双发喷气公务机	75.21	2 890	38.5
6	MD - 80	喷气式运输机	112.3	7 058	62.8
7	B737 - 200	喷气式运输机	102	4 814	48
8	A300	喷气式运输机	260	20 017	77
9	C - 5A	大型货机	576	45 366	76.8
10	F - 15C 鹰	战斗机	56.5	1 652	29.2
11	F - 16 战隼	战斗机	27.9	771	27.6
12	F/A - 18 大黄蜂	战斗机	38	1 723	45.3

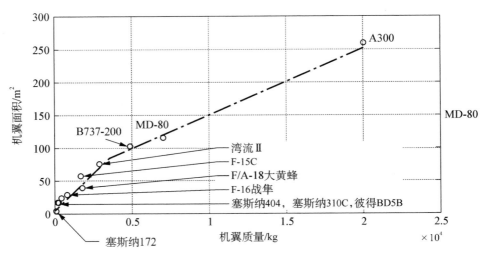

图 10-5 若干飞机的机翼质量与机翼面积的关系

(a)

(b)

图 10-6 两架具有不同 MTOW/有效载荷重量比的飞机

(a) 福克 100，MTOW/有效载荷重量比为 1.75(经安妮·迪乌斯允许) (b) 恩博威 EMB-314 超级巨嘴鸟，MTOW/有效载荷重量比为 1.318(经安东尼·奥斯本允许)

本节所导入的公式,对于公制和英制计量单位制都适用。如果公式右边的参数量采用公制,则所得到的重量以牛顿(N)计。当右边的参数采用英制时,所得到的重量以磅(lb)计。

10.4.1 机翼重量

机翼重量(W_w)是下列因素的函数:机翼平面面积(S_w)、机翼携带的各项重量(如燃油和发动机)、机翼相对厚度、飞机最大载荷系数、机翼结构构型(如单梁或双梁)、结构材料(如铝合金和复合材料),以及机翼其他几何参数(展弦比、梢根比和后掠角)。机翼重量计算如下:

$$W_w = S_w \cdot MAC \left(\frac{t}{C}\right)_{max} \cdot \rho_{mat} \cdot K_\rho \cdot \left(\frac{AR \cdot n_{ult}}{\cos \Lambda_{0.25}}\right)^{0.6} \cdot \lambda^{0.04} \cdot g \quad (10-3)$$

式中:S_w表示机翼平面面积;MAC表示机翼平均空气动力弦;$(t/C)_{max}$表示相对厚度;ρ_{mat}为结构材料的密度(见表10-6);AR表示展弦比;n_{ult}表示极限载荷系数;$\Lambda_{0.25}$是1/4弦线后掠角;λ是梢根比;g是引力常数(9.81 m/s² 或 32.17 ft/s²);参数K_ρ是机翼密度系数,可从表10-8中取得,此参数无计量单位。因此式(10-3)可在英制和公制中使用。

表 10-8 各种类型飞机的机翼密度系数

序号	飞机,机翼结构安装状态	K_ρ
1	GA,机翼上未安装发动机和燃油箱	0.001 1~0.001 3
2	GA,机翼上未安装发动机,燃油箱在机翼内	0.001 4~0.001 8
3	GA,发动机安装在机翼上,机翼内无燃油箱	0.002 5~0.003
4	GA,发动机安装在机翼上,燃油箱在机翼内	0.003~0.003 5
5	家庭制造	0.001 2~0.002
6	运输机,货机,航线客机(发动机安装于机翼)	0.003 5~0.004
7	运输机,货机,航线客机(发动机未安装于机翼)	0.002 5~0.003
8	超声速战斗机,机翼下携带很少轻型外挂物	0.004~0.006
9	超声速战斗机,机翼下携带若干重型外挂物	0.009~0.012
10	遥控模型飞机	0.001~0.001 5

从结构安全性角度考虑,极限载荷系数(n_{ult})通常是最大载荷系数的1.5倍(即安全系数为1.5):

$$n_{ult} = 1.5 n_{max} \quad (10-4)$$

各种类型飞机最大载荷系数(n_{max})的典型值示于表10-9。表10-8中的K_ρ有一个范围,这是因为当燃油箱/发动机与机翼根部之间的距离增大时,为了承受较大的翼根弯矩,机翼较重。

表 10 - 9　各种类型飞机的最大正载荷系数

序号	飞机	最大载荷系数(n_{max})	序号	飞机	最大载荷系数(n_{max})
1	GA 正常类	2.5~3.8	5	遥控模型飞机	1.5~2
2	GA 通用类	4.4	6	运输机	3~4
3	GA 特技类	6	7	超声速战斗机	7~10
4	家庭制造	2.5~5			

10.4.2　水平尾翼重量

水平尾翼重量(W_{HT})是下列因素的函数：水平尾翼平面面积(S_{HT})、水平尾翼相对厚度、尾翼构型(如常规尾翼、T 形尾翼或 V 形尾翼)、结构材料、升降舵弦长以及水平尾翼的其他几何参数(展弦比、梢根比和后掠角)。水平尾翼重量计算如下：

$$W_{HT} = S_{HT} \cdot MAC_{HT} \cdot \left(\frac{t}{C}\right)_{max_{HT}} \cdot \rho_{mat} \cdot K_{\rho HT} \cdot \left(\frac{AR_{HT}}{\cos \Lambda_{0.25HT}}\right)^{0.6} \cdot$$
$$\lambda_{HT}^{0.04} \cdot \overline{V}_{H}^{0.3} \cdot \left(\frac{C_e}{C_T}\right)^{0.4} \cdot g \tag{10-5}$$

式中：S_{HT} 表示水平尾翼暴露平面面积(即净面积)；MAC_{HT} 是水平尾翼平均空气动力弦；$(t/C)_{max\_HT}$ 是水平尾翼相对厚度；ρ_{mat} 为结构材料密度(见表 10 - 6)；AR_{HT} 表示水平尾翼展弦比；$\Lambda_{0.25\_HT}$ 是水平尾翼 1/4 弦线的后掠角；λ_{HT} 是水平尾翼梢根比；C_e/C_T 是升降舵弦长与水平尾翼弦长之比；$\overline{V}_H$ 是水平尾翼容积比(见第 6 章)；参数 $K_{\rho HT}$ 是水平尾翼密度系数，可从表 10 - 10 中取得，此参数无计量单位，因此式(10 - 5)可在英制和公制中使用。对于其他类型的尾翼，可通过插值求得合理的结果。

10.4.3　垂直尾翼重量

垂直尾翼重量(W_{VT})是下列因素的函数：垂直尾翼平面面积(S_{VT})、垂直尾翼相对厚度、结构材料、垂直尾翼容积比以及垂直尾翼的其他几何参数(展弦比、梢根比和后掠角)。垂直尾翼重量计算如下：

$$W_{VT} = S_{VT} \cdot MAC_{VT} \cdot \left(\frac{t}{C}\right)_{max_{VT}} \cdot \rho_{mat} \cdot K_{\rho VT} \cdot \left(\frac{AR_{VT}}{\cos \Lambda_{0.25VT}}\right)^{0.6} \cdot$$
$$\lambda_{VT}^{0.04} \cdot \overline{V}_{V}^{0.2} \left(\frac{C_r}{C_V}\right)^{0.4} \cdot g \tag{10-6}$$

式中：S_{VT} 表示垂直尾翼平面面积；MAC_{VT} 是垂直尾翼平均空气动力弦；$(t/C)_{max\_VT}$ 是垂直尾翼相对厚度；ρ_{mat} 为结构材料的密度(见表 10 - 6)；AR_{VT} 表示垂直尾翼展弦比；$\Lambda_{0.25\_VT}$ 是垂直尾翼 1/4 弦线后掠角；λ_{VT} 是垂直尾翼梢根比；C_r/C_V 是方向舵弦长与垂直尾翼弦长之比；$\overline{V}_V$ 是垂直尾翼容积比(见第 6 章)；参数 $K_{\rho VT}$ 是垂直尾翼密度

系数,可从表 10 - 10 中取得,此参数无计量单位,因此式(10 - 6)可在英制和公制中使用。

表 10 - 10 各种类型飞机的尾翼密度系数

编号	飞机,尾翼构型	$K_{\rho HT}$	$K_{\rho VT}$
1	GA,家庭制造飞机——常规尾翼/鸭翼	0.022～0.028	0.067～0.076
2	GA,家庭制造飞机——T 形/H 形尾翼	0.03～0.037	0.078～0.11
3	运输机——常规尾翼	0.02～0.03	0.035～0.045
4	运输机——T 形尾翼	0.002～0.033	0.04～0.05
5	遥控模型飞机	0.015～0.02	0.044～0.06
6	超声速战斗机	0.06～0.08	0.12～0.15

10.4.4 机身重量

机身重量(W_F)是如下因素的函数:机身容积、机身构型、结构材料、机身结构布局以及飞机任务。机身重量计算如下:

$$W_F = L_f \cdot D_{f_{max}}^2 \cdot \rho_{mat} \cdot K_{\rho f} \cdot n_{ult}^{0.25} \cdot K_{inlet} \cdot g \qquad (10 - 7)$$

式中: L_f 表示机身长度; $D_{f_{max}}$ 是机身最大直径(等效于圆形截面); ρ_{mat} 为结构材料的密度(见表 10 - 6)。参数 $K_{\rho f}$ 表示机身密度系数,可从表 10 - 11 中取得,此参数无计量单位。因此式(10 - 7)可在英制和公制中使用。对于进气道在机身上的情况,参数 K_{inlet} 取 1.25,对于进气道在其他位置,则 K_{inlet} 取 1。由于无人机和模型飞机都不载人,它们的设计不采用增压舱。因此,这两类飞机往往具有相对较轻的机身。

表 10 - 11 各种类型飞机的机身密度系数

编号	飞机	$K_{\rho f}$	编号	飞机	$K_{\rho f}$
1	通用航空,家庭制造飞机	0.002～0.003	4	遥控模型飞机	0.001 5～0.002 5
2	无人驾驶航空器	0.002 1～0.002 6	5	超声速战斗机	0.006～0.009
3	运输机、货机、航线客机	0.002 5～0.003 2			

10.4.5 起落架重量

起落架主要由支柱、机轮、轮胎、减震器(如液压系统)、收放系统(如果采用)以及刹车系统组成。起落架的重量主要是着陆时飞机重量(W_L)的函数,也受到起落架高度(H_{LG})、起落架构型、着陆速度、着陆滑跑距离、收放系统、结构材料以及着陆极限载荷系数($n_{ult_{land}}$)的影响。起落架重量(W_{LG})计算如下:

$$W_{LG} = K_L \cdot K_{ret} \cdot K_{LG} \cdot W_L \cdot \left(\frac{H_{LG}}{b}\right) \cdot n_{ult_{land}}^{0.2} \qquad (10-8)$$

式中：b 是机翼翼展；K_{ret} 对于固定式起落架为 1，对于可收放式起落架为 1.07；参数 K_{LG} 是起落架重量系数；各种类型飞机的起落架重量系数示于表 10-12。参数 K_L 是起落架着陆地点系数，对于海军飞机为 1.8，对于其他飞机则为 1。该系数表明，由于海军飞机在航空母舰上降落，并采用着舰拦置装置（尾钩），起落架约增重 80%。

主起落架与前起落架/尾起落架之间的重量比几乎与每组起落架所承受的飞机重量的百分比成正比。例如，如果主起落架承受 80% 飞机重量，主起落架的重量等于 0.8 乘以由式（10-8）所得到的重量 W_{LG}。式（10-8）可在英制和公制中使用。

表 10-12　各种类型飞机的起落架重量系数

编号	飞机	K_{LG}	编号	飞机	K_{LG}
1	通用航空，家庭制造飞机	0.48～0.62	3	超声速战斗机	0.31～0.36
2	运输机，货机，航线客机	0.28～0.35	4	遥控模型飞机	0.35～0.52

10.4.6　装机后发动机重量

飞机设计者选择发动机，然后向发动机制造商订购生产。因此，根据发动机制造商的数据和换算系数，可很容易地获得每一发动机的重量（W_E）。然而发动机安装是必须处置的另外一件事。发动机安装可能需要防火墙、发动机安装座、整流罩、短舱、吊挂、进气设施以及起动系统。对于 GA 飞机，包括螺旋桨在内的装机后发动机重量（$W_{E_{ins}}$）计算如下：

$$W_{E_{ins}} = K_E \cdot N_E \cdot (W_E)^{0.9} \qquad (10-9)$$

式中：N_E 是发动机的台数；参数 K_E 是发动机重量系数，使用英制（即 lb）时为 2.6，使用公制（即 N）时为 3，如果发动机尚未选定，可使用表 8-3，估算发动机重量。至于其他类型飞机（如战斗机、运输机）的装机后发动机重量，感兴趣的读者可参阅参考文献[5]。对于战斗机和运输机，推进系统重量包括发动机冷却系统重量、起动机重量、进气系统重量、防火墙重量、短舱重量、发动机操纵系统重量以及辅助动力装置重量。

10.4.7　燃油系统重量

燃油系统包括诸如导管、软管、泵、油箱和阀各项。燃油系统的重量主要是总燃油重量（W_{fuel}）的函数，也受到燃油箱类型、燃油箱位置、泵、阀、导管、燃油箱数量以及发动机台数的影响。本节引用参考文献[6]中的 3 个公式：

1) GA 飞机

$$W_{FS} = K_{fs} \cdot \left(\frac{W_{fuel}}{\rho_f} \right)^{n_{fs}} \qquad (10-10)$$

式中：K_{fs} 对于单发飞机为 2，对于多发飞机为 4.5；n_{fs} 对于单发飞机为 0.667，对于多发飞机为 0.60；重量 W_{fuel} 必须以 lb 计；ρ_f 是燃油密度，以 lb/gal 计。记住，航空汽油的密度为 5.87 lb/gal，JP-4 的密度为 6.55 lb/gal。确定飞机总燃油重量的方法已在第 7.1 节中做过阐述。最终的燃油系统重量（W_{FS}）以 lb 计。

2) 运输机和战斗机

（1）对于配备非自封式软油箱的运输机和战斗机，燃油系统重量为

$$W_{FS} = K_{fs} \cdot \left(\frac{W_{fuel}}{\rho_f} \right)^{n_{fs}} \qquad (10-11)$$

式中：K_{fs} 为 1.6，n_{fs} 为 0.727；燃油重量（W_{fuel}）必须以 lb 计；ρ_f 是燃油密度，以 lb/gal 计。最终的燃油系统重量（W_{FS}）以 lb 计。

（2）对于配备整体燃油箱的运输机和战斗机（即湿机翼，如 F-111 飞机），燃油系统重量为

$$W_{FS} = 15(N_t)^{0.5} \cdot \left(\frac{W_{fuel}}{\rho_f} \right)^{0.333} + 80(N_E + N_t - 1) \qquad (10-12)$$

式中：N_t 表示独立的燃油箱数目；N_E 是发动机的台数；最终的燃油系统重量（W_{FS}）以 lb 计。

必须注意，具有电动发动机的飞机（如遥控模型飞机），必须携带电池（也许是太阳能电池）。再使用"燃油箱"这样的术语似乎并不合适，所以推荐使用术语"燃料电池"。对于这类飞机，为确定燃油系统的重量，必须知道蓄电池和燃料电池的重量。

10.4.8 其他设备和子系统的重量

飞机常常配备多种其他子系统。例如，至操纵面的动力传送系统、液压系统、电气系统、航空电子系统、仪表、空调系统、防冰系统以及内饰的设备，已成为多数现代飞机的组成部分。所有这些子系统重量之和，可能占飞机 MTOW 的 3%～8%。参考文献[5]和[6]给出了估算这些子系统重量的某些方法。表 10-13 给出民用飞机和军用飞机的某些典型部件和仪表的重量。若干飞机的设备重量分解如表 10-14 所示。

表 10-13　某些杂项部件的质量[3]

序号	部件	类型，说明，详情	质量/kg
1	座椅	驾驶舱——民用	24～28
2		战斗机驾驶员（弹射座椅）	95～110

（续表）

序号	部件	类型,说明,详情	质量/kg
3		旅客——经济级	13～16
4		旅客——旅行级	20～28
5		运兵	4～6
6	导弹和炸弹	先进巡航导弹,AGM - 129	1 250
7		AGM - 130	1 323
8		哈姆,AGM - 88	254
9		鱼叉,AGM - 84A	530
10		地狱之火,AGM - 114A	46
11		幼畜,AGM - 65A	210
12		企鹅2,AGM - 119B	385
13		海鹰	600
14		响尾蛇,AIM - 9J	87
15		麻雀,AIM - 7F	227
16		毒刺,FIM - 92	16
17		陶式,BGM - 71A/B	19
18		标准,AGM - 78	615
19		斯拉姆,AGM - 84E	630
20	驾驶杆、驾驶盘	侧杆	0.1～0.2
21		驾驶杆	0.5～1
22		驾驶盘	1～2
23	降落伞	民用	4～6
24		军用	8～20
25	仪表	罗盘、转速表、高度表、空速指示器,时钟、爬升率指示器、坡度角指示器、加速度表,GPS等	0.3～0.7 每项
26		陀螺仪(x, y, z)	0.5～2
27		显示器	1～4
28	盥洗室	短程飞机	$0.13 N_{\text{seat}}^{1.3}$
29		远程飞机	$0.5 N_{\text{seat}}^{1.3}$
30		喷气式公务机	$1.7 N_{\text{seat}}^{1.3}$

表 10 - 14 若干飞机的设备重量(lb)分解

序号	飞机	MTOW	设备分组						
			APU	仪表/导航	航空电子	液压/气动	电气	空调/防冰	装具
1	塞斯纳 172	2 200	—	7	—	3	41	4	99
2	塞斯纳 210	2 900	—	16	—	4	60	12	116

（续表）

| 序号 | 飞机 | MTOW | 设备分组 | | | | | | |
			APU	仪表/导航	航空电子	液压/气动	电气	空调/防冰	装具
3	塞斯纳 310	4 830	—	46	—	—	121	46	154
4	比奇 760	7 650	—	70	158	—	284	49	169
5	塞斯纳 T-37	6 436	—	132	86	56	194	69	256
6	C-130	151 522	466	665	2 432	671	2 300	2 126	4 765
7	湾流 I	33 600	355	97	99	235	966	755	415
8	福克 F-27	39 000	—	81	386	242	835	1 225	2 291
9	麦道 DC-8	328 000	—	1 271	1 551	2 196	2 398	3 144	14 335
10	麦道 DC-9-10	91 500	818	719	914	714	1 663	1 476	7 408
11	福克 F-28	65 000	346	302	869	364	1 023	1 074	4 030
12	A300	302 000	983	377	1 726	3 701	4 923	3 642	13 161
13	B727-100	160 000	60	756	1 591	1 418	2 142	1 976	10 257
14	B737-200	100 400	836	625	956	837	1 066	1 416	6 643
15	B747-100	710 000	1 130	1 909	4 429	4 471	3 348	3 969	37 245

10.5　本章示例

在本节中，给出 3 个求解示例，以演示方法的应用。示例 10.1、10.2 和示例 10.3 分别表明与机翼、机身和垂直尾翼有关的部件重量计算方法。

示例 10.1

问题陈述　一架 4 座单发活塞式 GA 正常类飞机，最大起飞质量为 1 400 kg，其机翼具有如下特性：

$$AR = 8, \lambda = 0.8, (t/C)_{\max} = 0.12, \Lambda_{0.25} = 15°, C_{L_{\max}} = 1.6$$

此机翼由航空航天铝合金制成，左右机翼内各有一个燃油箱。发动机位于机头。海平面高度上飞机失速速度为 58 kn。计算该机翼的重量。

解　飞机属于正常类 GA，所以根据表 10-9，选择最大载荷系数 3。基于发动机和燃油箱的位置，由表 10-8，取 K_ρ 为 0.001 6。由表 10-6，可知航空航天铝合金的密度为 2 711 kg/m³。海平面大气密度为 1.225 kg/m³。

$$n_{\mathrm{ult}} = 1.5 \cdot n_{\max} = 1.5 \cdot 3 = 4.5 \qquad (10-4)$$

$$S_{\mathrm{W}} = \frac{2W_{\mathrm{TO}}}{\rho V_{\mathrm{s}}^2 C_{L_{\max}}} = \frac{2 \cdot 1\,400 \cdot 9.81}{1.225 \cdot (58 \cdot 0.544)^2 \cdot 1.5} = 16.785 \ \mathrm{m}^2 \qquad (5-13)$$

$$AR = \frac{b^2}{S_W} \Rightarrow b = \sqrt{AR \cdot S_W} = \sqrt{8 \cdot 16.785} = 11.59 \text{ m} \qquad (5-19)$$

$$S_W = b \cdot MAC \Rightarrow MAC = \frac{S_W}{b} = \frac{16.785}{11.59} = 1.448 \text{ m} \qquad (5-18)$$

$$W_W = S_W \cdot MAC \cdot \left(\frac{t}{C}\right)_{\max} \cdot \rho_{\mathrm{mat}} \cdot K_\rho \cdot \left(\frac{AR \cdot n_{\mathrm{ult}}}{\cos \Lambda_{0.25}}\right)^{0.6} \cdot \lambda^{0.04} \cdot g \qquad (10-3)$$

$$W_W = 16.785 \cdot 1.448 \cdot 0.12 \cdot 2\,711 \cdot 0.001\,6 \cdot \left(\frac{8 \cdot 4.5}{\cos 15}\right)^{0.6} \cdot \qquad (10-3)$$

$$(0.8)^{0.04} \cdot 9.81 = 1\,078.2 \text{ N}$$

将机翼的重量除以引力常数,正好求得机翼的质量为

$$m_W = \frac{W_W}{g} = \frac{1\,078.2}{9.81} = 109.9 \text{ kg}$$

示例 10.2

问题陈述 170 座双发喷气式运输机,最大起飞质量 63 000 kg,机身长度为 31 m,最大直径为 3.7 m。机身由航空航天铝合金制成。计算该机身的重量。两台喷气式发动机连接于机翼下。

解 由表 10-11 可知机身密度系数为 0.002 5~0.003 2。暂时选择此值为 0.002 8。飞机类型为运输机,所以根据表 10-9,选择最大载荷系数为 4。由表 10-6 可知,航空航天铝合金的密度为 2 711 kg/m³。

$$n_{\mathrm{ult}} = 1.5 \cdot n_{\max} = 1.5 \cdot 4 = 6 \qquad (10-4)$$

由于发动机进气道未设置在机身上,参数 $K_{\mathrm{inle}}t$ 为 1。

$$W_F = L_f \cdot D_{f_{\max}}^2 \cdot \rho_{\mathrm{mat}} \cdot K_{\rho f} \cdot n_{\mathrm{ult}}^{0.25} \cdot K_{\mathrm{inlet}} \cdot g$$

$$W_F = 31 \cdot (3.7)^2 \cdot 2\,711 \cdot 0.002\,8 \cdot (6)^{0.25} \cdot 1 \cdot 9.81 = 49\,443.7 \text{ N}$$
$$(10-7)$$

因此,机身质量为

$$m_F = \frac{W_F}{g} = \frac{49\,443.7}{9.81} = 5\,041.8 \text{ kg}$$

示例 10.3

问题陈述 一架遥控模型飞机,最大起飞质量为 8 kg,垂直尾翼具有如下特性:

$$S_{\mathrm{VT}} = 0.4 \text{ m}^2, \quad AR_{\mathrm{VT}} = 1.5, \quad \Lambda_{0.25\mathrm{VT}} = 20°,$$

$$\lambda_{VT} = 0.6, \overline{V}_V = 0.04, C_r/C_V = 0.2$$

垂直尾翼相对厚度为 12%，结构材料为轻木，蒙皮材料为火力克，尾翼采用常规构型。确定垂直尾翼的重量。

解 由表 10-6 可知轻木和火力克的密度分别为 160 kg/m³ 和 900~1 400 kg/m³。假设平均密度为 500 kg/m³。根据表 10-10，得到垂直尾翼密度系数为 0.05。

$$W_{VT} = S_{VT} \cdot MAC_{VT} \cdot \left(\frac{t}{C}\right)_{max_{VT}} \cdot \rho_{mat} \cdot K_{\rho VT} \cdot \left(\frac{AR_{VT}}{\cos \Lambda_{0.25VT}}\right)^{0.6} \cdot \quad (10-6)$$
$$\lambda_{VT}^{0.04} \cdot \overline{V}_V^{0.2} \left(\frac{C_r}{C_V}\right)^{0.4} \cdot g$$

$$AR_{VT} = \frac{b_{VT}^2}{S_{VT}} \Rightarrow b_{VT} = \sqrt{AR_{VT} \cdot S_{VT}} = \sqrt{1.5 \cdot 0.4} = 0.775 \text{ m} \quad (6-77)$$

$$S_{VT} = b_{VT} \cdot MAC_{VT} \Rightarrow MAC_{VT} = \frac{S_{VT}}{b_{VT}} = \frac{0.4}{0.775} = 0.516 \text{ m}$$
$$\quad (6-80)$$
$$W_{VT} = 0.4 \cdot 0.516 \cdot 0.12 \cdot 500 \cdot 0.05 \cdot \left(\frac{1.5}{\cos 20}\right)^{0.6} \cdot$$
$$(0.6)^{0.04} \cdot 0.04^{0.2} (0.2)^{0.4} \cdot 9.81 = 2.14 \text{ N}$$

垂直尾翼的质量为

$$m_{VT} = \frac{2.14}{9.81} = 0.218 \text{ kg} = 218 \text{ g}$$

练习题

（1）一架 4 座单发活塞发动机 GA 正常类飞机，最大起飞质量为 2 500 kg，机翼具有如下特性：

$$AR = 10, \lambda = 0.7, (t/C)_{max} = 0.12, \Lambda_{0.25} = 10°, C_{L_{max}} = 1.9。$$

机翼由航空航天铝合金制成，左侧和右侧机翼内各有一个燃油箱。发动机位于机头。飞机在海平面高度上的失速速度为 58 kn。计算该机翼重量。

（2）一架最大起飞质量为 30 000 kg 的运输机，机翼具有如下特点：

$$AR = 11, \lambda = 0.6, (t/C)_{max} = 0.15, \Lambda_{0.25} = 30°, C_{L_{max}} = 2.4。$$

机翼由航空航天铝合金制成，左侧和右侧机翼内各有一个燃油箱。发动机位于机翼上。飞机在海平面高度上的失速速度为 85 kn。计算该机翼重量。

（3）一架最大起飞质量为 6 000 kg 的超声速战斗机，机翼具有如下特点：

$$S = 17 \, \mathrm{m}^2, \, AR = 4, \, \lambda = 0.5, \, (t/C)_{\max} = 0.07, \, \Lambda_{0.25} = 35°。$$

机翼由航空航天铝合金制成,翼下有几个轻型外挂物。发动机位于机身后段。计算该机翼重量。

(4) 一架单发螺旋桨发动机驱动的遥控模型飞机,最大起飞质量为 10 kg,机翼具有如下特性:

$$S = 2 \, \mathrm{m}^2, \, AR = 6, \, \lambda = 0.5, \, (t/C)_{\max} = 0.15, \, \Lambda_{0.25} = 0°。$$

机翼由石墨/环氧制成,蓄电池置于机身内。发动机位于机头。计算该机翼重量。

(5) 一架 60 座双发喷气式运输机,最大起飞质量为 35 000 kg,机身长度为 27 m,最大直径为 3.1 m。机身由航空航天铝合金制成。计算该机身重量。两台喷气发动机安装于机翼上方。

(6) 一架 200 座双发涡轮风扇发动机运输机,最大起飞质量为 80 000 kg,机身长度为 35 m,最大直径为 3.8 m。机身由航空航天铝合金制成。计算该机身重量。两台喷气发动机安装于翼下。

(7) 一架双发超声速战斗机,最大起飞质量为 25 000 kg,机身长度为 16 m,平均最大直径为 1.4 m。机身由航空航天铝合金制成。计算该机身重量。发动机位于后机身,进气道位于机翼下。

(8) 一架 GA 飞机,最大起飞质量为 1 200 kg,垂直尾翼具有如下特性:

$$S_{\mathrm{VT}} = 3.7 \, \mathrm{m}^2, \, AR_{\mathrm{VT}} = 1.6, \, \Lambda_{0.25\mathrm{VT}} = 30°,$$
$$\lambda_{\mathrm{VT}} = 0.5, \, \overline{V}_{\mathrm{V}} = 0.05, \, C_{\mathrm{r}}/C_{\mathrm{V}} = 0.25。$$

垂直尾翼相对厚度为 9%,并由航空航天铝合金制成。确定该垂直尾翼重量。尾翼为常规构型。

(9) 一架大型运输机,最大起飞质量为 70 000 kg,垂直尾翼具有如下特性:

$$S_{\mathrm{VT}} = 35 \, \mathrm{m}^2, \, AR_{\mathrm{VT}} = 1.4, \, \Lambda_{0.25\mathrm{VT}} = 25°,$$
$$\lambda_{\mathrm{VT}} = 0.3, \, \overline{V}_{\mathrm{V}} = 0.08, \, C_{\mathrm{r}}/C_{\mathrm{V}} = 0.22。$$

垂直尾翼相对厚度为 10%,并且石墨/环氧制成。确定该垂直尾翼重量。尾翼为 T 形构型。

(10) 考虑一架双发涡轮螺旋桨飞机,最大起飞质量为 6 000 kg,水平尾翼具有如下特性:

$$S_{\mathrm{HT}} = 7.3 \, \mathrm{m}^2, \, AR_{\mathrm{HT}} = 4.6, \, \Lambda_{0.25\mathrm{HT}} = 24°, \, \lambda_{\mathrm{HT}} = 0.4, \, \overline{V}_{\mathrm{H}} = 0.9,$$
$$C_{\mathrm{e}}/C_{\mathrm{t}} = 0.18, \, (t/C)_{\max} = 0.09。$$

水平尾翼由航空航天铝合金制成。确定该水平尾翼重量。

(11) 考虑一架滑翔机,最大起飞质量为 640 kg,水平尾翼具有如下特性:

$S_{HT} = 3.2 \, m^2$, $AR_{HT} = 36$, $\Lambda_{0.25HT} = 10°$, $\lambda_{HT} = 0.4$, $\overline{V}_H = 0.7$,
$C_e/C_t = 0.24$, $(t/C)_{max} = 0.09$。

水平尾翼由玻璃纤维/环氧制成。确定水平尾翼重量。尾翼为 H 形构型。

(12) 考虑一架海军战斗机,最大起飞质量为 17 000 kg,机翼翼展 7.6 m。起落架高度为 0.92 m,并且为可收放式构型,确定起落架重量。假设着陆重量为 80% 最大起飞重量。

(13) 一架双发涡轮风扇发动机的支线客机,最大起飞质量为 42 000 lb,翼展为 100 ft,采用可收放式起落架,起落架高度 4.2 ft。确定起落架重量。假设着陆重量为 90% 最大起飞重量。

(14) 一架双座家庭制造飞机,最大起飞质量为 1 800 lb,翼展为 50 ft,起落架为固定式,高度 1.7 ft。确定起落架重量。假设着陆重量为 70% 最大起飞重量。

(15) 考虑一架 4 发涡轮螺旋桨发动机的货机,最大起飞质量为 36 000 kg,每台发动机的干态质量为 530 kg。计算装机后总的发动机重量。

(16) 考虑一架双发涡轮风扇发动机的航线客机,最大起飞重量为 250 000 lb。每台发动机的干态重量为 4 000 lb,计算装机后总的发动机重量。

(17) 考虑一架 8 座双发涡轮风扇发动机的公务机/军用教练机,最大起飞重量为 16 000 lb,飞机携带 502 US gal 的 JP-4 燃油。计算该燃油系统重量。飞机配备非自封式软油箱。

(18) 考虑一架双座双发超声速战斗机,最大起飞重量为 60 000 lb,飞机配备 3 个整体油箱,飞机总的燃油量为 2 000 US gal(JP-4 燃油)。计算该燃油系统重量。

(19) 考虑一架 4 发涡轮风扇发动机航线客机,最大起飞重量为 800 000 lb。飞机配备 6 个非自封式软油箱,总的燃油容量为 50 000 US gal(JP-4 燃油)。计算该燃油系统重量。

(20) 一架 5 座单发活塞发动机轻型 GA 飞机,最大起飞重量为 3 000 lb。燃油量为 75 US gal(航空汽油)。确定该燃油系统重量。

(21) 考虑一架 10 座单发活塞螺旋桨发动机的轻型实用类 GA 飞机,最大起飞质量为 3 600 kg。机翼面积为 27 m²,飞机具有如下特性:

机翼:$AR = 9$, $\lambda = 0.8$, $(t/C)_{max} = 0.15$, $\Lambda_{0.25} = 10°$;

水平尾翼:$S_{HT} = 5.8 \, m^2$, $AR_{HT} = 4.2$, $\Lambda_{0.25HT} = 0°$, $\lambda_{HT} = 0.7$
$\overline{V}_H = 0.85$, $C_e/C_t = 0.23$;

垂直尾翼:$S_{VT} = 4.1 \, m^2$, $AR_{VT} = 1.3$, $\Lambda_{0.25VT} = 25°$, $\lambda_{VT} = 0.6$
$\overline{V}_V = 0.035$, $C_r/C_V = 0.3$。

发动机质量为 170 kg,安装在机头,燃油量为 350 US gal(航空汽油)。飞机采用常规尾翼构型,左侧机翼和右侧机翼内各有一个燃油箱。每位乘员可携带最多 20 kg 行李。起落架为固定式,高度为 0.632 m。着陆重量为 80% 最大起飞重量。水平尾翼和垂直尾翼翼型的相对厚度都是 9%。机身长度 10.6 m,最大直径 1.6 m。整架飞机结构由航空航天铝合金制成。计算下列部件的重量:机翼、水平尾翼、垂直尾翼、机身、装机后发动机、燃油系统以及起落架。其他设备和仪表的重量是多少? 假设每位乘员重量为 190 lb。

(22)考虑一架双发涡轮风扇发动机运输机,载客 50 人,最大起飞质量为 20 000 kg。机翼面积为 52 m²,飞机具有如下特性:

机翼:$AR = 11$,$\lambda = 0.4$,$(t/C)_{max} = 0.12$,$\Lambda_{0.25} = 26°$;

水平尾翼:$S_{HT} = 13.6$ m²,$AR_{HT} = 5.1$,$\Lambda_{0.25HT} = 18°$,$\lambda_{HT} = 0.8$

$\overline{V}_H = 0.93$,$C_e/C_t = 0.21$;

垂直尾翼:$S_{VT} = 10.2$ m²,$AR_{VT} = 1.4$,$\Lambda_{0.25VT} = 50°$,$\lambda_{VT} = 0.5$

$\overline{V}_V = 0.05$,$C_r/C_V = 0.24$。

发动机安装在后机身两侧,每台发动机的质量为 730 kg。燃油量为 4 200 kg(喷气燃料)。起落架为可收放式,高度为 1.8 m。着陆重量为 85% 最大起飞重量、水平尾翼和垂直尾翼翼型的相对厚度都是 9%。机身长度 28.2 m,最大直径 2.28 m。整架飞机结构由航空航天铝合金制成。计算下列部件的重量:机翼、水平尾翼、垂直尾翼、机身、装机后发动机、燃油系统,以及起落架。其他设备和仪表的重量是多少?假设每位乘员重量为 190 lb,允许每人最多携带 50 lb 行李。飞机采用 T 形尾翼构型,并配备非自封式软油箱。

参 考 文 献

[1] Blanchard, B. S. and Fabrycky, W. J. (2006) *Systems Engineering and Analysis*, 4th edn, Prentice Hall.

[2] Rich, B. R. and Janos, L. (1994) *Skunk Works*, Little-Brown Company.

[3] Jackson, P., Munson, K., Peacock, L. *Jane's All the World's Aircraft*, *Jane's Information Group*, various years 1996 to 2011.

[4] Airworthiness Standards for GA and Transport Aircraft, FAR 23 and 25 (2011) US Department of Transportation, Federal Aviation Administration.

[5] Roskam, J. (2003) *Airplane Design*, *Part V: Component Weight Estimation*, DAR Corporation.

[6] Torenbeek, E. (1996) *Synthesis of Subsonic Airplane Design*, Delft University Press.

[7] Schmitt, R. L., Foreman, K. C., Gertsen, W. M., and Johnson, P. H. (1959) *Weight Estimation Handbook for Light Aircraft*, Cessna Aircraft Company.

［8］Staton，R.（1968）Statistical Weight Estimation Methods for Fighter/Attack Aircraft. Vought aircraft，Report 2 - 59320/8R - 50475，Vought Corporation.

［9］Staton，R.（1969）Cargo/Transport Weight Estimation Methods. Vought aircraft，Report 2 -59320/9R - 50549，Vought Corporation.

11　飞机重量分布

11.1　序言

　　飞机设计过程中,主要关注点之一是飞机重量分布,即使在概念设计阶段也是如此。飞机重量分布(有时称为重量与平衡)将对适航性以及飞机性能有很大的影响。因此,飞机设计者必须始终考虑每一设计决策/选择对飞机重量分布的影响。飞机重量分布将通过两个飞机参数影响适航性和飞机性能:①飞机重心(cg),②飞机质量惯性矩。本章的目的是阐述为达到理想的 cg 位置和理想的质量惯性矩而采取的飞机重量分布方法。

　　飞机重心是飞机稳定性、操纵性、配平分析和操纵品质评估的基础。所有这些分析和评估的目的在于确定飞机的适航性状况。此外,飞机重心是坐标系的中心,所有计算都以此为基础。所有的非空气动力力矩的测量都与飞机重心有关。因此,确定飞机重心是飞机设计过程中一项至关重要的任务。飞机重量分布的主要目标是为了达到理想的重心位置和理想的重心范围。根据定义,重心是飞机上的一个点,若通过该点将飞机悬挂于空中时能维持飞机平衡。将飞机总的力矩除以飞机总重,便可确定飞机重心距基准线的距离。

　　一个复杂系统的质心或重心是系统中所有质量的平均位置。术语"质心"常常与重心互换使用,但它们的物理概念不同。在一个均匀重力场内,质心和重心位置会重合,但是在重力非均匀之处,重心指的是作用在某个物体上的重力的平均位置。对于一个刚性物体,质心的位置相对于该物体是固定的。物体的质心常常与其几何中心不一致。对于一个空间内有多个质量呈现不固定分布的情况(如运输机内的旅客),质心的位置处于该空间内的某一个点,它可能与其中任一单个质量的位置都不对应。重心的应用常常便于采用经简化的(如线性)运动支配方程来分析动态系统的运动。重心也是其他许多动力学计算(如惯性质量矩)的常用基准点。在许多应用场合(如飞机设计),为了进行分析,部件可由位于其重心的点质量替代。

　　重心(或质心)前、后限之间的距离,称为沿 x 轴的重心范围,或重心位置极限。飞机设计中的关键任务之一是平衡各个部件和载荷,以使重心处于某个可接受的范围内。随着燃油耗用以及外挂物的消耗,重心必须保持在规定的限制范围内。对于燃油的情况,可使用自动燃油管理系统,但这将增加额外的成本和复杂程度。允许的重心限制范围将随马赫数而变化,因为在超声速情况下,机翼空气动力中心将大幅度向后移动。所以在超声速情况下,重心前限必须后移,以便纵向配平。后重心主要影响飞机纵向和航向稳定性,而前重心将主要影响飞机纵向和航向操纵性。后重心和前重心将确定若干参数,包括水平尾翼和垂直尾翼的尺寸,以及升降舵和方向舵设计。

　　飞机设计的主要目标常常是为了获得足够的稳定性(对于所有飞行阶段)、高性能、低散布以及大有效载荷质量和容量。飞机重量分布主要有两个方面:①内部,诸如座椅布局;②外部,诸如机翼或发动机位置。实际上,由于各种需求的复杂性,难于达到所有这些目标。这些相互矛盾的设计需求产生复杂的情况,此时可采取的唯一方法是寻求最佳解决方案。

　　重量分布对于飞行运行也是极其重要的,因为重心的位置影响飞机的性能、稳定性和操纵性。一架飞机在装载时,重心必须处于允许范围内,并且在飞行过程中仍应如此,以确保飞行过程中飞机的稳定性和机动性。飞机制造商公布其飞机的重量和平衡限制。可从如下两个来源得到这些信息:①飞机重量和平衡报告;②飞机飞行手册(如参考文献[1]、[2])。对装有所有设备的飞机称重,计算重心极限,并将这些信息以表格形式列于报告中,并附随飞机履历本。

　　在飞行包线范围内,对于所有允许的飞机重心位置,飞机必须是稳定、可操纵和安全的。飞机安全性受若干因素的影响,包括重心位置和超载,这将引起严重问题。如果重心太靠前,升空所必需的起飞滑跑距离将加长,在某些情况下,所需要的起飞滑跑距离可能超过可供使用的跑道长度。爬升角和爬升率将减小,最大升限将降低并且航程缩短。着陆速度将较高,着陆滑跑距离将加长。另外,在机动飞行以及遇到湍流时,额外的重量可引起弯矩和结构应力,可能导致损坏。当一架采用前三点起落架构型的飞机在地面时,如果货载的位置使得飞机重心移动到主起落架的后面,飞机将上仰,尾部将触地。图 11-1 示出 MD-11 和 B727 飞机发生此类事故的两个示例。

　　20 世纪 90 年代在巴黎戴高乐机场,一架著名的远程运输机在旅客登机时发生机头上翘事件,因为所有的旅客都走到了客舱后部。因此,要求旅客向前移动,将机头压下。两架 B-52G 轰炸机在起飞加速时失事,因为燃油移动到燃油箱的后部(实际上是允许的重心范围之后),所以飞机坠毁。这些事故表明了设计过程中重量分布的重要性。

　　根据经验,最佳飞机重心位置应位于机翼/机身空气动力中心($\mathrm{ac_{wf}}$)附近。理由

(a)

(b)

图 11-1　过多货物超出允许的重心后限而发生事故

（a）MD-11 飞机由于重心位于主起落架之后而使机头上翘（经兰迪·克鲁允许）
（b）2001 年 6 月 9 日在巴西,一架 B727 飞机由于装货差错而使机头上翘（经奥兰多·J·
朱尼尔允许）

是空气动力(升力和阻力)作用在 $\mathrm{ac_{wf}}$。当飞机重心与机翼/机身空气动力中心之间的距离增大时,配平飞机所需平衡力矩随之增大。平衡力矩(无论是纵向或是航向)带来成本和操纵性问题。仔细设计将确保低成本,并使操纵性处于可接受的水平。

现代运输机配备一套机载重量和平衡系统[3]。在该系统中,使用飞机专用动态配载计划以及重量平衡系统和方法,使旅客及其行李(包括随身行李)称重过程自动化,准确并快速地确定某架特定飞机上旅客和行李的位置,产生有效和准确的飞机配载计划,并且提供数据以确定配载后的飞机重量和平衡。采用数字秤和旅客登机牌扫描仪来采集重量和位置数据,可将这些数据反馈给某个处理器进行数据处理,以确定每一航班的相应重量和平衡和/或将数据传送给需要使用飞机重量和重量分布确定值的其他系统,这类系统仅在飞机飞行中投入使用。在飞机设计和构型选择过程中必须遵循系统工程方法,以确定最佳部件位置。

有少数设计案例,设计者为了达到所希望的重心位置而不得不更改飞机构型。例如,为使重心向后移动,可能会移动发动机位置,从拉进式构型改为推进式构型。或者,为使重心向前移动,可能用鸭翼替代后置水平尾翼。在整个设计过程中,飞机重心和质量惯性矩的计算有两条反馈回路,如图 11-2 所示。如要对飞机稳定性和操纵性进行分析,必须要有飞机重心、飞机重心范围和围绕 x、y 和 z 这三轴的飞机质量惯性矩的成组数据。

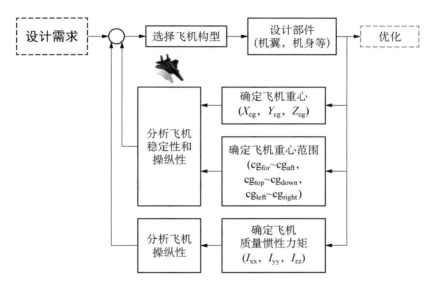

图 11-2　重心和惯性矩计算时的反馈回路

注:for—前;aft—后;top—上;down—下;left—左;right—右。

本章的构成如下。第 11.1 节阐述确定飞机重心三轴坐标的基本方法。飞机重心范围和原因,以及引起飞机重心移动的事件将在第 11.3 节中阐述。该节将仔细研究理想重心位置和理想重心范围的特性,并给出如何确定理想重心位置的一般说明。飞机部件分布和确定飞机重心范围的方法将在第 11.4 节中阐述。第 11.5 节专门给出获得围绕飞机三轴的飞机质量惯性矩的方法。第 11.6 节按步骤列出有关飞机重量分布的全解设计示例。

11.2　飞机重心计算

一架飞机由若干部件组成,如机翼、机身、尾翼、发动机和起落架,外加有效载荷、燃油和机组成员。每一部件有独特的质量(重量),有唯一的重心,因此,形成整个飞机重心。为了确定飞机重心必须定义一个坐标轴系。

主要有 4 种坐标轴系：①地面固定坐标轴系，②机体坐标轴系，③风轴坐标轴系，④稳定性坐标轴系。机体坐标轴系、风轴坐标轴系和稳定性坐标轴系随着飞机运动而移动和旋转，中心在飞机重心处。这 4 种坐标系各有各的用途和优点，这里，选用图 11 - 3 所述的机体坐标轴系。

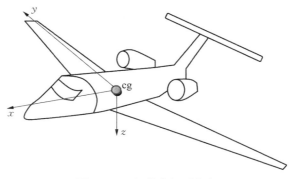

图 11 - 3 机体坐标系定义

在机体坐标系中，定义一套正交坐标轴，其中，x 轴沿机身中心线，使用右手法则定义 y 轴。因此 y 轴指向右，z 轴朝下。飞机重心沿 x 轴的坐标以 X_{cg} 表示，沿 y 轴的坐标以 Y_{cg} 表示，沿 z 轴的坐标以 Z_{cg} 表示。对于具有 n 个部件的飞机，使用下列公式确定该飞机的重心坐标（X_{cg}，Y_{cg} 和 Z_{cg}）：

$$X_{cg} = \frac{\sum_{i=1}^{n} W_i x_{cgi}}{\sum_{i=1}^{n} W_i} = \frac{\sum_{i=1}^{n} m_i x_{cgi}}{\sum_{i=1}^{n} m_i} \tag{11-1}$$

$$Y_{cg} = \frac{\sum_{i=1}^{n} W_i y_{cgi}}{\sum_{i=1}^{n} W_i} = \frac{\sum_{i=1}^{n} m_i y_{cgi}}{\sum_{i=1}^{n} m_i} \tag{11-2}$$

$$Z_{cg} = \frac{\sum_{i=1}^{n} W_i z_{cgi}}{\sum_{i=1}^{n} W_i} = \frac{\sum_{i=1}^{n} m_i z_{cgi}}{\sum_{i=1}^{n} m_i} \tag{11-3}$$

式中：W_i 表示每一飞机部件的重量；m_i 表示每一飞机部件的质量；x_{cgi}，y_{cgi}，z_{cgi} 是每一单个部件重心的坐标，相对于一个特定的基准线来测量这些坐标值。基准线的选择是任意的，并不影响最终的结果。然而建议选择通过飞机最前点（如飞机机头）的

垂直线作为 x 坐标的基准线;选择机身中心线(即 xz 平面)作为 y 坐标的基准线;选择地平线(即起落架机轮与地面之间的接触面)作为 z 坐标的基准线。

当飞机携带最大允许有效载荷、最大燃油量和最多机组成员时,所有部件的重量之和等于最大起飞重量:

$$\sum W_i = W_{\text{TO}} \tag{11-4}$$

另外,总和之值等于按该特定构型和状态呈现的各部件重量:

$$\sum W_i = W_{\text{w}} + W_{\text{F}} + W_{\text{HT}} + W_{\text{VT}} + W_{\text{E}} + W_{\text{LG}} + W_{\text{PL}} + W_{\text{fuel}} + W_{\text{C}} + \cdots \tag{11-5}$$

式中: W_{w},W_{F},W_{HT},W_{VT},W_{E},W_{LG},W_{PL},W_{fuel},W_{C} 分别代表机翼、机身、水平尾翼、垂直尾翼、发动机、起落架、有效载荷、燃油和机组成员的重量。因此,将式(11-1)～式(11-3)修订为如下形式:

$$X_{\text{cg}} = \frac{\left[\begin{array}{c} \sum W_{\text{w}}x_{\text{w}} + W_{\text{F}}x_{\text{F}} + W_{\text{HT}}x_{\text{HT}} + W_{\text{VT}}x_{\text{VT}} + \\ W_{\text{E}}x_{\text{E}} + W_{\text{LG}}x_{\text{LG}} + W_{\text{PL}}x_{\text{PL}} + W_{\text{fuel}}x_{\text{fuel}} + W_{\text{C}}x_{\text{C}} + \cdots \end{array}\right]}{\sum W_i} \tag{11-6}$$

$$Y_{\text{cg}} = \frac{\left[\begin{array}{c} \sum W_{\text{w}}y_{\text{w}} + W_{\text{F}}y_{\text{F}} + W_{\text{HT}}y_{\text{HT}} + W_{\text{VT}}y_{\text{VT}} + \\ W_{\text{E}}y_{\text{E}} + W_{\text{LG}}y_{\text{LG}} + W_{\text{PL}}y_{\text{PL}} + W_{\text{fuel}}y_{\text{fuel}} + W_{\text{C}}y_{\text{C}} + \cdots \end{array}\right]}{\sum W_i} \tag{11-7}$$

$$Z_{\text{cg}} = \frac{\left[\begin{array}{c} \sum W_{\text{w}}z_{\text{w}} + W_{\text{F}}z_{\text{F}} + W_{\text{HT}}z_{\text{HT}} + W_{\text{VT}}z_{\text{VT}} + \\ W_{\text{E}}z_{\text{E}} + W_{\text{LG}}z_{\text{LG}} + W_{\text{PL}}z_{\text{PL}} + W_{\text{fuel}}z_{\text{fuel}} + W_{\text{C}}z_{\text{C}} + \cdots \end{array}\right]}{\sum W_i} \tag{11-8}$$

必须基于一架飞机的各个部件对这些公式进行修订。例如,如果飞机有一个特殊系统(如无人驾驶航空器中的自动飞行控制系统或自动驾驶仪),则必须将该系统纳入这些公式中。表11-1示出用以求得飞机重心位置的列表方法。此表列出元件、子系统、部件和影响飞机重心位置的各种装载。每一部件组分解为元件、子系统和零件,这样易于进行计算。

匀质物体(如圆柱、杆、球、板、盘、实心立方体以及直角棱柱)的重心易于确定,然而对于非匀质部件(如机翼、尾翼和机身),准确地确定其重心是非常困难的。表11-2

表 11 - 1　重量和重心计算表

序号	部件	要素		重量	X_{cg}	Y_{cg}	Z_{cg}
1	机翼	1.1	机翼主结构				
		1.2	副翼				
		1.3	襟翼				
		1.4	副翼操纵器件				
		1.5	襟翼操纵器件				
		1.6	扰流板				
		1.7	整流包皮				
		1.8	支柱（如果采用）				
		1.9	其他杂项				
		1.10	**机翼总计**				
2	机身	2.1	机身主结构				
		2.2	座椅				
		2.3	客舱装具				
		2.4	舱门				
		2.5	窗				
		2.6	填角整流包皮				
		2.7	厕所				
		2.8	厨房				
		2.9	顶部行李箱				
		2.10	其他杂项				
		2.11	**机身总计**				
3	尾翼	3.1	水平尾翼				
		3.2	垂直尾翼				
		3.3	升降舵				
		3.4	方向舵				
		3.5	升降舵调整片				
		3.6	方向舵调整片				
		3.7	升降舵操纵器件				
		3.8	方向舵操纵器件				
		3.9	配重（如果存在）				
		3.10	**尾翼总计**				
4	动力装置	4.1	发动机				
		4.2	短舱				
		4.3	吊挂				
		4.4	螺旋桨				
		4.5	减速齿轮箱				
		4.6	进气道				
		4.7	发动机排气装置				
		4.8	燃油箱				
		4.9	燃油系统				

（续表）

序号	部件	要素	重量	X_{cg}	Y_{cg}	Z_{cg}
		4.10 滑油				
		4.11 滑油系统				
		4.12 其他杂项				
		4.13 动力装置总计				
5	起落架	5.1 轮胎				
		5.2 机轮				
		5.3 支柱				
		5.4 刹车系统				
		5.5 减震器				
		5.6 收放系统				
		5.7 整流罩（如果采用）				
		5.8 机轮操纵				
		5.9 起落架舱门				
		3.10 起落架总计				
6	设备和仪表	6.1 灯				
		6.2 蓄电池				
		6.3 辅助动力装置				
		6.4 发射机				
		6.5 天线				
		6.6 飞机涂装层				
		6.7 驾驶杆/驾驶盘/Y形驾驶盘				
		6.8 驾驶舱仪表板				
		6.9 医疗急救设备				
		6.10 钢丝/钢束				
		6.11 空调系统				
		6.12 脚蹬				
		6.13 电线				
		6.14 航空电子系统				
		6.15 气象雷达				
		6.16 外挂物				
		6.17 增压系统				
		6.18 雷达罩				
		6.19 应急撤离口				
		6.20 液压系统				
		6.21 灭火设备				
		6.22 除冰系统				
		6.23 自动驾驶仪				
		6.24 雷电防护设备				
		6.25 通信系统				
		6.26 INS/IRS/GPS/无线电[*]				
		6.27 其他杂项				
		6.28 设备和仪表总计				

（续表）

序号	部件		要素	重量	X_{cg}	Y_{cg}	Z_{cg}
7	有效载荷，非营利装载	7.1	飞行机组成员				
		7.2	乘务员				
		7.3	旅客				
		7.4	技术人员				
		7.5	行李				
		7.6	随身行李				
		7.7	货物				
		7.8	食品，点心				
		7.9	水				
		7.10	燃油				
		7.11	装载总计				

* INS：惯性导航系统；
IRS：惯性基准系统；
GPS：全球定位系统。

表 11 - 2 各种非均质部件的重心位置

序号	部件	重心位置		
		X_{cg}	Y_{cg}	Z_{cg}
1	机翼	（35%～42%）MAC	沿 FCL*	中平面上方（5%～10%）厚度
2	水平尾翼	（30%～40%）MAC_{HT}	沿 FCL	中间厚度
3	垂直尾翼	（30%～40%）MAC_{VT}	沿 FCL	（30%～40%）垂直尾翼展长
4	机身	（40%～48%）机身长度	沿 FCL**	FCL 上方（1%～5%）直径
5	起落架	（15%～35%）前后轮距（距主起落架）	沿 FCL	距地面（30%～40%）起落架高度
6	涡轮发动机	距进气口（30%～45%）发动机长度	沿轴线	沿轴中心线
7	活塞发动机	按直角棱柱处理		
8	人，就座时	见第 7 章	沿中间平面	见第 7 章

* 机身中心线；
** 在座椅布局不对称的情况下，cg 向座椅多的一侧移动。

列出基于统计数据的重心位置粗略估计值。由于不同飞机的结构设计（如翼肋、梁和框）可能不同，因此表中给出的是数值范围。

在重心的三轴坐标中，以沿 x 轴的 cg 坐标为最重要，因为其变化相当大。飞机重心关系到设计者、飞行机组和装卸长，因为事实上，这对飞机纵向稳定性和操纵性有很大的影响。因此，往往有较多的应用程序和计算方法。为了简化计算和簿记，沿 x 轴的重心常常以机翼平均空气动力弦（MAC）的形式表达。选择此方法的另一个原因是沿 x 轴的飞机重心常常接近机翼空气动力中心，后者位于（1/4）MAC 弦处。

采用此方法得到一个无量纲的 x_{cg} 值，以符号 h 表示。例如，当飞机重心位于 $20\%MAC$（或简化为 C）时，可将 x_{cg} 值写作 $h=0.2$。因此，飞机重心沿 x 轴坐标的基准线是 MAC 处的机翼前缘。作出此方法的拓展，还可使用符号 h_{o} 表示机翼空气动力中心沿 MAC 的位置。图 11 - 4 图解说明机翼空气动力重心与飞机重心之间的关系。

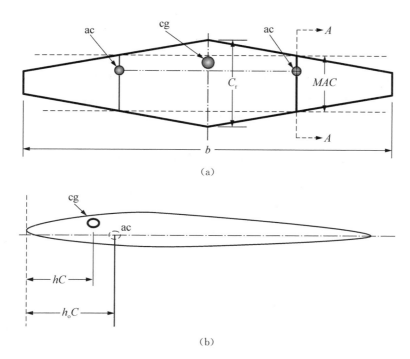

图 11 - 4　机翼平均空气动力弦、机翼空气动力中心和飞机重心

（a）机翼俯视图　（b）机翼 A—A 剖面侧视图

11.3　重心范围

11.3.1　固定重心和可变重心

飞机设计者应拥有的有关飞机重量分布的信息之一是重心是固定的还是可变的。与重心可变飞机相比，重心固定飞机的重量分布简单得多。对于重心固定的飞机，不存在重心移动范围（重心移动范围为 0），而对于重心可变的飞机，必须确定重心范围。对于飞机重量可能因为有效载荷变化或燃油消耗而不时变化的飞机，重心不再是固定的。在飞行过程中，不断消耗燃油，飞机重量将减轻。结果，飞机重量分布发生变化，因而重心移动到新的位置。因此，在最极端的情况下，存在以下的重心位置，即最前、最后、最上、最下、最左和最右的重心位置。

在某些飞机(如带电动发动机的遥控模型飞机、太阳能动力和人力飞机)上,在飞行期间,由于无燃油消耗,飞机重心也许会维持在相对固定的位置。然而如果有效载荷随任务的变化而变化,重心位置也将会变化。飞行中有各种原因和理由导致飞机重心移动。下列是某些例证:

(1)吸气式发动机在飞行中燃烧和消耗燃油。

(2)对于运输机/货机,有效载荷重量随航班的不同而变化。

(3)驾驶员本身有不同的身材,对于不同的飞行运行,机上驾驶员的体重或轻或重。

(4)旅客本身有不同的身材,对于不同的航班,机上可能有不同的旅客组合。在一次航班上,可能有多位肥胖的旅客,而另一次航班则可能有多位偏瘦的旅客。

(5)一次航班上,所有旅客可能都是成年人,而在另一次航班上,搭乘航班的可能有多位青少年或数个婴幼儿。

(6)一架航线客机不可能在所有的航班上都满员飞行,所以旅客机上旅客的数量可能随不同的航班而变化。

(7)一架航线客机在巡航时,机上旅客可能会走动或变换座位。

(8)一架航线客机在巡航时,机上乘务员需要走动并为旅客提供服务,分发食品和点心。

(9)在战斗机上,可能发射或投放外挂物(例如导弹、火箭和炸弹)。

(10)在军用飞机上,机上兵员可能用降落伞跳伞,进行军事训练或作战。

(11)在灭火飞机上,可能投放巨量的水或尘土实施灭火。

(12)在执行人道主义救援的飞行任务时,飞机可能向受灾区域投放食品存放箱或贮水容器。

(13)在运动飞机上,学员可能利用降落伞进行跳伞学习/练习。

(14)一些军用飞机配备空中加油系统。因此,加油操作将增加受油机的重量,同时减小加油机的重量。在这两种情况下,飞机重心都将移动。

如果对于一架飞机不可能预测飞机/有效载荷/任务状况(如上面所提及的),设计者可根据飞机重心维持在某个恒定位置的假设,继续进行重量分配过程。旅客重量、燃油重量、旅客位置、外挂物状态、旅客人数以及有效载荷特性的任何组合都产生一个唯一的重心位置。因而实际上,飞机可能有无限多的重心位置。因此,在进行飞机重量分布时,必须确定所有可能的重心位置,并进行适航性分析。

11.3.2　重心范围定义

重心前限和重心后限之间的距离称为沿 x 轴的重心范围或重心位置极限。重心最左限和最右限之间的距离称为沿 y 轴的重心范围或重心位置极限。重心最上限和最下限之间的距离称为沿 z 轴的重心范围或重心位置极限(见图 11‑5)。设计者必须计及这些情况,并且不仅必须针对飞行开始和飞行结束,而且还必须针对每种可能的重量方案进行重量和平衡计算。

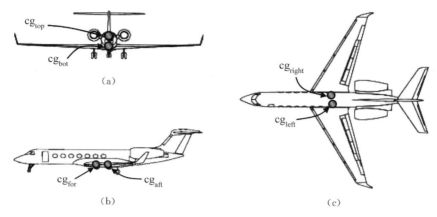

图 11-5　最极端的重心位置

(a) 最高重心和最低重心位置　(b) 最后重心和最前重心位置　(c) 最左重心和最右重心位置

注:top—上;bot—下;left—左;right—右;for—前;aft—后。

重心沿 x 轴的位置大大影响飞机的纵向稳定性和纵向操纵性。飞机设计者必须确定重心前限和重心后限,在飞行过程中,重心位置不应超出这些限制。设定这些限制值是为了确保在所有飞行阶段,都有足够的升降舵偏度可用于纵向配平和操纵。如果重心太靠前,则按驾驶员行话称为机头沉重。如果飞机重心太靠后,则称为机尾沉重。一架飞机如果重心过分靠后,可能处于不稳定状态而出现危险,则有可能进入失速,并具有尾旋特征。难以甚至是不可能改出,因为驾驶员将用尽了升降舵/方向舵偏角的余量。因此,在飞机装载时,驾驶员(或技术勤务人员)应负责检查重心是否处于所推荐的限制范围内。

重心沿 y 轴的位置大大影响飞机的横向稳定性和横向操纵性。飞机设计者必须确定重心左限和重心右限,在飞行过程中,重心位置不应超出这些限制。设定这些限制值是为了确保在所有飞行阶段都有足够的副翼偏度可用于横向配平和操纵。

重心沿 z 轴的位置大大影响飞机的航向稳定性和航向操纵性。飞机设计者必须确定重心上限和重心下限,在飞行过程中,重心位置不应超出这些限制。设定这些限制值是为了确保在所有飞行阶段都有足够的方向舵偏度可用于横向配平和操纵。

相比之下,对于不同的状况,可定义不同的最大重量。例如,大型运输机可能有最大着陆重量,它小于最大起飞重量(因为预期在飞行过程中将失去一些重量,如燃油消耗)。当飞机的重心或重量超出可接受的范围时飞机也许不能持续飞行,或在某些情况下或所有情况下,飞机可能无法维持水平飞行。飞机重心或重量超出允许范围,会无法避免导致坠机。

　　几乎没有飞机利用最小重量飞行,所有飞机都强调最大重量。如果超过最大重量,那么飞机也许不能实现或维持配平和受控飞行。过大的起飞重量也许使飞机不能在可用跑道长度范围内起飞,或者也许完全阻碍起飞。飞行中过大重量可能难以或根本不可能爬升超过某一高度,或者也许不可能维持某个飞行高度。必须画出重心包线与飞机重量之间的关系图并将其列于驾驶员飞行手册内。这样的包线图如图 11 - 6 所示。

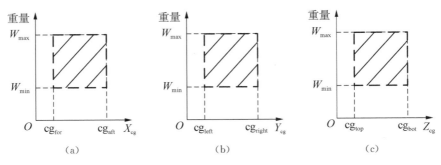

图 11 - 6　典型飞行的重量与重心范围

(a) 沿 x 轴的重心范围　(b) 沿 y 轴的重心范围　(c) 沿 z 轴的重心范围
注:for—前;aft—后;top—上;bot—下;left—左;right—右。

11.3.3　理想重心位置

　　对于一架飞机而言,如果具有给定重量和固定构型,则有唯一的重心位置。飞机构型设计的目标之一在于达到最佳重心位置。这一目标将限制飞机部件配置方面的若干备选方案。例如,为达到所希望的重心位置,喷气式公务机设计者可能不得不将原想安装在机翼下面的两台喷气发动机,改为安装到后机身。这一方法肯定会使重心后移,所以必须决定采取其他措施来维持稳定性和操纵性。重量分布阶段的基本问题在于理想重心的位置在何处。为求得该问题的答案,必须确认理想重心位置的特性,规定优先权顺序并列出清单。本节将评介沿 x 轴、y 轴和 z 轴的理想重心位置特性。

11.3.3.1　理想纵向重心位置

　　理想纵向重心位置特性的确定主要是飞机任务和类型、纵向稳定性、纵向操纵性、纵向配平、运营成本以及飞机性能的函数。本节将基于成本是第一优先权的假设,阐述民用运输机的理想纵向重心位置。理想纵向重心位置是飞机无需任何水平尾翼升力就可实现纵向配平的那个重心位置。这一定义导致飞机配平阻力降低到零,因此降低飞行成本。由于必须消除机翼/机身升力围绕 y 轴(即重心)的纵向力矩,因此最容易的方案是确定飞机部件构型,并使飞机重心几乎处于机翼/机身空气动力中心(ac$_{wf}$)的位置。此外,任何升力面(包括机翼)将产生围绕机翼空气动力中心的零升俯仰力矩(M_o),这有助于飞机纵向配平。因此,飞机理想重心位置略有移动,因为事实上,围绕 y 轴的机翼零升俯仰力矩和机翼/机身升力纵向力矩两者之和必须为 0。这仅在飞机重心固定的情况下才成立。

　　然而即使在巡航飞行时,由于发动机耗油的缘故,飞机重心通常也向前或向后移动。这一事实要求飞机设计者提供预防措施,以便在整个飞行中维持飞机配平。这一预防措施必须使得在巡航飞行过程中整个飞机的配平阻力减至最小。因此,飞机重心的理想位置必须使得巡航时升降舵的整个偏度(绝对值$|\delta_E|$)减至最小。由于升降舵偏度可能为正(向下偏),也可能为负(向上偏),定义一个性能指数(I_p)如下:

$$I_P = \int \sum (\delta_E)^2 dt \qquad (11-9)$$

式中:t 代表续航时间。使性能指数最小化($dI_p/dt = 0$),可求得重心位置。通过建立纵向配平方程,可以求得任何飞行状态下的升降舵偏度。例如,对于常规飞机在稳定巡航飞行时,纵向配平方程得出如下的升降舵偏角:

$$\delta_E = \frac{-C_{L\alpha} C_{m_o} - C_{m_\alpha} (C_L - C_{L_o})}{C_{L_\alpha} C_{m_{\delta E}}} \qquad (11-10)$$

式中:$C_{m_{\delta E}}$ 是飞机纵向操纵导数,表示俯仰力矩随升降舵偏度的变化斜率。有关导数的详情,以及其他的飞行状态,有兴趣的读者可参见飞行动力学参考书,如参考文献[4]。

　　这一准则意味着,巡航飞行阶段的半程采用负升降舵偏度,而巡航飞行阶段的另半程采用正升降舵偏度则是有利的。这一含义进一步暗示,所希望的是巡航飞行阶段的半程,将飞机重心设置在机翼/机身空气动力中心之前,而巡航飞行阶段的另半程将飞机重心设置在机翼/机身空气动力中心之后。应记住,关于重心位置的这一建议是基于成本最小化的目的。其他的设计需求,诸如操纵性和稳定性,可能对重心位置施加其他的限制。可方便地利用这一准则来配备燃油箱位置。

　　沿 x 轴的重心位置对方向舵设计的影响故意未提及,因为它对方向舵设计的影响很轻微。原因是在转弯时方向舵偏度是最小的。对于其他类型的飞机,设计者必须确定优先权并定义相应的性能指数(类似于式(11-9))。求解新性能指数的最小值,得到重心沿 x 轴的最佳位置。

11.3.3.2　理想横向重心位置

　　理想或最佳横向重心位置是许多因素的函数,包括横向稳定性、横向操纵性、横向配平、运营成本和飞机性能。必须确定这些设计需求的优先顺序,并制订横向性能指数。对横向性能指数求最小值,得到重心沿 y 轴的最佳位置。通常,理想横向重心位置是飞机无需副翼做任何偏转就可保持飞机横向配平（即机翼水平）的那个重心位置。这一准则意味着飞机必须关于 xz 平面对称。因此，重心最好是沿机身中心线。正因为这个原因，机翼和水平尾翼具有左、右两个相同的部分，发动机所处位置应使得飞机保持对称，几乎所有类型的飞机皆是如此。然而在某些情况下，设计者可选择使飞机重心移到 xz 平面之外的构型。举例而言，在某些运输机上，走道一侧的座椅数多于走道另一侧的，如巴西恩博威公司的支线飞机 EMB - 145[①]，其走道的一侧为一个座位，而走道的另一侧为 2 个座位；福克 100（见图 10 - 6）飞机，走道的一侧为 3 个座位，走道的另一侧为 2 个座位。这种形式的座位布局，使飞机重心偏离机身中心线。

11.3.3.3 理想航向重心位置

理想或最佳航向重心位置是许多因素的函数，包括航向稳定性、航向操纵性、航向配平、运营成本和飞机性能。必须确定这些设计需求的优先顺序，并制订航向性能指数。对航向性能指数求最小值，得到重心沿 z 轴的最佳位置。通常，理想航向重心位置是飞机围绕 x 轴的质量惯性矩最小的那个重心位置。这提供了最佳横向操纵。重心沿 z 轴的移动确定重心与 x 轴之间的距离。这意味着部件分布必须使重心沿 z 轴的位置尽可能地靠近 x 轴。确定飞机质量惯性矩的方法将在第 11.7 节中阐述。

11.4 纵向重心位置

我们已按纵向（前和后）、横向（左和右）或航向（上和下）限制值规定了飞机重心范围，在飞行过程中，飞机重心必须处于此范围内。在这三个重心位置极限中，沿 x 轴的重心范围最为重要和关键。当飞机重量为飞机形态（如地面停留、滑行、起飞、爬升、巡航和着陆）允许的限制值，或处于允许的限制值范围内，其重心处于允许的限制值范围内且在整个飞行期间仍将保持在其允许范围内时，可以认为飞机处于重量和平衡范围内。

纵向重心位置不仅影响纵向操纵、纵向稳定性、纵向配平、纵向操纵品质以及起飞和着陆性能，而且还大大影响升降舵设计。飞机重心沿 x 轴的位置也直接影响运营成本，因为需要的发动机推力是飞机阻力的函数。飞机阻力直接是飞机迎角和升降舵偏度的函数。如式（11 - 10）所示，升降舵偏度在很大程度上受飞机重心位置所支配。对于长航时飞机，如航线客机（运输机），飞行期间重心沿 x 轴的变化是不可避免的，但是必须使成本降至最小。

当飞机前重心或后重心超出允许范围时，飞机可能出现不受控的下俯或上仰。

[①] 原文此处以"CRJ900"为例不妥，其客舱座位布局为每排 4 座，走道左右各两座。而 EMB - 145 客舱座位为 1+2 布局，与所述相符，故译文做了相应更改。——译注

这一俯仰趋势可能超过可供驾驶员使用的操纵权限,导致失控。可能在所有飞机阶段,或仅在某些飞行阶段(如起飞或爬升)出现过大的俯仰。因为燃油消耗使飞机重量逐渐减小,通常导致重心移动,有可能出现如下情况:起飞时飞机重心处于可使飞机完全受控位置允许全偏度操纵,后来却发展为超出操纵权限的不平衡。飞机重量分布必须重视此问题。这项工作的大部分常常必须由设计者预先计算并纳入重心限制。

飞行结束时,燃油几乎耗尽,此时处于轻载的飞机可能遇到一种情况,即重心前移,超出允许的重心范围。通过正规的重量分布方法尚不能达到所希望的飞机重心位置时,可采用称为"压仓物"的专用重块。"压仓物"是可拆卸或永久安装在飞机上的重物,用于使重心处于允许的范围内。在某些飞机上,仅一位驾驶员在机上驾驶并且无旅客或行李时,必须携带一些适当类型的压仓物,以补偿重心太靠前或重心太靠后。处于最大起飞重量并且重心非常靠近重心后限的飞机,与处于轻载时的同一飞机相比,两者的飞行特性有很大的不同。对于发动机安装在翼下的大型运输机和发动机安装在后机身两侧的喷气式公务机,飞机重心沿 x 轴的典型变化如图 11-7 所示。

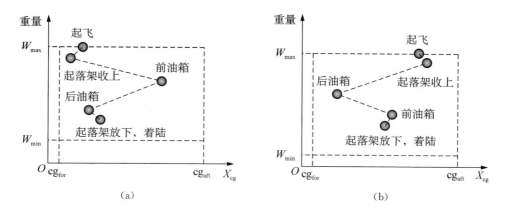

（a）　　　　　　　　　　　　　　　　　　　　（b）

图 11-7　飞行过程中典型的重心纵向变化

（a）最大起飞重量下的运输机处于前重心位置(发动机安装在机翼下面)　（b）最大起飞重量下的公务机处于后重心位置(发动机安装在后机身两侧)

常规的做法是,以 MAC 百分比的形式来表示飞机重心。为获得这一无量纲参数(h 或 $\overline{X}_{cg}$),必须将飞机重心与 MAC 处的机翼前缘之间的距离除以机翼 MAC:

$$h = \overline{X}_{cg} = \frac{x_{cg} - x_{LE_{MAC}}}{\overline{C}} \tag{11-11}$$

相同的方法适用于重心前限和重心后限:

$$h_{\text{for}} = \overline{X}_{\text{cg}_{\text{for}}} = \frac{x_{\text{cg}_{\text{for}}} - x_{\text{LE}_{MAC}}}{\overline{C}} \qquad (11-12)$$

$$h_{\text{aft}} = \overline{X}_{\text{cg}_{\text{aft}}} = \frac{x_{\text{cg}_{\text{aft}}} - x_{\text{LE}_{MAC}}}{\overline{C}} \qquad (11-13)$$

当飞机重心在飞行过程中向后移动时,飞机纵向稳定性下降,直到飞机重心越过焦点,此时飞机变得纵向静不稳定。当常规布局飞机的重心与飞机焦点的距离近至%MAC值很小(2%~3%)时,飞机通常将呈现纵向动不稳定。相反,当飞机重心在飞行过程中向前移动时,飞机纵向操纵性降低,直到重心越过某个点,此时飞机变得不可操纵。这两种重心情况都是不希望的,在设计过程中必须防止,并且装卸长在配载期间应加以避免。大多数与重心有关的坠机问题都是由于重心位置超过沿 x 轴的重心允许范围。因此,飞机设计者在重量分布时必须当心,甚至包括配载过程中针对机组成员的某些安全性因素。

尽管飞机焦点对于某个固定的飞机构型几乎是固定的,然而对于超声速飞机而言,机翼空气动力中心并非如此。飞机焦点常常处于 $40\%MAC$ 到 $50\%MAC$ 之间的某个位置。在亚声速时机翼空气动力中心约在机翼 $1/4$ 弦($25\%MAC$)处,而在超声速时移动到约 $50\%MAC$ 处。对于超声速飞机设计者而言,这一空气动力现象产生一个独特的情况,使得设计过程中非常难于分配重量。在超声速时,为维持飞机纵向平衡,必须使飞机重心向后移动。此外,随着飞机重心向后移动,方向舵效率降低。由于重心向后移动,飞机航向操纵性减弱,允许的重心限制范围为一个狭窄的区间。因此为了维持纵向操纵和航向操纵之间的平衡,必须进行折中处理。

一种在飞行过程中使飞机重心向后移动的方法是使用燃油泵进行燃油转输,从前油箱泵送至后油箱。在超声速运输机协和号(见图 7-24 和图 11-15)上采用了此方法[1]。对大多数运输机而言,重心位置随燃油消耗而变化。但是,在少数飞机如麦道 DC-10(见图 8-6)上,燃油箱所处位置使飞机巡航飞行时飞机重心位置保持不变。在有些飞机上,如麦道 MD-11(见图 3-16),在水平尾翼内设置燃油箱,在巡航飞行时将燃油泵送到此油箱,以保持重心在后限位置。

通常,前重心位置和后重心位置往往有不同的甚至是几乎相反的特性。对于某些设计需求,最好是选择后重心,而对于另外一些设计需求,最好是选择前重心。表 11-3 以表格形式给出重心位置与各种设计需求之间的关系。该表给出当重心处于重心前限位置和重心后限位置时给飞机带来的后果。可将该表作为制订沿 x 轴的重心范围的指南。飞机消耗燃油时,旅客走动时,货物空投时,起落架收放时,外挂物投放时,飞机重心都必须保持在规定的限制范围内。建议规定燃油箱用油顺序,在不同的时间选择由不同的燃油箱供油,以使飞机重心保持在允许范围内。还建议设计和设置自动燃油管理系统,以从各个油箱对称地分配燃油。

表 11 - 3　前重心位置和后重心位置的特性

序号	准则	前　重　心	后　重　心
1	稳定性	飞机纵向/航向较稳定	飞机纵向/航向较不稳定
2	操纵性	飞机纵向/航向操纵性较差	飞机纵向/航向操纵性较好
3	升降舵设计	飞机起飞抬前轮时需要较大的升降舵偏度	飞机起飞抬前轮时需要较小的升降舵偏度
4	方向舵设计	飞机出现不对称推力时需要较大的方向舵偏度	飞机出现不对称推力时需要较小的方向舵偏度
5	机轮上的载荷	作用在前起落架上的载荷较大(前三点式构型)	作用在主起落架上的载荷较大(前三点式构型)
6	滑行	滑行时飞机较易于转弯	滑行时飞机较难转弯
7	航油成本	巡航飞行时常常耗油较多	巡航飞行时常常耗油较少
8	失速	飞机较安全(进入失速)	飞机较容易失速
9	尾旋	飞机较安全(进入尾旋)	飞机较容易进入尾旋
10	尾旋改出	改出较慢(如果飞机能进入尾旋)	改出较快(如果飞机能进入尾旋)
11	坠机	飞机较安全,坠机可能性较小	飞机较容易坠机
12	灾难事件	滑行时飞机较安全	起飞时飞机容易机尾擦地
13	阵风	遇到阵风并干扰纵向配平时恢复过程中发生多次震荡	遇到阵风并干扰纵向配平时恢复过程中发生少数几次震荡

　　与飞机重量分布直接相关的另一个主题是决定放宽或收窄沿 x 轴的重心范围。与飞机有关的两组人群(即设计者和用户)对此问题的答案几乎是相反的。在此情况下,用户并不是指旅客,而是指从事货物搬运的人员。对于这一特定的问题,设计者的利益或愿望与用户的并不一致。一般而言,飞机用户常常希望飞机具有较宽的重心范围,而设计者则设法缩小重心范围。表 11 - 4 给出沿 x 轴的宽、窄重心范围的某些特性。关于究竟需要多宽的重心范围,必须在向市场部门咨询后才可做出决定。总之,与装载货物有关的用户宁愿采购重心范围大的飞机,而飞机设计者则设法将重心范围限制在最小距离内。表 11 - 5 给出若干飞机的后重心、前重心和重心范围。基于这些历史数据,重心的最前位置在 5%MAC,重心的最后位置则在 41%MAC。

表 11 - 4　重心范围特性

序号	准则	宽 重 心 范 围	窄 重 心 范 围
1	货物装卸(用户)	飞机可携带多种不同的装载/货物组合(在规格和体积方面)	飞机可携带很少几种不同的装载/货物组合(在规格和体积方面)
2	事故/坠机	飞机不大可能由于装载问题而引起事故/坠机	飞机较容易由于装载问题而引起事故/坠机
3	构型设计	飞机构型设计面临难题较多	飞机构型设计面临难题较少
4	备选方案	有很少几种飞机构型备选方案	有多种飞机构型备选方案

表 11 - 5 若干飞机的重心后限、重心前限和重心范围(以%MAC计)

序号	飞机	发动机	m_{TO}/kg	重心前限	重心后限	重心范围
1	塞斯纳 172	单发活塞	1 111	15.6	36.5	20.9
2	塞斯纳 177 -实用类	单发活塞	1 100	5	18.5	13.5
3	塞斯纳 206 空中马车	单发活塞	1 632	12.2	39.4	27.2
4	塞斯纳 空中大师	双发活塞	2 000	17.3	30.9	13.6
5	空中拖拉机 AT - 602	单发涡桨	7 257	23	35	12
6	派珀 PA - 30 科曼奇	双发活塞	1 690	12	27.8	15.8
7	比奇 空中女王	双发活塞	3 992	16	29.3	13.3
8	道尼尔 Do 28	双发活塞	2 720	10.7	30.8	20.1
9	道格拉斯 DC - 6	4 发活塞	44 129	12	35	23
10	皮拉图斯 PC - 12	单发涡桨	4 740	13	46	33
11	比奇 B - 45	单发涡桨	1 950	19	28	9
12	皮拉图斯 PC - 6	单发涡桨	6 108	11	34	23
13	福克 F - 27	双发涡桨	19 773	18.7	40.7	22
14	洛克希德 C - 130E	4 发涡桨	70 300	15	30	15
15	里尔喷气 25	双发涡喷	6 802	9	30	21
16	湾流 G200	双发涡扇	16 080	22	40	18
17	塞斯纳 奖状 Ⅲ	双发涡扇	9 527	14	31	17
18	福克 F - 28	双发涡扇	29 000	17	37	20
19	DC - 9 - 10	双发涡扇	41 100	15	40	25
20	湾流 G550	双发涡扇	41 277	21	45	24
21	B737 - 100	双发涡扇	50 300	11	31	20
22	B707 - 120	4 发涡扇	116 570	16	34	18
23	B747 - 200	4 发涡扇	377 842	12.5	32	19.5
24	道格拉斯 DC - 8	4 发涡扇	140 600	16.5	32	15.5
25	洛克希德 C - 141	4 发涡扇	147 000	19	32	13
26	洛克希德 C - 5A	4 发涡扇	381 000	19	41	22
27	协和号	4 发涡喷	185 700	20	59	39

　　图 11 - 8 表明所推荐的飞机重心相对于机翼/机身空气动力中心的位置。机翼的空气动力中心位于$(1/4)MAC(25\%MAC)$。然而当机身与机翼相连接时,机翼/机身组合体的空气动力中心将处于某个新位置。换言之,由于机身能够产生升力,机身使空气动力中心移动(ΔX_{fus})(通常向前移动)。这一移动称为芒克移动。值得注意的是,如同机翼独自的空气动力中心一样,机翼＋机身的空气动力中心往往随马赫数的增大和减小而前后移动。莫罗索普[5]研制出一种方法,预测由于机身连接而引起的机翼空气动力中心的移动。当短舱和外挂物安装在机翼下方而向前突出机翼前缘时,它们也引起机翼空气动力中心移动。机身/外挂物/短舱所引起的空气动力中心位置移动量是很大的,在重量分配过程中必须计及。表 11 - 6 示出若干飞机的机翼/机身组合后的空气动力中心位置。

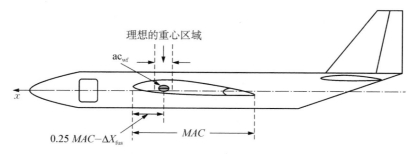

图 11-8　沿 x 轴的重心位置理想区域

表 11-6　若干飞机的机翼/机身组合体空气动力中心位置

序号	飞机/机翼	构型	机翼/机身 ac(%MAC)	芒克移动(%MAC)
1	机翼单独	升力面	25	0
2	塞斯纳 172	单发轻型 GA	21	-4
3	里尔喷气 24	6 座双发喷气发动机	11	-14
4	比亚乔 P-180	9 座双发涡桨推进式	-7	-32

通常对于大型运输机,重心前限位置可前至 5%MAC,而重心后限位置可后至 40%MAC。大型运输机的平均重心位置极限在(20%~30%)MAC 之间。对于通用航空(GA)飞机,重心前限位置在(10%~20%)MAC,而重心后限位置在(20%~30%)MAC。GA 飞机的平均重心范围在(10%~20%)MAC 之间。大型货运飞机情况较为独特,因为它们设计成装载各种组合方式的有效载荷。例如,装有 3 台涡轮风扇发动机的图 154(见图 11-14)飞机,其重心后限位于 50%MAC 附近(空机重量状态)。双发喷气式公务机湾流 G550(见图 11-15)的重心包线[6],[10]如图 11-9 所示。示例 11.1 给出如何确定飞机重心位置(以%MAC 计)的方法。

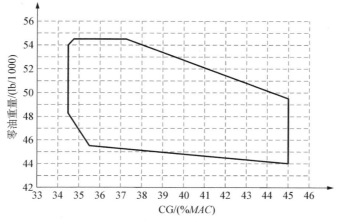

图 11-9　湾流 G550 喷气式公务机零油重量时的重心包线(经湾流公司允许)

示例 11.1

问题陈述 考虑一架双座(并排)轻型飞机,最大起飞质量为 1 200 kg,机翼面积为 16 m²,全长为 8 m(见图 11-10)。各主要部件的质量及其重心相应于螺旋桨桨毂整流罩(基准线)的距离如下:

序号	部件	质量/kg	X_{cg}/m	序号	部件	质量/kg	X_{cg}/m
1	机翼	180	3.2	5	驾驶员	160	2.9
2	尾翼	50	7.3	6	起落架	40	2.8
3	发动机	170	0.6	7	燃油	140	3.2
4	机身	150	3.5	8	系统	310	3.4

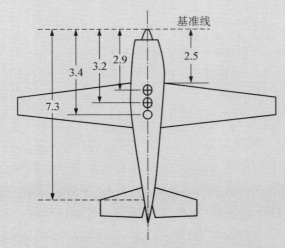

图 11-10 示例 11.1 中的飞机(单位为 m)

确定飞机重心位置(以 %MAC 表示)。飞机采用梯形直机翼,展弦比为 6,梢根比为 0.6,机翼顶点在基准线后面 2.5 m。

解 首先需要确定机翼 MAC、根弦(实际上是中心线)和梢弦:

$$AR = \frac{b^2}{S} \Rightarrow b = \sqrt{S \cdot AR} = \sqrt{16 \cdot 6} \Rightarrow b = 9.8 \text{ m} \qquad (5-19)$$

$$AR = \frac{b}{\overline{C}} \Rightarrow \overline{C} = \frac{b}{AR} = \frac{9.8}{6} \Rightarrow \overline{C} = 1.633 \text{ m} \qquad (5-17)$$

$$\overline{C} = \frac{2}{3} C_r \left(\frac{1+\lambda+\lambda^2}{1+\lambda} \right) \Rightarrow$$

$$1.633 = \frac{2}{3} C_r \left(\frac{1+0.6+0.6^2}{1+0.6} \right) \Rightarrow C_r = 2 \text{ m} \qquad (5-26)$$

$$\lambda = \frac{C_t}{C_r} \Rightarrow 0.6 = \frac{C_t}{2} \Rightarrow C_t = 2 \cdot 0.6 = 1.2 \text{ m} \qquad (5-24)$$

接着,必须确定飞机重心位置。共有 8 个部件,所以 $n=8$:

$$X_{cg} = \frac{\sum\limits_{i=1}^{8} m_i x_{cgi}}{\sum\limits_{i=1}^{8} m_i} = \frac{m_w x_w + m_t x_t + m_e x_e + m_b x_b + m_p x_p + m_{lg} x_{lg} + m_f x_f + m_s x_s}{m_w + m_t + m_e + m_b + m_p + m_{lg} + m_f + m_s}$$

$$= \frac{\begin{bmatrix} (180 \cdot 3.2) + (50 \cdot 7.3) + (170 \cdot 0.6) + (150 \cdot 3.5) + \\ (160 \cdot 2.9) + (40 \cdot 2.8) + (140 \cdot 3.2) + (130 \cdot 3.4) \end{bmatrix}}{180 + 50 + 170 + 150 + 160 + 40 + 140 + 310}$$

$$= \frac{3\ 646}{1\ 200} \Rightarrow X_{cg} = 3.038 \text{ m}$$

$$(11-1)$$

基于图 11-11 所示的几何尺寸,飞机重心与机翼顶点之间的距离为

$$X_{cg} - X_{LE} = 3.038 - 2.5 = 0.538 \text{ m}$$

机翼顶点与 MAC 位置处机翼前缘之间的距离(见图 11-11)为

$$\frac{C_r - MAC}{2} = \frac{2 - 1.633}{2} = 0.183 \text{ m}$$

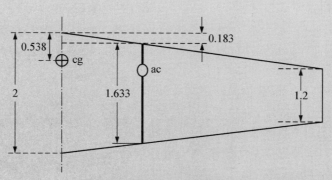

图 11-11　半机翼(单位为 m)

飞机重心与 MAC 位置处机翼前缘(见图 11-11)的距离为

$$X_{cg-LE} = X_{cg} - X_{LE} - \frac{C_r - MAC}{2}$$

$$= 3.038 - 2.5 - \frac{2 - 1.633}{2}$$

$$= 0.538 - 0.183 = 0.355 \text{ m}$$

最后，以 MAC 形式表示的飞机重心为

$$\overline{X}_{cg} = \frac{X_{cg-LE}}{MAC} = \frac{0.355}{1.633} = 0.217 \qquad (11-11)$$

因此，飞机重心在 27.1% 机翼 MAC 处。

11.5 确定飞机重心前限和重心后限的方法

在前几节，已强调飞机重心是关键点并且是飞机设计者的主要关注点。这反映在若干设计需求中，如稳定性需求、可操纵性需求、操纵品质或飞行品质需求。然而飞机重心在整个飞行过程中是移动的，因为飞机在消耗燃油。无论如何，在极端情况下存在最前重心位置和最后重心位置。飞机重心范围的两个极端位置称为重心前限和重心后限。

飞机纵向重心范围定义为重心前限位置与重心后限位置之间的距离。飞机重心是两个主要因素的函数：①飞机部件（如机翼、机身、尾翼、燃油、发动机、旅客、行李、系统、货物等）的重心；②重量组成中可移动项或可移除项（如旅客和燃油）的位置变化率。基本上有两种方法确定重心前限和重心后限的位置。一种是试错法，另一种则是基于系统工程的方法。本节将阐述一种系统工程方法。考虑所有可移除项，如旅客、货物、燃油和外挂物。

一架飞机在整个飞行期间，可能遇到无限多的装载情况。几种装载情况示例如下：战斗机一侧无外挂物，旅客机上有几个空座位，不同体重的旅客及其座位安排，后燃油箱空置，各种货物包，战斗机增加外挂燃油箱以执行远程任务。乍看上去，如果所有可能的装载方案都是已知的，按所有重心案例使用式（11-1），可求得飞机重心，于是可求得重心的极端位置。然而飞机在飞行过程中也许会遇到无限多的装载变化（即重心案例）。因此，不可能确定各种可能的装载方案并将其全都纳入计算中。本节将阐述一种基于系统工程方法的做法，用以确定飞机重心前限和重心后限的位置。此种方法的形成基于支配飞机重心移动（因各种因素引起）的法则。现将这些法则列举如下：

（1）飞机重心将随可移动元素的运动（如旅客走动）而移动，但变化率较小。

（2）飞机重心将会因已存在的空缺元素（如起初有旅客但后来空置的座位）而进一步移动。

（3）飞机重心将会因装载物/项目较轻（瘦小的青少年旅客与健壮的成年人比较）而进一步移动。

（4）飞机重心将会因耗油时燃油重心变化而进一步移动。因此，由于飞行过程中消耗燃油，飞机重心也会依据燃油箱与飞机最初重心的相对位置而向前或向后移动。

　　式(11-1)～式(11-3)是对任何飞机在任何飞行时刻都适用的通用公式。当任何飞机部件的重量或位置发生变化时,飞机重心将随之变化。因此在整个飞行过程中,飞机的稳定性、操纵性、操纵品质和飞机性能都是变化的。当确定了最大起飞重量下的飞机重心时,下一步是确定在各种装载方案下的飞机重心范围。在这里需要对本方法中采用的术语"可移除载荷"给予定义。可移除载荷是能够从飞机上移除而飞机仍然能够安全飞行的任何有效载荷或无报酬载荷,它包括燃油、有效载荷以及除一名驾驶员外的所有其他无报酬载荷。有效载荷通常包括货物、旅客、外挂物和行李(托运行李和随身行李)。

　　下面给出确定一架飞机重心前限和重心后限的程序:

　　(1) 确定飞机最大起飞重量(或质量)。

　　(2) 使用式(11-1),确定沿纵轴的飞机重心(在最大起飞重量下),并命名为 X_{cg1}。

　　(3) 确认所有可移除载荷及其重心位置。对于航线客机,必须知道每位旅客和每一行李/货物包的重心。

　　(4) 剔除重心位于第(2)步中计算所得飞机重心之前的所有可移除载荷。现在,剔除这些可移除项,使用如下公式确定沿纵轴的飞机重心位置:

$$x_{cg2} = \frac{\sum\limits_{j=1}^{n-k_1} x_{cgj} m_j}{\sum\limits_{j=1}^{n} m_j - \sum\limits_{j=1}^{k_1} m_j} \tag{11-14}$$

假设这一重心(X_{cg2})到目前为止是飞机的重心后限($X_{cg_{aft}}$)。参数 k_1 表示重心位于 X_{cg1} 之前的可移除载荷的数目。

　　(5) 仔细调查在第(4)步确定的重心 $X_{cg_{aft}}$ 之前是否存在任何可移除载荷。如果存在,将其剔除后重新计算,并再次使用式(11-14)确定剔除这一新的可移除载荷之后飞机重心在纵轴上的位置。在此情况下,将新的重心假设为飞机的重心后限($X_{cg_{aft}}$)。这一过程必须持续进行,直到在这一 $X_{cg_{aft}}$ 之前,不再存在可移除项。

　　(6) 剔除重心位于第(2)步中计算所得飞机重心之后的所有可移除载荷。现在剔除这些可移除项,使用如下公式确定飞机重心沿纵轴的位置:

$$x_{cg3} = \frac{\sum\limits_{j=1}^{n-k_2} x_{cgj} m_j}{\sum\limits_{j=1}^{n} m_j - \sum\limits_{j=1}^{k_2} m_j} \tag{11-15}$$

假设这一重心(X_{cg3})到目前为止是飞机的重心前限($X_{cg_{for}}$)。参数 k_2 表示重心位于 X_{cg1} 后面的可移除载荷的数目。

（7）仔细调查在第（6）步确定的重心 $X_{cg_{for}}$ 后面是否存在任何可移除载荷。如果存在，将其剔除后重新计算，并再次使用式（11-15）确定剔除这一新的可移除载荷之后飞机重心在纵轴上的位置。在此情况下，将新的重心位置假设为飞机的重心前限（$X_{cg_{for}}$）。这一过程必须持续进行，直到在这一 $X_{cg_{for}}$ 后面不再存在可移除项。

（8）确定无量纲的纵向重心范围（ΔX_{cg}）或重心后限与重心前限之间的无量纲距离：

$$\Delta x_{cg} = \frac{x_{cg_{aft}} - x_{cg_{for}}}{\overline{C}} \tag{11-16}$$

许多技术参考文献建议考虑数十个可能的装载方案，并采用式（11-1）确定飞机重心，然后比较所有的重心位置，查看哪一个处于最后的位置，哪一个处于最前的位置。上面所描述的系统化方法将消除这种忙乱和反复运算，只经过 7 个步骤就得到可靠的结果。示例 11.2 给出求得飞机重心后限与重心前限位置的示例。

示例 11.2：飞机重心前限和重心后限

　　问题陈述　考虑一架双发喷气式公务机，载客 12 人，2 名机组人员和一名乘务员（见图11-12）。飞机的质量和机翼特性如下：

$$m_{TO} = 30\,000\,\text{kg}, \quad S = 90\,\text{m}^2, \quad AR = 9, \quad \lambda = 0.5。$$

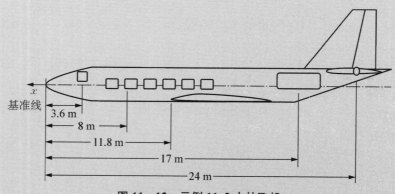

图 11-12　示例 11.2 中的飞机

座椅排距为 1 m，每一座位正上方有一个行李箱。每一主要部件的质量及其重心位置（X_{cg}）列于表 11-7。

　　机翼顶点距机头（基准线）的距离为 11.8 m。确定飞机重心后限与重心前限沿 x 轴的位置（以 %MAC 表示）。

表 11 - 7 示例 11.2 中飞机主要部件的质量和重心位置(X_{cg})

序号	部件	质量/kg	X_{cg}/m
1	机翼	4 200	13
2	尾翼	600	24
3	发动机	6 900	17
4	机身	3 300	13
5	驾驶员+行李	2·(80+10)	3.6
6	旅客(第1排)	2·80	8
7	乘务员	80+10	5
8	随身行李(第1排)	2·10	8
9	托运行李	600	15
10	起落架	1 200	9
11	机翼燃油	4 000①	14
12	机身燃油	5 050②	9
13	系统和其他设备	2 800	8

解 ● 步骤 1 飞机最大起飞重量。

$$m_{TO} = m_w + m_t + m_e + m_f + m_p + m_{pass} + m_{fa} + m_{bg1} +$$
$$m_{bg2} + m_{lg} + m_{f_{11}} + m_{f_{12}} + m_s$$

$$m_{TO} = 4\,200 + 600 + 6\,900 + 3\,300 + (2·80) + (12·80) + 80 + (15·10) +$$
$$600 + 1\,200 + 4\,000 + 5\,050 + 2\,800$$

$$m_{TO} = 30\,000\ \text{kg}$$

$$W_{TO} = m_{TO}g = 30\,000·9.81 = 294\,300\ \text{N}$$

● 步骤 2 最大起飞重量时的 X_{cg}。

(a) 旅客及其随身行李的 X_{cg}：

共有 6 排座椅，每排 2 个座位，排距为 1 m。每位旅客的随身行李为 10 kg，贮存在顶部行李箱内。所以，每排有 180 kg(即 80+10+80+10)质量。第 1 排座位的重心距基准线 8 m。所以有

$$x_{pass} = \frac{\sum\limits_{i=1}^{6} m_i x_{cgi}}{\sum\limits_{i=1}^{6} m_i} = \frac{m_1 x_1 + m_2 x_2 + m_3 x_3 + m_3 x_3 + m_4 x_4 + m_5 x_5 + m_6 x_6}{m_{pass}}$$

---

① 原文此处为 3 050 kg,下面计算时机翼燃油用 4 000 kg,故取一致。——译注

② 原文此处为 6 000 kg,下面计算时机身燃油用 5 050 kg,故取一致。——译注

$$x_{\text{pass}} = \cfrac{\begin{bmatrix} (2 \cdot 90 \cdot 8) + (2 \cdot 90 \cdot 9) + (2 \cdot 90 \cdot 10) + \\ (2 \cdot 90 \cdot 11) + (2 \cdot 90 \cdot 12) + (2 \cdot 90 \cdot 13) \end{bmatrix}}{12 \cdot (80 + 10)} = 10.5 \text{ m} \tag{11-1}$$

(b) 整架飞机的 X_{cg}：

共有 13 个部件，所以 $n = 13$：

$$X_{\text{cg1}} = \frac{\sum\limits_{i=1}^{13} m_i x_{\text{cg}i}}{\sum\limits_{i=1}^{13} m_i}$$

$$= \cfrac{\begin{bmatrix} m_w x_w + m_t x_t + m_e x_e + m_b x_b + m_p x_p + m_{\text{pass}} x_{\text{pass}} + m_{\text{fa}} x_{\text{fa}} + \\ m_{\text{bg1}} x_{\text{bg1}} + m_{\text{bg2}} x_{\text{bg2}} + m_{\text{lg}} x_{\text{lg}} + m_{\text{f1}} x_{\text{f1}} + m_{\text{f2}} x_{\text{f2}} + m_s x_s \end{bmatrix}}{m_w + m_t + m_e + m_f + m_p + m_{\text{pass}} + m_{\text{fa}} + m_{\text{bg1}} + m_{\text{bg2}} + m_{\text{lg}} + m_{\text{f1}} + m_{\text{f2}} + m_s}$$

$$= \cfrac{\begin{bmatrix} 4\,200 \cdot 30 + 600 \cdot 24 + 6\,900 \cdot 17 + 3\,300 \cdot 13 + 180 \cdot 3.6 + 1\,080 \cdot \\ 10.5 + 90 \cdot 5 + 600 \cdot 15 + 1\,200 \cdot 9 + 4000 \cdot 14 + 5050 \cdot 9 + 2\,800 \cdot 8 \end{bmatrix}}{\begin{bmatrix} 4\,200 + 600 + 6\,900 + 3\,300 + 180 + 1\,080 + \\ 90 + 600 + 1\,200 + 4\,000 + 5\,050 + 2\,800 \end{bmatrix}}$$

$$= \frac{385\,288}{30\,000} \Rightarrow X_{\text{cg1}} = 12.843 \text{ m}$$

$$\tag{11-1}$$

● **步骤 3 确认所有的可移除载荷。**

在该飞机上，可移除载荷有：所有旅客、燃油箱（在机翼内和在机身内）、托运行李（在机身内）、随身行李（在顶部行李箱内）、乘务员和其中一位驾驶员。可移除载荷及其位置与最大起飞重量时的飞机重心之比较，列于表 11-8。

表 11-8 可移除载荷及其位置与最大起飞重量时的飞机重心之比较

部 件	X_{cg}/m	位置
驾驶员	3.6	X_{cg1} 之前
乘务员	5	X_{cg1} 之前
旅客＋随身行李（第 1 排）	8	X_{cg1} 之前
机身燃油	9	X_{cg1} 之前
旅客＋随身行李（第 2 排）	9	X_{cg1} 之前
旅客＋随身行李（第 3 排）	10	X_{cg1} 之前
旅客＋随身行李（第 4 排）	11	X_{cg1} 之前
旅客＋随身行李（第 5 排）	12	X_{cg1} 之前
飞机（最大起飞重量时）	**12.843**	$\boldsymbol{X_{\text{cg}}}$

（续表）

部　件	$X_{\mathrm{cg}}/\mathrm{m}$	位置
旅客＋随身行李(第6排)	13	X_{cg1}之后
机翼燃油	14	X_{cg1}之后
托运行李	15	X_{cg1}之后

● **步骤4　剔除重心位于飞机重心之前的任何可移动载荷。**

比较第(2)步中的飞机重心 X_{cg} 与表 11-8 中可移动项目的重心位置,可以看到,一位驾驶员(即副驾驶员)、乘务员(连同其随身行李)、机身燃油、第1、2、3、4和5排旅客(加上他们的随身行李)都位于 X_{cg1} 之前,所以剔除这8个项目,计算新的重心位置:

$$x_{\mathrm{cg2}} = \frac{\sum_{j=1}^{13-8} x_{\mathrm{cg}j} m_j}{\sum_{j=1}^{13} m_j - \sum_{j=1}^{8} m_j}$$

$$x_{\mathrm{cg2}} = \frac{\left[\begin{array}{c} 385\,288 - (90 \cdot 3.6) - (90 \cdot 5) - (180 \cdot 8) - (5\,050 \cdot 9) - \\ (180 \cdot 9) - (180 \cdot 10) - (180 \cdot 11) - (180 \cdot 12) \end{array}\right]}{30\,000 - (12 \cdot 80) - (12 \cdot 10) - 5\,050}$$

$$x_{\mathrm{cg2}} = 13.828\ \mathrm{m} \tag{11-14}$$

● **步骤5　重心后限。**

X_{cg2} 在第6排座椅之后(13.828 大于 13),所以第6排座椅也必须剔除。现剔除9个项目,计算新的 X_{cg2}。

$$x_{\mathrm{cg2}} = \frac{\sum_{j=1}^{13-9} x_{\mathrm{cg}j} m_j}{\sum_{j=1}^{13} m_j - \sum_{j=1}^{9} m_j}$$

$$x_{\mathrm{cg2}} = \frac{\left[\begin{array}{c} 385\,288 - (90 \cdot 3.6) - (90 \cdot 5) - (180 \cdot 8) - (5\,050 \cdot 9) - \\ (180 \cdot 9) - (180 \cdot 10) - (180 \cdot 11) - (180 \cdot 12) - (180 \cdot 13) \end{array}\right]}{30\,000 - (14 \cdot 80) - (14 \cdot 10) - 5\,050}$$

$$x_{\mathrm{cg2}} = 13.834\ \mathrm{m} \tag{11-14}$$

这是飞机重心后限的位置。

● **步骤6　剔除重心位于飞机重心之后的任何可移除载荷。**

查看表 11-8,可以看到仅两项(机翼燃油和托运行李)位于 X_{cg1} 之后。因此有

$$x_{\mathrm{cg3}} = \frac{\sum_{j=1}^{13-2} x_{\mathrm{cg}j} m_j}{\sum_{j=1}^{13} m_j - \sum_{j=1}^{2} m_j}$$

$$= \frac{385\,288 - (4\,000 \cdot 14) - (600 \cdot 15)}{30\,000 - 4\,000 - 600} \Rightarrow X_{cg3} = 12.61\,\text{m} \qquad (11-15)$$

● **步骤 7　重心前限。**

X_{cg3} 在第 6 排座椅的前面(12.61 小于 13),所以第 6 排座椅也必须剔除。现剔除 3 项,重新计算新的 X_{cg3}:

$$X_{cg3} = \frac{\sum\limits_{j=1}^{13-3} x_{cgj} m_j}{\sum\limits_{j=1}^{13} m_j - \sum\limits_{j=1}^{3} m_j} = \frac{385\,288 - (4\,000 \cdot 14) - (600 \cdot 15) - (2 \cdot 90 \cdot 13)}{30\,000 - 4\,000 - 600 - (2 \cdot 90)}$$

$$\Rightarrow x_{cg3} = 12.607\,\text{m}$$

$$(11-15)$$

● **步骤 8　以 %MAC 形式表示的飞机重心范围和 X_{cg}。**

求得机翼 MAC、根弦(实际上是中心线)和梢弦如下:

$$AR = \frac{b^2}{S} \Rightarrow b = \sqrt{S \cdot AR} = \sqrt{90 \cdot 9} \Rightarrow b = 28.46\,\text{m} \qquad (5-19)$$

$$AR = \frac{b}{\overline{C}} \Rightarrow \overline{C} = \frac{b}{AR} = \frac{28.46}{9} \Rightarrow \overline{C} = 3.162\,\text{m} \qquad (5-17)$$

$$\overline{C} = \frac{2}{3} C_r \left(\frac{1+\lambda+\lambda^2}{1+\lambda} \right) \Rightarrow 3.162 = \frac{2}{3} C_r \left(\frac{1+0.5+0.5^2}{1+0.5} \right) \Rightarrow C_r = 4.066\,\text{m}$$

$$(5-26)$$

$$\lambda = \frac{C_t}{C_r} \Rightarrow 0.5 = \frac{C_t}{4.066} \Rightarrow C_t = 4.066 \cdot 0.5 = 2.033\,\text{m} \qquad (5-24)$$

按图 11-3 所示的几何尺寸,在 MAC 位置处,机翼顶部与机翼前缘之间的距离是

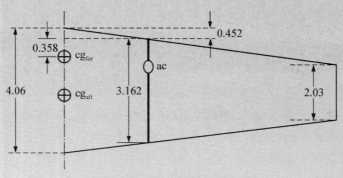

图 11-13　半个机翼(单位为 m)

$$\frac{C_r - MAC}{2} = \frac{4.066 - 3.162}{2}$$

$$= 0.452 \text{ m}$$

在 MAC 位置处,飞机重心前限与机翼前缘之间的距离为

$$X_{cg_{for}} = x_{cg3} - x_{LE} - \frac{C_r - MAC}{2}$$

$$= 12.607 - 11.8 - 0.452$$

$$= 0.355 \text{ m}$$

最后,以 MAC 形式表示的飞机重心前限位置为

$$\overline{X}_{cg_{for}} = h_{for} = \frac{x_{cg_{for}}}{MAC} = \frac{0.355}{3.162} = 0.112 \qquad (11-12)$$

对于重心后限,在 MAC 位置处飞机后重心与机翼前缘之间的距离为

$$x_{cg_{aft}} = x_{cg2} - x_{LE} - \frac{C_r - MAC}{2} = 13.834 - 11.8 - 0.452 = 1.582 \text{ m}$$

最后,以 MAC 形式表示的飞机重心后限为

$$\overline{X}_{cg_{aft}} = h_{aft} = \frac{x_{cg_{aft}}}{MAC} = \frac{1.582}{3.162} = 0.500 \qquad (11-13)$$

因此,飞机重心前限位于 $11.2\%MAC$,而飞机重心后限位于 $50\%MAC$。无量纲纵向重心范围,或重心后限与重心前限之间的无量纲距离为

$$\Delta x_{cg} = \frac{x_{cg_{aft}} - x_{cg_{for}}}{C} = \frac{13.834 - 12.607}{3.162} = 0.388 \qquad (11-16)$$

因此,飞机重心范围为 $38.8\%MAC$。

11.6 重量分布方法

飞机设计者必须掌握的基本方法之一是重量分布。随着飞机设计过程的进展,从早期的概念设计阶段(见图 11-14)到后面的详细设计阶段,飞机重量自动分布。飞机重量分布是飞机内部的重量分配。对一架飞机而言,重量分布直接影响各种飞行特性,包括适航性、稳定性、操纵性、运营成本和飞机寿命。对于不同的飞机,不同的任务,理想的重量分布各不相同。例如,运输机的重量分布显然与战斗机不同。如图 11-14 所示,发动机台数和发动机位置的选择将会大大影响飞机重心。因此,设计者应研究设计决策对飞机重心的影响,因为这间接地成为飞机重量分布的一部分。

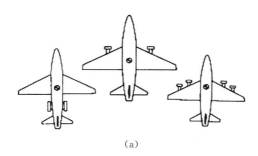

（a）

（b）

图 11 - 14　概念设计阶段推进系统设计和飞机重心位置

（a）发动机向后移动时飞机重心随之向后移动　（b）图 154 飞机的重心后限大约位于 50%MAC（空机重量）（经 A.J 贝斯特允许）

11.6.1　重量分布的基础

在航空公司,常常使用装载平衡来实现整架飞机上旅客、货物和燃油各项重量的均匀分布,以保持飞机重心靠近其机翼/机身空气动力中心,使维持纵向配平所用的升降舵偏度减至最小。对于军用运输机,通常配备装卸长作为机组团队的一员。他们的责任包括计算准确的装载信息以用于重心计算,并确保货物正确就位和固定以防止移动。在大型飞机上,常常使用多个燃油箱和多个燃油泵,以便在飞机耗油时,使剩余燃油处于规定位置,以保持飞机平衡并减少与自由液面效应有关的稳定性问题。

从根本上说,术语"自由液面效应"意味着在重力影响下的液体可能引起运载工具不稳定。自由液面效应是一种可能导致飞机不稳定和翻滚的现象。指的是机载液体为响应飞机货舱、行李舱或燃油箱姿态的改变而产生的晃荡和移动倾向(这是对驾驶员诱发运动做出的反应)。对于空中加油机、灭火飞机或油箱加注部分燃油的飞机,任何横滚运动都会被下沉一侧油(水)箱内增大的燃油(水)移动量所产生的扶正力矩予以抵消。这表示该飞机的重心是相对恒定的。如果油箱内燃油沿横滚方向移动,则由于重心朝着下沉机翼一侧移动,抵消了这一扶正作用。

对于配备大型油箱或水箱的飞机(如空中加油机、灭火飞机),如果仅加注部分燃油或水,则自由液面效应可能成为主要问题。如果燃油箱完全空置或加满燃油,当飞机俯仰、横滚或偏航或转弯时,飞机重心位置不会发生变化。然而如果燃油箱或水箱仅加注部分燃油或水,箱内的油液将响应飞机的横滚、俯仰和偏航运动。例如,当飞机向左侧横滚时,燃油将向油箱左侧移动,这就使飞机重心向左移动。这起到了延缓机翼回复水平的作用。此外,大量的移动燃油具有的线性动量和角动量会引起很大的力,将抵消自动扶正作用。当机翼恢复水平时,横滚继续,并向另一侧重复此种效应。

在阵风飞行条件下,这可能变成一个正向反馈回路,使得每次横滚变得越来越极端,最终完全抵消自动扶正作用,导致一种不稳定状态(如倒扣或失速)。为减轻这种危险,空中加油机使用多个较小油箱替代几个大油箱,或者尽可能在燃油箱内设置挡油板,从整体上使飞机上的自由液面效应减至最小。使各燃油箱空置或满油是使这一效应及其连带问题减至最小的另外一种方法。

有多种方法可在飞行时使飞机重心保持在允许限制范围内。一种方法是飞行中在各燃油箱之间转输燃油。一个很好的示例是超声速运输机协和号,该机于1976年首次飞行,并服役了27年。与协和号飞机有关的问题是,当飞机加速到超声速飞行时,机翼空气动力中心向后移动。为抵消这一影响,协和号飞机不得不从前油舱向后油舱转输燃油,以保持飞机稳定和平衡(这样,有效地改变了重心的位置,使飞机保持平衡)。

通常,影响飞机重量/货物分布决策的设计需求(即重心位置和限制)是:①操纵性需求,②稳定性需求,③飞行品质需求,④运行需要和约束。然而各种飞机有不同的任务和需求,所以它们不具有相同的优先顺序和同样的约束。下面对三类飞机做出比较,以表明确定重量分布时的必要依据。

11.6.1.1 战斗机

对于战斗机,操纵性需求比其他设计需求(如稳定性)要重要得多。原因如下:

(1) 主要任务是飞行,其基本上基于飞机操纵性(如快速转弯、快速俯仰和跃升)。

(2) 仅有一位飞行员(或有时为两位飞行员)。

(3) 战斗机飞行员一般要比普通旅客强壮得多,所以能够承受不舒服的状况。

(4) 在事故或坠机情况下,战斗机飞行员配备降落伞/弹射座椅。

(5) 战斗机飞行员意识到其任务可能面临危险或事故。

11.6.1.2 民用运输机（航线客机）

对于旅客机,稳定性需求要比其他设计需求(如操纵性)重要得多。原因如下：

（1）顾名思义,民用运输机承担民用任务,用于百姓旅行。

（2）对于航线客机,适航性为最高优先权。甚至低成本(即年盈利)也只能被认定为第二优先权。

（3）飞机上有数十或数百位旅客,任何事故/坠机都可能需要赔偿,增加航空公司成本。

（4）旅客都是普通百姓,不应预期他们能承受不舒服的状况。

（5）在事故或坠机情况下,驾驶员/旅客都没有降落伞(实际上是不允许的)。

（6）旅客不希望遇到任何事故,并且对这种情景毫无准备。

11.6.1.3 通用航空飞机

对于 GA 飞机,到底是稳定性优先于操纵性还是操纵性优先于稳定性,应依据飞机的任务而定。然而由于座位数少(小于 19 座)、低成本常常具有最高优先权。对于某些飞机,诸如为贵宾(VIP)和富豪旅客们设计和制造的豪华型喷气式公务机,顶级优先权是旅客的舒适性和超级操纵品质。

在重量分布上,某些项目和部件(如驾驶员、旅客以及尾翼)的位置是不言而喻的。其他部件(如机翼、燃油箱、发动机、外挂物和货物)可以在某个范围内移动,以达到所希望的重心位置。表 11-9 针对各种飞机给出所推荐的重心位置(以％机翼 MAC 表示)。该表还推荐各种飞机的重心范围。这些都是无量纲值。随着飞机增大,重心范围(单位为 m)也增大,因为飞机的 MAC 长度在增大。例如,轻型 GA 飞机塞斯纳 182(见图 3-7)的 MAC 为 1.5 m,而大型运输机 B747 (见图 3-7、图 3-12 和图 9-4)的 MAC 则为 8.32 m。因此 15％MAC 重心范围,对于塞斯纳 182 飞机意味着是 0.224 m,而对于 B747,则是 1.248 m。在下面的第 11.6.2～11.6.4 节中,简要评介纵向稳定性需求、纵向操纵性需求和纵向操纵品质需求的细节。图 11-15 示出具有不同重心特性的 3 类飞机(湾流 G550、协和号和塞斯纳 172)。

表 11-9 各种类型飞机的纵向重心位置推荐值

序号	飞机	重心前限/(％MAC)	重心后限/(％MAC)	重心范围/(％MAC)
1	亚声速 GA	15～20	25～30	5～15
2	亚声速运输机	5～20	20～35	10～30
3	超声速运输机	15～35	40～60	20～40
4	亚声速战斗机	15～20	35～45	15～30
5	超声速战斗机	45～50	50～55	10～30

(a)

(b)

(c)

图 11 - 15　具有不同重心特性的三种飞机

　　(a) 湾流 G550,双发涡轮风扇发动机,最大起飞质量 41 277 kg,重心前限在 21%*MAC*,重心后限在 45%*MAC*,重心范围为 24%*MAC*(经湾流公司允许)　(b) 超声速运输机协和号,最大起飞质量 185 700 kg,重心前限在 20%*MAC* 重心后限在 59%*MAC*,重心范围为 39%*MAC*(经 A. J. 贝斯特允许)　(c) 轻型 GA 飞机塞斯纳 172,最大起飞质量 1 111 kg,重心前限在 15.6%*MAC* 重心后限在 36.5%*MAC*,重心范围为 20.9%*MAC*

11.6.2 纵向稳定性需求

对于民用飞机,纵向静稳定性准则要求飞机重心不得位于飞机焦点或飞机空气动力中心(X_{np})之后。依据无量纲导数,对于纵向静稳定的飞机,俯仰力矩随迎角的变化率必须为负值,这一导数由下式确定:

$$C_{m_\alpha} = C_{L_\alpha}(\overline{X}_{cg} - \overline{X}_{np}) \tag{11-17}$$

这一准则规定,对于纵向静稳定飞机,重心后限位置必须在飞机焦点之前。式(11-17)表明,飞机重心位置将直接影响纵向静稳定性。将静安定度(SM)定义为飞机重心与飞机焦点之间的差值(以无量纲形式表示):

$$SM = \frac{x_{np} - x_{cg}}{C} \tag{11-18}$$

纵向动稳定性准则要求纵向特性方程之根的实部为负值。尽管若干因素将影响纵向特性方程之根的实部值,然而对于大多数常规飞机,俯仰阻尼导数(C_{m_q})则是最高主导因素。俯仰阻尼导数[7]与水平尾翼尾力臂的平方成正比:

$$C_{m_q} = -2C_{L_{\alpha_h}} \overline{V}_H (\overline{x}_{ac_h} - \overline{x}_{cg}) \tag{11-19}$$

式中:$C_{L_{\alpha_h}}$ 是水平尾翼升力曲线斜率;$\overline{V}_H$ 是水平尾翼容量系数;$\overline{X}_{ac_h}$ 是水平尾翼空气动力中心位置(无量纲值);$\overline{x}_{cg}$ 是飞机重心位置(无量纲值)。导数 C_{m_q} 也必须为负值,并且必须比 C_{m_α} 大得多。水平尾翼容量系数由下式定义:

$$\overline{V}_H = \frac{S_h l_h}{S \overline{C}} \tag{11-20}$$

式中:S_h 是水平尾翼平面面积;l_h 是到飞机重心的水平尾翼尾力臂;S 和 $\overline{C}$ 分别是机翼参考面积和机翼 MAC。联立式(11-19)和式(11-20)可以看出,水平尾翼面积增大,飞机重量将增大,并且重心将向后移动,原因是常规的水平尾翼位于机身后部。

类似的讨论也适用于鸭翼。由于鸭翼位于机身前部,因此鸭翼面积增大时,飞机重量将增大,并且重心将向前移动。因而增大水平尾翼或鸭翼的面积都起到双重作用。水平尾翼或鸭翼的尺寸将影响飞机焦点位置,而水平尾翼或鸭翼尺寸将对重心移动产生负面影响。对于大多数飞机,水平尾翼容量系数大于 0.3,连同正的 SM,产生动稳定的飞机。

式(11-19)表明,飞机重心位置将直接影响纵向动稳定性,因为 C_{m_q} 是飞机重心(X_{cg})的函数。这一无量纲的纵向动稳定性导数然后转变为有量纲的稳定性导数 M_q。这一有量纲的导数加上其他的纵向导数(如 M_α 和 $M_{\dot\alpha}$)将支配纵向动稳定性。

增大 $M_q + M_{\alpha dot}$ 将增大短周期模态的阻尼比,而增大 M_α 将增大短周期模态的频率。短周期模态和长周期模态两者的阻尼和频率能以稳定性导数的形式确定。总之,飞机纵向稳定性的两个需求列出如下:

$$\overline{V}_H > 0.3 \tag{11-21}$$

$$X_{np} - X_{cg} > 0 \tag{11-22}$$

后面将利用这两个数字需求作为在纵向重心范围内飞机重量分布的基础。

对于战斗机的情况,使飞机纵向不稳定将有利于改善飞机纵向操纵性和机动性。因此对于战斗机,希望飞机重心位于飞机焦点之后。由于飞行员操纵不稳定的飞机是很困难的,因此需要配备自动飞行操纵系统(即自动驾驶仪)。隐身轰炸机 B-2 幽灵(见图 6-8),SM 为 -0.1,这意味着纵向不稳定。因此,飞机配备增稳系统。另一个例子是试验飞机 X-29,SM 为 -0.35,用以研究极端条件下的飞机操纵性。在飞机重量分布过程中,必须遵循纵向静稳定性和动稳定性准则。

11.6.3　纵向操纵性需求

纵向操纵性准则要求飞机重心不得处于规定位置之前,以使飞机纵向可操纵。在大多数情况下,将其转换为起飞抬前轮需求。这一准则支配飞机重心前限的位置。对于具有前三点起落架的飞机,重心前限位置必须如此定位,即当飞机达到80%起飞速度时,升降舵能够使飞机围绕主起落架转动并抬起机头。围绕主起落架(转动点)的初始角加速度之值应为 $6 \sim 8 (°)/s^{2[8]}$。此时,应保持恒定角速度 $2 \sim 3 (°)/s$,以使起飞抬前轮过程所需时间不超过 $3 \sim 4$ s。

此外,在具有前三点起落架的常规飞机上,当飞机处于地面时,飞机重心不得位于主起落架之后。否则,飞机将会后翻而尾部撞地,后机身/尾翼将会损坏。2000年 10 月 22 日在美国埃尔斯沃斯空军基地,一架 B-1B 轰炸机遇到此类事故。当时一台有故障的燃油泵造成燃油从飞机前部输送到飞机后部,使重心超过了重心后限,导致飞机后翻而尾部撞地,报告称损坏轻微。

起飞时使飞机抬前轮的升降舵偏度(δ_E)是 4 个纵向导数(C_{L_α},C_{m_α},$C_{L_{\delta E}}$,$C_{m_{\delta E}}$)以及飞机升力系数(C_L)和俯仰力矩系数(C_{m_o})的函数:

$$\delta_E = \frac{C_{L_\alpha} C_{m_o} + C_{m_\alpha} C_L}{C_{L_\alpha} C_{m_{\delta E}} - C_{L_{\delta E}} C_{m_\alpha}} \tag{11-23}$$

C_{m_α} 的重要性已在第 11.6.2 节做过阐述。两个导数($C_{L_{\delta E}}$ 和 $C_{m_{\delta E}}$)称为操纵能力导数。$C_{L_{\delta E}}$(升力系数随升降舵偏度的变化)和 $C_{m_{\delta E}}$(俯仰力矩系数随升降舵偏度的变化)两者是升降舵几何参数的直接函数。升降舵几何参数(即升降舵面积、升降舵弦长、升降舵展长和升降舵铰链位置)必须使得升降舵在极端情况下能具有足够的操纵能力。这两个操纵能力导数确定如下：

$$C_{L_{\delta_E}} = \frac{S_h}{S} \frac{dC_{L_t}}{d\delta_E} \tag{11-24}$$

$$C_{m_{\delta_E}} = -V_H \frac{dC_{L_t}}{d\delta_E} \tag{11-25}$$

式(11-24)和式(11-25)表明，飞机重心位置连同升降舵几何参数、机翼面积和机翼弦长将直接影响飞机纵向操纵性。围绕飞机主起落架旋转点的角加速度($\ddot{\theta}_{mg}$)的大小应使得起飞抬前轮所用时间不大于3～4 s。使用围绕主起落架的力矩方程将产生可用来计算角加速度的支配方程。有关起飞抬前轮的完整支配方程已经在第9章中做过陈述。

对于能够进入尾旋的飞机，重量分布有助于飞机尾旋改出特性。非常重要的是，重量分布应使得飞机惯性矩是防尾旋的。惯性项$((I_{xx}-I_{yy})/I_{zz})$的数值和符号大大影响方向舵效能和最终的尾旋改出。当俯仰惯性矩(I_{yy})和横滚惯性矩(I_{xx})的数值接近时，惯性项的影响不大，因此方向舵将是尾旋改出的主要操纵面。但是，凡惯性项的作用变得重要时，对尾旋运动有相当大的影响，因此方向舵的尺寸可小些。后面则将操纵性需求用作飞机重量分布过程的另一个基础。

11.6.4　纵向操纵品质需求

对于有人驾驶飞机的情况，操纵品质或飞行品质要求在驾驶员驾驶舱操纵输入与飞机对此输入的响应之间的互动必须使驾驶员能够运用合理的体力和智力完成任务目标。换言之，要求飞机在使用飞行包线内的任何一点都具有可接受的操纵品质。人为因素在飞机操纵品质中是重要的。飞机飞行品质与飞行的稳定性和操纵特性有关，它们对驾驶员形成对飞机的印象是重要的。构成飞行包线形状的参数之一是飞机纵向重心限制。

从根本上说，飞机的飞行品质必须使得在飞行包线内的任何一点都呈现下列特性[4]：

（1）飞机必须具有足够的操纵能力，以维持与任务目标一致的稳态、直线飞行以及稳态机动飞行。

（2）飞机必须能从一个稳态飞行状态机动飞行到另一个稳态飞行状态。

（3）飞机必须具有足够的操纵能力，以完成如下的转换：

a. 从地面运行状态过渡到空中运行状态（起飞、升空和初始稳态爬升）；

b. 从空中运行状态过渡到地面运行状态（稳态进近、接地和着陆）。

对于军用飞机，必须在某种不对称武器和/或外挂载荷状态以及某些战损情况下呈现上述这3项特性。有些飞行品质参数涉及驾驶员的体力，例如最大需用杆力、每g杆力以及杆力/速度梯度。在 MIL-F-8785C[9] 和 MIL-STD-1797A[8]

这两份参考文献中,给出了飞行品质需求。飞行品质取决于飞机类型(Ⅰ,Ⅱ,Ⅲ,或Ⅳ)、飞行阶段类别(场域(C)或非场域(A,B))和可接受性等级(1,2 或 3)①。纵向操纵力(杆力)是操纵品质方面的关键参数,其值必须小于驾驶员舒适性极限。鉴于飞机类型和任务目标,FAR 23、FAR25[10]和 MIL-STD 分别给出不同的要求。

借助两个同时发生的振荡模态,即短周期振荡和长周期振荡,可以为飞机对阵风的纵向响应建模。对于纵向动稳定的飞机,短周期振荡只经历数秒钟,而长周期振荡要经历数分钟。短周期阻尼比(ζ_{sp})和短周期无阻尼固有频率(ω_{n_sp})这两个参数将会受到飞机重心位置的影响。MIL-F-8785C[9]规定,短周期纵向模态的短周期阻尼比必须在表 11-10 所列出的限制范围内。此外,MIL-F-8785C 还规定,短周期纵向模态的短周期无阻尼固有频率必须在图 11-16 所示的限制范围内。该图仅给出飞行阶段 B 的需求。其他飞行阶段需求可查阅参考文献[4]。

表 11-10 短周期阻尼比极限值[5]

等级	A 和 C 类飞行阶段	B 类飞行阶段
1 级	$0.35<\zeta_{sp}<1.3$	$0.3<\zeta_{sp}<2.0$
2 级	$0.25<\zeta_{sp}<2.0$	$0.2<\zeta_{sp}<2.0$
3 级	$0.15<\zeta_{sp}$	$0.15<\zeta_{sp}$

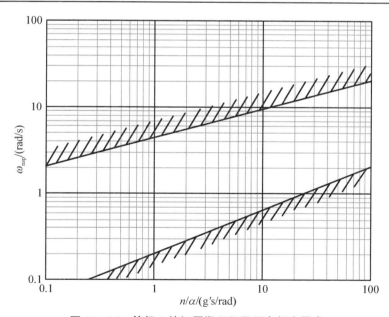

图 11-16 等级 1 的短周期无阻尼固有频率需求

① 飞机类型、飞行阶段类别和可接受性等级将在第 12 章阐述。

有关确定短周期模态的频率和阻尼比的准确方法,可参阅许多飞行动力学参考书。有一种近似方法由于其准确度是可接受的,认为将其用于短周期模态是可行的。基于这一近似方法[4],短周期模态无阻尼固有频率是飞机重心的函数,表述如下:

$$\omega_{\text{n-sp}} = \sqrt{-\frac{\rho V^2 S \bar{C} C_{m_\alpha}}{2 I_{yy}}} \qquad (11-26)$$

式中:C_{m_α} 和 I_{yy}(飞机围绕 y 轴的质量惯性矩)这两个参数是飞机重心的函数。必须采用操纵品质或飞行品质需求(表 11-10 和图 11-16)作为飞机重量分布过程的另一个基础。

11.7 飞机质量惯性矩

飞机操纵性和机动性是包括飞机质量惯性矩在内的若干因素的函数。相比之下,重量分布将大大影响飞机质量惯性矩。因此,飞机设计者应仔细地选择构型和设计飞机部件,以使它们产生所希望的质量惯性矩。由于一架飞机有 3 个旋转轴,命名为 x,y 和 z,通常存在 3 个惯性力矩。沿 x 轴的重量分布影响围绕 y 轴和 z 轴的质量惯性矩,最终影响飞机俯仰(纵向)和偏航(航向)操纵。沿 y 轴的重量分布影响围绕 x 轴和 z 轴的质量惯性矩,最终影响飞机横滚(横向)和偏航(方向)操纵。沿 z 轴的重量分布影响围绕 x 轴和 y 的质量惯性矩,最终影响飞机俯仰(纵向)和横滚(横向)操纵。本节将给出计算围绕 x,y 和 z 轴的飞机质量惯性矩的方法。

质量惯性矩提供一种信息,即物体围绕某个规定轴的转动是多容易抑或是多困难(惯性多大)。质量惯性矩是对物体相对于某个给定轴的质量分布的一种度量。质量惯性矩用 I 表示,对于某个质量为 m 的单一刚性物体,质量惯性矩为

$$I = mR^2 \qquad (11-27)$$

式中:R 是质量与旋转轴之间的垂直距离。质量惯性矩的计量单位为质量乘以长度平方。不应将质量惯性矩与面积惯性矩相互混淆,后者的计量单位为长度的 4 次方。通常质量惯性矩出现在运动方程中,而面积惯性矩用于在弯曲载荷作用下梁的弯曲应力方程中。

对于由 n 个粒子组成的某个物体,如果每个粒子质量为 $\mathrm{d}m$,为了计算其质量惯性矩,使用积分对每个 $\mathrm{d}m$ 粒子的质量惯性矩求和,得到整个物体的质量惯性矩为

$$I = \int_1^n R^2 \, \mathrm{d}m \qquad (11-28)$$

表 11-11 给出若干标准几何体的质量惯性矩。当旋转轴不通过物体重心时,采用

表 11 - 11　飞机部件的质量惯性矩[11], [12]

序号	飞机部件	部件模型	几何形状,轴	质量惯性矩
1	机翼 水平尾翼 垂直尾翼	矩形棱柱或薄板,厚度 t,长度 b,弦长 c		$I_{xx} = \dfrac{1}{12}m(b^2 + t^2)$ $I_{yy} = \dfrac{1}{12}m(t^2 + C^2)$ $I_{zz} = \dfrac{1}{12}m(b^2 + C^2)$
2	机身	薄壁圆柱壳体,半径 r,长度 L		$I_{xx} = mr^2$ $I_{yy} = \dfrac{m}{12}(6r^2 + L^2)$ $I_{zz} = \dfrac{m}{12}(6r^2 + L^2)$
3	发动机	实心圆柱,半径 r,长度 L		$I_{xx} = \dfrac{1}{2}mr^2$ $I_{yy} = \dfrac{1}{12}m(3r^2 + L^2)$ $I_{zz} = \dfrac{1}{12}m(3r^2 + L^2)$
4	螺旋桨	细杆,长度 L		$I_{xx} = 0$ $I_{yy} = \dfrac{1}{12}mL^2$ $I_{zz} = \dfrac{1}{12}mL^2$
5	驾驶员 旅客 座椅 燃油箱 其他杂项	质点,质量 m		$I_{xx} = mr_1^2$ $I_{yy} = mr_2^2$ $I_{zz} = mr_3^2$ $r_3 = \sqrt{r_1^2 + r_2^2}$

平行轴理论,将惯性矩从物体重心转换到旋转轴上。根据围绕通过重心的平行轴的惯性矩,能够计算围绕任何轴的惯性矩。计算公式称为平行轴原理,给出如下:

$$I_O = I_C + md^2 \tag{11-29}$$

式中:I_O 和 I_C 分别表示围绕旋转轴的物体质量惯性矩和通过物体重心的平行轴的物体质量惯性矩;参数 d 是旋转轴与通过物体重心的平行轴之间的距离;m 是物体的质量。

　　飞机具有复杂的几何形状,所以很难采用积分的方法(式(11 - 28))来确定飞机质量惯性矩。为了计算飞机质量惯性矩,必须采用多个标准几何体(如球、杆、圆柱和棱柱)来为飞机部件形状建模。例如,可将机身模化为薄壁圆柱壳体或空心圆柱,可将机翼模化为矩形薄板或棱柱。由于每一部件的重心并不与飞机重心一致,因此还必须使用平行轴理论。表 11-12 给出若干飞机的机体坐标轴的质量惯性矩。示例 11.3 和 11.4 演示该方法的应用。

表 11-12   若干飞机的机体坐标轴质量惯性矩

序号	飞机	m_{TO}/kg	I_{xx}/(kg·m²)	I_{yy}/(kg·m²)	I_{zz}/(kg·m²)	I_{xz}/(kg·m²)
1	塞斯纳 182	1 200	1 285	1 825	2 667	0
2	比奇 99	4 990	20 593	27 455	46 290	5 926
3	塞斯纳 620	6 800	87 872	23 455	87 508	0
4	道格拉斯 F-4	15 100	32 132	159 300	181 300	2 170
5	B747-200	288 500	24 675 886	44 877 574	67 384 152	1 315 143

示例 11.3   机身质量惯性矩

问题陈述   考虑一架双发涡轮风扇发动机中程运输机(见图 11-17),最大起飞质量为 45 000 kg,机翼面积为 94 m²。机身参数如下：长度 32 m,最大直径 3.3 m,质量 3 600 kg。将机身模化为薄壁圆柱壳体,并确定其围绕飞机重心的纵向、横向和方向的质量惯性矩。假设飞机重心沿机身中心线并在距离机头 15.2 m 位置。

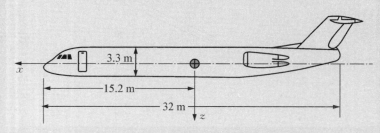

图 11-17   示例 11-3 中的飞机的几何尺寸

解   机身模型为一个薄壁圆柱壳体,所以使用表 11-11,用下列方程求得机身围绕其自身重心的质量惯性矩：

$$I_{xx_f} = mr^2 = 3\,600 \cdot \left(\frac{3.3}{2}\right)^2 = 9\,801\,\text{kg·m}^2 \qquad \text{(见表 11-11)}$$

$$I_{yy_f} = \frac{m}{12}(6r^2 + L^2) = \frac{3\,600}{12} \cdot \left[6 \cdot \left(\frac{3.3}{2}\right)^2 + 32^2\right] = 312\,100.5\,\text{kg·m}^2$$

$$\text{(见表 11-11)}$$

$$I_{zz_f} = I_{yy_f} = 312\,100.5\,\text{kg·m}^2 \qquad \text{(见表 11-11)}$$

机身重心沿其自身的中心线,所以与沿 x 轴的飞机重心一致。因此,机身围绕 x 轴的质量惯性矩是 $9\,801\ \mathrm{kg \cdot m^2}$。但是,由于机身沿 y 轴和 z 轴的重心位置与飞机重心不一致,因此必须使用平行轴理论,将围绕其他两轴的质量惯性矩转换到通过飞机重心的轴上。机身重心位于距机头 $32/2 = 16\ \mathrm{m}$ 处。则

$$d = \frac{32}{2} - 15.2 = 0.8\ \mathrm{m}$$

因此,机身重心位于飞机重心后 $0.8\ \mathrm{m}$ 处:

$$I_{yy} = I_{yy_f} + md^2 = 312\,100.5 + 3\,600 \cdot (0.8)^2 = 314\,404.5\ \mathrm{kg \cdot m^2}$$
$$I_{zz} = I_{zz_f} + md^2 = 312\,100.5 + 3\,600 \cdot (0.8)^2 = 314\,404.5\ \mathrm{kg \cdot m^2}$$

$$(11-29)$$

机身围绕 y 轴和 z 轴的质量惯性矩比围绕 x 轴的质量惯性矩要大 32 倍。因此,对于这一机身,实施偏航和俯仰操纵要比实施横滚操纵要难得多。

示例 11.4 机翼质量惯性矩

问题陈述 一架飞机的机翼(见图 11-18)具有如下特性:

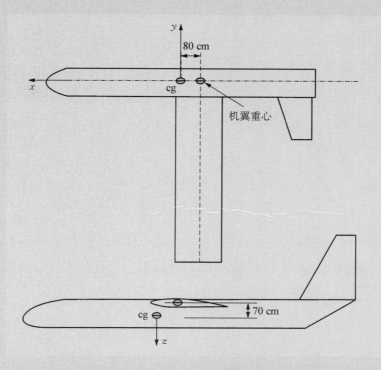

图 11-18 示例 11.4 中的飞机的几何尺寸

$$S = 12 \text{ m}^2, AR = 8, \text{翼型 NACA } 23015, m_\text{W} = 100 \text{ kg}.$$

确定该机翼的围绕 3 轴的质量惯性矩(即 I_{xx}, I_{yy}, I_{zz})。

解 假设机翼为矩形棱柱(见图 11-19)。必须首先确定机翼的几何尺寸。

翼展:$AR = \dfrac{b^2}{S} \Rightarrow b = \sqrt{AR \cdot S} = \sqrt{8 \cdot 12} \Rightarrow b = 9.8 \text{ m}$ (5-19)

平均空气动力弦:$S = b \cdot \overline{C} \Rightarrow \overline{C} = \dfrac{S}{b} = \dfrac{12}{9.8} = 1.225 \text{ m}$ (5-20)

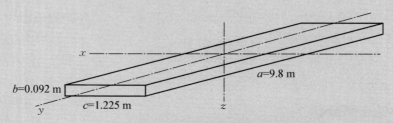

图 11-19 示例 11.4 中的机翼模型

按照机翼翼型代号(23015),机翼相对厚度为 15%(即最后两位数)。假设机翼平均厚度是相对厚度的 1/2。厚度:$(t/C)_\text{max} = 15\% \Rightarrow t = 0.05 \cdot 0.15 \cdot C = 0.5 \cdot 0.15 \cdot 1.225 = 0.092 \text{ m}$

(1) x 轴

$$I_{xx_\text{G}} = \frac{1}{12}m(a^2 + b^2) = \frac{1}{12} \cdot 50 \cdot (9.8^2 + 0.092^2) = 800.1 \text{ kg} \cdot \text{m}^2$$
$$= 590.1 \text{ slug} \cdot \text{ft}^2 \text{(见表 11-11)}$$

采用平行轴理论($d=0$):

$$I_{xx} = I_{xx_\text{G}} + md^2 = 800.1 \text{ kg} \cdot \text{m}^2 = 590.1 \text{ slug} \cdot \text{ft}^2$$

(2) y 轴:

$$I_{yy_\text{G}} = \frac{1}{12}m(b^2 + c^2) = \frac{1}{12} \cdot 50 \cdot (0.092^2 + 1.225^2)$$
$$= 12.57 \text{ kg} \cdot \text{m}^2 = 9.27 \text{ slug} \cdot \text{ft}^2 \text{(见表 11-11)}$$

采用平行轴理论:

$$d = \sqrt{0.7^2 + 0.8^2} = 1.06 \text{ m}$$

$$I_{yy} = I_{yy_\text{G}} + md^2 = 12.57 + 50 \cdot 1.06^2 = 125.57 \text{ kg} \cdot \text{m}^2 = 92.6 \text{ slug} \cdot \text{ft}^2$$

(11-29)

（3）z 轴：

$$I_{zz_G} = \frac{1}{12}m(a^2 + c^2) = \frac{1}{12} \cdot 50 \cdot (9.8^2 + 1.225^2) = 812.5 \text{ kg} \cdot \text{m}^2$$
$$= 599.3 \text{ slug} \cdot \text{ft}^2（见表 11 - 11）$$

采用平行轴理论（$d = 0.8 \text{ m}$）：

$$I_{zz} = I_{zz_G} + md^2 = 812.5 + 50 \cdot (0.8)^2 = 844.5 \text{ kg} \cdot \text{m}^2 = 622.9 \text{ slug} \cdot \text{ft}^2$$

$$(11 - 29)$$

11.8　本章示例

示例 11.5：重量分布

问题陈述　考虑一架双座（串列）单发涡轮螺旋桨教练机，最大起飞质量 2 500 kg，采用矩形直机翼，机翼面积为 17 m^2，展弦比为 6.5。飞机总长为 10 m（见图 11 - 20）。每个主要部件的质量以及各自的重心距螺旋桨桨毂整流罩（基准线）的距离如表 11 - 13 所示。两个燃油箱位于机翼内主梁之前，它们的重心位于机翼前缘之后在 20%MAC。确定机翼位置，使最大起飞重量时的飞机重心在 30%MAC。然后，确定飞机重心前限位置、飞机重心后限位置以及飞机的重心范围（以%MAC 表示）。

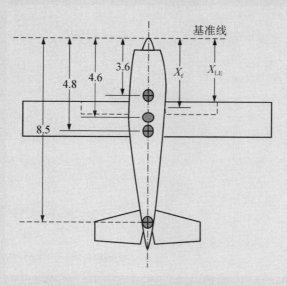

图 11 - 20　示例 11.5 中的飞机（单位 m）

表 11 - 13   示例 11 - 5 中的飞机各部件的质量和重心位置

序号	部件	质量/kg	符号	X_{cg}/m
1	发动机	220	m_e	1.8
2	机身	320	m_b	4.6
3	驾驶员 1	90	m_{P1}	3.6
4	驾驶员 2	90	m_{P2}	4.8
5	起落架	130	m_{lg}	3.5
6	尾翼	70	m_t	8.5
7	系统	655	m_s	4.1
8	机翼	375	m_w	X_{LE}
9	燃油	550	m_f	X_f

解 除了机翼和燃油箱外,其余所有部件的位置都为已知。由于燃油箱位于机翼内,因此当机翼位置确定之后,可自动获得燃油箱的位置。

● **步骤 1** **机翼 MAC**。机翼为矩形直机翼,所以机翼根弦、梢弦和机翼 MAC 都相同。

$$AR = \frac{b^2}{S} \Rightarrow b = \sqrt{S \cdot AR} = \sqrt{17 \cdot 6.5} \Rightarrow b = 10.512 \text{ m} \qquad (5-19)$$

$$AR = \frac{b}{C} \Rightarrow \overline{C} = \frac{b}{AR} = \frac{10.512}{6.5} \Rightarrow \overline{C} = 1.617 \text{ m} \qquad (5-17)$$

● **步骤 2** **飞机重心**。飞机重心是机翼重心和燃油重心的函数:

$$X_{cg} = \frac{\sum_{i=1}^{9} m_i x_{cgi}}{\sum_{i=1}^{9} m_i} = \frac{\left[\begin{array}{c} m_e x_e + m_b x_b + m_{P1} x_{P1} + m_{P2} x_{P2} + \\ m_t x_t + m_{lg} x_{lg} + m_s x_s + m_w x_w + m_f x_f \end{array}\right]}{m_e + m_b + m_{P1} + m_{P2} + m_t + m_g + m_s + m_w + m_f}$$

$$(11-1)$$

$$x_{cg} = \frac{\left[\begin{array}{c} (22 \cdot 1.8)^{①} + (320 \cdot 1.8)^{②} + (90 \cdot 3.6) + (90 \cdot 4.8) + (70 \cdot 8.5) + \\ (130 \cdot 3.5) + (655 \cdot 4.1) + (375 \cdot x_w) + (550 \cdot x_f) \end{array}\right]}{220 + 320 + 90 + 90 + 70 + 130 + 655 + 375 + 550}$$

$$x_{cg} = \frac{5463.5 + (375 x_w) + (550 x_f)}{2500}$$

$$(11-30)$$

---

① ,② 原文如此,有误,按表 11.13 应分别是"220 · 1.8"和"320 · 4.6"。前 7 项之和不等于 6 359.5 而非式(11-30) 中的 5 463.5。由此导致下面的计算有误。—— 译注

● **步骤 3　机翼和燃油重心相互关系**。需要得出燃油重心与机翼重心之间的关系。按表 11-2,机翼重心在(35%~42%)MAC 位置。选择 40%MAC 值。

$$x_{\mathrm{w}} = x_{\mathrm{LE}} + 0.4C = x_{\mathrm{LE}} + 0.4 \cdot 1.617 = x_{\mathrm{LE}} + 0.647 \tag{11-31}$$

此外,燃油重心在 20%MAC。因此有

$$X_{\mathrm{f}} = X_{\mathrm{LE}} + 0.2C = X_{\mathrm{LE}} + 0.2 \cdot 1.617 = X_{\mathrm{LE}} + 0.323 \tag{11-32}$$

将式(11-31)和式(11-32)代入式(11-30),得

$$x_{\mathrm{cg}} = \frac{5463.5 + [375(x_{\mathrm{LE}} + 0.647)] + [550(x_{\mathrm{LE}} + 0.323)]}{2500} \tag{11-33}$$

然而要求飞机重心处于 30%,所以有

$$X_{\mathrm{w}} = X_{\mathrm{LE}} + 0.3C \tag{11-34}$$

将式(11-33)代入式(11-34),则有

$$x_{\mathrm{LE}} + 0.3C = \frac{5463.5 + [375(x_{\mathrm{LE}} + 0.647)] + [550(x_{\mathrm{LE}} + 0.323)]}{2500} \tag{11-35}$$

● **步骤 4　机翼位置**。式(11-35)中仅有一个未知数。解此方程,得

$$X_{\mathrm{LE}} = 2.966 \text{ m}$$
$$X_{\mathrm{w}} = X_{\mathrm{LE}} + 0.647 = 2.966 + 0.647 = 3.613 \text{ m} \tag{11-31}$$

因此,为使最大起飞重量时的飞机重心处于 30%MAC 位置,机翼前缘必须处于基准线后 3.613 m。

● **步骤 5　燃油位置**。

$$X_{\mathrm{f}} = X_{\mathrm{LE}} + 0.323 = 2.966 + 0.323 = 3.289 \text{ m} \tag{11-32}$$

● **步骤 6　飞机重心位置**。将机翼重心和燃油重心位置代入式(11-30),则有

$$x_{\mathrm{cg}} = \frac{5463.5 + (375x_{\mathrm{w}}) + (550x_{\mathrm{f}})}{2500} = \frac{5463.5 + (375 \cdot 3.613) + (550 \cdot 3.289)}{2500}$$

$$\Rightarrow x_{\mathrm{cg}} = 3.451 \text{ m}$$

$$\tag{11-30}$$

● **步骤 7　飞机重心前限**。为了确定飞机重心前限,必须剔除在飞机最大起飞重量时处于飞机重心之后的所有可移除项。仅可剔除燃油和一位驾驶员。将所有部件按序列于表 11-14 中。可以看到,前座驾驶员和燃油位于飞机重心之后,并且必须剔除:

$$x_{\mathrm{cg3}} = \frac{\sum\limits_{j=1}^{n-k_2} x_{\mathrm{cg}j} m_j}{\sum\limits_{j=1}^{n} m_j - \sum\limits_{j=1}^{k_2} m_j} \tag{11-15}$$

表 11-14 示例 11.5 中的部件重心位置

序号	部件	x_{cg}/m	序号	部件	x_{cg}/m
1	发动机	1.8	6	系统	4.1
	飞机	3.451	7	机身	4.6
2	起落架	3.5	8	驾驶员 2	4.8
3	燃油	3.579	9	尾翼	8.5
4	驾驶员 1	3.6			
5	机翼	3.921			

所以，$n = 9$，$k_2 = 2$；

$$X_{cg_{for}} = \frac{\sum_{j=1}^{9-2} x_{cgj} m_j}{\sum_{j=1}^{9} m_j - \sum_{j=1}^{2} m_j} = \frac{m_e x_e + m_b x_b + m_{P2} x_{P2} + m_t x_t + m_{lg} x_{lg} + m_s x_s + m_w x_w}{m_e + m_b + m_{P2} + m_1 + m_{lg} + m_s + m_w}$$

$$x_{cg_{for}} = \frac{\left[\begin{array}{c}(22 \cdot 1.8) + (320 \cdot 1.8) + (90 \cdot 4.8) + (70 \cdot 8.5) + \\ (130 \cdot 3.5) + (655 \cdot 4.1) + (375 \cdot 3.613)\end{array}\right]}{220 + 320 + 90 + 70 + 130 + 655 + 375}$$

$$\Rightarrow x_{cg_{for}} = 3.191 \text{ m}$$

$$(11-15)$$

● **步骤 8**　飞机最后重心。查阅表 11.14，可以看到，飞机为最大起飞重量时在飞机重心前面不存在可移除项。因此，最大起飞重量时的飞机重心即是飞机的重心后限：

$$\Rightarrow x_{cg_{aft}} = 3.451 \text{ m}$$

● **步骤 9**　以 %MAC 表示的飞机重心前限和飞机重心后限。

$$h_{for} = \overline{X}_{cg_{for}} = \frac{x_{cg_{for}} - x_{LE_{MAC}}}{\overline{C}}$$

$$(11-12)$$

$$= \frac{3.191 - 2.966}{1.617} = 0.14$$

$$h_{aft} = \overline{X}_{cg_{aft}} = \frac{x_{cg_{aft}} - x_{LE_{MAC}}}{\overline{C}}$$

$$(11-13)$$

$$= \frac{3.451 - 2.966}{1.617} = 0.3$$

因此，飞机重心后限位于 30%MAC，而飞机重心前限位于 14%MAC。

- **步骤 10 飞机重心范围。**

$$\Delta x_{cg} = \frac{x_{cg_{aft}} - x_{cg_{for}}}{C} = \frac{3.451 - 3.191}{1.617} = 0.3 - 0.14 = 0.16 \quad (11-16)$$

因此,飞机重心范围为 16%MAC。

练习题

(1) 考虑一架轻型双座(并列)特技飞机,全长为 10 m,机翼面积为 25 m²。每个主要部件的质量及其重心距螺旋桨桨毂整流罩(基准线)的距离如下表所示:

序号	部件	质量/kg	X_{cg}/m	序号	部件	质量/kg	X_{cg}/m
1	机翼	400	4.5	5	驾驶员	170	3.1
2	尾翼	120	9.1	6	起落架	75	3.3
3	发动机	330	0.8	7	燃油	400	3.4
4	机身	310	4.6	8	系统	560	4.4

飞机采用梯形直机翼,展弦比为 10,梢根比为 0.4,机翼顶点在基准线之后 3.2 m。确定飞机重心(以%MAC 表示)。

(2) 考虑一架双座(串列)教练机,全长为 6.2 m,机翼面积为 9.2 m²。每个主要部件的质量及其重心距螺旋桨桨毂整流罩(基准线)的距离如下表所示:

序号	部件	质量/kg	X_{cg}/m	序号	部件	质量/kg	X_{cg}/m
1	机翼	95	2.4	6	学员	75	3.4
2	尾翼	18	5.7	7	起落架	15	3.1
3	发动机	75	0.5	8	燃油	82	3.4
4	机身	87	2.9	9	系统	68	3.4
5	教员	80	2.7				

机翼为后掠翼,前缘后掠角为 20°,展弦比为 9,梢根比为 0.72,机翼顶点在基准线之后 1.9 m。确定飞机重心(以%MAC 表示)。

(3) 考虑一架单座战斗机,全长为 16 m,机翼面积为 50 m²。每个主要部件的质量及其重心距机头(基准线)的距离如下表所示:

序号	部件	质量/kg	X_{cg}/m	序号	部件	质量/kg	X_{cg}/m
1	机翼	1 680	2.4	6	外挂物	3 000	9.5
2	尾翼	420	15.5	7	起落架	630	7.6
3	发动机	2 730	12	8	燃油	7 000	10.1
4	机身	1 470	7	9	系统	4 000	5.3
5	驾驶员	95	2.9				

机翼为后掠翼,前缘后掠角为 55°,展弦比为 4.5,梢根比为 0.2,机翼顶点在基准线之后 10.1 m。确定飞机重心(以%MAC 表示)。

(4) 确定练习题 1 中飞机的重心前限和重心后限位置(以%MAC 表示)。

(5) 确定练习题 2 中飞机的重心前限和重心后限位置(以%MAC 表示)。

(6) 确定练习题 3 中飞机的重心前限和重心后限位置(以%MAC 表示)。

(7) 考虑一架运输机,最大起飞重量为 11 000 kg,机翼面积为 32 m²。机身长度为 17 m,最大直径为 2.7 m,质量为 900 kg。机身模化为薄壁圆柱壳体,确定机身围绕飞机重心的纵向、横向和航向质量惯性矩。假设飞机重心沿机身中心线,位置距机头 8 m。

(8) 考虑一架双发涡轮螺旋桨军用飞机,最大起飞重量为 3 200 kg,机翼面积为 28 m²。机身长度为 11 m,最大直径为 1.3 m,质量为 290 kg。机身模化为薄壁圆柱壳体,确定机身围绕飞机重心的纵向、横向和航向质量惯性矩。假设飞机重心沿机身中心线,位置距机头 6 m。

(9) 考虑一架上单翼货机,最大起飞重量为 12 000 kg,全长为 17 m,机翼具有如下特性:

$$S = 34 \text{ m}^2,\ AR = 10,\ \lambda = 0.65,\ (t/C)_{max} = 0.12,\ \Lambda_{0.5C} = 0°,\ m_w = 1 200 \text{ kg}。$$

飞机重心沿机身中心线,位置距机头 8 m。机翼重心位于机头之后 9 m,在机身中心线上方 1.3 m。机翼模化为矩形薄板,厚度为 0.5t,确定机翼围绕飞机重心的纵向、横向和航向质量惯性矩。

(10) 考虑一架单座下单翼滑翔机,最大起飞重量为 800 kg,全长为 6 m,机翼具有如下特性:

$$S = 11 \text{ m}^2,\ AR = 30,\ \lambda = 0.75,\ (t/C)_{max} = 0.12,\ \Lambda_{0.5C} = 10°,\ m_w = 110 \text{ kg}。$$

飞机重心沿机身中心线,位置距机头 2.7 m。机翼重心位于机头之后 2.6 m,在机身中心线下方 0.6 m。机翼模化为矩形薄板,厚度为 0.5t,确定机翼围绕飞机重心的纵向、横向和航向质量惯性矩。

(11) 考虑一架大型下单翼运输机,最大起飞重量为 270 000 kg,全长为 63 m,机翼具有如下特性:

$$S = 340 \text{ m}^2,\ AR = 14,\ \lambda = 0.3,\ (t/C)_{max} = 0.15,$$
$$\Lambda_{0.5C} = 35°,\ m_w = 22 000 \text{ kg}。$$

飞机重心沿机身中心线,位置距机头 29 m。机翼顶点位于机头之后 25 m,在机身中心线下方 2.5 m。机翼模化为矩形薄板,厚度为 0.5t,确定机翼围绕飞机重心的纵向、横向和航向质量惯性矩。

(12) 考虑一架轻型飞机,最大起飞重量为 1 000 kg,全长为 6 m,水平尾翼具有如下特性:

$$S_{\mathrm{h}} = 2.7 \, \mathrm{m}^2, \, AR_{\mathrm{h}} = 4, \, \lambda_{\mathrm{h}} = 0.8, \, (t/C)_{\max} = 0.09,$$
$$\Lambda_{\mathrm{h0.5C}} = 12°, \, m_{\mathrm{h}} = 21 \, \mathrm{kg}。$$

飞机重心沿机身中心线,位置距机头 2.8 m。水平尾机翼重心位于机头之后 5.4 m,在机身中心线上方 1.3 m。水平尾翼模化为矩形薄板,厚度为 $0.5t$,确定水平尾翼围绕飞机重心的纵向、横向和航向质量惯性矩。

(13) 考虑一架鸭翼飞机,最大起飞重量为 2 500 kg,全长为 10 m,鸭翼具有如下特性:

$$S_{\mathrm{c}} = 3.2 \, \mathrm{m}^2, \, AR_{\mathrm{c}} = 5, \, \lambda_{\mathrm{c}} = 0.75, \, (t/C)_{\max} = 0.08,$$
$$\Lambda_{\mathrm{h0.5C}} = 18°, \, m_{\mathrm{c}} = 45 \, \mathrm{kg}。$$

飞机重心沿机身中心线,位置距机头 4.4 m。鸭翼重心位于机头之后 0.6 m,在机身中心线下方 0.3 m。鸭翼模化为矩形薄板,厚度为 $0.5t$,确定鸭翼围绕飞机重心的纵向、横向和航向质量惯性矩。

(14) 考虑一架运输机,最大起飞重量为 42 000 kg,全长为 27 m,垂直尾翼具有如下特性:

$$S_{\mathrm{vt}} = 22 \, \mathrm{m}^2, \, AR_{\mathrm{vt}} = 1.4, \, \lambda_{\mathrm{vt}} = 0.3, \, (t/C)_{\max} = 0.09,$$
$$\Lambda_{\mathrm{vt0.5C}} = 40°, \, m_{\mathrm{vt}} = 510 \, \mathrm{kg}。$$

飞机重心沿机身中心线,位置距机头 12 m。垂直尾翼重心位于机头之后 26.5 m,在机身中心线上方 3.3 m。垂直尾翼模化为矩形薄板,厚度为 $0.5t$,确定垂直尾翼围绕飞机重心的纵向、横向和航向质量惯性矩。

(15) 考虑一架战斗机,最大起飞重量为 20 000 lb,全长为 50 ft。飞机采用双垂直尾翼,每一垂直尾翼具有如下特性:

$$S_{\mathrm{vt}} = 90 \, \mathrm{ft}^2, \, AR_{\mathrm{vt}} = 1.7, \, \lambda_{\mathrm{vt}} = 0.4, \, (t/C)_{\max} = 0.06,$$
$$\Lambda_{\mathrm{vt0.5C}} = 50°, \, m_{\mathrm{vt}} = 180 \, \mathrm{lb}。$$

飞机重心沿机身中心线,位置距机头 27 ft。垂直尾翼重心位于机头之后 46 ft,在机身中心线上方 6 ft。垂直尾翼模化为矩形薄板,厚度 $0.5t$,确定这组双垂直尾翼围绕飞机重心的纵向、横向和航向质量惯性矩。

(16) 考虑一架单发喷气式教练机,最大起飞重量为 7 500 kg,全长为 13 m,喷气式发动机具有如下特性:

$$L_{\mathrm{e}} = 3.6 \, \mathrm{m}^2, \, D_{\mathrm{e}} = 1.1 \, \mathrm{m}, \, m_{\mathrm{e}} = 650 \, \mathrm{kg}。$$

飞机重心沿机身中心线,位置距机头 6 m。发动机重心位于机头之后 10 m,在机身中心线下方 0.8 m。发动机模化为实心圆柱,确定发动机围绕飞机重心的纵向、横向和航向质量惯性矩。假设发动机中心线与机身中心线重合。

（17）考虑一架装有两台涡轮风扇发动机的喷气式公务机，最大起飞重量为 18 000 kg，全长为 17 m，发动机位于后机身两侧，每台发动机具有如下特性：

$$L_e = 1.3 \, m^2, \; D_e = 0.95 \, m, \; m_e = 340 \, kg。$$

飞机重心沿机身中心线，位置距机头 7 m。发动机重心位于机头之后 12 m，在机身中心线上方 0.1 m。发动机中心线之间的横向距离为 5 m。发动机模化为实心圆柱，确定两台发动机（作为一组）围绕飞机重心的纵向、横向和航向质量惯性矩。

（18）考虑一架装有两台涡轮螺旋桨发动机的货机，最大起飞重量为 50 000 kg，全长为 34 m，飞机重心沿机身中心线，位置距机头 15 m。飞机采用前三点起落架构型。主起落架质量为 350 kg，重心位于机头之后 16 m，在机身中心线下方 2.5 m。主起落架有两个机轮，主轮距 7 m。主起落架模化为两个质点，确定主起落架（作为一组）围绕飞机重心的纵向、横向和航向质量惯性矩。

（19）一架飞机左右翼尖各有一个圆柱形燃油箱。每一翼尖油箱质量为 280 kg，直径为 40 cm，长度为 1.2 m。机翼翼展为 14 m。确定翼尖油箱（作为一组）围绕飞机重心的横向质量惯性矩（即 I_{xx}）。假设飞机重心沿机身中心线。

（20）考虑一架单座单发 GA 飞机，最大起飞重量为 6 500 kg。飞机采用矩形直机翼，机翼平面面积为 195 ft²，展弦比为 9.5。飞机有两个燃油箱，每侧机翼各一个。飞机燃油箱容量为 140 US gal JP - 4 燃油，油箱重心与机身中心线相距 1.5 m。确定飞机的最左和最右重心（以％翼展表示）。

（21）考虑一架双座（串列）单发教练机，全长为 9 m，机翼面积为 15 m²（见图 11 - 21）。飞机采用梯形直机翼，展弦比为 8，梢根比为 0.7。每一主要部件的质量及

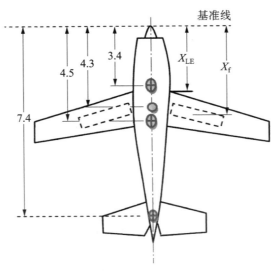

图 11 - 21　练习题 21 中的飞机（单位 m）

其重心距螺旋桨桨毂整流罩(基准线)的距离如表 11-15 所示。两个燃油箱位于机翼内,在主梁与后梁之间,它们的重心位于机翼前缘之后 50%MAC。确定机翼位置,使最大起飞重量下的飞机重心处于 28%MAC。然后确定飞机重心前限,重心后限和飞机的重心范围(以%MAC 表示)。

表 11-15 练习题 21 中的飞机各部件的质量和重心位置

序号	部件	质量/kg	符号	X_{cg}/m
1	发动机	220	m_e	1.75
2	机身	300	m_b	4.3
3	驾驶员 1	80	m_{P1}	3.4
4	驾驶员 2	80	m_{P2}	4.5
5	起落架	130	m_{lg}	3.3
6	尾翼	70	m_t	7.4
7	系统	630	m_s	4
8	机翼	360	m_w	X_w
9	燃油	50	m_f	X_f

(22) 对于具有如下特性的 10 座喷气式公务机:

$$m_{TO} = 7\,000 \text{ kg}, \ S = 31 \text{ m}^2, \ C_{D_o} = 0.022, \ AR = 9, \ \lambda = 1,$$

$$S_h/S = 0.2, \ S_{vt}/S = 0.17, \ m_{empty} = 4\,200 \text{ kg}.$$

(a) 确定最大起飞重量下的飞机重心(以%MAC 表示);

(b) 确定机翼位置,使飞机重心处于 22%MAC(最大起飞重量时);

(c) 确定飞机重心后限和重心前限(以%MAC 表示)。

每一部件和项目的质量、重心位置和特性示于表 11-16。

表 11-16 习题 22 中飞机各部件的质量和重心位置

序号	部件	质量	X_{cg}(距机头)	特性
1	机身	12%m_{TO}	41%L_f	$L_f = 15$ m, $D_f = 1.6$ m
2	机翼	14%m_{TO}	对设计者为未知	$AR = 9, \lambda = 1, \Lambda_{LE} = 0$
3	水平尾翼	4%m_{TO}	91%L_f	$AR = 5, \lambda = 1, \Lambda_{LE} = 0$
4	垂直尾翼	2%m_{TO}	93%L_f	$AR = 2.5, \lambda = 1, \Lambda_{LE} = 30$
5	发动机	18%m_{TO}	63%L_f	双发,位于后机身两侧
6	起落架	5%m_{TO}	$X_{cg\_main} = 48\%L_f$	前三点式起落架
			$X_{cg\_nose} = 10\%L_f$	$W_{mainLG} = 4\%m_{TO}$
7	燃油	1 550 kg	58%L_f	在 3 个燃油箱内

序号	部件	质量	X_{cg}（距机头）	特性
8	旅客	$10 \cdot 85$ kg	$X_{cg\_前排} = 15\%L_f$ $X_{cg\_最后排} = 50\%L_f$	每排2个座位
9	行李	$10 \cdot 30$ kg	$64\%L_f$	在后机身
10	驾驶员	100 kg	$10\%L_f$	1名
11	其他系统	$5\%m_{TO}$	$50\%L_f$	—

（23）考虑一架双发涡轮螺旋桨运输机，有2名机组成员（见图11-22）。客舱有2名乘务员，共30名旅客，每排3个座位，排距80 cm。飞机具有下列机翼特性：

$$S = 40 \text{ m}^2, \ AR = 10, \ \lambda = 0.7, \ L = 20 \text{ m}.$$

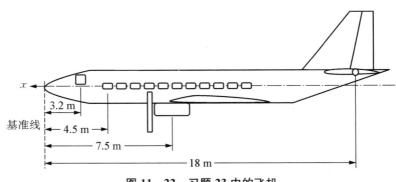

图 11-22 习题 23 中的飞机

每排座位正上方有2个行李箱。每个主要部件的质量和重心位置（X_{cg}）列于表11-17。

表 11-17 习题 23 中的飞机各部件的质量和重心位置（X_{cg}）

序号	部件	质量/kg	X_{cg}/m
1	机翼	2 000	9.5
2	尾翼	400	18
3	发动机	2 400	7.7
4	机身	1 600	9.3
5	驾驶员＋行李	200	3.2
6	旅客（第1排）	$3 \cdot 85$	4.5
7	乘务员	$2 \cdot 100$	15.7
8	随身行李（第1排）	$3 \cdot 15$	4.5
9	托运行李	$34 \cdot 40$	15

（续表）

序号	部件	质量/kg	X_{cg}/m
10	起落架	800	6.8
11	机翼燃油	1 000	8.6
12	机身燃油	2 000	6.4
13	系统和其他设备	7 000	9

机翼顶点距机头（基准线）7.5 m。确定飞机沿 x 轴的重心后限和重心前限位置（以%MAC 表示）。

参 考 文 献

[1] (2004) Aviation Francais Virtuel, Concorde Operating Manual, British Aerospace/Aerospatiale Concorde.

[2] (2003) Gulfstream G 550 Flight Manual, Gulfstream Aerospace.

[3] Vetsch, L. E. and Burgener, L. L. (1988) Design of a certifiable primary on-board aircraft weight and balance system, AIAA/IEEE Digital Avionics Systems Conference, San Jose, October 17 - 20, AIAA - 1988 - 3919.

[4] Roskam, J. (2007) *Airplane Flight Dynamics and Automatic Flight Control*, *Part I*, DAR Corporation.

[5] Multhopp, H. (1942) Aerodynamics of the Fuselage, NACA Technical Memorandum No. 1036.

[6] DOT, FAA (2011) Citation 550 Type Certificate Data Sheet.

[7] Anonymous (1976) USAF Stability and Control DATCOM, Flight Control Division, Air Force Flight Dynamics Laboratory, Wright-Patterson Air Force Base, Ohio.

[8] Anonymous (1990) Flying Qualities of Piloted Airplanes, MIL - F - 1797C, Air Force Flight Dynamic Laboratory WPAFB, Dayton.

[9] Anonymous (1980) Military Specification Flying Qualities of Piloted Airplanes, MIL - F - 8785C, Air Force Flight Dynamics Laboratory WPAFB, Dayton.

[10] Airworthiness Standards for GA and Transport Aircraft, FAR 23 and 25 (2011), US Department of Transportation, Federal Aviation Administration.

[11] Avallone, E., Baumeister, T., and Sadegh, A. (2006) *Marks' Standard Handbook for Mechanical Engineers*, 11th edn, McGraw-Hill.

[12] Tapley, B. D. (1990) *Eshbach's Handbook of Engineering Fundamentals*, 4th edn, Wiley-VCH Verlag GmbH.

12 操纵面设计

12.1 序言

有关安全飞行的两个主要前提条件是稳定性和操纵性。此外,驾驶员和乘员的舒适程度也相当重要,常常将此称为操纵品质。这3项飞机设计目标将影响操纵面设计并构成种种设计约束。将飞行稳定性定义为飞机受到干扰时对抗任何输入并回复到原始配平状态的固有趋势。当沿3根轴中每根轴的所有力以及围绕3轴中每根轴的所有力矩之和都为0时,可以说飞机处于配平或平衡状态。在此情况下,飞机具有定常线速度和/或定常角速度。操纵是将飞机飞行状态从某个初始配平点改变为最终配平点或新配平点的过程。主要由驾驶员通过移动操纵面/发动机油门杆进行操纵。基本上通过参照从初始配平点移动到最终配平点所需时间(如俯仰角速度和横滚角速度)来表达所希望的变化。

对于战斗机和导弹而言,机动性是极为重要的,并且是操纵性的一个部分。操纵系统应该设计成具有足够的冗余度,以使所达到的可靠性比某个所希望的等级高出两个数量级。飞机操纵性是包括操纵面在内的众多因素的函数。有关这些基本定义的综述如表12-1所示。

表 12-1 基本术语定义

编号	术语	定 义
1	配平,平衡	当作用在飞机上所有的力之和和围绕飞机重心的所有力矩之和都为0时,飞机处于"配平"状态
2	操纵	以规定的变化率从初始配平点到新配平点的所希望的飞机配平状态变化
3	稳定性	飞机受到不希望的力或力矩扰动时对抗任何输入并回复到初始配平点的趋势
4	静稳定性	飞机在配平点受到扰动时对抗任何输入的趋势
5	动稳定性	飞机受到扰动时回复到初始配平点的趋势

在一架飞机上,有两组主要工作面:①升力面,②操纵面。对于常规飞机,升力面主要包括机翼、水平尾翼和垂直尾翼。顾名思义,升力面产生空气动力升力。相比之下,通过称为操纵面的装置实施对飞机的操纵。然而驾驶员通过驾驶杆/驾驶盘和脚蹬使操纵面偏转。通常,可将操纵面粗略地分为两类:常规的和非常规的。常规操纵面通常分为两组:①主操纵面,②辅助操纵面(见图 12-1)。主操纵面(见图 12-2)是控制飞行航路变化的操纵面,在常规飞机上通常包括:①副翼,②升降舵,③方向舵。相比之下,辅助操纵面用于增强主操纵面,完成次要或次级功能。

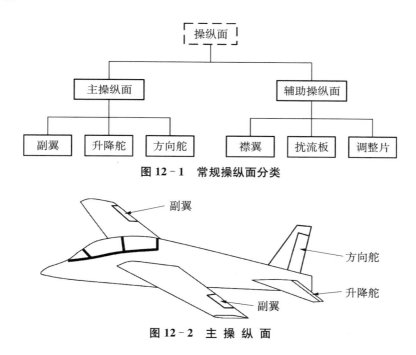

图 12-1 常规操纵面分类

图 12-2 主操纵面

副翼、升降舵和方向舵这 3 个主操纵面分别用于横向操纵、纵向操纵和航向操纵。然而它们对飞机的横向配平、纵向配平和航向配平也有很大贡献。在多数飞机构型中,横向和航向运动是耦合的,因此副翼也影响航向运动,方向舵也影响横向运动。常规的主操纵面像一个简单襟翼,但是它们的用途不同。当操纵面偏转时,与它们相关的升力面(机翼、水平尾翼或垂直尾翼)的曲度发生改变。因此,操纵面的偏转改变空气动力,从而,一个合力矩将影响飞机的运动。高升力装置(如襟翼)的设计已在第 5 章中做过阐述,而调整片的功能和应用将在第 12.7 节中陈述。

为了对飞机操纵进行分析,必须定义坐标轴系。共有 4 种坐标轴系:①地面固定坐标轴系,②机体坐标轴系,③风轴坐标轴系,④稳定性坐标轴系。这里,就飞机操纵而言,采用机体坐标轴系,3 根正交轴遵循右手法则。x 轴沿机身中心线,通过飞机重心，y 轴垂直于 x 轴，指向右侧（按俯视图），z 轴垂直于 xy 平面（指向朝下）。图 12-3 示出飞机坐标轴的正向约定。将正向横滚定义为：从驾驶员座位看去，飞机绕 x 轴顺时针转动（巡航（CR）时，右机翼向下，左机翼向上）。同样，将正向俯仰定义为：从驾驶员座位看去，飞机绕 y 轴顺时针转动（机头上仰）。最后，将正偏航定义为：从驾驶员座位看去，飞机绕 z 轴顺时针转动（机头向右）。图 12-4 和表 12-2 示出操纵面正向偏转约定。在本书中，这些约定很重要，将用于研究设计方法。

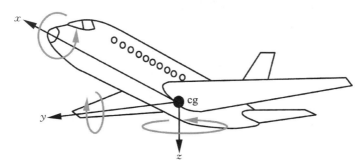

图 12-3 坐标轴和正向旋转约定

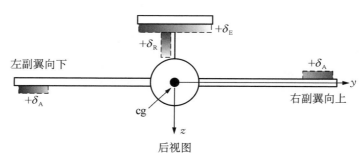

图 12-4 操纵面正偏转方向约定

表 12-2 操纵面正向偏转约定

序号	操纵面	符号	操纵面正向偏转
1	升降舵	δ_E	产生负俯仰运动（向下偏转，$+\delta_E$，向上偏转，$-\delta_E$）
2	副翼	δ_A	产生正向横滚运动。左副翼向下（$\delta_{Aleft-down}$），右副翼向上（$\delta_{Aright-up}$），$\delta_A = 0.5 \cdot (\delta_{Aleft} + \delta_{Aright})$
3	方向舵	δ_R	产生正侧向力和负偏航力矩（向左，$+\delta_R$，向右，$-\delta_R$）。

一架飞机能够实现各种机动和运动。可将这些运动粗略地分为 3 组：①纵向运动，②横向运动，③航向运动。对于大多数飞机，纵向运动并不对横向运动和航向运动产生影响。然而横向运动和航向运动常常是耦合的，任何横向运动常常诱发航

向运动,任何航向运动常常诱发横向运动。这些运动定义如下:

(1)纵向运动。飞机在 xz 平面内的任何运动称为纵向运动(如围绕 y 轴俯仰、垂直颠动、爬升、巡航、跃升和下降)。升力、阻力和俯仰力矩对此运动有重要影响。俯仰运动被认为是纵向运动。

(2)横向运动。飞机围绕 x 轴的转动称为横向运动(如围绕 x 轴横滚)。升力和横滚力矩对此运动有重要影响。横滚运动被认为是横向运动。

(3)航向运动。飞机围绕 z 轴旋转和沿 y 轴的任何运动称为航向运动(如围绕 z 轴的偏航、内侧滑和外侧滑)。侧向力和偏航力矩对此运动有重要影响。偏航运动被认为是航向运动。水平转弯是横向运动和航向运动的组合。

辅助操纵面(见图 12-5)实际上是起辅助作用的操纵面,并且在特定情况下使用。这些操纵面主要包括:①高升力装置(如襟翼),②调整片,③扰流板。通常,襟翼用于在低速时(即起飞和着陆)增加机翼升力系数,可在机翼前缘和后缘采用高升力装置。后缘的高升力装置常常称作襟翼,而两组前缘高升力装置为翼缝和缝翼。为使副翼有较长的力臂,后缘襟翼布置在机翼内侧,副翼布置在机翼的外侧。这引起襟翼展长和副翼展长之间的干扰。在特技类飞机上,副翼的重要性大于襟翼,副翼设计优先于襟翼。

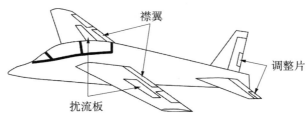

图 12-5 辅助操纵面

襟翼设计已经在第 5 章中做过阐述,而副翼设计将在第 12.4 节中叙述。扰流板基本上有两个功能:①着陆时起刹车作用,②在横滚运动时起辅助装置作用。第三种辅助操纵面即调整片有不同的类型(如配平调整片、补偿调整片、随动调整片和随动操纵片),但是其主要作用是减小驾驶员操纵飞机所必需的力。扰流板有时用于替代副翼进行横滚操纵,尤其是当扭转气动弹性为临界时。扰流板是设置在机翼上翼面的平板(无曲度),当其向上偏时,用于减小升力。顾名思义,扰流板降低升力,所以在高速时不使用。在许多高速飞机上,用扰流板替代副翼。在高速时它们是最有效的横滚操纵器件,并成为有效的减升装置,以在飞机着陆接地时使机轮刹车发挥最大效用。滑翔机采用扰流板直接增大阻力,并减小升阻比,使下滑角加大。

设计操纵面时广泛使用的一组变量是操纵导数。简单地说,操纵导数是空气动力和力矩(或它们的系数)随操纵面偏度(如升降舵)的变化率。操纵导数代表操纵面偏度有小的变化时作用在飞机上的空气动力和力矩的变化量。操纵导数越大,相应的操纵面越有效。最重要的 3 个无量纲操纵导数是 $C_{l_{\delta A}}$、$C_{m_{\delta E}}$ 和 $C_{n_{\delta R}}$。所有无量纲操纵导数的单位是 1/rad。导数 $C_{l_{\delta A}}$ 是横滚力矩系数随副翼偏度单位变化量的变化率(式(12-1))。导数 $C_{m_{\delta E}}$ 是俯仰力矩系数随升降舵偏度单位变化量的变化率(式(12-2))。导数 $C_{n_{\delta R}}$ 是偏航力矩系数随方向舵偏度单位变化量的变化率(式(12-3))。这 3 个无量纲操纵导数的定义如下:

$$C_{l_{\delta A}} = \frac{\partial C_l}{\partial \delta_A} \tag{12-1}$$

$$C_{m_{\delta E}} = \frac{\partial C_m}{\partial \delta_E} \tag{12-2}$$

$$C_{n_{\delta R}} = \frac{\partial C_n}{\partial \delta_R} \tag{12-3}$$

飞机主要部件(如机翼、尾翼和起落架)完成设计之后,可使用操纵导数形式来表达和解读操纵能力需求。例如对于战斗机,方向舵设计成满足 $C_{n_{\delta R}} < -0.4$ 1/rad 的要求。或者,对于运输机,升降舵设计成满足 $C_{m_{\delta E}} < -2$ 1/rad 的要求。

图 12-6 给出操纵面设计过程流程图。通常,设计过程从权衡研究开始,以在

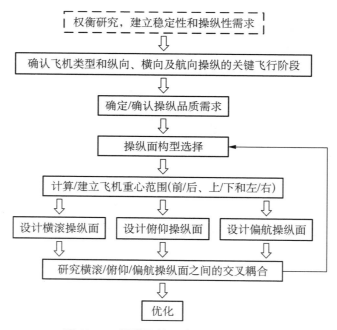

图 12-6 操纵面的设计过程(美国空军)

稳定性和操纵性需求之间建立一条清晰界线，然后以优化结束。在权衡研究期间，检验飞行品质的两个极限值，并获得稳定性和操纵性之间的界线。例如，战斗机能够牺牲稳定性，以达到更高的操纵性和机动性，然后可采用自动飞行操纵系统，以增加飞机稳定性。对于民用航线客机，安全性是最高目标，所以稳定性显然优先于操纵性。

这一权衡研究的结果，主要用于建立飞机重心后限和重心前限的允许位置。通常对用于横滚操纵、俯仰操纵和偏航操纵的 3 个操纵面开展并行设计。然后，对 3 个操纵面之间很可能的交叉耦合进行研究，确保每一操纵面不否定其他方面的飞机操纵性特性。如果交叉耦合分析发现对任一操纵面带来不满意的影响，则必须对一个或多个操纵面重新进行设计，以解决这一问题。飞行操纵系统包括操纵面在内，应设计成具有足够的冗余度，以使所达到的可靠性比所希望的某一等级高出 2 个数量级。在 FAR 23 中，要求操纵系统的冗余度为一级（即动力传输管路/线路）。动力传输管路/线路（即电线或管路）不应彼此靠近，不应靠近燃油箱，不应靠近液压管路。在大多数波音飞机上，采用 3 套独立的液压系统。如果液压管路中存在泄漏，或者如果发动机不工作，则还有一套液压系统可独立运行。所以，B747 配备 4 套液压系统。这些设计考虑提供了一架高度安全和可靠的飞机。

本章将涉及升降舵、方向舵和副翼的设计，但未考虑扰流板和调整片的详细设计，当然，有不少飞机不设置扰流板，而有不少飞机采用调整片，然而几乎所有飞机都因采用襟翼而得到好处。除了常规的操纵面（副翼、升降舵和方向舵）外，还有其他形式的操纵面，如升降副翼、方向升降舵和襟副翼，但不常使用。本章将详细叙述常规操纵面的设计并简单提及非常规操纵面设计。表 12 - 3 给出主操纵面几何参数的典型值。

表 12 - 3　操纵面几何参数的典型值

操纵面	升降舵	副翼	方向舵
操纵面面积/升力面面积	$S_E/S_h = 0.15 \sim 0.4$	$S_A/S = 0.03 \sim 0.12$	$S_R/S_v = 0.15 \sim 0.35$
操纵面展长/升力面展长	$b_E/b_h = 0.8 \sim 1$	$b_A/b = 0.2 \sim 0.40$	$b_R/b_v = 0.7 \sim 1$
操纵面弦长/升力面弦长	$C_E/C_h = 0.2 \sim 0.4$	$C_A/C = 0.15 \sim 0.3$	$C_R/C_v = 0.15 \sim 0.4$
操纵面最大偏度（负值）	$-25(°)$（向上）	$25(°)$（向上）	$-30(°)$（向右）
操纵面最大偏度（正值）	$+20(°)$（向下）	$20(°)$（向下）	$+30(°)$（向左）

本章专门阐述主操纵面的详细设计。第12.2节提出操纵面构型选择问题;第12.3节阐述操纵品质基础和评估操纵品质的方法;第12.4节阐述副翼设计过程;第12.5节仔细研究升降舵设计方法;第12.6节介绍方向舵设计程序;第12.7节专门阐述主操纵面空气动力平衡和质量平衡概念;第12.8节将给出有关副翼、升降舵和方向舵设计的3个含完整解答的综合性设计示例。

12.2　操纵面构型选择

操纵面设计的第一步是选择操纵面构型。支持飞行操纵面设计的主要理念是确定它们的位置,以使它们主要起到产生力矩的作用。操纵面提供3种形式的绕轴转动(横滚、俯仰和偏航)。常规构型包括升降舵、副翼和方向舵。对这一经典构型的改变导致这些操纵面布局发生某些变化。表12-4给出若干操纵面构型选项。某些型式的操纵面依赖于具体的飞机构型,必须针对特定的飞机构型选择操纵面。表12-4还给出几种飞机示例。

表12-4　操纵面构型选项

序号	操 纵 面 构 型	飞 机 构 型
1	常规(副翼、升降舵和方向舵)	常规(或鸭翼替代升降舵)
2	全动水平尾翼,方向舵和副翼	水平尾翼与升降舵组合
3	全动垂直尾翼,升降舵和副翼	垂直尾翼与方向舵组合
4	襟副翼,升降舵和方向舵	襟翼与副翼组合(如x-29和F-16)
5	全动平尾副翼,方向舵	全动水平尾翼(升降舵)和副翼组合(如F-16)
6	升降副翼,方向舵(或等效件)	副翼与升降舵组合(如天龙、F-117和航天飞机)
7	方向升降舵,副翼	V形尾翼(如全球鹰和捕食者无人机)
8	阻流方向舵,升降舵和副翼	无垂直尾翼(如暗星)
9	鸭翼升降舵,副翼	升降舵作为鸭翼的一部分,外加副翼
10	4个操纵面	十字形(+或×)尾翼构型(例如大多数导弹)
11	副翼,升降舵(或等效件)和分段式方向舵	无垂直尾翼,类似副翼的操纵面分为上、下两部分(如B-2轰炸机)
12	扰流板副翼,升降舵和方向舵	扰流板和副翼组合(如B-52)
13	推力矢量控制	增稳或无操纵面,VTOL*,UAV**

* VTOL:垂直起降;* * UAV:无人机。

操纵面构型选择是飞机构型(如机翼、尾翼和发动机)、成本、性能、操纵性、动力传送以及运行需求的函数。某些飞机构型选择的结果是采用特定类型的操纵面。例如飞机概念设计阶段选择了V形尾翼构型时,方向升降舵是控制偏航力矩和俯仰力矩两者的最好候选方案。另一个示例是当设计者决定采用无后置尾翼的三角翼时,在此情况下,升降副翼成为最佳候选方案,因为这是一种控制俯仰角速度和横滚角速度的有效操纵方法。有关操纵面构型的最终决策将是权衡研究的输出,以按优化方式平衡并满足所有设计需求。通常,非常规操纵面是对设计的更大挑战,制造更复杂,分析也更困难。然而在充满挑战性的设计环境中需要更高的操纵能力时,非常规操纵面更为高效。

12.3　操纵品质

在设计主操纵面时,若干因素将产生影响,其中最重要的是操纵品质或飞行品质。在讨论设计原理和设计方法之前,需要知道更多的关于操纵品质定义及其准则。将操纵品质定义为"使驾驶员能够容易和准确地执行其任务的那些飞机品质。"对这些参数的理解使设计者能够预料飞机响应任何指令和/或干扰时具有的品质。操纵品质反映驾驶员驾驶一架具有一组特定飞行品质的飞机执行某些特定任务的难易程度。然而操纵品质不仅取决于驾驶舱内可供使用的视标和游标以及飞行信息显示,而且还取决于主操纵面的操纵能力。

操纵品质涉及对飞机稳定性和操纵特性以及驾驶员舒适程度的研究和评估。操纵品质对如下情况起到关键支撑作用:安全飞行,在稳定飞行时和机动飞行期间飞机操纵的难易程度,以及飞机对大气扰动的响应。当有些飞机有一些不想要的飞行特性(如驾驶员诱发振荡或棘轮滚)时,操纵品质的重要性尤其明显。

飞机系统是众多元素(含一名驾驶员)、各元素间关系以及各元素边界的组合。人机工程学研究人和机器之间的相互作用。在系统设计中执行人机工程学,通过消除不希望的系统功能(如低效、疲劳和用户烦恼),使系统工作更好。参考文献[1]~[5],介绍人机工程学的各个方面及其在航空和航空器上的应用。

驾驶员是使飞行操纵系统回路形成闭环的变量和动态元素。因此,操纵品质的配置应合乎驾驶员意愿,使其对飞行任务的适应性最佳。驾驶员的操纵输入与相应的飞机响应之间的相互作用必须使得驾驶员能以合理的体力实现任务目标。因此,难以针对驾驶员/旅客的动态行为/感觉规定性能分析准则。然而通常借助许多参数(如飞机对输入的指数/振荡响应的时间常数、阻尼比和无阻尼固有频率)来表征飞机的操纵品质。

民用航空当局(如 FAA)[6],[7]仅略微提及操纵品质需求。例如使用一些条款陈述(如"飞机在滑行时必须具有足够的航向操纵性"(FAR§25.233),或"着陆飞机不得有不可控制的前翻倾向"(FAR§25.231))来规定这些需求。所幸的是,军用航空标准当局已经对军用飞机的操纵品质确定了详细的规范,如 MIL-STD-1797[8](军用标准)、MIL-C-18244(操纵性和稳定性系统)和 MIL-F-87242(飞行操纵器件)。美国军用飞机必须满足这些规范,但经拓展/修改后可用于民用飞机。

MIL-F-878FC现在已经被 MIL-STD-1797[8]取代,后者包含更多的信息。这些规范是操纵面设计的基础。

操纵面的设计必须使飞机在使用飞行包线内的任何一点,在允许的重心范围内和允许的飞机重量下(见图 11-6)都具有可接受的飞行品质。飞机使用飞行包线则以速度、高度和载荷系数的形式定义了边界,飞机必须能够在此边界内运行,以完成所需的任务。运输机的典型使用包线如图 12-7 所示。

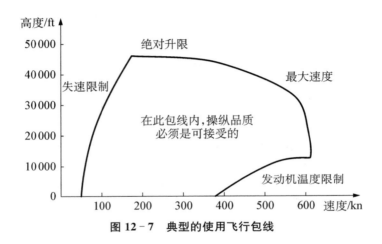

图 12-7 典型的使用飞行包线

12.3.1 定义

操纵品质规范的表述常常引用到飞机类型、飞行阶段类别和可接受性等级。所以,在讨论这些规范之前,首先解释这些术语。在本书中,固定翼飞机遵循标准 MIL-STD-1797 的建议十分重要。

12.3.1.1 飞机类型

认定飞机属于表 12-5 所列 4 种类型之一。可以看到,分类基于飞机重量以及飞机的机动性。每一类型飞机的操纵品质是不同的。按 MIL-F-8785C[9],就操纵品质而言,将飞机分为 4 类:Ⅰ,Ⅱ,Ⅲ和Ⅳ。

表 12-5 飞 机 类 型

类型	飞 机 特 性
Ⅰ	小型,轻型飞机(最大起飞重量小于 6 000 kg),低机动性
Ⅱ	中等重量和中、低机动性(最大起飞重量为 6 000~30 000 kg)
Ⅲ	大型、重型和中、低机动性飞机(最大起飞重量大于 30 000 kg)
Ⅳ	高机动性飞机,无重量限制(如特技飞机、导弹和战斗机)

在Ⅰ类飞机中,包括小型、轻型飞机,诸如:①轻型实用类飞机,②初级教练机,③轻型观察机。可将 GA 飞机看作是Ⅰ类飞机。Ⅱ类飞机包括下列飞机:①重型实用类飞机/研究机和救援机,②轻型或中型运输机/货机/加油机,③预警机/电子对抗机/空中指挥、控制或通信中继机,④反潜机,⑤攻击性运输机,⑥侦察机(RC),⑦战术轰炸机,⑧重型攻击机,⑨Ⅱ类飞机的教练机。Ⅲ类飞机如下:①重型运输机/货机/加油机,②重型轰炸机,③巡逻机/预警机/电子对抗机/空中指挥、控制或通信中继机,④Ⅲ类飞机的教练机。下列飞机属于Ⅳ类:①战斗机/拦击机,②攻击机,③战术侦察机,④观察机,⑤Ⅳ类飞机的教练机。可将民用运输机看做Ⅱ/Ⅲ类飞机。

每类飞机的操纵品质各不相同,将在后面介绍它们之间的差异。通常,与其他3 类飞机相比,Ⅳ类飞机具有最高操纵需求。如果决定采购这 4 种类型飞机中的某一类飞机,则有关该类飞机的操纵品质需求应适用。

12.3.1.2 飞行阶段

飞行阶段是对操纵品质起重要作用的另一个参数。飞行品质需求随不同任务阶段而变化,图 12-8 给出典型飞行任务的通用运行过程,起飞、爬升、巡航、下降和着陆是执行常规飞行任务时必不可少的最少运行过程。不同的飞机在执行各自的任务时可能有如下的飞行阶段和机动飞行:压坡度、尾旋、改出俯冲、急上升转弯、倒飞、失速、S 形转弯、空中加油、进近、空中巡逻(LO)等。有些机动飞行需要驾驶员付出更多的体力,需要高准确度,但有些则非常简单和容易。无论飞行任务和用于完成飞行任务的飞机如何,都可将飞行任务分为 3 个飞行阶段:阶段 A、阶段 B 和阶段 C。

图 12-8 一次典型飞行的主要运行阶段

阶段 A 包括非场域飞行阶段,需要机动、准确跟踪或准确飞行航迹控制。阶段 B 所涉及的那些非场域飞行阶段,通常使用平缓机动来完成,无需准确跟踪,尽管也许还需要准确的飞行航迹控制。阶段 C 涉及场域飞行阶段,一般使用平缓机动来完成,并且通常需要准确航迹控制。通常,阶段 A 和 B 属于非场域飞行阶段,而阶段 C 是场域飞行阶段。每一类别飞行阶段所包含的飞行运行,列于表 12-6。阶段 B 通常并非关键,而阶段 A 和 C,依据飞机任务,可能是关键。在设计操纵面时,仅满足关键飞行阶段的需求。

表 12 - 6 飞行阶段类别[8]

类别	飞行运行示例
A	①空中格斗(CO),②对地攻击(GA),③武器投放/发射(WD),④空中回收(AR),⑤侦察(RC),⑥空中加油(受油机)(RR),⑦地形跟踪(TR),⑧反潜搜索(AS),⑨密集编队飞行(FF),⑩低空伞投系统(LAPES)投放
B	①爬升(CL),②巡航(CR),③空中巡逻(LO),④空中加油(飞机用作加油机)(RT),⑤下降(D),⑥应急下降(ED),⑦应急减速(ED),⑧空投(AD)。
C	①起飞(TO),②弹射起飞(CT),③带动力进近(PA),④复飞(WO/GA),⑤着陆(L)。

飞机使用经验表明,某些飞行阶段比其他阶段需要更严格的飞行品质参数值。例如,空中格斗(CO)比巡航飞行需要更大的荷兰滚阻尼。此外,给定任务的飞行阶段通常将采用与任务有关的正常飞机形态(如襟翼和起落架,在着陆进近时放下,在巡航飞行时收上)。

12.3.1.3 可接受性等级

操纵面设计者在考虑操纵品质问题之前应该知道的第 3 个要点是可接受性等级。以 3 个明显的操纵性(或稳定性)参数规定值来表述适航性需求和操纵品质需求。每个值都是一种限定条件,是满足 3 个可接受性等级之中任何一个等级所必需的。这些等级与驾驶员完成预期飞机任务的能力有关。操纵品质的 3 个可接受性等级的定义如表 12 - 7 所示。

表 12 - 7 可接受性等级

等级	定 义
1	飞行品质确实适合任务飞行阶段
2	飞行品质适于完成任务飞行阶段,但驾驶员工作负荷有所增加,或任务效能有所减弱,或两者兼有
3	飞行品质使飞机能安全受控,但驾驶员工作负荷过大,任务效能不足,或两者兼有。能安全终止 A 类飞行阶段,并能完成 B 和 C 类飞行阶段

根据表 12 - 7 规范中的定义,可接受性等级与飞行难易性和飞行安全性有关。按适航性标准,可接受性等级为 1~3 级中任一级的飞机都允许飞行。但是,对于操纵面设计而言,目标必须是等级 1。操纵品质为等级 3 的飞机,仅能安全地终止 A 类飞行阶段,在其他飞行阶段,可能运行失控。当飞机操纵品质为等级 1 时,在飞行阶段无故障。当飞机每 1 000 000 次飞行出现 1 次故障时,将被认为属于等级 1。当飞机每 10 000 次飞行出现 1 次故障时,将被认为属于等级 2。如果任何飞机每 100 次飞行出现 1 次故障时,将被认为属于等级 3。建议将达到等级 3 的飞机退役,以避免事故,因为只要某个系统或某个部件失效,就可能发生事故。操纵面必须设计成

使操纵品质达到等级 1。

根据驾驶员对飞机飞行特性的意见(个人感觉),可确定可接受性等级。库珀-哈珀评级表[10]是试飞员和试飞工程师在飞行试验中对一架飞机的操纵品质进行评估时所使用的一组准则。评级表的范围分为 1~10 级,"1"表示最佳操纵特性,"10"表示最差。此准则是评价方法,因此评级表被认为是主观的。在此评级表中,偏高的等级表示在与操纵有关的部件中存在设计缺陷。按驾驶员舒适性程度对操纵品质的解释,如表 12-8 所示。

表 12-8　可接受性等级和驾驶员舒适性等级

等级	含义	驾驶员舒适性等级	驾驶员状态
1	很舒适	1~3	
2	几乎没有舒适感	4~8	
3	不舒适	7~10	

在常规飞机上,横向和航向运动高度耦合,而纵向运动常常不会诱导任何横向或航向运动(大迎角的情况除外)。鉴于这一原因,显然可将操纵品质准则分为两组:①纵向操纵品质,②横向-航向操纵品质。纵向操纵品质的基本准则将在第 12.3.2 节中阐述,在第 12.3.3 节中将研究横向-航向操纵品质。

12.3.2　纵向操纵品质

在 xz 平面内的任何运动,如 CR、CL、俯仰或垂直颠动,称为纵向运动。运动变量,如前进速度(U)、迎角(α)、俯仰角(θ)和俯仰角速度(Q),是进行纵向操纵品质分析时最重要的参数。纵向操纵品质主要依赖于纵向操纵性和纵向稳定性(即飞机对驾驶员所希望的升降舵偏度以及对大气扰动的响应)。飞机纵向稳定性越好,飞机纵向操纵性也越差,飞机对升降舵输入的响应也越差。如果飞机设计者希望驾驶员在向飞机施加指令时是舒适的,则飞机的操纵性应是可接受的。纵向操纵品质确定飞机对驾驶员输入和大气扰动所做响应的可接受性。因此,依据纵向动稳定性来表达对纵向操纵品质的决策,纵向动稳定性与飞机对升降舵偏转的响应有关联。纵向操纵品质是升降舵设计的准则。

当飞机遇到大气扰动或升降舵偏转时,飞机响应往往包含两个同时出现但并不相同的模态:①长周期(常常称为长周期振荡)模态,②短周期模态。长周期(振荡)运动和短周期运动两者常常是二阶响应形式,其涉及振荡。二阶模态是一种正弦运动,并可使用频率(ω)和阻尼比(ζ)建模。在本节中,阐述有关长周期性响应和短周期响应的操纵品质。通常,只要长周期模态频率与短周期模态频率之间的间隔很小,会出现操纵品质问题。如果长周期模态频率与短周期模态频率之间的比值小于$0.1(\omega_{ph}/\omega_{sp}<0.1)$,则纵向操纵品质也许有某些麻烦。纵向操纵品质由两组主要特性来表示:①纵向操纵性,②纵向稳定性,将在下面两节中分别进行阐述。

12.3.2.1　纵向操纵性

飞机在飞行包线范围内(见图12-6)必须是纵向可操纵和可机动的。对于常规飞机,主要通过升降舵偏转(δ_E)和发动机油门杆设定值(δ_T)来施加纵向操纵。在飞机纵向操纵性方面,共有两组需求:①所需要的杆力,②飞机对驾驶员输入的响应。为了偏转升降舵,驾驶员必须向驾驶杆/Y形驾驶盘/驾驶盘施力,并握杆(在飞机采用固定杆式操纵系统的情况下)。在采用松杆式操纵系统的飞机上,驾驶员的力经由调整片或弹簧之类的装置放大。对杆力的分析,超出本书的范围,感兴趣的读者可参阅参考文献[11]—[16]。

飞机对纵向操纵的响应常常以俯仰角速度(q)来表达。然而前进速度和迎角也将变化。俯仰操纵最临界飞行状态出现在飞机低速飞行时。具有非常低速这一特性的两个飞行状态是起飞和着陆。从安全角度考虑,起飞操纵比着陆操纵要难很多。起飞阶段通常分为三段:①地面段,②抬前轮或过渡,③爬升(CL)。起飞时主要是在抬前轮段施加纵向操纵,使飞机围绕主起落架转动,抬起机头。

起飞期间,纵向操纵的操纵品质需求阐述如下:对于采用前三点式起落架的飞机,俯仰角速度的大小应使得飞机抬前轮时间不超过规定值。由于起飞抬前轮动力学受牛顿第二定律支配,因此可很容易地以围绕主起落架旋转点的角加速度($\ddot{\theta}$)来表示起飞抬前轮时间。例如,对于运输机,起飞抬前轮时间的可接受值为3~5 s。达到这一需求所对应的角加速度等效值为5~7(°)/s²。必须在飞机重心处于重心前限位置时满足这一需求。表12-9给出多种类型飞机的起飞角加速度需求。该表曾在第9章给出过,但为方便起见,这里重复给出。在设计升降舵时采用这些规范。在第12.5节将研究如何应用该需求。

表 12-9　各种类型飞机的起飞角加速度需求

序号	飞机类型	起飞抬前轮时间/s	起飞俯仰角加速度/((°)/s²)
1	高机动性飞机(例如特技类GA和战斗机)	0.2~0.7	12~20
2	通用类,半特技类GA	1~2	10~15

（续表）

序号	飞 机 类 型	起飞抬前轮时间/s	起飞俯仰角加速度/((°)/s²)
3	正常类通用航空	1～3	8～10
4	小型运输机	2～4	6～8
5	大型运输机	3～5	4～6
6	遥控模型飞机	1～2	10～15

12.3.2.2 纵向稳定性

将纵向稳定性定义为飞机如果受到纵向扰动(如垂直阵风)时回复到其初始纵向配平点(如稳态迎角和前进速度)的趋势。有纵向静稳定性需求和动稳定性需求。只要满足如下的条件,也就满足纵向静稳定性:

$$C_{m_\alpha} < 0 \tag{12-4}$$

对于纵向动稳定性,将研究飞机对纵向扰动的响应。纵向动稳定性飞机对垂直阵风的响应是一种振荡运动,包含两种模态:①短周期模态,②长周期模态(见图12-9)。

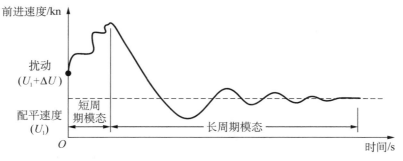

图 12-9 对前进速度扰动的典型响应模态

1) 长周期模态

对于纵向动稳定飞机,长周期模态属于秒级响应,振荡通常在数分钟内平息。用阻尼比和频率来表征长周期模态的特性。倘若长周期模态和短周期模态的响应频率的间隔很宽,无论是松杆或握杆飞行状态,则必须达到表12-10所示的阻尼比之值。在水平尾翼(包括升降舵)设计时,必须考虑可接受性等级1。

表 12-10 长周期模态需求

可接受等级	需　　求
1	长周期模态阻尼比(ζ_{ph})≥0.04
2	长周期模态阻尼比(ζ_{ph})≥0.0
3	至双振幅时间至少为55 s

2) 短周期模态

对于纵向动稳定飞机,短周期模态属于秒级振荡响应,其振荡通常在数秒钟内平息。也使用阻尼比和频率来表征短周期模态的特性。与短周期响应有关的纵向操纵品质主要受短周期阻尼比(ζ_{sp})支配。对于处于任何飞行阶段的飞机,表 12 - 11 给出 3 个等级操纵品质和 3 个类别飞行阶段的短周期模态阻尼比的规定值。与低速时相比,高速时低值短周期模态阻尼比带来的扰动较小。所希望的短周期固有频率(ω_n)常常在 0.4~0.6 之间。在设计水平尾翼和升降舵时,必须在最临界飞行阶段达到可接受性等级 1。

表 12 - 11 短周期模态阻尼比规范

飞行阶段	短周期阻尼比(ζ_{sp})					
	等级 1		等级 2		等级 3	
	最小	最大	最小	最大	最小	最大
A	0.35	1.3	0.25	2.0	0.15	无
B	0.3	2.0	0.2	2.0	0.15	无
C	0.35	1.3	0.25	2.0	0.15	无

12.3.3 横向-航向操纵品质

方向舵设计和副翼设计主要受横向-航向操纵品质支配。与纵向运动相比,横向-航向运动所涉及的操纵品质规范更多,因此需要更多的参数。横向-航向操纵品质分为 3 组:①横向操纵,②航向操纵,③横向-航向稳定性。横向或横滚操纵需求支配飞机对副翼偏转的响应,航向操纵需求支配飞机对方向舵偏转的响应,而横向-航向稳定性需求涉及飞机对大气扰动的瞬态响应。按照适航性标准,为使一架飞机转弯,驾驶员必须同时偏转副翼和方向舵。飞机转弯通常是横向和航向运动的组合。

对于常规的飞机,横向和航向运动常常耦合。任何横向运动将会诱发航向运动,而任何航向运动也会诱发横向运动。因此,当方向舵偏转产生偏航力矩时,同时产生横滚运动。这是由于实际上垂直尾翼空气动力中心通常都位于飞机重心上方。相比之下,副翼偏转产生横滚力矩时,同时产生航向运动。这是由于侧滑运动以及左、右机翼上的机翼阻力不同。在许多飞机上,副翼和方向舵之间互连,用于满足 FAR 中相关部的要求,条款规定在施加正向方向舵脚蹬力的同时,要求副翼负偏度。

当飞机遇到横向-航向扰动时,飞机常常出现 3 种响应:横滚运动、螺旋振荡和荷兰滚振荡。本节将研究每种运动模态的操纵品质需求。这里,有些方法和数字可使设计者判断怎样的飞机具有可接受的操纵特性。这一信息告知方向舵和副翼设计者,驾驶员对横向-航向操纵品质特性感到满意的程度。

12.3.3.1 横滚操纵

横滚或横向操纵需求支配飞机对副翼偏转的响应,因此,在副翼设计中采用这些需求。惯常的做法是以如下方式规定横滚效能,即在响应横滚指令中的阶跃函数时在给定时间内达到坡度角的变化量。因此,飞机在响应副翼偏转时必须在某个规定时间范围内呈现最小坡度角。在表 12 - 12 中,针对不同飞机类型和不同飞行阶段,规定了所要求的坡度角和时间(按 MIL - F - 8785C)。

表 12 - 12　横滚操纵需求

(a) Ⅰ类飞机达到规定坡度角变化量所用时间

等级	飞行阶段类别		
	A	B	C
	达到 60°坡度角的时间/s	达到 45°坡度角的时间/s	达到 30°坡度角的时间/s
1	1.3	1.7	1.3
2	1.7	2.5	1.8
3	2.6	3.4	2.6

(b) Ⅱ类飞机达到规定坡度角变化量所用时间

等级	跑道	飞行阶段类别			
		A	B	C	C
		达到 45°坡度角的时间/s	达到 45°坡度角的时间/s	达到 30°坡度角的时间/s	达到 25°坡度角的时间/s
1	陆基	1.4	1.9	1.8	—
	舰载	1.4	1.9	2.5	—
2	陆基	1.9	2.8	3.6	—
	舰载	1.9	2.8	—	1.0
3	陆基	2.8	3.8	—	1.5
	舰载	2.8	3.8	—	2.0

(c) Ⅲ类飞机达到 30°坡度角变化量所用时间

等级	速度范围	飞行阶段类别		
		A/s	B/s	C/s
1	低	1.8	2.3	2.5
	中	1.5	2.0	2.5
	高	2.0	2.3	2.5
2	低	2.4	3.9	4.0
	中	2.0	3.3	4.0
	高	2.5	3.9	4.0
3	全部	3.0	5.0	6.0

（续表）

(d) Ⅳ类飞机达到规定坡度角变化量所用时间

等级	速度范围	飞行阶段类别				
		A			B	C
		30°/s	50°/s	90°/s	90°/s	30°/s
1	非常低	1.1	—	—	2.0	1.1
	低	1.1	—	—	1.7	1.1
	中	—	—	1.3	1.7	1.1
	高	—	1.1	—	1.7	1.1
2	非常低	1.6	—	—	2.8	1.3
	低	1.5	—	—	2.5	1.3
	中	—	—	1.7	5.5	1.3
	高	—	1.3	—	2.5	1.3
3	非常低	2.6	—	—	3.7	2.0
	低	2.0	—	—	3.4	2.0
	中	—	—	2.6	3.4	2.0
	高	—	2.6	—	3.4	2.0

在表 12-12(a) 中对于Ⅰ类飞机，在表 12-12(b) 中对于Ⅱ类飞机，在表 12-12(c) 中对于Ⅲ类飞机，在表 12-12(d) 中对于Ⅳ类飞机，分别以给定时间 (t) 内坡度角变化量 ($\Delta\phi$) 的形式规定了横滚性能。表 12-12 中"1.3s 内 60°" 的标注，表示随着副翼的全偏转，从初始坡度角（比如 0°）到达与初始值偏离 60° 的坡度角将要耗用的最长时间。也可将其解释为从坡度角 $-30°$ 到 $+30°$ 将要耗用的最长时间。对于Ⅳ类飞机，对于等级 1，偏航操纵器件应松浮。对于其他类别的飞机和等级，允许使用偏航操纵器件来减小有滞缓横滚角速度趋势的任何侧滑。不允许使用此类偏航操纵器件来诱导飞机侧滑，因为它增大飞机横滚角速度。

有关速度范围的完整定义，参见参考文献[8]。"非常低"速度范围表示速度接近失速速度 ($V_s \leqslant V < 1.3V_s$)。"低"速度范围表示起飞和进近速度 ($1.3V_s \leqslant V < 1.8V_s$)。"中等"速度范围表示直到 70% 最大平飞速度的速度 ($1.8V_s \leqslant V < 0.7V_{max}$)。"高"速度范围表示处于 70%~100% 最大平飞速度范围内的速度 ($0.7V_{max} \leqslant V < V_{max}$)。可以基于表 12-12 中的需求，制订设计规范。民用飞机往往具有较低的横滚操纵需求，并且必须与用户协商后确定。

对于 GA 飞机的情况，FAR §23.157 对横滚角速度要求规定如下：

§23.157　横滚角速度

(a)起飞　必须能使用操纵器件的有利组合,使飞机在下列规定时间内,从30°坡度的定常转弯中滚过60°,以便反向转弯:

(1) 对于最大重量等于或小于6 000 lb的飞机,从开始横滚起5 s;

(2) 对于最大重量大于6 000 lb的飞机,为$\frac{W+500}{1\,300}$ s,但不大于10 s。式中W为飞机重量,lb。

(b)　当飞机以如下形态沿每个方向横滚时,都必须满足本条(a)的要求:

(1) 襟翼处于起飞位置;

(2) 起落架处于收上位置;

(3) 对于单发飞机,为最大起飞功率;对多发飞机,临界发动机不工作且螺旋桨处于最小阻力位置,其余发动机为最大起飞功率;

(4) 对于直线飞行,飞机在速度等于$1.2V_{S1}$或$1.1V_{MC}$两者中较大值时配平或尽可能接近配平。

(c)进近。必须能使用操纵器件的有利组合,使飞机在下列规定的时间内,从30°坡度的定常转弯中滚过60°,以便反向转弯:

(1) 对于最大重量等于或小于6 000 lb的飞机,从开始横滚起4 s;

(2) 对于最大重量大于6 000 lb的飞机,为$\frac{W+2\,800}{2\,200}$ s,但不大于7 s。式中W为飞机重量,lb。

(d)　当飞机以如下形态向每一方向横滚时,都必须满足本条(c)的要求:

(1) 襟翼处于着陆位置;

(2) 起落架处于放下位置;

(3) 所有发动机以3°进近角功率运行;

(4) 飞机在V_{REF}速度上配平。

对于民用运输机的情况,FAR§25.147对横向操纵需求规定如下[①]:

(c) 横向操纵:总则。在下列条件下,必须能从速度等于$1.3V_{SR1}$的定常飞行中,分别向不工作发动机一侧和相反一侧作20°坡度的转弯:

(1) 临界发动机不工作,其螺旋桨(如适用)处于最小阻力位置;

(2) 其余发动机处于最大连续功率;

---

① 本书原文节引§25.147中(c),(d),(e)和(f)款,删除了小标题,也未按规定格式排列。为便于读者对照,特按FAR§25.147正式条款译出。——译注

（3）最不利重心位置；

（4）起落架位置：

（i）收上；

（ii）放下；

（5）襟翼在最有利的爬升位置；

（6）最大起飞重量。

（d）横向操纵：横滚能力。在临界发动机不工作的情况下，横滚响应必须使飞机能作正常机动。在一台发动机不工作时可能用到的速度下，横向操纵必须足以提供安全所必需的横滚角速度，而无需过大的操纵力或操纵行程。

（e）四发或四发以上的飞机的横向操纵。必须能以最大连续功率以及本条（b）款[①]规定的飞机形态，从速度等于 $1.3V_{SR1}$ 的定常飞行中，分别向不工作发动机一侧和相反一侧作 20°坡度的转弯。

（f）全发工作时横向操纵。全发工作时横滚响应必须使飞机能作正常机动（如从突风造成的颠倾中恢复和开始作规避机动）。在侧滑（直到正常运行中有可能需要的侧滑角为止）中必须有足够的横向操纵余量，使得能进行有限量的机动和突风修正……

对于运输类飞机，建议也使用 Ⅱ 和 Ⅲ 类军用飞机要求作为基本需求。

在副翼设计时将采用横滚操纵需求。在副翼设计过程中，必须考虑表 12 - 12 中的等级 1。这些需求的应用将在第 12.4 节中阐述。例如，对于 Ⅳ 类飞机（如战斗机）的飞行品质等级 1，在空中格斗（飞行阶段 A）中，横滚时达到 90°坡度角（−45°～+45°）的最小允许时间短到 1.3 s。时间常数定义为达到 63%稳态值时所耗用的响应时间。

12.3.3.2 航向操纵

在常规飞机上，通常在所有空速下单独使用空气动力操纵面（如方向舵）来维持航向操纵。有很多情况必须能在规定的一组限制和约束条件范围内实现航向操纵。本节将阐述其中最重要的。航向操纵特性使驾驶员能够对偏航力矩实施平衡，并操纵飞机的偏航和侧滑。偏航操纵脚蹬力的灵敏度应足够高，以便能够满足航向操纵和脚蹬力的需求，并且无需过大的脚蹬力便可实现满意的协调，此灵敏度还应足够低，以使得偶然的不正确协调操纵输入将不会严重降低飞行品质。

在多发飞机上，在大于 $1.4V_s$ 的所有速度下出现由于最临界因素引起不对称推

[①] 本书原文未引用（b）款。（b）款规定的飞机形态为："（1）必须有两台临界发动机不工作而且其螺旋桨（如适用）处于最小阻力位置"；"（2）[备用]"；"（3）襟翼必须在最有利的爬升位置"，详见 FAR §25.147（b）全文。——译注

力损失而其余发动机产生正常额定推力的状况,飞机在偏航操纵脚蹬松浮时可实现航向平衡,做定常直线飞行。配平设定值应是发动机失效之前维持机翼水平直线飞行所需要的值。当飞机在对称功率/推力下处于航向配平时,螺旋桨飞机配平随速度的变化,应使飞机在配平速度±30%或±100 kn等效空速(取两者的低值,受使用飞行包线边界所限时例外)的速度范围内,借助偏航操纵装置(即方向舵),能够维持机翼水平直线飞行。在一台发动机不工作(不对称推力)的情况下,借助偏航操纵装置(如方向舵),施加不大于100 lb(对于可接受性等级1和等级2)和不大于180 lb(对于等级3)的脚蹬力,飞机应能够在整个使用飞行包线范围内维持直线飞行航迹,无需重新配平。

很多因素,包括发动机失效、进气道未启动、螺旋桨失效或螺旋桨传动失效,都可能引起不对称推力(功率)损失。在由于任何因素引起突然不对称推力(功率)损失之后,遇到表12-13所列的侧风风速和不利侧风风向时,飞机应是安全可操纵的。当推进系统(包括进气或排气)的任何单一失效或故障引起一台或多台发动机或螺旋桨丧失推力(功率)时,并在考虑失效或故障对由失效推进系统提供动力或驱动的所有子系统的影响之后,飞机在相应的飞机阶段必须航向可操纵。表12-20给出若干飞机的最大允许侧风风速。

表 12 - 13　侧风风速需求

可接受性等级	飞 机 类 型	侧风风速/kn
1	Ⅰ	20
	Ⅱ,Ⅲ,Ⅳ	30
2	Ⅰ	20
	Ⅱ,Ⅲ,Ⅳ	30
3	Ⅰ,Ⅱ,Ⅲ,Ⅳ	等级1和等级2之值的一半

飞机必须能够在来自任一侧的风速最大为表12-13规定值的90°侧风下以正常驾驶员技能和技术完成起飞和着陆。方向舵的效能必须足可维持侧风起飞/着陆时的航向配平。对于所有飞机,除了配备侧风起落架或在构造上允许以大偏流角姿态着陆的陆基飞机外,在以不超过参考文献[8]所列某些规定值的偏航操纵脚蹬力进行带动力进近时,偏航和横滚操纵能力应足以形成至少10°的侧滑。对于等级1,横滚操纵应不超过10 lb操纵力或可供驾驶员使用的操纵能力的75%。对于等级2和等级3,横滚操纵力应不超过20 lb。偏航和横滚操纵能力,连同其他的正常操纵措施一起,应足以维持在地面上或其他着陆表面上的直线航迹。这一需求适用于无风状态或风速不超过表12-13规定值的侧风状态,同时驾驶舱的操纵力不超过参考文献[8]所列的规定值。

对于 GA 飞机的情况，FAR§23.147[1] 规定如下的横向操纵要求：

（a）对于每一多发动机飞机，必须能够在保持机翼水平（公差在 5°范围内）的同时，安全地向左右两个方向突然改变航向。必须在下列条件下以 $1.4V_{S1}$ 进行直到 15°的航向变更来表明这一能力：

（1）临界发动机不工作，其螺旋桨处于最小阻力位置；

（2）其余发动机处于最大连续功率状态；

（3）起落架处于：

（i）收上位置；

（ii）放下位置；

（4）襟翼处于收上位置。

（b）对于每一多发动机飞机，必须能在临界发动机突然完全失效时重新获得对飞机的完全控制而不超过 45°坡度角，且不会达到危险姿态或遇到危险的特性，在视情启动改出动作前允许有 2 s 延迟，飞机在开始时是配平的并处于下列状态：

（1）每台发动机都处于最大连续功率状态；

（2）机翼襟翼处于收上位置；

（3）起落架处于收上位置。

（c）对于所有飞机，必须表明在任何全发形态和经批准的使用包线内的任何速度或高度下，无需使用主横向操纵系统就可安全操纵……

对于民用运输机的情况，FAR§25.147 规定如下的航向操纵要求[2]：

（a）航向操纵：总则。必须能在机翼水平情况下，使飞机向工作发动机一侧偏航和向不工作的临界发动机一侧安全地作直到 15°的航向合理突变。这一点必须在下列条件下以 $1.3V_{SR1}$ 进行直到 15°的航向变更来表明：

（1）临界发动机不工作，并且其螺旋桨处于最小阻力位置；

（2）以 $1.3V_{SR1}$ 平飞所需的功率，但不得超过最大连续功率；

（3）最不利重心位置；

（4）起落架收上；

（5）襟翼在进近位置；

（6）最大着陆重量。

……

---

[1],[2]为便于读者对照和应用，特按 FAR 23.147 和 FAR 25.147 的正式条款译出，并按原文条款格式排列。——译注

12.3.3.3　横向-航向稳定性

当横向-航向动稳定的飞机遇到横向-航向扰动时（即水平阵风作用于垂直尾翼上），飞机将抵消扰动的影响，并最终回复到初始配平点。有横向-航向静稳定性需求和动稳定性需求。只要满足下列两个条件，即满足横向-航向静稳定性：

$$C_{l_\beta} < 0 \qquad\qquad (12-5)$$

$$C_{n_\beta} > 0 \qquad\qquad (12-6)$$

将通过飞机对横向-航向扰动的响应来研究横向-航向动稳定性。对于常规飞机，飞机的响应涉及二阶振荡模态（通常称为荷兰滚），加上两个一阶模态（螺旋和横滚）。本节将从这 3 个模态方面阐述一架飞机横向-航向操纵品质的某些特性。有关横向-航向操纵品质的其他要求，希望感兴趣的读者查阅参考文献[1]-[5]。

1）横滚收敛模态

横滚收敛模态是飞机对任何横向-航向扰动做出响应的一部分。此外，当配平坡度角（甚至是坡度角为 0 时的水平巡航飞行）受到扰动时，横向-航向动稳定的飞机将通过横滚运动模态回复到其初始坡度角。此外，横滚模态表示飞机对施加横滚操纵做出横滚响应的快速程度。顾名思义，横滚模态是围绕 x 轴的横滚运动，其涉及坡度角的变化。在任何速率下，横滚模态或横滚收敛模态都是一种一阶响应，用时间常数来表征其特性。对于具有可接受横向-航向操纵品质的飞机，要求横滚收敛模态的横滚时间常数（T_R）小于表 12-14 所列出的规定值。

表 12-14　横滚收敛模态时间常数规范（最大值）

飞行阶段	飞机类型	T_R/s		
		等级 1	等级 2	等级 3
A	I，IV	1.0	1.4	10
	II，III	1.4	3.0	10
B	全部	1.4	3.0	10
C	I，IV	1.0	1.4	10
	II，III	1.4	3.0	10

2）螺旋模态

对横向-航向扰动做出响应的另一个模态是螺旋模态。螺旋模态是一阶响应，用时间常数来表征其特性。顾名思义，螺旋模态是围绕 z 轴的偏航运动，其涉及偏航角的变化。在大多数常规飞机上，螺旋模态常常是不稳定的。因此，对于任何飞机，都没有关于螺旋稳定性的特定需求。所以，常常允许螺旋模态有轻度的不稳定，但对该模态达到双倍幅值的最小时间做出限制（即允许的模态发散）。

操纵品质规定一个可接受螺旋模态，假设飞机配平做直线水平飞行，坡度角为 0,偏航角速度为 0,驾驶舱操纵器件松浮,依据在受到直到 20°坡度角的初始扰动之后坡度角达到双倍幅值所用时间给定该规范。所用时间必须大于表 12‑15 所给定的值。该表应用副翼设计中的某些需求,副翼设计将在第 12.4 节中展开讨论。

表 12‑15 螺旋模态中达到双倍幅值的时间

飞机类型	飞行阶段	螺旋模态中达到双倍幅值的最小时间/s		
		等级 1	等级 2	等级 3
Ⅰ 和 Ⅳ	A	12	8	4
	B, C	20	8	4
Ⅱ 和 Ⅲ	A, B, C	20	8	4

3) 荷兰滚振荡

荷兰滚模态是响应横向‑航向扰动的二阶模态,主要由同时侧滑和偏航构成。在大多数荷兰滚中也出现横滚运动,然而参与成分相对而言可忽略。尽管荷兰滚模态在飞机横向‑航向动稳定性中起到一点有益作用,但荷兰滚确实很令人讨厌。由阻尼比(ζ_d)和振荡频率(ω_d)来表征荷兰滚(即二阶)响应特性。表 12‑16 规定了重要的荷兰滚参数(也就是阻尼比和荷兰滚频率)需求。荷兰滚模态的频率和阻尼比必须大于表 12‑16 所给定的值。

表 12‑16 荷兰滚模态操纵品质

等级	飞行阶段	飞机类型	最小 ζ_d	最小 $\zeta_d\omega_d$/(rad/s)	最小 ω_d/(rad/s)
1	A	Ⅰ, Ⅳ	0.19	0.35	1.0
1		Ⅱ, Ⅲ	0.19	0.35	0.4
1	B	全部	0.08	0.15	0.4
1	C	Ⅰ, Ⅱ, Ⅳ	0.08	0.15	1.0
1		Ⅲ	0.08	0.15	0.4
2	全部	全部	0.02	0.05	0.4
3	全部	全部	0.02	无限制	0.4

荷兰滚阻尼比的下限来自此表的两个值的大者,但对于Ⅲ类飞机不需要超过 0.7 值。此外,对于Ⅲ类飞机,经过特殊批准,有可能免除某些最低频率要求。具有大量横滚‑偏航耦合的飞机将服从更严格的要求。大多数喷气式运输机都有荷兰滚问题,所以它们采用偏航阻尼器,以增强横向‑航向动稳定性。在设计机翼、垂直尾翼和横向‑航向操纵面(即方向舵和副翼)时,应采用横向‑航向稳定性需求。

12.4　副翼设计

12.4.1　序言

副翼的主要功能是飞机的横向(即横滚)操纵,但它也影响航向操纵。由于这一原因,因此副翼和方向舵通常同时设计。主要通过横滚角速度(P)来支配横向操纵。副翼是机翼结构的一部分,并有两片,分别位于左、右机翼外侧后缘。左右两个副翼总是同时但差动偏转,因此它们的几何形状相同。副翼效能是在产生所希望的横滚力矩方面对副翼偏转后效果好坏的一种度量。所产生的横滚力矩是副翼尺寸、副翼偏度和副翼距机身中心线的距离的函数。副翼与方向舵和升降舵不同,后者属于位移控制,而副翼则是速率控制。副翼几何尺寸或偏度的任何变化,都将改变横滚角速度,尔后又不断改变横滚角度。

任何操纵面(包括副翼)的偏转都涉及铰链力矩。铰链力矩是使操纵面偏转而必须克服的空气动力力矩。需要通过移动相应的作动器为驾驶员助力来驱使操纵面偏转,铰链力矩支配这个助力值的大小。为使副翼传动系统尺寸最小从而使成本最低,副翼设计应使得操纵力尽可能小。

在副翼设计过程中,需要确定 4 个参数,即①副翼平面面积(S_a);②副翼弦展比(C_a/b_a);③副翼最大上、下偏度($\pm\delta_{\max}$);④副翼内侧边缘沿机翼翼展的位置(b_{ai})。图 12-10 示出副翼几何尺寸。作为通用指南,这些参数的典型值如下:$S_a/S=0.05\sim$ 0.1, $b_a/b=0.2\sim0.3$, $C_a/C=0.15\sim0.25$, $b_{ai}/b=0.6\sim0.8$, $\delta_{A_{\max}}=\pm30°$。基于此,机翼面积的 5%～10%专用于副翼,副翼弦长与机翼的弦长比为 15%～25%,副

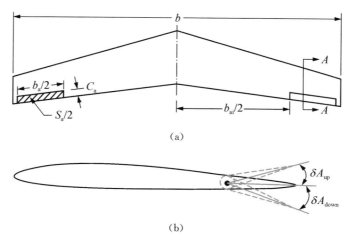

(a)

(b)

图 12-10　副翼的几何尺寸

(a) 机翼和副翼的俯视图　(b) 机翼和副翼(A—A 剖面)的侧视图

翼展长与机翼翼展之比为 20%～30%，副翼展长的内侧位于机翼翼展的 60%～80%处。表 12-17 给出若干飞机副翼的特性。

表 12-17　若干飞机副翼的特性

序号	飞机	类型	m_{TO}/kg	b/m	C_A/C	展长比		δ_{Amax}/(°)	
						$(b_i/b)/2$	$(b_o/b)/2$	上偏	下偏
1	塞斯纳 182	轻型 GA	1 406	11	0.2	0.46	0.95	20	14
2	塞斯纳奖状Ⅲ	喷气公务机	9 979	16.31	0.3	0.56	0.89	12.5	12.5
3	空中拖拉机 AT-802	农用机	7 257	18	0.36	0.4	0.95	17	13
4	湾流 200	喷气公务机	16 080	17.7	0.22	0.6	0.86	15	15
5	福克 100A	航线客机	44 450	28.08	0.24	0.6	0.94	25	20
6	B777-200	航线客机	247 200	60.9	0.22	0.32*	0.76**	30	10
7	A340-600	航线客机	368 000	63.45	0.3	0.64	0.92	25	20
8	A340-600	航线客机	368 000	63.45	0.25	0.67	0.92	25	25

* 内副翼；** 外副翼。

影响副翼设计的因素有：①所需铰链力矩；②副翼效能；③空气动力和质量平衡；④襟翼几何尺寸；⑤飞机结构；⑥成本。副翼效能是在产生所希望的横滚力矩方面对副翼偏转有效程度的一种度量。副翼效能是副翼尺寸及其距飞机重心的距离的函数。铰链力矩也是重要的，因为它们是偏转副翼时必须克服的空气动力力矩。铰链力矩支配驾驶员为偏转副翼而需付出的操纵力的大小。因此，在设计副翼时必须格外小心，使操纵力在驾驶员可接受的限制范围内。最后，采用空气动力补偿和质量补偿方法能改变铰链力矩以使杆力处于可接受范围内。前面各节讨论过的操纵品质将支配这些因素。本节将给出副翼设计的原理、设计程序、支配方程、约束准则、设计步骤以及一个全解示例。

12.4.2　副翼设计原理

飞机机动性属于飞机性能需求清单中的基本项目。飞机机动性是发动机推力、飞机质量惯性矩和操纵能力的函数。飞机有三个主要操纵面，可以操纵飞机沿着三维飞行航迹（即机动）到达规定的目的地，副翼是其中之一。副翼很像简单式襟翼，位于机翼后缘的外侧。右副翼和左副翼同时但差动偏转，以产生围绕 x 轴的横滚力矩。因此，副翼的主要作用是横滚操纵，但它也影响偏航操纵。横滚操纵是副翼设计的基础。

表 12-12（横向-航向操纵品质需求）给出了重要的副翼设计准则。该表规定了一架飞机压坡度到规定的坡度角所需的时间。由于低速时操纵面效能最低，因此应按起飞或着陆阶段的横滚操纵需求来确定副翼尺寸。因此在设计副翼时，必须仅考虑等级 1 和最临界飞行阶段，后者通常出现在飞行阶段 B。

基于牛顿第二定律，对于旋转运动，所施加的所有力矩之和等于角动量的时间变化率。如果目标体(即飞机)的质量和几何特性是固定的,可将该定律简化为一种较简单的形式:所有力矩之和等于物体围绕旋转轴的质量惯性矩乘以角速度的时间变化率。在横滚运动的情况下,所有横滚力矩(包括飞机空气动力力矩)之和等于围绕 x 轴的飞机质量惯性矩乘以横滚角速度(P)的时间变化率($\partial/\partial t$):

$$\sum L_{\mathrm{cg}} = I_{xx} \frac{\partial P}{\partial t} \tag{12-7}$$

或

$$\dot{P} = \frac{\sum L_{\mathrm{cg}}}{I_{xx}} \tag{12-8}$$

一般而言,产生横滚力矩时,涉及两个力:①由于副翼偏角变化引起的机翼升力增量;②yz 平面内的飞机横滚阻力。图 12-11 给出一架飞机的前视图,表明由于副翼偏转而引起的升力增量(ΔL),并示出横滚角速度引起的阻力增量。

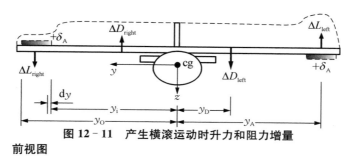

图 12-11 产生横滚运动时升力和阻力增量前视图

图中:right—右,left—左

图 12-11 所示飞机预期进行正向横滚,所以右副翼上偏,左副翼下偏(即 $+\delta_\mathrm{A}$)。横滚运动时总的空气动力横滚力矩为

$$\sum M_{\mathrm{cg}_X} = 2\Delta L \cdot y_\mathrm{A} - \Delta D \cdot y_\mathrm{D} \tag{12-9}$$

式中在升力产生的横滚力矩项中导入系数 2 是为了计及左、右两片副翼;在计算由横滚阻力引起的横滚力矩时不考虑系数 2,因为是计算平均横滚阻力。参数 y_A 是每一副翼与 x 轴(即飞机重心)之间的平均距离。参数 y_D 是横滚阻力中心与 x 轴(即飞机重心)之间的平均距离。这一距离的典型值从根弦起算为半翼展的 40% 左右。

对于短翼展和大副翼的飞机(如战斗机 F-16 战隼,见图 4-6),阻力对横滚角速度无很大影响。然而对于大翼展和小副翼的飞机(如轰炸机 B-52,见图 8-6 和图 9-4),横滚诱导阻力对横滚角速度有很大的影响。例如,B-52 在低速时达到 $45°$ 坡度角约需 10 s,而 F-16 这样的战斗机,完成这样的横滚仅需要零点几秒。

由于事实上左右副翼的位置距飞机重心有一定的距离。副翼上下偏转引起的升力增量产生了如下的横滚力矩：

$$L_A = 2\Delta L \cdot y_A \tag{12-10}$$

然而空气动力横滚力矩是机翼面积（S）、翼展（b）和动压（$\bar{q}$）的函数，通常有如下关系式：

$$L_A = \bar{q} S C_1 b \tag{12-11}$$

式中：C_1 是横滚力矩系数；$\bar{q}$（动压）为

$$\bar{q} = \frac{1}{2} \rho V_T^2 \tag{12-12}$$

式中：ρ 是空气密度；V_T 是飞机真空速。参数 C_1 是飞机形态、侧滑角、方向舵偏度和副翼偏度的函数。对于侧滑为 0 和方向舵偏度为 0 的对称形态飞机，此系数的线性数学模型为

$$C_1 = C_{l_{\delta A}} \delta_A \tag{12-13}$$

参数 $C_{l_{\delta A}}$ 称为飞机横滚力矩系数（由副翼偏转所致），也称为副翼横滚操纵能力。可为横滚角速度诱导的飞机横滚阻力建立如下的数学模型：

$$D_R = \Delta D_{left} + \Delta D_{right} = \frac{1}{2} \rho V_R^2 S_{tot} C_{D_R} \tag{12-14}$$

式中：飞机平均 C_{D_R} 是横滚运动时的飞机阻力系数，该系数值为 $0.7 \sim 1.2$，其中包括机身对阻力的贡献；参数 S_{tot} 是机翼平面面积、水平尾翼平面面积和垂直尾翼平面面积之和，即

$$S_{tot} = S_w + S_h + S_{vt} \tag{12-15}$$

参数 V_R 是飞机做横滚运动时横滚的线速度，等于横滚角速度（P）乘以横滚阻力中心（见图 $12-11$）与飞机重心之间沿 y 轴的平均距离：

$$V_R = P y_D \tag{12-16}$$

由于所有 3 个升力面（机翼、水平尾翼和垂直尾翼）对横滚阻力都有贡献，因此 y_D 实际上是 3 个平均距离的平均值。无量纲操纵导数 $C_{l_{\delta A}}$ 是对副翼横滚操纵能力的一种度量，表示横滚时副翼偏度每单位变化量所引起的横滚力矩变化量。$C_{l_{\delta A}}$ 越大，副翼在产生横滚力矩时越有效。可使用参考文献[17]中所给出的方法计算这一操纵导数。然而，本节将基于简单的条带积分法给出对副翼横滚操纵能力的估算。可按系数的形式，将由升力分布产生的空气动力横滚力矩写为

$$\Delta C_1 = \frac{\Delta L_A}{\bar{q} S b} = \frac{\bar{q} C_{L_A} C_a y_A \mathrm{d}y}{\bar{q} S b} = \frac{C_{L_A} C_a y_A \mathrm{d}y}{S b} \tag{12-17}$$

式中：C_{L_A} 是含副翼的翼剖面上的翼剖面升力系数，可写为

$$C_{L_A} = C_{L_a}\alpha = C_{L_a}\frac{\mathrm{d}\alpha}{\mathrm{d}\delta_A}\delta_A = C_{L_a}\tau_a\delta_A \tag{12-18}$$

式中：τ_a 是副翼效能参数，若已知副翼弦长与机翼弦长之比，可从图 12-12 中查得。图 12-12 是操纵面效能的通用曲线，可用于副翼（τ_a）、升降舵（τ_e）和方向舵（τ_r）。因此，在图 12-12 中，参数 τ 无下标，以表示其通用性。

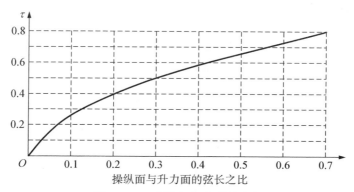

图 12-12　操纵面迎角效能参数

对含副翼的整个区域进行积分，可得

$$C_l = \frac{2C_{L_{aw}}\tau\delta_A}{Sb}\int_{y_i}^{y_o}Cy\,\mathrm{d}y \tag{12-19}$$

式中：已按三维流动对 $C_{L_{aw}}$ 进行了修正，并增加了系数 2 以计及左、右副翼。按这一方法计算时，假设整个翼展上机翼翼剖面的升力曲线斜率为常数，因此副翼翼剖面升力曲线斜率等于机翼翼剖面升力曲线斜率；参数 y_i 表示副翼内侧位置距机身中心线的距离；y_o 表示副翼外侧位置距机身中心线的距离（见图 12-11）。通过对 δ_A 求导数，可得到副翼横滚操纵导数如下：

$$C_{l_{\delta A}} = \frac{2C_{L_{aw}}\tau}{Sb}\int_{y_i}^{y_o}Cy\,\mathrm{d}y \tag{12-20}$$

对于尖削机翼，可用下列表达式来表示翼弦（C）与 y（沿翼展）的函数关系：

$$C = C_r\left[1 + 2\left(\frac{\lambda-1}{b}\right)y\right] \tag{12-21}$$

式中：C_r 表示机翼根弦；λ 是机翼尖削比。将这一关系式，代入关于 $C_{l_{\delta A}}$ 的表达式（12-20），可得

$$C_{l_{\delta A}} = \frac{2C_{L_{\alpha w}}\tau}{Sb}\int_{y_i}^{y_o}C_r\left[1+2\left(\frac{\lambda-1}{b}\right)y\right]y\,\mathrm{d}y \qquad (12-22)$$

或

$$C_{l_{\delta A}} = \frac{2C_{L_{\alpha w}}\tau C_r}{Sb}\left[\frac{y^2}{2}+\frac{2}{3}\left(\frac{\lambda-1}{b}\right)y^3\right]_{y_i}^{y_o} \qquad (12-23)$$

使用副翼几何尺寸和从图 12-12 取得的 τ 估计值,可用式(12-23)估算横滚操纵导数 $C_{l_{\delta A}}$。回到式(12-22),有两片副翼,左、右机翼各一片,这两片副翼可具有相同的或略为不同的偏度值(为防止反向偏航)。在任何速率下,仅输入一个值进行横滚力矩计算。因此,将按下式计算副翼偏度的平均值:

$$\delta_A = \frac{1}{2}\left[|\delta_{A_{left}}|+|\delta_{A_{right}}|\right] \qquad (12-24)$$

随后将根据早先的约定确定此 δ_A 的正负号。正的 δ_A 将产生正的横滚力矩。将式(12-9)代入式(12-7),可得

$$L_A - \Delta D \cdot y_D = I_{xx}\dot{P} \qquad (12-25)$$

顾名思义,$\dot{P}$ 是横滚角速度的时间变化率。

$$\dot{P} = \frac{\mathrm{d}P}{\mathrm{d}t} \qquad (12-26)$$

相比之下,围绕 x 轴的角速度(P)定义为坡度角的时间变化率:

$$P = \frac{\mathrm{d}\phi}{\mathrm{d}t} \qquad (12-27)$$

联立求解式(12-26)和式(12-27),从两边消除 $\mathrm{d}t$,得到

$$\dot{P}\mathrm{d}\phi = P\mathrm{d}P \qquad (12-28)$$

假设初始时飞机处于水平巡航飞行(即 $P_0 = 0$,$\phi_0 = 0$),对两侧进行积分,得到下式:

$$\int_0^\phi \dot{P}\mathrm{d}\phi = \int_0^{P_{ss}} P\mathrm{d}P \qquad (12-29)$$

因此,得到由于横滚运动而引起的坡度角如下:

$$\phi = \int \frac{P}{\dot{P}}\mathrm{d}P \qquad (12-30)$$

式中 $\dot{P}$ 可通过式(12-25)得到,因此有

$$\phi = \int_0^{P_{ss}} \frac{I_{xx}P}{L_A + \Delta D \cdot y_D} dP \qquad (12-31)$$

空气动力横滚力矩和由于横滚运动而引起的飞机阻力两者都是横滚角速度的函数。将这两者代入式(12-31),得

$$\phi_1 = \int_0^{P_{ss}} \frac{I_{xx}P}{\bar{q}SC_lb + \frac{1}{2}\rho(Py_D)^2(S_w + S_h + S_{vt})C_{D_R}y_D} dP \qquad (12-32)$$

飞机横滚角速度对副翼偏度的响应有两个明显的状态:①瞬态;②稳态(见图 12-13)。式(12-32)中横滚角速度(P)的积分限是从 0 横滚角速度的初始配平点(即机翼水平并且 $P_0 = 0$)到横滚角速度稳态值(P_{ss})。由于副翼的特性是速率控制,副翼偏转最终导致稳态横滚角速度(见图 12-13)。因此,除非副翼返回到初始 0 偏度,否则飞机将不会在某个特定坡度角下停止横滚。表 12-12 以 t 秒持续时间内达到所希望的坡度角(ϕ_2)的形式来定义横滚角速度需求。当横滚角速度达到其稳态值时,式(12-32)有一个闭合解,并可求解以确定坡度角(ϕ_1)。

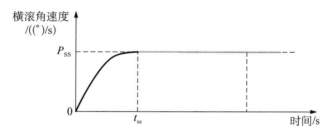

图 12-13 飞机横滚角速度对副翼偏度的响应

当飞机达到稳态横滚角速度(P_{ss})时,在 Δt(即 $t_2 - t_{ss}$)秒之后,遵循如下的线性关系,可容易地得到新的坡度角(见图 12-14)。

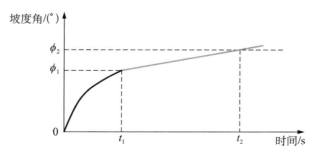

图 12-14 飞机坡度角对副翼偏度的响应

$$\phi_2 = P_{ss}(t_2 - t_{ss}) + \phi_1 \qquad (12-33)$$

事实上由于横滚角速度引起的飞机阻力不可能保持不变,而是随横滚角速度的增大而增大,因此横滚运动是非线性的。这意味着横滚角速度的变化是非线性的,并存在一个围绕 x 轴的角位移。然而在抵消横滚运动的阻力矩等于副翼产生的空气动力横滚力矩之前,飞机一直经历围绕 x 轴的角加速度。一旦两个横滚力矩相等之后,那么飞机将以恒定的横滚角速度(P_{ss})继续横滚。当飞机以恒定横滚角速度横滚时,副翼产生的空气动力横滚力矩等于横滚运动时的飞机阻力力矩,考虑这一事实,可得到横滚角速度的稳态值(P_{ss}):

$$L_A = \Delta D_R \cdot y_D \qquad (12-34)$$

联立式(12-14)~式(12-16),可得到由于横滚运动而产生的飞机阻力如下:

$$D_R = \frac{1}{2}\rho(P y_D)^2 (S_w + S_h + S_{vt}) C_{D_R} \qquad (12-35)$$

将式(12-35)代入式(12-34),得到

$$L_A = \frac{1}{2}\rho(P y_D)^2 (S_w + S_h + S_{vt}) C_{D_R} y_D \qquad (12-36)$$

求解稳态横滚角速度(P_{ss}),得到

$$P_{ss} = \sqrt{\frac{2 L_A}{\rho(S_w + S_h + S_{vt}) C_{D_R} y_D^3}} \qquad (12-37)$$

相比之下,式(12-32)仅仅是一个数学定积分。可将此积分模化为如下的广义积分问题:

$$y = k \int \frac{x \, \mathrm{d}x}{x^2 + a^2} \qquad (12-38)$$

按参考文献[18],对于这样的积分,有一个闭合解如下:

$$y = k \frac{1}{2} \ln(x^2 + a^2) \qquad (12-39)$$

对比式(12-38)和式(12-32),可获得参数 k 和 a:

$$k = \frac{2 I_{xx}}{\rho y_D^3 (S_w + S_h + S_{vt}) C_{D_R}} \qquad (12-40)$$

$$a^2 = \frac{V^2 S C_1 b}{(S_w + S_h + S_{vt}) C_{D_R} y_D^3} \qquad (12-41)$$

因此,求解式(12-32)中的积分,确定其解如下:

$$\phi_1 = \left[\frac{I_{xx}}{\rho y_D^3 (S_w + S_h + S_{vt}) C_{D_R}} \ln\left(P^2 + \frac{V^2 S C_1 b}{(S_w + S_h + S_{vt}) C_{D_R} y_D^3}\right)\right]_0^{P_{ss}}$$

$$(12-42)$$

对此解运用限制条件(从 0 到 P_{ss}),得到

$$\phi_1 = \frac{I_{xx}}{\rho y_D^3 (S_w + S_h + S_{vt}) C_{D_R}} \ln(P_{ss}^2) \qquad (12-43)$$

记住,正在寻求的是如何确定副翼操纵能力。换言之,需要求得当副翼偏转时飞机达到所希望的坡度角需用多长的时间(t_2)。这一持续时间往往有两部分:①飞机达到稳态横滚角速度(P_{ss})的持续时间(t_{ss});②从 ϕ_1 线性横滚到 ϕ_2 的时间(Δt_R)(见图 12-14):

$$t_2 = t_{ss} + \Delta t_R \qquad (12-44)$$

式中:

$$\Delta t_R = \frac{\phi_2 - \phi_1}{P_{ss}} \qquad (12-45)$$

比较图 12-13 和图 12-14,可以看到 $t_1 = t_{ss}$。飞机由于副翼偏转而达到稳态横滚角速度所需时间(t_{ss})是角加速度($\dot{P}$)的函数。基于经典动力学,可将这一加速横滚运动表达为

$$\phi_1 = \phi_0 + \frac{1}{2}\dot{P}t_{ss}^2 \qquad (12-46)$$

假设飞机初始时处于机翼水平飞行状态(即 $\phi_0 = 0$)。因此有

$$t_1 = t_{ss} = \sqrt{\frac{2\phi_1}{\dot{P}}} \qquad (12-47)$$

式中 ϕ_1 可由式(12-43)确定。此外,在加速横滚运动中,最终横滚角速度(P_1)与初始横滚角速度(P_0)之间的关系是横滚角速度随时间的变化率($\dot{P}$)和最终坡度角(ϕ_1)的函数。基于经典动力学,可将这一加速横滚运动表达为

$$P_1^2 - P_0^2 = 2\dot{P}\phi_1 \qquad (12-48)$$

假设飞机初始时处于机翼水平飞行状态(即 $P_0 = 0$),并且新的横滚角速度为稳态横滚角速度(即 $P_1 = P_{ss}$)。因此有

$$\dot{P} = \frac{P_{ss}^2}{2\phi_1} \qquad (12-49)$$

式中 P_{ss} 由式(12 - 45)确定。

对于 GA 飞机和运输类飞机,达到稳态横滚运动的时间(t_1)较长(大于 10 s)。因此,对于副翼设计,常常不需要使用式(12 - 48)和式(12 - 49),因为其所表达的横滚需求是在几秒之内。然而对于战斗机和导弹,横滚运动(见图 12 - 15)非常快(时间 t_1 在几秒之内),所以对于副翼设计,通常需要运用式(12 - 48)和式(12 - 49)。由于这个原因,当相应于稳态横滚角速度(P_{ss})的坡度角(ϕ_1)超过 90°时,式(12 - 46)给出达到所希望的坡度角与所需时间的关系。因此,为达到所希望的坡度角(ϕ_{des})而需要的持续时间(t_{req})可由下式确定:

$$t_2 = \sqrt{\frac{2\phi_{des}}{\dot{P}}} \qquad (12 - 50)$$

本节导入和形成的公式和关系式提供了设计副翼以满足横滚操纵需求所必需工具。表 12 - 12 提出军用飞机横滚操纵需求,对于民用飞机,建议采用类似的需求清单。为使副翼产生的横滚力矩能够实现最大横滚操纵,考虑将副翼安置在机翼外侧靠近翼梢。因此,考虑将襟翼设置在机翼内侧。此方法将产生最小、最轻和最经济的副翼翼面。副翼设计方法和设计程序将在 12.4.4 节中描述。

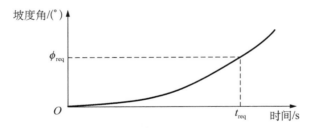

图 12 - 15　坡度角与时间的关系曲线

12.4.3　副翼设计约束条件

在工程上任何设计问题通常都会受到各种约束条件的限制,副翼设计当然也不例外。本节将给出一系列有关副翼设的约束条件。

12.4.3.1　副翼反效

很多飞机在以接近最大速度飞行时,会遇到一个重要的气动弹性现象。飞机的实际结构都不是理想的刚体,而具有静态和动态柔性。机翼通常由航空航天材料(如铝合金)和复合材料制成,是有挠性的结构。这种挠性导致机翼不能保持其几何特性和完整性,尤其是在高速飞行时。这一现象对副翼效能产生负面影响,称之为副翼反效。

考虑一个挠性机翼的右机翼,副翼向下偏转,产生一个负横滚力矩。在亚声速时,副翼偏转产生的空气动力载荷增量有一个矩心,位于靠近机翼弦线中间某个位置。超声速飞行时,操纵载荷主要作用在偏转的副翼自身上,因此其矩心更加靠后。如果这一载荷矩心位于机翼结构的弹性轴之后,则产生主机翼翼面低头扭转(α_{twist})(围绕 y 轴)。副翼向下偏转的目的是使右机翼抬高,然而机翼扭转使机翼迎角减小,导致右机翼上的升力减小(见图 12-16)。在极端情况下,由于气动弹性扭转而引起的向下升力超过所指令的向上升力,因此副翼净效能反向。结果是,这种升力方向的改变将产生正横滚力矩。

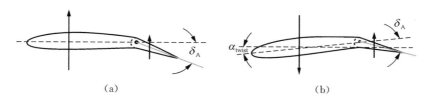

图 12-16 副 翼 反 效

(a) 理想的和所希望的副翼 (b) 副翼反效

这个不希望出现的横滚力矩意味着副翼已丧失其效能,并且横滚操纵导数 $C_{l_{\delta A}}$ 已改变符号,此种现象称为副翼反效。这种现象对副翼设计构成很大的约束,此外,机翼结构设计必须核查这种副翼偏转的气动弹性效应,副翼反效常常出现在飞机高速飞行时。大多数高性能飞机都有一个副翼反效速度,超过此速度后副翼将失去其效能。F-14 战斗机在高速飞行时曾出现过副翼反效。

显然,在飞行包线内出现这样的副翼反效是不可接受的,在设计过程中必须加以考虑。有多种方法可解决此问题:①增加机翼的刚度;②限制高速飞行时副翼偏度范围;③采用两组副翼,一组副翼位于机翼内段,用于高速飞行,另一组副翼位于机翼外段,用于低速飞行[①];④减小副翼弦长;⑤使用扰流板进行横滚操纵;⑥将副翼位置向机翼内侧移动。运输机 B747 有 3 种不同形式的横滚操纵装置:内副翼、外副翼和扰流板。除非在低速飞行并且襟翼放下时,否则外副翼被禁用。扰流板基本是平板,位于襟翼前 10%~15% 弦长位置。当扰流板打开(即上偏)时,导致气流分离和局部升力损失。因此,为避免在飞机使用包线内出现横滚反效现象,机翼结构必须设计成具有足够的刚度。

12.4.3.2 反向偏航

当飞机压坡度执行转弯时,希望飞机同时进行偏航和横滚。此外,偏航力矩和横滚力矩处于相同方向(即皆为正或皆为负)是有利的。例如,当飞机向右转弯时,其应顺时针横滚(绕 x 轴)和顺时针偏航(绕 z 轴)。在这样的转弯中,驾驶员将是舒服的。这样的偏航力矩称为"正协调"偏航,并且这样的转弯是一次协调转弯的先决

---

① 原文误为"for high-speed flight(用于高速飞行)"。——译注

条件。这一偏航使飞机迎着相对气流。相比之下,如果飞机偏航方向与所希望的转弯方向相反(即正横滚,但负偏航),驾驶员将有一种不悦的感觉,并且飞机将进入非协调转弯。这一偏航力矩称为反向偏航。非协调转弯时,飞机将侧滑。

如要了解为什么会出现和如何出现这些转弯,参见图 12-17,此时驾驶员正打算向右转弯。为达此目标,驾驶员必须施加正向副翼偏转(即左副翼下偏,右副翼上偏)。巡航飞行时整个机翼的升力分布是对称的,也就是,右机翼的升力和左机翼的升力相同。当左副翼下偏并且右副翼上偏时,升力分布发生变化,使得左机翼升力大于右机翼升力。正如所期,这样的偏转产生顺时针横滚力矩(见图 12-17(a))。

然而副翼偏转同时改变了右机翼和左机翼的诱导阻力,产生差值。记住,机翼阻力由两部分组成:零升阻力(D_0)和诱导阻力(D_i)。机翼诱导阻力是机翼升力系数的函数($C_{D_i} = KC_L^2$)。因为左机翼当地升力系数大于右机翼当地升力系数,左机翼的阻力大于右机翼的阻力。阻力属于空气动力,相对于飞机重心有力臂。阻力方向向后,所以这一机翼/阻力耦合产生一个负偏航力矩(即反向偏航)(见图 12-17(b))。因此,如果方向舵不随同副翼同时偏转,副翼产生的横滚力矩方向与机翼/阻力产生的偏航力矩方向将不协调。因此,当驾驶员偏转常规的副翼使飞机转弯时,飞机将会沿与预期方向相反的方向开始偏航。

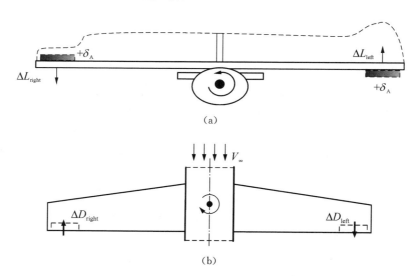

图 12-17 由于机翼阻力引起的反向偏航

(a) 前视图(正向横滚) (b) 仰视图(负偏航)

注:right—右;left—左。

这一反向偏航现象对副翼设计增加了一项约束。为避免这一不想要的偏航运动(即反向偏航),有很多解决方法,下面列出其中 4 种方法:①使副翼/方向舵同步偏转,由此消除反向偏航,这要求在副翼和方向舵之间实现联动;②差动副翼,即一侧副翼的上偏度大于另一侧副翼的下偏度,这就使得转弯时左右机翼的诱导阻力相等;③采用弗利兹副翼(阻力副翼),其中副翼铰链轴线高于常规位置;④采用扰流板。弗利兹副翼和扰流板两者皆产生机翼阻力,使得左右机翼的阻力平衡。大多数塞斯纳飞机使用弗利兹副翼,但是大多数派珀飞机采用差动副翼。反向偏航的临界状态出现在飞机低速飞行(即高升力系数)时。这一现象意味着设计者必须考虑使用上述方法中的一种或几种的组合,以消除反向偏航。

12.4.3.3 襟翼

常规飞机的机翼后缘容纳两个操纵面,一个是主操纵面(即副翼),另一个是辅助操纵面(即后缘高升力装置,如襟翼)。由于副翼和襟翼沿机翼后缘彼此邻近,因此它们彼此受到翼展的限制(见图 12‐18)。副翼展长(b_a)和襟翼展长(b_f)之间的平衡是横滚操纵与起飞/着陆性能之间优先权的函数。为改进横滚操纵能力,副翼置于机翼的外侧,襟翼置于机翼的内侧。高升力装置的应用对副翼设计构成另一个约束,在飞机设计过程中必须予以处置。

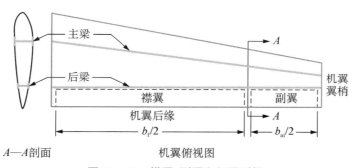

图 12‐18 襟翼、副翼和机翼后梁

副翼的展向范围取决于后缘高升力装置所需要的展长量。通常,襟翼的外侧限制位置是翼展上的副翼开始站位。副翼所需的准确展长主要取决于横滚操纵需求。低速飞机通常利用大约 40% 半翼展长度作为副翼。这意味着,襟翼可从机身侧面开始,延长到半翼展 60% 的站位。然而应用扰流板时,副翼尺寸通常减小,襟翼可延伸至 75% 半翼展位置。因此,如果为了温和机动而提供小型内副翼,则襟翼有效展长将减小。

如果起飞/着陆性能在优先权清单上有较高的重要性,那么尝试将小展长分配给副翼,以使强劲襟翼可占用大的展长。这又意味着具有较低的失速速度和较高的安全性。相反,如果与起飞/着陆性能相比,横滚操纵具有较高的优先权,则应先设计副翼,而后设计襟翼。对于战斗机,由于横滚操纵的重要性,因此必须选择尽可能短的襟翼展长,以使副翼展长足够长。因此对于战斗机,建议设计者在设计襟翼之前先设计副翼。相反,对于民用 GA 飞机和运输类飞机,建议先设计襟翼,而不是像战斗机那样先设计副翼。

12.4.3.4 机翼后梁

对于常规飞机,机翼后梁成为副翼设计的另一个约束。副翼需要铰链轴线,以围绕此轴线转动,并为副翼提供足够运动自由。为得到更轻的、复杂程度较低的机翼结构,建议考虑将机翼后梁作为副翼的最前限制位置,这也许限制了副翼弦长,但却改善了机翼结构的完整性。此外,在结构上更大的好处是副翼和襟翼具有相同的弦长。这一选择将产生较轻的结构,并可使后梁对襟翼和副翼两者都构成支撑。因此,副翼通过后梁与机翼连接(见图 12-18)是一个约束条件,同时,也是一个连接点。

12.4.3.5 副翼失速

当副翼偏转大于 $20°\sim25°$ 时,出现气流分离趋势。因此,副翼将丧失其效能。此外,机翼接近失速时,即使副翼小的向下偏度也可能产生气流分离,并丧失横滚操纵效能。为防止丧失横滚操纵效能,建议考虑副翼最大偏度小于 $25°$(上偏和下偏)。因此,副翼失速需求支配副翼最大偏度。表 12-19 给出一种方法,用以确定升力面(如机翼)上的操纵面(如副翼)偏转时此升力面的失速迎角。

12.4.3.6 机翼翼梢

由于气流沿翼展的展向分量,存在绕过翼梢向上翼面"绕流"的趋势。这一流动产生一个环形流动,并且向机翼下游拖曳。因此,在每个翼梢都产生尾涡流。为考虑机翼翼梢处涡流的影响,副翼的展长不得一直抵达翼梢。换言之,在副翼的外侧边缘与翼梢之间必须留有一定的距离(见图 12-18)。

12.4.4 副翼设计步骤

在第 12.4.1~12.4.3 节中,已描述了副翼功能、设计准则、参数、约束规则和支配方程、公式表达以及设计需求。此外,第 12.3 节介绍各种飞机和各个飞行阶段的横滚操纵和横向操纵品质需求。本节以设计步骤的形式给出副翼设计程序。必须注意,在设计副翼时并非只有唯一的设计方案能够满足用户的需求。有若干种副翼设计可满足横滚操纵需求,但每种设计都有独特的优点和缺点。基于系统工程方法,副翼详细设计从确认和定义设计需求开始,以优化结束。下面是常规飞机的副翼设计步骤:

(1)列出设计需求(如成本、操纵、结构、可制造性和使用)。

(2)选择横滚操纵面构型。

(3)规定机动性和横滚操纵需求。

(4)确认飞机类型以及与横滚操纵有关的关键飞行阶段。

(5)根据资源(如航空标准,见表 12-12)确认操纵品质设计需求(第 12.3 节)。设计需求主要包括飞机从初始的坡度角横滚到规定的坡度角所需用的时间(t_{req})。所希望的总坡度角以 ϕ_{des} 来表示。

（6）根据机翼翼展,规定/选择副翼的内侧与外侧位置（即 b_{a_i}/b 和 b_{a_o}/b）。如果已完成襟翼设计,则确认襟翼的外侧边缘位置,然后考虑副翼的内侧边缘的位置,使之邻近襟翼外侧边缘位置。

（7）规定/选择副翼弦长与机翼弦长之比（即 C_a/C）。作为初始选择,可考虑使副翼前缘位置邻近机翼后梁。

（8）由图 12-12,确定副翼效能参数（τ_a）。

（9）计算副翼横滚力矩系数导数（$C_{l_{\delta A}}$）。可以使用参考文献（如[17]）获得,或根据式（12-23）估算此导数。

（10）选择副翼最大偏度（$\delta_{A_{max}}$）。典型值约为 $\pm 25°$。

（11）计算副翼偏转至最大偏度时的飞机横滚力矩系数（C_l）（式（12-13））。正向偏转和负向偏转将同样对待。

（12）计算副翼偏转至最大偏度时的飞机横滚力矩（L_A）（式 12-10）。

（13）采用式（12-37）,确定稳态横滚角速度（P_{ss}）。

（14）计算飞机达到稳态横滚角速度时的坡度角（ϕ_1）（式（12-43））。

（15）使用式（12-49）,计算由副翼横滚力矩产生的直到飞机达到稳态横滚角速度（P_{ss}）时的飞机横滚角速度的时间变化率（$\dot{P}$）。

（16）如果由步骤（14）计算得到的坡度角（ϕ_1）大于由步骤（5）取得的坡度角（ϕ_{req}）,使用式（12-50）确定飞机达到所希望的坡度角所需用的时间（t_2）,所希望的坡度角由步骤（5）确定。

（17）如果由步骤（14）计算得到的坡度角（ϕ_1）小于由步骤（5）取得的坡度角（ϕ_{req}）,使用式（12-44）和式（12-45）确定飞机达到所希望的坡度角（ϕ_2 或 ϕ_{req}）所需用的时间（t_2）。

（18）将由步骤（16）或（17）获得的横滚时间,与步骤（5）所表达的所需横滚时间（t_{req}）进行比较。为使副翼设计是可接受的,步骤（16）或（17）所获得的横滚时间必须等于或略大于步骤（5）规定的横滚时间。

（19）如果步骤（16）或（17）获得的横滚持续时间等于或大于步骤（5）规定的横滚持续时间（t_{req}）,则副翼设计已满足需求,并转到步骤 23。

（20）如果步骤（16）或（17）所获得的横滚持续时间小于步骤（5）规定的横滚持续时间（t_{req}）,则副翼设计不满足需求,解决方法有两种,既可增大副翼尺寸（副翼展长或弦长）,也可增大副翼的最大偏度。

（21）如果副翼几何尺寸更改,则返回到步骤（7）;如果副翼最大偏度更改,则返回到步骤（10）。

（22）在增大副翼几何尺寸不能解决问题的情况下,必须重新设计整个机翼,或必须变更飞机构型。

（23）检查副翼偏转到最大偏度时的副翼失速情况，如果出现副翼失速，则必须减小副翼最大偏度，返回到步骤（10）。

（24）检查反向偏航特性，选择一种防止发生此问题的方法。

（25）检查高速飞行时的副翼反效，如果出现，则既可重新设计副翼，也可增强机翼结构。

（26）如果认为必要，则采取空气动力补偿/质量补偿（第12.7节）。

（27）优化副翼设计。

（28）计算副翼展长、弦长、面积，并画出副翼的最终设计图纸。

12.5 升降舵设计

12.5.1 序言

安全飞行的基本需求是纵向操纵，这被认定为是升降舵的主要功能。在飞行包线（见图 12-7）范围内，飞机必须纵向可操纵以及可机动。在常规飞机上，主要通过升降舵偏度（δ_E）和发动机油门设定值（δ_T）施加纵向操纵。通过围绕 y 轴的俯仰角速度（Q）和而后的角加速度（$\dot{Q}$）（或俯仰角速度的时间变化率）支配纵向操纵。通过在水平尾翼上提供升力增量实现对飞机的纵向操纵。因此，升降舵归类为主操纵面，并属于俯仰操纵装置。

偏转整个水平尾翼或偏转位于水平尾翼后缘的升降舵都会产生水平尾翼升力增量。由于水平尾翼位置距飞机重心有一定的距离，因此该升力增量产生一个围绕飞机重心的俯仰力矩。无论是改变后置水平尾翼上的升力或者是改变鸭翼上的升力，都可实现俯仰操纵。

关于飞机纵向操纵性，存在两组需求：①杆力，②飞机对驾驶员输入的响应。为了偏转升降舵，驾驶员必须对驾驶杆/Y 形驾驶盘/驾驶盘施加操纵力，并且握杆（对于采用固定驾驶杆操纵系统的飞机）。对于采用松杆操纵系统的飞机，通过调整片和弹簧之类的装置来放大驾驶员的操纵力。杆力分析超出本书讨论的范畴，感兴趣的读者可参阅参考文献（如[11]，[12]）。

对于常规对称布局的飞机，纵向操纵不与横向-航向操纵耦合，因此升降舵设计几乎与副翼和方向舵设计完全无关。这样处理就简化了升降舵设计。对于升降舵设计，应确定如下 4 个参数：①升降舵平面面积（S_E）；②升降舵弦长（C_E）；③升降舵展长（b_E）；④升降舵最大偏度（$\pm\delta_{E_{max}}$）。作为一种通用指南，这些参数的典型值如下：$S_E/S_h = 0.15 \sim 0.4$，$b_E/b_h = 0.8 \sim 1$，$C_E/C_h = 0.2 \sim 0.4$，$\delta_{E_{max\_up}} = -25°$，$\delta_{E_{max\_down}} = +20°$。图 12-19 示出水平尾翼和升降舵的几何尺寸。作为一项约定，升降舵向上偏为负，向下偏为正。因此，负升降舵偏度产生负水平尾翼升力，同时产生正（飞机抬头）俯仰力矩。

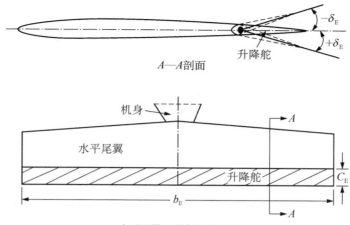

图 12‑19   水平尾翼和升降舵的几何尺寸

在设计升降舵之前,必须完成机翼和水平尾翼的设计,并且必须知道飞机重心后限位置和重心前限位置。本节将阐述升降舵设计原理、设计程序、支配方程、约束条件和设计步骤,并给出一个含完整解答的设计示例。

12.5.2 升降舵设计原理

升降舵是位于水平尾翼后缘或鸭翼后缘的主操纵面。纵向操纵和纵向配平是升降舵的两个主要功能,它对纵向稳定性的影响较小。升降舵类似于简单襟翼,但能够向上和向下偏转。当升降舵偏转时,尾翼翼型的弯度发生变化,结果改变了尾翼升力系数(C_{L_h})。升降舵偏转的主要目的在于增大或减小水平尾翼升力,从而改变水平尾翼产生的俯仰力矩。

影响升降舵设计的因素有升降舵效能、升降舵铰链力矩、升降舵空气动力补偿和质量补偿。升降舵效能是对产生所希望的俯仰力矩时升降舵偏转效果如何的一种度量。升降舵效能是升降舵尺寸和尾力臂的函数。升降舵铰链力矩也是重要的,因为它是升降舵转动必须克服的空气动力力矩。升降舵铰链力矩支配驾驶员移动驾驶杆/Y 形驾驶盘/驾驶盘所需操纵力的大小。因此,在设计升降舵时必须十分小心,使杆力处于驾驶员可接受的限度内。升降舵空气动力补偿和质量补偿(见第 12.7 节)属于改变铰链力矩使杆力处于可接受范围内并且不出现气动弹性现象的方法。

起飞时的纵向操纵品质需求规定如下:对于配置前三点起落架的飞机,俯仰角速度的大小应使起飞抬前轮的时间不大于规定的时间限度。由于起飞抬前轮动力学受牛顿第二定律支配,因此可以很方便地以围绕主起落架旋转点的飞机角加速度($\ddot{\theta}$)的形式来表达起飞抬前轮的时间。例如,对于运输类飞机,可接受的起飞抬前轮时间为 3~5 s。达到这一需求的等效角加速度值是 4~6 (°)/s²。当飞机重心处于前限位置时,也必须满足此要求。表 12-9 给出各种类型飞机的起飞角加速度需求。在升降舵设计中采用这些规范。

在升降舵细节设计过程中,必须确定下列参数:

(1) 升降舵弦长与水平尾翼弦长之比(C_E/C_h);

(2) 升降舵展长与水平尾翼展长之比(b_E/b_h);

(3) 升降舵最大上偏角($-\delta_{E_{max}}$);

(4) 升降舵最大下偏角($+\delta_{E_{max}}$);

(5) 升降舵空气动力补偿;

(6) 升降舵质量补偿。

前 4 个升降舵参数(弦长、展长和偏度)是相关的。当其中一个参数值增大时,其他参数值可减小。相比之下,每一参数有独特的约束条件。例如,升降舵最大偏度应小于引起气流分离或引起水平尾翼失速的值。此外,为了更便于制造,建议升降舵沿展长选取同一弦长。因此,为简化设计和制造,常常选择升降舵展长等于水平尾翼展长(即 $b_E/b_h=1$)。

当升降舵偏转超过 $20°\sim25°$ 时,尾翼上出现气流分离倾向。因此,升降舵将丧失其效能。此外,水平尾翼接近失速时,即使升降舵有一个小的向下偏角,都可能导致气流分离,并丧失俯仰操纵效能。为防止丧失俯仰操纵效能,建议考虑升降舵最大偏度小于 $25°$(上偏和下偏)。因此,升降舵/尾翼失速需求支配升降舵最大偏度。

只要升降舵设计成具有全展长(即 $b_E=b_h$),并且偏度在其最大允许值范围内,升降舵弦长必须足够长,以产生所希望的水平尾翼升力变化。然而当升降舵弦长增大时,水平尾翼的气流分离趋势加大。如果所需要的升降舵弦长超过水平尾翼弦长的 50%(即 $C_E/C_h>0.5$),则建议采用全动水平尾翼(即 $C_E=C_h$)。战斗机常常配备全动水平尾翼,以产生最大俯仰力矩值,改善俯仰机动性。大多数战斗机有这样的水平尾翼,因为它们需要具有高机动能力。表 12-18 示出多种飞机的升降舵规范。

表 12-18 若干飞机的升降舵规范

序号	飞机	类型	m_{TO}/kg	S_E/S_h	C_E/C_h	$\delta_{E_{max}}/(°)$ 下偏	$\delta_{E_{max}}/(°)$ 上偏
1	塞斯纳 182	轻型 GA	1 406	0.38	0.44	22	25
2	塞斯纳 奖状Ⅲ	喷气式公务机	9 979	0.37	0.37	15	15.5
3	湾流 200	喷气式公务机	16 080	0.28	0.31	20	27.5
4	AT-802	农用飞机	7 257	0.36	0.38	15	29
5	ATR42-320	支线飞机	18 600	0.35	0.33	16	26
6	洛克希德 C-130 大力神	军用货机	70 305	0.232	0.35	15	40
7	福克 F-28-4000	运输机	33 000	0.197	0.22	15	25
8	福克 F-100B	航线客机	44 450	0.223	0.32	22	25

（续表）

序号	飞机	类型	m_{TO}/kg	S_E/S_h	C_E/C_h	$\delta_{E_{max}}/(°)$	
						下偏	上偏
9	麦道 DC-8	运输机	140 600	0.225	0.25	10	25
10	麦道 DC-9-40	运输机	51 700	0.28	0.30	15	25
11	麦道 DC-10-40	运输机	251 700	0.225	0.25	16.5	27
12	麦道 MD-11	运输机	273 300	0.31	0.35	20	37.5
13	B 727-100	运输机	76 820	0.23	0.25	16	26
14	B 737-100	运输机	50 300	0.224	0.25	20	20
15	B 777-200	运输机	247 200	0.30	0.32	25	30
16	B 747-200	运输机	377 842	0.185	0.23	17	22
17	A 300B	运输机	165 000	0.295	0.30	17	30
18	A 320	运输机	78 000	0.31	0.32	17	30
19	A 340-600	航线客机	368 000	0.24	0.31	15	30
20	洛克希德 1-1011 三星	运输机	231 000	0.215	0.23	0	25
21	洛克希德 C-5A	货机	381 000	0.268	0.35	10	20

俯仰操纵最临界飞行状态出现在飞机低速飞行时，因为事实上此时升降舵效率较低。具有很低速度这一特性的两个飞行状态是起飞和着陆。从安全角度考虑，起飞操纵比着陆操作要难很多。起飞运行通常分为三段：①地面段；②抬前轮或过渡；③爬升。起飞时主要是在抬前轮段施加纵向操纵，使飞机围绕主起落架旋转，抬起机头。

升降舵设计的基本准则是升降舵效能。升降舵效能代表纵向操纵能力，通常由三个无量纲导数（$C_{m_{\delta E}}$，$C_{L_{\delta E}}$，$C_{L_{h_{\delta E}}}$）来度量，表述如下：

（1）升降舵主要产生飞机俯仰力矩，以控制俯仰角速度。表示纵向操纵能力导数的无量纲导数 $C_{m_{\delta E}}$ 是飞机俯仰力矩系数随升降舵偏度的变化率。由如下公式确定：

$$C_{m_{\delta E}} = \frac{\partial C_m}{\partial \delta_E} = -C_{L_{a_h}} \eta_h \cdot \overline{V}_H \cdot \frac{b_E}{b_h} \tau_e \qquad (12-51)$$

式中：$C_{L_{a_h}}$ 为水平尾翼升力曲线斜率；$\overline{V}_H$ 为水平尾翼容量系数；η_h 为水平尾翼动压比；参数 τ_e 是升降舵的迎角效能，主要是升降舵弦长与水平尾翼弦长比（C_E/C_h）的函数，其值由图 12-12 确定。导数 $C_{m_{\delta E}}$ 的典型值是 $-0.2 \sim -4$ 1/rad。

（2）度量升降舵效能的另一个参数是 $C_{L_{\delta E}}$，它代表升降舵对飞机升力的贡献。这一无量纲导数是飞机升力系数随升降舵偏度的变化率，定义如下：

$$C_{L_{\delta E}} = \frac{\partial C_L}{\partial \delta_E} = C_{L_{a_h}} \eta_h \frac{S_h}{S} \frac{b_E}{b_h} \tau_e \qquad (12-52)$$

式中：η_h是水平尾翼动压比；S_h是水平尾翼平面面积。

（3）度量升降舵效能的第 3 个参数是无量纲导数 $C_{L_{h_{\delta E}}}$，它代表升降舵对水平尾翼升力的贡献。这一导数是水平尾翼升力系数随升降舵偏度的变化率，定义如下：

$$C_{L_{h_{\delta E}}} = \frac{\partial C_{L_h}}{\partial \delta_E} = \frac{\partial C_{L_h}}{\partial \alpha_h} \frac{\partial \alpha_h}{\partial \delta_E} = C_{L_{\alpha_h}} \tau_e \qquad (12-53)$$

最主要的升降舵设计需求是起飞抬前轮需求。这一设计需求是飞机任务和起落架构型的函数。两个常用的起落架构型是：①前三点式起落架；②尾轮式起落架。这两种起落架构型的飞机在起飞时往往需要不同的绕起落架转动方式，表述如下：

（1）对于具有前三点起落架的飞机，升降舵必须有足够的能力使飞机围绕主起落架转动，以规定的俯仰角加速度使飞机抬头。应在飞机速度达到 80％起飞速度（$0.8V_{TO}$）并且飞机重心处于允许的最前位置时满足此要求。这一要求等效于在失速速度下以规定的角加速度实现抬前轮。

（2）对于具有尾轮式起落架构型的飞机，升降舵必须使飞机围绕主起落架转动，以规定的俯仰角加速度使飞机抬起尾部。应在飞机速度达到 50％起飞速度（$0.5V_{TO}$）并且飞机重心处于允许的最后位置时满足此要求。

表 12-9 给出各种类型飞机的俯仰角加速度需求。对于常规布局飞机，当飞机重心处于重心前限时起飞抬前轮常常需要升降舵最大负偏度（上偏）。相反，当飞机重心处于重心后限并且飞机处于最低允许速度时，飞机纵向配平通常需要升降舵最大正偏度（下偏）。有关起飞抬前轮运行的支配方程和计算抬前轮时的俯仰角加速度的方法，将在第 12.5.3 节中阐述。有关纵向配平的支配方程和计算所需升降舵偏度的方法，将在第 12.5.4 节中研究。

表 12-19　升降舵偏转时水平尾翼失速迎角（$\Delta\alpha_{h}$（°））减小

$\delta_E/(°)$	水平尾翼弦长与升降舵弦长之比 C_E/C_h										
	0	0.1	0.2	0.3	0.4	0.5	0.6	0.7	0.8	0.9	1
0	0	0	0	0	0	0	0	0	0	0	0
±5	0	0.3	0.5	1.1	1.6	2.2	2.7	3.3	3.9	4.4	5
±10	0	0.6	1	2.1	3.2	4.4	5.5	6.6	7.7	8.9	10
±15	0	0.9	1.5	3.2	4.9	6.5	8.2	9.9	11.6	13.3	15
±20	0	1.2	2	4.2	6.5	8.7	11	13.2	15.5	17.7	20
±25	0	1.6	2.5	5.3	8.1	11	13.7	16.5	19.4	22.2	25
±30	0	1.9	3	6.4	9.7	13.1	16.5	19.9	23.2	26.6	30

升降舵设计、起落架设计和飞机重量分布（即飞机重心位置）之间通常存在重要

的相互关系。这 3 个部件/参数中的任何一个都会对其余两个部件/参数构成限制/约束。例如,当允许的飞机最前重心位置前移时,需要更大的升降舵。此外,当前三点式构型中的主起落架向后移动时,需要更强大的升降舵。因此,升降舵设计团队必须采取折中态度,并与起落架设计团队和重量分配团队保持密切沟通。有时起落架设计略做更改就可能导致升降舵设计有相当大的改善。

　　为减少总成本/飞机重量,凡需要时必须进行更改以产生优选的设计构型。因此,必须对升降舵和起落架同时进行设计/评估/优化,并且必须确定飞机重心位置,以便为起落架和升降舵两者提供最佳的设计环境。升降舵设计流程如图 12 - 20 所示。

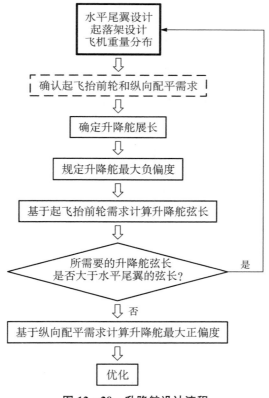

图 12 - 20　升降舵设计流程

12.5.3　起飞抬前轮需求

　　对于起落架构型为主起落架位于飞机重心之后(即前三点起落架)的飞机,采用起飞抬前轮需求进行升降舵设计。为了升空,大多数飞机必须围绕主起落架转动,以达到起飞所需要的迎角。例外的是类似于 B - 52 轰炸机这样的飞机。起飞抬前轮需求要求将升降舵设计成使俯仰角加速度($\ddot{\theta}$)大于所希望的值。在第9章中,通过特别强调与起落架设计的关系,以数学方法确定了这一需求。本节基于第9章形成的方法,建立升降舵设计方法。

围绕主起落架转动点的角加速度 $\ddot{\theta}$ 是一系列参数的函数,包括水平尾翼面积、水平尾翼尾力臂、飞机重量、抬前轮速度、主起落架与飞机重心之间的距离,最后是升降舵操纵能力。表 12-9 给出了各种类型飞机典型的抬前轮角加速度。抬前轮加速度是飞机开始围绕主起落架转动时刻的飞机加速度。此时抬前轮速度必须略大于失速速度(V_s):

$$V_R = (1.1 \sim 1.3)V_s \qquad (12-54)$$

然而为安全起见,将升降舵设计成在失速速度(V_s)下以所希望的角加速度使飞机抬前轮。

本节对升降舵设计进行分析,以产生围绕主起落架接地点的给定等级的俯仰角加速度。考虑图 12-21 所示的具有前三点起落架的飞机,它在起飞时开始围绕主起落架转动。此图给出起飞瞬间有贡献的所有的力和力矩。有贡献的力包括机翼/机身升力(L_{wf})、水平尾翼升力(L_h)、飞机阻力(D)、轮胎与地面的摩擦力(F_f)、飞机重量(W)、发动机推力(T)和加速力(ma)。注意,根据牛顿第三定律,后一项力(ma)向后作用,作为对加速的反作用。此外,有贡献的力矩是机翼/机身空气动力俯仰力矩($M_{o_{wf}}$),再加上前面所述的力围绕转动点产生的力矩。这些力与 x 基准线(即机头)和 z 基准线(即地面)之间的距离测量,如图 12-21 所示。

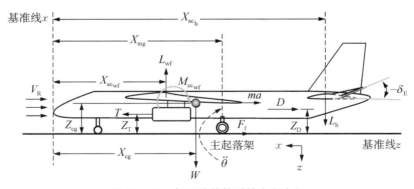

图 12-21 起飞抬前轮时的力和力矩

对于具有前三点起落架的常规飞机,在抬前轮过程中,水平尾翼升力为负。建议在计算升力和阻力时考虑地面效应,以达到更准确的结果。地面摩擦系数 μ 取决于跑道类型。表 9-7 给出不同类型跑道的摩擦系数。

如下三个运动支配方程确定抬前轮瞬间的飞机平衡,其中 2 个是力的方程,一个是力矩方程:

$$\sum F_x = m\frac{\mathrm{d}V}{\mathrm{d}t} \Rightarrow T - D - F_f = ma \Rightarrow T - D - \mu N = ma \qquad (12-55)$$

$$\sum F_z = 0 \Rightarrow L + N = W \Rightarrow L_{wf} - L_h + N = W \Rightarrow N = W - (L_{wf} - L_h) \qquad (12-56)$$

$$\sum M_{cg} = I_{yy_{mg}}\ddot{\theta} \Rightarrow -M_W + M_D - M_T + M_{L_{wf}} + M_{ac_{wf}} + M_{L_h} + M_a = I_{yy_{mg}}\ddot{\theta} \qquad (12-57)$$

式(12-57)表明,必须通过偏转升降舵产生反向力矩来克服飞机负俯仰力矩。式(12-55)~式(12-57)中所有有贡献的力和力矩,已经在第 9 章中叙述过。为方便起见,这里重复表述并重新编号。起飞时的法向力(N)、摩擦力(F_f)和飞机升力分别为

$$N = W - L_{TO} \qquad (12-58)$$

$$F_f = \mu N = \mu(W - L_{TO}) \qquad (12-59)$$

$$L_{TO} = L_{wf} + L_h \qquad (12-60)$$

机翼/机身升力(L_{wf})、水平尾翼升力(L_h)、空气动力阻力(D)、围绕机翼/机身空气动力中心的机翼/机身空气动力俯仰力矩如下。记住,水平尾翼升力为负。

$$L_h = \frac{1}{2}\rho V_R^2 C_{L_h} S_h \qquad (12-61)$$

$$L_{wf} \approx \frac{1}{2}\rho V_R^2 C_{L_{TO}} S_{ref} \qquad (12-62)$$

$$D_{TO} = \frac{1}{2}\rho V_R^2 C_{D_{TO}} S_{ref} \qquad (12-63)$$

$$M_{ac_{wf}} = \frac{1}{2}\rho V_R^2 C_{m_{ac_{wf}}} S_{ref} \overline{C} \qquad (12-64)$$

式中:V_R 是飞机抬前轮瞬间的线前进速度;S_{ref} 是机翼平面面积;S_h 是水平尾翼平面面积;ρ 是空气密度;$\overline{C}$ 是机翼平均空气动力弦;此外,C_D、$C_{L_{wf}}$、C_{L_h} 和 $C_{m_{ac_{wf}}}$ 这 4 个系数分别代表阻力系数、机翼/机身升力系数、水平尾翼升力系数和机翼/机身空气动力俯仰力矩系数。在式(12-57)中,假设围绕 y 轴顺时针转动为正向转动。

起飞抬前轮操作中有贡献的俯仰力矩是飞机重量力矩(M_W)、飞机阻力力矩(M_D)、发动机推力力矩(M_T)、机翼/机身升力力矩($M_{L_{wf}}$)、水平尾翼升力力矩(M_{L_h})

和线加速度力矩(M_a)。

由下列各式求得这些力矩:

$$M_W = W(x_{mg} - x_{cg}) \tag{12-65}$$

$$M_D = D(z_D - z_{mg}) \tag{12-66}$$

$$M_T = T(z_T - z_{mg}) \tag{12-67}$$

$$M_{L_{wf}} = L_{wf}(x_{mg} - x_{ac_{wf}}) \tag{12-68}$$

$$M_{L_h} = L_h(x_{ac_h} - x_{mg}) \tag{12-69}$$

$$M_a = ma(z_{cg} - z_{mg}) \tag{12-70}$$

在式(12-65)~式(12-70)中,下标"mg"表示主起落架,因为各距离的测量起点是主起落架。考虑飞机加速度(式(12-70))所产生的力矩是基于牛顿第三定律,任何作用力都有一个反作用力(ma)。在计及反作用力相应的力臂时,这一反作用力将产生一个力矩。将这些力矩代入式(12-57),可得

$$\sum M_{cg} = I_{yy}\ddot{\theta} \Rightarrow -W(x_{mg} - x_{cg}) + D(z_D - z_{mg}) - T(z_T - z_{mg}) + L_{wf}(x_{mg} - x_{ac_{wf}}) +$$
$$M_{ac_{wf}} - L_h(x_{ac_h} - x_{mg}) + ma(z_{cg} - z_{mg}) = I_{yy_{mg}}\ddot{\theta} \tag{12-71}$$

式中:$I_{yy_{mg}}$ 代表在主起落架处围绕 y 轴的飞机质量惯性矩。在采用前三点起落架的飞机上,水平尾翼升力力矩、机翼/机身升力力矩、阻力力矩和加速度力矩都为顺时针方向,而重量力矩、推力力矩和机翼/机身空气动力俯仰力矩都为逆时针方向。在为每一力矩指派正负符号时,必须考虑这些方向。式(12-71)中升降舵的作用是产生足够的水平尾翼升力(L_h)。结果如下:

$$L_h = \frac{\begin{aligned}[L_{wf}(x_{mg} - x_{ac_{wf}}) + M_{ac_{wf}} + ma(z_{cg} - z_{mg}) - W(x_{mg} - x_{cg}) + \\ D(z_D - z_{mg}) - T(z_T - z_{mg}) - I_{yy_{mg}}\ddot{\theta}]\end{aligned}}{x_{ac_h} - x_{mg}}$$

$$\tag{12-72}$$

此时,这一水平尾翼升力必须满足起飞抬前轮需求。升降舵通过水平尾翼升力系数对这一升力提供贡献,可使用式(12-61)得到平尾翼升力系数如下:

$$C_{L_h} = \frac{2L_h}{\rho V_R^2 S_h} \tag{12-73}$$

这一水平尾翼升力系数通常为负值(-1~-1.5),并且是水平尾翼迎角(α_h)、尾翼翼型[19]特性和尾翼平面参数(如展弦比、后掠角和梢根比)的函数。水平尾翼升力系数的数学模型如下:

$$C_{L_h} = C_{L_{ho}} + C_{L_{a_h}}\,\alpha_h + C_{L_{h_{\delta E}}}\,\delta_E \tag{12-74}$$

式中：$C_{L_{a_h}}$ 是水平尾翼升力曲线的斜率；$C_{L_{ho}}$ 是水平尾翼零迎角升力系数。大多数水平尾翼往往使用对称翼型，因此参数 $C_{L_{ho}}$ 通常为零。结合此说明并将式（12-35）代入式（12-74），得到

$$C_{L_h} = C_{L_{a_h}}\,\alpha_h + C_{L_{a_h}}\,\tau_e\delta_E = C_{L_{a_h}}\,(\alpha_h + \tau_e\delta_E) \tag{12-75}$$

记住，水平尾翼迎角已经定义如下（见第6章）：

$$\alpha_h = \alpha + i_h - \varepsilon \tag{12-76}$$

式中：α 是开始抬前轮时的飞机迎角；i_h 是水平尾翼安装角；ε 是下洗角（可通过式（6-54）求得）。当飞机在地面时（即开始抬前轮时刻），飞机迎角通常为0。

升降舵设计者可通过正确选择升降舵几何尺寸来控制升降舵操纵能力的大小。式（12-75）能使升降舵设计者确定升降舵特性以满足起飞抬前轮需求。如果已知 τ_e，就可使用图 12-12 来估算升降舵弦长与水平尾翼弦长之比。这代表能够满足最关键飞机纵向操纵需求的最小升降舵面积。注意，起飞抬前轮需求支配升降舵最大上偏度（$-\delta_{E_{max}}$）。纵向配平需求支配升降舵的最大正（向下）偏度（$+\delta_{E_{max}}$），这将在下面第 12.5.4 节中阐述。当飞机以最小速度飞行并且飞机重心处于允许的最后位置时，升降舵通常将产生最大负俯仰力矩，以维持纵向配平。然而在飞机起飞抬前轮过程中当飞机重心处于允许的最前位置并且飞机为最大起飞重量时，升降舵通常将产生最大正俯仰力矩。

为满足起飞抬前轮需求，设计组（如起落架设计组、水平尾翼设计组、重量和平衡设计组、机身设计组、推进系统设计组和升降舵设计组）之间常常会产生矛盾。每一设计组可能关注其他的设计需求，并在需求清单的末尾才考虑抬前轮需求。如果的确如此，则一个设计组将对其他的设计组带来也许是不易解决的难题。解决的方法是让所有的设计组争论各种解决方案，并采纳其中难题最少者。

12.5.4 纵向配平需求

当所有的纵向力矩和力都处于平衡时，飞机即处于纵向配平。本节将关注纵向配平。为了在各种配平状态下飞行，升降舵对飞机纵向配平起到重要作用。为进行纵向配平分析并导出代表纵向配平时升降舵功能的关系式，考虑图 12-22 中以恒定速度巡航飞行的飞机。发动机位于机翼下方，发动机推力（T）与飞机重心存在偏置距离（z_T）。发动机产生正俯仰力矩。假设发动机安装角为0。

纵向配平支配方程为

$$\sum F_z = 0 \Rightarrow L = W \tag{12-77}$$

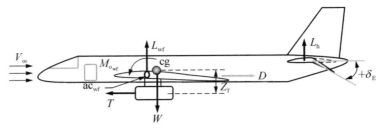

图 12-22　纵 向 配 平

$$\sum F_x = 0 \Rightarrow D = T \qquad (12-78)$$

$$\sum M_{cg} = 0 \Rightarrow M_A + T z_T = 0 \qquad (12-79)$$

还假设总是有足够的推力来平衡阻力,因此仅需要展开如下两个方程:

$$\bar{q}SC_L = W \qquad (12-80)$$

$$\bar{q}S\bar{C}C_m + Tz_T = 0 \qquad (12-81)$$

空气动力和力矩是无量纲导数的函数,所以可将式(12-80)和式(12-81)写成如下形式:

$$\bar{q}S(C_{L_o} + C_{L_\alpha}\alpha + C_{L_{\partial E}}\delta_E) = W \qquad (12-82)$$

$$\bar{q}S\bar{C}(C_{m_o} + C_{m_\alpha}\alpha + C_{m_{\partial E}}\delta_E) + Tz_T = 0 \qquad (12-83)$$

可将这些方程改写为如下形式:

$$C_{L_o} + C_{L_\alpha}\alpha + C_{L_{\partial E}}\delta_E = \frac{W}{\bar{q}S} = C_{L_1} \qquad (12-84)$$

$$C_{m_o} + C_{m_\alpha}\alpha + C_{m_{\partial E}}\delta_E = -\frac{Tz_T}{\bar{q}S\bar{C}} \qquad (12-85)$$

式中: C_{L_1} 是巡航飞行时稳态飞机升力系数。将此方程改写为如下的矩阵形式是很有用的:

$$\begin{bmatrix} C_{L_\alpha} & C_{L_{\partial E}} \\ C_{m_\alpha} & C_{m_{\partial E}} \end{bmatrix} \begin{bmatrix} \alpha \\ \delta_E \end{bmatrix} = \begin{bmatrix} C_{L_1} - C_{L_o} \\ -\dfrac{Tz_T}{\bar{q}S\bar{C}} - C_{m_o} \end{bmatrix} \qquad (12-86)$$

这组方程有两个未知数,即飞机迎角(α)和升降舵偏度(δ_E)。采用克莱姆法则,求解这组方程如下:

$$\alpha = \frac{\begin{vmatrix} C_{L_1} - C_{L_o} & C_{L_{\delta E}} \\ -\dfrac{Tz_T}{\bar{q}SC} - C_{m_o} & C_{m_{\delta E}} \end{vmatrix}}{\begin{vmatrix} C_{L_\alpha} & C_{L_{\delta E}} \\ C_{m_\alpha} & C_{m_{\delta E}} \end{vmatrix}} \tag{12-87}$$

$$\delta_E = \frac{\begin{vmatrix} C_{L_\alpha} & C_{L_1} - C_{L_o} \\ C_{m_\alpha} & -\dfrac{Tz_T}{\bar{q}SC} - C_{m_o} \end{vmatrix}}{\begin{vmatrix} C_{L_\alpha} & C_{L_{\delta E}} \\ C_{m_\alpha} & C_{m_{\delta E}} \end{vmatrix}} \tag{12-88}$$

或

$$\alpha = \frac{(C_{L_1} - C_{L_o})C_{m_{\delta E}} + \left(\dfrac{Tz_T}{\bar{q}SC} + C_{m_o}\right)C_{L_{\delta E}}}{C_{L_\alpha}C_{m_{\delta E}} - C_{m_\alpha}C_{L_{\delta E}}} \tag{12-89}$$

$$\delta_E = -\frac{\left(\dfrac{Tz_T}{\bar{q}SC} + C_{m_o}\right)C_{L_\alpha} + (C_{L_1} - C_{L_o})C_{m_\alpha}}{C_{L_\alpha}C_{m_{\delta E}} - C_{m_\alpha}C_{L_{\delta E}}} \tag{12-90}$$

式中,飞机纵向静稳定性导数(C_{m_α})由式(6-67)确定。维持飞机纵向配平所需的升降舵偏度可直接从式(12-90)获得。注意,如果推力线位于飞机重心上方,则参数 z_T 将是负值。为维持所有飞行状态下的纵向配平,升降舵偏转角必须足够大,当飞机重心位于允许的最后位置时更是如此。

升降舵设计者必须对升降舵进行综合设计,以使得在预期的飞行包线中任何一点以及在整个飞机任务中,纵向配平都不会成为一个限制因素。在要求升降舵偏度超过30(°)的情况下,设计者需要增大升降舵尺寸乃至尾力臂尺寸。这是为了确保在升降舵应用时不会在水平尾翼上引起任何气流分离。图12-23示出为维持飞机纵向配平,升降舵偏度随飞机速度的典型变化。如图所示,水平尾翼设计时的目标之一是在巡航飞行期间要求升降舵偏度为0。请注意,按照约定,升降舵上偏为负偏度。

设计升降舵时有一个必须考虑和核查的约束条件,即升降舵偏度不得引起水平尾翼失速。升降舵偏转将会减小水平尾翼失速迎角。在起飞抬前轮结束时,飞机、机翼和尾翼的迎角全都增大。升降舵看上去与简单襟翼类似,只是连接在水平尾翼上,所以水平尾翼失速迎角取决于升降舵弦长和偏度。因此,升降舵设计者应核查在采用最大升降舵偏度并且机身处于抬头姿态时是否会出现水平尾翼失速。建议

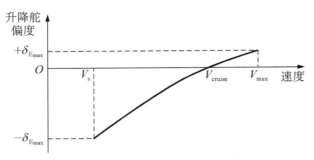

图 12 - 23 升降舵偏度随飞机速度的典型变化

将水平尾翼迎角保持在低于其失速迎角 2°的范围内。使用式(12 - 76)，求得起飞时水平尾翼迎角和机身起飞迎角(α_{TO})之间的关系为

$$\alpha_{h_{TO}} = \alpha_{TO}\left(1 - \frac{d\varepsilon}{d\alpha}\right) + i_h - \varepsilon_o \qquad (12 - 91)$$

可假设机身起飞迎角等于飞机起飞迎角。此公式得出最大正水平尾翼迎角，它必须小于水平尾翼失速迎角。相比之下，在以最大速度进行巡航飞行期间，当采用升降舵来维持纵向配平时，必须核查升降舵最大正偏度。在起飞抬前轮期间水平尾翼失速迎角(α_{h_s})是多个参数的函数，包括水平尾翼翼型、升降舵偏度和升降舵弦长，可由如下公式确定：

$$\alpha_{h_s} = \pm\left(\alpha_{h_{s;\, \delta E=0}} - \Delta\alpha_{h_E}\right) \qquad (12 - 92)$$

式中：$\alpha_{h_{s;\, \delta E=0}}$ 是未使用升降舵时的水平尾翼失速迎角(通常约为 14°)；参数 $\Delta\alpha_{h_E}$ 是由于升降舵偏转而引起的水平尾翼失速迎角减小值，因此必须用风洞试验或参照空气动力学参考文献来确定。表 12 - 19 示出参数 $\Delta\alpha_{h_E}$ 的经验值(以(°)计)，它是升降舵偏度、升降舵弦长与水平尾翼弦长之比的函数。

在升降舵设计时，需要计算所产生的水平尾翼升力系数，并与所希望的水平尾翼升力系数进行比较。对于这样的计算，可使用计算工具，如计算流体动力学技术或升力线理论(见第 5.14 节)。这一评估过程中的参数之一是由于升降舵偏转而引起的水平尾翼零升迎角的变化($\Delta\alpha_{o_E}$)。水平尾翼属于升力面，可按照与机翼相同的方法进行处置。因此，为取得参数 $\Delta\alpha_{o_E}$ 的近似值，可将经验公式(5 - 39)改写为如下形式：

$$\Delta\alpha_{o_E} \approx -1.15 \cdot \frac{C_E}{C_h}\delta_E \qquad (12 - 93)$$

所产生的水平尾翼升力系数必须等于所希望产生的水平尾翼升力系数。在应用升力线理论时,采用参数 $\Delta\alpha_{o_E}$ 以粗略估算水平尾翼升力系数以及水平尾翼升力分布。

12.5.5 升降舵设计程序

在第 12.5.1～12.5.4 节中,已详细阐述了升降舵的主要功能、参数、约束规则规章和支配方程、设计目标、设计准则、公式表达以及设计需求。此外,图 12 - 20 示出升降舵的设计流程。本节以设计步骤的形式阐述升降舵的设计程序。必须注意,在设计升降舵时并非只有唯一的设计方案能够满足用户的需求。有若干种升降舵设计可满足需求,但每种设计都具有独特的优点和缺点。必须注意,由于水平尾翼设计和起落架设计所强加的限制/约束,因此存在着升降舵设计不能够满足需求的可能性。在这种情况下,设计者必须重新设计水平尾翼和/或起落架部件。

基于系统工程的方法,升降舵详细设计从确认和定义设计需求开始,并以优化设计结束。下面是常规飞机的升降舵设计步骤:

(1) 列出升降舵的设计需求(见第 12.5.2 节)。

(2) 根据表 12 - 9,确认起飞抬前轮角加速度需求。

(3) 选择升降舵展长(见表 12 - 3)。

(4) 规定升降舵最大偏度,以防止气流分离(见表 12 - 3)。

(5) 使用式(12 - 62)～式(12 - 64),计算机翼/机身升力(L_{wf})、飞机阻力(D)以及围绕机翼/机身空气动力中心的机翼/机身空气动力俯仰力矩($M_{ac_{wf}}$)。

(6) 使用式(12 - 55),计算起飞抬前轮时的飞机线加速度(a)。

(7) 使用式(12 - 65)～式(12 - 70)计算起飞抬前轮时有贡献的俯仰力矩,即飞机重量力矩(M_W)、飞机阻力力矩(M_D)、发动机推力力矩(M_T)、机翼/机身升力力矩($M_{L_{wf}}$)、水平尾翼升力力矩(M_{L_h})和线加速度力矩(M_a)。在进行此项计算时,考虑飞机重心前限位置。

(8) 使用式(12 - 72),计算起飞抬前轮时所希望的水平尾翼升力(L_h)。在进行此项计算时,考虑飞机重心前限位置。

(9) 使用式(12 - 73),计算所希望的水平尾翼升力系数(C_{L_h})。

(10) 使用式(12 - 75),计算升降舵迎角效能(τ_e)。在进行此项计算时,考虑升降舵最大负偏度(来自步骤(4))。

(11) 由图 12 - 12,确定相应的升降舵弦长与水平尾翼弦长之比(C_E/C_h)。

(12) 如果升降舵弦长与水平尾翼弦长之比(C_E/C_h)大于 0.5,则建议选用全动水平尾翼(即 $C_E/C_h=1$)。

(13) 如果升降舵迎角效能(τ_e)大于 1,那么按现时水平尾翼/起落架规范,无法求得能够满足起飞抬前轮需求的升降舵。如果出现此情况,则必须重新设计水平尾翼/起落架。然后返回步骤(5)。

（14）使用空气动力方法，如计算流体动力学或升力线理论（见第5-14节），确定升降舵以其最大负偏角（即 $-\delta_{E_{max}}$）偏转时的水平尾翼升力分布和水平尾翼升力系数。

（15）将步骤（13）中所产生的水平尾翼升力系数与步骤（9）中所希望的水平尾翼升力系数进行比较。这两个数字必须相同。如果不相同，那么调节升降舵弦长或升降舵展长，以改变所产生的水平尾翼升力系数。

（16）使用式（12-51）～式（12-53），计算升降舵效能导数（$C_{m_{\delta E}}$、$C_{L_{\delta E}}$、$C_{L_{h_{\delta E}}}$）。在进行这些计算时，对飞机的重心前限和重心后限位置进行核查。

（17）使用式（12-90），计算为维持各种飞行状态下的纵向配平而需要的升降舵偏度（δ_E）。在进行这些计算时，对飞机的重心前限和重心后限位置以及各种飞机速度进行核查。

（18）画出升降舵偏度随空速和飞行高度变化的曲线。在进行这些计算时，考虑飞机的重心前限和重心后限位置。

（19）将所需的升降舵最大下偏度（$+\delta_{E_{max}}$）与在步骤（4）中规定的最大偏度进行比较，如果步骤（17）中的所需升降舵最大下偏角大于步骤（4）中规定的最大偏度，那么按现时水平尾翼/起落架规范，无法求得能够满足纵向配平需求的升降舵。如果出现此情况，则必须重新设计水平尾翼和/或起落架。然后返回到步骤（5）。

（20）运用式（12-92），核查在起飞抬前轮过程中升降舵偏转是否会引起水平尾翼失速。

（21）如果在起飞抬前轮过程中出现水平尾翼失速，则必须重新设计升降舵，减小升降舵偏度和/或升降舵弦长。返回步骤（3）。

（22）如果在起飞抬前轮过程中出现水平尾翼失速，为防止失速，则可能需要减小升降舵两个参数（即升降舵偏度和弦长）中的任何一个，飞机的其他部件（如水平尾翼、起落架）或飞机重心必须重新设计/重新定位。

（23）如果有必要，则采用空气动力补偿/质量补偿（见12.7节）。

（24）对升降舵设计进行优化。

（25）计算升降舵展长、升降舵弦长和升降舵面积，然后绘制水平尾翼（包括升降舵）的俯视图和侧视图并标注尺寸。

12.6 方向舵设计

12.6.1 方向舵设计序言

方向舵属于主操纵面，负责飞机的航向操纵。方向舵位于垂直尾翼的后缘，是活动舵面。方向舵是升降舵的配对部件，但垂直布置。当方向舵转动（即偏转角度 δ_R 时），方向舵/垂直尾翼一起产生升力（即侧向力 L_V）（见图12-24）。结果产生围绕飞机重心(围绕飞机 z 轴)的偏航力矩(N)。因此,主要由方向舵提供围绕飞机重心的偏航力矩。方向舵附带产生的第三个输出是横滚力矩。这是由于事实上垂直尾翼(即方向舵)通常置于飞机重心之上。方向舵的两个基本作用是航向操纵和航向配平。因此,由航向配平和操纵需求确定方向舵的参数。方向舵操纵能力必须足以在各种飞行状态下实现这两个需求。主要通过航向操纵过程确定飞机航向角(ψ)。

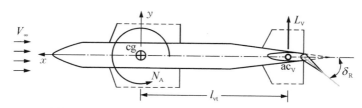

图 12‑24 通过方向舵偏转实现航向操纵(俯视图)

方向舵与副翼之间存在干扰,它们常常同时采用。因此,横向和航向动力学常常耦合。良好的做法是同时设计副翼和方向舵。与升降舵类似,方向舵也属于位移控制装置,而副翼是速率控制装置。升降舵和方向舵的设计依据类似,但是因为它们的用途不同,所以方向舵设计通常更为复杂。然而,方向舵的左/右偏度相同,而升降舵上/下偏度不同。

在设计方向舵时,必须确定如下 5 个参数:①方向舵面积(S_R);②方向舵弦长(C_R);③方向舵展长(b_R);④方向舵最大偏度($\pm\delta_{R_{max}}$);⑤方向舵下侧边缘的位置(b_{Ri})。图 12‑25 示出垂直尾翼几何形状和方向舵参数。表 12‑20 给出若干飞机的方向舵特性。表 12‑3 示出方向舵几何尺寸(方向舵弦长、展长和面积与垂直尾翼弦长、展长和面积之间之比值)的典型值,由此可以选择初始数据。

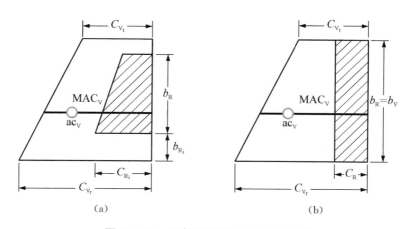

图 12‑25 垂直尾翼和方向舵几何形状

(a)后掠式方向舵 (b)矩形方向舵

表 12 - 20 若干飞机的方向舵特性

序号	飞机	类型	m_{TO}/kg	S_R/S_V	C_R/C_V	$\delta_{R_{max}}$/(°)	最大侧风风速/kn
1	塞斯纳 182	轻型 GA	1 406	0.38	0.42	±24	—
2	塞斯纳 650	喷气式公务机	9 979	0.26	0.27	±25	—
3	湾流 200	喷气式公务机	16 080	0.3	0.32	±20	—
4	空中拖拉机 AT - 802	农用飞机	18 600	0.61	0.62	±24	—
5	C - 130E 大力神	军用货机	70 305	0.239	0.25	±35	—
6	DC - 8	运输机	140 600	0.269	35	±32.5	34
7	DC - 10	运输机	251 700	0.145	38	±23/46*	30
8	B737 - 100	运输机	50 300	0.25	0.26	—	—
9	B777 - 200	运输机	247 200	0.26	0.28	±27.3	—
10	B747 - 200	运输机	377 842	0.173	0.22	±25	30
11	C - 5A	货机	381 000	0.191	0.2	—	43
12	福克 100A	航线客机	44 450	0.23	0.28	±20	30
13	ERJ 145	喷气支线飞机	22 000	0.29	0.31	±15	—
14	A340 - 600	航线客机	368 000	0.31	0.32	±31.6	—

＊串列式方向舵。

按照约定,方向舵正偏度定义为向(驾驶员)左侧偏转。如图 12 - 24 所示,方向舵正偏度产生正侧向力(即正 y 方向),但产生负偏航力矩(即逆时针)。对于 0 侧滑角和 0 副翼偏度的对称飞机,由垂直尾翼升力乘以垂直尾翼尾力臂来确定偏航力矩,表达式如下:

$$N_A = l_{vt}L_v \tag{12-94}$$

式中:l_{vt} 为垂直尾翼尾力臂是飞机重心与垂直尾翼空气动力中心(ac_v)之间沿 x 轴的距离,垂直尾翼空气动力中心通常位于 1/4 垂直尾翼平均空气动力弦位置。

飞机侧向力(L_V)主要是动压、垂直尾翼面积(S_V)的函数,并且沿垂直尾翼升力方向:

$$L_V = \bar{q}S_V C_{L_V} \tag{12-95}$$

式中:C_{L_V} 是垂直尾翼升力系数,是垂直尾翼翼型、侧滑角和方向舵偏度的函数。垂直尾翼升力系数的线性数学模型如下:

$$C_{L_V} = C_{L_{V_o}} + C_{L_{V_\beta}}\beta + C_{L_{V_{\delta_R}}}\delta_R \qquad (12-96)$$

飞机空气动力偏航力矩是动压、机翼面积（S）和翼展（b）的函数，定义如下：

$$N_A = \bar{q}SC_n b \qquad (12-97)$$

式中：C_n 是偏航力矩系数，是飞机构型、侧滑角、方向舵偏度和副翼偏度的函数。偏航力矩系数的线性数学模型如下：

$$C_n = C_{n_o} + C_{n_\beta}\beta + C_{n_{\delta A}}\delta_A + C_{n_{\delta R}}\delta_R \qquad (12-98)$$

参数 $C_{n_{\delta R}}$ 称为飞机偏航力矩系数，也称为方向舵偏航操纵能力，由方向舵偏转导数引起。方向舵偏航操纵效能主要由偏航力矩随方向舵偏角的变化率来度量。以无量纲形式将该参数表示为

$$C_{n_{\delta R}} = \frac{\partial C_n}{\partial \delta_R} \qquad (12-99)$$

航向操纵导数（$C_{n_{\delta R}}$）主要取决于垂直尾翼尺寸、垂直尾翼力矩臂，并由下式确定：

$$C_{n_{\delta R}} = -C_{L_{\alpha_V}} \overline{V}_V \eta_V \tau_r \frac{b_R}{b_V} \qquad (12-100)$$

式中：$C_{L_{\alpha_V}}$ 是垂直尾翼升力曲线斜率；$\overline{V}_V$ 是垂直尾翼容量系数；η_V 是垂直尾翼动压比（q_v/q_∞）；参数 τ_r 称为方向舵迎角效能，是方向舵弦长与垂直尾翼弦长之比（C_R/C_V）的函数，利用图 12-12 可确定此参数，方向舵迎角效能 τ_r 反映方向舵尺寸对方向舵操纵效能的贡献；垂直尾翼容量系数已在第 6 章（式（6-72））中做过定义，为方便起见，这里重复表述如下：

$$\overline{V}_V = \frac{l_V S_V}{bS} \qquad (12-101)$$

表 6-4 给出垂直尾翼容量系数的典型值。在大型高亚声速运输类飞机上，由串列设置的两个方向舵提供航向操纵。高速飞行使用一个方向舵，但在低速飞行（如起飞和着陆）时两者都使用。为了提高可靠性，可将方向舵分为上下两块，采用独立的信号和作动器，外加带余度的处理器。

方向舵设计流程示于图 12-26。如图所示，有两次核查在设计程序中产生两条反馈回路。在第一次核查中，如果所要求的方向舵弦长大于垂直尾翼弦长，则必须重新设计垂直尾翼，或必须重新确定飞机重心位置。在第 2 次核查时，研究是否满足其他的方向舵需求，如果未能满足，则表明设计者在确认方向舵的关键作用时存在错误。两条反馈回路表明方向舵设计过程的迭代特性。第 12.6.2 节将介绍方向舵的各种设计需求。

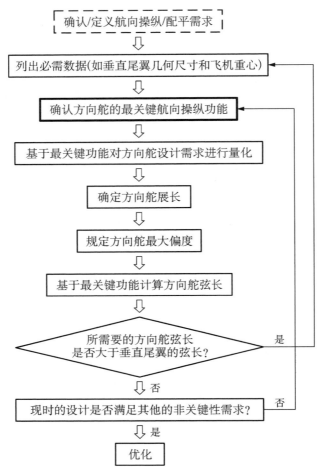

图 12 - 26 方向舵设计流程

12.6.2 方向舵设计基础

12.6.2.1 方向舵设计需求

方向舵设计需求主要由航向操纵和航向配平驱动。主要通过偏航角速度(R)支配航向操纵,而常常由方向舵最大偏度($\delta_{R_{max}}$)支配航向配平。FAA 颁布许多有关航向操纵的条款,方向舵设计者必须满足所有这些条款的要求。

FAR §25.147 规定如下要求[①]:

§25.147航向和横向操纵

(a)航向操纵:总则。必须能在机翼水平情况下,使飞机向工作发动机一侧偏

————————

① 为便于读者对照,此处按 FAR §25.147 原文译出和排版。——译注

航和向不工作的临界发动机一侧安全地作直到 15°的航向合理突变。这一点必须在下列条件下以 $1.3V_{SR1}$ 进行直到 15°的航向变更来表明：

(1) 临界发动机不工作，其螺旋桨处于最小阻力位置；

(2) 以 $1.3V_{SR1}$ 平飞所需的功率，但不得超过最大连续功率；

(3) 最不利重心位置；

(4) 起落架收上；

(5) 襟翼在进近位置；

(6) 最大着陆重量。

在 FAR 23 中对 GA 飞机，在 MIL-STD 中对军用飞机，都规定了类似的要求。方向舵设计时必须满足这些要求。

对于各种飞机的不同飞行阶段，方向舵起着不同的作用。方向舵有 6 个主要功能：①侧风着陆；②对于多发飞机，用于平衡不对称推力，实现航向操纵；③协调转弯；④尾旋改出；⑤反向偏航；⑥滑翔机滑翔坡度调节。表 12-21 列出这些情况，对各种飞机提出不同的要求。本节将介绍并界定这些需求，并形成方向舵设计方法以满足这些要求。

表 12-21　方向舵设计需求

序号	需求	简　　述	飞机
1	不对称推力	单发失效时，飞机必须能克服不对称推力	多发飞机
2	侧风着陆	飞机侧风着陆时必须保持对准跑道	所有飞机
3	尾旋改出	飞机必须能对抗尾旋并能从尾旋中改出	能进入尾旋的飞机
4	协调转弯	飞机必须能够协调转弯	所有飞机
5	反向偏航	方向舵必须能克服由副翼产生的反向偏航	所有飞机
6	滑翔道坡度调节	飞机必须能利用方向舵偏转来增大飞行阻力，由此调节滑翔道坡度	滑翔机

在这些功能中，根据飞机任务和构型，其中一项通常是最关键的。上面所提及的方向舵 6 项功能，前 3 项是简单的，后 3 项较为重要。例如，多发飞机常常将不对称推力情况下的航向配平作为方向舵设计的最临界工况。单发飞机常常将最大侧风着陆作为最临界工况。对于能进入尾旋的飞机，尾旋改出成为最临界的方向舵设计需求。方向舵设计是按照方向舵最临界作用进行的。在某些飞机上，尾旋改出是临界的，但在其他飞机上，不对称功率/推力是临界的。对于正常的不易进入尾旋的飞机，侧风着陆常常是方向舵设计最临界工况，方向舵按此状态进行设计。因此，方向舵设计者的一项首要任务是确认在飞机飞行包线范围内对于方向舵发挥功能为最临界的工况。

12.6.2.2 不对称推力

对于多发飞机,如果并非所有发动都沿机身中心线定位,当临界发动机失效(如一台或多台发动机不工作)时必须实现航向配平。临界发动机失效必须代表与使用中预期的操纵性有关的最临界动力装置失效模式。在此情况下,正常工作的发动机产生一个不希望有的偏航力矩,必须借助方向舵予以抵销。对于发动机推力线与机身中心线一致的单发飞机(实际上,在发动机推力线通过飞机重心时),这一设计需求不适用。对于双发飞机,当两台发动机都沿机身中心线布置时(如旅行者号飞机,一台螺旋桨发动机位于机头,而另一台发动机位于机身后段),这一设计需求同样也不适用。当位于飞机一侧的所有发动机在低速飞行状态下全都失效时,常常会出现临界不对称功率/推力状态。方向舵必须足以克服由不对称的推力状态所产生的偏航力矩。图 12 - 27(a)示出 B777 飞机右发不工作的飞行状态。

由于一台发动机在飞行中可能突然失效,其他发动机的推力会产生围绕飞机重心的偏航力矩,因此可能打乱飞机的航向配平,偏离航向。此情况称为不对称推力/功率状态。这些情况下方向舵偏转必须产生一个侧向力,然后产生一个力矩以抵消正常工作发动机产生的偏航力矩。对于多发飞机,当低速飞行状态下位于飞机一侧的发动机(一台或多台)失效时,出现临界不对称推力/功率状态。FAR § 25.149 规定,多发运输类飞机在称之为最小可操纵速度(V_{MC})的临界速度下应是航向可操纵的。在最不利的重心位置和最临界的起飞形态下,V_{MC}不得大于 1.13V_s。方向舵必须能够克服不对称推力/功率状态产生的偏航力矩。此外,横向操纵必须足以使飞机横滚,在不超过 5 s 的时间内从稳态飞行的初始状态朝着为纠正向不工作发动机一侧下沉而必需的方向横滚20°。

对于单发飞机,当发动机推力线通过飞机重心时,不可能出现此情况,因此方向舵不必具有此功能。然而希望垂直尾翼和方向舵能抵消转动的螺旋桨产生的力矩。为考虑某个安全裕度,作者建议方向舵设计者考虑将最小可操纵速度(V_{MC})设定为飞机失速速度的80%(即 $V_{MC}=0.8V_s$)。所建议的这一速度显然要求在起飞地面滑跑(即低高度)过程中飞机可航向配平。现将一些飞机的最小可操纵速度列出如下:洛克希德 C - 130 大力神(见图 5 - 4)为 93.5 KEAS;福克 28 为 71 KEAS;A300B 为 103 KEAS;B707 - 320B 为 122 KEAS;B747 - 200(见图 3 - 7、图 3 - 12 和图 9 - 4)为 138 KEAS。

假设图 12 - 27(c)所示的飞机右发动机失去动力(即 $T_R=0$)。两台发动机的位置距机身中心线的距离为 y_T,引起的不对称推力将产生围绕飞机重心的偏航力矩,其大小为 $T_L y_T$。对于稳态配平飞行,正常工作发动机的推力(即 T_L)必须等于飞机阻力,而偏航力矩之和必须为 0。因此有

$$\sum N_{cg} = 0 \Rightarrow T_L y_T + L_v l_v = 0 \Rightarrow N_A = -T_L y_T \qquad (12-102)$$

(a)

(b)

(c)

图 12‑27　航向操纵和配平

（a）B777 飞机右发动机不工作(经中村英树允许)　（b）麦克唐纳·道格拉斯 EF‑18 大黄蜂机动飞行时运用副翼、方向舵和升降舵(经安东尼·奥斯本允许)　（c）双发飞机在右发动机不工作时的力矩平衡

将式(12-94)、式(12-97)和式(12-98)代入式(12-102),得

$$N_A = \bar{q}Sb(C_{n_o} + C_{n_\beta}\beta + C_{n_{\delta A}}\delta_A + C_{n_{\delta R}}\delta_R) \qquad (12-103)$$

假设飞机围绕 xz 平面是对称的(即 $C_{n_o}=0$),副翼未偏转(即 $\delta_A=0$),并且无侧滑角(即 $\beta=0$)。因此,在不对称推力状态下飞机航向配平所需的方向舵偏度为

$$\delta_R = \frac{T_L y_T}{-\bar{q}SbC_{n_{\delta R}}} \qquad (12-104a)$$

对于其他飞机构型,如有 3 台或更多发动机的飞机,可采用类似的方法来确定所需要的方向舵偏度。如果飞机的一侧有一台以上的发动机,考虑飞机一侧正常工作发动机的总偏航力矩,则所需方向舵偏度为

$$\delta_R = \frac{\sum_{i=1}^{n} T_{L_i} y_{T_i}}{-\bar{q}SbC_{n_{\delta R}}} \qquad (12-104b)$$

式中:n 是飞机一侧的发动机数目。如果已知飞机几何尺寸和发动机推力,则能够计算出为保持飞机航向配平所需的方向舵偏度。当飞机以最小空速飞行,正常工作发动机产生最大推力时,需要最大方向舵偏度。在图 12-27 中,由于右侧发动机不工作,因此方向舵的偏度为正。对于左发动机不工作的情况,必须利用负方向舵偏度,因此必须相应地修改式(12-103)和式(12-104)。

示例 12.1

一架大型运输类飞机,最大起飞质量为 65 000 kg,采用两台涡轮风扇发动机,每台发动机产生 116 kN 推力。两台发动机之间的横向距离为 12 m,方向舵最大允许偏度为 ±30°,飞机其他特性如下:

$C_{L\alpha V} = 4.5\ 1/\text{rad}$, $S = 125\ \text{m}^2$, $b = 34\ \text{m}$, $S_V = 26\ \text{m}^2$, $b_V = 7.6\ \text{m}$, $b_R = b_V$, $l_V = 18\ \text{m}$, $C_R/C_V = 0.3$, $\eta_V = 0.97$, $V_s = 110\ \text{kn}$

对于在不对称推力飞行状态下维持航向配平,此方向舵是否是可接受的?

解 希望在不对称推力飞行状态下当飞机最小可操纵速度为 80% 失速速度时使飞机航向配平。所以有

$$V_{MC} = 0.8 \cdot V_s = 0.8 \cdot 110 = 88\ \text{kn} = 45.27\ \text{m/s}$$

垂直尾翼容量系数为

$$\bar{V}_V = \frac{l_V S_V}{bS} = \frac{18 \cdot 26}{34 \cdot 125} = 0.114 \qquad (12-101)$$

方向舵迎角效能(τ_r)是方向舵弦长与垂直尾翼弦长之比(C_R/C_V)的函数。已知参数 C_R/C_V 为 0.3,所以由图 12-12,确定方向舵迎角效能 τ_r 为 0.52。方向舵操纵导数为

$$C_{n_{\delta R}} = -C_{L_{\alpha V}} \overline{V}_V \eta_V \tau_r \frac{b_R}{b_V} = -4.5 \cdot 0.114 \cdot 0.97 \cdot 0.52 \cdot 1 = -0.266 \ 1/rad$$

$$(12-100)$$

在海平面条件下,为平衡不对称推力而需要的方向舵偏度为

$$\delta_R = \frac{T_L y_T}{-\overline{q} S b C_{n_{\delta R}}} = \frac{116\ 000 \cdot \dfrac{12}{2}}{-\dfrac{1}{2} \cdot 1.225 \cdot (45.27)^2 \cdot 125 \cdot 34 \cdot (-0.266)}$$

$$(12-104a)$$

或

$$\delta_R = 0.49 \ rad = 28.06°$$

所需要的方向舵偏度小于方向舵最大允许偏度(即 $28° < 30°$)。所以,该方向舵的几何尺寸是可接受的,可满足不对称推力平衡需求。

12.6.2.3 侧风着陆

对于所有类型的飞机,方向舵最重要的功能之一是在有侧风时维持飞机安全着陆。着陆过程中遇到侧风时,如果驾驶员未做出反应,则飞机将会偏出跑道。侧风着陆时要求驾驶员采用专门的方法来保持对准跑道。通常,可按两种方法进行侧风状态下的最终进场:①机翼保持水平(即采取偏流修正,目的是使航迹对准跑道中心线,将这种进场形式,称为偏流法着陆);②稳定侧滑(即飞机机身对准跑道中心线,使用向侧风来向压杆并蹬反舵的组合操作,以修正偏流)。对于大多数航线客机,建议使用第一种方法。

在侧风着陆过程中,使用方向舵使飞机对准跑道方向。方向舵必须足以使驾驶员在规定的侧风状态下实现配平。飞机之所以会偏向侧风(然后变为正确着陆方向)的原因在于飞机的航向稳定性(风标效应)。在这种情况下,方向舵产生一个侧滑角,以保持对准跑道。本节将阐述第一种方法,并形成支配方程。当飞机以某个偏流角在干跑道上接地时,飞机自动对准行进方向降落在跑道上。然而如果驾驶员认为跑道现状和侧风情况不适合于安全着陆,则可请求另行指派一条更合适的跑道。

按照适航标准,飞机必须能在规定的侧风风速情况下安全着陆。例如,按 CS-VLA 第 233 节,每一超轻型飞机(VLA)均应能在最大 10 kn 风速的 90°侧风条件下着陆。FAR § 23.233 规定,每一 GA 飞机必须能够在最大风速 25 kn 的 90°侧风条件下着陆。侧风着陆时不得出现不可控的地面打转倾向。显然,侧风着陆时的飞机临界速度为最小速度($1.1 V_s$),这是单发 GA 飞机方向舵设计的一项很好的准则。

侧风条件下的运行应严格执行相应的侧风限制和操作建议。大约 85% 的侧风事件和事故出现在着陆阶段。

为评估偏流法着陆时的方向舵效能,考虑图 12-28 所示的飞机,它以沿跑道方向的前进空速 U_1 进场。右侧风 V_w 产生正侧滑角。侧滑角定义为航向与相对气流之间的夹角,表达如下:

$$\beta = \arctan\left(\frac{V_w}{U_1}\right) \tag{12-105}$$

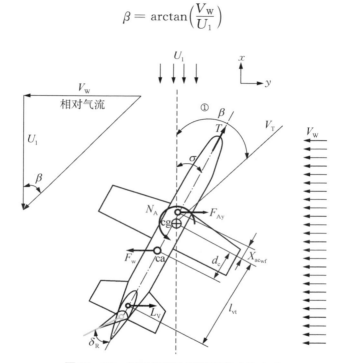

图 12-28 侧风偏流法着陆时的力和角度

侧滑角产生一个偏航力矩(N_A)和侧向空气动力(F_{Ay})。飞机的风标特性初始时往往使飞机围绕重心(z 轴)转动,并使飞机朝向相对气流偏航。相对气流速度或飞机总速度是飞机前进速度和风速的矢量和:

$$V_T = \sqrt{U_1^2 + V_w^2} \tag{12-106}$$

为了保持飞机着陆方向沿跑道,用方向舵对抗侧风产生的偏航力矩。方向舵产生沿 y 轴的垂直尾翼升力(L_V),从而产生飞机偏航力矩和空气动力侧向力。方向舵的应用产生偏流角(σ)[1],以防止飞机偏向相对气流,并避免偏离跑道。方向舵必须

---

[1] 原文图中误将 σ 角标注为机身中心线与相对气流之间的夹角,译文已经按原文关于 σ 角的定义以及式(12-107)和式(12-108)予以修订。——译注

足以产生所希望的偏流角。偏流角定义为机身中心线与跑道（即航向）之间的夹角，图 12 - 28 示出飞机采用偏流法着陆时影响最终进场的所有力和力矩。在采用偏流法着陆的过程中，飞机处于航向配平，所以下面 3 个力和力矩平衡方程支配飞机的飞行状态：

$$\sum N_{cg} = 0 \Rightarrow N_A + F_w d_c \cos\sigma = 0 \qquad (12-107)$$

$$\sum F_x = 0 \Rightarrow T\cos\sigma = D \qquad (12-108)$$

$$\sum F_y = 0 \Rightarrow F_w = F_{A_y} \qquad (12-109)$$

式中：d_c 是飞机重心与飞机侧向投影面积中心之间的距离；T 是发动机推力；D 是飞机阻力；飞机空气动力侧向力（F_{A_y}）和偏航力矩（N_A）由如下公式确定：

$$N_A = \bar{q}Sb[C_{n_o} + C_{n_\beta}(\beta-\sigma) + C_{n_{\delta R}}\delta_R] \qquad (12-110)$$

$$F_{A_y} = \bar{q}S[C_{y_o} + C_{y_\beta}(\beta-\sigma) + C_{y_{\delta R}}\delta_R] \qquad (12-111)$$

式中：S 是机翼面积；$\bar{q}$ 是动压，它是飞机总速度的函数：

$$\bar{q} = \frac{1}{2}\rho V_T^2 \qquad (12-112)$$

侧风产生的力（F_w）作用在飞机侧面投影面积的中心（ca）（见图 12 - 29）。对于常规飞机，侧面投影面积的中心总是在飞机重心之后，这主要是由于垂直尾翼位于机身后段的缘故。侧风力很像阻力，应该按类似的方式确定。侧风产生的力（F_w）是风速、飞机侧向投影面积和飞机侧向阻力系数的函数，公式如下：

$$F_w = \frac{1}{2}\rho V_W^2 S_S C_{D_y} \qquad (12-113)$$

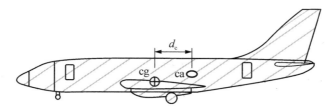

图 12 - 29　飞机侧面投影面积和侧面积中心

式中：S_s 表示飞机侧向投影面积；C_{D_y} 是飞机侧向阻力系数，对于常规飞机，飞机侧向阻力系数的典型值为 0.5～0.8。仅飞机空气动力侧向力（F_{A_y}）和偏航力矩（N_A）是方向舵偏度的函数，所以式（12 - 107）和式（12 - 109）满足方向舵设计过程的需要。将式（12 - 110）～式（12 - 113）代入式（12 - 107）和式（12 - 109），得

$$\frac{1}{2}\rho V_{\mathrm{T}}^2 Sb\left[C_{n_o} + C_{n_\beta}(\beta-\sigma) + C_{n_{\delta R}}\delta_{\mathrm{R}}\right] + F_{\mathrm{w}}d_{\mathrm{c}}\cos\sigma = 0 \qquad (12-114)$$

$$\frac{1}{2}\rho V_{\mathrm{W}}^2 S_{\mathrm{S}} C_{D_y} - \frac{1}{2}\rho V_{\mathrm{T}}^2 S(C_{y_o} + C_{y_\beta}(\beta-\sigma) + C_{y_{\delta R}}\delta_{\mathrm{R}}) = 0 \qquad (12-115)$$

在这组方程中,存在两个未知数:①方向舵偏度(δ_{R});②偏流角(σ)。同时求解这两个方程,可求得这两个未知数。其他的飞行参数(如侧滑角、发动机推力、飞机阻力和风力)将分别予以计算。在设计方向舵时,设计者应确保方向舵足可使飞机在侧风情况下安全着陆。

4 个航向稳定性和操纵性导数 C_{n_β},$C_{n_{\delta R}}$,C_{y_β} 和 $C_{y_{\delta R}}$ 对式(12-114)和式(12-115)构成影响。航向操纵导数 $C_{n_{\delta R}}$ 已由式(12-100)给出。静稳定性导数 C_{n_β} 已在第 6 章(式(6-73))中给予定义,但为方便起见,在这里重复给出如下:

$$C_{n_\beta} = K_{\mathrm{f1}} C_{L_{\alpha V}}\left(1 - \frac{\mathrm{d}\sigma}{\mathrm{d}\beta}\right)\eta_{\mathrm{V}}\frac{l_{\mathrm{Vt}}S_{\mathrm{V}}}{bS} \qquad (12-116)$$

至于其他两个导数 C_{y_β} 和 $C_{y_{\delta R}}$ 必须借助风洞实验确定或使用参考文献(如[7])所给出的方法进行计算。可按如下公式确定这两个导数:

$$C_{y_\beta} = \frac{\partial C_y}{\partial\beta} \approx C_{y_{\beta V}} = -K_{\mathrm{f2}} C_{L_{\alpha V}}\left(1 - \frac{\mathrm{d}\sigma}{\mathrm{d}\beta}\right)\eta_{\mathrm{V}}\frac{S_{\mathrm{V}}}{S} \qquad (12-117)$$

$$C_{y_{\delta R}} = \frac{\partial C_y}{\partial\delta_{\mathrm{R}}} = C_{L_{\alpha V}}\,\eta_{\mathrm{V}}\tau_{\mathrm{R}}\frac{b_{\mathrm{R}}}{b_{\mathrm{V}}}\frac{S_{\mathrm{V}}}{S} \qquad (12-118)$$

参数 K_{f2} 是机身对导数 C_{y_β} 的贡献,很大程度上取决于机身形状和机身侧面投影面积,机身对导数 C_{y_β} 的贡献往往为正。对于常规飞机,K_{f2} 的典型值为 1.3~1.4。参数 $\mathrm{d}\sigma/\mathrm{d}\beta$ 称为垂直尾翼侧洗梯度。注意,在图 12-28 中,由于正侧滑角,方向舵为正偏度。在左向侧风(即负侧滑角)的情况下,必须利用负方向舵偏度,并且必须相应地修订式(12-105)~式(12-118)。

为了确定飞机侧面投影面积中心(ca),必须将飞机侧视图划分为数个标准几何图形(段),诸如矩形、三角形和圆形。选择基准线(如机头),通过下列数学关系式,求得 ca 与基准线之间的距离(见图 12-29):

$$x_{\mathrm{ca}} = \frac{\sum_{i=1}^{n} A_i x_i}{\sum_{i=1}^{n} A_i} \qquad (12-119)$$

式中:n 是划分的段数;A_i 是第 i 段的侧面投影面积;x_i 是第 i 段的侧面投影面积中心与基准线之间的距离。标准几何形状(如三角形和矩形)的中心是已知的,可很容易地从标准数学手册(如参考文献[20])中获得。示例 12.2 和示例 12.6 将演示此方法的应用。

示例 12.2

问题陈述 考虑一架轻型运输类飞机,起飞质量为 7 400 kg,机翼面积为 32 m²,翼展为 8 m。飞机侧面投影面积为 34 m²,飞机侧面投影面积中心位于飞机重心后 1.8 m 处。飞机进近速度为 82 kn,最大允许方向舵偏度为 ±30°。飞机其他特性(包括两个与方向舵有关的导数)如下:

$$C_{n_\beta} = 0.1 \text{ 1/rad}, \ C_{n_{\delta_R}} = -0.08 \text{ 1/rad}, \ C_{y_\beta} = -0.6 \text{ 1/rad}, \ C_{y_{\delta R}} = 0.15 \text{ 1/rad},$$

$$C_{D_y} = 0.6, \ C_{n_o} = 0, \ C_{y_o} = 0$$

垂直侧风风速为 30 kn 时,飞机方向舵能否足以使飞机用偏流法安全着陆?垂直侧风为 25 kn 时又如何?

解 (1) 30 kn 侧风。为简单起见,假设侧风来自右侧,产生一个正侧滑角。飞机总速度、侧风风力和侧滑角分别为

$$V_T = \sqrt{U_1^2 + V_W^2} = \sqrt{(82)^2 + (30)^2} = 87.316 \text{ kn} \qquad (12-106)$$

$$F_W = \frac{1}{2}\rho V_W^2 S_S C_{D_y} = \frac{1}{2} \cdot 1.225 \cdot (30 \cdot 0.514)^2 \cdot 34 \cdot 0.6 = 2\,976 \text{ N}$$

$$(12-113)$$

$$\beta = \arctan\left(\frac{V_W}{U_1}\right) = \arctan\left(\frac{30}{82}\right) = 0.351 \text{ rad} = 20.1° \qquad (12-105)$$

现在,有 2 个方程和 2 个未知数:

$$\frac{1}{2}\rho V_T^2 Sb(C_{n_o} + C_{n_\beta}(\beta - \sigma) + C_{n_{\delta R}}\delta_R) + F_W d_c \cos\sigma = 0 \qquad (12-114)$$

$$\frac{1}{2}\rho V_W^2 S_S C_{D_y} = \frac{1}{2}\rho V_T^2 S(C_{y_o} + C_{y_\beta}(\beta - \sigma) + C_{y_{\delta R}}\delta_R) \qquad (12-115)$$

或

$$\frac{1}{2} \cdot 1.225 \cdot (87.316 \cdot 0.514)^2 \cdot 32 \cdot 8[0.1(0.351 - \sigma) - 0.08\delta_R] +$$
$$2\,976 \cdot 1.8\cos\sigma = 0$$

$$(12-114)$$

$$2\,976 = \frac{1}{2} \cdot 1.225 \cdot (87.316 \cdot 0.514)^2 \cdot 32(-0.6(0.351 - \sigma) + 0.15\delta_R)$$

$$(12-115)$$

同时求解这些方程得到

$$\delta_R = 0.64 \text{ rad} = 36.6°$$
$$\sigma = 0.316 \text{ rad} = 18.12°$$

所需方向舵偏度（36.6°）超过方向舵最大允许偏度（30°）。因此，飞机不能抵御 30 kn 侧风用偏流法安全着陆。

（2）25 kn 侧风。采用相同的方法，仅风速为 25 kn。计算得到侧滑角＋16.9° 和偏流角 14.7°。此外，所需方向舵偏度为＋29.64°，此值略小于方向舵最大允许偏度限制值。因此，该飞机在 25 kn 侧风情况下能够用偏流法安全着陆。

12.6.2.4 尾旋改出

对于大多数飞机，方向舵最重要的作用之一是尾旋改出。飞机改出尾旋的最有效的工具是强有力的方向舵。尾旋是飞机围绕垂直轴（z 轴）的自持（自动旋转）螺旋运动，尾旋过程中机翼平均迎角超过失速迎角。几乎从人类首次飞行起，尾旋已导致很多起灾难性事故。在 1965—1972 年期间，美国海军由于尾旋事故平均每月损失 2 架飞机，总共损失了 169 架飞机，排在前面的机型是 44 架 F-4（鬼怪）战斗机。这表明方向舵在尾旋中起到至关重要的作用。

尾旋是大迎角/低空速状态，空速将下降到失速区内某个值。尾旋有 2 个特点：①围绕垂直轴快速旋转；②机翼完全失速。尾旋通常从机翼失速之后开始。飞机进入尾旋的原因之一是机翼内侧失速发生在机翼外侧失速之前，换言之，机翼上的升力不再是椭圆分布。按一定程序操纵所有的操纵面（升降舵、副翼和方向舵），尤其是按显然违背常规的方法操纵方向舵可改出尾旋。方向舵对于改出尾旋从而停止螺旋转动是最为有效。在许多飞机上，改出尾旋的最主要操纵面是强有力的方向舵。

方向舵首先必须足以能抵抗尾旋。在横滚、偏航和俯仰中，一旦偏离了主要由机翼产生的顺螺旋力矩与通常由飞机其他部件产生的抗螺旋力矩之间的配平状态，就会发生尾旋。如果未能改出尾旋，则飞机终将坠毁。对于能够进入尾旋的飞机，方向舵设计准则可能就是尾旋改出。特技类飞机和战斗机通常能够进入尾旋，但是还有些飞机（如一些运输类飞机）是抗尾旋的或不会进入尾旋。

对于不会进入尾旋的飞机，尾旋改出不是方向舵的设计准则，即方向舵不必用于飞机改出尾旋。按照适航性标准，对于能够进入尾旋的飞机，方向舵必须足以能在限定的时间内改出尾旋。例如，EASA CA-VLA 221 节规定，任何超轻型飞机必须能够在最多一圈之内改出尾旋，FAR§23.221 对于正常类飞机的尾旋规定如下：

（a）正常类飞机。单发正常类飞机必须能够在一圈尾旋或 3 秒尾旋（取时间长者）中改出尾旋，即在做出第 1 个改出尾旋操纵动作后不超过一圈的时间内完成，或演示验证符合本条中的任一抗尾旋要求。

尽管机翼完全失速，左、右机翼还是产生不同的升力。所以，飞机开始围绕 x 轴横滚。而且由于左、右机翼上的阻力不同，飞机朝着机翼下沉一侧偏航（即自动旋转）。此外，由于飞机已失速，丧失升力，并开始俯冲，在进入正常尾旋时，尾旋形成一个平衡状态。因此，在尾旋过程中，形成失速、横滚、偏航和俯冲多个状态的混合。尽管机翼自动旋转属性（当机翼大部分区域的迎角大于失速迎角时）是尾旋的主要原因，但这并不意味着必然会出现尾旋。

存在着由机身提供的阻尼力矩和来自垂直尾翼的抗尾旋力矩，这些力矩共同对抗来自机翼的尾旋力矩。结果是，对于一个给定的操纵设定值组合，在每一迎角下存在一个平衡旋转速率。只有俯仰力矩平衡和惯性力矩平衡得以持续，尾旋才可能跟随自动旋转而产生。具有这些特性的飞机称为能够进入尾旋的飞机。但是如果不能同步获得俯仰力矩与惯性力矩的平衡，飞机将自行退出尾旋。

一些尾旋参数值的典型范围如下：迎角（α）为 $30°\sim60°$，下降率（ROD）为 $20\sim100$ m/s，螺旋角速度（Ω）为 $20\sim40$ r/min，螺旋角（γ）为 $3°\sim6°$，螺旋半径（R）为机翼翼展的一半。当迎角加大时，螺旋角速度加大，螺旋半径减小。

就根本而言，方向舵不是表征可接受尾旋改出特性的唯一要素。其他 2 个重要因素是：①飞机质量分布和飞机惯性矩；②机身侧面面积和横截面。其中惯性项对于抗尾旋（对于右尾旋为负）以便改出是非常重要的。当俯仰惯性矩（I_{yy}）值和横滚惯性矩（I_{xx}）值接近时，惯性项的影响不大，因此方向舵将成为尾旋改出的主要操纵面。但是，每当惯性项起作用时，它对螺旋运动，进而对方向舵大小都有相当大的影响。通常不建议使用副翼来协助改出尾旋，因为会产生烦人的影响。有些情况下使用副翼，虽然停止尾旋，但有可能突然引起反方向尾旋。

在 20 世纪 40 年代之前，由于燃油、外挂物和发动机都放置在机翼上，惯性项的变化不大（即 $I_{xx}-I_{yy}\approx0$）。因此方向舵是防止尾旋和改出尾旋的唯一有效的操纵面。然而时至今日，惯性项的变化尤为明显，因为质量沿机身分布，所以俯仰惯性矩与横滚惯性矩之比（I_{yy}/I_{xx}）为一个相当大的值，并且（$I_{xx}-I_{yy}$）这一项为一个很大的负值。由于这个原因，尽管现代飞机操纵面的大小与老式飞机的相差不多，但是它们的尾旋改出特性远没那么重要。

当机翼内的质量集中度大于机身内的质量集中度（如滑翔机），飞机惯性矩将诱导顺螺旋特性。最后的结果是飞机惯性产生一个增大外侧滑的顺螺旋方向的偏航力矩。然而当机翼内的飞机质量集中度小于机身内的质量集中度（如战斗机）时，飞机惯性矩将诱导抗螺旋特性。因此,飞机惯性产生一个减小外侧滑的退出螺旋方向的偏航力矩。

飞机各部件(如机身和方向舵)提供的阻尼能够在尾旋过程中对抗机翼的偏航力矩。所以,对机身和垂直尾翼采取大量的偏航阻尼措施是防止尾旋的两种最有效的手段。由于机身围绕尾旋轴旋转所产生的空气动力偏航力矩很大程度上取决于机身形状及其横截面。此外,位于尾翼前的机身侧边条将增大机身阻尼。因此,飞机设计者通过仔细设计机身和采取合适的飞机重量分布,能够减小方向舵上的尾旋改出载荷。

当形成稳态螺旋时,力的平衡意味着升力等于离心力,飞机重力等于飞机阻力(见图12-30)。为了终止尾旋,需要偏航力矩。在此情况下,3个惯性矩(横滚惯性矩(I_{xx})、偏航惯性矩(I_{yy}),和惯性积(I_{zz}))影响尾旋改出过程。在尾旋改出操作中,牛顿第二定律支配飞机围绕z轴的转动(即偏航角速度R),公式如下:

$$N_{SR} = \left(\frac{I_{xx}I_{zz} - I_{xz}^2}{I_{xx}} \right)_{w} \dot{R}_{SR} \qquad (12-120)$$

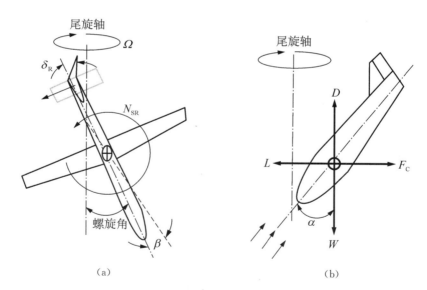

图 12 - 30   力和力矩对尾旋的贡献

(a) 方向舵抵消偏航运动(俯视图)   (b) 尾旋时力的平衡(侧视图)

飞机横滚惯性矩(I_{xx})、偏航惯性矩(I_{yy})和惯性积(I_{zz})通常按机体坐标系计算。表11-12给出若干飞机的机体坐标系下的质量惯性矩。在飞机大迎角进入尾旋过程中,飞机不是围绕机体坐标系中的z轴偏航,而是围绕风轴坐标系中的z轴旋转。式(12-120)中的下标"w"表示必须在风轴坐标系中计算所有3个惯性矩(I_{xx},I_{yy},

和 I_{zz}）。因此，必须对飞机迎角进行坐标转换。借助下列矩阵方程，利用数学方法进行转换：

$$\begin{bmatrix} I_{xx_{\rm w}} \\ I_{zz_{\rm w}} \\ I_{xz_{\rm w}} \end{bmatrix} = \begin{bmatrix} \cos^2\alpha & \sin^2\alpha & -\sin 2\alpha \\ \sin^2\alpha & \cos^2\alpha & \sin 2\alpha \\ \dfrac{1}{2}\sin 2\alpha & -\dfrac{1}{2}\sin 2\alpha & \cos 2\alpha \end{bmatrix} \begin{bmatrix} I_{xx_{\rm B}} \\ I_{zz_{\rm B}} \\ I_{xz_{\rm B}} \end{bmatrix} \qquad (12-121)$$

值得注意的是，大迎角对 I_{zz} 的影响是相当大的。所想要的偏航角速度的变化率（即 $\dot{R}$）通常由参考文献（如 FAR 条例）给出。例如，FAR§23.221 规定，GA 飞机必需能够在不大于 3 s 的时间内从一圈螺旋中改出尾旋。此外，螺旋角速度（Ω）的典型值为 $20\sim40$ r/min，或 $120\sim240°/s$，此时较大的螺旋角速度是最临界的。因此，所希望的尾旋改出角加速度（$\dot{R}_{\rm SR}$）为

$$\dot{R}_{\rm SR} = \frac{\Omega}{t} = \frac{240°/s}{3\ s} = 80°/s^2 = 1.396\ {\rm rad/s^2} \approx 1.4\ {\rm rad/s^2} \quad (12-122)$$

因此，建议设计方向舵使飞机能够用 $80°/s^2$ 或 1.4 rad/s² 偏航角加速度来改出尾旋。在式（12-97）中，已对由方向舵偏转产生的所希望的飞机抵消偏航力矩（$N_{\rm SR}$）给出定义，此时假设飞机空速等于失速速度。因此有

$$N_{\rm SR} = \frac{1}{2}\rho V_{\rm s}^2 Sb C_{n_{\delta {\rm R}}}\delta_{\rm R} \qquad (12-123)$$

而且，对于干净飞行状态下的方向舵操纵导数 $C_{n_{\delta {\rm R}}}$，已经由式（12-100）予以定义。然而在尾旋过程中，由于方向舵受到水平尾翼的遮蔽（见图 12-31），垂直尾翼和方向舵的一部分面积处于尾涡流区域。这种遮蔽效应将对方向舵和垂直尾翼的效能产生负面影响。因此，仅未受遮蔽的垂直尾翼和方向舵面积能够对偏航力矩的产生并对导数 $C_{n_{\delta {\rm R}}}$ 做出贡献。所以应该对式（12-100）和式（12-101）进行修正，以包括有效垂直尾翼面积（$S_{V_{\rm e}}$）、有效方向舵面积（$S_{R_{\rm e}}$）、有效方向舵展长（$b_{R_{\rm e}}$）以及有效方向舵弦长（$C_{R_{\rm e}}$）。度量在尾涡流区域之外的方向舵和垂直尾翼面积，确定方向舵和垂直尾翼的有效展长、有效弦长和有效面积（见图 12-32）。因此，对于尾旋过程中方向舵操纵导数 $C_{n_{\delta {\rm R}}}$ 重新定义如下：

$$C_{n_{\delta {\rm R}}} = -C_{L_{\alpha {\rm V}}}\overline{V}_{V_{\rm e}}\eta_V \tau_{\rm R}\frac{b_{R_{\rm e}}}{b_V} \qquad (12-124)$$

从而，由如下公式给出有效垂直尾翼容积比：

$$\overline{V}_{V_{\rm e}} = \frac{l_V S_{V_{\rm e}}}{bS} \qquad (12-125)$$

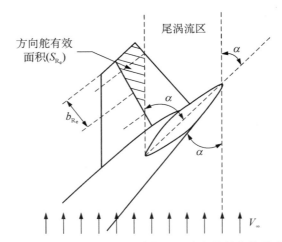

图 12‑31 水平尾翼对垂直尾翼和方向舵效能的影响

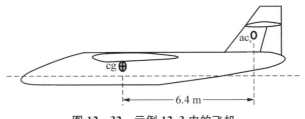

图 12‑32 示例 12.3 中的飞机

水平尾翼尾涡流区是水平尾翼处于大迎角 α 时已失速的水平尾翼上方的区域。由于尾旋过程中飞机迎角和水平尾翼迎角都是变化的并是许多参数的函数,建立经验法则。作为一项粗略规则,认为水平尾翼尾涡流区域处于两条线之间。第一条线是从水平尾翼后缘以 30°方位角画出的线,第二条线是从水平尾翼前缘以 60°方位角画出的线。因此,尾旋过程中水平尾翼对垂直尾翼和方向舵效能的影响应使用式(12‑124)和式(12‑125)予以确定。

示例 12.3

　　问题陈述　考虑图 12.32 所示的单发实用类飞机,最大起飞质量为 1 400 kg,尾翼为十字形构型,飞机其他特性如下:

$$C_{L_{\alpha_V}} = 4.4\ 1/\text{rad},\ S = 15\ \text{m}^2,\ b = 12\ \text{m},\ S_V = 2\ \text{m}^2,\ b_v = 2.3\ \text{m},$$

$$b_R = 0.7b_v,\ C_R/C_V = 0.4,\ \eta_v = 0.96,\ V_s = 55\ \text{kn},\ I_{xx_B} = 1\ 150\ \text{kg} \cdot \text{m}^2,$$

$$I_{zz_B} = 2\ 400\ \text{kg} \cdot \text{m}^2,\ I_{xz_B} = 120\ \text{kg} \cdot \text{m}^2$$

方向舵最大允许偏转角为±30°①。方向舵能否满足在 15 000 ft 高度上改出尾旋的要求？假设飞机以 40°迎角进入尾旋。

解 飞机以 40°迎角进行尾旋，所以惯性矩必须转换到风轴坐标系：

$$\begin{bmatrix} I_{xx_{\mathrm{w}}} \\ I_{zz_{\mathrm{w}}} \\ I_{xz_{\mathrm{w}}} \end{bmatrix} = \begin{bmatrix} \cos^2\alpha & \sin^2\alpha & -\sin 2\alpha \\ \sin^2\alpha & \cos^2\alpha & \sin 2\alpha \\ \frac{1}{2}\sin 2\alpha & -\frac{1}{2}\sin 2\alpha & \cos 2\alpha \end{bmatrix} \begin{bmatrix} I_{xx_{\mathrm{B}}} \\ I_{zz_{\mathrm{B}}} \\ I_{xz_{\mathrm{B}}} \end{bmatrix} \qquad (12-121)$$

$$\begin{bmatrix} I_{xx_{\mathrm{w}}} \\ I_{zz_{\mathrm{w}}} \\ I_{xz_{\mathrm{w}}} \end{bmatrix} = \begin{bmatrix} \cos^2(40) & \sin^2(40) & -\sin(80) \\ \sin^2(40) & \cos^2(40) & \sin(80) \\ \frac{1}{2}\sin(80) & -\frac{1}{2}\sin(80) & \cos(80) \end{bmatrix} \begin{bmatrix} 1\,150 \\ 2\,400 \\ 120 \end{bmatrix} \qquad (12-121)$$

这一转换得到

$$I_{xx_{\mathrm{w}}} = 1\,548.3\ \mathrm{kg \cdot m^2}, \ I_{zz_{\mathrm{w}}} = 2\,001.7\ \mathrm{kg \cdot m^2}, \ I_{xz_{\mathrm{w}}} = -594.7\ \mathrm{kg \cdot m^2}$$

当飞机以失速速度进入尾旋时，希望以角加速度 14 rad/s² (即 $\dot{R}_{\mathrm{SR}} = 1.4\ \mathrm{rad/s^2}$) 改出尾旋，所以终止尾旋所需的偏航力矩应为

$$N_{\mathrm{SR}} = \left(\frac{I_{xx}I_{zz} - I_{xz}^2}{I_{xx}} \right)_{\mathrm{w}} \dot{R}_{\mathrm{SR}} = \left[\frac{1\,548.3 \cdot 2\,001.7 - (-594.7)^2}{1\,548.3} \right] \cdot 1.4$$

$$(12-120)$$

或

$$N_{\mathrm{SR}} = 2\,482.6\ \mathrm{N \cdot m}$$

水平尾翼将遮盖部分垂直尾翼，但是，由于采用的是十字形构型尾翼，方向舵任何部分都不处于水平尾翼尾涡流区内（即 $b_{\mathrm{Re}} = b_{\mathrm{R}}$）。因此，按如下公式确定垂直尾翼有效面积：

$$C_{\mathrm{V}} = \frac{S_{\mathrm{V}}}{b_{\mathrm{V}}} = \frac{2}{2.3} = 0.87\ \mathrm{m}$$

$$S_{\mathrm{V_e}} = S_{\mathrm{V}} - (0.3b_{\mathrm{V}}C_{\mathrm{V}}) = 2 - (0.3 \cdot 2.3 \cdot 0.87) = 1.4\ \mathrm{m^2} \qquad (6-80)$$

有效垂直尾翼容量系数为

$$\overline{V}_{\mathrm{V_e}} = \frac{l_{\mathrm{V}}S_{\mathrm{V_e}}}{bS} = \frac{6.4 \cdot 1.4}{12 \cdot 15} = 0.05 \qquad (12-125)$$

---

① 原文为±25°，与本示例最后结论矛盾。——译注

方向舵迎角效能(τ_r)是方向舵弦长与垂直尾翼弦长之比(C_R/C_V)的函数。已知参数 C_R/C_V 为 0.4，由图 12 - 12 确定方向舵迎角效能(τ_r)为 0.6。方向舵操纵导数为

$$C_{n_{\delta R}} = -C_{L_{\alpha V}} \overline{V}_{V_e} \eta_V \tau_r \frac{b_{R_e}}{b_V} = -4.4 \cdot 0.05 \cdot 0.96 \cdot 0.6 \cdot 0.7 = -0.088 \ 1/\text{rad}$$

$$(12 - 124)$$

为平衡海平面条件下不对称推力而需要的方向舵偏度为

$$N_{SR} = \frac{1}{2} \rho V_s^2 S b C_{n_{\delta R}} \delta_R \qquad (12 - 123)$$

式中：在 15 000 f 高度上的空气密度为 0.768 kg/m³。因此，

$$\delta_R = \frac{2N_{SR}}{\rho V_s^2 S b C_{n_{\delta R}}} = \frac{2 \cdot 2\,482.6}{0.768 \cdot (55 \cdot 0.541)^2 \cdot 15 \cdot 12 \cdot (-0.088)}$$

$$(12 - 123)$$

或

$$\delta_R = -0.508 \ \text{rad} = -29.11°$$

所需要的方向舵偏度小于最大允许方向舵偏转角（即 29.11°＜30°）。因此，该方向舵几何尺寸是可接受的，能够满足改出尾旋需求。

12.6.2.5　协调转弯

飞机转弯飞行过程中方向舵执行简单的基本功能。主要使用副翼压坡度，实现飞机转弯飞行。转弯飞行时方向舵的作用通常是协调转弯。飞机上所有的力沿机体坐标系 y 轴的分量之和为零时的转弯飞行定义为协调水平转弯。此外，希望空气动力侧向力(F_{A_y})等于零。这种形式的转弯是可取的，因为它具有许多有利的特性，如：①无净横向加速度（即无内侧滑/无外侧滑）；②转弯半径恒定；③转弯速率恒定；④左和右燃油箱之间燃油分布均匀；⑤旅客舒服。在转弯飞行过程中，偏转方向舵可获得所有这些有利特性。

副翼和方向舵同时偏转将产生协调转弯，尽管飞机可能带有非零的侧滑角(β)。使用牛顿第二定律，可导出沿横向-航向轴的协调转弯支配方程（见图 12 - 33）：

$$F_{A_{y_t}} = 0 = F_C - W\sin\phi \qquad (12 - 126)$$

$$L_{A_t} = (I_{zz} - I_{yy})R_1 Q_1 \qquad (12 - 127)$$

$$N_{A_t} = I_{zz} R_1 Q_1 \qquad (12 - 128)$$

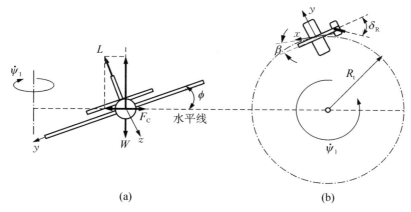

图 12-33 飞机转弯飞行

(a) 前视图 (b) 俯视图

式中：W 是飞机重量；ϕ 是坡度角；R_1 是偏航角速度；Q_1 是俯仰角速度；此外，F_C 是离心力；$F_{A_{yt}}$ 是转弯时的空气动力侧向力；L_{A_t} 是转弯时的空气动力横滚力矩；N_{A_t} 是转弯时的空气动力偏航力矩。转弯时这 3 个横向-航向力和力矩由如下公式给出：

$$F_C = m\frac{U_1^2}{R_t} \tag{12-129}$$

$$F_{A_{y_t}} = \frac{1}{2}\rho U_1^2 S\left(C_{y_\beta}\beta + C_{y_r}\frac{R_1 b}{2U_1} + C_{y_{\delta A}}\delta_A + C_{y_{\delta R}}\delta_R\right) \tag{12-130}$$

$$L_{A_t} = \frac{1}{2}\rho U_1^2 Sb\left(C_{l_\beta}\beta + C_{l_r}\frac{R_1 b}{2U_1} + C_{l_{\delta A}}\delta_A + C_{l_{\delta R}}\delta_R\right) \tag{12-131}$$

$$N_{A_t} = \frac{1}{2}\rho U_1^2 Sb\left(C_{n_\beta}\beta + C_{n_r}\frac{R_1 b}{2U_1} + C_{n_{\delta A}}\delta_A + C_{n_{\delta R}}\delta_R\right) \tag{12-132}$$

式中：R_t 是转弯半径；S 是机翼面积；b 是翼展；U_1 是飞机前进速度。参数 C_{y_β}，C_{y_r}，$C_{y_{\delta A}}$，$C_{y_{\delta R}}$，C_{l_β}，C_{l_r}，$C_{l_{\delta A}}$，$C_{l_{\delta R}}$ 和 C_{n_β}，C_{n_r}，$C_{n_{\delta A}}$，$C_{n_{\delta R}}$ 是所有的飞机稳定性和操纵性导数。两个变量，即稳态偏航角速度(R_1)和俯仰角速度(Q_1)由如下公式确定：

$$Q_1 = \dot{\psi}_1\sin\phi = \frac{g\sin^2\phi}{U_1\cos\phi} \tag{12-133}$$

$$R_1 = \dot{\psi}_1\cos\phi = \frac{g\sin\phi}{U_1} \tag{12-134}$$

式中：$\dot{\psi}_1$ 是转弯角速度。升力(L)与飞机重量(W)之比是转弯性能的重要参数，称为载荷系数，由符号 n 表示：

$$n = \frac{L}{W} \tag{12-135}$$

参见图 12-33，载荷系数应为

$$n = \frac{1}{\cos \phi} \tag{12-136}$$

这意味着，当飞机坡度角（ϕ）增大时，载荷系数（n）也增大。为了确定进行协调转弯所需要的方向舵偏度（δ_R），必须同时求解式（12-130）～式（12-132）。在这组方程中，其他 2 个未知数通常是副翼偏度（δ_A）和侧滑角（β）。

在转弯过程中如遇到一台发动机不工作的特殊情况时，需要偏转方向舵。此临界状态显然是低速飞行和最不利的重心位置。在这样的转弯飞行时，将不对称推力所产生的偏航力矩项添加到式（12-132）中，得到

$$N_{A_t} + N_T = \frac{1}{2} \rho U_1^2 Sb \left(C_{n_\beta} \beta + C_{n_r} \frac{R_1 b}{2U_1} + C_{n_{\delta A}} \delta_A + C_{n_{\delta R}} \delta_R \right) \tag{12-137}$$

式中：N_T 是工作的发动机产生的围绕飞机重心（z 轴）的偏航力矩，即

$$N_T = \sum_{i=1}^{n_e} T_i Y_i \tag{12-138}$$

重要的是应认识到允许飞机向工作的发动机一侧倾斜，能大大减小为保持一台发动机不工作状态而需要的方向舵偏度值。对于大多数飞机，如果飞机在低速下（如进近）向工作的发动机一侧倾斜，则飞机将航向不可控，因为所需的方向舵偏度将超出最大允许偏度。

12.6.2.6 反向偏航

当飞机压坡度进行转弯飞行时，常规的副翼往往产生一个对抗转弯的偏航力矩（即反向偏航）。这一偏航是由向下运动的机翼和向上运动的机翼之间诱导阻力（KC_L^2）差值产生的。记住，副翼偏转时改变了机翼的局部升力。向下偏转的副翼将增加局部升力，而向上偏转的副翼将减小局部升力。因此，向下运动的机翼减小局部升力，结果也减小了诱导阻力。同样，向上偏转的机翼增大局部升力，结果也增大了诱导阻力。因此，正向横滚力矩（顺时针）将产生负偏航力矩（逆时针），而负横滚力矩（逆时针）将产生正偏航力矩（顺时针）。在此情况下，方向舵必须能够克服反向偏航，以实现协调转弯。

方向舵克服反向偏航的临界状态是出现在飞机低速飞行时。与方向舵的其他功能（如侧风着陆和不对称推力）相比，消除反向偏航不是方向舵的关键作用。相比之下，有很多方法无需利用方向舵就可消除反向偏航。两个避免反向偏航的简便方法是采用弗利兹副翼（阻力副翼）和差动副翼。大多数塞斯纳飞机采用弗利兹副翼，

而大多数派珀飞机采用差动副翼。

12.6.2.7 下滑道坡度调节

在下滑飞行期间经常使用方向舵的另一项功能。如要增大下滑道坡度和下滑角,除了抬机头外还有一种方法是使用方向舵。一架滑翔机或一架带动力飞机在全发不工作状态下进近跑道时,调节下滑道坡度是增大阻力同时保持航迹的唯一方法。有意增大飞机阻力的一种有效方法是增大侧滑角。在下滑过程中,如果下滑角(γ)小于规定值,则滑翔机或飞机将越过跑道而在不合适的地面着陆。在这样的飞行状态下,驾驶员通常会偏转方向舵,以增加飞机阻力,从而增大下滑角,然后安全地着陆。增大方向舵偏度时,下滑道坡度变陡,因此慢速下滑转变为快速下滑。对于滑翔机,可单独根据下滑道坡度需求设计方向舵。

对于稳定非加速下滑,支配的运动方程为

$$L - W\cos\gamma = 0 \tag{12-139}$$

$$D - W\sin\gamma = 0 \tag{12-140}$$

所以,将导出下滑角为

$$\gamma = \arctan\left(\frac{1}{L/D}\right) = \arctan\left[2\sqrt{KC_{D_o}}\right] \tag{12-141}$$

对于任何侧滑角(β),阻力增大,前进速度减小。因此,在涉及侧滑角的下滑过程中,飞机阻力可由下式求得:

$$D_{GL} = \frac{1}{2}\rho U_1^2 S C_{D_{GL}} \tag{12-142}$$

式中,由侧滑角所引起的飞机阻力系数由下式给出:

$$C_{D_{GL}} = C_{D_o} + KC_L^2 + C_{D_\beta}\beta \tag{12-143}$$

导数 C_{D_β} 是飞机阻力随侧滑角(β)的变化率:

$$C_{D_\beta} = \frac{\partial C_D}{\partial \beta} \tag{12-144}$$

参考文献[21]给出两个无量纲耦合导数,其中之一是侧滑角与飞机阻力系数(即 C_{D_β})的关系。该导数由下式给出:

$$C_{D_\beta} = (\sin\beta)\frac{S_V}{S}\frac{2}{\pi} \tag{12-145}$$

方向舵偏度与侧滑角之间的关系由式(12-110)给出。下滑飞行时的下沉率(ROS)可由下式求得:

$$ROS = U_1 \sin \gamma \qquad\qquad (12-146)$$

下滑飞行时,调节方向舵偏度以产生所希望的 ROS。

12.6.3　方向舵设计步骤

在第 12.6.1 节和 12.6.2 节中,已详细描述了方向舵的主要功能、参数、约束规则和支配方程、设计目标、设计准则、公式表达以及设计需求。此外,图 12-26 给出方向舵的设计流程。本节将以设计步骤的形式阐述方向舵的设计程序。必须注意,在设计方向舵时并非只有唯一设计方案能够满足用户的需求。有若干种方向舵设计可满足用户需求,但每种设计都有独特的优点和缺点。必须注意,由于垂直尾翼设计和飞机重心位置带来的限制/约束条件,存在着方向舵不能满足需求的可能性。在这种情况下,设计者必须返回垂直尾翼设计和/或飞机重量分布,并对这些部件重新进行设计/重量分布。

基于系统工程方法,方向舵的详细设计过程从确认和定义设计需求开始,以优化结束。由于存在很多航向操纵/配平的需求,因此针对每一方向舵设计需求设定单独的设计程序。如果能够评估/确认方向舵的最临界航向操纵功能(见第 12.6.2 节),则按照需求开始方向舵设计过程,以满足最关键的航向操纵功能。在很难确认哪一项航向操纵需求属于最关键时,应遵循表 12-22 所给出的建议。

表 12-22　与方向舵有关的最关键飞行状态

序号	飞　　　　机	最关键飞行状态
1	滑翔机	下滑道坡度调节
2	单发正常类 GA	侧风着陆
3	单发实用类/特技类 GA	尾旋改出
4	多发正常类 GA	不对称推力
5	多发实用类/特技类 GA	不对称推力/尾旋改出
6	多发运输类(发动机安装在机身上)	侧风着陆
7	多发运输类(发动机安装在机翼上)	不对称推力/侧风着陆
8	军用战斗机	航向机动性/尾旋改出
9	遥控飞机/模型飞机	协调转弯

12.6.3.1　满足不对称推力需求的方向舵设计步骤

对于常规飞机,满足不对称推力需求的方向舵设计步骤如下:

(1)列出与方向舵设计有关的可用数据/已知数据(即垂直尾翼几何尺寸、飞机重心位置)。

(2)确认重心位置与飞机重量的最不利组合、最不利的发动机不工作状态以及对于航向操纵最不利的飞行高度。将此设定为最临界状态。

（3）选择方向舵展长与垂直尾翼展长之比 b_R/b_V（见表 $12-3$）。

（4）规定最大方向舵偏度，以防止气流分离（见表 $12-3$）。

（5）确定/选择飞机最小可操纵速度。FAR 条例提供有关这一速度的某些要求。为考虑安全系数，建议将此速度值选为相当于 80% 失速速度。

（6）使用式（$12-102$）确定在最临界条件下对飞机进行航向操纵/配平所需要的最大偏航力矩。

（7）使用式（$12-103$）计算方向舵操纵导数 $C_{n_{\delta R}}$，假设采用最大方向舵偏度。

（8）使用式（$12-100$）计算方向舵迎角效能（τ_R）。

（9）由图 $12-12$，确定相应的方向舵弦长与垂直尾翼弦长之比（C_R/C_V）。

（10）如果方向舵弦长与垂直尾翼弦长之比（C_R/C_V）大于 0.5，则建议选择全动垂直尾翼（即 $C_R/C_V = 1$）。

（11）如果方向舵迎角效能（τ_R）大于 1，那么按现时的垂直尾翼/飞机重心组合，不能求得满足最关键航向操纵/配平需求的方向舵；在这种情况下，必须重新设计垂直尾翼和/或必须重新设定飞机重心位置。然后，返回步骤（1）。

（12）评估方向舵设计，确保满足其他的方向舵设计需求（即侧风着陆和尾旋改出）。否则，基于新的最关键航向操纵需求，重新设计方向舵。

（13）使用式（$12-92$）以及表 $12-19$ 所介绍的方法，核查在航向操纵过程中，方向舵偏转是否会引起垂直尾翼失速。

（14）如果在偏航运动过程中会出现垂直尾翼失速，则必须重新设计方向舵，减小方向舵偏度和/或方向舵弦长。返回步骤（4）。

（15）如果在偏航运动过程中会出现垂直尾翼失速，则可减小两个方向舵参数（即方向舵偏度和弦长）中的任何一个，以防止垂直尾翼失速，对于飞机其他部件（诸如垂直尾翼、发动机位置，或飞机重心），必须重新设计/重新定位。

（16）如果有必要，则采取空气动力补偿/质量补偿（见第 12.7 节）。

（17）优化方向舵设计。

（18）计算方向舵展长、方向舵梢弦和根弦以及方向舵面积，然后画出垂直尾翼（包括方向舵）的俯视图和侧视图并标注尺寸。

12.6.3.2 满足侧风着陆需求的方向舵设计步骤

对于常规飞机，满足侧风着陆需求的方向舵设计步骤如下：

（1）列出与方向舵设计有关的可用数据/已知数据（即垂直尾翼几何尺寸、飞机重心位置）。

（2）确认重心位置与飞机重量的最不利组合以及对于航向操纵为最不利的飞行高度。将此设定为最临界状态。

（3）确定/选择飞机必须能够安全着陆的最大侧风风速（V_w），FAR 条例提供有关这一风速的某些要求。

（4）确定/选择飞机进近速度，FAR 条例提供有关这一速度的某些要求。

（5）使用式（12-106）确定存在侧风时飞机总空速（V_T），假设最差的风况，即垂直于跑道的侧风。

（6）计算飞机侧面投影面积（S_S）。

（7）使用式（12-119）确定飞机侧面投影面积（S_S）的中心及其距飞机重心的距离（d_c）。

（8）使用式（12-113）确定由侧风所产生的飞机侧向力（F_w）。

（9）选择方向舵展长与垂直尾翼展长之比 b_R/b_V（见表 12-3）。

（10）确定方向舵弦长与垂直尾翼弦长之比 C_R/C_V（见表 12-3）。

（11）使用式（12-105）确定飞机侧滑角（β）。

（12）使用式（12-116）和式（12-117），计算飞机侧滑导数 C_{n_β} 和 C_{y_β}。

（13）依据图 12-12，求得方向舵迎角效能（τ_R）。

（14）使用式（12-118）和式（12-100），计算飞机操纵导数 $C_{y_{\delta R}}$ 和 $C_{n_{\delta R}}$。

（15）同时求解式（12-114）和式（12-115），计算方向舵操纵导数，另一个未知变量是偏流角（σ），在编制飞机飞行手册时，该角度是有用的。

（16）如果方向舵偏转超过 $30°$，则建议增大方向舵弦长与垂直尾翼弦长之比值，直到采用全动垂直尾翼（即 $C_R/C_V = 1$）。

（17）如果方向舵迎角效能（τ_R）大于 1，那么按现时的垂直尾翼/飞机重心组合，不能求得满足最关键航向操纵/配平需求的方向舵；在这种情况下，必须重新设计垂直尾翼和/或必须重新设定飞机重心位置。然后，返回步骤（1）。

（18）评估方向舵设计，以确保满足其他的方向舵设计需求（例如不对称推力和尾旋改出）。否则，基于新的最关键航向操纵需求，重新设计方向舵。

（19）使用式（12-92）以及表 12-19 所介绍的方法，核查在航向操纵过程中，方向舵偏转是否会引起垂直尾翼失速。

（20）如果方向舵偏转过程中会出现垂直尾翼失速，则必须重新设计方向舵，减小方向舵偏度和/或方向舵弦长，返回步骤（8）。

（21）如果方向舵偏转过程中会出现垂直尾翼失速，那么可减小两个方向舵参数（即方向舵偏度和弦长）中的任何一个，以防止垂直尾翼失速，对于飞机其他部件（如垂直尾翼、发动机位置或飞机重心），必须予以重新设计/重新定位。

（22）如果有必要，则采取空气动力补偿/质量补偿（见第 12.7 节）。

（23）优化方向舵设计。

（24）计算方向舵展长、方向舵梢弦和根弦以及方向舵面积，然后画出垂直尾翼（包括方向舵）的俯视图和侧视图并标注尺寸。

12.6.3.3　满足尾旋改出需求的方向舵设计步骤

对于常规飞机,满足尾旋改出需求的方向舵设计步骤如下:

(1) 列出与方向舵设计有关的可用数据/已知数据(即垂直尾翼几何尺寸、飞机重心位置)。

(2) 确认重心位置与飞机重量的最不利组合以及对于尾旋改出最不利的飞行高度。将此设定为最临界状态。

(3) 确定尾旋过程中飞机的迎角。

(4) 在机体坐标系中计算飞机质量惯性矩 I_{xx}、I_{zz} 和 I_{xz},确定飞机质量惯性矩的方法已在第 11 章(第 11.7 节)中阐述。

(5) 使用式(12-120)确定风轴坐标系中的飞机质量惯性矩 I_{xx}、I_{zz} 和 I_{xz}。

(6) 确定所希望的尾旋改出角加速度,其典型值已在第 12.6.2.4 节中给出。

(7) 使用式(12-120)计算终止尾旋所需要的偏航力矩(N_{SR})。

(8) 计算尾旋过程中有效垂直尾翼面积,在图 12-31 中已给出图解法。

(9) 使用式(12-125)计算有效垂直尾翼容积比。

(10) 选择方向舵展长与垂直尾翼展长之比 b_R/b_V(见表 12-3)。

(11) 计算尾旋过程中有效方向舵展长,在图 12-31 中已给出图解法。

(12) 规定为防止气流分离而限制的方向舵最大偏度(见表 12-3)。

(13) 使用式(12-123)计算方向舵操纵导数 $C_{n_{\delta R}}$,假设采用方向舵最大偏度。

(14) 使用式(12-124)计算方向舵迎角效能(τ_R)。

(15) 根据图 12-12,确定相应的方向舵弦长与垂直尾翼弦长之比 C_R/C_V。

(16) 如果方向舵弦长与垂直尾翼弦长之比(C_R/C_V)大于 0.5,则建议选择全动垂直尾翼(即 $C_R/C_V = 1$)。

(17) 如果方向舵迎角效能(τ_R)大于 1,那么按现时的垂直尾翼/飞机重心组合,不能求得满足最关键航向操纵/配平需求的方向舵;在这种情况下,必须重新设计垂直尾翼和/或必须重新设定飞机重心位置,然后返回步骤(1)。

(18) 评估方向舵设计,以确保满足其他的方向舵设计需求(即不对称推力和侧风着陆),否则基于新的最关键航向操纵需求,重新设计方向舵。

(19) 使用式(12-92)以及表 12-19 所介绍的方法,核查在航向操纵过程中,方向舵偏转是否会引起垂直尾翼失速。

(20) 如果方向舵偏转过程中会出现垂直尾翼失速,那么必须重新设计方向舵,减小方向舵偏度和/或方向舵弦长。返回步骤(4)。

(21) 如果方向舵偏转过程中会出现垂直尾翼失速,那么可减小两个方向舵参数(即方向舵偏度和弦长)中的任何一个,以防止垂直尾翼失速,对于飞机其他部件(如垂直尾翼、发动机位置或飞机重心),必须重新设计/重新定位。

(22) 如果有必要,则采取空气动力补偿/质量补偿(见第 12.7 节)。

（23）优化方向舵设计。

（24）计算方向舵展长、方向舵梢弦和根弦以及方向舵面积，然后画出垂直尾翼（包括方向舵）的俯视图和侧视图并标注尺寸。

12.7 空气动力补偿和质量补偿

在有人驾驶的飞机上，由驾驶员操纵各操纵面（如升降舵、副翼和方向舵）。通常，通过用于操纵升降舵/副翼的驾驶杆/Y 形驾驶盘/驾驶盘以及用于操纵方向舵的脚蹬，使驾驶员与操纵面构成链接。此外，操纵面与飞机其他结构件相互作用，产生气动-结构耦合现象。驾驶员必须能够舒服地克服由操纵面所产生的铰链力矩，并且需要付出的体力应足够小，以确保驾驶员在长时间（比如数小时）的驾驶过程中不会感到疲劳。此外，操纵面产生的空气动力（如果未加正确处置）可能与惯性相互作用，产生不想要的结构现象即"颤振"。对操纵面的这两方面应给予更多的工程关注，并且应服从操纵品质需求的支配（见第 12.3 节）。因此在确定了操纵面的面积、展长、弦长和最大偏度之后，并不认为操纵面设计已完成。在操纵面设计过程中有必要考虑的两个重要问题是：

（1）操纵面的空气动力补偿；

（2）操纵面的质量补偿。

对于操纵面（如升降舵、副翼和方向舵），常常需要解决这两个补偿问题。在这一设计工作的过程中，确定一系列新的操纵面参数。空气动力补偿和质量补偿主要涉及改变操纵面的空气动力和铰链力矩的方法，使驾驶员感觉到的操纵力处于可接受的范围内，并且不出现不希望的气动弹性现象。因此，空气动力补偿和质量补偿的两个主要目标是：

（1）减小驾驶员感觉到的所需力；

（2）避免颤振。

与飞机其他空气动力力矩类似，将操纵面产生的铰链力矩定义如下：

$$H = \frac{1}{2}\rho U_1^2 S_c C_c C_h \qquad (12-147)$$

式中：S_c 是操纵面的平面面积（例如 S_A、S_E 和 S_R）；C_c 是操纵面的平均空气动力弦（例如 C_A、C_E 和 C_R）；参数 C_h 是铰链力矩系数，由下式给出：

$$C_h = C_{h_0} + C_{h_\alpha} \alpha_{LS} + C_{h_{\delta c}} \delta_c \qquad (12-148)$$

式中：α_{LS} 是升力面（如水平尾翼和机翼）迎角；δ_c 是操纵面偏度（如 δ_A、δ_E 和 δ_R）；δ_t 是调整片的偏度；参数 C_{h_0} 是 $\alpha_C = \delta_c = 0$ 时的铰链力矩系数，对于升力面对称翼型，其值为 0；参数 C_{h_α} 和 $C_{h_{\delta c}}$ 为两个无量纲导数，定义如下：

$$C_{h_\alpha} = \frac{\partial C_h}{\partial \alpha_{LS}} \qquad\qquad (12-149)$$

$$C_{h_{\delta c}} = \frac{\partial C_h}{\partial \delta_c} \qquad\qquad (12-150)$$

这两个导数分别是铰链力矩系数(C_h)关于升力面迎角(α_{LS})和操纵面偏度(δ_c)的偏导数。这些系数的推导已超出本书的范围;有关它们的评估,可参见参考文献[17]或参考文献[22]中的 Part VI。

铰链力矩导数 C_{h_α} 是减小铰链力矩和操纵力的主要参数,有时称为操纵沉重参数。该导数是多个变量的函数,包括操纵面 ac 与铰链之间的距离,操纵面头部曲率。铰链力矩导数 C_{h_α} 是飞机响应突风过程中产生铰链力矩和操纵力的主要参数,有时称为操纵漂浮参数。两个铰链力矩导数 C_{h_α} 和 $C_{h_{\delta c}}$ 通常都为负值。C_{h_α} 的典型值约为 -0.1 1/rad,$C_{h_{\delta c}}$ 的典型值约为 -0.3 1/rad。

驾驶员施加于驾驶杆/驾驶盘/脚蹬上的力通过动力传送系统(如机械、液压或电气)传递到操纵面。作用在驾驶杆/驾驶盘/脚蹬上的力通过一个称为动力传送系统传动比的系数与铰链力矩建立联系:

$$Fs = G_C H \qquad\qquad (12-151)$$

式中:G_C 是驾驶杆/驾驶盘运动/的线位移角位移与操纵面偏度之间的比值(见图12-34):

$$G_C = \frac{\delta_c}{x_s}(对于驾驶杆／脚蹬) \qquad\qquad (12-152a)$$

$$G_C = \frac{\delta_c}{\delta_y}(对于驾驶盘) \qquad\qquad (12-152b)$$

式中:x_s 是驾驶杆或脚蹬运动的线位移;δ_y 是驾驶盘运动的角位移。在下面各小节中,阐述用于操纵面空气动力补偿和质量补偿的各种方法。有关空气动力补偿的其他方法,请感兴趣的读者参阅参考文献[12,23,24]。

12.7.1　空气动力补偿

为确保驾驶员能够舒适地全程移动驾驶杆/脚蹬并使操纵面偏转,操纵面上的空气动力与铰链力矩必须平衡或减小。无论是军用飞机或是民用飞机,对于所有飞行状态,获得线性变化的驾驶员操纵力是一项重要的操纵品质(见第12.3节)需求。FAR 条例针对各种飞行状态所允许的最大和最小操纵力规定了各种特定的要求。对于小型正常类 GA 飞机,简单直接驱动的铰链式操纵面(见图12-34)已够用。

式(12-147)和式(12-151)表明,当飞机质量、尺寸和空速增大时,移动操纵面

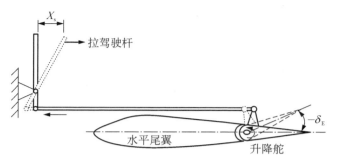

图 12‑34　驾驶杆运动、升降舵偏转和传动比

克服空气动力铰链力矩所需要的操纵力增大。对操纵面采取空气动力补偿是减小铰链力矩的简单方法，这些方法包括围绕铰链线分配操纵面面积以及采用调整片和弹簧之类的装置。空气动力补偿方法不仅适用于手动操纵的操纵面，还适用于助力操纵的操纵面。事实上，在大型运输类飞机上，常常将人工感力装置纳入操作器件内，使驾驶员有力的感觉。对于无补偿的操纵面，C_{h_α} 和 $C_{h_{\delta_c}}$ 值太大而使操纵力不可接受。应用空气动力补偿，将使 C_{h_α} 和 $C_{h_{\delta_c}}$ 这两个导数发生变化，但是量值有所不同。设计者必须要小心，不得对操纵面过补偿而导致正 $C_{h_{\delta_c}}$。

操纵力减小的范围受到下列因素所限：操纵力/操纵面偏度关系中的非线性度，由于结冰引起的操纵面外形的物理变化以及驾驶员操纵力感的最小允许值。需要做大量的技术工作，确定调整片前缘的合适外形，并确定其铰链线的位置。这些设计特性通常并不影响操纵面效能，但它们支配操纵面铰链力矩，进而确定驾驶员的力感。在铰链线前的操纵面面积增大的情况下，合成的操纵升力作用点距铰链线的距离（力臂）较短。采用调整片时，反向铰链力矩将抵消/减小操纵面铰链力矩。有多种方法对操纵面实施空气动力补偿，这里将阐述其中某些方法。

12.7.1.1　角式补偿

角式补偿是使操纵面增加一块"犄角"形面积，突出在铰链线之前。角式补偿是低成本的简单方法，多半用于老式飞机和 GA 飞机（见图 12‑35）。有两种形式的角式补偿，两者都借助空气动力对操纵面进行补偿。第一种形式是突角延伸到升力面前缘，称为无遮蔽角式补偿。第二种形式是有部分升力面在突角之前称为带遮蔽角式补偿。角式补偿的效能取决于铰链前的突角面积和力矩与铰链后面的面积和力矩的比较。

操纵面补偿定义为铰链线前操纵面面积与铰链线后操纵面面积之比。角式补偿最多的应用场合是升降舵，其次是方向舵。角式补偿很少用于副翼。对于配备角式补偿的操纵面，当操纵面偏转时，空气"撞击"铰链线前的操纵面，产生一个压力分布，因此产生一个力，有助于增大操纵面偏转。这抵消铰链线后的操纵面所产生力

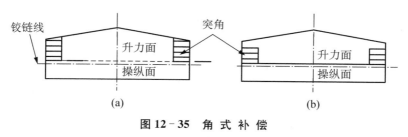

图 12 - 35　角 式 补 偿

(a) 无遮蔽(全)突角　(b) 带遮蔽的突角

矩,趋向于减小操纵面偏度。带遮蔽角式补偿比无遮蔽的更有利,例如,无遮蔽角式补偿出现结冰有可能引起操纵问题。仔细设计角式补偿可大大减小驾驶员的杆力。此外,角式补偿有结冰问题,所以需要设置除冰装置(例如电加温)。

　　角式补偿在方向舵上的应用见图 8 - 6(a)(玛里加恩斯基 雨燕 S - 1 滑翔机),图 3 - 12(b)(斯坦佩-维尔通亨 SV - 4C),图 5 - 56(c)(皮珀 超级幼兽),图 6 - 8(h)(波兰飞机制造公司 M - 28B1R 微风),图 6 - 12(h)(兰斯 F337F 超级空中大师),图 8 - 3(d)(超级马林 379 喷火),图 5 - 44(b)(皮拉图斯 PC - 21),图 6 - 27(b)(盖茨里尔喷气 35A),和图 10 - 6(b)(恩博威 A - 29B 超级巨嘴鸟(EMB - 314))。

12.7.1.2　移轴补偿

　　当铰链线向后移动(后置)接近操纵面压力中心时,可将此操纵面称为使用移轴方法的空气动力补偿(见图 12 - 36)。这样,当操纵面偏转时,使操纵面前缘置于气流中。操纵面前缘的形状对于移轴补偿效能是至关重要的。前缘外形必须使得前缘不凸出在气流中,即使操纵面大偏度时也如此。高度弯曲的前缘突出在气流中将会在头部产生大的吸力,引起对操纵面的过补偿,趋向于使操纵面偏度更大。

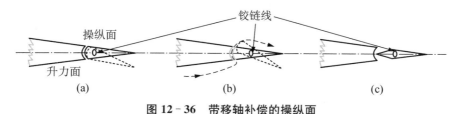

图 12 - 36　带移轴补偿的操纵面

(a) 正常无补偿　(b) 铰链线后移,操纵面前缘为圆形　(c) 铰链线后移,操纵面前缘为楔形

　　操纵面前缘既可是钝形,也可是楔形。钝形前缘(圆形或椭圆形)将围绕半径产生吸力气流,减轻操纵面的操纵力。然而楔形前缘在操纵面偏转时将减小铰链线前的吸力,并加重操纵面的操纵力。钝形前缘对铰链力矩的影响比楔形前缘大,但在小偏度时可能产生非线性问题。如果操纵面前缘与升力面后缘之间的间隙无封严措施,那么气流通过此间隙泄漏,有助于改善补偿效果。

12.7.1.3 内封补偿

另一种形式的空气动力补偿称为内封补偿,利用柔软气密的内部封严件,感受上下表面的之间的压差并提供补偿力矩(见图 12 - 37)。位于后缘腔内的密封件其每一侧都敞开于大气中。优点主要是密封件防止气流从高压表面向低压表面流动而引起能量散失,并且不会出现非线性问题。这使得诱导阻力降低达总诱导阻力的5％之多。内封补偿效能与移轴补偿的相当。在使用方面,结冰有时可能阻碍密封件的正常运动,甚至阻碍操纵面的正常偏转。所以,必须提供除冰装置。在高速下,内封补偿的效能增加。

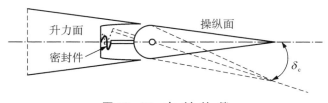

图 12 - 37 内 封 补 偿

12.7.1.4 弗利兹补偿

弗利兹补偿的设想最初来自弗利兹副翼。如同在副翼设计过程中所讨论的(见第 12.4 节),弗利兹副翼的主要用途是将副翼不对称阻力引起的反向偏航减至最小。使操纵面前缘具有不对称剖面形状,借此实施弗利兹补偿(见图 12 - 38)。当采用弗利兹补偿的操纵面向上偏转时,操纵面突出在升力面下轮廓线之外。在小偏转角时,向上偏转的副翼过补偿,这有助于另一侧机翼上的副翼向下偏转。弗利兹副翼的优点在于铰链线后移小而补偿作用大,并且结构上相对容易实现。小偏转角下的操纵面特性是非线性的,向上偏转对升力面过补偿,而向下偏转产生一个大的力。因此,弗利兹补偿的效能是支点的函数,因此为了有效补偿,需要仔细地选取支点。

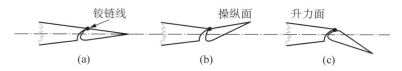

图 12 - 38 设置弗利兹补偿的操纵面
(a)中立位置 (b)向上偏转 (c)向下偏转

12.7.1.5 配平调整片

无需对操纵面前缘进行加工而是采用位于操纵面后缘的调整片便可实现空气动力补偿。调整片是设置在主操纵面后缘的辅助操纵面。有多种调整片用于不同的飞机,为的是大幅度减小铰链力矩和操纵力。最基本的调整片是配平调整片,顾名思义,它用于升降舵,在巡航飞行时实现飞机纵向配平。配平调整片用于将驾驶员施加于驾驶杆上的力减为 0。调整片确保驾驶员在长期飞行时不会由于握住驾驶杆/驾驶盘而引起疲劳。采用后缘调整片作为可变配平装置,直接由驾驶舱通过驾驶杆/驾驶盘进行操纵。

配平调整片常常用于可逆飞行操纵系统(如机械式系统)。然而甚至在大型运输类飞机(诸如 KC-135)上也使用调整片,因为事实上,丧失全部发动机的事件是可想到的,因此驾驶员必须能够依靠自身体力实现大型飞机的配平。例如查阅 B747 以往的飞行历史,至少发生过三次 4 台发动机全部不工作的事件。其中一次事故涉及英国航空公司第 9 次航班,这是从伦敦希思罗飞往奥克兰的定期航班。1982 年 6 月 24 日,一架 B747 飞机飞进嘉能根火山喷发出的火山灰云层,导致 4 台发动机全部失效。飞机转航雅加达,希望能够重新起动足够台数的发动机以使飞机在此着陆。这架飞机能够滑翔足够远,飞出火山灰云层,所有发动机都实现重新起动,使飞机在雅加达哈里姆机场安全着陆。这证明为操纵面提供备份人工操纵的必要性,即使设置液压系统的大型运输类飞机也如此。

为达到驾驶舱操纵力为 0,配平调整片偏转方向与升降舵的相反。当升力面配备调整片时,铰链力矩系数 C_h 由下式给出:

$$C_h = C_{h_o} + C_{h_a}\alpha_{LS} + C_{h_{\delta c}}\delta_c + C_{h_{\delta t}}\delta_t \qquad (12-153)$$

式中:δ_t 是调整片偏度;参数 $C_{h_{\delta t}}$ 是无量纲导数,由下式给出:

$$C_{h_{\delta t}} = \frac{\partial C_h}{\partial \delta_t} \qquad (12-154)$$

调整片效能($C_{h_{\delta t}}$)是调整片几何尺寸和调整片铰链线位置的函数。图 12-39 给出两种形式的调整片布局。升力面上有两个铰链(见图 12-39(b)),其操纵面带有调整片,一个铰链用于操纵面偏转,另一个用于调整片偏转。飞机在地面时可对调整片进行调节(见图 12-39(a)),或可由驾驶员在飞行过程中对调整片进行人工操纵和设定。通常借助一个称为配平手轮的装置使配平调整片偏转。配平手轮和配平调整片协助驾驶员使用手的力量(譬如 50 lb),使一架大型飞机实现纵向配平,并在任何飞行速度下使一个大尺寸升降舵保持所需要的任何偏度。

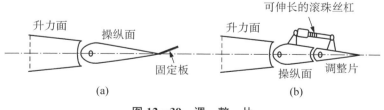

图 12-39　调　整　片

(a) 简单式地面可调节的配平调整片　(b) 地面/空中可调节的配平调整片

对于大型运输类飞机,通常使用可调节的水平尾翼,以将驾驶杆力设定为0。调整片的偏度与操纵面的偏度成正比。一般而言,调整片具有两个功能:①能够使驾驶杆/驾驶盘上的力归0;②提供飞机在配平速度下的速度稳定性。调整片弦长与操纵面弦长之比通常为0.2～0.4。对于RC(遥控)模型飞机,家庭制造飞机,甚至在小型GA飞机上,可将一块简单的板(即调整片)永久地加到垂直尾翼上,以使飞机航向平衡,并弥补制造时的任何不足。这使飞机关于 xz 平面对称。在飞机首次飞行试验之前并不知晓是否需要这种调整片。大型运输类飞机,如B747和B737,配备水平尾翼配平调整片以及垂直尾翼配平调整片。喷气式公务机(如塞斯纳500奖状)配备垂直尾翼配平调整片。

12.7.1.6 补偿片

补偿片是另一种有用工具,用于协助驾驶员移动操纵面(如升降舵)并减小驾驶员需要施加于驾驶杆/驾驶盘上的力。补偿片(有时称为随动补偿片,或连杆调整片)用于调整主操纵面,工作方式是按给定比例带动主操纵面运动,但偏转方向与主操纵面相反。例如,如果驾驶员想要向下偏转升降舵,补偿片将向上偏转,所建立的压力分布将产生一个力,从而是力矩,驱使升降舵向下运动。因为补偿片位于后缘,因此它具有长力臂,作动时非常有效。随动补偿片升力的方向与基本操纵面的相反,从而降低操纵面的效能。补偿片产生一个围绕自身铰链线的铰链力矩,也产生一个围绕操纵面铰链线的趋向于增加操纵面偏角的铰链力矩。补偿片通过机械联杆直接与升力面相连接,联杆长度可调节。可容易地调节补偿片相对于操纵面的中立位置(即角度),以获得所想要的补偿量。

随动补偿片通常减小导数 $C_{h_{\delta t}}$ 值,而对导数 C_{h_α} 无明显影响,因为翼型并未改变。可将补偿片用作配平调整片,方法是使补偿片随动联杆的长度可变,并授权驾驶员改变此联杆长度。常常借助于补偿片传动臂内的机电式滚珠丝杠实现此做法。

有一种形式的补偿片称为逆补偿片,此时由于与升力面的连接方式不同,逆补偿片的运动方向与操纵面的相同。由于补偿片与逆补偿片的运动方向相反,补偿片呈现滞后特性,而逆补偿调整片呈现超前特性。滞后调整片减小导数 $C_{h_{\delta t}}$ 值(负向),而超前的调整片增大导数 $C_{h_{\delta t}}$ 值(正向)。通过剪裁导数 $C_{h_{\delta t}}$ 值,有可能达到任何所想要的杆力与速度梯度的关系。图12-40给出补偿片和逆补偿片的机械布局。

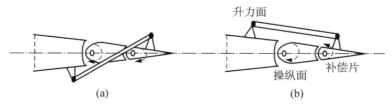

(a)　　　　　　　　　　　(b)

图 12－40　补偿调整片

(a)逆补偿片　(b)补偿片

12.7.1.7　伺服片

伺服片是一种直接与驾驶杆/驾驶盘连接的调整片,它与操纵面铰接(见图 12 - 41(a))。相比之下,在配平调整片和补偿片的情况下,驾驶杆/驾驶盘与操纵面连接,因此当驾驶员移动驾驶杆/转动驾驶盘时,操纵面偏转,而在采用伺服片的情况下,当驾驶员移动驾驶杆/转动驾驶盘时,伺服片偏转。操纵面通过伺服片实现偏转。换言之,驾驶员操纵伺服片,而伺服片操纵操纵面。驾驶杆/驾驶盘的力取决于操纵面和伺服片两者的铰链力矩。

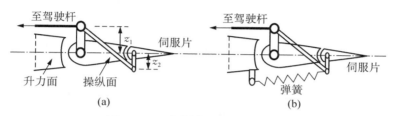

图 12 - 41　伺服片和弹簧式伺服片

(a) 伺服片　(b) 弹簧式伺服片

伺服片效能是伺服片和操纵面两者力臂长度之比(即 z_1/z_2)的函数。在许多现代飞机上,不再采用伺服片,因为在低速时(尤其是在失速时)其效能不可靠。与其他调整片类似,伺服片的主要功能是减小驾驶员移动驾驶杆/驾驶盘所需的操纵力。对于小的力臂比(z_1/z_2),可获得很小的驾驶杆/驾驶盘力,然而操纵时易出现过补偿。大型运输类飞机(诸如 KC - 135 和 B707(见图 12 - 42))配备水平尾翼配平调整片和垂直尾翼配平调整片。洛克希德军用运输机 C - 130B(见图 5 - 4)配备水平尾翼调整片以及伺服片。

12.7.1.8　弹簧式补偿片

弹簧式补偿片基本上与伺服片类似,但增加了弹簧。借助弹簧,既可使补偿片与升力面连接,也可使补偿片与操纵面连接(见图 12 - 41(b))。伺服片增加弹簧将进一步减小驾驶杆/驾驶盘的操纵力,所以可认为弹簧式补偿片是可变伺服片。弹簧式补偿片的效能(C_{h_δ})是比值 z_1/z_2 和弹簧常数的函数。由于弹簧式补偿片的效能随空速减小,因此操纵力随空速有温和的变化。与伺服片不同,弹簧式补偿片不会过补偿,即使在失速速度下也如此,因为仅当有载荷作用于操纵面上时弹簧式补偿片才偏转。弹簧式补偿片的一种不希望的副作用源自于增加了弹性元件。由于操纵面的漂浮作用,因此对驾驶员指令的响应相对迟缓。可对弹簧式补偿片进行预加载,以避免它们受到驾驶员的轻微操纵力时而起作用。图 12 - 42 示出 3 种飞机的空气动力补偿(B707 飞机的方向舵调整片,ATR - 72 - 600 飞机的副翼、升降舵和方向舵调整片以及米德里 CAP - 10B 飞机的方向舵调整片)。

(a)

(b)

(c)

(d)

图 12‑42　各种飞机的空气动力补偿和质量补偿

（a）CAP 航空 CAP‑232 飞机的升降舵和副翼的质量补偿（经詹尼·科菲允许）　（b）B707 飞机的方向舵调整片（经 A J 贝斯特允许）　（c）ATR‑72‑600 飞机的副翼、升降舵和方向舵调整片（经安东尼·奥斯本允许）　（d）米德里 CAP‑10B 飞机的方向舵调整片（经詹尼·科菲允许）

12.7.2　质量补偿

有许多飞机，无论设有可逆飞行操纵系统或不可逆飞行操纵系统，都配备一个机构，允许飞机在通常称为操纵器件松浮、驾驶杆松浮或驾驶盘松浮的状态下飞行。此机构允许操纵面保持原位（即不发生移动），因为操纵面铰链力矩业已由调整片之类的装置设定为 0。当飞机以操纵器件松浮状态运行时，如果突风使操纵面偏离其原配平位置，操纵面将发生振荡。自由振荡的操纵面（如升降舵）可能产生一种不想要的现象即颤振。颤振是一种动态现象，可能导致飞机出现不可接受的动态不稳定。颤振的特征是空气动力（如局部升力）和操纵面重量之间相互作用而引起操纵面高频振荡。增加升力面（机翼、水平尾翼和垂直尾翼）结构的弯曲和扭转刚度可防止出现这种不希望的现象。另一种解决方法是将操纵面重心移至铰链线附近或铰链线前面。

一种有效避免颤振的方法是质量补偿。操纵面（升降舵、副翼和方向舵）围绕其自身的铰链轴偏转，铰链轴靠近操纵面前缘（位于 5%～10% 弦长位置）。然而操纵面的重心稍微靠后（位于 20%～40% 弦长位置）。这意味着操纵面的重心和铰链轴不同心（见图 12‑43（b））。在此情况下，惯性将响应操纵面偏转的任何扰动，这有可能导致颤振。需要在操纵面前面设置平衡配重，以使操纵面重心向前移动，与铰链线同心（见图 12‑43（a））。

许多飞得不快的轻型飞机和滑翔机，不具有质量补偿的操纵面。除了非常低速

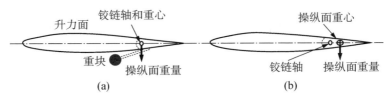

图 12 - 43 操纵面的质量补偿

(a) 质量补偿 (b) 无补偿

的飞机外,在具有可逆式飞行操纵系统的飞机上,其飞行操纵面几乎总是带有补偿用的重块。质量补偿能产生与使用机械弹簧极为相同的作用。在具有可逆操纵系统并且最大速度超过 100 kn 的飞机上,必须有质量补偿。然而在具有不可逆操纵系统的飞机上,不需要设置质量补偿。在运输机 C-130 大力神(见图 5-4)和 C-5 银河上都有含铀的补偿用重块,所以它们的操纵面都有厚蒙皮。重新对飞机喷漆可能引起质量补偿不起作用,因为油漆覆盖了整个表面。

应注意,质量补偿和弹簧补偿的应用还改善飞机的松杆稳定性,并减小驾驶员偏转操纵面所需的杆力。为了减小裸露重块的阻力,可将其覆盖、整流或制成空气动力流线型。图 12-42(a)示出 CAP 航空公司的 CAP-232 飞机的升降舵和副翼的质量补偿。

12.8 本章示例

本节提供有关副翼、升降舵和方向舵设计的 3 个全解示例。在这些示例中阐明操纵面设计方法和程序的应用。

12.8.1 副翼设计示例

示例 12.4

问题陈述 设计一架陆基军用运输机的横滚操纵面,以满足 MIL-STD 横滚操纵需求。飞机为常规构型,几何特性和重量特性如下:

$$m_{\text{TO}} = 6\,500 \text{ kg}, \ S = 21 \text{ m}^2, \ AR = 8, \ \lambda = 0.7, \ S_{\text{h}} = 5.3 \text{ m}^2, \ S_{\text{v}} = 4.2 \text{ m}^2,$$
$$V_{\text{s}} = 80 \text{ kn}, \ C_{L_{\alpha w}} = 4.5 \text{ 1/rad}, \ I_{xx} = 28\,000 \text{ kg} \cdot \text{m}^2$$

此外,操纵面必须低成本和可制造。高升力装置已完成设计,已确定的襟翼外侧位置,位于机翼半翼展的 60% 处。机翼后梁位于机翼弦长的 75% 位置处。

解 ● 步骤 1 问题陈述规定可制造性,横滚操纵需求符合 MIL-STD。

● 步骤 2 由于飞机构型,设计简单性,并希望低成本,因此选择常规的横滚操纵面构型(即副翼)。

● **步骤3** 因此,表 12-12 将是副翼设计的参考基准,该表列出达到规定坡度角变化量的时间要求。

● **步骤4** 基于表 12-5,质量为 6 500 kg 的陆基军用运输机属于Ⅱ类。横滚操纵的临界飞行阶段是飞机以最低速度飞行。因此,要求飞机在进近飞行状态下必须横滚可操纵。按照表 12-6,进近飞行属于阶段 C。为了设计副翼,考虑可接收性等级 1。因此:

类型	飞行阶段	可接收性等级
Ⅱ	C	1

● **步骤5** 由表 12-12(b)确认横滚操纵的操纵品质设计需求,表中表明对于Ⅱ类、飞行阶段 C、可接受等级 1 的飞机,要求其能够在 1.8s 内达到 30°坡度角。

● **步骤6** 按照问题陈述,襟翼外侧位置在翼展的 60%处。所以,副翼的内侧和外侧位置是飞机翼展(即 b_{a_i}/b 和 b_{a_o}/b)的函数,暂时分别将其选为在翼展 70%和 95%位置。

● **步骤7** 机翼后梁位于机翼弦长 75%处,所以副翼弦长与机翼弦长之比(即 C_a/C)暂时选为 20%。

● **步骤8** 由图 12-12 确定副翼效能参数(τ_a)。由于副翼弦长与机翼弦长之比为 0.2,因此副翼效能参数为 0.41。

● **步骤9** 采用式(12-22),计算副翼横滚力矩系数导数($C_{l_{\delta_A}}$)如下:

$$C_{l_{\delta_A}} = \frac{2C_{L_{a_w}} \tau c_r}{Sb}\left[\frac{y^2}{2} + \frac{2}{3}\left(\frac{\lambda-1}{b}\right)y^3\right]_{y_i}^{y_o} \tag{12-23}$$

首先需要确定机翼翼展、机翼平均空气动力弦和机翼根弦:

$$AR = \frac{b^2}{S} \Rightarrow b = \sqrt{S \cdot AR} = \sqrt{21 \cdot 10} \Rightarrow b = 14.49\,\text{m} \tag{5-19}$$

$$AR = \frac{b}{C} \Rightarrow \overline{C} = \frac{b}{AR} = \frac{14.49}{10} \Rightarrow \overline{C} = 1.449\,\text{m} \tag{5-17}$$

$$\overline{C} = \frac{2}{3}C_r\left(\frac{1+\lambda+\lambda^2}{1+\lambda}\right) \Rightarrow 1.449 = \frac{2}{3}C_r\left(\frac{1+0.8+0.8^2}{1+0.8}\right) \Rightarrow C_r = 1.604\,\text{m} \tag{5-26}$$

副翼的内侧和外侧位置是翼展的函数,分别将其选为翼展的 70%和 95%。因此有

$$y_i = 0.7 \frac{b}{2} = 0.7 \cdot \frac{14.49}{2} = 5.072 \text{ m}$$

$$y_o = 0.95 \frac{b}{2} = 0.95 \cdot \frac{14.49}{2} = 6.883 \text{ m}$$

将这些参数值代入式(12-23),得到

$$C_{l_{\delta_A}} = \frac{2 \cdot 4.5 \cdot 0.41 \cdot 1.604}{21 \cdot 14.49} \left\{ \left[\frac{6.883^2}{2} + \frac{2}{3} \left(\frac{0.8-1}{14.49} \right) \cdot 6.883^3 \right] - \left[\frac{5.072^2}{2} + \frac{2}{3} \left(\frac{0.8-1}{14.49} \right) \cdot 5.072^3 \right] \right\}$$

结果为

$$C_{l_{\delta_A}} = 0.176 \text{ 1/rad}$$

- **步骤 10** 选择副翼最大偏度($\delta_{A_{max}}$)为±20°。
- **步骤 11** 副翼最大偏度时的飞机横滚力矩系数(C_l)为

$$C_l = C_{l_{\delta_A}} \delta_A = 0.176 \cdot \frac{20}{57.3} = 0.061 \qquad (12-13)$$

- **步骤 12** 计算副翼偏转最大偏度时的副翼横滚力矩(L_A)。典型的进近速度为1.1~1.3倍失速速度,因此考虑飞机以$1.3V_s$速度进近。此外,按海平面高度考虑进近飞行状态。

$$V_{app} = 1.3V_s = 1.3 \cdot 80 = 104 \text{ kn} = 53.5 \text{ m/s}$$

$$L_A = \frac{1}{2} \rho V_{app}^2 S C_l b = \frac{1}{2} \cdot 1.225 \cdot 53.5^2 \cdot 21 \cdot 0.061 \cdot 14.49 = 32\,692.6 \text{ N} \cdot \text{m}$$

$$(12-11)$$

- **步骤 13** 确定稳态横滚角速度(P_{ss}):

$$P_{ss} = \sqrt{\frac{2L_A}{\rho(S_w + S_h + S_{vt})C_{D_R} y_D^3}} \qquad (12-37)$$

机翼、水平尾翼、垂直尾翼的横滚阻力系数选平均值0.9。假设阻力力矩的力臂为40%翼展,所以有

$$y_D = 0.4 \frac{b}{2} = 0.4 \cdot \frac{14.49}{2} = 2.898 \text{ m}$$

$$P_{ss} = \sqrt{\frac{32\,692.6}{1.225(21 + 5.3 + 4.2) \cdot 0.9 \cdot (2.898)^3}} = 8.937 \text{ rad/s}$$

$$(12-37)$$

- **步骤 14** 计算飞机达到稳定横滚角速度时的坡度角(ϕ_1):

$$\phi_1 = \frac{I_{xx}}{\rho y_D^3 (S_w + S_h + S_{vt}) C_{D_R}} \ln(P_{ss}^2)$$

$$= \frac{28\,000}{1.225 \cdot (2.898)^3 (21 + 5.3 + 4.2) \cdot 0.9} \ln(8.937^2)$$

$$\phi_1 = 149.82 \text{ rad} = 8\,584.14°$$

- **步骤 15** 计算副翼横滚力矩产生的直到飞机达到稳态横滚角速度(P_{ss})的飞机横滚角加速度($\dot{P}$):

$$\dot{P} = \frac{P_{ss}^2}{2\phi_1} = \frac{8.937^2}{2 \cdot 149.82} = 0.267 \text{ rad/s}^2 \tag{12-49}$$

- **步骤 16 和步骤 17** 将步骤 14 中的坡度角(ϕ_1)计算值与步骤 5 中的坡度角需求值(ϕ_{reg})进行比较。由于步骤 14 中计算所得的坡度角(即 8 584°)大于步骤 5 中的坡度角(ϕ_{reg},即 30°),确定飞机达到 30°坡度角所耗用的时间:

$$t_2 = \sqrt{\frac{2\phi_{des}}{\dot{P}}} = \sqrt{\frac{2 \cdot 30}{0.267}} = 1.982 \text{ s} \tag{12-47}$$

- **步骤 18** 将步骤 16 和 17 所获得的横滚时间与步骤 5 中给出的所需横滚时间(t_{req})进行比较。步骤 16 和 17 所获得的达到 30°坡度角的横滚时间(即 1.982 s)大于步骤 5 中给出的横滚时间(即 1.8 s)。因此,现时的副翼设计并不满足需要,必须进行重新设计。

- **步骤 19 和步骤 20** 步骤 16 和 17 所获得的横滚时间大于步骤 5 中所表达的横滚时间(t_{req}),所以该副翼设计不满足要求。解决的方法可以是增大副翼尺寸(副翼展长或弦长),也可增大副翼的最大偏度。由于副翼失速原因和后梁位置的局限,因此不更改副翼最大偏度以及副翼弦长与机翼弦长比。襟翼外侧位置在 60% 机翼翼展处,因此最安全的解决方法是增大副翼展长。

- **步骤 21** 经过多次试错,确定副翼内侧位于 61% 翼展处,将满足横滚需求。计算如下:

$$y_i = 0.61 \frac{b}{2} = 0.61 \cdot \frac{14.49}{2} = 4.42 \text{ m}$$

$$y_o = 0.95 \frac{b}{2} = 0.95 \cdot \frac{14.49}{2} = 6.883 \text{ m}$$

$$C_{l_{\delta_A}} = \frac{2 \cdot 4.5 \cdot 0.41 \cdot 1.604}{21 \cdot 14.49} \left\{ \left[\frac{6.883^2}{2} + \frac{2}{3}\left(\frac{0.8-1}{14.49}\right) \cdot 6.883^3 \right] - \left[\frac{4.42^2}{2} + \frac{2}{3}\left(\frac{0.8-1}{14.49}\right) \cdot 4.42^3 \right] \right\}$$

$$C_{l_{\delta_A}} = 0.228 \text{ 1/rad}$$

$$C_l = C_{l_{\delta_A}} \delta_A = 0.228 \cdot \frac{20}{57.3} = 0.08 \qquad (12-13)$$

$$L_A = \frac{1}{2}\rho V_{app}^2 S C_l b = \frac{1}{2} \cdot 1.225 \cdot 53.5^2 \cdot 21 \cdot 0.08 \cdot 14.49 = 42\,429.6\,\text{N} \cdot \text{m}$$

$$(12-11)$$

$$P_{ss} = \sqrt{\frac{2 \cdot L_A}{\rho(S_w + S_h + S_{vt})C_{D_R}y_D^3}} \qquad (12-37)$$

$$P_{ss} = \sqrt{\frac{42\,429.6}{1.225(21+5.3+4.2) \cdot 0.9 \cdot (2.898)^3}} = 10.181\,\text{rad/s}$$

$$(12-37)$$

$$\phi_1 = \frac{I_{xx}}{\rho y_D^3 (S_w + S_h + S_{vt})C_{D_R}}\ln(P_{ss}^2)$$

$$= \frac{28\,000}{1.225 \cdot (2.898)^3(21+5.3+4.2) \cdot 0.9}\ln(10.181^2)$$

$$\phi_1 = 158.74\,\text{rad} = 9\,095(°)$$

$$\dot{P} = \frac{P_{ss}^2}{2\phi_1} = \frac{10.181^2}{2 \cdot 158.74} = 0.327\,\text{rad/s}^2 \qquad (12-49)$$

$$t_2 = \sqrt{\frac{2\phi_{des}}{\dot{P}}} = \sqrt{\frac{2 \cdot 30}{0.327}} = 1.791 \qquad (12-50)$$

坡度角随时间的变化曲线示于图 12-44。

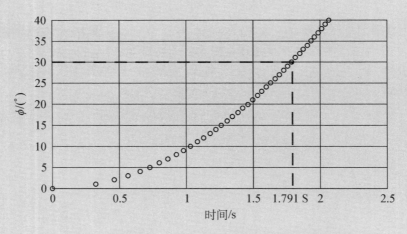

图 12-44 示例 12.4 中的飞机，坡度角随时间的变化曲线

- **步骤 22** 空气动力补偿/质量补偿(超过本示例的范畴)。
- **步骤 23** 优化(超过本示例的范畴)。
- **步骤 24** 几何尺寸。

每一副翼的几何尺寸如下:

$$b_A = y_{o_A} - y_{i_A} = 6.883 - 4.42 = 2.464 \text{ m}$$
$$C_A = 0.2C_w = 0.2 \cdot 1.449 = 0.29 \text{ cm}$$

左和右副翼两者的总平面面积为

$$A_A = 2b_A C_A = 2 \cdot 2.464 \cdot 0.29 = 1.428 \text{ m}^2$$

右机翼(包括副翼和襟翼)的俯视图和侧视图如图 12 - 45 所示。必须注意,假设副翼弦长(沿整个副翼展长)为 20% 机翼弦长。但是,机翼是尖削的,所以事实上副翼也需要尖削。为使得副翼使用和制造都较容易,选择等弦长副翼。因此,在后面的设计阶段必须对副翼弦长进行更改,以修正此假设。

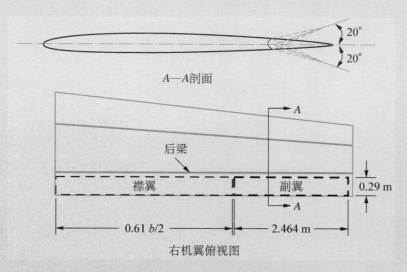

图 12 - 45　示例 12.4 中的机翼和副翼

12.8.2　升降舵设计示例

示例 12.5

　　问题陈述　图 12 - 46 给出上单翼双发涡轮喷气发动机轻型实用类飞机,配备前三点起落架。为该飞机设计升降舵。飞机的特性如下:

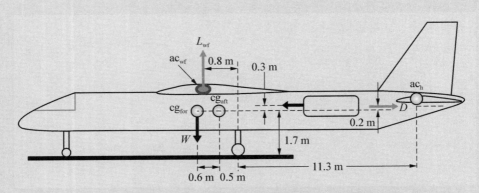

图 12 - 46 示例 12.5 中的飞机的几何尺寸

$m_{TO} = 20\,000\,\text{kg}$, $V_s = 85\,\text{KEAS}$, $I_{yy} = 150\,000\,\text{kg} \cdot \text{m}^2$, $T_{max} = 2 \cdot 28\,\text{kN}$, $L_f = 23\,\text{m}$, $V_c = 360\,\text{KTAS}$(在 25 000 ft), $C_{L_o} = 0.24$, $C_{D_{o_C}} = 0.024$, $C_{D_{o_{TO}}} = 0.038$, $C_{L_\alpha} = 5.7\,\text{1/rad}$

机翼：

$$S = 70\,\text{m}^2, \text{AR} = 8, C_{L_{a_{wf}}} = C_{L_{a_w}} = 5.7\,\text{1/rad}, e = 0.88, \lambda = 1,$$

$$C_{L_{flap_{TO}}} = 0.5, C_{m_{ac_{wf}}} = 0.05, i_W = 2°, h_o = 0.25, \alpha_{s_{TO}} = 12°$$

水平尾翼：

$$S_h = 16\,\text{m}^2, b_h = 9\,\text{m}, C_{L_{a_h}} = 4.3\,\text{1/rad}, i_h = -1°, \lambda_h = 1, \eta_h = 0.96,$$

$$\alpha_{h_s} = 14°, \text{翼型：NACA 0009}, \alpha_{twist} = 0$$

解 ● 步骤 1 确认升降舵设计需求如下：

a. 起飞抬前轮(纵向操纵)需求。假设机场位于海平面高度；

b. 纵向配平需求(飞行包线范围内)；

c. 低成本；

d. 可制造性。

● **步骤 2** 基于表 12 - 9, 这种类型飞机的起飞俯仰角加速度必须在 $10\sim15°/s^2$ 之间。起飞俯仰角加速度之值暂时选为 $12°/s^2$。

● **步骤 3** 表 12 - 3 建议升降舵展长与水平尾翼展长之比值为 0.8~1。暂时选用数值 1。

● **步骤 4** 表 12 - 3 建议升降舵最大偏转为 -25°。暂时选用 -25° 值。

● **步骤 5** 计算机翼/机身升力(L_{wf})、飞机阻力(D)和围绕机翼/机身空气动力中心的机翼/机身俯仰力矩。海平面空气密度为 $1.225\,\text{kg/m}^3$, 在 25 000 ft 高空, 空

气密度为 $0.549\,\mathrm{kg/m^3}$。为获得机翼平均空气动力弦,进行下列计算:

$$b = \sqrt{S \cdot AR} = \sqrt{70 \cdot 8} = 23.66\,\mathrm{m} \qquad (5-19)$$

$$\overline{C} = \frac{S}{b} = \frac{70}{23.66} = 2.96\,\mathrm{m} \qquad (5-18)$$

为求得飞机阻力,求出:

$$K = \frac{1}{\pi \cdot e \cdot AR} = \frac{1}{3.14 \cdot 0.88 \cdot 8} = 0.045 \qquad (5-22)$$

$$C_{L_C} = \frac{2W}{\rho V_C^2 S} = \frac{2 \cdot 20\,000 \cdot 9.81}{0.549 \cdot (360 \cdot 0.514\,4)^2 \cdot 70} = 0.297 \qquad (5-1)$$

$$C_{L_{TO}} = C_{L_C} + \Delta C_{L_{flap}} = 0.297 + 0.5 = 0.797 \qquad (4-69c)$$

$$C_{D_{TO}} = C_{D_{o_{TO}}} + KC_{L_{TO}}^2 = 0.038 + 0.045 \cdot 0.797^2 = 0.067 \qquad (4-68)$$

$$V_R = V_S = 85\,\mathrm{kn} = 43.37\,\mathrm{m/s} \qquad (12-54)$$

因此,纵向空气动力和力矩为

$$D_{TO} = \frac{1}{2}\rho_o V_R^2 S C_{D_{TO}} = \frac{1}{2} \cdot 1.225 \cdot (43.73)^2 \cdot 70 \cdot 0.067 = 5\,472\,\mathrm{N} \qquad (12-63)$$

$$L_{TO} \approx L_{wf} = \frac{1}{2}\rho_o V_R^2 S_{ref} C_{L_{Tof}} = \frac{1}{2} \cdot 1.225 \cdot (43.73)^2 \cdot 70 \cdot 0.797$$
$$= 65\,371\,\mathrm{N} \qquad (12-62)$$

$$M_{ac_{wf}} = \frac{1}{2}\rho_o V_R^2 C_{m_{ac_{wf}}} S_{ref} \overline{C} = \frac{1}{2} \cdot 1.225 \cdot (43.73)^2 \cdot (0.05) \cdot 70 \cdot 2.96$$
$$= 12\,125\,\mathrm{N \cdot m} \qquad (12-64)$$

● **步骤6** 使用式(12-55),计算起飞抬前轮过程中飞机线加速度(a)。假设跑道为混凝土道面,所以由表9-7(第9章),选择地面摩擦系数为0.04:

$$F_f = \mu(W - L_{TO}) = 0.04(20\,000 \cdot 9.81 - 65\,371) = 5\,230.5\,\mathrm{N} \qquad (12-59)$$

起飞抬前轮时刻飞机线加速度为

$$a = \frac{T - D_{TO} - F_R}{m} = \frac{2 \cdot 28\,000 - 5\,472 - 5\,230.5}{20\,000} \Rightarrow a = 2.265\,\mathrm{m/s^2} \qquad (12-55)$$

● **步骤7** 计算起飞抬前轮时有贡献的俯仰力矩。将围绕 y 轴顺时针转动视为正方向。考虑飞机重心前限。

$$M_W = W(x_{mg} - x_{cg}) = -20\,000 \cdot 9.81 \cdot 1.1 = -215\,746 \text{ N} \cdot \text{m}$$

$$(12-65)$$

$$M_D = D(z_D - z_{mg}) = 5\,472 \cdot 1.9 = 10\,397 \text{ N} \cdot \text{m} \qquad (12-66)$$

$$M_T = T(z_T - z_{mg}) = -2 \cdot 28\,000 \cdot (1.7 + 0.3) = -112\,000 \text{ N} \cdot \text{m}$$

$$(12-67)$$

$$M_{L_{wf}} = L_{wf}(x_{mg} - x_{ac_{wf}}) = 65\,371 \cdot 0.8 = 52\,297 \text{ N} \cdot \text{m} \qquad (12-68)$$

$$M_a = ma(z_{cg} - z_{mg}) = 20\,000 \cdot 2.265 \cdot 1.7 = 77\,005.5 \text{ N} \cdot \text{m} \qquad (12-70)$$

● **步骤8** 采用式(12-72),计算起飞抬前轮时所想要的水平尾翼升力(L_h)。进行这一计算时,考虑飞机重心前限。

$$L_h = \frac{\begin{bmatrix} L_{wf}(x_{mg} - x_{ac_{wf}}) + M_{ac_{wf}} + ma(z_{cg} - z_{mg}) + W(x_{mg} - x_{cg}) + \\ D(z_D - z_{mg}) + T(z_T - z_{mg}) - I_{yymg}\ddot{\theta} \end{bmatrix}}{x_{ac_h} - x_{mg}}$$

$$L_h = \frac{\begin{bmatrix} 52\,297 + 12\,125 + 77\,005.5 - 215\,746 + \\ 10\,397 - 112\,000 - \left(150\,000 \cdot \dfrac{12}{57.3}\right) \end{bmatrix}}{11.3}$$

$$(12-72)$$

或

$$L_h = -18\,348 \text{ N}$$

● **步骤9** 计算所希望的水平尾翼升力系数(C_{L_h}):

$$C_{L_h} = \frac{2L_h}{\rho_o V_R^2 S_h} = \frac{2 \cdot (-18\,348)}{1.225 \cdot 43.73^2 \cdot 16} \Rightarrow C_{L_h} = -0.979 \qquad (12-73)$$

● **步骤10** 计算升降舵迎角效能(τ_e)。进行这一计算时,考虑升降舵最大偏度。

$$C_{L_h} = C_{L_{ah}}(\alpha_h + \tau_e \delta_E) \qquad (12-75)$$

已对水平尾翼迎角定义如下:

$$\alpha_h = \alpha + i_h - \varepsilon \qquad (12-76)$$

式中,下洗效应确定如下(式(6-55)):

$$\varepsilon_o = \frac{2C_{L_w}}{\pi \cdot AR} = \frac{2C_{L_{TO}}}{\pi \cdot AR} = \frac{2 \cdot 0.797}{3.14 \cdot 8} = 0.063 \text{ rad} = 3.63° \tag{6-55}$$

$$\frac{\partial \varepsilon}{\partial \alpha} = \frac{2C_{L_{aw}}}{\pi \cdot AR} = \frac{2 \cdot 5.7}{\pi \cdot 8} = 0.454°/° \tag{6-56}$$

可以假设起飞时机翼迎角等于机翼安装角(i_w)。因此有

$$\varepsilon = \varepsilon_o + \frac{\partial \varepsilon}{\partial \alpha}\alpha_w = 0.063 + 0.454 \cdot \frac{2}{57.3} = 0.079 \text{ rad} = 4.54° \tag{6-54}$$

因此，起飞瞬间水平尾翼迎角为

$$\alpha_h = \alpha + i_h - \varepsilon = 2 - 1 - 4.54 = 3.45° \tag{12-76}$$

根据式(12-75)，升降舵的迎角效能为

$$\tau_e = \frac{\alpha_h + (C_{L_h}/C_{L_{ah}})}{\delta_{E_{max}}} = \frac{-3.54}{57.3} + \frac{-0.979}{4.3} \Rightarrow \tau_e = 0.664 \tag{12-75}$$

- **步骤 11**　对于$\tau_e = 0.664$，相应的升降舵弦长与水平尾翼弦长之比(C_E/C_h)（按图12-12）确定为0.49。因此有

$$\frac{C_E}{C_h} = 0.49$$

换言之，升降舵弦长与尾翼弦长之比确定为49%。

- **步骤 12 和步骤 13**　核查。
- **步骤 14**　当升降舵以最大负偏度（即$-\delta_{E_{max}}$）偏转时，使用升力线原理，计算水平尾翼升力系数。升降舵偏转时引起的水平尾翼零升迎角变化如下：

$$\Delta\alpha_{o_E} \approx -1.15 \cdot \frac{C_E}{C_h}\delta_E = -1.15 \cdot 0.49 \cdot (-25) = 14.088° \tag{12-93}$$

采用升力线理论，使用第8.3节中的MATLAB程序，并改变少数参数（如水平尾翼面积、水平尾翼展长和$\Delta\alpha_{o_E}$）。执行此程序时，产生图12-47所示的水平尾翼升力分布。

相应的水平尾翼升力系数是-1.14，此值略大于所希望的水平尾翼升力系数-0.979。因此，升降舵是可接受的。

- **步骤 15**　核查。
- **步骤 16**　计算升降舵效能导数$(C_{m_{\delta E}}, C_{L_{\delta E}}, C_{L_{h_{\delta E}}})$。对于这些计算，考虑飞机重心后限和飞机重心前限。对于重心后限情况，有如下结果：

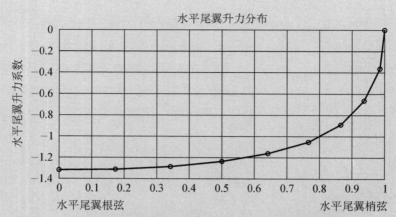

图 12－47　升降舵偏转－25(°)时水平尾翼升力分布

$$\overline{V}_H = \frac{l_h S_h}{S\,\overline{C}} = \frac{(11.3+0.5) \cdot 16}{70 \cdot 2.96} = 0.912 \tag{6-24}$$

$$C_{m_{\delta E}} = -C_{L_{ah}} \eta_h \overline{V}_H \frac{b_E}{b_h} \tau_e = -4.3 \cdot 0.96 \cdot 0.912 \cdot 1 \cdot 0.664 = -2.5 \ 1/rad \tag{12-51}$$

$$C_{L_{\delta E}} = C_{L_{ah}} \eta_h \frac{S_h}{S} \frac{b_E}{b_h} \tau_e = 4.3 \cdot 0.96 \cdot \frac{16}{70} \cdot 1 \cdot 0.664 = 0.626 \ 1/rad \tag{12-52}$$

$$C_{L_{h_{\delta E}}} = C_{L_{ah}} \tau_e = 4.3 \cdot 0.664 = 2.85 \ 1/rad \tag{12-53}$$

对于重心前限情况,将在步骤 18 中解决。

● **步骤 17**　计算在各种飞行条件下为维持纵向配平所需要的升降舵偏度 (δ_E)。当飞机重心处于重心后限位置并且飞机以最大速度飞行时,升降舵偏度计算如下。对于这一情况,水平尾翼 ac 与飞机重心之间的距离等于 11.8 m(即 11.3＋0.5)。

$$\delta_E = \frac{\left(\dfrac{Tz_T}{\overline{q}S\overline{C}} + C_{m_o}\right)C_{L_a} + (C_{L_1} - C_{L_o})C_{m_a}}{C_{L_a} C_{m_{\delta E}} - C_{m_a} C_{L_{\delta E}}} \tag{12-90}$$

式中飞机静稳定性导数 (C_{m_a}) 由下式确定:

$$C_{m_a} = C_{L_{awf}}(h - h_o) - C_{L_{ah}} \eta_h \frac{S_h}{S}\left(\frac{l_h}{\overline{C}}\right)\left(1 - \frac{d\varepsilon}{d\alpha}\right) \tag{6-67}$$

$$C_{m_\alpha} = 5.7\left(\frac{0.8-0.5}{2.96}\right) - 4.3 \cdot 0.96 \cdot \frac{16}{70}\left(\frac{11.3+0.5}{2.96}\right)(1-0.454)$$

$$= -1.479 \ 1/\text{rad}$$

$$(6-67)$$

因此：

$$\bar{q} = \frac{1}{2}\rho V^2 = \frac{1}{2} \cdot 1.225 \cdot (360 \cdot 0.514)^2 = 21\,008 \ \text{Pa}$$

$$C_{L_1} = \frac{2W}{\rho V_C^2 S} = \frac{2 \cdot 20\,000 \cdot 9.81}{1.225 \cdot (360 \cdot 0.514\,4)^2 \cdot 70} = 0.133 \qquad (5-1)$$

$$\delta_E = -\frac{\left(\dfrac{56\,000 \cdot (-0.3)}{21\,008 \cdot 70 \cdot 2.96}+0.05\right) \cdot 5.7 + (0.133-0.24) \cdot (-1.479)}{5.7 \cdot (-2.5) - (-1.479) \cdot (0.626)}$$

$$(12-90)$$

或

$$\delta_E = 0.033 \ \text{rad} = +1.888°$$

● **步骤 18**　画出升降舵偏度随空速以及随高度的变化曲线。对于这些计算，考虑飞机重心后限和飞机重心前限。写出如下的 Matlab 程序，以计算并画出各种飞行条件下为维持纵向配平而需要的升降舵偏度变化曲线。

```
clc
clear all
Vmax=185; % m/s
Sw=70; % m^2
Sh=16; % m^2
Cbar=2.96; % m
Vs=44; % m/sec
Tmax=56 000; % N
rho=1.225; % kg/m^3
Cmo=0.05;
zT=-0.3; % m
CLa=5.2; % 1/rad
CLah=4.3; % 1/rad
CLa_wf=CLa;
g=9.81; % m/s^2
m=20 000; % kg
```

```
CLo=0.24;
taw=0.664;
etha_h=0.96;
lh=11.3; % m from main landing gear
de_da=0.454;
CLdE=-CLah * etha_h * Sh * taw/Sw;
% Most aft cg
xcg=0.5; % m form main landing gear
h_to_ho = 0.3/Cbar; % m
1_h1 = lh+xcg; %m
VH1 = (1_h1 * Sh)/(Sw * cbar);
CmdE1 = -CLah * etha_h * VH1 * taw;
Cma1 = CLa_wf * h_to_ho-CLah * etha_h * Sh * (1_h1/Cbar) * (1-de_da)/Sw;
% Most forward cg
xcg = 1.1; % m from main landing gear
h_to_ho = -0.3/Cbar; % m
1_h2 = lh+xcg; % m
VH2 = (1_h2 * Sh)/(Sw * Cbar);
CmdE2 = -CLah * etha_h * VH2 * taw;
Cma2 = CLa_wf * h_to_ho-CLah * etha_h * Sh * (1_h2/Cbar) * (1-de_da)/Sw;
i=1;
for  U1=Vs:Vmax;
qbar=0.5 * rho * U1^2;
CL1=(m * g)/(qbar * Sw);
f1=((Tmax * zT)/(qbar * Sw * Cbar))+Cmo;
dE1(i)=-((f1 * CLa)+(CL1-CLo) * Cma1)z(CLa * CmdE1-Cma1 * CLdE);
dE2(i)=-((f1 * CLa)+(CL1-CLo) * Cma2)/(CLa * CmdE2-Cma2 * CLdE);
V(i)=U1;
i=i+1;
end
plot(V/0.5144, dE1 * 57.3, 'o', V/0.5144, dE2 * 57.3, ' * ')
grid
xlabel ('Speed (knot)')
ylabel ('\delta_E(deg)')
legend('Most aft cg', 'Most forward cg')
```

最终的结果图如12-48和12-49所示。图12-48给出在海平面高度上为维持巡航飞行时纵向配平所需升降舵偏度随飞机速度的变化曲线。图12-49给出在巡航高度(即25 000 ft)上所需升降舵偏度随飞机速度的变化曲线。注意,为产生图12-49,更新上面的Matlab程序,以包括巡航高度上的空气密度。常常将如图12-48所示的曲线称为配平曲线,它给出为维持巡航飞行时纵向配平所需要的升降舵偏度随飞机速度的变化关系。

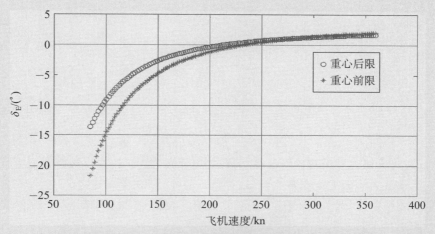

图 12-48 海平面高度上升降舵偏度随飞机速度的变化曲线

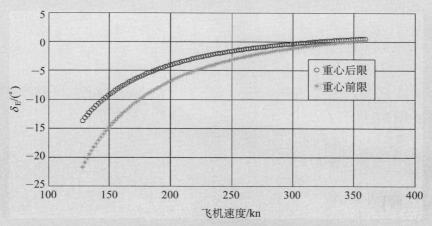

图 12-49 巡航高度上升降舵偏度随飞机速度的变化曲线

步骤4~11的结果表明,升降舵最大负偏转角(上偏)为−25°,而步骤16的结果(见图12-48和图12-49)证实方向舵最大正偏转角(下偏)为+1.96°。因此有

$$\delta_{E_{max\_up}} = -25°$$

$$\delta_{E_{max\_down}} = +1.96°$$

- **步骤 19**　核查。
- **步骤 20**　需要核查,以确信升降舵偏度在起飞抬前轮过程中不会引起水平尾翼失速。假设机身在起飞抬前轮时最大抬起角度比机翼失速迎角小 2°:

$$\alpha_{TO} = \alpha_{s_{TO}} - 2 = 12 - 2 = 10°$$

因此,水平尾翼起飞迎角为

$$\alpha_{h_{TO}} = \alpha_{TO}\left(1 - \frac{d\varepsilon}{d\alpha}\right) + i_h - \varepsilon_o = 10 \cdot (1 - 0.454) - 1 - 3.636 = 0.828°$$

$$(12 - 91)$$

起飞抬前轮过程中水平尾翼的失速迎角(α_{h_s})为

$$\alpha_{h_s} = \pm(\alpha_{h_s, \delta E=0} - \Delta\alpha_{h_E})$$

$$(12 - 92)$$

式中: $\alpha_{h_s, \delta E=0}$ 是未采用升降舵时水平尾翼失速迎角,给定为 14°;参数 $\Delta\alpha_{h_E}$ 是由于升降舵偏转时水平尾翼失速迎角减小值,并使用表 12 - 19 予以确定。

按升降舵偏度 25°,升降舵弦长与水平尾翼弦长比 0.49,表 12 - 19 给出参数 $\Delta\alpha_{h_E}$ 的值为 10.71°。因此有

$$\alpha_{h_s} = \alpha_{h_s, \delta E=0} - \Delta\alpha_{h_E} = 14 - 10.71 = 3.29°$$

$$(12 - 92)$$

由于抬前轮结束时水平尾翼迎角(即 0.828°)小于升降舵偏转时的水平尾翼失速迎角(即 3.29°),水平尾翼在起飞抬前轮过程中不失速。因此,升降舵是可接受的,并且通过所有测试。

- **步骤 21 和步骤 22**　核查。
- **步骤 23**　空气动力补偿/质量补偿(超出本示例的范围)。
- **步骤 24**　优化(超出本示例的范围)。
- **步骤 25**　最后,升降舵几何尺寸如下:

$$\frac{b_E}{b_h} = 1 \Rightarrow b_E = b_h = 9\,m$$

$$(6 - 66)$$

$$S_h = b_h \overline{C}_h \Rightarrow \overline{C}_h = \frac{S_h}{b_h} = \frac{16}{9} = 1.788\,m$$

$$\frac{C_E}{C_h} = 0.49 \Rightarrow C_E = 0.49 C_h = 0.49 \cdot 1.788 = 0.871\,m$$

$$S_E = b_E C_E = 9 \cdot 0.871 = 7.84\,m^2$$

图 12-50 描述了水平尾翼和升降舵的几何尺寸。

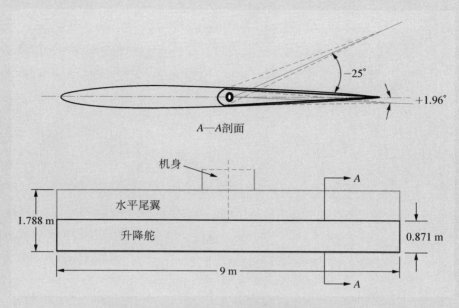

图 12-50 示例 12.5 中的升降舵的几何尺寸

12.8.3 方向舵设计示例

示例 12.6

问题陈述 一架大型运输机,最大起飞质量为 260 000 kg。配备 4 台涡轮风扇发动机,每台发动机推力为 140 kN。重心后限与重心前限之间的距离为 1.5 m。飞机的俯视图和侧视图如图 12-51 所示。机身为圆筒形。飞机的其他特性如下:

$$S = 365 \text{ m}^2, \ b = 60 \text{ m}, \ S_v = 50 \text{ m}^2, \ V_s = 120 \text{ kn}, \ C_{L\alpha_V} = 4.5 \ 1/\text{rad},$$

$$\eta_v = 0.97, \ L_f = 63 \text{ m}, \ D_f = 5.5 \text{ m}, \ \frac{\mathrm{d}\sigma}{\mathrm{d}\beta} = 0, \ C_{n_o} = 0, \ C_{y_o} = 0$$

飞机不能进入尾旋,要求能够在 40 kn 侧风下安全着陆。为该飞机设计方向舵。

解 ● **步骤 0** 第(1)步是列出设计需求并确认最关键的需求。由于飞机不能进入尾旋,因此设计需求是:①不对称推力航向配平;②侧风着陆;③协调转弯;④反向偏航。按照表 12-22,多发翼吊发动机运输类飞机最关键的方向舵设计需求既可是不对称推力,也可是侧风着陆。此时,哪一项是最关键的并不很明显。由于侧风为 40 kn(相对而言为较高的值),因此假设侧风着陆是最关键的设计需求。尽管如此,也应该对不对称推力进行研究。因此,对于基于侧风着陆(第 12.6.3.2 节)

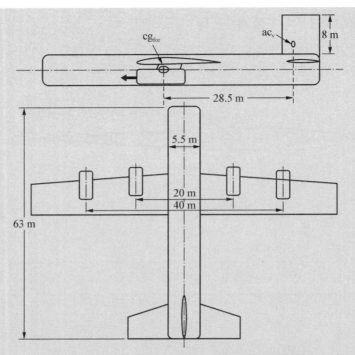

图 12‑51　示例 12.6 中飞机的俯视图和侧视图

的方向舵设计,应遵循如下的设计步骤。

● **步骤 1**　列出与方向舵设计有关的可用数据/已知数据。

垂直尾翼为矩形,平面面积为 $50\ \mathrm{m^2}$。由图 12‑51,垂直尾翼展长为 8 m,飞机重心前限与垂直尾翼空气动力中心之间的距离为 28.5 m。

● **步骤 2**　确认重心位置与飞机重量的最不利组合,以及对航向操纵最不利的飞行高度。飞机重心后限与重心前限之间的距离已知为 1.5 m。最临界情况应是重心处于重心后限位置时,所以有

$$L_{\mathrm{vt}} = 28.5 - 1.5 = 27\ \mathrm{m}$$

飞机的其他重量数据未知,所以,设计应基于最大起飞重量。未给出机场跑道的海拔高度,所以假设方向舵的最临界状态是处于海平面。

● **步骤 3**　最大侧风风速(V_{W})为已知,按问题陈述所列为 40 kn。

● **步骤 4**　将飞机进近速度选为 $1.1V_{\mathrm{S}}$,则

$$U_1 = 1.1 V_{\mathrm{S}} = 1.1 \cdot 120 = 132\ \mathrm{kn} = 67.91\ \mathrm{m/s}$$

● **步骤 5**　确定飞机总空速(V_{T}):

$$V_{\mathrm{T}} = \sqrt{U_1^2 + V_{\mathrm{W}}^2} = \sqrt{(132)^2 + (40)^2} = 137.93\ \mathrm{kn} = 70.95\ \mathrm{m/s}$$

$$(12\text{-}106)$$

● **步骤6**　计算飞机侧面投影面积。

根据飞机侧视图,可以看到,机翼和发动机投影面积在机身范围内。机身和垂直尾翼侧面投影都为矩形,所以飞机侧面投影面积主要是机身侧面投影面积加上垂直尾翼平面面积。起落架的几何尺寸未知,所以考虑起落架的因素,在机身和垂直尾翼侧面投影面积之和的基础上外加2%:

$$S_S = 1.02[S_f + S_V] = 1.02[L_f D_f + S_V] = 1.02(63 \cdot 5.5 + 50) = 404.4 \text{ m}^2$$

● **步骤7**　确定飞机侧面投影面积(S_S)中心及其距飞机重心的距离(d_c)。机身和垂直尾翼都是矩形,所以机身中心处于机身长度的中点,距机头63/2=31.5 m。垂直尾翼平均空气动力弦长为

$$S_V = b_V \cdot \overline{C}_V \Rightarrow \overline{C}_V = \frac{S_V}{b_V} = \frac{50}{8} = 6.25 \text{ m} \qquad (6-80)$$

垂直尾翼面积的中心处于垂直尾翼平均空气动力弦长中点,距前缘6.25/2=3.125 m。飞机整个侧面投影面积的中心距机头的距离确定如下:

$$x_{ca} = \frac{\sum_{i=1}^{n} A_i x_i}{\sum_{i=1}^{n} A_i} = \frac{(L_f D_f) x_f + S_V x_V}{L_f D_f + S_V} \qquad (12-119)$$

$$= \frac{(63 \cdot 5.5) \cdot \dfrac{63}{2} + 50 \cdot \left[(63 - 6.25) + \dfrac{6.25}{2}\right]}{(63 \cdot 5.5) + 50}$$

或

$$x_{ca} = 35.078 \text{ m}$$

假设垂直尾翼空气动力中心位于其1/4弦,所以飞机重心与机头之间的距离(见图12-52)为

$$x_{cg} = L_f - L_{vt} - 0.75 \overline{C}_V = 63 - 27 - 0.75 \cdot 6.25 = 31.313 \text{ m}$$

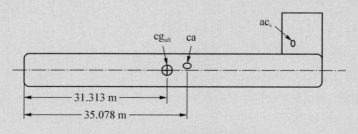

图 12-52　侧面投影面积的中心

因此,飞机侧面投影面积的中心与飞机重心之间的距离(见图 12-52)为

$$d_c = x_{ca} - x_{cg} = 35.078 - 31.313 = 3.766 \text{ m}$$

所以,飞机侧面投影面积的中心位于飞机重心之后 3.766 m 处。

● **步骤 8** 确定由侧风产生的飞机侧向力(F_w)。为简单起见,假设为右侧风,产生正的侧滑角。基于飞机侧视图(机身为圆筒形),选择侧向阻力系数为 0.6(见第 12.6.2.3 节)。海平面大气密度为 1.225 kg/m³。

$$F_w = \frac{1}{2}\rho V_w^2 S_s C_{D_y} = \frac{1}{2} \cdot 1.225 \cdot (40 \cdot 0.514)^2 \cdot 404.4 \cdot 0.6 = 62\,936 \text{ N}$$

$$(12-113)$$

● **步骤 9** 方向舵展长与垂直尾翼展长之比 b_R/b_V 暂时选为 1(按表 12-3)。

● **步骤 10** 方向舵弦长与垂直尾翼弦长之比 C_R/C_V 暂时选为 0.3(按表 12-3)

● **步骤 11** 确定飞机侧滑角(β):

$$\beta = \arctan\left(\frac{V_w}{U_1}\right) = \arctan\left(\frac{40}{132}\right) = 0.294 \text{ rad} = 16.86°$$

● **步骤 12** 计算飞机侧滑导数 C_{n_β} 和 C_{y_β}。

依据第 6.8.1 节,将参数 K_{f1} 选为 0.75。依据第 12.6.2.3 节,将参数 K_{f2} 选为 1.35。因此有

$$C_{n_\beta} = K_{f1} C_{L_{\alpha V}} \left(1 - \frac{d\sigma}{d\beta}\right)\eta_V \frac{l_{Vt}S_V}{bS} = 0.75 \cdot 4.5 \cdot (1-0) \cdot 0.96 \cdot \frac{27 \cdot 50}{60 \cdot 365}$$

$$(12-116)$$

或

$$C_{n_\beta} = 0.2 \text{ 1/rad}$$

$$C_{y_\beta} = -K_{f2} C_{L_{\alpha V}} \left(1 - \frac{d\sigma}{d\beta}\right)\eta_V \frac{S_V}{S} = -1.35 \cdot 4.5 \cdot (1-0) \cdot 0.96 \cdot \frac{50}{365}$$

$$(12-117)$$

或

$$C_{y_\beta} = -0.8 \text{ 1/rad}$$

● **步骤 13** 按操纵面弦长与升力面弦长之比为 0.3,依据图 12-12,得到方向舵迎角效能(τ_r)之值为 0.51。

● **步骤 14** 计算飞机操纵导数 $C_{y_{\delta R}}$ 和 $C_{n_{\delta R}}$:

$$C_{y_{\delta_R}} = C_{L_{\alpha V}} \eta_V \tau_r \frac{b_R}{b_V} \frac{S_V}{S} = 4.5 \cdot 0.96 \cdot 0.51 \cdot 1 \cdot \frac{50}{365} = 0.302 \ 1/\text{rad}$$

$$(12-118)$$

$$C_{n_{\delta_R}} = -C_{L_{\alpha V}} \overline{V}_V \eta_V \tau_r \frac{b_R}{b_V} = -4.5 \cdot 0.062 \cdot 0.96 \cdot 0.51 \cdot 1 = -0.136 \ 1/\text{rad}$$

$$(12-100)$$

- **步骤 15** 计算方向舵偏度。

同时求解式(12-114)和式(12-115),计算方向舵偏度和偏流角这两个未知数:

$$\frac{1}{2}\rho V_T^2 Sb (C_{n_o} + C_{n_\beta}(\beta - \sigma) + C_{n_{\delta R}}\delta_R) + F_w \cdot d_c \cos \sigma = 0 \quad (12-114)$$

$$\frac{1}{2}\rho V_W^2 S_S C_{D_y} = \frac{1}{2}\rho V_T^2 S(C_{y_o} + C_{y_\beta}(\beta - \sigma) + C_{y_{\delta R}}\delta_R) \quad (12-115)$$

或

$$\frac{1}{2} \cdot 1.225 \cdot (70.95)^2 \cdot 365 \cdot 60 \cdot [0.2 \cdot (0.294 - \sigma) - 0.136\delta_R] +$$

$$62\ 936 \cdot 3.766\cos \sigma = 0$$

$$62\ 936 = \frac{1}{2} \cdot 1.225 \cdot (70.95)^2 \cdot 365(-0.799 \cdot (0.294 - \sigma) + 0.302\delta_R)$$

同时求解这些方程,得

$$\delta_R = 0.458 \ \text{rad} = 26.2°$$

$$\sigma = 0.191 \ \text{rad} = 10.95°$$

所需要的方向舵偏度(26.2°)小于最大允许方向舵偏度(30°)。因此,飞机能够处置40 kn侧风,并能安全着陆。

- **步骤 16 和步骤 17** 核查。
- **步骤 18** 既然基于侧风着陆设计需求设计垂直尾翼,那么现在应该对方向舵设计进行评估,以确保满足方向舵的其他设计需求(如不对称推力和尾旋改出)。由于飞机是不能进入尾旋的,唯一的主要需求是不对称推力航向操纵。因为方向舵几何形状和导数都是已知的,所以从第12.6.3.1节所给程序的步骤5开始。
- **步骤 18-5** 确定/选择飞机最小可操纵速度(V_{MC})。为安全起见,决定选择此值等于80%失速速度:

$$V_{MC} = 0.8 \cdot V_s = 0.8 \cdot 120 = 96 \ \text{kn} = 49.39 \ \text{m/s}$$

- **步骤 18-6** 确定在最临界情况下使飞机航向操纵和横向配平所需的最

大偏航力矩。希望在不对称推力飞行情况下当飞机以最小可操纵速度飞行时实现飞机航向配平。

飞机有 4 台发动机,所以最临界飞行状态是同一侧两台发动机($n=2$)突然失去动力而不工作。两台内侧发动机之间的距离为 20 m,两台外侧发动机之间的距离为 40 m。每台发动机产生 140 kN 的推力。因此,在海平面条件下,为平衡不对称推力而需要的方向舵偏度为

$$\delta_R = \frac{\sum\limits_{i=1}^{n2} T_{L_i} y_{T_i}}{-\bar{q} S b C_{n_{\delta R}}} = \frac{\left(140\,000 \cdot \dfrac{10}{2}\right) + \left(140\,000 \cdot \dfrac{20}{2}\right)}{-\dfrac{1}{2} \cdot 1.225 \cdot (49.39)^2 \cdot 365 \cdot 60 \cdot (-0.136)}$$

$$(12-104\mathrm{b})$$

或

$$\delta_R = 0.945 \text{ rad} = 54.16°$$

所要求的方向舵偏度超出方向舵最大允许偏度(即 54.16＞30°)。因此,不能接受此方向舵几何尺寸,因为在飞机以等于 80% 失速速度飞行时不满足不对称推力的平衡需求。

此时,在设计者面前有两个选项:①重新设计方向舵;②重新定义最小可操纵速度。由于实际上飞机最小可操纵速度只要略大于失速速度即可,因此选择第 2 选项。采用方向舵最大允许偏转角 30°。因此,计算新的最小可操纵速度如下:

$$V_{MC} = \sqrt{\frac{\sum\limits_{i=1}^{n2} T_{L_i} y_{T_i}}{-\dfrac{1}{2} \rho S b C_{n_{\delta R}} \delta_R}} = \sqrt{\frac{\left(140\,000 \cdot \dfrac{20}{2}\right) + \left(140\,000 \cdot \dfrac{40}{2}\right)}{-\dfrac{1}{2} \cdot 1.225 \cdot 365 \cdot 60 \cdot (-0.136) \cdot \dfrac{30}{57.3}}}$$

$$(12-104\mathrm{b})$$

或

$$V_{MC} = 66.356 \text{ m/s} = 129 \text{ kn}$$

最小可操纵速度约比飞机失速速度大 7.5%:

$$\frac{V_{MC}}{V_s} = \frac{129}{120} = 1.075$$

- **步骤 19～步骤 23**　示例的其余部分留给感兴趣的读者继续执行。
- **步骤 24**　计算方向舵展长、方向舵弦长和方向舵面积:

$$\frac{C_R}{C_V} = 0.3 \Rightarrow C_R = 0.3 C_V = 0.3 \cdot 6.25 = 1.875 \text{ m}$$

$$\frac{b_{\mathrm{R}}}{b_{\mathrm{V}}} = 1 \Rightarrow b_{\mathrm{R}} = b_{\mathrm{V}} = 8 \text{ m}$$

$$S_{\mathrm{R}} = b_{\mathrm{R}} C_{\mathrm{R}} = 8 \cdot 1.875 = 15 \text{ m}^2$$

方向舵几何形状和尺寸如图 12-53 所示。

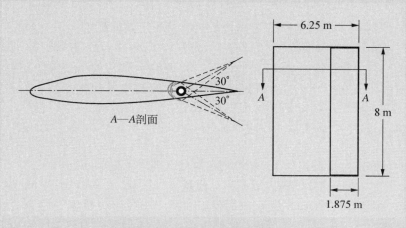

图 12-53　示例 12.6 中方舵几何尺寸

练习题

（1）确认下列飞机的副翼特性（C_{A}/C，b_{A}/b，S_{A}/S 和 $b_{\mathrm{A}_i}/b/2$）：塞斯纳 182，B767，A340，F-16，帕那维亚 狂风，穆尼 M20M。

可以利用制造商的网站或参考文献（如[25，26]），测量飞机三面图。

（2）确认下列飞机的升降舵特性（$C_{\mathrm{E}}/C_{\mathrm{h}}$，$b_{\mathrm{E}}/b_{\mathrm{h}}$ 和 $S_{\mathrm{E}}/S_{\mathrm{h}}$）：达索 阵风，格洛布 G850 斯特拉托 2C，达索 猎鹰 2000，PC-12，B787，F-22 猛禽和塞斯纳 750。

可以利用制造商的网站或参考文献（如[25，26]），测量飞机三面图。

（3）确认下列飞机的方向舵特性（$C_{\mathrm{R}}/C_{\mathrm{V}}$，$b_{\mathrm{R}}/b_{\mathrm{V}}$ 和 $S_{\mathrm{R}}/S_{\mathrm{V}}$）：洛克希德 C-130 大力神，A380，全球鹰，欧洲联合战斗机，B737-500，卡夫之星 SK-700 和 F/A-18 大黄蜂。

可以利用制造商的网站或参考文献（如[25，26]），测量飞机三面图。

（4）一架喷气式公务机，最大起飞质量 20 000 kg，配备 3 台发动机，单台发动机推力为 21 kN。一台发动机位于后机身沿机身中心线，另外 2 台发动机位于后机身两侧，横向距离为 3.8 m。飞机的其他特性如下：

$S = 50 \text{ m}^2$，$b = 20 \text{ m}$，$S_{\mathrm{V}} = 14 \text{ m}^2$，$b_{\mathrm{V}} = 4.2 \text{ m}$，$b_{\mathrm{R}} = 0.6 b_{\mathrm{V}}$，$l_{\mathrm{V}} = 7.5 \text{ m}$，$C_{L_{\alpha \mathrm{V}}} = 4.4 \text{ 1/rad}$，$C_{\mathrm{R}}/C_{\mathrm{V}} = 0.25$，$\eta_{\mathrm{v}} = 0.97$，$V_{\mathrm{s}} = 106 \text{ kn}$，$\delta_{\mathrm{R}_{\max}} = \pm 30°$。

在不对称推力飞行情况下,方向舵能否维持飞机航向配平?

(5) 一架双发涡轮螺旋桨货机,最大起飞质量 16 000 kg,2 台发动机位于机翼上,横向距离 7.1 m,单台功率为 1 400 kW。飞机其他特性如下:

$$S = 60 \text{ m}^2, \ b = 26 \text{ m}, \ S_V = 17 \text{ m}^2, \ b_v = 5.1 \text{ m}, \ b_R = b_v, \ l_v = 10.4 \text{ m},$$
$$C_{L_{\alpha V}} = 4.4 \text{ 1/rad}, \ C_R/C_V = 0.4, \ \eta_v = 0.95, \ V_s = 92 \text{ kn}, \ \delta_{R_{max}} = \pm 30°。$$

在不对称拉力飞行情况下,方向舵能否维持飞机航向配平?

(6) 一架短程喷气式运输机,最大起飞质量 44 000 kg,配备 4 台发动机,单台推力为 31.1 kN。所有发动机都位于机翼下。两台内侧发动机之间的横向距离为 8.2 m,两台外侧发动机之间的横向距离为 13.2 m,飞机其他特性如下:

$$S = 77 \text{ m}^2, \ b = 26.2 \text{ m}, \ S_V = 23 \text{ m}^2, \ b_v = 4.9 \text{ m}, \ b_R = 0.9 b_v, \ l_v = 15.6 \text{ m},$$
$$C_{L_{\alpha V}} = 4.2 \text{ 1/rad}, \ C_R/C_V = 0.32, \ \eta_v = 0.94, \ V_s = 97 \text{ kn}, \ \delta_{R_{max}} = \pm 30°。$$

在不对称推力飞行情况下,方向舵能否足以维持飞机航向配平?

(7) 考虑一架轻型运输机,最大起飞质量 9 000 kg,机翼面积 34 m²,翼展 9 m。飞机侧面投影面积为 31 m²,飞机侧面投影面积中心位于飞机重心后 2.2 m 处。飞机进近速度为 85 kn,最大允许方向舵偏度为 ±30°。包括有关稳定性和操纵性导数在内的飞机其他特性如下:

$$C_{n_\beta} = 0.07 \text{ 1/rad}, \ C_{n_{\delta R}} = -0.1 \text{ 1/rad}, \ C_{y_\beta} = -0.45 \text{ 1/rad}, \ C_{y_{\delta R}} = 0.18 \text{ 1/rad}$$
$$C_{D_y} = 0.5, \ C_{n_o} = 0, \ C_{y_o} = 0。$$

在垂直侧风为 40 kn 时,飞机方向舵能否足以允许飞机安全地实施偏流法着陆?侧风速度为 25 kn 时又如何?

(8) 考虑一架轻型 GA 飞机,起飞质量 2 000 kg,机翼面积 24 m²,翼展 14 m。飞机侧面投影面积为 26 m²,飞机侧面投影面积中心位于飞机重心后 1.3 m 处。飞机进近速度为 55 kn,最大允许方向舵偏度为 ±30°。包括有关稳定性和操纵性导数在内的飞机其他特性如下:

$$C_{n_\beta} = 0.09 \text{ 1/rad}, \ C_{n_{\delta R}} = -0.2 \text{ 1/rad}, \ C_{y_\beta} = -0.4 \text{ 1/rad}, \ C_{y_{\delta R}} = 0.19 \text{ 1/rad}$$
$$C_{D_y} = 0.7, \ C_{n_o} = 0, \ C_{y_o} = 0。$$

在垂直侧风为 25 kn 时,飞机方向舵能否足以允许飞机安全地实施偏流法着陆?

(9) 一架双发涡轮螺旋桨货机,最大起飞质量 22 000 kg,机翼面积 61 m²,翼展 27 m。飞机侧面投影面积为 92 m²,飞机侧面投影面积中心位于飞机重心后 3.4 m 处。飞机进近速度为 96 kn,最大允许方向舵偏度为 ±25°。包括两个与方向舵有关的导数在内的飞机其他特性如下:

$C_{n_\beta} = 0.18 \ 1/\text{rad}, \ C_{n_{\delta R}} = -0.11 \ 1/\text{rad}, \ C_{y_\beta} = -1.1 \ 1/\text{rad}, \ C_{y_{\delta R}} = 0.17 \ 1/\text{rad}$

$C_{D_y} = 0.64, \ C_{n_o} = 0, \ C_{y_o} = 0$

计算飞机在 5 000 ft 高度上能够安全地实现偏流法着陆的最大侧风速度。

(10) 一架大型喷气式运输机,最大起飞质量 260 000 kg,机翼面积 360 m²,翼展 60 m。飞机侧面投影面积为 400 m²,飞机侧面投影面积中心位于飞机重心后 4.2 m 处。飞机进近速度为 115 kn,最大允许方向舵偏度为 ±30°。包括两个与方向舵有关的导数在内的飞机其他特性如下:

$C_{n_\beta} = 0.12 \ 1/\text{rad}, \ C_{n_{\delta R}} = -0.09 \ 1/\text{rad}, \ C_{y_\beta} = -1.3 \ 1/\text{rad}, \ C_{y_{\delta R}} = 0.14 \ 1/\text{rad}$

$C_{D_y} = 0.51, \ C_{n_o} = 0, \ C_{y_o} = 0$。

计算飞机在 5 000 ft 高度上能够安全地实现偏流法着陆的最大侧风速度。

(11) 一架单发特技类飞机,最大起飞质量 2 100 kg,机翼面积 18 m²。飞机失速速度为 60 KEAS。飞机其他特性如下:

$b = 12 \ \text{m}, \ S_V = 4.2 \ \text{m}^2, \ b_v = 3.1 \ \text{m}, \ b_R = b_v, \ C_R/C_V = 0.45, \ \eta_v = 0.95,$

$\delta_{R_{max}} = 25°, \ C_{L_{aV}} = 4.4 \ 1/\text{rad}, \ I_{xx_B} = 12\,000 \ \text{kg} \cdot \text{m}^2, \ I_{zz_B} = 15\,000 \ \text{kg} \cdot \text{m}^2;$

$I_{xz_B} = 0$。

该方向舵能否满足在 10 000 ft 高度改出尾旋的要求? 假设飞机在迎角 50°时将进入尾旋。

(12) 一架战斗机,最大起飞质量 16 000 kg,机翼面积 52 m²。飞机失速速度为 86 KEAS。飞机其他特性如下:

$b = 11 \ \text{m}, \ S_V = 9.4 \ \text{m}^2, \ b_v = 2.9 \ \text{m}, \ b_R = b_v, \ C_R/C_V = 0.28, \ \eta_v = 0.98,$

$C_{L_{aV}} = 4.1 \ 1/\text{rad}, \ \delta_{R_{max}} = 30°, \ I_{xx_B} = 35\,000 \ \text{kg} \cdot \text{m}^2, \ I_{zz_B} = 180\,000 \ \text{kg} \cdot \text{m}^2;$

$I_{xz_B} = 2\,200 \ \text{kg} \cdot \text{m}^2$。

该方向舵能否满足在 20 000 ft 高度改出尾旋的要求? 假设飞机在迎角 60°时将进入尾旋。

(13) 一架喷气式教练机,最大起飞质量 1 800 kg,机翼面积 13 m²。飞机失速速度为 75 KEAS。飞机其他特性如下:

$b = 8 \ \text{m}, \ S_V = 3.8 \ \text{m}^2, \ b_v = 2.1 \ \text{m}, \ b_R = b_v, \ C_R/C_V = 0.4, \ \eta_v = 0.95,$

$\delta_{R_{max}} = 30°, \ C_{L_{aV}} = 4.6 \ 1/\text{rad}, \ I_{xx_B} = 1\,100 \ \text{kg} \cdot \text{m}^2, \ I_{zz_B} = 7\,500 \ \text{kg} \cdot \text{m}^2;$

$I_{xz_B} = 300 \ \text{kg} \cdot \text{m}^2$。

该方向舵能否满足在 15 000 ft 高度改出尾旋的要求? 假设飞机在迎角 70°时将进入尾旋。

(14) 一架陆基教练机,最大起飞质量 1 750 kg,机翼面积 14 m²。高升力装置设计已经完成,襟翼外侧位置已定在 70% 机翼半翼展处。机翼后梁位于机翼弦长 75% 位置。飞机为常规构型,具有如下的几何和重量特性:

$$AR = 6, \lambda = 0.75, S_h = 4.8 \text{ m}^2, S_v = 4.1 \text{ m}^2, V_s = 74 \text{ kn},$$
$$C_{L_{\alpha_w}} = 4.8 \text{ 1/rad}, I_{xx} = 1\,200 \text{ kg} \cdot \text{m}^2。$$

设计副翼以满足 MIL-STD 横滚操纵需求。

(15) 一架喷气式对地攻击机,最大起飞质量为 5 000 kg,机翼面积为 16 m²。高升力装置外侧位置已定在 65% 机翼半翼展处。机翼后梁位于 80% 机翼弦长位置。飞机为常规构型,具有如下的几何和重量特性:

$$AR = 7, \lambda = 0.8, S_h = 4.8 \text{ m}^2, S_v = 4.1 \text{ m}^2, V_s = 74 \text{ kn},$$
$$C_{L_{\alpha_w}} = 4.8 \text{ 1/rad}, I_{xx} = 1\,200 \text{ kg} \cdot \text{m}^2。$$

设计副翼以满足 MIL-STD 横滚操纵需求。

(16) 一架双发涡轮风扇航线客机,最大起飞质量为 45 000 kg,机翼面积 93 m²。失速速度为 98 kn。飞机为 T 形尾翼构型,具有如下的几何和重量特性:

$$AR = 8.4, \lambda = 0.3, S_h = 22 \text{ m}^2, S_v = 12.3 \text{ m}^2, C_{L_{\alpha_w}} = 4.8 \text{ 1/rad},$$
$$I_{xx} = 510\,000 \text{ kg} \cdot \text{m}^2。$$

希望飞机满足军用运输类飞机的横滚操纵需求。设计副翼。

(17) 图 12-54 给出一架双发喷气发动机远程运输机的几何尺寸,飞机为上单翼,前三点式起落架。飞机具有如下特性:

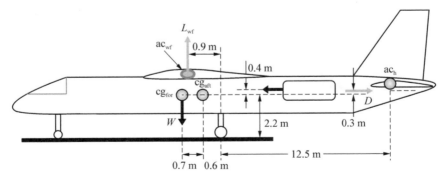

图 12-54 练习题 17 中的飞机几何尺寸

$$m_{TO} = 41\,000 \text{ kg}, V_s = 105 \text{ KEAS}, I_{yy} = 1\,700\,000 \text{ kg} \cdot \text{m}^2,$$
$$T_{max} = 2 \cdot 65 \text{ kN}, L_f = 30 \text{ m}, V_c = 490 \text{ KTAS(在 30 000 ft 高度)},$$
$$C_{L_o} = 0.2, C_{D_{o_C}} = 0.021, C_{D_{o_{TO}}} = 0.042, C_{L_\alpha} = 5.3 \text{ 1/rad}。$$

机翼：$S = 85 \text{ m}^2$，$AR = 10$，$C_{L_{\alpha_{wf}}} = C_{L_{\alpha_w}} = 5.4 \text{ 1/rad}$，$e = 0.93$，

$\quad\quad \lambda = 0.4$，$\Delta C_{L_{\text{flap}_{TO}}} = 0.7$，$C_{m_{ac_{wf}}} = -0.03$，$i_w = -1°$，$h_o = 0.23$，

$\quad\quad \alpha_{s_{TO}} = 13°$。

水平尾翼：$S_h = 22 \text{ m}^2$，$b_h = 7 \text{ m}$，$C_{L_{\alpha_h}} = 4.1 \text{ 1/rad}$，$i_h = -1.5°$，

$\quad\quad \lambda_h = 0.6$，$\eta_h = 0.96$，$\alpha_{h_s} = 15°$。

翼型：NACA 0012，$\alpha_{\text{twist}} = 0$。

为该飞机设计升降舵。

(18) 图 12 - 55 给出一架双发涡轮螺旋桨通勤类飞机，飞机为下单翼，前三点式起落架。飞机具有如下特性：

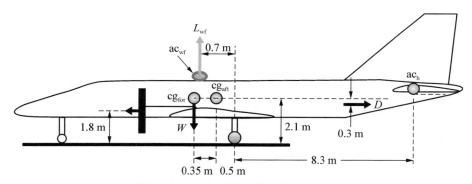

图 12 - 55　练习题 18 的飞机几何尺寸

$m_{TO} = 7\,500 \text{ kg}$，$V_s = 89 \text{ KEAS}$，$I_{yy} = 130\,000 \text{ kg} \cdot \text{m}^2$，

$P_{\max} = 2 \cdot 746 \text{ kW}$，$L_f = 18 \text{ m}$，$V_c = 246 \text{ KTAS}(20\,000 \text{ ft 高度})$，

$C_{L_o} = 0.15$，$C_{D_{o_C}} = 0.024$，$C_{D_{o_{TO}}} = 0.045$，$C_{L_\alpha} = 5.3 \text{ 1/rad}$。

机翼：$S = 30 \text{ m}^2$，$b = 18 \text{ m}$，$C_{L_{\alpha_{wf}}} = 5.4 \text{ 1/rad}$，$e = 0.93$，$\lambda = 0.5$，

$\quad\quad \Delta C_{L_{\text{flap}_{TO}}} = 0.96$，$C_{m_{ac_{wf}}} = -0.03$，$i_w = 1°$，$h_o = 0.22$，

$\quad\quad \alpha_{s_{TO}} = 13°$。

水平尾翼：$S_h = 5.7 \text{ m}^2$，$b_h = 4.6 \text{ m}$，$C_{L_{\alpha_h}} = 4.1 \text{ 1/rad}$，$i_h = -1.5°$，

$\quad\quad \lambda_h = 0.6$，$\eta_h = 0.96$，$\alpha_{h_s} = 15°$

翼型：NACA 0012，$\alpha_{\text{twist}} = 0$。

为该飞机设计升降舵。

(19) 图 12 - 56 给出一架单发涡轮螺旋桨 GA 飞机，飞机为上单翼，前三点式起落架。飞机具有如下特性：

$m_{TO} = 3\,500 \text{ kg}$，$V_s = 60 \text{ KEAS}$，$I_{yy} = 5\,000 \text{ kg} \cdot \text{m}^2$，$P_{max} = 447 \text{ kW}$，$L_f = 11 \text{ m}$，$V_c = 160 \text{ KTAS}$（在 15 000 ft），$C_{L_o} = 0.1$，$C_{D_{o_C}} = 0.029$，$C_{D_{o_{TO}}} = 0.05$，$C_{L_\alpha} = 5.3 \text{ 1/rad}$

机翼：$S = 25 \text{ m}^2$，$b = 16 \text{ m}$，$C_{L_{\alpha_{wh}}} = C_{L_{\alpha_w}} = 5.61 \text{ 1/rad}$，$e = 0.9$，$\lambda = 0.8$，$\Delta C_{L_{flap_{TO}}} = 0.5$，$C_{m_{ac_{wf}}} = -0.05$，$i_w = 2°$，$h_o = 0.21$，$\alpha_{s_{TO}} = 13°$。

水平尾翼：$S_h = 6.5 \text{ m}^2$，$b_h = 5.2 \text{ m}$，$C_{L_{\alpha_h}} = 4.4 \text{ 1/rad}$，$i_h = -2°$，$\lambda_h = 0.7$，$\eta_h = 0.9$，$\alpha_{h_s} = 14°$。

翼型：NACA 0009，$\alpha_{twist} = 0$。

为该飞机设计升降舵。

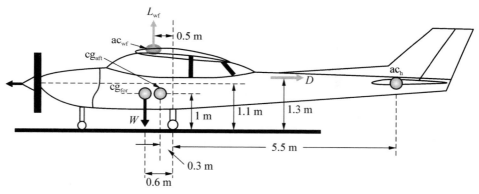

图 12 - 56　练习题 19 的飞机几何尺寸

（20）图 12 - 57 给出一架喷气式战斗机，采用前三点式起落架。飞机具有如下特性：

$m_{TO} = 12\,500 \text{ kg}$，$V_s = 180 \text{ KEAS}$，$I_{yy} = 110\,000 \text{ kg} \cdot \text{m}^2$，$T_{max} = 131 \text{ kN}$，$L_f = 15 \text{ m}$，$M_c = 2$（在 50 000 ft），$C_{L_o} = 0.1$，$C_{D_{o_C}} = 0.029$，$C_{D_{o_{TO}}} = 0.034$，$C_{L_\alpha} = 5.3 \text{ 1/rad}$。

机翼：$S = 28 \text{ m}^2$，$AR = 3.2$，$C_{L_{\alpha_{wh}}} = C_{L_{\alpha_w}} = 5.6 \text{ 1/rad}$，$e = 0.9$，$\lambda = 0.3$，$\Delta C_{L_{flap_{TO}}} = 0.5$，$C_{m_{ac_{wf}}} = -0.02$，$i_w = 0°$，$h_o = 0.23$（在亚声速时），$\alpha_{s_{TO}} = 14°$。

水平尾翼：$S_h = 6.5 \text{ m}^2$，$b_h = 5.6 \text{ m}$，$C_{L_{\alpha_h}} = 4.4 \text{ 1/rad}$，$i_h = -2°$，

$$\lambda_h = 0.7, \eta_h = 0.9, \alpha_{h_s} = 14°$$

翼型：$NACA\ 64A-204, \alpha_{twist} = 0$。

为该飞机设计升降舵。

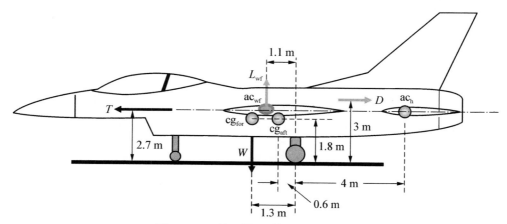

图 12-57　练习题 20 的飞机几何尺寸

(21) 一架双发涡轮风扇发动机运输机,最大起飞质量 63 000 kg。发动机置于后机身,单台推力为 82.3 kN。重心前限与重心后限之间的距离为 0.8 m,两台发动机之间的距离为 6 m。飞机侧视图如图 12-58 所示,机身为圆筒形,机头为半球形。飞机的其他特性如下：

$$S = 115\ m^2, b = 33\ m, S_V = 35\ m^2, AR = 1.2, \lambda_V = 0.8, V_s = 110\ kn,$$

$$L_f = 41\ m, D_f = 3.6\ m, C_{L_{\alpha V}} = 4.5\ 1/rad, \eta_v = 0.96, d\sigma/d\beta = -0.06,$$

$$C_{n_o} = 0, C_{y_o} = 0。$$

飞机不能进入尾旋,要求飞机在遇到侧风 35 kn 的情况下能够安全着陆。为该飞机设计方向舵。

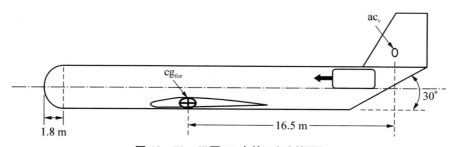

图 12-58　习题 21 中的飞机侧视图

（22）一架喷气式教练机，最大起飞质量 1 700 kg，机翼面积 13 m²。飞机侧视图如图 12-59 所示，机身为圆筒形。飞机的其他特性如下：

$AR = 6$，$S_V = 4.1\,\text{m}^2$，$AR_V = 1.2$，$\lambda_V = 0.6$，$V_s = 70\,\text{kn}$，$L_f = 9\,\text{m}$，

$D_f = 1.8\,\text{m}$，$\eta_v = 0.96$，$C_{L_{aV}} = 4.5\,\text{1/rad}$，$d\sigma/d\beta = -0.1$，$C_{n_o} = 0$，

$C_{y_o} = 0$，$I_{xx_B} = 1\,200\,\text{kg} \cdot \text{m}^2$，$I_{zz_B} = 7\,000\,\text{kg} \cdot \text{m}^2$，$I_{xz_B} = 300\,\text{kg} \cdot \text{m}^2$。

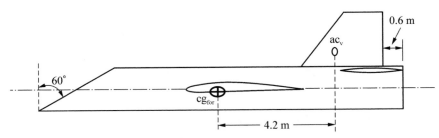

图 12-59　练习题 22 中的飞机侧视图

飞机在迎角 60°时进入尾旋。要求飞机能在 25 kn 侧风情况下能够安全着陆，并能在 5 000 ft 高度最多旋转 1 圈改出尾旋。为该架飞机设计方向舵。

（23）一架单发特技类飞机，最大起飞质量为 2 300 kg，机翼面积为 20 m²。飞机失速速度为 61 KEAS。飞机其他特性如下：

$b = 13\,\text{m}$，$S_V = 4.5\,\text{m}^2$，$b_V = 3.3\,\text{m}$，$\eta_v = 0.95$，$C_{L_{aV}} = 4.4\,\text{1/rad}$，

$I_{xx_B} = 13\,000\,\text{kg} \cdot \text{m}^2$，$I_{zz_B} = 16\,000\,\text{kg} \cdot \text{m}^2$，$I_{xz_B} = 0$。

设计方向舵，使飞机能在 5 000 ft 高度在迎角 50°时最多旋转 1 圈改出尾旋。

（24）一架喷气式战斗机，最大起飞质量为 15 000 kg，机翼面积为 45 m²。飞机具有如下特性：

$AR = 3.4$，$S_V = 12\,\text{m}^2$，$AR_V = 1.3$，$\eta_v = 0.95$，$C_{L_{aV}} = 4.4\,\text{1/rad}$，

$I_{xx_B} = 30\,000\,\text{kg} \cdot \text{m}^2$，$I_{zz_B} = 200\,000\,\text{kg} \cdot \text{m}^2$，$I_{xz_B} = 2\,600\,\text{kg} \cdot \text{m}^2$。

设计方向舵，使飞机能在 20 000 ft 高度在迎角 70°时最多旋转 1 圈改出尾旋。

参 考 文 献

［1］ Hawkins, F. H. (1998) Human Factors in Flight ［M］. 2nd edn, Ashgate.

［2］ Bridger, R. S. (2008) Introduction to Ergonomics ［M］. 3rd edn, CRC Press.

［3］ Kroemer, K. H. E. , Kroemer, H. B. , and Kroemer-Elbert, K. E. (2000) Ergonomics：How to Design for Ease and Efficiency ［M］. 2nd edn, Prentice Hall.

［4］ Salyendy, G. (2006) Handbook of Human Factors and Ergonomics ［M］. 3rd edn, Wiley-VCH Verlag GmbH.

［5］ Vink, P. (2011) Aircraft Interior Comfort and Design; Ergonomics Design Management: Theory and Applications ［M］. CRC Press.

［6］ Federal Aviation Regulations (2011) Part 23, Airworthiness Standards: Normal, Utility, Aerobatic, and Commuter Category Airplanes ［M］. Federal Aviation Administration, Department of Transportation, Washington.

［7］ Federal Aviation Regulations (2011) Part 25, Airworthiness Standards: Transport Category Airplanes ［S］. Federal Aviation Administration, Department of Transportation, Washington. Design of Control Surfaces 753

［8］ MIL – STD – 1797 (1997). Flying Qualities of Piloted Aircraft ［S］. Department of Defense, Washington, DC.

［9］ MIL – F – 8785C (1980). Military Specification: Flying Qualities of Piloted Airplanes ［S］. Department of Defense, Washington, DC.

［10］ Harper, R. P. and Cooper, G. E. (1986) Handling qualities and pilot evaluation ［J］. Journal of Guidance, Control, and Dynamics, 9(5)515 – 529.

［11］ Stevens, B. L. and Lewis, F. L. (2003) Aircraft Control and Simulation ［M］. 2nd edn, Wiley-VCH Verlag GmbH.

［12］ Roskam, J. (2007) Airplane Flight Dynamics and Automatic Flight Control, DAR Corporation.

［13］ Mclean, D. (1990) Automatic Flight Control Systems ［M］. Prentice-Hall.

［14］ Nelson, R. (1989) Flight Stability and Automatic Control ［M］. McGraw Hill.

［15］ McCormick, B. W. (1979) Aerodynamics, Aeronautics and Flight Mechanics ［M］. Wiley-VCH Verlag GmbH.

［16］ Etkin, B. and Reid, L. D. (1996) Dynamics of Flight-Stability and Control ［M］. 3rd edn, Wiley-VCH Verlag GmbH.

［17］ Hoak, D. E. , Ellison, D. E. and Fink, R. D. (1978) USAF Stability and Control DATCOM, Flight Control Division, Air Force Flight Dynamics Laboratory, Wright-Patterson AFB, Ohio.

［18］ Spiegel, M. R. and Liu, J. (1999) Mathematical Handbook of Formulas and Tables ［M］. 2nd edn, Schaum's Outlines, McGraw-Hill.

［19］ Abbott, I. H. and Von Doenhoff, A. F. (1959) Theory of Wing Sections ［M］. Dover, New York.

［20］ Spiegel, M. R. and Liu, J. (1999) Schaum's Outline Series in Mathematical Handbook of Formulas and Tables ［M］. McGraw-Hill.

［21］ Sadraey, M. and Colgren, R. (2006) Derivations of major coupling derivatives, and the state space formulation of the coupled equations of motion ［C］. 6th AIAA Aviation Technology, Integration and Operations Conference (ATIO), Wichita, KS, September 25 – 27, AIAA – 2006 – 7790.

［22］ Roskam, J. (2003) Airplane Design, DAR Corporation.

［23］ Torenbeek, E. (1996) Synthesis of Subsonic Airplane Design ［M］. Delft University Press.

［24］ Stinton, D. (2001) The Design of the Aeroplane ［S］. AIAA.

[25] Jackson, P. Jane's All the World's Aircraft, Jane's Information Group, 1996 – 2011.

[26] Bourke, J. (2012) RC groups, http: //www. rcgroups. com/forums/showthread. php? t＝557457.

[27] Joint Aviation Requirements CS – 23 (2007) Normal, Utility, Aerobatic, and Commuter Category Aeroplanes, European Aviation Safety Agency.

[28] Joint Aviation Requirements CS – 25 (2007) Large Aeroplanes, European Aviation Safety Agency.

附　　录

附　录　A

标准大气（SI 制）

高度/m	T/K	$P/(N/m^2)$	$\rho/(kg/m^3)$
0	288. 15	101 325	1. 225
1 000	281. 65	89 876	1. 111 7
2 000	275. 15	79 501	1. 007
3 000	268. 67	70 121	0. 909 3
4 000	262. 18	61 660	0. 819 3
5 000	255. 69	54 048	0. 736 4
6 000	249. 20	47 217	0. 660 1
7 000	242. 71	41 105	0. 590
8 000	236. 23	35 651	0. 526
9 000	229. 74	30 800	0. 467
10 000	223. 26	26 500	0. 413
11 000	216. 78	22 700	0. 365
12 000	216. 66	19 399	0. 312
13 000	216. 66	16 579	0. 267
14 000	216. 66	14 170	0. 228
15 000	216. 66	12 112	0. 195
16 000	216. 66	10 353	0. 166
17 000	216. 66	8 850	0. 142
18 000	216. 66	7 565	0. 122
19 000	216. 66	6 467	0. 104
20 000	216. 66	5 529	0. 089
21 000	216. 66	4 727	0. 076
22 000	216. 66	4 042	0. 065
23 000	216. 66	3 456	0. 056
24 000	216. 66	2 955	0. 047
25 000	216. 66	2 527	0. 041

$\rho_0 = 1.225 \ kg/m^3$，$T_0 = 150℃ = 288.15 \ K$，$P_0 = 101\ 325 \ N/m^2$，$a_0 = 340.29 \ m/s$，$\mu_0 = 1.758 \times 10^{-5} \ kg/m \cdot s$。

附 录 B

标准大气(英制)

高度/ft	T/R	P/(lb/ft^2)	ρ/(slug/ft^3)	高度/ft	T/R	P/(lb/ft^2)	ρ/(slug/ft^3)
0	518.7	2 116.2	0.002 378	31 000	408.3	601.6	0.000 858
1 000	515.12	2 040.9	0.002 378	32 000	404.7	574.6	0.000 827
2 000	511.5	1 967.7	0.002 241	33 000	401.2	548.5	0.000 796
3 000	508	1 896.7	0.002 175	34 000	397.6	523.5	0.000 767
4 000	504.43	1 827.7	0.002 111	35 000	394.1	499.3	0.000 738
5 000	500.86	1 761	0.002 048	36 000	390.5	476.1	0.000 710
6 000	497.3	1 696	0.001 987	37 000	390	453.9	0.000 678
7 000	493.7	1 633.1	0.001 897	38 000	390	432.6	0.000 646
8 000	490.2	1 572.1	0.001 868	39 000	390	412.4	0.000 616
9 000	486.6	1 513	0.008 181 1	40 000	390	393.1	0.000 587
10 000	483	1 455.6	0.001 755	41 000	390	347.7	0.000 56
11 000	479.5	1 400	0.001 701	42 000	390	357.2	0.000 533
12 000	475.9	1 346.2	0.001 648	43 000	390	340.5	0.000 509
13 000	472.4	1 294.1	0.001 596	44 000	390	324.6	0.000 485
14 000	468.8	1 243.6	0.001 545	45 000	390	309.5	0.000 462
15 000	465.2	1 195	0.001 496	46 000	390	295	0.000 44
16 000	461.7	1 147.5	0.001 448	47 000	390	281.2	0.000 42
17 000	458.1	1 101.7	0.001 401	48 000	390	268.1	0.000 4
18 000	454.5	1 057.5	0.001 355	49 000	390	255.5	0.000 381
19 000	451	1 014.7	0.001 311	50 000	390	243.6	0.000 364
20 000	447.4	973.3	0.001 267	51 000	390	232.2	0.000 347
21 000	443.9	933.3	0.001 225	52 000	390	221.4	0.000 33
22 000	440.3	894.6	0.001 184	53 000	390	211	0.000 315
23 000	436.8	857.3	0.001 143	54 000	390	201.2	0.000 3
24 000	433.2	821.2	0.001 104	55 000	390	191.8	0.000 286
25 000	429.6	786.3	0.001 066	56 000	390	182.8	0.000 273
26 000	426.1	752.7	0.00 103	57 000	390	174.3	0.000 26
27 000	422.5	720.3	0.000 993	58 000	390	166.2	0.000 248
28 000	419	689	0.000 958	59 000	390	158.4	0.000 236
29 000	415.4	658.8	0.000 923	60 000	390	151	0.000 225
30 000	411.9	629.7	0.000 89	61 000	390	144	0.000 215

$\rho_0 = 0.002\,378\ \text{slug/ft}^3$，$T_0 = 518.7\,°\text{R}$，$P_0 = 2\,116.2\ \text{lb/ft}^2 = 14.7\ \text{psi}^2$，$a_0 = 1\,116.4\ \text{ft/s}$，$\mu_0 = 1.199 \times 10^{-4}$ lb/m · s。

* °R, 兰氏度, 热力学论度。[°R]=[°F]+459.67, 或[°R]=[K]=1.8。

索　引

F

大飞机出版工程

书 目

一期书目 总论系列

《超声速飞机空气动力学和飞行力学》(译著)

《大型客机计算流体力学应用与发展》

《民用飞机总体设计》

《飞机飞行手册》(译著)

《运输类飞机的空气动力设计》(译著)

《雅克-42M 和雅克-242 飞机草图设计》(译著)

《飞机气动弹性力学和载荷导论》(译著)

《飞机推进》(译著)

《飞机燃油系统》(译著)

《全球航空业》(译著)

《航空发展的历程与真相》(译著)

二期书目 结构强度系列

《大型客机设计制造与使用经济性研究》

《飞机电气和电子系统——原理、维护和使用》(译著)

《民用飞机航空电子系统》

《非线性有限元及其在飞机结构设计中的应用》

《民用飞机复合材料结构设计与验证》

《飞机复合材料结构设计与分析》(译著)

《飞机复合材料结构强度分析》

《复合材料飞机结构强度设计与验证概论》

《复合材料连接》

《飞机结构设计与强度计算》

三期书目 适航系列

《适航理念与原则》

《适航性:航空器合格审定导论》(译著)

《民用飞机系统安全性设计与评估技术概论》

《民用航空器噪声合格审定概论》

《机载软件研制流程最佳实践》

《民用飞机金属结构耐久性与损伤容限设计》

《机载软件适航标准 DO - 178B/C 研究》

《运输类飞机合格审定飞行试验指南》(编译)

《民用飞机复合材料结构适航验证概论》

《民用运输类飞机驾驶舱人为因素设计原则》

四期书目 航空发动机系列

《航空燃气涡轮发动机工作原理及性能》

《航空发动机结构强度设计问题》

《航空燃气轮机涡轮气体动力学:流动机理及气动设计》

《先进燃气轮机燃烧室设计研发》

《航空燃气涡轮发动机控制》

《航空涡轮风扇发动机试验技术与方法》

《航空压气机气动热力学理论与应用》

《燃气涡轮发动机性能》(译著)

《航空发动机进排气系统气动热力学》

《燃气涡轮推进系统》(译著)

《燃气涡轮发动机的传热和空气系统》

五期书目 民用飞机飞行控制技术系列

《民机飞行控制系统设计的理论与方法》

《民机导航系统》

《民机液压系统》(英文版)

《民机供电系统》

《民机传感器系统》

《飞行仿真技术》

《民机飞控系统适航性设计与验证》

《大型运输机飞行控制系统试验技术》

《飞行控制系统设计和实现中的问题》(译著)

《现代飞机飞行控制系统工程》

六期书目 民机先进制造工艺技术系列

《民用飞机构件先进成形技术》

《民用飞机热表特种工艺技术》

《航空发动机高温合金大型铸件精密成型技术》

《飞机材料与结构检测技术》

《民用飞机构件数控加工技术》

《民用飞机复合材料结构制造技术》

《民用飞机自动化装配系统与装备》

《复合材料连接技术》

《先进复合材料的制造工艺》(译著)

七期书目

《支线飞机设计流程与关键技术管理》

《支线飞机验证试飞技术》

《支线飞机电传飞行控制系统研发及验证》

《支线飞机适航符合性设计与验证》

《支线飞机市场研究技术与方法》

《支线飞机设计技术实践与创新》

《支线飞机项目管理》

《支线飞机自动飞行与飞行管理设计与验证》

《支线飞机电磁环境效应设计与验证》

《支线飞机动力装置系统设计与验证》

《支线飞机强度设计与验证》

《支线飞机结构设计与验证》

《支线飞机环控系统研发与验证》

《支线飞机运行支持技术》

《ARJ21-700新支线飞机项目发展历程、探索与创新》

《飞机运行安全与事故调查技术》

《基于可靠性的飞机维修优化》

《民用飞机实时监控与健康管理》

《民用飞机工业设计的理论与实践》

国际版

《动态工程系统的可靠性分析:快速分析法和航空航天应用》(英文版)

《商用飞机液压系统》(英文版)

《涡量空气动力学原理》(英文版)

《基于可靠性的飞机维修优化和应用》(英文版)

复合材料手册系列

《聚合物基复合材料——结构材料表征指南》（译著）

《聚合物基复合材料——材料性能》（译著）

《聚合物基复合材料——材料应用、设计和分析》（译著）

《复合材料夹层性能》（译著）

《夹层结构手册》（译著）

《金属基复合材料手册》（译著）

民机系统工程与项目管理丛书

《商用飞机系统工程》（译著）

《中国商用飞机有限责任公司系统工程手册》（第2版）

《飞机设计——基于系统工程方法》（译著）

航空市场及运营管理研究系列

《民用飞机设计及飞行计划理论》

《民用飞机销售支援与客户价值》

《商用飞机经济性》

《民用飞机选型与客户化》

《民用飞机销售支援定性与定量模型》

其他书目

《民机空气动力设计先进技术》

《飞机客舱舒适性设计》

《上海民用航空产业发展研究》

《政策法规对民用飞机产业发展的影响》

《特殊场务条件下的民机飞行试验概论》

《国际航空法》（译著）

《民用飞机飞行试验风险评估指南》

《现代飞机飞行动力学与控制》

《英汉航空技术缩略语词典》

《运输类飞机驾驶舱人为因素设计评估指南》

《推进原理与设计》

《工程师用空气动力学》

《飞机喷管的理论与实践》（译著）

《大飞机飞行控制律的原理与应用》（译著）

《民用航空热加工设备的高温测量》

论文集

《航空公司运营经济性分析与飞行设计》
《民用驾驶舱人机工效综合仿真理论与方法研究》
《民用飞机设计与运营经济性及成本指数》
《商用飞机技术经济性》